BKI Baukosten 2025 Altbau

Statistische Kostenkennwerte für Gebäude

BKI Baukosten 2025 Altbau:
Statistische Kostenkennwerte für Gebäude

BKI Baukosteninformationszentrum (Hrsg.)
Stuttgart: BKI, 2025

Mitarbeit:
Hannes Spielbauer (Geschäftsführer)
Brigitte Lechler (Prokuristin)
Dokumentation: Catrin Baumeister, Julia Bellmann, Anna Bertling, Heike Elsäßer,
Sabine Egenberger, Irmgard Schauer, Sibylle Vogelmann
Produktmanagement: Tabea Wessel
Wolfgang Mandl, Patrick Jeske, Thomas Schmid
Jeannette Sturm

Fachautoren:
Univ.-Prof. Dr.-Ing. Wolfdietrich Kalusche
Dr.-Ing. Sebastian Herke
Wolfgang Mandl

Layout, Satz:
Marvin Bisceglie
Hans-Peter Freund
Thomas Fütterer

Fachliche Begleitung:
Beirat Baukosteninformationszentrum
Stephan Weber (Vorsitzender)
Markus Lehrmann (stellv. Vorsitzender)
Prof. Dr. Bert Bielefeld
Markus Fehrs
Andrea Geister-Herbolzheimer
Prof. Dr. Wolfdietrich Kalusche
David Meuer
Martin Müller
Markus Weise

Anschrift:
Seelbergstraße 4, 70372 Stuttgart
Kundenbetreuung: (0711) 954 854-0
Baukosten-Hotline: (0711) 954 854-41
Telefax: (0711) 954 854-54
info@bki.de, www.bki.de

Vorwort

Kompetente Kostenermittlung im Altbau, insbesondere in frühen Planungsphasen, bildet einen wichtigen Bestandteil der heutigen Architekt*innenleistungen. Den Kostenermittlungen kommt zudem seitens der Bauherr*innen und Auftraggeber*innen eine entscheidende Bedeutung zu. Gerade im Altbau entstehen durch die besonderen Rahmenbedingungen spezielle Einflüsse auf die Baukosten.

Wertvolle Baukosten-Erfahrungswerte für den Altbau liegen in Form von abgerechneten Bauleistungen oder Kostenfeststellungen in den Architekturbüros vor. Oft fehlt jedoch die Zeit, diese qualifiziert zu dokumentieren, um sie für Folgeprojekte zu verwenden. Diese Dienstleistung erbringt das BKI mit der Bereitstellung aktueller Baukosten-Fachinformationen.

Nach aktueller DIN 276 müssen bereits bei der Kostenschätzung die Gesamtkosten nach Kostengruppen in der zweiten Ebene der Kostengliederung ermittelt werden. Für die Kostenberechnung wird die 3. Ebene der DIN benötigt. Der vorliegende Band „BKI Baukosten 2025 Altbau Gebäude" enthält Kostenkennwerte für jede dieser Kostenermittlungsstufen. Darüber hinaus können die Kennwerte der Elementarten für die weiteren Kostenermittlungsstufen angewendet werden. Sämtliche Kennwerte zu den Gebäudearten 1.-3. Ebene sowie die Elementarten liegen mit dieser Ausgabe in komplett aktualisierter Fassung vor.

Die Fachbuch-/eBook-Reihe BKI Baukosten Altbau 2025 (Statistische Kostenkennwerte) besteht aus den zwei Teilen:
BKI Baukosten Gebäude Altbau 2025
BKI Baukosten Positionen Altbau 2025

Die Bände sind aufeinander abgestimmt und unterstützen die Anwender*innen in allen Planungsphasen. Am Beginn der jeweiligen Veröffentlichung erhalten die Nutzer*innen eine ausführliche Erläuterung zur fachgerechten Anwendung, z.B. der BKI Regionalfaktoren. Weitergehende Praxistipps und wertvolle Hinweise zur sicheren Kostenplanung werden auch in den BKI-Workshops vermittelt. Zudem steht für Anwendungsfragen eine kompetente Fach-Hotline zur Verfügung.

Der Dank des BKI gilt allen Architekt*innen, die Daten und Unterlagen zur Verfügung stellen. Sie profitieren von der Dokumentationsarbeit des BKI und unterstützen nebenbei den eigenen Berufsstand. Die veröffentlichten Projekte bilden eine fundierte und anschauliche Dokumentation gebauter Architektur, die sich zur Kostenermittlung von Folgeobjekten und zu Akquisitionszwecken hervorragend eignet.

Zur Pflege der Baukostendatenbanken sucht BKI weitere Altbau-Objekte aus allen Bundesländern. Bewerbungsbögen zur Objekt-Veröffentlichung werden im Internet unter www.bki.de/projekt-veroeffentlichung zur Verfügung gestellt. Auch die Bereitstellung von Leistungsverzeichnissen mit Positionen und Vergabepreisen ist möglich, weitere Informationen dazu finden Sie unter www.bki.de/lv-daten. BKI berät Sie gerne auch persönlich über alle Möglichkeiten, Objektdaten zu veröffentlichen. Für die Lieferung von Daten erhalten Sie eine Vergütung und weitere Vorteile.

Besonderer Dank gilt abschließend auch dem BKI-Beirat, der mit seinem Expert*innenwissen aus der Architektenpraxis, den Architekten- und Ingenieurkammern, Normausschüssen und Universitäten zum Gelingen der BKI-Fachinformationen beiträgt.

Wir wünschen allen Anwender*innen des Fachbuchs/eBooks viel Erfolg in allen Phasen der Kostenplanung und vor allem eine große Übereinstimmung zwischen geplanten und realisierten Baukosten im Sinne zufriedener Bauherr*innen. Anregungen und Kritik zur Verbesserung unserer BKI-Veröffentlichungen sind uns jederzeit willkommen.

Hannes Spielbauer - Geschäftsführer
Brigitte Lechler - Prokuristin

Baukosteninformationszentrum
Deutscher Architektenkammern GmbH
Stuttgart, im August 2025

Inhalt — Seite

Benutzerhinweise

Übersicht Gebäudearten nach 1. und 2. Ebene DIN 276

Gebäudearten mit Kostenkennwerten bis 3. Ebene DIN 276

Kostenkennwerte für die 3. Ebene DIN 276 KG 300+400 - Bauelemente

Elementarten für die 3. Ebene DIN 276 KG 300+400 - Abbrechen

Elementarten für die 3. Ebene DIN 276 KG 300 - Wiederherstellen

Elementarten für die 3. Ebene DIN 276 KG 300+400 - Herstellen

Elementarten für die 3. Ebene DIN 276 KG 300+400 - Herstellen (Fortsetzung)

Anhang

Einführung

Dieses Fachbuch wendet sich an Architekt*innen, Ingenieur*innen, Sachverständige und an alle sonstigen Fachleute, die mit Kostenermittlungen von Hochbaumaßnahmen befasst sind. Es beinhaltet Orientierungswerte, die vor Planungsbeginn oder bei der Grundlagenermittlung, Vorplanung, Entwurfsplanung benötigt werden, um Baukosten bei Altbauten zu ermitteln. Alle Kennwerte basieren auf der Analyse realer, abgerechneter Vergleichsobjekte, die in den BKI-Baukostendatenbanken verfügbar sind. Das Baukosteninformationszentrum erhebt kontinuierlich Daten in allen Bundesländern, um die Datenbanken zu erweitern und zu aktualisieren. BKI bietet Vergütungen für Datenlieferungen und weitere Vorteile für die kooperierenden Architekt*innen.

Im Tabellenteil werden Kostenkennwerte für 37 Gebäudearten angegeben. Zu jeder Gebäudeart sind alle Objekte dargestellt, die zur Kennwertbildung herangezogen wurden. Dies erlaubt es den Anwender*innen, bei der Kostenermittlung von der Kostenkennwertmethode zur Objektvergleichsmethode zu wechseln, bzw. die ermittelten Kosten anhand ausgewählter Objekte auf Plausibilität zu prüfen. Die ausführlichen Dokumentationen dieser Objekte können beim Herausgeber angefordert werden.
Ergänzend zum vorliegenden Fachbuch erscheint zeitgleich das Fachbuch BKI Baukosten Altbau Positionen, in dem für differenzierte Kostenermittlungen und Ausschreibungen die Bauleistungen in leistungsbereichsorientierter Anordnung veröffentlicht werden.

Ergänzend zu den Fachbüchern aus dem Bereich Altbau bringt BKI jährlich drei Fachbücher mit statistischen Kostenkennwerten für den Neubau heraus:
BKI Baukosten Gebäude (Teil 1),
BKI Baukosten Bauelemente (Teil 2),
BKI Baukosten Positionen (Teil 3).

Benutzerhinweise

1. Definitionen
Kostenkennwerte sind Werte, die das Verhältnis von Kosten zu einer Bezugseinheit darstellen. Bezugseinheiten sind vorzugsweise Grundflächen und Rauminhalte nach DIN 277 sowie die in der DIN 276, „Abschnitt 6 Mengen und Bezugseinheiten", festgelegten und empfohlenen Werte.

Elementarten (EA) sind bestimmte, nach Konstruktion, Material, Abmessungen und sonstigen Eigenschaften unterschiedliche Ausführungen von Bauelementen. Sie sind durch eine 7-stellige Ordnungszahl gekennzeichnet, bestehend aus:
- Kostengruppe DIN 276 (KG): 3-stellig
- OZ Ordnungstruktur (2-stellig) und Ordnungszahl (2-stellig)

2. Kostenstand und Mehrwertsteuer
Kostenstand aller Kennwerte ist das 2. Quartal 2025. Alle Kostenkennwerte dieser Fachbuchreihe enthalten die Mehrwertsteuer. Die Angabe aller Kostenkennwerte erfolgt in Euro. Die vorliegenden Kosten- und Planungskennwerte sind Orientierungswerte, Sie können nicht als Richtwerte im Sinne einer verpflichtenden Obergrenze angewendet werden.

3. Datengrundlage - Haftung
Grundlage der Daten sind statistische Analysen abgerechneter Bauvorhaben. Die Daten wurden mit größtmöglicher Sorgfalt vom BKI bzw. seinen Dokumentationsstellen erhoben und zusammengestellt. Für die Richtigkeit, Aktualität und Vollständigkeit dieser Daten, Analysen und Tabellen übernehmen jedoch weder die Herausgeber*in noch BKI eine Haftung, ebenso nicht für Druckfehler und fehlerhafte Angaben. Die Benutzung dieses Fachbuchs und die Umsetzung der darin erhaltenen Informationen erfolgen auf eigenes Risiko.

Angesichts der vielfältigen Kosteneinflussfaktoren müssen Anwender*innen die genannten Orientierungswerte eigenverantwortlich prüfen und entsprechend dem jeweiligen Verwendungszweck anpassen.

4. Anwendungsbereiche
Kostenermittlungen für das Bauen im Bestand sind komplexer als für Neubauten, da auch die Beschaffenheit des Gebäudes vor der Baumaßnahme mit einbezogen werden muss. Grundsätzlich steigt die Genauigkeit der Kostenaussage nach dem Gaus`schen Fehlerausgleichgesetz durch die Verwendung mehrerer Rechensätze.
Je höher der Anspruch an die Genauigkeit der Kostenaussage, desto mehr Rechenansätze sollten ihr zu Grunde liegen. Der Anspruch an die Genauigkeit der Kostenaussage ist wiederum abhängig vom Verwendungszweck der Kostenermittlung.
Insofern ist grundsätzlich von dem*der Anwender*in zu beurteilen, welche Methode gerade auch im Hinblick auf die Zuverlässigkeit des Ergebnisses angewendet werden kann.
Die Kostenkennwerte der ersten und zweiten Ebene dienen im Allgemeinen als Orientierungswerte für Planungsüberlegungen oder Kostenermittlungen vor oder in den ersten Planungsphasen, für Mittelbedarfsplanungen von Investoren, für Plausibilitätsprüfungen von Kostenermittlungen, für Begutachtungen von Beleihungsanträgen durch Kreditinstitute, für Wertermittlungsgutachten u. ä. Zwecke.
Die formalen Anforderungen hinsichtlich der Darstellung der Ergebnisse einer Kostenermittlung sind in DIN 276:2018-12 unter Ziffer 4 Grundsätze der Kostenplanung festgelegt.

5. Geltungsbereiche
Die genannten Kostenkennwerte spiegeln in etwa das durchschnittliche Baukostenniveau in Deutschland für die jeweilige Kategorie von Gebäudearten wider. Die Geltungsbereiche der Tabellenwerte sind fließend. Die „von-/bis-Werte" markieren weder nach oben noch nach unten absolute Grenzwerte. Um diesen Sachverhalt zu verdeutlichen, werden von den dokumentierten Objekten objektbezogene Kostenkennwerte angegeben, die teilweise außerhalb des statistisch ermittelten „Streubereichs" (Standardabweichung) liegen. Es empfiehlt sich daher, ergänzend die Kostendokumentationen bestimmter Objekte beim BKI zu beschaffen, um die Ermittlungsergebnisse ggf. anhand der Daten dieser Vergleichsobjekte zu überprüfen.

6. Berechnung der Kostenkennwerte
Im Fachbuch Baukosten Gebäude Altbau wird eine Berechnung der Streubereiche der in der jeweiligen Gebäudeart vorhandenen Kostenkennwerte durchgeführt. Dadurch ergeben sich „von-/bis-Werte".
Auf der ersten Seite jeder Gebäudeart wird in der Grafik „Vergleichsobjekte" einerseits der Streubereich für alle Kostenkennwerte dieser Gebäudeart als heller Balken und andererseits der Bereich zwischen den „von-/bis-Werten" als dunkler Balken angegeben.
Um dem Umstand Rechnung zu tragen, dass im Bauwesen Abweichungen nach oben wahrscheinlicher sind als Abweichungen nach unten, werden die Werte oberhalb des Mittelwertes getrennt von den Werten unterhalb des Mittelwertes betrachtet. Besonders teure Gebäude haben somit keinen Einfluss auf die statistischen Werte unterhalb des Mittelwerts. Der Mittelwert liegt als Durchschnittswert nicht zwingend in der Mitte des Streubereiches (z. B. 25 27 31). In den Grafiken mit den Vergleichsobjekten wird kenntlich gemacht, ob nur ein Einzelwert vorliegt (z. B. - 27 -), oder ob mehrere Werte vorliegen, die aber noch keine Berechnung der Bandbreite zulassen (z. B. 27 27 27). Der Vorteil dieser Betrachtungsweise liegt in der genaueren Wiedergabe der Realitäten im Bauwesen. Nachfolgend werden die Berechnungsprinzipien der einzelnen statistischen Kostenkennwerte erläutert:

Min = Minimaler Kostenkennwert:
Dieser Kostenkennwert bezieht sich auf den Wert innerhalb einer Stichprobe, der den minimalen Kostenkennwert aller Werte in dieser Stichprobe aufweist. Der minimale Kostenkennwert wird nur bei Kostenkennwerten von Positionen angegeben (Baukosten Positionen Neubau/Altbau und Baupreise kompakt Neubau/Altbau).

Von = Mittelwert abzüglich Standardabweichung der Daten unterhalb des Mittelwerts: Dieser Kostenkennwert berücksichtigt die Standardabweichung als Maß für die Streubreite aller Kostenkennwerte unterhalb des Mittelwerts. Dadurch ist dies ein gewichteter Wert, der den Abstand der Kostenkennwerte zum Mittelwert berücksichtigt. Das bedeutet, dass unter Umständen besonders günstige Gebäude in der Stichprobe einen geringeren Einfluss auf den „Von" Wert haben als Gebäude, deren Kostenkennwerte näher am Mittelwert liegen.

Mittelwert = mittlerer Kostenkennwert pro Gebäudeart:
Dieser Kostenkennwert wird als arithmetischer Mittelwert durch Addition aller vorhandenen Kostenkennwerte und Teilung der dadurch entstandenen Summe der Kostenkennwerte durch die Anzahl der Kostenkennwerte ermittelt.

Bis = Mittelwert zuzüglich Standardabweichung der Daten oberhalb des Mittelwerts: Dieser Kostenkennwert berücksichtigt die Standardabweichung als Maß für die Streubreite aller Kostenkennwerte oberhalb des Mittelwerts. Dadurch ist dies ein gewichteter Wert, der den Abstand der Kostenkennwerte zum Mittelwert berücksichtigt. Das bedeutet, dass unter Umständen besonders teure Gebäude in der Stichprobe einen geringeren Einfluss auf den „Bis" Wert haben als Gebäude, deren Kostenkennwerte näher am Mittelwert liegen.

Max = Maximaler Kostenkennwert:
Dieser Kostenkennwert bezieht sich auf den Wert innerhalb einer Stichprobe, der den maximalen Kostenkennwert aller Werte in dieser Stichprobe aufweist. Der maximale Kostenkennwert wird nur bei Kostenkennwerten von Positionen angegeben (Baukosten Positionen Neubau/Altbau und Baupreise kompakt Neubau/Altbau).

7. Kosteneinflüsse
In den Bandbreiten der Kostenkennwerte spiegeln sich die vielfältigen Kosteneinflüsse aus Nutzung, Markt, Gebäudegeometrie, Ausführungsstandard, Projektgröße etc. wider. Die Orientierungswerte können nicht schematisch übernommen werden, sondern müssen entsprechend den spezifischen Planungsbedingungen überprüft und ggf. angepasst werden. Mögliche Einflüsse, die eine Anpassung der Orientierungswerte erforderlich machen, können sein:
- besondere Nutzungsanforderungen
- Bauzustand vor der geplanten Baumaßnahme
- Standortbedingungen (Erschließung, Immission, Topographie)
- Bauwerksgeometrie (Grundrissform, Geschosszahlen, Geschosshöhen, Dachform, Dachaufbauten)
- Bauwerksqualität (gestalterische, funktionale und konstruktive Besonderheiten),
- Baumarkt (Zeit, regionaler Baumarkt, Vergabeart).

8. Budgetierung nach Kostengruppen
Die in den Tabellen „Kostenkennwerte für die Kostengruppen der 1. und 2. Ebene DIN 276" genannten Prozentanteile ermöglichen eine erste grobe Aufteilung der ermittelten Bauwerkskosten in „Teilbudgets". Solche geschätzten „Teilbudgets" können als Kontrollgrößen dienen für die entsprechenden, zu einem späteren Zeitpunkt und anhand genauerer Planungsunterlagen ermittelten Kosten (Kostenkontrolle).

Aus Prozentsätzen abgeleitete Kostenaussagen können ferner zur Überprüfung von Kostenermittlungen dienen, die auf büroeigenen Kostendaten oder den Angaben Dritter basieren (Plausibilitätskontrolle). Die Ableitung von überschlägig geschätzten Teilbudgets schafft auch die Voraussetzung, dass die kostenplanerisch relevanten Kostenanteile erkennbar werden, bei denen z.B. die Entwicklung kostensparender Alternativen primär Erfolg verspricht (Kostentransparenz, Kostenplanung, Kostensteuerung).

9. Budgetierung nach Vergabeeinheiten
In den Tabellen „Kostenkennwerte für Leistungsbereiche" sind nur die Leistungsbe-

reichskosten in die Prozentsätze eingegangen, die den Kostengruppen 300 und 400 zuzuordnen sind; also nicht z.B. Erdarbeiten nach LB 002, die nach DIN 276 ggf. zur Kostengruppe 500 (Außenanlagen) gehören. Die unter „Rohbau" und „Ausbau" zusammengefassten Leistungsbereiche sind nicht exakt der Kostengruppe 300 gleichzusetzen (nur näherungsweise!). Mit Hilfe der angegebenen Prozentsätze lassen sich die ermittelten Bauwerkskosten in Teilbudgets für einzelne Leistungsbereiche aufteilen. Man sollte jedoch nicht den Eindruck erwecken, die Kosten solcher Teilbudgets nach Leistungsbereichen seien bereits (wie später unerlässlich) aus Einzelansätzen „Menge x Einheitspreis" positionsweise ermittelt worden. Die auf diese Weise überschlägig ermittelten Leistungsbereichskosten können aber zur Kostenkontrolle der späteren Ausschreibungsergebnisse herangezogen werden.

10. Regionalisierung der Daten
Grundlage der BKI Regionalfaktoren sind Daten aus der amtlichen Bautätigkeitsstatistik der statistischen Landesämter, eigene Berechnungen auch unter Verwendung von Schwerpunktpositionen und regionale Umfragen. Zusätzlich wurden vom BKI Verfahren entwickelt, um die Eingangsdaten auf Plausibilität prüfen und ggf. anpassen zu können. Auf der Grundlage dieser Berechnungen hat BKI einen bundesdeutschen Mittelwert gebildet. Anhand des Mittelwertes lassen sich die einzelnen Land- und Stadtkreise prozentual einordnen.
Diese Prozentwerte wurden die Grundlage der BKI Deutschlandkarte mit „Regionalfaktoren für Deutschland".

Für die größeren Inseln Deutschlands wurden separate Regionalfaktoren ermittelt. Dazu wurde der zugehörige Landkreis in Festland und Inseln unterteilt. Alle Inseln eines Landkreises erhalten durch dieses Verfahren den gleichen Regionalfaktor. Der Regionalfaktor des Festlandes enthält keine Inseln mehr und ist daher gegenüber früheren Ausgaben verringert.

Die Kosten der Objekte der BKI Datenbanken wurden auf den Bundesdurchschnitt umgerechnet. Für den*die Anwender*in bedeutet die Umrechnung der Daten auf den Bundesdurchschnitt, dass einzelne Kostenkennwerte oder das Ergebnis einer Kostenermittlung mit dem Regionalfaktor des Standorts des geplanten Objekts multipliziert werden können. Die BKI Stadt-/Landkreisfaktoren befinden sich im Anhang des Buchs.

11. ABC-Analyse
Die Kostengruppen der 3. Ebene nach DIN 276 wurden bei der Objektübersicht (s. S. 24-25, Punkt 6) im Sinne einer ABC-Analyse ausgewertet.
Empirische Untersuchungen des Mengen-Wert-Verhältnisses von Teilen eines Ganzen zeigen häufig, dass auf einen mengenmäßig geringen Umfang der Teile ein hoher Wertanteil entfällt. Dagegen machen die anderen Teile einen geringeren Wert aus.

Übertragen auf die hier vorliegende Auswertung bedeutet dies, dass mit einer relativ geringen Anzahl von Kostengruppen ein sehr großer Anteil der Baukosten berechnet werden kann. Es werden die Kostengruppen ausgewiesen, die in der Summe 80% der Kosten der Baukonstruktion oder der Technischen Anlagen ausmachen. Wenn weniger als drei Kostengruppen zur Erreichung der 80%-Grenze nötig wären, werden jedoch zumindest diese drei ausgewiesen. Es wird jeweils angegeben, wie groß der Anteil der übrigen Kostengruppen ist.

12. Baunebenkosten
Seit in Kraft treten der HOAI 2013 mit deutlicher Anhebung der Honorarsätze sind die bisher in der KG 700 dokumentierten Kosten evtl. nicht ausreichend, um die Kosten zukünftiger Projekte abzuleiten. Daher hat BKI entschieden, auf die Ausweisung der KG 700 zunächst zu verzichten.

Die überschlägige Ermittlung der Baunebenkosten wird in dem Fachartikel „Orientierungswerte und frühzeitige Ermittlung der

Baunebenkosten ausgewählter Gebäudearten" von Univ.-Prof. Dr.-Ing. Wolfdietrich Kalusche und Dr.-Ing. Sebastian Herke erläutert (erschienen im Fachbuch „BKI Baukosten Gebäude Neubau 2025").
Für eine genauere Ermittlung der Honorare empfehlen wir den BKI Honorarermittler 9. Die Tabellenwerte der aktuellen HOAI sind hier integriert. Näheres dazu erfahren Sie unter: www.bki.de/honorarermittler

13. Objekte ohne Gebäudeartenzuordnung
(nicht in dieser Ausgabe enthalten)
Gerade im Altbau gelingt es nicht immer, alle Objekte den Gebäudearten für sinnvolle statistischen Auswertung zuzuordnen. Dafür sind viele Maßnahmen beim Bauen im Bestand zu individuell. Diese Objekte werden jedoch in verschiedenen Verzeichnissen dargestellt, um den Nutzer auf die verfügbaren Einzeldokumentationen hinzuweisen.

14. Urheberrechte
Alle Objektinformationen sind urheberrechtlich geschützt. Dies gilt auch für die daraus abgeleiteten Auswertungen (Statistiken). Die Urheberrechte liegen bei den jeweiligen Büros, Personen bzw. beim BKI. Es ist ausschließlich eine Anwendung der Daten im Rahmen der praktischen Kostenplanung im Hochbau zugelassen. Die Nutzung der Objektinformationen für einen anderen als den Vertragszweck ist nicht zulässig. Dies gilt auch für die daraus abgeleiteten Auswertungen (Statistiken). Eine Vervielfältigung des Werks oder von Teilen daraus außer für den Vertragszweck ist nur mit ausdrücklicher Genehmigung des Herausgebers gestattet. Auch eine Übersetzung oder Bearbeitung, insbesondere eine Übertragung des Werks oder Teilen daraus in elektronische Systeme, ist nur mit ausdrücklicher Genehmigung des Herausgebers gestattet.

Erläuterungen

(1)

300
Bauwerk — Baukonstruktionen in €/m² BGF

Kosten:
Stand 2. Quartal 2025
Bundesdurchschnitt
inkl. 19% MwSt.

(2) Einheit: m²
Brutto-Grundfläche (BGF)

(3)

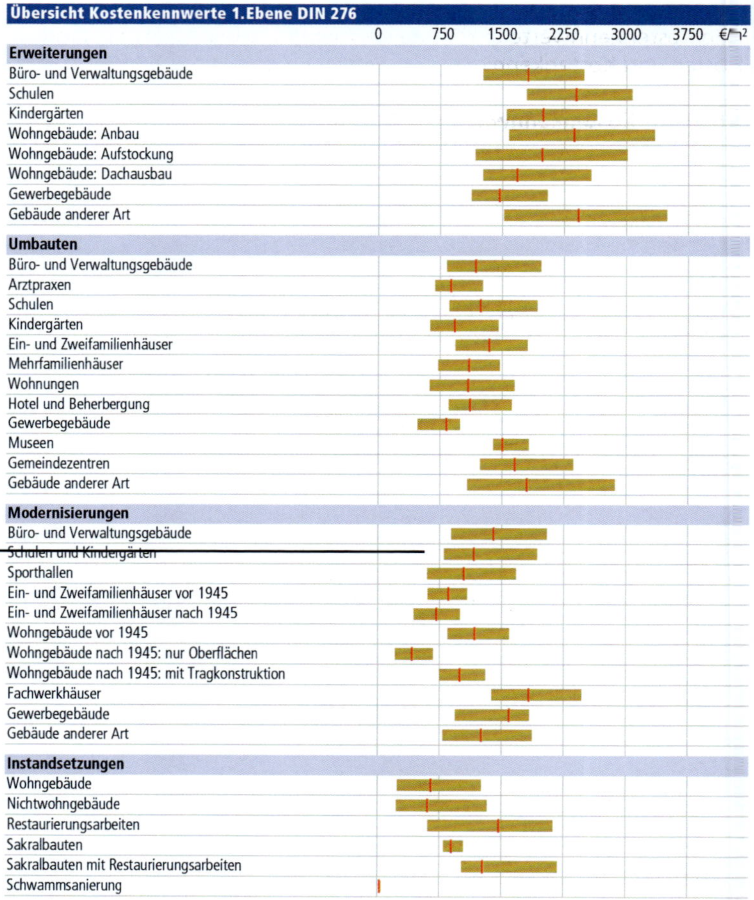

© BKI Baukosteninformationszentrum

Kostenstand: 2. Quartal 2025, Bundesdurchschnitt, **inkl. 19% MwSt.**

Erläuterung nebenstehender Tabellen und Abbildungen

Alle Kostenkennwerte enthalten die Mehrwertsteuer. Kostenstand: 2. Quartal 2025.
Kosten und Kostenkennwerte umgerechnet auf den Bundesdurchschnitt.

Übersicht Kostenkennwerte der 1. und 2. Ebene DIN 276 für Gebäudearten im Altbau

①

Kostengruppen der 1. und 2. Ebene nach DIN 276:2018-12 mit Nummer und Bezeichnung

②

Anzeige der Bezugseinheit. Die Bezugseinheiten der Kostenkennwerte entsprechen der DIN 277:2021-08 bzw. der DIN 276:2018-12 Mengen und Bezugseinheiten.

③

Kostenkennwerte der Gebäudearten mit Angabe von Streubereich (dunkler Balken) und Mittelwert (roter Mittelstrich).

Die Skalierung der Kostengruppe wurde den Wertebereichen angepasst. Daher gibt es unterschiedliche Skalierung in den verschiedenen Kostengruppen. Der Mittelwert liegt nicht zwingend in der Mitte des Streubereichs. Nähere Erläuterungen hierzu enthält das Kapitel Benutzerhinweise unter: 6. Berechnung der Kostenkennwerte.

1

Modernisierungen

Wohngebäude nach 1945 mit Tragkonstruktion

Kostenkennwerte für die Kosten des Bauwerks (Kostengruppen 300+400 nach DIN 276)

2

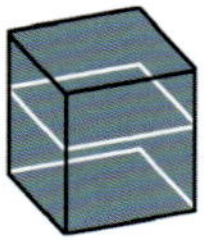

BRI 475 €/m³
von 345 €/m³
bis 575 €/m³

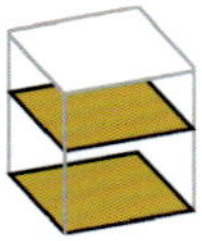

BGF 1.340 €/m²
von 1.000 €/m²
bis 1.940 €/m²

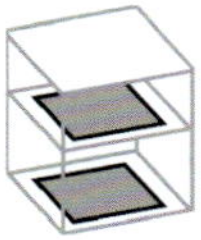

NUF 2.105 €/m²
von 1.550 €/m²
bis 3.115 €/m²

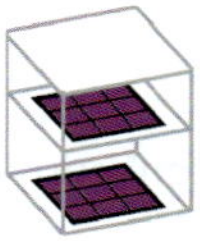

NE 2.615 €/NE
von 1.960 €/NE
bis 3.205 €/NE
NE: Wohnfläche

Objektbeispiele

Kosten:
Stand 2. Quartal 2025
Bundesdurchschnitt
inkl. 19% MwSt.

3

6100-1139

6100-0768

6200-0055

6100-0681

6400-0052

6100-1160

Kosten der 13 Vergleichsobjekte **Seiten 406 bis 412**

4

- ● KKW
- ▶ min
- ▷ von
- | Mittelwert
- ◁ bis
- ◀ max

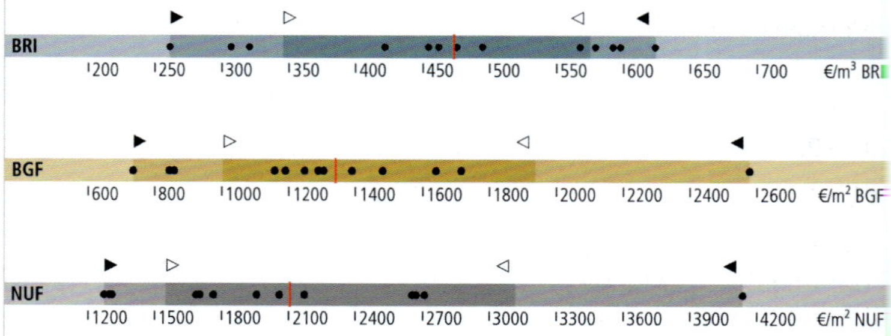

© **BKI** Baukosteninformationszentrum

Kostenstand: 2. Quartal 2025, Bundesdurchschnitt, **inkl. 19% MwSt.**

Erläuterung nebenstehender Tabellen und Abbildungen

Alle Kostenkennwerte enthalten die Mehrwertsteuer. Kostenstand: 2. Quartal 2025.
Kosten und Kostenkennwerte umgerechnet auf den Bundesdurchschnitt.

Kostenkennwerte für die Kosten des Bauwerks (Kostengruppe 300+400 DIN 276)

①

Bezeichnung der Gebäudeart

②

Kostenkennwerte für die Kosten des Bauwerks (KG 300 + 400)
Angabe von Streubereich (Standardabweichung; „von-/bis"-Werte) und Mittelwert (Fettdruck).
- Bauwerkskosten : Summe der Kostengruppen 300 und 400 (DIN 276)
- Kostengruppe 300: Bauwerk-Baukonstruktionen
- Kostengruppe 400: Bauwerk-Technische Anlagen
- BRI : Brutto-Rauminhalt (DIN 277, R+S); BRI DG : Brutto-Rauminhalt des Dachgeschosses
- BGF: Brutto-Grundfläche (DIN 277, R+S); BGF DG : Brutto-Grundfläche des Dachgeschosses
- NUF: Nutzungsfläche (DIN 277, R+S); NUF DG: Nutzungsfläche des Dachgeschosses

Auf volle 5 bzw. 10€ gerundete Werte

③

Zeigt Abbildungen beispielhaft ausgewählter Vergleichsobjekte aus der jeweiligen Gebäudeart. Die Objektnummer verweist auf die in den BKI-Baukostendatenbanken verfügbare Objektdokumentation.

Vergleichsobjekte

④

Die Punkte zeigen auf die objektbezogenen Kostenkennwerte €/m² BGF der Vergleichsobjekte. Diese Tabelle verdeutlicht den Sachverhalt, dass die Kostenkennwerte realer und abgerechneter Einzelobjekte auch außerhalb des statistisch ermittelten Streubereichs (Standardabweichung) liegen können. Der farbintensive innere Bereich stellt diesen Streubereich (von-bis) grafisch mit der Angabe des Mittelwerts dar. Von den statistisch ausgewerteten Vergleichsobjekten können beim BKI bei Bedarf die ausführlichen Kostendokumentationen angefordert werden. Die Breiten der Streubereiche variieren bei den unterschiedlichen Gebäudearten.

Kostenkennwerte für die Kostengruppen der 1. und 2.Ebene DIN 276

(1)

KG	Kostengruppen der 1. Ebene	Einheit	▷	€/Einheit	◁	▷	% an 300+400	◁
100	Grundstück	m²GF	–	–	–	–	–	–
200	Vorbereitende Maßnahmen	m²GF	< 1	**6**	17	0,1	**0,5**	1,2
300	Bauwerk – Baukonstruktionen	m²BGF	751	**997**	1.306	68,3	**76,1**	85,4
400	Bauwerk – Technische Anlagen	m²BGF	189	**343**	594	14,6	**23,9**	31,7
	Bauwerk 300+400	m²BGF	1.002	**1.340**	1.938	100,0	**100,0**	100,0
500	Außenanlagen und Freiflächen	m²AF	74	**182**	691	2,7	**6,4**	18,9
600	Ausstattung und Kunstwerke	m²BGF	7	**33**	121	0,5	**1,9**	6,9
700	Baunebenkosten	m²BGF	–	–	–	–	–	–
800	Finanzierung	m²BGF	–	–	–	–	–	–

(2)

KG	Kostengruppen der 2. Ebene	Einheit	▷	€/Einheit	◁	▷	% an 1. Ebene	◁
310	Baugrube / Erdbau	m³BGI	67	**156**	432	0,6	**1,3**	2,8
320	Gründung, Unterbau	m²GRF	162	**481**	889	1,6	**4,8**	13,4
330	Außenwände / vertikal außen	m²AWF	327	**443**	518	29,1	**42,8**	63,0
340	Innenwände / vertikal innen	m²IWF	175	**264**	394	6,0	**15,7**	25,4
350	Decken / horizontal	m²DEF	227	**348**	460	8,1	**17,1**	26,1
360	Dächer	m²DAF	305	**474**	630	5,8	**12,7**	18,8
370	Infrastrukturanlagen		–	–	–	–	–	–
380	Baukonstruktive Einbauten	m²BGF	< 1	**6**	11	< 0,1	**< 0,1**	0,6
390	Sonst. Maßnahmen für Baukonst.	m²BGF	27	**55**	87	3,2	**5,6**	9,7
300	**Bauwerk – Baukonstruktionen**	**m²BGF**					**100,0**	
410	Abwasser-, Wasser-, Gasanlagen	m²BGF	48	**91**	173	4,3	**23,0**	29,8
420	Wärmeversorgungsanlagen	m²BGF	44	**101**	130	21,2	**36,3**	51,3
430	Raumlufttechnische Anlagen	m²BGF	16	**45**	106	2,0	**9,6**	19,0
440	Elektrische Anlagen	m²BGF	27	**61**	129	13,4	**22,3**	42,8
450	Kommunikationstechnische Anlagen	m²BGF	7	**17**	68	2,6	**5,2**	9,6
460	Förderanlagen	m²BGF	–	**50**	–	0,0	**2,0**	21,9
470	Nutzungsspez. / verfahrenstech. Anl.	m²BGF	4	**27**	50	0,0	**0,7**	4,6
480	Gebäude- und Anlagenautomation	m²BGF	–	–	–	–	–	–
490	Sonst. Maßnahmen f. techn. Anl.	m²BGF	< 1	**2**	5	< 0,1	**0,9**	6,1
400	**Bauwerk – Technische Anlagen**	**m²BGF**					**100,0**	

(3)

Prozentanteile der Kosten 2.Ebene an den Kosten des Bauwerks nach DIN 276 (Von/Mittel/Bis)

KG	Kostengruppe	%
310	Baugrube / Erdbau	1,0
320	Gründung, Unterbau	3,6
330	Außenwände / vertikal außen	34,3
340	Innenwände / vertikal innen	11,5
350	Decken / horizontal	12,8
360	Dächer	9,7
370	Infrastrukturanlagen	
380	Baukonstruktive Einbauten	< 0,1
390	Sonst. Maßnahmen für Baukonst.	4,5
410	Abwasser-, Wasser-, Gasanlagen	5,7
420	Wärmeversorgungsanlagen	8,1
430	Raumlufttechnische Anlagen	2,5
440	Elektrische Anlagen	4,3
450	Kommunikationstechnische Anlagen	1,0
460	Förderanlagen	0,5
470	Nutzungsspez. / verfahrenstech. Anl.	0,2
480	Gebäude- und Anlagenautomation	
490	Sonst. Maßnahmen f. techn. Anl.	< 0,1

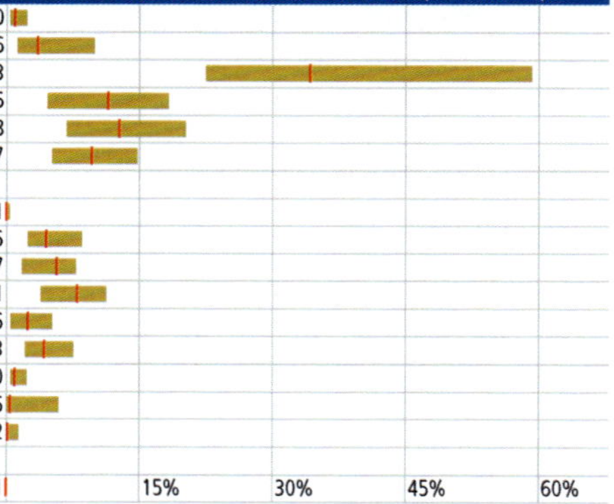

Kostenstand: 2. Quartal 2025, Bundesdurchschnitt, inkl. 19% MwSt.

Erläuterung nebenstehender Baukostentabellen

Alle Kostenkennwerte enthalten die Mehrwertsteuer. Kostenstand: 2. Quartal 2025.
Kosten und Kostenkennwerte umgerechnet auf den Bundesdurchschnitt.
Die Bezugseinheiten der Kostenkennwerte entsprechen der DIN 277:2021-08 bzw. der DIN 276:2018-12 Mengen und Bezugseinheiten.

Kostenkennwerte für die Kostengruppen der 1. und 2. Ebene DIN 276

①

Kostenkennwerte in €/Einheit für die Kostengruppen 200 bis 600 der 1. Ebene DIN 276 mit Angabe von Mittelwert (Spalte: €/Einheit) und Standardabweichung („von-/bis"-Werte). Anteil der jeweiligen Kostengruppen in Prozent der Bauwerkskosten (100%) mit Angabe von Mittelwert (Spalte: % an 300 + 400) und Streubereich („von-/bis"-Werte). Die Werte in den Spalten „von" bzw. „bis" sind aus statistischen Gründen nicht addierbar, sonstige Abweichungen sind rundungsbedingt.

②

Angaben zum Bauwerk, jedoch für Kostengruppen der 2. Ebene DIN 276. Die Kostenkennwerte zur Kostengruppe 300 (Bauwerk-Baukonstruktionen) sind wegen den unterschiedlichen Bezugseinheiten nicht addierbar.
Bei der Ermittlung der Kostenkennwerte dieser Tabelle variiert der Stichprobenumfang von Kostengruppe zu Kostengruppe und auch gegenüber dem Stichprobenumfang der Tabelle der 1. Ebene. Um kostenplanerisch realistische Kostenkennwerte für die einzelnen Kostengruppen angeben zu können, wurden bei jeder Kostengruppe nur diejenigen Objekte einbezogen, bei denen für die betreffende Kostengruppe auch tatsächlich Kosten angefallen sind.
Zur Berechnung der Prozentanteile wurden jedoch alle Objekte herangezogen, zwischen den Kostenkennwerten und den Prozentanteilen kann daher kein direkter Bezug hergeleitet werden. Beispiel: Da Wohngebäude nicht immer eine Förderanlage enthalten, ergibt sich bezogen auf die gesamte Stichprobe der geringe mittlere Prozentanteil von nur 2,0% an den Kosten der Technischen Anlagen. Diesem Prozentsatz steht der Kostenkennwert von 50€/m² BGF gegenüber, ermittelt aus den wenigen Objekten, bei denen Kosten für Förderanlagen abgerechnet worden sind.

Prozentualer Anteil der Kostengruppen der 2. Ebene an den Kosten des Bauwerks nach DIN 276

③

Die grafische Darstellung verdeutlicht, welchen durchschnittlichen Anteil die Kostengruppen der 2. Ebene DIN 276 an den Bauwerkskosten (Kostengruppe 300 + 400 = 100%) haben. Für Kostenermittlungen werden die kostenplanerisch besonders relevanten Kostengruppen auch optisch sofort erkennbar. Der rote Strich markiert den durchschnittlichen Prozentanteil; der farbige Balken visualisiert den „Streubereich" (Standardabweichung). Bei der Aufsummierung aller Prozentanteile der Kostengruppen sind Abweichungen zu 100% rundungsbedingt.

Modernisierungen

Wohngebäude nach 1945 mit Tragkonstruktion

Kosten:
Stand 2. Quartal 2025
Bundesdurchschnitt
inkl. 19% MwSt.

▷ von
ø Mittel
◁ bis

Kostenkennwerte für die Kostengruppen der 3. Ebene DIN 276

	KG	Kostengruppen der 3. Ebene	Einheit	▷	€/Einheit	◁	▷	€/m² BGF	◁
	335	Außenwandbekleidungen, außen	m²	142	**209**	302	105	**154**	272
	323	Tiefgründungen	m²	–	**690**	–	–	**148**	–
	334	Außenwandöffnungen	m²	764	**932**	1.237	69	**108**	150
	412	Wasseranlagen	m²	46	**74**	140	46	**74**	140
	353	Deckenbeläge	m²	156	**246**	507	29	**73**	114
	345	Innenwandbekleidungen	m²	47	**66**	95	42	**69**	94
(1)	363	Dachbeläge	m²	193	**271**	497	36	**66**	102
	331	Tragende Außenwände	m²	280	**430**	790	26	**60**	112
(2)	361	Dachkonstruktionen	m²	147	**283**	461	26	**56**	74
	442	Eigenstromversorgungsanlagen	m²	9	**56**	103	9	**56**	103
(3)	351	Deckenkonstruktionen	m²	206	**596**	1.297	24	**55**	107
	421	Wärmeerzeugungsanlagen	m²	15	**52**	89	15	**52**	89
	461	Aufzugsanlagen	m²	–	**50**	–	–	**50**	–
	471	Küchentechnische Anlagen	m²	–	**50**	–	–	**50**	–
	344	Innenwandöffnungen	m²	549	**713**	1.045	22	**48**	107
	444	Niederspannungsinstallationsanl.	m²	29	**48**	97	29	**48**	97
	431	Lüftungsanlagen	m²	16	**45**	106	16	**45**	106
(4)	341	Tragende Innenwände	m²	214	**409**	604	15	**33**	75
	337	Elem. Außenwandkonstruktionen	m²	–	**747**	–	–	**32**	–
	336	Außenwandbekleidungen, innen	m²	52	**67**	104	23	**32**	47
	342	Nichttragende Innenwände	m²	140	**187**	277	16	**32**	54
	338	Lichtschutz zur KG 330	m²	266	**453**	990	18	**31**	42
	322	Flachgründungen und Bodenplatten	m²	311	**425**	756	10	**30**	97
	422	Wärmeverteilnetze	m²	16	**26**	61	16	**26**	61
	354	Deckenbekleidungen	m²	30	**56**	85	13	**25**	52
	423	Raumheizflächen	m²	16	**25**	30	16	**25**	30
(5)	392	Gerüste	m²	14	**24**	50	14	**24**	50
	393	Sicherungsmaßnahmen	m²	–	**24**	–	–	**24**	–
	355	Elementierte Deckenkonstruktionen	m²	–	**2.704**	–	–	**22**	–
	391	Baustelleneinrichtung	m²	9	**21**	42	9	**21**	42
	411	Abwasseranlagen	m²	9	**20**	34	9	**20**	34
	324	Gründungsbeläge	m²	103	**139**	230	10	**19**	29
	359	Sonstiges zur KG 350	m²	11	**40**	83	4	**17**	45
	364	Dachbekleidungen	m²	72	**104**	164	7	**16**	25
	311	Herstellung	m³	67	**151**	428	5	**13**	28
	339	Sonstiges zur KG 330	m²	3	**12**	23	3	**11**	22
	456	Gefahrenmelde- und Alarmanlagen	m²	< 1	**11**	30	< 1	**11**	30
	362	Dachöffnungen	m²	1.350	**2.654**	3.664	5	**11**	19
	457	Datenübertragungsnetze	m²	2	**9**	13	2	**9**	13
	429	Sonstiges zur KG 420	m²	2	**9**	18	2	**9**	18
	419	Sonstiges zur KG 410	m²	4	**8**	15	4	**8**	15
	445	Beleuchtungsanlagen	m²	3	**8**	17	3	**8**	17
	333	Außenstützen	m	130	**235**	459	2	**8**	17
	325	Abdichtungen und Bekleidungen	m²	16	**51**	108	< 1	**7**	24
	397	Zusätzliche Maßnahmen	m²	2	**7**	14	2	**7**	14
	343	Innenstützen	m	195	**266**	337	1	**7**	18
	452	Such- und Signalanlagen	m²	3	**6**	27	3	**6**	27
	349	Sonstiges zur KG 340	m²	3	**7**	11	1	**6**	16
	381	Allgemeine Einbauten	m²	< 1	**6**	11	< 1	**6**	11
	494	Abbruchmaßnahmen	m²	–	**5**	–	–	**5**	–

Kostenstand: 2. Quartal 2025, Bundesdurchschnitt, **inkl. 19% MwSt.**

Erläuterung nebenstehender Baukostentabelle

Alle Kostenkennwerte enthalten die Mehrwertsteuer. Kostenstand: 2. Quartal 2025.
Kosten und Kostenkennwerte umgerechnet auf den Bundesdurchschnitt.

Kostenkennwerte für Kostengruppen der 3. Ebene nach DIN 276, absteigend sortiert

①

Kostengruppen-Nummer nach DIN 276:2018-12

②

Kostengruppen-Bezeichnung nach DIN 276:2018-12 (zum Teil abgekürzt)

③

Einheit der Kostengruppe nach DIN 277:2021-08 bzw. der DIN 276:2018-12 Mengen und Bezugseinheiten

④

Kostenkennwerte der jeweiligen Kostengruppen in € bezogen auf die Einheit
Mittelwerte: siehe Spalte „€/Einheit"
Standardabweichung: siehe Spalten „von/bis"

⑤

Kostenkennwerte der jeweiligen Kostengruppen in € bezogen auf die BGF
Mittelwerte: siehe Spalte „€/Einheit"
Standardabweichung: siehe Spalten „von/bis"

Die Kostengruppen wurden nach dem Mittelwert der Spalte €/m² BGF absteigend sortiert. Dadurch ergibt sich eine Gewichtung. Die unter Kostengesichtspunkten wichtigsten Kostengruppen erscheinen zu Beginn der Tabelle. Der Anwender hat dadurch die Möglichkeit schnell zu erkennen, in welchen Kostengruppen die meisten Kosten angefallen sind. Es werden auch Kostenaussagen in einem sehr frühen Planungsstadium ermöglicht, da nur die BGF als Bezugsgröße vorliegen muss.

Bei manchen Kostengruppen, vor allem aus der Gebäudetechnik, ist als Bezugsmenge die BGF vorgegeben. In diesen Fällen sind die Kostenkennwerte in den linken Spalten (€/Einheit) und in den rechten Spalten (€/m² BGF) identisch.

Prozentanteile der Kosten für Leistungsbereiche nach STLB (Kosten Bauwerk nach DIN 276)

	LB	Leistungsbereiche	10%	20%	30%	40%	▷	% an 300+400	◁
①	**LB**	**Leistungsbereiche**							
	000	Baustellen-, Verkehrssich.- u. Sicherh.einr. inkl. 001					1,8	**3,8**	7,0
	002	Erdarbeiten					0,6	**1,1**	2,6
	006	Spezialtiefbauarbeiten inkl. 005					–	**–**	–
	009	Entwässerungskanalarbeiten inkl. 011					< 0,1	**0,1**	0,4
	010	Drän- und Versickerarbeiten					< 0,1	**0,1**	0,3
	012	Mauerarbeiten					1,0	**3,0**	5,9
	013	Betonarbeiten					2,6	**6,2**	15,9
	014	Natur-, Betonwerksteinarbeiten					< 0,1	**0,2**	0,5
	016	Zimmer- und Holzbauarbeiten					0,7	**4,9**	13,5
	017	Stahlbauarbeiten					0,0	**0,9**	3,5
	018	Abdichtungsarbeiten					0,2	**0,7**	2,0
	020	Dachdeckungsarbeiten					0,4	**1,9**	4,7
	021	Dachabdichtungsarbeiten					0,5	**1,9**	3,0
	022	Klempnerarbeiten					0,8	**1,7**	2,4
②		**Rohbau**					16,7	**26,7**	33,4
	023	Putz- und Stuckarbeiten, Wärmedämmsysteme					7,8	**14,6**	39,4
	024	Fliesen- und Plattenarbeiten					1,2	**3,2**	6,3
	025	Estricharbeiten					0,5	**1,3**	2,6
	026	Fenster, Außentüren inkl. 029, 032					5,0	**9,0**	14,8
	027	Tischlerarbeiten					0,3	**2,8**	4,5
	028	Parkett-, Holzpflasterarbeiten					< 0,1	**1,1**	3,1
	030	Rollladenarbeiten					0,3	**1,6**	3,5
	031	Metallbauarbeiten inkl. 035					1,0	**3,8**	10,3
	034	Maler- und Lackiererarb. – Beschicht. inkl. 037					1,1	**2,7**	6,2
	036	Bodenbelagarbeiten					< 0,1	**1,2**	2,7
	038	Vorgehängte hinterlüftete Fassaden					< 0,1	**0,7**	4,3
	039	Trockenbauarbeiten					1,1	**4,0**	6,7
②		**Ausbau**					36,5	**45,9**	61,6
	040	Wärmeversorgungsanl. - Betriebseinr. inkl. 041					3,4	**7,0**	10,7
	042	Gas- u. Wasseranl. – Leitung., Armat. inkl. 043					0,6	**1,7**	2,5
	044	Abwasseranl. - Leitungen, Abläufe, Armaturen					0,2	**1,0**	1,5
	045	Gas, Wasser, Entwässerung – Ausstattung inkl. 046					0,6	**2,5**	4,0
	047	Dämm- und Brandschutzarb. an techn. Anlagen					0,3	**0,8**	1,5
	049	Feuerlöschanlagen, Feuerlöschgeräte					0,0	**< 0,1**	< 0,1
	050	Blitzschutz-/Erdungsanlagen, Überspannungssch.					< 0,1	**< 0,1**	0,3
	052	Mittelspannungsanlagen					–	**–**	–
	053	Niederspannungsanl. – Kabel inkl. 054					1,9	**3,8**	7,6
	055	Sicherheits- u. Ersatzstromversorgungsanl.					0,0	**< 0,1**	0,3
	057	Gebäudesystemtechnik					–	**–**	–
	058	Leuchten und Lampen inkl. 059					0,1	**0,4**	0,9
	060	Such, Signal, Zeit, Anten., akust. Anl. inkl. 064					< 0,1	**0,3**	0,5
	061	Kommunikations- u. Übertragungsnetze inkl. 062					0,1	**0,6**	1,3
	063	Gefahrenmeldeanlagen					0,0	**< 0,1**	0,6
	069	Aufzüge					< 0,1	**0,6**	5,7
	070	Gebäudeautomation					–	**–**	–
	075	Raumlufttechnische Anlagen inkl. 078					0,5	**2,4**	5,0
②		**Gebäudetechnik**					12,5	**21,2**	29,3
③	084	Abbruch, Rückbau, Schadstoffsanierung					2,7	**5,9**	8,4
		Sonstige Leistungsbereiche inkl. 008, 033, 051					< 0,1	**0,4**	1,3

Kostenstand: 2. Quartal 2025, Bundesdurchschnitt, **inkl. 19% MwSt.**

Erläuterung nebenstehender Baukostentabelle

Alle Kostenkennwerte enthalten die Mehrwertsteuer. Kostenstand: 2. Quartal 2025.
Kosten und Kostenkennwerte umgerechnet auf den Bundesdurchschnitt.

Prozentanteile der Kosten für Leistungsbereiche nach STLB (Kosten des Bauwerks DIN 276)

①

LB-Nummer nach Standardleistungsbuch (STLB).
Bezeichnung des Leistungsbereichs (zum Teil abgekürzt).

Die grafische Darstellung verdeutlicht, welchen durchschnittlichen Anteil die einzelnen Leistungsbereiche an den Bauwerkskosten (Kostengruppe 300 + 400 = 100%) haben. Für Kostenermittlungen werden die kostenplanerisch besonders relevanten Leistungsbereiche auch optisch sofort erkennbar. Der senkrechte Strich markiert den durchschnittlichen Prozentanteil (Mittelwert); der farbige Balken visualisiert den „Streubereich" (Standardabweichung). Bei der Aufsummierung aller Prozentanteile der Leistungsbereiche sind Abweichungen zu 100% rundungsbedingt.

Anteil der jeweiligen Leistungsbereiche in Prozent der Bauwerkskosten (100%):
Mittelwerte: siehe Spalte „% an 300 + 400"
Standardabweichung: siehe Spalten „von/bis".

②

Prozentanteile für „Leistungsbereichspakete" als Zusammenfassung bestimmter Leistungsbereiche. Leistungsbereiche mit relativ geringem Kostenanteil wurden in Einzelfällen mit anderen Leistungsbereichen zusammengefasst.

Beispiel:
LB 000 Baustelleneinrichtung zusammengefasst mit
LB 001 Gerüstarbeiten (Angabe: inkl. 001).
vollständige Leistungsbereichsgliederung siehe Seite 62.

③

Ergänzende, den STLB-Leistungsbereichen nicht zuordenbare Leistungsbereiche, zusammengefasst mit den LB-Nr. 008, 033, 051 u.a.

Anmerkung:
Die Werte in den Spalten „von" bzw. „bis" sind aus statistischen Gründen nicht addierbar, sonstige Abweichungen sind rundungsbedingt.
Bei zu geringem Stichprobenumfang entfällt bei einzelnen Leistungsbereichen die Angabe „von/bis".

Modernisierungen

Objektübersicht zur Gebäudeart

① ② ③ ④ ⑤ ⑥ ⑦ ⑧

Wohngebäude nach 1945 mit Tragkonstruktion

€/m² BGF

min	735	€/m²
von	1.000	€/m²
Mittel	**1.340**	**€/m²**
bis	1.940	€/m²
max	2.580	€/m²

Kosten:
Stand 2.Quartal 2025
Bundesdurchschnitt
inkl. 19% MwSt.

6200-0098 Studentenwohnheim (213 WE) — **BRI** 19.018m³ **BGF** 6.761m² **NUF** 3.905m²

Baujahr: 1975
Bauzustand: schlecht
Aufwand: mittel
Nutzung während der Bauzeit: ja
Nutzungsänderung: nein
Grundrissänderungen: wenige
Tragwerkseingriffe: wenige

a) Land: Saarland
b) Kreis: Saarbrücken, Regionalverband
c) Standard: hoch
d) Bauzeit: 52 Wochen
e) Kennwerte: bis 3. Ebene DIN 276
f) veröffentlicht: BKI Objektdaten A12

BGF **734€/m²**

a) **Planung:** Prof. Rollmann + Partner Architekten PartGmbB; Homburg

b) Energetische Fassaden- und Dachsanierung des Studierendenwohnheims.

Bauwerk – Baukonstruktionen
Herstellen: Außenwandbekleidungen, außen 54%, Außenwandöffnungen 20%, Gerüste 9%
Sonstige: 17%

Bauwerk – Technische Anlagen
Herstellen: Blitzschutz- und Erdungsanlagen 26%, Sonstiges zur KG 420 19%
Wiederherstellen: Beleuchtungsanlagen 29%
Sonstige: 26%

6100-1345 Einfamilienhaus, Dachsanierung* — **BRI** 665m³ **BGF** 293m² **NUF** 180m²

Baujahr: 1962
Bauzustand: mittel
Aufwand: hoch
Nutzung während der Bauzeit: ja
Nutzungsänderung: nein
Grundrissänderungen: wenige
Tragwerkseingriffe: wenige

Land: Nordrhein-Westfalen
Kreis: Münster, Stadt
Standard: hoch
Bauzeit: 13 Wochen
Kennwerte: bis 3. Ebene DIN 276
veröffentlicht: BKI Objektdaten A11

BGF **202€/m²**

* Nicht in der Auswertung enthalten

Planung: planungsbüro bau.RAUM Petra L. Müller; Münster

Dachsanierung eines Einfamilienhauses mit 128m² WFL

Bauwerk – Baukonstruktionen
Herstellen: Dachbeläge 55%, Dachöffnungen 15%, Gerüste 8%
Sonstige: 22%

Bauwerk – Technische Anlagen
Abbrechen: Sonstiges zur KG 420 22%
Herstellen: Sonstiges zur KG 420 78%

Kostenstand: 2. Quartal 2025, Bundesdurchschnitt, **inkl. 19% MwSt.**

Erläuterung nebenstehender Baukostentabellen

Alle Kostenkennwerte enthalten die Mehrwertsteuer. Kostenstand: 2. Quartal 2025.
Kosten und Kostenkennwerte umgerechnet auf den Bundesdurchschnitt.

Tabellen zur Objektübersicht

①

Objektnummer und Objektbezeichnung

②

Angaben zu Brutto-Rauminhalt (BRI), Brutto-Grundfläche (BGF) und Nutzungsfläche (NUF) nach DIN 277

③

Abbildung des Objekts mit Nennung wichtiger Kosteneinflussfaktoren beim Bauen im Bestand. (Baujahr bezeichnet den Erstellungszeitpunkt des Objekts, nicht die Bauzeit der dokumentierten Maßnahme)

④

a) Angaben zum Bundesland b) Angaben zum Kreis; c) Angaben zum Standard d) Angaben zur Bauzeit e) „Kennwerte" gibt die Kostengliederungstiefe nach DIN 276 an. Die BKI Objekte sind unterschiedlich detailliert dokumentiert. f) Hinweis auf das BKI Fachbuch, in dem dieses Objekt veröffentlicht wurde (siehe Abkürzungsverzeichnis).

⑤

a) Planendes und/oder ausführendes Architekturbüro. b) Beschreibung der Nutzung des Objekts und zusätzliche Hinweise bei besonderen Kosteneinflüssen durch spezielle Nutzungsanforderungen oder spezielle Grundstückssituationen.

⑥

Angaben zu den kostenintensivsten Kostengruppen bei Baukonstruktionen und technischen Anlagen mit Ausweisung des prozentualen Kostenanteils. Die Auswertungen zeigen, welche Bauleistungen beim jeweiligen Objekt am kostenintensivsten waren und erleichtern damit die Suche nach passenden Vergleichsobjekten.

⑦

Kosten des Bauwerks (KG 300+400) in €/m² BGF.

⑧

Lineare Skala mit Angabe der Kosten des Objekts (KG 300+400 in €/m² BGF) als schwarzer Punkt und Angabe der „min-/max-"-Werte und des Mittelwertes (Ø) der zugehörigen Gebäudeart als farbige Bereiche.

(1) (2) (3) (4)

324
Gründungsbeläge

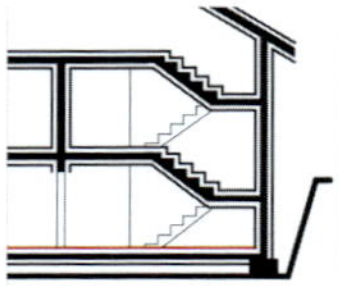

Kosten:
Stand 2.Quartal 2025
Bundesdurchschnitt
inkl. 19% MwSt.

Einheit: m²
Gründungsbelagsfläche

▷ von
ø Mittel
◁ bis

Gebäudeart	▷	€/Einheit	◁	KG an 300
Erweiterungen				
Büro- und Verwaltungsgebäude	149	**191**	234	2,3%
Schulen	133	**201**	265	3,9%
Kindergärten	166	**200**	218	8,8%
Wohngebäude: Anbau	179	**300**	445	4,5%
Wohngebäude: Aufstockung	–	**62**	–	< 0,1%
Wohngebäude: Dachausbau	–	**–**	–	–
Gewerbegebäude	71	**128**	203	5,7%
Gebäude anderer Art	189	**285**	460	5,6%
Umbauten				
Büro- und Verwaltungsgebäude	101	**201**	304	3,3%
Arztpraxen	–	**–**	–	–
Schulen	125	**213**	357	4,1%
Kindergärten	128	**204**	289	8,2%
Ein- und Zweifamilienhäuser	132	**216**	260	2,8%
Mehrfamilienhäuser	78	**164**	254	1,0%
Wohnungen	236	**276**	315	1,0%
Hotel und Beherbergung	254	**271**	288	1,5%
Gewerbegebäude	16	**116**	167	7,0%
Museen	179	**301**	539	3,9%
Gemeindezentren	223	**360**	538	4,6%
Gebäude anderer Art	125	**215**	322	9,9%
Modernisierungen				
Büro- und Verwaltungsgebäude	81	**165**	249	2,3%
Schulen und Kindergärten	130	**215**	275	3,0%
Sporthallen	85	**182**	239	8,8%
Ein- und Zweifamilienhäuser vor 1945	113	**251**	432	3,7%
Ein- und Zweifamilienhäuser nach 1945	66	**148**	262	1,3%
Wohngebäude vor 1945	96	**207**	296	2,8%
Wohngebäude nach 1945: nur Oberflächen	22	**39**	82	0,1%
Wohngebäude nach 1945: mit Tragkonstruktion	103	**139**	230	1,3%
Fachwerkhäuser	–	**110**	–	0,4%
Gewerbegebäude	78	**100**	122	0,1%
Gebäude anderer Art	166	**345**	513	3,5%
Instandsetzungen				
Wohngebäude	75	**136**	209	0,7%
Nichtwohngebäude	100	**161**	288	6,8%
Restaurierungsarbeiten	17	**252**	376	1,0%
Sakralbauten	271	**533**	796	7,1%
Sakralbauten mit Restaurierungsarbeiten	175	**292**	515	7,4%
Schwammsanierung	–	**–**	–	–

Kostenstand: 2.Quartal 2025, Bundesdurchschnitt, **inkl. 19% MwSt.**

Erläuterung nebenstehender Tabelle

Alle Kostenkennwerte enthalten die Mehrwertsteuer. Kostenstand: 2. Quartal 2025.
Kosten und Kostenkennwerte umgerechnet auf den Bundesdurchschnitt.

Gebäudearten-bezogene Kostenkennwerte für die Kostengruppen der 3. Ebene DIN 276

①

Ordnungszahl und Bezeichnung der Kostengruppe nach DIN 276:2018-12. Einheit und Mengenbezeichnung der Bezugseinheit nach DIN 276:2018-12, auf die die Kostenkennwerte in der Spalte „€/Einheit" bezogen sind.

DIN 277:2021-08 bzw. DIN 276:2018-12 Mengen und Bezugseinheiten

②

Bezeichnung der Gebäudearten, gegliedert nach der Bauwerksartensystematik der BKI-Baukostendatenbanken.

③

Kostenkennwerte für die jeweilige Gebäudeart und die jeweilige Kostengruppe (Bauelement) mit Angabe von Mittelwert (Spalte: €/Einheit) und Streubereich (Spalten: von-/bis-Werte unter Berücksichtigung der Standardabweichung).
Bei Gebäudearten mit noch schmaler Datenbasis wird nur der Mittelwert angegeben. Insbesondere in diesen Fällen wird empfohlen, die Kosten projektbezogen über Elementarten bzw. positionsweise zu ermitteln.

④

Durchschnittlicher Anteil der Kosten der jeweiligen Kostengruppe in Prozent der Kosten für Baukonstruktionen (Kostengruppe 300 nach DIN 276 = 100%) bzw. Technische Anlagen (Kostengruppe 400 nach DIN 276 = 100%).

(2) (3) (4) (5) (1)

KG.OZ	Abbrechen	▷	€/Einheit	◁	LB an EA
324.20	**Estrich**				
01	**GR Estrich, Verbundestrich, bis 25mm, abbrechen** Einheit: m² Belagfläche 084 Abbruch-, Rückbau- und Schadstoffsanierungsarbeiten	32,00	**35,00**	43,00	100,0%
02	**GR Estrich, Verbundestrich, bis 50mm, abbrechen** Einheit: m² Belagfläche 084 Abbruch-, Rückbau- und Schadstoffsanierungsarbeiten	35,00	**42,00**	54,00	100,0%
03	**GR Estrich, Verbundestrich, bis 70mm, abbrechen** Einheit: m² Belagfläche 084 Abbruch-, Rückbau- und Schadstoffsanierungsarbeiten	44,00	**53,00**	67,00	100,0%
04	**GR Estrich, schwimmend, abbrechen** Einheit: m² Belagfläche 084 Abbruch-, Rückbau- und Schadstoffsanierungsarbeiten	40,00	**49,00**	59,00	100,0%
05	**GR Estrich, bewehrt, schwimmend, abbrechen** Einheit: m² Belagfläche 084 Abbruch-, Rückbau- und Schadstoffsanierungsarbeiten	53,00	**65,00**	79,00	100,0%
06	**GR Heizestrich, mit Dämmung, abbrechen** Einheit: m² Belagfläche 084 Abbruch-, Rückbau- und Schadstoffsanierungsarbeiten	67,00	**76,00**	91,00	100,0%
07	**GR Heizestrich, bewehrt, mit Heizrohren, abbrechen** Einheit: m² Belagfläche 084 Abbruch-, Rückbau- und Schadstoffsanierungsarbeiten	90,00	**98,00**	117,00	100,0%
324.30	**Fliesen und Platten**				
01	**GR Fliesen, Estrich, Unterbau, Sockelfliesen, abbrechen** Einheit: m² Belagfläche 084 Abbruch-, Rückbau- und Schadstoffsanierungsarbeiten	71,00	**83,00**	101,00	100,0%
02	**GR Fliesen, Mörtelbett, Sockelfliesen, abbrechen** Einheit: m² Belagfläche 084 Abbruch-, Rückbau- und Schadstoffsanierungsarbeiten	44,00	**50,00**	58,00	100,0%
03	**GR Fliesen, geklebt, Sockelfliesen, abbrechen** Einheit: m² Belagfläche 084 Abbruch-, Rückbau- und Schadstoffsanierungsarbeiten	37,00	**43,00**	52,00	100,0%
324.40	**Naturstein**				
01	**GR Natursteinbelag, Mörtelbett, Sockelleisten, abbrechen** Einheit: m² Belagfläche 084 Abbruch-, Rückbau- und Schadstoffsanierungsarbeiten	47,00	**52,00**	65,00	100,0%
02	**GR Natursteinbelag, Unterbeton, Sockelleisten, abbrechen** Einheit: m² Belagfläche 084 Abbruch-, Rückbau- und Schadstoffsanierungsarbeiten	77,00	**86,00**	108,00	100,0%
324.60	**Textil**				
01	**GR Bodenbelag, lose verlegt, Sockelleisten, abbrechen** Einheit: m² Belagfläche 084 Abbruch-, Rückbau- und Schadstoffsanierungsarbeiten	17,00	**20,00**	24,00	100,0%

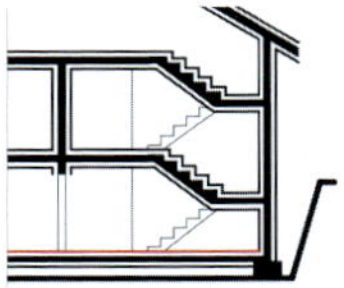

Kostenstand: 2. Quartal 2025, Bundesdurchschnitt, inkl. 19% MwSt.

Erläuterung nebenstehender Tabelle

Alle Kostenkennwerte enthalten die Mehrwertsteuer. Kostenstand: 2. Quartal 2025.
Kosten und Kostenkennwerte umgerechnet auf den Bundesdurchschnitt.

Kostenkennwerte für Elementarten

---

①

Ordnungszahl und Bezeichnung der Kostengruppe nach DIN 276:2018-12.

②

Ordnungszahl (5-stellig) für Elementarten (EA), darin bedeutet:

KG	Kostengruppe 3. Ebene DIN 276 (Bauelement):	3-stellige Ordnungszahl
OZ	Ordnungsstruktur und Ordnungszahl:	jeweils 2-stellige

③

Angaben zu Elementarten in der Reihenfolge von oben nach unten

- Bezeichnung der Gliederungsstruktur
- Beschreibung der Elementart
- Einheit und Mengenbezeichnung der Bezugseinheit, auf die die Kostenkennwerte in der Spalte „€/Einheit" bezogen sind (je nach Elementart ggf. unterschiedliche Bezugseinheiten!)
- Ordnungszahl und Bezeichnung der Leistungsbereiche (nach STLB), die im Regelfall bei der Ausführung der jeweiligen Elementart beteiligt sind.

④

Kostenkennwerte für die jeweiligen Elementarten mit Angabe von Mittelwert (Spalte: €/Einheit) und Streubereich (Spalten: von-/bis-Werte unter Berücksichtigung der Standardabweichung).

⑤

Anteil der Leistungsbereiche in Prozent der Kosten für die jeweilige Elementart (Kosten EA = 100%) als Orientierungswert für die Überführung in eine vergabeorientierte Kostengliederung. Je nach Einzelfall und Vergabepraxis können ggf. auch andere Leistungsbereiche beteiligt sein und die Prozentanteile von den Orientierungswerten entsprechend abweichen.

Häufig gestellte Fragen

Fragen zur Flächenberechnung (DIN 277):

1. Wie wird die BGF berechnet?	Die Brutto-Grundfläche ist die Summe der Grundflächen aller Grundrissebenen. Nicht dazu gehören die Grundflächen von nicht nutzbaren Dachflächen (Kriechböden) und von konstruktiv bedingten Hohlräumen (z. B. über abgehängter Decke). (DIN 277:2021-08) Bei den Gebäudearten Dachausbau und Aufstockung nur bezogen auf die Grundrissebene des Dachs.
2. Gehört der Keller bzw. eine Tiefgarage mit zur BGF?	Ja, im Gegensatz zur Geschossfläche nach § 20 Baunutzungsverordnung (BauNVo) gehört auch der Keller bzw. die Tiefgarage zur BGF.
3. Wie werden Luftgeschosse (z. B. Züblinhaus) nach DIN 277 berechnet?	Die Rauminhalte der Luftgeschosse zählen zum Regelfall der Raumumschließung (R) BRI (R). Die Grundflächen der untersten Ebene der Luftgeschosse und Stege, Treppen, Galerien etc. innerhalb der Luftgeschosse zählen zur Brutto-Grundfläche BGF (R). Vorsicht ist vor allem bei Kostenermittlungen mit Kostenkennwerten des Brutto-Rauminhalts geboten.
4. Welchen Flächen ist die Garage zuzurechnen?	Die Stellplatzflächen von Garagen werden zur Nutzungsfläche gezählt, die Fahrbahn ist Verkehrsfläche.
5. Wird die Diele oder ein Flur zur Nutzungsfläche gezählt?	Normalerweise nicht, da eine Diele oder ein Flur zur Verkehrsfläche gezählt wird. Wenn die Diele aber als Wohnraum genutzt werden kann, z. B. als Essplatz, wird sie zur Nutzungsfläche gezählt.
6. Zählt eine nicht umschlossene oder nicht überdeckte Terrasse einer Sporthalle, die als Eingang und Fluchtweg dient, zur Nutzungsfläche?	Die Terrasse ist nicht Bestandteil der Grundflächen des Bauwerks nach DIN 277. Sie bildet daher keine BGF und damit auch keine Nutzungsfläche. Die Funktion als Eingang oder Fluchtweg ändert daran nichts.

7. Zählt eine Außentreppe zum Keller zur BGF?	Wenn die Treppe allseitig umschlossen ist, z. B. mit einem Geländer, ist sie als Verkehrsfläche zu werten. Nach DIN 277:2021-08 gilt: Grundflächen und Rauminhalte sind nach ihrer Zugehörigkeit zu den folgenden Bereichen getrennt zu ermitteln: Regelfall der Raumumschließung (R): Räume und Grundflächen, die Nutzungen der Netto-Raumfläche entsprechend Tabelle 1 aufweisen und die bei allen Begrenzungsflächen des Raums (Boden, Decke, Wand) vollständig umschlossen sind. Dazu gehören nicht nur Innenräume, die von der Witterung geschützt sind, sondern auch solche allseitig umschlossenen Räume, die über Öffnungen mit dem Außenklima verbunden sind; Sonderfall der Raumumschließung (S): Räume und Grundflächen, die Nutzungen der Netto-Raumfläche entsprechend Tabelle 1 aufweisen und mit dem Bauwerk konstruktiv verbunden sind, jedoch nicht bei allen Begrenzungsflächen des Raums (Boden, Decke, Wand) vollständig umschlossen sind (z. B. Loggien, Balkone, Terrassen auf Flachdächern, unterbaute Innenhöfe, Eingangsbereiche, Außentreppen). Die Außentreppe stellt also demnach einen Sonderfall der Raumumschließung (S) dar. Wenn die Treppe allerdings über einen Tiefgarten ins UG führt, wird sie zu den Außenanlagen gezählt. Sie bildet dann keine BGF. Die Kosten für den Tiefgarten mit Treppe sind bei den Außenanlagen zu erfassen.
8. Ist eine Abstellkammer mit Heizung eine Technikfläche?	Es kommt auf die überwiegende Nutzung an. Wenn über 50% der Kammer zum Abstellen genutzt werden können, wird sie als Abstellraum gezählt. Es kann also Gebäude ohne Technikfläche geben.
9. Ist die NUF gleich der Wohnfläche?	Nein, die DIN 277 kennt den Begriff Wohnfläche nicht. Zur Nutzungsfläche gehören grundsätzlich keine Verkehrsflächen, während bei der Wohnfläche zumindest die Verkehrsflächen innerhalb der Wohnung hinzugerechnet werden. Die Abweichungen sind dadurch meistens nicht unerheblich.

Fragen zur Wohnflächenberechnung (WoFlV):

10. Wie wird die Wohnfläche (NE: Wohnfläche) bei Wohngebäuden bei BKI berechnet?	Die Berechnung der bei BKI auf der Startseite der Wohngebäude angegebenen "NE: Wohnfläche" erfolgt nach der Wohnflächenberechnung WoFlV.

11. Wird ein Hobbyraum im Keller zur Wohnfläche gezählt?	Wenn der Hobbyraum nicht innerhalb der Wohnung liegt, wird er nicht zur Wohnfläche gezählt. Beim Einfamilienhaus gilt: Das ganze Haus stellt die Wohnung dar. Der Hobbyraum liegt also innerhalb der Wohnung und wird mitgezählt, wenn er die Qualitäten eines Aufenthaltsraums nach LBO aufweist.
12. Wird eine Diele oder ein Flur zur Wohnfläche gezählt?	Wenn die Diele oder der Flur in der Wohnung liegt ja, ansonsten nicht.
13. In welchem Umfang sind Balkone oder Terrassen bei der Wohnfläche zu rechnen?	Balkone und Terrassen werden von BKI zu einem Viertel zur Wohnfläche gerechnet. Die Anrechnung zur Hälfte wird nicht verwendet, da sie in der WoFlV als Ausnahme definiert ist.
14. Zählt eine Empore/Galerie im Zimmer als eigene Wohnfläche oder Nutzungsfläche?	Wenn es sich um ein unlösbar mit dem Baukörper verbundenes Bauteil handelt, zählt die Empore mit. Anders beim nachträglich eingebauten Hochbett, das zählt zum Mobiliar. Für die verbleibende Höhe über der Empore ist die 1 bis 2m Regel nach WoFlV anzuwenden: „Die Grundflächen von Räumen und Raumteilen mit einer lichten Höhe von mindestens zwei Metern sind vollständig, von Räumen und Raumteilen mit einer lichten Höhe von mindestens einem Meter und weniger als zwei Metern sind zur Hälfte anzurechnen."

Fragen zur Kostengruppenzuordnung (DIN 276):

15. Wo werden Abbruchkosten zugeordnet?	Abbruchkosten ganzer Gebäude im Sinne von „Bebaubarkeit des Grundstücks herstellen" werden der KG 212 Abbruchmaßnahmen zugeordnet. Abbruchkosten einzelner Bauteile, insbesondere bei Sanierungen werden den jeweiligen Kostengruppen der 2. oder 3. Ebene (Wände, Decken, Dächer) zugeordnet. Wo diese Aufteilung nicht möglich ist, werden die Abbruchkosten der KG 394 Abbruchmaßnahmen zugeordnet, weil z. B. die Abbruchkosten verschiedenster Bauteile pauschal abgerechnet wurden. Analog gilt dies auch für die Kostengruppen 400 und 500.

16. Wo muss ich die Kosten des Aushubs für Abwasser- oder Wasserleitungen zuordnen?	Diese Kosten werden wie auch alle anderen Rohrgraben- und Schachtaushubskosten der KG 311 zugeordnet, sofern der Aushub unterhalb des Gebäudes anfällt. Die Kosten für Rohrgraben- und Schachtaushub zwischen Gebäudeaußenkante und Grundstücksgrenze gehören in die KG 511. Die Kosten des Rohrgraben- und Schachtaushubs innerhalb von Erschließungsflächen werden der KG 220 ff. oder KG 230 ff. zugeordnet.
17. Wie werden Eigenleistungen bewertet?	Nach DIN 276:2018-12, gilt: 4.2.11 Die Werte von unentgeltlich eingebrachten Gütern und Leistungen (z. B. Materialien, Eigenleistungen) sind den betreffenden Kostengruppen zuzurechnen, aber gesondert auszuweisen. Dafür sind die aktuellen Marktwerte dieser Güter und Leistungen zu ermitteln und einzusetzen. Nach HOAI §4 (2) gilt: Als anrechenbare Kosten nach Absatz 2 gelten ortsübliche Preise, wenn der Auftraggeber: • selbst Lieferungen oder Leistungen übernimmt • von bauausführenden Unternehmern oder von Lieferanten sonst nicht übliche Vergünstigungen erhält • Lieferungen oder Leistungen in Gegenrechnung ausführt oder • vorhandene oder vorbeschaffte Baustoffe oder Bauteile einbauen lässt.

Fragen zu Kosteneinflussfaktoren:

18. Welchen Einfluss hat die Konjunktur auf die Baukosten?	Der Einfluss der Konjunktur auf die Baukosten wird häufig überschätzt. Er ist meist geringer als der anderer Kosteneinflussfaktoren. BKI Untersuchungen haben ergeben, dass die Baukosten bei mittlerer Konjunktur manchmal höher sind als bei hoher Konjunktur.

19. Gibt es beim BKI Regionalfaktoren?

Der Anhang dieser Ausgabe enthält eine Liste der Regionalfaktoren aller deutschen Land- und Stadtkreise, sowie für die Nord- und Ostsee-Inseln. Die Faktoren wurden auf Grundlage von Daten aus den statistischen Landesämtern gebildet, die wiederum aus den Angaben der Antragsteller von Bauanträgen entstammen. Die Regionalfaktoren werden von BKI zusätzlich als farbiges Poster im DIN A1 Format angeboten.

Die Faktoren geben Aufschluss darüber, inwiefern die Baukosten in einer bestimmten Region Deutschlands teurer oder günstiger liegen als im Bundesdurchschnitt. Sie können dazu verwendet werden, die BKI Baukosten an das besondere Baupreisniveau einer Region anzupassen.

Die Angaben wurden durch Untersuchungen des BKI weitgehend verifiziert. Dennoch können Abweichungen zu den angegebenen Werten entstehen. In Grenznähe zu einem Land-Stadtkreis mit anderen Baupreisfaktoren sollte dessen Baupreisniveau mit berücksichtigt werden, da die Übergänge zwischen den Land-Stadtkreisen fließend sind. Die Besonderheiten des Einzelfalls können ebenfalls zu Abweichungen führen.

Siehe auch Benutzerhinweise, 10. Regionalisierung der Daten (Seite 11).

20. Standardzuordnung

Einige Gebäudearten werden vom BKI nach ihrem Standard in „einfach", „mittel" und „hoch" unterteilt. Diese Unterteilung wurde immer dann vorgenommen, wenn der Standard als ein wesentlicher Kostenfaktor festgestellt wurde. Grundsätzlich gilt, dass immer mehrere Kosteneinflussfaktoren auf die Kosten und damit auf die Kostenkennwerte einwirken. Einige dieser vielen Faktoren seien hier aufgelistet:

- Zeitpunkt der Ausschreibung
- Art der Ausschreibung
- Regionale Konjunktur
- Gebäudegröße
- Lage der Baustelle, Erreichbarkeit

usw.

Wenn bei einem Gebäude große Mengen an Bauteilen hoher Qualität die übrigen Kosteneinflussfaktoren überlagern, dann wird von einem „hohen Standard" gesprochen.

Für Gebäudearten mit Standardunterteilung gibt es in „BKI Baukosten Gebäude, Statistische Kostenkennwerte" zu Beginn der jeweiligen Gebäudeart ein Arbeitsblatt zur Standardeinordnung.

21. Wie gehe ich mit der aktuellen Baukostenentwicklung um?	Zur Bewertung aktueller Baukostenentwicklungen führen wir zusätzlich Befragungen zu regionalen Baukosten-Niveaus nach Leistungsbereichen durch. Die Ergebnisse stellen wir den Anwender*innen der BKI-Fachbuchreihe zur Verfügung, unter www.bki.de/baukostenentwicklungen. Damit können die Risiken kurzfristiger Materialpreis- und Lohnkosten-Veränderungen verbessert prognostiziert werden, wie sie die normkonforme Kostenplanung nach DIN 276 verlangt.

Fragen zur Handhabung der von BKI herausgegebenen Bücher:

22. Ist die MwSt. in den Kostenkennwerten enthalten?	Bei allen Kostenkennwerten in „BKI Baukosten" ist die gültige MwSt. enthalten (zum Zeitpunkt der Herausgabe 19%). In „BKI Baukosten Positionen Neubau, Statistische Kostenkennwerte" und „BKI Baukosten Positionen Altbau, Statistische Kostenkennwerte" werden die Kostenkennwerte, wie bei Positionspreisen üblich, zusätzlich ohne MwSt. dargestellt. Kostenstand und MwSt. wird auf jeder Seite als Fußzeile angegeben.
23. Hat das Baujahr der Objekte einen Einfluss auf die angegebenen Kosten?	Nein, alle Kosten wurden über den Baupreisindex auf einen einheitlichen zum Zeitpunkt der Herausgabe aktuellen Kostenstand umgerechnet. Der Kostenstand wird auf jeder Seite als Fußzeile angegeben. Allenfalls sind Korrekturen zwischen dem Kostenstand zum Zeitpunkt der Herausgabe und dem aktuellen Kostenstand durchzuführen.
24. Wo finde ich weitere Informationen zu den einzelnen Objekten einer Gebäudeart?	Alle Objekte einer Gebäudeart sind einzeln mit Kurzbeschreibung, Angabe der BGF und anderer wichtiger Kostenfaktoren aufgeführt. Die Objektdokumentationen sind veröffentlicht in den Fachbüchern „Objektdaten" und können als PDF-Datei unter ihrer Objektnummer bei BKI bestellt werden, Telefon: 0711 954 854-41.
25. Was mache ich, wenn ich keine passende Gebäudeart finde?	In aller Regel findet man verwandte Gebäudearten, deren Kostenkennwerte der 2. Ebene (Grobelemente) wegen ähnlicher Konstruktionsart übernommen werden können.

26. Wo findet man Kostenkennwerte für Abbruch?	Im Fachbuch „BKI Baukosten Gebäude Altbau - Statistische Kostenkennwerte" gibt es Elementarten zu Abbruch und Demontagearbeiten. Im Fachbuch „BKI Baukosten Positionen Altbau - Statistische Kostenkennwerte" gibt es Mustertexte für Teilleistungen zu „LB 384 - Abbruch-, Rückbau- und Schadstoffsanierungsarbeiten". Im Fachbuch „BKI Baupreise kompakt Altbau" gibt es Positionspreise und Kurztexte zu „LB 384 - Abbruch-, Rückbau- und Schadstoffsanierungsarbeiten". Die Mustertexte für Teilleistungen zu „LB 384 - Abbruch-, Rückbau- und Schadstoffsanierungsarbeiten" und deren Positionspreise sind auch auf der DVD BKI Positionen und im BKI Kostenplaner enthalten.
27. Warum ist die Summe der Kostenkennwerte in der Kostengruppen (KG) 310-390 nicht gleich dem Kostenkennwert der KG 300, aber bei der KG 400 ist eine Summenbildung möglich?	In den Kostengruppen 310-390 ändern sich die Einheiten (310 Baugrube/Erdbau gemessen in m^3, 320 Gründung, Unterbau gemessen in m^2); eine Addition der Kostenkennwerte ist nicht möglich. In den Kostengruppen 410-490 ist die Bezugsgröße immer BGF, dadurch ist eine Addition prinzipiell möglich.
28. Manchmal stimmt die Summe der Kostenkennwerte der 2. Ebene der Kostengruppe 400 trotzdem nicht mit dem Kostenkennwert der 1. Ebene überein; warum nicht?	Die Anzahl der Objekte, die auf der 1. Ebene dokumentiert werden, kann von der Anzahl der Objekte der 2. Ebene abweichen. Dann weichen auch die Kostenkennwerte voneinander ab, da es sich um unterschiedliche Stichproben handelt. Es fallen auch nicht bei allen Objekten Kosten in jeder Kostengruppe an (Beispiel KG 461 Aufzugsanlagen).
29. Nutzungskosten, Lebenszykluskosten	Seit 2010 bringt BKI in Zusammenarbeit mit dem Institut für Bauökonomie der Universität Stuttgart ein Fachbuch mit Nutzungskosten ausgewählter Objekte heraus. Die Reihe wird kontinuierlich erweitert. Das Fachbuch Nutzungskosten Gebäude 2020/2021 fasst einzelne Objekte zu statistischen Auswertungen zusammen.
30. Lohn- und Materialkosten	BKI dokumentiert Baukosten nicht getrennt nach Lohn- und Materialanteil.
31. Gibt es Angaben zu Kostenflächenarten?	Nein, BKI hält die Grobelementmethode für geeigneter. Solange Grobelementmengen nicht vorliegen, besteht die Möglichkeit der Ableitung der Grobelementmengen aus den Verhältniszahlen von Vergleichsobjekten (siehe Planungskennwerte und Baukostensimulation).

32. Sind die im Fachbuch „BKI Baukosten Gebäude Altbau" angegebenen Mengenwerte Mengen nach DIN 276, oder die tatsächlich jeweils bearbeiteten Mengen?

Die im Fachbuch „BKI Baukosten Gebäude Altbau" angegebenen Mengenwerte sind anders als im Fachbuch „BKI Baukosten Gebäude Neubau" nicht Mengen nach DIN 276, sondern die abgerechneten Mengen, die bei den jeweiligen Objekten gemäß der Maßnahme nach der jeweiligen Kostengruppe tatsächlich bearbeitet wurden.

Fragen zu weiteren BKI Produkten:

33. Sind die Inhalte von „BKI Baukosten Gebäude (Teil 1), Statistische Kostenkennwerte" und „BKI Baukosten Bauelemente (Teil 2), Statistische Kostenkennwerte" auch im Kostenplaner enthalten?

Ja, im BKI Kostenplaner Statistik sind alle Objekte mit den Kosten bis zur 3. Ebene nach DIN 276 enthalten.
Im BKI Kostenplaner Statistik plus sind zudem die vom BKI gebildeten Ausführungsklassen und Elementarten enthalten. Darüber hinaus ermöglicht der BKI Kostenplaner den Zugriff auf alle Einzeldokumentationen von tausenden Objekten.

34. Worin unterscheiden sich die Fachbuchreihen „BKI Baukosten" und „BKI Objektdaten"

In der Fachbuchreihe BKI Objektdaten erscheinen abgerechnete Einzelobjekte eines bestimmten Teilbereichs des Bauens (A=Altbau, N=Neubau, E=Energieeffizientes Bauen, IR=Innenräume, F=Freianlagen). In der Fachbuchreihe BKI Baukosten erscheinen hingegen statistische Kostenkennwerte von Gebäudearten, die aus den Einzelobjekten gebildet werden.
Die Kostenplanung mit Einzelobjekten oder mit statistischen Kostenkennwerten haben spezifische Vor- und Nachteile:
Planung mit Objektdaten (BKI Objektdaten):

- Vorteil: Wenn es gelingt ein vergleichbares Einzelobjekt oder passende Bauausführungen zu finden ist die Genauigkeit besser als mit statistischen Kostenkennwerten. Die Unsicherheit, die der Streubereich (von-bis-Werte) mit sich bringt, entfällt.
- Nachteil: Passende Vergleichsobjekte oder Bauausführungen zu finden kann mühsam oder erfolglos sein.

Planung mit statistischen Kostenkennwerten (BKI Baukosten):

- Vorteil: Über die BKI Gebäudearten ist man recht schnell am Ziel, aufwändiges Suchen entfällt.
- Nachteil: Genauere Prüfung, ob die Mittelwerte übernommen werden können oder noch nach oben oder unten angepasst werden müssen, ist unerlässlich.

35. In welchen Produkten dokumentiert BKI Positionspreise?

Preise für Positionen mit statistischer Auswertung werden in „BKI Baukosten Positionen, Statistische Kostenkennwerte Neubau (Teil 3) und Altbau (Teil 5)" und „BKI Baupreise kompakt Neu- und Altbau" herausgegeben.
In Software-Form sind Preise mit den vorformulierten BKI-Mustertexten in der Software „BKI Kostenplaner - Statistik plus [Positionen]" und „BKI Positionen" enthalten.
Ausgewählte Positionspreise enthalten die Fachbücher „Konstruktionsdetails K1 bis K4", „Objektdaten Gebäudetechnik G1 bis G7" sowie die BKI „Objektdaten Freianlagen" und „Objektdaten Innenräume".
Im Sonderband Objektdaten S2 - Barrierefreies Bauen erscheint eine Auswahl von besonderen Positionen zum Barrierefreien Bauen.

36. Worin unterscheiden sich die Bände N1 bis N21 (A1 bis A12)

Die Bücher unterscheiden sich lediglich durch die Auswahl der dokumentierten Einzelobjekte. Der Aufbau der Bände ist gleich. In der BKI Fachbuchreihe Objektdaten erscheinen in unregelmäßigen Abständen Folgebände mit neu dokumentierten Einzelobjekten. Speziell bei den Altbaubänden A1 bis A12 ist es nützlich, alle Bände zu besitzen, da es im Bereich Altbau notwendig ist, mit passenden Vergleichsobjekten zu planen. Je mehr Vergleichsobjekte vorhanden sind, desto höher ist die „Trefferquote". Bände der Fachbuchreihe Objektdaten sollten deshalb langfristig aufbewahrt werden.

BKI plant für zukünftige Ausgaben des vorliegenden Fachbuchs zusätzlich sogenannte Aufwandsdaten zu erfassen. Sofern ausreichend Daten akquiriert werden können, erfolgt die Publikation dieser Daten wie im Folgenden beschrieben:

37. Was ist mit Aufwandsdaten gemeint?	Aufwandsdaten stellen den Zeitaufwand für Produktivleistungen eines Architekturauftrags dar. Als Produktivleistungen gelten: • Beratung bzgl. Planung und die Ausführung des Bauvorhabens • Erstellung von Zeichnungen, Berechnungen und Beschreibungen • Koordination und Integration der Beiträge fachlich Beteiligter • Erstellung von Genehmigungsunterlagen • Vorbereitung und Mitwirken bei der Vergabe • Objektüberwachung und Mitwirken bei der Abnahme u.v.m. Produktivleistungen werden nicht nur von Mitarbeiter*innen, sondern auch von Inhaber*innen/Partner*innen und Dritten erbracht und den Personalaufwendungen zugeordnet. In den BKI-Objektdokumentationen werden – soweit vom Objektplaner angegeben – die Aufwandsdaten für Produktivleistungen der Leistungsphasen 1 bis 8 dargestellt. Die Angabe des Zeitaufwands erfolgt in Arbeitstagen (1 AT = 8 Stunden).

Diese Liste wird laufend erweitert und im Internet unter www.bki.de/faq-kostenplanung.html veröffentlicht.

Bauen im Bestand – Regelwerke, Begriffe, Verfahren und Beispiele

von Univ.-Prof. Dr.-Ing. Wolfdietrich Kalusche und Dr.-Ing. Sebastian Herke

Bauen im Bestand – Regelwerke, Begriffe, Verfahren und Beispiele

von Univ.-Prof. Dr.-Ing. Wolfdietrich Kalusche und Dr.-Ing. Sebastian Herke
- 14. Fassung, August 2025

Das Fachbuch „BKI Baukosten Gebäude, Statistische Kostenkennwerte Altbau" und die Reihe BKI Objektdaten Altbau A1 bis A12 enthalten Kostenkennwerte, Erläuterungen und Abbildungen zu den Maßnahmen im Bestand. Die vorhandenen Daten wurden auf Objektebene der jeweiligen hauptsächlichen Maßnahme, also Erweiterung, Umbau, Modernisierung oder Instandsetzung zugeordnet. Das schließt nicht aus, dass im Einzelnen auch andere Maßnahmen durchgeführt wurden.

Die Kostenkennwerte und die nach Kostengruppen zusammengefassten Teilleistungen (Positionen) werden weiter unterschieden in:

- Herstellen; das sind Teilleistungen, die sowohl bei Umbauten, Erweiterungen als auch Modernisierungen vorkommen.
- Wiederherstellen; hierbei handelt es sich überwiegend um Instandsetzungen, teilweise auch um Verbesserung.
- Abbrechen; enthält nicht nur den Abbruch, sondern auch die Beseitigung von Bauteilen.

Für die Kostenplanung von Maßnahmen im Bestand ist diese Unterscheidung ausreichend. Wenn der oder die Architekt*in zusätzlich die Baunebenkosten ermittelt, kann der oder die Bauherr*in die Höhe der Investition gut einschätzen. [1]

Für weitergehende Fragestellungen im Zusammenhang mit der Finanzierung, insbesondere für die Beantragung von Zuschüssen bei Modernisierungen oder zur Ermittlung der zulässigen Modernisierungsumlage im Mietwohnungsbau ist es bei der Abrechnung von Bauleistungen erforderlich, nach weiteren Gesichtspunkten zu differenzieren. Das Augenmerk liegt hierbei auf der Abgrenzung von Maßnahmen der Modernisierung und Instandsetzung.

Denn anders als bei Instandsetzungen kann der oder die Eigentümer*in für Modernisierungsarbeiten Zuschüsse beantragen oder es kann nach dem geltenden Mietrecht eine Modernisierungsumlage erfolgen. Die möglichen Zuschüsse beim Bauen im Bestand sind bei jeder Maßnahme erneut zu prüfen. Es kann abschließend keine Auflistung erfolgen, da die gesetzlichen Bestimmungen von Jahr zu Jahr variieren. Instandsetzungen hingegen sind von Eigentümer*innen im Rahmen der Verpflichtungen eines Mietvertrags nach BGB (Bürgerliches Gesetzbuch) selbst zu tragen. Daher kommt es bei den Maßnahmen im Bestand nicht nur auf die sorgfältige Planung und Überwachung der Maßnahmen, sondern im Hinblick auf die Finanzierung auch auf die genaue und nachvollziehbare Abrechnung an. Grundlage hierfür sind die Abrechnungsdaten auf Positionsebene und Eigenberechnungen.

341
Tragende Innenwände

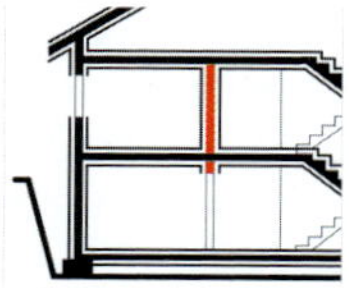

KG.OZ	Herstellen	▷	€/Einheit	◁	LB an AA
341.20	**Betonwand**				
06	**IW Stahlbeton, C25/30, 30cm, Bewehrung 100kg/m³, Schalung glatt**	268,00	**307,00**	363,00	
	Einheit: m² Wandfläche				
	013 Betonarbeiten				100,0%
341.30	**Holzwand**				
01	**IW Holzrahmen, Bekleidung, OSB/GK, MW 12cm**	160,00	**177,00**	206,00	
	Einheit: m² Wandfläche				
	016 Zimmer- und Holzbauarbeiten				67,8%
	039 Trockenbauarbeiten				32,2%
02	**IW Holzständer, Bekleidung, OSB/GK, MW 14cm**	194,00	**215,00**	241,00	
	Einheit: m² Wandfläche				
	016 Zimmer- und Holzbauarbeiten				73,5%
	039 Trockenbauarbeiten				26,5%

Abb. 1a: BKI-Kennwerte für Herstellen – Beispiele

345
Innenwand-bekleidungen

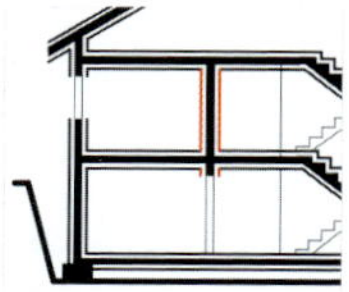

KG.OZ	Wiederherstellen	▷	€/Einheit	◁	LB an AA
345.20	**Oberflächenbehandlung**				
01	**IW Beschichtung, ausbessern**	8,60	**9,70**	11,00	
	Einheit: m² Beschichtete Fläche				
	034 Maler- und Lackierarbeiten - Beschichtungen				100,0%
02	**IW Beschichtung, Ölfarbe, anschleifen**	2,70	**3,10**	3,50	
	Einheit: m² Beschichtete Fläche				
	034 Maler- und Lackierarbeiten - Beschichtungen				100,0%
03	**IW Holzflächen, anschleifen, grundieren**	7,80	**8,60**	10,00	
	Einheit: m² Beschichtete Fläche				
	034 Maler- und Lackierarbeiten - Beschichtungen				100,0%
04	**IW Metallflächen, anschleifen**	5,20	**6,00**	6,90	
	Einheit: m² Beschichtete Fläche				
	034 Maler- und Lackierarbeiten - Beschichtungen				100,0%
05	**IW Metallflächen, schleifen, grundieren**	12,00	**14,00**	16,00	
	Einheit: m² Beschichtete Fläche				
	034 Maler- und Lackierarbeiten - Beschichtungen				100,0%

Abb. 1b: BKI-Kennwerte für Wiederherstellen – Beispiele

363
Dachbeläge

KG.OZ	Abbrechen	▷	€/Einheit	◁	LB an AA
363.10	**Abdichtung**				
01	**DA Bitumenabdichtung, einlagig, abbrechen**	25,00	**27,00**	33,00	
	Einheit: m² Belagfläche				
	084 Abbruch-, Rückbau- und Schadstoffsanierungsarbeiten				100,0%
02	**DA Bitumenabdichtung, zweilagig, abbrechen**	26,00	**31,00**	39,00	
	Einheit: m² Belagfläche				
	084 Abbruch-, Rückbau- und Schadstoffsanierungsarbeiten				100,0%
363.20	**Abdichtung, Wärmedämmung**				
01	**DA Bitumenabdichtung, mit Dämmung, abbrechen**	35,00	**40,00**	51,00	
	Einheit: m² Belagfläche				
	084 Abbruch-, Rückbau- und Schadstoffsanierungsarbeiten				100,0%
02	**DA Bitumenabdichtung, einlagig, Kiesschüttung, abbrechen**	41,00	**45,00**	55,00	
	Einheit: m² Belagfläche				
	084 Abbruch-, Rückbau- und Schadstoffsanierungsarbeiten				100,0%

Abb. 1c: BKI-Kennwerte für Abbrechen – Beispiele

Der Immobilienbestand in der Bundesrepublik Deutschland wird durch Altbauten geprägt. 80 Prozent des Wohnungsbestandes wurde vor 1990 errichtet. 50 Prozent des Wohnungsbestandes entstand in den Nachkriegsjahrzehnten zwischen 1949 bis 1978 und ist somit zum größten Teil vor Inkrafttreten der ersten Wärmeschutzverordnung gebaut worden. [2] Über zwei Drittel der Bautätigkeit im Hochbau werden bereits seit mehreren Jahren im Bestand durchgeführt. Maßnahmen im Bestand sind danach zu unterscheiden, ob sie der Erhaltung oder der Veränderung eines Objekts dienen. Zu einer Veränderung zählen Umbauten, Erweiterungen und Modernisierungen mit wesentlichen Eingriffen in die Bausubstanz. Zur Erhaltung eines Bauwerks sind die Instandhaltung mit Wartung (Verzögerung des Abnutzungsvorrats und regelmäßige Pflege), Inspektion (Feststellung des Ist-Zustands), Instandsetzung (Wiederherstellung eines Soll-Zustands) und Verbesserung (Anpassung eines Ist-Zustands an erhöhte Anforderungen) erforderlich.

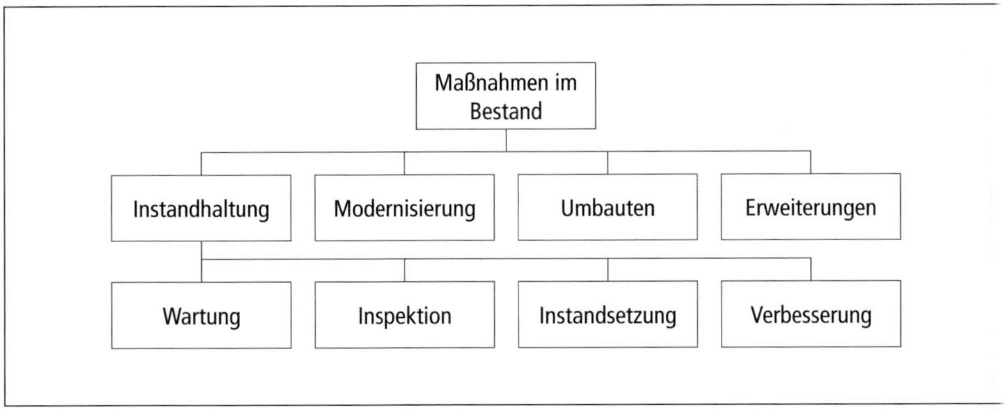

Abb. 2: Maßnahmen im Bestand zur Erhaltung und Veränderung eines Gebäudes [3]

Die in der Abbildung genannten Maßnahmen werden in der Verordnung über die Honorare für Architekten- und Ingenieurleistungen (HOAI 2021), in der DIN 31051:2019-06, Grundlagen der Instandhaltung, und in den Modernisierungsrichtlinien der Länder definiert. Ihre möglichst genaue Unterscheidung ist nicht nur für die Kennwertbildung, sondern auch für die Objektplanung mit der Kostenplanung, für den Architekt*innenvertrag und die Vergütung der Planungsleistungen sowie für die Finanzierung der Maßnahmen von Bedeutung. Das Bauen im Bestand wird nach den geltenden Regelwerken definiert und mit einem Beispiel erläutert.
Die einzelnen Maßnahmen spiegeln sich im Lebenszyklus eines Objekts in Projekten wider. Der Begriff des Lebenszyklus bezeichnet die „Anzahl von Phasen, die eine Einheit durchläuft, beginnend mit der Konzeption und endend mit der Entsorgung". Der Lebenszyklus eines Objekts kann neben den verschiedenen Projekten aus einer oder mehreren Phasen der Nutzung bestehen, die teilweise durch vorübergehenden Leerstand unterbrochen werden. [4]

Neubau (Projekt)	DIN 276:2018-12
Leerstand vor der Nutzung	DIN 18960:2020-11
Nutzung	DIN 18960:2020-11
Modernisierung/Verbesserung (Projekt)	DIN 276:2018-12
Nutzung	DIN 18960:2020-11
Umbau, Erweiterung (Projekt)	DIN 276:2018-12
Nutzung	DIN 18960:2020-11
Leerstand bis Abbruch	DIN 18960:2020-11
Abbruch und Beseitigung (Projekt)	DIN 276:2018-12

Abb. 3: Lebenszyklus eines Gebäudes und die Grundlagen der Kostenermittlung [5]

Instandhaltung

Eine Instandhaltung umfasst die „Kombination aller technischen und administrativen Maßnahmen sowie Maßnahmen des Managements während des Lebenszyklus eines Objekts, die dem Erhalt oder der Wiederherstellung ihres funktionsfähigen Zustands dient, sodass es die geforderte Funktion erfüllen kann." [6]

Sie schließt ein:
- die Berücksichtigung der inner- und außerbetrieblichen Forderungen,
- die Abstimmung der Instandhaltungsziele mit den Unternehmenszielen,
- die Berücksichtigung entsprechender Instandhaltungsstrategien.

Zum besseren Verständnis wird der sehr allgemein gehaltene, teilweise sogar schwer verständliche Normtext durch beispielhafte Maßnahmen am Bauteil Holz-Kastenfenster veranschaulicht. Holz-Kastenfenster sind eine der bewährtesten Fensterkonstruktionen, da sie durch hohe Gebrauchs- und Funktionseigenschaften überzeugen und viele Vorteile für den Nutzer bieten. Der Bestand verbauter Holz-Kastenfenster in Deutschland liegt nach Aussage des Verbandes der Fenster- und Fassadenhersteller e.V. bei etwa 50 Millionen Stück. Beim Eingriff in den Bestand und im Fall denkmalrechtlicher Vorgaben bei einem Austausch von Fenstern sind Instandhaltungsmaßnahmen an Holz-Kastenfenstern allerdings sehr aufwendig. [7]

Wartung

„Maßnahmen zur Verzögerung des Abbaus des vorhandenen Abnutzungsvorrats", so lautet der Normtext der DIN 31051:2019-06, in Form der Wartung sind unbedingt erforderlich.
Zur Wartung eines Holz-Kastenfensters gehören beispielsweise:
- Reinigen des Fensters (Reinigen der Glas- und der farbbeschichteten Oberfläche, Entfernen von Verschmutzungen an den Dichtstoffen),
- Herstellen der Gangbarkeit (schleifende, klemmende Stellen des Flügelrahmens),
- Herstellen der Schließbarkeit (Funktion der Verriegelungselemente in eine wirksame Verriegelungsposition),
- Erneuern der Glasfalz (Entfernen der Kittreste, Herstellen der Glasfalz),
- Nachverkleben defekter Eckverbindungen,
- Erneuern von Fensterecken,
- Verschließen offener Brüstungsfugen und von Rissen. [8]

Inspektion

Ist nach DIN 31051:2019-06 die „Prüfung auf Konformität der maßgeblichen Merkmale eines Objekts, durch Messung, Beobachtung oder Funktionsprüfung".
Das kann an einem Holz-Kastenfenster sein:
- Überprüfen (optisch) der Oberflächen auf Risse und Spannungen im Holz, insbesondere im Randbereich und an den An- und Abschlüssen,
- Überprüfen der mechanischen Festigkeit von Profilen,
- Überprüfen der Funktionsfähigkeit der mechanischen Elemente wie Scharniere und Beschläge. [9]

Inspektion und Wartung werden oft in einem Arbeitsgang durchgeführt.

Instandsetzung

Gemäß DIN 31051:2019-06 ist das eine „physische Maßnahme, die ausgeführt wird, um die Funktion eines fehlerhaften Objekts wiederherzustellen". Dabei wird der zum bestimmungsgemäßen Gebrauch geeignete Zustand wiederhergestellt.

Bei der Instandsetzung eines Holz-Kastenfensters geht es um eine vollständige Überarbeitung (Runderneuerung) des gesamten Bauteils. Schadhafte Elemente, wie Falzprofilierungen und Beschläge, werden durch solche aus gleichem Material und mit gleichen Querschnitten ersetzt. Hinzu kommt das Entlacken und Neubeschichten aller wetterseitigen Elemente. Dies ist im Allgemeinen nach 7 Jahren zu empfehlen.

Zur Instandsetzung zählen alle Maßnahmen, die zur Erhaltung oder Wiederherstellung der Flügel- bzw. Blendrahmenfunktion erforderlich sind. Dabei wird hauptsächlich eine tischlermäßige Überarbeitung des Fensters vorgenommen:
- Erneuern der Falzprofilierung am Unterstück (Stufenfalz),
- Erneuern defekter oder unzureichend dimensionierter Wassernasen,
- Erneuern von stark geschädigten Rahmenteilen,
- Schleifen und Kantenrunden,
- Überarbeiten der Beschläge,
- Entlacken und Neubeschichten der Holzteile,
- Entglasen und Neuverglasen. [10]

Verbesserung

Das ist die „Kombination aller technischen und administrativen Maßnahmen sowie Maßnahmen des Managements zur Steigerung der immanenten Zuverlässigkeit und/oder Instandhaltbarkeit und/oder Sicherheit eines Objekts, ohne seine ursprüngliche Funktion zu ändern", so der Wortlaut der Norm DIN 31051:2019-06.

Es empfiehlt sich bei der Definition der Verbesserung auch die gesteigerte Funktionsfähigkeit einzubeziehen, wenn also nach der durchgeführten Maßnahme die Funktionsfähigkeit über dem ursprünglichen Niveau liegt. Das ist dann der Fall, wenn beispielsweise ein Bauteil nicht nur in den funktionsfähigen Zustand zurückgeführt wird, sondern den aktuellen Anforderungen, den allgemein anerkannten Regeln der Technik, angepasst wird.

Wenn die Bauteile eines Holz-Kastenfensters erhebliche Schäden aufweisen und eine Instandsetzung (Runderneuerung) erforderlich wird, ist es ratsam, zusätzliche Maßnahmen zur Verbesserung der Fenstereigenschaften durchzuführen. Dazu gehört die Erhöhung der Dichtigkeit (Luftdurchlässigkeit, Tauwasserbildung und Dampfdruckausgleich) sowie des Wärme- und Schallschutzes. Das erfolgt am besten durch den nachträglichen Einbau von Lüftungsöffnungen nach Anforderungen des Wärmeschutzes oder das Anbringen eines Sichtschutzes oder spezieller Folien für den sommerlichen Wärmeschutz. Bei einer Verbesserung nach dem Gebäudeenergiegesetz (GEG 2024) wird ein U_W-Wert von < 1,3 W/(m²K) gefordert. [11,12]

Zur administrativen Verbesserung der Funktionssicherheit zählt z. B. die Vereinbarung einer regelmäßigen Wartung und Inspektion oder vorhandener Wartungszyklen in kürzeren Zeitabständen.

Wird eine Runderneuerung in Folge einer Kosten-Nutzen-Analyse als nicht vorteilhaft angesehen, kann eine vollständige Erneuerung und damit der Austausch des Holz-Kastenfensters in Betracht gezogen werden. Dabei wird, um denkmalrechtlichen Aspekten gerecht zu werden, in der Praxis häufig ein optisch ähnliches Fenster aus anderen Baumaterialien (Kunststoff oder Aluminium) eingebaut. Ein solches Fenster hat verbesserte Dämm- und Schalleigenschaften. Somit stellt diese Maßnahme in Abgrenzung zur Instandhaltung eine Modernisierung dar. Die Verfasser dieses Beitrages befürworten allerdings in solchen Fällen einen Materialwechsel aus gestalterischen Gründen eher nicht.

Modernisierung

Der Begriff der Modernisierung wird ganz wesentlich durch seine Anwendung im deutschen Miet- und Förderrecht geprägt.

Als Modernisierungen gelten bauliche Maßnahmen:
- die Endenergie nachhaltig einsparen,
- die nicht erneuerbare Primärenergie nachhaltig einsparen oder das Klima nachhaltig schützen,
- die den Wasserverbrauch nachhaltig reduzieren,
- die den Gebrauchswert der Mietsache bzw. des Wohnraums oder des Wohngebäudes nachhaltig erhöhen,
- die allgemeinen Wohnverhältnisse auf Dauer verbessern,
- die keine Erhaltungsmaßnahmen sind oder
- die neuen Wohnraum schaffen. [13,14,15]

Es liegt z. B. eine Modernisierung vor, wenn der Wärme-, Schall- oder Brandschutz erhöht wird. Zu den Modernisierungen können aber auch die Steigerungen der Wohnqualität durch bessere Raumausnutzung, Belichtung und Belüftung zählen sowie bauliche Maßnahmen zur Verbesserung der Verkehrswege, wie Aufzüge und Ausstattungen für Behinderte oder ältere Menschen. Die nachhaltige Erhöhung des Gebrauchswertes bezieht sich dabei nicht nur auf Wohngebäude, sondern zum Beispiel auch auf Grünanlagen oder raumbildende Ausbauten.

Art und Umfang einer Modernisierung können sehr unterschiedlich sein. Deshalb ist vorab und im Hinblick auf die Nutzung zu klären, welchen Anforderungen das modernisierte Objekt genügen soll und welche rechtlichen, wirtschaftlichen und organisatorischen Bedingungen zu beachten sind. Vor allem unter dem Gesichtspunkt der finanziellen Förderung sind die Maßnahmen von Bedeutung, welche in den Programmen und Richtlinien zur Förderung der Modernisierung und Instandsetzung der einzelnen Bundesländer beschrieben werden.

Als Maßnahmen zur Erhöhung des Gebrauchswertes von Wohnraum und Verbesserung der Wohnverhältnisse sind beispielsweise im Einzelnen förderfähig:

- Maßnahmen der Verbesserung des Zuschnitts, des Zugangs zu Wohnungen und Wohngebäuden sowie der Beweglichkeit in Wohnungen (Barrierefreies Bauen), der natürlichen Belichtung und Belüftung und des Schallschutzes, der Energie- und Wasserversorgung sowie Entwässerung, der sanitären Einrichtungen.

Und:

- Maßnahmen zur Herstellung der Barrierefreiheit von Wohnungen nach DIN 18040-2:2011-09 Barrierefreies Bauen - Planungsgrundlagen - Teil 2: Wohnungen, einschließlich der barrierefreien Zugänglichkeit zur Wohnung und zum Wohngebäude, [...].

Zu den Maßnahmen, die der Einsparung von Energie und Wasser dienen, zählen:

- bauliche Maßnahmen zum Wärmeschutz oder zur Einsparung von Heizenergie, zum Beispiel die nachträgliche Wärmedämmung von Außenwänden, Kellerdecken oder Dächern, die Erneuerung von Fenstern, die Erneuerung der Heizungstechnik auf Basis fossiler Brennstoffe (Brennwertkessel, Klein-Blockheizkraftwerke), Maßnahmen zur Nutzung erneuerbarer Energien, [...]. [16,17]

Maßnahmen, die der Verbesserung dienen, können den Maßnahmen der Modernisierung zugeordnet werden, wenn Sie entsprechend den Modernisierungsrichtlinien der Länder als Modernisierungsmaßnahmen eingestuft werden.

Umbauten und Erweiterungen

Umbauten sind Umgestaltungen eines vorhandenen Objekts mit wesentlichen Eingriffen in Konstruktion oder Bestand. Bei einem Umbau handelt es sich somit um einen teilweisen Neubau nach einem teilweisen Abbruch von Baukonstruktionen und Technischen Anlagen. Erweiterungen können als Ergänzung eines vorhandenen Bauwerkes durch Aufstockung oder Anbau erfolgen. [18]

Im Rahmen des hier behandelten Themas ist eine Abgrenzung der Begriffe Instandhaltung, Modernisierung und Umbau erforderlich. Modernisierung und Umbau gehören insoweit zusammen, als sie gemäß § 36 der HOAI 2021 zu den Leistungen im Bestand zählen. So sind Umbauten und Erweiterungen zu den Modernisierungsmaßnahmen zu zählen, wenn z. B. Umbaumaßnahmen zur Schaffung von Barrierefreiheit durchgeführt werden. [19]

Abbruch und Beseitigung

Gebäude oder Teile davon werden abgebrochen, wenn sie nicht mehr den Anforderungen entsprechen oder einer anderen Nutzung, z. B. einer Straßenverbreiterung, im Wege sind. Abbruch ist die „planvolle Teilung eines vorherigen Ganzen in zwei oder mehrere Teile, bei Anwendung geeigneter Verfahren zum ganzen oder partiellen Zerlegen von baulichen oder technischen Anlagen". [20] Der Abbruch und die Beseitigung von Bauteilen fallen auch im Zusammenhang mit Instandsetzungen und Modernisierungen an. Sie sind meist zeitaufwendig und kostenintensiv. Die VDI-Richtlinie 6210:2016-02 unterscheidet dabei in Demontage und Entkernung. So findet häufig die Demontage, ein sogenannter zerstörungsarmer Abbruch von Anlagen, durch „Lösen der Verbindungen und/oder Herstellen von Trennschlitzen und Abheben der Bauteile [...] mit dem Ziel der Wieder- oder Weiterverwendung der ausgebauten Bauteile", statt. Die Entkernung hingegen bezeichnet den „Abbruch von Bauteilen [...] eines Gebäudes bis auf den Rohbauzustand." Die Entkernung dient einer umfangreichen Vorbereitung der Modernisierung von Objekten.

Architektenvertrag und Vergütung beim Bauen im Bestand

In der Praxis werden Instandsetzungen, Verbesserungen und Modernisierungen an einem Objekt oft gleichzeitig durchgeführt. Für die ausführenden Firmen ist die Unterscheidung dieser Leistungen insoweit interessant, als sie nicht wie Neubauleistungen kalkuliert werden können. Für den Architekten geht es einerseits darum, den eigenen Aufwand für Planung und Überwachung richtig einzuschätzen und anderseits darum, die Leistungen im Architektenvertrag richtig zuzuordnen und mit dem Auftraggeber die angemessene Vergütung zu regeln.

Im Juli 2019 entschied der Europäische Gerichtshof, dass die Mindest- und Höchstsätze der HOAI nicht mit dem EU-Recht vereinbar sind. Die neue HOAI 2021 ist mit dem 01.01.2021 in Kraft getreten und löst die HOAI 2013 ab. Sie berücksichtigt nun einen Orientierungsrahmen, welche Honorare aus Sicht des Verordnungsgebers angemessen sind.

Die baulichen Maßnahmen im Bestand werden in vier Paragraphen zusammengefasst:

- § 2 Begriffsbestimmungen, es werden unter anderem die Begriffe Umbauten, Modernisierungen, Instandsetzungen und Instandhaltung erklärt und gegenüber anderen Maßnahmen abgegrenzt.
  - Abs. 5 „Umbauten" sind Umgestaltungen eines vorhandenen Objekts mit wesentlichen Eingriffen in Konstruktion oder Bestand.
  - Abs. 6 „Modernisierungen" sind bauliche Maßnahmen zur nachhaltigen Erhöhung des Gebrauchswertes eines Objekts, soweit sie nicht als Erweiterungsbauten, Umbauten oder Instandhaltungen „Instandsetzungen" anzusehen sind.
  - Abs. 8 „Instandsetzungen" sind Maßnahmen zur Wiederherstellung des zum bestimmungsgemäßen Gebrauch geeigneten Zustandes (Soll-Zustandes) eines Objekts, soweit sie nicht zu Wiederaufbauten zählen.
  - Abs. 9 „Instandhaltungen" sind Maßnahmen zur Erhaltung des Soll-Zustandes eines Objekts.

- § 4 Abs. 3, die „mitzuverarbeitende Bausubstanz" (mvB) wurde wieder in die HOAI 2021 aufgenommen und ist auch in der HOAI 2021 unverändert enthalten. Der Begriff existierte als „vorhandene Bausubstanz" schon in der HOAI 1996 und wurde mit der Novellierung der HOAI 2009 gestrichen.

- § 12 Instandsetzungen und Instandhaltungen, entspricht dem § 36 der HOAI 2009, wobei die Möglichkeit der Erhöhung des Honorars für die Leistungsphase 8 Objektüberwachung - Bauüberwachung und Dokumentation um bis zu 50 Prozent erhalten geblieben ist.

- § 36 Umbauten und Modernisierungen von Gebäuden und Innenräumen, entspricht dem § 35 Leistungen im Bestand nach HOAI 2009. Die Maßnahmen im Bestand werden konkret als Umbau und Modernisierung benannt. Der Begriff „Leistungen im Bestand" ist entfallen. Der Umbauzuschlag, der bisher 20 bis 80 Prozent betragen konnte, ist auf bis zu 33 Prozent bei Maßnahmen an Gebäuden festgelegt. Bei Maßnahmen im Innenausbau ist der Umbauzuschlag auf bis zu 50 Prozent festgelegt. Sollte jedoch bei Vertragsgestaltung keine schriftliche Vereinbarung zum Umbauzuschlag erfolgen, gilt in diesem Fall ein Zuschlag von 20 Prozent als vereinbart.

Die genannten Änderungen sind der Anwendung in der Praxis geschuldet, in der Umbauzuschläge nach HOAI 2009 von bis zu 80 Prozent selten gewährt wurden. Dem Mehraufwand in der Objektplanung konnte somit nicht genügend Rechnung getragen werden. Die Erhöhung der Honorare beim Bauen im Bestand ergibt sich auch durch die Anpassungen der Mindest- und Höchstsätze der Honorartafeln.

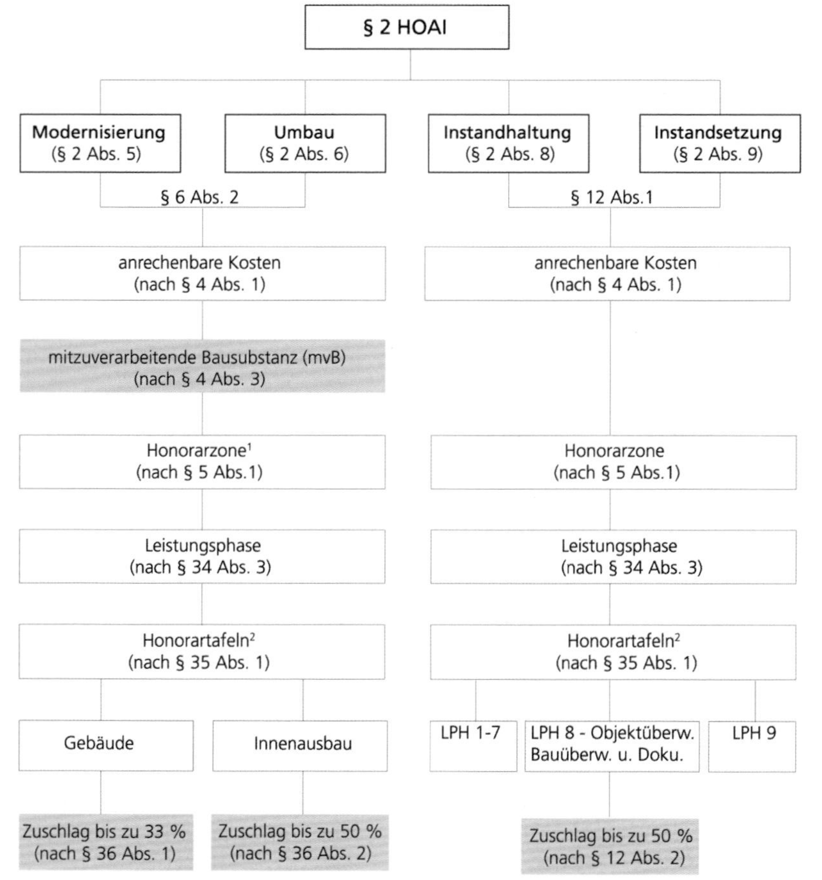

[1] entsprechend sinngemäßer Anwendung der Bewertungsmerkmale nach § 35 Abs. 3
[2] "Neubautafeln"

Abb. 4: Anwendung der HOAI 2021 beim Bauen im Bestand [21]

Die HOAI 2021 sieht zwei Möglichkeiten vor, die Honorare für das Bauen im Bestand anzupassen:
- die mitzuverarbeitende Bausubstanz (mvB) und
- den Umbauzuschlag.

Die vertragliche Vereinbarung des Umbauzuschlags ist dabei abhängig vom Verhandlungsgeschick des Objektplaners. Der Umbauzuschlag ist individuell entsprechend dem Schwierigkeitsgrad des Objekts zu bestimmen. Es werden dem oder der Bauherr*in hierbei besondere Kenntnisse der Bauprozesse abverlangt. Die mitzuverarbeitende Bausubstanz ist hingegen gesondert zu ermitteln und durch den oder die Objektplaner*in detailliert auszuweisen. Die DIN 276:2018-12, Kosten im Bauwesen, stellt dabei ein geeignetes Mittel zur Anwendung dar. Die Abgrenzung der mvB stellt die Objektplaner in der Praxis jedoch immer wieder vor große Probleme.

Grundsätzlich zählt die gebaute Umgebung nicht automatisch zur mvB. Die HOAI 2021 beschreibt die mitzuverarbeitende Bausubstanz in § 2 Absatz 7 als „der Teil des zu planenden Objekts, der bereits durch Bauleistungen hergestellt ist und durch Planungs- oder Überwachungsleistungen technisch oder gestalterisch mitverarbeitet wird."

Die zeichnerische Darstellung des Bauteils berechtigt also noch nicht zur Anrechnung. Vielmehr sind die Bauteile in die Planung einzubeziehen. Der konstruktive oder aber der gestalterische Eingriff allein ist dabei entscheidend. Die technische Anwendung ist dabei leicht nachzuweisen, etwa durch statische oder konstruktive Maßnahmen, die am entsprechenden Bauteil durchgeführt werden. Der gestalterische Aspekt lässt sich hingegen schwieriger abgrenzen.
So ist fraglich, ob eine zeichnerische Verarbeitung allein genügt, um nach Definition der HOAI 2021 als mitzuverarbeitende Bausubstanz zu gelten. [22]

Abgrenzung der Maßnahmen in Beispielen

Welche einzelnen Maßnahmen bei Wohnbauten und den dazu gehörenden Außenanlagen anfallen und wie diese zuzuordnen sind, zeigt Abbildung 5. Die Zuordnung ist nicht immer ganz einfach, häufig ist sie auch Gegenstand von Rechtsstreitigkeiten.

Die in der nachfolgenden Abbildung gezeigten Beispiele sind eine Auswahl von häufig vorkommenden Maßnahmen. Ihre genaue Unterscheidung ist weniger von wissenschaftlicher Bedeutung als vielmehr vom wirtschaftlichen Interesse des Eigentümers in Bezug auf die Finanzierung von Maßnahmen und die Mietpreisbildung.

Für eine (förderfähige) Modernisierung kann der oder die Eigentümer*in des Objekts zum einen Fördermittel erhalten und zum anderen als Vermieter*in nach § 559 Absatz 1 BGB 8 Prozent der Modernisierungskosten auf die Jahresmiete umlegen. [23]
Die Kosten einer Instandsetzung und einer Verbesserung, wenn sie nicht als Modernisierungsmaßnahme förderfähig ist, hat der Vermieter eines Wohngebäudes dagegen aus der so genannten Nettokaltmiete zu finanzieren. [24]

Instandsetzungskosten sind Ausgaben des Vermieters in unregelmäßigen Zeitabständen. Einnahmen hierfür erfolgen periodisch über die Nettokaltmiete. Der oder die Vermieter*in muss Rücklagen bilden, um bei notwendigen Instandsetzungsmaßnahmen zu reagieren. Eine entsprechende Instandhaltungsstrategie ist dabei von entscheidender Bedeutung.

Nr.	Maßnahmen am Gebäude und an den Außenanlagen	Instand-setzung	Verbesse-rung	Moderni-sierung
1	Der Anstrich des Treppenhausgeländers wird erneuert.	x		
2	In das Treppenhaus eines Wohngebäudes wird nachträglich ein Personenaufzug eingebaut.			x
3	Eine Wohnungseingangstür in einem Mehrfamilienhaus wird nicht ausgebessert und neu gestrichen, sondern durch eine neue, den derzeitigen Schallschutzanforderungen entsprechende Tür ersetzt.			x
4	Eine defekte Klingelanlage wird nicht repariert, sondern durch einen Türöffner mit Gegensprechanlage ersetzt.			x
5	Defekte Ziegel der Dachkonstruktion eines Wohnhauses werden ersetzt.	x		
6	Eine schadhafte Fassade wird ausgebessert und darüber hinaus entsprechend des gültigen GEG wärmegedämmt.			x
7	Einfachverglaste Holzfenster werden durch doppelverglaste Wärme- und Schallschutzfenster aus Kunststoff ersetzt.			x
8	In den Bädern eines Wohnhauses werden die alten Toilettenspülkästen auf 6l-Wasserkästen umgerüstet und Spartasten eingebaut.			x
9	Einlassen von Schläuchen in ein Unterdach zum Einblasen von Helium, um mittels eines Gassensors Undichtigkeiten leichter feststellen zu können.		x	
10	In einem Wohnhaus werden alle Ofenheizungen entfernt und durch eine moderne Zentralheizung, welche die Anforderungen des gültigen GEG erfüllt, ersetzt.			x
11	In jeder Wohnung eines Mehrfamilienhauses werden (eichpflichtige) Wasserzähler eingebaut, damit eine verbrauchsabhängige Wasserabrechnung möglich ist.			x
12	An einem Mehrfamilienhaus werden nachträglich neue Balkone angebracht.			x
13	Lose, beschädigte oder ausgetretene Treppenstufen werden abgebrochen und durch neue ersetzt.	x		
14	Schadhafte Gehwegplatten auf dem Grundstück einer Wohnanlage werden ersetzt.	x		
15	Im Hinterhof eines Wohngebäudes wird ein Kinderspielplatz errichtet.			x
16	Kleine Kratzer und ein stumpfer Belag in der Badewanne werden ausgebessert.	x		
17	Ein Frostschaden in den wasserführenden Leitungen wird behoben.	x		
18	In einem Altbau werden die Bleirohre der Abwasser- und Wasserinstallationen durch Kunststoffrohre ersetzt.	x		
19	Alte, innenliegende Briefkästen eines Mehrfamilienhauses werden durch eine moderne Briefkastenanlage ersetzt.			x
20	Die Kellerdecke wird entsprechend des gültigen GEG wärmegedämmt.			x

Abb. 5: Zwanzig Beispiele zu Instandsetzung, Verbesserung und Modernisierung [25, 26, 27]

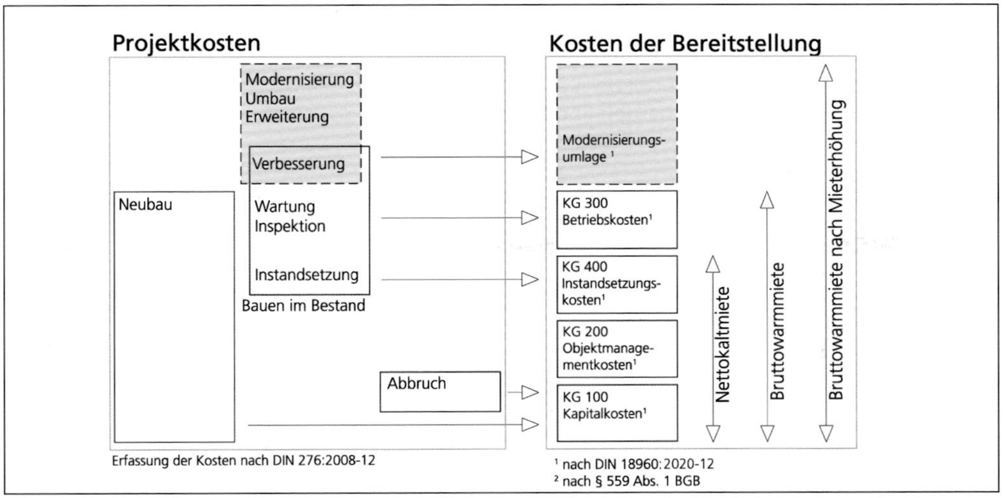

Abb. 6: Kostenumlage von Bauen, Erhalten und Verbessern zu Kosten der Bereitstellung eines Objekts als Grundlage für Nutzung und Erlöse (Mieten)

Folgende bauliche Maßnahmen nach DIN 31051:2019-06 sind Ausnahmen zur oben beschriebenen Regel und durch den Mieter gesondert zu tragen. Dabei sind aktuelle Rechtsprechungen sowie vertragliche Regelungen im Mietvertrag zu beachten:

- Schönheitsreparaturen (z. B. Streichen der Wände, Heizkörper, Innentüren und Innenbereiche der Fenster),
- Kleinreparaturen (z. B. Reparatur der Installationsgegenstände wie Mischbatterien und Druckspüler),
- Kosten nach Betriebskostenverordnung (z. B. für Wartung der Aufzugsanlage, Überprüfen der Betriebsbereitschaft und -sicherheit der Etagenheizung). [28, 29]

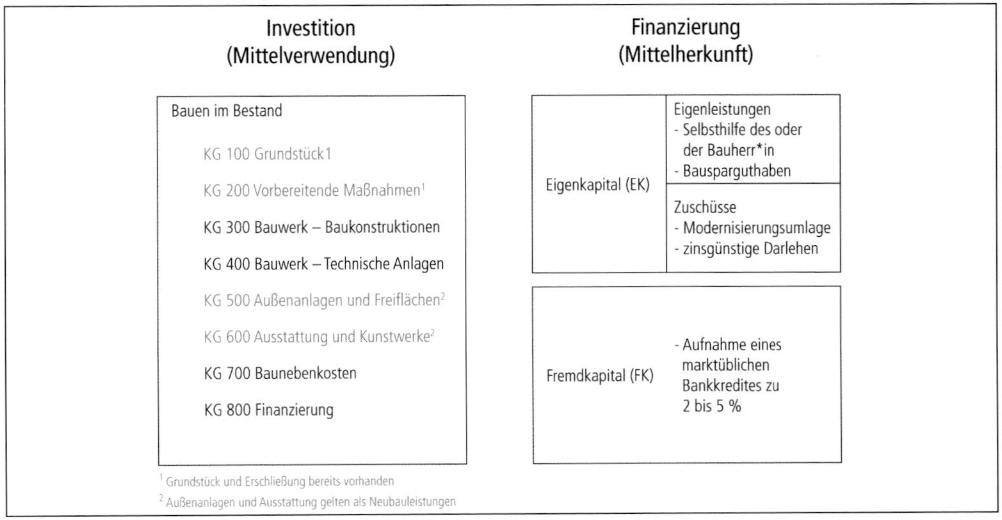

Abb. 7: Gegenüberstellung von Investition und Finanzierung beim Bauen im Bestand

Beispiel – Kosten der energetischen Modernisierung

Im folgenden Beispiel wird exemplarisch die energetische Modernisierung eines Mehrfamilienhauses betrachtet. Der Schwerpunkt der Berechnung liegt auf den entstandenen Baukosten, dem umlagefähigen Modernisierungsanteil und der Modernisierungsumlage auf die Nettokaltmiete.

Die verwendeten Kostenkennwerte sind einer Maßnahme entnommen, die im Jahr 2012 durchgeführt wurde. Das Vorhaben ist unter der Objektnummer 6100-0781 in der BKI-Reihe Objektdaten Altbau A8 dokumentiert worden. Das Gebäude enthält insgesamt 8 Wohneinheiten (WE). Ausstattung und Lage wurden als mittlerer Standard bewertet.

Kostengruppe (KG)	Bauelement	Maßnahme	Kosten in €/m² BGF	Kosten in €/m² WFL	umlagefähiger Modernisierungsanteil	umlagefähige Kosten in €/m² WFL
334	Außentüren und -fenster	Austausch Fenster	100,00	200,00	50% [1]	100,00
335	Außenwandbekleidung außen	Dämmung Fassade	77,00	154,00	85% [1]	130,90
336	Außenwandbekleidung innen	Dämmung Kellerwand	18,00	36,00	90% [1]	32,40
344	Innentüren und -fenster	Austausch WE-Türen	9,00	18,00	50% [1]	9,00
353	Deckenbekleidung	Dämmung Kellerdecke	18,00	36,00	95% [1]	34,20
364	Dachbekleidung	Dämmung Dachgeschoss	4,00	8,00	95% [1]	7,60
391	Baustelleneinrichtung	–	5,00	10,00	70% [2]	7,00
392	Gerüste	Fassadengerüst	10,00	20,00	85% [3]	17,00
300	**Bauwerk – Baukonstruktionen**		**241,00** [4]	**482,00**	**70%** [2]	**338,10**
700	**Baunebenkosten** gerundet		**48,00** [5]	**96,00**	**70%** [2]	**67,00**
Summe (KG 300+700) gerundet						**405,00**

1 Werte eines, den Autoren bekannten, Wohnungsunternehmens
2 entspricht dem Mittelwert der umlagefähigen Kosten der KG 300 (gerundet)
3 entspricht dem umlagefähigen Modernisierungsanteil der KG 331 – Dämmung Fassade
4 entspricht den Kosten der ausgewählten Teilleistungen nach BKI Objektdaten Altbau A8 – Objektnummer 6100-0781
5 entspricht 20% der KG 300

Abb. 8: Baukosten der Kostengruppen 300 und 700 einer energetischen Modernisierung inkl. Modernisierungsanteil (extrapoliert 1. Quartal 2025, inkl. MwSt.; DIN 276:2018-12) [30]

Die Kostenkennwerte der 3. Ebene nach DIN 276:2018-12 ergeben sich aus den Teilleistungen (Positionen) der KG 300 Bauwerk – Baukonstruktionen, zuzüglich der Annahme für die KG 700 Baunebenkosten. Als Grundlage der Baunebenkosten (KG 700) dient vorbehaltlich einer genaueren Ermittlung ein Kostenwert von 20 Prozent der Bauwerkskosten (Auf-Hundert-Rechnung) für die Aufwendungen der Bauherrenaufgaben, Architekten- und Ingenieurleistungen, Gutachten und Beratung sowie Allgemeine Baunebenkosten. [31]

Die Kostenkennwerte, welche nach BKI auf die Brutto-Grundflächen (BGF nach DIN 277:2021-8) bezogen sind, werden auf die Wohnfläche (WFL nach WoFlV) umgerechnet. [32, 33] Dabei wird ein Planungskennwert aus dem Verhältnis der Wohnfläche zur Brutto-Grundfläche angewendet. Dieser Wert lässt Rückschlüsse über die wirtschaftliche Flächenausnutzung des Objekts zu. Im vorliegenden Beispiel wird auf der Grundlage statistischer Daten ein Verhältniswert von 0,50 WFL/BGF für ein unterkellertes Mehrfamilienhaus mit 6 bis 19 Wohneinheiten gewählt. [34]

Bestimmte Prozentwerte zum umlagefähigen Modernisierungsanteil bei baulichen Maßnahmen werden in der Praxis diskutiert, sie resultieren aus Erfahrungen oder der Rechtsprechung. Für die weitere Berechnung werden Erfahrungswerte der Autoren angewendet. Deren Übertragbarkeit auf andere Projekte ist in jedem Fall sorgfältig zu überprüfen.

So sind zum Beispiel die Kosten des Wärmedämmverbundsystems (WDV-System) der KG 335 Außenwandbekleidung, außen in Instandsetzungs- und Modernisierungskosten aufzuteilen. Die Kosten der energetischen Maßnahmen, wie der Dämmung, sind vollständig umzulegen. Die Kosten für den anschließenden Anstrich sind als Instandsetzungsmaßnahme gesondert zu betrachten. Die Autoren sehen im vorliegenden Fall einen Anteil von 85 Prozent für das WDV-System der Fassade als ausreichend an. Entsprechend dieser Aufteilung sind die Kosten der KG 392 Gerüste, welche ausschließlich bei Fassadenarbeiten anfallen, mit demselben Prozentwert umzulegen.

Der umlagefähige Modernisierungsanteil der Kosten der Baukonstruktionen (KG 300) beträgt im Mittel etwa 70 Prozent. Dieser dient als eine Grundlage auch für die Modernisierungsumlage der KG 700.

Eine detaillierte Aufschlüsselung und Abgrenzung der einzelnen Kosten ist im Sinne der Vermieter. Andernfalls kann der Mieter Widerspruch gegen eine ungenügend begründete Modernisierungsmaßnahme und der damit einhergehenden Modernisierungsumlage sowie Mieterhöhung einlegen.

Beispiel – Mieterhöhung nach Modernisierung

Erläuterung	Wert	Einheit	Berechnung
Regionalfaktor Berlin	1,128		BKI 2025
umlagefähige Kosten (2025, Berlin)	457,00	€/m² WFL	405,00 €/m² WFL x 1,128 (gerundet)

Abb. 9: Berechnung der Mieterhöhung nach Modernisierung

Die ermittelten Kosten aus dem Beispiel werden für die Berechnung der Modernisierungsumlage exemplarisch auf ein Objekt mit dem Standort Berlin bezogen. Dazu erfolgt, wie in Abbildung 9 dargestellt, die Aktualisierung der Kostenwerte mittels Regionalfaktor von Berlin (Faktor 1,128) im Vergleich zum Bundesdurchschnitt (BKI-Daten = 1,000).

Erläuterung	Wert	Einheit	Berechnung
Modernisierungsumlage pro Jahr	36,56	€/m² WFL	457,00 €/m² WFL x 0,08
zinsverbilligte Darlehen	1,00	%	Kreditanstalt für Wiederaufbau (KfW)
Nominalzins	3,00	%	Kreditinstitut (Laufzeit 10 Jahre)
Zinsvergünstigung	2,00	%	Differenz Darlehen und Nominalzins
Zinsvergünstigung	9,14	€/m² WFL	457,00 €/m² WFL x 0,02
Modernisierungsumlage pro Jahr	27,41	€/m² WFL	(36,56 - 9,14) €/m² WFL
Modernisierungsumlage pro Monat	2,28	€/m² WFL	27,42 €/m² WFL / 12 Monate (gerundet)
Nettokaltmiete vor Modernisierung	3,60	€/m² WFL	entsprechend Mietvertrag
Nettokaltmiete nach Modernisierung	5,88	€/m² WFL	(3,60 + 2,28) €/m² WFL
Nettokaltmiete Mietspiegel Berlin	6,60	€/m² WFL	Mietspiegel Berlin, mittlere Wohnlage

Abb. 10: Berechnung der Mieterhöhung nach Modernisierung

In einem zweiten Schritt werden die umlagefähigen Kosten in Höhe von 457,00 €/m² WFL mittels der gesetzlich zulässigen Modernisierungsumlage von 8 Prozent pro Jahr auf die Nettokaltmiete umgelegt. Zu berücksichtigen sind des Weiteren Vergünstigungen in Form von zinsverbilligten Darlehen, wie sie zum Beispiel die Kreditanstalt für Wiederaufbau (KfW) vergibt. Auch Eigenleistungen der Mieter sind anteilig zu berücksichtigen und verringern die umlagefähigen Modernisierungskosten. Im aktuellen Beispiel wird ein zinsverbilligtes Darlehen der KfW von 1 Prozent gewählt. Die Zinsvergünstigung gegenüber einem marktüblichen Zinssatz liegt bei etwa 2 Prozent. Diese sind den umlagefähigen Modernisierungskosten gegenzurechnen. [35, 36]

Bei der Modernisierung ist zu beachten, dass die Kosten der Energieeinsparmaßnahmen in einem angemessenen Verhältnis zur tatsächlichen Energieeinsparung stehen. Bei der Mieterhöhung durch Modernisierung gilt die Kappungsgrenze nicht. Die Mieterhöhung sollte aber nicht unangemessen hoch sein und sich mit dem Wirtschaftsstrafgesetzt (WiStrG) vereinbaren lassen. [37]

Neben der Modernisierungsumlage von 8 Prozent kann entsprechend § 558 BGB eine zusätzliche Mieterhöhung folgen, wenn die Miete:
- in den letzten 15 Monaten unverändert ist,
- in den letzten 36 Monaten nicht um mehr als 20 Prozent erhöht wurde und
- die ortsübliche Vergleichsmiete nicht übersteigt.

Bei Mieterhöhungen sind des Weiteren mögliche Kappungsgrenzen und regionale Mietpreisspiegel, die nicht überschritten werden dürfen, zu beachten. Die Grundlage der Mieterhöhung nach § 558 BGB bildet die Nettokaltmiete, welche vor sechs Jahren zur folgenden Mieterhöhung bestand. Mieterhöhungen in Folge von Modernisierungsmaßnahmen oder einer Betriebskostenerhöhung bleiben unberücksichtigt. Die Kappungsgrenze von 20 Prozent kann hierbei durch landesrechtliche Regelungen auf 15 Prozent herabgesetzt werden. Die Voraussetzung dafür ist gegeben, „wenn die ausreichende Versorgung der Bevölkerung mit Mietwohnungen zu angemessenen Bedingungen [...] besonders gefährdet ist". [38]

Fazit

Die Notwendigkeit einer nachvollziehbaren Unterscheidung der Erhaltung (Wartung, Inspektion, Instandsetzung und Verbesserung, wenn letztere nicht als Modernisierungsmaßnahme geltend gemacht werden kann) einerseits und der Veränderung eines Gebäudes (durch Modernisierung) andererseits ist in der Praxis von großer Bedeutung.
An die Vorbereitung und Durchführung entsprechender Maßnahmen im Bestand, insbesondere die Kostenplanung von Instandsetzungen und Modernisierungen sowie die Wirtschaftlichkeitsermittlung für das Objekt insgesamt werden hohe Anforderungen gestellt. Sie müssen von allen am Projekt Beteiligten entsprechend berücksichtigt werden. Es stehen damit vielfältige und anspruchsvolle Aufgaben für Architekten, Ingenieure und ausführende Firmen in den nächsten Jahrzehnten an. Die BKI-Kennwerte sollen hierbei eine wertvolle Arbeitshilfe sein.

Literatur

[1] Kalusche, Wolfdietrich; Herke, Sebastian: Orientierungswerte und frühzeitige Ermittlung der Baunebenkosten ausgewählter Gebäudearten, In: Baukosteninformationszentrum Deutscher Architektenkammern (Hrsg.): BKI Baukosten Gebäude 2023 – Statistische Kostenkennwerte Teil 1, Stuttgart 2023, Seiten 102 bis 123

[2] Statistisches Bundesamt – Destatis (Hrsg.): Zensus 9. Mai 2011 – Gebäude und Wohnungen Bundesrepublik Deutschland, Stand Mai 2013

[3] Kalusche, Wolfdietrich: Kostenplanung beim Altbau, In: Deutsches Architektenblatt 05/2007, Seiten 64 bis 66

[4] Kalusche, Wolfdietrich: Die neue DIN 18960 – Nutzungskosten im Hochbau, In: GEFMA (Hrsg.): Facility Management 2008 – Tagungsband, VDE Verlag GmbH, Berlin 2008, Seiten 115 bis 126

[5] Kalusche, Wolfdietrich: Lebenszykluskosten von Gebäuden – Grundlage ist die neue DIN 18960:2008-02, Nutzungskosten im Hochbau, In: Bauingenieur 11/2008, Band 83, Seiten 495 bis 501

[6] DIN 31051:2019-06, Grundlagen der Instandhaltung

[7] Verband der Fenster- und Fassadenhersteller e.V. (Hrsg.): VFF Leitfaden HO.09 – Runderneuerung von Kastenfenster aus Holz, Frankfurt am Main 2003

[8] ebd.

[9] ebd.

[10] ebd.

[11] Gesetz zur Einsparung von Energie und zur Nutzung erneuerbarer Energien zur Wärme- und Kälteerzeugung in Gebäuden* (Gebäudeenergiegesetz - GEG), Fassung von 2024, Anlage 1 (zu § 15 Absatz 1)

[12] Fachabteilung Holzfenster im Verband der Fenster- und Fassadenhersteller e.V. (Hrsg.): Zusätzliche Technische Vertragsbedingungen (ZTV) zur Ausschreibung der Aufarbeitung und Instandsetzung (Runderneuerung) von Kastenfenstern aus Holz, Frankfurt am Main 2003

[13] Bürgerliches Gesetzbuch (BGB), Fassung von 2022, zuletzt geändert 2018, § 555b

[14] Wohnraumförderungsgesetz (WoFG), Fassung von 2001, zuletzt geändert 2019, § 16

[15] Verordnung über wohnungswirtschaftliche Berechnungen nach dem Zweiten Wohnungsbaugesetz (Zweite Berechnungsverordnung – II. BV), Fassung von 1990, zuletzt geändert 2007, § 11

[16] Landeswohnraumförderungsprogramm – Förderung selbstgenutzten Wohneigentums, Baden-Württemberg 2012

[17] Richtlinie zur Förderung der energetischen Sanierung von Wohngebäuden in Baden-Württemberg 2012

[18] Verordnung über die Honorare für Architekten- und Ingenieurleistungen (Honorarordnung für Architekten und Ingenieure – HOAI), Fassung von 2021, § 2
[19] Locher, Ulrich; Koeble, Wolfgang; Zahn, Alexander (Hrsg.): Kommentar zur HOAI 2013, 12. Aufl., Köln 2014, Seiten 410 ff.
[20] VDI 6210:2016-02, Abbruch von baulichen und technischen Anlagen
[21] Lechner, Hans; Herke, Sebastian: Bauen im Bestand – Grundlagen und Beispiele, In: Kalusche, Wolfdietrich (Hrsg.): Handbuch HOAI 2013, Stuttgart 2013, Seiten 159 bis 186
[22] Locher, a. a. O., Seiten 410 ff.
[23] Bürgerliches Gesetzbuch (BGB), Fassung von 2002, zuletzt geändert 2022, § 559
[24] DIN 18960:2020-12, Nutzungskosten im Hochbau
[25] www.mieterverein-muenchen.de, aufgerufen am 10.07.2014
[26] Kalusche, Wolfdietrich: Instandsetzung und Modernisierung im Wohnungsbau, In: Altinger, Gernot; Heegemann, Ingo; Jurecka, Andreas (Hrsg.): Festschrift Hans Georg Jodl, Selbstverlag Institut für interdisziplinäres Bauprozessmanagement TU Wien 2007, Seiten 123 bis 140
[27] www.bmgev.de, aufgerufen am 10.07.2014
[28] Kinne, Harald; Schach, Klaus; Bieber, Hans-Jürgen: Miet- und Mietprozessrecht, 7. Aufl., Freiburg 2013, Seiten 146 ff.
[29] Verordnung über die Aufstellung von Betriebskosten (Betriebskostenverordnung – BetrKV), Fassung von 2003, zuletzt geändert 2021, § 2
[30] Baukosteninformationszentrum Deutscher Architektenkammern (Hrsg.): BKI Objektdaten A8 Altbau – Kosten abgerechneter Bauwerke, Stuttgart 2013, Seiten 420 bis 425
[31] Kalusche, a. a. O., 2014, Seiten 44 bis 55
[32] DIN 277-1:2021-08, Grundflächen und Rauminhalte von Hochbauten
[33] Verordnung zur Berechnung der Wohnfläche (Wohnflächenverordnung – WoFlV), Fassung von 2004
[34] Kalusche, Wolfdietrich: Grundflächen und Planungskennwerte von Wohngebäuden, In: Gralla, Mike; Sundermeier, Matthias (Hrsg.): Innovation im Baubetrieb. Wirtschaft – Technik – Recht. Festschrift für Universitätsprofessor Dr.-Ing. Udo Blecken, Technische Universität Dortmund, Werner Verlag, Köln 2011, Seiten 35 bis 47
[35] Bürgerliches Gesetzbuch (BGB), Fassung von 2002, zuletzt geändert 2022, § 559 Abs. 1
[36] Deutscher Mieterbund (Hrsg.): Modernisierung durch den Vermieter – Alles über Modernisierung, Sanierung und Energieeinsparung, Frankfurt am Main 2013
[37] Gesetz zur weiteren Vereinfachung des Wirtschaftsstrafrechts (WiStrG), Fassung von 1975, zuletzt geändert 2017, § 5
[38] Bürgerliches Gesetzbuch (BGB), Fassung von 2002, zuletzt geändert 2022, § 558 Abs. 3

Abkürzungsverzeichnis

Abkürzung	Bezeichnung
AF	Außenanlagenfläche
AP	Arbeitsplätze
APP	Appartement
AW	Außenwand
AWF	Außenwandfläche
BGF	Brutto-Grundfläche (Summe der Regelfall (R)- und Sonderfall (S)-Flächen nach DIN 277)
BGI	Baugrubeninhalt
bis / von	oberer / unterer Grenzwert des Streubereichs um einen Mittelwert
BRI	Brutto-Rauminhalt (Summe der Regelfall (R)- und Sonderfall (S)-Rauminhalte nach DIN 277)
BRI/BGF (m)	Verhältnis von Brutto-Rauminhalt zur Brutto-Grundfläche angegeben in Meter
BRI/NUF (m)	Verhältnis von Brutto-Rauminhalt zur Nutzungsfläche angegeben in Meter
BSH	Brettschichtholz
CG	Schaumglas
DA	Dach
DAF	Dachfläche
DE	Decken
DEF	Deckenfläche
DHH	Doppelhaushälfte
DIN 276	Kosten im Bauwesen (DIN 276:2018-12)
DIN 277	Grundflächen und Rauminhalte im Hochbau (DIN 277:2021-08)
EA	Elementarten
ELW	Einliegerwohnung
EPS	expandierter Polystyrolschaum
€/Einheit	Spaltenbezeichnung für Mittelwerte zu den Kosten bezogen auf eine Einheit der Bezugsgröße
€/m² BGF	Spaltenbezeichnung für Mittelwerte zu den Kosten bezogen auf Brutto-Grundfläche
FZ	Faserzementplatte
GF	Grundstücksfläche
GK	Gipskarton
GR	Gründung
Fläche/BGF (%)	Anteil der angegebenen Fläche zur Brutto-Grundfläche in Prozent
Fläche/NUF (%)	Anteil der angegebenen Fläche zur Nutzungsfläche in Prozent
GRF	Gründungsfläche
inkl.	einschließlich
IW	Innenwand
IWF	Innenwandfläche
KFZ	Kraftfahrzeug
KG	Kostengruppe
KGF	Konstruktions-Grundfläche (Summe der Regelfall (R)- und Sonderfall (S)-Flächen nach DIN 277)
KG an 300	Kostenanteil der jeweiligen Kostengruppe in % an der Kostengruppe 300 Bauwerk-Baukonstruktionen
KG an 400	Kostenanteil der jeweiligen Kostengruppe in % an der Kostengruppe 400 Bauwerk-Technische Anlagen
KSP	kaltselbstklebende Polymerbitumenbahn
LB	Leistungsbereich
LB an EA	Kostenanteil des Leistungsbereichs in % an der Elementart
MDS	mineralische Dichtschlämme
Menge/BGF	Menge der genannten Kostengruppen-Bezugsgröße bezogen auf die Menge der Brutto-Grundfläche
Menge/NUF	Menge der genannten Kostengruppen-Bezugsgröße bezogen auf die Menge der Nutzungsfläche
MW	Mineralwolle
NE	Nutzeinheit
NUF	Nutzungsfläche (Summe der Regelfall (R)- und Sonderfall (S)-Flächen nach DIN 277)
NRF	Netto-Raumfläche (Summe der Regelfall (R)- und Sonderfall (S)-Flächen nach DIN 277)
Obj.-Nr.	Nummer des Objekts in den BKI-Baukostendatenbanken

Abkürzungsverzeichnis (Fortsetzung)

Abkürzung	Bezeichnung
OSB	Oriented Strand Board, Spanplatte
OZ	Ordnungszahl
PE / PE-HD / PP / PS / XPS	Polyethylen / Polyethylen, hohe dichte / Polypropylen / Polystyrol / extrudiertes Polystyrol
PMBC	kunststoffmodifizierte Bitumendickbeschichtungen
STLB	Standardleistungsbuch
STP	Stellplatz
sb / wb	scheuerbeständig / waschbeständig
TF	Technikfläche (Summe der Regelfall (R)- und Sonderfall (S)-Flächen nach DIN 277)
TG	Tiefgarage
TSD	Trittschalldämmung
UK	Unterkonstruktion
uP / aP	unter Putz / auf Putz
VF	Verkehrsfläche (Summe der Regelfall (R)- und Sonderfall (S)-Flächen nach DIN 277)
VHF	vorgehängte Konstruktion
VSG	Verbund-Sicherheitsglas
WDVS	Wärmedämmverbundsystem
WE	Wohneinheit
WFL	Wohnfläche
WRG	Wärmerückgewinnung
WU	wasserundurchlässig
Ø	Mittelwert
300+400	Zusammenfassung der Kostengruppen Bauwerk-Baukonstruktionen und Bauwerk-Technische Anlagen
% an 300+400	Kostenanteil der jeweiligen Kostengruppe an den Kosten des Bauwerks
% an 300	Kostenanteil der jeweiligen Kostengruppe an der Kostengruppe Bauwerk-Baukonstruktionen
% an 400	Kostenanteil der jeweiligen Kostengruppe an der Kostengruppe Bauwerk-Technische Anlagen

BKI Abkürzung	Bezeichnung BKI Bücher
A6	BKI Objektdaten A6 Altbau, 2. Auflage, erschienen 2011
A7	BKI Objektdaten A7 Altbau, erschienen 2011*
A8	BKI Objektdaten A8 Altbau, erschienen 2013
A9	BKI Objektdaten A9 Altbau, erschienen 2015
A10	BKI Objektdaten A10 Altbau, erschienen 2016
A11	BKI Objektdaten A11 Altbau, erschienen 2021
A12	BKI Objektdaten A12 Altbau, erschienen 2024
A13	BKI Objektdaten A13 Altbau, erscheint 2026
E2	BKI OBJEKTE E2 Energieeffizientes Bauen im Altbau, erschienen 2002*
E4	BKI Objektdaten E4 Energieeffizientes Bauen, erschienen 2011
E5	BKI Objektdaten E5 Energieeffizientes Bauen, erschienen 2013
E6	BKI Objektdaten E6 Energieeffizientes Bauen, erschienen 2015
E7	BKI Objektdaten E7 Energieeffizientes Bauen, erschienen 2017
E8	BKI Objektdaten E8 Energieeffizientes Bauen, erschienen 2020
E9	BKI Objektdaten E9 Energieeffizientes Bauen, erschienen 2021
N1	BKI OBJEKTE N1 Neubau/Altbau, erschienen 1998*
N2	BKI OBJEKTE N2 Neubau/Altbau, erschienen 1999*
IR1	BKI Objektdaten IR1 Innenräume, erschienen 2016
IR2	BKI Objektdaten IR2 Innenräume, erschienen 2025

* Bücher als Printausgabe bereits vergriffen und können im eBook Format erworben werden

Gliederung in Leistungsbereiche nach STLB-Bau

Als Beispiel für eine ausführungsorientierte Ergänzung der Kostengliederung werden im Folgenden die Leistungsbereiche des Standardleistungsbuches für das Bauwesen in einer Übersicht dargestellt.

000 Baustelleneinrichtungen; Verkehrssicherungs- und Sicherheitseinrichtungen
001 Gerüstarbeiten
002 Erdarbeiten
003 Landschaftsbauarbeiten
004 Landschaftsbauarbeiten, Pflanzen
005 Brunnenbauarbeiten und Aufschlussbohrungen
006 Spezialtiefbauarbeiten
007 Untertagebauarbeiten
008 Wasserhaltungsarbeiten
009 Entwässerungskanalarbeiten
010 Drän- und Versickerungsarbeiten
011 Abscheider- und Kleinkläranlagen
012 Mauerarbeiten
013 Betonarbeiten
014 Natur-, Betonwerksteinarbeiten
016 Zimmer- und Holzbauarbeiten
017 Stahlbauarbeiten
018 Abdichtungsarbeiten
019 Kampfmittelräumarbeiten
020 Dachdeckungsarbeiten
021 Dachabdichtungsarbeiten
022 Klempnerarbeiten
023 Putz- und Stuckarbeiten, Wärmedämmsysteme
024 Fliesen- und Plattenarbeiten
025 Estricharbeiten
026 Fenster, Außentüren
027 Tischlerarbeiten
028 Parkettarbeiten, Holzpflasterarbeiten
029 Beschlagarbeiten
030 Rollladenarbeiten
031 Metallbauarbeiten
032 Verglasungsarbeiten
033 Baureinigungsarbeiten
034 Maler- und Lackierarbeiten - Beschichtungen
035 Korrosionsschutzarbeiten an Stahlbauten
036 Bodenbelagsarbeiten
037 Tapezierarbeiten
038 Vorgehängte hinterlüftete Fassaden
039 Trockenbauarbeiten
040 Wärmeversorgungsanlagen - Betriebseinrichtungen
041 Wärmeversorgungsanlagen - Leitungen, Armaturen, Heizflächen
042 Gas- und Wasseranlagen - Leitungen, Armaturen
043 Druckrohrleitungen für Gas, Wasser und Abwasser
044 Abwasseranlagen - Leitungen, Abläufe, Armaturen
045 Gas-, Wasser- und Entwässerungsanlagen - Ausstattung, Elemente, Fertigbäder
046 Gas-, Wasser- und Entwässerungsanlagen - Betriebseinrichtungen
047 Dämm- und Brandschutzarbeiten an technischen Anlagen
049 Feuerlöschanlagen, Feuerlöschgeräte
050 Blitzschutz- / Erdungsanlagen, Überspannungsschutz
051 Kabelleitungstiefbauarbeiten
052 Mittelspannungsanlagen
053 Niederspannungsanlagen - Kabel / Leitungen, Verlegesysteme, Installationsgeräte
054 Niederspannungsanlagen - Verteilersysteme und Einbaugeräte
055 Sicherheits- und Ersatzstromversorgungsanlagen
057 Gebäudesystemtechnik
058 Leuchten und Lampen
059 Sicherheitsbeleuchtungsanlagen
060 Such-, Signal-, Zeitdienst-, Antennen-, elektroakustische Anlagen, Medientechnik
061 Kommunikations- und Übertragungsnetze
062 Kommunikationsanlagen
063 Gefahrenmeldeanlagen
064 Zutrittskontroll-, Zeiterfassungssysteme
069 Aufzüge
070 Gebäudeautomation
075 Raumlufttechnische Anlagen
078 Kälteanlagen für raumlufttechnische Anlagen
080 Straßen, Wege, Plätze
081 Betonerhaltungsarbeiten
082 Bekämpfender Holzschutz
084 Abbruch-, Rückbau- und Schadstoffsanierungsarbeiten
085 Rohrvortriebsarbeiten
087 Abfallentsorgung, Verwertung und Beseitigung
090 Baulogistik
091 Stundenlohnarbeiten
096 Bauarbeiten an Bahnübergängen
097 Bauarbeiten an Gleisen und Weichen
098 Witterungsschutzmaßnahmen

Die BKI-Gliederung des vorliegenden Fachbuchs orientiert sich am Standardleistungsbuch für das Bauwesen. Die Nummern der Leistungsbereiche werden jedoch beim Altbau mit 3xx gekennzeichnet.

Übersicht Kostenkennwerte der 1. und 2. Ebene DIN 276 für Gebäudearten

300 Bauwerk — Baukonstruktionen in €/m³ BRI

Kosten:
Stand 2. Quartal 2025
Bundesdurchschnitt
inkl. 19% MwSt.

Einheit: m³
Brutto-Rauminhalt (BRI)

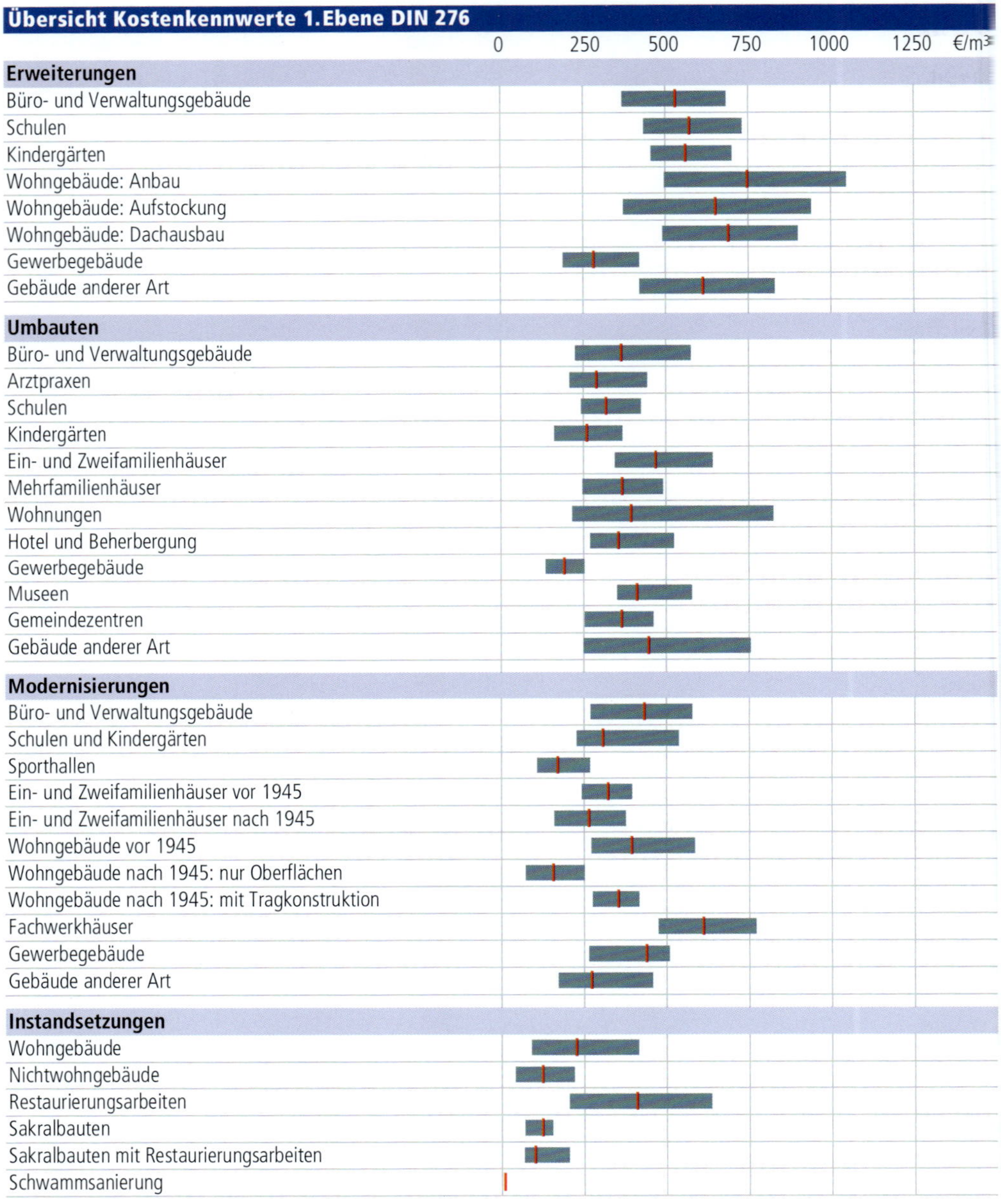

Übersicht Kostenkennwerte 1.Ebene DIN 276

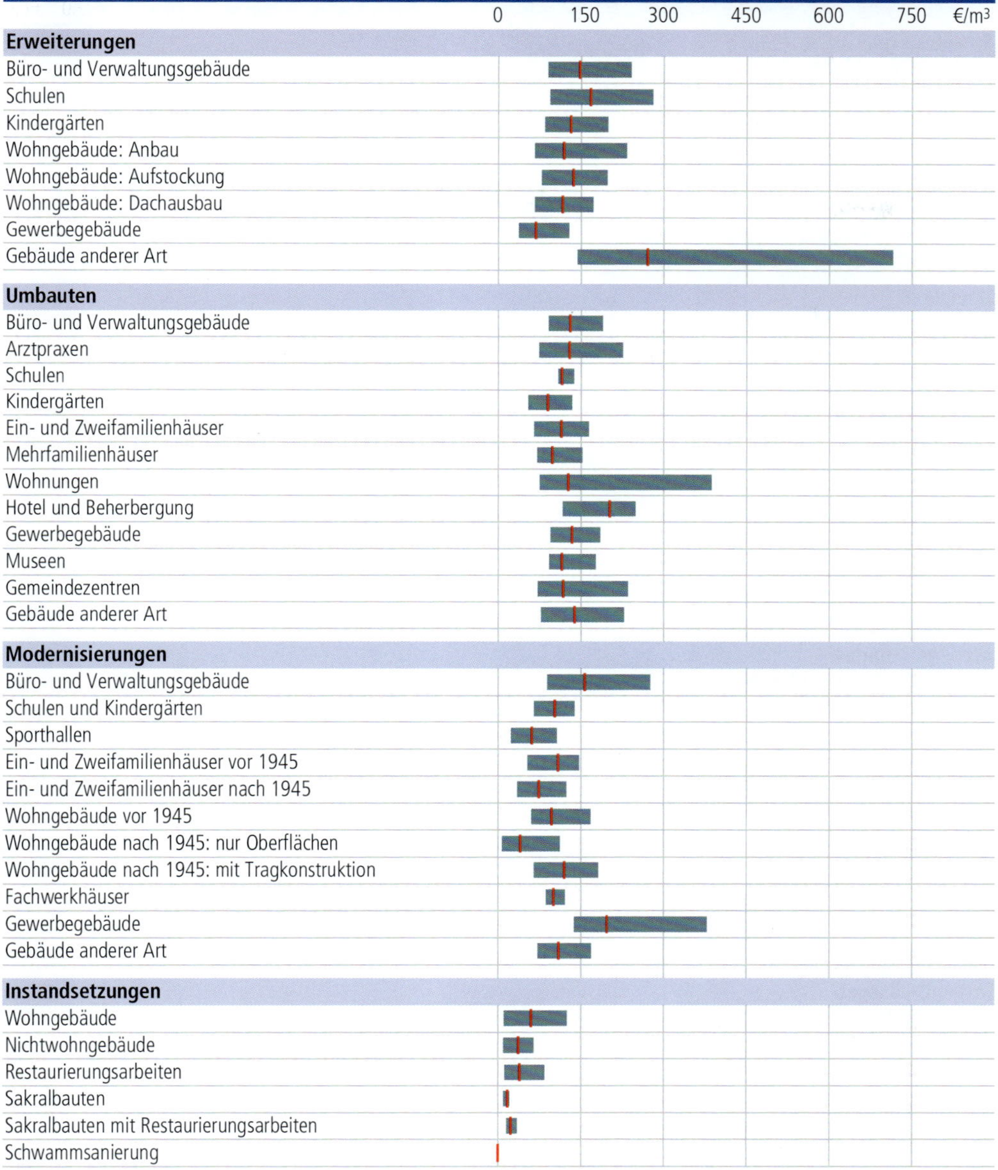

400 Bauwerk — Technische Anlagen in €/m³ BRI

Einheit: m³
Brutto-Rauminhalt (BRI)

300 Bauwerk — Baukonstruktionen in €/m² BGF

Kosten:
Stand 2. Quartal 2025
Bundesdurchschnitt
inkl. 19% MwSt.

Einheit: m²
Brutto-Grundfläche (BGF)

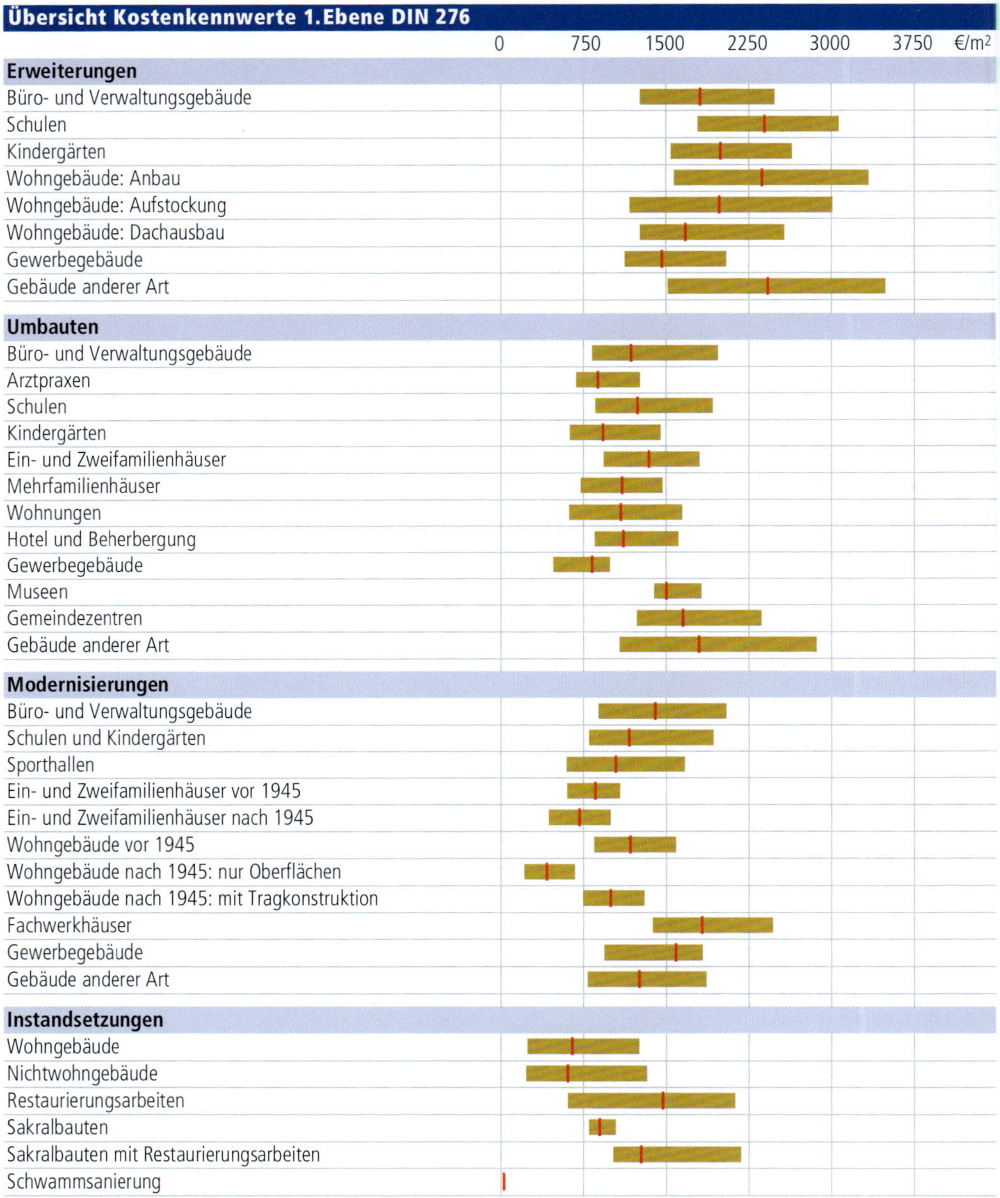

Übersicht Kostenkennwerte 1.Ebene DIN 276

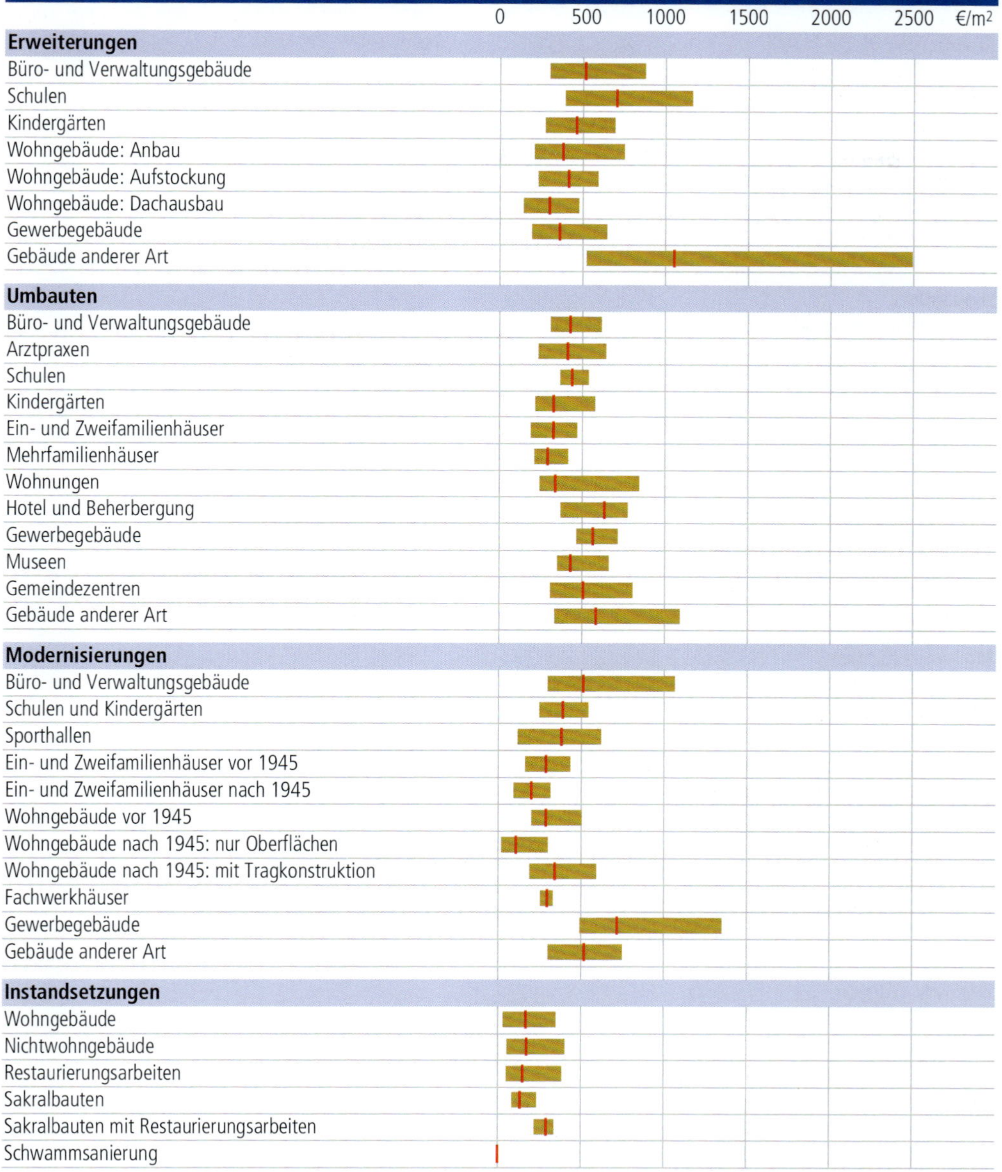

Einheit: m²
Brutto-Grundfläche (BGF)

310 Baugrube/Erdbau in €/m³

Kosten:
Stand 2. Quartal 2025
Bundesdurchschnitt
inkl. 19% MwSt.

Einheit: m³
Baugrubenrauminhalt / Erdbaurauminhalt

Übersicht Kostenkennwerte 2. Ebene DIN 276

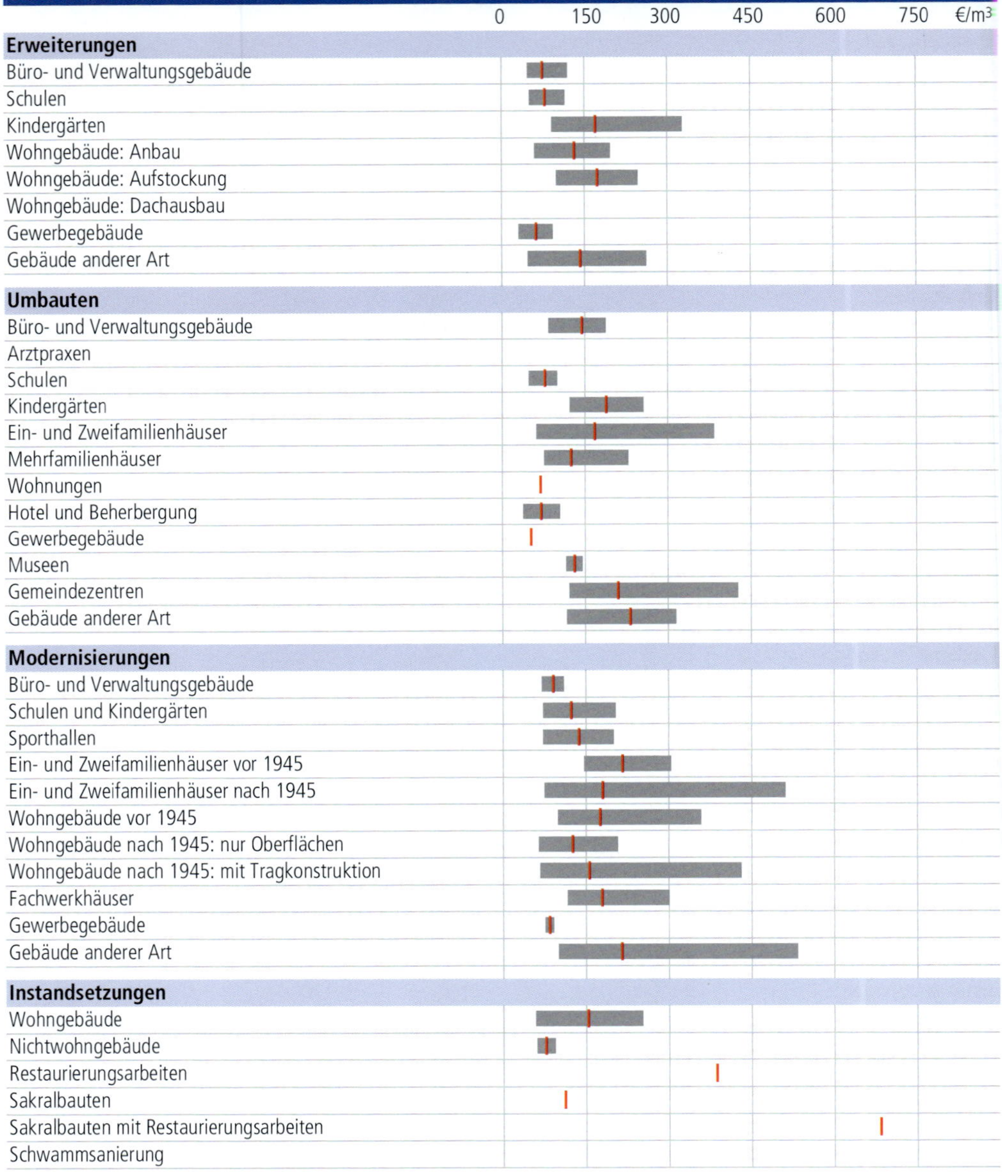

Übersicht Kostenkennwerte 2. Ebene DIN 276

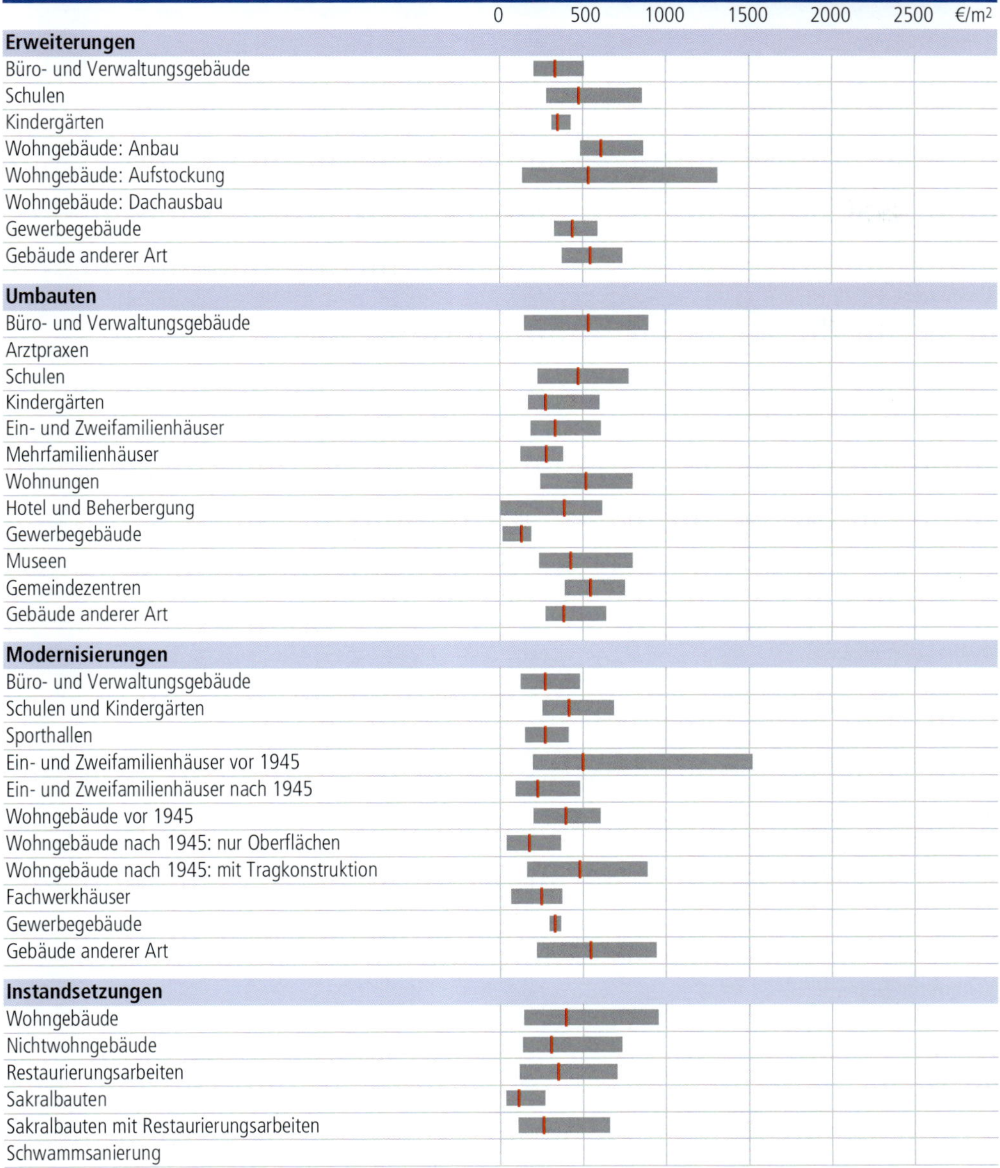

Einheit: m2
Gründungsfläche/
Unterbaufläche

330 Außenwände/ Vertikale Baukonstruktionen, außen in €/m²

Kosten:
Stand 2. Quartal 2025
Bundesdurchschnitt
inkl. 19% MwSt.

Einheit: m²
Außenwandfläche/
Fläche der vertikalen
Baukonstruktionen

Übersicht Kostenkennwerte 2. Ebene DIN 276

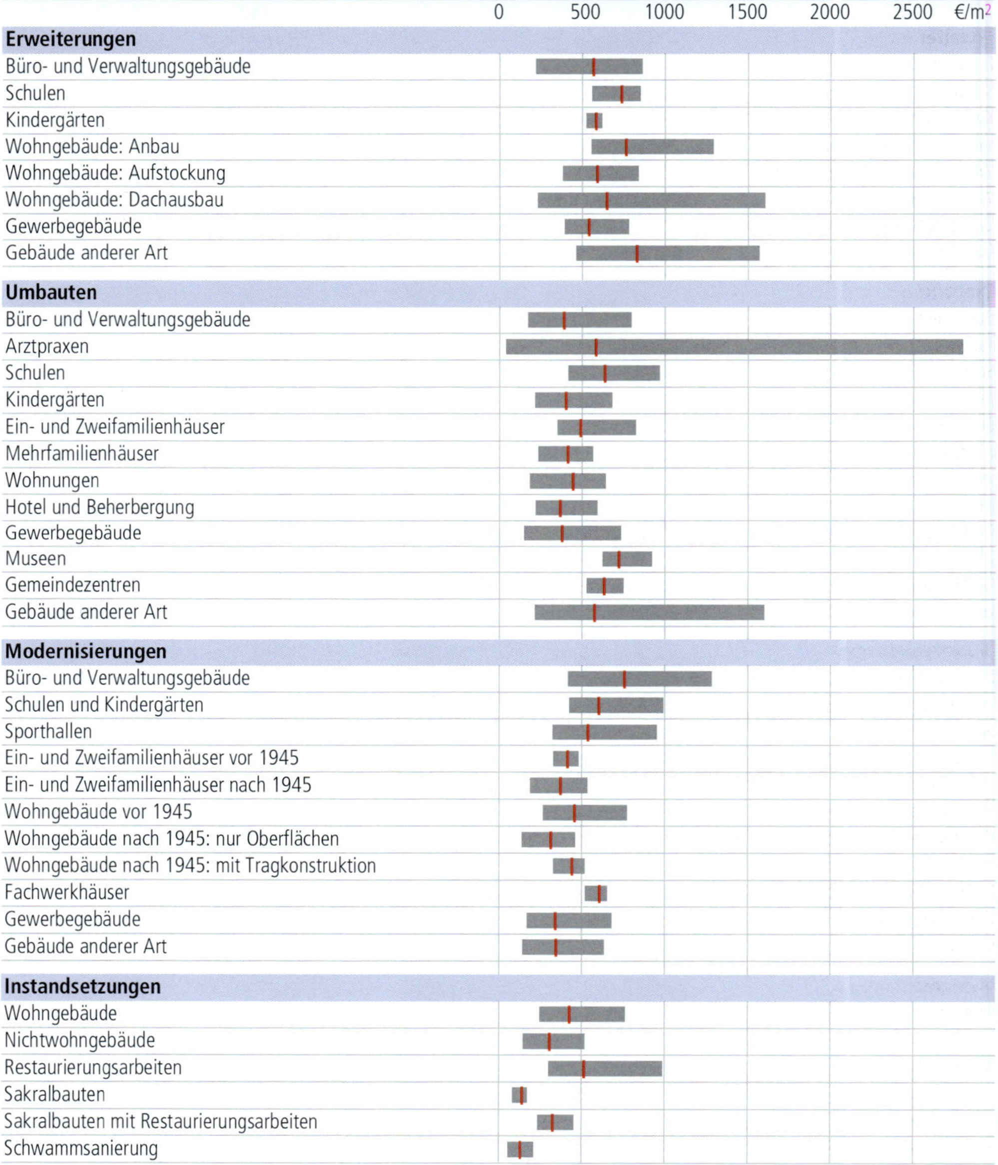

Übersicht Kostenkennwerte 2.Ebene DIN 276

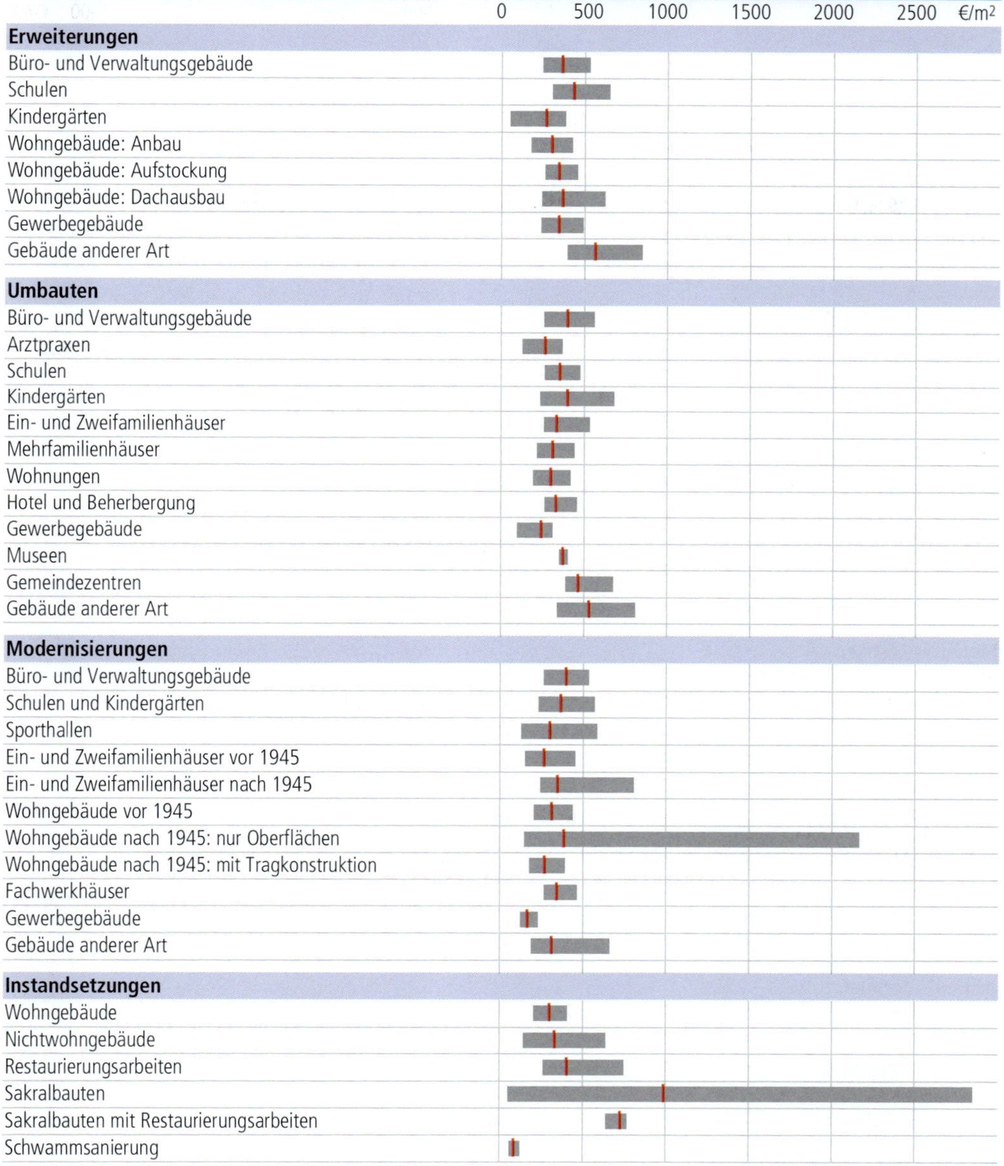

Einheit: m²
Innenwandfläche/
Fläche der vertikalen
Baukonstruktionen

350 Decken/ Horizontale Baukonstruktionen in €/m²

Kosten:
Stand 2. Quartal 2025
Bundesdurchschnitt
inkl. 19% MwSt.

Einheit: m²
Deckenfläche/
Fläche der horizontalen Baukonstruktionen

Übersicht Kostenkennwerte 2. Ebene DIN 276

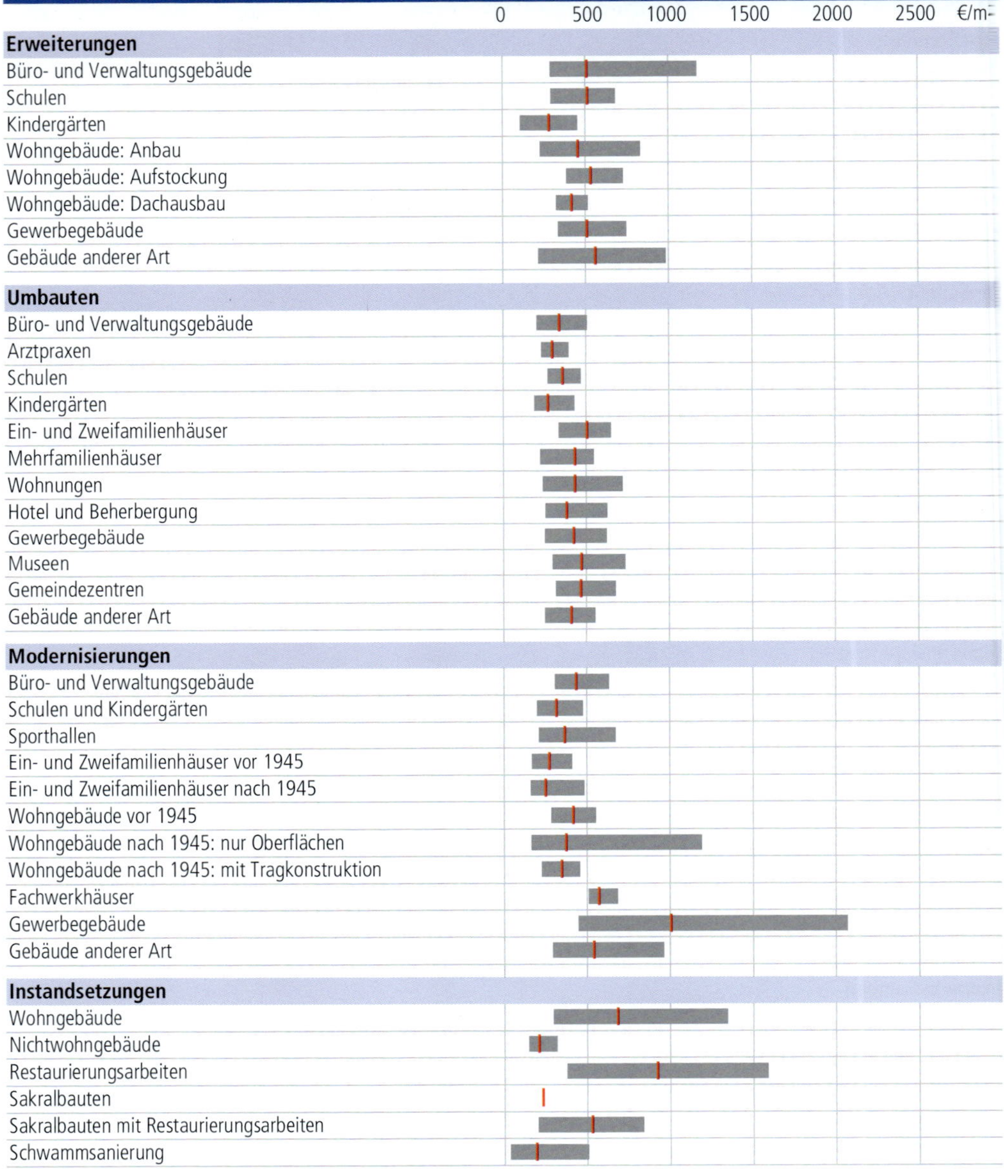

Übersicht Kostenkennwerte 2.Ebene DIN 276

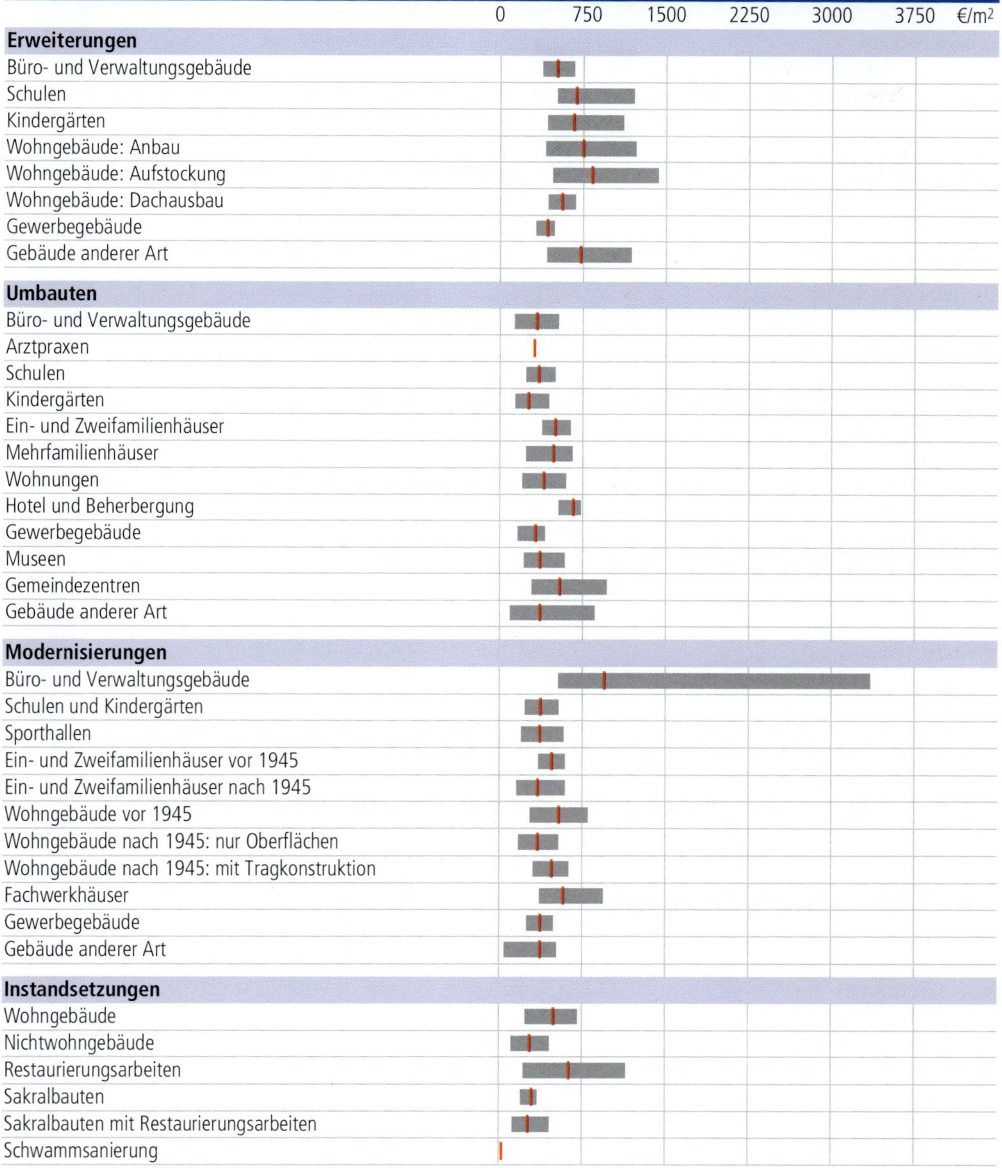

Einheit: m²
Dachfläche

380 Baukonstruktive Einbauten in €/m² BGF

Kosten:
Stand 2. Quartal 2025
Bundesdurchschnitt
inkl. 19% MwSt.

Einheit: m²
Brutto-Grundfläche (BGF)

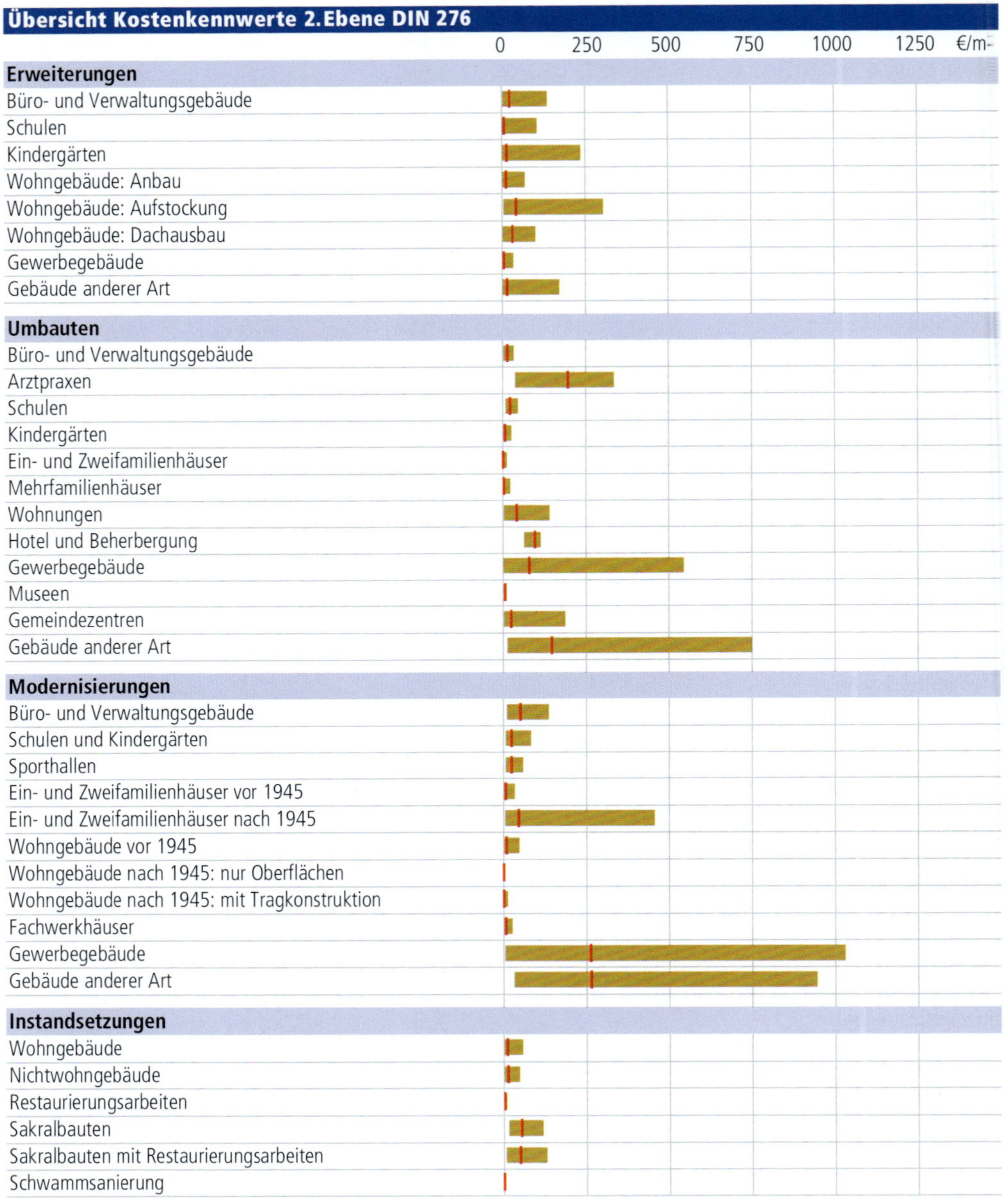

Übersicht Kostenkennwerte 2. Ebene DIN 276

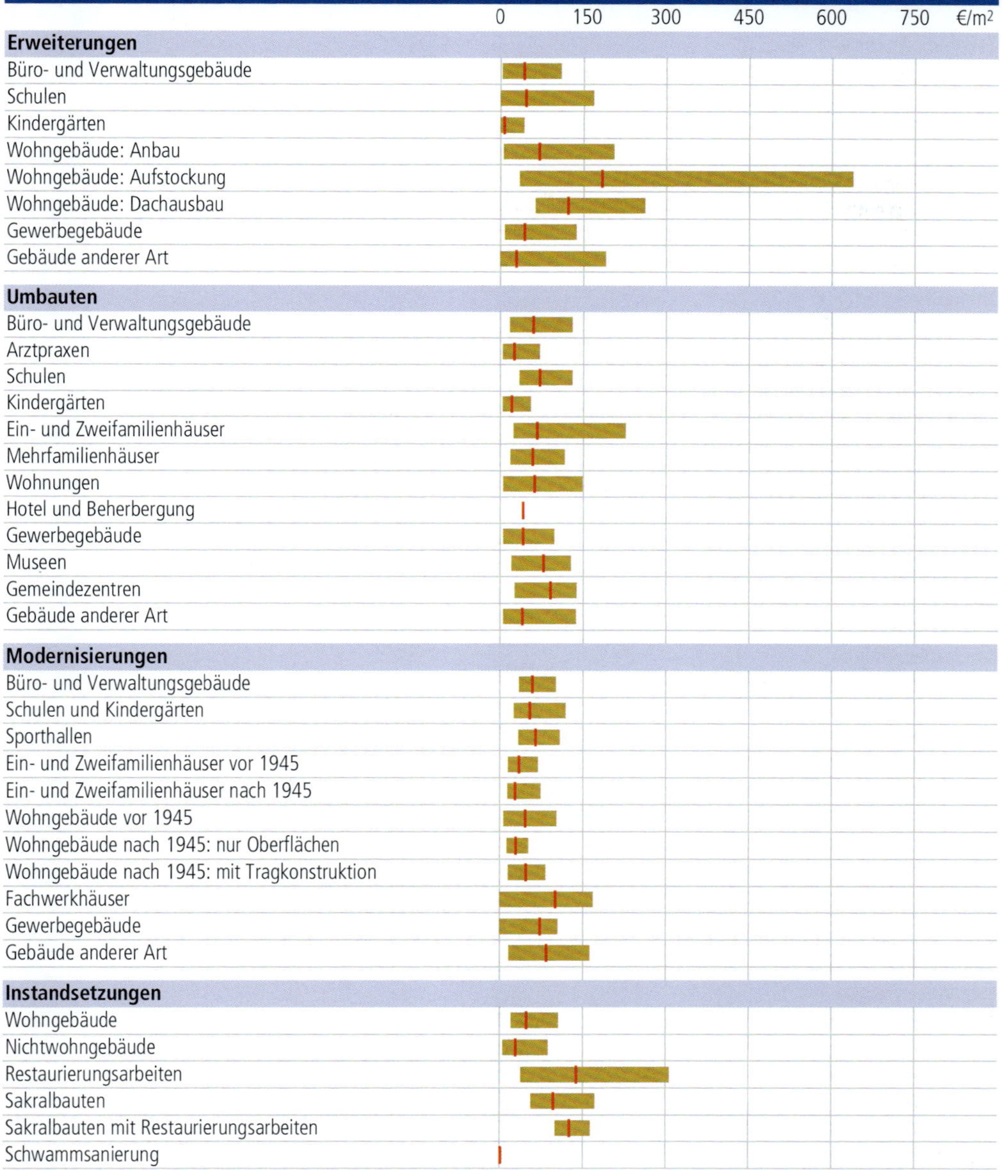

Einheit: m²
Brutto-Grundfläche (BGF)

410 Abwasser-, Wasser-, Gasanlagen in €/m² BGF

Kosten:
Stand 2. Quartal 2025
Bundesdurchschnitt
inkl. 19% MwSt.

Einheit: m²
Brutto-Grundfläche (BGF)

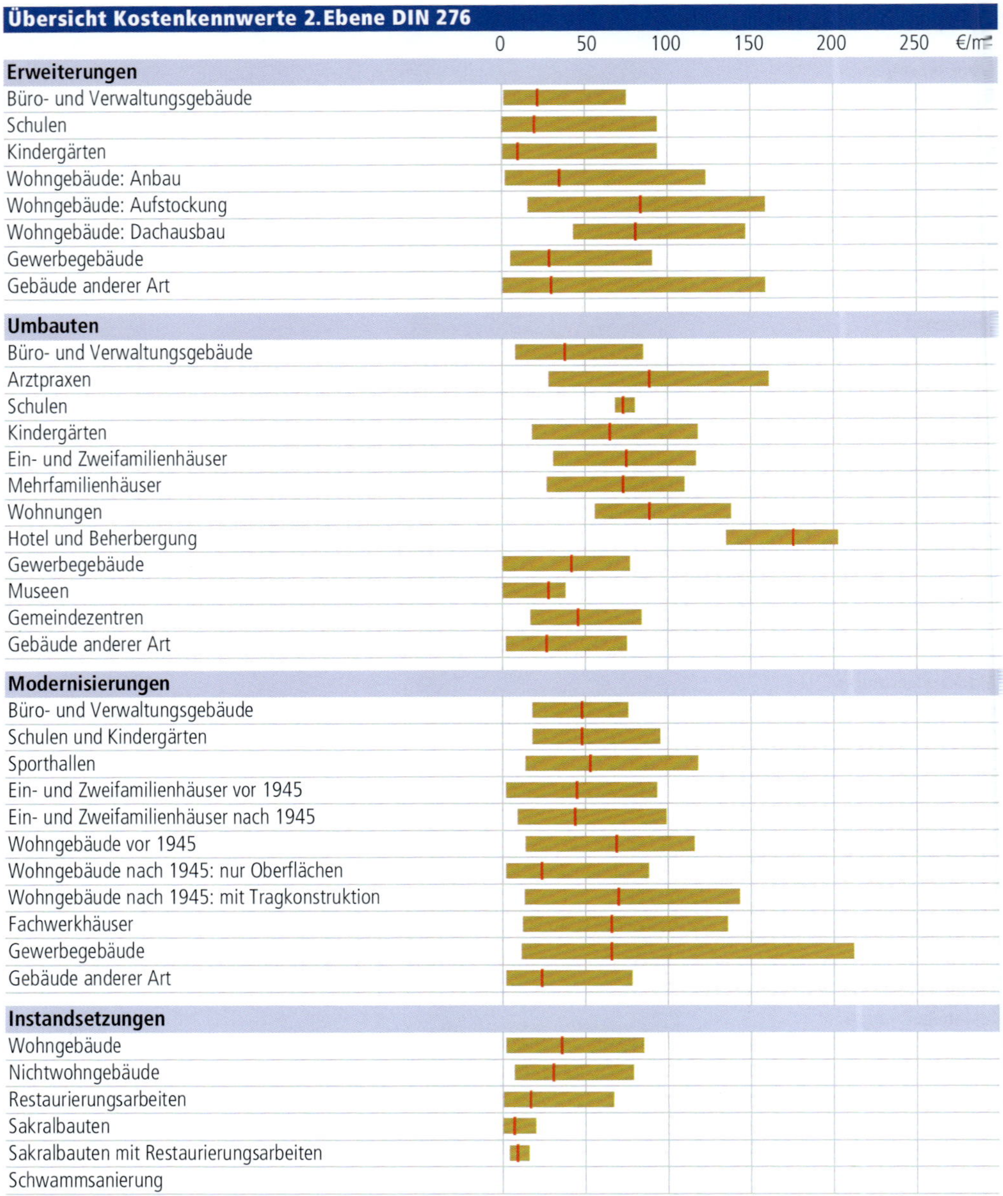

Übersicht Kostenkennwerte 2. Ebene DIN 276

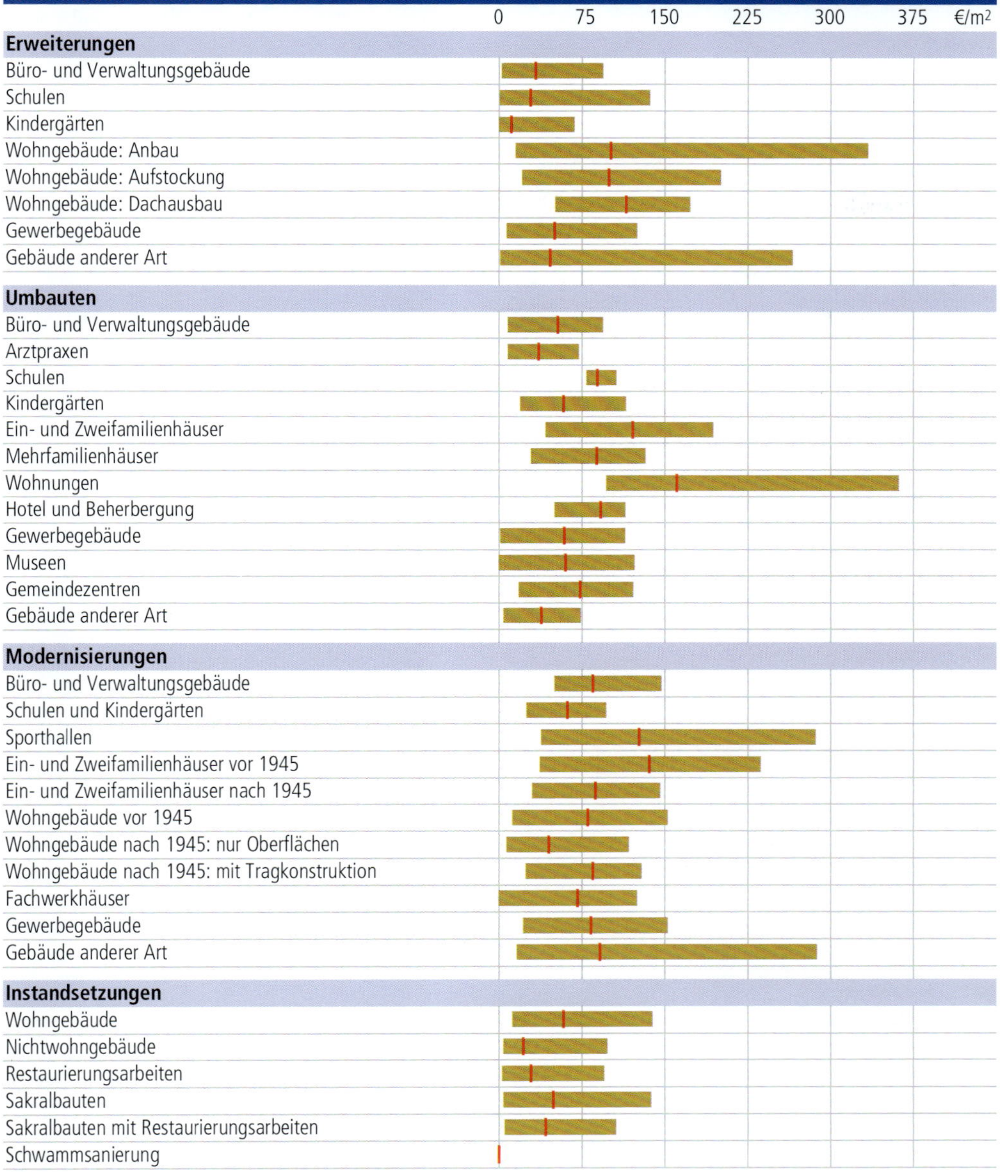

Einheit: m²
Brutto-Grundfläche (BGF)

430 Raumlufttechnische Anlagen in €/m² BGF

Kosten:
Stand 2. Quartal 2025
Bundesdurchschnitt
inkl. 19% MwSt.

Einheit: m²
Brutto-Grundfläche (BGF)

Übersicht Kostenkennwerte 2. Ebene DIN 276

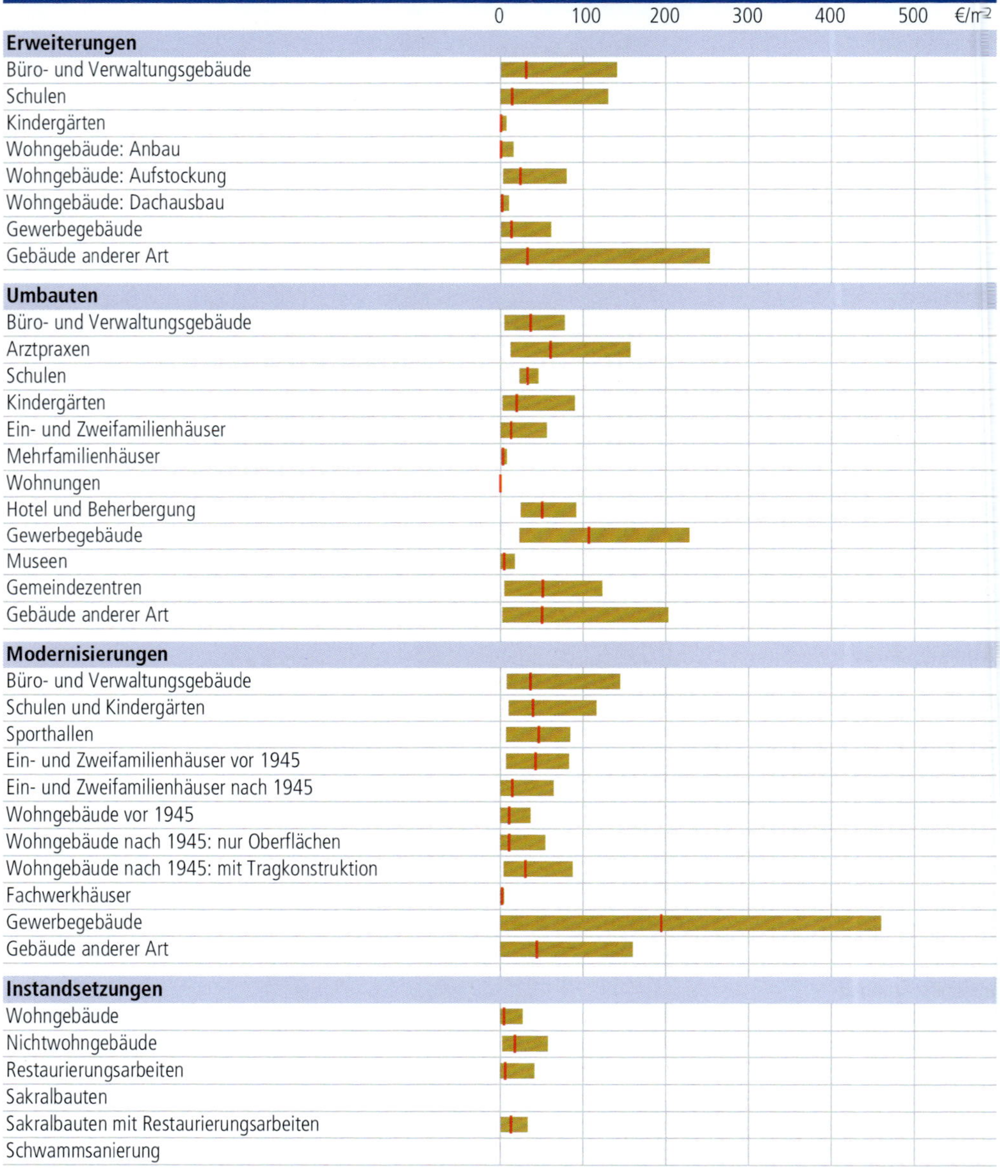

Übersicht Kostenkennwerte 2. Ebene DIN 276

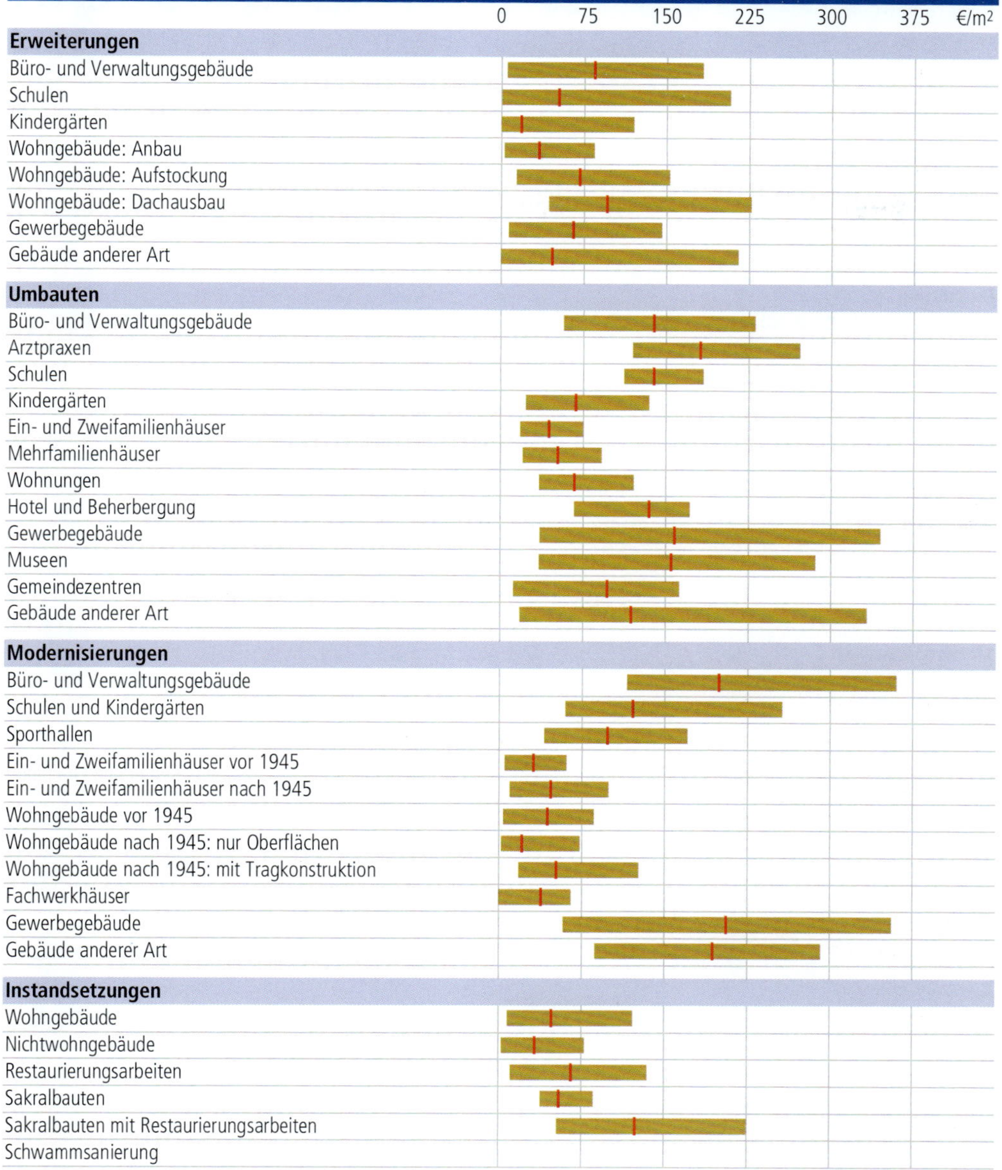

Einheit: m²
Brutto-Grundfläche (BGF)

450 Kommunikations-, sicherheits- und informationstechnische Anlagen in €/m² BGF

Kosten:
Stand 2. Quartal 2025
Bundesdurchschnitt
inkl. 19% MwSt.

Einheit: m²
Brutto-Grundfläche (BGF)

Übersicht Kostenkennwerte 2. Ebene DIN 276

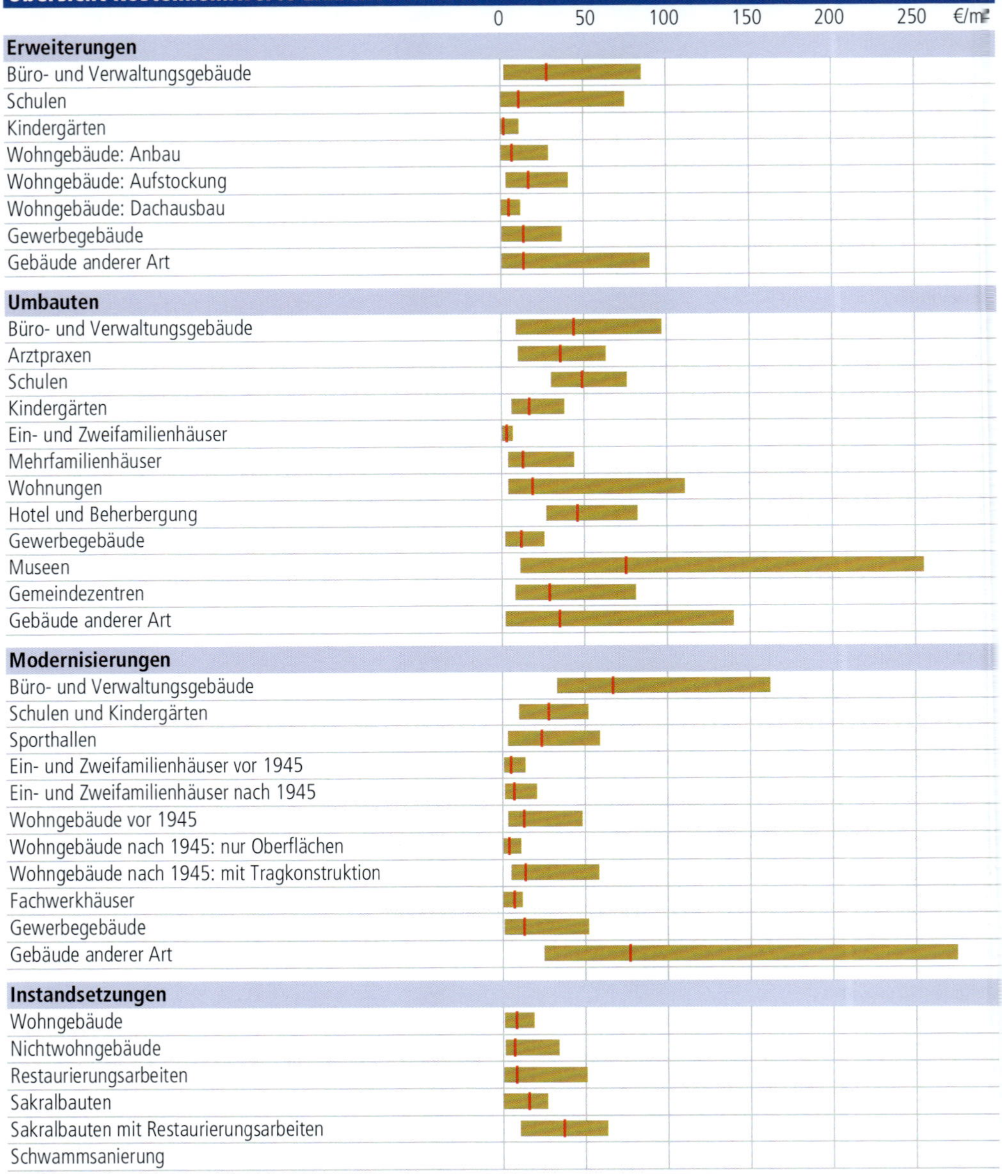

Übersicht Kostenkennwerte 2.Ebene DIN 276

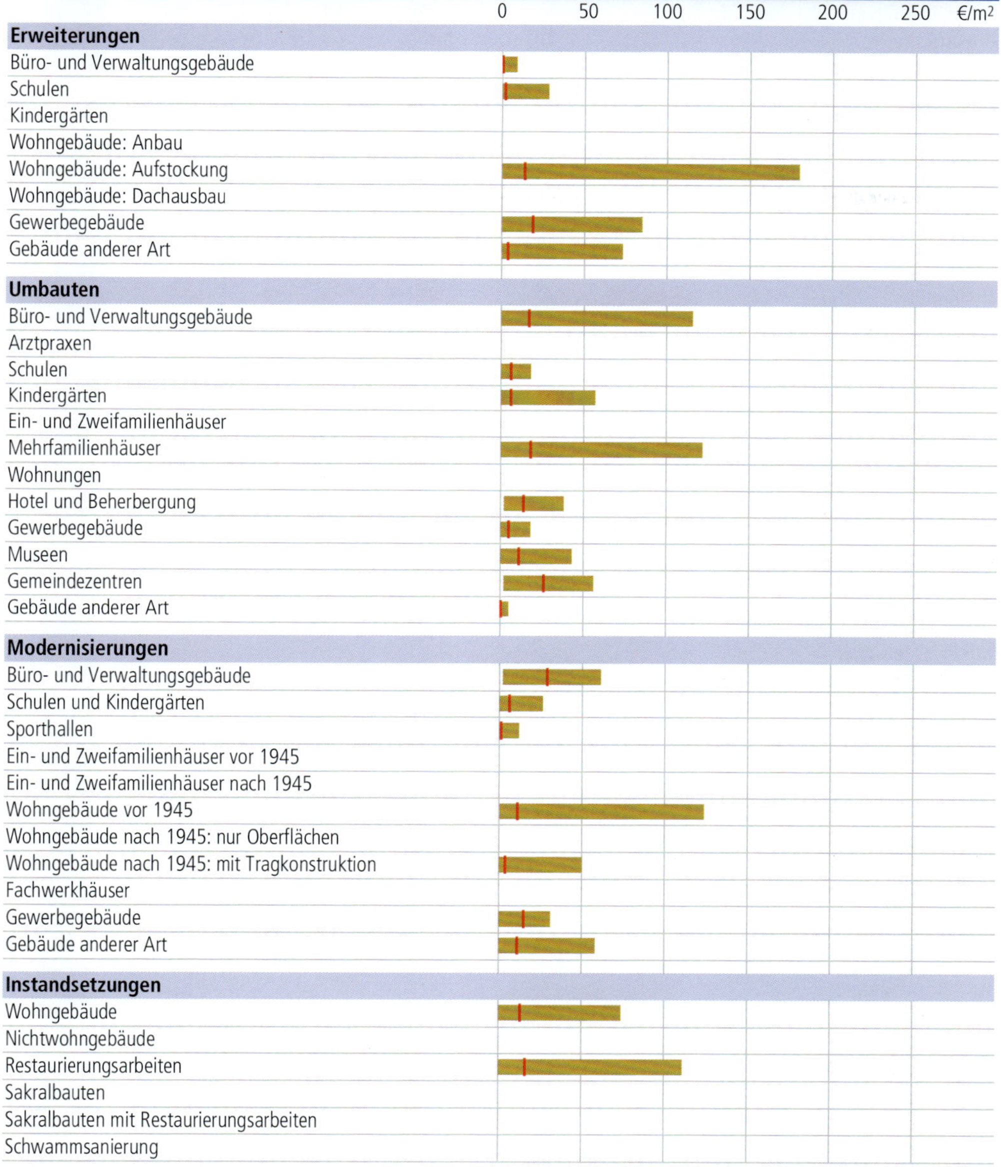

Einheit: m²
Brutto-Grundfläche (BGF)

470 Nutzungsspezifische und verfahrenstechnische Anlagen in €/m² BGF

Kosten:
Stand 2. Quartal 2025
Bundesdurchschnitt
inkl. 19% MwSt.

Einheit: m²
Brutto-Grundfläche (BGF)

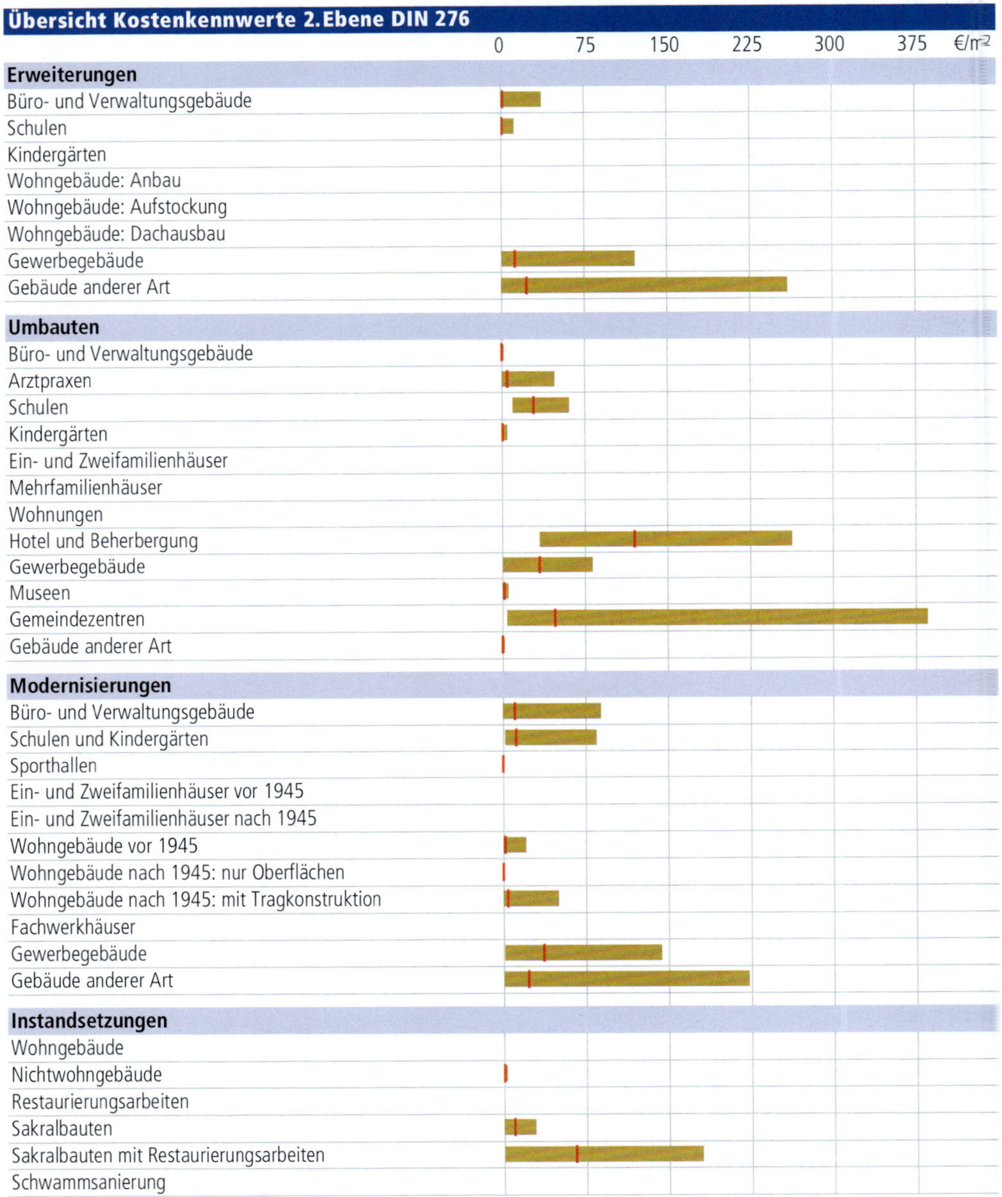

 Erläuterungen zu den Tabellen siehe Seite 14

Übersicht Kostenkennwerte 2.Ebene DIN 276

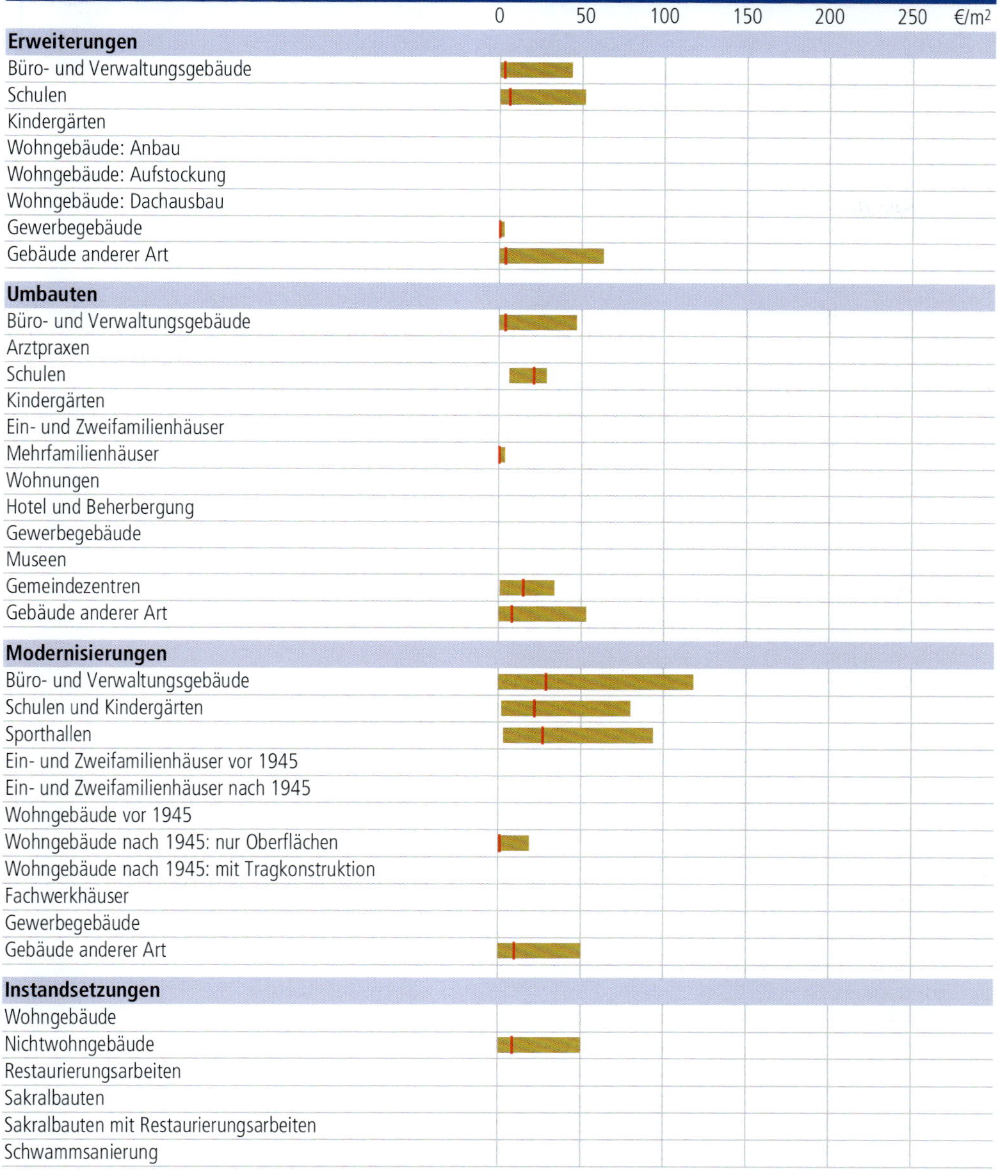

Einheit: m²
Brutto-Grundfläche (BGF)

Übersicht-
1. + 2. Ebene
Erweiterung
Umbau
Moderni-
sierung
Instand-
setzung
Bau-
elemente
Abbrechen
Wieder-
herstellen
Herstellen

490 Sonstige Maßnahmen für technische Anlagen in €/m² BGF

Kosten:
Stand 2. Quartal 2025
Bundesdurchschnitt
inkl. 19% MwSt.

Einheit: m²
Brutto-Grundfläche (BGF)

Übersicht Kostenkennwerte 2. Ebene DIN 276

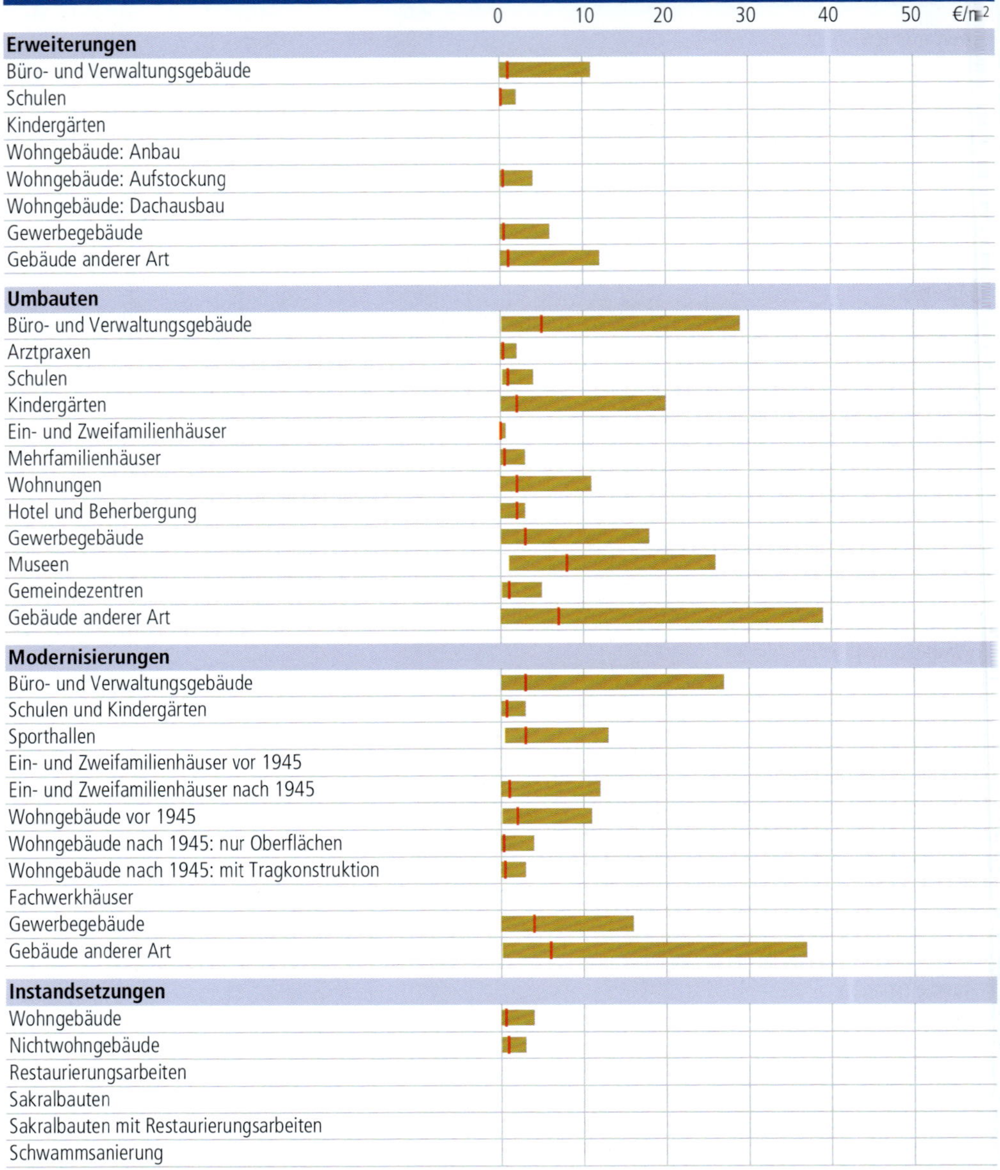

Gebäudearten

mit Kostenkennwerten der 1. und 2. Ebene DIN 276

Erweiterungen

Umbauten

Modernisierungen

Instandsetzungen

Erweiterungen

Büro- und Verwaltungsgebäude

Kostenkennwerte für die Kosten des Bauwerks (Kostengruppen 300+400 nach DIN 276)

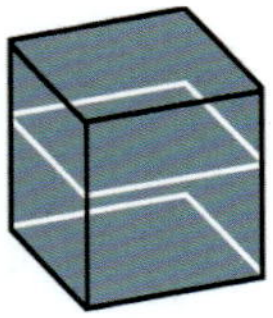

BRI 680 €/m³
von 495 €/m³
bis 925 €/m³

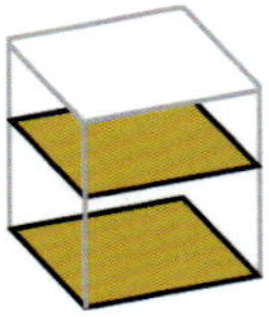

BGF 2.325 €/m²
von 1.610 €/m²
bis 3.305 €/m²

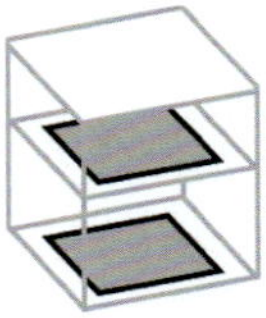

NUF 3.375 €/m²
von 2.275 €/m²
bis 5.045 €/m²

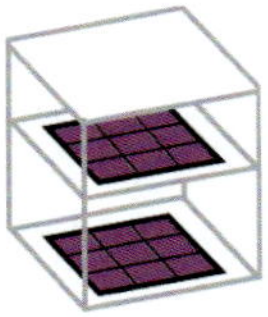

NE 81.120 €/NE
von 51.250 €/NE
bis 123.980 €/NE
NE: Arbeitsplätze

Objektbeispiele

Kosten:
Stand 2. Quartal 2025
Bundesdurchschnitt
inkl. 19% MwSt.

1300-0207

1300-0290

1300-0191

Kosten der 17 Vergleichsobjekte

Seiten 90 bis 96

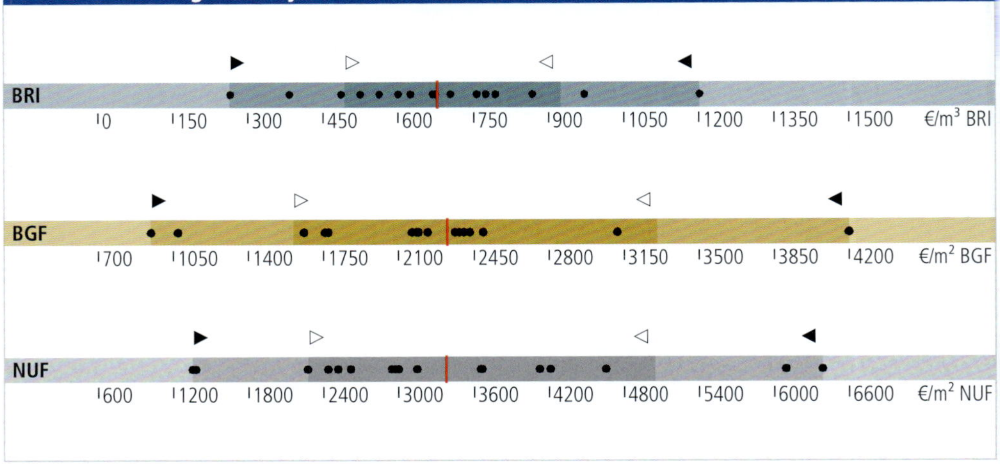

- ● KKW
- ▶ min
- ▷ von
- | Mittelwert
- ◁ bis
- ◀ max

Kostenkennwerte für die Kostengruppen der 1. und 2. Ebene DIN 276

KG	Kostengruppen der 1. Ebene	Einheit	▷	€/Einheit	◁	▷	% an 300+400	◁
100	Grundstück	m² GF	–	**–**	–	–	**–**	–
200	Vorbereitende Maßnahmen	m² GF	2	**3**	8	0,2	**1,4**	2,9
300	Bauwerk – Baukonstruktionen	m² BGF	1.267	**1.811**	2.490	74,0	**78,6**	86,8
400	Bauwerk – Technische Anlagen	m² BGF	299	**516**	878	13,2	**21,4**	26,0
	Bauwerk 300+400	m² BGF	1.609	**2.326**	3.306	100,0	**100,0**	100,0
500	Außenanlagen und Freiflächen	m² AF	48	**131**	293	2,0	**5,2**	11,1
600	Ausstattung und Kunstwerke	m² BGF	10	**40**	109	0,7	**3,1**	14,5
700	Baunebenkosten	m² BGF	–	**–**	–	–	**–**	–
800	Finanzierung	m² BGF	–	**–**	–	–	**–**	–

KG	Kostengruppen der 2. Ebene	Einheit	▷	€/Einheit	◁	▷	% an 1. Ebene	◁
310	Baugrube / Erdbau	m³ BGI	48	**74**	120	0,2	**2,1**	5,0
320	Gründung, Unterbau	m² GRF	205	**335**	507	1,7	**5,6**	20,1
330	Außenwände / vertikal außen	m² AWF	218	**570**	861	16,6	**33,5**	45,3
340	Innenwände / vertikal innen	m² IWF	247	**363**	532	11,8	**21,2**	45,2
350	Decken / horizontal	m² DEF	287	**510**	1.173	6,8	**13,3**	17,3
360	Dächer	m² DAF	381	**515**	670	7,2	**14,9**	19,4
370	Infrastrukturanlagen		–	**–**	–	–	**–**	–
380	Baukonstruktive Einbauten	m² BGF	14	**51**	164	0,8	**4,5**	20,6
390	Sonst. Maßnahmen für Baukonst.	m² BGF	30	**80**	126	2,5	**4,9**	8,0
300	**Bauwerk – Baukonstruktionen**	**m² BGF**					**100,0**	
410	Abwasser-, Wasser-, Gasanlagen	m² BGF	19	**47**	99	4,0	**12,3**	28,9
420	Wärmeversorgungsanlagen	m² BGF	37	**71**	114	5,5	**14,6**	22,1
430	Raumlufttechnische Anlagen	m² BGF	35	**108**	159	1,7	**12,6**	34,5
440	Elektrische Anlagen	m² BGF	100	**159**	211	34,4	**44,9**	66,3
450	Kommunikationstechnische Anlagen	m² BGF	26	**60**	101	5,3	**13,3**	27,8
460	Förderanlagen	m² BGF	–	**9**	–	< 0,1	**0,2**	1,6
470	Nutzungsspez. / verfahrenstech. Anl.	m² BGF	1	**19**	37	< 0,1	**0,8**	6,6
480	Gebäude- und Anlagenautomation	m² BGF	–	**44**	–	0,0	**0,9**	8,0
490	Sonst. Maßnahmen f. techn. Anl.	m² BGF	2	**8**	15	0,0	**0,4**	2,0
400	**Bauwerk – Technische Anlagen**	**m² BGF**					**100,0**	

Prozentanteile der Kosten 2. Ebene an den Kosten des Bauwerks nach DIN 276 (Von/Mittel/Bis)

KG	Kostengruppe	%
310	Baugrube / Erdbau	1,7
320	Gründung, Unterbau	4,4
330	Außenwände / vertikal außen	27,4
340	Innenwände / vertikal innen	16,7
350	Decken / horizontal	10,7
360	Dächer	12,1
370	Infrastrukturanlagen	
380	Baukonstruktive Einbauten	3,5
390	Sonst. Maßnahmen für Baukonst.	4,0
410	Abwasser-, Wasser-, Gasanlagen	2,1
420	Wärmeversorgungsanlagen	2,9
430	Raumlufttechnische Anlagen	2,5
440	Elektrische Anlagen	8,7
450	Kommunikationstechnische Anlagen	2,9
460	Förderanlagen	< 0,1
470	Nutzungsspez. / verfahrenstech. Anl.	0,2
480	Gebäude- und Anlagenautomation	0,2
490	Sonst. Maßnahmen f. techn. Anl.	< 0,1

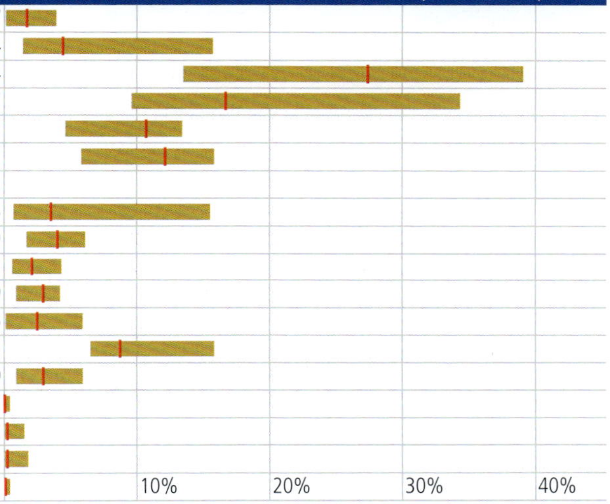

Kostenstand: 2. Quartal 2025, Bundesdurchschnitt, **inkl. 19% MwSt.**

Erweiterungen

Büro- und Verwaltungsgebäude

Kostenkennwerte für die Kostengruppen der 3. Ebene DIN 276

KG	Kostengruppen der 3. Ebene	Einheit	▷	€/Einheit	◁	▷	€/m²BGF	◁
335	Außenwandbekleidungen, außen	m²	111	**255**	378	122	**177**	250
337	Elem. Außenwandkonstruktionen	m²	750	**1.243**	1.699	109	**174**	333
334	Außenwandöffnungen	m²	396	**901**	1.321	41	**167**	281
363	Dachbeläge	m²	217	**289**	437	66	**131**	[illegible]
331	Tragende Außenwände	m²	252	**502**	1.134	58	**110**	204
351	Deckenkonstruktionen	m²	318	**631**	2.116	45	**104**	153
434	Kälteanlagen	m²	–	**104**	–	–	**104**	–
322	Flachgründungen und Bodenplatten	m²	159	**278**	361	31	**100**	367
344	Innenwandöffnungen	m²	498	**860**	1.182	45	**97**	155
324	Gründungsbeläge	m²	149	**191**	234	44	**97**	[illegible]
444	Niederspannungsinstallationsanl.	m²	62	**92**	131	62	**92**	[illegible]
364	Dachbekleidungen	m²	50	**133**	209	23	**84**	180
353	Deckenbeläge	m²	109	**156**	248	69	**83**	150
346	Elem. Innenwandkonstruktionen	m²	450	**995**	1.938	19	**82**	330
361	Dachkonstruktionen	m²	106	**185**	290	41	**78**	123
345	Innenwandbekleidungen	m²	39	**58**	121	49	**75**	[illegible]
445	Beleuchtungsanlagen	m²	27	**71**	105	27	**71**	[illegible]
433	Klimaanlagen	m²	8	**66**	125	8	**66**	[illegible]
432	Teilklimaanlagen	m²	12	**63**	165	12	**63**	[illegible]
311	Herstellung	m³	40	**54**	70	36	**62**	[illegible]
332	Nichttragende Außenwände	m²	239	**360**	552	1	**58**	90
381	Allgemeine Einbauten	m²	10	**52**	159	10	**52**	159
333	Außenstützen	m	–	**720**	–	–	**51**	–
341	Tragende Innenwände	m²	140	**249**	326	21	**47**	[illegible]
342	Nichttragende Innenwände	m²	131	**242**	543	16	**46**	[illegible]
354	Deckenbekleidungen	m²	61	**133**	251	15	**43**	72
393	Sicherungsmaßnahmen	m²	–	**41**	–	–	**41**	–
431	Lüftungsanlagen	m²	6	**39**	56	6	**39**	56
312	Umschließung	m²	24	**560**	1.097	< 1	**39**	77
481	Automationseinrichtungen	m²	–	**38**	–	–	**38**	–
422	Wärmeverteilnetze	m²	17	**38**	65	17	**38**	65
391	Baustelleneinrichtung	m²	16	**38**	71	16	**38**	71
323	Tiefgründungen	m²	–	**306**	–	–	**36**	–
423	Raumheizflächen	m²	19	**36**	54	19	**36**	54
476	Weitere nutzungsspezifische Anl.	m²	–	**35**	–	–	**35**	–
336	Außenwandbekleidungen, innen	m²	49	**95**	194	17	**35**	57
457	Datenübertragungsnetze	m²	18	**35**	52	18	**35**	52
338	Lichtschutz zur KG 330	m²	212	**366**	763	15	**31**	38
392	Gerüste	m²	16	**24**	45	16	**24**	45
411	Abwasseranlagen	m²	10	**24**	45	10	**24**	45
412	Wasseranlagen	m²	8	**22**	57	8	**22**	57
355	Elementierte Deckenkonstruktionen	m²	–	**1.313**	–	–	**21**	–
456	Gefahrenmelde- und Alarmanlagen	m²	4	**20**	40	4	**20**	40
421	Wärmeerzeugungsanlagen	m²	6	**16**	38	6	**16**	38
394	Abbruchmaßnahmen	m²	–	**15**	–	–	**15**	–
442	Eigenstromversorgungsanlagen	m²	5	**15**	26	5	**15**	26
343	Innenstützen	m	201	**249**	277	12	**15**	17
499	Sonstiges zur KG 490	m²	–	**15**	–	–	**15**	–
397	Zusätzliche Maßnahmen	m²	8	**14**	32	8	**14**	32
359	Sonstiges zur KG 350	m²	11	**29**	57	4	**14**	20

Kosten:
Stand 2. Quartal 2025
Bundesdurchschnitt
inkl. 19% MwSt.

▷ von
ø Mittel
◁ bis

Prozentanteile der Kosten für Leistungsbereiche nach STLB (Kosten Bauwerk nach DIN 276)

LB	Leistungsbereiche	7,5%	15%	22,5%	30%	▷	% an 300+400	◁
000	Baustellen-, Verkehrssich.- u. Sicherh.einr. inkl. 001					1,5	**2,7**	4,3
002	Erdarbeiten					0,1	**1,4**	3,7
006	Spezialtiefbauarbeiten inkl. 005					0,0	**0,4**	3,1
009	Entwässerungskanalarbeiten inkl. 011					< 0,1	**0,2**	1,0
010	Drän- und Versickerarbeiten					0,0	**< 0,1**	0,4
012	Mauerarbeiten					0,7	**3,9**	6,4
013	Betonarbeiten					1,3	**7,3**	14,8
014	Natur-, Betonwerksteinarbeiten					< 0,1	**0,5**	1,4
016	Zimmer- und Holzbauarbeiten					1,2	**5,8**	14,9
017	Stahlbauarbeiten					0,1	**0,5**	1,7
018	Abdichtungsarbeiten					< 0,1	**0,2**	0,5
020	Dachdeckungsarbeiten					< 0,1	**1,8**	13,5
021	Dachabdichtungsarbeiten					0,2	**1,8**	3,6
022	Klempnerarbeiten					0,6	**1,7**	3,7
	Rohbau					10,2	**28,5**	39,6
023	Putz- und Stuckarbeiten, Wärmedämmsysteme					1,4	**3,3**	6,5
024	Fliesen- und Plattenarbeiten					0,3	**1,3**	4,0
025	Estricharbeiten					0,2	**1,1**	2,5
026	Fenster, Außentüren inkl. 029, 032					2,7	**9,8**	14,5
027	Tischlerarbeiten					2,3	**10,1**	23,6
028	Parkett-, Holzpflasterarbeiten					0,0	**< 0,1**	0,1
030	Rollladenarbeiten					0,1	**1,0**	1,8
031	Metallbauarbeiten inkl. 035					2,3	**7,9**	27,8
034	Maler- und Lackiererarb. – Beschicht. inkl. 037					2,4	**4,0**	9,3
036	Bodenbelagarbeiten					0,8	**2,7**	4,7
038	Vorgehängte hinterlüftete Fassaden					0,1	**1,9**	7,1
039	Trockenbauarbeiten					1,9	**5,4**	9,0
	Ausbau					39,1	**48,3**	64,3
040	Wärmeversorgungsanl. - Betriebseinr. inkl. 041					0,5	**2,5**	3,9
042	Gas- u. Wasseranl. – Leitung., Armat. inkl. 043					0,3	**0,9**	4,8
044	Abwasseranl. - Leitungen, Abläufe, Armaturen					< 0,1	**0,4**	1,0
045	Gas, Wasser, Entwässerung – Ausstattung inkl. 046					< 0,1	**0,7**	1,9
047	Dämm- und Brandschutzarb. an techn. Anlagen					< 0,1	**0,3**	1,0
049	Feuerlöschanlagen, Feuerlöschgeräte					0,0	**< 0,1**	0,2
050	Blitzschutz-/Erdungsanlagen, Überspannungssch.					< 0,1	**0,1**	0,2
052	Mittelspannungsanlagen					–	**–**	–
053	Niederspannungsanl. – Kabel inkl. 054					3,1	**4,6**	6,4
055	Sicherheits- u. Ersatzstromversorgungsanl.					–	**–**	–
057	Gebäudesystemtechnik					–	**–**	–
058	Leuchten und Lampen inkl. 059					1,3	**3,7**	8,4
060	Such, Signal, Zeit, Anten., akust. Anl. inkl. 064					< 0,1	**0,2**	0,4
061	Kommunikations- u. Übertragungsnetze inkl. 062					0,6	**1,8**	4,4
063	Gefahrenmeldeanlagen					< 0,1	**0,3**	1,0
069	Aufzüge					0,0	**< 0,1**	0,4
070	Gebäudeautomation					0,0	**0,2**	1,7
075	Raumlufttechnische Anlagen inkl. 078					0,4	**2,7**	6,3
	Gebäudetechnik					13,6	**18,5**	21,9
084	Abbruch, Rückbau, Schadstoffsanierung					1,4	**3,7**	7,6
	Sonstige Leistungsbereiche inkl. 008, 033, 051					< 0,1	**1,1**	3,3

Büro- und Verwaltungsgebäude

€/m² BGF

min	945	€/m²
von	1.610	€/m²
Mittel	**2.325**	**€/m²**
bis	3.305	€/m²
max	4.200	€/m²

Kosten:
Stand 2. Quartal 2025
Bundesdurchschnitt
inkl. 19% MwSt.

Objektübersicht zur Gebäudeart

1300-0312 Büro (7 AP)

BRI 996 m³ **BGF** 277 m² **NUF** 191 m²

Bauzustand: gut
Aufwand: niedrig
Nutzung während der Bauzeit: nein
Grundrissänderungen: einige
Tragwerkseingriffe: keine

Land: Hessen
Kreis: Frankfurt am Main, Stadt
Standard: mittel
Bauzeit: 13 Wochen
Kennwerte: bis 3. Ebene DIN 276
vorgesehen: BKI Objektdaten A13

BGF 946 €/m²

Planung: freiraum4plus; Wiesbaden

Büroräume für sieben Arbeitsplätze, mit Besprechungsraum, Rezeption und Küche

Bauwerk – Baukonstruktionen
Herstellen: Elementierte Innenwandkonstruktionen 46%, Allgemeine Einbauten 26%, Innenwandbekleidungen 11%
Sonstige: 16%

Bauwerk – Technische Anlagen
Herstellen: Beleuchtungsanlagen 47%, Datenübertragungsnetze 25%, Niederspannungsinstallationsanlagen 18%
Sonstige: 11%

1300-0212 Kirchenamt (77 AP)

BRI 6.739 m³ **BGF** 1.971 m² **NUF** 1.301 m²

Bauzustand: mittel
Aufwand: mittel
Nutzung während der Bauzeit: nein
Nutzungsänderung: nein
Grundrissänderungen: umfangreiche
Tragwerkseingriffe: umfangreiche

Land: Niedersachsen
Kreis: Gifhorn
Standard: mittel
Bauzeit: 26 Wochen
Kennwerte: bis 3. Ebene DIN 276
veröffentlicht: BKI Objektdaten A10

BGF 1.658 €/m²

Planung: k.A.

Bei dem Büro- und Verwaltungsgebäude mit 77 Arbeitsplätzen wurden zwei Gebäudeteile aufgestockt, ein Treppenhaus neu gebaut und das Bestandsgebäude entkernt und neu strukturiert.

Bauwerk – Baukonstruktionen
Herstellen: Außenwandbekleidungen, außen 12%, Innenwandöffnungen 8%, Elementierte Außenwandkonstruktionen 8%, Nichttragende Innenwände 6%, Außenwandöffnungen 6%, Deckenbekleidungen 5%, Deckenbeläge 5%, Innenwandbekleidungen 5%, Dachbeläge 4%, Deckenkonstruktionen 4%, Dachkonstruktionen 4%, Dachbekleidungen 3%, Gründungsbeläge 3%, Lichtschutz zur KG 330 3%, Außenwandbekleidungen, innen 2%
Sonstige: 23%

Bauwerk – Technische Anlagen
Herstellen: Niederspannungsinstallationsanlagen 3[illegible]%, Wärmeverteilnetze 11%, Datenübertragungsnetze 10%, Beleuchtungsanlagen 10%, Wasseranlagen 9%
Sonstige: 24%

1300-0207 Kirchenverwaltung (80 AP)

BRI 8.091 m³ **BGF** 2.455 m² **NUF** 1.482 m²

© Stefan Spitzner

Baujahr: 1537
Bauzustand: mittel
Aufwand: mittel
Nutzung während der Bauzeit: nein
Nutzungsänderung: ja
Grundrissänderungen: wenige
Tragwerkseingriffe: wenige

Land: Thüringen
Kreis: Erfurt, Stadt
Standard: mittel
Bauzeit: 82 Wochen
Kennwerte: bis 3. Ebene DIN 276
veröffentlicht: BKI Objektdaten A10
BGF 2.492 €/m²

Planung: Steinblock Architekten; Magdeburg

Anbau eines Bürotrakts im Zuge des Umbaus von denkmalgeschützten Universitätsgebäuden zum Verwaltungskomplex. **Kosteneinfluss Grundstück:** Beengter Bauraum, Baugrubenverbau

Bauwerk – Baukonstruktionen
Herstellen: Außenwandöffnungen 14%, Außenwandbekleidungen, außen 10%, Innenwandöffnungen 8%, Deckenkonstruktionen 8%, Dachbeläge 7%, Tragende Außenwände 5%, Elementierte Außenwandkonstruktionen 5%, Deckenbeläge 4%, Umschließung 4%, Tragende Innenwände 4%, Dachkonstruktionen 3%, Deckenbekleidungen 3%, Herstellung 3%
Sonstige: 22%

Bauwerk – Technische Anlagen
Herstellen: Niederspannungsinstallationsanlagen 17%, Beleuchtungsanlagen 14%, Raumheizflächen 9%, Lüftungsanlagen 9%, Gefahrenmelde- und Alarmanlagen 9%, Automationseinrichtungen 7%, Weitere nutzungsspezifische Anlagen 6%, Eigenstromversorgungsanlagen 5%
Sonstige: 23%

2200-0027 Institutsgebäude ökologische Raumentwicklung

BRI 11.213 m³ **BGF** 3.378 m² **NUF** 2.066 m²

© F29 Architekten GmbH

Baujahr: 1968
Bauzustand: mittel
Aufwand: mittel
Nutzung während der Bauzeit: nein
Nutzungsänderung: ja
Grundrissänderungen: einige
Tragwerkseingriffe: einige

Land: Sachsen
Kreis: Dresden, Stadt
Standard: mittel
Bauzeit: 78 Wochen
Kennwerte: bis 3. Ebene DIN 276
veröffentlicht: BKI Objektdaten A9
BGF 2.234 €/m²

Planung: F29 Architekten GmbH; Dresden

Aufstockung in Teilbereichen um zwei Obergeschosse auf das bestehende Gebäude.

Bauwerk – Baukonstruktionen
Herstellen: Elementierte Außenwandkonstruktionen 18%, Außenwandbekleidungen, außen 13%, Deckenkonstruktionen 8%, Dachbekleidungen 6%, Innenwandöffnungen 5%, Deckenbekleidungen 4%, Nichttragende Außenwände 4%, Deckenbeläge 4%, Dachbeläge 3%, Gründungsbeläge 3%, Nichttragende Innenwände 3%, Lichtschutz zur KG 330 2%, Dachkonstruktionen 2%, Innenwandbekleidungen 2%, Außenwandbekleidungen, innen 2%
Sonstige: 20%

Bauwerk – Technische Anlagen
Herstellen: Kälteanlagen 26%, Lüftungsanlagen 15%, Niederspannungsinstallationsanlagen 14%, Beleuchtungsanlagen 12%, Gefahrenmelde- und Alarmanlagen 6%, Datenübertragungsnetze 5%
Sonstige: 22%

Büro- und Verwaltungsgebäude

€/m² BGF

min	945	€/m²
von	1.610	€/m²
Mittel	**2.325**	**€/m²**
bis	3.305	€/m²
max	4.200	€/m²

Kosten:
Stand 2. Quartal 2025
Bundesdurchschnitt
inkl. 19% MwSt.

Objektübersicht zur Gebäudeart

1300-0148 Bürogebäude

BRI 583 m³ **BGF** 162 m² **NUF** 109 m²

Bauzustand: mittel
Aufwand: mittel
Nutzung während der Bauzeit: ja
Nutzungsänderung: nein
Grundrissänderungen: wenige
Tragwerkseingriffe: wenige

Land: Bayern
Kreis: Mühldorf a.Inn
Standard: mittel
Bauzeit: 13 Wochen
Kennwerte: bis 3. Ebene DIN 276
veröffentlicht: BKI Objektdaten A7

BGF 3.117 €/m²

Planung: Architektur Seidel; Mühldorf/Inn

Erweiterung einer bestehenden Steuerkanzlei durch einen eingeschossigen, nicht unterkellerten Anbau. Die Erschließung der Erweiterung kann sowohl durch das bestehende Gebäude als auch separat erfolgen.

Bauwerk – Baukonstruktionen
Herstellen: Flachgründungen und Bodenplatten 13%, Gründungsbeläge 10%, Tragende Außenwände 8%, Dachbeläge 7%, Außenwandöffnungen 7%, Elementierte Außenwandkonstruktionen 7%, Außenwandbekleidungen, außen 6%, Dachkonstruktionen 6%, Dachbekleidungen 5%, Herstellung 5%, Tragende Innenwände 4%
Sonstige: 22%

Bauwerk – Technische Anlagen
Herstellen: Teilklimaanlagen 24%, Niederspannungsinstallationsanlagen 22%, Beleuchtungsanlagen 15%, Abwasseranlagen 9%, Datenübertragungsnetze 7%
Sonstige: 24%

1300-0134 Bürogebäude

BRI 451 m³ **BGF** 146 m² **NUF** 106 m²

Baujahr: 1965
Bauzustand: mittel
Aufwand: hoch
Nutzung während der Bauzeit: ja
Nutzungsänderung: nein
Grundrissänderungen: wenige
Tragwerkseingriffe: einige

Land: Bayern
Kreis: Landshut
Standard: mittel
Bauzeit: 18 Wochen
Kennwerte: bis 3. Ebene DIN 276
veröffentlicht: BKI Objektdaten A6

BGF 2.183 €/m²

Planung: schmidtundheinz dipl.-ing. heike schmidt, rudolf heinz; moosburg a.d. Isar

Ergänzung der bestehenden Büroräume im Erdgeschoss durch den Ausbau des Dachgeschosses mit zwei Einzelbüros, einem Besprechungsraum, einer Teeküche und einem Empfangsbereich mit Garderobe.

Bauwerk – Baukonstruktionen
Herstellen: Dachbekleidungen 14%, Außenwandöffnungen 11%, Innenwandbekleidungen 10%, Innenwandöffnungen 10%, Deckenbeläge 8%, Allgemeine Einbauten 7%, Deckenkonstruktionen 5%, Außenwandbekleidungen, außen 5%, Nichttragende Innenwände 4%, Tragende Außenwände 4%
Sonstige: 21%

Bauwerk – Technische Anlagen
Herstellen: Klimaanlagen 31%, Beleuchtungsanlagen 29%, Niederspannungsinstallationsanlagen 16%
Sonstige: 24%

1300-0118 Rathaus

BRI 2.140 m³ | **BGF** 764 m² | **NUF** 606 m²

Land: Hessen
Kreis: Vogelsbergkreis
Standard: mittel
Bauzeit: 52 Wochen
Kennwerte: bis 3. Ebene DIN 276
veröffentlicht: www.bki.de

BGF 1.071 €/m²

Planung: Architekt Dipl.-Ing. (TH) Josef Michael Ruhl; Herbstein

Rathaus mit Büroräumen, Gemeindekasse, Sitzungsräume und Personalraum mit Teeküche.

Bauwerk – Baukonstruktionen
Abbrechen: Nichttragende Außenwände 3%
Herstellen: Dachbeläge 11%, Außenwandbekleidungen, außen 10%, Nichttragende Außenwände 7%, Tragende Außenwände 7%, Innenwandbekleidungen 7%, Deckenbeläge 6%, Außenwandbekleidungen, innen 5%, Außenwandöffnungen 4%, Gerüste 2%
Wiederherstellen: Tragende Außenwände 13%, Außenwandbekleidungen, außen 3%
Sonstige: 22%

Bauwerk – Technische Anlagen
Herstellen: Niederspannungsinstallationsanlagen 67%, Wasseranlagen 17%, Abwasseranlagen 9%
Sonstige: 7%

1300-0114 Bürogebäude

BRI 322 m³ | **BGF** 99 m² | **NUF** 83 m²

Bauzustand: mittel
Aufwand: mittel
Nutzung während der Bauzeit: ja
Nutzungsänderung: nein
Grundrissänderungen: einige
Tragwerkseingriffe: einige

Land: Bayern
Kreis: München, Stadt
Standard: mittel
Bauzeit: 30 Wochen
Kennwerte: bis 3. Ebene DIN 276
veröffentlicht: www.bki.de

BGF 2.192 €/m²

Planung: Freier Architekt BDA Prof. Clemens Richarz; München

Erweiterung von Büroräumen an einem Wohnhaus als eingeschossiger teilunterkellerter Anbau mit Flachdach, als Dachterrasse nutzbar. **Kosteneinfluss Nutzung:** Erweiterung eines Wohnhauses um Büroräume; Dachterrasse: Sitzplatz (25m²) für Wohnung im 1. OG, Intensivbegrünung. **Kosteneinfluss Grundstück:** Aufgrund bestehender Bäume verkleinerter Keller.

Bauwerk – Baukonstruktionen
Außenwandöffnungen 20%, Außenwandbekleidungen, außen 15%, Dachbeläge 11%, Deckenkonstruktionen 9%, Dachkonstruktionen 7%, Tragende Außenwände 6%, Baustelleneinrichtung 5%, Deckenbeläge 4%
Sonstige: 23%

Bauwerk – Technische Anlagen
Niederspannungsinstallationsanlagen 29%, Wärmeverteilnetze 23%, Wasseranlagen 20%
Sonstige: 28%

Büro- und Verwaltungsgebäude

€/m² BGF

min	945	€/m²
von	1.610	€/m²
Mittel	**2.325**	**€/m²**
bis	3.305	€/m²
max	4.200	€/m²

Kosten:
Stand 2. Quartal 2025
Bundesdurchschnitt
inkl. 19% MwSt.

Objektübersicht zur Gebäudeart

7200-0103 Büro- und Ausstellungsgebäude (8 AP), Garage

BRI 1.902 m³ **BGF** 567 m² **NUF** 409 m²

Baujahr: 2018
Bauzustand: gut
Aufwand: mittel
Nutzung während der Bauzeit: nein
Nutzungsänderung: nein
Grundrissänderungen: keine
Tragwerkseingriffe: wenige

Land: Hessen
Kreis: Main-Kinzig-Kreis
Standard: einfach
Bauzeit: 17 Wochen
Kennwerte: bis 1. Ebene DIN 276
vorgesehen: BKI Objektdaten A13
BGF 1.756 €/m²

Planung: CCM GmbH; Flörsbachtal

Büro- und Ausstellungsgebäude für acht Mitarbeiter, Garage mit zwei Stellplätzen

1300-0290 Bürogebäude (16 AP)

BRI 838 m³ **BGF** 270 m² **NUF** 154 m²

Baujahr: 1999
Bauzustand: mittel
Aufwand: niedrig
Nutzungsänderung: nein
Grundrissänderungen: wenige
Tragwerkseingriffe: wenige

Land: Nordrhein-Westfalen
Kreis: Recklinghausen
Standard: einfach
Bauzeit: 48 Wochen
Kennwerte: bis 1. Ebene DIN 276
veröffentlicht: BKI Objektdaten A12
BGF 2.402 €/m²

Planung: Steinke + Zils Architekten und Partner mbB; Marl

Anbau von Bürogebäude mit 16 Arbeitsplätzen an Bestandsgebäude.

1300-0267 Bürogebäude (150 AP)

BRI 14.679 m³ **BGF** 4.201 m² **NUF** 2.761 m²

Baujahr: 1996
Bauzustand: gut
Aufwand: hoch
Nutzung während der Bauzeit: ja
Nutzungsänderung: nein
Grundrissänderungen: einige

Land: Niedersachsen
Kreis: Heidekreis
Standard: mittel
Bauzeit: 74 Wochen
Kennwerte: bis 1. Ebene DIN 276
veröffentlicht: BKI Objektdaten A11
BGF 4.197 €/m²

Planung: Johannes Schneider Architekt BDA; Bremen

Das Bürogebäude mit 150 Arbeitsplätzen wurde als Erweiterung an der ersten von vier bestehenden Lager- und Produktionshallen angebaut. Der lange schmale Baukörper passt sich in seiner Form an Grundstück und Bestand an. Horizontal gibt es in den ersten drei Etagen Wegeverbindungen zur anschließenden Produktionshalle. Die Erweiterung wird über die vorhandene Gas-Kesselanlage mit Wärme versorgt.

1300-0232 Bürogebäude (57 AP)

BRI 4.125 m³ | **BGF** 954 m² | **NUF** 657 m²

Baujahr: 2013

Land: Sachsen
Kreis: Leipzig, Stadt
Standard: hoch
Bauzeit: 61 Wochen
Kennwerte: bis 1. Ebene DIN 276
veröffentlicht: BKI Objektdaten A11

BGF 4.200 €/m²

Planung: Martin Faßauer Bürogemeinschaft Baukomplex; Leipzig

Erweiterung eines Bürogebäudes um 57 Arbeitsplätze. Der gesamte Rohbau entstand in Stahlbeton. Die Fassade wurde als vorgehängte, gedämmte Glas-Metallfassade ausgeführt. Das Dach wurde als Flachdachkonstruktion mit extensiver Dachbegrünung realisiert.

1300-0221 Bürogebäude (36 AP)

BRI 6.218 m³ | **BGF** 1.709 m² | **NUF** 1.133 m²

Baujahr: 1950
Bauzustand: mittel
Aufwand: mittel
Nutzung während der Bauzeit: ja
Nutzungsänderung: nein
Grundrissänderungen: einige
Tragwerkseingriffe: einige

Land: Bayern
Kreis: Weilheim-Schongau
Standard: mittel
Bauzeit: 65 Wochen
Kennwerte: bis 1. Ebene DIN 276
veröffentlicht: BKI Objektdaten A10

BGF 2.429 €/m²

Planung: Architekturbüro Manfred Ullmann; Burggen

Bürogebäude mit 36 Arbeitsplätzen und Mehrzweckraum. Der Stahlbeton-Erweiterungsbau ist mit einem Wärmedämmverbundsystem versehen. Die Fenster sind als Holz-Alu-Pfosten-Riegel-Konstruktion ausgeführt. Die Trennwände wurden in Leichtbau-, bzw. Trockenbaukonstruktion errichtet. Ein Stahlbetonflachdach rundet den schlichten Baukörper ab.

1300-0191 Schulungs- und Verwaltungsgebäude

BRI 5.802 m³ | **BGF** 1.473 m² | **NUF** 1.106 m²

Baujahr: 1975
Bauzustand: gut
Aufwand: mittel
Nutzung während der Bauzeit: ja
Nutzungsänderung: nein
Grundrissänderungen: wenige
Tragwerkseingriffe: keine

Land: Rheinland-Pfalz
Kreis: Bad Dürkheim
Standard: mittel
Bauzeit: 44 Wochen
Kennwerte: bis 1. Ebene DIN 276
veröffentlicht: BKI Objektdaten A9

BGF 2.361 €/m²

Planung: P4_ARCHITEKTEN BDA; Frankenthal

Anbau eines Schulungs- und Verwaltungsgebäudes als Kopfbau an eine bestehende Produktionshalle mit Verwaltungsgebäude.

Büro- und Verwaltungsgebäude

€/m² BGF

min	945	€/m²
von	1.610	€/m²
Mittel	**2.325**	**€/m²**
bis	3.305	€/m²
max	4.200	€/m²

Kosten:
Stand 2. Quartal 2025
Bundesdurchschnitt
inkl. 19% MwSt.

Objektübersicht zur Gebäudeart

1300-0186 Büro und Werkstattgebäude

BRI 1.094 m³ **BGF** 284 m² **NUF** 207 m²

Baujahr: 1980
Bauzustand: mittel
Aufwand: mittel
Nutzung während der Bauzeit: ja
Nutzungsänderung: nein
Grundrissänderungen: wenige
Tragwerkseingriffe: keine

Land: Berlin
Kreis: Berlin, Stadt
Standard: mittel
Bauzeit: 39 Wochen
Kennwerte: bis 1. Ebene DIN 276
veröffentlicht: BKI Objektdaten A8

BGF 2.162 €/m²

Planung: Arge4architekten GbR; Potsdam

Erweiterung eines Gewerbebaus mit Büro im EG und Werkstatt im UG.

1300-0161 Bürogebäude

BRI 224 m³ **BGF** 75 m² **NUF** 60 m²

Bauzustand: mittel
Aufwand: mittel
Nutzung während der Bauzeit: nein
Nutzungsänderung: nein
Grundrissänderungen: wenige
Tragwerkseingriffe: keine

Land: Mecklenburg-Vorpommern
Kreis: Nordwestmecklenburg
Standard: einfach
Bauzeit: 35 Wochen
Kennwerte: bis 1. Ebene DIN 276
veröffentlicht: BKI Objektdaten A7

BGF 2.379 €/m²

Planung: Hempel:Architekten; Wismar

Anbau eines Bürogebäudes, Büro- und Konferenznutzung **Kosteneinfluss Nutzung:** Anbau an Bestandsgebäude

1300-0109 Verwaltungsgebäude

BRI 1.480 m³ **BGF** 521 m² **NUF** 406 m²

Bauzustand: mittel
Aufwand: mittel
Nutzung während der Bauzeit: ja
Nutzungsänderung: nein
Grundrissänderungen: einige
Tragwerkseingriffe: wenige

Land: Baden-Württemberg
Kreis: Esslingen
Standard: mittel
Bauzeit: 91 Wochen
Kennwerte: bis 2. Ebene DIN 276
veröffentlicht: www.bki.de

BGF 1.771 €/m²

Planung: Hartmaier + Partner Freie Architekten; Münsingen

Erweiterung eines Verwaltungsgebäudes durch einen Anbau und Umbau des bestehenden Dachgeschosses mit Teilabbruch und Umbau Bestandsbüros. **Kosteneinfluss Nutzung:** Anschluss Heizung an bestehende Anlage; Lagerbehälter vorhanden.

Kostenkennwerte für die Kosten des Bauwerks (Kostengruppen 300+400 nach DIN 276)

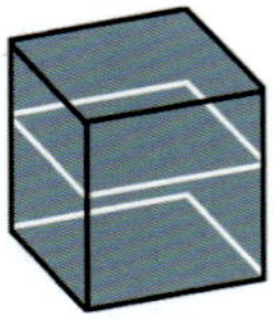

BRI 740 €/m³
von 570 €/m³
bis 920 €/m³

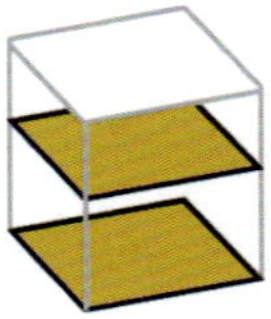

BGF 3.100 €/m²
von 2.425 €/m²
bis 3.980 €/m²

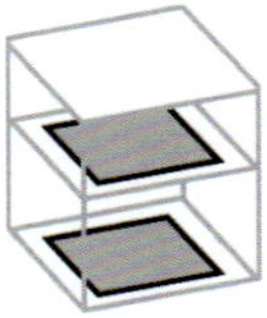

NUF 4.970 €/m²
von 3.730 €/m²
bis 6.450 €/m²

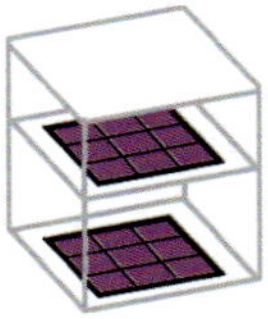

NE 28.585 €/NE
von 16.610 €/NE
bis 54.435 €/NE
NE: Schüler

Objektbeispiele

Kosten:
Stand 2. Quartal 2025
Bundesdurchschnitt
inkl. 19% MwSt.

4100-0254

4100-0210

4500-0015

Kosten der 31 Vergleichsobjekte

Seiten 102 bis 114

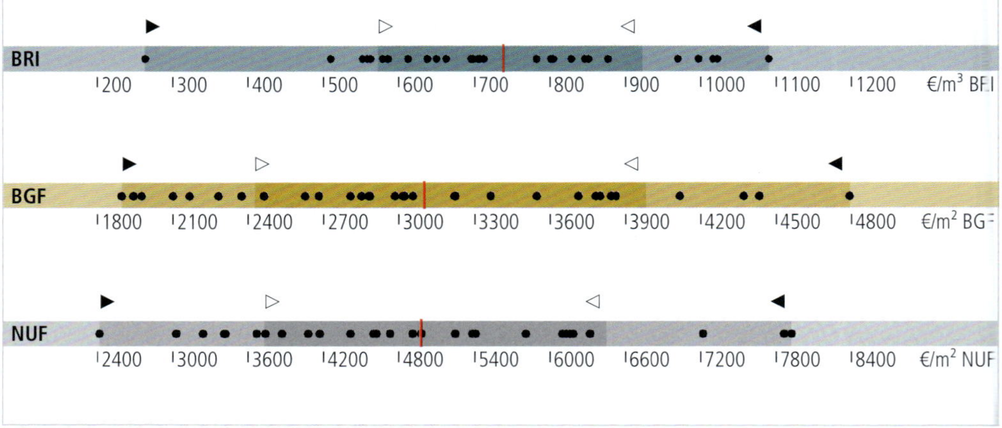

- ● KKW
- ► min
- ▷ von
- | Mittelwert
- ◁ bis
- ◄ max

Kostenkennwerte für die Kostengruppen der 1. und 2.Ebene DIN 276

KG	Kostengruppen der 1. Ebene	Einheit	▷	€/Einheit	◁	▷	% an 300+400	◁
100	Grundstück	m²GF	–	**–**	–	–	**–**	–
200	Vorbereitende Maßnahmen	m²GF	3	**14**	45	0,6	**1,9**	4,6
300	Bauwerk – Baukonstruktionen	m²BGF	1.789	**2.395**	3.070	68,3	**77,6**	88,0
400	Bauwerk – Technische Anlagen	m²BGF	394	**704**	1.163	12,0	**22,4**	31,7
	Bauwerk 300+400	m²BGF	2.424	**3.098**	3.979	100,0	**100,0**	100,0
500	Außenanlagen und Freiflächen	m²AF	56	**167**	372	2,3	**5,5**	8,8
600	Ausstattung und Kunstwerke	m²BGF	30	**110**	278	0,8	**3,0**	6,1
700	Baunebenkosten	m²BGF	–	**–**	–	–	**–**	–
800	Finanzierung	m²BGF	–	**–**	–	–	**–**	–

KG	Kostengruppen der 2. Ebene	Einheit	▷	€/Einheit	◁	▷	% an 1. Ebene	◁
310	Baugrube / Erdbau	m³BGI	51	**79**	115	0,8	**2,5**	5,0
320	Gründung, Unterbau	m²GRF	282	**478**	856	6,7	**11,7**	20,7
330	Außenwände / vertikal außen	m²AWF	559	**739**	851	32,4	**36,3**	43,2
340	Innenwände / vertikal innen	m²IWF	305	**429**	652	5,6	**10,4**	16,6
350	Decken / horizontal	m²DEF	293	**514**	680	3,7	**12,8**	24,0
360	Dächer	m²DAF	516	**687**	1.212	14,1	**18,5**	26,4
370	Infrastrukturanlagen		–	**–**	–	–	**–**	–
380	Baukonstruktive Einbauten	m²BGF	5	**52**	147	< 0,1	**0,7**	5,4
390	Sonst. Maßnahmen für Baukonst.	m²BGF	98	**157**	202	5,5	**7,0**	7,9
300	**Bauwerk – Baukonstruktionen**	**m²BGF**					**100,0**	
410	Abwasser-, Wasser-, Gasanlagen	m²BGF	41	**76**	141	5,1	**16,8**	33,4
420	Wärmeversorgungsanlagen	m²BGF	39	**97**	176	9,1	**20,9**	34,7
430	Raumlufttechnische Anlagen	m²BGF	23	**95**	153	1,0	**9,1**	25,3
440	Elektrische Anlagen	m²BGF	106	**180**	250	27,0	**41,1**	74,9
450	Kommunikationstechnische Anlagen	m²BGF	19	**56**	93	1,8	**6,8**	16,0
460	Förderanlagen	m²BGF	26	**28**	29	0,0	**0,9**	4,2
470	Nutzungsspez. / verfahrenstech. Anl.	m²BGF	5	**10**	19	0,0	**0,5**	1,7
480	Gebäude- und Anlagenautomation	m²BGF	24	**46**	70	0,3	**3,6**	10,6
490	Sonst. Maßnahmen f. techn. Anl.	m²BGF	< 1	**1**	2	< 0,1	**0,2**	0,5
400	**Bauwerk – Technische Anlagen**	**m²BGF**					**100,0**	

Prozentanteile der Kosten 2.Ebene an den Kosten des Bauwerks nach DIN 276 (Von/Mittel/Bis)

KG	Kostengruppe	%
310	Baugrube / Erdbau	2,1
320	Gründung, Unterbau	9,6
330	Außenwände / vertikal außen	29,6
340	Innenwände / vertikal innen	8,1
350	Decken / horizontal	10,5
360	Dächer	15,1
370	Infrastrukturanlagen	
380	Baukonstruktive Einbauten	0,6
390	Sonst. Maßnahmen für Baukonst.	5,7
410	Abwasser-, Wasser-, Gasanlagen	2,4
420	Wärmeversorgungsanlagen	3,7
430	Raumlufttechnische Anlagen	2,5
440	Elektrische Anlagen	6,9
450	Kommunikationstechnische Anlagen	1,6
460	Förderanlagen	0,3
470	Nutzungsspez. / verfahrenstech. Anl.	0,1
480	Gebäude- und Anlagenautomation	1,0
490	Sonst. Maßnahmen f. techn. Anl.	< 0,1

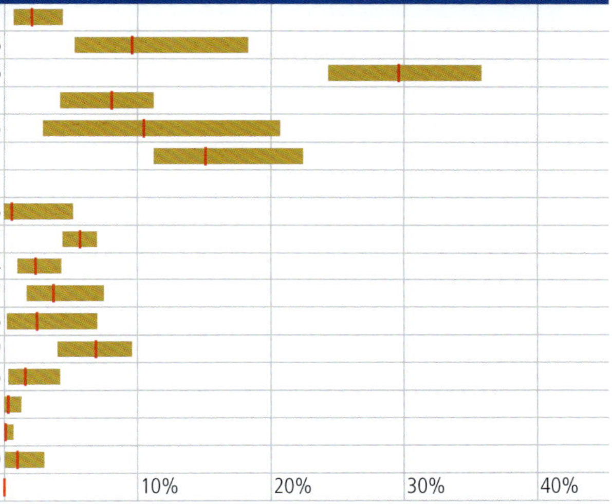

Kostenkennwerte für die Kostengruppen der 3. Ebene DIN 276

KG	Kostengruppen der 3. Ebene	Einheit	▷	€/Einheit	◁	▷	€/m² BGF	◁
337	Elem. Außenwandkonstruktionen	m²	647	**924**	1.198	214	**389**	569
334	Außenwandöffnungen	m²	1.082	**1.301**	1.785	107	**246**	557
351	Deckenkonstruktionen	m²	241	**451**	965	86	**207**	462
335	Außenwandbekleidungen, außen	m²	204	**271**	394	121	**203**	309
363	Dachbeläge	m²	223	**322**	513	120	**199**	303
361	Dachkonstruktionen	m²	179	**250**	311	82	**146**	276
331	Tragende Außenwände	m²	180	**292**	767	66	**140**	333
322	Flachgründungen und Bodenplatten	m²	224	**1.470**	11.392	69	**136**	225
353	Deckenbeläge	m²	173	**189**	207	79	**110**	185
324	Gründungsbeläge	m²	133	**201**	265	53	**106**	188
444	Niederspannungsinstallationsanl.	m²	60	**99**	158	60	**99**	158
445	Beleuchtungsanlagen	m²	68	**97**	151	68	**97**	151
391	Baustelleneinrichtung	m²	41	**96**	170	41	**96**	170
431	Lüftungsanlagen	m²	23	**95**	153	23	**95**	153
341	Tragende Innenwände	m²	136	**309**	589	71	**89**	120
344	Innenwandöffnungen	m²	813	**979**	1.133	47	**66**	106
345	Innenwandbekleidungen	m²	45	**68**	112	38	**63**	84
364	Dachbekleidungen	m²	61	**125**	167	33	**63**	104
311	Herstellung	m³	45	**78**	114	16	**58**	116
354	Deckenbekleidungen	m²	51	**107**	171	16	**55**	136
423	Raumheizflächen	m²	28	**48**	98	28	**48**	98
392	Gerüste	m²	31	**48**	66	31	**48**	56
422	Wärmeverteilnetze	m²	14	**47**	67	14	**47**	67
333	Außenstützen	m	222	**445**	1.161	12	**46**	107
338	Lichtschutz zur KG 330	m²	212	**332**	594	27	**41**	71
381	Allgemeine Einbauten	m²	< 1	**41**	122	< 1	**41**	122
412	Wasseranlagen	m²	22	**40**	92	22	**40**	92
398	Provisorische Baukonstruktionen	m²	–	**37**	–	–	**37**	–
481	Automationseinrichtungen	m²	23	**37**	50	23	**37**	50
411	Abwasseranlagen	m²	18	**34**	73	18	**34**	73
456	Gefahrenmelde- und Alarmanlagen	m²	11	**31**	60	11	**31**	60
321	Baugrundverbesserung	m²	2	**58**	91	8	**31**	55
359	Sonstiges zur KG 350	m²	24	**53**	73	15	**31**	41
336	Außenwandbekleidungen, innen	m²	33	**64**	86	15	**30**	57
457	Datenübertragungsnetze	m²	10	**29**	52	10	**29**	52
325	Abdichtungen und Bekleidungen	m²	20	**68**	199	7	**29**	72
461	Aufzugsanlagen	m²	26	**28**	29	26	**28**	29
442	Eigenstromversorgungsanlagen	m²	–	**22**	–	–	**22**	–
421	Wärmeerzeugungsanlagen	m²	2	**21**	36	2	**21**	36
342	Nichttragende Innenwände	m²	104	**137**	179	8	**19**	58
313	Wasserhaltung	m³	–	**11**	–	16	**18**	19
365	Elementierte Dachkonstruktionen	m²	–	**1.350**	–	–	**17**	–
397	Zusätzliche Maßnahmen	m²	8	**17**	40	8	**17**	40
382	Besondere Einbauten	m²	7	**16**	25	7	**16**	25
346	Elem. Innenwandkonstruktionen	m²	416	**836**	1.533	3	**15**	21
446	Blitzschutz- und Erdungsanlagen	m²	5	**14**	30	5	**14**	30
332	Nichttragende Außenwände	m²	167	**454**	1.582	7	**14**	24
326	Dränagen	m²	6	**20**	33	< 1	**12**	17
485	Datenübertragungsnetze	m²	9	**11**	13	9	**11**	13
355	Elementierte Deckenkonstruktionen	m²	–	**1.581**	–	–	**11**	–

Kosten:
Stand 2. Quartal 2025
Bundesdurchschnitt
inkl. 19% MwSt.

▷ von
ø Mittel
◁ bis

Prozentanteile der Kosten für Leistungsbereiche nach STLB (Kosten Bauwerk nach DIN 276)

LB	Leistungsbereiche	7,5% 15% 22,5% 30%	▷	% an 300+400	◁
000	Baustellen-, Verkehrssich.- u. Sicherh.einr. inkl. 001		3,7	**5,3**	7,1
002	Erdarbeiten		1,0	**2,5**	4,7
006	Spezialtiefbauarbeiten inkl. 005		–	**–**	–
009	Entwässerungskanalarbeiten inkl. 011		< 0,1	**0,4**	1,5
010	Drän- und Versickerarbeiten		< 0,1	**0,2**	0,5
012	Mauerarbeiten		2,2	**6,1**	11,9
013	Betonarbeiten		11,2	**15,7**	23,5
014	Natur-, Betonwerksteinarbeiten		0,1	**1,3**	2,4
016	Zimmer- und Holzbauarbeiten		0,4	**2,1**	5,5
017	Stahlbauarbeiten		0,3	**2,8**	11,7
018	Abdichtungsarbeiten		0,3	**0,9**	2,6
020	Dachdeckungsarbeiten		–	**–**	–
021	Dachabdichtungsarbeiten		3,6	**5,3**	7,5
022	Klempnerarbeiten		1,0	**2,6**	9,0
	Rohbau		32,0	**45,2**	52,6
023	Putz- und Stuckarbeiten, Wärmedämmsysteme		1,9	**4,2**	7,2
024	Fliesen- und Plattenarbeiten		0,3	**0,9**	1,8
025	Estricharbeiten		1,0	**1,7**	2,8
026	Fenster, Außentüren inkl. 029, 032		4,8	**8,9**	15,9
027	Tischlerarbeiten		1,6	**3,5**	9,6
028	Parkett-, Holzpflasterarbeiten		0,0	**0,8**	3,6
030	Rollladenarbeiten		0,2	**1,2**	1,8
031	Metallbauarbeiten inkl. 035		2,2	**6,5**	17,9
034	Maler- und Lackiererarb. – Beschicht. inkl. 037		0,7	**1,9**	3,1
036	Bodenbelagarbeiten		0,3	**1,3**	2,7
038	Vorgehängte hinterlüftete Fassaden		0,0	**< 0,1**	0,8
039	Trockenbauarbeiten		0,8	**3,3**	4,7
	Ausbau		30,6	**34,4**	43,5
040	Wärmeversorgungsanl. - Betriebseinr. inkl. 041		1,5	**3,3**	6,9
042	Gas- u. Wasseranl. – Leitung., Armat. inkl. 043		0,2	**0,6**	1,2
044	Abwasseranl. - Leitungen, Abläufe, Armaturen		0,2	**0,5**	1,0
045	Gas, Wasser, Entwässerung – Ausstattung inkl. 046		0,3	**0,7**	1,5
047	Dämm- und Brandschutzarb. an techn. Anlagen		0,4	**1,0**	1,7
049	Feuerlöschanlagen, Feuerlöschgeräte		0,0	**< 0,1**	0,2
050	Blitzschutz-/Erdungsanlagen, Überspannungssch.		0,1	**0,4**	0,9
052	Mittelspannungsanlagen		–	**–**	–
053	Niederspannungsanl. – Kabel inkl. 054		1,8	**3,9**	5,2
055	Sicherheits- u. Ersatzstromversorgungsanl.		–	**–**	–
057	Gebäudesystemtechnik		–	**–**	–
058	Leuchten und Lampen inkl. 059		0,6	**2,6**	4,9
060	Such, Signal, Zeit, Anten., akust. Anl. inkl. 064		< 0,1	**0,2**	0,6
061	Kommunikations- u. Übertragungsnetze inkl. 062		< 0,1	**0,7**	1,9
063	Gefahrenmeldeanlagen		< 0,1	**0,6**	1,8
069	Aufzüge		0,0	**0,2**	1,6
070	Gebäudeautomation		0,0	**0,8**	2,5
075	Raumlufttechnische Anlagen inkl. 078		0,2	**2,3**	7,2
	Gebäudetechnik		8,8	**18,0**	28,0
084	Abbruch, Rückbau, Schadstoffsanierung		0,2	**1,8**	7,5
	Sonstige Leistungsbereiche inkl. 008, 033, 051		0,1	**0,6**	1,2

€/m² BGF

min	1.895	€/m²
von	2.425	€/m²
Mittel	**3.100**	**€/m²**
bis	3.980	€/m²
max	4.790	€/m²

Kosten:
Stand 2. Quartal 2025
Bundesdurchschnitt
inkl. 19% MwSt.

Objektübersicht zur Gebäudeart

4100-0194 Schule (12 Klassen, 336 Schüler)

BRI 6.899 m³ **BGF** 1.778 m² **NUF** 1.190 m²

© Martin Kaeswurm

Baujahr: 1971
Bauzustand: mittel
Aufwand: hoch
Nutzung während der Bauzeit: ja
Nutzungsänderung: nein
Grundrissänderungen: umfangreiche
Tragwerkseingriffe: wenige

Land: Niedersachsen
Kreis: Harburg
Standard: hoch
Bauzeit: 83 Wochen
Kennwerte: bis 3. Ebene DIN 276
veröffentlicht: BKI Objektdaten A12
BGF 2.166 €/m²

Planung: Bosse Westphal Schäffer Architekten; Winsen/Luhe

Erweiterung Schulgebäude mit Klassen- und Gruppenräumen

Bauwerk – Baukonstruktionen
Herstellen: Elementierte Außenwandkonstruktionen 16%, Außenwandbekleidungen, außen 11%, Dachbeläge 7%, Deckenkonstruktionen 6%, Innenwandbekleidungen 6%, Dachkonstruktionen 6%, Gründungsbeläge 5%, Tragende Innenwände 5%, Deckenbeläge 4%, Innenwandöffnungen 4%, Flachgründungen und Bodenplatten 4%, Dachbekleidungen 3%, Tragende Außenwände 3%
Sonstige: 22%

Bauwerk – Technische Anlagen
Herstellen: Lüftungsanlagen 31%, Niederspannungsinstallationsanlagen 16%, Beleuchtungsanlagen 15%, Raumheizflächen 6%, Wasseranlagen 5%, Aufzugsanlagen 5%
Sonstige: 22%

4100-0173 Ganztagesschule (9 Klassen, 225 Schüler)

BRI 7.669 m³ **BGF** 1.861 m² **NUF** 958 m²

© THILO MÜLLER FOTODESIGN

Bauzustand: mittel
Aufwand: niedrig
Nutzung während der Bauzeit: ja
Nutzungsänderung: nein
Grundrissänderungen: keine
Tragwerkseingriffe: keine

Land: Bremen
Kreis: Bremen, Stadt
Standard: hoch
Bauzeit: 65 Wochen
Kennwerte: bis 3. Ebene DIN 276
veröffentlicht: BKI Objektdaten A12
BGF 2.099 €/m²

Planung: Architekten_FSB; Bremen

Erweiterung Gemeinschaftsschule für 225 Schüler

Bauwerk – Baukonstruktionen
Herstellen: Außenwandbekleidungen, außen 13%, Elementierte Außenwandkonstruktionen 11%, Deckenkonstruktionen 8%, Dachbeläge 8%, Deckenbeläge 5%, Innenwandbekleidungen 5%, Dachkonstruktionen 4%, Tragende Innenwände 4%, Herstellung 4%, Tragende Außenwände 4%, Deckenbekleidungen 3%, Innenwandöffnungen 3%, Außenwandöffnungen 3%, Gründungsbeläge 3%
Sonstige: 22%

Bauwerk – Technische Anlagen
Herstellen: Lüftungsanlagen 25%, Niederspannungsinstallationsanlagen 19%, Gefahrenmelde- und Alarmanlagen 16%, Automationseinrichtungen 11%, Beleuchtungsanlagen 10%
Sonstige: 21%

4500-0015 Ausbildungsgebäude, Aufstockung

BRI 1.830 m³ **BGF** 510 m² **NUF** 370 m²

Baujahr: 1953
Bauzustand: mittel
Aufwand: hoch
Nutzung während der Bauzeit: nein
Nutzungsänderung: nein
Grundrissänderungen: wenige
Tragwerkseingriffe: wenige

Land: Niedersachsen
Kreis: Braunschweig, Stadt
Standard: mittel
Bauzeit: 48 Wochen
Kennwerte: bis 3. Ebene DIN 276
veröffentlicht: BKI Objektdaten A10

BGF 2.806 €/m²

Planung: Architekturbüro Baukontor Braunschweig; Braunschweig

Aufstockung eines Ausbildungsgebäudes

Bauwerk – Baukonstruktionen
Abbrechen: Dachbeläge 4%
Herstellen: Tragende Außenwände 19%, Dachbeläge 12%, Außenwandbekleidungen, außen 9%, Außenwandöffnungen 9%, Dachkonstruktionen 6%, Flachgründungen und Bodenplatten 5%, Deckenbeläge 4%, Dachbekleidungen 4%, Herstellung 4%, Nichttragende Innenwände 3%
Sonstige: 20%

Bauwerk – Technische Anlagen
Herstellen: Niederspannungsinstallationsanlagen 33%, Beleuchtungsanlagen 21%, Wärmeverteilnetze 11%, Datenübertragungsnetze 11%
Sonstige: 24%

4100-0161 Real- und Grundschule (300 Schüler) - Passivhaus

BRI 12.357 m³ **BGF** 3.618 m² **NUF** 2.092 m²

Baujahr: 1984
Bauzustand: schlecht
Aufwand: hoch
Nutzung während der Bauzeit: nein
Nutzungsänderung: nein
Grundrissänderungen: umfangreiche
Tragwerkseingriffe: umfangreiche

Land: Mecklenburg-Vorpommern
Kreis: Ludwigslust-Parchim
Standard: mittel
Bauzeit: 69 Wochen
Kennwerte: bis 3. Ebene DIN 276
veröffentlicht: BKI Objektdaten A11

BGF 1.976 €/m²

Planung: Andreas Rossmann Freier Architekt BDA; Schwerin

Erweiterung mit vier Klassenräumen und Pausenhalle sowie Umbau zu einer Real- und Grundschule mit 300 Schülern (13 Klassen).

Bauwerk – Baukonstruktionen
Herstellen: Außenwandöffnungen 11%, Außenwandbekleidungen, außen 7%, Dachbeläge 6%, Tragende Innenwände 5%, Innenwandöffnungen 5%, Gründungsbeläge 5%, Dachkonstruktionen 5%, Deckenbeläge 4%, Tragende Außenwände 4%, Flachgründungen und Bodenplatten 4%, Innenwandbekleidungen 4%, Provisorische Baukonstruktionen 3%, Deckenkonstruktionen 3%, Lichtschutz zur KG 330 3%, Gerüste 2%
Sonstige: 30%

Bauwerk – Technische Anlagen
Herstellen: Lüftungsanlagen 17%, Wärmeverteilnetze 9%, Raumheizflächen 9%, Beleuchtungsanlagen 9%, Niederspannungsinstallationsanlagen 8%, Automationseinrichtungen 7%, Gefahrenmelde- und Alarmanlagen 7%, Datenübertragungsnetze 5%, Wärmeerzeugungsanlagen 4%, Wasseranlagen 3%
Sonstige: 22%

€/m² BGF

min	1.895	€/m²
von	2.425	€/m²
Mittel	**3.100**	**€/m²**
bis	3.980	€/m²
max	4.790	€/m²

Kosten:
Stand 2. Quartal 2025
Bundesdurchschnitt
inkl. 19% MwSt.

Objektübersicht zur Gebäudeart

4100-0116 Mittelschule*

BRI 30.160 m³ **BGF** 7.424 m² **NUF** 4.761 m²

© Atelier Raggl

Baujahr: 1975
Bauzustand: schlecht
Aufwand: hoch
Nutzung während der Bauzeit: ja
Nutzungsänderung: nein
Grundrissänderungen: wenige
Tragwerkseingriffe: wenige

Land: Österreich
Kreis: Vorarlberg
Standard: hoch
Bauzeit: 83 Wochen
Kennwerte: bis 3. Ebene DIN 276
veröffentlicht: www.bki.de

BGF 1.417 €/m²

* Nicht in der Auswertung enthalten

Planung: Atelier Raggl Bauplanungs GmbH; AT-Röns

Mittelschule mit elf Klassen und 205 Schülern **Kosteneinfluss Nutzung:** Die Realisierung des Objektes erfolgte in zwei Bauabschnitten.

Bauwerk – Baukonstruktionen
Herstellen: Außenwandöffnungen 15%, Dachbeläge 12%, Außenwandbekleidungen, außen 8%, Dachbekleidungen 7%, Innenwandbekleidungen 6%, Allgemeine Einbauten 5%, Deckenbekleidungen 5%, Deckenbeläge 4%, Gründungsbeläge 4%, Elementierte Innenwandkonstruktionen 3%, Dachöffnungen 3%, Lichtschutz zur KG 330 3%, Innenwandöffnungen 3%, Sonstiges zur KG 350 3%
Sonstige: 20%

Bauwerk – Technische Anlagen
Herstellen: Lüftungsanlagen 24%, Niederspannungsinstallationsanlagen 18%, Beleuchtungsanlagen 12%, Wasseranlagen 8%, Wärmeerzeugungsanlagen 7%, Automationseinrichtungen 3%, Medienversorgungsanlagen, Medizin- und labortechnische Anlagen 3%, Raumheizflächen 3%
Sonstige: 22%

4100-0115 Hauptschule*

BRI 32.187 m³ **BGF** 9.243 m² **NUF** 5.303 m²

© DI Ralph Broger

Baujahr: 1972
Bauzustand: mittel
Aufwand: mittel
Nutzung während der Bauzeit: nein
Nutzungsänderung: nein
Grundrissänderungen: einige
Tragwerkseingriffe: einige

Land: Österreich
Kreis: Vorarlberg
Standard: mittel
Bauzeit: 52 Wochen
Kennwerte: bis 3. Ebene DIN 276
veröffentlicht: www.bki.de

BGF 1.490 €/m²

* Nicht in der Auswertung enthalten

Planung: DI Ralph Broger; AT-Bezau

Das dreigeschossige Gebäude steht im Ortszentrum. Es wurde 1969-1972 in Massivbauweise erstellt. Im August 2005 richtete ein Hochwasser schwere Schäden im Untergeschoss an. Der Wärme- und Brandschutz wurden verbessert. Die Turnhalle wurde auf Normgröße erweitert.

Bauwerk – Baukonstruktionen
Abbrechen: Abbruchmaßnahmen 5%
Herstellen: Außenwandöffnungen 12%, Deckenkonstruktionen 10%, Deckenbeläge 10%, Deckenbekleidungen 9%, Außenwandbekleidungen, außen 8%, Innenwandöffnungen 6%, Innenwandbekleidungen 4%, Dachbeläge 4%, Allgemeine Einbauten 4%, Tragende Außenwände 3%, Außenwandbekleidungen, innen 2%, Tiefgründungen 2%
Sonstige: 21%

Bauwerk – Technische Anlagen
Herstellen: Lüftungsanlagen 30%, Niederspannungsinstallationsanlagen 24%, Beleuchtungsanlagen 9%, Wasseranlagen 8%, Automationseinrichtungen 5%
Sonstige: 23%

4100-0103 Offene Grundschule

BRI 945 m³ **BGF** 236 m² **NUF** 164 m²

© Architekturbüro Hatzmann

Land: Nordrhein-Westfalen
Kreis: Rhein-Erft-Kreis
Standard: mittel
Bauzeit: 26 Wochen
Kennwerte: bis 3. Ebene DIN 276
veröffentlicht: BKI Objektdaten A8

BGF 3.220€/m²

Planung: Architekturbüro Hatzmann; Kerpen

Erweiterung einer Grundschule mit zwei Gruppenräumen für einen offenen Ganztagesbetrieb. **Kosteneinfluss Grundstück:** Das Gebäude ist in der Erdbebenzone III gelegen, es musste ein Rahmen unter den Stützen betoniert werden.

Bauwerk – Baukonstruktionen
Deckenkonstruktionen 21%, Dachbeläge 9%, Tragende Außenwände 8%, Außenwandöffnungen 7%, Außenwandbekleidungen, außen 7%, Deckenbeläge 7%, Flachgründungen und Bodenplatten 6%, Außenstützen 6%, Dachkonstruktionen 5%, Dachbekleidungen 3%
Sonstige: 21%

Bauwerk – Technische Anlagen
Raumheizflächen 20%, Niederspannungsinstallationsanlagen 17%, Beleuchtungsanlagen 15%, Wärmeverteilnetze 13%, Wasseranlagen 12%
Sonstige: 24%

4100-0108 Grundschule (120 Schüler)

BRI 1.713 m³ **BGF** 471 m² **NUF** 285 m²

© Angela Raab

Baujahr: 1969
Bauzustand: schlecht
Aufwand: hoch
Nutzung während der Bauzeit: ja
Nutzungsänderung: nein
Grundrissänderungen: umfangreiche
Tragwerkseingriffe: einige

Land: Nordrhein-Westfalen
Kreis: Dortmund, Stadt
Standard: mittel
Bauzeit: 48 Wochen
Kennwerte: bis 3. Ebene DIN 276
veröffentlicht: BKI Objektdaten A7

BGF 3.015€/m²

Planung: Marcus Patrias Architekten BDA; Dortmund

Erweiterung des offenen Ganztagesbereichs einer Grundschule für 120 Schüler mit Betreuungsräumen. **Kosteneinfluss Nutzung:** Zeitgleich mit dem Anbau erfolgte die Umsetzung des Brandschutzkonzepts im Bestand. **Kosteneinfluss Grundstück:** Rasenfläche hinter dem Schulgebäude ohne schützenswerten Baumbestand.

Bauwerk – Baukonstruktionen
Außenwandöffnungen 19%, Außenwandbekleidungen, außen 13%, Dachbeläge 12%, Flachgründungen und Bodenplatten 8%, Dachkonstruktionen 6%, Tragende Außenwände 6%, Baustelleneinrichtung 6%, Gründungsbeläge 6%
Sonstige: 24%

Bauwerk – Technische Anlagen
Niederspannungsinstallationsanlagen 29%, Wasseranlagen 23%, Abwasseranlagen 15%, Wärmeverteilnetze 12%
Sonstige: 21%

€/m² BGF

min	1.895	€/m²
von	2.425	€/m²
Mittel	**3.100**	**€/m²**
bis	3.980	€/m²
max	4.790	€/m²

Kosten:
Stand 2. Quartal 2025
Bundesdurchschnitt
inkl. 19% MwSt.

Objektübersicht zur Gebäudeart

4100-0107 Grundschule (120 Schüler)

BRI 2.023 m³ **BGF** 512 m² **NUF** 320 m²

Baujahr: 1965
Bauzustand: schlecht
Aufwand: hoch
Nutzung während der Bauzeit: ja
Nutzungsänderung: nein
Grundrissänderungen: umfangreiche
Tragwerkseingriffe: einige

Land: Nordrhein-Westfalen
Kreis: Dortmund, Stadt
Standard: mittel
Bauzeit: 48 Wochen
Kennwerte: bis 3. Ebene DIN 276
veröffentlicht: BKI Objektdaten A7
BGF 3.363 €/m²

Planung: Marcus Patrias Architekten BDA; Dortmund

Erweiterung des offenen Ganztagesbereichs einer Grundschule für 120 Schüler mit Betreuungsräumen. **Kosteneinfluss Nutzung:** Die haustechnische Versorgung der Räume kann über die im bestehenden Gebäudeflügel gelegenen Versorgungsräume erfolgen. **Kosteneinfluss Grundstück:** Aufgrund der schon im Bestand vorhandenen Senkungen erfolgte die Gründung gemäß Bodengutachten.

Bauwerk – Baukonstruktionen
Außenwandöffnungen 21%, Außenwandbekleidungen, außen 12%, Flachgründungen und Bodenplatten 8%, Dachbeläge 6%, Baustelleneinrichtung 5%, Gründungsbeläge 4%, Tragende Innenwände 4%, Deckenkonstruktionen 4%, Tragende Außenwände 4%, Dachkonstruktionen 3%, Abdichtungen und Bekleidungen 3%, Deckenbeläge 3%, Innenwandbekleidungen 3%
Sonstige: 21%

Bauwerk – Technische Anlagen
Niederspannungsinstallationsanlagen 36%, Abwasseranlagen 19%, Wärmeverteilnetze 16%
Sonstige: 29%

4200-0029 Berufsschulzentrum, Verbindungsbau

BRI 3.496 m³ **BGF** 868 m² **NUF** 504 m²

Baujahr: 1910

Land: Sachsen
Kreis: Chemnitz, Stadt
Standard: mittel
Bauzeit: 17 Wochen
Kennwerte: bis 3. Ebene DIN 276
veröffentlicht: BKI Objektdaten A9
BGF 2.849 €/m²

Planung: iproplan Planungsgesellschaft mbH; Chemnitz

Berufsschulzentrum für technische und handwerkliche Berufsfelder

Bauwerk – Baukonstruktionen
Herstellen: Elementierte Außenwandkonstruktionen 23%, Deckenkonstruktionen 12%, Deckenbekleidungen 7%, Deckenbeläge 7%, Dachkonstruktionen 6%, Innenwandöffnungen 5%, Baustelleneinrichtung 5%, Allgemeine Einbauten 4%, Tragende Innenwände 4%, Dachbeläge 4%
Sonstige: 23%

Bauwerk – Technische Anlagen
Herstellen: Raumheizflächen 30%, Abwasseranlagen 24%, Wasseranlagen 14%, Niederspannungsinstallationsanlagen 10%
Sonstige: 22%

Objektübersicht zur Gebäudeart

4200-0009 Jugendbildungsstätte

BRI 763 m³ | **BGF** 181 m² | **NUF** 161 m²

Land: Niedersachsen
Kreis: Hildesheim
Standard: mittel
Bauzeit: 30 Wochen
Kennwerte: bis 3. Ebene DIN 276
veröffentlicht: www.bki.de
BGF 2.680 €/m²

Planung: Architekturbüro Jörg Sauer; Hildesheim

Erweiterung einer Jugendbildungsstätte um einen eingeschossigen Veranstaltungssaal mit Verbindungsgang, ohne eigene Sanitärräume und Heizungsanlage. **Kosteneinfluss Nutzung:** Beachtung der Denkmalschutzauflagen

Bauwerk – Baukonstruktionen
Elementierte Außenwandkonstruktionen 21%, Dachkonstruktionen 17%, Flachgründungen und Bodenplatten 11%, Dachbeläge 10%, Gründungsbeläge 10%, Baustelleneinrichtung 9%
Sonstige: 23%

Bauwerk – Technische Anlagen
Beleuchtungsanlagen 68%, Niederspannungsinstallationsanlagen 30%, Wärmeversorgungsanlagen 2%

4100-0254 Grundschule (3 Klassen, 75 Schüler)

BRI 2.540 m³ | **BGF** 404 m² | **NUF** 291 m²

Baujahr: 1955
Bauzustand: mittel
Aufwand: niedrig
Nutzung während der Bauzeit: ja
Nutzungsänderung: nein
Grundrissänderungen: wenige
Tragwerkseingriffe: wenige

Land: Nordrhein-Westfalen
Kreis: Unna
Standard: mittel
Bauzeit: 69 Wochen
Kennwerte: bis 1. Ebene DIN 276
vorgesehen: BKI Objektdaten A13
BGF 4.432 €/m²

Planung: QUITTMANN ARCHITEKTEN; Unna

Grundschulerweiterung um drei Klassenräume

€/m² BGF

min	1.895	€/m²
von	2.425	€/m²
Mittel	**3.100**	**€/m²**
bis	3.980	€/m²
max	4.790	€/m²

Kosten:
Stand 2. Quartal 2025
Bundesdurchschnitt
inkl. 19% MwSt.

Objektübersicht zur Gebäudeart

4100-0236 Grundschule (150 Schüler), Hort (180 Schüler)

BRI 9.150 m³ **BGF** 2.284 m² **NUF** 1.362 m²

Baujahr: 1954, 1961, 1996
Bauzustand: gut
Aufwand: mittel
Nutzung während der Bauzeit: ja
Nutzungsänderung: nein
Grundrissänderungen: einige
Tragwerkseingriffe: wenige

Land: Nordrhein-Westfalen
Kreis: Kleve
Standard: hoch
Bauzeit: 61 Wochen
Kennwerte: bis 1. Ebene DIN 276
veröffentlicht: BKI Objektdaten A12
BGF **3.224 €/m²**

Planung: Gelderner Bau Gesellschaft mbH; Geldern

Erweiterung der bestehenden Grundschule um weitere Klassen- und Horträume sowie eine Mensa für insgesamt 330 Schüle .

4100-0234 Grundschule (6 Klassen, 142 Schüler)

BRI 7.211 m³ **BGF** 1.459 m² **NUF** 882 m²

Baujahr: 1971
Bauzustand: gut
Aufwand: mittel
Nutzung während der Bauzeit: ja
Nutzungsänderung: nein
Grundrissänderungen: wenige
Tragwerkseingriffe: einige

Land: Brandenburg
Kreis: Prignitz
Standard: mittel
Bauzeit: 130 Wochen
Kennwerte: bis 1. Ebene DIN 276
veröffentlicht: BKI Objektdaten A12
BGF **4.792 €/m²**

Planung: ELZ Architekten BDA; Potsdam

Erweiterung der Grundschule um drei Klassenräume und drei Horträume, sowie einem eingeschossigen Mehrzweckraum.

4100-0232 Schulmensa (54 Sitzplätze), Betreuungsräume

BRI 1.086 m³ **BGF** 287 m² **NUF** 235 m²

Baujahr: 1956
Bauzustand: mittel
Aufwand: mittel
Nutzung während der Bauzeit: ja
Nutzungsänderung: nein
Grundrissänderungen: wenige
Tragwerkseingriffe: wenige

Land: Hessen
Kreis: Fulda
Standard: mittel
Bauzeit: 35 Wochen
Kennwerte: bis 1. Ebene DIN 276
veröffentlicht: BKI Objektdaten A12
BGF **3.861 €/m²**

Planung: schmitt roggel architekten PartGmbB; Fulda

Erweiterung einer Grundschule mit vier Klassen und 80 Schülern um eine Mensa und Nachmittags-Betreuungsräume.

Objektübersicht zur Gebäudeart

4100-0228 Ganztagesschule (309 Schüler), Mensa

BRI 8.356 m³ **BGF** 1.938 m² **NUF** 1.185 m²

Baujahr: 1955
Bauzustand: mittel
Aufwand: niedrig
Nutzung während der Bauzeit: ja
Nutzungsänderung: nein
Grundrissänderungen: wenige
Tragwerkseingriffe: keine

Land: Hessen
Kreis: Kassel, Stadt
Standard: mittel
Bauzeit: 135 Wochen
Kennwerte: bis 1. Ebene DIN 276
veröffentlicht: BKI Objektdaten A12

BGF 3.781 €/m²

Planung: HHS Planer + Architekten AG; Kassel

Schulerweiterung zur Ganztagsnutzung mit Mensa für 15 Klassen und 309 Schüler. **Kosteneinfluss Grundstück:** Südlich des Ganztagsbaus steht ein erhaltenswerter Baum, der besondere Baumschutzmaßnahmen erforderte.

4100-0226 Grundschule (8 Klassen, 224 Schüler)

BRI 18.754 m³ **BGF** 4.057 m² **NUF** 2.471 m²

Baujahr: 1964
Bauzustand: schlecht
Aufwand: hoch
Nutzung während der Bauzeit: nein
Nutzungsänderung: nein
Grundrissänderungen: einige
Tragwerkseingriffe: umfangreiche

Land: Bayern
Kreis: Fürstenfeldbruck
Standard: hoch
Bauzeit: 122 Wochen
Kennwerte: bis 1. Ebene DIN 276
veröffentlicht: BKI Objektdaten A12

BGF 3.713 €/m²

Planung: bharchitektengesellschaft mbH; München

Schulerweiterung mit Mensa, Aula und acht Klassenzimmern sowie Verwaltungsflächen. **Kosteneinfluss Grundstück:** Gründung auf gewachsenem Kies, Keller im Grundwasserbereich; Wasserhaltung erforderlich, Spezialtiefbau

4100-0238 Gemeinschaftsschule (6 Klassen, 168 Schüler)

BRI 3.500 m³ **BGF** 1.075 m² **NUF** 727 m²

Land: Baden-Württemberg
Kreis: Hohenlohekreis
Standard: mittel
Bauzeit: 70 Wochen
Kennwerte: bis 1. Ebene DIN 276
vorgesehen: BKI Objektdaten A13

BGF 3.548 €/m²

Planung: Wiechers Beck GvA mbH; Berlin

Schulerweiterung für sechs Klassen und 168 Schüler

Übersicht-1. + 2. Ebene
Erweiterung
Umbau
Moderni-sierung
Instand-setzung
Bau-elemente
Abbrechen
Wieder-herstellen
Herstellen

€/m² BGF

min	1.895	€/m²
von	2.425	€/m²
Mittel	**3.100**	**€/m²**
bis	3.980	€/m²
max	4.790	€/m²

Kosten:
Stand 2.Quartal 2025
Bundesdurchschnitt
inkl. 19% MwSt.

Objektübersicht zur Gebäudeart

4100-0214 Grundschule mit Mensa (420 Schüler)

BRI 10.842 m³ **BGF** 2.388 m² **NUF** 1.452 m²

© Zaeske Architekten BDA

Land: Hessen
Kreis: Main-Taunus-Kreis
Standard: mittel
Bauzeit: 91 Wochen
Kennwerte: bis 1.Ebene DIN 276
veröffentlicht: BKI Objektdaten A12
BGF 3.842 €/m²

Planung: Zaeske Architekten BDA Partnerschaftsgesellschaft mbB; Wiesbaden

Grundschule mit zwölf Klassenräumen für 300 Schüler sowie sechs Gruppenräumen sowie Mensa für Bestand und Neubau.

4100-0203 Schule (2 Klassen, 47 Schüler)

BRI 680 m³ **BGF** 158 m² **NUF** 113 m²

© Andrea Janssen

Baujahr: 1982
Bauzustand: mittel
Aufwand: niedrig
Nutzung während der Bauzeit: ja
Nutzungsänderung: nein
Grundrissänderungen: wenige
Tragwerkseingriffe: keine

Land: Niedersachsen
Kreis: Hannover, Region
Standard: mittel
Bauzeit: 35 Wochen
Kennwerte: bis 1.Ebene DIN 276
veröffentlicht: BKI Objektdaten A11
BGF 4.370 €/m²

Planung: TW. Architekten Többen Woschek; Hannover

Eingeschossige Schulerweiterung mit begrüntem Satteldach für zwei Klassen und 47 Schüler

4100-0201 Grundschule (8 Klassen), Kita (5 Gruppen)

BRI 12.150 m³ **BGF** 2.585 m² **NUF** 1.515 m²

© Meike Hansen, Archimage

Baujahr: 1933
Bauzustand: gut
Aufwand: niedrig
Nutzung während der Bauzeit: ja
Nutzungsänderung: nein
Grundrissänderungen: wenige
Tragwerkseingriffe: keine

Land: Schleswig-Holstein
Kreis: Stormarn
Standard: mittel
Bauzeit: 83 Wochen
Kennwerte: bis 1.Ebene DIN 276
veröffentlicht: BKI Objektdaten A11
BGF 2.876 €/m²

Planung: bof architekten partnerschaft mbb bücking ostrop & flemming; Hamburg

Grundschulerweiterung mit acht Klassen und Kindertagesstätte mit fünf Gruppen, für insgesamt 200 Kinder.

Objektübersicht zur Gebäudeart

4100-0202 Gemeinschaftsschule (9 Klassen, 245 Schüler)

BRI 14.624 m^3 **BGF** 3.465 m^2 **NUF** 2.415 m^2

Baujahr: 1968

Land: Schleswig-Holstein
Kreis: Plön
Standard: mittel
Bauzeit: 87 Wochen
Kennwerte: bis 1. Ebene DIN 276
veröffentlicht: BKI Objektdaten A11

BGF 2.373 €/m^2

Planung: Trapez Architektur GmbH; Hamburg

Erweiterung einer Gemeinschaftsschule um neun Klassen (245 Schüler) und zwei Fachräume

4100-0196 Grundschule (8 Klassen, 240 Schüler)

BRI 5.732 m^3 **BGF** 1.336 m^2 **NUF** 686 m^2

Land: Bayern
Kreis: Starnberg
Standard: hoch
Bauzeit: 65 Wochen
Kennwerte: bis 1. Ebene DIN 276
veröffentlicht: BKI Objektdaten A11

BGF 2.984 €/m^2

Planung: s+p dinkel Architektur GmbH; Gilching

Erweiterungsbau für eine Grundschule mit acht Klassen und 240 Schülern.

4100-0190 Gesamtschule, Mensa - Passivhaus

BRI 14.474 m^3 **BGF** 3.505 m^2 **NUF** 1.999 m^2

Baujahr: 1969

Land: Nordrhein-Westfalen
Kreis: Aachen, Städteregion
Standard: mittel
Bauzeit: 78 Wochen
Kennwerte: bis 1. Ebene DIN 276
veröffentlicht: BKI Objektdaten A11

BGF 4.117 €/m^2

Planung: KRESINGS Architekten; Münster

Erweiterung einer Gesamtschule mit Mensa (212 Sitzplätze), Teamräumen, Fachräumen und Verwaltung als Passivhaus.

€/m² BGF

min	1.895	€/m²
von	2.425	€/m²
Mittel	**3.100**	**€/m²**
bis	3.980	€/m²
max	4.790	€/m²

Kosten:
Stand 2. Quartal 2025
Bundesdurchschnitt
inkl. 19% MwSt.

Objektübersicht zur Gebäudeart

4100-0184 Grundschule (9 Klassen, 173 Schüler), Hort

BRI 8.895 m³ **BGF** 2.243 m² **NUF** 1.413 m²

© Marcus Ebener

Baujahr: 2014

Land: Schleswig-Holstein
Kreis: Stormarn
Standard: mittel
Bauzeit: 56 Wochen
Kennwerte: bis 1. Ebene DIN 276
veröffentlicht: BKI Objektdaten A11
BGF **2.625 €/m²**

Planung: acollage. architektur urbanistik; Hamburg

Erweiterungsbau einer Grundschule mit neun Klassen und 173 Schülern sowie einem Kinderhort.

4100-0210 Gesamtschule (16 Klassen, 352 Schüler)

BRI 37.826 m³ **BGF** 6.954 m² **NUF** 3.359 m²

© Uwe Brodmann Fotografie

Baujahr: 1955
Bauzustand: gut
Aufwand: mittel
Grundrissänderungen: keine
Tragwerkseingriffe: wenige

Land: Niedersachsen
Kreis: Wolfsburg, Stadt
Standard: hoch
Bauzeit: 135 Wochen
Kennwerte: bis 1. Ebene DIN 276
veröffentlicht: BKI Objektdaten A12
BGF **3.798 €/m²**

Planung: Schneider + Sendelbach Architektentenges. mbH; Braunschweig

Gesamtschule mit 16 Klassen für 352 Schüler

4200-0033 Ausbildungsstätte Abbundhalle

BRI 8.412 m³ **BGF** 1.139 m² **NUF** 917 m²

© BAS Architekten GmbH

Baujahr: 1975

Land: Schleswig-Holstein
Kreis: Segeberg
Standard: einfach
Bauzeit: 74 Wochen
Kennwerte: bis 1. Ebene DIN 276
veröffentlicht: BKI Objektdaten A11
BGF **1.943 €/m²**

Planung: BAS Architekten GmbH; Bad Segeberg

Ausbildungsstätte für Zimmerleute mit Abbundhalle, Praxis- und Theorieräumen

Objektübersicht zur Gebäudeart

4100-0159 Gymnasium, Fachklassentrakt (128 Schüler)

BRI 3.991 m³ **BGF** 1.058 m² **NUF** 725 m²

Land: Niedersachsen
Kreis: Gifhorn
Standard: mittel
Bauzeit: 17 Wochen
Kennwerte: bis 1. Ebene DIN 276
veröffentlicht: BKI Objektdaten A10

BGF 3.022 €/m²

Planung: k.A.

Erweiterung um einen Fachklassentrakt (Biologie) mit vier Klassen, Archiv und Lehrsammlung.

4100-0180 Gymnasium (6 Klassen, 150 Schüler)

BRI 5.463 m³ **BGF** 1.260 m² **NUF** 734 m²

Baujahr: 1972

Land: Bayern
Kreis: Weißenburg-Gunzenhausen
Standard: mittel
Bauzeit: 70 Wochen
Kennwerte: bis 1. Ebene DIN 276
veröffentlicht: BKI Objektdaten A11

BGF 3.054 €/m²

Planung: CLEMENS FROSCH DIPL.-ING. ARCHITEKT; Pappenheim

Erweiterungsbau eines Gymnasiums mit sechs Klassen für 150 Schüler.

4100-0119 Realschule (4 Klassen, 100 Schüler)

BRI 1.491 m³ **BGF** 368 m² **NUF** 231 m²

Baujahr: 1997

Land: Schleswig-Holstein
Kreis: Plön
Standard: hoch
Bauzeit: 22 Wochen
Kennwerte: bis 1. Ebene DIN 276
veröffentlicht: BKI Objektdaten A8

BGF 2.885 €/m²

Planung: Zastrow + Zastrow Architekten und Stadtplaner; Kiel

Erweiterung einer Realschule, aufgeständertes Gebäude mit vier Klassenzimmern, Flur und WC. **Kosteneinfluss Grundstück:** Aufgeständertes Gebäude auf dem Schulhof. Schulhoffläche bleibt dadurch erhalten.

€/m² BGF

min	1.895	€/m²
von	2.425	€/m²
Mittel	**3.100**	**€/m²**
bis	3.980	€/m²
max	4.790	€/m²

Kosten:
Stand 2. Quartal 2025
Bundesdurchschnitt
inkl. 19% MwSt.

Objektübersicht zur Gebäudeart

4200-0023 Berufliches Gymnasium (9 Klassen), Aula

BRI 6.276 m³ **BGF** 1.493 m² **NUF** 984 m²

© Stefan Marquardt

Land: Hessen
Kreis: Hersfeld-Rotenburg
Standard: mittel
Bauzeit: 70 Wochen
Kennwerte: bis 1. Ebene DIN 276
veröffentlicht: BKI Objektdaten A8

BGF 2.462 €/m²

Planung: DORBRITZ ARCHITEKTEN BDA; Bad Hersfeld

Berufliches Gymnasium mit acht Klassenzimmern, Aula (350 Personen), Lehrerstützpunkt und Sanitärräumen.

4100-0117 Anbau Fluchttreppenhäuser (2 St)

BRI 598 m³ **BGF** 174 m² **NUF** k.A.

© karl r. gold diplomingenieure architekten

Baujahr: 1952

Land: Hessen
Kreis: Wiesbaden, Stadt
Standard: mittel
Bauzeit: 43 Wochen
Kennwerte: bis 1. Ebene DIN 276
veröffentlicht: BKI Objektdaten A8

BGF 1.896 €/m²

Planung: karl r. gold diplomingenieure architekten; Hochheim

Anbau von zwei Fluchttreppenhäusern an ein bestehendes Schulgebäude. Die Anbindung erfolgt über kleine Stege an die Mittelflure des Schulgebäudes.

4100-0127 Grund- und Mittelschule (22 Klassen, 494 Schüler)

BRI 3.701 m³ **BGF** 1.054 m² **NUF** 656 m²

© Krieger-Bauplanung

Land: Sachsen
Kreis: Mittelsachsen
Standard: mittel
Bauzeit: 96 Wochen
Kennwerte: bis 1. Ebene DIN 276
veröffentlicht: BKI Objektdaten A8

BGF 2.280 €/m²

Planung: Krieger-Bauplanungs GmbH; Chemnitz

Erweiterung einer bestehenden Grundschule mit 22 Klassen und 494 Schülern. **Kosteneinfluss Nutzung:** Eigenständiges Gebäude als Anbau an bestehende Grundschule, einschließlich eines Verbindungsbaus als 2. Fluchtweg.

Erweiterungen

Kindergärten

Kostenkennwerte für die Kosten des Bauwerks (Kostengruppen 300+400 nach DIN 276)

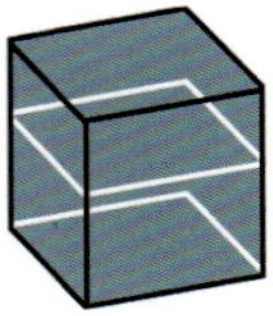

BRI 690 €/m³
von 565 €/m³
bis 850 €/m³

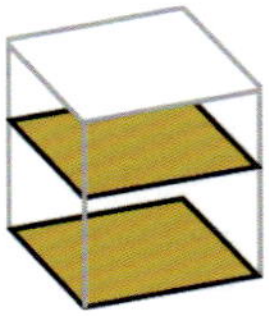

BGF 2.455 €/m²
von 1.845 €/m²
bis 3.070 €/m²

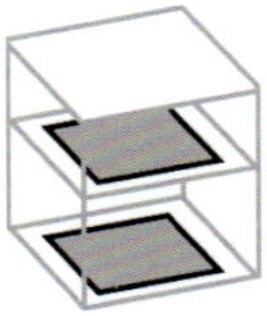

NUF 3.880 €/m²
von 2.690 €/m²
bis 5.050 €/m²

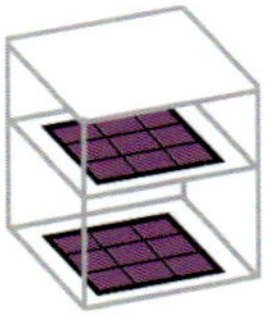

NE 32.200 €/NE
von 16.965 €/NE
bis 47.090 €/NE
NE: Kinder

Kosten:
Stand 2. Quartal 2025
Bundesdurchschnitt
inkl. 19% MwSt.

Objektbeispiele

4400-0404

4400-0405

4400-0219

Kosten der 18 Vergleichsobjekte

Seiten 120 bis 125

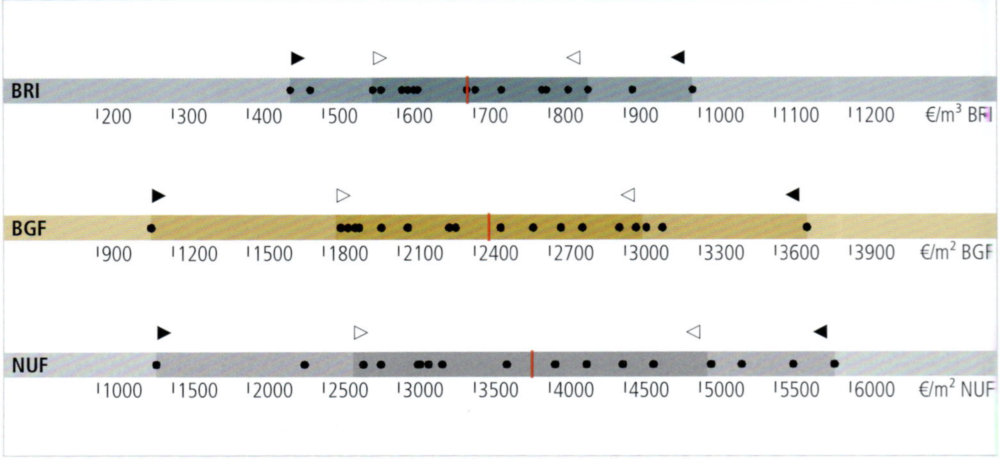

- ● KKW
- ▶ min
- ▷ von
- | Mittelwert
- ◁ bis
- ◀ max

Kostenkennwerte für die Kostengruppen der 1. und 2. Ebene DIN 276

KG	Kostengruppen der 1. Ebene	Einheit	▷	€/Einheit	◁	▷	% an 300+400	◁
100	Grundstück	m² GF	–	**–**	–	–	**–**	–
200	Vorbereitende Maßnahmen	m² GF	3	**25**	99	0,7	**2,1**	4,3
300	Bauwerk – Baukonstruktionen	m² BGF	1.550	**1.995**	2.646	73,5	**81,2**	87,2
400	Bauwerk – Technische Anlagen	m² BGF	274	**462**	694	12,8	**18,8**	26,5
	Bauwerk 300+400	m² BGF	1.847	**2.457**	3.068	100,0	**100,0**	100,0
500	Außenanlagen und Freiflächen	m² AF	17	**106**	270	2,9	**6,9**	12,8
600	Ausstattung und Kunstwerke	m² BGF	22	**145**	307	2,0	**6,3**	17,5
700	Baunebenkosten	m² BGF	–	**–**	–	–	**–**	–
800	Finanzierung	m² BGF	–	**–**	–	–	**–**	–

KG	Kostengruppen der 2. Ebene	Einheit	▷	€/Einheit	◁	▷	% an 1. Ebene	◁
310	Baugrube / Erdbau	m³ BGI	91	**170**	328	0,6	**2,7**	7,0
320	Gründung, Unterbau	m² GRF	310	**349**	426	11,6	**15,7**	21,8
330	Außenwände / vertikal außen	m² AWF	525	**585**	621	34,4	**37,2**	42,9
340	Innenwände / vertikal innen	m² IWF	50	**267**	386	7,4	**12,4**	14,9
350	Decken / horizontal	m² DEF	108	**282**	456	1,7	**6,1**	13,3
360	Dächer	m² DAF	428	**663**	1.116	17,6	**18,2**	19,2
370	Infrastrukturanlagen		–	**–**	–	–	**–**	–
380	Baukonstruktive Einbauten	m² BGF	2	**119**	236	< 0,1	**4,8**	14,2
390	Sonst. Maßnahmen für Baukonst.	m² BGF	29	**40**	61	1,7	**2,9**	3,6
300	**Bauwerk – Baukonstruktionen**	**m² BGF**					**100,0**	
410	Abwasser-, Wasser-, Gasanlagen	m² BGF	5	**61**	100	1,9	**24,8**	37,2
420	Wärmeversorgungsanlagen	m² BGF	54	**67**	76	19,0	**27,6**	32,6
430	Raumlufttechnische Anlagen	m² BGF	4	**7**	10	0,0	**2,0**	3,2
440	Elektrische Anlagen	m² BGF	72	**108**	172	31,4	**42,0**	63,2
450	Kommunikationstechnische Anlagen	m² BGF	3	**10**	14	1,4	**3,6**	5,0
460	Förderanlagen	m² BGF	–	**–**	–	–	**–**	–
470	Nutzungsspez. / verfahrenstech. Anl.	m² BGF	–	**–**	–	–	**–**	–
480	Gebäude- und Anlagenautomation	m² BGF	–	**–**	–	–	**–**	–
490	Sonst. Maßnahmen f. techn. Anl.	m² BGF	–	**–**	–	–	**–**	–
400	**Bauwerk – Technische Anlagen**	**m² BGF**					**100,0**	

Prozentanteile der Kosten 2. Ebene an den Kosten des Bauwerks nach DIN 276 (Von/Mittel/Bis)

KG	Kostengruppe	%
310	Baugrube / Erdbau	2,3
320	Gründung, Unterbau	13,3
330	Außenwände / vertikal außen	31,4
340	Innenwände / vertikal innen	10,4
350	Decken / horizontal	5,1
360	Dächer	15,4
370	Infrastrukturanlagen	
380	Baukonstruktive Einbauten	4,1
390	Sonst. Maßnahmen für Baukonst.	2,4
410	Abwasser-, Wasser-, Gasanlagen	4,0
420	Wärmeversorgungsanlagen	4,4
430	Raumlufttechnische Anlagen	0,3
440	Elektrische Anlagen	6,4
450	Kommunikationstechnische Anlagen	0,5
460	Förderanlagen	
470	Nutzungsspez. / verfahrenstech. Anl.	
480	Gebäude- und Anlagenautomation	
490	Sonst. Maßnahmen f. techn. Anl.	

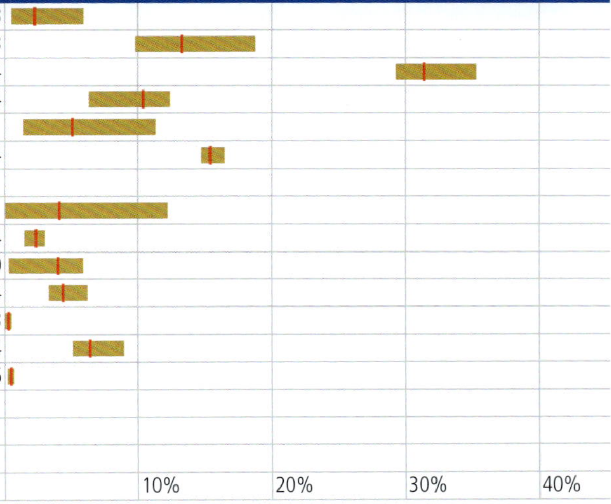

Kostenkennwerte für die Kostengruppen der 3. Ebene DIN 276

KG	Kostengruppen der 3. Ebene	Einheit	▷	€/Einheit	◁	▷	€/m²BGF	◁
337	Elem. Außenwandkonstruktionen	m²	–	**644**	–	–	**345**	–
335	Außenwandbekleidungen, außen	m²	282	**374**	559	135	**152**	181
324	Gründungsbeläge	m²	166	**200**	218	87	**120**	185
381	Allgemeine Einbauten	m²	2	**100**	198	2	**100**	198
334	Außenwandöffnungen	m²	382	**706**	1.030	< 1	**97**	150
363	Dachbeläge	m²	207	**265**	361	53	**95**	124
444	Niederspannungsinstallationsanl.	m²	49	**85**	150	49	**85**	150
338	Lichtschutz zur KG 330	m²	–	**192**	–	–	**77**	–
345	Innenwandbekleidungen	m²	51	**57**	68	42	**70**	123
344	Innenwandöffnungen	m²	833	**1.226**	1.620	39	**70**	100
322	Flachgründungen und Bodenplatten	m²	147	**251**	409	47	**68**	106
361	Dachkonstruktionen	m²	144	**210**	340	46	**66**	79
362	Dachöffnungen	m²	–	**1.905**	–	–	**66**	–
331	Tragende Außenwände	m²	170	**217**	302	43	**64**	104
351	Deckenkonstruktionen	m²	34	**135**	237	14	**61**	108
364	Dachbekleidungen	m²	104	**188**	347	33	**61**	115
412	Wasseranlagen	m²	49	**56**	62	49	**56**	62
311	Herstellung	m³	91	**170**	328	8	**43**	112
353	Deckenbeläge	m²	–	**107**	–	–	**42**	–
336	Außenwandbekleidungen, innen	m²	64	**89**	128	15	**38**	55
382	Besondere Einbauten	m²	–	**38**	–	–	**38**	–
365	Elementierte Dachkonstruktionen	m²	–	**857**	–	–	**34**	–
423	Raumheizflächen	m²	23	**33**	50	23	**33**	50
325	Abdichtungen und Bekleidungen	m²	26	**54**	111	9	**32**	73
354	Deckenbekleidungen	m²	83	**88**	93	29	**30**	31
391	Baustelleneinrichtung	m²	16	**29**	48	16	**29**	48
341	Tragende Innenwände	m²	115	**240**	364	24	**27**	31
346	Elem. Innenwandkonstruktionen	m²	540	**950**	1.361	3	**26**	49
332	Nichttragende Außenwände	m²	–	**–**	–	–	**23**	–
422	Wärmeverteilnetze	m²	21	**22**	25	21	**22**	25
355	Elementierte Deckenkonstruktionen	m²	–	**1.834**	–	–	**21**	–
411	Abwasseranlagen	m²	9	**20**	41	9	**20**	41
445	Beleuchtungsanlagen	m²	12	**18**	21	12	**18**	21
342	Nichttragende Innenwände	m²	82	**123**	164	11	**17**	23
421	Wärmeerzeugungsanlagen	m²	9	**16**	23	9	**16**	23
419	Sonstiges zur KG 410	m²	–	**13**	–	–	**13**	–
392	Gerüste	m²	–	**13**	–	–	**13**	–
359	Sonstiges zur KG 350	m²	–	**23**	–	–	**11**	–
455	Audiovis. Medien- u. Antennenanl.	m²	3	**9**	15	3	**9**	15
333	Außenstützen	m	–	**402**	–	–	**8**	–
431	Lüftungsanlagen	m²	4	**7**	10	4	**7**	10
343	Innenstützen	m	–	**131**	–	–	**7**	–
339	Sonstiges zur KG 330	m²	5	**7**	9	4	**6**	8
329	Sonstiges zur KG 320	m²	–	**11**	–	–	**6**	–
446	Blitzschutz- und Erdungsanlagen	m²	< 1	**6**	9	< 1	**6**	9
396	Materialentsorgung	m²	–	**5**	–	–	**5**	–
429	Sonstiges zur KG 420	m²	–	**4**	–	–	**4**	–
352	Deckenöffnungen	m²	–	**2.591**	–	–	**2**	–
456	Gefahrenmelde- und Alarmanlagen	m²	–	**2**	–	–	**2**	–
457	Datenübertragungsnetze	m²	–	**2**	–	–	**2**	–

Kosten:
Stand 2. Quartal 2025
Bundesdurchschnitt
inkl. 19% MwSt.

▷ von
ø Mittel
◁ bis

Prozentanteile der Kosten für Leistungsbereiche nach STLB (Kosten Bauwerk nach DIN 276)

LB	Leistungsbereiche	▷	% an 300+400	◁
000	Baustellen-, Verkehrssich.- u. Sicherh.einr. inkl. 001	1,6	**2,3**	2,8
002	Erdarbeiten	0,7	**2,6**	4,3
006	Spezialtiefbauarbeiten inkl. 005	–	–	–
009	Entwässerungskanalarbeiten inkl. 011	0,3	**0,8**	1,1
010	Drän- und Versickerarbeiten	–	–	–
012	Mauerarbeiten	4,2	**10,2**	15,3
013	Betonarbeiten	5,2	**9,4**	12,9
014	Natur-, Betonwerksteinarbeiten	0,0	**0,2**	0,4
016	Zimmer- und Holzbauarbeiten	2,2	**2,9**	3,6
017	Stahlbauarbeiten	0,0	**0,6**	1,2
018	Abdichtungsarbeiten	0,6	**0,7**	0,8
020	Dachdeckungsarbeiten	1,8	**4,2**	6,1
021	Dachabdichtungsarbeiten	0,0	**0,2**	0,3
022	Klempnerarbeiten	0,5	**2,8**	4,8
	Rohbau	33,0	**36,8**	41,3
023	Putz- und Stuckarbeiten, Wärmedämmsysteme	1,5	**5,2**	8,7
024	Fliesen- und Plattenarbeiten	0,2	**1,1**	1,6
025	Estricharbeiten	1,4	**2,3**	3,9
026	Fenster, Außentüren inkl. 029, 032	8,9	**12,2**	14,5
027	Tischlerarbeiten	1,1	**5,4**	8,9
028	Parkett-, Holzpflasterarbeiten	–	–	–
030	Rollladenarbeiten	0,0	**1,1**	2,3
031	Metallbauarbeiten inkl. 035	0,5	**3,2**	4,9
034	Maler- und Lackiererarb. – Beschicht. inkl. 037	1,9	**2,5**	3,3
036	Bodenbelagarbeiten	2,3	**2,9**	3,4
038	Vorgehängte hinterlüftete Fassaden	0,0	**1,6**	3,1
039	Trockenbauarbeiten	4,5	**8,1**	11,3
	Ausbau	40,5	**45,6**	49,3
040	Wärmeversorgungsanl. - Betriebseinr. inkl. 041	2,9	**3,3**	3,8
042	Gas- u. Wasseranl. – Leitung., Armat. inkl. 043	0,1	**1,0**	1,7
044	Abwasseranl. - Leitungen, Abläufe, Armaturen	0,2	**0,4**	0,7
045	Gas, Wasser, Entwässerung – Ausstattung inkl. 046	1,0	**2,1**	3,1
047	Dämm- und Brandschutzarb. an techn. Anlagen	0,3	**0,5**	0,7
049	Feuerlöschanlagen, Feuerlöschgeräte	–	–	–
050	Blitzschutz-/Erdungsanlagen, Überspannungssch.	0,2	**0,3**	0,5
052	Mittelspannungsanlagen	–	–	–
053	Niederspannungsanl. – Kabel inkl. 054	3,4	**4,5**	5,5
055	Sicherheits- u. Ersatzstromversorgungsanl.	–	–	–
057	Gebäudesystemtechnik	–	–	–
058	Leuchten und Lampen inkl. 059	0,7	**1,2**	1,6
060	Such, Signal, Zeit, Anten., akust. Anl. inkl. 064	< 0,1	**< 0,1**	< 0,1
061	Kommunikations- u. Übertragungsnetze inkl. 062	0,2	**0,4**	0,6
063	Gefahrenmeldeanlagen	0,0	**< 0,1**	< 0,1
069	Aufzüge	–	–	–
070	Gebäudeautomation	–	–	–
075	Raumlufttechnische Anlagen inkl. 078	0,1	**0,3**	0,5
	Gebäudetechnik	12,5	**14,2**	15,5
084	Abbruch, Rückbau, Schadstoffsanierung	2,1	**3,5**	5,3
	Sonstige Leistungsbereiche inkl. 008, 033, 051	–	–	–

Kostenstand: 2. Quartal 2025, Bundesdurchschnitt, **inkl. 19% MwSt.**

€/m² BGF

min	1.110	€/m²
von	1.845	€/m²
Mittel	**2.455**	**€/m²**
bis	3.070	€/m²
max	3.725	€/m²

Kosten:
Stand 2. Quartal 2025
Bundesdurchschnitt
inkl. 19% MwSt.

Objektübersicht zur Gebäudeart

4400-0140 Kindertagesstätte, Personalraum

BRI 176 m³ | **BGF** 56 m² | **NUF** 46 m²

Bauzustand: mittel
Aufwand: mittel
Nutzung während der Bauzeit: ja
Nutzungsänderung: nein
Grundrissänderungen: wenige
Tragwerkseingriffe: wenige

Land: Nordrhein-Westfalen
Kreis: Düren
Standard: mittel
Bauzeit: 18 Wochen
Kennwerte: bis 3. Ebene DIN 276
veröffentlicht: BKI Objektdaten A8
BGF 1.940 €/m²

Planung: FRANKE Architektur I Innenarchitektur; Düren

Erweiterung von Personal- und Besprechungszimmer in der heilpädagogisch-integrativen Kindertagesstätte.

Bauwerk – Baukonstruktionen
Herstellen: Allgemeine Einbauten 12%, Gründungsbeläge 10%, Außenwandbekleidungen, außen 8%, Dachbeläge 8%, Innenwandbekleidungen 7%, Außenwandöffnungen 7%, Flachgründungen und Bodenplatten 6%, Tragende Außenwände 6%, Dachbekleidungen 6%, Abdichtungen und Bekleidungen 4%, Dachkonstruktionen 4%
Sonstige: 21%

Bauwerk – Technische Anlagen
Abbrechen: Niederspannungsinstallationsanlagen 9%
Herstellen: Niederspannungsinstallationsanlagen 46%, Raumheizflächen 17%, Wärmeverteilnetze 7%
Sonstige: 21%

4400-0180 Kindergarten (4 Gruppen, 76 Kinder)

BRI 2.385 m³ | **BGF** 760 m² | **NUF** 388 m²

Land: Hamburg
Kreis: Hamburg, Stadt
Standard: mittel
Bauzeit: 35 Wochen
Kennwerte: bis 3. Ebene DIN 276
veröffentlicht: BKI Objektdaten A10
BGF 1.896 €/m²

Planung: Architekturbüro Prell und Partner; Hamburg

Erweiterung eines Kindergartens um vier Gruppen (76 Kinder)

Bauwerk – Baukonstruktionen
Herstellen: Elementierte Außenwandkonstruktionen 21%, Außenwandbekleidungen, außen 8%, Herstellung 7%, Deckenkonstruktionen 7%, Innenwandöffnungen 6%, Dachbeläge 6%, Dachkonstruktionen 5%, Gründungsbeläge 5%, Dachöffnungen 4%, Flachgründungen und Bodenplatten 3%, Tragende Außenwände 3%, Elementierte Innenwandkonstruktionen 3%
Sonstige: 21%

Bauwerk – Technische Anlagen
Herstellen: Niederspannungsinstallationsanlagen 23%, Wasseranlagen 22%, Abwasseranlagen 14%, Raumheizflächen 10%, Wärmeverteilnetze 9%
Sonstige: 22%

Objektübersicht zur Gebäudeart

4400-0203 Kinderkrippe (2 Gruppen), Gemeinderäume

BRI 2.122 m³ **BGF** 870 m² **NUF** 697 m²

© Neumann-Berking und Bendorf Planungsg...

Bauzustand: mittel
Aufwand: hoch
Nutzung während der Bauzeit: nein
Nutzungsänderung: ja
Grundrissänderungen: einige
Tragwerkseingriffe: wenige

Land: Niedersachsen
Kreis: Gifhorn
Standard: mittel
Bauzeit: 43 Wochen
Kennwerte: bis 3. Ebene DIN 276
veröffentlicht: BKI Objektdaten A9

BGF **1.112 €/m²**

Planung: nb+b Neumann-Berking u. Bendorf Planungsgesellschaft mbH; Wolfsburg

Um- und Anbau einer Schule zur Kinderkrippe und zu Gemeinderäumen.

Bauwerk – Baukonstruktionen
Herstellen: Außenwandbekleidungen, außen 20%, Außenwandöffnungen 12%, Gründungsbeläge 10%, Dachkonstruktionen 5%, Innenwandbekleidungen 5%, Dachbeläge 5%, Innenwandöffnungen 4%, Tragende Außenwände 4%, Flachgründungen und Bodenplatten 4%, Elementierte Dachkonstruktionen 4%, Außenwandbekleidungen, innen 4%, Dachbekleidungen 3%
Sonstige: 20%

Bauwerk – Technische Anlagen
Herstellen: Wasseranlagen 23%, Niederspannungsinstallationsanlagen 19%, Wärmeerzeugungsanlagen 11%, Wärmeverteilnetze 11%, Beleuchtungsanlagen 11%
Sonstige: 24%

4400-0132 Kindergarten, Aufstockung*

BRI 4.518 m³ **BGF** 1.434 m² **NUF** 884 m²

© Werner Muxel Holzhandel und Entwurfsplanung

Baujahr: 1971
Bauzustand: schlecht
Aufwand: mittel
Nutzung während der Bauzeit: ja
Nutzungsänderung: nein
Grundrissänderungen: wenige
Tragwerkseingriffe: wenige

Land: Österreich
Kreis: Vorarlberg
Standard: mittel
Bauzeit: 39 Wochen
Kennwerte: bis 3. Ebene DIN 276
veröffentlicht: www.bki.de

BGF **1.826 €/m²**

* Nicht in der Auswertung enthalten

Planung: Werner Muxel Holzhandel und Entwurfsplanung; AT-Altach

Der Kindergarten wurde um ein Geschoss (2 Gruppen) erweitert, das bestehende Erdgeschoss (2 Gruppen) wurde saniert.

Bauwerk – Baukonstruktionen
Herstellen: Außenwandöffnungen 13%, Dachbeläge 13%, Außenwandbekleidungen, außen 11%, Dachkonstruktionen 11%, Deckenkonstruktionen 9%, Tragende Außenwände 8%, Deckenbeläge 5%, Tragende Innenwände 3%, Elementierte Deckenkonstruktionen 3%, Nichttragende Innenwände 3%
Sonstige: 21%

Bauwerk – Technische Anlagen
Herstellen: Lüftungsanlagen 25%, Beleuchtungsanlagen 18%, Wasseranlagen 10%, Niederspannungsinstallationsanlagen 10%, Aufzugsanlagen 10%
Sonstige: 27%

€/m² BGF

min	1.110	€/m²
von	1.845	€/m²
Mittel	**2.455**	**€/m²**
bis	3.070	€/m²
max	3.725	€/m²

Kosten:
Stand 2. Quartal 2025
Bundesdurchschnitt
inkl. 19% MwSt.

Objektübersicht zur Gebäudeart

4400-0405 Kindertagesstätte (3 Gruppen, 62 Kinder)

BRI 2.740 m³ **BGF** 707 m² **NUF** 413 m²

Baujahr: 1897
Bauzustand: schlecht
Aufwand: hoch
Nutzung während der Bauzeit: nein
Nutzungsänderung: nein
Grundrissänderungen: einige
Tragwerkseingriffe: einige

Land: Hessen
Kreis: Lahn-Dill-Kreis
Standard: mittel
Bauzeit: 70 Wochen
Kennwerte: bis 1. Ebene DIN 276
vorgesehen: BKI Objektdaten A13
BGF 3.085 €/m²

Planung: Keul und Müller Architekten Part GmbB; Aßlar

Kindertagesstätte mit drei Gruppen für 62 Kinder

4400-0404 Kindergarten (2 Gruppen, 40 Kinder)

BRI 3.345 m³ **BGF** 935 m² **NUF** 418 m²

Baujahr: 1957
Bauzustand: mittel
Aufwand: mittel
Nutzung während der Bauzeit: ja
Nutzungsänderung: nein
Grundrissänderungen: wenige
Tragwerkseingriffe: wenige

Land: Schleswig-Holstein
Kreis: Pinneberg
Standard: mittel
Bauzeit: 61 Wochen
Kennwerte: bis 1. Ebene DIN 276
vorgesehen: BKI Objektdaten A13
BGF 2.635 €/m²

Planung: Butzlaff Tewes Architekten + Ingenieure; Brande-Hörnerkirchen

Kindergarten mit zwei Gruppen für 40 Kinder

4400-0295 Kindertagesstätte, Nebenräume (40 Kinder)

BRI 795 m³ **BGF** 250 m² **NUF** 185 m²

Baujahr: 1950

Land: Baden-Württemberg
Kreis: Esslingen
Standard: mittel
Bauzeit: 35 Wochen
Kennwerte: bis 1. Ebene DIN 276
veröffentlicht: BKI Objektdaten A11
BGF 3.151 €/m²

Planung: KILTZ KAZMAIER ARCHITEKTEN; Kirchheim unter Teck

Erweiterung vom Schulpavillon zur Kindertagesstätte (2 Gruppen, 40 Kinder).

4400-0281 Kinder- und Familienzentrum

BRI 6.011 m³ **BGF** 1.730 m² **NUF** 936 m²

Baujahr: 1994
Bauzustand: gut
Aufwand: hoch
Nutzung während der Bauzeit: nein
Nutzungsänderung: ja
Grundrissänderungen: einige
Tragwerkseingriffe: wenige

Land: Baden-Württemberg
Kreis: Ludwigsburg
Standard: hoch
Bauzeit: 74 Wochen
Kennwerte: bis 1. Ebene DIN 276
veröffentlicht: BKI Objektdaten A10

BGF **2.745 €/m²**

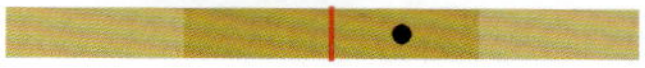

Planung: VON M GmbH; Stuttgart

Kinder- und Familienzentrum (105 Kinder, 6 Gruppen) in bestehendem Gebäude und Neubau. Rückbau des Bestands bis auf die tragende Substanz und Neubau, neuer Erschließungskern.

4400-0269 Kinderkrippe (2 Gruppen, 30 Kinder)

BRI 2.219 m³ **BGF** 766 m² **NUF** 498 m²

Baujahr: 2003
Bauzustand: gut
Aufwand: mittel
Nutzung während der Bauzeit: ja
Nutzungsänderung: nein
Grundrissänderungen: wenige
Tragwerkseingriffe: keine

Land: Hamburg
Kreis: Hamburg, Stadt
Standard: mittel
Bauzeit: 43 Wochen
Kennwerte: bis 1. Ebene DIN 276
veröffentlicht: BKI Objektdaten A10

BGF **2.031 €/m²**

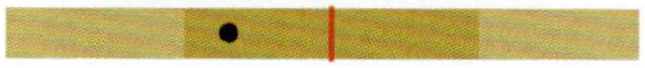

Planung: Johannsen und Partner; Hamburg

Erweiterung einer Kindertagesstätte um zwei Gruppen für 30 Kinder.

4400-0219 Kindertagesstätte (40 Kinder)

BRI 2.325 m³ **BGF** 675 m² **NUF** 522 m²

Baujahr: 1967
Bauzustand: mittel
Aufwand: mittel
Nutzung während der Bauzeit: ja
Nutzungsänderung: ja
Grundrissänderungen: wenige
Tragwerkseingriffe: keine

Land: Baden-Württemberg
Kreis: Esslingen
Standard: mittel
Bauzeit: 43 Wochen
Kennwerte: bis 1. Ebene DIN 276
veröffentlicht: BKI Objektdaten A9

BGF **2.135 €/m²**

Planung: Schwille Freie Architekten BDA; Reutlingen

Erweiterung einer Kindertagesstätte. Insgesamt drei Gruppen mit 40 Kindern.

€/m² BGF

min	1.110	€/m²
von	1.845	€/m²
Mittel	**2.455**	**€/m²**
bis	3.070	€/m²
max	3.725	€/m²

Kosten:
Stand 2. Quartal 2025
Bundesdurchschnitt
inkl. 19% MwSt.

Objektübersicht zur Gebäudeart

4400-0248 Kinderkrippe (2 Gruppen, 24 Kinder)

BRI 1.397 m³ **BGF** 341 m² **NUF** 226 m²

Baujahr: 1972
Bauzustand: mittel
Aufwand: niedrig
Nutzung während der Bauzeit: nein
Nutzungsänderung: nein
Grundrissänderungen: wenige
Tragwerkseingriffe: keine

Land: Bayern
Kreis: Nürnberg, Stadt
Standard: hoch
Bauzeit: 83 Wochen
Kennwerte: bis 1. Ebene DIN 276
veröffentlicht: BKI Objektdaten A10
BGF **3.726 €/m²**

Planung: CLEMENS FROSCH ARCHITEKT; Pappenheim

Erweiterung einer Kinderkrippe um zwei Gruppen für insgesamt 24 Kinder

4400-0280 Kinderkrippe, zwei Schlafräume

BRI 388 m³ **BGF** 77 m² **NUF** 50 m²

Baujahr: 1989
Bauzustand: mittel
Aufwand: niedrig
Nutzung während der Bauzeit: ja
Nutzungsänderung: nein
Grundrissänderungen: wenige
Tragwerkseingriffe: keine

Land: Nordrhein-Westfalen
Kreis: Herford
Standard: mittel
Bauzeit: 17 Wochen
Kennwerte: bis 1. Ebene DIN 276
veröffentlicht: BKI Objektdaten A10
BGF **3.044 €/m²**

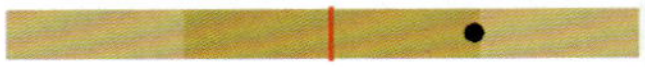

Planung: Lauhoff Architekten; Melle

Baumhaus auf Stahlstützen mit zwei Schlafräumen (11 Kinder) für eine Kinderkrippe, einschließlich Spiel- und Bewegungsflächen.

4400-0228 Kinderkrippe (1 Gruppe, 20 Kinder)

BRI 1.030 m³ **BGF** 251 m² **NUF** 151 m²

Baujahr: 1960
Bauzustand: mittel
Aufwand: mittel
Nutzung während der Bauzeit: ja
Nutzungsänderung: nein
Grundrissänderungen: wenige
Tragwerkseingriffe: keine

Land: Nordrhein-Westfalen
Kreis: Rhein-Sieg-Kreis
Standard: mittel
Bauzeit: 17 Wochen
Kennwerte: bis 1. Ebene DIN 276
veröffentlicht: BKI Objektdaten A9
BGF **2.831 €/m²**

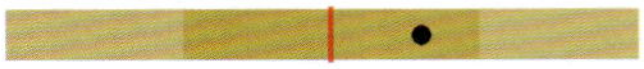

Planung: ZACHARIAS PLANUNGSGRUPPE; Sankt Augustin

Kinderkrippe für 20 Kinder als eigenständige Erweiterung einer bestehenden Kindertagesstätte.

Objektübersicht zur Gebäudeart

4400-0179 Kindertagesstätte

BRI 2.174 m³ | **BGF** 545 m² | **NUF** 328 m²

Baujahr: 1999

Land: Nordrhein-Westfalen
Kreis: Paderborn
Standard: einfach
Bauzeit: 26 Wochen
Kennwerte: bis 1. Ebene DIN 276
veröffentlicht: BKI Objektdaten A8

BGF 1.924 €/m²

Planung: jacobs. Architekturbüro; Paderborn

Erweiterung eines bestehenden Kindergartens um zwei Gruppen auf nun vier Gruppen.

4400-0198 Kindertagesstätte, Mensa (8 Gruppen, 170 Kinder)

BRI 6.406 m³ | **BGF** 1.740 m² | **NUF** 892 m²

Baujahr: 1965
Bauzustand: gut
Aufwand: niedrig
Nutzung während der Bauzeit: ja
Nutzungsänderung: nein
Grundrissänderungen: wenige
Tragwerkseingriffe: keine

Land: Hessen
Kreis: Kassel, Stadt
Standard: mittel
Bauzeit: 52 Wochen
Kennwerte: bis 1. Ebene DIN 276
veröffentlicht: BKI Objektdaten A9

BGF 2.300 €/m²

Planung: Baufrösche Architekten und Stadtplaner GmbH; Kassel

Kindertagesstätte und Mensa, acht Gruppen, 170 Kinder und Mensa für 60 Personen.

4400-0175 Kindertagesstätte (1 Gruppe, 10 Kinder)

BRI 673 m³ | **BGF** 204 m² | **NUF** 121 m²

Land: Nordrhein-Westfalen
Kreis: Siegen-Wittgenstein
Standard: mittel
Bauzeit: 30 Wochen
Kennwerte: bis 1. Ebene DIN 276
veröffentlicht: BKI Objektdaten A8

BGF 1.867 €/m²

Planung: Susanne Hoffmann-Stein Architektin; Siegen

Erweiterung einer bestehenden Kindertagesstätte (4 Gruppen, 75 Kinder) um eine Gruppe für unter Dreijährige mit Aufenthaltsraum zum Spielen und Schlafen; Küche.

€/m² BGF

min	1.110	€/m²
von	1.845	€/m²
Mittel	**2.455**	**€/m²**
bis	3.070	€/m²
max	3.725	€/m²

Kosten:
Stand 2. Quartal 2025
Bundesdurchschnitt
inkl. 19% MwSt.

Objektübersicht zur Gebäudeart

4400-0196 Kindertagesstätte (2 Gruppen, 24 Kinder)

BRI 1.390 m³ **BGF** 385 m² **NUF** 284 m²

Land: Bayern
Kreis: Rosenheim, Stadt
Standard: mittel
Bauzeit: 30 Wochen
Kennwerte: bis 1. Ebene DIN 276
veröffentlicht: BKI Objektdaten A8

BGF 2.978 €/m²

Planung: wulf architekten gmbh; Stuttgart

Erweiterung Kindertagesstätte, zwei Gruppen, 24 Kinder, Gruppenräume, Mehrzweckraum, Ruheräume, Wickelräume, Büro, Technik, Garderobe, WC und Windfang.

4400-0181 Kindertagesstätte

BRI 1.015 m³ **BGF** 252 m² **NUF** 178 m²

Baujahr: ca. 1955

Land: Sachsen
Kreis: Bautzen
Standard: mittel
Bauzeit: 35 Wochen
Kennwerte: bis 1. Ebene DIN 276
veröffentlicht: BKI Objektdaten A8

BGF 2.326 €/m²

Planung: Architekturbüro weise bauplanung; Dresden

Kindertagesstätte für 27 Kinder mit einer Hortgruppe und einer Krippengruppe.

4400-0122 Kindergarten (1 Gruppe)

BRI 555 m³ **BGF** 189 m² **NUF** 164 m²

Bauzustand: mittel
Aufwand: mittel
Nutzung während der Bauzeit: nein
Nutzungsänderung: nein
Grundrissänderungen: wenige
Tragwerkseingriffe: keine

Land: Niedersachsen
Kreis: Hannover, Region
Standard: hoch
Bauzeit: 39 Wochen
Kennwerte: bis 1. Ebene DIN 276
veröffentlicht: BKI Objektdaten A7

BGF 2.504 €/m²

Planung: Architekturbüro Peterburs; Langenhagen

Erweiterung um eine integrative Gruppe (20 Kinder) mit Gruppenraum, Therapieräumen, Bad und Spielflur.

Erweiterungen

Wohngebäude Anbau

Kostenkennwerte für die Kosten des Bauwerks (Kostengruppen 300+400 nach DIN 276)

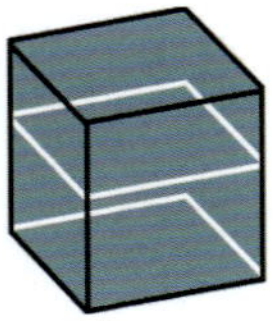

BRI 865 €/m³
von 590 €/m³
bis 1.260 €/m³

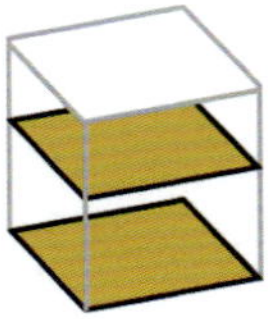

BGF 2.755 €/m²
von 1.870 €/m²
bis 4.040 €/m²

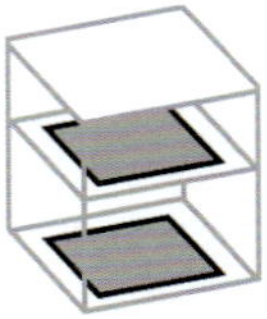

NUF 3.685 €/m²
von 2.640 €/m²
bis 5.720 €/m²

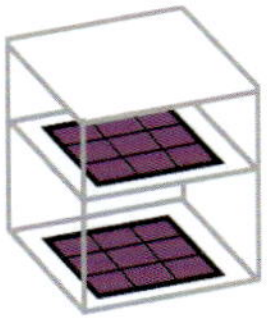

NE 3.700 €/NE
von 2.750 €/NE
bis 5.270 €/NE
NE: Wohnfläche

Kosten:
Stand 2. Quartal 2025
Bundesdurchschnitt
inkl. 19% MwSt.

Objektbeispiele

6100-1731

6100-1693

6100-1166

Kosten der 22 Vergleichsobjekte

Seiten 132 bis 141

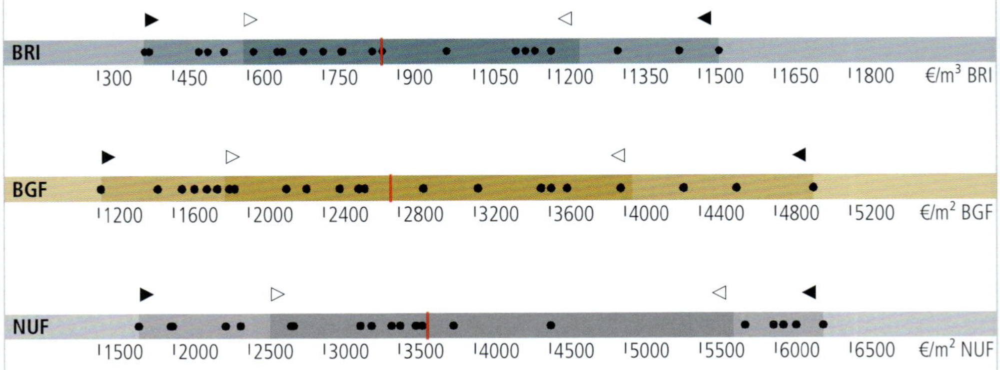

- ● KKW
- ▶ min
- ▷ von
- | Mittelwert
- ◁ bis
- ◀ max

Kostenstand: 2. Quartal 2025, Bundesdurchschnitt, **inkl. 19% MwSt.**

Kostenkennwerte für die Kostengruppen der 1. und 2.Ebene DIN 276

KG	Kostengruppen der 1.Ebene	Einheit	▷	€/Einheit	◁	▷	% an 300+400	◁
100	Grundstück	m²GF	–	**–**	–	–	**–**	–
200	Vorbereitende Maßnahmen	m²GF	6	**17**	76	0,5	**1,7**	6,2
300	Bauwerk – Baukonstruktionen	m²BGF	1.574	**2.374**	3.343	81,9	**86,6**	93,0
400	Bauwerk – Technische Anlagen	m²BGF	209	**379**	750	7,0	**13,4**	18,1
	Bauwerk 300+400	m²BGF	1.872	**2.753**	4.039	100,0	**100,0**	100,0
500	Außenanlagen und Freiflächen	m²AF	25	**131**	437	2,0	**4,6**	10,9
600	Ausstattung und Kunstwerke	m²BGF	4	**9**	17	< 0,1	**0,3**	0,5
700	Baunebenkosten	m²BGF	–	**–**	–	–	**–**	–
800	Finanzierung	m²BGF	–	**–**	–	–	**–**	–

KG	Kostengruppen der 2.Ebene	Einheit	▷	€/Einheit	◁	▷	% an 1.Ebene	◁
310	Baugrube / Erdbau	m³BGI	60	**132**	197	0,6	**1,9**	3,2
320	Gründung, Unterbau	m²GRF	485	**611**	866	5,5	**10,8**	16,4
330	Außenwände / vertikal außen	m²AWF	554	**767**	1.292	37,1	**43,7**	50,6
340	Innenwände / vertikal innen	m²IWF	178	**301**	427	3,9	**7,6**	10,3
350	Decken / horizontal	m²DEF	227	**453**	833	2,8	**9,5**	17,6
360	Dächer	m²DAF	409	**748**	1.232	12,8	**20,5**	27,9
370	Infrastrukturanlagen		–	**–**	–	–	**–**	–
380	Baukonstruktive Einbauten	m²BGF	44	**62**	112	0,0	**1,0**	3,1
390	Sonst. Maßnahmen für Baukonst.	m²BGF	50	**128**	247	2,0	**5,0**	7,5
300	**Bauwerk – Baukonstruktionen**	**m²BGF**					**100,0**	
410	Abwasser-, Wasser-, Gasanlagen	m²BGF	26	**77**	151	5,4	**19,4**	32,6
420	Wärmeversorgungsanlagen	m²BGF	87	**185**	423	35,8	**55,0**	80,4
430	Raumlufttechnische Anlagen	m²BGF	–	**16**	–	0,0	**0,2**	2,9
440	Elektrische Anlagen	m²BGF	30	**62**	99	9,8	**22,4**	33,8
450	Kommunikationstechnische Anlagen	m²BGF	13	**22**	44	0,6	**3,1**	7,5
460	Förderanlagen	m²BGF	–	**–**	–	–	**–**	–
470	Nutzungsspez. / verfahrenstech. Anl.	m²BGF	–	**–**	–	–	**–**	–
480	Gebäude- und Anlagenautomation	m²BGF	–	**–**	–	–	**–**	–
490	Sonst. Maßnahmen f. techn. Anl.	m²BGF	–	**–**	–	–	**–**	–
400	**Bauwerk – Technische Anlagen**	**m²BGF**					**100,0**	

Prozentanteile der Kosten 2.Ebene an den Kosten des Bauwerks nach DIN 276 (Von/Mittel/Bis)

KG	Kostengruppe	%
310	Baugrube / Erdbau	1,7
320	Gründung, Unterbau	9,6
330	Außenwände / vertikal außen	38,2
340	Innenwände / vertikal innen	6,5
350	Decken / horizontal	8,1
360	Dächer	18,1
370	Infrastrukturanlagen	
380	Baukonstruktive Einbauten	0,9
390	Sonst. Maßnahmen für Baukonst.	4,4
410	Abwasser-, Wasser-, Gasanlagen	2,8
420	Wärmeversorgungsanlagen	6,5
430	Raumlufttechnische Anlagen	< 0,1
440	Elektrische Anlagen	2,7
450	Kommunikationstechnische Anlagen	0,5
460	Förderanlagen	
470	Nutzungsspez. / verfahrenstech. Anl.	
480	Gebäude- und Anlagenautomation	
490	Sonst. Maßnahmen f. techn. Anl.	

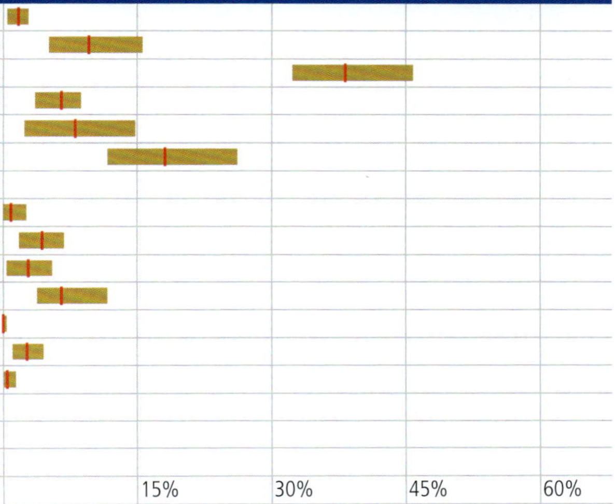

Kostenkennwerte für die Kostengruppen der 3. Ebene DIN 276

Kosten:
Stand 2. Quartal 2025
Bundesdurchschnitt
inkl. 19% MwSt.

KG	Kostengruppen der 3. Ebene	Einheit	▷	€/Einheit	◁	▷	€/m² BGF	◁
337	Elem. Außenwandkonstruktionen	m²	459	**1.175**	1.433	160	**354**	597
334	Außenwandöffnungen	m²	731	**1.059**	1.583	127	**304**	441
363	Dachbeläge	m²	187	**395**	636	125	**254**	399
335	Außenwandbekleidungen, außen	m²	115	**201**	410	96	**194**	322
331	Tragende Außenwände	m²	274	**515**	999	104	**182**	290
365	Elementierte Dachkonstruktionen	m²	–	**2.372**	–	–	**171**	–
361	Dachkonstruktionen	m²	242	**358**	685	73	**151**	250
421	Wärmeerzeugungsanlagen	m²	45	**141**	442	45	**141**	442
322	Flachgründungen und Bodenplatten	m²	221	**335**	484	60	**131**	208
324	Gründungsbeläge	m²	179	**300**	445	41	**115**	185
353	Deckenbeläge	m²	196	**268**	353	93	**112**	144
338	Lichtschutz zur KG 330	m²	296	**397**	505	35	**104**	265
351	Deckenkonstruktionen	m²	327	**673**	1.508	25	**93**	173
412	Wasseranlagen	m²	56	**82**	120	56	**82**	120
393	Sicherungsmaßnahmen	m²	–	**79**	–	–	**79**	–
423	Raumheizflächen	m²	48	**74**	167	48	**74**	167
343	Innenstützen	m	356	**358**	360	4	**73**	141
391	Baustelleneinrichtung	m²	26	**69**	161	26	**69**	161
364	Dachbekleidungen	m²	48	**120**	190	26	**69**	144
336	Außenwandbekleidungen, innen	m²	45	**79**	183	35	**68**	134
344	Innenwandöffnungen	m²	410	**874**	1.354	26	**66**	139
345	Innenwandbekleidungen	m²	41	**71**	114	40	**64**	110
341	Tragende Innenwände	m²	238	**390**	800	49	**64**	80
394	Abbruchmaßnahmen	m²	24	**62**	97	24	**62**	97
381	Allgemeine Einbauten	m²	36	**57**	112	36	**57**	112
444	Niederspannungsinstallationsanl.	m²	34	**56**	103	34	**56**	103
429	Sonstiges zur KG 420	m²	16	**50**	107	16	**50**	107
311	Herstellung	m³	60	**132**	196	22	**49**	98
355	Elementierte Deckenkonstruktionen	m²	326	**769**	1.654	13	**49**	154
342	Nichttragende Innenwände	m²	163	**216**	608	13	**41**	64
326	Dränagen	m²	26	**41**	68	7	**38**	101
362	Dachöffnungen	m²	1.760	**3.055**	6.069	15	**35**	88
392	Gerüste	m²	14	**30**	51	14	**30**	51
396	Materialentsorgung	m²	–	**28**	–	–	**28**	–
325	Abdichtungen und Bekleidungen	m²	31	**53**	86	11	**28**	65
354	Deckenbekleidungen	m²	17	**68**	145	6	**25**	48
411	Abwasseranlagen	m²	9	**24**	44	9	**24**	44
339	Sonstiges zur KG 330	m²	8	**14**	36	9	**24**	52
445	Beleuchtungsanlagen	m²	7	**23**	53	7	**23**	53
359	Sonstiges zur KG 350	m²	30	**59**	87	10	**23**	36
422	Wärmeverteilnetze	m²	10	**22**	50	10	**22**	50
389	Sonstiges zur KG 380	m²	–	**22**	–	–	**22**	–
333	Außenstützen	m	109	**192**	259	7	**20**	39
397	Zusätzliche Maßnahmen	m²	5	**17**	26	5	**17**	26
431	Lüftungsanlagen	m²	–	**16**	–	–	**16**	–
366	Lichtschutz zur KG 360	m²	–	**475**	–	–	**15**	–
457	Datenübertragungsnetze	m²	6	**12**	19	6	**12**	19
419	Sonstiges zur KG 410	m²	4	**11**	28	4	**11**	28
332	Nichttragende Außenwände	m²	–	**89**	–	–	**10**	–
352	Deckenöffnungen	m²	–	**2.242**	–	–	**8**	–

▷ von
ø Mittel
◁ bis

Prozentanteile der Kosten für Leistungsbereiche nach STLB (Kosten Bauwerk nach DIN 276)

LB	Leistungsbereiche	7,5% 15% 22,5% 30%	▷	% an 300+400	◁
000	Baustellen-, Verkehrssich.- u. Sicherh.einr. inkl. 001		1,4	**3,0**	4,6
002	Erdarbeiten		0,8	**1,9**	3,2
006	Spezialtiefbauarbeiten inkl. 005		–	**–**	–
009	Entwässerungskanalarbeiten inkl. 011		< 0,1	**0,3**	1,0
010	Drän- und Versickerarbeiten		< 0,1	**0,3**	2,5
012	Mauerarbeiten		0,8	**3,1**	6,8
013	Betonarbeiten		4,3	**9,9**	19,0
014	Natur-, Betonwerksteinarbeiten		< 0,1	**0,5**	4,1
016	Zimmer- und Holzbauarbeiten		3,2	**10,4**	25,2
017	Stahlbauarbeiten		0,0	**1,1**	3,8
018	Abdichtungsarbeiten		< 0,1	**0,8**	1,5
020	Dachdeckungsarbeiten		0,1	**1,5**	5,2
021	Dachabdichtungsarbeiten		0,9	**5,0**	10,5
022	Klempnerarbeiten		1,5	**3,2**	5,6
	Rohbau		32,7	**41,2**	58,1
023	Putz- und Stuckarbeiten, Wärmedämmsysteme		1,3	**5,6**	10,3
024	Fliesen- und Plattenarbeiten		0,3	**2,2**	5,1
025	Estricharbeiten		0,4	**1,4**	2,5
026	Fenster, Außentüren inkl. 029, 032		6,3	**12,3**	17,2
027	Tischlerarbeiten		0,3	**2,5**	5,7
028	Parkett-, Holzpflasterarbeiten		1,6	**3,8**	6,7
030	Rollladenarbeiten		0,7	**2,7**	6,2
031	Metallbauarbeiten inkl. 035		0,4	**3,2**	12,2
034	Maler- und Lackiererarb. – Beschicht. inkl. 037		1,2	**2,9**	4,7
036	Bodenbelagarbeiten		0,0	**0,4**	4,6
038	Vorgehängte hinterlüftete Fassaden		0,0	**0,5**	6,3
039	Trockenbauarbeiten		2,1	**4,7**	9,4
	Ausbau		31,8	**42,3**	48,5
040	Wärmeversorgungsanl. - Betriebseinr. inkl. 041		3,3	**6,2**	10,8
042	Gas- u. Wasseranl. – Leitung., Armat. inkl. 043		0,0	**0,6**	1,3
044	Abwasseranl. - Leitungen, Abläufe, Armaturen		< 0,1	**0,4**	1,1
045	Gas, Wasser, Entwässerung – Ausstattung inkl. 046		0,0	**1,3**	3,3
047	Dämm- und Brandschutzarb. an techn. Anlagen		< 0,1	**< 0,1**	0,4
049	Feuerlöschanlagen, Feuerlöschgeräte		–	**–**	–
050	Blitzschutz-/Erdungsanlagen, Überspannungssch.		0,0	**< 0,1**	0,2
052	Mittelspannungsanlagen		–	**–**	–
053	Niederspannungsanl. – Kabel inkl. 054		1,0	**2,4**	4,5
055	Sicherheits- u. Ersatzstromversorgungsanl.		–	**–**	–
057	Gebäudesystemtechnik		–	**–**	–
058	Leuchten und Lampen inkl. 059		< 0,1	**0,5**	2,0
060	Such, Signal, Zeit, Anten., akust. Anl. inkl. 064		0,0	**0,1**	0,4
061	Kommunikations- u. Übertragungsnetze inkl. 062		< 0,1	**0,3**	0,7
063	Gefahrenmeldeanlagen		–	**–**	–
069	Aufzüge		–	**–**	–
070	Gebäudeautomation		–	**–**	–
075	Raumlufttechnische Anlagen inkl. 078		< 0,1	**< 0,1**	0,4
	Gebäudetechnik		5,6	**12,1**	17,2
084	Abbruch, Rückbau, Schadstoffsanierung		2,0	**4,4**	7,5
	Sonstige Leistungsbereiche inkl. 008, 033, 051		0,0	**< 0,1**	< 0,1

Übersicht- 1. + 2. Ebene
Erweiterung
Umbau
Moderni-sierung
Instand-setzung
Bau-elemente
Abbrechen
Wieder-herstellen
Herstellen

Objektübersicht zur Gebäudeart

€/m² BGF

min	1.210	€/m²
von	1.870	€/m²
Mittel	**2.755**	**€/m²**
bis	4.040	€/m²
max	5.000	€/m²

Kosten:
Stand 2. Quartal 2025
Bundesdurchschnitt
inkl. 19% MwSt.

6100-1166 Einfamilienhaus

BRI 1.024 m³ **BGF** 348 m² **NUF** 219 m²

Baujahr: 1970
Bauzustand: gut
Aufwand: hoch
Nutzung während der Bauzeit: nein
Nutzungsänderung: nein
Grundrissänderungen: umfangreiche
Tragwerkseingriffe: einige

Land: Niedersachsen
Kreis: Hannover, Region
Standard: mittel
Bauzeit: 65 Wochen
Kennwerte: bis 3. Ebene DIN 276
veröffentlicht: BKI Objektdaten A10
BGF **2.200 €/m²**

Planung: .rott .schirmer .partner; Großburgwedel

Erweiterung und Sanierung eines Einfamilienhauses.

Bauwerk – Baukonstruktionen
Herstellen: Außenwandbekleidungen, außen 12%, Außenwandöffnungen 11%, Dachbeläge 8%, Elementierte Außenwandkonstruktionen 7%, Gründungsbeläge 7%, Deckenbeläge 6%, Tragende Außenwände 6%, Flachgründungen und Bodenplatten 5%, Dachbekleidungen 5%, Herstellung 4%, Innenwandöffnungen 3%, Außenwandbekleidungen, innen 3%
Sonstige: 23%

Bauwerk – Technische Anlagen
Herstellen: Wärmeerzeugungsanlagen 37%, Wasseranlagen 18%, Raumheizflächen 13%, Niederspannungsinstallationsanlagen 11%
Sonstige: 22%

6100-1179 Einfamilienhaus

BRI 990 m³ **BGF** 304 m² **NUF** 187 m²

Baujahr: 1907
Bauzustand: schlecht
Aufwand: hoch
Nutzung während der Bauzeit: nein
Nutzungsänderung: ja
Grundrissänderungen: umfangreiche
Tragwerkseingriffe: einige

Land: Brandenburg
Kreis: Potsdam, Stadt
Standard: hoch
Bauzeit: 43 Wochen
Kennwerte: bis 3. Ebene DIN 276
veröffentlicht: BKI Objektdaten A10
BGF **3.693 €/m²**

Planung: Hertzberg Weber Architekten; Potsdam

Umbau und Erweiterung eines Einfamilienhauses (Baujahr 1907). **Kosteneinfluss Nutzung:** Denkmalschutz, Gestaltungssatzung, Wärmeschutz, Schallschutz

Bauwerk – Baukonstruktionen
Herstellen: Außenwandöffnungen 13%, Dachbeläge 8%, Dachkonstruktionen 7%, Außenwandbekleidungen, außen 7%, Dachbekleidungen 6%, Außenwandbekleidungen, innen 6%, Gründungsbeläge 5%, Deckenkonstruktionen 5%, Allgemeine Einbauten 4%, Deckenbeläge 3%, Innenwandbekleidungen 3%, Innenwandöffnungen 3%, Flachgründungen und Bodenplatten 2%
Wiederherstellen: Tragende Außenwände 6%
Sonstige: 22%

Bauwerk – Technische Anlagen
Herstellen: Wasseranlagen 23%, Niederspannungsinstallationsanlagen 23%, Sonstiges zur KG 420 11%, Raumheizflächen 11%, Abwasseranlagen 10%
Sonstige: 21%

 Kostenstand: 2. Quartal 2025, Bundesdurchschnitt, **inkl. 19% MwSt.**

Objektübersicht zur Gebäudeart

6100-0849 Doppelhaushälfte

BRI 280 m³ **BGF** 97 m² **NUF** 79 m²

Baujahr: 1953
Bauzustand: schlecht
Aufwand: mittel
Nutzung während der Bauzeit: nein
Nutzungsänderung: nein
Grundrissänderungen: keine
Tragwerkseingriffe: wenige

Land: Nordrhein-Westfalen
Kreis: Unna
Standard: mittel
Bauzeit: 13 Wochen
Kennwerte: bis 3. Ebene DIN 276
veröffentlicht: BKI Objektdaten A9

BGF 1.893 €/m²

Planung: n3 architektur Dipl. Ing. Jutta Gerth; Dortmund

Erneuerung eines Anbaus an Doppelhaushälfte **Kosteneinfluss Nutzung:** Die ausgewiesenen Mengen BGF und BRI beziehen sich auf den erneuerten Wintergarten und das angrenzende Zimmer im EG des Bestandsgebäudes.

Bauwerk – Baukonstruktionen
Abbrechen: Elementierte Außenwandkonstruktionen 5%
Herstellen: Außenwandöffnungen 23%, Dachbeläge 16%, Tragende Außenwände 14%, Dachkonstruktionen 7%, Dachöffnungen 5%, Lichtschutz zur KG 330 4%
Wiederherstellen: Deckenbeläge 4%
Sonstige: 22%

Bauwerk – Technische Anlagen
Herstellen: Beleuchtungsanlagen 41%, Abwasseranlagen 26%, Raumheizflächen 22%
Sonstige: 12%

6100-0976 Einfamilienhaus

BRI 315 m³ **BGF** 90 m² **NUF** 80 m²

Baujahr: 1984
Bauzustand: gut
Aufwand: mittel
Nutzung während der Bauzeit: ja
Nutzungsänderung: nein
Grundrissänderungen: wenige
Tragwerkseingriffe: einige

Land: Nordrhein-Westfalen
Kreis: Paderborn
Standard: hoch
Bauzeit: 31 Wochen
Kennwerte: bis 3. Ebene DIN 276
veröffentlicht: BKI Objektdaten A9

BGF 2.482 €/m²

Planung: STELLWERKSTATT architekturbüro; Detmold

Anbau eines Wintergartens als Erweiterung des Wohnraums **Kosteneinfluss Nutzung:** Einbau von geplanter Filigrandecke war aufgrund beengter Baugrundstückszufahrt nicht möglich.

Bauwerk – Baukonstruktionen
Herstellen: Außenwandöffnungen 15%, Dachbeläge 14%, Flachgründungen und Bodenplatten 10%, Dachkonstruktionen 10%, Außenwandbekleidungen, außen 9%, Gründungsbeläge 7%, Dachbekleidungen 6%, Tragende Außenwände 5%
Sonstige: 24%

Bauwerk – Technische Anlagen
Herstellen: Raumheizflächen 53%, Wärmeerzeugungsanlagen 25%, Abwasseranlagen 12%
Sonstige: 10%

Wohngebäude Anbau

€/m² BGF

min	1.210	€/m²
von	1.870	€/m²
Mittel	**2.755**	**€/m²**
bis	4.040	€/m²
max	5.000	€/m²

Kosten:
Stand 2. Quartal 2025
Bundesdurchschnitt
inkl. 19% MwSt.

Objektübersicht zur Gebäudeart

6100-0902 Einfamilienhaus, Wintergarten

BRI 401 m³ **BGF** 124 m² **NUF** 85 m²

© TSSB architekten.ingenieure

Bauzustand: mittel
Aufwand: mittel
Nutzung während der Bauzeit: ja
Nutzungsänderung: nein
Grundrissänderungen: umfangreiche
Tragwerkseingriffe: einige

Land: Sachsen
Kreis: Dresden, Stadt
Standard: hoch
Bauzeit: 39 Wochen
Kennwerte: bis 3. Ebene DIN 276
veröffentlicht: BKI Objektdaten A8

BGF 4.313 €/m²

Planung: TSSB architekten.ingenieure; Dresden

An ein Einfamilienhaus wurde ein Wintergarten angebaut. **Kosteneinfluss Nutzung:** Im Bestandsgebäude wurden neue Fenster und Türen eingebaut und neu gestrichen. Die Heizungsanlage wurde erneuert. **Kosteneinfluss Grundstück:** Abfangen der Bestandskellerwand mit Winkelstützwänden.

Bauwerk – Baukonstruktionen
Herstellen: Außenwandöffnungen 15%, Dachbeläge 11%, Elementierte Außenwandkonstruktionen 9%, Dachkonstruktionen 8%, Lichtschutz zur KG 330 7%, Außenwandbekleidungen, außen 6%, Flachgründungen und Bodenplatten 5%, Innenwandöffnungen 5%, Elementierte Dachkonstruktionen 5%, Innenstützen 4%, Tragende Außenwände 4%
Sonstige: 21%

Bauwerk – Technische Anlagen
Herstellen: Wärmeerzeugungsanlagen 85%, Raumheizflächen 7%, Niederspannungsinstallationsanlagen 3%
Sonstige: 4%

6100-0673 Einfamilienhaus

BRI 717 m³ **BGF** 269 m² **NUF** 171 m²

© Thomas Bettels Architekt

Land: Berlin
Kreis: Berlin, Stadt
Standard: mittel
Bauzeit: 48 Wochen
Kennwerte: bis 3. Ebene DIN 276
veröffentlicht: BKI Objektdaten A6

BGF 1.776 €/m²

Planung: Thomas Bettels Dipl.-Ing. Architekt; Berlin

Erweiterung eines zweigeschossigen unterkellerten Einfamilienhauses mit einer Holzrahmenkonstruktion. **Kosteneinfluss Grundstück:** Hammergrundstück mit Geh-, Fahr- und Leitungsrecht

Bauwerk – Baukonstruktionen
Abbrechen: Dachkonstruktionen 3%
Herstellen: Tragende Außenwände 12%, Außenwandbekleidungen, außen 9%, Deckenbeläge 7%, Deckenkonstruktionen 6%, Dachbeläge 6%, Dachkonstruktionen 5%, Nichttragende Innenwände 5%, Innenwandbekleidungen 4%, Flachgründungen und Bodenplatten 4%, Lichtschutz zur KG 330 4%, Deckenbekleidungen 4%, Allgemeine Einbauten 3%, Außenwandöffnungen 3%, Außenwandbekleidungen, innen 3%
Sonstige: 23%

Bauwerk – Technische Anlagen
Herstellen: Wasseranlagen 25%, Raumheizflächen 18%, Niederspannungsinstallationsanlagen 18%, Wärmeverteilnetze 10%, Audiovisuelle Medien- und Antennenanlagen 6%
Sonstige: 23%

Objektübersicht zur Gebäudeart

6100-0602 Reihenhaus

BRI 100m³ **BGF** 40m² **NUF** 35m²

Bauzustand: mittel
Aufwand: mittel
Nutzung während der Bauzeit: ja
Nutzungsänderung: nein
Grundrissänderungen: wenige
Tragwerkseingriffe: wenige

Land: Niedersachsen
Kreis: Wilhelmshaven, Stadt
Standard: mittel
Bauzeit: 30 Wochen
Kennwerte: bis 3. Ebene DIN 276
veröffentlicht: www.bki.de

BGF **2.928 €/m²**

Planung: Architekt Dipl.-Ing. Jens-Uwe Seyfarth; Wennigsen

Wohnraumerweiterung durch Anbau an ein Reihenhaus (15m² BGF).

Bauwerk – Baukonstruktionen
Herstellen: Elementierte Außenwandkonstruktionen 21%, Lichtschutz zur KG 330 12%, Dachbeläge 9%, Flachgründungen und Bodenplatten 8%, Gründungsbeläge 7%, Dachkonstruktionen 5%, Außenwandöffnungen 5%, Baustelleneinrichtung 4%, Dränagen 4%, Tragende Außenwände 3%
Sonstige: 22%

Bauwerk – Technische Anlagen
Herstellen: Raumheizflächen 69%, Niederspannungsinstallationsanlagen 21%, Wärmeverteilnetze 7%
Sonstige: 2%

6100-0577 Einfamilienhaus

BRI 175m³ **BGF** 58m² **NUF** 42m²

Land: Rheinland-Pfalz
Kreis: Kaiserslautern
Standard: hoch
Bauzeit: 18 Wochen
Kennwerte: bis 3. Ebene DIN 276
veröffentlicht: www.bki.de

BGF **2.614 €/m²**

Planung: Ingenieurbüro Hermann Jagsch Dipl.-Ing. Christina Jagsch; Kaiserslautern

Wohnraumerweiterung eines Einfamilienhauses durch einen zweigeschossigen, nicht unterkellerten Anbau mit Flachdach.

Bauwerk – Baukonstruktionen
Herstellen: Außenwandöffnungen 16%, Tragende Außenwände 13%, Außenwandbekleidungen, außen 8%, Deckenkonstruktionen 8%, Flachgründungen und Bodenplatten 7%, Dachbeläge 7%, Dachkonstruktionen 5%, Gründungsbeläge 4%, Deckenbeläge 4%, Außenwandbekleidungen, innen 3%
Sonstige: 23%

Bauwerk – Technische Anlagen
Herstellen: Wärmeversorgungsanlagen 52%, Elektrische Anlagen 29%, Abwasser-, Wasser-, Gasanlagen 16%
Sonstige: 3%

Objektübersicht zur Gebäudeart

6100-0580 Einfamilienhaus

BRI 380 m³ **BGF** 117 m² **NUF** 98 m²

Land: Schleswig-Holstein
Kreis: Segeberg
Standard: hoch
Bauzeit: 26 Wochen
Kennwerte: bis 3. Ebene DIN 276
veröffentlicht: www.bki.de
BGF **3.217 €/m²**

Planung: Architekt Karsten Bergmann; Hamburg

Anbau in Holzbauweise, Wohnraumerweiterung, zwei Kinderzimmer und Bad.

Bauwerk – Baukonstruktionen
Herstellen: Elementierte Außenwandkonstruktionen 25%, Außenwandöffnungen 17%, Dachbeläge 10%, Gründungsbeläge 6%, Elementierte Deckenkonstruktionen 6%, Deckenbeläge 5%, Flachgründungen und Bodenplatten 4%, Dachkonstruktionen 3%, Nichttragende Innenwände 3%
Sonstige: 21%

Bauwerk – Technische Anlagen
Herstellen: Sonstiges zur KG 420 19%, Wärmeerzeugungsanlagen 15%, Wasseranlagen 12%, Niederspannungsinstallationsanlagen 11%, Raumheizflächen 10%, Wärmeverteilnetze 9%
Sonstige: 24%

6100-0475 Einfamilienhaus, barrierefrei

BRI 942 m³ **BGF** 231 m² **NUF** 190 m²

Baujahr: 1968
Bauzustand: mittel
Aufwand: mittel
Nutzung während der Bauzeit: ja
Nutzungsänderung: nein
Grundrissänderungen: umfangreiche
Tragwerkseingriffe: wenige

Land: Baden-Württemberg
Kreis: Ravensburg
Standard: mittel
Bauzeit: 18 Wochen
Kennwerte: bis 3. Ebene DIN 276
veröffentlicht: www.bki.de
BGF **1.643 €/m²**

Planung: Morent - Lutz - Winterkorn Architektur + Design; Ravensburg

Umbau eines Wohnhauses zur barrierefreien Nutzung; Anbau Garage, Erweiterung Bad.

Bauwerk – Baukonstruktionen
Abbrechen: Tragende Außenwände 3%
Herstellen: Dachbeläge 14%, Tragende Außenwände 10%, Außenwandbekleidungen, außen 10%, Deckenbeläge 10%, Außenwandöffnungen 6%, Innenwandöffnungen 6%, Gerüste 5%, Innenwandbekleidungen 4%, Flachgründungen und Bodenplatten 3%, Allgemeine Einbauten 3%, Dachkonstruktionen 2%, Herstellung 2%
Sonstige: 22%

Bauwerk – Technische Anlagen
Herstellen: Wasseranlagen 36%, Niederspannungsinstallationsanlagen 29%, Raumheizflächen 23%
Sonstige: 11%

€/m² BGF

min	1.210	€/m²
von	1.870	€/m²
Mittel	**2.755**	**€/m²**
bis	4.040	€/m²
max	5.000	€/m²

Kosten:
Stand 2. Quartal 2025
Bundesdurchschnitt
inkl. 19% MwSt.

6100-0500 Einfamilienhaus

BRI 73 m³ **BGF** 24 m² **NUF** 19 m²

Baujahr: 1972
Bauzustand: gut
Aufwand: hoch
Nutzung während der Bauzeit: nein
Nutzungsänderung: nein
Grundrissänderungen: wenige
Tragwerkseingriffe: keine

Land: Bayern
Kreis: München, Stadt
Standard: hoch
Bauzeit: 13 Wochen
Kennwerte: bis 3. Ebene DIN 276
veröffentlicht: www.bki.de
BGF 3.555 €/m²

Planung: TTC Architekten Thomas Traub; München

Anbau an ein Einfamilienhaus zur Wohnraumerweiterung.

Bauwerk – Baukonstruktionen
Dachbeläge 17%, Außenwandbekleidungen, außen 15%, Außenwandöffnungen 10%, Tragende Außenwände 8%, Dachkonstruktionen 7%, Gründungsbeläge 7%, Baustelleneinrichtung 7%, Flachgründungen und Bodenplatten 6%
Sonstige: 23%

Bauwerk – Technische Anlagen
Raumheizflächen 78%, Niederspannungsinstallationsanlagen 21%, Audiovisuelle Medien- und Antennenanlagen 2%

6100-0455 Reihenendhaus (1 WE)

BRI 825 m³ **BGF** 267 m² **NUF** 183 m²

Baujahr: 1975
Bauzustand: schlecht
Aufwand: mittel
Nutzung während der Bauzeit: nein
Nutzungsänderung: nein
Grundrissänderungen: wenige
Tragwerkseingriffe: keine

Land: Rheinland-Pfalz
Kreis: Worms, Stadt
Standard: mittel
Bauzeit: 65 Wochen
Kennwerte: bis 3. Ebene DIN 276
veröffentlicht: www.bki.de
BGF 1.212 €/m²

Planung: Jürgen Conrad Dipl.-Ing. Freier Architekt; Worms

Wohnhaus, erweitert durch neuen Zugang.

Bauwerk – Baukonstruktionen
Herstellen: Außenwandöffnungen 17%, Deckenbeläge 15%, Außenwandbekleidungen, außen 10%, Tragende Außenwände 9%, Außenwandbekleidungen, innen 8%, Deckenbekleidungen 4%, Deckenkonstruktionen 3%, Sonstiges zur KG 330 3%, Innenwandöffnungen 3%, Lichtschutz zur KG 330 3%, Dachkonstruktionen 3%
Sonstige: 22%

Bauwerk – Technische Anlagen
Herstellen: Niederspannungsinstallationsanlagen 22%, Wärmeerzeugungsanlagen 18%, Wasseranlagen 14%, Sonstiges zur KG 420 11%, Raumheizflächen 10%
Sonstige: 25%

€/m² BGF

min	1.210	€/m²
von	1.870	€/m²
Mittel	**2.755**	**€/m²**
bis	4.040	€/m²
max	5.000	€/m²

Kosten:
Stand 2. Quartal 2025
Bundesdurchschnitt
inkl. 19% MwSt.

Objektübersicht zur Gebäudeart

6100-1731 Anbau Einfamilienhaus

BRI 122 m³ **BGF** 38 m² **NUF** 32 m²

Baujahr: 1930
Bauzustand: mittel
Aufwand: mittel
Nutzung während der Bauzeit: ja
Nutzungsänderung: nein
Grundrissänderungen: wenige
Tragwerkseingriffe: einige

Land: Nordrhein-Westfalen
Kreis: Köln, Stadt
Standard: hoch
Bauzeit: 35 Wochen
Kennwerte: bis 1. Ebene DIN 276
vorgesehen: BKI Objektdaten A13
BGF **5.002 €/m²**

Planung: nagy-architektur; Köln

Erweiterung eines Einfamilienhauses um ein Schlafzimmer mit Bad

6100-1693 Einfamilienhaus

BRI 757 m³ **BGF** 275 m² **NUF** 211 m²

Baujahr: 1938
Bauzustand: gut
Aufwand: hoch
Nutzung während der Bauzeit: nein
Nutzungsänderung: nein
Grundrissänderungen: einige
Tragwerkseingriffe: umfangreiche

Land: Saarland
Kreis: Saarbrücken, Regionalverband
Standard: mittel
Bauzeit: 52 Wochen
Kennwerte: bis 1. Ebene DIN 276
vorgesehen: BKI Objektdaten A13
BGF **1.514 €/m²**

Planung: UIU STUDIO ARCHITEKTUR; Saarbrücken

Anbau an ein Einfamilienhaus, Instandsetzung und Modernisierung des Bestands, insgesamt 167 m² Wohnfläche.

6100-1415 Zweifamilienhaus

BRI 393 m³ **BGF** 134 m² **NUF** 90 m²

Land: Mecklenburg-Vorpommern
Kreis: Vorpommern-Rügen
Standard: hoch
Bauzeit: 48 Wochen
Kennwerte: bis 1. Ebene DIN 276
veröffentlicht: BKI Objektdaten A11
BGF **2.306 €/m²**

Planung: plan² Architekturbüro Stendel; Ribnitz

Mehrgenerationenwohnen Anbau an ein denkmalgeschütztes Wohnhaus.

6100-1012 Einfamilienhaus

BRI 539 m³ | **BGF** 164 m² | **NUF** 131 m²

Baujahr: 1890

Land: Baden-Württemberg
Kreis: Karlsruhe, Stadt
Standard: mittel
Bauzeit: 39 Wochen
Kennwerte: bis 1. Ebene DIN 276
veröffentlicht: BKI Objektdaten A8

BGF 2.583 €/m²

Planung: Bisch.Otteni Architekten und Innenarchitekten; Karlsruhe

Einfamilienhaus als Erweiterung in einer Hinterhofbebauung (133 m² WFL).

6100-1037 Wohngebäude, barrierefrei (15 WE)

BRI 5.193 m³ | **BGF** 1.648 m² | **NUF** 1.133 m²

Baujahr: 1900
Bauzustand: schlecht
Aufwand: hoch
Nutzung während der Bauzeit: nein
Nutzungsänderung: nein
Grundrissänderungen: einige
Tragwerkseingriffe: keine

Land: Brandenburg
Kreis: Prignitz
Standard: einfach
Bauzeit: 61 Wochen
Kennwerte: bis 1. Ebene DIN 276
veröffentlicht: BKI Objektdaten A9

BGF 1.923 €/m²

Planung: °pha Architekten BDA Banniza, Hermann, Öchsner PartGmbB; Nauen

Wohngebäude mit 15 barrierefreien Wohnungen (888 m² WFL). Aufteilung in Neubau (10 WE) und Altbau (5 WE).

6100-1013 Einfamilienhaus - KfW 130

BRI 615 m³ | **BGF** 168 m² | **NUF** 126 m²

Baujahr: 1924
Bauzustand: mittel
Aufwand: mittel
Nutzung während der Bauzeit: ja
Nutzungsänderung: nein
Grundrissänderungen: wenige
Tragwerkseingriffe: keine

Land: Nordrhein-Westfalen
Kreis: Aachen, Städteregion
Standard: mittel
Bauzeit: 35 Wochen
Kennwerte: bis 1. Ebene DIN 276
veröffentlicht: BKI Objektdaten A8

BGF 1.831 €/m²

Planung: amunt architekten martenson und nagel theissen

Einfamilienhaus (144 m² WFL)

Wohngebäude Anbau

€/m² BGF

min	1.210	€/m²
von	1.870	€/m²
Mittel	**2.755**	**€/m²**
bis	4.040	€/m²
max	5.000	€/m²

Kosten:
Stand 2. Quartal 2025
Bundesdurchschnitt
inkl. 19% MwSt.

Objektübersicht zur Gebäudeart

6100-0950 Wintergarten

BRI 267 m³ | **BGF** 63 m² | **NUF** 62 m²

Land: Hamburg
Kreis: Hamburg, Stadt
Standard: hoch
Bauzeit: 17 Wochen
Kennwerte: bis 1. Ebene DIN 276
veröffentlicht: BKI Objektdaten A8
BGF **3.607 €/m²**

Planung: Architekturbüro Prell und Partner; Hamburg

Neubau eines großflächig verglasten Wintergartens mit gleichzeitiger Erweiterung des Kinderzimmers eines bestehenden Wohngebäudes.

6100-0848 Doppelhaushälfte, Anbau Badezimmer

BRI 51 m³ | **BGF** 16 m² | **NUF** 12 m²

Baujahr: 1933

Land: Nordrhein-Westfalen
Kreis: Bochum, Stadt
Standard: einfach
Bauzeit: 9 Wochen
Kennwerte: bis 1. Ebene DIN 276
veröffentlicht: BKI Objektdaten A8
BGF **4.593 €/m²**

Planung: puschmann architektur Jonas Puschmann; Recklinghausen

Badanbau an eine Doppelhaushälfte (Baujahr 1933) **Kosteneinfluss Grundstück:** Bestandsgebäude ist eine DHH (Baujahr 1933). Das neue Bad wurde als Grenzbebauung angebaut.

6100-0956 Anbau Zweifamilienhaus

BRI 129 m³ | **BGF** 39 m² | **NUF** 24 m²

Land: Thüringen
Kreis: Wartburgkreis
Standard: mittel
Bauzeit: 31 Wochen
Kennwerte: bis 1. Ebene DIN 276
veröffentlicht: BKI Objektdaten A8
BGF **1.710 €/m²**

Planung: B19 ARCHITEKTEN BDA; Barchfeld-Immelborn

Anbau an ein Zweifamilienhaus (30m² WFL). Essen, Bad und Flur. **Kosteneinfluss Nutzung:** Der Anbau wird von beiden Familien genutzt. Der großzügig verglaste Bereich kann für Familienfeiern und als allgemeiner Treffpunkt genutzt werden. **Kosteneinfluss Grundstück:** Durch den Anbau wird der großzügige Garten im Wohnhaus spürbarer, die Wohnqualität wird aufgewertet.

6100-0954 Wohnhaus, ELW - KfW 40

BRI 557 m³ **BGF** 169 m² **NUF** 109 m²

© architekturbüro arch +/- 4

Land: Baden-Württemberg
Kreis: Göppingen
Standard: hoch
Bauzeit: 61 Wochen
Kennwerte: bis 1. Ebene DIN 276
veröffentlicht: BKI Objektdaten A8

BGF **3.976 €/m²**

Planung: architekturbüro arch +/- 4 Freier Architekt (Dipl. Ing.) Niko Moll; Bissingen

Wohnhaus (125m² WFL) mit ELW im EG und drei Kinderzimmern im OG als Wohnraumerweiterung des Nachbargebäudes. Anbindung über einen Steg. **Kosteneinfluss Grundstück:** Anbau eines neuen Wohnhauses an ein bestehendes EFH. Im OG sind die drei neuen Kinderzimmer über einen Steg mit dem elterlichen Gebäude verbunden. Im EG befindet sich eine ELW. Ein späterer Rückbau des Steges ist möglich, so dass ein eigenständiges Wohnhaus entstehen kann.

Kostenkennwerte für die Kosten des Bauwerks (Kostengruppen 300+400 nach DIN 276)

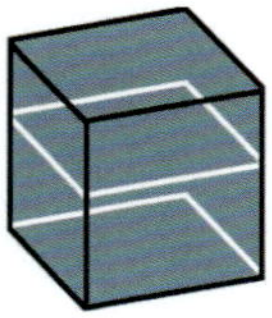

BRI 785 €/m³
von 480 €/m³
bis 1.145 €/m³

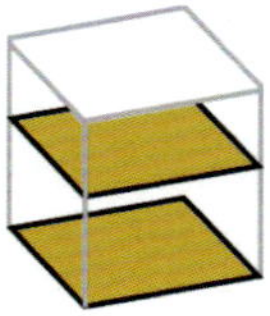

BGF 2.400 €/m²
von 1.445 €/m²
bis 3.600 €/m²

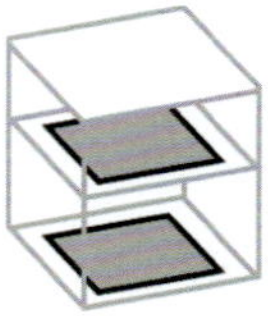

NUF 3.465 €/m²
von 2.160 €/m²
bis 5.020 €/m²

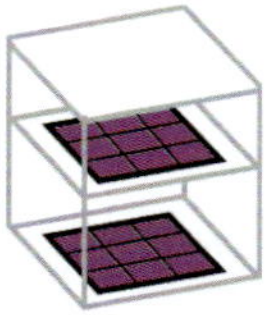

NE 3.700 €/NE
von 2.410 €/NE
bis 5.875 €/NE
NE: Wohnfläche

Objektbeispiele

Kosten:
Stand 2. Quartal 2025
Bundesdurchschnitt
inkl. 19% MwSt.

6100-1746

6100-1386

6100-1175

Kosten der 19 Vergleichsobjekte

Seiten 146 bis 154

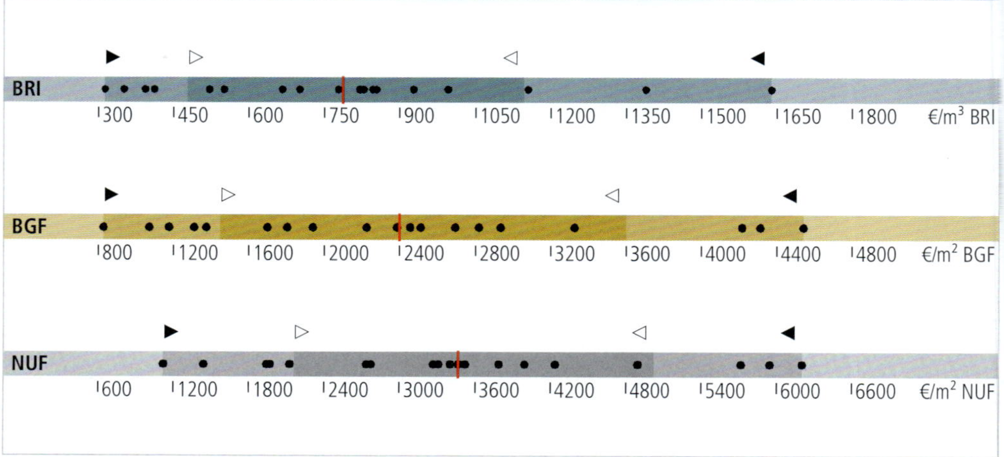

- ● KKW
- ▶ min
- ▷ von
- | Mittelwert
- ◁ bis
- ◀ max

Kostenkennwerte für die Kostengruppen der 1. und 2.Ebene DIN 276

KG	Kostengruppen der 1.Ebene	Einheit	▷	€/Einheit	◁	▷	% an 300+400	◁
100	Grundstück	m²GF	–	**–**	–	–	**–**	–
200	Vorbereitende Maßnahmen	m²GF	< 1	**1**	3	< 0,1	**< 0,1**	< 0,1
300	Bauwerk – Baukonstruktionen	m²BGF	1.175	**1.985**	3.012	77,9	**82,4**	88,0
400	Bauwerk – Technische Anlagen	m²BGF	229	**415**	594	12,0	**17,6**	22,1
	Bauwerk 300+400	m²BGF	1.447	**2.400**	3.600	100,0	**100,0**	100,0
500	Außenanlagen und Freiflächen	m²AF	58	**270**	1.109	1,4	**3,6**	4,8
600	Ausstattung und Kunstwerke	m²BGF	14	**26**	78	0,4	**0,8**	1,9
700	Baunebenkosten	m²BGF	–	**–**	–	–	**–**	–
800	Finanzierung	m²BGF	–	**–**	–	–	**–**	–

KG	Kostengruppen der 2.Ebene	Einheit	▷	€/Einheit	◁	▷	% an 1.Ebene	◁
310	Baugrube / Erdbau	m³BGI	99	**173**	247	0,0	**0,2**	1,0
320	Gründung, Unterbau	m²GRF	135	**536**	1.313	< 0,1	**0,4**	1,6
330	Außenwände / vertikal außen	m²AWF	381	**593**	840	16,0	**26,7**	39,1
340	Innenwände / vertikal innen	m²IWF	263	**344**	459	8,9	**14,7**	19,9
350	Decken / horizontal	m²DEF	386	**531**	729	11,4	**16,9**	23,9
360	Dächer	m²DAF	475	**828**	1.432	18,5	**29,3**	39,5
370	Infrastrukturanlagen		–	**–**	–	–	**–**	–
380	Baukonstruktive Einbauten	m²BGF	22	**99**	371	0,4	**2,1**	9,1
390	Sonst. Maßnahmen für Baukonst.	m²BGF	83	**269**	697	4,9	**9,8**	20,3
300	**Bauwerk – Baukonstruktionen**	**m²BGF**					**100,0**	
410	Abwasser-, Wasser-, Gasanlagen	m²BGF	62	**123**	168	22,0	**27,2**	38,7
420	Wärmeversorgungsanlagen	m²BGF	92	**145**	240	23,0	**32,6**	42,7
430	Raumlufttechnische Anlagen	m²BGF	23	**53**	93	2,0	**9,0**	22,3
440	Elektrische Anlagen	m²BGF	64	**104**	197	13,9	**23,0**	31,1
450	Kommunikationstechnische Anlagen	m²BGF	11	**25**	48	2,8	**5,2**	9,1
460	Förderanlagen	m²BGF	25	**137**	248	0,0	**2,9**	24,5
470	Nutzungsspez. / verfahrenstech. Anl.	m²BGF	–	**–**	–	–	**–**	–
480	Gebäude- und Anlagenautomation	m²BGF	–	**–**	–	–	**–**	–
490	Sonst. Maßnahmen f. techn. Anl.	m²BGF	2	**4**	5	< 0,1	**0,1**	0,7
400	**Bauwerk – Technische Anlagen**	**m²BGF**					**100,0**	

Prozentanteile der Kosten 2.Ebene an den Kosten des Bauwerks nach DIN 276 (Von/Mittel/Bis)

KG	Kostengruppe	%
310	Baugrube / Erdbau	0,1
320	Gründung, Unterbau	0,3
330	Außenwände / vertikal außen	21,6
340	Innenwände / vertikal innen	12,1
350	Decken / horizontal	13,8
360	Dächer	24,1
370	Infrastrukturanlagen	
380	Baukonstruktive Einbauten	1,7
390	Sonst. Maßnahmen für Baukonst.	8,1
410	Abwasser-, Wasser-, Gasanlagen	4,8
420	Wärmeversorgungsanlagen	5,8
430	Raumlufttechnische Anlagen	2,0
440	Elektrische Anlagen	4,1
450	Kommunikationstechnische Anlagen	1,0
460	Förderanlagen	0,5
470	Nutzungsspez. / verfahrenstech. Anl.	
480	Gebäude- und Anlagenautomation	
490	Sonst. Maßnahmen f. techn. Anl.	< 0,1

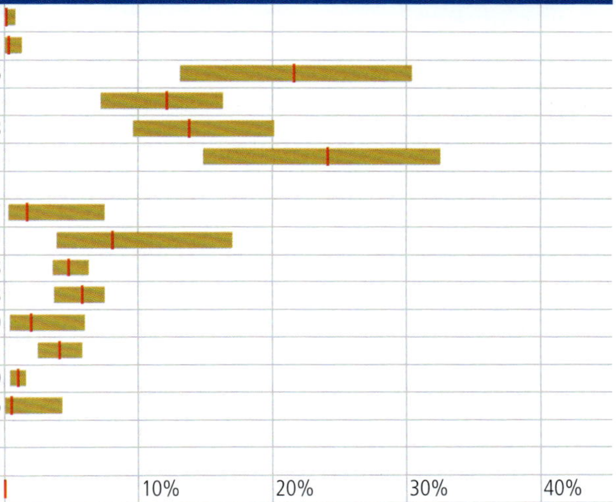

Kosten:
Stand 2. Quartal 2025
Bundesdurchschnitt
inkl. 19% MwSt.

▷ von
ø Mittel
◁ bis

Kostenkennwerte für die Kostengruppen der 3. Ebene DIN 276

KG	Kostengruppen der 3. Ebene	Einheit	▷	€/Einheit	◁	▷	€/m² BGF	◁
363	Dachbeläge	m²	215	**414**	674	127	**294**	485
361	Dachkonstruktionen	m²	192	**320**	575	83	**202**	337
353	Deckenbeläge	m²	252	**319**	495	101	**190**	287
335	Außenwandbekleidungen, außen	m²	113	**212**	370	65	**147**	232
334	Außenwandöffnungen	m²	599	**940**	1.447	74	**146**	248
461	Aufzugsanlagen	m²	25	**137**	248	25	**137**	248
331	Tragende Außenwände	m²	214	**311**	423	50	**123**	217
355	Elementierte Deckenkonstruktionen	m²	1.280	**1.618**	2.087	47	**114**	180
392	Gerüste	m²	31	**114**	298	31	**114**	298
345	Innenwandbekleidungen	m²	65	**90**	185	54	**109**	155
412	Wasseranlagen	m²	56	**97**	153	56	**97**	153
381	Allgemeine Einbauten	m²	21	**87**	308	21	**87**	303
387	Schutzeinbauten	m²	–	**87**	–	–	**87**	–
444	Niederspannungsinstallationsanl.	m²	56	**87**	136	56	**87**	135
391	Baustelleneinrichtung	m²	33	**86**	168	33	**86**	163
366	Lichtschutz zur KG 360	m²	372	**759**	1.018	20	**85**	215
351	Deckenkonstruktionen	m²	303	**466**	881	26	**84**	174
341	Tragende Innenwände	m²	168	**275**	457	23	**76**	153
344	Innenwandöffnungen	m²	478	**714**	1.014	34	**74**	158
364	Dachbekleidungen	m²	49	**95**	144	25	**66**	165
342	Nichttragende Innenwände	m²	117	**164**	244	31	**64**	98
429	Sonstiges zur KG 420	m²	13	**59**	152	13	**59**	152
337	Elem. Außenwandkonstruktionen	m²	–	**2.101**	–	–	**57**	–
394	Abbruchmaßnahmen	m²	16	**56**	117	16	**56**	117
421	Wärmeerzeugungsanlagen	m²	23	**56**	79	23	**56**	79
397	Zusätzliche Maßnahmen	m²	10	**55**	285	10	**55**	285
431	Lüftungsanlagen	m²	23	**53**	93	23	**53**	93
338	Lichtschutz zur KG 330	m²	242	**488**	800	20	**53**	119
423	Raumheizflächen	m²	18	**45**	81	18	**45**	81
362	Dachöffnungen	m²	1.299	**2.905**	5.099	12	**44**	104
336	Außenwandbekleidungen, innen	m²	58	**93**	131	21	**44**	104
445	Beleuchtungsanlagen	m²	7	**31**	106	7	**31**	106
369	Sonstiges zur KG 360	m²	14	**41**	124	9	**29**	84
422	Wärmeverteilnetze	m²	14	**28**	51	14	**28**	51
365	Elementierte Dachkonstruktionen	m²	–	**1.020**	–	–	**28**	–
332	Nichttragende Außenwände	m²	99	**272**	487	10	**24**	36
359	Sonstiges zur KG 350	m²	17	**37**	56	10	**23**	50
354	Deckenbekleidungen	m²	42	**70**	143	6	**21**	31
411	Abwasseranlagen	m²	10	**20**	36	10	**20**	36
395	Instandsetzungen	m²	–	**20**	–	–	**20**	–
456	Gefahrenmelde- und Alarmanlagen	m²	5	**20**	46	5	**20**	46
339	Sonstiges zur KG 330	m²	8	**24**	63	8	**18**	42
413	Gasanlagen	m²	< 1	**15**	24	< 1	**15**	24
396	Materialentsorgung	m²	2	**13**	69	2	**13**	69
324	Gründungsbeläge	m²	–	**62**	–	–	**12**	–
333	Außenstützen	m	82	**190**	365	6	**12**	31
398	Provisorische Baukonstruktionen	m²	6	**11**	16	6	**11**	16
311	Herstellung	m³	99	**173**	247	7	**11**	15
452	Such- und Signalanlagen	m²	4	**9**	18	4	**9**	18
457	Datenübertragungsnetze	m²	4	**8**	13	4	**8**	13

Prozentanteile der Kosten für Leistungsbereiche nach STLB (Kosten Bauwerk nach DIN 276)

LB	Leistungsbereiche	▷	% an 300+400	◁
000	Baustellen-, Verkehrssich.- u. Sicherh.einr. inkl. 001	3,9	**7,4**	14,6
002	Erdarbeiten	< 0,1	**0,2**	0,7
006	Spezialtiefbauarbeiten inkl. 005	0,0	**< 0,1**	< 0,1
009	Entwässerungskanalarbeiten inkl. 011	0,0	**< 0,1**	0,3
010	Drän- und Versickerarbeiten	–	**–**	–
012	Mauerarbeiten	2,3	**4,3**	7,0
013	Betonarbeiten	1,5	**3,6**	8,8
014	Natur-, Betonwerksteinarbeiten	< 0,1	**0,7**	3,2
016	Zimmer- und Holzbauarbeiten	4,2	**9,6**	16,8
017	Stahlbauarbeiten	0,2	**2,0**	5,9
018	Abdichtungsarbeiten	< 0,1	**< 0,1**	0,4
020	Dachdeckungsarbeiten	0,8	**4,4**	12,5
021	Dachabdichtungsarbeiten	0,5	**3,5**	6,8
022	Klempnerarbeiten	1,5	**4,0**	11,9
	Rohbau	34,4	**39,8**	51,3
023	Putz- und Stuckarbeiten, Wärmedämmsysteme	2,8	**6,7**	13,4
024	Fliesen- und Plattenarbeiten	1,4	**2,8**	6,2
025	Estricharbeiten	0,2	**1,0**	1,8
026	Fenster, Außentüren inkl. 029, 032	2,6	**5,8**	8,8
027	Tischlerarbeiten	2,0	**5,1**	11,3
028	Parkett-, Holzpflasterarbeiten	1,0	**2,3**	3,3
030	Rollladenarbeiten	0,5	**1,9**	4,6
031	Metallbauarbeiten inkl. 035	1,4	**2,7**	4,6
034	Maler- und Lackiererarb. – Beschicht. inkl. 037	1,6	**2,6**	4,1
036	Bodenbelagarbeiten	< 0,1	**0,2**	1,0
038	Vorgehängte hinterlüftete Fassaden	0,0	**0,5**	5,8
039	Trockenbauarbeiten	2,7	**5,3**	9,3
	Ausbau	28,2	**37,0**	40,4
040	Wärmeversorgungsanl. - Betriebseinr. inkl. 041	3,2	**4,9**	6,5
042	Gas- u. Wasseranl. – Leitung., Armat. inkl. 043	0,9	**1,5**	2,4
044	Abwasseranl. - Leitungen, Abläufe, Armaturen	0,3	**0,7**	1,0
045	Gas, Wasser, Entwässerung – Ausstattung inkl. 046	1,2	**2,3**	3,8
047	Dämm- und Brandschutzarb. an techn. Anlagen	< 0,1	**0,4**	1,0
049	Feuerlöschanlagen, Feuerlöschgeräte	–	**–**	–
050	Blitzschutz-/Erdungsanlagen, Überspannungssch.	< 0,1	**0,1**	0,3
052	Mittelspannungsanlagen	–	**–**	–
053	Niederspannungsanl. – Kabel inkl. 054	2,4	**3,7**	5,2
055	Sicherheits- u. Ersatzstromversorgungsanl.	< 0,1	**< 0,1**	< 0,1
057	Gebäudesystemtechnik	–	**–**	–
058	Leuchten und Lampen inkl. 059	0,1	**0,5**	1,8
060	Such, Signal, Zeit, Anten., akust. Anl. inkl. 064	< 0,1	**0,3**	0,5
061	Kommunikations- u. Übertragungsnetze inkl. 062	0,2	**0,5**	0,8
063	Gefahrenmeldeanlagen	< 0,1	**0,5**	1,7
069	Aufzüge	0,0	**0,6**	4,3
070	Gebäudeautomation	–	**–**	–
075	Raumlufttechnische Anlagen inkl. 078	0,5	**2,0**	5,9
	Gebäudetechnik	12,9	**17,9**	21,7
084	Abbruch, Rückbau, Schadstoffsanierung	4,0	**5,3**	7,5
	Sonstige Leistungsbereiche inkl. 008, 033, 051	< 0,1	**0,1**	0,2

Wohngebäude Aufstockung

€/m² BGF

min	830	€/m²
von	1.445	€/m²
Mittel	**2.400**	**€/m²**
bis	3.600	€/m²
max	4.545	€/m²

Kosten:
Stand 2. Quartal 2025
Bundesdurchschnitt
inkl. 19% MwSt.

Objektübersicht zur Gebäudeart

6100-1501 Mehrfamilienhaus, Aufstockung (2 WE)

BRI 2.151 m³ **BGF** 576 m² **NUF** 434 m²

Baujahr: 1895
Bauzustand: schlecht
Aufwand: hoch
Nutzung während der Bauzeit: nein
Nutzungsänderung: ja
Grundrissänderungen: umfangreiche
Tragwerkseingriffe: umfangreiche

Land: Hamburg
Kreis: Hamburg, Stadt
Standard: hoch
Bauzeit: 56 Wochen
Kennwerte: bis 3. Ebene DIN 276
veröffentlicht: BKI Objektdaten A12
BGF **4.312 €/m²**

Planung: Ostermann Architekten; Hamburg

Im Zuge einer Komplettsanierung des Mehrfamilienhauses wurde das Dach vollständig abgebrochen und mit zwei hochwertigen Wohnungen mit Dachterrassen neu aufgebaut (377,46m² WFL).

Bauwerk – Baukonstruktionen
Herstellen: Allgemeine Einbauten 11%, Gerüste 11%, Dachbeläge 10%, Dachkonstruktionen 9%, Deckenbeläge 8%, Außenwandöffnungen 8%, Lichtschutz zur KG 360 6%, Außenwandbekleidungen, außen 5%, Innenwandbekleidungen 4%, Innenwandöffnungen 3%, Deckenkonstruktionen 3%
Sonstige: 23%

Bauwerk – Technische Anlagen
Herstellen: Wasseranlagen 19%, Niederspannungsinstallationsanlagen 18%, Beleuchtungsanlagen 17%, Sonstiges zur KG 420 14%, Raumheizflächen 8%
Sonstige: 25%

6100-1431 Gründerzeitgebäude, Aufstockung (2 WE)

BRI 1.512 m³ **BGF** 588 m² **NUF** 400 m²

Baujahr: 1911
Bauzustand: gut
Aufwand: mittel
Nutzung während der Bauzeit: ja
Nutzungsänderung: nein
Grundrissänderungen: wenige
Tragwerkseingriffe: einige

Land: Hamburg
Kreis: Hamburg, Stadt
Standard: mittel
Bauzeit: 30 Wochen
Kennwerte: bis 3. Ebene DIN 276
veröffentlicht: BKI Objektdaten A12
BGF **4.215 €/m²**

Planung: Ostermann Architekten; Hamburg

Mehrfamilienhaus

Bauwerk – Baukonstruktionen
Abbrechen: Abbruchmaßnahmen 4%
Herstellen: Dachbeläge 10%, Deckenkonstruktionen 8%, Gerüste 7%, Tragende Innenwände 6%, Dachkonstruktionen 6%, Deckenbeläge 6%, Baustelleneinrichtung 6%, Elementierte Deckenkonstruktionen 5%, Zusätzliche Maßnahmen 5%, Innenwandbekleidungen 5%, Tragende Außenwände 5%, Außenwandbekleidungen, außen 3%, Nichttragende Innenwände 3%
Sonstige: 21%

Bauwerk – Technische Anlagen
Herstellen: Aufzugsanlagen 33%, Wasseranlagen 13%, Niederspannungsinstallationsanlagen 10%, Raumheizflächen 9%, Abwasseranlagen 7%, Wärmeverteilnetze 7%
Sonstige: 21%

Objektübersicht zur Gebäudeart

6100-1404 Mehrfamilienhaus, Aufstockung (2 WE) — **BRI** 849 m³ **BGF** 259 m² **NUF** 198 m²

Baujahr: 1955
Bauzustand: mittel
Aufwand: hoch
Nutzung während der Bauzeit: ja
Nutzungsänderung: ja
Grundrissänderungen: umfangreiche
Tragwerkseingriffe: wenige

Land: Hamburg
Kreis: Hamburg, Stadt
Standard: hoch
Bauzeit: 118 Wochen
Kennwerte: bis 3. Ebene DIN 276
veröffentlicht: BKI Objektdaten A11

BGF 4.543 €/m²

Planung: sw I a sternberg werner architekten PartG mbB; Ahrensburg

Aufstockung eines Mehrfamilienhauses

Bauwerk – Baukonstruktionen
Herstellen: Dachbeläge 16%, Deckenbeläge 10%, Dachkonstruktionen 9%, Zusätzliche Maßnahmen 9%, Gerüste 8%, Außenwandbekleidungen, außen 8%, Baustelleneinrichtung 5%, Tragende Außenwände 5%, Dachöffnungen 4%, Außenwandöffnungen 4%
Sonstige: 22%

Bauwerk – Technische Anlagen
Abbrechen: Sonstiges zur KG 420 5%
Herstellen: Sonstiges zur KG 420 28%, Wasseranlagen 13%, Niederspannungsinstallationsanlagen 11%, Wärmeerzeugungsanlagen 10%, Lüftungsanlagen 9%
Sonstige: 25%

6100-1375 Mehrfamilienhaus, Aufstockung (1 WE) — **BRI** 519 m³ **BGF** 183 m² **NUF** 122 m²

Baujahr: 1952
Bauzustand: mittel
Aufwand: hoch
Nutzung während der Bauzeit: ja
Nutzungsänderung: ja
Grundrissänderungen: umfangreiche
Tragwerkseingriffe: umfangreiche

Land: Nordrhein-Westfalen
Kreis: Köln, Stadt
Standard: hoch
Bauzeit: 31 Wochen
Kennwerte: bis 3. Ebene DIN 276
veröffentlicht: BKI Objektdaten A11

BGF 2.817 €/m²

Planung: Jan Tenbücken Architekt; Köln

Aufstockung eines Mehrfamilienhauses (Baujahr 1952)

Bauwerk – Baukonstruktionen
Abbrechen: Abbruchmaßnahmen 5%
Herstellen: Außenwandbekleidungen, außen 11%, Dachbeläge 10%, Außenwandöffnungen 9%, Deckenbeläge 8%, Tragende Außenwände 8%, Baustelleneinrichtung 7%, Gerüste 6%, Dachkonstruktionen 5%, Außenwandbekleidungen, innen 5%, Deckenkonstruktionen 5%
Sonstige: 23%

Bauwerk – Technische Anlagen
Herstellen: Wärmeerzeugungsanlagen 20%, Niederspannungsinstallationsanlagen 18%, Wasseranlagen 17%, Sonstiges zur KG 420 14%, Raumheizflächen 7%
Sonstige: 24%

€/m² BGF

min	830	€/m²
von	1.445	€/m²
Mittel	**2.400**	**€/m²**
bis	3.600	€/m²
max	4.545	€/m²

Kosten:
Stand 2. Quartal 2025
Bundesdurchschnitt
inkl. 19% MwSt.

Objektübersicht zur Gebäudeart

6100-1175 Mehrfamilienhaus (6 WE) - Passivhaus

BRI 2.024 m³ **BGF** 742 m² **NUF** 553 m²

Baujahr: 1971
Bauzustand: mittel
Aufwand: hoch
Nutzung während der Bauzeit: ja
Nutzungsänderung: nein
Grundrissänderungen: einige
Tragwerkseingriffe: wenige

Land: Hamburg
Kreis: Hamburg, Stadt
Standard: hoch
Bauzeit: 17 Wochen
Kennwerte: bis 3. Ebene DIN 276
veröffentlicht: BKI Objektdaten E6
BGF 1.071 €/m²

Planung: Hans-Jörg Peter Dipl.-Ing. Architekt hh-Energieberatung.de; Hamburg

Mehrfamilienhaus (6 WE), Staffelgeschoss-Aufstockung

Bauwerk – Baukonstruktionen
Abbrechen: Dachbeläge 2%
Herstellen: Außenwandbekleidungen, außen 16%, Dachbeläge 14%, Außenwandöffnungen 13%, Dachkonstruktionen 13%, Deckenbeläge 6%, Deckenkonstruktionen 5%, Tragende Außenwände 4%, Lichtschutz zur KG 360 3%, Gerüste 3%
Sonstige: 21%

Bauwerk – Technische Anlagen
Herstellen: Niederspannungsinstallationsanlagen 21%, Wasseranlagen 19%, Wärmeerzeugungsanlagen 18%, Lüftungsanlagen 13%, Abwasseranlagen 6%
Sonstige: 23%

6100-1143 Mehrfamilienhaus (5 WE), Büro

BRI 1.276 m³ **BGF** 484 m² **NUF** 312 m²

Baujahr: 1967
Bauzustand: mittel
Aufwand: hoch
Nutzung während der Bauzeit: ja
Nutzungsänderung: nein
Grundrissänderungen: einige
Tragwerkseingriffe: einige

Land: Nordrhein-Westfalen
Kreis: Rhein-Sieg-Kreis
Standard: mittel
Bauzeit: 48 Wochen
Kennwerte: bis 3. Ebene DIN 276
veröffentlicht: BKI Objektdaten A10
BGF 1.372 €/m²

Planung: Concavis Architekten + Ingenieure; Bornheim

Erweiterung eines Mehrfamilienhauses mit Büro von zwei auf fünf Wohneinheiten (WFL 229m²).

Bauwerk – Baukonstruktionen
Herstellen: Deckenbeläge 10%, Deckenkonstruktionen 9%, Dachbeläge 8%, Innenwandbekleidungen 8%, Tragende Außenwände 6%, Außenwandbekleidungen, außen 6%, Nichttragende Innenwände 5%, Baustelleneinrichtung 4%, Dachkonstruktionen 4%, Innenwandöffnungen 4%, Elementierte Deckenkonstruktionen 3%, Gerüste 3%, Dachbekleidungen 3%, Deckenbekleidungen 3%, Außenwandöffnungen 3%
Sonstige: 20%

Bauwerk – Technische Anlagen
Herstellen: Niederspannungsinstallationsanlagen 28%, Wärmeerzeugungsanlagen 18%, Wasseranlagen 17%, Raumheizflächen 10%, Wärmeverteilnetze 8%
Sonstige: 20%

Objektübersicht zur Gebäudeart

6100-0850 Mehrfamilienhaus (5 WE), Gewerbe

BRI 2.100 m³ **BGF** 735 m² **NUF** 445 m²

Baujahr: 1969
Bauzustand: mittel
Aufwand: hoch
Nutzung während der Bauzeit: ja
Nutzungsänderung: nein
Grundrissänderungen: wenige
Tragwerkseingriffe: wenige

Land: Hamburg
Kreis: Hamburg, Stadt
Standard: mittel
Bauzeit: 22 Wochen
Kennwerte: bis 3. Ebene DIN 276
veröffentlicht: BKI Objektdaten A9

BGF 1.175 €/m²

Planung: Buss Architektur Dipl. Ing. Architekt Christian Buss; Hamburg

Modernisierung eines Mehrfamilienhauses mit vier bestehenden Wohnungen und zwei Gewerbeeinheiten und Aufstockung um ein weiteres Dachgeschoss.

Bauwerk – Baukonstruktionen
Abbrechen: Nichttragende Außenwände 2%
Herstellen: Außenwandbekleidungen, außen 19%, Außenwandöffnungen 12%, Dachbeläge 11%, Deckenbeläge 8%, Innenwandbekleidungen 6%, Tragende Außenwände 5%, Deckenkonstruktionen 4%, Außenwandbekleidungen, innen 3%, Dachkonstruktionen 3%, Dachbekleidungen 3%, Gerüste 3%
Sonstige: 22%

Bauwerk – Technische Anlagen
Herstellen: Lüftungsanlagen 33%, Wärmeerzeugungsanlagen 22%, Wasseranlagen 13%, Niederspannungsinstallationsanlagen 6%, Wärmeverteilnetze 5%
Sonstige: 21%

6100-0791 Mehrfamilienhaus (11 WE)

BRI 3.719 m³ **BGF** 1.203 m² **NUF** 747 m²

Baujahr: 1955
Bauzustand: schlecht
Aufwand: hoch
Nutzung während der Bauzeit: nein
Nutzungsänderung: nein
Grundrissänderungen: einige
Tragwerkseingriffe: einige

Land: Bayern
Kreis: Rosenheim
Standard: mittel
Bauzeit: 35 Wochen
Kennwerte: bis 3. Ebene DIN 276
veröffentlicht: BKI Objektdaten A8

BGF 1.698 €/m²

Planung: Dipl.-Ing. Architekt Energieberater Martin Schaub; Rosenheim

Modernisierung des Mehrfamilienhauses mit acht Wohnungen aus dem Baujahr 1955. DG-Aufstockung mit drei weiteren Wohnungen erfolgte als Dickholzkonstruktion.

Bauwerk – Baukonstruktionen
Herstellen: Außenwandbekleidungen, außen 17%, Außenwandöffnungen 10%, Nichttragende Innenwände 9%, Tragende Außenwände 8%, Innenwandbekleidungen 7%, Deckenbeläge 6%, Dachkonstruktionen 6%, Innenwandöffnungen 5%, Elementierte Deckenkonstruktionen 5%, Dachbeläge 3%, Deckenkonstruktionen 3%
Sonstige: 21%

Bauwerk – Technische Anlagen
Herstellen: Lüftungsanlagen 25%, Wasseranlagen 20%, Wärmeerzeugungsanlagen 15%, Niederspannungsinstallationsanlagen 9%, Wärmeverteilnetze 7%
Sonstige: 24%

€/m² BGF

min	830	€/m²
von	1.445	€/m²
Mittel	**2.400**	**€/m²**
bis	3.600	€/m²
max	4.545	€/m²

Kosten:
Stand 2. Quartal 2025
Bundesdurchschnitt
inkl. 19% MwSt.

Objektübersicht zur Gebäudeart

6100-0984 Mehrfamilienhaus, Aufstockung - Effizienzhaus 70

BRI 3.125 m³ **BGF** 875 m² **NUF** 642 m²

Baujahr: 1972
Bauzustand: mittel
Aufwand: mittel
Nutzung während der Bauzeit: ja
Nutzungsänderung: nein
Grundrissänderungen: wenige
Tragwerkseingriffe: wenige

Land: Bayern
Kreis: München, Stadt
Standard: hoch
Bauzeit: 65 Wochen
Kennwerte: bis 3. Ebene DIN 276
veröffentlicht: BKI Objektdaten A9

BGF 2.932 €/m²

Planung: Planungsbüro Dipl.-Ing. (FH) Hanns-Peter Benl; Neuötting

Mehrfamilienhaus, Aufstockung, als Effizienzhaus 70

Bauwerk – Baukonstruktionen
Abbrechen: Dachbeläge 5%
Herstellen: Dachbeläge 21%, Außenwandöffnungen 12%, Dachkonstruktionen 9%, Innenwandöffnungen 8%, Deckenbeläge 8%, Allgemeine Einbauten 7%, Innenwandbekleidungen 5%, Tragende Innenwände 5%
Sonstige: 21%

Bauwerk – Technische Anlagen
Herstellen: Wasseranlagen 31%, Niederspannungsinstallationsanlagen 25%, Lüftungsanlagen 13%, Raumheizflächen 11%
Sonstige: 21%

6100-0652 Mehrfamilienhaus (9 WE)

BRI 792 m³ **BGF** 308 m² **NUF** 225 m²

Baujahr: 1965
Bauzustand: mittel
Aufwand: mittel
Nutzung während der Bauzeit: ja
Nutzungsänderung: ja
Grundrissänderungen: wenige
Tragwerkseingriffe: wenige

Land: Bayern
Kreis: München
Standard: mittel
Bauzeit: 48 Wochen
Kennwerte: bis 3. Ebene DIN 276
veröffentlicht: BKI Objektdaten A7

BGF 2.384 €/m²

Planung: Planungsbüro Dipl.-Ing. (FH) Hanns-Peter Benl; Neuötting

Ein Mehrfamilienhaus mit sechs Wohnungen wurde durch eine Dachaufstockung um drei Wohnungen erweitert. **Kosteneinfluss Nutzung:** Die Flächenangaben der DIN 277 und die Wohnflächenangaben gelten nur für die Dachaufstockung und die Balkone. Die Wohnungen erreichen den KfW 60 Standard.

Bauwerk – Baukonstruktionen
Abbrechen: Dachkonstruktionen 4%
Herstellen: Dachbeläge 17%, Dachkonstruktionen 16%, Dachbekleidungen 11%, Deckenbeläge 10%, Elementierte Deckenkonstruktionen 9%, Innenwandbekleidungen 6%, Tragende Innenwände 5%
Sonstige: 22%

Bauwerk – Technische Anlagen
Herstellen: Niederspannungsinstallationsanlagen 31%, Wasseranlagen 25%, Raumheizflächen 16%
Sonstige: 29%

6100-0787 Mehrfamilienhaus

BRI 1.123 m³ **BGF** 427 m² **NUF** 279 m²

Baujahr: 1960
Bauzustand: mittel
Aufwand: hoch
Nutzung während der Bauzeit: ja
Nutzungsänderung: nein
Grundrissänderungen: einige
Tragwerkseingriffe: einige

Land: Baden-Württemberg
Kreis: Heidelberg, Stadt
Standard: hoch
Bauzeit: 35 Wochen
Kennwerte: bis 3. Ebene DIN 276
veröffentlicht: www.bki.de
BGF 2.222 €/m²

Planung: Architekt Dipl.-Ing. Alexander Böhm; Heidelberg

Wohnraumerweiterung durch Aufstockung und Dachgeschossausbau.

Bauwerk – Baukonstruktionen
Herstellen: Tragende Außenwände 11%, Innenwandöffnungen 9%, Deckenbeläge 9%, Dachbeläge 9%, Deckenkonstruktionen 8%, Innenwandbekleidungen 8%, Außenwandbekleidungen, innen 6%, Dachkonstruktionen 5%, Baustelleneinrichtung 5%, Außenwandbekleidungen, außen 4%, Lichtschutz zur KG 330 3%
Sonstige: 22%

Bauwerk – Technische Anlagen
Herstellen: Wärmeversorgungsanlagen 36%, Elektrische Anlagen 30%, Wasseranlagen 16%
Sonstige: 17%

6100-0786 Einfamilienhaus

BRI 1.259 m³ **BGF** 294 m² **NUF** 200 m²

Baujahr: 1948
Bauzustand: mittel
Aufwand: hoch
Nutzung während der Bauzeit: ja
Nutzungsänderung: nein
Grundrissänderungen: umfangreiche
Tragwerkseingriffe: umfangreiche

Land: Bayern
Kreis: Amberg-Sulzbach
Standard: hoch
Bauzeit: 22 Wochen
Kennwerte: bis 3. Ebene DIN 276
veröffentlicht: www.bki.de
BGF 3.326 €/m²

Planung: Basqué & Partner Architektur Design Raumkonzept; Regensburg

Erweiterung des Wohnhauses durch Aufstockung des Dachgeschosses. **Kosteneinfluss Nutzung:** Die Flächenangaben der DIN 277 und die Wohnflächenangabe gelten nur für den Dachgeschossausbau.

Bauwerk – Baukonstruktionen
Abbrechen: Dachkonstruktionen 5%
Herstellen: Dachbeläge 12%, Deckenbeläge 10%, Außenwandöffnungen 9%, Dachkonstruktionen 8%, Innenwandbekleidungen 7%, Tragende Außenwände 6%, Dachbekleidungen 6%, Lichtschutz zur KG 330 6%, Außenwandbekleidungen, außen 4%, Gerüste 3%, Außenwandbekleidungen, innen 3%
Sonstige: 22%

Bauwerk – Technische Anlagen
Herstellen: Wasseranlagen 38%, Niederspannungsinstallationsanlagen 18%, Beleuchtungsanlagen 14%
Sonstige: 30%

Wohngebäude Aufstockung

€/m² BGF

min	830	€/m²
von	1.445	€/m²
Mittel	**2.400**	**€/m²**
bis	3.600	€/m²
max	4.545	€/m²

Kosten:
Stand 2. Quartal 2025
Bundesdurchschnitt
inkl. 19% MwSt.

Objektübersicht zur Gebäudeart

6100-1746 Einfamilienhaus Aufstockung

BRI 955 m³ **BGF** 315 m² **NUF** 209 m²

Baujahr: 1977
Bauzustand: mittel
Aufwand: mittel
Nutzung während der Bauzeit: ja
Nutzungsänderung: ja
Grundrissänderungen: wenige
Tragwerkseingriffe: wenige

Land: Nordrhein-Westfalen
Kreis: Rhein-Sieg-Kreis
Standard: hoch
Bauzeit: 35 Wochen
Kennwerte: bis 1. Ebene DIN 276
vorgesehen: BKI Objektdaten N21
BGF 2.511 €/m²

Planung: Gütig Architektur; Bornholm-Hersel

Aufstockung eines bestehenden Wohnhauses um zwei Büroetagen

6100-1346 Wohnung, Dachaufstockung

BRI 476 m³ **BGF** 180 m² **NUF** 133 m²

Baujahr: 1962
Bauzustand: mittel
Aufwand: mittel
Nutzung während der Bauzeit: ja
Nutzungsänderung: nein
Grundrissänderungen: wenige
Tragwerkseingriffe: umfangreiche

Land: Bayern
Kreis: München, Stadt
Standard: einfach
Bauzeit: 4 Wochen
Kennwerte: bis 1. Ebene DIN 276
veröffentlicht: BKI Objektdaten A11
BGF 828 €/m²

Planung: Stefan Giers Architektur & Landschaft; München

Aufstockung einer Wohnung

6100-1386 Reihenendhaus, Kinderzimmer*

BRI 67 m³ **BGF** 24 m² **NUF** 21 m²

Baujahr: 2013

Land: Nordrhein-Westfalen
Kreis: Düren
Standard: mittel
Bauzeit: 22 Wochen
Kennwerte: bis 1. Ebene DIN 276
veröffentlicht: BKI Objektdaten A11
BGF 4.759 €/m²

* Nicht in der Auswertung enthalten

Planung: FRANKE Architektur I Innenarchitektur; Düren

Erweiterung eines Reihenendhauses um ein Kinderzimmer durch Aufstockung der Garage mit einem modernen Flachdachkubus als Einraum-Baukörper.

Objektübersicht zur Gebäudeart

6100-0787 Mehrfamilienhaus

BRI 1.123 m³ **BGF** 427 m² **NUF** 279 m²

Baujahr: 1960
Bauzustand: mittel
Aufwand: hoch
Nutzung während der Bauzeit: ja
Nutzungsänderung: nein
Grundrissänderungen: einige
Tragwerkseingriffe: einige

Land: Baden-Württemberg
Kreis: Heidelberg, Stadt
Standard: hoch
Bauzeit: 35 Wochen
Kennwerte: bis 3. Ebene DIN 276
veröffentlicht: www.bki.de
BGF 2.222 €/m²

Planung: Architekt Dipl.-Ing. Alexander Böhm; Heidelberg

Wohnraumerweiterung durch Aufstockung und Dachgeschossausbau.

Bauwerk – Baukonstruktionen
Herstellen: Tragende Außenwände 11%, Innenwandöffnungen 9%, Deckenbeläge 9%, Dachbeläge 9%, Deckenkonstruktionen 8%, Innenwandbekleidungen 8%, Außenwandbekleidungen, innen 6%, Dachkonstruktionen 5%, Baustelleneinrichtung 5%, Außenwandbekleidungen, außen 4%, Lichtschutz zur KG 330 3%
Sonstige: 22%

Bauwerk – Technische Anlagen
Herstellen: Wärmeversorgungsanlagen 36%, Elektrische Anlagen 30%, Wasseranlagen 16%
Sonstige: 17%

6100-0786 Einfamilienhaus

BRI 1.259 m³ **BGF** 294 m² **NUF** 200 m²

Baujahr: 1948
Bauzustand: mittel
Aufwand: hoch
Nutzung während der Bauzeit: ja
Nutzungsänderung: nein
Grundrissänderungen: umfangreiche
Tragwerkseingriffe: umfangreiche

Land: Bayern
Kreis: Amberg-Sulzbach
Standard: hoch
Bauzeit: 22 Wochen
Kennwerte: bis 3. Ebene DIN 276
veröffentlicht: www.bki.de
BGF 3.326 €/m²

Planung: Basqué & Partner Architektur Design Raumkonzept; Regensburg

Erweiterung des Wohnhauses durch Aufstockung des Dachgeschosses. **Kosteneinfluss Nutzung:** Die Flächenangaben der DIN 277 und die Wohnflächenangabe gelten nur für den Dachgeschossausbau.

Bauwerk – Baukonstruktionen
Abbrechen: Dachkonstruktionen 5%
Herstellen: Dachbeläge 12%, Deckenbeläge 10%, Außenwandöffnungen 9%, Dachkonstruktionen 8%, Innenwandbekleidungen 7%, Tragende Außenwände 6%, Dachbekleidungen 6%, Lichtschutz zur KG 330 6%, Außenwandbekleidungen, außen 4%, Gerüste 3%, Außenwandbekleidungen, innen 3%
Sonstige: 22%

Bauwerk – Technische Anlagen
Herstellen: Wasseranlagen 38%, Niederspannungsinstallationsanlagen 18%, Beleuchtungsanlagen 14%
Sonstige: 30%

€/m² BGF

min	830	€/m²
von	1.445	€/m²
Mittel	**2.400**	**€/m²**
bis	3.600	€/m²
max	4.545	€/m²

Kosten:
Stand 2. Quartal 2025
Bundesdurchschnitt
inkl. 19% MwSt.

Objektübersicht zur Gebäudeart

6100-1746 Einfamilienhaus Aufstockung

BRI 955 m³ **BGF** 315 m² **NUF** 209 m²

Baujahr: 1977
Bauzustand: mittel
Aufwand: mittel
Nutzung während der Bauzeit: ja
Nutzungsänderung: ja
Grundrissänderungen: wenige
Tragwerkseingriffe: wenige

Land: Nordrhein-Westfalen
Kreis: Rhein-Sieg-Kreis
Standard: hoch
Bauzeit: 35 Wochen
Kennwerte: bis 1. Ebene DIN 276
vorgesehen: BKI Objektdaten N21
BGF **2.511 €/m²**

Planung: Gütig Architektur; Bornholm-Hersel

Aufstockung eines bestehenden Wohnhauses um zwei Büroetagen

6100-1346 Wohnung, Dachaufstockung

BRI 476 m³ **BGF** 180 m² **NUF** 133 m²

Baujahr: 1962
Bauzustand: mittel
Aufwand: mittel
Nutzung während der Bauzeit: ja
Nutzungsänderung: nein
Grundrissänderungen: wenige
Tragwerkseingriffe: umfangreiche

Land: Bayern
Kreis: München, Stadt
Standard: einfach
Bauzeit: 4 Wochen
Kennwerte: bis 1. Ebene DIN 276
veröffentlicht: BKI Objektdaten A11
BGF **828 €/m²**

Planung: Stefan Giers Architektur & Landschaft; München

Aufstockung einer Wohnung

6100-1386 Reihenendhaus, Kinderzimmer*

BRI 67 m³ **BGF** 24 m² **NUF** 21 m²

Baujahr: 2013

Land: Nordrhein-Westfalen
Kreis: Düren
Standard: mittel
Bauzeit: 22 Wochen
Kennwerte: bis 1. Ebene DIN 276
veröffentlicht: BKI Objektdaten A11
BGF **4.759 €/m²**

* Nicht in der Auswertung enthalten

Planung: FRANKE Architektur I Innenarchitektur; Düren

Erweiterung eines Reihenendhauses um ein Kinderzimmer durch Aufstockung der Garage mit einem modernen Flachdachkubus als Einraum-Baukörper.

Objektübersicht zur Gebäudeart

6100-1144 Zweifamilienhaus - Effizienzhaus 85

BRI 1.842 m^3 **BGF** 495 m^2 **NUF** 329 m^2

Baujahr: 1986
Bauzustand: mittel
Aufwand: mittel
Nutzung während der Bauzeit: nein
Nutzungsänderung: nein
Grundrissänderungen: einige
Tragwerkseingriffe: wenige

Land: Nordrhein-Westfalen
Kreis: Euskirchen
Standard: mittel
Bauzeit: 39 Wochen
Kennwerte: bis 1. Ebene DIN 276
veröffentlicht: BKI Objektdaten A9

BGF 1.307 €/m^2

Planung: Concavis Architekten + Ingenieure; Bornheim

Umbau eines Einfamilienhauses mit Lehrlingswohnungen und Erweiterung in ein Zweifamilienhaus (316 m^2 WFL) mit Aufstockung und energetischer Sanierung.

6100-1110 Mehrfamilienhaus (13 WE), Umbau DG

BRI 3.024 m^3 **BGF** 1.118 m^2 **NUF** 728 m^2

Baujahr: 1963
Bauzustand: schlecht
Aufwand: hoch
Nutzung während der Bauzeit: ja
Nutzungsänderung: nein
Grundrissänderungen: einige
Tragwerkseingriffe: wenige

Land: Hamburg
Kreis: Hamburg, Stadt
Standard: hoch
Bauzeit: 61 Wochen
Kennwerte: bis 1. Ebene DIN 276
veröffentlicht: BKI Objektdaten A9

BGF 1.802 €/m^2

Planung: AISSLINGER + BRACHT | ARCHITEKTEN | and8; Hamburg

Mehrfamilienhaus (624 m^2 WFL) mit 13 WE. Neues DG als Penthouse.

6100-1180 Einfamilienhaus

BRI 1.001 m^3 **BGF** 362 m^2 **NUF** 212 m^2

Baujahr: 1937
Bauzustand: gut
Aufwand: hoch
Nutzung während der Bauzeit: nein
Nutzungsänderung: nein
Grundrissänderungen: umfangreiche
Tragwerkseingriffe: umfangreiche

Land: Berlin
Kreis: Berlin, Stadt
Standard: mittel
Bauzeit: 52 Wochen
Kennwerte: bis 1. Ebene DIN 276
veröffentlicht: BKI Objektdaten A10

BGF 1.938 €/m^2

Planung: wening.architekten; Potsdam

Umbau und Erweiterung eines Einfamilienhauses (Baujahr 1937).

€/m² BGF

min	830	€/m²
von	1.445	€/m²
Mittel	**2.400**	**€/m²**
bis	3.600	€/m²
max	4.545	€/m²

Kosten:
Stand 2. Quartal 2025
Bundesdurchschnitt
inkl. 19% MwSt.

Objektübersicht zur Gebäudeart

6100-1089 Aufstockung Wohnhaus (2 WE) - Passivhaus

BRI 866 m³ **BGF** 263 m² **NUF** 202 m²

Baujahr: 1925
Bauzustand: schlecht
Aufwand: hoch
Nutzung während der Bauzeit: ja
Nutzungsänderung: nein
Grundrissänderungen: umfangreiche
Tragwerkseingriffe: einige

Land: Hamburg
Kreis: Hamburg, Stadt
Standard: hoch
Bauzeit: 26 Wochen
Kennwerte: bis 1. Ebene DIN 276
veröffentlicht: BKI Objektdaten E6

BGF 2.693 €/m²

Planung: Johannes Walther Architekt und Passivhausplaner; Hamburg

Aufstockung (2 WE) im Passivhausstandard (209 m² WFL) auf ein Wohngebäude aus den 1920er Jahren.

6100-0474 Einfamilienhaus

BRI 222 m³ **BGF** 77 m² **NUF** 55 m²

Baujahr: 1972
Bauzustand: gut
Aufwand: hoch
Nutzung während der Bauzeit: ja
Nutzungsänderung: nein
Grundrissänderungen: wenige
Tragwerkseingriffe: wenige

Land: Niedersachsen
Kreis: Braunschweig, Stadt
Standard: mittel
Bauzeit: 35 Wochen
Kennwerte: bis 2. Ebene DIN 276
veröffentlicht: www.bki.de

BGF 2.454 €/m²

Planung: Jean-Elie Hamesse Architekt + Planer; Braunschweig

Erweiterung eines eingeschossigen Einfamilienhauses durch Aufstockung in Holzständerbauweise mit flach geneigtem begrüntem Dach.

Erweiterungen

Wohngebäude Dachausbau

Kostenkennwerte für die Kosten des Bauwerks (Kostengruppen 300+400 nach DIN 276)

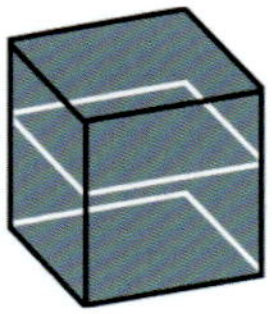

BRI 805 €/m³
von 600 €/m³
bis 1.055 €/m³

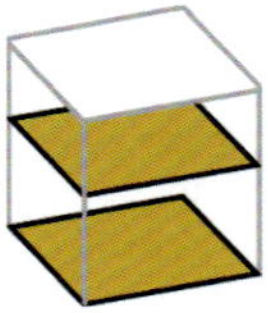

BGF 1.980 €/m²
von 1.500 €/m²
bis 3.055 €/m²

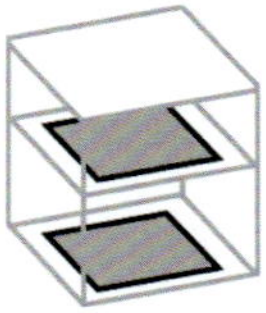

NUF 2.740 €/m²
von 2.035 €/m²
bis 4.190 €/m²

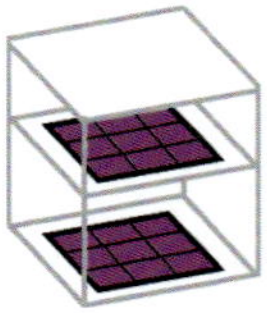

NE 2.935 €/NE
von 1.185 €/NE
bis 4.940 €/NE
NE: Wohnfläche

Objektbeispiele

Kosten:
Stand 2. Quartal 2025
Bundesdurchschnitt
inkl. 19% MwSt.

6100-1034

6100-0784

6100-1286

Kosten der 6 Vergleichsobjekte

Seiten 160 bis 163

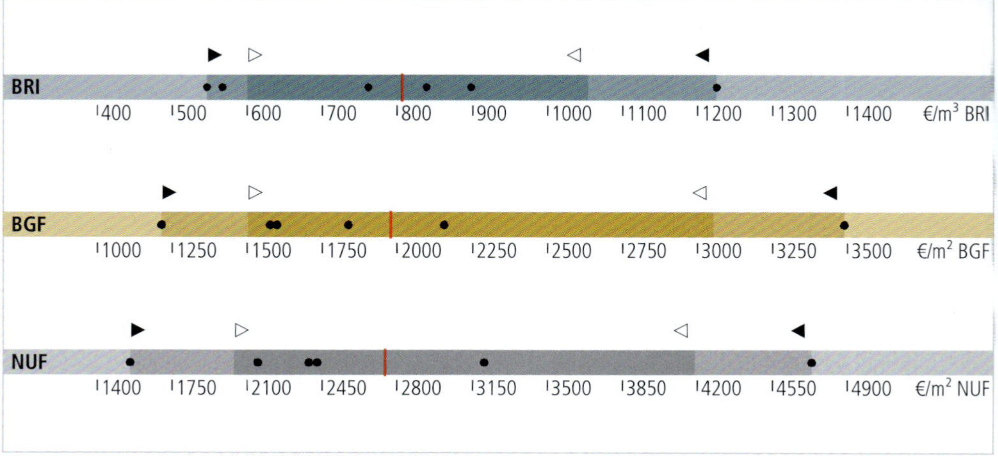

- ● KKW
- ▶ min
- ▷ von
- | Mittelwert
- ◁ bis
- ◀ max

Kostenkennwerte für die Kostengruppen der 1. und 2.Ebene DIN 276

KG	Kostengruppen der 1.Ebene	Einheit	▷	€/Einheit	◁	▷	% an 300+400	◁
100	Grundstück	m²GF	–	**–**	–	–	**–**	–
200	Vorbereitende Maßnahmen	m²GF	–	**2**	–	0,3	**0,3**	0,3
300	Bauwerk – Baukonstruktionen	m²BGF	1.265	**1.679**	2.577	77,9	**85,1**	91,2
400	Bauwerk – Technische Anlagen	m²BGF	142	**300**	478	8,8	**14,9**	22,1
	Bauwerk 300+400	m²BGF	1.501	**1.978**	3.054	100,0	**100,0**	100,0
500	Außenanlagen und Freiflächen	m²AF	–	**–**	–	–	**–**	–
600	Ausstattung und Kunstwerke	m²BGF	–	**43**	–	1,2	**1,2**	1,2
700	Baunebenkosten	m²BGF	–	**–**	–	–	**–**	–
800	Finanzierung	m²BGF	–	**–**	–	–	**–**	–

KG	Kostengruppen der 2.Ebene	Einheit	▷	€/Einheit	◁	▷	% an 1.Ebene	◁
310	Baugrube / Erdbau	m³BGI	–	**–**	–	–	**–**	–
320	Gründung, Unterbau	m²GRF	–	**–**	–	–	**–**	–
330	Außenwände / vertikal außen	m²AWF	233	**651**	1.604	3,7	**14,8**	26,3
340	Innenwände / vertikal innen	m²IWF	241	**366**	625	5,8	**10,2**	18,7
350	Decken / horizontal	m²DEF	322	**414**	517	15,4	**17,5**	21,8
360	Dächer	m²DAF	432	**557**	683	39,7	**49,4**	67,7
370	Infrastrukturanlagen		–	**–**	–	–	**–**	–
380	Baukonstruktive Einbauten	m²BGF	51	**90**	128	0,0	**1,5**	4,5
390	Sonst. Maßnahmen für Baukonst.	m²BGF	63	**122**	262	2,7	**6,7**	9,1
300	**Bauwerk – Baukonstruktionen**	**m²BGF**					**100,0**	
410	Abwasser-, Wasser-, Gasanlagen	m²BGF	43	**81**	147	15,0	**31,0**	52,0
420	Wärmeversorgungsanlagen	m²BGF	51	**115**	173	21,6	**38,8**	49,3
430	Raumlufttechnische Anlagen	m²BGF	–	**11**	–	0,0	**0,5**	2,9
440	Elektrische Anlagen	m²BGF	43	**96**	227	18,3	**28,5**	40,8
450	Kommunikationstechnische Anlagen	m²BGF	8	**11**	17	0,0	**1,2**	2,9
460	Förderanlagen	m²BGF	–	**–**	–	–	**–**	–
470	Nutzungsspez. / verfahrenstech. Anl.	m²BGF	–	**–**	–	–	**–**	–
480	Gebäude- und Anlagenautomation	m²BGF	–	**–**	–	–	**–**	–
490	Sonst. Maßnahmen f. techn. Anl.	m²BGF	–	**–**	–	–	**–**	–
400	**Bauwerk – Technische Anlagen**	**m²BGF**					**100,0**	

Prozentanteile der Kosten 2.Ebene an den Kosten des Bauwerks nach DIN 276 (Von/Mittel/Bis)

KG	Kostengruppe	%
310	Baugrube / Erdbau	
320	Gründung, Unterbau	
330	Außenwände / vertikal außen	12,4
340	Innenwände / vertikal innen	8,5
350	Decken / horizontal	14,7
360	Dächer	42,7
370	Infrastrukturanlagen	
380	Baukonstruktive Einbauten	1,3
390	Sonst. Maßnahmen für Baukonst.	5,6
410	Abwasser-, Wasser-, Gasanlagen	4,4
420	Wärmeversorgungsanlagen	5,9
430	Raumlufttechnische Anlagen	< 0,1
440	Elektrische Anlagen	4,2
450	Kommunikationstechnische Anlagen	0,3
460	Förderanlagen	
470	Nutzungsspez. / verfahrenstech. Anl.	
480	Gebäude- und Anlagenautomation	
490	Sonst. Maßnahmen f. techn. Anl.	

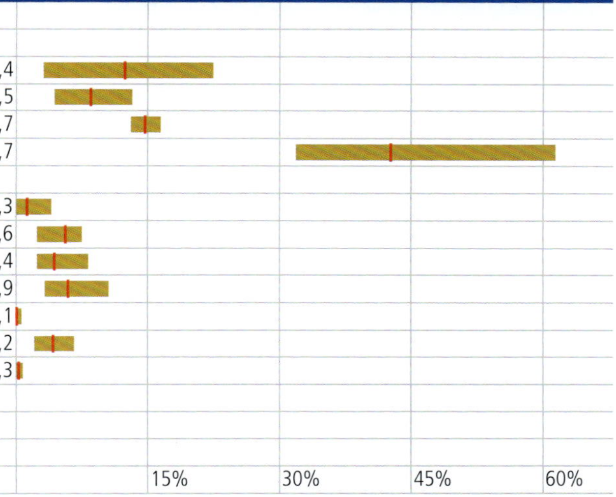

Kostenkennwerte für die Kostengruppen der 3. Ebene DIN 276

KG	Kostengruppen der 3. Ebene	Einheit	▷	€/Einheit	◁	▷	€/m² BGF	◁
337	Elem. Außenwandkonstruktionen	m²	385	**1.140**	1.895	251	**320**	390
363	Dachbeläge	m²	210	**240**	274	196	**310**	481
361	Dachkonstruktionen	m²	103	**207**	415	130	**263**	510
334	Außenwandöffnungen	m²	964	**1.477**	2.850	106	**177**	362
353	Deckenbeläge	m²	225	**260**	333	142	**165**	177
442	Eigenstromversorgungsanlagen	m²	–	**149**	–	–	**149**	–
346	Elem. Innenwandkonstruktionen	m²	–	**215**	–	–	**146**	–
364	Dachbekleidungen	m²	34	**105**	150	45	**113**	183
381	Allgemeine Einbauten	m²	51	**90**	128	51	**90**	128
362	Dachöffnungen	m²	505	**1.310**	2.099	36	**84**	147
412	Wasseranlagen	m²	36	**73**	138	36	**73**	138
351	Deckenkonstruktionen	m²	359	**796**	1.621	31	**70**	118
444	Niederspannungsinstallationsanl.	m²	33	**67**	98	33	**67**	98
392	Gerüste	m²	26	**64**	161	26	**64**	161
423	Raumheizflächen	m²	29	**58**	93	29	**58**	93
344	Innenwandöffnungen	m²	496	**767**	1.229	32	**56**	139
355	Elementierte Deckenkonstruktionen	m²	1.193	**1.572**	2.311	33	**56**	94
422	Wärmeverteilnetze	m²	35	**55**	84	35	**55**	84
342	Nichttragende Innenwände	m²	83	**140**	209	23	**55**	143
331	Tragende Außenwände	m²	261	**1.218**	3.129	15	**55**	77
359	Sonstiges zur KG 350	m²	–	**71**	–	–	**53**	–
341	Tragende Innenwände	m²	190	**412**	734	27	**52**	101
391	Baustelleneinrichtung	m²	12	**45**	68	12	**45**	58
397	Zusätzliche Maßnahmen	m²	25	**41**	67	25	**41**	57
338	Lichtschutz zur KG 330	m²	–	**532**	–	–	**38**	–
345	Innenwandbekleidungen	m²	24	**58**	97	21	**38**	81
429	Sonstiges zur KG 420	m²	17	**30**	42	17	**30**	42
369	Sonstiges zur KG 360	m²	2	**15**	23	2	**24**	35
421	Wärmeerzeugungsanlagen	m²	2	**20**	55	2	**20**	55
366	Lichtschutz zur KG 360	m²	432	**914**	1.456	11	**20**	28
343	Innenstützen	m	–	**121**	–	–	**19**	–
336	Außenwandbekleidungen, innen	m²	30	**61**	111	11	**19**	32
335	Außenwandbekleidungen, außen	m²	285	**334**	383	8	**18**	27
445	Beleuchtungsanlagen	m²	–	**17**	–	–	**17**	–
354	Deckenbekleidungen	m²	65	**109**	204	4	**16**	27
431	Lüftungsanlagen	m²	–	**11**	–	–	**11**	–
332	Nichttragende Außenwände	m²	102	**270**	438	4	**9**	14
411	Abwasseranlagen	m²	3	**8**	13	3	**8**	13
455	Audiovis. Medien- u. Antennenanl.	m²	6	**8**	10	6	**8**	10
446	Blitzschutz- und Erdungsanlagen	m²	< 1	**5**	10	< 1	**5**	10
451	Telekommunikationsanlagen	m²	3	**4**	4	3	**4**	4
452	Such- und Signalanlagen	m²	1	**3**	7	1	**3**	7

Kosten:
Stand 2. Quartal 2025
Bundesdurchschnitt
inkl. 19% MwSt.

▷ von
ø Mittel
◁ bis

Prozentanteile der Kosten für Leistungsbereiche nach STLB (Kosten Bauwerk nach DIN 276)

LB	Leistungsbereiche	▷	% an 300+400	◁
000	Baustellen-, Verkehrssich.- u. Sicherh.einr. inkl. 001	2,1	**4,8**	6,3
002	Erdarbeiten	–	–	–
006	Spezialtiefbauarbeiten inkl. 005	–	–	–
009	Entwässerungskanalarbeiten inkl. 011	–	–	–
010	Drän- und Versickerarbeiten	–	–	–
012	Mauerarbeiten	0,2	**1,0**	1,8
013	Betonarbeiten	< 0,1	**0,9**	4,9
014	Natur-, Betonwerksteinarbeiten	0,0	**0,1**	0,7
016	Zimmer- und Holzbauarbeiten	7,0	**19,0**	32,3
017	Stahlbauarbeiten	0,0	**0,6**	1,9
018	Abdichtungsarbeiten	–	–	–
020	Dachdeckungsarbeiten	4,9	**10,0**	17,1
021	Dachabdichtungsarbeiten	< 0,1	**0,8**	2,3
022	Klempnerarbeiten	2,2	**7,3**	12,1
	Rohbau	30,1	**44,5**	56,4
023	Putz- und Stuckarbeiten, Wärmedämmsysteme	< 0,1	**0,5**	1,7
024	Fliesen- und Plattenarbeiten	0,1	**1,2**	2,9
025	Estricharbeiten	0,1	**1,2**	3,4
026	Fenster, Außentüren inkl. 029, 032	1,8	**6,7**	15,8
027	Tischlerarbeiten	4,0	**8,7**	17,0
028	Parkett-, Holzpflasterarbeiten	2,4	**4,9**	8,0
030	Rollladenarbeiten	< 0,1	**0,9**	2,5
031	Metallbauarbeiten inkl. 035	0,0	**0,5**	1,5
034	Maler- und Lackiererarb. – Beschicht. inkl. 037	1,1	**2,0**	4,0
036	Bodenbelagarbeiten	0,0	**0,7**	4,2
038	Vorgehängte hinterlüftete Fassaden	–	–	–
039	Trockenbauarbeiten	5,3	**8,8**	17,2
	Ausbau	28,4	**36,1**	48,4
040	Wärmeversorgungsanl. - Betriebseinr. inkl. 041	2,6	**5,4**	11,7
042	Gas- u. Wasseranl. – Leitung., Armat. inkl. 043	0,1	**1,1**	1,7
044	Abwasseranl. - Leitungen, Abläufe, Armaturen	0,2	**0,4**	0,8
045	Gas, Wasser, Entwässerung – Ausstattung inkl. 046	0,7	**2,2**	4,9
047	Dämm- und Brandschutzarb. an techn. Anlagen	0,0	**0,1**	0,3
049	Feuerlöschanlagen, Feuerlöschgeräte	–	–	–
050	Blitzschutz-/Erdungsanlagen, Überspannungssch.	< 0,1	**< 0,1**	0,3
052	Mittelspannungsanlagen	–	–	–
053	Niederspannungsanl. – Kabel inkl. 054	2,1	**4,0**	6,1
055	Sicherheits- u. Ersatzstromversorgungsanl.	–	–	–
057	Gebäudesystemtechnik	–	–	–
058	Leuchten und Lampen inkl. 059	0,0	**< 0,1**	0,5
060	Such, Signal, Zeit, Anten., akust. Anl. inkl. 064	< 0,1	**< 0,1**	0,4
061	Kommunikations- u. Übertragungsnetze inkl. 062	0,0	**0,2**	0,8
063	Gefahrenmeldeanlagen	–	–	–
069	Aufzüge	–	–	–
070	Gebäudeautomation	–	–	–
075	Raumlufttechnische Anlagen inkl. 078	0,0	**< 0,1**	0,6
	Gebäudetechnik	7,9	**13,8**	21,2
084	Abbruch, Rückbau, Schadstoffsanierung	3,1	**5,6**	8,1
	Sonstige Leistungsbereiche inkl. 008, 033, 051	–	–	–

Wohngebäude Dachausbau

€/m² BGF

min	1.215	€/m²
von	1.500	€/m²
Mittel	**1.980**	**€/m²**
bis	3.055	€/m²
max	3.490	€/m²

Kosten:
Stand 2. Quartal 2025
Bundesdurchschnitt
inkl. 19% MwSt.

Objektübersicht zur Gebäudeart

6100-1286 Mehrfamilienhaus, Dachgeschoss

BRI 700 m³ **BGF** 246 m² **NUF** 181 m²

Baujahr: 1905
Bauzustand: mittel
Aufwand: hoch
Nutzung während der Bauzeit: ja
Nutzungsänderung: nein
Grundrissänderungen: umfangreiche
Tragwerkseingriffe: umfangreiche

Land: Berlin
Kreis: Berlin, Stadt
Standard: hoch
Bauzeit: 31 Wochen
Kennwerte: bis 3. Ebene DIN 276
veröffentlicht: BKI Objektdaten A11
BGF 3.489 €/m²

Planung: rundzwei Architekten; Berlin

Erweiterung einer Gründerzeitvilla (Baujahr 1905) mit zwei Wohnungen um eine zusätzliche Maisonettewohnung im Dachgeschoss

Bauwerk – Baukonstruktionen
Herstellen: Dachkonstruktionen 17%, Dachbeläge 9%, Elementierte Außenwandkonstruktionen 9%, Gerüste 7%, Deckenbeläge 6%, Außenwandöffnungen 5%, Innenwandöffnungen 5%, Dachbekleidungen 4%, Dachöffnungen 4%, Allgemeine Einbauten 4%, Innenwandbekleidungen 3%, Tragende Innenwände 3%, Deckenkonstruktionen 3%
Sonstige: 22%

Bauwerk – Technische Anlagen
Herstellen: Eigenstromversorgungsanlagen 26%, Wasseranlagen 23%, Niederspannungsinstallationsanlagen 17%, Raumheizflächen 12%
Sonstige: 22%

6100-0645 Mehrfamilienhaus

BRI 498 m³ **BGF** 170 m² **NUF** 126 m²

Baujahr: 1903
Bauzustand: mittel
Aufwand: mittel
Nutzung während der Bauzeit: ja
Nutzungsänderung: ja
Grundrissänderungen: wenige
Tragwerkseingriffe: einige

Land: Bayern
Kreis: München, Stadt
Standard: hoch
Bauzeit: 13 Wochen
Kennwerte: bis 3. Ebene DIN 276
veröffentlicht: BKI Objektdaten A6
BGF 1.598 €/m²

Planung: Dipl.-Ing. (FH) Hanns Peter Benl edp ingenieure; Neuötting

Dachgeschossausbau an bestehendes Mehrfamilienhaus in Jugendstilbauweise. **Kosteneinfluss Nutzung:** Denkmalschutzauflagen, Brandschutz, Schallschutzmaßnahmen, KfW 60 Standard.

Bauwerk – Baukonstruktionen
Herstellen: Dachbekleidungen 18%, Deckenbeläge 14%, Nichttragende Innenwände 11%, Deckenkonstruktionen 9%, Außenwandöffnungen 8%, Dachbeläge 7%, Baustelleneinrichtung 7%, Innenwandöffnungen 5%
Sonstige: 21%

Bauwerk – Technische Anlagen
Herstellen: Wasseranlagen 34%, Raumheizflächen 23%, Niederspannungsinstallationsanlagen 17%
Sonstige: 21%

6100-0785 Zweifamilienhaus, Dachausbau

BRI 251 m³ | **BGF** 104 m² | **NUF** 80 m²

Bauzustand: mittel
Aufwand: hoch
Nutzung während der Bauzeit: ja
Nutzungsänderung: nein
Grundrissänderungen: wenige
Tragwerkseingriffe: einige

Land: Bayern
Kreis: München
Standard: mittel
Bauzeit: 35 Wochen
Kennwerte: bis 3. Ebene DIN 276
veröffentlicht: BKI Objektdaten A7

BGF 1.836 €/m²

Planung: Dipl.-Ing. (FH) Hanns Peter Benl edp ingenieure; München

Erweiterung eines zweigeschossigen Einfamilienhauses durch den Ausbau des Dachgeschosses.

Bauwerk – Baukonstruktionen
Herstellen: Außenwandöffnungen 23%, Dachbeläge 18%, Dachkonstruktionen 14%, Deckenbeläge 12%, Dachbekleidungen 5%, Baustelleneinrichtung 4%, Dachöffnungen 3%
Sonstige: 20%

Bauwerk – Technische Anlagen
Herstellen: Niederspannungsinstallationsanlagen 29%, Wärmeverteilnetze 23%, Raumheizflächen 17%
Sonstige: 31%

6100-0612 Einfamilienhaus

BRI 268 m³ | **BGF** 112 m² | **NUF** 75 m²

Bauzustand: mittel
Aufwand: mittel
Nutzung während der Bauzeit: ja
Nutzungsänderung: nein
Grundrissänderungen: einige
Tragwerkseingriffe: wenige

Land: Nordrhein-Westfalen
Kreis: Düren
Standard: mittel
Bauzeit: 26 Wochen
Kennwerte: bis 3. Ebene DIN 276
veröffentlicht: www.bki.de

BGF 2.156 €/m²

Planung: FRANKE Architektur I Innenarchitektur; Düren

Dachgeschossausbau zur Wohnraumerweiterung

Bauwerk – Baukonstruktionen
Herstellen: Dachkonstruktionen 22%, Elementierte Außenwandkonstruktionen 20%, Dachbeläge 17%, Deckenbeläge 8%, Elementierte Innenwandkonstruktionen 7%, Elementierte Deckenkonstruktionen 5%
Sonstige: 21%

Bauwerk – Technische Anlagen
Herstellen: Niederspannungsinstallationsanlagen 35%, Raumheizflächen 16%, Wärmeverteilnetze 15%, Sonstiges zur KG 420 13%
Sonstige: 21%

€/m² BGF

min	1.215	€/m²
von	1.500	€/m²
Mittel	**1.980**	**€/m²**
bis	3.055	€/m²
max	3.490	€/m²

Kosten:
Stand 2. Quartal 2025
Bundesdurchschnitt
inkl. 19% MwSt.

Objektübersicht zur Gebäudeart

6100-0784 Einfamilienhaus

BRI 388 m³ **BGF** 181 m² **NUF** 141 m²

Bauzustand: mittel
Aufwand: hoch
Nutzung während der Bauzeit: ja
Nutzungsänderung: nein
Grundrissänderungen: einige
Tragwerkseingriffe: einige

Land: Baden-Württemberg
Kreis: Heidelberg, Stadt
Standard: mittel
Bauzeit: 4 Wochen
Kennwerte: bis 3. Ebene DIN 276
veröffentlicht: www.bki.de
BGF 1.214 €/m²

Planung: Architekt Dipl.-Ing. Alexander Böhm; Heidelberg

Erweiterung eines Zweifamilienhauses durch Ausbau des Spitzbodens zur Erhöhung der Wohnfläche des Dachgeschosses.
Kosteneinfluss Nutzung: Die Wohnflächenangaben gelten nur für den Dachausbau.

Bauwerk – Baukonstruktionen
Herstellen: Dachbeläge 24%, Dachöffnungen 17%, Dachkonstruktionen 12%, Deckenbeläge 12%, Dachbekleidungen 6%, Allgemeine Einbauten 5%, Innenwandbekleidungen 3%
Sonstige: 20%

Bauwerk – Technische Anlagen
Herstellen: Wasseranlagen 63%, Raumheizflächen 18%, Niederspannungsinstallationsanlagen 15%
Sonstige: 4%

6100-0783 Mehrfamilienhaus (3 WE)

BRI 272 m³ **BGF** 145 m² **NUF** 94 m²

Bauzustand: mittel
Aufwand: hoch
Nutzung während der Bauzeit: ja
Nutzungsänderung: nein
Grundrissänderungen: einige
Tragwerkseingriffe: einige

Land: Baden-Württemberg
Kreis: Heidelberg, Stadt
Standard: mittel
Bauzeit: 17 Wochen
Kennwerte: bis 3. Ebene DIN 276
veröffentlicht: www.bki.de
BGF 1.575 €/m²

Planung: Architekt Dipl.-Ing. Alexander Böhm; Heidelberg

Erweiterung eines Dreifamilienhauses durch Dachgeschossausbau mit Ausbau des Spitzbodens zur Erweiterung der Wohnfläche.
Kosteneinfluss Nutzung: Die Angabe der Wohnfläche bezieht sich auf das Dachgeschoss.

Bauwerk – Baukonstruktionen
Abbrechen: Dachbeläge 5%
Herstellen: Dachbeläge 34%, Dachbekleidungen 12%, Deckenbeläge 11%, Dachkonstruktionen 7%, Dachöffnungen 6%, Gerüste 5%
Sonstige: 21%

Bauwerk – Technische Anlagen
Herstellen: Raumheizflächen 30%, Wasseranlagen 26%, Niederspannungsinstallationsanlagen 26%
Sonstige: 18%

6100-1034 Wohn- und Geschäftshaus (4 WE) - Effizienzhaus 100* **BRI** 2.845 m^3 **BGF** 1.080 m^2 **NUF** 621 m^2

Baujahr: 1903

Land: Bayern
Kreis: Oberallgäu
Standard: hoch
Bauzeit: 78 Wochen
Kennwerte: bis 1. Ebene DIN 276
veröffentlicht: BKI Objektdaten E5

BGF 732 €/m²

* Nicht in der Auswertung enthalten

Planung: brack architekten; Kempten

Erweiterung einer ehemaligen Schreinerei um 3 WE im Dachgeschoss.

Kostenkennwerte für die Kosten des Bauwerks (Kostengruppen 300+400 nach DIN 276)

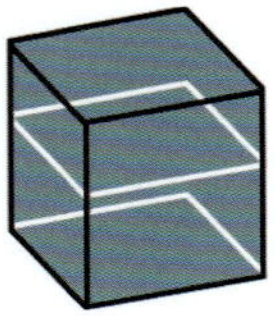

BRI 350 €/m³
von 225 €/m³
bis 510 €/m³

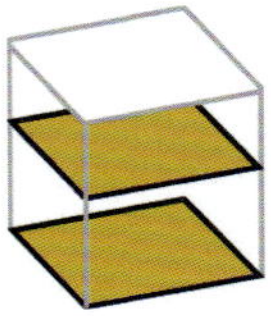

BGF 1.825 €/m²
von 1.375 €/m²
bis 2.585 €/m²

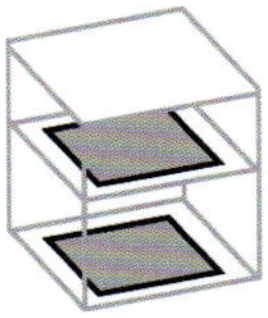

NUF 2.225 €/m²
von 1.595 €/m²
bis 3.730 €/m²

Kosten:
Stand 2. Quartal 2025
Bundesdurchschnitt
inkl. 19% MwSt.

Objektbeispiele

7700-0080

7700-0068

7300-0087

Kosten der 19 Vergleichsobjekte

Seiten 168 bis 176

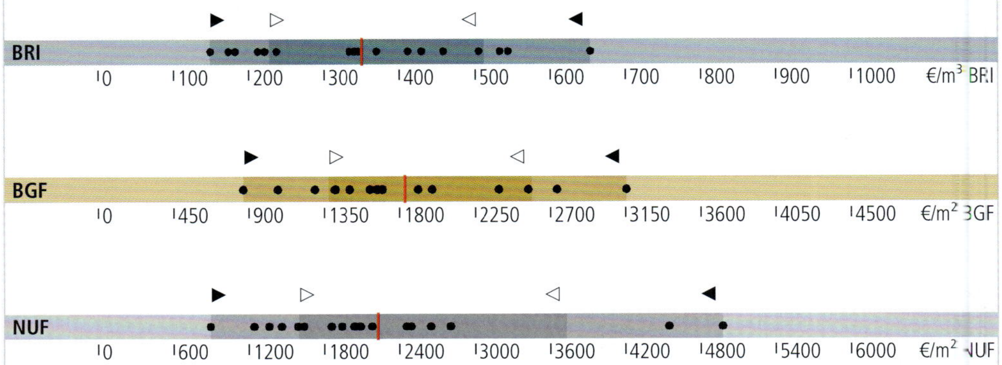

- ● KKW
- ▶ min
- ▷ von
- | Mittelwert
- ◁ bis
- ◀ max

Kostenkennwerte für die Kostengruppen der 1. und 2.Ebene DIN 276

KG	Kostengruppen der 1.Ebene	Einheit	▷	€/Einheit	◁	▷	% an 300+400	◁
100	Grundstück	m²GF	–	**–**	–	–	**–**	–
200	Vorbereitende Maßnahmen	m²GF	7	**30**	276	1,0	**2,8**	8,9
300	Bauwerk – Baukonstruktionen	m²BGF	1.124	**1.467**	2.047	71,7	**81,2**	88,3
400	Bauwerk – Technische Anlagen	m²BGF	193	**360**	648	11,7	**18,8**	28,3
	Bauwerk 300+400	m²BGF	1.373	**1.827**	2.587	100,0	**100,0**	100,0
500	Außenanlagen und Freiflächen	m²AF	29	**84**	166	3,0	**7,7**	19,0
600	Ausstattung und Kunstwerke	m²BGF	1	**3**	12	< 0,1	**0,1**	0,4
700	Baunebenkosten	m²BGF	–	**–**	–	–	**–**	–
800	Finanzierung	m²BGF	–	**–**	–	–	**–**	–

KG	Kostengruppen der 2.Ebene	Einheit	▷	€/Einheit	◁	▷	% an 1.Ebene	◁
310	Baugrube / Erdbau	m³BGI	31	**63**	94	0,9	**2,4**	8,0
320	Gründung, Unterbau	m²GRF	328	**440**	589	9,2	**20,1**	29,5
330	Außenwände / vertikal außen	m²AWF	391	**542**	783	21,4	**28,4**	33,0
340	Innenwände / vertikal innen	m²IWF	240	**343**	493	5,5	**10,8**	14,6
350	Decken / horizontal	m²DEF	334	**507**	746	< 0,1	**8,0**	18,4
360	Dächer	m²DAF	321	**424**	488	19,5	**25,2**	33,3
370	Infrastrukturanlagen		–	**–**	–	–	**–**	–
380	Baukonstruktive Einbauten	m²BGF	4	**21**	38	< 0,1	**0,5**	2,5
390	Sonst. Maßnahmen für Baukonst.	m²BGF	33	**75**	163	2,5	**4,6**	8,2
300	**Bauwerk – Baukonstruktionen**	**m²BGF**					**100,0**	
410	Abwasser-, Wasser-, Gasanlagen	m²BGF	28	**50**	128	8,7	**14,4**	24,2
420	Wärmeversorgungsanlagen	m²BGF	41	**86**	141	14,5	**24,9**	36,9
430	Raumlufttechnische Anlagen	m²BGF	17	**39**	89	0,8	**6,1**	14,3
440	Elektrische Anlagen	m²BGF	71	**112**	189	22,3	**33,5**	41,6
450	Kommunikationstechnische Anlagen	m²BGF	14	**29**	47	1,3	**6,3**	9,9
460	Förderanlagen	m²BGF	39	**72**	118	0,7	**9,5**	27,1
470	Nutzungsspez. / verfahrenstech. Anl.	m²BGF	7	**49**	127	0,6	**4,8**	25,5
480	Gebäude- und Anlagenautomation	m²BGF	2	**3**	4	0,0	**0,2**	0,9
490	Sonst. Maßnahmen f. techn. Anl.	m²BGF	1	**5**	8	0,0	**0,2**	1,3
400	**Bauwerk – Technische Anlagen**	**m²BGF**					**100,0**	

Prozentanteile der Kosten 2.Ebene an den Kosten des Bauwerks nach DIN 276 (Von/Mittel/Bis)

310	Baugrube / Erdbau	1,9
320	Gründung, Unterbau	16,4
330	Außenwände / vertikal außen	23,0
340	Innenwände / vertikal innen	8,7
350	Decken / horizontal	6,6
360	Dächer	20,6
370	Infrastrukturanlagen	
380	Baukonstruktive Einbauten	0,4
390	Sonst. Maßnahmen für Baukonst.	3,7
410	Abwasser-, Wasser-, Gasanlagen	2,5
420	Wärmeversorgungsanlagen	4,5
430	Raumlufttechnische Anlagen	1,2
440	Elektrische Anlagen	5,9
450	Kommunikationstechnische Anlagen	1,3
460	Förderanlagen	1,8
470	Nutzungsspez. / verfahrenstech. Anl.	1,2
480	Gebäude- und Anlagenautomation	< 0,1
490	Sonst. Maßnahmen f. techn. Anl.	< 0,1

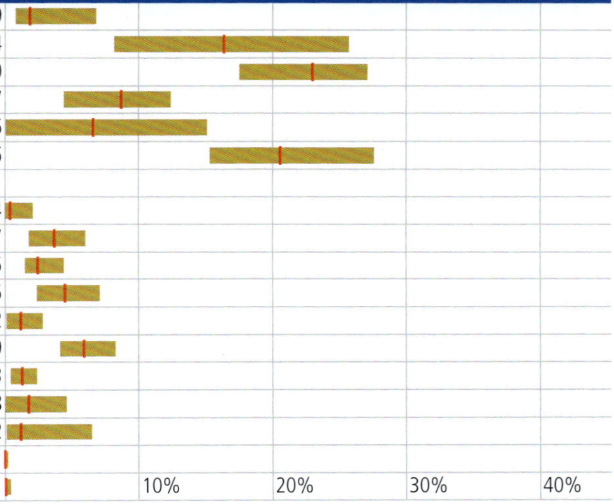

Kosten:
Stand 2. Quartal 2025
Bundesdurchschnitt
inkl. 19% MwSt.

▷ von
Ø Mittel
◁ bis

Kostenkennwerte für die Kostengruppen der 3. Ebene DIN 276

KG	Kostengruppen der 3. Ebene	Einheit	▷	€/Einheit	◁	▷	€/m² BGF	◁
322	Flachgründungen und Bodenplatten	m²	195	**272**	429	111	**181**	417
363	Dachbeläge	m²	138	**193**	248	106	**173**	286
361	Dachkonstruktionen	m²	82	**183**	246	84	**147**	255
337	Elem. Außenwandkonstruktionen	m²	719	**1.347**	3.215	29	**121**	197
466	Hydraulikanlagen	m²	–	**115**	–	–	**115**	–
335	Außenwandbekleidungen, außen	m²	80	**175**	294	64	**109**	216
476	Weitere nutzungsspezifische Anl.	m²	48	**103**	158	48	**103**	158
334	Außenwandöffnungen	m²	551	**862**	1.262	42	**94**	165
324	Gründungsbeläge	m²	71	**128**	203	37	**88**	175
331	Tragende Außenwände	m²	185	**345**	850	16	**79**	163
351	Deckenkonstruktionen	m²	251	**351**	877	35	**78**	170
461	Aufzugsanlagen	m²	38	**69**	120	38	**69**	120
353	Deckenbeläge	m²	133	**167**	233	33	**66**	128
444	Niederspannungsinstallationsanl.	m²	40	**65**	95	40	**65**	95
321	Baugrundverbesserung	m²	–	**77**	–	34	**56**	77
332	Nichttragende Außenwände	m²	38	**159**	191	15	**49**	113
345	Innenwandbekleidungen	m²	46	**105**	624	27	**49**	83
344	Innenwandöffnungen	m²	678	**990**	1.627	30	**47**	110
325	Abdichtungen und Bekleidungen	m²	29	**73**	129	20	**46**	96
433	Klimaanlagen	m²	22	**43**	64	22	**43**	64
364	Dachbekleidungen	m²	37	**69**	107	15	**40**	95
391	Baustelleneinrichtung	m²	11	**38**	99	11	**38**	99
311	Herstellung	m³	31	**63**	94	15	**37**	102
445	Beleuchtungsanlagen	m²	15	**36**	61	15	**36**	61
338	Lichtschutz zur KG 330	m²	327	**475**	986	16	**36**	74
346	Elem. Innenwandkonstruktionen	m²	276	**610**	999	8	**35**	97
423	Raumheizflächen	m²	20	**35**	76	20	**35**	76
342	Nichttragende Innenwände	m²	87	**150**	249	18	**33**	55
333	Außenstützen	m	200	**433**	774	13	**32**	49
421	Wärmeerzeugungsanlagen	m²	9	**31**	54	9	**31**	54
341	Tragende Innenwände	m²	160	**273**	679	13	**29**	47
362	Dachöffnungen	m²	849	**1.734**	2.759	16	**29**	76
422	Wärmeverteilnetze	m²	10	**28**	43	10	**28**	43
412	Wasseranlagen	m²	12	**28**	110	12	**28**	110
336	Außenwandbekleidungen, innen	m²	22	**58**	94	8	**25**	60
434	Kälteanlagen	m²	–	**24**	–	–	**24**	–
431	Lüftungsanlagen	m²	5	**23**	81	5	**23**	81
456	Gefahrenmelde- und Alarmanlagen	m²	15	**23**	32	15	**23**	32
441	Hoch- und Mittelspannungsanlagen	m²	–	**23**	–	–	**23**	–
354	Deckenbekleidungen	m²	27	**58**	103	7	**22**	52
392	Gerüste	m²	11	**22**	43	11	**22**	43
359	Sonstiges zur KG 350	m²	25	**48**	82	11	**21**	59
411	Abwasseranlagen	m²	13	**21**	32	13	**21**	32
381	Allgemeine Einbauten	m²	3	**20**	36	3	**20**	35
339	Sonstiges zur KG 330	m²	8	**24**	98	5	**19**	52
454	Elektroakustische Anlagen	m²	–	**19**	–	–	**19**	–
465	Krananlagen	m²	–	**17**	–	–	**17**	–
343	Innenstützen	m	149	**334**	470	8	**16**	33
355	Elementierte Deckenkonstruktionen	m²	1.694	**2.910**	3.591	7	**13**	26
397	Zusätzliche Maßnahmen	m²	4	**13**	34	4	**13**	34

Prozentanteile der Kosten für Leistungsbereiche nach STLB (Kosten Bauwerk nach DIN 276)

LB	Leistungsbereiche	▷	% an 300+400	◁
C00	Baustellen-, Verkehrssich.- u. Sicherh.einr. inkl. 001	1,7	**3,3**	5,2
C02	Erdarbeiten	1,3	**4,0**	10,0
C06	Spezialtiefbauarbeiten inkl. 005	–	**–**	–
C09	Entwässerungskanalarbeiten inkl. 011	0,2	**0,6**	1,0
C10	Drän- und Versickerarbeiten	0,0	**< 0,1**	0,4
C12	Mauerarbeiten	0,5	**3,1**	6,5
C13	Betonarbeiten	7,3	**16,5**	26,8
C14	Natur-, Betonwerksteinarbeiten	< 0,1	**0,6**	1,6
016	Zimmer- und Holzbauarbeiten	0,9	**4,1**	18,3
017	Stahlbauarbeiten	0,4	**5,0**	14,6
018	Abdichtungsarbeiten	< 0,1	**0,2**	0,8
020	Dachdeckungsarbeiten	0,0	**6,2**	11,3
021	Dachabdichtungsarbeiten	0,0	**3,0**	6,8
022	Klempnerarbeiten	0,8	**1,9**	3,6
	Rohbau	40,6	**48,6**	61,1
023	Putz- und Stuckarbeiten, Wärmedämmsysteme	0,4	**2,9**	7,6
024	Fliesen- und Plattenarbeiten	0,6	**3,1**	8,5
025	Estricharbeiten	0,5	**1,3**	2,9
026	Fenster, Außentüren inkl. 029, 032	1,3	**6,1**	10,9
027	Tischlerarbeiten	0,7	**2,3**	5,9
028	Parkett-, Holzpflasterarbeiten	0,0	**0,2**	0,8
030	Rollladenarbeiten	0,1	**1,0**	3,3
031	Metallbauarbeiten inkl. 035	3,5	**8,3**	12,2
034	Maler- und Lackiererarb. – Beschicht. inkl. 037	0,8	**2,2**	4,6
036	Bodenbelagarbeiten	< 0,1	**1,2**	2,8
038	Vorgehängte hinterlüftete Fassaden	0,0	**< 0,1**	0,3
039	Trockenbauarbeiten	1,0	**2,9**	7,2
	Ausbau	19,8	**31,4**	40,3
040	Wärmeversorgungsanl. - Betriebseinr. inkl. 041	2,3	**4,3**	6,8
042	Gas- u. Wasseranl. – Leitung., Armat. inkl. 043	0,2	**0,5**	1,6
044	Abwasseranl. - Leitungen, Abläufe, Armaturen	0,2	**0,5**	1,0
045	Gas, Wasser, Entwässerung – Ausstattung inkl. 046	0,4	**1,0**	2,3
047	Dämm- und Brandschutzarb. an techn. Anlagen	0,1	**0,4**	0,8
049	Feuerlöschanlagen, Feuerlöschgeräte	< 0,1	**< 0,1**	0,4
050	Blitzschutz-/Erdungsanlagen, Überspannungssch.	0,2	**0,5**	1,0
052	Mittelspannungsanlagen	< 0,1	**0,1**	1,4
053	Niederspannungsanl. – Kabel inkl. 054	2,6	**3,7**	5,4
055	Sicherheits- u. Ersatzstromversorgungsanl.	–	**–**	–
057	Gebäudesystemtechnik	–	**–**	–
058	Leuchten und Lampen inkl. 059	0,5	**1,8**	2,9
060	Such, Signal, Zeit, Anten., akust. Anl. inkl. 064	< 0,1	**0,1**	1,1
061	Kommunikations- u. Übertragungsnetze inkl. 062	0,2	**0,5**	1,0
063	Gefahrenmeldeanlagen	< 0,1	**0,5**	1,6
069	Aufzüge	< 0,1	**1,6**	4,8
070	Gebäudeautomation	0,0	**< 0,1**	0,2
075	Raumlufttechnische Anlagen inkl. 078	0,2	**1,2**	2,8
	Gebäudetechnik	11,9	**16,8**	22,5
084	Abbruch, Rückbau, Schadstoffsanierung	0,5	**2,1**	5,3
	Sonstige Leistungsbereiche inkl. 008, 033, 051	0,2	**1,0**	5,6

€/m² BGF

min	865	€/m²
von	1.375	€/m²
Mittel	**1.825**	**€/m²**
bis	2.585	€/m²
max	3.155	€/m²

Kosten:
Stand 2. Quartal 2025
Bundesdurchschnitt
inkl. 19% MwSt.

Objektübersicht zur Gebäudeart

7700-0080 Weinlagerhalle, Büro

BRI 30.612 m³ **BGF** 4.794 m² **NUF** 4.134 m²

© Xella Aircrete Systems / Holger Krull (Architekturfotograf)

Land: Baden-Württemberg
Kreis: Ludwigsburg
Standard: mittel
Bauzeit: 57 Wochen
Kennwerte: bis 3. Ebene DIN 276
veröffentlicht: BKI Objektdaten A11
BGF 1.409€/m²

Planung: Helmut Mögel Freier Architekt BDA; Stuttgart

Lagerhalle für Weinkellerei mit Bereitstellung und Versand sowie Büros im Obergeschoss.

Bauwerk – Baukonstruktionen
Herstellen: Dachkonstruktionen 14%, Herstellung 12%, Flachgründungen und Bodenplatten 9%, Deckenkonstruktionen 6%, Dachbeläge 5%, Elementierte Innenwandkonstruktionen 5%, Außenwandöffnungen 5%, Abdichtungen und Bekleidungen 5%, Nichttragende Außenwände 4%, Gründungsbeläge 3%, Elementierte Außenwandkonstruktionen 3%, Außenstützen 3%, Innenstützen 3%
Sonstige: 22%

Bauwerk – Technische Anlagen
Herstellen: Niederspannungsinstallationsanlagen 22%, Beleuchtungsanlagen 14%, Aufzugsanlagen 13%, Kälteanlagen 12%, Abwasseranlagen 8%, Gefahrenmelde- und Alarmanlagen 7%, Feuerlöschanlagen 4%
Sonstige: 21%

7600-0064 Feuer- und Rettungswache

BRI 897 m³ **BGF** 186 m² **NUF** 129 m²

© k. A.

Bauzustand: mittel
Aufwand: mittel
Nutzung während der Bauzeit: ja
Nutzungsänderung: nein
Grundrissänderungen: keine
Tragwerkseingriffe: keine

Land: Nordrhein-Westfalen
Kreis: Recklinghausen
Standard: mittel
Bauzeit: 22 Wochen
Kennwerte: bis 3. Ebene DIN 276
veröffentlicht: BKI Objektdaten A9
BGF 3.154€/m²

Planung: k.A.

Anbau von Umkleide- und Sanitärräumen für Feuer- und Rettungswache

Bauwerk – Baukonstruktionen
Herstellen: Außenwandbekleidungen, außen 12%, Dachbeläge 11%, Tragende Außenwände 9%, Elementierte Außenwandkonstruktionen 8%, Gründungsbeläge 7%, Flachgründungen und Bodenplatten 7%, Baustelleneinrichtung 6%, Dachkonstruktionen 6%, Innenwandöffnungen 5%, Innenwandbekleidungen 4%, Außenwandbekleidungen, innen 4%
Sonstige: 21%

Bauwerk – Technische Anlagen
Herstellen: Wasseranlagen 19%, Niederspannungsinstallationsanlagen 16%, Raumheizflächen 14%, Lüftungsanlagen 14%, Beleuchtungsanlagen 11%, Wärmeverteilnetze 5%
Sonstige: 21%

7700-0060 Anlieferungszone

BRI 2.026 m³ **BGF** 461 m² **NUF** 443 m²

© heine I reichold architekten

Land: Sachsen
Kreis: Nordsachsen
Standard: mittel
Bauzeit: 22 Wochen
Kennwerte: bis 3. Ebene DIN 276
veröffentlicht: BKI Objektdaten A9
BGF **2.393 €/m²**

Planung: heine I reichold architekten Partnerschaftsgesellschaft mbB; Lichtenstein

Anbau einer Anlieferungszone mit sieben Andockschleusen. **Kosteneinfluss Nutzung:** Brandschutz, Wärmeschutz

Bauwerk – Baukonstruktionen
Herstellen: Flachgründungen und Bodenplatten 28%, Dachkonstruktionen 15%, Dachbeläge 11%, Abdichtungen und Bekleidungen 6%, Außenwandöffnungen 5%, Außenwandbekleidungen, außen 4%, Sonstiges zur KG 330 3%, Baustelleneinrichtung 3%, Innenwandbekleidungen 3%
Sonstige: 22%

Bauwerk – Technische Anlagen
Herstellen: Hydraulikanlagen 28%, Niederspannungsinstallationsanlagen 19%, Wärmeverteilnetze 14%, Wärmeerzeugungsanlagen 11%
Sonstige: 28%

7600-0045 Feuerwehrhaus

BRI 750 m³ **BGF** 171 m² **NUF** 132 m²

© Harald Gläsel Architekt

Land: Hessen
Kreis: Schwalm-Eder-Kreis
Standard: mittel
Bauzeit: 17 Wochen
Kennwerte: bis 3. Ebene DIN 276
veröffentlicht: BKI Objektdaten A8
BGF **1.499 €/m²**

Planung: Harald Gläsel Architekt VfA; Schwalmstadt-Treysa

Anbau und Umbau eines Feuerwehrhauses

Bauwerk – Baukonstruktionen
Herstellen: Gründungsbeläge 12%, Außenwandbekleidungen, außen 11%, Dachbekleidungen 10%, Dachbeläge 10%, Außenwandöffnungen 9%, Flachgründungen und Bodenplatten 8%, Tragende Außenwände 6%, Dachkonstruktionen 4%, Außenwandbekleidungen, innen 3%, Innenwandöffnungen 3%, Nichttragende Innenwände 3%
Sonstige: 20%

Bauwerk – Technische Anlagen
Herstellen: Wärmeerzeugungsanlagen 24%, Beleuchtungsanlagen 17%, Abwasseranlagen 12%, Niederspannungsinstallationsanlagen 11%, Wärmeverteilnetze 11%
Sonstige: 25%

€/m² BGF

min	865	€/m²
von	1.375	€/m²
Mittel	**1.825**	**€/m²**
bis	2.585	€/m²
max	3.155	€/m²

Kosten:
Stand 2. Quartal 2025
Bundesdurchschnitt
inkl. 19% MwSt.

Objektübersicht zur Gebäudeart

7300-0062 Aufstockung Betriebsgebäude

BRI 992 m³ **BGF** 228 m² **NUF** 185 m²

Baujahr: 1990
Bauzustand: gut
Aufwand: hoch
Nutzung während der Bauzeit: ja
Nutzungsänderung: ja
Grundrissänderungen: wenige
Tragwerkseingriffe: wenige

Land: Baden-Württemberg
Kreis: Esslingen
Standard: hoch
Bauzeit: 17 Wochen
Kennwerte: bis 3. Ebene DIN 276
veröffentlicht: BKI Objektdaten A8
BGF 1.992 €/m²

Planung: Architekturbüro Mesch-Fehrle; Aichtal-Grötzingen

Teilabbruch von vorhandenem Dachstock, Aufstockung mit Holz-Fertigteilen, das neue Dachgeschoss wird als Büro genutzt.

Bauwerk – Baukonstruktionen
Herstellen: Dachbeläge 14%, Dachkonstruktionen 13%, Außenwandöffnungen 13%, Elementierte Innenwandkonstruktionen 7%, Außenwandbekleidungen, außen 6%, Deckenbeläge 6%, Lichtschutz zur KG 330 5%, Innenwandbekleidungen 5%, Deckenbekleidungen 3%, Gerüste 3%, Nichttragende Innenwände 3%
Sonstige: 22%

Bauwerk – Technische Anlagen
Herstellen: Niederspannungsinstallationsanlagen 35%, Wasseranlagen 15%, Raumheizflächen 12%, Sonstiges zur KG 410 10%, Wärmeverteilnetze 7%
Sonstige: 22%

7300-0060 Büro- und Fertigungsgebäude

BRI 7.916 m³ **BGF** 1.613 m² **NUF** 1.474 m²

Land: Baden-Württemberg
Kreis: Freudenstadt
Standard: mittel
Bauzeit: 35 Wochen
Kennwerte: bis 3. Ebene DIN 276
veröffentlicht: BKI Objektdaten A8
BGF 1.693 €/m²

Planung: Detlef Brückner Dipl.-Ing. (FH) Freier Architekt; Freudenstadt

Erweiterung Büro- und Fertigungsgebäude

Bauwerk – Baukonstruktionen
Herstellen: Tragende Außenwände 13%, Flachgründungen und Bodenplatten 11%, Außenwandöffnungen 10%, Abdichtungen und Bekleidungen 8%, Dachkonstruktionen 8%, Dachbeläge 7%, Außenwandbekleidungen, außen 6%, Deckenkonstruktionen 5%, Deckenbeläge 4%, Gründungsbeläge 3%, Innenwandöffnungen 3%
Sonstige: 22%

Bauwerk – Technische Anlagen
Herstellen: Aufzugsanlagen 17%, Niederspannungsinstallationsanlagen 16%, Wärmeerzeugungsanlagen 11%, Wärmeverteilnetze 10%, Raumheizflächen 9%, Gefahrenmelde- und Alarmanlagen 8%, Abwasseranlagen 6%
Sonstige: 24%

Objektübersicht zur Gebäudeart

7200-0068 Autohaus

BRI 5.407 m³ **BGF** 988 m² **NUF** 939 m²

Land: Bayern
Kreis: Neuburg-Schrobenhausen
Standard: hoch
Bauzeit: 18 Wochen
Kennwerte: bis 3. Ebene DIN 276
veröffentlicht: BKI Objektdaten A6

BGF 1.292 €/m²

Planung: intec Gewerbebau GmbH Dipl.-Ing. Jörg Schäfer; Traunstein

Erweiterung eines Autohauses, im Bestand wurden neue Bodenbeläge verlegt. Die Gesamtkosten beziehen sich auf die Erweiterung und die Modernisierung im Bestand.

Bauwerk – Baukonstruktionen
Herstellen: Elementierte Außenwandkonstruktionen 20%, Gründungsbeläge 19%, Dachkonstruktionen 12%, Flachgründungen und Bodenplatten 10%, Dachöffnungen 8%, Dachbeläge 7%, Abdichtungen und Bekleidungen 4%
Sonstige: 21%

Bauwerk – Technische Anlagen
Herstellen: Raumheizflächen 34%, Beleuchtungsanlagen 29%, Niederspannungsinstallationsanlagen 16%
Sonstige: 21%

7100-0025 Produktions- und Bürogebäude (80 AP)

BRI 33.370 m³ **BGF** 4.436 m² **NUF** 3.526 m²

Land: Nordrhein-Westfalen
Kreis: Mettmann
Standard: mittel
Bauzeit: 39 Wochen
Kennwerte: bis 3. Ebene DIN 276
veröffentlicht: BKI Objektdaten A8

BGF 1.660 €/m²

Planung: Fritz-Dieter Tollé Architekt BDB Architekten Stadtplaner Ingenieure; Verden

Produktionshalle für 80 Mitarbeiter mit Technikräumen, Büroräumen und Besprechungszimmer.

Bauwerk – Baukonstruktionen
Herstellen: Flachgründungen und Bodenplatten 16%, Außenwandbekleidungen, außen 14%, Dachbeläge 13%, Nichttragende Außenwände 7%, Baustelleneinrichtung 6%, Deckenkonstruktionen 5%, Außenstützen 5%, Gründungsbeläge 3%, Nichttragende Innenwände 3%, Herstellung 3%, Elementierte Außenwandkonstruktionen 2%
Sonstige: 22%

Bauwerk – Technische Anlagen
Herstellen: Niederspannungsinstallationsanlagen 17%, Beleuchtungsanlagen 10%, Weitere nutzungsspezifische Anlagen 10%, Gefahrenmelde- und Alarmanlagen 7%, Lüftungsanlagen 7%, Abwasseranlagen 7%, Wärmeverteilnetze 6%, Hoch- und Mittelspannungsanlagen 5%, Wärmeerzeugungsanlagen 4%, Krananlagen 3%, Wasseranlagen 3%
Sonstige: 21%

€/m² BGF

min	865	€/m²
von	1.375	€/m²
Mittel	**1.825**	**€/m²**
bis	2.585	€/m²
max	3.155	€/m²

Kosten:
Stand 2. Quartal 2025
Bundesdurchschnitt
inkl. 19% MwSt.

Objektübersicht zur Gebäudeart

7700-0051 Empfangsgebäude, Verbindungsgänge*

BRI 1.331 m³ **BGF** 215 m² **NUF** 185 m²

© Architekturbüro Fenchel

Land: Bayern
Kreis: Rhön-Grabfeld
Standard: mittel
Bauzeit: 31 Wochen
Kennwerte: bis 3. Ebene DIN 276
veröffentlicht: BKI Objektdaten A9

BGF 4.387 €/m²

* Nicht in der Auswertung enthalten

Planung: Architekturbüro Fenchel Dipl.Ing. Univ. Holger Fenchel; Meiningen

Neubau Empfangsgebäude mit Verbindungsgängen zum Gebäudebestand

Bauwerk – Baukonstruktionen
Außenwandöffnungen 41%, Tragende Außenwände 12%, Außenwandbekleidungen, außen 10%, Flachgründungen und Bodenplatten 7%, Dachbeläge 6%
Sonstige: 24%

Bauwerk – Technische Anlagen
Wärmeversorgungsanlagen 55%, Wasseranlagen 10%, Niederspannungsinstallationsanlagen 7%, Abwasseranlagen 7%
Sonstige: 21%

7300-0058 Verwaltung und Versand

BRI 2.335 m³ **BGF** 600 m² **NUF** 482 m²

© Architekturbüro Bertwin Kaufmann

Bauzustand: mittel
Aufwand: mittel
Nutzung während der Bauzeit: nein
Nutzungsänderung: nein
Grundrissänderungen: keine
Tragwerkseingriffe: keine

Land: Bayern
Kreis: Miltenberg
Standard: mittel
Bauzeit: 30 Wochen
Kennwerte: bis 3. Ebene DIN 276
veröffentlicht: BKI Objektdaten A6

BGF 1.668 €/m²

Planung: Architekturbüro Bertwin Kaufmann; Möchberg

Zweigeschossige Erweiterung einer Produktionshalle für Backwaren um Räume für Verwaltung und Versand bei laufendem Betrieb.

Bauwerk – Baukonstruktionen
Herstellen: Flachgründungen und Bodenplatten 11%, Tragende Außenwände 10%, Elementierte Außenwandkonstruktionen 10%, Dachbeläge 9%, Dachkonstruktionen 8%, Deckenkonstruktionen 8%, Gründungsbeläge 6%, Innenwandbekleidungen 6%, Außenwandbekleidungen, außen 4%, Außenwandöffnungen 4%, Deckenbeläge 4%
Sonstige: 20%

Bauwerk – Technische Anlagen
Herstellen: Niederspannungsinstallationsanlagen 32%, Wärmeverteilnetze 19%, Raumheizflächen 15%, Beleuchtungsanlagen 9%
Sonstige: 24%

7200-0066 Autohaus

BRI 1.784 m³ **BGF** 345 m² **NUF** 302 m²

Bauzustand: mittel
Aufwand: mittel
Nutzung während der Bauzeit: ja
Nutzungsänderung: nein
Grundrissänderungen: einige
Tragwerkseingriffe: einige

Land: Hessen
Kreis: Vogelsbergkreis
Standard: mittel
Bauzeit: 31 Wochen
Kennwerte: bis 3. Ebene DIN 276
veröffentlicht: www.bki.de

BGF **1.908 €/m²**

Planung: Architekt Dipl.-Ing. Karlheinz Geißler; Alsfeld

Erweiterung und Umbau eines Autohauses mit Büroräumen, Besprechungszimmer und Werkstatt. Abbruch des vorh. Lager- und Bürogebäudes zur Errichtung eines Neubaus an gleicher Stelle mit ca. 50% mehr Nutzungsfläche. Das vorh. Werkstattgebäude bleibt in seiner Nutzung und Größe unverändert. Die Zahl der Beschäftigten bleibt nach der geplanten Baumaßnahme unverändert. **Kosteneinfluss Grundstück:** Errichtung einer neuen Zufahrt, Anarbeiten der bestehenden Asphaltflächen an das Gebäude.

Bauwerk – Baukonstruktionen
Herstellen: Dachbeläge 22%, Flachgründungen und Bodenplatten 13%, Dachkonstruktionen 12%, Außenwandöffnungen 12%, Nichttragende Außenwände 9%, Innenwandöffnungen 6%, Gründungsbeläge 5%
Sonstige: 22%

Bauwerk – Technische Anlagen
Herstellen: Weitere nutzungsspezifische Anlagen 33%, Niederspannungsinstallationsanlagen 18%, Raumheizflächen 9%, Beleuchtungsanlagen 8%, Wärmeerzeugungsanlagen 8%
Sonstige: 23%

7200-0069 Geschäftshaus mit Werkstatt

BRI 3.297 m³ **BGF** 1.036 m² **NUF** 857 m²

Land: Baden-Württemberg
Kreis: Freudenstadt
Standard: hoch
Bauzeit: 87 Wochen
Kennwerte: bis 3. Ebene DIN 276
veröffentlicht: BKI Objektdaten A6

BGF **1.697 €/m²**

Planung: Detlef Brückner Dipl.-Ing. (FH) Freier Architekt; Freudenstadt

Erweiterung eines Geschäftshauses mit Werkstatt und einer Wohnung, der Bestand wurde modernisiert.

Bauwerk – Baukonstruktionen
Herstellen: Deckenkonstruktionen 15%, Elementierte Außenwandkonstruktionen 13%, Deckenbeläge 10%, Dachbeläge 8%, Dachkonstruktionen 8%, Außenwandbekleidungen, außen 7%, Sonstiges zur KG 350 4%, Flachgründungen und Bodenplatten 4%, Tragende Außenwände 3%, Deckenbekleidungen 3%, Innenwandbekleidungen 2%
Sonstige: 22%

Bauwerk – Technische Anlagen
Herstellen: Aufzugsanlagen 38%, Klimaanlagen 20%, Niederspannungsinstallationsanlagen 15%, Abwasseranlagen 6%
Sonstige: 21%

Übersicht-1. + 2. Ebene
Erweiterung
Umbau
Modernisierung
Instandsetzung
Bauelemente
Abbrechen
Wiederherstellen
Herstellen

€/m² BGF

min	865	€/m²
von	1.375	€/m²
Mittel	**1.825**	**€/m²**
bis	2.585	€/m²
max	3.155	€/m²

Kosten:
Stand 2. Quartal 2025
Bundesdurchschnitt
inkl. 19% MwSt.

Objektübersicht zur Gebäudeart

7700-0093 Fahrzeughalle, Lager (6 STP) — **BRI** 2.341 m³ **BGF** 401 m² **NUF** 390 m²

© Geldener Bau GmbH

Baujahr: 2014
Bauzustand: gut
Aufwand: niedrig
Nutzung während der Bauzeit: ja
Nutzungsänderung: nein
Grundrissänderungen: wenige
Tragwerkseingriffe: wenige

Land: Nordrhein-Westfalen
Kreis: Kleve
Standard: mittel
Bauzeit: 17 Wochen
Kennwerte: bis 1. Ebene DIN 276
veröffentlicht: BKI Objektdaten A12

BGF 866 €/m²

Planung: Christoph Echelmeyer; Geldern

Lagerhalle mit Abstellmöglichkeit für die Fahrzeuge des Betriebes sowie Platz für Lagerware.

7300-0103 Lkw-Werkstatt (4 AP) — **BRI** 2.163 m³ **BGF** 281 m² **NUF** 272 m²

© planerzirkel consulting architects GmbH

Baujahr: 1990
Bauzustand: mittel
Aufwand: mittel
Nutzungsänderung: nein
Grundrissänderungen: keine
Tragwerkseingriffe: keine

Land: Bremen
Kreis: Bremen, Stadt
Standard: hoch
Bauzeit: 65 Wochen
Kennwerte: bis 1. Ebene DIN 276
veröffentlicht: BKI Objektdaten A12

BGF 2.567 €/m²

Planung: planerzirkel consulting architects GmbH; Hildesheim

Erweiterung einer Lkw-Werkstatt um zwei Gruben

7700-0089 Logistik- und Produktionshalle (215 AP) — **BRI** 38.554 m³ **BGF** 7.100 m² **NUF** 3.911 m²

© Sonja Hilpert

Baujahr: 1964
Bauzustand: schlecht
Aufwand: hoch
Nutzung während der Bauzeit: ja
Nutzungsänderung: nein
Grundrissänderungen: wenige
Tragwerkseingriffe: einige

Land: Hessen
Kreis: Darmstadt, Stadt
Standard: mittel
Bauzeit: 87 Wochen
Kennwerte: bis 1. Ebene DIN 276
veröffentlicht: BKI Objektdaten A11

BGF 2.739 €/m²

Planung: ruby³ architekten BDA; Darmstadt

Logistik- und Produktionshalle mit zwei Bürogeschossen und Technikfläche im DG, 215 Arbeitsplätze.

7300-0087 Tischlerei

BRI 14.300 m³ **BGF** 2.425 m² **NUF** 2.097 m²

Land: Sachsen
Kreis: Meißen
Standard: mittel
Bauzeit: 35 Wochen
Kennwerte: bis 1. Ebene DIN 276
veröffentlicht: BKI Objektdaten A9

BGF **1.071 €/m²**

Planung: Klinkenbusch + Kunze Architektur und Gestaltung; Dresden

Produktionshalle mit Tischlerei, Glaserei und Schlosserei, Sozialräume

7700-0068 Lagerhalle

BRI 17.461 m³ **BGF** 2.610 m² **NUF** 2.531 m²

Land: Sachsen
Kreis: Sächsische Schweiz
Standard: mittel
Bauzeit: 13 Wochen
Kennwerte: bis 1. Ebene DIN 276
veröffentlicht: BKI Objektdaten A9

BGF **1.415 €/m²**

Planung: IPROconsult GmbH; Dresden

Fertigwarenlager für Papier, Speditionsbüro

7200-0081 Autohaus

BRI 5.344 m³ **BGF** 855 m² **NUF** 784 m²

Baujahr: 1915

Land: Sachsen
Kreis: Dresden, Stadt
Standard: hoch
Bauzeit: 48 Wochen
Kennwerte: bis 1. Ebene DIN 276
veröffentlicht: BKI Objektdaten A8

BGF **2.568 €/m²**

Planung: G.N.b.h. Architekten; Dresden

Erweiterung eines Autohauses mit Ausstellung (723 m²) und Werkstatt (81 m²)

€/m² BGF

min	865	€/m²
von	1.375	€/m²
Mittel	**1.825**	**€/m²**
bis	2.585	€/m²
max	3.155	€/m²

Kosten:
Stand 2. Quartal 2025
Bundesdurchschnitt
inkl. 19% MwSt.

Objektübersicht zur Gebäudeart

7100-0048 Entwicklungszentrum

BRI 10.920 m³ **BGF** 2.280 m² **NUF** 1.813 m²

Baujahr: 1998
Bauzustand: mittel
Aufwand: mittel
Nutzung während der Bauzeit: ja
Nutzungsänderung: nein
Grundrissänderungen: einige

Land: Nordrhein-Westfalen
Kreis: Märkischer Kreis
Standard: hoch
Bauzeit: 113 Wochen
Kennwerte: bis 1. Ebene DIN 276
veröffentlicht: BKI Objektdaten A9
BGF **1.621 €/m²**

Planung: STUDIO KMK Büro für Architektur; Plettenberg

Büro und Montagehalle mit 45 Büroarbeitsplätzen und zehn Arbeitsplätzen in der Montage. Teilbereiche viergeschossig.

7700-0058 Lager- und Bürogebäude

BRI 58.697 m³ **BGF** 6.752 m² **NUF** 6.378 m²

Land: Sachsen
Kreis: Zwickau
Standard: mittel
Bauzeit: 57 Wochen
Kennwerte: bis 1. Ebene DIN 276
veröffentlicht: BKI Objektdaten A10
BGF **1.500 €/m²**

Planung: heine I reichold architekten Partnerschaftsgesellschaft mbB; Lichtenstein

Lagerhalle mit Verwaltungsräumen

Kostenkennwerte für die Kosten des Bauwerks (Kostengruppen 300+400 nach DIN 276)

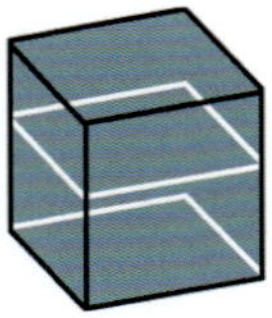

BRI 885 €/m³
von 605 €/m³
bis 1.350 €/m³

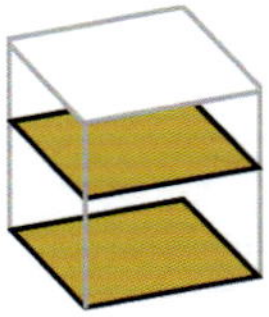

BGF 3.480 €/m²
von 2.190 €/m²
bis 5.255 €/m²

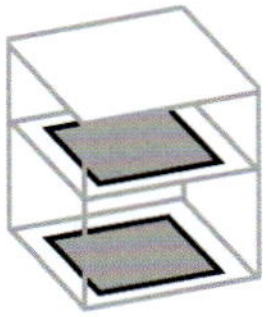

NUF 5.790 €/m²
von 3.270 €/m²
bis 10.730 €/m²

Kosten:
Stand 2. Quartal 2025
Bundesdurchschnitt
inkl. 19% MwSt.

Objektbeispiele

3200-0034

6400-0127

9100-0222

Kosten der 31 Vergleichsobjekte

Seiten 182 bis 195

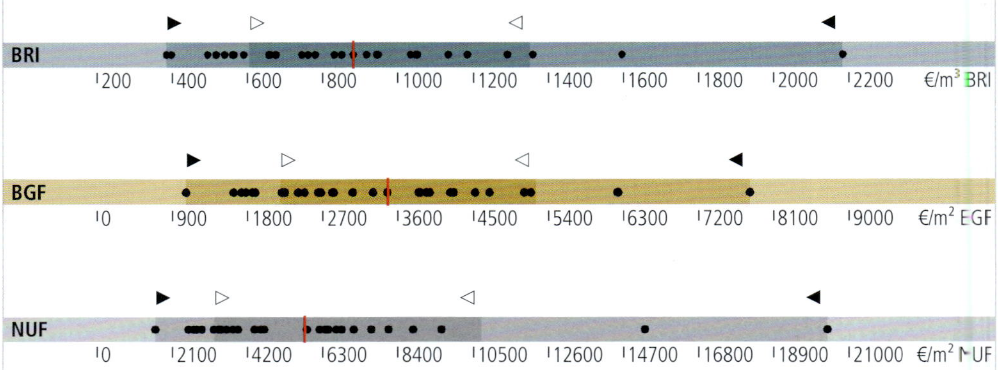

- ● KKW
- ▶ min
- ▷ von
- | Mittelwert
- ◁ bis
- ◀ max

Kostenkennwerte für die Kostengruppen der 1. und 2.Ebene DIN 276

KG	Kostengruppen der 1.Ebene	Einheit	▷	€/Einheit	◁	▷	% an 300+400	◁
100	Grundstück	m²GF	–	**–**	–	–	**–**	–
200	Vorbereitende Maßnahmen	m²GF	4	**14**	43	0,4	**2,0**	4,1
300	Bauwerk – Baukonstruktionen	m²BGF	1.520	**2.426**	3.492	55,8	**71,8**	82,6
400	Bauwerk – Technische Anlagen	m²BGF	523	**1.053**	2.495	17,4	**28,2**	44,2
	Bauwerk 300+400	m²BGF	2.191	**3.479**	5.254	100,0	**100,0**	100,0
500	Außenanlagen und Freiflächen	m²AF	157	**446**	1.462	2,5	**6,5**	13,4
600	Ausstattung und Kunstwerke	m²BGF	74	**292**	1.363	1,9	**9,5**	39,0
700	Baunebenkosten	m²BGF	–	**–**	–	–	**–**	–
800	Finanzierung	m²BGF	–	**–**	–	–	**–**	–

KG	Kostengruppen der 2.Ebene	Einheit	▷	€/Einheit	◁	▷	% an 1.Ebene	◁
310	Baugrube / Erdbau	m³BGI	47	**142**	262	0,4	**1,7**	3,9
320	Gründung, Unterbau	m²GRF	374	**547**	740	6,4	**12,0**	18,3
330	Außenwände / vertikal außen	m²AWF	462	**832**	1.571	19,7	**29,5**	38,5
340	Innenwände / vertikal innen	m²IWF	397	**561**	852	9,7	**17,1**	22,9
350	Decken / horizontal	m²DEF	217	**558**	984	2,7	**14,1**	30,1
360	Dächer	m²DAF	423	**728**	1.186	12,3	**17,4**	23,0
370	Infrastrukturanlagen		–	**–**	–	–	**–**	–
380	Baukonstruktive Einbauten	m²BGF	14	**83**	217	< 0,1	**2,4**	6,4
390	Sonst. Maßnahmen für Baukonst.	m²BGF	50	**112**	340	3,2	**5,8**	11,5
300	**Bauwerk – Baukonstruktionen**	**m²BGF**					**100,0**	
410	Abwasser-, Wasser-, Gasanlagen	m²BGF	50	**115**	228	9,2	**14,9**	21,5
420	Wärmeversorgungsanlagen	m²BGF	83	**180**	445	9,0	**27,6**	39,0
430	Raumlufttechnische Anlagen	m²BGF	64	**173**	371	0,2	**11,4**	20,1
440	Elektrische Anlagen	m²BGF	110	**178**	324	18,1	**28,2**	43,2
450	Kommunikationstechnische Anlagen	m²BGF	17	**53**	127	2,6	**7,7**	13,0
460	Förderanlagen	m²BGF	16	**46**	94	< 0,1	**1,4**	6,6
470	Nutzungsspez. / verfahrenstech. Anl.	m²BGF	39	**176**	314	0,3	**6,6**	17,8
480	Gebäude- und Anlagenautomation	m²BGF	57	**63**	68	0,0	**1,7**	7,6
490	Sonst. Maßnahmen f. techn. Anl.	m²BGF	4	**10**	16	< 0,1	**0,7**	2,1
400	**Bauwerk – Technische Anlagen**	**m²BGF**					**100,0**	

Prozentanteile der Kosten 2.Ebene an den Kosten des Bauwerks nach DIN 276 (Von/Mittel/Bis)

310	Baugrube / Erdbau	1,3
320	Gründung, Unterbau	8,1
330	Außenwände / vertikal außen	21,1
340	Innenwände / vertikal innen	12,4
350	Decken / horizontal	10,7
360	Dächer	12,2
370	Infrastrukturanlagen	
380	Baukonstruktive Einbauten	1,9
390	Sonst. Maßnahmen für Baukonst.	3,9
410	Abwasser-, Wasser-, Gasanlagen	3,9
420	Wärmeversorgungsanlagen	7,7
430	Raumlufttechnische Anlagen	4,4
440	Elektrische Anlagen	6,7
450	Kommunikationstechnische Anlagen	2,1
460	Förderanlagen	0,5
470	Nutzungsspez. / verfahrenstech. Anl.	2,6
480	Gebäude- und Anlagenautomation	0,6
490	Sonst. Maßnahmen f. techn. Anl.	0,2

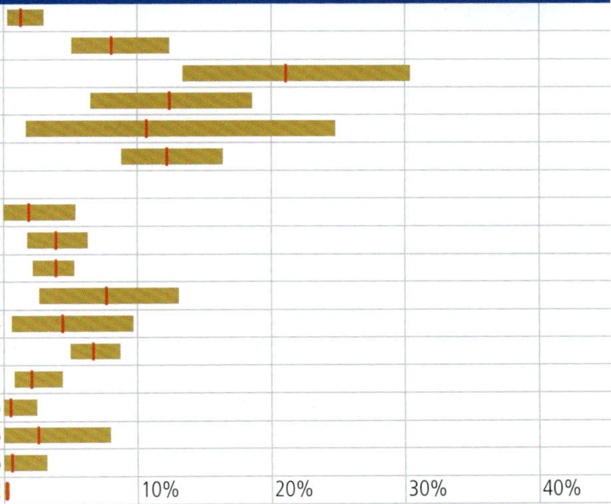

Kostenkennwerte für die Kostengruppen der 3. Ebene DIN 276

KG	Kostengruppen der 3. Ebene	Einheit	▷	€/Einheit	◁	▷	€/m² BGF	◁
337	Elem. Außenwandkonstruktionen	m²	927	**1.180**	1.635	205	**288**	425
472	Reinigungs- u. badetechn. Anl.	m²	–	**264**	–	–	**264**	–
331	Tragende Außenwände	m²	245	**479**	1.226	56	**217**	684
431	Lüftungsanlagen	m²	4	**181**	371	4	**181**	371
471	Küchentechnische Anlagen	m²	4	**176**	347	4	**176**	347
363	Dachbeläge	m²	196	**350**	501	95	**153**	387
335	Außenwandbekleidungen, außen	m²	213	**311**	548	74	**144**	199
324	Gründungsbeläge	m²	189	**285**	460	44	**124**	283
322	Flachgründungen und Bodenplatten	m²	180	**303**	517	51	**122**	590
346	Elem. Innenwandkonstruktionen	m²	593	**1.049**	1.722	29	**122**	485
361	Dachkonstruktionen	m²	121	**269**	482	42	**119**	361
421	Wärmeerzeugungsanlagen	m²	33	**117**	248	33	**117**	248
353	Deckenbeläge	m²	237	**295**	406	54	**105**	95
444	Niederspannungsinstallationsanl.	m²	54	**91**	122	54	**91**	122
344	Innenwandöffnungen	m²	976	**1.273**	1.634	46	**86**	169
334	Außenwandöffnungen	m²	1.054	**1.921**	3.678	44	**83**	153
422	Wärmeverteilnetze	m²	31	**75**	171	31	**75**	171
381	Allgemeine Einbauten	m²	8	**74**	272	8	**74**	272
432	Teilklimaanlagen	m²	50	**73**	96	50	**73**	96
311	Herstellung	m³	47	**142**	262	17	**71**	136
354	Deckenbekleidungen	m²	68	**183**	619	16	**70**	239
412	Wasseranlagen	m²	26	**70**	114	26	**70**	114
461	Aufzugsanlagen	m²	43	**68**	94	43	**68**	94
336	Außenwandbekleidungen, innen	m²	61	**138**	290	21	**68**	175
445	Beleuchtungsanlagen	m²	22	**66**	145	22	**66**	145
475	Prozesswärme-, kälte- u. -luftanl.	m²	–	**63**	–	–	**63**	–
345	Innenwandbekleidungen	m²	53	**79**	110	32	**63**	175
351	Deckenkonstruktionen	m²	221	**383**	462	25	**63**	115
364	Dachbekleidungen	m²	77	**162**	324	24	**60**	157
382	Besondere Einbauten	m²	39	**58**	77	39	**58**	77
391	Baustelleneinrichtung	m²	15	**53**	187	15	**53**	187
456	Gefahrenmelde- und Alarmanlagen	m²	15	**48**	135	15	**48**	135
342	Nichttragende Innenwände	m²	157	**211**	408	15	**43**	130
423	Raumheizflächen	m²	22	**42**	59	22	**42**	59
411	Abwasseranlagen	m²	15	**41**	133	15	**41**	133
481	Automationseinrichtungen	m²	11	**39**	68	11	**39**	68
433	Klimaanlagen	m²	–	**38**	–	–	**38**	–
341	Tragende Innenwände	m²	194	**283**	440	17	**38**	72
347	Lichtschutz zur KG 340	m²	–	**793**	–	–	**35**	–
392	Gerüste	m²	21	**34**	70	21	**34**	70
394	Abbruchmaßnahmen	m²	22	**30**	39	22	**30**	39
362	Dachöffnungen	m²	1.164	**2.315**	3.692	7	**30**	141
442	Eigenstromversorgungsanlagen	m²	20	**27**	33	20	**27**	33
369	Sonstiges zur KG 360	m²	21	**60**	174	8	**21**	43
454	Elektroakustische Anlagen	m²	< 1	**21**	31	< 1	**21**	31
338	Lichtschutz zur KG 330	m²	264	**520**	1.490	8	**21**	32
343	Innenstützen	m	161	**375**	773	5	**20**	77
483	Automationsmanagement	m²	–	**17**	–	–	**17**	–
482	Schaltschränke, Automation	m²	–	**16**	–	–	**16**	–
325	Abdichtungen und Bekleidungen	m²	27	**88**	249	5	**16**	29

Kosten:
Stand 2. Quartal 2025
Bundesdurchschnitt
inkl. 19% MwSt.

▷ von
ø Mittel
◁ bis

Prozentanteile der Kosten für Leistungsbereiche nach STLB (Kosten Bauwerk nach DIN 276)

LB	Leistungsbereiche	5% 10% 15% 20%	▷	% an 300+400	◁
000	Baustellen-, Verkehrssich.- u. Sicherh.einr. inkl. 001		1,3	**3,2**	5,8
002	Erdarbeiten		0,5	**1,8**	3,3
006	Spezialtiefbauarbeiten inkl. 005		–	**–**	–
009	Entwässerungskanalarbeiten inkl. 011		< 0,1	**0,3**	1,0
010	Drän- und Versickerarbeiten		0,0	**< 0,1**	< 0,1
012	Mauerarbeiten		1,9	**4,1**	8,3
013	Betonarbeiten		4,0	**8,8**	16,8
014	Natur-, Betonwerksteinarbeiten		0,0	**0,2**	0,5
016	Zimmer- und Holzbauarbeiten		0,9	**4,9**	10,4
017	Stahlbauarbeiten		< 0,1	**0,4**	1,8
018	Abdichtungsarbeiten		0,2	**0,8**	2,5
020	Dachdeckungsarbeiten		0,2	**1,4**	3,5
021	Dachabdichtungsarbeiten		0,5	**2,8**	5,0
022	Klempnerarbeiten		0,6	**1,8**	6,7
	Rohbau		22,2	**30,6**	42,8
023	Putz- und Stuckarbeiten, Wärmedämmsysteme		1,3	**6,4**	17,9
024	Fliesen- und Plattenarbeiten		0,9	**2,7**	5,0
025	Estricharbeiten		0,4	**1,1**	1,5
026	Fenster, Außentüren inkl. 029, 032		2,0	**5,4**	8,2
027	Tischlerarbeiten		1,9	**7,8**	19,4
028	Parkett-, Holzpflasterarbeiten		0,1	**2,1**	9,9
030	Rollladenarbeiten		< 0,1	**0,5**	1,2
031	Metallbauarbeiten inkl. 035		2,3	**4,7**	10,3
034	Maler- und Lackiererarb. – Beschicht. inkl. 037		0,9	**2,3**	3,7
036	Bodenbelagarbeiten		0,2	**1,2**	3,1
038	Vorgehängte hinterlüftete Fassaden		0,0	**0,8**	2,6
039	Trockenbauarbeiten		1,2	**3,1**	5,6
	Ausbau		26,4	**38,0**	54,8
040	Wärmeversorgungsanl. - Betriebseinr. inkl. 041		2,4	**6,8**	11,6
042	Gas- u. Wasseranl. – Leitung., Armat. inkl. 043		0,5	**1,3**	2,1
044	Abwasseranl. - Leitungen, Abläufe, Armaturen		0,3	**1,0**	1,7
045	Gas, Wasser, Entwässerung – Ausstattung inkl. 046		0,3	**1,5**	2,8
047	Dämm- und Brandschutzarb. an techn. Anlagen		0,2	**0,8**	1,4
049	Feuerlöschanlagen, Feuerlöschgeräte		< 0,1	**0,2**	1,4
050	Blitzschutz-/Erdungsanlagen, Überspannungssch.		< 0,1	**0,3**	0,7
052	Mittelspannungsanlagen		–	**–**	–
053	Niederspannungsanl. – Kabel inkl. 054		3,1	**4,5**	7,0
055	Sicherheits- u. Ersatzstromversorgungsanl.		0,0	**0,1**	1,0
057	Gebäudesystemtechnik		0,0	**0,1**	1,0
058	Leuchten und Lampen inkl. 059		0,3	**1,8**	3,0
060	Such, Signal, Zeit, Anten., akust. Anl. inkl. 064		< 0,1	**0,5**	1,5
061	Kommunikations- u. Übertragungsnetze inkl. 062		0,1	**0,8**	2,8
063	Gefahrenmeldeanlagen		< 0,1	**0,6**	2,1
069	Aufzüge		0,0	**0,5**	2,5
070	Gebäudeautomation		0,0	**0,5**	2,4
075	Raumlufttechnische Anlagen inkl. 078		1,3	**4,7**	12,8
	Gebäudetechnik		16,6	**26,0**	39,4
084	Abbruch, Rückbau, Schadstoffsanierung		1,5	**3,8**	7,4
	Sonstige Leistungsbereiche inkl. 008, 033, 051		0,2	**1,6**	11,5

€/m² BGF

min	1.055	€/m²
von	2.190	€/m²
Mittel	**3.480**	**€/m²**
bis	5.255	€/m²
max	7.810	€/m²

Kosten:
Stand 2. Quartal 2025
Bundesdurchschnitt
inkl. 19% MwSt.

Objektübersicht zur Gebäudeart

9100-0167 Mehrgenerationenhaus

BRI 1.125m³ **BGF** 422m² **NUF** 276m²

Baujahr: in den 50-er Jahren
Bauzustand: mittel
Aufwand: mittel
Nutzung während der Bauzeit: nein
Nutzungsänderung: nein
Grundrissänderungen: wenige
Tragwerkseingriffe: wenige

Land: Niedersachsen
Kreis: Gifhorn
Standard: mittel
Bauzeit: 43 Wochen
Kennwerte: bis 3. Ebene DIN 276
veröffentlicht: BKI Objektdaten A12
BGF 1.057 €/m²

Planung: k.A.

Anbau und Sanierung des Mehrgenerationenhaus für verschiedene Altersgruppen.

Bauwerk – Baukonstruktionen
Herstellen: Flachgründungen und Bodenplatten 7%, Dachbeläge 7%, Elementierte Innenwandkonstruktionen 6%, Deckenbeläge 6%, Außenwandbekleidungen, innen 6%, Außenwandöffnungen 6%, Außenwandbekleidungen, außen 5%, Innenwandöffnungen 5%, Dachbekleidungen 5%, Innenwandbekleidungen 4%, Deckenkonstruktionen 4%, Dachkonstruktionen 4%, Deckenbekleidungen 3%, Tragende Außenwände 3%, Gerüste 3%
Sonstige: 25%

Bauwerk – Technische Anlagen
Herstellen: Wärmeverteilnetze 31%, Niederspannungsinstallationsanlagen 31%, Wasseranlagen 8%, Raumheizflächen 8%
Sonstige: 22%

9100-0154 Fluchttreppe*

BRI 59m³ **BGF** 25m² **NUF** k.A.

Land: Nordrhein-Westfalen
Kreis: Hamm, Stadt
Standard: mittel
Bauzeit: 9 Wochen
Kennwerte: bis 3. Ebene DIN 276
veröffentlicht: BKI Objektdaten A11
BGF 8.371 €/m²

* Nicht in der Auswertung enthalten

Planung: BERGHAUS ARCHITEKTEN; Düsseldorf

Stahltreppenanlage als baulicher Rettungsweg. **Kosteneinfluss Nutzung:** Für die Bildung der Kennwerte wurde die Grundfläche der Fluchttreppe als BGF zu Grunde gelegt.

Bauwerk – Baukonstruktionen
Herstellen: Elementierte Deckenkonstruktionen 87%, Flachgründungen und Bodenplatten 9%, Tragende Außenwände 3%
Sonstige: 2%

Objektübersicht zur Gebäudeart

6600-0032 Hotel

BRI 2.456 m³ | **BGF** 828 m² | **NUF** 499 m²

Baujahr: 1928, Anbau 1983
Bauzustand: mittel
Aufwand: hoch
Nutzung während der Bauzeit: ja
Nutzungsänderung: nein
Grundrissänderungen: wenige
Tragwerkseingriffe: einige

Land: Schleswig-Holstein
Kreis: Ostholstein
Standard: mittel
Bauzeit: 52 Wochen
Kennwerte: bis 3. Ebene DIN 276
veröffentlicht: BKI Objektdaten A12
BGF 2.809 €/m²

Planung: architekturbüro bielke und struve partgmbb; Eutin

Erweiterung eines Hotels und Umbau EG im Bestand

Bauwerk – Baukonstruktionen
Herstellen: Außenwandbekleidungen, außen 9%, Deckenkonstruktionen 8%, Innenwandbekleidungen 8%, Dachbeläge 7%, Gründungsbeläge 7%, Außenwandöffnungen 6%, Innenwandöffnungen 5%, Tragende Außenwände 5%, Tragende Innenwände 5%, Deckenbekleidungen 5%, Nichttragende Innenwände 5%, Deckenbeläge 4%, Flachgründungen und Bodenplatten 4%, Sonstiges zur KG 360 3%
Sonstige: 20%

Bauwerk – Technische Anlagen
Herstellen: Wärmeerzeugungsanlagen 25%, Elektrische Anlagen 19%, Raumlufttechnische Anlagen 12%, Wasseranlagen 12%, Aufzugsanlagen 9%
Sonstige: 24%

6500-0048 Schulmensa (168 Sitzplätze)

BRI 1.709 m³ | **BGF** 492 m² | **NUF** 384 m²

Baujahr: 1971
Bauzustand: mittel
Aufwand: hoch
Nutzung während der Bauzeit: ja
Nutzungsänderung: nein
Grundrissänderungen: umfangreiche
Tragwerkseingriffe: wenige

Land: Niedersachsen
Kreis: Harburg
Standard: hoch
Bauzeit: 83 Wochen
Kennwerte: bis 3. Ebene DIN 276
veröffentlicht: BKI Objektdaten A12
BGF 3.058 €/m²

Planung: Bosse Westphal Schäffer Architekten; Winsen/Luhe

Mensa für 130 Schüler

Bauwerk – Baukonstruktionen
Herstellen: Außenwandbekleidungen, außen 14%, Elementierte Außenwandkonstruktionen 12%, Gründungsbeläge 11%, Innenwandbekleidungen 7%, Dachbeläge 7%, Flachgründungen und Bodenplatten 5%, Dachkonstruktionen 5%, Außenwandöffnungen 4%, Tragende Außenwände 4%, Baustelleneinrichtung 3%, Innenwandöffnungen 3%, Dachbekleidungen 3%
Sonstige: 22%

Bauwerk – Technische Anlagen
Herstellen: Lüftungsanlagen 27%, Küchentechnische Anlagen 22%, Wärmeverteilnetze 14%, Wärmeerzeugungsanlagen 10%
Sonstige: 26%

€/m² BGF

min	1.055	€/m²
von	2.190	€/m²
Mittel	**3.480**	**€/m²**
bis	5.255	€/m²
max	7.810	€/m²

Kosten:
Stand 2. Quartal 2025
Bundesdurchschnitt
inkl. 19% MwSt.

Objektübersicht zur Gebäudeart

7600-0078 Flughafenfeuerwehr (8 Fahrzeuge)

BRI 18.114 m³ **BGF** 4.266 m² **NUF** 2.732 m²

© Daniel Sumesgutner

Bauzustand: gut
Aufwand: mittel
Nutzung während der Bauzeit: ja
Nutzungsänderung: nein
Grundrissänderungen: einige
Tragwerkseingriffe: einige

Land: Hamburg
Kreis: Hamburg, Stadt
Standard: hoch
Bauzeit: 104 Wochen
Kennwerte: bis 3. Ebene DIN 276
veröffentlicht: BKI Objektdaten A12
BGF **1.630 €/m²**

Planung: Gössler Kinz Kerber Schippmann Architekten PartG mbB; Hamburg

Durch den Erweiterungsbau ergibt sich Platz für vier große Löschzüge und vier Rettungswägen. sowie weitere benötigte Räume für den Feuerwehrbetrieb. Es entstand eine neue Sicherheitsleitzentrale. **Kosteneinfluss Grundstück:** Bauen im Sicherheitsbereich des Flughafens.

Bauwerk – Baukonstruktionen
Herstellen: Dachbeläge 10%, Außenwandbekleidungen, außen 8%, Baustelleneinrichtung 8%, Flachgründungen und Bodenplatten 7%, Außenwandöffnungen 7%, Dachkonstruktionen 6%, Innenwandöffnungen 6%, Deckenkonstruktionen 5%, Gerüste 4%, Besondere Einbauten 4%, Tragende Außenwände 4%, Gründungsbeläge 4%, Deckenbeläge 4%, Tragende Innenwände 3%
Sonstige: 22%

Bauwerk – Technische Anlagen
Herstellen: Teilklimaanlagen 14%, Niederspannungsinstallationsanlagen 13%, Automationseinrichtungen 10%, Prozesswärme-, kälte- und -luftanlagen 9%, Beleuchtungsanlagen 6%, Klimaanlagen 6%, Elektroakustische Anlagen 4%, Abwasseranlagen 4%, Wasseranlagen 4%, Such- und Signalanlagen 4%, Wärmeerzeugungsanlagen 4%
Sonstige: 23%

5200-0012 Sportbadhalle

BRI 4.770 m³ **BGF** 806 m² **NUF** 700 m²

© Architekten Contor Voigt

Baujahr: 1991
Bauzustand: mittel
Aufwand: mittel
Nutzung während der Bauzeit: ja
Nutzungsänderung: nein
Grundrissänderungen: wenige
Tragwerkseingriffe: wenige

Land: Schleswig-Holstein
Kreis: Nordfriesland
Standard: mittel
Bauzeit: 61 Wochen
Kennwerte: bis 3. Ebene DIN 276
veröffentlicht: BKI Objektdaten A12
BGF **6.223 €/m²**

Planung: Architekten Contor Voigt; Itzehoe

Sportbadhalle, Sportbecken 14x25m

Bauwerk – Baukonstruktionen
Herstellen: Tragende Außenwände 13%, Flachgründungen und Bodenplatten 13%, Dachbeläge 10%, Dachkonstruktionen 9%, Elementierte Außenwandkonstruktionen 9%, Gründungsbeläge 8%, Außenwandbekleidungen, innen 5%, Herstellung 5%, Baustelleneinrichtung 5%
Sonstige: 21%

Bauwerk – Technische Anlagen
Herstellen: Lüftungsanlagen 18%, Wäscherei-, Reinigungs- und badetechnische Anlagen 14%, Beleuchtungsanlagen 13%, Abwasseranlagen 10%, Niederspannungsinstallationsanlagen 9%, Gefahrenmelde- und Alarmanlagen 8%, Wasseranlagen 7%
Sonstige: 21%

6100-1379 Wohn- und Geschäftshaus (1 WE)

BRI 2.225 m³ **BGF** 762 m² **NUF** 476 m²

© Claudia Deutscher

Baujahr: 1933/1966
Bauzustand: mittel
Aufwand: hoch
Nutzung während der Bauzeit: nein
Nutzungsänderung: ja
Grundrissänderungen: umfangreiche
Tragwerkseingriffe: umfangreiche

Land: Sachsen
Kreis: Dresden, Stadt
Standard: mittel
Bauzeit: 65 Wochen
Kennwerte: bis 3. Ebene DIN 276
veröffentlicht: BKI Objektdaten A12

BGF 1.720 €/m²

Planung: BAUatelier Deutscher; Dresden

Umbau und Erweiterung eines Einfamilienhaus mit Dachausbau für ein Büro.

Bauwerk – Baukonstruktionen
Abbrechen: Tragende Außenwände 4%
Herstellen: Außenwandöffnungen 15%, Außenwandbekleidungen, außen 10%, Deckenbeläge 8%, Deckenkonstruktionen 7%, Dachbeläge 7%, Tragende Außenwände 4%, Innenwandöffnungen 3%, Dachkonstruktionen 3%, Innenwandbekleidungen 3%, Lichtschutz zur KG 330 3%, Herstellung 2%, Gerüste 2%, Tragende Innenwände 2%
Wiederherstellen: Tragende Außenwände 3%
Sonstige: 23%

Bauwerk – Technische Anlagen
Herstellen: Wärmeerzeugungsanlagen 21%, Niederspannungsinstallationsanlagen 17%, Wasseranlagen 15%, Teilklimaanlagen 13%, Raumheizflächen 11%
Sonstige: 23%

9100-0073 Kirche, Gruppenraum

BRI 265 m³ **BGF** 72 m² **NUF** 63 m²

© Elmar Paul Sommer

Baujahr: 1904
Bauzustand: mittel
Aufwand: mittel
Nutzung während der Bauzeit: nein
Nutzungsänderung: ja
Grundrissänderungen: einige
Tragwerkseingriffe: einige

Land: Nordrhein-Westfalen
Kreis: Euskirchen
Standard: mittel
Bauzeit: 26 Wochen
Kennwerte: bis 3. Ebene DIN 276
veröffentlicht: BKI Objektdaten A9

BGF 3.863 €/m²

Planung: Elmar Paul Sommer Dipl.-Ing. Architekt + Stadtplaner; Monschau

Multifunktional: Gruppenraum, Pfarrbüro, Kapelle

Bauwerk – Baukonstruktionen
Abbrechen: Tragende Außenwände 6%
Herstellen: Tragende Außenwände 15%, Elementierte Innenwandkonstruktionen 14%, Allgemeine Einbauten 8%, Elementierte Außenwandkonstruktionen 8%, Dachkonstruktionen 7%, Außenwandbekleidungen, außen 7%, Innenwandöffnungen 6%, Nichttragende Innenwände 5%, Gründungsbeläge 4%
Sonstige: 21%

Bauwerk – Technische Anlagen
Herstellen: Niederspannungsinstallationsanlagen 32%, Wasseranlagen 21%, Raumheizflächen 19%
Sonstige: 29%

€/m² BGF

min	1.055	€/m²
von	2.190	€/m²
Mittel	**3.480**	**€/m²**
bis	5.255	€/m²
max	7.810	€/m²

Kosten:
Stand 2. Quartal 2025
Bundesdurchschnitt
inkl. 19% MwSt.

Objektübersicht zur Gebäudeart

9700-0010 Aussegnungshalle*

BRI 500m³ **BGF** 136m² **NUF** 124m²

Land: Baden-Württemberg
Kreis: Hohenlohekreis
Standard: mittel
Bauzeit: 31 Wochen
Kennwerte: bis 3. Ebene DIN 276
veröffentlicht: BKI Objektdaten A6

BGF 1.270€/m²

* Nicht in der Auswertung enthalten

Planung: Architekturbüro Eberhard Wolf; Widdern

Erweiterung und Instandsetzung einer Aussegnungshalle.

Bauwerk – Baukonstruktionen
Abbrechen: Dachbeläge 4%
Herstellen: Dachbeläge 18%, Dachkonstruktionen 12%, Außenwandbekleidungen, außen 11%, Außenwandöffnungen 10%, Tragende Außenwände 10%, Gründungsbeläge 6%, Flachgründungen und Bodenplatten 4%, Dachbekleidungen 3%
Sonstige: 22%

Bauwerk – Technische Anlagen
Herstellen: Wasseranlagen 34%, Beleuchtungsanlagen 20%, Niederspannungsinstallationsanlagen 17%
Sonstige: 29%

9100-0021 Übergangsbau, Pausenhalle*

BRI 1.222m³ **BGF** 334m² **NUF** k.A.

Land: Sachsen-Anhalt
Kreis: Magdeburg, Stadt
Standard: mittel
Bauzeit: 26 Wochen
Kennwerte: bis 3. Ebene DIN 276
veröffentlicht: www.bki.de

BGF 2.140€/m²

* Nicht in der Auswertung enthalten

Planung: Dreischhoff + Partner Planungsgesellschaft mbH Dipl.-Ing. Architekten

Übergangsbau zwischen zwei modernisierten Schulen (Objekte 4100-0033 und 4100-0036), Nutzung als Pausenhalle bei schlechtem Wetter. **Kosteneinfluss Grundstück:** Die Angabe der Grundstücksfläche bezieht sich auf den gesamten Komplex (s. Lageplan bei Objekt 4100-0036), eine Sporthalle befindet sich noch im Bau.

Bauwerk – Baukonstruktionen
Elementierte Außenwandkonstruktionen 35%, Deckenkonstruktionen 10%, Dachbeläge 7%, Innenwandöffnungen 5%, Flachgründungen und Bodenplatten 5%, Dachkonstruktionen 5%, Gründungsbeläge 5%, Deckenbeläge 4%
Sonstige: 23%

9100-0017 Bücherei, Museum, Bürgersaal

BRI 5.095 m³ **BGF** 1.815 m² **NUF** 986 m²

Baujahr: 1650
Bauzustand: mittel
Aufwand: mittel
Nutzung während der Bauzeit: nein
Nutzungsänderung: ja
Grundrissänderungen: wenige
Tragwerkseingriffe: keine

Land: Baden-Württemberg
Kreis: Tuttlingen
Standard: mittel
Bauzeit: 91 Wochen
Kennwerte: bis 3. Ebene DIN 276
veröffentlicht: www.bki.de

BGF **1.855 €/m²**

Planung: Günther Hermann Dipl.-Ing. Freier Architekt; Tuttlingen

Kosteneinfluss Nutzung: Das Schloss wurde Mitte des 17. Jahrhunderts nach italienischem Vorbild erbaut. Es wurde als Verwaltungsgebäude genutzt, in dem Kanzleien untergebracht waren. Seit der Restaurierung wird es als Bücherei, Heimatmuseum und Bürgersaal genutzt.

Bauwerk – Baukonstruktionen
Deckenbekleidungen 24%, Deckenbeläge 15%, Innenwandöffnungen 9%, Außenwandöffnungen 7%, Außenwandbekleidungen, innen 6%, Deckenkonstruktionen 5%, Dachbeläge 5%, Besondere Einbauten 5%
Sonstige: 24%

Bauwerk – Technische Anlagen
Beleuchtungsanlagen 26%, Raumheizflächen 17%, Gefahrenmelde- und Alarmanlagen 15%, Wärmeverteilnetze 14%
Sonstige: 28%

6400-0127 Gemeindezentrum, Mehrzwecksaal (100 Sitzplätze)

BRI 2.853 m³ **BGF** 682 m² **NUF** 372 m²

Land: Schleswig-Holstein
Kreis: Herzogtum Lauenburg
Standard: mittel
Bauzeit: 74 Wochen
Kennwerte: bis 1. Ebene DIN 276
vorgesehen: BKI Objektdaten N21

BGF **3.470 €/m²**

Planung: Architekt Reichwald GmbH; Hamburg

Gemeindezentrum mit 100 Sitzplätzen

€/m² BGF		
min	1.055	€/m²
von	2.190	€/m²
Mittel	**3.480**	**€/m²**
bis	5.255	€/m²
max	7.810	€/m²

Kosten:
Stand 2. Quartal 2025
Bundesdurchschnitt
inkl. 19% MwSt.

Objektübersicht zur Gebäudeart

9100-0228 Kammermusiksaal (80 Sitzplätze)*

BRI 1.175 m³ **BGF** 251 m² **NUF** 130 m²

Baujahr: 1960
Bauzustand: mittel
Aufwand: mittel
Nutzung während der Bauzeit: ja
Nutzungsänderung: nein
Grundrissänderungen: wenige
Tragwerkseingriffe: einige

Land: Rheinland-Pfalz
Kreis: Mainz, Stadt
Standard: hoch
Bauzeit: 70 Wochen
Kennwerte: bis 1. Ebene DIN 276
vorgesehen: BKI Objektdaten A13

BGF 12.108 €/m²

* Nicht in der Auswertung enthalten

Planung: mamuth I Dipl.Ing. Timm Helbach I freier Architekt dwb BDA; Mainz

Konzertsaal mit 80 Sitzplätze

3200-0034 Krankenhaus, TG (38 STP)

BRI 20.807 m³ **BGF** 5.815 m² **NUF** 2.227 m²

Baujahr: 1968
Bauzustand: mittel
Aufwand: niedrig
Nutzung während der Bauzeit: ja
Nutzungsänderung: nein
Grundrissänderungen: wenige
Tragwerkseingriffe: wenige

Land: Bayern
Kreis: Landshut
Standard: mittel
Bauzeit: 161 Wochen
Kennwerte: bis 1. Ebene DIN 276
vorgesehen: BKI Objektdaten A13

BGF 7.810 €/m²

Planung: Felix+Jonas Architekten GmbH; München

Krankenhauserweiterung mit Insensiv- und IMC-Stationen, sowie vier OP-Sälen und einer Tiefgarage mit 38 Stellplätzen

7600-0091 Feuerwehrgerätehaus

BRI 607 m³ **BGF** 169 m² **NUF** 131 m²

Land: Baden-Württemberg
Kreis: Schwäbisch Hall
Standard: mittel
Bauzeit: 48 Wochen
Kennwerte: bis 1. Ebene DIN 276
veröffentlicht: BKI Objektdaten A12

BGF 2.673 €/m²

Planung: Stadtverwaltung Crailsheim; Crailsheim

Erweiterung eines Feuerwehrhauses mit Schulungsraum

9100-0209 Probensaal Staatskapelle

BRI 11.842 m³ **BGF** 2.283 m² **NUF** 1.449 m²

© Michael Moser

Baujahr: 1974
Bauzustand: mittel
Aufwand: niedrig
Nutzung während der Bauzeit: nein
Nutzungsänderung: nein
Grundrissänderungen: wenige
Tragwerkseingriffe: wenige

Land: Thüringen
Kreis: Weimar, Stadt
Standard: hoch
Bauzeit: 157 Wochen
Kennwerte: bis 1. Ebene DIN 276
veröffentlicht: BKI Objektdaten A12
BGF **3.942 €/m²**

Planung: pbr Planungsbüro Rohling AG; Jena

Neubau Probensaal und Sanierung des Bestands. Die Sanierungsarbeiten beinhalten eine Anpassung der Innenräume, die Ertüchtigung hinsichtlich Barrierefreiheit, die Erneuerung der haustechnischen Anlagen und eine energetische Sanierung.

3200-0033 Krankenhaus, Aufstockung Bettenhaus (48 Betten)

BRI 7.200 m³ **BGF** 2.084 m² **NUF** 1.202 m²

© IPROconsult GmbH

Baujahr: 2000
Bauzustand: mittel
Aufwand: mittel
Nutzung während der Bauzeit: ja
Nutzungsänderung: nein
Grundrissänderungen: einige
Tragwerkseingriffe: wenige

Land: Sachsen
Kreis: Meißen
Standard: mittel
Bauzeit: 92 Wochen
Kennwerte: bis 1. Ebene DIN 276
veröffentlicht: BKI Objektdaten A12
BGF **4.692 €/m²**

Planung: IPROconsult GmbH; Dresden

Aufstockung Krankenhaus um eine Ebene mit zwei Stationen, zehn Einzelzimmern für Palliativmedizin und einer onkologischen Station mit 38 Betten.

9100-0222 Ausstellungsgebäude

BRI 26.611 m³ **BGF** 5.675 m² **NUF** 3.958 m²

© Werner Huthmacher

Baujahr: 2005, 2012, 2021
Bauzustand: gut
Aufwand: mittel
Nutzung während der Bauzeit: ja
Nutzungsänderung: nein
Grundrissänderungen: wenige
Tragwerkseingriffe: wenige

Land: Bremen
Kreis: Bremerhaven, Stadt
Standard: mittel
Bauzeit: 87 Wochen
Kennwerte: bis 1. Ebene DIN 276
vorgesehen: BKI Objektdaten A13
BGF **2.641 €/m²**

Planung: Andreas Heller Architects & Designers; Hamburg

Erweiterung eines Ausstellungsgebäudes um Veranstaltungs-, Ausstellungs- und Seminarräume sowie Gastronomie, Großküche und Nebenräume

€/m² BGF

min	1.055	€/m²
von	2.190	€/m²
Mittel	**3.480**	**€/m²**
bis	5.255	€/m²
max	7.810	€/m²

Kosten:
Stand 2. Quartal 2025
Bundesdurchschnitt
inkl. 19% MwSt.

Objektübersicht zur Gebäudeart

3400-0025 Altenpflegeheim (49 Betten)

BRI 7.952 m³ **BGF** 2.293 m² **NUF** 1.403 m²

© Walter Schießwohl

Baujahr: 1994
Bauzustand: mittel
Aufwand: mittel
Nutzung während der Bauzeit: ja
Nutzungsänderung: nein
Grundrissänderungen: wenige
Tragwerkseingriffe: wenige

Land: Schleswig-Holstein
Kreis: Rendsburg-Eckernförde
Standard: mittel
Bauzeit: 56 Wochen
Kennwerte: bis 1. Ebene DIN 276
veröffentlicht: BKI Objektdaten A12
BGF 3.929 €/m²

Planung: reichardt + partner architekten; Hamburg

Altenpflegeheim mit 49 Betten

3300-0016 Psychiatrisches Therapiezentrum (22 Betten)

BRI 9.991 m³ **BGF** 2.727 m² **NUF** 1.537 m²

© Edgar Zippel

Land: Brandenburg
Kreis: Märkisch-Oderland
Standard: mittel
Bauzeit: 122 Wochen
Kennwerte: bis 1. Ebene DIN 276
veröffentlicht: BKI Objektdaten A12
BGF 3.844 €/m²

Planung: Büro Legiehn Architektur GmbH; Potsdam

Psychiatrisches Therapiezentrum mit 22 Betten als Erweiterung an einem bestehenden Psychiatriegebäude. **Kosteneinfluss Grundstück:** Umfangreiche Erdarbeiten auf Grund von Änderung der topografischen Situation. Im Zuge der Erdarbeiten wurden Altfundamente des Vorgängerbaus gefunden, die abgebrochen werden mussten.

6500-0054 Casino (176 Sitzplätze)

BRI 4.247 m³ **BGF** 1.073 m² **NUF** 622 m²

© Bilderwerk Hannover (Sören Deppe)

Baujahr: 1953, teilweise 1911
Bauzustand: mittel
Aufwand: mittel
Nutzung während der Bauzeit: nein
Nutzungsänderung: ja
Grundrissänderungen: umfangreiche
Tragwerkseingriffe: einige

Land: Niedersachsen
Kreis: Hannover, Region
Standard: mittel
Bauzeit: 61 Wochen
Kennwerte: bis 1. Ebene DIN 276
veröffentlicht: BKI Objektdaten A12
BGF 5.109 €/m²

Planung: Bünemann & Collegen GmbH; Hannover

Casino als Erweiterung eines bestehenden Speiseraums mit 176 Sitzplätzen.

5100-0129 Sporthalle (Einfeldhalle)

BRI 5.649 m³ **BGF** 1.007 m² **NUF** 666 m²

© Robert Gommlich

Baujahr: 1902
Bauzustand: mittel
Aufwand: mittel
Nutzung während der Bauzeit: ja
Nutzungsänderung: nein
Grundrissänderungen: wenige
Tragwerkseingriffe: keine

Land: Sachsen
Kreis: Dresden, Stadt
Standard: mittel
Bauzeit: 78 Wochen
Kennwerte: bis 1. Ebene DIN 276
veröffentlicht: BKI Objektdaten A12

BGF **4.263 €/m²**

Planung: ARGE R.B.Z. AB Raum und Bau GmbH + AGZ Zimmermann GmbH; Dresden

Einfeld-Sporthalle, Passivhausgebäude

7300-0098 Werkstatt für Menschen mit Behinderung (50 AP)

BRI 6.566 m³ **BGF** 1.533 m² **NUF** 1.088 m²

© SEHW Architekten

Baujahr: 1993
Bauzustand: mittel
Aufwand: mittel
Nutzung während der Bauzeit: ja
Nutzungsänderung: nein
Grundrissänderungen: wenige
Tragwerkseingriffe: wenige

Land: Mecklenburg-Vorpommern
Kreis: Ludwigslust-Parchim
Standard: mittel
Bauzeit: 70 Wochen
Kennwerte: bis 1. Ebene DIN 276
veröffentlicht: BKI Objektdaten A11

BGF **2.399 €/m²**

Planung: SEHW Architekten; Hamburg

Werkstatt für Menschen mit Behinderung (50 AP) und Büro (20 AP)

9100-0117 Gemeinderäume

BRI 2.270 m³ **BGF** 518 m² **NUF** 351 m²

© RTW Architekten

Land: Niedersachsen
Kreis: Hannover, Region
Standard: hoch
Bauzeit: 57 Wochen
Kennwerte: bis 1. Ebene DIN 276
veröffentlicht: BKI Objektdaten A10

BGF **5.186 €/m²**

Planung: RTW Architekten; Hannover

Gemeinderäume

€/m² BGF

min	1.055 €/m²
von	2.190 €/m²
Mittel	**3.480 €/m²**
bis	5.255 €/m²
max	7.810 €/m²

Kosten:
Stand 2. Quartal 2025
Bundesdurchschnitt
inkl. 19% MwSt.

Objektübersicht zur Gebäudeart

6400-0086 Gemeindehaus

BRI 2.196 m³ **BGF** 519 m² **NUF** 435 m²

© Daniel Sumesgutner

Baujahr: 2012
Bauzustand: mittel
Aufwand: mittel
Nutzung während der Bauzeit: nein
Nutzungsänderung: nein
Grundrissänderungen: wenige
Tragwerkseingriffe: einige

Land: Nordrhein-Westfalen
Kreis: Herne, Stadt
Standard: mittel
Bauzeit: 61 Wochen
Kennwerte: bis 1. Ebene DIN 276
veröffentlicht: BKI Objektdaten A10
BGF **3.297 €/m²**

Planung: BATHE + REBER Architekten GbR; Dortmund

Gemeindehaus mit 199 Sitzplätzen (435m² NUF)

6400-0089 Gemeindezentrum

BRI 2.364 m³ **BGF** 544 m² **NUF** 338 m²

© Johannsen und Partner

Baujahr: 1880
Bauzustand: mittel
Aufwand: mittel
Nutzung während der Bauzeit: ja
Nutzungsänderung: nein
Grundrissänderungen: einige
Tragwerkseingriffe: keine

Land: Mecklenburg-Vorpommern
Kreis: Rostock
Standard: mittel
Bauzeit: 39 Wochen
Kennwerte: bis 1. Ebene DIN 276
veröffentlicht: BKI Objektdaten A10
BGF **2.243 €/m²**

Planung: Johannsen und Partner; Hamburg

Gemeindezentrum mit drei Räumen für Veranstaltungen.

9100-0141 Kulturquartier

BRI 18.083 m³ **BGF** 4.418 m² **NUF** 3.000 m²

© Werner Huthmacher

Baujahr: 1912

Land: Mecklenburg-Vorpommern
Kreis: Mecklenburgische Seenplatte
Standard: mittel
Bauzeit: 139 Wochen
Kennwerte: bis 1. Ebene DIN 276
veröffentlicht: BKI Objektdaten A11
BGF **2.206 €/m²**

Planung: BHBVT Gesellschaft von Architekten mbH; Berlin

Kulturquartier mit Bibliothek, Archiv, Museum und Verwaltung

6200-0073 Seniorenwohnheim (25 Betten)

BRI 5.358 m³ **BGF** 1.487 m² **NUF** 952 m²

Baujahr: 1970
Bauzustand: gut
Aufwand: niedrig
Nutzung während der Bauzeit: ja
Nutzungsänderung: nein
Grundrissänderungen: wenige
Tragwerkseingriffe: wenige

Land: Niedersachsen
Kreis: Harburg
Standard: mittel
Bauzeit: 39 Wochen
Kennwerte: bis 1. Ebene DIN 276
veröffentlicht: BKI Objektdaten A10

BGF 1.776 €/m²

Planung: Architektengruppe Voß; Tostedt

Seniorenwohnheim als Erweiterungsbau mit 25 Betten

6200-0066 Tagesförderstätte (8 Pflegeplätze)

BRI 882 m³ **BGF** 265 m² **NUF** 164 m²

Baujahr: 2002

Land: Schleswig-Holstein
Kreis: Herzogtum Lauenburg
Standard: hoch
Bauzeit: 43 Wochen
Kennwerte: bis 1. Ebene DIN 276
veröffentlicht: BKI Objektdaten A10

BGF 2.828 €/m²

Planung: JANIAK + LIPPERT Architekten und Ingenieure GmbH; Fockbek

Tagesförderstätte (8 Pflegeplätze) für Menschen mit schwerer mehrfacher Behinderung.

9100-0118 Museum

BRI 4.182 m³ **BGF** 1.070 m² **NUF** 694 m²

Land: Sachsen-Anhalt
Kreis: Mansfeld-Südharz
Standard: hoch
Bauzeit: 104 Wochen
Kennwerte: bis 1. Ebene DIN 276
veröffentlicht: BKI Objektdaten A10

BGF 6.235 €/m²

Planung: VON M GmbH; Stuttgart

Erweiterung eines Museums mit Ausstellung, Vortragsraum und Verwaltung.

€/m² BGF

min	1.055	€/m²
von	2.190	€/m²
Mittel	**3.480**	**€/m²**
bis	5.255	€/m²
max	7.810	€/m²

Kosten:
Stand 2. Quartal 2025
Bundesdurchschnitt
inkl. 19% MwSt.

Objektübersicht zur Gebäudeart

6500-0039 Mensa, Mittagsbetreuung

BRI 1.106 m³ **BGF** 293 m² **NUF** 250 m²

© Jens Kirchner

Baujahr: 1960
Bauzustand: mittel
Aufwand: mittel
Nutzung während der Bauzeit: ja
Nutzungsänderung: nein
Grundrissänderungen: wenige
Tragwerkseingriffe: keine

Land: Nordrhein-Westfalen
Kreis: Düsseldorf, Stadt
Standard: mittel
Bauzeit: 26 Wochen
Kennwerte: bis 1. Ebene DIN 276
veröffentlicht: BKI Objektdaten A9
BGF 2.474 €/m²

Planung: pagelhenn architektinnenarchitekt; Hilden

Mensa mit Speiseraum, Aufwärmküche, Betreuungsräumen, Fahrradwerkstatt, Lagerräumen.

6600-0021 Gästehaus (12 Betten), Laden, Café

BRI 1.677 m³ **BGF** 599 m² **NUF** 422 m²

© Cornelia Simon

Baujahr: 1969
Bauzustand: schlecht
Aufwand: niedrig
Nutzung während der Bauzeit: nein
Nutzungsänderung: ja
Grundrissänderungen: umfangreiche
Tragwerkseingriffe: umfangreiche

Land: Thüringen
Kreis: Greiz
Standard: mittel
Bauzeit: 174 Wochen
Kennwerte: bis 1. Ebene DIN 276
veröffentlicht: BKI Objektdaten A9
BGF 1.889 €/m²

Planung: Architekturbüro Dr. Goerstner; Saalfeld

Gästehaus (12 Betten), acht Zimmer, Hofladen und Café im EG. Das Bestandsgebäude wurde aufgestockt und erweitert und wird nun als Gästehaus für zehn bis zwölf Personen und als Hofladen genutzt. Auf den Bestand wurde ein dreiseitig leicht auskragender Kubus aufgesetzt, der auf V-Stützen lagert. Aus statischen und ökologischen Überlegungen erfolgte der Neubau der Obergeschosse in Holzrahmenbauweise. Teilweise wurden auch vorhandene Baustoffe umgenutzt, wie die großformatigen Betonplatten und Steine für den Außenraum.

9100-0081 Erschließungsbauwerk an historischem Gebäude

BRI 1.510 m³ **BGF** 392 m² **NUF** 102 m²

© petermann.thiele.kochanek

Land: Thüringen
Kreis: Kyffhäuserkreis
Standard: mittel
Bauzeit: 70 Wochen
Kennwerte: bis 1. Ebene DIN 276
veröffentlicht: BKI Objektdaten A8
BGF 3.974 €/m²

Planung: petermann.thiele.kochanek architekten u. ingenieure; Bad Frankenhausen

Erschließungsbauwerk mit Treppenhaus, Aufzug und Nebenräumen als Anbau an ein denkmalgeschütztes Gebäude.

6400-0068 Pfarrbüro

BRI 357m³ **BGF** 75m² **NUF** 51m²

Baujahr: 1963
Bauzustand: mittel
Aufwand: mittel
Nutzung während der Bauzeit: nein
Nutzungsänderung: nein
Grundrissänderungen: keine
Tragwerkseingriffe: keine

Land: Bayern
Kreis: Landshut, Stadt
Standard: mittel
Bauzeit: 43 Wochen
Kennwerte: bis 1. Ebene DIN 276
veröffentlicht: BKI Objektdaten A8

BGF 4.519€/m²

Planung: NEUMEISTER & PARINGER ARCHITEKTEN BDA; Landshut

Pfarrbüro mit zwei Arbeitsplätzen zwischen Gemeindehaus und Kirche. **Kosteneinfluss Nutzung:** Pfarrbüro mit zwei Arbeitsplätzen zwischen Gemeindehaus und Kirche. **Kosteneinfluss Grundstück:** Lage zwischen Gemeindehaus und Kirche

9100-0043 Museum, Eingangs- und Ausstellungsbau

BRI 1.138m³ **BGF** 247m² **NUF** 179m²

Land: Nordrhein-Westfalen
Kreis: Lippe
Standard: mittel
Bauzeit: 74 Wochen
Kennwerte: bis 1. Ebene DIN 276
veröffentlicht: www.bki.de

BGF 4.220€/m²

Planung: Dipl.-Ing. Architekt BDA Reinhard Schwakenberg; Lemgo

Eingangs- und Ausstellungsgebäude als Erweiterung für das Museum Junkerhaus.

Übersicht- 1. + 2. Ebene
Erweiterung
Umbau
Modernisierung
Instandsetzung
Bauelemente
Abbrechen
Wiederherstellen
Herstellen

Büro- und Verwaltungsgebäude

Kostenkennwerte für die Kosten des Bauwerks (Kostengruppen 300+400 nach DIN 276)

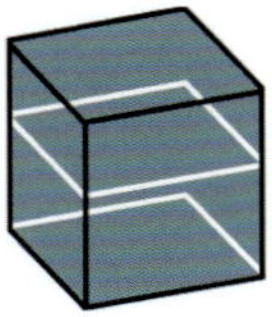

BRI 495 €/m³
von 325 €/m³
bis 725 €/m³

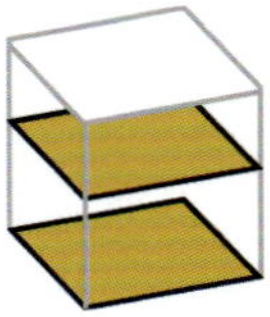

BGF 1.615 €/m²
von 1.170 €/m²
bis 2.390 €/m²

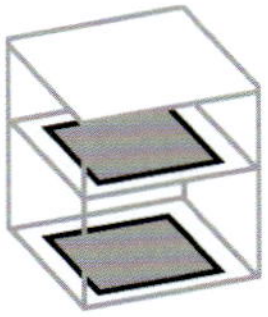

NUF 2.795 €/m²
von 1.725 €/m²
bis 4.685 €/m²

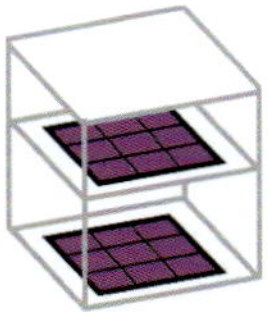

NE 83.955 €/NE
von 38.385 €/NE
bis 153.760 €/NE
NE: Arbeitsplätze

Objektbeispiele

Kosten:
Stand 2. Quartal 2025
Bundesdurchschnitt
inkl. 19% MwSt.

1300-0324

1300-0124

1300-0121

Kosten der 13 Vergleichsobjekte Seiten 200 bis 206

- ● KKW
- ▶ min
- ▷ von
- | Mittelwert
- ◁ bis
- ◀ max

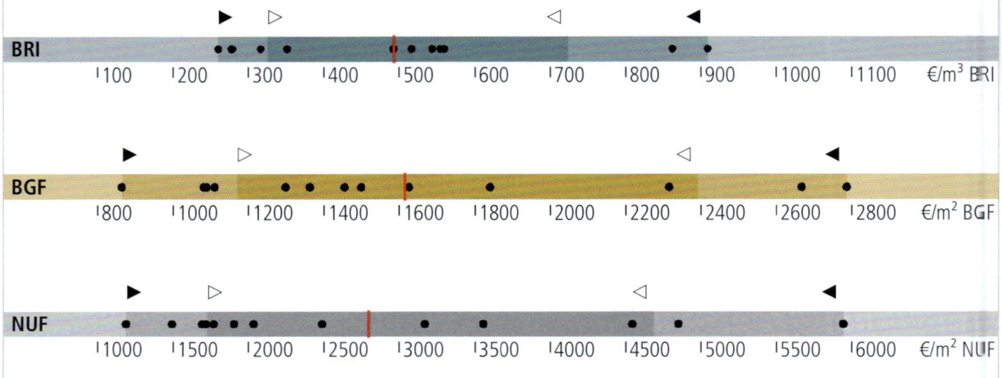

 Kostenstand: 2. Quartal 2025, Bundesdurchschnitt, **inkl. 19% MwSt.**

Kostenkennwerte für die Kostengruppen der 1. und 2. Ebene DIN 276

KG	Kostengruppen der 1. Ebene	Einheit	▷	€/Einheit	◁	▷	% an 300+400	◁
100	Grundstück	m² GF	–	**–**	–	–	**–**	–
200	Vorbereitende Maßnahmen	m² GF	2	**6**	13	0,2	**0,5**	0,9
300	Bauwerk – Baukonstruktionen	m² BGF	834	**1.186**	1.977	61,7	**72,1**	79,2
400	Bauwerk – Technische Anlagen	m² BGF	306	**428**	617	20,8	**27,9**	38,3
	Bauwerk 300+400	m² BGF	1.169	**1.614**	2.392	100,0	**100,0**	100,0
500	Außenanlagen und Freiflächen	m² AF	24	**179**	637	0,9	**2,3**	4,0
600	Ausstattung und Kunstwerke	m² BGF	6	**24**	104	0,4	**1,4**	4,3
700	Baunebenkosten	m² BGF	–	**–**	–	–	**–**	–
800	Finanzierung	m² BGF	–	**–**	–	–	**–**	–

KG	Kostengruppen der 2. Ebene	Einheit	▷	€/Einheit	◁	▷	% an 1. Ebene	◁
310	Baugrube / Erdbau	m³ BGI	84	**144**	188	< 0,1	**0,6**	1,7
320	Gründung, Unterbau	m² GRF	145	**536**	895	1,2	**6,5**	19,3
330	Außenwände / vertikal außen	m² AWF	173	**394**	795	3,7	**22,0**	34,2
340	Innenwände / vertikal innen	m² IWF	258	**395**	561	24,5	**34,8**	65,6
350	Decken / horizontal	m² DEF	205	**340**	508	7,6	**18,9**	30,9
360	Dächer	m² DAF	133	**333**	533	1,3	**9,4**	23,8
370	Infrastrukturanlagen		–	**–**	–	–	**–**	–
380	Baukonstruktive Einbauten	m² BGF	7	**23**	33	0,4	**1,5**	3,4
390	Sonst. Maßnahmen für Baukonst.	m² BGF	25	**71**	131	2,6	**6,3**	10,8
300	**Bauwerk – Baukonstruktionen**	**m² BGF**					**100,0**	
410	Abwasser-, Wasser-, Gasanlagen	m² BGF	23	**49**	99	4,1	**11,2**	21,9
420	Wärmeversorgungsanlagen	m² BGF	24	**68**	99	5,5	**17,7**	32,9
430	Raumlufttechnische Anlagen	m² BGF	13	**48**	83	3,7	**10,6**	22,2
440	Elektrische Anlagen	m² BGF	107	**164**	245	28,2	**43,9**	67,1
450	Kommunikationstechnische Anlagen	m² BGF	22	**57**	106	5,1	**11,7**	19,6
460	Förderanlagen	m² BGF	74	**110**	145	0,0	**3,1**	18,1
470	Nutzungsspez. / verfahrenstech. Anl.	m² BGF	–	**2**	–	0,0	**< 0,1**	0,2
480	Gebäude- und Anlagenautomation	m² BGF	–	**47**	–	0,0	**0,6**	6,9
490	Sonst. Maßnahmen f. techn. Anl.	m² BGF	3	**14**	36	< 0,1	**1,3**	5,9
400	**Bauwerk – Technische Anlagen**	**m² BGF**					**100,0**	

Prozentanteile der Kosten 2. Ebene an den Kosten des Bauwerks nach DIN 276 (Von/Mittel/Bis)

310	Baugrube / Erdbau	0,4
320	Gründung, Unterbau	5,1
330	Außenwände / vertikal außen	16,7
340	Innenwände / vertikal innen	25,0
350	Decken / horizontal	13,3
360	Dächer	6,5
370	Infrastrukturanlagen	
380	Baukonstruktive Einbauten	1,1
390	Sonst. Maßnahmen für Baukonst.	4,4
410	Abwasser-, Wasser-, Gasanlagen	3,0
420	Wärmeversorgungsanlagen	4,1
430	Raumlufttechnische Anlagen	3,0
440	Elektrische Anlagen	12,0
450	Kommunikationstechnische Anlagen	3,6
460	Förderanlagen	1,1
470	Nutzungsspez. / verfahrenstech. Anl.	< 0,1
480	Gebäude- und Anlagenautomation	0,2
490	Sonst. Maßnahmen f. techn. Anl.	0,4

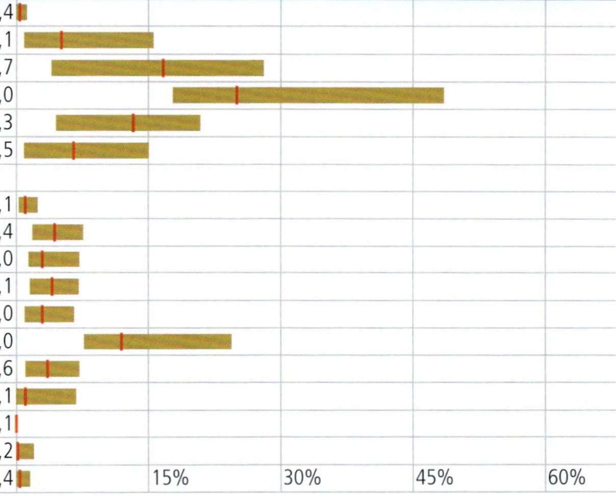

Kostenstand: 2. Quartal 2025, Bundesdurchschnitt, **inkl. 19% MwSt.**

Kostenkennwerte für die Kostengruppen der 3. Ebene DIN 276

KG	Kostengruppen der 3. Ebene	Einheit	▷	€/Einheit	◁	▷	€/m² BGF	◁
344	Innenwandöffnungen	m²	796	**1.181**	1.593	75	**149**	417
331	Tragende Außenwände	m²	157	**485**	748	34	**129**	354
353	Deckenbeläge	m²	122	**180**	269	80	**127**	208
334	Außenwandöffnungen	m²	365	**846**	1.386	36	**116**	272
335	Außenwandbekleidungen, außen	m²	91	**176**	252	57	**101**	153
444	Niederspannungsinstallationsanl.	m²	69	**97**	168	69	**97**	168
351	Deckenkonstruktionen	m²	225	**588**	1.961	39	**95**	210
363	Dachbeläge	m²	121	**261**	354	40	**91**	180
342	Nichttragende Innenwände	m²	105	**161**	218	47	**89**	211
461	Aufzugsanlagen	m²	27	**86**	145	27	**86**	145
322	Flachgründungen und Bodenplatten	m²	357	**634**	1.036	26	**79**	134
324	Gründungsbeläge	m²	101	**201**	304	38	**72**	143
345	Innenwandbekleidungen	m²	33	**57**	93	43	**71**	88
394	Abbruchmaßnahmen	m²	9	**63**	96	9	**63**	96
354	Deckenbekleidungen	m²	63	**110**	171	26	**62**	107
445	Beleuchtungsanlagen	m²	27	**62**	90	27	**62**	90
431	Lüftungsanlagen	m²	14	**49**	82	14	**49**	82
464	Transportanlagen	m²	–	**47**	–	–	**47**	–
494	Abbruchmaßnahmen	m²	–	**45**	–	–	**45**	–
341	Tragende Innenwände	m²	252	**1.062**	5.070	14	**43**	80
481	Automationseinrichtungen	m²	–	**43**	–	–	**43**	–
364	Dachbekleidungen	m²	35	**69**	106	9	**35**	81
421	Wärmeerzeugungsanlagen	m²	24	**34**	49	24	**34**	49
349	Sonstiges zur KG 340	m²	2	**59**	117	2	**34**	56
412	Wasseranlagen	m²	16	**32**	64	16	**32**	64
336	Außenwandbekleidungen, innen	m²	26	**61**	146	9	**31**	68
456	Gefahrenmelde- und Alarmanlagen	m²	14	**31**	59	14	**31**	59
454	Elektroakustische Anlagen	m²	–	**31**	–	–	**31**	–
423	Raumheizflächen	m²	15	**30**	45	15	**30**	45
361	Dachkonstruktionen	m²	53	**287**	476	4	**28**	64
362	Dachöffnungen	m²	1.159	**2.758**	5.224	3	**27**	90
392	Gerüste	m²	14	**25**	32	14	**25**	32
346	Elem. Innenwandkonstruktionen	m²	265	**555**	1.220	6	**24**	61
393	Sicherungsmaßnahmen	m²	13	**23**	33	13	**23**	33
433	Klimaanlagen	m²	10	**23**	48	10	**23**	48
381	Allgemeine Einbauten	m²	12	**23**	33	12	**23**	33
457	Datenübertragungsnetze	m²	12	**21**	31	12	**21**	31
399	Sonstiges zur KG 390	m²	8	**21**	34	8	**21**	34
387	Schutzeinbauten	m²	12	**20**	29	12	**20**	29
391	Baustelleneinrichtung	m²	10	**20**	39	10	**20**	39
332	Nichttragende Außenwände	m²	304	**445**	586	10	**19**	29
422	Wärmeverteilnetze	m²	9	**19**	43	9	**19**	43
311	Herstellung	m³	83	**140**	177	8	**17**	29
338	Lichtschutz zur KG 330	m²	237	**590**	909	9	**15**	34
411	Abwasseranlagen	m²	5	**15**	28	5	**15**	28
499	Sonstiges zur KG 490	m²	–	**15**	–	–	**15**	–
366	Lichtschutz zur KG 360	m²	–	**1.524**	–	–	**14**	–
397	Zusätzliche Maßnahmen	m²	8	**14**	25	8	**14**	25
359	Sonstiges zur KG 350	m²	15	**18**	21	8	**13**	17
321	Baugrundverbesserung	m²	–	**25**	–	–	**11**	–

Kosten:
Stand 2. Quartal 2025
Bundesdurchschnitt
inkl. 19% MwSt.

▷ von
ø Mittel
◁ bis

Prozentanteile der Kosten für Leistungsbereiche nach STLB (Kosten Bauwerk nach DIN 276)

LB	Leistungsbereiche	10% 20% 30% 40%	▷	**% an 300+400**	◁
000	Baustellen-, Verkehrssich.- u. Sicherh.einr. inkl. 001		0,9	**2,2**	4,3
002	Erdarbeiten		< 0,1	**0,4**	1,2
006	Spezialtiefbauarbeiten inkl. 005		–	**–**	–
009	Entwässerungskanalarbeiten inkl. 011		0,0	**0,1**	0,5
010	Drän- und Versickerarbeiten		–	**–**	–
012	Mauerarbeiten		0,2	**3,3**	11,7
013	Betonarbeiten		< 0,1	**4,5**	9,6
014	Natur-, Betonwerksteinarbeiten		< 0,1	**0,9**	7,5
016	Zimmer- und Holzbauarbeiten		< 0,1	**1,6**	9,8
017	Stahlbauarbeiten		< 0,1	**0,7**	2,2
018	Abdichtungsarbeiten		< 0,1	**0,2**	0,9
020	Dachdeckungsarbeiten		0,0	**0,5**	3,1
021	Dachabdichtungsarbeiten		< 0,1	**0,8**	4,3
022	Klempnerarbeiten		0,0	**0,5**	1,3
	Rohbau		4,0	**15,7**	35,2
023	Putz- und Stuckarbeiten, Wärmedämmsysteme		1,6	**4,0**	8,4
024	Fliesen- und Plattenarbeiten		< 0,1	**0,8**	1,9
025	Estricharbeiten		< 0,1	**0,7**	1,8
026	Fenster, Außentüren inkl. 029, 032		4,9	**11,8**	36,3
027	Tischlerarbeiten		3,7	**6,3**	12,7
028	Parkett-, Holzpflasterarbeiten		< 0,1	**1,5**	8,0
030	Rollladenarbeiten		0,0	**0,3**	1,0
031	Metallbauarbeiten inkl. 035		0,8	**4,2**	13,0
034	Maler- und Lackiererarb. – Beschicht. inkl. 037		2,7	**5,7**	11,4
036	Bodenbelagarbeiten		1,5	**4,4**	7,1
038	Vorgehängte hinterlüftete Fassaden		0,0	**0,2**	2,2
039	Trockenbauarbeiten		7,3	**13,2**	22,6
	Ausbau		38,4	**53,1**	67,4
040	Wärmeversorgungsanl. - Betriebseinr. inkl. 041		1,0	**3,5**	6,5
042	Gas- u. Wasseranl. – Leitung., Armat. inkl. 043		0,2	**0,8**	1,4
044	Abwasseranl. - Leitungen, Abläufe, Armaturen		< 0,1	**0,4**	1,1
045	Gas, Wasser, Entwässerung – Ausstattung inkl. 046		0,4	**1,6**	3,7
047	Dämm- und Brandschutzarb. an techn. Anlagen		< 0,1	**0,4**	0,8
049	Feuerlöschanlagen, Feuerlöschgeräte		0,0	**< 0,1**	0,2
050	Blitzschutz-/Erdungsanlagen, Überspannungssch.		< 0,1	**0,2**	0,4
052	Mittelspannungsanlagen		–	**–**	–
053	Niederspannungsanl. – Kabel inkl. 054		4,9	**7,6**	17,3
055	Sicherheits- u. Ersatzstromversorgungsanl.		–	**–**	–
057	Gebäudesystemtechnik		–	**–**	–
058	Leuchten und Lampen inkl. 059		2,2	**4,6**	8,1
060	Such, Signal, Zeit, Anten., akust. Anl. inkl. 064		0,1	**0,5**	1,3
061	Kommunikations- u. Übertragungsnetze inkl. 062		0,5	**1,3**	2,6
063	Gefahrenmeldeanlagen		0,2	**1,4**	2,9
069	Aufzüge		0,0	**1,0**	6,6
070	Gebäudeautomation		0,0	**0,2**	2,0
075	Raumlufttechnische Anlagen inkl. 078		0,5	**2,6**	6,3
	Gebäudetechnik		19,1	**26,3**	36,5
084	Abbruch, Rückbau, Schadstoffsanierung		0,6	**4,2**	8,1
	Sonstige Leistungsbereiche inkl. 008, 033, 051		< 0,1	**0,7**	1,8

€/m² BGF

min	865	€/m²
von	1.170	€/m²
Mittel	**1.615**	**€/m²**
bis	2.390	€/m²
max	2.785	€/m²

Kosten:
Stand 2. Quartal 2025
Bundesdurchschnitt
inkl. 19% MwSt.

Objektübersicht zur Gebäudeart

1300-0324 Gründerzentrum (20 AP)

BRI 1.501 m³ **BGF** 455 m² **NUF** 297 m²

© Michael Moser

Baujahr: 1980er Jahre
Bauzustand: mittel
Aufwand: mittel
Nutzung während der Bauzeit: ja
Nutzungsänderung: ja
Grundrissänderungen: einige
Tragwerkseingriffe: einige

Land: Sachsen-Anhalt
Kreis: Börde
Standard: mittel
Bauzeit: 43 Wochen
Kennwerte: bis 3. Ebene DIN 276
vorgesehen: BKI Objektdaten A13
BGF 1.625 €/m²

Planung: Liebnerstadtfeld Architekten; Magdeburg

Umbau von einer Schule im Obergeschoss zu Büros

Bauwerk – Baukonstruktionen
Abbrechen: Tragende Innenwände 4%
Herstellen: Tragende Außenwände 16%, Deckenbeläge 10%, Innenwandbekleidungen 10%, Deckenbekleidungen 9%, Innenwandöffnungen 9%, Außenwandbekleidungen, außen 9%, Baustelleneinrichtung 5%, Außenwandöffnungen 4%, Nichttragende Innenwände 4%
Sonstige: 20%

Bauwerk – Technische Anlagen
Herstellen: Aufzugsanlagen 23%, Wasseranlagen 15%, Niederspannungsinstallationsanlagen 13%, Beleuchtungsanlagen 11%, Klimaanlagen 7%, Raumheizflächen 6%, Abwasseranlagen 4%
Sonstige: 20%

2200-0053 Seminarräume (343 Sitzplätze)

BRI 7.445 m³ **BGF** 2.237 m² **NUF** 1.626 m²

© Steffen Junghans

Baujahr: 1927
Bauzustand: gut
Aufwand: mittel
Nutzung während der Bauzeit: ja
Nutzungsänderung: nein
Grundrissänderungen: umfangreiche
Tragwerkseingriffe: wenige

Land: Sachsen
Kreis: Leipzig, Stadt
Standard: mittel
Bauzeit: 61 Wochen
Kennwerte: bis 3. Ebene DIN 276
veröffentlicht: BKI Objektdaten A12
BGF 864 €/m²

Planung: Eßmann | Gärtner | Nieper Architekten GbR; Leipzig

Umbau in Seminar- und Vorlesungsräume

Bauwerk – Baukonstruktionen
Herstellen: Dachöffnungen 24%, Innenwandöffnungen 18%, Deckenbeläge 13%, Dachbekleidungen 9%, Innenwandbekleidungen 7%, Gerüste 5%, Lichtschutz zur KG 360 3%
Sonstige: 22%

Bauwerk – Technische Anlagen
Herstellen: Niederspannungsinstallationsanlagen 38%, Beleuchtungsanlagen 22%, Gefahrenmelde- und Alarmanlagen 14%
Sonstige: 25%

1300-0243 Verwaltungsgebäude (8 AP)

BRI 1.830 m³ **BGF** 566 m² **NUF** 347 m²

Baujahr: 1696
Bauzustand: schlecht
Aufwand: hoch
Nutzung während der Bauzeit: nein
Nutzungsänderung: ja
Grundrissänderungen: einige
Tragwerkseingriffe: umfangreiche

Land: Sachsen-Anhalt
Kreis: Harz
Standard: mittel
Bauzeit: 96 Wochen
Kennwerte: bis 3. Ebene DIN 276
veröffentlicht: BKI Objektdaten A11

BGF 2.786 €/m²

Planung: ZIEROLD.ARCHITEKTUR z.arch Christian A. Zierold; Ballenstedt

Verwaltungsgebäude mit acht Arbeitsplätzen **Kosteneinfluss Nutzung:** Denkmalschutz, Brandschutz

Bauwerk – Baukonstruktionen
Abbrechen: Deckenkonstruktionen 3%
Herstellen: Außenwandöffnungen 9%, Dachbeläge 8%, Flachgründungen und Bodenplatten 7%, Außenwandbekleidungen, außen 6%, Tragende Außenwände 6%, Deckenkonstruktionen 5%, Innenwandöffnungen 4%, Gründungsbeläge 4%, Innenwandbekleidungen 3%, Außenwandbekleidungen, innen 3%, Deckenbekleidungen 3%, Deckenbeläge 3%, Dachkonstruktionen 2%
Wiederherstellen: Tragende Außenwände 12%
Sonstige: 21%

Bauwerk – Technische Anlagen
Herstellen: Niederspannungsinstallationsanlagen 24%, Beleuchtungsanlagen 24%, Wärmeerzeugungsanlagen 8%, Raumheizflächen 7%, Wasseranlagen 7%, Blitzschutz- und Erdungsanlagen 5%, Sonstiges zur KG 420 4%
Sonstige: 21%

1300-0245 Kontorhaus Bürogeschoss

BRI 3.009 m³ **BGF** 814 m² **NUF** 520 m²

Baujahr: 1915
Bauzustand: mittel
Aufwand: mittel
Nutzung während der Bauzeit: ja
Nutzungsänderung: nein
Grundrissänderungen: umfangreiche
Tragwerkseingriffe: wenige

Land: Hamburg
Kreis: Hamburg, Stadt
Standard: hoch
Bauzeit: 22 Wochen
Kennwerte: bis 3. Ebene DIN 276
veröffentlicht: BKI Objektdaten A11

BGF 1.298 €/m²

Planung: güldenzopf rohrberg architektur + design; Hamburg

Ausbau eines leerstehenden Geschosses für Büronutzung mit 49 Arbeitsplätzen. **Kosteneinfluss Nutzung:** Brandschutzauflagen waren zu berücksichtigen.

Bauwerk – Baukonstruktionen
Abbrechen: Abbruchmaßnahmen 12%
Herstellen: Deckenbeläge 22%, Nichttragende Innenwände 10%, Innenwandbekleidungen 10%, Elementierte Innenwandkonstruktionen 9%, Deckenbekleidungen 8%, Innenwandöffnungen 7%
Sonstige: 23%

Bauwerk – Technische Anlagen
Herstellen: Lüftungsanlagen 27%, Niederspannungsinstallationsanlagen 21%, Beleuchtungsanlagen 13%, Gefahrenmelde- und Alarmanlagen 9%, Wasseranlagen 9%
Sonstige: 21%

Büro- und Verwaltungsgebäude

€/m² BGF

min	865	€/m²
von	1.170	€/m²
Mittel	**1.615**	**€/m²**
bis	2.390	€/m²
max	2.785	€/m²

Kosten:
Stand 2. Quartal 2025
Bundesdurchschnitt
inkl. 19% MwSt.

Objektübersicht zur Gebäudeart

1300-0197 Kontorhaus, Bürogeschoss

BRI 5.500 m³ **BGF** 1.375 m² **NUF** 889 m²

© Sven Gellert

Baujahr: 1914
Bauzustand: gut
Aufwand: mittel
Nutzung während der Bauzeit: ja
Nutzungsänderung: ja
Grundrissänderungen: wenige
Tragwerkseingriffe: keine

Land: Hamburg
Kreis: Hamburg, Stadt
Standard: mittel
Bauzeit: 39 Wochen
Kennwerte: bis 3. Ebene DIN 276
veröffentlicht: BKI Objektdaten A10
BGF 1.109 €/m²

Planung: güldenzopf rohrberg architektur + design; Hamburg

Umnutzung eines Verkaufsgeschosses in Büronutzung mit 85 Arbeitsplätzen. **Kosteneinfluss Nutzung:** Das zweite Obergeschoss wurde im Vorfeld vom Eigentümer des Gebäudes in den originalen Rohbauzustand zurückversetzt. Denkmal- und Brandschutzauflagen waren zu berücksichtigen.

Bauwerk – Baukonstruktionen
Herstellen: Deckenbeläge 28%, Innenwandöffnungen 21%, Nichttragende Innenwände 17%, Innenwandbekleidungen 10%
Sonstige: 24%

Bauwerk – Technische Anlagen
Herstellen: Niederspannungsinstallationsanlagen 24%, Beleuchtungsanlagen 23%, Lüftungsanlagen 23%, Datenübertragungsnetze 9%
Sonstige: 21%

1300-0167 Bürogebäude

BRI 397 m³ **BGF** 162 m² **NUF** 125 m²

© Waldhelm Architekten

Baujahr: 2008
Bauzustand: gut
Aufwand: niedrig
Nutzung während der Bauzeit: nein
Nutzungsänderung: ja
Grundrissänderungen: wenige
Tragwerkseingriffe: keine

Land: Thüringen
Kreis: Jena, Stadt
Standard: hoch
Bauzeit: 17 Wochen
Kennwerte: bis 3. Ebene DIN 276
veröffentlicht: BKI Objektdaten A8
BGF 1.362 €/m²

Planung: Waldhelm Architekten; Jena

Umbau von Garagen, Baujahr 2008, zu Einzelraumbüros mit vier Arbeitsplätzen.

Bauwerk – Baukonstruktionen
Außenwandöffnungen 37%, Flachgründungen und Bodenplatten 16%, Gründungsbeläge 16%, Nichttragende Innenwände 8%
Sonstige: 24%

Bauwerk – Technische Anlagen
Niederspannungsinstallationsanlagen 39%, Wärmeverteilnetze 22%, Raumheizflächen 17%
Sonstige: 21%

Objektübersicht zur Gebäudeart

1300-0208 Kirchenverwaltung (70 AP)

BRI 16.301 m³ **BGF** 3.824 m² **NUF** 1.825 m²

© Steffen Spitzner

Baujahr: 1537
Bauzustand: mittel
Aufwand: mittel
Nutzung während der Bauzeit: nein
Nutzungsänderung: ja
Grundrissänderungen: einige
Tragwerkseingriffe: einige

Land: Thüringen
Kreis: Erfurt, Stadt
Standard: mittel
Bauzeit: 82 Wochen
Kennwerte: bis 3. Ebene DIN 276
veröffentlicht: BKI Objektdaten A10

BGF 2.315 €/m²

Planung: Steinblock Architekten; Magdeburg

Umbau von zwei leer stehenden denkmalgeschützten Universitätsgebäuden zum Verwaltungskomplex. **Kosteneinfluss Nutzung:** Brandschutz, Denkmalschutz, Gestaltungssatzung

Bauwerk – Baukonstruktionen
Herstellen: Deckenbeläge 11%, Außenwandöffnungen 8%, Deckenbekleidungen 7%, Innenwandöffnungen 6%, Deckenkonstruktionen 6%, Innenwandbekleidungen 5%, Tragende Innenwände 4%, Nichttragende Innenwände 4%, Außenwandbekleidungen, innen 4%, Tragende Außenwände 3%, Dachkonstruktionen 3%, Dachbeläge 3%, Baustelleneinrichtung 2%, Außenwandbekleidungen, außen 2%
Wiederherstellen: Außenwandbekleidungen, außen 3%
Sonstige: 28%

Bauwerk – Technische Anlagen
Herstellen: Niederspannungsinstallationsanlagen 13%, Beleuchtungsanlagen 11%, Gefahrenmelde- und Alarmanlagen 10%, Lüftungsanlagen 9%, Raumheizflächen 9%, Transportanlagen 7%, Automationseinrichtungen 6%, Wasseranlagen 5%, Elektroakustische Anlagen 5%, Audiovisuelle Medien- und Antennenanlagen 4%
Sonstige: 22%

1300-0124 Bürogebäude

BRI 4.333 m³ **BGF** 1.111 m² **NUF** 714 m²

© Fotografie Aloys Kiefer

Bauzustand: mittel
Aufwand: mittel
Nutzung während der Bauzeit: nein
Nutzungsänderung: ja
Grundrissänderungen: umfangreiche
Tragwerkseingriffe: wenige

Land: Hamburg
Kreis: Hamburg, Stadt
Standard: hoch
Bauzeit: 30 Wochen
Kennwerte: bis 3. Ebene DIN 276
veröffentlicht: BKI Objektdaten A6

BGF 1.087 €/m²

Planung: Holst Becker Architekten; Hamburg

Umbau und Modernisierung eines zweigeschossigen, nicht unterkellerten Bürogebäudes mit zehn Arbeitsplätzen und drei Klassenräumen für 30 Schüler.

Bauwerk – Baukonstruktionen
Herstellen: Deckenkonstruktionen 10%, Nichttragende Innenwände 9%, Innenwandöffnungen 8%, Außenwandöffnungen 8%, Tragende Außenwände 8%, Deckenbeläge 7%, Gründungsbeläge 7%, Tragende Innenwände 6%, Innenwandbekleidungen 5%, Dachbekleidungen 5%, Außenwandbekleidungen, außen 5%
Sonstige: 22%

Bauwerk – Technische Anlagen
Herstellen: Niederspannungsinstallationsanlagen 19%, Abwasseranlagen 14%, Wasseranlagen 13%, Wärmeerzeugungsanlagen 12%, Raumheizflächen 9%, Wärmeverteilnetze 7%, Lüftungsanlagen 5%
Sonstige: 21%

Objektübersicht zur Gebäudeart

Büro- und Verwaltungsgebäude

€/m² BGF

min	865	€/m²
von	1.170	€/m²
Mittel	**1.615**	**€/m²**
bis	2.390	€/m²
max	2.785	€/m²

Kosten:
Stand 2. Quartal 2025
Bundesdurchschnitt
inkl. 19% MwSt.

1300-0121 Bürogebäude, Sozialstation

BRI 679 m³ **BGF** 199 m² **NUF** 144 m²

© FRANKE Architektur I Innenarchitektur

Bauzustand: mittel
Aufwand: mittel
Nutzung während der Bauzeit: nein
Nutzungsänderung: ja
Grundrissänderungen: wenige
Tragwerkseingriffe: keine

Land: Nordrhein-Westfalen
Kreis: Düren
Standard: mittel
Bauzeit: 22 Wochen
Kennwerte: bis 3. Ebene DIN 276
veröffentlicht: www.bki.de

BGF 1.080 €/m²

Planung: FRANKE Architektur I Innenarchitektur; Düren

Umbau eines nicht unterkellerten, eingeschossigen Sparkassengebäudes mit Flachdach zu einem Büro mit vier Büroräumen, Besprechungsraum und Nebenräumen.

Bauwerk – Baukonstruktionen
Herstellen: Außenwandbekleidungen, außen 18%, Außenwandöffnungen 13%, Dachbekleidungen 11%, Innenwandbekleidungen 10%, Dachbeläge 10%, Nichttragende Innenwände 8%, Gründungsbeläge 5%, Außenwandbekleidungen, innen 4%
Sonstige: 20%

Bauwerk – Technische Anlagen
Herstellen: Niederspannungsinstallationsanlagen 24%, Beleuchtungsanlagen 23%, Wärmeerzeugungsanlagen 18%, Raumheizflächen 13%
Sonstige: 22%

1300-0117 Verwaltungsgebäude

BRI 3.796 m³ **BGF** 1.154 m² **NUF** 670 m²

© Erfurt & Partner GmbH

Baujahr: 1923/24
Bauzustand: mittel
Aufwand: mittel
Nutzung während der Bauzeit: nein
Nutzungsänderung: ja
Grundrissänderungen: einige
Tragwerkseingriffe: einige

Land: Thüringen
Kreis: Erfurt, Stadt
Standard: mittel
Bauzeit: 48 Wochen
Kennwerte: bis 3. Ebene DIN 276
veröffentlicht: BKI Objektdaten A6

BGF 1.840 €/m²

Planung: Architekten- und Ingenieurgruppe Erfurt & Partner GmbH; Erfurt

Fakultätsgebäude der Katholisch-Theologischen Fakultät der Universität Erfurt. **Kosteneinfluss Nutzung:** Berücksichtigung von Denkmalschutz- und Brandschutzauflagen. Besonderer Wert wurde dabei auf die Integration der historischen Bausubstanz gelegt.

Bauwerk – Baukonstruktionen
Innenwandöffnungen 18%, Außenwandbekleidungen, außen 10%, Außenwandöffnungen 10%, Deckenbeläge 8%, Dachbeläge 7%, Innenwandbekleidungen 6%, Abbruchmaßnahmen 5%, Deckenkonstruktionen 5%, Deckenbekleidungen 4%, Lichtschutz zur KG 330 3%, Allgemeine Einbauten 2%
Sonstige: 22%

Bauwerk – Technische Anlagen
Lüftungsanlagen 16%, Niederspannungsinstallationsanlagen 13%, Beleuchtungsanlagen 11%, Wärmeerzeugungsanlagen 11%, Abbruchmaßnahmen 9%, Raumheizflächen 8%, Wärmeverteilnetze 7%
Sonstige: 26%

Objektübersicht zur Gebäudeart

1300-0107 Büroeingangszone und Besprechung

BRI 470 m³ | **BGF** 159 m² | **NUF** 65 m²

Baujahr: 1980
Bauzustand: gut
Aufwand: mittel
Nutzung während der Bauzeit: ja
Nutzungsänderung: nein
Grundrissänderungen: einige
Tragwerkseingriffe: keine

Land: Bayern
Kreis: München, Stadt
Standard: hoch
Bauzeit: 13 Wochen
Kennwerte: bis 3. Ebene DIN 276
veröffentlicht: www.bki.de

BGF 1.453 €/m²

Planung: TTC Architekten Thomas Traub; München

Eingangsbereich, Besprechungszimmer oder Raum für großzügige Empfänge. **Kosteneinfluss Nutzung:** Durch bewegliche Glaswände ist eine unterschiedliche Nutzung möglich. Es mussten Brandschutzauflagen eingehalten werden.

Bauwerk – Baukonstruktionen
Innenwandöffnungen 55%, Nichttragende Innenwände 27%, Deckenbeläge 11%
Sonstige: 7%

Bauwerk – Technische Anlagen
Niederspannungsinstallationsanlagen 56%, Beleuchtungsanlagen 32%, Lüftungsanlagen 11%

1300-0251 Verwaltungsgebäude (15 AP)

BRI 1.290 m³ | **BGF** 440 m² | **NUF** 197 m²

Baujahr: 1916
Bauzustand: mittel
Aufwand: hoch
Nutzungsänderung: ja
Grundrissänderungen: umfangreiche
Tragwerkseingriffe: einige

Land: Baden-Württemberg
Kreis: Ostalbkreis
Standard: hoch
Bauzeit: 22 Wochen
Kennwerte: bis 1. Ebene DIN 276
veröffentlicht: BKI Objektdaten A11

BGF 2.667 €/m²

Planung: Klaiber + Oettle Architekten und Ingenieure GbR; Schwäbisch Gmünd

Verwaltungsgebäude mit 15 Arbeitsplätzen

€/m² BGF

min	865	€/m²
von	1.170	€/m²
Mittel	**1.615**	**€/m²**
bis	2.390	€/m²
max	2.785	€/m²

Kosten:
Stand 2. Quartal 2025
Bundesdurchschnitt
inkl. 19% MwSt.

Objektübersicht zur Gebäudeart

7500-0027 Servicebereich Rechenzentrum (20 AP)

BRI 948 m³ **BGF** 327 m² **NUF** 257 m²

© Marcus Ebener

Baujahr: 1963
Bauzustand: schlecht
Aufwand: hoch
Nutzung während der Bauzeit: ja
Nutzungsänderung: nein
Grundrissänderungen: umfangreiche
Tragwerkseingriffe: keine

Land: Hamburg
Kreis: Hamburg, Stadt
Standard: hoch
Bauzeit: 31 Wochen
Kennwerte: bis 1. Ebene DIN 276
veröffentlicht: BKI Objektdaten A11

BGF 1.498 €/m²

Planung: acollage. architektur urbanistik Merten Kappelmann Harms; Hamburg

Servicebereich des Rechenzentrums der Universität Hamburg

Kostenkennwerte für die Kosten des Bauwerks (Kostengruppen 300+400 nach DIN 276)

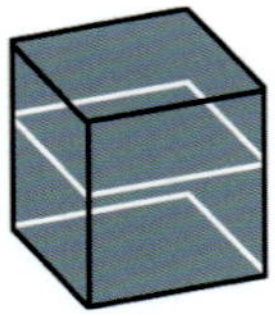

BRI 420€/m³
von 285€/m³
bis 660€/m³

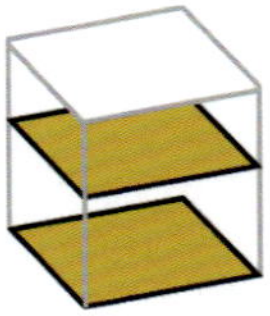

BGF 1.290€/m²
von 915€/m²
bis 1.835€/m²

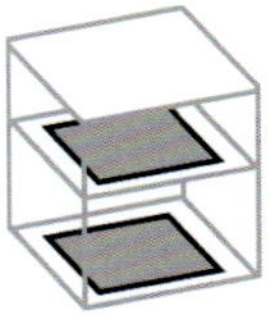

NUF 1.930€/m²
von 1.330€/m²
bis 2.925€/m²

Kosten:
Stand 2. Quartal 2025
Bundesdurchschnitt
inkl. 19% MwSt.

Objektbeispiele

3100-0026

3100-0011

3100-0022

Kosten der 9 Vergleichsobjekte

Seiten 212 bis 215

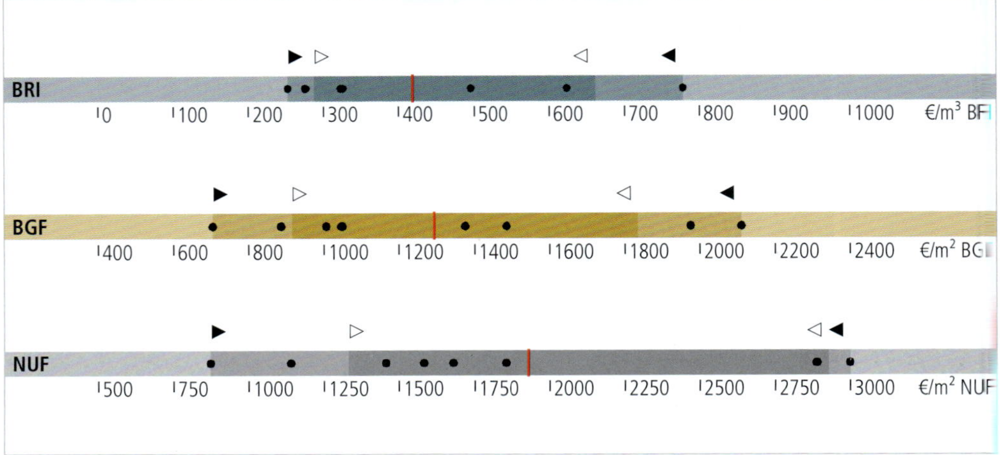

- ● KKW
- ▶ min
- ▷ von
- | Mittelwert
- ◁ bis
- ◀ max

Kostenkennwerte für die Kostengruppen der 1. und 2. Ebene DIN 276

KG	Kostengruppen der 1. Ebene	Einheit	▷	€/Einheit	◁	▷	% an 300+400	◁
100	Grundstück	m2 GF	–	**–**	–	–	**–**	–
200	Vorbereitende Maßnahmen	m2 GF	–	**–**	–	–	**–**	–
300	Bauwerk – Baukonstruktionen	m2 BGF	686	**883**	1.264	62,9	**69,8**	76,2
400	Bauwerk – Technische Anlagen	m2 BGF	234	**410**	643	23,8	**30,2**	37,1
	Bauwerk 300+400	m2 BGF	914	**1.292**	1.835	100,0	**100,0**	100,0
500	Außenanlagen und Freiflächen	m2 AF	–	**–**	–	–	**–**	–
600	Ausstattung und Kunstwerke	m2 BGF	29	**79**	145	1,6	**8,0**	13,6
700	Baunebenkosten	m2 BGF	–	**–**	–	–	**–**	–
800	Finanzierung	m2 BGF	–	**–**	–	–	**–**	–

KG	Kostengruppen der 2. Ebene	Einheit	▷	€/Einheit	◁	▷	% an 1. Ebene	◁
310	Baugrube / Erdbau	m3 BGI	–	**–**	–	–	**–**	–
320	Gründung, Unterbau	m2 GRF	–	**–**	–	–	**–**	–
330	Außenwände / vertikal außen	m2 AWF	39	**584**	2.801	1,1	**2,5**	6,1
340	Innenwände / vertikal innen	m2 IWF	126	**260**	370	20,4	**36,6**	50,3
350	Decken / horizontal	m2 DEF	230	**295**	397	24,6	**30,6**	34,9
360	Dächer	m2 DAF	–	**313**	–	0,0	**2,2**	19,9
370	Infrastrukturanlagen		–	**–**	–	–	**–**	–
380	Baukonstruktive Einbauten	m2 BGF	116	**251**	358	5,1	**25,4**	42,9
390	Sonst. Maßnahmen für Baukonst.	m2 BGF	5	**25**	71	0,6	**2,6**	6,9
300	**Bauwerk – Baukonstruktionen**	**m2 BGF**					**100,0**	
410	Abwasser-, Wasser-, Gasanlagen	m2 BGF	39	**100**	162	8,7	**19,8**	30,2
420	Wärmeversorgungsanlagen	m2 BGF	16	**46**	74	0,9	**7,5**	13,9
430	Raumlufttechnische Anlagen	m2 BGF	20	**79**	157	2,1	**12,6**	27,9
440	Elektrische Anlagen	m2 BGF	120	**181**	272	39,4	**49,2**	85,8
450	Kommunikationstechnische Anlagen	m2 BGF	21	**41**	71	2,4	**9,8**	16,6
460	Förderanlagen	m2 BGF	–	**–**	–	–	**–**	–
470	Nutzungsspez. / verfahrenstech. Anl.	m2 BGF	1	**25**	48	< 0,1	**1,2**	9,5
480	Gebäude- und Anlagenautomation	m2 BGF	–	**–**	–	–	**–**	–
490	Sonst. Maßnahmen f. techn. Anl.	m2 BGF	–	**2**	–	0,0	**< 0,1**	0,6
400	**Bauwerk – Technische Anlagen**	**m2 BGF**					**100,0**	

Prozentanteile der Kosten 2. Ebene an den Kosten des Bauwerks nach DIN 276 (Von/Mittel/Bis)

KG	Kostengruppe	%
310	Baugrube / Erdbau	
320	Gründung, Unterbau	
330	Außenwände / vertikal außen	1,8
340	Innenwände / vertikal innen	25,2
350	Decken / horizontal	21,4
360	Dächer	1,5
370	Infrastrukturanlagen	
380	Baukonstruktive Einbauten	18,1
390	Sonst. Maßnahmen für Baukonst.	1,8
410	Abwasser-, Wasser-, Gasanlagen	6,1
420	Wärmeversorgungsanlagen	2,4
430	Raumlufttechnische Anlagen	4,5
440	Elektrische Anlagen	14,0
450	Kommunikationstechnische Anlagen	2,8
460	Förderanlagen	
470	Nutzungsspez. / verfahrenstech. Anl.	0,4
480	Gebäude- und Anlagenautomation	
490	Sonst. Maßnahmen f. techn. Anl.	< 0,1

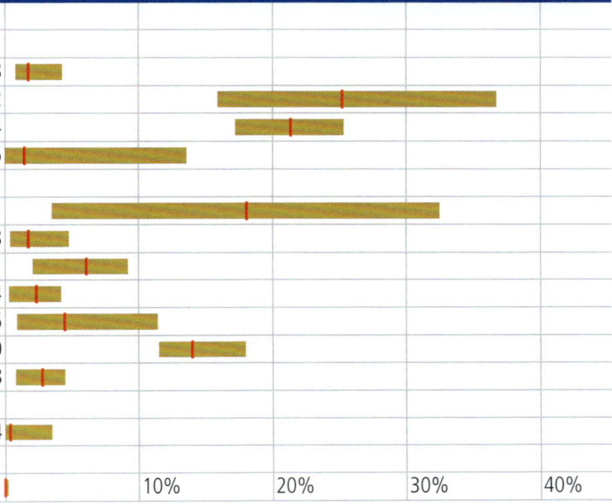

Kosten:
Stand 2. Quartal 2025
Bundesdurchschnitt
inkl. 19% MwSt.

▷ von
ø Mittel
◁ bis

Kostenkennwerte für die Kostengruppen der 3. Ebene DIN 276

KG	Kostengruppen der 3. Ebene	Einheit	▷	€/Einheit	◁	▷	€/m² BGF	◁
381	Allgemeine Einbauten	m²	113	**245**	356	113	**245**	356
364	Dachbekleidungen	m²	–	**193**	–	–	**175**	–
353	Deckenbeläge	m²	126	**166**	231	101	**145**	195
433	Klimaanlagen	m²	–	**140**	–	–	**140**	–
345	Innenwandbekleidungen	m²	36	**57**	96	78	**127**	204
342	Nichttragende Innenwände	m²	173	**213**	286	57	**117**	212
354	Deckenbekleidungen	m²	72	**131**	246	67	**105**	185
444	Niederspannungsinstallationsanl.	m²	60	**101**	182	60	**101**	182
445	Beleuchtungsanlagen	m²	55	**80**	133	55	**80**	133
344	Innenwandöffnungen	m²	284	**626**	1.029	31	**80**	118
432	Teilklimaanlagen	m²	40	**78**	117	40	**78**	117
412	Wasseranlagen	m²	29	**64**	100	29	**64**	100
351	Deckenkonstruktionen	m²	68	**254**	351	40	**55**	84
431	Lüftungsanlagen	m²	18	**51**	173	18	**51**	173
471	Küchentechnische Anlagen	m²	–	**48**	–	–	**48**	–
334	Außenwandöffnungen	m²	718	**1.861**	3.004	10	**42**	106
369	Sonstiges zur KG 360	m²	–	**43**	–	–	**40**	–
361	Dachkonstruktionen	m²	–	**40**	–	–	**36**	–
362	Dachöffnungen	m²	–	**1.798**	–	–	**33**	–
423	Raumheizflächen	m²	8	**29**	59	8	**29**	59
346	Elem. Innenwandkonstruktionen	m²	257	**529**	665	10	**29**	41
457	Datenübertragungsnetze	m²	13	**29**	39	13	**29**	39
411	Abwasseranlagen	m²	6	**29**	52	6	**29**	52
341	Tragende Innenwände	m²	–	**252**	–	3	**25**	39
394	Abbruchmaßnahmen	m²	–	**24**	–	–	**24**	–
386	Orientierungs- u. Informationssys.	m²	< 1	**24**	47	< 1	**24**	47
452	Such- und Signalanlagen	m²	9	**24**	53	9	**24**	53
422	Wärmeverteilnetze	m²	3	**19**	31	3	**19**	31
456	Gefahrenmelde- und Alarmanlagen	m²	–	**19**	–	–	**19**	–
392	Gerüste	m²	10	**19**	28	10	**19**	28
343	Innenstützen	m	–	**479**	–	–	**17**	–
336	Außenwandbekleidungen, innen	m²	37	**152**	551	7	**15**	24
391	Baustelleneinrichtung	m²	4	**14**	49	4	**14**	49
397	Zusätzliche Maßnahmen	m²	3	**11**	29	3	**11**	29
419	Sonstiges zur KG 410	m²	2	**8**	14	2	**8**	14
421	Wärmeerzeugungsanlagen	m²	6	**7**	9	6	**7**	9
451	Telekommunikationsanlagen	m²	3	**6**	11	3	**6**	11
446	Blitzschutz- und Erdungsanlagen	m²	4	**4**	5	4	**4**	5
363	Dachbeläge	m²	–	**–**	–	–	**4**	–
396	Materialentsorgung	m²	< 1	**3**	4	< 1	**3**	4
498	Provisorische technische Anlagen	m²	–	**2**	–	–	**2**	–
349	Sonstiges zur KG 340	m²	–	**3**	–	–	**2**	–
455	Audiovis. Medien- u. Antennenanl.	m²	< 1	**2**	6	< 1	**2**	6
335	Außenwandbekleidungen, außen	m²	48	**160**	271	< 1	**2**	4
474	Feuerlöschanlagen	m²	–	**1**	–	–	**1**	–
359	Sonstiges zur KG 350	m²	–	**1**	–	–	**1**	–
331	Tragende Außenwände	m²	–	**–**	–	–	**< 1**	–
454	Elektroakustische Anlagen	m²	–	**< 1**	–	–	**< 1**	–

Prozentanteile der Kosten für Leistungsbereiche nach STLB (Kosten Bauwerk nach DIN 276)

LB	Leistungsbereiche	▷	% an 300+400	◁
000	Baustellen-, Verkehrssich.- u. Sicherh.einr. inkl. 001	0,1	**0,9**	2,9
002	Erdarbeiten	–	**–**	–
006	Spezialtiefbauarbeiten inkl. 005	–	**–**	–
009	Entwässerungskanalarbeiten inkl. 011	–	**–**	–
010	Drän- und Versickerarbeiten	–	**–**	–
012	Mauerarbeiten	< 0,1	**0,2**	0,7
013	Betonarbeiten	< 0,1	**1,4**	7,1
014	Natur-, Betonwerksteinarbeiten	–	**–**	–
016	Zimmer- und Holzbauarbeiten	0,0	**0,6**	2,8
017	Stahlbauarbeiten	0,0	**< 0,1**	0,8
018	Abdichtungsarbeiten	–	**–**	–
020	Dachdeckungsarbeiten	0,0	**0,2**	2,2
021	Dachabdichtungsarbeiten	–	**–**	–
022	Klempnerarbeiten	< 0,1	**< 0,1**	0,7
	Rohbau	0,2	**3,5**	7,0
023	Putz- und Stuckarbeiten, Wärmedämmsysteme	< 0,1	**0,3**	0,8
024	Fliesen- und Plattenarbeiten	0,4	**2,8**	11,2
025	Estricharbeiten	< 0,1	**0,4**	0,8
026	Fenster, Außentüren inkl. 029, 032	0,2	**1,0**	2,6
027	Tischlerarbeiten	8,8	**21,1**	33,9
028	Parkett-, Holzpflasterarbeiten	–	**–**	–
030	Rollladenarbeiten	–	**–**	–
031	Metallbauarbeiten inkl. 035	0,0	**1,7**	8,9
034	Maler- und Lackiererarb. – Beschicht. inkl. 037	6,2	**9,0**	13,3
036	Bodenbelagarbeiten	4,0	**9,0**	13,3
038	Vorgehängte hinterlüftete Fassaden	–	**–**	–
039	Trockenbauarbeiten	8,2	**15,0**	26,3
	Ausbau	54,4	**60,1**	68,0
040	Wärmeversorgungsanl. - Betriebseinr. inkl. 041	0,3	**2,2**	3,9
042	Gas- u. Wasseranl. – Leitung., Armat. inkl. 043	0,5	**1,9**	3,7
044	Abwasseranl. - Leitungen, Abläufe, Armaturen	0,3	**1,4**	3,4
045	Gas, Wasser, Entwässerung – Ausstattung inkl. 046	0,9	**2,6**	4,0
047	Dämm- und Brandschutzarb. an techn. Anlagen	< 0,1	**0,2**	0,9
049	Feuerlöschanlagen, Feuerlöschgeräte	0,0	**< 0,1**	0,2
050	Blitzschutz-/Erdungsanlagen, Überspannungssch.	0,0	**< 0,1**	0,2
052	Mittelspannungsanlagen	–	**–**	–
053	Niederspannungsanl. – Kabel inkl. 054	5,6	**7,2**	9,4
055	Sicherheits- u. Ersatzstromversorgungsanl.	–	**–**	–
057	Gebäudesystemtechnik	–	**–**	–
058	Leuchten und Lampen inkl. 059	4,4	**6,6**	10,8
060	Such, Signal, Zeit, Anten., akust. Anl. inkl. 064	< 0,1	**0,4**	1,7
061	Kommunikations- u. Übertragungsnetze inkl. 062	0,7	**1,9**	4,3
063	Gefahrenmeldeanlagen	0,0	**0,3**	2,7
069	Aufzüge	–	**–**	–
070	Gebäudeautomation	–	**–**	–
075	Raumlufttechnische Anlagen inkl. 078	0,7	**4,3**	11,2
	Gebäudetechnik	22,7	**29,1**	36,1
084	Abbruch, Rückbau, Schadstoffsanierung	2,7	**5,1**	5,9
	Sonstige Leistungsbereiche inkl. 008, 033, 051	0,2	**2,0**	10,3

€/m² BGF

min	705	€/m²
von	915	€/m²
Mittel	**1.290**	**€/m²**
bis	1.835	€/m²
max	2.110	€/m²

Kosten:
Stand 2. Quartal 2025
Bundesdurchschnitt
inkl. 19% MwSt.

Objektübersicht zur Gebäudeart

3100-0026 Kinderarztpraxis

BRI 691 m³ **BGF** 254 m² **NUF** 186 m²

Baujahr: 1985
Bauzustand: mittel
Aufwand: mittel
Nutzung während der Bauzeit: nein
Nutzungsänderung: ja
Grundrissänderungen: umfangreiche
Tragwerkseingriffe: wenige

Land: Nordrhein-Westfalen
Kreis: Herne, Stadt
Standard: hoch
Bauzeit: 26 Wochen
Kennwerte: bis 3. Ebene DIN 276
veröffentlicht: BKI Objektdaten A12

BGF 2.110 €/m²

Planung: KAPALAARCHITEKTUR Carsten Kapala; Herne

Umbau von Büro und einer Wohnung zu einer Kinderarztpraxis.

Bauwerk – Baukonstruktionen
Herstellen: Deckenbekleidungen 16%, Innenwandbekleidungen 14%, Nichttragende Innenwände 12%, Dachbekleidungen 12%, Deckenbeläge 11%, Innenwandöffnungen 10%
Sonstige: 26%

Bauwerk – Technische Anlagen
Herstellen: Niederspannungsinstallationsanlagen 34%, Wasseranlagen 17%, Beleuchtungsanlagen 11%, Abwasseranlagen 9%, Such- und Signalanlagen 8%
Sonstige: 22%

3100-0020 Arztpraxis für Dermatologie

BRI 509 m³ **BGF** 161 m² **NUF** 106 m²

Baujahr: 1977
Bauzustand: mittel
Aufwand: hoch
Nutzung während der Bauzeit: nein
Nutzungsänderung: ja
Grundrissänderungen: umfangreiche
Tragwerkseingriffe: keine

Land: Hamburg
Kreis: Hamburg, Stadt
Standard: mittel
Bauzeit: 13 Wochen
Kennwerte: bis 3. Ebene DIN 276
veröffentlicht: BKI Objektdaten A11

BGF 1.976 €/m²

Planung: kräling_lübke Diplom-Ingenieure Innenraum-/Produktgestaltung; Hamburg

Umbau einer Bürofläche zur Arztpraxis für Dermatologie mit fünf Behandlungsräumen. Die Fläche musste bis auf das Bestands-WC komplett entkernt werden. Dem Umbau ging eine besondere Asbestsanierung und Entsorgung der asbesthaltigen Leichtbauplatten-Verkleidungen mit abschließender Raumluftprüfung voraus.

Bauwerk – Baukonstruktionen
Herstellen: Allgemeine Einbauten 37%, Nichttragende Innenwände 12%, Deckenbeläge 9%, Deckenbekleidungen 9%, Innenwandbekleidungen 8%, Innenwandöffnungen 5%
Sonstige: 21%

Bauwerk – Technische Anlagen
Herstellen: Lüftungsanlagen 22%, Beleuchtungsanlagen 21%, Niederspannungsinstallationsanlagen 19%, Wasseranlagen 13%
Sonstige: 25%

3100-0023 Dermatologische Praxis (8 AP)

BRI 1.677 m³ | **BGF** 601 m² | **NUF** 485 m²

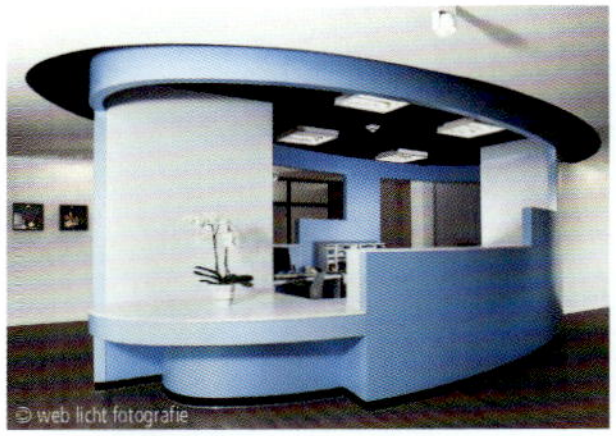
© web licht fotografie

Baujahr: 2002
Bauzustand: mittel
Aufwand: hoch
Nutzung während der Bauzeit: nein
Nutzungsänderung: ja
Grundrissänderungen: wenige
Tragwerkseingriffe: keine

Land: Berlin
Kreis: Berlin, Stadt
Standard: mittel
Bauzeit: 4 Wochen
Kennwerte: bis 3. Ebene DIN 276
veröffentlicht: BKI Objektdaten A12

BGF **703 €/m²**

Planung: Claudius Markworth Architektur; Berlin

Umbau der Innenräume einer ehemaligen Zahnarztpraxis zur Nutzung als Dermatologische Praxis im 3.OG eines Ärzte- und Wohnhauses.

Bauwerk – Baukonstruktionen
Herstellen: Allgemeine Einbauten 50%, Deckenbeläge 11%, Deckenbekleidungen 11%
Sonstige: 28%

Bauwerk – Technische Anlagen
Herstellen: Niederspannungsinstallationsanlagen 30%, Beleuchtungsanlagen 27%, Wasseranlagen 15%
Sonstige: 28%

3100-0030 Gemeinschaftspraxis

BRI 941 m³ | **BGF** 314 m² | **NUF** 161 m²

© CARSTEN KAPALA

Baujahr: 2014
Bauzustand: mittel
Aufwand: hoch
Nutzung während der Bauzeit: ja
Nutzungsänderung: ja
Grundrissänderungen: umfangreiche
Tragwerkseingriffe: wenige

Land: Nordrhein-Westfalen
Kreis: Herne, Stadt
Standard: hoch
Bauzeit: 26 Wochen
Kennwerte: bis 3. Ebene DIN 276
veröffentlicht: BKI Objektdaten A12

BGF **1.485 €/m²**

Planung: KAPALAARCHITEKTUR Carsten Kapala; Herne

Umbau und Erweiterung einer Arztpraxis in eine Gemeinschaftspraxis mit einladendem Empfangsbereich.

Bauwerk – Baukonstruktionen
Herstellen: Nichttragende Innenwände 21%, Innenwandbekleidungen 20%, Deckenbeläge 19%, Deckenbekleidungen 16%
Sonstige: 23%

Bauwerk – Technische Anlagen
Herstellen: Niederspannungsinstallationsanlagen 30%, Wasseranlagen 15%, Beleuchtungsanlagen 11%, Abwasseranlagen 9%, Datenübertragungsnetze 5%
Wiederherstellen: Raumheizflächen 6%
Sonstige: 24%

€/m² BGF

min	705	€/m²
von	915	€/m²
Mittel	**1.290**	**€/m²**
bis	1.835	€/m²
max	2.110	€/m²

Kosten:
Stand 2. Quartal 2025
Bundesdurchschnitt
inkl. 19% MwSt.

Objektübersicht zur Gebäudeart

3100-0022 Orthopädiepraxis (10 AP)

BRI 1.272 m³ **BGF** 412 m² **NUF** 284 m²

© Marcel Krummrich

Bauzustand: gut
Aufwand: mittel
Nutzung während der Bauzeit: nein
Nutzungsänderung: ja
Grundrissänderungen: umfangreiche
Tragwerkseingriffe: keine

Land: Thüringen
Kreis: Erfurt, Stadt
Standard: mittel
Bauzeit: 13 Wochen
Kennwerte: bis 3. Ebene DIN 276
veröffentlicht: BKI Objektdaten A11

BGF 1.005 €/m²

Planung: ADOBE Architekten + Ing. GmbH; Erfurt

Umbau einer Bürofläche zur Arztpraxis für Orthopädie und Sportmedizin mit zehn Arbeitsplätzen. Die Fläche wurde vollständig entkernt und neu gestaltet. Tragende Bestandteile des Massivbaus blieben erhalten. Eine neue Struktur der Räumlichkeiten wurde mittels teilweise geschwungener Trockenbauwände erzielt.

Bauwerk – Baukonstruktionen
Herstellen: Allgemeine Einbauten 38%, Deckenbekleidungen 14%, Innenwandöffnungen 13%, Deckenbeläge 13%
Sonstige: 22%

Bauwerk – Technische Anlagen
Herstellen: Beleuchtungsanlagen 21%, Wasseranlagen 20%, Niederspannungsinstallationsanlagen 20%, Teilklimaanlagen 13%
Sonstige: 25%

3100-0018 Arztpraxis, Personalaufenthalt

BRI k.A. **BGF** 118 m² **NUF** 87 m²

© null2elf interior design

Baujahr: 1971
Bauzustand: mittel
Aufwand: mittel
Nutzung während der Bauzeit: ja
Nutzungsänderung: ja
Grundrissänderungen: wenige
Tragwerkseingriffe: keine

Land: Nordrhein-Westfalen
Kreis: Duisburg, Stadt
Standard: mittel
Bauzeit: 17 Wochen
Kennwerte: bis 3. Ebene DIN 276
veröffentlicht: BKI Objektdaten IR1

BGF 1.375 €/m²

Planung: k.A.

Personalaufenthaltsraum mit Küche und Umkleidebereich für Arztpraxis

Bauwerk – Baukonstruktionen
Herstellen: Allgemeine Einbauten 24%, Deckenbeläge 22%, Innenwandbekleidungen 21%, Deckenbekleidungen 9%
Sonstige: 25%

Bauwerk – Technische Anlagen
Herstellen: Teilklimaanlagen 23%, Niederspannungsinstallationsanlagen 18%, Wasseranlagen 14%, Beleuchtungsanlagen 12%, Küchentechnische Anlagen 9%
Sonstige: 23%

3100-0011 Gemeinschaftspraxis

BRI 395 m³ | **BGF** 144 m² | **NUF** 112 m²

Baujahr: 1980
Bauzustand: mittel
Aufwand: mittel
Nutzung während der Bauzeit: ja
Nutzungsänderung: nein
Grundrissänderungen: wenige
Tragwerkseingriffe: keine

Land: Nordrhein-Westfalen
Kreis: Düren
Standard: mittel
Bauzeit: 4 Wochen
Kennwerte: bis 3. Ebene DIN 276
veröffentlicht: BKI Objektdaten A8

BGF 885 €/m²

Planung: FRANKE Architektur I Innenarchitektur; Düren

Umbau und Modernisierung einer Allgemeinmedizinischen Gemeinschaftspraxis. Die Räume befinden sich im Erdgeschoss des Gebäudes.

Bauwerk – Baukonstruktionen
Herstellen: Allgemeine Einbauten 48%, Deckenbeläge 18%, Innenwandbekleidungen 9%
Sonstige: 25%

Bauwerk – Technische Anlagen
Herstellen: Beleuchtungsanlagen 62%, Niederspannungsinstallationsanlagen 21%
Wiederherstellen: Niederspannungsinstallationsanlagen 12%
Sonstige: 5%

3100-0015 Arztpraxis

BRI 544 m³ | **BGF** 143 m² | **NUF** 89 m²

Baujahr: 1908
Bauzustand: mittel
Aufwand: mittel
Nutzung während der Bauzeit: ja
Nutzungsänderung: nein
Grundrissänderungen: einige
Tragwerkseingriffe: einige

Land: Bayern
Kreis: Kitzingen
Standard: mittel
Bauzeit: 13 Wochen
Kennwerte: bis 3. Ebene DIN 276
veröffentlicht: BKI Objektdaten A9

BGF 1.045 €/m²

Planung: Paprota Architektur Christoph Paprota; Würzburg

Umbau und Modernisierung einer Arztpraxis in einem denkmalgeschützten Gebäude. Vereinzelt musste in die tragende Struktur eingegriffen werden. Innenwände wurden abgefangen und entfernt, Decken wurden durch Stahlträger und Stahlstützen abgefangen. Die Wärmeversorgung erfolgt über das vorhandene Heizsystem des Gebäudes mit Gas. **Kosteneinfluss Nutzung:** Denkmalschutz, Brandschutz

Bauwerk – Baukonstruktionen
Herstellen: Innenwandbekleidungen 17%, Deckenbeläge 17%, Allgemeine Einbauten 16%, Innenwandöffnungen 15%, Deckenbekleidungen 10%
Sonstige: 25%

Bauwerk – Technische Anlagen
Herstellen: Klimaanlagen 36%, Beleuchtungsanlagen 22%, Niederspannungsinstallationsanlagen 15%
Sonstige: 27%

Objektübersicht zur Gebäudeart

3100-0014 Arztpraxis

BRI 665 m³ | **BGF** 175 m² | **NUF** 116 m²

© Paprota Architektur

Baujahr: 1908
Bauzustand: mittel
Aufwand: mittel
Nutzung während der Bauzeit: ja
Nutzungsänderung: nein
Grundrissänderungen: einige
Tragwerkseingriffe: einige

Land: Bayern
Kreis: Kitzingen
Standard: mittel
Bauzeit: 13 Wochen
Kennwerte: bis 3. Ebene DIN 276
veröffentlicht: BKI Objektdaten A9

BGF **1.048 €/m²**

€/m² BGF

min	705 €/m²
von	915 €/m²
Mittel	**1.290 €/m²**
bis	1.835 €/m²
max	2.110 €/m²

Kosten:
Stand 2. Quartal 2025
Bundesdurchschnitt
inkl. 19% MwSt.

Planung: Paprota Architektur Christoph Paprota; Würzburg

Umbau und Modernisierung einer Arztpraxis in einem denkmalgeschützten Gebäude. Es fanden teilweise Eingriffe in die tragende Substanz statt. Innenwände wurden abgefangen und entfernt, Decken wurden durch Stahlträger und Stahlstützen abgefangen. Die Wärmeversorgung erfolgt über das vorhandene Heizsystem des Gebäudes mit Gas. **Kosteneinfluss Nutzung:** Denkmalschutz, Brandschutz

Bauwerk – Baukonstruktionen
Herstellen: Deckenbeläge 15%, Innenwandbekleidungen 15%, Innenwandöffnungen 14%, Deckenkonstruktionen 11%, Nichttragende Innenwände 10%, Allgemeine Einbauten 9%, Elementierte Innenwandkonstruktionen 6%
Sonstige: 20%

Bauwerk – Technische Anlagen
Herstellen: Beleuchtungsanlagen 25%, Datenübertragungsnetze 18%, Niederspannungsinstallationsanlagen 14%, Wärmeverteilnetze 14%
Sonstige: 29%

Kostenkennwerte für die Kosten des Bauwerks (Kostengruppen 300+400 nach DIN 276)

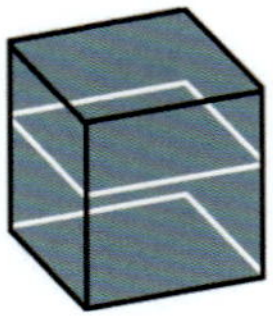

BRI 435 €/m³
von 365 €/m³
bis 535 €/m³

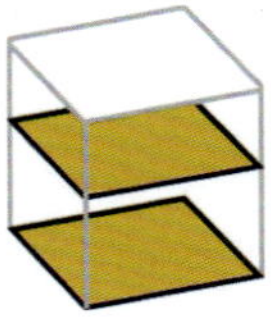

BGF 1.680 €/m²
von 1.275 €/m²
bis 2.450 €/m²

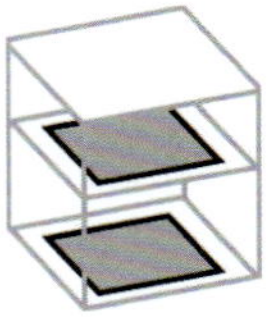

NUF 3.000 €/m²
von 2.055 €/m²
bis 4.970 €/m²

Kosten:
Stand 2. Quartal 2025
Bundesdurchschnitt
inkl. 19% MwSt.

Objektbeispiele

4300-0019

4100-0081

4100-0122

Kosten der 5 Vergleichsobjekte

Seiten 222 bis 224

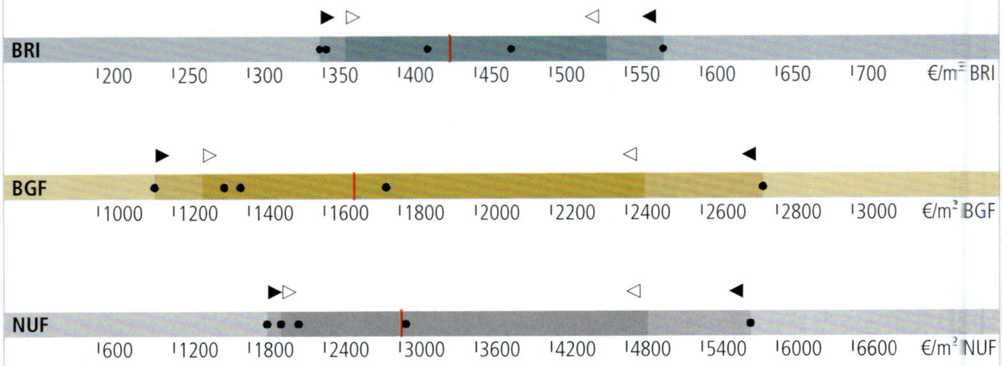

- ● KKW
- ▶ min
- ▷ von
- | Mittelwert
- ◁ bis
- ◀ max

Kostenkennwerte für die Kostengruppen der 1. und 2. Ebene DIN 276

KG	Kostengruppen der 1. Ebene	Einheit	▷	€/Einheit	◁	▷	% an 300+400	◁
100	Grundstück	m²GF	–	**–**	–	–	**–**	–
200	Vorbereitende Maßnahmen	m²GF	< 1	**7**	11	0,2	**0,5**	1,2
300	Bauwerk – Baukonstruktionen	m²BGF	862	**1.239**	1.931	63,8	**72,2**	77,6
400	Bauwerk – Technische Anlagen	m²BGF	365	**439**	537	22,4	**27,8**	36,2
	Bauwerk 300+400	m²BGF	1.275	**1.678**	2.448	100,0	**100,0**	100,0
500	Außenanlagen und Freiflächen	m²AF	79	**173**	339	2,7	**6,8**	10,1
600	Ausstattung und Kunstwerke	m²BGF	16	**38**	76	1,2	**2,8**	8,0
700	Baunebenkosten	m²BGF	–	**–**	–	–	**–**	–
800	Finanzierung	m²BGF	–	**–**	–	–	**–**	–

KG	Kostengruppen der 2. Ebene	Einheit	▷	€/Einheit	◁	▷	% an 1. Ebene	◁
310	Baugrube / Erdbau	m³BGI	49	**77**	100	0,5	**1,8**	4,2
320	Gründung, Unterbau	m²GRF	227	**473**	778	4,4	**7,1**	11,6
330	Außenwände / vertikal außen	m²AWF	417	**640**	972	26,9	**33,9**	45,7
340	Innenwände / vertikal innen	m²IWF	261	**350**	476	17,4	**19,7**	27,7
350	Decken / horizontal	m²DEF	268	**358**	469	15,5	**18,1**	19,5
360	Dächer	m²DAF	239	**351**	500	5,3	**11,6**	15,0
370	Infrastrukturanlagen		–	**–**	–	–	**–**	–
380	Baukonstruktive Einbauten	m²BGF	7	**22**	46	0,6	**2,5**	5,7
390	Sonst. Maßnahmen für Baukonst.	m²BGF	34	**71**	130	3,0	**5,3**	6,9
300	**Bauwerk – Baukonstruktionen**	**m²BGF**					**100,0**	
410	Abwasser-, Wasser-, Gasanlagen	m²BGF	68	**73**	80	14,3	**17,1**	20,8
420	Wärmeversorgungsanlagen	m²BGF	79	**89**	106	16,1	**20,7**	23,2
430	Raumlufttechnische Anlagen	m²BGF	23	**33**	46	5,7	**7,5**	9,1
440	Elektrische Anlagen	m²BGF	112	**139**	184	28,6	**31,4**	34,4
450	Kommunikationstechnische Anlagen	m²BGF	30	**49**	76	7,9	**10,6**	14,1
460	Förderanlagen	m²BGF	6	**14**	23	0,0	**1,4**	4,2
470	Nutzungsspez. / verfahrenstech. Anl.	m²BGF	10	**29**	61	2,5	**5,8**	11,7
480	Gebäude- und Anlagenautomation	m²BGF	21	**27**	29	0,0	**5,2**	6,8
490	Sonst. Maßnahmen f. techn. Anl.	m²BGF	< 1	**1**	4	< 0,1	**0,2**	0,7
400	**Bauwerk – Technische Anlagen**	**m²BGF**					**100,0**	

Prozentanteile der Kosten 2. Ebene an den Kosten des Bauwerks nach DIN 276 (Von/Mittel/Bis)

KG	Kostengruppe	%
310	Baugrube / Erdbau	1,3
320	Gründung, Unterbau	5,3
330	Außenwände / vertikal außen	24,5
340	Innenwände / vertikal innen	14,2
350	Decken / horizontal	13,0
360	Dächer	8,3
370	Infrastrukturanlagen	
380	Baukonstruktive Einbauten	1,6
390	Sonst. Maßnahmen für Baukonst.	3,9
410	Abwasser-, Wasser-, Gasanlagen	4,8
420	Wärmeversorgungsanlagen	5,6
430	Raumlufttechnische Anlagen	2,1
440	Elektrische Anlagen	8,6
450	Kommunikationstechnische Anlagen	3,0
460	Förderanlagen	0,4
470	Nutzungsspez. / verfahrenstech. Anl.	1,8
480	Gebäude- und Anlagenautomation	1,5
490	Sonst. Maßnahmen f. techn. Anl.	< 0,1

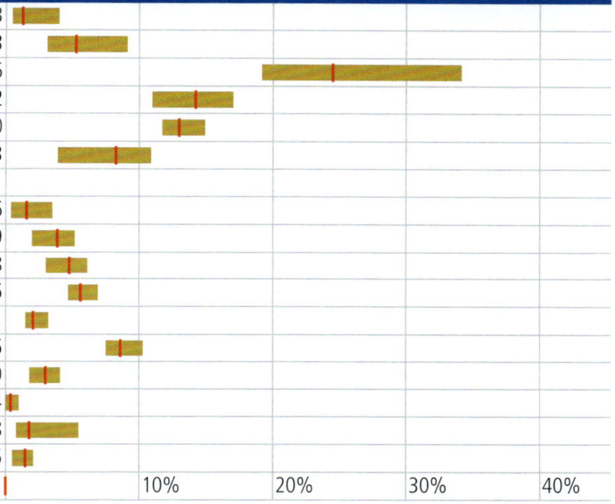

Kostenkennwerte für die Kostengruppen der 3. Ebene DIN 276

KG	Kostengruppen der 3. Ebene	Einheit	▷	€/Einheit	◁	▷	€/m² BGF	◁
334	Außenwandöffnungen	m²	705	**1.055**	1.512	67	**137**	198
331	Tragende Außenwände	m²	277	**472**	741	48	**98**	237
335	Außenwandbekleidungen, außen	m²	131	**214**	275	83	**98**	123
323	Tiefgründungen	m²	–	**868**	–	–	**88**	–
363	Dachbeläge	m²	181	**247**	338	42	**84**	158
353	Deckenbeläge	m²	114	**142**	181	57	**81**	97
345	Innenwandbekleidungen	m²	46	**64**	90	43	**77**	127
344	Innenwandöffnungen	m²	710	**993**	1.262	63	**75**	[illegible]
351	Deckenkonstruktionen	m²	155	**284**	416	26	**73**	134
444	Niederspannungsinstallationsanl.	m²	57	**68**	102	57	**68**	102
445	Beleuchtungsanlagen	m²	39	**59**	73	39	**59**	73
354	Deckenbekleidungen	m²	75	**114**	164	40	**58**	[illegible]
324	Gründungsbeläge	m²	125	**213**	357	31	**56**	[illegible]
341	Tragende Innenwände	m²	286	**405**	527	26	**51**	[illegible]
337	Elem. Außenwandkonstruktionen	m²	1.063	**1.237**	1.467	20	**49**	141
412	Wasseranlagen	m²	40	**46**	58	40	**46**	58
422	Wärmeverteilnetze	m²	31	**43**	54	31	**43**	54
361	Dachkonstruktionen	m²	60	**141**	173	9	**37**	56
473	Medienversorgungsanlagen	m²	2	**37**	72	2	**37**	72
342	Nichttragende Innenwände	m²	150	**178**	262	22	**33**	51
431	Lüftungsanlagen	m²	21	**31**	45	21	**31**	45
336	Außenwandbekleidungen, innen	m²	46	**99**	141	12	**30**	59
423	Raumheizflächen	m²	21	**28**	34	21	**28**	34
364	Dachbekleidungen	m²	25	**90**	142	10	**27**	54
322	Flachgründungen und Bodenplatten	m²	114	**195**	410	15	**24**	32
392	Gerüste	m²	12	**23**	61	12	**23**	61
456	Gefahrenmelde- und Alarmanlagen	m²	10	**23**	46	10	**23**	46
481	Automationseinrichtungen	m²	17	**22**	27	17	**22**	27
411	Abwasseranlagen	m²	19	**22**	26	19	**22**	26
391	Baustelleneinrichtung	m²	6	**20**	45	6	**20**	45
311	Herstellung	m³	47	**63**	100	12	**19**	38
421	Wärmeerzeugungsanlagen	m²	10	**17**	24	10	**17**	24
355	Elementierte Deckenkonstruktionen	m²	1.278	**1.520**	1.763	10	**16**	22
312	Umschließung	m²	2	**264**	526	< 1	**16**	32
381	Allgemeine Einbauten	m²	2	**15**	39	2	**15**	39
461	Aufzugsanlagen	m²	6	**14**	23	6	**14**	23
397	Zusätzliche Maßnahmen	m²	4	**14**	23	4	**14**	23
359	Sonstiges zur KG 350	m²	10	**23**	37	7	**14**	21
471	Küchentechnische Anlagen	m²	5	**14**	39	5	**14**	39
394	Abbruchmaßnahmen	m²	5	**11**	21	5	**11**	21
432	Teilklimaanlagen	m²	–	**10**	–	–	**10**	–
454	Elektroakustische Anlagen	m²	4	**10**	32	4	**10**	32
339	Sonstiges zur KG 330	m²	7	**15**	40	5	**10**	24
457	Datenübertragungsnetze	m²	5	**10**	13	5	**10**	13
321	Baugrundverbesserung	m²	146	**167**	188	< 1	**10**	19
362	Dachöffnungen	m²	2.059	**3.217**	6.070	4	**9**	22
332	Nichttragende Außenwände	m²	129	**329**	530	< 1	**9**	13
393	Sicherungsmaßnahmen	m²	5	**8**	13	5	**8**	13
346	Elem. Innenwandkonstruktionen	m²	225	**461**	947	3	**7**	15
338	Lichtschutz zur KG 330	m²	100	**180**	281	3	**7**	13

Kosten:
Stand 2. Quartal 2025
Bundesdurchschnitt
inkl. 19% MwSt.

▷ von
ø Mittel
◁ bis

Prozentanteile der Kosten für Leistungsbereiche nach STLB (Kosten Bauwerk nach DIN 276)

LB	Leistungsbereiche	▷	% an 300+400	◁
000	Baustellen-, Verkehrssich.- u. Sicherh.einr. inkl. 001	1,3	**2,3**	4,0
002	Erdarbeiten	0,5	**1,3**	2,3
006	Spezialtiefbauarbeiten inkl. 005	< 0,1	**0,9**	2,4
009	Entwässerungskanalarbeiten inkl. 011	< 0,1	**0,2**	0,4
010	Drän- und Versickerarbeiten	< 0,1	**0,2**	0,5
012	Mauerarbeiten	1,5	**4,4**	9,5
013	Betonarbeiten	1,3	**5,7**	9,0
014	Natur-, Betonwerksteinarbeiten	0,1	**0,9**	3,9
016	Zimmer- und Holzbauarbeiten	0,0	**1,7**	3,0
017	Stahlbauarbeiten	0,0	**1,1**	2,1
018	Abdichtungsarbeiten	0,1	**0,5**	0,8
020	Dachdeckungsarbeiten	0,0	**1,8**	3,4
021	Dachabdichtungsarbeiten	1,2	**2,3**	6,5
022	Klempnerarbeiten	0,1	**1,1**	1,8
	Rohbau	12,4	**24,5**	33,4
023	Putz- und Stuckarbeiten, Wärmedämmsysteme	0,8	**4,8**	7,7
024	Fliesen- und Plattenarbeiten	1,1	**2,0**	3,7
025	Estricharbeiten	1,0	**1,8**	2,3
026	Fenster, Außentüren inkl. 029, 032	5,4	**10,2**	18,3
027	Tischlerarbeiten	3,9	**6,3**	14,4
028	Parkett-, Holzpflasterarbeiten	0,0	**< 0,1**	0,2
030	Rollladenarbeiten	0,2	**0,5**	1,0
031	Metallbauarbeiten inkl. 035	1,9	**4,6**	8,2
034	Maler- und Lackiererarb. – Beschicht. inkl. 037	1,6	**3,0**	4,5
036	Bodenbelagarbeiten	1,6	**2,4**	3,4
038	Vorgehängte hinterlüftete Fassaden	0,0	**1,3**	6,7
039	Trockenbauarbeiten	4,4	**6,5**	13,4
	Ausbau	37,2	**43,5**	53,0
040	Wärmeversorgungsanl. - Betriebseinr. inkl. 041	3,9	**4,9**	5,8
042	Gas- u. Wasseranl. – Leitung., Armat. inkl. 043	0,8	**1,5**	2,4
044	Abwasseranl. - Leitungen, Abläufe, Armaturen	0,5	**1,0**	1,2
045	Gas, Wasser, Entwässerung – Ausstattung inkl. 046	1,0	**1,6**	2,9
047	Dämm- und Brandschutzarb. an techn. Anlagen	0,6	**1,1**	1,5
049	Feuerlöschanlagen, Feuerlöschgeräte	< 0,1	**0,1**	0,4
050	Blitzschutz-/Erdungsanlagen, Überspannungssch.	0,1	**0,3**	0,5
052	Mittelspannungsanlagen	0,0	**< 0,1**	0,3
053	Niederspannungsanl. – Kabel inkl. 054	3,4	**4,6**	6,2
055	Sicherheits- u. Ersatzstromversorgungsanl.	0,0	**< 0,1**	0,3
057	Gebäudesystemtechnik	0,0	**< 0,1**	0,3
058	Leuchten und Lampen inkl. 059	3,0	**3,6**	4,5
060	Such, Signal, Zeit, Anten., akust. Anl. inkl. 064	0,3	**0,7**	2,5
061	Kommunikations- u. Übertragungsnetze inkl. 062	0,4	**0,7**	0,9
063	Gefahrenmeldeanlagen	0,6	**1,3**	2,1
069	Aufzüge	0,0	**0,4**	1,0
070	Gebäudeautomation	0,4	**1,3**	1,9
075	Raumlufttechnische Anlagen inkl. 078	1,2	**1,6**	2,0
	Gebäudetechnik	20,6	**25,1**	30,3
084	Abbruch, Rückbau, Schadstoffsanierung	4,7	**5,9**	6,8
	Sonstige Leistungsbereiche inkl. 008, 033, 051	0,4	**1,0**	1,9

Kostenstand: 2. Quartal 2025, Bundesdurchschnitt, **inkl. 19% MwSt.**

€/m² BGF

min	1.150	€/m²
von	1.275	€/m²
Mittel	**1.680**	**€/m²**
bis	2.450	€/m²
max	2.765	€/m²

Kosten:
Stand 2. Quartal 2025
Bundesdurchschnitt
inkl. 19% MwSt.

Objektübersicht zur Gebäudeart

4100-0141 Grundschule (2 Klassen), Hort (90 Kinder)

BRI 7.540 m³ **BGF** 1.568 m² **NUF** 749 m²

© pmp Architekten

Baujahr: ca. 1300
Bauzustand: mittel
Aufwand: hoch
Nutzung während der Bauzeit: nein
Nutzungsänderung: ja
Grundrissänderungen: umfangreiche
Tragwerkseingriffe: wenige

Land: Brandenburg
Kreis: Brandenburg a.d. Havel
Standard: mittel
Bauzeit: 70 Wochen
Kennwerte: bis 3. Ebene DIN 276
veröffentlicht: BKI Objektdaten A10

BGF **2.763 €/m²**

Planung: pmp Architekten; Brandenburg

Umbau eines leerstehenden Gebäudes in Grundschule (2 Klassen), Hort (90 Kinder) und Mensa.

Bauwerk – Baukonstruktionen
Herstellen: Außenwandöffnungen 10%, Dachbeläge 8%, Gründungsbeläge 7%, Innenwandbekleidungen 6%, Deckenkonstruktionen 6%, Tragende Außenwände 6%, Innenwandöffnungen 5%, Tiefgründungen 4%, Deckenbeläge 4%, Außenwandbekleidungen, außen 4%, Tragende Innenwände 3%, Dachkonstruktionen 3%, Gerüste 3%, Außenwandbekleidungen, innen 2%
Wiederherstellen: Tragende Außenwände 5%
Sonstige: 25%

Bauwerk – Technische Anlagen
Herstellen: Niederspannungsinstallationsanlagen 18%, Beleuchtungsanlagen 13%, Wärmeverteilnetze 10%, Gefahrenmelde- und Alarmanlagen 10%, Lüftungsanlagen 7%, Küchentechnische Anlagen 7%, Wasseranlagen 7%, Raumheizflächen 6%
Sonstige: 21%

4100-0122 Realschule*

BRI 22.146 m³ **BGF** 6.594 m² **NUF** 4.161 m²

© FLOSUNDK architektur und urbanistik

Bauzustand: mittel
Aufwand: mittel
Nutzung während der Bauzeit: ja
Nutzungsänderung: nein
Grundrissänderungen: wenige
Tragwerkseingriffe: wenige

Land: Saarland
Kreis: Saarbrücken, Regionalverband
Standard: mittel
Bauzeit: 35 Wochen
Kennwerte: bis 3. Ebene DIN 276
veröffentlicht: BKI Objektdaten A9

BGF **317 €/m²**

* Nicht in der Auswertung enthalten

Planung: FLOSUNDK architektur und urbanistik; Saarbrücken

Erweiterte Realschule mit Caféteria

Bauwerk – Baukonstruktionen
Herstellen: Außenwandbekleidungen, außen 25%, Außenwandöffnungen 18%, Dachbeläge 10%, Innenwandöffnungen 8%, Nichttragende Außenwände 6%, Deckenbekleidungen 3%, Innenwandbekleidungen 3%, Zusätzliche Maßnahmen 3%, Baustelleneinrichtung 2%
Sonstige: 22%

Bauwerk – Technische Anlagen
Herstellen: Küchentechnische Anlagen 29%, Beleuchtungsanlagen 16%, Niederspannungsinstallationsanlagen 16%, Raumheizflächen 10%
Sonstige: 29%

4100-0136 Schulzentrum (28 Klassen, 570 Schüler)

BRI 43.961 m³ **BGF** 11.816 m² **NUF** 6.849 m²

Baujahr: 1795/1838
Bauzustand: mittel
Aufwand: mittel
Nutzung während der Bauzeit: ja
Nutzungsänderung: nein
Grundrissänderungen: einige
Tragwerkseingriffe: wenige

Land: Sachsen
Kreis: Erzgebirgskreis
Standard: mittel
Bauzeit: 104 Wochen
Kennwerte: bis 3. Ebene DIN 276
veröffentlicht: BKI Objektdaten A10

BGF 1.763 €/m²

Planung: IPRO Dresden Planungs- und Ingenieuraktiengesellschaft; Dresden

Schulzentrum mit 28 Klassen für 570 Schüler, mit Mittelschule, Grundschule, Eingangsgebäude und Turnhalle.

Bauwerk – Baukonstruktionen
Herstellen: Außenwandöffnungen 7%, Deckenbeläge 6%, Innenwandöffnungen 5%, Deckenkonstruktionen 5%, Innenwandbekleidungen 5%, Dachbeläge 4%, Baustelleneinrichtung 4%, Außenwandbekleidungen, innen 4%, Elementierte Außenwandkonstruktionen 4%, Tragende Innenwände 3%, Deckenbekleidungen 3%, Gründungsbeläge 3%, Herstellung 3%, Tragende Außenwände 3%
Wiederherstellen: Außenwandbekleidungen, außen 3%
Sonstige: 37%

Bauwerk – Technische Anlagen
Herstellen: Beleuchtungsanlagen 17%, Niederspannungsinstallationsanlagen 11%, Wärmeverteilnetze 11%, Wasseranlagen 9%, Automationseinrichtungen 6%, Raumheizflächen 6%, Abwasseranlagen 6%, Aufzugsanlagen 5%, Lüftungsanlagen 5%
Sonstige: 24%

4100-0081 Realschule (23 Klassen, 645 Schüler)

BRI 10.692 m³ **BGF** 2.815 m² **NUF** 1.832 m²

Baujahr: 1975
Bauzustand: mittel
Aufwand: hoch
Nutzung während der Bauzeit: ja
Nutzungsänderung: nein
Grundrissänderungen: einige
Tragwerkseingriffe: wenige

Land: Baden-Württemberg
Kreis: Heilbronn
Standard: mittel
Bauzeit: 113 Wochen
Kennwerte: bis 3. Ebene DIN 276
veröffentlicht: BKI Objektdaten A8

BGF 1.334 €/m²

Planung: AldingerArchitekten Freie Architekten BDA; Stuttgart

Komplettmodernisierung, Umnutzung von Klassenzimmern in Lehrerzimmer, Umbau der naturwissenschaftlichen Räume mit neuem Zuschnitt, umfangreiche Brandschutzmaßnahmen wie Einhausung vom Treppenhaus, keine Sanierung der Sanitärbereiche.

Bauwerk – Baukonstruktionen
Herstellen: Außenwandöffnungen 17%, Außenwandbekleidungen, außen 11%, Dachbeläge 10%, Nichttragende Innenwände 6%, Innenwandöffnungen 6%, Deckenbeläge 6%, Allgemeine Einbauten 5%, Elementierte Außenwandkonstruktionen 4%, Deckenbekleidungen 4%, Gründungsbeläge 3%
Wiederherstellen: Deckenbekleidungen 6%
Sonstige: 20%

Bauwerk – Technische Anlagen
Herstellen: Medienversorgungsanlagen, Medizin- und labortechnische Anlagen 14%, Beleuchtungsanlagen 14%, Niederspannungsinstallationsanlagen 12%, Wasseranlagen 11%, Elektroakustische Anlagen 6%, Lüftungsanlagen 6%, Automationseinrichtungen 5%, Wärmeverteilnetze 5%, Raumheizflächen 5%
Sonstige: 23%

€/m² BGF

min	1.150 €/m²
von	1.275 €/m²
Mittel	**1.680 €/m²**
bis	2.450 €/m²
max	2.765 €/m²

Kosten:
Stand 2. Quartal 2025
Bundesdurchschnitt
inkl. 19% MwSt.

Objektübersicht zur Gebäudeart

4300-0019 Sonderschule (10 Klassen, 80 Schüler)

BRI 16.625m³ **BGF** 5.020m² **NUF** 2.973m²

© iproplan Planungsgesellschaft mbH

Baujahr: 1950
Bauzustand: mittel
Aufwand: mittel
Nutzung während der Bauzeit: nein
Nutzungsänderung: ja
Grundrissänderungen: umfangreiche
Tragwerkseingriffe: wenige

Land: Sachsen-Anhalt
Kreis: Anhalt-Bitterfeld
Standard: mittel
Bauzeit: 96 Wochen
Kennwerte: bis 3. Ebene DIN 276
veröffentlicht: BKI Objektdaten A8

BGF 1.149€/m²

Planung: iproplan Planungsgesellschaft mbH; Chemnitz

Umbau der chirurgischen Abteilung des Kreiskrankenhauses (Baujahr 1950) zur Sonderschule für Menschen mit geistiger Behinderung.

Bauwerk – Baukonstruktionen
Herstellen: Außenwandbekleidungen, außen 10%, Innenwandbekleidungen 8%, Innenwandöffnungen 8%, Dachbeläge 7%, Deckenbeläge 6%, Außenwandöffnungen 5%, Gründungsbeläge 3%, Elementierte Deckenkonstruktionen 3%, Nichttragende Innenwände 3%, Allgemeine Einbauten 3%, Tragende Innenwände 2%, Zusätzliche Maßnahmen 2%, Tragende Außenwände 2%, Deckenbekleidungen 2%
Wiederherstellen: Tragende Außenwände 2%
Sonstige: 33%

Bauwerk – Technische Anlagen
Herstellen: Niederspannungsinstallationsanlagen 17%, Wasseranlagen 12%, Wärmeverteilnetze 12%, Beleuchtungsanlagen 9%, Raumheizflächen 8%, Gefahrenmelde- und Alarmanlagen 6%, Abwasseranlagen 6%, Automationseinrichtungen 4%, Lüftungsanlagen 4%
Sonstige: 21%

4100-0058 Regelschule (18 Klassen, 504 Schüler)

BRI 17.187m³ **BGF** 5.220m² **NUF** 3.286m²

© thoma architekten

Baujahr: 1976
Bauzustand: schlecht
Aufwand: hoch
Nutzung während der Bauzeit: nein
Nutzungsänderung: nein
Grundrissänderungen: wenige
Tragwerkseingriffe: keine

Land: Thüringen
Kreis: Greiz
Standard: mittel
Bauzeit: 57 Wochen
Kennwerte: bis 3. Ebene DIN 276
veröffentlicht: BKI Objektdaten A6

BGF 1.378€/m²

Planung: thoma architekten; Zeulenroda

Regelschule mit 18 Klassen für 504 Schüler und einer Hausmeisterwohnung (90m² WFL).

Bauwerk – Baukonstruktionen
Herstellen: Außenwandöffnungen 15%, Elementierte Außenwandkonstruktionen 14%, Außenwandbekleidungen, außen 13%, Deckenbeläge 7%, Innenwandöffnungen 7%, Deckenbekleidungen 6%, Innenwandbekleidungen 6%, Tragende Außenwände 4%, Deckenkonstruktionen 3%, Sonstiges zur KG 350 2%, Gründungsbeläge 2%, Flachgründungen und Bodenplatten 2%
Sonstige: 21%

Bauwerk – Technische Anlagen
Herstellen: Niederspannungsinstallationsanlagen 18%, Wasseranlagen 14%, Beleuchtungsanlagen 12%, Wärmeverteilnetze 11%, Lüftungsanlagen 9%, Wärmeerzeugungsanlagen 8%, Abwasseranlagen 6%
Sonstige: 23%

Kindergärten

Kostenkennwerte für die Kosten des Bauwerks (Kostengruppen 300+400 nach DIN 276)

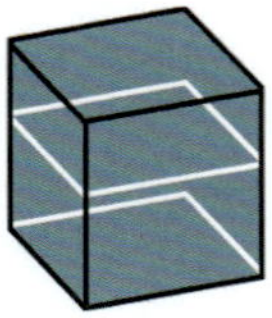

BRI 350 €/m³
von 215 €/m³
bis 500 €/m³

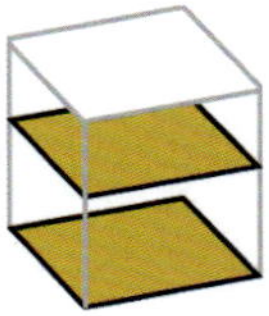

BGF 1.255 €/m²
von 875 €/m²
bis 2.110 €/m²

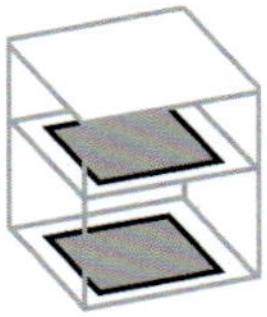

NUF 1.895 €/m²
von 1.275 €/m²
bis 3.325 €/m²

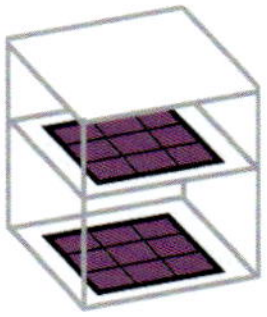

NE 15.790 €/NE
von 10.480 €/NE
bis 30.340 €/NE
NE: Kinder

Objektbeispiele

Kosten:
Stand 2. Quartal 2025
Bundesdurchschnitt
inkl. 19% MwSt.

4400-0325

4400-0204

4400-0166

Kosten der 10 Vergleichsobjekte

Seiten 230 bis 234

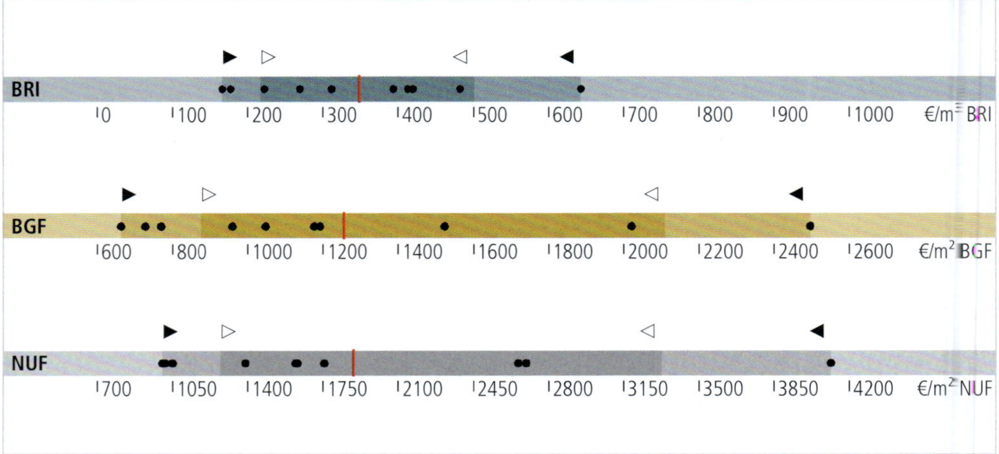

- ● KKW
- ▶ min
- ▷ von
- | Mittelwert
- ◁ bis
- ◀ max

Kostenkennwerte für die Kostengruppen der 1. und 2. Ebene DIN 276

KG	Kostengruppen der 1. Ebene	Einheit	▷	€/Einheit	◁	▷	% an 300+400	◁
100	Grundstück	m²GF	–	**–**	–	–	**–**	–
200	Vorbereitende Maßnahmen	m²GF	2	**17**	32	0,8	**1,1**	1,3
300	Bauwerk – Baukonstruktionen	m²BGF	632	**931**	1.456	72,1	**74,5**	77,9
400	Bauwerk – Technische Anlagen	m²BGF	216	**326**	576	22,1	**25,5**	27,9
	Bauwerk 300+400	m²BGF	876	**1.257**	2.111	100,0	**100,0**	100,0
500	Außenanlagen und Freiflächen	m²AF	52	**187**	332	2,1	**6,7**	15,0
600	Ausstattung und Kunstwerke	m²BGF	< 1	**24**	88	< 0,1	**2,2**	7,6
700	Baunebenkosten	m²BGF	–	**–**	–	–	**–**	–
800	Finanzierung	m²BGF	–	**–**	–	–	**–**	–

KG	Kostengruppen der 2. Ebene	Einheit	▷	€/Einheit	◁	▷	% an 1. Ebene	◁
310	Baugrube / Erdbau	m³BGI	123	**188**	256	< 0,1	**0,7**	2,5
320	Gründung, Unterbau	m²GRF	169	**277**	599	4,8	**9,8**	17,7
330	Außenwände / vertikal außen	m²AWF	214	**405**	682	10,6	**26,7**	36,9
340	Innenwände / vertikal innen	m²IWF	235	**397**	682	17,5	**27,7**	41,5
350	Decken / horizontal	m²DEF	187	**270**	431	4,0	**13,8**	21,1
360	Dächer	m²DAF	140	**262**	446	8,2	**17,0**	26,4
370	Infrastrukturanlagen		–	**–**	–	–	**–**	–
380	Baukonstruktive Einbauten	m²BGF	7	**16**	41	0,2	**1,4**	5,7
390	Sonst. Maßnahmen für Baukonst.	m²BGF	9	**26**	62	1,0	**3,0**	5,1
300	**Bauwerk – Baukonstruktionen**	**m²BGF**					**100,0**	
410	Abwasser-, Wasser-, Gasanlagen	m²BGF	46	**82**	135	14,3	**29,3**	38,3
420	Wärmeversorgungsanlagen	m²BGF	39	**72**	124	16,8	**25,3**	40,7
430	Raumlufttechnische Anlagen	m²BGF	9	**49**	90	1,1	**7,3**	27,9
440	Elektrische Anlagen	m²BGF	46	**86**	146	19,1	**29,1**	40,1
450	Kommunikationstechnische Anlagen	m²BGF	11	**21**	42	4,0	**7,3**	10,8
460	Förderanlagen	m²BGF	< 1	**28**	57	< 0,1	**1,1**	8,5
470	Nutzungsspez. / verfahrenstech. Anl.	m²BGF	–	**5**	–	0,0	**0,1**	1,2
480	Gebäude- und Anlagenautomation	m²BGF	–	**–**	–	–	**–**	–
490	Sonst. Maßnahmen f. techn. Anl.	m²BGF	< 1	**7**	20	< 0,1	**0,4**	3,0
400	**Bauwerk – Technische Anlagen**	**m²BGF**					**100,0**	

Prozentanteile der Kosten 2. Ebene an den Kosten des Bauwerks nach DIN 276 (Von/Mittel/Bis)

310	Baugrube / Erdbau	0,5
320	Gründung, Unterbau	7,3
330	Außenwände / vertikal außen	20,1
340	Innenwände / vertikal innen	20,6
350	Decken / horizontal	10,3
360	Dächer	12,9
370	Infrastrukturanlagen	
380	Baukonstruktive Einbauten	1,0
390	Sonst. Maßnahmen für Baukonst.	2,2
410	Abwasser-, Wasser-, Gasanlagen	7,4
420	Wärmeversorgungsanlagen	6,2
430	Raumlufttechnische Anlagen	1,8
440	Elektrische Anlagen	7,3
450	Kommunikationstechnische Anlagen	1,8
460	Förderanlagen	0,3
470	Nutzungsspez. / verfahrenstech. Anl.	< 0,1
480	Gebäude- und Anlagenautomation	
490	Sonst. Maßnahmen f. techn. Anl.	0,1

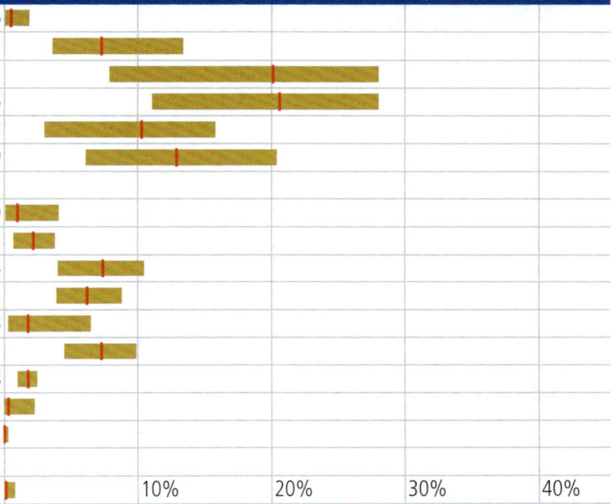

Kostenstand: 2. Quartal 2025, Bundesdurchschnitt, **inkl. 19% MwSt.**

Übersicht-1. + 2. Ebene
Erweiterung
Umbau
Moderni-sierung
Instand-setzung
Bau-elemente
Abbrechen
Wieder-herstellen
Herstellen

Kosten:
Stand 2. Quartal 2025
Bundesdurchschnitt
inkl. 19% MwSt.

▷ von
ø Mittel
◁ bis

Kostenkennwerte für die Kostengruppen der 3. Ebene DIN 276

KG	Kostengruppen der 3. Ebene	Einheit	▷	€/Einheit	◁	▷	€/m² BGF	◁
334	Außenwandöffnungen	m²	529	**961**	1.376	48	**113**	209
363	Dachbeläge	m²	115	**210**	274	32	**87**	138
324	Gründungsbeläge	m²	128	**204**	289	39	**84**	138
345	Innenwandbekleidungen	m²	49	**79**	164	41	**77**	121
353	Deckenbeläge	m²	83	**147**	208	34	**71**	113
335	Außenwandbekleidungen, außen	m²	46	**148**	223	12	**66**	110
364	Dachbekleidungen	m²	78	**117**	213	36	**66**	[illegible]
344	Innenwandöffnungen	m²	613	**811**	1.372	33	**65**	[illegible]
412	Wasseranlagen	m²	38	**61**	115	38	**61**	[illegible]
431	Lüftungsanlagen	m²	9	**49**	90	9	**49**	90
342	Nichttragende Innenwände	m²	138	**177**	239	28	**48**	87
444	Niederspannungsinstallationsanl.	m²	25	**46**	69	25	**46**	69
336	Außenwandbekleidungen, innen	m²	55	**110**	204	17	**42**	87
445	Beleuchtungsanlagen	m²	17	**36**	71	17	**36**	71
331	Tragende Außenwände	m²	130	**424**	748	6	**33**	81
354	Deckenbekleidungen	m²	49	**95**	146	6	**29**	57
423	Raumheizflächen	m²	18	**29**	41	18	**29**	41
421	Wärmeerzeugungsanlagen	m²	2	**28**	57	2	**28**	57
461	Aufzugsanlagen	m²	< 1	**28**	56	< 1	**28**	55
339	Sonstiges zur KG 330	m²	9	**34**	142	5	**27**	131
346	Elem. Innenwandkonstruktionen	m²	399	**767**	1.172	10	**26**	42
422	Wärmeverteilnetze	m²	11	**25**	56	11	**25**	[illegible]
361	Dachkonstruktionen	m²	53	**149**	228	9	**23**	[illegible]
341	Tragende Innenwände	m²	382	**1.069**	2.788	10	**22**	[illegible]
351	Deckenkonstruktionen	m²	343	**1.135**	2.673	9	**20**	39
311	Herstellung	m³	121	**186**	256	5	**19**	55
355	Elementierte Deckenkonstruktionen	m²	–	**1.378**	–	–	**19**	–
359	Sonstiges zur KG 350	m²	18	**40**	84	10	**17**	28
411	Abwasseranlagen	m²	5	**16**	29	5	**16**	29
322	Flachgründungen und Bodenplatten	m²	231	**748**	3.301	6	**14**	23
394	Abbruchmaßnahmen	m²	–	**12**	–	–	**12**	–
381	Allgemeine Einbauten	m²	4	**12**	25	4	**12**	25
391	Baustelleneinrichtung	m²	4	**11**	25	4	**11**	25
456	Gefahrenmelde- und Alarmanlagen	m²	4	**10**	22	4	**10**	22
338	Lichtschutz zur KG 330	m²	152	**259**	367	2	**9**	14
382	Besondere Einbauten	m²	5	**9**	15	5	**9**	15
392	Gerüste	m²	2	**9**	25	2	**9**	25
491	Baustelleneinrichtung	m²	< 1	**8**	16	< 1	**8**	16
362	Dachöffnungen	m²	2.044	**2.339**	2.793	4	**8**	16
325	Abdichtungen und Bekleidungen	m²	32	**59**	73	4	**8**	14
419	Sonstiges zur KG 410	m²	2	**7**	11	2	**7**	11
429	Sonstiges zur KG 420	m²	2	**6**	12	2	**6**	12
369	Sonstiges zur KG 360	m²	4	**13**	40	< 1	**6**	13
397	Zusätzliche Maßnahmen	m²	1	**5**	12	1	**5**	12
396	Materialentsorgung	m²	1	**5**	13	1	**5**	13
474	Feuerlöschanlagen	m²	–	**5**	–	–	**5**	–
452	Such- und Signalanlagen	m²	1	**5**	7	1	**5**	7
497	Zusätzliche Maßnahmen	m²	–	**5**	–	–	**5**	–
393	Sicherungsmaßnahmen	m²	–	**4**	–	–	**4**	–
332	Nichttragende Außenwände	m²	182	**338**	578	1	**4**	7

Prozentanteile der Kosten für Leistungsbereiche nach STLB (Kosten Bauwerk nach DIN 276)

LB	Leistungsbereiche	▷	% an 300+400	◁
000	Baustellen-, Verkehrssich.- u. Sicherh.einr. inkl. 001	0,7	**1,7**	3,5
002	Erdarbeiten	< 0,1	**0,5**	1,9
006	Spezialtiefbauarbeiten inkl. 005	< 0,1	**< 0,1**	< 0,1
009	Entwässerungskanalarbeiten inkl. 011	0,0	**< 0,1**	< 0,1
010	Drän- und Versickerarbeiten	–	**–**	–
012	Mauerarbeiten	1,5	**3,6**	6,6
013	Betonarbeiten	1,9	**4,0**	5,6
014	Natur-, Betonwerksteinarbeiten	0,0	**0,2**	1,6
016	Zimmer- und Holzbauarbeiten	< 0,1	**1,2**	3,5
017	Stahlbauarbeiten	< 0,1	**0,7**	2,8
018	Abdichtungsarbeiten	0,2	**0,8**	1,8
020	Dachdeckungsarbeiten	0,3	**2,7**	10,3
021	Dachabdichtungsarbeiten	0,1	**1,7**	6,2
022	Klempnerarbeiten	0,2	**1,5**	2,2
	Rohbau	8,8	**18,7**	25,6
023	Putz- und Stuckarbeiten, Wärmedämmsysteme	0,9	**4,0**	7,6
024	Fliesen- und Plattenarbeiten	1,7	**3,2**	5,7
025	Estricharbeiten	0,8	**2,4**	4,0
026	Fenster, Außentüren inkl. 029, 032	5,2	**8,7**	11,8
027	Tischlerarbeiten	3,4	**6,1**	10,4
028	Parkett-, Holzpflasterarbeiten	< 0,1	**0,9**	3,8
030	Rollladenarbeiten	0,0	**0,2**	0,9
031	Metallbauarbeiten inkl. 035	0,7	**3,2**	6,9
034	Maler- und Lackiererarb. – Beschicht. inkl. 037	2,8	**5,4**	8,9
036	Bodenbelagarbeiten	1,6	**3,6**	5,4
038	Vorgehängte hinterlüftete Fassaden	0,0	**1,4**	10,9
039	Trockenbauarbeiten	6,1	**11,9**	19,9
	Ausbau	43,3	**51,0**	59,7
040	Wärmeversorgungsanl. - Betriebseinr. inkl. 041	3,6	**5,7**	8,2
042	Gas- u. Wasseranl. – Leitung., Armat. inkl. 043	1,1	**2,1**	3,1
044	Abwasseranl. - Leitungen, Abläufe, Armaturen	0,4	**1,0**	1,7
045	Gas, Wasser, Entwässerung – Ausstattung inkl. 046	1,9	**3,5**	5,7
047	Dämm- und Brandschutzarb. an techn. Anlagen	0,2	**0,5**	1,1
049	Feuerlöschanlagen, Feuerlöschgeräte	0,0	**< 0,1**	0,2
050	Blitzschutz-/Erdungsanlagen, Überspannungssch.	< 0,1	**0,4**	1,3
052	Mittelspannungsanlagen	–	**–**	–
053	Niederspannungsanl. – Kabel inkl. 054	2,3	**4,2**	5,6
055	Sicherheits- u. Ersatzstromversorgungsanl.	–	**–**	–
057	Gebäudesystemtechnik	–	**–**	–
058	Leuchten und Lampen inkl. 059	1,8	**2,9**	4,7
060	Such, Signal, Zeit, Anten., akust. Anl. inkl. 064	0,1	**0,4**	0,9
061	Kommunikations- u. Übertragungsnetze inkl. 062	0,2	**0,5**	1,1
063	Gefahrenmeldeanlagen	0,3	**0,9**	1,6
069	Aufzüge	0,0	**0,3**	2,0
070	Gebäudeautomation	–	**–**	–
075	Raumlufttechnische Anlagen inkl. 078	0,2	**1,7**	6,8
	Gebäudetechnik	20,9	**24,1**	26,2
084	Abbruch, Rückbau, Schadstoffsanierung	1,9	**6,0**	10,0
	Sonstige Leistungsbereiche inkl. 008, 033, 051	0,0	**0,3**	1,0

€/m² BGF

min	665	€/m²
von	875	€/m²
Mittel	**1.255**	**€/m²**
bis	2.110	€/m²
max	2.495	€/m²

Kosten:
Stand 2. Quartal 2025
Bundesdurchschnitt
inkl. 19% MwSt.

Objektübersicht zur Gebäudeart

4400-0315 Kindertagesstätte (70 Kinder)

BRI 3.604 m³ **BGF** 928 m² **NUF** 563 m²

Baujahr: 1916
Bauzustand: gut
Aufwand: mittel
Nutzung während der Bauzeit: nein
Nutzungsänderung: ja
Grundrissänderungen: wenige
Tragwerkseingriffe: wenige

Land: Berlin
Kreis: Berlin, Stadt
Standard: hoch
Bauzeit: 69 Wochen
Kennwerte: bis 3. Ebene DIN 276
veröffentlicht: BKI Objektdaten A12
BGF **2.496 €/m²**

Planung: sehw architektur GmbH; Berlin

Umbau des ehemalige Charité-Gebäude zu einer Kindertagesstätte.

Bauwerk – Baukonstruktionen
Herstellen: Außenwandöffnungen 11%, Innenwandöffnungen 9%, Innenwandbekleidungen 8%, Sonstiges zur KG 330 7%, Deckenbeläge 6%, Dachbeläge 5%, Außenwandbekleidungen, innen 4%, Gründungsbeläge 4%, Deckenbekleidungen 4%, Tragende Außenwände 3%, Herstellung 3%, Elementierte Innenwandkonstruktionen 3%, Außenwandbekleidungen, außen 2%, Nichttragende Innenwände 2%
Wiederherstellen: Außenwandbekleidungen, außen 5%
Sonstige: 23%

Bauwerk – Technische Anlagen
Herstellen: Lüftungsanlagen 14%, Wasseranlagen 13%, Niederspannungsinstallationsanlagen 13%, Wärmeverteilnetze 11%, Beleuchtungsanlagen 11%, Aufzugsanlagen 8%, Raumheizflächen 6%
Sonstige: 24%

6400-0100 Pfarrhaus, Kindergarten

BRI 1.408 m³ **BGF** 555 m² **NUF** 358 m²

Baujahr: 1956
Bauzustand: gut
Aufwand: hoch
Nutzung während der Bauzeit: nein
Grundrissänderungen: wenige
Tragwerkseingriffe: wenige

Land: Nordrhein-Westfalen
Kreis: Heinsberg
Standard: mittel
Bauzeit: 26 Wochen
Kennwerte: bis 3. Ebene DIN 276
veröffentlicht: BKI Objektdaten A11
BGF **1.047 €/m²**

Planung: RONGEN ARCHITEKTEN PartG mbB; Wassenberg

Pfarrbüro, Kindergarten für zwei Gruppen mit 24 Kinder

Bauwerk – Baukonstruktionen
Abbrechen: Dachkonstruktionen 3%
Herstellen: Dachbeläge 19%, Außenwandöffnungen 17%, Deckenbekleidungen 7%, Außenwandbekleidungen, innen 7%, Dachkonstruktionen 5%, Außenwandbekleidungen, außen 5%, Innenwandbekleidungen 4%, Dachbekleidungen 4%, Gründungsbeläge 2%, Flachgründungen und Bodenplatten 2%, Deckenbeläge 2%, Sonstiges zur KG 330 2%
Sonstige: 20%

Bauwerk – Technische Anlagen
Herstellen: Lüftungsanlagen 36%, Niederspannungsinstallationsanlagen 23%, Beleuchtungsanlagen 12%, Datenübertragungsnetze 6%
Sonstige: 23%

4400-0279 Kindertagesstätte (4 Gruppen, 80 Kinder)

BRI 3.134 m³ **BGF** 836 m² **NUF** 546 m²

© Plan-R-Architektenbüro

Baujahr: 1950-1959
Bauzustand: schlecht
Aufwand: hoch
Nutzung während der Bauzeit: nein
Nutzungsänderung: ja
Grundrissänderungen: einige
Tragwerkseingriffe: wenige

Land: Hamburg
Kreis: Hamburg, Stadt
Standard: einfach
Bauzeit: 22 Wochen
Kennwerte: bis 3. Ebene DIN 276
veröffentlicht: BKI Objektdaten A10

BGF 663 €/m²

Planung: Plan-R-Architektenbüro Joachim Reinig; Hamburg

Umbau einer ehemaligen Marzipanfabrik (später Autowerkstatt), zu einer Kindertagesstätte für 50 Elementar- und 30 Krippenkinder.

Bauwerk – Baukonstruktionen
Herstellen: Innenwandöffnungen 15%, Nichttragende Innenwände 9%, Innenwandbekleidungen 9%, Gründungsbeläge 8%, Deckenbekleidungen 6%, Deckenkonstruktionen 6%, Dachbekleidungen 4%, Außenwandöffnungen 4%, Baustelleneinrichtung 4%, Sonstiges zur KG 350 3%
Wiederherstellen: Nichttragende Innenwände 7%, Innenwandöffnungen 3%
Sonstige: 22%

Bauwerk – Technische Anlagen
Herstellen: Wasseranlagen 27%, Niederspannungsinstallationsanlagen 19%, Beleuchtungsanlagen 13%, Abwasseranlagen 10%, Raumheizflächen 7%, Sonstiges zur KG 410 4%
Sonstige: 21%

4400-0164 Kindertagesstätte

BRI 804 m³ **BGF** 221 m² **NUF** 127 m²

© Die Planschmiede 2KS GmbH & Co. KG

Baujahr: 1984
Bauzustand: mittel
Aufwand: hoch
Nutzung während der Bauzeit: nein
Nutzungsänderung: ja
Grundrissänderungen: umfangreiche
Tragwerkseingriffe: wenige

Land: Niedersachsen
Kreis: Gifhorn
Standard: mittel
Bauzeit: 17 Wochen
Kennwerte: bis 3. Ebene DIN 276
veröffentlicht: BKI Objektdaten A8

BGF 1.522 €/m²

Planung: Die Planschmiede 2KS GmbH & Co. KG; Hankensbüttel

Ein Stallgebäude wurde zu einer Kindertagesstätte umgebaut. Es ist ein Gruppenraum für 25 Kinder entstanden mit Küche und einem Besprechungsraum.

Bauwerk – Baukonstruktionen
Herstellen: Außenwandöffnungen 22%, Dachbekleidungen 21%, Gründungsbeläge 19%, Innenwandbekleidungen 11%
Sonstige: 28%

Bauwerk – Technische Anlagen
Herstellen: Wasseranlagen 31%, Beleuchtungsanlagen 20%, Niederspannungsinstallationsanlagen 15%, Wärmeerzeugungsanlagen 11%
Sonstige: 23%

€/m² BGF

min	665	€/m²
von	875	€/m²
Mittel	**1.255**	**€/m²**
bis	2.110	€/m²
max	2.495	€/m²

Kosten:
Stand 2. Quartal 2025
Bundesdurchschnitt
inkl. 19% MwSt.

Objektübersicht zur Gebäudeart

4400-0195 Kindertagesstätte (3 Gruppen, 50 Kinder)

BRI 2.567 m³ **BGF** 950 m² **NUF** 658 m²

© Acconci Architekten

Baujahr: 1900
Bauzustand: mittel
Aufwand: hoch
Nutzung während der Bauzeit: nein
Nutzungsänderung: nein
Grundrissänderungen: einige
Tragwerkseingriffe: wenige

Land: Nordrhein-Westfalen
Kreis: Soest
Standard: mittel
Bauzeit: 52 Wochen
Kennwerte: bis 3. Ebene DIN 276
veröffentlicht: BKI Objektdaten A10
BGF 727 €/m²

Planung: Acconci Architekten GmbH; Soest

Kindertagesstätte mit drei Gruppen und 50 Kindern.

Bauwerk – Baukonstruktionen
Herstellen: Innenwandöffnungen 8%, Dachbeläge 8%, Deckenbeläge 7%, Außenwandöffnungen 7%, Elementierte Innenwandkonstruktionen 7%, Dachbekleidungen 6%, Deckenkonstruktionen 6%, Gründungsbeläge 6%, Innenwandbekleidungen 6%, Sonstiges zur KG 350 5%, Dachkonstruktionen 5%, Nichttragende Innenwände 4%, Dachöffnungen 3%, Flachgründungen und Bodenplatten 3%
Sonstige: 20%

Bauwerk – Technische Anlagen
Herstellen: Wasseranlagen 29%, Wärmeverteilnetze 20%, Niederspannungsinstallationsanlagen 12%, Gefahrenmelde- und Alarmanlagen 11%
Sonstige: 29%

4400-0166 Kindertagesstätte (6 Gruppen, 84 Kinder)

BRI 4.560 m³ **BGF** 1.316 m² **NUF** 1.010 m²

© Firmhofer + Günther Architekten

Baujahr: 1957
Bauzustand: schlecht
Aufwand: mittel
Nutzung während der Bauzeit: nein
Nutzungsänderung: ja
Grundrissänderungen: umfangreiche
Tragwerkseingriffe: einige

Land: Bayern
Kreis: München, Stadt
Standard: hoch
Bauzeit: 26 Wochen
Kennwerte: bis 3. Ebene DIN 276
veröffentlicht: BKI Objektdaten A9
BGF 769 €/m²

Planung: Firmhofer + Günther Architekten PartG mbB; München

Umbau Gaststätte zur Kindertagesstätte mit sechs Gruppen und 84 Kindern.

Bauwerk – Baukonstruktionen
Abbrechen: Materialentsorgung 2%
Herstellen: Innenwandbekleidungen 14%, Deckenbeläge 12%, Innenwandöffnungen 10%, Gründungsbeläge 7%, Dachbekleidungen 6%, Allgemeine Einbauten 4%, Nichttragende Innenwände 4%, Außenwandöffnungen 3%, Tragende Innenwände 3%, Besondere Einbauten 3%, Deckenkonstruktionen 3%, Dachkonstruktionen 3%, Deckenbekleidungen 2%, Außenwandbekleidungen, innen 2%
Sonstige: 22%

Bauwerk – Technische Anlagen
Herstellen: Wasseranlagen 21%, Raumheizflächen 18%, Niederspannungsinstallationsanlagen 15%, Wärmeverteilnetze 8%, Beleuchtungsanlagen 7%, Abwasseranlagen 6%, Sonstiges zur KG 410 4%
Sonstige: 22%

4400-0159 Kindertagesstätte (3 Gruppen, 40 Kinder)

BRI 1.369 m³ **BGF** 358 m² **NUF** 243 m²

Baujahr: 1900
Bauzustand: schlecht
Aufwand: hoch
Nutzung während der Bauzeit: nein
Nutzungsänderung: ja
Grundrissänderungen: umfangreiche
Tragwerkseingriffe: wenige

Land: Sachsen-Anhalt
Kreis: Harz
Standard: mittel
Bauzeit: 52 Wochen
Kennwerte: bis 3. Ebene DIN 276
veröffentlicht: BKI Objektdaten A9

BGF **1.191 €/m²**

Planung: qbatur Planungsbüro GmbH; Quedlinburg

Umbau eines Wohnhauses mit vier Wohneinheiten zur Kindertagesstätte. **Kosteneinfluss Nutzung:** Wärmeschutz, Gestaltungssatzung

Bauwerk – Baukonstruktionen
Abbrechen: Dachbeläge 5%, Gründungsbeläge 3%
Herstellen: Außenwandbekleidungen, außen 15%, Gründungsbeläge 14%, Außenwandöffnungen 11%, Dachbeläge 9%, Dachbekleidungen 6%, Innenwandbekleidungen 5%, Außenwandbekleidungen, innen 4%, Nichttragende Innenwände 3%, Elementierte Innenwandkonstruktionen 3%
Sonstige: 20%

Bauwerk – Technische Anlagen
Herstellen: Wärmeerzeugungsanlagen 26%, Wasseranlagen 23%, Raumheizflächen 18%, Abwasseranlagen 10%
Sonstige: 24%

4400-0137 Kindertagesstätte (5 Gruppen, 101 Kinder)

BRI 5.726 m³ **BGF** 990 m² **NUF** 683 m²

Baujahr: 1965
Bauzustand: schlecht
Aufwand: hoch
Nutzung während der Bauzeit: nein
Nutzungsänderung: ja
Grundrissänderungen: wenige
Tragwerkseingriffe: wenige

Land: Brandenburg
Kreis: Brandenburg a. d. Havel
Standard: mittel
Bauzeit: 100 Wochen
Kennwerte: bis 3. Ebene DIN 276
veröffentlicht: BKI Objektdaten A8

BGF **959 €/m²**

Planung: Märkplan GmbH; Brandenburg an der Havel

Umbau und Modernisierung eines Kinderwohnheims zu einer Kindertagesstätte mit fünf Gruppen für 101 Kinder zwischen 0-6 Jahren.

Bauwerk – Baukonstruktionen
Herstellen: Außenwandöffnungen 15%, Deckenbeläge 15%, Außenwandbekleidungen, außen 14%, Innenwandbekleidungen 11%, Dachbeläge 10%, Innenwandöffnungen 7%
Sonstige: 27%

Bauwerk – Technische Anlagen
Herstellen: Niederspannungsinstallationsanlagen 24%, Beleuchtungsanlagen 19%, Wasseranlagen 18%, Raumheizflächen 14%
Sonstige: 26%

€/m² BGF

min	665	€/m²
von	875	€/m²
Mittel	**1.255**	**€/m²**
bis	2.110	€/m²
max	2.495	€/m²

Kosten:
Stand 2. Quartal 2025
Bundesdurchschnitt
inkl. 19% MwSt.

Objektübersicht zur Gebäudeart

4400-0325 Kindertagesstätte (7 Gruppen, 100 Kinder)

BRI 5.593 m³ **BGF** 1.333 m² **NUF** 1.000 m²

Baujahr: 2006
Bauzustand: mittel
Aufwand: hoch
Nutzung während der Bauzeit: nein
Nutzungsänderung: ja
Grundrissänderungen: umfangreiche
Tragwerkseingriffe: umfangreiche

Land: Bremen
Kreis: Bremen, Stadt
Standard: mittel
Bauzeit: 52 Wochen
Kennwerte: bis 1. Ebene DIN 276
veröffentlicht: BKI Objektdaten A11
BGF 2.021 €/m²

Planung: claudia gräfe marion schonhoven architekten BDA; Bremen

Umbau eines Verbrauchermarktes in eine Kindertagesstätte mit sieben Gruppen und 100 Kindern.

4400-0204 Familienzentrum, Kindertagesstätte (7 Gruppen)

BRI 3.785 m³ **BGF** 1.266 m² **NUF** 913 m²

Baujahr: 1969
Bauzustand: mittel
Aufwand: hoch
Nutzung während der Bauzeit: nein
Nutzungsänderung: ja
Grundrissänderungen: umfangreiche
Tragwerkseingriffe: einige

Land: Hamburg
Kreis: Hamburg, Stadt
Standard: mittel
Bauzeit: 52 Wochen
Kennwerte: bis 1. Ebene DIN 276
veröffentlicht: BKI Objektdaten A9
BGF 1.176 €/m²

Planung: pmp Projekt GmbH; Hamburg

Familienzentrum mit Kindertagesstätte und Krippe

Ein- und Zweifamilienhäuser

Kosten:
Stand 2. Quartal 2025
Bundesdurchschnitt
inkl. 19% MwSt.

Kostenkennwerte für die Kosten des Bauwerks (Kostengruppen 300+400 nach DIN 276)

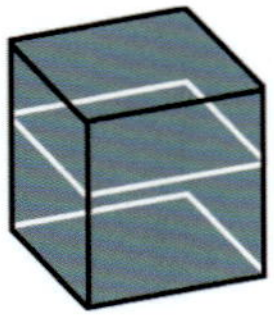

BRI 580 €/m³
von 435 €/m³
bis 800 €/m³

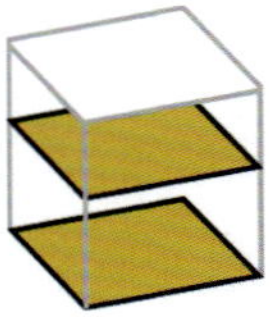

BGF 1.675 €/m²
von 1.185 €/m²
bis 2.225 €/m²

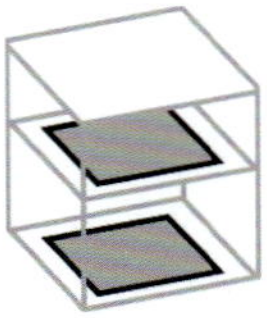

NUF 2.645 €/m²
von 1.850 €/m²
bis 3.910 €/m²

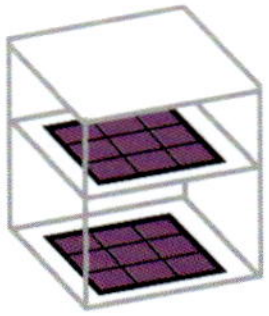

NE 2.730 €/NE
von 1.855 €/NE
bis 3.345 €/NE
NE: Wohnfläche

Objektbeispiele

6100-1368

6100-1285

6100-0993

Kosten der 15 Vergleichsobjekte

Seiten 240 bis 247

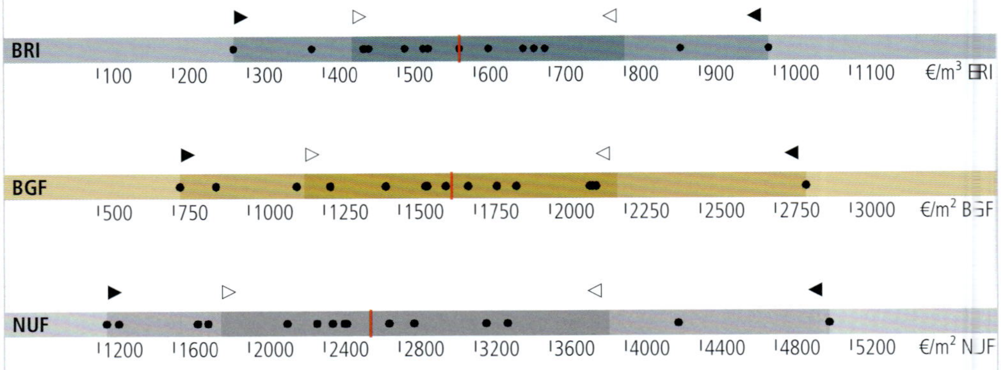

- ● KKW
- ▶ min
- ▷ von
- | Mittelwert
- ◁ bis
- ◀ max

Kostenkennwerte für die Kostengruppen der 1. und 2. Ebene DIN 276

KG	Kostengruppen der 1. Ebene	Einheit	▷	€/Einheit	◁	▷	% an 300+400	◁
100	Grundstück	m² GF	–	**–**	–	–	**–**	–
200	Vorbereitende Maßnahmen	m² GF	14	**48**	81	0,7	**4,7**	8,7
300	Bauwerk – Baukonstruktionen	m² BGF	933	**1.345**	1.810	74,8	**80,6**	87,5
400	Bauwerk – Technische Anlagen	m² BGF	190	**328**	471	12,5	**19,4**	25,2
	Bauwerk 300+400	m² BGF	1.184	**1.673**	2.223	100,0	**100,0**	100,0
500	Außenanlagen und Freiflächen	m² AF	20	**187**	685	1,4	**2,7**	4,7
600	Ausstattung und Kunstwerke	m² BGF	7	**12**	21	0,3	**0,7**	1,0
700	Baunebenkosten	m² BGF	–	**–**	–	–	**–**	–
800	Finanzierung	m² BGF	–	**–**	–	–	**–**	–

KG	Kostengruppen der 2. Ebene	Einheit	▷	€/Einheit	◁	▷	% an 1. Ebene	◁
310	Baugrube / Erdbau	m³ BGI	62	**168**	384	0,0	**0,6**	1,4
320	Gründung, Unterbau	m² GRF	185	**333**	608	1,6	**4,5**	7,9
330	Außenwände / vertikal außen	m² AWF	350	**492**	822	24,4	**35,8**	50,6
340	Innenwände / vertikal innen	m² IWF	258	**332**	534	8,4	**13,1**	17,7
350	Decken / horizontal	m² DEF	336	**504**	651	13,2	**19,5**	25,9
360	Dächer	m² DAF	380	**500**	642	10,5	**21,0**	30,7
370	Infrastrukturanlagen		–	**–**	–	–	**–**	–
380	Baukonstruktive Einbauten	m² BGF	8	**10**	13	0,0	**0,1**	0,8
390	Sonst. Maßnahmen für Baukonst.	m² BGF	32	**78**	227	2,6	**5,3**	11,2
300	**Bauwerk – Baukonstruktionen**	**m² BGF**					**100,0**	
410	Abwasser-, Wasser-, Gasanlagen	m² BGF	51	**86**	118	25,8	**30,7**	44,5
420	Wärmeversorgungsanlagen	m² BGF	76	**140**	203	37,3	**47,4**	58,2
430	Raumlufttechnische Anlagen	m² BGF	28	**49**	76	0,0	**3,6**	12,6
440	Elektrische Anlagen	m² BGF	30	**51**	79	12,2	**17,4**	23,8
450	Kommunikationstechnische Anlagen	m² BGF	2	**6**	8	< 0,1	**0,8**	2,1
460	Förderanlagen	m² BGF	–	**–**	–	–	**–**	–
470	Nutzungsspez. / verfahrenstech. Anl.	m² BGF	–	**–**	–	–	**–**	–
480	Gebäude- und Anlagenautomation	m² BGF	–	**–**	–	–	**–**	–
490	Sonst. Maßnahmen f. techn. Anl.	m² BGF	–	**< 1**	–	0,0	**< 0,1**	0,2
400	**Bauwerk – Technische Anlagen**	**m² BGF**					**100,0**	

Prozentanteile der Kosten 2. Ebene an den Kosten des Bauwerks nach DIN 276 (Von/Mittel/Bis)

KG	Kostengruppe	%
310	Baugrube / Erdbau	0,5
320	Gründung, Unterbau	3,8
330	Außenwände / vertikal außen	29,1
340	Innenwände / vertikal innen	10,6
350	Decken / horizontal	15,9
360	Dächer	17,1
370	Infrastrukturanlagen	
380	Baukonstruktive Einbauten	< 0,1
390	Sonst. Maßnahmen für Baukonst.	4,5
410	Abwasser-, Wasser-, Gasanlagen	5,5
420	Wärmeversorgungsanlagen	8,8
430	Raumlufttechnische Anlagen	0,8
440	Elektrische Anlagen	3,2
450	Kommunikationstechnische Anlagen	0,2
460	Förderanlagen	
470	Nutzungsspez. / verfahrenstech. Anl.	
480	Gebäude- und Anlagenautomation	
490	Sonst. Maßnahmen f. techn. Anl.	< 0,1

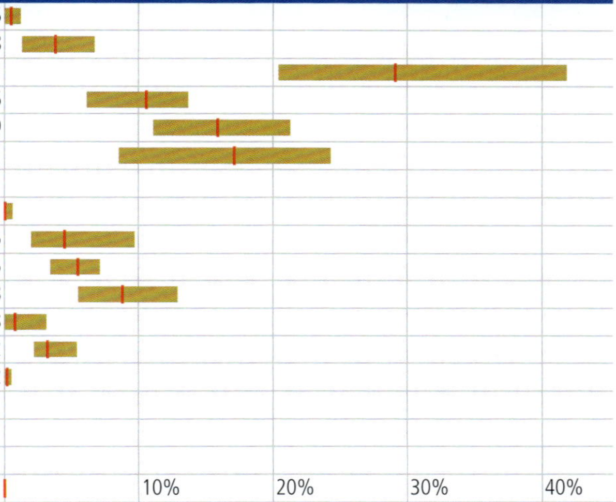

 Kostenstand: 2. Quartal 2025, Bundesdurchschnitt, **inkl. 19% MwSt.**

Kosten:
Stand 2. Quartal 2025
Bundesdurchschnitt
inkl. 19% MwSt.

▷ von
ø Mittel
◁ bis

Kostenkennwerte für die Kostengruppen der 3. Ebene DIN 276

KG	Kostengruppen der 3. Ebene	Einheit	▷	€/Einheit	◁	▷	€/m2 BGF	◁
335	Außenwandbekleidungen, außen	m²	157	**226**	344	83	**159**	230
363	Dachbeläge	m²	191	**263**	424	86	**150**	279
334	Außenwandöffnungen	m²	700	**1.176**	1.785	79	**138**	234
351	Deckenkonstruktionen	m²	367	**973**	2.450	48	**107**	249
353	Deckenbeläge	m²	181	**245**	357	48	**101**	150
346	Elem. Innenwandkonstruktionen	m²	–	**1.244**	–	–	**101**	–
394	Abbruchmaßnahmen	m²	21	**72**	122	21	**72**	122
331	Tragende Außenwände	m²	258	**526**	1.030	29	**68**	138
345	Innenwandbekleidungen	m²	49	**101**	223	28	**65**	[illegible]
336	Außenwandbekleidungen, innen	m²	66	**124**	202	29	**64**	112
361	Dachkonstruktionen	m²	87	**205**	369	22	**63**	105
412	Wasseranlagen	m²	39	**63**	102	39	**63**	102
421	Wärmeerzeugungsanlagen	m²	28	**59**	102	28	**59**	102
337	Elem. Außenwandkonstruktionen	m²	–	**1.050**	–	–	**57**	–
362	Dachöffnungen	m²	1.145	**1.606**	2.394	16	**49**	114
423	Raumheizflächen	m²	31	**49**	83	31	**49**	83
431	Lüftungsanlagen	m²	28	**49**	76	28	**49**	76
444	Niederspannungsinstallationsanl.	m²	29	**49**	79	29	**49**	79
324	Gründungsbeläge	m²	132	**216**	260	21	**49**	58
364	Dachbekleidungen	m²	79	**111**	143	26	**44**	59
341	Tragende Innenwände	m²	186	**402**	1.891	16	**44**	64
342	Nichttragende Innenwände	m²	133	**176**	246	18	**43**	73
355	Elementierte Deckenkonstruktionen	m²	802	**2.030**	4.113	21	**39**	51
393	Sicherungsmaßnahmen	m²	23	**38**	53	23	**38**	53
344	Innenwandöffnungen	m²	398	**658**	1.369	15	**35**	50
422	Wärmeverteilnetze	m²	11	**25**	39	11	**25**	39
354	Deckenbekleidungen	m²	22	**67**	128	6	**24**	51
338	Lichtschutz zur KG 330	m²	242	**311**	544	9	**22**	33
322	Flachgründungen und Bodenplatten	m²	54	**181**	270	9	**22**	48
329	Sonstiges zur KG 320	m²	–	**111**	–	–	**22**	–
332	Nichttragende Außenwände	m²	–	**169**	–	8	**21**	45
391	Baustelleneinrichtung	m²	6	**20**	55	6	**20**	55
392	Gerüste	m²	13	**19**	27	13	**19**	27
359	Sonstiges zur KG 350	m²	12	**35**	66	6	**19**	37
429	Sonstiges zur KG 420	m²	5	**18**	31	5	**18**	31
411	Abwasseranlagen	m²	11	**16**	25	11	**16**	25
311	Herstellung	m³	62	**168**	384	9	**16**	22
413	Gasanlagen	m²	–	**15**	–	–	**15**	–
419	Sonstiges zur KG 410	m²	6	**14**	46	6	**14**	46
366	Lichtschutz zur KG 360	m²	262	**541**	1.335	4	**13**	17
339	Sonstiges zur KG 330	m²	3	**12**	28	2	**11**	29
381	Allgemeine Einbauten	m²	8	**10**	13	8	**10**	13
321	Baugrundverbesserung	m²	–	**129**	–	–	**9**	–
325	Abdichtungen und Bekleidungen	m²	52	**85**	198	4	**8**	12
326	Dränagen	m²	15	**21**	33	4	**7**	13
343	Innenstützen	m	168	**261**	486	3	**7**	14
395	Instandsetzungen	m²	–	**5**	–	–	**5**	–
352	Deckenöffnungen	m²	361	**1.114**	1.552	4	**5**	7
333	Außenstützen	m	–	**541**	–	4	**4**	5
369	Sonstiges zur KG 360	m²	2	**6**	16	< 1	**4**	8

Prozentanteile der Kosten für Leistungsbereiche nach STLB (Kosten Bauwerk nach DIN 276)

LB	Leistungsbereiche	▷	% an 300+400	◁
000	Baustellen-, Verkehrssich.- u. Sicherh.einr. inkl. 001	1,6	**2,5**	4,8
002	Erdarbeiten	< 0,1	**0,7**	1,3
006	Spezialtiefbauarbeiten inkl. 005	–	**–**	–
009	Entwässerungskanalarbeiten inkl. 011	0,0	**< 0,1**	0,1
010	Drän- und Versickerarbeiten	0,0	**< 0,1**	0,3
012	Mauerarbeiten	1,3	**3,8**	6,5
013	Betonarbeiten	0,5	**2,8**	8,1
014	Natur-, Betonwerksteinarbeiten	< 0,1	**0,6**	4,5
016	Zimmer- und Holzbauarbeiten	2,4	**6,5**	13,0
017	Stahlbauarbeiten	< 0,1	**1,1**	3,4
018	Abdichtungsarbeiten	< 0,1	**0,7**	1,3
020	Dachdeckungsarbeiten	4,2	**7,8**	14,0
021	Dachabdichtungsarbeiten	–	**–**	–
022	Klempnerarbeiten	0,7	**1,3**	2,4
	Rohbau	12,5	**27,8**	36,5
023	Putz- und Stuckarbeiten, Wärmedämmsysteme	5,1	**11,5**	15,6
024	Fliesen- und Plattenarbeiten	0,8	**1,7**	3,2
025	Estricharbeiten	1,1	**2,6**	4,8
026	Fenster, Außentüren inkl. 029, 032	3,2	**6,9**	11,4
027	Tischlerarbeiten	2,9	**5,8**	13,5
028	Parkett-, Holzpflasterarbeiten	0,5	**3,3**	6,8
030	Rollladenarbeiten	0,2	**1,4**	3,8
031	Metallbauarbeiten inkl. 035	0,7	**2,8**	6,1
034	Maler- und Lackiererarb. – Beschicht. inkl. 037	2,1	**4,0**	7,3
036	Bodenbelagarbeiten	< 0,1	**0,7**	2,2
038	Vorgehängte hinterlüftete Fassaden	0,0	**0,1**	1,4
039	Trockenbauarbeiten	3,0	**5,9**	9,2
	Ausbau	38,1	**46,7**	54,5
040	Wärmeversorgungsanl. - Betriebseinr. inkl. 041	5,0	**8,7**	12,7
042	Gas- u. Wasseranl. – Leitung., Armat. inkl. 043	0,4	**1,4**	2,2
044	Abwasseranl. - Leitungen, Abläufe, Armaturen	0,6	**0,9**	1,6
045	Gas, Wasser, Entwässerung – Ausstattung inkl. 046	1,4	**3,1**	5,0
047	Dämm- und Brandschutzarb. an techn. Anlagen	0,0	**0,1**	0,5
049	Feuerlöschanlagen, Feuerlöschgeräte	–	**–**	–
050	Blitzschutz-/Erdungsanlagen, Überspannungssch.	< 0,1	**< 0,1**	0,2
052	Mittelspannungsanlagen	–	**–**	–
053	Niederspannungsanl. – Kabel inkl. 054	2,1	**3,1**	5,6
055	Sicherheits- u. Ersatzstromversorgungsanl.	–	**–**	–
057	Gebäudesystemtechnik	–	**–**	–
058	Leuchten und Lampen inkl. 059	< 0,1	**< 0,1**	0,2
060	Such, Signal, Zeit, Anten., akust. Anl. inkl. 064	< 0,1	**< 0,1**	0,2
061	Kommunikations- u. Übertragungsnetze inkl. 062	< 0,1	**0,1**	0,3
063	Gefahrenmeldeanlagen	–	**–**	–
069	Aufzüge	–	**–**	–
070	Gebäudeautomation	–	**–**	–
075	Raumlufttechnische Anlagen inkl. 078	0,0	**0,8**	3,0
	Gebäudetechnik	11,9	**18,4**	24,6
084	Abbruch, Rückbau, Schadstoffsanierung	3,4	**6,9**	10,6
	Sonstige Leistungsbereiche inkl. 008, 033, 051	< 0,1	**< 0,1**	0,9

€/m² BGF

min	770	€/m²
von	1.185	€/m²
Mittel	**1.675**	**€/m²**
bis	2.225	€/m²
max	2.850	€/m²

Kosten:
Stand 2. Quartal 2025
Bundesdurchschnitt
inkl. 19% MwSt.

Objektübersicht zur Gebäudeart

6100-1443 Einfamilienhaus

BRI 1.186 m³ **BGF** 378 m² **NUF** 239 m²

Baujahr: 1767
Bauzustand: schlecht
Aufwand: mittel
Nutzung während der Bauzeit: nein
Nutzungsänderung: nein
Grundrissänderungen: umfangreiche
Tragwerkseingriffe: umfangreiche

Land: Brandenburg
Kreis: Brandenburg a. d. Havel
Standard: mittel
Bauzeit: 52 Wochen
Kennwerte: bis 3. Ebene DIN 276
veröffentlicht: BKI Objektdaten A12
BGF **2.132 €/m²**

Planung: Märkplan GmbH; Brandenburg

Umbau eines Einfamilienhauses, Entkernung, Sanierung

Bauwerk – Baukonstruktionen
Abbrechen: Abbruchmaßnahmen 7%, Tragende Außenwände 5%
Herstellen: Außenwandbekleidungen, außen 14%, Außenwandöffnungen 11%, Deckenkonstruktionen 9%, Tragende Außenwände 5%, Deckenbeläge 4%, Nichttragende Innenwände 4%, Außenwandbekleidungen, innen 4%, Innenwandbekleidungen 4%, Dachbeläge 4%, Dachkonstruktionen 4%, Tragende Innenwände 3%, Dachbekleidungen 3%
Sonstige: 21%

Bauwerk – Technische Anlagen
Herstellen: Wasseranlagen 21%, Niederspannungsinstallationsanlagen 16%, Wärmeerzeugungsanlagen 15%, Wärmeverteilnetze 14%, Raumheizflächen 13%
Sonstige: 20%

6100-1368 Einfamilienhaus

BRI 675 m³ **BGF** 241 m² **NUF** 171 m²

Baujahr: 1979
Bauzustand: schlecht
Aufwand: hoch
Nutzung während der Bauzeit: nein
Nutzungsänderung: ja
Grundrissänderungen: umfangreiche
Tragwerkseingriffe: wenige

Land: Rheinland-Pfalz
Kreis: Mainz-Bingen
Standard: mittel
Bauzeit: 22 Wochen
Kennwerte: bis 3. Ebene DIN 276
veröffentlicht: BKI Objektdaten A12
BGF **1.269 €/m²**

Planung: HGA Henning Grahn Architektur GmbH; Mainz

Umbau und Sanierung eines Einfamilienhaus mit Atelier (148 m² WFL).

Bauwerk – Baukonstruktionen
Abbrechen: Tragende Außenwände 4%, Tragende Innenwände 4%
Herstellen: Außenwandöffnungen 24%, Außenwandbekleidungen, außen 21%, Deckenbekleidungen 6%, Innenwandbekleidungen 6%, Deckenkonstruktionen 5%, Nichttragende Innenwände 5%, Gründungsbeläge 4%
Sonstige: 22%

Bauwerk – Technische Anlagen
Herstellen: Niederspannungsinstallationsanlagen 23%, Wasseranlagen 27%, Wärmeerzeugungsanlagen 17%
Sonstige: 29%

6100-1237 Einfamilienhaus

BRI 874m³ **BGF** 371m² **NUF** 229m²

Baujahr: 1965
Bauzustand: gut
Aufwand: hoch
Nutzung während der Bauzeit: nein
Nutzungsänderung: nein
Grundrissänderungen: einige
Tragwerkseingriffe: wenige

Land: Bayern
Kreis: Kempten (Allgäu)
Standard: hoch
Bauzeit: 26 Wochen
Kennwerte: bis 3. Ebene DIN 276
veröffentlicht: BKI Objektdaten A11
BGF **1.454€/m²**

Planung: brack architekten; Kempten

Einfamilienhaus (193m² WFL)

Bauwerk – Baukonstruktionen
Herstellen: Außenwandbekleidungen, außen 17%, Außenwandöffnungen 11%, Deckenbeläge 9%, Deckenkonstruktionen 8%, Dachbeläge 7%, Innenwandbekleidungen 4%, Dachbekleidungen 4%, Innenwandöffnungen 3%, Dachöffnungen 3%, Außenwandbekleidungen, innen 3%, Gründungsbeläge 3%, Lichtschutz zur KG 330 3%, Nichttragende Innenwände 2%, Herstellung 2%
Sonstige: 21%

Bauwerk – Technische Anlagen
Herstellen: Wärmeerzeugungsanlagen 20%, Niederspannungsinstallationsanlagen 16%, Wasseranlagen 16%, Raumheizflächen 15%
Sonstige: 33%

6100-1293 Einfamilienhaus

BRI 665m³ **BGF** 204m² **NUF** 135m²

Baujahr: 1925
Bauzustand: mittel
Aufwand: mittel
Nutzung während der Bauzeit: nein
Nutzungsänderung: ja
Grundrissänderungen: umfangreiche
Tragwerkseingriffe: wenige

Land: Niedersachsen
Kreis: Hannover, Region
Standard: mittel
Bauzeit: 52 Wochen
Kennwerte: bis 3. Ebene DIN 276
veröffentlicht: BKI Objektdaten A11
BGF **1.654€/m²**

Planung: .rott .schirmer .partner; Großburgwedel

Umbau einer Scheune zu einem Wohnhaus (143m² WFL) als Effizienzhaus. **Kosteneinfluss Nutzung:** Denkmalschutz

Bauwerk – Baukonstruktionen
Herstellen: Dachbeläge 13%, Dachöffnungen 11%, Deckenbeläge 10%, Außenwandbekleidungen, innen 10%, Dachbekleidungen 8%, Gründungsbeläge 8%, Außenwandöffnungen 8%, Innenwandbekleidungen 7%, Elementierte Deckenkonstruktionen 4%
Sonstige: 21%

Bauwerk – Technische Anlagen
Herstellen: Wasseranlagen 31%, Raumheizflächen 27%, Wärmeverteilnetze 15%
Sonstige: 27%

€/m² BGF

min	770	€/m²
von	1.185	€/m²
Mittel	**1.675**	**€/m²**
bis	2.225	€/m²
max	2.850	€/m²

Kosten:
Stand 2. Quartal 2025
Bundesdurchschnitt
inkl. 19% MwSt.

Objektübersicht zur Gebäudeart

6100-0993 Einfamilienhaus, Scheunenumbau

BRI 605 m³ **BGF** 221 m² **NUF** 144 m²

© NEUMANN+KAFERT

Baujahr: 1945
Bauzustand: schlecht
Aufwand: mittel
Nutzung während der Bauzeit: nein
Nutzungsänderung: ja
Grundrissänderungen: umfangreiche
Tragwerkseingriffe: einige

Land: Brandenburg
Kreis: Teltow-Fläming
Standard: mittel
Bauzeit: 26 Wochen
Kennwerte: bis 3. Ebene DIN 276
veröffentlicht: BKI Objektdaten A8

BGF 1.587 €/m²

Planung: NEUMANN+KAFERT Bürogemeinschaft für Architekten; Trebbin OT Glau

Ein Stallgebäude für Kutscherpferde von 1948 wurde zu einem Wohngebäude mit einer Nutzeinheit umgebaut.

Bauwerk – Baukonstruktionen
Abbrechen: Abbruchmaßnahmen 10%
Herstellen: Außenwandbekleidungen, außen 11%, Dachbeläge 10%, Dachkonstruktionen 8%, Tragende Außenwände 7%, Gründungsbeläge 7%, Deckenbeläge 5%, Innenwandöffnungen 4%, Tragende Innenwände 4%, Dachöffnungen 4%, Dachbekleidungen 4%, Deckenkonstruktionen 4%, Außenwandöffnungen 3%
Sonstige: 21%

Bauwerk – Technische Anlagen
Herstellen: Wasseranlagen 19%, Niederspannungsinstallationsanlagen 18%, Wärmeerzeugungsanlagen 18%, Raumheizflächen 17%
Sonstige: 28%

6100-1027 Fachwerkhaus

BRI 764 m³ **BGF** 307 m² **NUF** 241 m²

© Acconci Architekten

Baujahr: 1850
Bauzustand: schlecht
Aufwand: hoch
Nutzung während der Bauzeit: nein
Nutzungsänderung: nein
Grundrissänderungen: einige
Tragwerkseingriffe: wenige

Land: Nordrhein-Westfalen
Kreis: Soest
Standard: mittel
Bauzeit: 44 Wochen
Kennwerte: bis 3. Ebene DIN 276
veröffentlicht: BKI Objektdaten A9

BGF 1.728 €/m²

Planung: Acconci Architekten GmbH; Soest

Baudenkmalgeschütztes Wohnhaus

Bauwerk – Baukonstruktionen
Abbrechen: Außenwandbekleidungen, außen 9%
Herstellen: Außenwandöffnungen 21%, Innenwandbekleidungen 10%, Tragende Außenwände 8%, Dachbeläge 7%, Außenwandbekleidungen, innen 6%, Dachbekleidungen 3%
Wiederherstellen: Außenwandbekleidungen, außen 9%, Deckenbeläge 3%, Außenwandöffnungen 3%
Sonstige: 22%

Bauwerk – Technische Anlagen
Herstellen: Wärmeversorgungsanlagen 58%, Abwasser-, Wasser-, Gasanlagen 22%, Elektrische Anlagen 12%
Sonstige: 7%

Objektübersicht zur Gebäudeart

6100-0962 Einfamilienhaus, Einliegerwohnung*

BRI 255 m³ **BGF** 64 m² **NUF** 57 m²

Baujahr: 1980
Bauzustand: mittel
Aufwand: hoch
Nutzung während der Bauzeit: nein
Nutzungsänderung: nein
Grundrissänderungen: umfangreiche
Tragwerkseingriffe: einige

Land: Schleswig-Holstein
Kreis: Lübeck, Stadt
Standard: hoch
Bauzeit: 30 Wochen
Kennwerte: bis 3. Ebene DIN 276
veröffentlicht: BKI Objektdaten A9

BGF 5.104 €/m²

*

* Nicht in der Auswertung enthalten

Planung: FRANK ECKHARDT Architekt; Lübeck

Umbau und Modernisierung eines bestehenden Anbaus

Bauwerk – Baukonstruktionen
Herstellen: Elementierte Außenwandkonstruktionen 47%, Dachbeläge 15%, Dachkonstruktionen 7%, Dachbekleidungen 6%
Sonstige: 25%

Bauwerk – Technische Anlagen
Herstellen: Wärmeversorgungsanlagen 50%, Niederspannungsinstallationsanlagen 20%, Wasseranlagen 17%
Sonstige: 13%

6100-0937 Einfamilienhaus, Umnutzung Scheune

BRI 848 m³ **BGF** 206 m² **NUF** 142 m²

Baujahr: 1927
Bauzustand: gut
Aufwand: hoch
Nutzung während der Bauzeit: nein
Nutzungsänderung: ja
Grundrissänderungen: einige
Tragwerkseingriffe: wenige

Land: Niedersachsen
Kreis: Hannover, Region
Standard: einfach
Bauzeit: 52 Wochen
Kennwerte: bis 3. Ebene DIN 276
veröffentlicht: BKI Objektdaten A8

BGF 1.888 €/m²

Planung: .rott .schirmer .partner; Großburgwedel

Umnutzung eines Stall- und Lagergebäudes zu einer Wohnung

Bauwerk – Baukonstruktionen
Herstellen: Dachbeläge 16%, Deckenbeläge 13%, Außenwandbekleidungen, innen 11%, Dachöffnungen 8%, Außenwandöffnungen 7%, Dachkonstruktionen 5%, Deckenkonstruktionen 5%, Innenwandbekleidungen 4%, Elementierte Deckenkonstruktionen 4%, Dachbekleidungen 3%, Nichttragende Innenwände 3%
Sonstige: 20%

Bauwerk – Technische Anlagen
Herstellen: Wärmeerzeugungsanlagen 27%, Wasseranlagen 19%, Raumheizflächen 17%
Sonstige: 37%

€/m² BGF

min	770	€/m²
von	1.185	€/m²
Mittel	**1.675**	**€/m²**
bis	2.225	€/m²
max	2.850	€/m²

Kosten:
Stand 2. Quartal 2025
Bundesdurchschnitt
inkl. 19% MwSt.

Objektübersicht zur Gebäudeart

6100-0948 Einfamilienhaus

BRI 1.293 m³ **BGF** 377 m² **NUF** 211 m²

Baujahr: ca. 1900
Bauzustand: schlecht
Aufwand: mittel
Nutzung während der Bauzeit: nein
Nutzungsänderung: ja
Grundrissänderungen: umfangreiche
Tragwerkseingriffe: einige

Land: Berlin
Kreis: Berlin, Stadt
Standard: mittel
Bauzeit: 48 Wochen
Kennwerte: bis 3. Ebene DIN 276
veröffentlicht: BKI Objektdaten A9

BGF 1.824 €/m²

Planung: roedig . schop architekten + partner mbB; Berlin

Umbau einer Remise zum Einfamilienhaus

Bauwerk – Baukonstruktionen
Abbrechen: Deckenbeläge 3%
Herstellen: Außenwandöffnungen 11%, Deckenkonstruktionen 10%, Deckenbeläge 9%, Dachöffnungen 7%, Dachkonstruktionen 6%, Dachbeläge 6%, Nichttragende Innenwände 5%, Außenwandbekleidungen, außen 4%, Elementierte Außenwandkonstruktionen 4%, Innenwandöffnungen 4%, Außenwandbekleidungen, innen 3%, Innenwandbekleidungen 3%, Dachbekleidungen 2%, Nichttragende Außenwände 2%
Sonstige: 21%

Bauwerk – Technische Anlagen
Herstellen: Wasseranlagen 29%, Niederspannungsinstallationsanlagen 25%, Wärmeerzeugungsanlagen 17%
Sonstige: 29%

6100-0637 Doppelhaushälfte

BRI 608 m³ **BGF** 262 m² **NUF** 178 m²

Baujahr: 1960
Bauzustand: mittel
Aufwand: mittel
Nutzung während der Bauzeit: ja
Nutzungsänderung: nein
Grundrissänderungen: wenige
Tragwerkseingriffe: wenige

Land: Bayern
Kreis: Regensburg, Stadt
Standard: mittel
Bauzeit: 30 Wochen
Kennwerte: bis 3. Ebene DIN 276
veröffentlicht: BKI Objektdaten A6

BGF 890 €/m²

Planung: Architekt Hartmut Reineking; Landsberg am Lech

Umbau einer Doppelhaushälfte von 1960 von einer zu zwei Wohneinheiten mit Dachgeschossausbau. Wärmedämmung nach Neubaustandard und Solaranlage.

Bauwerk – Baukonstruktionen
Abbrechen: Deckenkonstruktionen 3%
Herstellen: Außenwandbekleidungen, außen 23%, Deckenbeläge 13%, Dachbeläge 10%, Dachkonstruktionen 9%, Deckenkonstruktionen 5%, Außenwandöffnungen 5%, Innenwandöffnungen 4%, Dachbekleidungen 3%, Sonstiges zur KG 350 3%
Sonstige: 21%

Bauwerk – Technische Anlagen
Herstellen: Wärmeerzeugungsanlagen 62%, Wasseranlagen 14%, Niederspannungsinstallationsanlagen 9%
Sonstige: 15%

 Erläuterungen zu den Tabellen siehe Seite 24

Objektübersicht zur Gebäudeart

6100-0558 Einfamilienhaus

BRI 853 m³ | **BGF** 310 m² | **NUF** 192 m²

Baujahr: 1966
Bauzustand: mittel
Aufwand: hoch
Nutzung während der Bauzeit: ja
Nutzungsänderung: nein
Grundrissänderungen: einige
Tragwerkseingriffe: keine

Land: Hessen
Kreis: Offenbach
Standard: mittel
Bauzeit: 26 Wochen
Kennwerte: bis 3. Ebene DIN 276
veröffentlicht: www.bki.de

BGF 771 €/m²

Planung: Fischer + Goth, Dipl.-Ing. P. Goth Dipl.-Des. W. F. Fischer; Aschaffenburg

Umbau eines Einfamilienhauses mit Modernisierung und Erweiterung um zwei Wohnräume. Erweiterung zur Straßenseite über Erd- und Obergeschoss. Abbruch bestehende Garage und Neubau. Weiterer Parkplatz vor der Garage.

Bauwerk – Baukonstruktionen
Abbrechen: Tragende Außenwände 2%
Herstellen: Außenwandbekleidungen, außen 19%, Außenwandöffnungen 7%, Dachbeläge 7%, Tragende Außenwände 6%, Lichtschutz zur KG 330 5%, Dachkonstruktionen 5%, Baustelleneinrichtung 4%, Sonstiges zur KG 330 4%, Deckenkonstruktionen 4%, Deckenbeläge 4%, Außenwandbekleidungen, innen 4%, Flachgründungen und Bodenplatten 3%, Gerüste 3%
Sonstige: 21%

Bauwerk – Technische Anlagen
Herstellen: Wasseranlagen 24%, Abwasseranlagen 22%, Niederspannungsinstallationsanlagen 11%, Raumheizflächen 10%
Wiederherstellen: Wasseranlagen 7%
Sonstige: 27%

6100-0525 Einfamilienhaus

BRI 640 m³ | **BGF** 223 m² | **NUF** 125 m²

Baujahr: 1700
Bauzustand: schlecht
Aufwand: hoch
Nutzung während der Bauzeit: nein
Nutzungsänderung: ja
Grundrissänderungen: wenige
Tragwerkseingriffe: wenige

Land: Baden-Württemberg
Kreis: Ludwigsburg
Standard: hoch
Bauzeit: 61 Wochen
Kennwerte: bis 3. Ebene DIN 276
veröffentlicht: BKI Objektdaten A6

BGF 2.851 €/m²

Planung: Prof. Clemens Richarz Christina Schulz; München

Umbau einer Scheune von 1700 mit Bruchsteinmauerwerk und Fachwerk zum 3-geschossigen Wohnhaus mit Büronutzung. **Kosteneinfluss Nutzung:** Aufwendige Brandschutzmaßnahmen, Brandwand, Fenster. **Kosteneinfluss Grundstück:** Innerörtliche Lage, beengte Verhältnisse. Aufwändige Dachkonstruktion, da Unterbau schiefwinklig.

Bauwerk – Baukonstruktionen
Abbrechen: Abbruchmaßnahmen 4%
Herstellen: Deckenkonstruktionen 14%, Dachbeläge 13%, Außenwandbekleidungen, außen 8%, Innenwandbekleidungen 5%, Deckenbeläge 5%, Außenwandöffnungen 5%, Dachkonstruktionen 5%, Elementierte Innenwandkonstruktionen 4%, Tragende Außenwände 4%, Nichttragende Innenwände 4%, Außenwandbekleidungen, innen 4%, Baustelleneinrichtung 4%
Sonstige: 23%

Bauwerk – Technische Anlagen
Herstellen: Niederspannungsinstallationsanlagen 20%, Wärmeerzeugungsanlagen 16%, Raumheizflächen 15%, Wasseranlagen 14%, Sonstiges zur KG 410 12%
Sonstige: 22%

Übersicht- 1. + 2. Ebene | Erweiterung | Umbau | Modernisierung | Instandsetzung | Bauelemente | Abbrechen | Wiederherstellen | Herstellen

€/m² BGF

min	770	€/m²
von	1.185	€/m²
Mittel	**1.675**	**€/m²**
bis	2.225	€/m²
max	2.850	€/m²

Kosten:
Stand 2. Quartal 2025
Bundesdurchschnitt
inkl. 19% MwSt.

Objektübersicht zur Gebäudeart

6100-0457 Einfamilienhaus

BRI 974 m³ **BGF** 382 m² **NUF** 257 m²

Baujahr: 1850
Bauzustand: mittel
Aufwand: mittel
Nutzung während der Bauzeit: nein
Nutzungsänderung: nein
Grundrissänderungen: wenige
Tragwerkseingriffe: wenige

Land: Thüringen
Kreis: Gera, Stadt
Standard: mittel
Bauzeit: 44 Wochen
Kennwerte: bis 3. Ebene DIN 276
veröffentlicht: www.bki.de
BGF 1.159 €/m²

Planung: thoma architekten; Zeulenroda

Umbau und Modernisierung eines freistehenden, 2 1/2-geschossigen Einfamilienwohnhauses von 1850 mit 178 m² Wohnfläche.

Bauwerk – Baukonstruktionen
Herstellen: Deckenbeläge 16%, Außenwandbekleidungen, außen 13%, Außenwandöffnungen 12%, Innenwandbekleidungen 6%, Dachbeläge 6%, Deckenbekleidungen 5%, Elementierte Deckenkonstruktionen 5%, Nichttragende Innenwände 4%, Dachbekleidungen 3%, Außenwandbekleidungen, innen 3%
Wiederherstellen: Deckenkonstruktionen 7%
Sonstige: 20%

Bauwerk – Technische Anlagen
Herstellen: Wärmeerzeugungsanlagen 38%, Wasseranlagen 19%, Raumheizflächen 14%
Sonstige: 28%

6100-0472 Einfamilienhaus

BRI 905 m³ **BGF** 306 m² **NUF** 193 m²

© Architekt Jean-Elie Hamesse

Baujahr: 1930
Bauzustand: mittel
Aufwand: mittel
Nutzung während der Bauzeit: nein
Nutzungsänderung: ja
Grundrissänderungen: einige
Tragwerkseingriffe: wenige

Land: Niedersachsen
Kreis: Hannover, Region
Standard: mittel
Bauzeit: 57 Wochen
Kennwerte: bis 3. Ebene DIN 276
veröffentlicht: www.bki.de
BGF 1.592 €/m²

Planung: Jean-Elie Hamesse Architekt + Planer; Braunschweig

Umbau einer nicht unterkellerten Scheune von 1930 zu einem dreigeschossigen Einfamilienhaus mit 151 m² Wohnfläche.

Bauwerk – Baukonstruktionen
Dachbeläge 21%, Deckenkonstruktionen 12%, Außenwandöffnungen 10%, Außenwandbekleidungen, außen 7%, Gründungsbeläge 6%, Tragende Innenwände 6%, Innenwandbekleidungen 5%, Tragende Außenwände 5%, Deckenbekleidungen 4%
Sonstige: 23%

Bauwerk – Technische Anlagen
Niederspannungsinstallationsanlagen 23%, Wasseranlagen 23%, Raumheizflächen 18%
Sonstige: 35%

6100-1285 Einfamilienhaus

BRI 586 m^3 **BGF** 182 m^2 **NUF** 91 m^2

Baujahr: 1850
Bauzustand: schlecht
Aufwand: hoch
Nutzung während der Bauzeit: nein
Nutzungsänderung: nein
Grundrissänderungen: einige
Tragwerkseingriffe: einige

Land: Bayern
Kreis: Rosenheim
Standard: mittel
Bauzeit: 83 Wochen
Kennwerte: bis 1. Ebene DIN 276
veröffentlicht: BKI Objektdaten A10

BGF 2.140 €/m²

Planung: finsterwalderarchitekten; Stephanskirchen

Einfamilienhaus mit 121 m^2 WFL.

6100-0668 Einfamilienhaus mit ELW

BRI 342 m^3 **BGF** 139 m^2 **NUF** 104 m^2

Bauzustand: mittel
Aufwand: mittel
Nutzung während der Bauzeit: ja
Nutzungsänderung: nein
Grundrissänderungen: wenige
Tragwerkseingriffe: wenige

Land: Baden-Württemberg
Kreis: Freiburg im Breisgau
Standard: mittel
Bauzeit: 22 Wochen
Kennwerte: bis 1. Ebene DIN 276
veröffentlicht: BKI Objektdaten A7

BGF 2.154 €/m²

Planung: Architekturbüro Dipl.-Ing. Gaby Sutter; Freiburg

Umbau eines Garagengebäudes zu einer Seniorenwohnung im EG und einer Hauptwohnung im OG: Abbruch des alten Dachgeschosses und Neuerrichtung des Obergeschosses. **Kosteneinfluss Nutzung:** Aufgrund von Abweichungen zum bestehenden Bebauungsplan wurde eine Befreiung erforderlich. **Kosteneinfluss Grundstück:** Doppelhaushälfte, Wohnung 2 war während der Bauzeit bewohnt. Hohe Aufwendungen für Lärmschutz und Witterungsschutz erforderlich.

Kostenkennwerte für die Kosten des Bauwerks (Kostengruppen 300+400 nach DIN 276)

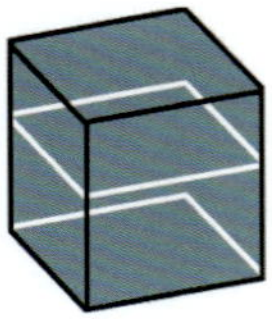

BRI 465 €/m³
von 330 €/m³
bis 620 €/m³

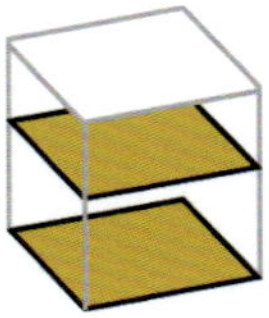

BGF 1.395 €/m²
von 1.000 €/m²
bis 1.835 €/m²

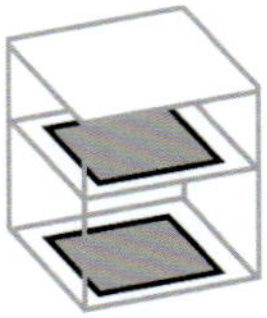

NUF 2.230 €/m²
von 1.405 €/m²
bis 3.070 €/m²

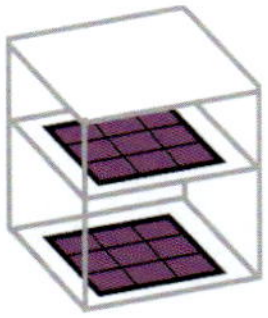

NE 2.340 €/NE
von 1.535 €/NE
bis 2.980 €/NE
NE: Wohnfläche

Objektbeispiele

Kosten:
Stand 2. Quartal 2025
Bundesdurchschnitt
inkl. 19% MwSt.

6100-1372

6100-1384

6100-1302

Kosten der 18 Vergleichsobjekte

Seiten 252 bis 261

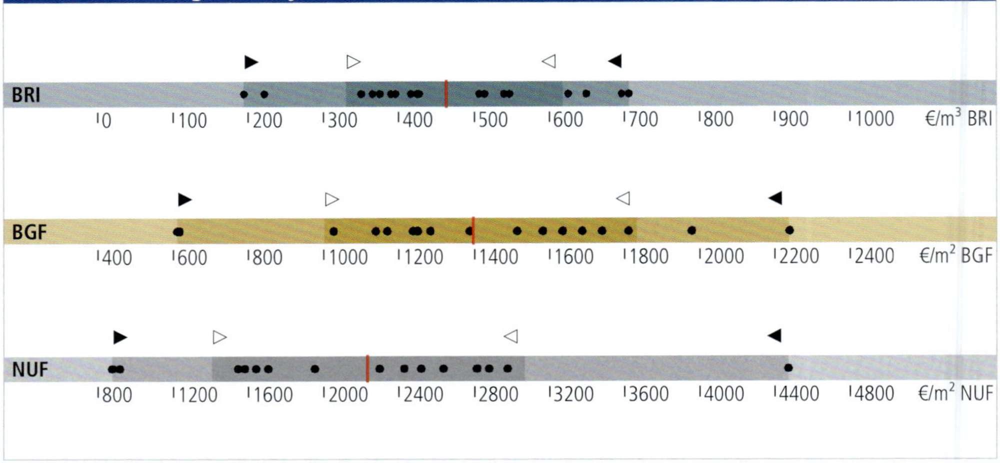

- ● KKW
- ▶ min
- ▷ von
- | Mittelwert
- ◁ bis
- ◀ max

Kostenkennwerte für die Kostengruppen der 1. und 2. Ebene DIN 276

KG	Kostengruppen der 1. Ebene	Einheit	▷	€/Einheit	◁	▷	% an 300+400	◁
100	Grundstück	m²GF	–	**–**	–	–	**–**	–
200	Vorbereitende Maßnahmen	m²GF	2	**11**	27	0,2	**0,9**	3,0
300	Bauwerk – Baukonstruktionen	m²BGF	730	**1.105**	1.471	69,2	**78,0**	84,1
400	Bauwerk – Technische Anlagen	m²BGF	211	**292**	416	15,9	**22,0**	30,8
	Bauwerk 300+400	m²BGF	1.001	**1.397**	1.833	100,0	**100,0**	100,0
500	Außenanlagen und Freiflächen	m²AF	41	**136**	373	1,5	**4,2**	12,0
600	Ausstattung und Kunstwerke	m²BGF	4	**10**	21	0,3	**0,9**	2,3
700	Baunebenkosten	m²BGF	–	**–**	–	–	**–**	–
800	Finanzierung	m²BGF	–	**–**	–	–	**–**	–

KG	Kostengruppen der 2. Ebene	Einheit	▷	€/Einheit	◁	▷	% an 1. Ebene	◁
310	Baugrube / Erdbau	m³BGI	76	**125**	229	0,1	**0,7**	1,2
320	Gründung, Unterbau	m²GRF	121	**279**	381	0,5	**2,7**	5,1
330	Außenwände / vertikal außen	m²AWF	235	**416**	566	21,2	**31,2**	40,5
340	Innenwände / vertikal innen	m²IWF	216	**308**	444	14,0	**19,3**	28,2
350	Decken / horizontal	m²DEF	222	**430**	548	18,3	**23,4**	28,4
360	Dächer	m²DAF	236	**484**	657	10,2	**16,4**	24,0
370	Infrastrukturanlagen		–	**–**	–	–	**–**	–
380	Baukonstruktive Einbauten	m²BGF	2	**6**	25	< 0,1	**0,2**	1,3
390	Sonst. Maßnahmen für Baukonst.	m²BGF	37	**71**	131	3,5	**6,1**	9,1
300	**Bauwerk – Baukonstruktionen**	**m²BGF**					**100,0**	
410	Abwasser-, Wasser-, Gasanlagen	m²BGF	62	**88**	117	21,6	**32,0**	43,5
420	Wärmeversorgungsanlagen	m²BGF	65	**105**	140	24,9	**36,7**	47,3
430	Raumlufttechnische Anlagen	m²BGF	3	**5**	10	0,2	**1,3**	2,4
440	Elektrische Anlagen	m²BGF	40	**63**	100	17,3	**20,8**	28,5
450	Kommunikationstechnische Anlagen	m²BGF	7	**16**	52	2,5	**4,5**	9,5
460	Förderanlagen	m²BGF	33	**81**	224	0,0	**4,5**	22,1
470	Nutzungsspez. / verfahrenstech. Anl.	m²BGF	–	**–**	–	–	**–**	–
480	Gebäude- und Anlagenautomation	m²BGF	–	**4**	–	< 0,1	**< 0,1**	1,5
490	Sonst. Maßnahmen f. techn. Anl.	m²BGF	< 1	**2**	4	< 0,1	**0,2**	0,9
400	**Bauwerk – Technische Anlagen**	**m²BGF**					**100,0**	

Prozentanteile der Kosten 2. Ebene an den Kosten des Bauwerks nach DIN 276 (Von/Mittel/Bis)

KG	Kostengruppe	%
310	Baugrube / Erdbau	0,5
320	Gründung, Unterbau	2,2
330	Außenwände / vertikal außen	24,2
340	Innenwände / vertikal innen	14,7
350	Decken / horizontal	18,2
360	Dächer	12,8
370	Infrastrukturanlagen	
380	Baukonstruktive Einbauten	0,2
390	Sonst. Maßnahmen für Baukonst.	4,8
410	Abwasser-, Wasser-, Gasanlagen	7,1
420	Wärmeversorgungsanlagen	8,1
430	Raumlufttechnische Anlagen	0,3
440	Elektrische Anlagen	4,7
450	Kommunikationstechnische Anlagen	1,1
460	Förderanlagen	1,2
470	Nutzungsspez. / verfahrenstech. Anl.	
480	Gebäude- und Anlagenautomation	< 0,1
490	Sonst. Maßnahmen f. techn. Anl.	< 0,1

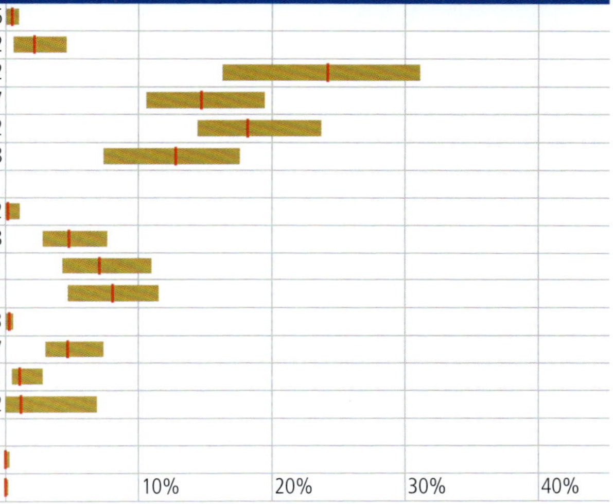

 Erläuterungen zu den Tabellen siehe Seite 18 Kostenstand: 2. Quartal 2025, Bundesdurchschnitt, **inkl. 19% MwSt.**

Umbauten

Mehrfamilienhäuser

Kostenkennwerte für die Kostengruppen der 3. Ebene DIN 276

KG	Kostengruppen der 3. Ebene	Einheit	▷	€/Einheit	◁	▷	€/m²BGF	◁
353	Deckenbeläge	m²	169	**216**	300	75	**117**	181
335	Außenwandbekleidungen, außen	m²	101	**175**	266	58	**107**	160
334	Außenwandöffnungen	m²	554	**877**	1.162	71	**100**	158
351	Deckenkonstruktionen	m²	227	**572**	1.252	30	**84**	162
461	Aufzugsanlagen	m²	33	**81**	224	33	**81**	224
345	Innenwandbekleidungen	m²	52	**77**	137	44	**80**	117
363	Dachbeläge	m²	187	**302**	608	39	**74**	111
365	Elementierte Dachkonstruktionen	m²	–	**367**	–	–	**66**	–
361	Dachkonstruktionen	m²	162	**223**	326	29	**66**	118
412	Wasseranlagen	m²	39	**61**	88	39	**61**	88
331	Tragende Außenwände	m²	279	**604**	1.525	19	**59**	135
442	Eigenstromversorgungsanlagen	m²	–	**58**	–	–	**58**	–
337	Elem. Außenwandkonstruktionen	m²	1.021	**1.597**	1.939	47	**53**	52
444	Niederspannungsinstallationsanl.	m²	33	**51**	70	33	**51**	70
344	Innenwandöffnungen	m²	465	**662**	1.056	28	**48**	37
355	Elementierte Deckenkonstruktionen	m²	1.271	**2.316**	3.400	26	**43**	126
342	Nichttragende Innenwände	m²	125	**225**	425	21	**42**	[illegible]
394	Abbruchmaßnahmen	m²	4	**39**	72	4	**39**	72
336	Außenwandbekleidungen, innen	m²	37	**85**	151	17	**39**	93
421	Wärmeerzeugungsanlagen	m²	16	**37**	57	16	**37**	57
423	Raumheizflächen	m²	22	**36**	48	22	**36**	48
354	Deckenbekleidungen	m²	37	**91**	231	14	**32**	52
364	Dachbekleidungen	m²	50	**97**	143	15	**28**	65
341	Tragende Innenwände	m²	145	**259**	388	10	**26**	53
322	Flachgründungen und Bodenplatten	m²	152	**303**	661	5	**24**	45
411	Abwasseranlagen	m²	15	**23**	37	15	**23**	37
392	Gerüste	m²	11	**22**	37	11	**22**	37
422	Wärmeverteilnetze	m²	12	**22**	41	12	**22**	41
323	Tiefgründungen	m²	–	**–**	–	–	**21**	–
339	Sonstiges zur KG 330	m²	8	**22**	81	7	**18**	65
391	Baustelleneinrichtung	m²	6	**16**	32	6	**16**	32
324	Gründungsbeläge	m²	78	**164**	254	6	**16**	29
366	Lichtschutz zur KG 360	m²	232	**1.052**	1.471	1	**15**	43
456	Gefahrenmelde- und Alarmanlagen	m²	1	**15**	44	1	**15**	41
362	Dachöffnungen	m²	1.723	**2.639**	3.966	4	**14**	43
332	Nichttragende Außenwände	m²	274	**301**	328	< 1	**14**	23
359	Sonstiges zur KG 350	m²	9	**24**	45	5	**14**	25
429	Sonstiges zur KG 420	m²	8	**13**	49	8	**13**	49
311	Herstellung	m³	74	**124**	228	6	**12**	2
397	Zusätzliche Maßnahmen	m²	3	**9**	18	3	**9**	18
338	Lichtschutz zur KG 330	m²	73	**223**	437	2	**8**	[illegible]
396	Materialentsorgung	m²	1	**8**	15	1	**8**	15
393	Sicherungsmaßnahmen	m²	4	**7**	16	4	**7**	16
381	Allgemeine Einbauten	m²	2	**7**	33	2	**7**	33
325	Abdichtungen und Bekleidungen	m²	27	**87**	176	2	**6**	18
369	Sonstiges zur KG 360	m²	7	**18**	45	3	**6**	14
346	Elem. Innenwandkonstruktionen	m²	94	**203**	418	3	**6**	16
445	Beleuchtungsanlagen	m²	2	**6**	14	2	**6**	14
431	Lüftungsanlagen	m²	3	**5**	10	3	**5**	10
457	Datenübertragungsnetze	m²	3	**5**	9	3	**5**	9

Kosten:
Stand 2. Quartal 2025
Bundesdurchschnitt
inkl. 19% MwSt.

▷ von
ø Mittel
◁ bis

Prozentanteile der Kosten für Leistungsbereiche nach STLB (Kosten Bauwerk nach DIN 276)

LB	Leistungsbereiche	▷	% an 300+400	◁
000	Baustellen-, Verkehrssich.- u. Sicherh.einr. inkl. 001	1,7	**2,6**	3,9
002	Erdarbeiten	0,1	**0,7**	1,7
006	Spezialtiefbauarbeiten inkl. 005	0,0	**< 0,1**	0,9
009	Entwässerungskanalarbeiten inkl. 011	< 0,1	**0,3**	2,0
010	Drän- und Versickerarbeiten	< 0,1	**< 0,1**	0,1
012	Mauerarbeiten	2,4	**4,3**	7,5
013	Betonarbeiten	1,4	**5,4**	14,2
014	Natur-, Betonwerksteinarbeiten	0,1	**1,2**	3,6
016	Zimmer- und Holzbauarbeiten	2,4	**7,0**	15,8
017	Stahlbauarbeiten	0,1	**1,2**	3,5
018	Abdichtungsarbeiten	0,1	**0,7**	3,7
020	Dachdeckungsarbeiten	0,3	**2,7**	5,8
021	Dachabdichtungsarbeiten	0,3	**1,4**	3,8
022	Klempnerarbeiten	1,1	**1,9**	2,9
	Rohbau	18,0	**29,6**	41,7
023	Putz- und Stuckarbeiten, Wärmedämmsysteme	3,3	**9,2**	14,5
024	Fliesen- und Plattenarbeiten	1,8	**3,0**	4,5
025	Estricharbeiten	1,0	**2,4**	5,3
026	Fenster, Außentüren inkl. 029, 032	4,7	**7,3**	12,0
027	Tischlerarbeiten	2,3	**4,4**	7,5
028	Parkett-, Holzpflasterarbeiten	0,1	**1,5**	4,6
030	Rollladenarbeiten	< 0,1	**0,3**	1,0
031	Metallbauarbeiten inkl. 035	0,6	**2,5**	3,6
034	Maler- und Lackiererarb. – Beschicht. inkl. 037	2,7	**4,6**	10,2
036	Bodenbelagarbeiten	0,5	**1,8**	3,9
038	Vorgehängte hinterlüftete Fassaden	0,0	**0,1**	1,7
039	Trockenbauarbeiten	3,4	**5,7**	8,2
	Ausbau	33,8	**42,8**	50,1
040	Wärmeversorgungsanl. - Betriebseinr. inkl. 041	3,8	**7,2**	10,2
042	Gas- u. Wasseranl. – Leitung., Armat. inkl. 043	1,3	**2,2**	4,1
044	Abwasseranl. - Leitungen, Abläufe, Armaturen	0,7	**1,4**	2,6
045	Gas, Wasser, Entwässerung – Ausstattung inkl. 046	1,7	**2,6**	4,4
047	Dämm- und Brandschutzarb. an techn. Anlagen	0,2	**0,8**	1,7
049	Feuerlöschanlagen, Feuerlöschgeräte	–	**–**	–
050	Blitzschutz-/Erdungsanlagen, Überspannungssch.	< 0,1	**0,1**	0,4
052	Mittelspannungsanlagen	–	**–**	–
053	Niederspannungsanl. – Kabel inkl. 054	2,6	**3,8**	5,7
055	Sicherheits- u. Ersatzstromversorgungsanl.	0,0	**0,2**	3,7
057	Gebäudesystemtechnik	–	**–**	–
058	Leuchten und Lampen inkl. 059	0,1	**0,4**	0,8
060	Such, Signal, Zeit, Anten., akust. Anl. inkl. 064	0,1	**0,4**	0,9
061	Kommunikations- u. Übertragungsnetze inkl. 062	0,2	**0,4**	0,8
063	Gefahrenmeldeanlagen	< 0,1	**0,3**	2,3
069	Aufzüge	0,0	**1,2**	6,8
070	Gebäudeautomation	< 0,1	**< 0,1**	0,3
075	Raumlufttechnische Anlagen inkl. 078	< 0,1	**0,2**	0,5
	Gebäudetechnik	14,7	**21,4**	30,7
084	Abbruch, Rückbau, Schadstoffsanierung	2,9	**5,6**	9,0
	Sonstige Leistungsbereiche inkl. 008, 033, 051	0,1	**0,6**	1,5

€/m² BGF

min	610	€/m²
von	1.000	€/m²
Mittel	**1.395**	**€/m²**
bis	1.835	€/m²
max	2.240	€/m²

Kosten:
Stand 2. Quartal 2025
Bundesdurchschnitt
inkl. 19% MwSt.

Objektübersicht zur Gebäudeart

6100-1636 Mehrfamilienhaus (10 WE)

BRI 3.706 m³ **BGF** 1.240 m² **NUF** 746 m²

Baujahr: 1970
Bauzustand: mittel
Aufwand: mittel
Nutzung während der Bauzeit: nein
Nutzungsänderung: ja
Grundrissänderungen: einige
Tragwerkseingriffe: wenige

Land: Bayern
Kreis: Deggendorf
Standard: mittel
Bauzeit: 74 Wochen
Kennwerte: bis 3. Ebene DIN 276
vorgesehen: BKI Objektdaten A13
BGF 1.514 €/m²

Planung: Neumeier Architekten PartGmbB; Tittling

Umbau eines Gebäudes aus den 70er Jahren mit Mischnutzung in ein Mehrfamilienhaus mit 752m² WFL. Ausbau des Dachgeschosses und Anbau eines Aufzugs.

Bauwerk – Baukonstruktionen
Herstellen: Außenwandbekleidungen, außen 15%, Deckenbeläge 11%, Außenwandöffnungen 7%, Dachbeläge 6%, Innenwandbekleidungen 5%, Tragende Außenwände 5%, Baustelleneinrichtung 4%, Innenwandöffnungen 4%, Elementierte Außenwandkonstruktionen 4%, Gerüste 3%, Nichttragende Innenwände 3%, Tragende Innenwände 3%, Außenwandbekleidungen, innen 2%, Dachkonstruktionen 2%
Wiederherstellen: Innenwandbekleidungen 2%
Sonstige: 24%

Bauwerk – Technische Anlagen
Herstellen: Wasseranlagen 20%, Wärmeerzeugungsanlagen 15%, Niederspannungsinstallationsanlagen 13%, Aufzugsanlagen 13%, Raumheizflächen 12%, Abwasseranlagen 8%
Sonstige: 20%

6100-1457 Mehrfamilienhaus (11 WE)

BRI 4.425 m³ **BGF** 1.418 m² **NUF** 1.010 m²

Baujahr: 1971
Bauzustand: mittel
Aufwand: mittel
Nutzung während der Bauzeit: nein
Nutzungsänderung: nein
Grundrissänderungen: umfangreiche
Tragwerkseingriffe: einige

Land: Brandenburg
Kreis: Brandenburg a. d. Havel
Standard: mittel
Bauzeit: 17 Wochen
Kennwerte: bis 3. Ebene DIN 276
veröffentlicht: BKI Objektdaten A12
BGF 1.169 €/m²

Planung: Märkplan GmbH; Brandenburg

Umbau eines Mehrfamilienhauses von zwölf auf elf Wohneinheiten mit zwei bis vier Räumen.

Bauwerk – Baukonstruktionen
Herstellen: Außenwandbekleidungen, außen 16%, Innenwandbekleidungen 13%, Deckenbeläge 13%, Außenwandöffnungen 8%, Innenwandöffnungen 6%, Deckenbekleidungen 6%, Sonstiges zur KG 330 4%, Zusätzliche Maßnahmen 3%, Nichttragende Innenwände 3%, Außenwandbekleidungen, innen 3%, Tragende Innenwände 2%, Dachbeläge 2%
Sonstige: 21%

Bauwerk – Technische Anlagen
Herstellen: Wasseranlagen 30%, Niederspannungsinstallationsanlagen 15%, Wärmeerzeugungsanlagen 13%, Wärmeverteilnetze 13%, Abwasseranlagen 7%
Sonstige: 22%

Objektübersicht zur Gebäudeart

6100-1306 Mehrfamilienhaus (5 WE)

BRI 5.334 m³ **BGF** 1.521 m² **NUF** 800 m²

Baujahr: 1897
Bauzustand: schlecht
Aufwand: hoch
Nutzung während der Bauzeit: nein
Nutzungsänderung: nein
Grundrissänderungen: wenige
Tragwerkseingriffe: einige

Land: Sachsen
Kreis: Chemnitz, Stadt
Standard: hoch
Bauzeit: 61 Wochen
Kennwerte: bis 3. Ebene DIN 276
veröffentlicht: BKI Objektdaten A11

BGF 1.387 €/m²

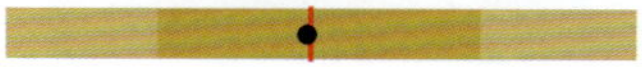

Planung: Architekturbüro Samuel Jenichen; Dresden

Mehrfamilienhaus mit fünf Wohneinheiten (760 m² WFL) mit Schwammsanierung. **Kosteneinfluss Nutzung:** Denkmalschutz, historische Bauelemente, Brandschutz, Schallschutz

Bauwerk – Baukonstruktionen
Abbrechen: Abbruchmaßnahmen 4%, Deckenkonstruktionen 2%
Herstellen: Deckenkonstruktionen 10%, Deckenbeläge 9%, Innenwandöffnungen 7%, Außenwandöffnungen 6%, Innenwandbekleidungen 5%, Dachbeläge 5%, Außenwandbekleidungen, außen 4%, Deckenbekleidungen 4%, Außenwandbekleidungen, innen 4%
Wiederherstellen: Außenwandbekleidungen, außen 4%
Sonstige: 34%

Bauwerk – Technische Anlagen
Herstellen: Wasseranlagen 29%, Raumheizflächen 21%, Niederspannungsinstallationsanlagen 14%, Wärmeverteilnetze 11%
Sonstige: 25%

6100-1394 Wohn- und Geschäftshaus (21 WE)

BRI 10.101 m³ **BGF** 2.819 m² **NUF** 1.412 m²

Baujahr: 1795
Bauzustand: mittel
Aufwand: hoch
Nutzung während der Bauzeit: nein
Nutzungsänderung: nein
Grundrissänderungen: einige
Tragwerkseingriffe: einige

Land: Thüringen
Kreis: Saale-Orla-Kreis
Standard: mittel
Bauzeit: 113 Wochen
Kennwerte: bis 3. Ebene DIN 276
veröffentlicht: BKI Objektdaten A12

BGF 2.238 €/m²

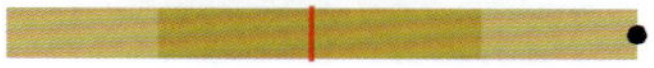

Planung: AFS - Architekturbüro Frank Sieber; Ranis

Umbau und Modernisierung eines Wohn- und Geschäftshaus.

Bauwerk – Baukonstruktionen
Herstellen: Außenwandöffnungen 8%, Innenwandbekleidungen 7%, Deckenkonstruktionen 7%, Deckenbeläge 6%, Dachbeläge 6%, Dachkonstruktionen 5%, Elementierte Deckenkonstruktionen 5%, Innenwandöffnungen 4%, Außenwandbekleidungen, außen 4%, Außenwandbekleidungen, innen 4%, Nichttragende Innenwände 3%, Gerüste 3%, Deckenbekleidungen 2%
Wiederherstellen: Tragende Außenwände 4%, Elementierte Deckenkonstruktionen 2%
Sonstige: 31%

Bauwerk – Technische Anlagen
Herstellen: Wasseranlagen 19%, Niederspannungsinstallationsanlagen 18%, Wärmeverteilnetze 12%, Abwasseranlagen 9%, Aufzugsanlagen 7%, Raumheizflächen 7%, Beleuchtungsanlagen 5%
Sonstige: 22%

Übersicht-1. + 2. Ebene
Erweiterung
Umbau
Moderni-sierung
Instand-setzung
Bau-elemente
Abbrechen
Wieder-herstellen
Herstellen

€/m² BGF

min	610	€/m²
von	1.000	€/m²
Mittel	**1.395**	**€/m²**
bis	1.835	€/m²
max	2.240	€/m²

Kosten:
Stand 2. Quartal 2025
Bundesdurchschnitt
inkl. 19% MwSt.

Objektübersicht zur Gebäudeart

6100-1267 Mehrfamilienhaus (4 WE), Dachausbau*

BRI 416 m³ **BGF** 166 m² **NUF** 127 m²

Baujahr: 1892+1948
Bauzustand: mittel
Aufwand: hoch
Nutzung während der Bauzeit: ja
Nutzungsänderung: ja
Grundrissänderungen: umfangreiche
Tragwerkseingriffe: umfangreiche

Land: Hessen
Kreis: Wiesbaden, Stadt
Standard: mittel
Bauzeit: 30 Wochen
Kennwerte: bis 3. Ebene DIN 276
veröffentlicht: BKI Objektdaten A12

BGF 3.835 €/m² *

* Nicht in der Auswertung enthalten

Planung: BraungeBrandt Planungsstudio; Wiesbaden

Dachgeschossausbau eines Mehrfamilienhauses als großzügiges Loft mit zwei Balkonen (92m² WFL).

Bauwerk – Baukonstruktionen
Herstellen: Dachbeläge 16%, Deckenkonstruktionen 11%, Deckenbeläge 11%, Dachkonstruktionen 8%, Gerüste 6%, Baustelleneinrichtung 5%, Innenwandbekleidungen 4%, Sonstiges zur KG 350 4%, Dachöffnungen 4%, Außenwandöffnungen 4%, Außenwandbekleidungen, außen 3%, Tragende Außenwände 3%
Sonstige: 21%

Bauwerk – Technische Anlagen
Herstellen: Wasseranlagen 17%, Niederspannungsinstallationsanlagen 14%, Wärmeverteilnetze 11%, Abwasseranlagen 11%, Wärmeerzeugungsanlagen 9%, Gasanlagen 9%, Raumheizflächen 7%
Sonstige: 23%

6100-1242 Wohn- und Geschäftshaus (3 WE)

BRI 3.231 m³ **BGF** 904 m² **NUF** 664 m²

Baujahr: 1923
Bauzustand: mittel
Aufwand: mittel
Nutzung während der Bauzeit: nein
Nutzungsänderung: ja
Grundrissänderungen: umfangreiche
Tragwerkseingriffe: umfangreiche

Land: Sachsen-Anhalt
Kreis: Jerichower Land
Standard: mittel
Bauzeit: 26 Wochen
Kennwerte: bis 3. Ebene DIN 276
veröffentlicht: BKI Objektdaten A11

BGF 1.250 €/m²

Planung: Märkplan GmbH; Brandenburg an der Havel

Wohn- und Geschäftshaus mit drei Wohneinheiten und einer Gewerbeeinheit.

Bauwerk – Baukonstruktionen
Herstellen: Außenwandöffnungen 17%, Außenwandbekleidungen, außen 12%, Innenwandbekleidungen 7%, Deckenbeläge 7%, Nichttragende Innenwände 5%, Elementierte Außenwandkonstruktionen 5%, Dachbeläge 5%, Deckenkonstruktionen 5%, Dachbekleidungen 4%, Außenwandbekleidungen, innen 4%, Deckenbekleidungen 4%, Dachkonstruktionen 3%, Gerüste 2%
Sonstige: 21%

Bauwerk – Technische Anlagen
Herstellen: Wasseranlagen 32%, Niederspannungsinstallationsanlagen 19%, Raumheizflächen 16%, Wärmeerzeugungsanlagen 12%
Sonstige: 22%

Objektübersicht zur Gebäudeart

6100-1195 Mehrfamilienhaus, Dachgeschoss*

BRI 506 m³ **BGF** 162 m² **NUF** 134 m²

© archikult Martin Riker

Baujahr: 1963
Bauzustand: mittel
Aufwand: hoch
Nutzung während der Bauzeit: ja
Nutzungsänderung: ja
Grundrissänderungen: umfangreiche
Tragwerkseingriffe: einige

Land: Rheinland-Pfalz
Kreis: Mainz, Stadt
Standard: hoch
Bauzeit: 26 Wochen
Kennwerte: bis 3. Ebene DIN 276
veröffentlicht: BKI Objektdaten IR1

BGF 3.084 €/m²

* Nicht in der Auswertung enthalten

Planung: archikult Martin Riker; Mainz

Dachgeschossumbau von Arztpraxis zu Wohnräumen

Bauwerk – Baukonstruktionen
Herstellen: Dachbeläge 16%, Allgemeine Einbauten 12%, Dachbekleidungen 12%, Dachkonstruktionen 9%, Deckenbeläge 7%, Innenwandbekleidungen 5%, Außenwandöffnungen 5%, Innenwandöffnungen 4%, Dachöffnungen 3%, Elementierte Deckenkonstruktionen 3%, Lichtschutz zur KG 330 3%
Sonstige: 22%

Bauwerk – Technische Anlagen
Herstellen: Wasseranlagen 31%, Raumheizflächen 15%, Audiovisuelle Medien- und Antennenanlagen 14%, Niederspannungsinstallationsanlagen 10%, Lüftungsanlagen 9%
Sonstige: 21%

6100-1262 Mehrfamilienhaus Dachausbau (2 WE)

BRI 1.173 m³ **BGF** 450 m² **NUF** 283 m²

© Bernhard Müller

Baujahr: 1910
Bauzustand: gut
Aufwand: mittel
Nutzung während der Bauzeit: ja
Nutzungsänderung: ja
Grundrissänderungen: umfangreiche
Tragwerkseingriffe: umfangreiche

Land: Bayern
Kreis: Kempten (Allgäu)
Standard: hoch
Bauzeit: 52 Wochen
Kennwerte: bis 3. Ebene DIN 276
veröffentlicht: BKI Objektdaten A11

BGF 1.811 €/m²

Planung: brack architekten; Kempten

Umbau des ehemaligen Dachspeichers einer denkmalgeschützten Fabrikantenvilla in großzügigen Wohnraum mit zwei Wohneinheiten.

Bauwerk – Baukonstruktionen
Abbrechen: Nichttragende Innenwände 4%
Herstellen: Deckenbeläge 19%, Dachkonstruktionen 9%, Dachbekleidungen 8%, Dachöffnungen 7%, Innenwandbekleidungen 7%, Nichttragende Innenwände 5%, Innenwandöffnungen 4%, Gerüste 4%, Lichtschutz zur KG 360 4%, Außenwandöffnungen 3%, Elementierte Deckenkonstruktionen 3%
Wiederherstellen: Innenwandöffnungen 3%
Sonstige: 20%

Bauwerk – Technische Anlagen
Herstellen: Aufzugsanlagen 38%, Niederspannungsinstallationsanlagen 16%, Wasseranlagen 10%, Gefahrenmelde- und Alarmanlagen 10%
Sonstige: 26%

€/m² BGF

min	610	€/m²
von	1.000	€/m²
Mittel	**1.395**	**€/m²**
bis	1.835	€/m²
max	2.240	€/m²

Kosten:
Stand 2. Quartal 2025
Bundesdurchschnitt
inkl. 19% MwSt.

Objektübersicht zur Gebäudeart

6100-1384 Mehrfamilienhaus (3 WE)

BRI 2.364 m³ **BGF** 614 m² **NUF** 501 m²

Baujahr: 1908
Bauzustand: mittel
Aufwand: hoch
Nutzung während der Bauzeit: nein
Grundrissänderungen: umfangreiche
Tragwerkseingriffe: umfangreiche

Land: Brandenburg
Kreis: Potsdam-Mittelmark
Standard: mittel
Bauzeit: 96 Wochen
Kennwerte: bis 3. Ebene DIN 276
veröffentlicht: BKI Objektdaten A12

BGF 1.979 €/m²

Planung: bromsky Architekten Liebscher Streb PartGmbH; Berlin

Umbau einer Ziegelscheune in drei Einheiten mit Wohnungen und Ateliers über sechs Ebenen, sowie dem Scheunensalon als Gemeinschaftsraum.

Bauwerk – Baukonstruktionen
Herstellen: Deckenkonstruktionen 10%, Deckenbeläge 9%, Außenwandbekleidungen, innen 9%, Dachkonstruktionen 8%, Dachbeläge 8%, Außenwandöffnungen 7%, Sonstiges zur KG 330 6%, Tragende Außenwände 5%, Außenwandbekleidungen, außen 4%, Nichttragende Innenwände 4%
Wiederherstellen: Tragende Außenwände 8%
Sonstige: 22%

Bauwerk – Technische Anlagen
Herstellen: Sonstiges zur KG 420 21%, Niederspannungsinstallationsanlagen 20%, Wärmeerzeugungsanlagen 17%, Raumheizflächen 13%, Wasseranlagen 9%
Sonstige: 21%

6100-1056 Wohngebäude, Kanzlei

BRI 1.835 m³ **BGF** 594 m² **NUF** 448 m²

Baujahr: 1915
Bauzustand: schlecht
Aufwand: mittel
Nutzung während der Bauzeit: nein
Nutzungsänderung: ja
Grundrissänderungen: umfangreiche
Tragwerkseingriffe: umfangreiche

Land: Brandenburg
Kreis: Brandenburg a. d. Havel
Standard: mittel
Bauzeit: 61 Wochen
Kennwerte: bis 3. Ebene DIN 276
veröffentlicht: BKI Objektdaten A9

BGF 1.283 €/m²

Planung: Märkplan GmbH; Brandenburg an der Havel

Umbau von bestehendem Lagergebäude zu Wohnhaus mit Kanzlei.

Bauwerk – Baukonstruktionen
Herstellen: Deckenkonstruktionen 18%, Deckenbeläge 11%, Außenwandbekleidungen, außen 10%, Dachbeläge 9%, Außenwandöffnungen 8%, Dachkonstruktionen 7%, Tragende Außenwände 7%, Innenwandbekleidungen 5%, Nichttragende Innenwände 3%
Sonstige: 23%

Bauwerk – Technische Anlagen
Herstellen: Wärmeerzeugungsanlagen 22%, Niederspannungsinstallationsanlagen 20%, Raumheizflächen 17%, Wasseranlagen 9%, Wärmeverteilnetze 7%
Sonstige: 25%

6100-0979 Mehrfamilienhaus (3 WE)

BRI 1.739 m³ **BGF** 713 m² **NUF** 401 m²

Baujahr: 1900
Bauzustand: schlecht
Aufwand: hoch
Nutzung während der Bauzeit: nein
Nutzungsänderung: ja
Grundrissänderungen: umfangreiche
Tragwerkseingriffe: einige

Land: Sachsen
Kreis: Sächsische Schweiz
Standard: mittel
Bauzeit: 57 Wochen
Kennwerte: bis 3. Ebene DIN 276
veröffentlicht: BKI Objektdaten A9

BGF 1.583 €/m²

Planung: Architekturbüro weise bauplanung; Dresden

Umbau eines Zweifamilienhauses mit gewerblichen Nebenräumen zu einem Dreifamilienwohnhaus.

Bauwerk – Baukonstruktionen
Abbrechen: Abbruchmaßnahmen 7%
Herstellen: Deckenkonstruktionen 11%, Tragende Außenwände 8%, Außenwandbekleidungen, außen 8%, Außenwandöffnungen 8%, Deckenbeläge 8%, Dachbeläge 6%, Innenwandbekleidungen 5%, Dachkonstruktionen 4%, Innenwandöffnungen 3%, Flachgründungen und Bodenplatten 3%, Tragende Innenwände 2%, Lichtschutz zur KG 330 2%, Nichttragende Innenwände 2%, Außenwandbekleidungen, innen 2%
Sonstige: 21%

Bauwerk – Technische Anlagen
Herstellen: Wasseranlagen 20%, Eigenstromversorgungsanlagen 17%, Niederspannungsinstallationsanlagen 16%, Raumheizflächen 12%, Wärmeerzeugungsanlagen 11%
Sonstige: 24%

6100-0717 Mehrfamilienhaus (4 WE)

BRI 2.417 m³ **BGF** 834 m² **NUF** 529 m²

Bauzustand: schlecht
Aufwand: hoch
Nutzung während der Bauzeit: ja
Nutzungsänderung: ja
Grundrissänderungen: umfangreiche
Tragwerkseingriffe: umfangreiche

Land: Baden-Württemberg
Kreis: Ludwigsburg
Standard: mittel
Bauzeit: 48 Wochen
Kennwerte: bis 3. Ebene DIN 276
veröffentlicht: BKI Objektdaten A7

BGF 1.237 €/m²

Planung: Architekt Dipl.-Ing. Peter Schuster; Bietigheim-Bissingen

Mehrfamilienhaus mit vier Wohneinheiten (427 m² WFL).

Bauwerk – Baukonstruktionen
Herstellen: Außenwandbekleidungen, außen 16%, Deckenkonstruktionen 8%, Deckenbeläge 8%, Außenwandöffnungen 8%, Dachkonstruktionen 7%, Innenwandbekleidungen 6%, Dachbeläge 6%, Tragende Innenwände 5%, Tragende Außenwände 4%, Dachbekleidungen 4%, Flachgründungen und Bodenplatten 4%, Innenwandöffnungen 4%
Sonstige: 21%

Bauwerk – Technische Anlagen
Herstellen: Wasseranlagen 30%, Wärmeerzeugungsanlagen 22%, Niederspannungsinstallationsanlagen 16%, Abwasseranlagen 8%
Sonstige: 23%

Objektübersicht zur Gebäudeart

€/m² BGF

min	610	€/m²
von	1.000	€/m²
Mittel	**1.395**	**€/m²**
bis	1.835	€/m²
max	2.240	€/m²

Kosten:
Stand 2. Quartal 2025
Bundesdurchschnitt
inkl. 19% MwSt.

6100-0634 Mehrfamilienhaus (75 WE)

BRI 33.478 m³ **BGF** 12.119 m² **NUF** 8.444 m²

Baujahr: 1926
Bauzustand: schlecht
Aufwand: hoch
Nutzung während der Bauzeit: ja
Nutzungsänderung: nein
Grundrissänderungen: wenige
Tragwerkseingriffe: wenige

Land: Nordrhein-Westfalen
Kreis: Köln, Stadt
Standard: einfach
Bauzeit: 74 Wochen
Kennwerte: bis 3. Ebene DIN 276
veröffentlicht: BKI Objektdaten A8
BGF 610 €/m²

Planung: ARCHITEKT SCHERER; Köln

Mehrfamilienhaus (75 WE) **Kosteneinfluss Nutzung:** Die beschriebenen Mehrfamilienhäuser sind nur ein Teil der gesamten Siedlung. Die Häuser stehen unter Denkmalschutz.

Bauwerk – Baukonstruktionen
Herstellen: Außenwandöffnungen 16%, Außenwandbekleidungen, außen 15%, Dachbeläge 10%, Innenwandbekleidungen 6%, Innenwandöffnungen 6%, Deckenbeläge 5%, Deckenbekleidungen 5%, Dachkonstruktionen 4%, Dachbekleidungen 4%
Wiederherstellen: Außenwandbekleidungen, außen 9%
Sonstige: 20%

Bauwerk – Technische Anlagen
Herstellen: Wasseranlagen 20%, Wärmeverteilnetze 14%, Abwasseranlagen 13%, Niederspannungsinstallationsanlagen 12%, Wärmeerzeugungsanlagen 7%, Raumheizflächen 6%, Sonstiges zur KG 410 4%
Sonstige: 23%

6100-0704 Umbau Tabakfabrik (19 WE)

BRI 17.283 m³ **BGF** 5.531 m² **NUF** 3.844 m²

Baujahr: 1900
Bauzustand: mittel
Aufwand: hoch
Nutzung während der Bauzeit: ja
Nutzungsänderung: ja
Grundrissänderungen: umfangreiche
Tragwerkseingriffe: einige

Land: Baden-Württemberg
Kreis: Rhein-Neckar-Kreis
Standard: hoch
Bauzeit: 56 Wochen
Kennwerte: bis 3. Ebene DIN 276
veröffentlicht: BKI Objektdaten A8
BGF 1.687 €/m²

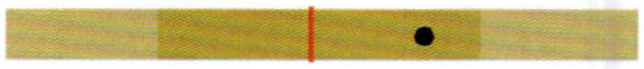

Planung: Architektur Udo Richter Dipl.-Ing. Freier Architekt; Heilbronn

Eine Tabakfabrik wurde umgebaut zu einem Wohn- und Geschäftshaus mit einem Getränkeladen, Büroräumen und 19 Wohnungen. **Kosteneinfluss Nutzung:** Die Tiefgarage hat 22 Stellplätze.

Bauwerk – Baukonstruktionen
Abbrechen: Abbruchmaßnahmen 6%
Herstellen: Außenwandöffnungen 8%, Tragende Außenwände 6%, Dachbeläge 6%, Deckenkonstruktionen 6%, Innenwandbekleidungen 6%, Deckenbeläge 6%, Nichttragende Innenwände 5%, Elementierte Dachkonstruktionen 5%, Elementierte Außenwandkonstruktionen 4%, Außenwandbekleidungen, außen 4%, Deckenbekleidungen 4%, Dachkonstruktionen 4%, Tragende Innenwände 3%, Elementierte Deckenkonstruktionen 2%
Sonstige: 25%

Bauwerk – Technische Anlagen
Herstellen: Wasseranlagen 25%, Niederspannungsinstallationsanlagen 17%, Raumheizflächen 17%, Abwasseranlagen 13%
Sonstige: 28%

Objektübersicht zur Gebäudeart

6100-0641 Mehrfamilienhaus (3 WE)

BRI 1.447m³ **BGF** 550m² **NUF** 357m²

Bauzustand: mittel
Aufwand: mittel
Nutzung während der Bauzeit: ja
Nutzungsänderung: ja
Grundrissänderungen: wenige
Tragwerkseingriffe: wenige

Land: Baden-Württemberg
Kreis: Tübingen
Standard: mittel
Bauzeit: 26 Wochen
Kennwerte: bis 3. Ebene DIN 276
veröffentlicht: BKI Objektdaten A6

BGF 1.026€/m²

Planung: Manderscheid Partnerschaft; Stuttgart

Umbau einer Villa zu einem Mehrfamilienhaus mit drei Wohneinheiten (288m² WFL).

Bauwerk – Baukonstruktionen
Abbrechen: Abbruchmaßnahmen 5%
Herstellen: Außenwandbekleidungen, außen 14%, Innenwandbekleidungen 11%, Deckenbeläge 10%, Dachbeläge 9%, Außenwandöffnungen 6%, Deckenkonstruktionen 5%, Dachkonstruktionen 4%, Dachöffnungen 4%, Nichttragende Innenwände 3%, Sonstiges zur KG 330 3%, Dachbekleidungen 3%, Sonstiges zur KG 360 2%
Sonstige: 20%

Bauwerk – Technische Anlagen
Herstellen: Wasseranlagen 22%, Niederspannungsinstallationsanlagen 18%, Abwasseranlagen 11%, Raumheizflächen 7%
Wiederherstellen: Abwasseranlagen 20%
Sonstige: 22%

6100-0674 Mehrfamilienhaus (3 WE)

BRI 1.177m³ **BGF** 508m² **NUF** 279m²

Land: Baden-Württemberg
Kreis: Tübingen
Standard: mittel
Bauzeit: 74 Wochen
Kennwerte: bis 3. Ebene DIN 276
veröffentlicht: BKI Objektdaten A6

BGF 1.635€/m²

Planung: Dipl.-Ing. Architekt Marcus Vollmer; Rottenburg

Umbau und Modernisierung eines Dreifamilienhauses von 1875. Schaffung von abteilbaren und separat erschlossenen Wohnungen.
Kosteneinfluss Grundstück: Blockrandbebauung, Gründerzeit, eine Giebel- und eine Traufseite sind Grenzbebauung.

Bauwerk – Baukonstruktionen
Herstellen: Außenwandbekleidungen, außen 15%, Deckenbeläge 14%, Außenwandöffnungen 13%, Innenwandbekleidungen 10%, Dachbeläge 8%, Dachkonstruktionen 8%, Deckenkonstruktionen 5%, Innenwandöffnungen 4%, Deckenbekleidungen 2%
Sonstige: 21%

Bauwerk – Technische Anlagen
Herstellen: Wärmeerzeugungsanlagen 25%, Raumheizflächen 24%, Wasseranlagen 18%
Sonstige: 32%

€/m² BGF

min	610	€/m²
von	1.000	€/m²
Mittel	**1.395**	**€/m²**
bis	1.835	€/m²
max	2.240	€/m²

Kosten:
Stand 2. Quartal 2025
Bundesdurchschnitt
inkl. 19% MwSt.

Objektübersicht zur Gebäudeart

6100-0598 Mehrfamilienhaus (6 WE)

BRI 2.672 m³ **BGF** 840 m² **NUF** 565 m²

Baujahr: 1985
Bauzustand: mittel
Aufwand: hoch
Nutzung während der Bauzeit: nein
Nutzungsänderung: nein
Grundrissänderungen: umfangreiche
Tragwerkseingriffe: einige

Land: Baden-Württemberg
Kreis: Schwarzwald-Baar-Kreis
Standard: hoch
Bauzeit: 30 Wochen
Kennwerte: bis 3. Ebene DIN 276
veröffentlicht: www.bki.de

BGF **616 €/m²**

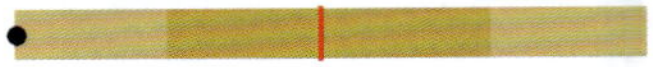

Planung: Architekt Dipl.-Ing. Ulrich Blessing; Hüfingen

Umbau einer Einfamilienvilla zu einem 6-Familienwohnhaus. Die Wohneinheiten sind hochwertig ausgestattet.

Bauwerk – Baukonstruktionen
Herstellen: Deckenbeläge 21%, Innenwandbekleidungen 16%, Außenwandöffnungen 13%, Innenwandöffnungen 12%, Nichttragende Innenwände 7%, Außenwandbekleidungen, außen 3%
Wiederherstellen: Außenwandöffnungen 5%, Dachbekleidungen 4%
Sonstige: 21%

Bauwerk – Technische Anlagen
Herstellen: Wasseranlagen 24%, Niederspannungsinstallationsanlagen 21%, Wärmeerzeugungsanlagen 17%, Raumheizflächen 15%
Sonstige: 23%

6100-1372 Mehrfamilienhaus (12 WE), Büros - Effizienzhaus 70

BRI 6.272 m³ **BGF** 1.972 m² **NUF** 1.217 m²

Baujahr: 1965

Land: Mecklenburg-Vorpommern
Kreis: Schwerin, Stadt
Standard: mittel
Bauzeit: 152 Wochen
Kennwerte: bis 1. Ebene DIN 276
veröffentlicht: BKI Objektdaten A11

BGF **1.739 €/m²**

Planung: rutsch+rutsch architektur+szenografie; Schwerin

Umbau Betriebsgebäude zu Mehrfamilienhaus (12 WE) mit Büroflächen.

Objektübersicht zur Gebäudeart

6100-1302 Mehrfamilienhaus, Carport (2 STP)

BRI 2.080 m³ **BGF** 667 m² **NUF** 491 m²

Baujahr: 1961

Land: Bayern
Kreis: Augsburg, Stadt
Standard: mittel
Bauzeit: 57 Wochen
Kennwerte: bis 1. Ebene DIN 276
veröffentlicht: BKI Objektdaten A11

BGF 1.138 €/m²

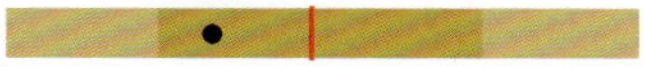

Planung: ARCHITEKTanBORD; Augsburg

Umnutzung von Praxis mit Kellerräumen in Wohnungen.

6100-1074 Mehrgenerationenhaus (25 WE), Café, Beratung

BRI 14.990 m³ **BGF** 5.098 m² **NUF** 2.767 m²

Baujahr: 1938
Bauzustand: schlecht
Aufwand: hoch
Nutzung während der Bauzeit: nein
Nutzungsänderung: ja
Grundrissänderungen: umfangreiche
Tragwerkseingriffe: einige

Land: Berlin
Kreis: Berlin, Stadt
Standard: einfach
Bauzeit: 83 Wochen
Kennwerte: bis 1. Ebene DIN 276
veröffentlicht: BKI Objektdaten A9

BGF 1.247 €/m²

Planung: roedig . schop architekten + partner mbB; Berlin

Mehrgenerationenhaus mit 25 Wohneinheiten (1.505 m² WFL), Apartments, Wohngemeinschaft, Beratungsräume, Kiezcafé und Bibliothek.

Kostenkennwerte für die Kosten des Bauwerks (Kostengruppen 300+400 nach DIN 276)

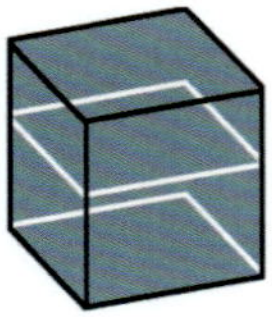

BRI 520€/m³
von 295€/m³
bis 1.105€/m³

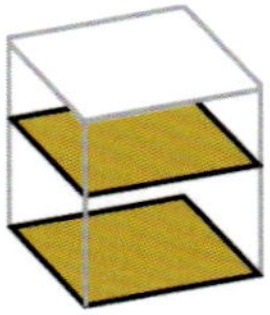

BGF 1.430€/m²
von 890€/m²
bis 2.235€/m²

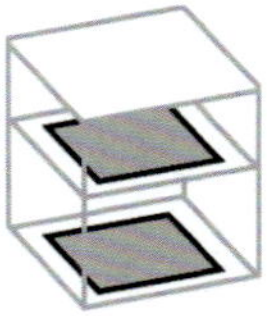

NUF 2.260€/m²
von 1.355€/m²
bis 3.585€/m²

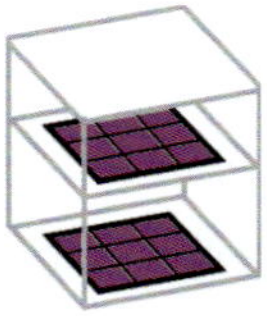

NE 3.210€/NE
von 1.595€/NE
bis 4.815€/NE
NE: Wohnfläche

Objektbeispiele

Kosten:
Stand 2. Quartal 2025
Bundesdurchschnitt
inkl. 19% MwSt.

6100-1609

6100-1434

6100-0568

Kosten der 7 Vergleichsobjekte

Seiten 266 bis 269

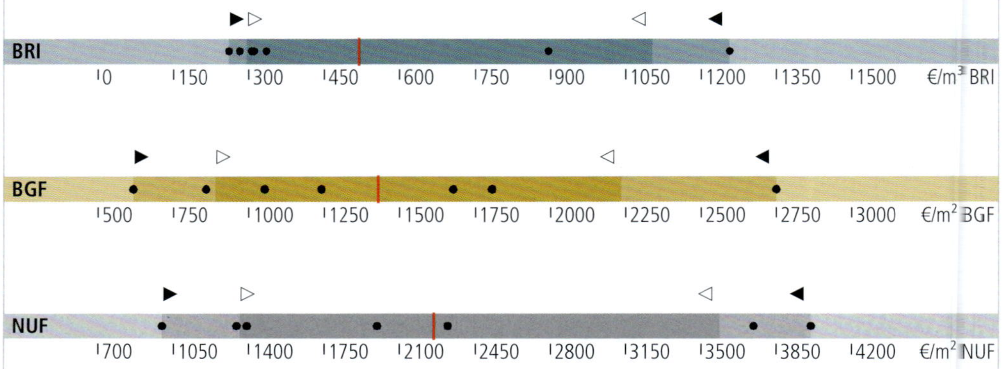

- ● KKW
- ▶ min
- ▷ von
- | Mittelwert
- ◁ bis
- ◀ max

Kostenkennwerte für die Kostengruppen der 1. und 2.Ebene DIN 276

KG	Kostengruppen der 1.Ebene	Einheit	▷	€/Einheit	◁	▷	% an 300+400	◁
100	Grundstück	m²GF	–	**–**	–	–	**–**	–
200	Vorbereitende Maßnahmen	m²GF	–	**–**	–	4,1	**4,1**	4,1
300	Bauwerk – Baukonstruktionen	m²BGF	626	**1.090**	1.654	61,5	**74,9**	82,6
400	Bauwerk – Technische Anlagen	m²BGF	244	**338**	848	17,4	**25,1**	38,5
	Bauwerk 300+400	m²BGF	889	**1.429**	2.235	100,0	**100,0**	100,0
500	Außenanlagen und Freiflächen	m²AF	–	**39**	–	0,1	**1,2**	2,2
600	Ausstattung und Kunstwerke	m²BGF	7	**17**	29	0,6	**1,2**	3,2
700	Baunebenkosten	m²BGF	–	**–**	–	–	**–**	–
800	Finanzierung	m²BGF	–	**–**	–	–	**–**	–

KG	Kostengruppen der 2.Ebene	Einheit	▷	€/Einheit	◁	▷	% an 1.Ebene	◁
310	Baugrube / Erdbau	m³BGI	–	**69**	–	0,0	**0,1**	1,0
320	Gründung, Unterbau	m²GRF	244	**521**	799	0,0	**2,1**	7,7
330	Außenwände / vertikal außen	m²AWF	184	**445**	642	9,0	**22,8**	35,3
340	Innenwände / vertikal innen	m²IWF	191	**296**	421	11,4	**17,7**	23,7
350	Decken / horizontal	m²DEF	239	**430**	719	16,3	**23,8**	31,1
360	Dächer	m²DAF	199	**400**	600	6,2	**24,5**	42,4
370	Infrastrukturanlagen		–	**–**	–	–	**–**	–
380	Baukonstruktive Einbauten	m²BGF	4	**72**	140	0,4	**4,6**	17,7
390	Sonst. Maßnahmen für Baukonst.	m²BGF	26	**87**	169	0,8	**4,3**	9,0
300	**Bauwerk – Baukonstruktionen**	**m²BGF**					**100,0**	
410	Abwasser-, Wasser-, Gasanlagen	m²BGF	56	**89**	138	18,4	**29,8**	44,7
420	Wärmeversorgungsanlagen	m²BGF	97	**161**	362	30,8	**47,1**	56,8
430	Raumlufttechnische Anlagen	m²BGF	–	**1**	–	0,0	**< 0,1**	0,2
440	Elektrische Anlagen	m²BGF	35	**67**	121	13,6	**19,8**	26,7
450	Kommunikationstechnische Anlagen	m²BGF	4	**22**	111	0,9	**3,1**	10,2
460	Förderanlagen	m²BGF	–	**–**	–	–	**–**	–
470	Nutzungsspez. / verfahrenstech. Anl.	m²BGF	–	**–**	–	–	**–**	–
480	Gebäude- und Anlagenautomation	m²BGF	–	**–**	–	–	**–**	–
490	Sonst. Maßnahmen f. techn. Anl.	m²BGF	–	**11**	–	0,0	**0,2**	1,3
400	**Bauwerk – Technische Anlagen**	**m²BGF**					**100,0**	

Prozentanteile der Kosten 2.Ebene an den Kosten des Bauwerks nach DIN 276 (Von/Mittel/Bis)

KG	Kostengruppe	%
310	Baugrube / Erdbau	0,1
320	Gründung, Unterbau	1,7
330	Außenwände / vertikal außen	17,3
340	Innenwände / vertikal innen	13,1
350	Decken / horizontal	17,5
360	Dächer	18,6
370	Infrastrukturanlagen	
380	Baukonstruktive Einbauten	3,3
390	Sonst. Maßnahmen für Baukonst.	3,4
410	Abwasser-, Wasser-, Gasanlagen	6,4
420	Wärmeversorgungsanlagen	12,4
430	Raumlufttechnische Anlagen	< 0,1
440	Elektrische Anlagen	5,3
450	Kommunikationstechnische Anlagen	0,9
460	Förderanlagen	
470	Nutzungsspez. / verfahrenstech. Anl.	
480	Gebäude- und Anlagenautomation	
490	Sonst. Maßnahmen f. techn. Anl.	< 0,1

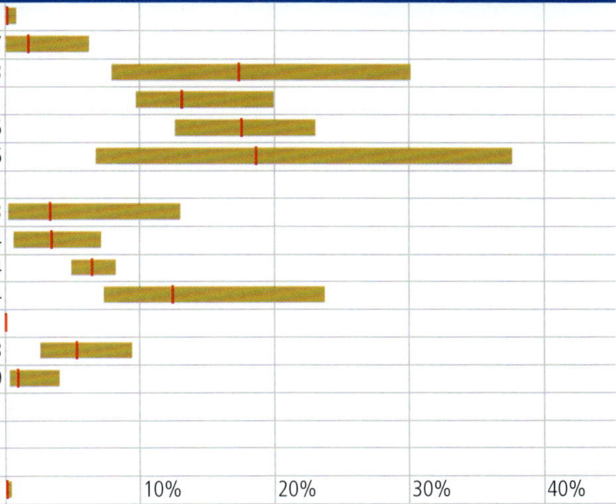

Kosten:
Stand 2. Quartal 2025
Bundesdurchschnitt
inkl. 19% MwSt.

▷ von
ø Mittel
◁ bis

Kostenkennwerte für die Kostengruppen der 3. Ebene DIN 276

KG	Kostengruppen der 3. Ebene	Einheit	▷	€/Einheit	◁	▷	€/m² BGF	◁
363	Dachbeläge	m²	141	**225**	314	62	**169**	539
353	Deckenbeläge	m²	183	**274**	427	98	**153**	276
334	Außenwandöffnungen	m²	756	**1.043**	1.510	49	**109**	188
364	Dachbekleidungen	m²	63	**151**	258	35	**96**	212
331	Tragende Außenwände	m²	272	**400**	776	37	**87**	236
423	Raumheizflächen	m²	33	**82**	366	33	**82**	366
351	Deckenkonstruktionen	m²	267	**624**	856	29	**79**	112
381	Allgemeine Einbauten	m²	4	**72**	140	4	**72**	140
361	Dachkonstruktionen	m²	56	**150**	283	9	**72**	106
412	Wasseranlagen	m²	40	**71**	120	40	**71**	120
421	Wärmeerzeugungsanlagen	m²	61	**71**	85	61	**71**	85
444	Niederspannungsinstallationsanl.	m²	34	**58**	120	34	**58**	120
345	Innenwandbekleidungen	m²	42	**86**	182	32	**58**	131
346	Elem. Innenwandkonstruktionen	m²	463	**626**	789	12	**58**	104
344	Innenwandöffnungen	m²	428	**850**	1.468	15	**55**	114
335	Außenwandbekleidungen, außen	m²	32	**116**	202	12	**52**	97
392	Gerüste	m²	17	**52**	96	17	**52**	96
394	Abbruchmaßnahmen	m²	12	**42**	104	12	**42**	104
324	Gründungsbeläge	m²	236	**276**	315	29	**41**	52
362	Dachöffnungen	m²	1.511	**2.874**	4.213	5	**39**	73
322	Flachgründungen und Bodenplatten	m²	–	**461**	–	2	**37**	73
355	Elementierte Deckenkonstruktionen	m²	–	**5.069**	–	2	**36**	71
336	Außenwandbekleidungen, innen	m²	51	**95**	155	18	**36**	90
342	Nichttragende Innenwände	m²	88	**155**	289	9	**34**	58
341	Tragende Innenwände	m²	107	**220**	301	14	**30**	90
422	Wärmeverteilnetze	m²	11	**30**	66	11	**30**	66
354	Deckenbekleidungen	m²	30	**75**	187	6	**23**	47
359	Sonstiges zur KG 350	m²	8	**52**	117	6	**22**	44
329	Sonstiges zur KG 320	m²	–	**130**	–	–	**20**	–
366	Lichtschutz zur KG 360	m²	904	**934**	963	14	**19**	25
456	Gefahrenmelde- und Alarmanlagen	m²	3	**19**	51	3	**19**	51
399	Sonstiges zur KG 390	m²	–	**16**	–	–	**16**	–
391	Baustelleneinrichtung	m²	3	**16**	40	3	**16**	40
445	Beleuchtungsanlagen	m²	7	**16**	39	7	**16**	39
411	Abwasseranlagen	m²	12	**15**	19	12	**15**	19
332	Nichttragende Außenwände	m²	102	**178**	254	10	**14**	18
311	Herstellung	m³	–	**69**	–	–	**14**	–
396	Materialentsorgung	m²	–	**13**	–	–	**13**	–
457	Datenübertragungsnetze	m²	2	**13**	37	2	**13**	37
494	Abbruchmaßnahmen	m²	–	**9**	–	–	**9**	–
429	Sonstiges zur KG 420	m²	4	**9**	11	4	**9**	11
339	Sonstiges zur KG 330	m²	6	**11**	15	2	**8**	13
397	Zusätzliche Maßnahmen	m²	2	**6**	13	2	**6**	13
338	Lichtschutz zur KG 330	m²	–	**635**	–	–	**6**	–
369	Sonstiges zur KG 360	m²	–	**3**	–	–	**5**	–
455	Audiovis. Medien- u. Antennenanl.	m²	2	**5**	22	2	**5**	22
419	Sonstiges zur KG 410	m²	3	**4**	4	3	**4**	4
325	Abdichtungen und Bekleidungen	m²	–	**35**	–	–	**4**	–
393	Sicherungsmaßnahmen	m²	–	**2**	–	–	**2**	–
451	Telekommunikationsanlagen	m²	< 1	**2**	3	< 1	**2**	3

Prozentanteile der Kosten für Leistungsbereiche nach STLB (Kosten Bauwerk nach DIN 276)

LB	Leistungsbereiche	▷	% an 300+400	◁
000	Baustellen-, Verkehrssich.- u. Sicherh.einr. inkl. 001	1,0	**3,0**	5,9
002	Erdarbeiten	< 0,1	**0,2**	0,8
006	Spezialtiefbauarbeiten inkl. 005	–	**–**	–
009	Entwässerungskanalarbeiten inkl. 011	–	**–**	–
010	Drän- und Versickerarbeiten	–	**–**	–
012	Mauerarbeiten	0,4	**5,2**	8,5
013	Betonarbeiten	0,1	**0,9**	3,9
014	Natur-, Betonwerksteinarbeiten	–	**–**	–
016	Zimmer- und Holzbauarbeiten	3,8	**10,1**	14,4
017	Stahlbauarbeiten	0,0	**1,3**	6,3
018	Abdichtungsarbeiten	0,0	**< 0,1**	< 0,1
020	Dachdeckungsarbeiten	< 0,1	**5,3**	26,3
021	Dachabdichtungsarbeiten	0,4	**2,5**	5,5
022	Klempnerarbeiten	0,5	**2,6**	6,7
	Rohbau	17,8	**30,9**	48,3
023	Putz- und Stuckarbeiten, Wärmedämmsysteme	0,3	**3,2**	7,4
024	Fliesen- und Plattenarbeiten	3,7	**5,0**	7,1
025	Estricharbeiten	0,0	**1,6**	3,1
026	Fenster, Außentüren inkl. 029, 032	4,8	**9,9**	18,7
027	Tischlerarbeiten	0,4	**3,3**	8,2
028	Parkett-, Holzpflasterarbeiten	1,2	**3,0**	5,1
030	Rollladenarbeiten	0,0	**0,4**	1,1
031	Metallbauarbeiten inkl. 035	< 0,1	**3,6**	11,2
034	Maler- und Lackiererarb. – Beschicht. inkl. 037	0,6	**1,7**	3,4
036	Bodenbelagarbeiten	< 0,1	**0,7**	3,4
038	Vorgehängte hinterlüftete Fassaden	0,0	**1,2**	6,0
039	Trockenbauarbeiten	4,8	**11,4**	21,3
	Ausbau	31,8	**45,1**	53,9
040	Wärmeversorgungsanl. - Betriebseinr. inkl. 041	4,0	**8,8**	13,1
042	Gas- u. Wasseranl. – Leitung., Armat. inkl. 043	0,6	**1,7**	2,1
044	Abwasseranl. - Leitungen, Abläufe, Armaturen	0,6	**1,0**	1,3
045	Gas, Wasser, Entwässerung – Ausstattung inkl. 046	2,3	**3,7**	5,7
047	Dämm- und Brandschutzarb. an techn. Anlagen	0,0	**0,2**	0,4
049	Feuerlöschanlagen, Feuerlöschgeräte	–	**–**	–
050	Blitzschutz-/Erdungsanlagen, Überspannungssch.	0,0	**< 0,1**	< 0,1
052	Mittelspannungsanlagen	–	**–**	–
053	Niederspannungsanl. – Kabel inkl. 054	2,1	**3,0**	4,5
055	Sicherheits- u. Ersatzstromversorgungsanl.	–	**–**	–
057	Gebäudesystemtechnik	–	**–**	–
058	Leuchten und Lampen inkl. 059	0,1	**0,6**	2,3
060	Such, Signal, Zeit, Anten., akust. Anl. inkl. 064	< 0,1	**0,2**	0,8
061	Kommunikations- u. Übertragungsnetze inkl. 062	0,1	**0,4**	1,4
063	Gefahrenmeldeanlagen	< 0,1	**0,5**	1,9
069	Aufzüge	–	**–**	–
070	Gebäudeautomation	–	**–**	–
075	Raumlufttechnische Anlagen inkl. 078	0,0	**< 0,1**	< 0,1
	Gebäudetechnik	16,3	**20,0**	30,3
084	Abbruch, Rückbau, Schadstoffsanierung	1,0	**3,8**	6,0
	Sonstige Leistungsbereiche inkl. 008, 033, 051	< 0,1	**0,2**	1,1

€/m² BGF

min	615	€/m²
von	890	€/m²
Mittel	**1.430**	**€/m²**
bis	2.235	€/m²
max	2.750	€/m²

Kosten:
Stand 2. Quartal 2025
Bundesdurchschnitt
inkl. 19% MwSt.

Objektübersicht zur Gebäudeart

6100-1623 Dachgeschosswohnung

BRI 182 m³ **BGF** 90 m² **NUF** 44 m²

Baujahr: 1936
Bauzustand: mittel
Aufwand: mittel
Nutzung während der Bauzeit: ja
Nutzungsänderung: ja
Grundrissänderungen: einige
Tragwerkseingriffe: einige

Land: Berlin
Kreis: Berlin, Stadt
Standard: einfach
Bauzeit: 31 Wochen
Kennwerte: bis 3. Ebene DIN 276
vorgesehen: BKI Objektdaten A13
BGF 1.807 €/m²

Planung: werkArchitektur Yvonne Werk; Berlin

Dachgeschossausbau zu Einraumwohnung mit Küche und Bad

Bauwerk – Baukonstruktionen
Herstellen: Dachbeläge 31%, Dachbekleidungen 10%, Deckenbeläge 8%, Gerüste 7%, Innenwandbekleidungen 6%, Dachkonstruktionen 6%, Dachöffnungen 5%
Wiederherstellen: Deckenkonstruktionen 6%
Sonstige: 20%

Bauwerk – Technische Anlagen
Herstellen: Wasseranlagen 32%, Wärmeverteilnetze 25%, Niederspannungsinstallationsanlagen 16%
Sonstige: 28%

6100-1609 Dachgeschosswohnung mit Turmzimmer

BRI 434 m³ **BGF** 198 m² **NUF** 136 m²

Baujahr: 1901-1910
Bauzustand: gut
Aufwand: hoch
Nutzung während der Bauzeit: nein
Nutzungsänderung: nein
Grundrissänderungen: umfangreiche
Tragwerkseingriffe: wenige

Land: Berlin
Kreis: Berlin, Stadt
Standard: hoch
Bauzeit: 65 Wochen
Kennwerte: bis 3. Ebene DIN 276
vorgesehen: BKI Objektdaten A13
BGF 2.750 €/m²

Planung: werkArchitektur Yvonne Werk; Berlin

Dachgeschosswohnung mit Turmzimmern, Schlafebenen und Dachterrasse

Bauwerk – Baukonstruktionen
Abbrechen: Abbruchmaßnahmen 5%
Herstellen: Deckenbeläge 14%, Dachbekleidungen 13%, Außenwandöffnungen 9%, Innenwandbekleidungen 8%, Allgemeine Einbauten 7%, Innenwandöffnungen 7%, Dachkonstruktionen 4%, Elementierte Deckenkonstruktionen 4%, Nichttragende Innenwände 3%, Deckenkonstruktionen 3%
Sonstige: 23%

Bauwerk – Technische Anlagen
Herstellen: Raumheizflächen 43%, Niederspannungsinstallationsanlagen 16%, Wasseranlagen 12%, Wärmeerzeugungsanlagen 8%
Sonstige: 21%

Objektübersicht zur Gebäudeart

6100-1434 Gästewohnung

BRI 599 m³ **BGF** 100 m² **NUF** 72 m²

Baujahr: 1920
Bauzustand: mittel
Aufwand: mittel
Nutzung während der Bauzeit: nein
Nutzungsänderung: ja
Grundrissänderungen: einige
Tragwerkseingriffe: wenige

Land: Rheinland-Pfalz
Kreis: Alzey-Worms
Standard: hoch
Bauzeit: 57 Wochen
Kennwerte: bis 3. Ebene DIN 276
veröffentlicht: BKI Objektdaten A12
BGF 1.677 €/m²

Planung: PROWALD ideen - lösungen - architektur; Flonheim

Einbau einer Gästewohnung in eine Scheune als "Haus im Haus"-Konstruktion.

Bauwerk – Baukonstruktionen
Herstellen: Tragende Außenwände 17%, Außenwandöffnungen 16%, Deckenbeläge 11%, Deckenkonstruktionen 10%, Elementierte Innenwandkonstruktionen 8%, Tragende Innenwände 7%, Dachkonstruktionen 6%
Sonstige: 25%

Bauwerk – Technische Anlagen
Herstellen: Wasseranlagen 46%, Raumheizflächen 20%, Niederspannungsinstallationsanlagen 15%
Sonstige: 19%

6100-0881 Wohnloft

BRI 1.234 m³ **BGF** 308 m² **NUF** 191 m²

Baujahr: 1900
Bauzustand: schlecht
Aufwand: hoch
Nutzung während der Bauzeit: nein
Nutzungsänderung: ja
Grundrissänderungen: umfangreiche
Tragwerkseingriffe: keine

Land: Sachsen-Anhalt
Kreis: Harz
Standard: mittel
Bauzeit: 31 Wochen
Kennwerte: bis 3. Ebene DIN 276
veröffentlicht: BKI Objektdaten A8
BGF 1.240 €/m²

Planung: qbatur Planungsbüro GmbH; Quedlinburg

Ein Möbelgeschäft wurde zu einem Wohnloft umgebaut, die Werkstatt musste erhalten werden. **Kosteneinfluss Nutzung:** Die Fassade steht unter Denkmalschutz, als Teil eines UNESCO-Weltkulturerbes.

Bauwerk – Baukonstruktionen
Herstellen: Außenwandöffnungen 15%, Außenwandbekleidungen, außen 11%, Außenwandbekleidungen, innen 11%, Deckenbeläge 7%, Dachbekleidungen 6%, Gerüste 6%, Gründungsbeläge 5%, Nichttragende Innenwände 5%, Dachbeläge 4%, Sonstiges zur KG 350 4%, Innenwandbekleidungen 4%
Sonstige: 22%

Bauwerk – Technische Anlagen
Herstellen: Wärmeerzeugungsanlagen 39%, Wasseranlagen 18%, Raumheizflächen 13%, Abwasseranlagen 7%
Sonstige: 23%

€/m² BGF

min	615	€/m²
von	890	€/m²
Mittel	**1.430**	**€/m²**
bis	2.235	€/m²
max	2.750	€/m²

Kosten:
Stand 2. Quartal 2025
Bundesdurchschnitt
inkl. 19% MwSt.

Objektübersicht zur Gebäudeart

6100-0568 Maisonette-Wohnung

BRI 396 m³ **BGF** 126 m² **NUF** 95 m²

© Konrad Hardt Architekt

Bauzustand: mittel
Aufwand: mittel
Nutzung während der Bauzeit: ja
Nutzungsänderung: nein
Grundrissänderungen: einige
Tragwerkseingriffe: einige

Land: Sachsen
Kreis: Meißen
Bauzeit: 26 Wochen
Kennwerte: bis 3. Ebene DIN 276
veröffentlicht: www.bki.de

BGF **1.052 €/m²**

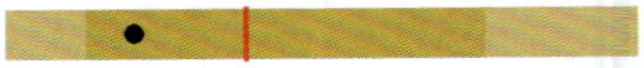

Planung: Architekt Konrad Hardt; Großenhain

Umbau eines Innenhofgebäudes zu einer Wohneinheit über zwei Geschosse mit 95m² Wohnfläche.

Bauwerk – Baukonstruktionen
Herstellen: Dachbeläge 18%, Deckenbeläge 11%, Dachkonstruktionen 11%, Außenwandöffnungen 11%, Deckenkonstruktionen 10%, Außenwandbekleidungen, innen 5%, Außenwandbekleidungen, außen 5%, Tragende Außenwände 5%, Tragende Innenwände 3%
Sonstige: 21%

Bauwerk – Technische Anlagen
Herstellen: Wasseranlagen 29%, Wärmeerzeugungsanlagen 27%, Niederspannungsinstallationsanlagen 15%
Sonstige: 29%

6100-0461 Zweifamilienhaus (1 WE)

BRI 448 m³ **BGF** 159 m² **NUF** 102 m²

© Planungsgruppe 5.4.3

Baujahr: 16.Jh
Bauzustand: mittel
Aufwand: hoch
Nutzung während der Bauzeit: nein
Nutzungsänderung: nein
Grundrissänderungen: umfangreiche
Tragwerkseingriffe: keine

Land: Bayern
Kreis: Donau-Ries
Standard: mittel
Bauzeit: 17 Wochen
Kennwerte: bis 3. Ebene DIN 276
veröffentlicht: www.bki.de

BGF **858 €/m²**

Planung: Planungsgruppe 5.4.3 Architekten & Ingenieure GbR; Freilassing

Wohnung in einem im 16. Jhd. erbauten Gebäude. **Kosteneinfluss Nutzung:** Die Kosten werden nur auf die BGF des umgebauten Bereiches umgelegt. **Kosteneinfluss Grundstück:** Das Gebäude liegt im Bereich der Nördlinger Altstadt. Dieser Bereich unterliegt dem Denkmalschutz.

Bauwerk – Baukonstruktionen
Deckenbeläge 34%, Allgemeine Einbauten 23%, Innenwandöffnungen 20%
Sonstige: 23%

Bauwerk – Technische Anlagen
Wärmeerzeugungsanlagen 28%, Niederspannungsinstallationsanlagen 24%, Wasseranlagen 17%
Sonstige: 30%

Objektübersicht zur Gebäudeart

6400-0051 Jugendräume

BRI 510 m³ **BGF** 215 m² **NUF** 133 m²

Bauzustand: mittel
Aufwand: mittel
Nutzung während der Bauzeit: nein
Nutzungsänderung: ja
Grundrissänderungen: wenige
Tragwerkseingriffe: einige

Land: Bayern
Kreis: Donau-Ries
Standard: mittel
Bauzeit: 57 Wochen
Kennwerte: bis 3. Ebene DIN 276
veröffentlicht: www.bki.de

BGF **617 €/m²**

Planung: Planungsgruppe 5.4.3 Architekten & Ingenieure GbR; Freilassing

Dachgeschossausbau für ein Jugendzentrum mit sechs Gruppenräumen, Teeküche und Sanitärräumen.

Bauwerk – Baukonstruktionen
Deckenbeläge 25%, Dachbekleidungen 24%, Außenwandöffnungen 19%, Innenwandbekleidungen 10%
Sonstige: 21%

Bauwerk – Technische Anlagen
Wärmeerzeugungsanlagen 26%, Niederspannungsinstallationsanlagen 25%, Wärmeverteilnetze 24%
Sonstige: 25%

Kostenkennwerte für die Kosten des Bauwerks (Kostengruppen 300+400 nach DIN 276)

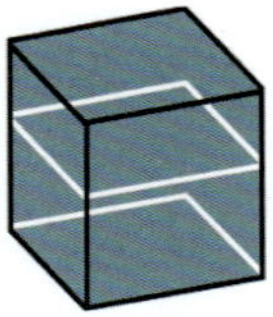

BRI 555 €/m³
von 435 €/m³
bis 785 €/m³

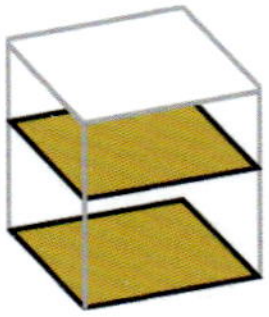

BGF 1.750 €/m²
von 1.375 €/m²
bis 2.435 €/m²

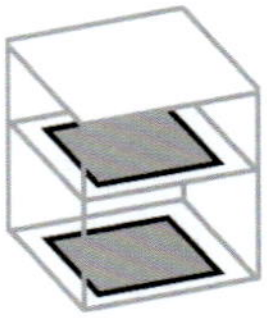

NUF 3.040 €/m²
von 2.530 €/m²
bis 4.045 €/m²

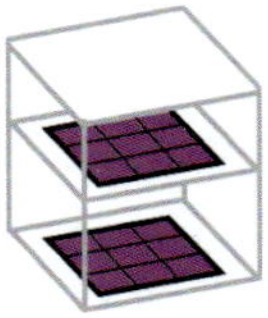

NE 65.735 €/NE
von 26.485 €/NE
bis 92.325 €/NE
NE: Betten

Kosten:
Stand 2. Quartal 2025
Bundesdurchschnitt
inkl. 19% MwSt.

Objektbeispiele

6200-0074

6600-0015

6600-0015

Kosten der 3 Vergleichsobjekte

Seiten 274 bis 275

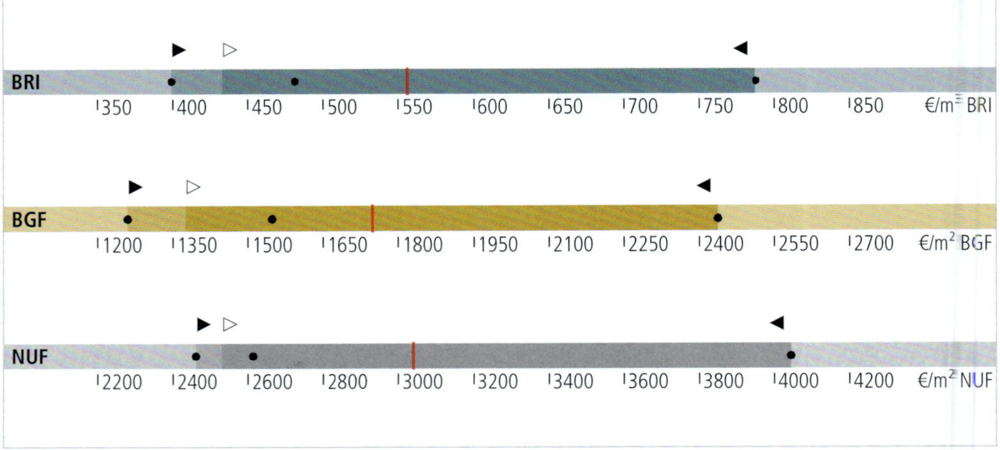

- ● KKW
- ▶ min
- ▷ von
- | Mittelwert
- ◁ bis
- ◀ max

Kostenkennwerte für die Kostengruppen der 1. und 2. Ebene DIN 276

KG	Kostengruppen der 1. Ebene	Einheit	▷	€/Einheit	◁	▷	% an 300+400	◁
100	Grundstück	m²GF	–	**–**	–	–	**–**	–
200	Vorbereitende Maßnahmen	m²GF	–	**< 1**	–	0,2	**0,2**	0,2
300	Bauwerk – Baukonstruktionen	m²BGF	857	**1.112**	1.618	53,4	**63,5**	69,0
400	Bauwerk – Technische Anlagen	m²BGF	369	**636**	779	31,0	**36,5**	46,6
	Bauwerk 300+400	m²BGF	1.375	**1.748**	2.437	100,0	**100,0**	100,0
500	Außenanlagen und Freiflächen	m²AF	14	**18**	23	1,6	**3,6**	5,7
600	Ausstattung und Kunstwerke	m²BGF	60	**97**	117	4,3	**5,8**	8,5
700	Baunebenkosten	m²BGF	–	**–**	–	–	**–**	–
800	Finanzierung	m²BGF	–	**–**	–	–	**–**	–

KG	Kostengruppen der 2. Ebene	Einheit	▷	€/Einheit	◁	▷	% an 1. Ebene	◁
310	Baugrube / Erdbau	m³BGI	38	**71**	105	0,1	**0,5**	1,1
320	Gründung, Unterbau	m²GRF	2	**390**	616	< 0,1	**3,2**	4,9
330	Außenwände / vertikal außen	m²AWF	220	**368**	592	16,7	**20,1**	26,5
340	Innenwände / vertikal innen	m²IWF	263	**327**	456	20,7	**24,1**	30,0
350	Decken / horizontal	m²DEF	255	**380**	627	18,5	**19,4**	20,7
360	Dächer	m²DAF	532	**663**	735	9,1	**18,6**	24,9
370	Infrastrukturanlagen		–	**–**	–	–	**–**	–
380	Baukonstruktive Einbauten	m²BGF	64	**97**	114	3,9	**10,2**	13,3
390	Sonst. Maßnahmen für Baukonst.	m²BGF	40	**41**	42	2,5	**4,0**	4,8
300	**Bauwerk – Baukonstruktionen**	**m²BGF**					**100,0**	
410	Abwasser-, Wasser-, Gasanlagen	m²BGF	135	**176**	203	21,9	**29,3**	34,4
420	Wärmeversorgungsanlagen	m²BGF	50	**92**	114	9,5	**17,4**	32,0
430	Raumlufttechnische Anlagen	m²BGF	25	**51**	92	4,8	**7,5**	12,8
440	Elektrische Anlagen	m²BGF	67	**135**	172	18,6	**20,9**	25,4
450	Kommunikationstechnische Anlagen	m²BGF	27	**46**	82	3,0	**7,5**	10,3
460	Förderanlagen	m²BGF	4	**21**	38	0,2	**1,7**	4,7
470	Nutzungsspez. / verfahrenstech. Anl.	m²BGF	96	**180**	263	4,4	**15,2**	32,1
480	Gebäude- und Anlagenautomation	m²BGF	–	**–**	–	–	**–**	–
490	Sonst. Maßnahmen f. techn. Anl.	m²BGF	–	**3**	–	0,1	**0,4**	0,9
400	**Bauwerk – Technische Anlagen**	**m²BGF**					**100,0**	

Prozentanteile der Kosten 2. Ebene an den Kosten des Bauwerks nach DIN 276 (Von/Mittel/Bis)

KG	Kostengruppe	%
310	Baugrube / Erdbau	0,3
320	Gründung, Unterbau	1,9
330	Außenwände / vertikal außen	12,8
340	Innenwände / vertikal innen	15,0
350	Decken / horizontal	12,4
360	Dächer	12,3
370	Infrastrukturanlagen	
380	Baukonstruktive Einbauten	6,4
390	Sonst. Maßnahmen für Baukonst.	2,5
410	Abwasser-, Wasser-, Gasanlagen	10,6
420	Wärmeversorgungsanlagen	5,7
430	Raumlufttechnische Anlagen	3,0
440	Elektrische Anlagen	7,9
450	Kommunikationstechnische Anlagen	2,9
460	Förderanlagen	0,6
470	Nutzungsspez. / verfahrenstech. Anl.	5,7
480	Gebäude- und Anlagenautomation	
490	Sonst. Maßnahmen f. techn. Anl.	0,1

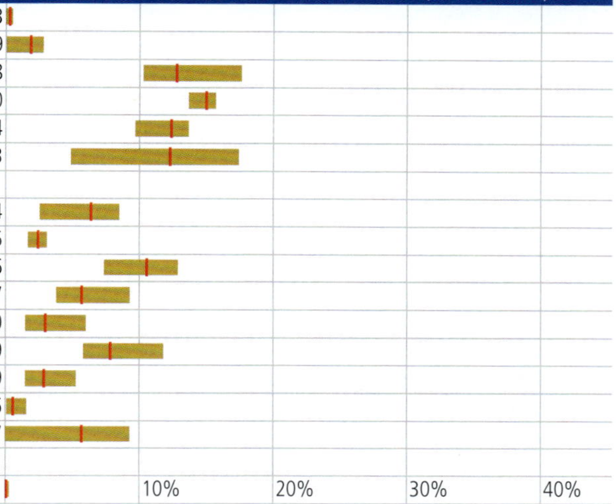

Kostenstand: 2. Quartal 2025, Bundesdurchschnitt, **inkl. 19% MwSt.**

Kosten:
Stand 2. Quartal 2025
Bundesdurchschnitt
inkl. 19% MwSt.

Kostenkennwerte für die Kostengruppen der 3. Ebene DIN 276

KG	Kostengruppen der 3. Ebene	Einheit	▷	€/Einheit	◁	▷	€/m² BGF	◁
471	Küchentechnische Anlagen	m²	96	**180**	263	96	**180**	253
412	Wasseranlagen	m²	107	**129**	163	107	**129**	153
353	Deckenbeläge	m²	175	**239**	272	93	**114**	151
345	Innenwandbekleidungen	m²	57	**78**	115	89	**103**	122
363	Dachbeläge	m²	219	**353**	424	31	**98**	142
381	Allgemeine Einbauten	m²	63	**94**	112	63	**94**	112
335	Außenwandbekleidungen, außen	m²	244	**367**	490	36	**85**	133
344	Innenwandöffnungen	m²	850	**933**	1.083	70	**80**	84
444	Niederspannungsinstallationsanl.	m²	35	**68**	85	35	**68**	85
337	Elem. Außenwandkonstruktionen	m²	1.240	**1.268**	1.296	50	**58**	67
351	Deckenkonstruktionen	m²	–	**441**	–	1	**54**	106
334	Außenwandöffnungen	m²	822	**1.050**	1.374	26	**52**	89
431	Lüftungsanlagen	m²	25	**50**	89	25	**50**	89
342	Nichttragende Innenwände	m²	117	**150**	166	27	**50**	93
355	Elementierte Deckenkonstruktionen	m²	–	**3.849**	–	–	**49**	–
361	Dachkonstruktionen	m²	158	**226**	360	20	**46**	60
421	Wärmeerzeugungsanlagen	m²	20	**46**	83	20	**46**	83
445	Beleuchtungsanlagen	m²	26	**46**	85	26	**46**	85
354	Deckenbekleidungen	m²	65	**84**	118	35	**44**	63
331	Tragende Außenwände	m²	242	**324**	407	9	**43**	110
364	Dachbekleidungen	m²	124	**148**	192	21	**38**	49
336	Außenwandbekleidungen, innen	m²	54	**63**	68	25	**36**	41
411	Abwasseranlagen	m²	9	**35**	49	9	**35**	49
442	Eigenstromversorgungsanlagen	m²	–	**32**	–	–	**32**	–
341	Tragende Innenwände	m²	124	**246**	367	17	**31**	46
324	Gründungsbeläge	m²	254	**271**	288	18	**27**	35
423	Raumheizflächen	m²	18	**25**	30	18	**25**	30
322	Flachgründungen und Bodenplatten	m²	307	**463**	620	21	**24**	27
394	Abbruchmaßnahmen	m²	–	**24**	–	–	**24**	–
456	Gefahrenmelde- und Alarmanlagen	m²	12	**21**	36	12	**21**	36
461	Aufzugsanlagen	m²	4	**21**	38	4	**21**	38
422	Wärmeverteilnetze	m²	9	**21**	27	9	**21**	27
454	Elektroakustische Anlagen	m²	–	**20**	–	–	**20**	–
369	Sonstiges zur KG 360	m²	6	**46**	85	3	**19**	35
419	Sonstiges zur KG 410	m²	7	**17**	28	7	**17**	28
362	Dachöffnungen	m²	2.104	**2.984**	4.705	4	**15**	36
339	Sonstiges zur KG 330	m²	5	**19**	33	2	**13**	24
451	Telekommunikationsanlagen	m²	9	**12**	16	9	**12**	16
346	Elem. Innenwandkonstruktionen	m²	327	**480**	632	6	**12**	18
359	Sonstiges zur KG 350	m²	15	**21**	28	9	**12**	15
397	Zusätzliche Maßnahmen	m²	7	**11**	19	7	**11**	19
446	Blitzschutz- und Erdungsanlagen	m²	7	**8**	9	7	**8**	9
311	Herstellung	m³	38	**71**	105	8	**8**	9
396	Materialentsorgung	m²	4	**8**	12	4	**8**	12
392	Gerüste	m²	2	**8**	11	2	**8**	11
391	Baustelleneinrichtung	m²	1	**6**	9	1	**6**	9
443	Niederspannungsschaltanlagen	m²	–	**6**	–	–	**6**	–
457	Datenübertragungsnetze	m²	4	**5**	6	4	**5**	6
399	Sonstiges zur KG 390	m²	–	**5**	–	–	**5**	–
386	Orientierungs- u. Informationssys.	m²	< 1	**4**	8	< 1	**4**	8

▷ von
ø Mittel
◁ bis

Prozentanteile der Kosten für Leistungsbereiche nach STLB (Kosten Bauwerk nach DIN 276)

LB	Leistungsbereiche	5% 10% 15% 20%	▷	% an 300+400	◁
000	Baustellen-, Verkehrssich.- u. Sicherh.einr. inkl. 001		0,9	**0,9**	1,0
002	Erdarbeiten		0,2	**0,3**	0,5
006	Spezialtiefbauarbeiten inkl. 005		–	**–**	–
009	Entwässerungskanalarbeiten inkl. 011		0,1	**0,3**	0,5
010	Drän- und Versickerarbeiten		< 0,1	**< 0,1**	< 0,1
012	Mauerarbeiten		0,4	**0,7**	1,0
013	Betonarbeiten		0,9	**1,9**	3,5
014	Natur-, Betonwerksteinarbeiten		< 0,1	**0,1**	0,2
016	Zimmer- und Holzbauarbeiten		3,4	**6,3**	9,2
017	Stahlbauarbeiten		< 0,1	**0,4**	0,7
018	Abdichtungsarbeiten		0,2	**0,4**	0,6
020	Dachdeckungsarbeiten		0,0	**3,6**	7,3
021	Dachabdichtungsarbeiten		0,7	**1,3**	2,2
022	Klempnerarbeiten		0,3	**0,6**	0,8
	Rohbau		11,6	**16,9**	20,2
023	Putz- und Stuckarbeiten, Wärmedämmsysteme		2,0	**3,1**	4,1
024	Fliesen- und Plattenarbeiten		3,1	**4,0**	5,2
025	Estricharbeiten		0,7	**0,9**	1,2
026	Fenster, Außentüren inkl. 029, 032		4,8	**5,2**	5,5
027	Tischlerarbeiten		11,4	**13,8**	16,8
028	Parkett-, Holzpflasterarbeiten		0,2	**1,3**	2,2
030	Rollladenarbeiten		0,0	**< 0,1**	0,2
031	Metallbauarbeiten inkl. 035		2,3	**3,3**	4,4
034	Maler- und Lackiererarb. – Beschicht. inkl. 037		1,2	**4,0**	6,7
036	Bodenbelagarbeiten		1,5	**2,4**	3,3
038	Vorgehängte hinterlüftete Fassaden		0,0	**0,9**	1,8
039	Trockenbauarbeiten		5,1	**6,4**	8,4
	Ausbau		42,6	**45,4**	49,2
040	Wärmeversorgungsanl. - Betriebseinr. inkl. 041		3,3	**5,3**	7,0
042	Gas- u. Wasseranl. – Leitung., Armat. inkl. 043		3,0	**3,6**	4,0
044	Abwasseranl. - Leitungen, Abläufe, Armaturen		0,8	**1,5**	2,0
045	Gas, Wasser, Entwässerung – Ausstattung inkl. 046		3,2	**4,5**	6,1
047	Dämm- und Brandschutzarb. an techn. Anlagen		0,4	**0,5**	0,7
049	Feuerlöschanlagen, Feuerlöschgeräte		–	**–**	–
050	Blitzschutz-/Erdungsanlagen, Überspannungssch.		0,4	**0,5**	0,6
052	Mittelspannungsanlagen		–	**–**	–
053	Niederspannungsanl. – Kabel inkl. 054		3,0	**3,8**	4,3
055	Sicherheits- u. Ersatzstromversorgungsanl.		0,0	**0,4**	0,9
057	Gebäudesystemtechnik		–	**–**	–
058	Leuchten und Lampen inkl. 059		1,2	**2,8**	4,2
060	Such, Signal, Zeit, Anten., akust. Anl. inkl. 064		< 0,1	**0,5**	1,0
061	Kommunikations- u. Übertragungsnetze inkl. 062		0,5	**0,9**	1,2
063	Gefahrenmeldeanlagen		0,9	**1,4**	2,2
069	Aufzüge		< 0,1	**0,6**	1,1
070	Gebäudeautomation		0,0	**< 0,1**	< 0,1
075	Raumlufttechnische Anlagen inkl. 078		1,4	**3,0**	4,4
	Gebäudetechnik		23,0	**29,4**	33,5
084	Abbruch, Rückbau, Schadstoffsanierung		3,2	**3,7**	4,0
	Sonstige Leistungsbereiche inkl. 008, 033, 051		0,9	**4,7**	7,9

€/m² BGF

min	1.260	€/m²
von	1.375	€/m²
Mittel	**1.750**	**€/m²**
bis	2.435	€/m²
max	2.435	€/m²

Kosten:
Stand 2. Quartal 2025
Bundesdurchschnitt
inkl. 19% MwSt.

Objektübersicht zur Gebäudeart

6200-0074 Wohnunterkunft (23 WE)*

BRI 10.652 m³ **BGF** 4.479 m² **NUF** 2.672 m²

Baujahr: 1957
Bauzustand: gut
Aufwand: niedrig
Nutzung während der Bauzeit: nein
Nutzungsänderung: ja
Grundrissänderungen: umfangreiche
Tragwerkseingriffe: wenige

Land: Hamburg
Kreis: Hamburg, Stadt
Standard: einfach
Bauzeit: 61 Wochen
Kennwerte: bis 3. Ebene DIN 276
veröffentlicht: BKI Objektdaten A12
BGF 534 €/m²

* Nicht in der Auswertung enthalten

Planung: Plan-R-Architektenbüro Joachim Reinig; Hamburg

Wohnunterkunft zur temporären Unterbringung von 190 Personen, sowie Verwaltungsräume und Kinderbetreuung. **Kosteneinfluss Nutzung:** Brandschutz

Bauwerk – Baukonstruktionen
Herstellen: Innenwandbekleidungen 13%, Dachbeläge 11%, Deckenbeläge 10%, Nichttragende Innenwände 9%, Innenwandöffnungen 7%, Gerüste 4%, Allgemeine Einbauten 4%, Deckenbekleidungen 4%, Baustelleneinrichtung 4%, Außenwandöffnungen 4%, Zusätzliche Maßnahmen 3%, Deckenkonstruktionen 2%, Gründungsbeläge 2%
Sonstige: 22%

Bauwerk – Technische Anlagen
Herstellen: Niederspannungsinstallationsanlagen 33%, Wasseranlagen 21%, Gefahrenmelde- und Alarmanlagen 9%, Abwasseranlagen 6%, Lüftungsanlagen 4%, Audiovisuelle Medien- und Antennenanlagen 4%
Sonstige: 23%

6600-0016 Hotel (23 Betten)

BRI 1.527 m³ **BGF** 484 m² **NUF** 248 m²

Baujahr: 1894
Bauzustand: schlecht
Aufwand: mittel
Nutzung während der Bauzeit: nein
Nutzungsänderung: ja
Grundrissänderungen: wenige
Tragwerkseingriffe: keine

Land: Rheinland-Pfalz
Kreis: Donnersbergkreis
Standard: mittel
Bauzeit: 9 Wochen
Kennwerte: bis 3. Ebene DIN 276
veröffentlicht: BKI Objektdaten A9
BGF 1.260 €/m²

Planung: naumann.architektur; Stuttgart

Umbau und Modernisierung eines alten Forsthauses zum Hotel mit 23 Betten. Die Grundsubstanz wurde so gut wie nicht angegriffen. Für die Anforderungen im Brandschutz mussten kleine Eingriffe in die Substanz vorgenommen werden. Die Gästezimmer fügen sich weitestgehend in die Grundstruktur des Bestands ein. Ein weiteres Zimmer befindet sich im ehemaligen Waschhaus. Das Gebäude wird nun durch einen Holzpelletkessel mit Wärme versorgt.

Bauwerk – Baukonstruktionen
Herstellen: Allgemeine Einbauten 13%, Dachbeläge 10%, Außenwandöffnungen 10%, Innenwandbekleidungen 9%, Deckenbeläge 9%, Dachkonstruktionen 6%, Innenwandöffnungen 6%, Elementierte Deckenkonstruktionen 6%, Außenwandbekleidungen, innen 5%, Deckenbekleidungen 4%
Sonstige: 22%

Bauwerk – Technische Anlagen
Herstellen: Wasseranlagen 27%, Wärmeerzeugungsanlagen 21%, Niederspannungsinstallationsanlagen 10%, Sonstiges zur KG 410 7%, Raumheizflächen 7%, Beleuchtungsanlagen 7%
Sonstige: 21%

Objektübersicht zur Gebäudeart

6600-0017 Hotel (76 Betten)

BRI 10.653 m³ **BGF** 3.310 m² **NUF** 1.961 m²

Baujahr: 1978
Bauzustand: mittel
Aufwand: mittel
Nutzung während der Bauzeit: nein
Nutzungsänderung: ja
Grundrissänderungen: wenige
Tragwerkseingriffe: wenige

Land: Berlin
Kreis: Berlin, Stadt
Standard: mittel
Bauzeit: 48 Wochen
Kennwerte: bis 3. Ebene DIN 276
veröffentlicht: BKI Objektdaten A9

BGF **1.548 €/m²**

Planung: Steiner Weißenberger Architekten; Berlin

Umbau und Erweiterung eines Altenheims zu einem Hotel (76 Betten) mit Restaurant und Bistro.

Bauwerk – Baukonstruktionen
Abbrechen: Abbruchmaßnahmen 3%
Herstellen: Deckenbeläge 13%, Allgemeine Einbauten 12%, Innenwandbekleidungen 12%, Innenwandöffnungen 10%, Elementierte Außenwandkonstruktionen 6%, Nichttragende Innenwände 5%, Außenwandbekleidungen, außen 4%, Deckenbekleidungen 4%, Dachbeläge 4%, Außenwandbekleidungen, innen 3%, Dachbekleidungen 3%
Sonstige: 21%

Bauwerk – Technische Anlagen
Herstellen: Wasseranlagen 20%, Küchentechnische Anlagen 13%, Lüftungsanlagen 12%, Beleuchtungsanlagen 12%, Niederspannungsinstallationsanlagen 10%, Abwasseranlagen 6%, Gefahrenmelde- und Alarmanlagen 5%
Sonstige: 20%

6600-0015 Naturfreundehaus

BRI 6.034 m³ **BGF** 1.950 m² **NUF** 1.175 m²

Baujahr: 19.Jh
Bauzustand: schlecht
Aufwand: hoch
Nutzung während der Bauzeit: nein
Nutzungsänderung: nein
Grundrissänderungen: umfangreiche
Tragwerkseingriffe: einige

Land: Baden-Württemberg
Kreis: Konstanz
Standard: mittel
Bauzeit: 39 Wochen
Kennwerte: bis 3. Ebene DIN 276
veröffentlicht: BKI Objektdaten A8

BGF **2.437 €/m²**

Planung: Georg Beuchle Dipl.-Ing. FH Freier Architekt; Keltern

Umbau und Erweiterung einer Jugend- und Familienfreizeitstätte. Um- und Anbau EG sowie Neuaufbau von OG und DG. **Kosteneinfluss Nutzung:** Das Naturfreundehaus befindet sich im Naturschutzgebiet in direkter Uferlage des Bodensees.

Bauwerk – Baukonstruktionen
Herstellen: Dachbeläge 9%, Deckenbeläge 8%, Außenwandbekleidungen, außen 8%, Innenwandbekleidungen 7%, Tragende Außenwände 6%, Deckenkonstruktionen 6%, Nichttragende Innenwände 5%, Innenwandöffnungen 5%, Elementierte Außenwandkonstruktionen 4%, Allgemeine Einbauten 4%, Deckenbekleidungen 4%, Dachkonstruktionen 3%, Dachbekleidungen 3%, Außenwandöffnungen 3%, Außenwandbekleidungen, innen 2%
Sonstige: 21%

Bauwerk – Technische Anlagen
Herstellen: Küchentechnische Anlagen 32%, Wasseranlagen 15%, Niederspannungsinstallationsanlagen 9%, Abwasseranlagen 6%, Lüftungsanlagen 6%, Wärmeerzeugungsanlagen 5%, Aufzugsanlagen 5%
Sonstige: 22%

Kostenkennwerte für die Kosten des Bauwerks (Kostengruppen 300+400 nach DIN 276)

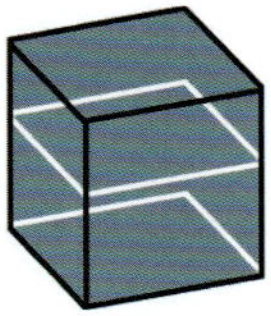

BRI 325 €/m³
von 235 €/m³
bis 435 €/m³

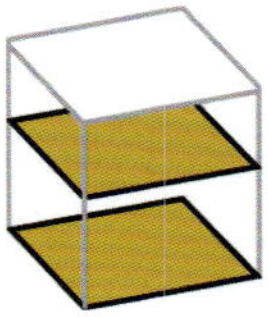

BGF 1.395 €/m²
von 1.005 €/m²
bis 1.645 €/m²

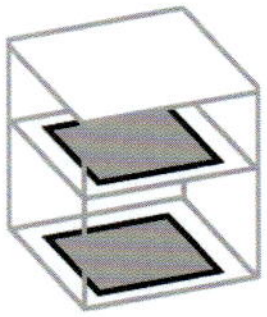

NUF 2.100 €/m²
von 1.380 €/m²
bis 3.345 €/m²

Kosten:
Stand 2. Quartal 2025
Bundesdurchschnitt
inkl. 19% MwSt.

Objektbeispiele

7200-0061

7300-0064

7500-0017

Kosten der 7 Vergleichsobjekte

Seiten 280 bis 283

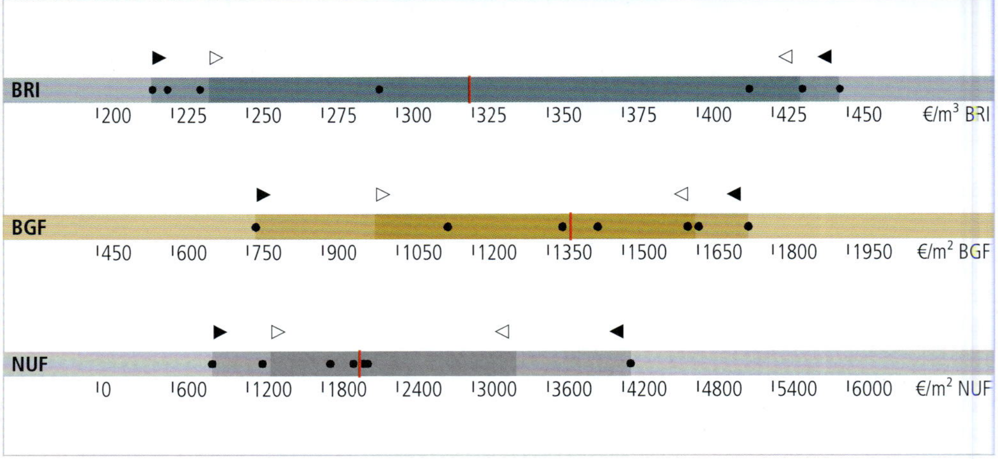

● KKW
▶ min
▷ von
| Mittelwert
◁ bis
◀ max

Kostenstand: 2. Quartal 2025, Bundesdurchschnitt, **inkl. 19% MwSt.**

Kostenkennwerte für die Kostengruppen der 1. und 2. Ebene DIN 276

KG	Kostengruppen der 1. Ebene	Einheit	▷	€/Einheit	◁	▷	% an 300+400	◁
100	Grundstück	m² GF	–	**–**	–	–	**–**	–
200	Vorbereitende Maßnahmen	m² GF	–	**250**	–	13,5	**13,5**	13,5
300	Bauwerk – Baukonstruktionen	m² BGF	482	**830**	993	52,0	**58,6**	64,2
400	Bauwerk – Technische Anlagen	m² BGF	467	**567**	715	35,8	**41,4**	48,0
	Bauwerk 300+400	m² BGF	1.005	**1.396**	1.645	100,0	**100,0**	100,0
500	Außenanlagen und Freiflächen	m² AF	120	**447**	1.072	0,5	**1,8**	4,8
600	Ausstattung und Kunstwerke	m² BGF	6	**122**	361	0,4	**7,9**	22,3
700	Baunebenkosten	m² BGF	–	**–**	–	–	**–**	–
800	Finanzierung	m² BGF	–	**–**	–	–	**–**	–

KG	Kostengruppen der 2. Ebene	Einheit	▷	€/Einheit	◁	▷	% an 1. Ebene	◁
310	Baugrube / Erdbau	m³ BGI	–	**52**	–	0,0	**< 0,1**	0,3
320	Gründung, Unterbau	m² GRF	16	**130**	187	0,1	**7,9**	21,2
330	Außenwände / vertikal außen	m² AWF	152	**383**	734	11,0	**22,7**	60,1
340	Innenwände / vertikal innen	m² IWF	96	**237**	310	10,1	**16,6**	27,4
350	Decken / horizontal	m² DEF	249	**423**	625	9,2	**23,4**	67,0
360	Dächer	m² DAF	162	**324**	408	0,2	**10,7**	26,7
370	Infrastrukturanlagen		–	**–**	–	–	**–**	–
380	Baukonstruktive Einbauten	m² BGF	8	**276**	544	0,2	**12,7**	62,7
390	Sonst. Maßnahmen für Baukonst.	m² BGF	22	**59**	111	2,5	**6,0**	10,4
300	**Bauwerk – Baukonstruktionen**	**m² BGF**					**100,0**	
410	Abwasser-, Wasser-, Gasanlagen	m² BGF	56	**73**	88	2,9	**9,8**	13,7
420	Wärmeversorgungsanlagen	m² BGF	36	**82**	137	4,0	**14,2**	22,2
430	Raumlufttechnische Anlagen	m² BGF	75	**150**	258	11,2	**24,1**	33,0
440	Elektrische Anlagen	m² BGF	114	**222**	395	22,7	**38,9**	90,7
450	Kommunikationstechnische Anlagen	m² BGF	11	**20**	30	1,0	**2,9**	5,4
460	Förderanlagen	m² BGF	4	**11**	23	< 0,1	**1,2**	3,1
470	Nutzungsspez. / verfahrenstech. Anl.	m² BGF	1	**60**	84	0,1	**8,3**	14,9
480	Gebäude- und Anlagenautomation	m² BGF	–	**–**	–	–	**–**	–
490	Sonst. Maßnahmen f. techn. Anl.	m² BGF	< 1	**9**	18	< 0,1	**0,7**	3,5
400	**Bauwerk – Technische Anlagen**	**m² BGF**					**100,0**	

Prozentanteile der Kosten 2. Ebene an den Kosten des Bauwerks nach DIN 276 (Von/Mittel/Bis)

KG	Kostengruppe	%
310	Baugrube / Erdbau	< 0,1
320	Gründung, Unterbau	4,8
330	Außenwände / vertikal außen	13,6
340	Innenwände / vertikal innen	9,9
350	Decken / horizontal	13,4
360	Dächer	6,7
370	Infrastrukturanlagen	
380	Baukonstruktive Einbauten	8,0
390	Sonst. Maßnahmen für Baukonst.	3,7
410	Abwasser-, Wasser-, Gasanlagen	4,0
420	Wärmeversorgungsanlagen	5,7
430	Raumlufttechnische Anlagen	10,1
440	Elektrische Anlagen	14,9
450	Kommunikationstechnische Anlagen	1,1
460	Förderanlagen	0,4
470	Nutzungsspez. / verfahrenstech. Anl.	3,4
480	Gebäude- und Anlagenautomation	
490	Sonst. Maßnahmen f. techn. Anl.	0,2

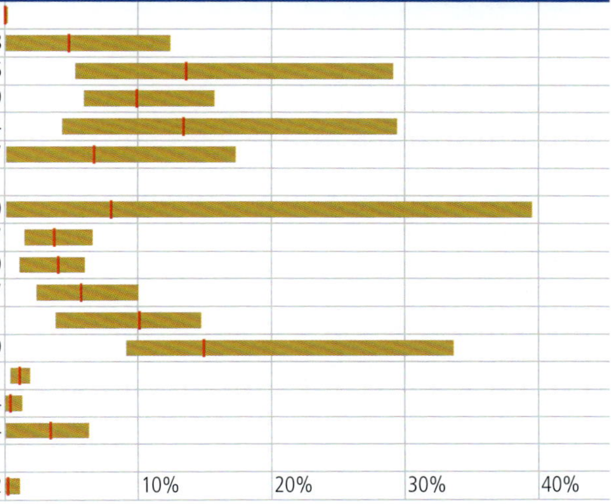

Kostenkennwerte für die Kostengruppen der 3. Ebene DIN 276

KG	Kostengruppen der 3. Ebene	Einheit	▷	€/Einheit	◁	▷	€/m² BGF	◁
432	Teilklimaanlagen	m²	–	**299**	–	–	**299**	–
366	Lichtschutz zur KG 360	m²	–	**228**	–	–	**158**	–
381	Allgemeine Einbauten	m²	–	**154**	–	–	**154**	–
382	Besondere Einbauten	m²	8	**148**	289	8	**148**	289
431	Lüftungsanlagen	m²	55	**129**	170	55	**129**	170
351	Deckenkonstruktionen	m²	234	**1.817**	4.982	40	**125**	297
334	Außenwandöffnungen	m²	924	**1.401**	1.944	45	**124**	350
445	Beleuchtungsanlagen	m²	38	**119**	253	38	**119**	253
353	Deckenbeläge	m²	162	**192**	216	46	**110**	156
386	Orientierungs- u. Informationssys.	m²	–	**102**	–	–	**102**	–
444	Niederspannungsinstallationsanl.	m²	57	**95**	145	57	**95**	145
324	Gründungsbeläge	m²	16	**116**	167	3	**95**	141
337	Elem. Außenwandkonstruktionen	m²	384	**854**	1.592	29	**93**	200
354	Deckenbekleidungen	m²	56	**134**	180	40	**84**	168
362	Dachöffnungen	m²	–	**865**	–	–	**82**	–
394	Abbruchmaßnahmen	m²	–	**68**	–	–	**68**	–
471	Küchentechnische Anlagen	m²	–	**57**	–	–	**57**	–
412	Wasseranlagen	m²	39	**52**	84	39	**52**	84
421	Wärmeerzeugungsanlagen	m²	27	**47**	57	27	**47**	57
361	Dachkonstruktionen	m²	82	**431**	1.128	1	**45**	68
342	Nichttragende Innenwände	m²	134	**198**	390	15	**44**	65
345	Innenwandbekleidungen	m²	30	**43**	61	27	**41**	50
474	Feuerlöschanlagen	m²	< 1	**41**	82	< 1	**41**	82
422	Wärmeverteilnetze	m²	11	**39**	51	11	**39**	51
364	Dachbekleidungen	m²	79	**117**	142	12	**35**	72
473	Medienversorgungsanlagen	m²	30	**34**	38	30	**34**	38
433	Klimaanlagen	m²	20	**32**	44	20	**32**	44
341	Tragende Innenwände	m²	268	**368**	545	15	**30**	59
335	Außenwandbekleidungen, außen	m²	63	**86**	109	< 1	**30**	60
344	Innenwandöffnungen	m²	506	**816**	1.094	20	**29**	53
475	Prozesswärme-, kälte- u. -luftanl.	m²	–	**26**	–	–	**26**	–
396	Materialentsorgung	m²	2	**24**	45	2	**24**	45
338	Lichtschutz zur KG 330	m²	193	**419**	645	22	**23**	24
346	Elem. Innenwandkonstruktionen	m²	528	**579**	680	9	**21**	41
423	Raumheizflächen	m²	5	**21**	31	5	**21**	31
411	Abwasseranlagen	m²	12	**19**	24	12	**19**	24
497	Zusätzliche Maßnahmen	m²	–	**18**	–	–	**18**	–
391	Baustelleneinrichtung	m²	7	**18**	29	7	**18**	29
322	Flachgründungen und Bodenplatten	m²	–	**17**	–	13	**17**	21
443	Niederspannungsschaltanlagen	m²	–	**17**	–	–	**17**	–
441	Hoch- und Mittelspannungsanlagen	m²	–	**16**	–	–	**16**	–
397	Zusätzliche Maßnahmen	m²	11	**16**	27	11	**16**	27
331	Tragende Außenwände	m²	361	**515**	669	3	**16**	39
392	Gerüste	m²	3	**11**	18	3	**11**	18
456	Gefahrenmelde- und Alarmanlagen	m²	5	**11**	25	5	**11**	25
461	Aufzugsanlagen	m²	2	**9**	23	2	**9**	23
336	Außenwandbekleidungen, innen	m²	16	**24**	30	2	**7**	11
339	Sonstiges zur KG 330	m²	6	**10**	15	2	**7**	12
465	Krananlagen	m²	–	**7**	–	–	**7**	–
359	Sonstiges zur KG 350	m²	12	**22**	32	–	**6**	–

Kosten:
Stand 2. Quartal 2025
Bundesdurchschnitt
inkl. 19% MwSt.

▷ von
ø Mittel
◁ bis

Prozentanteile der Kosten für Leistungsbereiche nach STLB (Kosten Bauwerk nach DIN 276)

LB	Leistungsbereiche	▷	% an 300+400	◁
000	Baustellen-, Verkehrssich.- u. Sicherh.einr. inkl. 001	0,5	**1,2**	1,7
002	Erdarbeiten	–	**–**	–
006	Spezialtiefbauarbeiten inkl. 005	–	**–**	–
009	Entwässerungskanalarbeiten inkl. 011	0,0	**0,4**	1,0
010	Drän- und Versickerarbeiten	–	**–**	–
012	Mauerarbeiten	0,1	**2,4**	4,5
013	Betonarbeiten	0,6	**1,6**	2,9
014	Natur-, Betonwerksteinarbeiten	0,0	**0,1**	0,3
016	Zimmer- und Holzbauarbeiten	0,0	**1,2**	6,1
017	Stahlbauarbeiten	< 0,1	**0,8**	3,6
018	Abdichtungsarbeiten	0,0	**< 0,1**	0,1
020	Dachdeckungsarbeiten	0,0	**1,0**	5,1
021	Dachabdichtungsarbeiten	0,0	**< 0,1**	0,2
022	Klempnerarbeiten	< 0,1	**2,0**	9,9
	Rohbau	3,9	**10,9**	22,7
023	Putz- und Stuckarbeiten, Wärmedämmsysteme	0,6	**1,5**	4,6
024	Fliesen- und Plattenarbeiten	0,3	**1,2**	2,6
025	Estricharbeiten	0,7	**2,2**	7,7
026	Fenster, Außentüren inkl. 029, 032	2,3	**8,1**	28,7
027	Tischlerarbeiten	0,6	**7,0**	32,3
028	Parkett-, Holzpflasterarbeiten	0,0	**0,3**	1,6
030	Rollladenarbeiten	< 0,1	**0,4**	1,7
031	Metallbauarbeiten inkl. 035	1,2	**6,9**	15,4
034	Maler- und Lackiererarb. – Beschicht. inkl. 037	1,9	**3,6**	4,7
036	Bodenbelagarbeiten	0,4	**5,1**	8,8
038	Vorgehängte hinterlüftete Fassaden	–	**–**	–
039	Trockenbauarbeiten	4,1	**7,5**	10,3
	Ausbau	39,1	**43,8**	51,0
040	Wärmeversorgungsanl. - Betriebseinr. inkl. 041	2,1	**5,3**	8,8
042	Gas- u. Wasseranl. – Leitung., Armat. inkl. 043	0,7	**1,6**	4,3
044	Abwasseranl. - Leitungen, Abläufe, Armaturen	0,2	**0,6**	1,2
045	Gas, Wasser, Entwässerung – Ausstattung inkl. 046	0,3	**1,1**	2,5
047	Dämm- und Brandschutzarb. an techn. Anlagen	0,2	**0,9**	2,1
049	Feuerlöschanlagen, Feuerlöschgeräte	0,0	**0,9**	4,5
050	Blitzschutz-/Erdungsanlagen, Überspannungssch.	< 0,1	**< 0,1**	0,3
052	Mittelspannungsanlagen	0,0	**0,2**	1,0
053	Niederspannungsanl. – Kabel inkl. 054	4,8	**6,8**	9,7
055	Sicherheits- u. Ersatzstromversorgungsanl.	–	**–**	–
057	Gebäudesystemtechnik	–	**–**	–
058	Leuchten und Lampen inkl. 059	2,7	**7,9**	17,9
060	Such, Signal, Zeit, Anten., akust. Anl. inkl. 064	0,0	**0,3**	0,8
061	Kommunikations- u. Übertragungsnetze inkl. 062	< 0,1	**0,2**	0,5
063	Gefahrenmeldeanlagen	< 0,1	**0,5**	1,2
069	Aufzüge	< 0,1	**0,4**	1,6
070	Gebäudeautomation	0,0	**0,1**	0,7
075	Raumlufttechnische Anlagen inkl. 078	4,4	**9,8**	13,9
	Gebäudetechnik	31,7	**36,6**	43,2
084	Abbruch, Rückbau, Schadstoffsanierung	0,7	**3,9**	6,4
	Sonstige Leistungsbereiche inkl. 008, 033, 051	0,7	**4,8**	7,5

Objektübersicht zur Gebäudeart

€/m² BGF

min	765	€/m²
von	1.005	€/m²
Mittel	**1.395**	**€/m²**
bis	1.645	€/m²
max	1.750	€/m²

Kosten:
Stand 2. Quartal 2025
Bundesdurchschnitt
inkl. 19% MwSt.

7200-0096 Geschäftshaus, Foyer

BRI 1.033 m³ **BGF** 220 m² **NUF** 71 m²

Baujahr: 1996
Bauzustand: mittel
Aufwand: hoch
Nutzung während der Bauzeit: ja
Nutzungsänderung: nein
Grundrissänderungen: wenige
Tragwerkseingriffe: wenige

Land: Sachsen
Kreis: Leipzig, Stadt
Standard: hoch
Bauzeit: 9 Wochen
Kennwerte: bis 3. Ebene DIN 276
vorgesehen: BKI Objektdaten A13
BGF 1.379 €/m²

Planung: k.A.

Foyer eines Geschäftshauses mit Empfangstresen und Wartebereich

Bauwerk – Baukonstruktionen
Herstellen: Besondere Einbauten 33%, Allgemeine Einbauten 18%, Deckenbeläge 17%, Orientierungs- und Informationssysteme 12%
Sonstige: 20%

Bauwerk – Technische Anlagen
Herstellen: Beleuchtungsanlagen 59%, Niederspannungsinstallationsanlagen 29%, Klimaanlagen 9%
Sonstige: 4%

7300-0064 Montagewerkstatt, Umnutzung

BRI 4.001 m³ **BGF** 760 m² **NUF** 662 m²

Baujahr: 1992
Bauzustand: mittel
Aufwand: mittel
Nutzung während der Bauzeit: nein
Nutzungsänderung: ja
Grundrissänderungen: einige
Tragwerkseingriffe: wenige

Land: Mecklenburg-Vorpommern
Kreis: Mecklenburgische Seenplatte
Standard: mittel
Bauzeit: 70 Wochen
Kennwerte: bis 3. Ebene DIN 276
veröffentlicht: BKI Objektdaten A8
BGF 1.149 €/m²

Planung: atelier05 Architektur + Innenarchitektur; Jürgenshagen

Arbeitsplätze für Menschen mit Behinderung für Montage von Kleineisenteilen, Konfektionieren und Verpacken von diversen Produkten, CD-Vernichtung; behindertengerechter Umbau. **Kosteneinfluss Nutzung:** Die Montagewerkstatt wurde behindertengerecht umgebaut und bietet Arbeitsplätze für Menschen mit Behinderung.

Bauwerk – Baukonstruktionen
Herstellen: Gründungsbeläge 23%, Dachkonstruktionen 11%, Außenwandöffnungen 10%, Innenwandöffnungen 8%, Elementierte Innenwandkonstruktionen 6%, Tragende Außenwände 6%, Nichttragende Innenwände 6%
Wiederherstellen: Dachbekleidungen 8%
Sonstige: 23%

Bauwerk – Technische Anlagen
Herstellen: Lüftungsanlagen 29%, Küchentechnische Anlagen 11%, Wasseranlagen 9%, Wärmeverteilnetze 8%, Medienversorgungsanlagen, Medizin- und labortechnische Anlagen 8%, Raumheizflächen 6%, Niederspannungsinstallationsanlagen 6%
Sonstige: 22%

Objektübersicht zur Gebäudeart

7200-0061 Geschäftshaus, Café, Büros

BRI 2.953 m³ **BGF** 911 m² **NUF** 646 m²

Baujahr: 1951
Bauzustand: schlecht
Aufwand: mittel
Nutzung während der Bauzeit: nein
Nutzungsänderung: ja
Grundrissänderungen: umfangreiche
Tragwerkseingriffe: einige

Land: Baden-Württemberg
Kreis: Ulm, Stadt
Standard: mittel
Bauzeit: 8 Wochen
Kennwerte: bis 3. Ebene DIN 276
veröffentlicht: BKI Objektdaten A6

BGF 1.449 €/m²

Planung: Seidel : Architekten Dipl.-Ing. Josef H. Seidel; Ulm-Lehr

Umbau eines Wohn- und Geschäftshauses, Einbau eines Ladencafés (163 Sitzplätze), Büro- und Konferenzräume (4 Mitarbeiter). Instandsetzungen an Wänden und Decken. Modernisierung der Heizungsanlage. **Kosteneinfluss Grundstück:** Das Grundstück liegt in einer Fußgängerzone.

Bauwerk – Baukonstruktionen
Abbrechen: Deckenbeläge 3%
Herstellen: Außenwandöffnungen 40%, Elementierte Außenwandkonstruktionen 9%, Nichttragende Innenwände 9%, Deckenbeläge 8%, Deckenkonstruktionen 5%
Wiederherstellen: Außenwandbekleidungen, außen 7%
Sonstige: 21%

Bauwerk – Technische Anlagen
Herstellen: Lüftungsanlagen 31%, Niederspannungsinstallationsanlagen 18%, Wärmeerzeugungsanlagen 10%, Wärmeverteilnetze 9%, Wasseranlagen 7%, Raumheizflächen 5%
Sonstige: 20%

7200-0036 Geschäftshaus, Laden

BRI 2.155 m³ **BGF** 535 m² **NUF** 441 m²

Land: Bayern
Kreis: München, Stadt
Standard: mittel
Bauzeit: 13 Wochen
Kennwerte: bis 3. Ebene DIN 276
veröffentlicht: www.bki.de

BGF 1.750 €/m²

Planung: Fendt-Fikentscher-Cole Architekten; München

Neugestaltung eines Buchladens im Erd- und Untergeschoss eines Geschäftshauses in einer Fußgängerzone. **Kosteneinfluss Nutzung:** Als Bezugsgrößen wurden nur die Flächen und das Volumen des umgebauten Ladens angegeben. **Kosteneinfluss Grundstück:** Sehr beengter Bauraum im Untergeschoss und Erdgeschoss eines bestehenden Gebäudes in der Fußgängerzone in der Innenstadt.

Bauwerk – Baukonstruktionen
Abbrechen: Materialentsorgung 5%
Herstellen: Deckenkonstruktionen 31%, Deckenbeläge 16%, Deckenbekleidungen 16%, Außenwandöffnungen 8%, Innenwandbekleidungen 4%
Sonstige: 22%

Bauwerk – Technische Anlagen
Herstellen: Teilklimaanlagen 36%, Beleuchtungsanlagen 22%, Wasseranlagen 10%, Niederspannungsinstallationsanlagen 10%
Sonstige: 22%

Übersicht- 1. + 2. Ebene
Erweiterung
Umbau
Moderni- sierung
Instand- setzung
Bau- elemente
Abbrechen
Wieder- herstellen
Herstellen

€/m² BGF

min	765	€/m²
von	1.005	€/m²
Mittel	**1.395**	**€/m²**
bis	1.645	€/m²
max	1.750	€/m²

Kosten:
Stand 2. Quartal 2025
Bundesdurchschnitt
inkl. 19% MwSt.

Objektübersicht zur Gebäudeart

7300-0014 Produktions- und Bürogebäude

BRI 193.018 m³ **BGF** 27.358 m² **NUF** 20.915 m²

Land: Thüringen
Kreis: Jena, Stadt
Standard: mittel
Bauzeit: 65 Wochen
Kennwerte: bis 3. Ebene DIN 276
veröffentlicht: www.bki.de
BGF **1.651 €/m²**

Planung: k.A.

Umbau einer vorhandenen Industriehalle zur Nutzung durch 6 verschiedene Betriebe. **Kosteneinfluss Nutzung:** Umnutzung und Sanierung einer vorhandenen Industriehalle, daher keine Kosten für Baugrube. **Kosteneinfluss Grundstück:** Vorhandenes Firmengelände

Bauwerk – Baukonstruktionen
Elementierte Außenwandkonstruktionen 18%, Lichtschutz zur KG 360 14%, Gründungsbeläge 12%, Dachöffnungen 7%, Abbruchmaßnahmen 6%, Tragende Innenwände 5%, Dachkonstruktionen 5%, Innenwandbekleidungen 5%, Deckenkonstruktionen 3%, Dachbekleidungen 3%
Sonstige: 22%

Bauwerk – Technische Anlagen
Niederspannungsinstallationsanlagen 17%, Beleuchtungsanlagen 13%, Wärmeerzeugungsanlagen 11%, Lüftungsanlagen 11%, Wasseranlagen 6%, Medienversorgungsanlagen, Medizin- und labortechnische Anlagen 6%, Prozesswärme-, kälte- und -luftanlagen 5%, Gefahrenmelde- und Alarmanlagen 5%, Klimaanlagen 4%
Sonstige: 22%

7300-0063 Betriebs- und Werkstattgebäude

BRI 6.697 m³ **BGF** 1.952 m² **NUF** 1.632 m²

© güldenzopf rohrberg architektur + design

Bauzustand: mittel
Aufwand: mittel
Nutzung während der Bauzeit: nein
Nutzungsänderung: ja
Grundrissänderungen: einige
Tragwerkseingriffe: wenige

Land: Hamburg
Kreis: Hamburg, Stadt
Standard: mittel
Bauzeit: 22 Wochen
Kennwerte: bis 1. Ebene DIN 276
veröffentlicht: BKI Objektdaten A7
BGF **766 €/m²**

Planung: güldenzopf rohrberg architektur & design; Hamburg

Umbau eines dreigeschossigen Bestandsgebäudes (Baujahr 1900). Die Maßnahme beschränkt sich auf den Mieterausbau im EG und 1.OG. Hier insbesondere die nichttragenden Innenwände, Brandschutzmaßnahmen, Erneuerung der Raumoberflächen und Installation der für die Produktion notwendigen Technischen Anlagen. Die Tragkonstruktion und die Fassade werden nicht verändert.

7200-0061 Geschäftshaus, Café, Büros

BRI 2.953 m³ **BGF** 911 m² **NUF** 646 m²

Baujahr: 1951
Bauzustand: schlecht
Aufwand: mittel
Nutzung während der Bauzeit: nein
Nutzungsänderung: ja
Grundrissänderungen: umfangreiche
Tragwerkseingriffe: einige

Land: Baden-Württemberg
Kreis: Ulm, Stadt
Standard: mittel
Bauzeit: 8 Wochen
Kennwerte: bis 3. Ebene DIN 276
veröffentlicht: BKI Objektdaten A6

BGF 1.449 €/m²

Planung: Seidel : Architekten Dipl.-Ing. Josef H. Seidel; Ulm-Lehr

Umbau eines Wohn- und Geschäftshauses, Einbau eines Ladencafés (163 Sitzplätze), Büro- und Konferenzräume (4 Mitarbeiter). Instandsetzungen an Wänden und Decken. Modernisierung der Heizungsanlage. **Kosteneinfluss Grundstück:** Das Grundstück liegt in einer Fußgängerzone.

Bauwerk – Baukonstruktionen
Abbrechen: Deckenbeläge 3%
Herstellen: Außenwandöffnungen 40%, Elementierte Außenwandkonstruktionen 9%, Nichttragende Innenwände 9%, Deckenbeläge 8%, Deckenkonstruktionen 5%
Wiederherstellen: Außenwandbekleidungen, außen 7%
Sonstige: 21%

Bauwerk – Technische Anlagen
Herstellen: Lüftungsanlagen 31%, Niederspannungsinstallationsanlagen 18%, Wärmeerzeugungsanlagen 10%, Wärmeverteilnetze 9%, Wasseranlagen 7%, Raumheizflächen 5%
Sonstige: 20%

7200-0036 Geschäftshaus, Laden

BRI 2.155 m³ **BGF** 535 m² **NUF** 441 m²

Land: Bayern
Kreis: München, Stadt
Standard: mittel
Bauzeit: 13 Wochen
Kennwerte: bis 3. Ebene DIN 276
veröffentlicht: www.bki.de

BGF 1.750 €/m²

Planung: Fendt-Fikentscher-Cole Architekten; München

Neugestaltung eines Buchladens im Erd- und Untergeschoss eines Geschäftshauses in einer Fußgängerzone. **Kosteneinfluss Nutzung:** Als Bezugsgrößen wurden nur die Flächen und das Volumen des umgebauten Ladens angegeben. **Kosteneinfluss Grundstück:** Sehr beengter Bauraum im Untergeschoss und Erdgeschoss eines bestehenden Gebäudes in der Fußgängerzone in der Innenstadt.

Bauwerk – Baukonstruktionen
Abbrechen: Materialentsorgung 5%
Herstellen: Deckenkonstruktionen 31%, Deckenbeläge 16%, Deckenbekleidungen 16%, Außenwandöffnungen 8%, Innenwandbekleidungen 4%
Sonstige: 22%

Bauwerk – Technische Anlagen
Herstellen: Teilklimaanlagen 36%, Beleuchtungsanlagen 22%, Wasseranlagen 10%, Niederspannungsinstallationsanlagen 10%
Sonstige: 22%

Objektübersicht zur Gebäudeart

€/m² BGF

min	765	€/m²
von	1.005	€/m²
Mittel	**1.395**	**€/m²**
bis	1.645	€/m²
max	1.750	€/m²

Kosten:
Stand 2. Quartal 2025
Bundesdurchschnitt
inkl. 19% MwSt.

7300-0014 Produktions- und Bürogebäude

BRI 193.018m³ **BGF** 27.358m² **NUF** 20.915m²

Land: Thüringen
Kreis: Jena, Stadt
Standard: mittel
Bauzeit: 65 Wochen
Kennwerte: bis 3. Ebene DIN 276
veröffentlicht: www.bki.de

BGF **1.651€/m²**

Planung: k.A.

Umbau einer vorhandenen Industriehalle zur Nutzung durch 6 verschiedene Betriebe. **Kosteneinfluss Nutzung:** Umnutzung und Sanierung einer vorhandenen Industriehalle, daher keine Kosten für Baugrube. **Kosteneinfluss Grundstück:** Vorhandenes Firmengelände

Bauwerk – Baukonstruktionen
Elementierte Außenwandkonstruktionen 18%, Lichtschutz zur KG 360 14%, Gründungsbeläge 12%, Dachöffnungen 7%, Abbruchmaßnahmen 6%, Tragende Innenwände 5%, Dachkonstruktionen 5%, Innenwandbekleidungen 5%, Deckenkonstruktionen 3%, Dachbekleidungen 3%
Sonstige: 22%

Bauwerk – Technische Anlagen
Niederspannungsinstallationsanlagen 17%, Beleuchtungsanlagen 13%, Wärmeerzeugungsanlagen 11%, Lüftungsanlagen 11%, Wasseranlagen 6%, Medienversorgungsanlagen, Medizin- und labortechnische Anlagen 6%, Prozesswärme-, kälte- und -luftanlagen 5%, Gefahrenmelde- und Alarmanlagen 5%, Klimaanlagen 4%
Sonstige: 22%

7300-0063 Betriebs- und Werkstattgebäude

BRI 6.697m³ **BGF** 1.952m² **NUF** 1.632m²

© güldenzopf rohrberg architektur + design

Bauzustand: mittel
Aufwand: mittel
Nutzung während der Bauzeit: nein
Nutzungsänderung: ja
Grundrissänderungen: einige
Tragwerkseingriffe: wenige

Land: Hamburg
Kreis: Hamburg, Stadt
Standard: mittel
Bauzeit: 22 Wochen
Kennwerte: bis 1. Ebene DIN 276
veröffentlicht: BKI Objektdaten A7

BGF **766€/m²**

Planung: güldenzopf rohrberg architektur & design; Hamburg

Umbau eines dreigeschossigen Bestandsgebäudes (Baujahr 1900). Die Maßnahme beschränkt sich auf den Mieterausbau im EG und 1.OG. Hier insbesondere die nichttragenden Innenwände, Brandschutzmaßnahmen, Erneuerung der Raumoberflächen und Installation der für die Produktion notwendigen Technischen Anlagen. Die Tragkonstruktion und die Fassade werden nicht verändert.

7500-0017 Bankfiliale

BRI 1.982 m³ **BGF** 507 m² **NUF** 445 m²

Baujahr: 1996
Bauzustand: gut
Aufwand: hoch
Nutzung während der Bauzeit: nein
Grundrissänderungen: keine
Tragwerkseingriffe: keine

Land: Thüringen
Kreis: Erfurt, Stadt
Standard: hoch
Bauzeit: 9 Wochen
Kennwerte: bis 1. Ebene DIN 276
veröffentlicht: www.bki.de
BGF **1.629 €/m²**

Planung: Thomas Erfurt Dipl.-Ing. Architekt BDA; Erfurt

Ausbau für eine Bankfiliale im Erd- und Untergeschoss eines Gebäudes, das ein Jahr zuvor in den übrigen Geschossen fertiggestellt wurde.

Kostenkennwerte für die Kosten des Bauwerks (Kostengruppen 300+400 nach DIN 276)

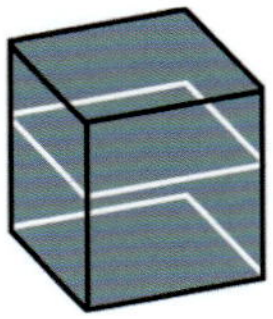

BRI 525 €/m³
von 425 €/m³
bis 640 €/m³

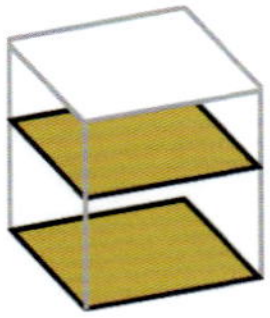

BGF 1.935 €/m²
von 1.730 €/m²
bis 2.140 €/m²

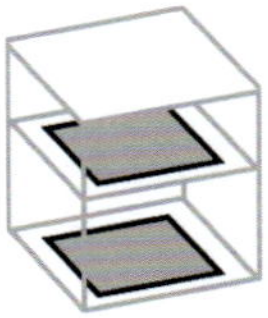

NUF 3.055 €/m²
von 2.360 €/m²
bis 3.755 €/m²

Kosten:
Stand 2. Quartal 2025
Bundesdurchschnitt
inkl. 19% MwSt.

Objektbeispiele

9100-0047

9100-0007

9100-0104

Kosten der 4 Vergleichsobjekte

Seiten 288 bis 289

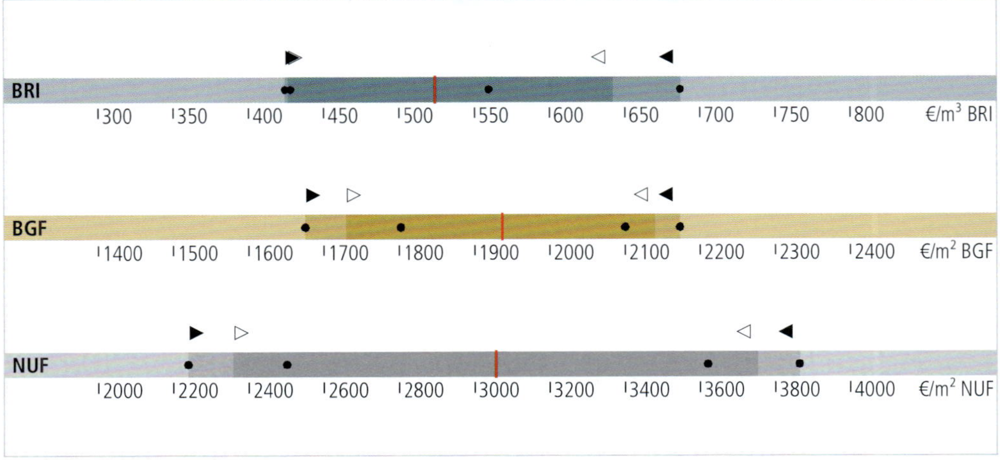

- ● KKW
- ▶ min
- ▷ von
- | Mittelwert
- ◁ bis
- ◀ max

Kostenkennwerte für die Kostengruppen der 1. und 2.Ebene DIN 276

KG	Kostengruppen der 1.Ebene	Einheit	▷	€/Einheit	◁	▷	% an 300+400	◁
100	Grundstück	m²GF	–	**–**	–	–	**–**	–
200	Vorbereitende Maßnahmen	m²GF	6	**29**	72	0,1	**1,8**	5,0
300	Bauwerk – Baukonstruktionen	m²BGF	1.392	**1.508**	1.826	68,5	**77,9**	81,7
400	Bauwerk – Technische Anlagen	m²BGF	351	**429**	662	18,3	**22,1**	31,5
	Bauwerk 300+400	m²BGF	1.729	**1.937**	2.140	100,0	**100,0**	100,0
500	Außenanlagen und Freiflächen	m²AF	–	**697**	–	5,2	**6,0**	6,8
600	Ausstattung und Kunstwerke	m²BGF	< 1	**12**	23	< 0,1	**0,6**	1,1
700	Baunebenkosten	m²BGF	–	**–**	–	–	**–**	–
800	Finanzierung	m²BGF	–	**–**	–	–	**–**	–

KG	Kostengruppen der 2.Ebene	Einheit	▷	€/Einheit	◁	▷	% an 1.Ebene	◁
310	Baugrube / Erdbau	m³BGI	116	**131**	145	0,2	**0,7**	1,7
320	Gründung, Unterbau	m²GRF	233	**425**	799	3,6	**8,3**	10,6
330	Außenwände / vertikal außen	m²AWF	623	**723**	922	31,4	**37,4**	49,0
340	Innenwände / vertikal innen	m²IWF	351	**369**	404	7,4	**15,1**	19,2
350	Decken / horizontal	m²DEF	296	**469**	735	7,9	**20,6**	27,0
360	Dächer	m²DAF	219	**365**	587	4,6	**10,1**	21,1
370	Infrastrukturanlagen		–	**–**	–	–	**–**	–
380	Baukonstruktive Einbauten	m²BGF	8	**9**	10	0,0	**0,4**	0,7
390	Sonst. Maßnahmen für Baukonst.	m²BGF	58	**104**	130	4,0	**7,5**	9,5
300	**Bauwerk – Baukonstruktionen**	**m²BGF**					**100,0**	
410	Abwasser-, Wasser-, Gasanlagen	m²BGF	35	**38**	43	6,4	**8,7**	10,0
420	Wärmeversorgungsanlagen	m²BGF	99	**119**	139	0,0	**16,8**	26,2
430	Raumlufttechnische Anlagen	m²BGF	–	**18**	–	0,0	**1,8**	5,4
440	Elektrische Anlagen	m²BGF	122	**207**	336	27,7	**48,7**	90,6
450	Kommunikationstechnische Anlagen	m²BGF	44	**149**	255	4,7	**17,2**	38,5
460	Förderanlagen	m²BGF	–	**43**	–	0,0	**4,3**	12,8
470	Nutzungsspez. / verfahrenstech. Anl.	m²BGF	< 1	**3**	6	< 0,1	**0,6**	1,7
480	Gebäude- und Anlagenautomation	m²BGF	–	**–**	–	–	**–**	–
490	Sonst. Maßnahmen f. techn. Anl.	m²BGF	6	**16**	26	0,5	**1,9**	3,9
400	**Bauwerk – Technische Anlagen**	**m²BGF**					**100,0**	

Prozentanteile der Kosten 2.Ebene an den Kosten des Bauwerks nach DIN 276 (Von/Mittel/Bis)

KG	Kostengruppe	%
310	Baugrube / Erdbau	0,5
320	Gründung, Unterbau	6,2
330	Außenwände / vertikal außen	28,6
340	Innenwände / vertikal innen	11,4
350	Decken / horizontal	15,4
360	Dächer	7,9
370	Infrastrukturanlagen	
380	Baukonstruktive Einbauten	0,3
390	Sonst. Maßnahmen für Baukonst.	5,7
410	Abwasser-, Wasser-, Gasanlagen	2,0
420	Wärmeversorgungsanlagen	4,2
430	Raumlufttechnische Anlagen	0,4
440	Elektrische Anlagen	11,1
450	Kommunikationstechnische Anlagen	4,9
460	Förderanlagen	0,9
470	Nutzungsspez. / verfahrenstech. Anl.	0,1
480	Gebäude- und Anlagenautomation	
490	Sonst. Maßnahmen f. techn. Anl.	0,5

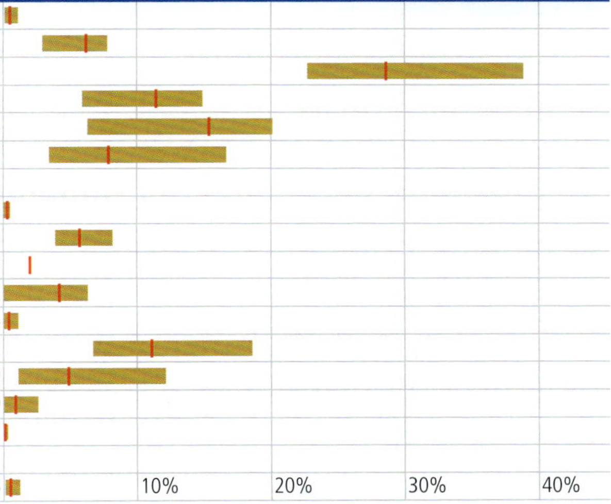

Kostenkennwerte für die Kostengruppen der 3. Ebene DIN 276

Kosten:
Stand 2. Quartal 2025
Bundesdurchschnitt
inkl. 19% MwSt.

▷ von
ø Mittel
◁ bis

KG	Kostengruppen der 3. Ebene	Einheit	▷	€/Einheit	◁	▷	€/m² BGF	◁
445	Beleuchtungsanlagen	m²	86	**167**	247	86	**167**	247
351	Deckenkonstruktionen	m²	156	**432**	614	78	**164**	218
334	Außenwandöffnungen	m²	1.247	**1.954**	3.364	154	**163**	179
331	Tragende Außenwände	m²	310	**386**	530	95	**134**	196
335	Außenwandbekleidungen, außen	m²	202	**237**	307	19	**121**	184
444	Niederspannungsinstallationsanl.	m²	81	**94**	107	81	**94**	107
336	Außenwandbekleidungen, innen	m²	109	**199**	375	46	**78**	142
363	Dachbeläge	m²	191	**224**	247	17	**77**	194
353	Deckenbeläge	m²	38	**136**	189	16	**76**	113
344	Innenwandöffnungen	m²	1.355	**1.617**	1.767	13	**61**	90
423	Raumheizflächen	m²	–	**57**	–	–	**57**	–
345	Innenwandbekleidungen	m²	50	**56**	67	22	**55**	75
324	Gründungsbeläge	m²	179	**301**	539	37	**55**	88
342	Nichttragende Innenwände	m²	114	**163**	212	45	**52**	58
322	Flachgründungen und Bodenplatten	m²	90	**166**	293	15	**49**	67
337	Elem. Außenwandkonstruktionen	m²	–	**1.158**	–	–	**48**	–
394	Abbruchmaßnahmen	m²	5	**48**	90	5	**48**	90
456	Gefahrenmelde- und Alarmanlagen	m²	–	**44**	–	–	**44**	–
421	Wärmeerzeugungsanlagen	m²	–	**44**	–	–	**44**	–
461	Aufzugsanlagen	m²	–	**43**	–	–	**43**	–
361	Dachkonstruktionen	m²	53	**107**	184	16	**39**	86
341	Tragende Innenwände	m²	409	**532**	600	18	**39**	49
422	Wärmeverteilnetze	m²	–	**35**	–	–	**35**	–
392	Gerüste	m²	17	**29**	41	17	**29**	41
354	Deckenbekleidungen	m²	21	**44**	58	15	**28**	50
393	Sicherungsmaßnahmen	m²	–	**27**	–	–	**27**	–
491	Baustelleneinrichtung	m²	–	**26**	–	–	**26**	–
396	Materialentsorgung	m²	–	**26**	–	–	**26**	–
364	Dachbekleidungen	m²	104	**129**	172	17	**24**	36
391	Baustelleneinrichtung	m²	10	**23**	46	10	**23**	46
412	Wasseranlagen	m²	7	**21**	30	7	**21**	30
359	Sonstiges zur KG 350	m²	11	**34**	79	6	**18**	42
431	Lüftungsanlagen	m²	–	**18**	–	–	**18**	–
349	Sonstiges zur KG 340	m²	17	**44**	70	11	**16**	21
411	Abwasseranlagen	m²	11	**16**	27	11	**16**	27
346	Elem. Innenwandkonstruktionen	m²	–	**862**	–	–	**15**	–
311	Herstellung	m³	116	**125**	134	6	**14**	22
397	Zusätzliche Maßnahmen	m²	4	**12**	27	4	**12**	27
381	Allgemeine Einbauten	m²	–	**10**	–	–	**10**	–
389	Sonstiges zur KG 380	m²	–	**8**	–	–	**8**	–
325	Abdichtungen und Bekleidungen	m²	33	**33**	34	3	**8**	17
326	Dränagen	m²	17	**25**	33	7	**8**	9
339	Sonstiges zur KG 330	m²	3	**12**	16	3	**7**	10
369	Sonstiges zur KG 360	m²	–	**19**	–	–	**7**	–
446	Blitzschutz- und Erdungsanlagen	m²	5	**6**	8	5	**6**	8
343	Innenstützen	m	208	**499**	791	3	**6**	9
494	Abbruchmaßnahmen	m²	–	**6**	–	–	**6**	–
476	Weitere nutzungsspezifische Anl.	m²	–	**6**	–	–	**6**	–
333	Außenstützen	m	–	**628**	–	2	**3**	5
362	Dachöffnungen	m²	–	**2.612**	–	–	**3**	–

Prozentanteile der Kosten für Leistungsbereiche nach STLB (Kosten Bauwerk nach DIN 276)

LB	Leistungsbereiche	▷	% an 300+400	◁
000	Baustellen-, Verkehrssich.- u. Sicherh.einr. inkl. 001	2,1	**3,2**	4,8
002	Erdarbeiten	0,9	**1,5**	2,4
006	Spezialtiefbauarbeiten inkl. 005	–	**–**	–
009	Entwässerungskanalarbeiten inkl. 011	0,0	**< 0,1**	< 0,1
010	Drän- und Versickerarbeiten	0,0	**0,1**	0,2
012	Mauerarbeiten	5,6	**9,6**	12,1
013	Betonarbeiten	3,9	**7,6**	12,3
014	Natur-, Betonwerksteinarbeiten	2,4	**3,2**	4,3
016	Zimmer- und Holzbauarbeiten	1,3	**7,3**	13,0
017	Stahlbauarbeiten	0,0	**0,6**	1,2
018	Abdichtungsarbeiten	0,4	**2,6**	4,7
020	Dachdeckungsarbeiten	0,3	**3,3**	5,7
021	Dachabdichtungsarbeiten	0,0	**< 0,1**	< 0,1
022	Klempnerarbeiten	0,3	**0,7**	0,9
	Rohbau	28,9	**39,6**	48,8
023	Putz- und Stuckarbeiten, Wärmedämmsysteme	5,6	**7,2**	8,1
024	Fliesen- und Plattenarbeiten	0,4	**0,8**	1,2
025	Estricharbeiten	1,0	**1,9**	3,5
026	Fenster, Außentüren inkl. 029, 032	3,6	**6,2**	9,8
027	Tischlerarbeiten	0,6	**1,2**	1,8
028	Parkett-, Holzpflasterarbeiten	–	**–**	–
030	Rollladenarbeiten	0,0	**< 0,1**	0,2
031	Metallbauarbeiten inkl. 035	2,2	**4,3**	7,6
034	Maler- und Lackiererarb. – Beschicht. inkl. 037	2,7	**3,6**	4,5
036	Bodenbelagarbeiten	0,9	**1,8**	3,1
038	Vorgehängte hinterlüftete Fassaden	0,0	**0,3**	0,5
039	Trockenbauarbeiten	4,5	**5,6**	6,5
	Ausbau	28,3	**32,9**	39,9
040	Wärmeversorgungsanl. - Betriebseinr. inkl. 041	1,9	**3,8**	5,8
042	Gas- u. Wasseranl. – Leitung., Armat. inkl. 043	< 0,1	**0,4**	0,8
044	Abwasseranl. - Leitungen, Abläufe, Armaturen	< 0,1	**0,7**	1,2
045	Gas, Wasser, Entwässerung – Ausstattung inkl. 046	0,0	**0,1**	0,3
047	Dämm- und Brandschutzarb. an techn. Anlagen	0,2	**0,4**	0,5
049	Feuerlöschanlagen, Feuerlöschgeräte	< 0,1	**< 0,1**	< 0,1
050	Blitzschutz-/Erdungsanlagen, Überspannungssch.	< 0,1	**0,2**	0,3
052	Mittelspannungsanlagen	–	**–**	–
053	Niederspannungsanl. – Kabel inkl. 054	4,1	**4,4**	4,9
055	Sicherheits- u. Ersatzstromversorgungsanl.	–	**–**	–
057	Gebäudesystemtechnik	–	**–**	–
058	Leuchten und Lampen inkl. 059	0,8	**5,9**	9,8
060	Such, Signal, Zeit, Anten., akust. Anl. inkl. 064	–	**–**	–
061	Kommunikations- u. Übertragungsnetze inkl. 062	–	**–**	–
063	Gefahrenmeldeanlagen	0,5	**4,8**	8,2
069	Aufzüge	0,0	**0,9**	1,7
070	Gebäudeautomation	0,0	**< 0,1**	< 0,1
075	Raumlufttechnische Anlagen inkl. 078	0,0	**0,3**	0,7
	Gebäudetechnik	18,1	**22,0**	25,6
084	Abbruch, Rückbau, Schadstoffsanierung	0,2	**3,3**	6,3
	Sonstige Leistungsbereiche inkl. 008, 033, 051	< 0,1	**2,2**	4,3

Objektübersicht zur Gebäudeart

€/m² BGF

min	1.675	€/m²
von	1.730	€/m²
Mittel	**1.935**	**€/m²**
bis	2.140	€/m²
max	2.175	€/m²

Kosten:
Stand 2. Quartal 2025
Bundesdurchschnitt
inkl. 19% MwSt.

9100-0047 Stadtmuseum

BRI 3.149 m³ **BGF** 839 m² **NUF** 456 m²

Baujahr: 1558
Bauzustand: schlecht
Aufwand: hoch
Nutzung während der Bauzeit: nein
Nutzungsänderung: ja
Grundrissänderungen: einige
Tragwerkseingriffe: einige

Land: Sachsen-Anhalt
Kreis: Halle (Saale), Stadt
Standard: hoch
Bauzeit: 91 Wochen
Kennwerte: bis 3. Ebene DIN 276
veröffentlicht: BKI Objektdaten A6

BGF 2.100 €/m²

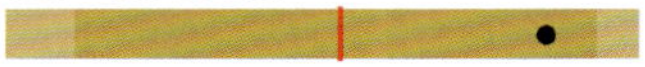

Planung: Johann-Christian Fromme Freier Architekt; Halle

Umbau einer Druckerei zum Erweiterungsbau des Stadtmuseums. Ausstellungsflächen, Büroräume für 16 Mitarbeiter. **Kosteneinfluss Nutzung:** Das Gebäude wurde seit Jahren nicht benutzt: Schwamm und andere Holzschädigungen in den Deckenbalken, die Außenfenster und die Gebäudetechnik waren unbrauchbar.

Bauwerk – Baukonstruktionen
Abbrechen: Deckenkonstruktionen 5%
Herstellen: Deckenkonstruktionen 12%, Außenwandöffnungen 11%, Außenwandbekleidungen, außen 7%, Innenwandöffnungen 7%, Deckenbeläge 6%, Gründungsbeläge 5%, Innenwandbekleidungen 4%, Außenwandbekleidungen, innen 3%, Sonstiges zur KG 350 3%, Gerüste 3%, Flachgründungen und Bodenplatten 3%
Wiederherstellen: Tragende Außenwände 4%
Sonstige: 28%

Bauwerk – Technische Anlagen
Herstellen: Kommunikations-, sicherheits- und informationstechnische Anlagen 37%, Niederspannungsinstallationsanlagen 16%, Beleuchtungsanlagen 13%, Raumheizflächen 9%
Sonstige: 25%

9100-0005 Landwirtschaftliches Museum

BRI 985 m³ **BGF** 232 m² **NUF** 187 m²

Land: Baden-Württemberg
Kreis: Lörrach
Standard: einfach
Bauzeit: 143 Wochen
Kennwerte: bis 3. Ebene DIN 276
veröffentlicht: www.bki.de

BGF 1.802 €/m²

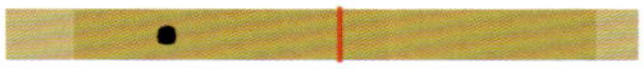

Planung: k.A.

Umbau einer denkmalgeschützten Scheune von 1803 zum landwirtschaftlichen Museum unter weitestgehender Erhaltung der vorhandenen Bausubstanz. **Kosteneinfluss Nutzung:** Kosten für Ausstattung mit Ausstellungsstücken sind nicht erfasst. **Kosteneinfluss Grundstück:** Zugang nur über umgebende Grundstücke.

Bauwerk – Baukonstruktionen
Außenwandbekleidungen, außen 15%, Tragende Außenwände 14%, Dachbeläge 14%, Außenwandöffnungen 11%, Außenwandbekleidungen, innen 10%, Dachkonstruktionen 6%, Deckenkonstruktionen 5%, Flachgründungen und Bodenplatten 5%
Sonstige: 21%

Bauwerk – Technische Anlagen
Elektrische Anlagen 91%, Abwasser-, Wasser-, Gasanlagen 9%

Objektübersicht zur Gebäudeart

9100-0007 Stadthistorisches Museum

BRI 20.919 m³ **BGF** 5.343 m² **NUF** 3.578 m²

© architektur-fabrik-aachen

Land: Nordrhein-Westfalen
Kreis: Duisburg, Stadt
Standard: mittel
Bauzeit: 222 Wochen
Kennwerte: bis 3. Ebene DIN 276
veröffentlicht: www.bki.de

BGF 1.675 €/m²

Planung: afa architektur-fabrik-aachen; Aachen

Umnutzung eines ehemaligen Silospeichers zum stadthistorischen Museum mit Sammlungs-/Ausstellungsräumen in den unteren zwei Etagen, Zubehör-, Werkstatt- und Verwaltungsräume in den oberen vier Etagen. **Kosteneinfluss Nutzung:** BT "A" liegt in den oberen vier Etagen außerhalb von Nutzung und Kostenanalyse. **Kosteneinfluss Grundstück:** Kanalnachbarschaft und Grundwasserverhältnisse im Einfluss des alten Rheintals bedingten Eichenpfahlgründung. Mängel dieser Gründung und Grunderschütterungen durch den Hafenbetrieb führten zu erheblicher Schieflage am Gebäude (tlw. bis 30cm Höhendifferenz).

Bauwerk – Baukonstruktionen
Außenwandöffnungen 13%, Deckenkonstruktionen 13%, Tragende Außenwände 10%, Deckenbeläge 9%, Abbruchmaßnahmen 7%, Innenwandbekleidungen 6%, Innenwandöffnungen 5%, Deckenbekleidungen 4%, Tragende Innenwände 4%, Elementierte Außenwandkonstruktionen 4%, Baustelleneinrichtung 3%
Sonstige: 21%

Bauwerk – Technische Anlagen
Wärmeversorgungsanlagen 29%, Elektrische Anlagen 26%, Kommunikations-, sicherheits- und informationstechnische Anlagen 13%
Sonstige: 32%

9100-0104 Heimatmuseum

BRI 567 m³ **BGF** 179 m² **NUF** 108 m²

© Ulrike Ludewig

Baujahr: 1885
Bauzustand: schlecht
Aufwand: hoch
Nutzung während der Bauzeit: nein
Nutzungsänderung: ja
Grundrissänderungen: wenige
Tragwerkseingriffe: wenige

Land: Thüringen
Kreis: Weimarer Land
Standard: mittel
Bauzeit: 100 Wochen
Kennwerte: bis 1. Ebene DIN 276
veröffentlicht: BKI Objektdaten A9

BGF 2.173 €/m²

Planung: Architekturbüro Ludewig; Weimar

Umbau einer Malzdarre (Baujahr 1885) zu einem Heimatmuseum.

Kostenkennwerte für die Kosten des Bauwerks (Kostengruppen 300+400 nach DIN 276)

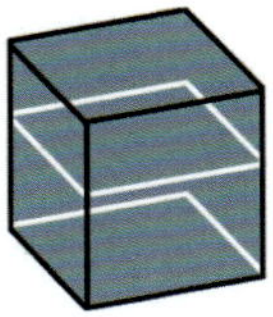

BRI 480 €/m³
von 340 €/m³
bis 675 €/m³

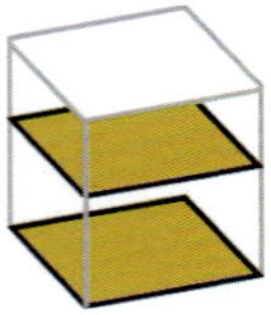

BGF 2.165 €/m²
von 1.600 €/m²
bis 3.050 €/m²

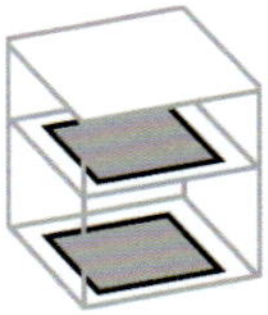

NUF 3.325 €/m²
von 2.500 €/m²
bis 4.520 €/m²

Kosten:
Stand 2. Quartal 2025
Bundesdurchschnitt
inkl. 19% MwSt.

Objektbeispiele

9100-0215

9100-0127

9100-0106

Kosten der 9 Vergleichsobjekte

Seiten 294 bis 298

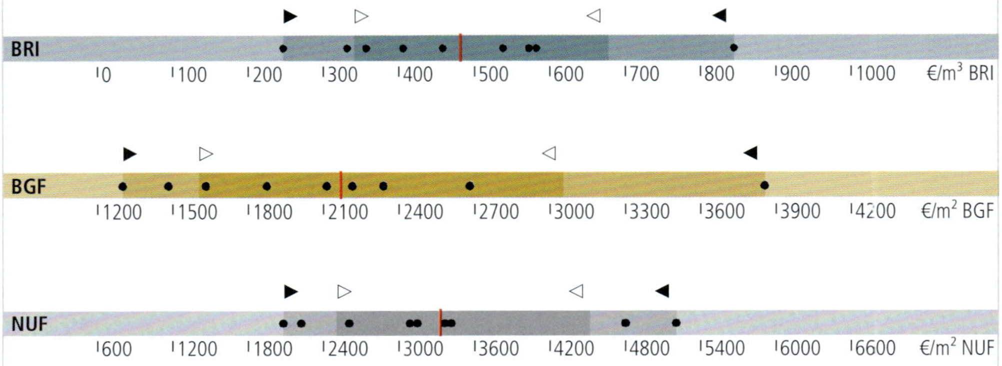

- ● KKW
- ▶ min
- ▷ von
- | Mittelwert
- ◁ bis
- ◀ max

Kostenstand: 2. Quartal 2025, Bundesdurchschnitt, **inkl. 19% MwSt.**

Kostenkennwerte für die Kostengruppen der 1. und 2. Ebene DIN 276

KG	Kostengruppen der 1. Ebene	Einheit	▷	€/Einheit	◁	▷	% an 300+400	◁
100	Grundstück	m² GF	–	**–**	–	–	**–**	–
200	Vorbereitende Maßnahmen	m² GF	8	**15**	23	0,4	**1,2**	2,7
300	Bauwerk – Baukonstruktionen	m² BGF	1.235	**1.657**	2.368	68,3	**76,9**	83,2
400	Bauwerk – Technische Anlagen	m² BGF	308	**507**	808	16,8	**23,1**	31,7
	Bauwerk 300+400	m² BGF	1.601	**2.165**	3.052	100,0	**100,0**	100,0
500	Außenanlagen und Freiflächen	m² AF	78	**193**	405	1,2	**2,9**	4,2
600	Ausstattung und Kunstwerke	m² BGF	7	**25**	106	0,4	**1,3**	5,7
700	Baunebenkosten	m² BGF	–	**–**	–	–	**–**	–
800	Finanzierung	m² BGF	–	**–**	–	–	**–**	–

KG	Kostengruppen der 2. Ebene	Einheit	▷	€/Einheit	◁	▷	% an 1. Ebene	◁
310	Baugrube / Erdbau	m³ BGI	121	**209**	427	0,4	**1,3**	3,5
320	Gründung, Unterbau	m² GRF	390	**547**	753	4,8	**9,1**	17,7
330	Außenwände / vertikal außen	m² AWF	529	**637**	752	26,2	**30,6**	37,7
340	Innenwände / vertikal innen	m² IWF	388	**462**	677	13,1	**17,6**	23,6
350	Decken / horizontal	m² DEF	317	**465**	676	6,4	**17,0**	22,9
360	Dächer	m² DAF	287	**541**	967	8,3	**14,6**	32,5
370	Infrastrukturanlagen		–	**–**	–	–	**–**	–
380	Baukonstruktive Einbauten	m² BGF	5	**35**	186	0,3	**1,7**	10,0
390	Sonst. Maßnahmen für Baukonst.	m² BGF	92	**117**	155	5,9	**8,0**	10,9
300	**Bauwerk – Baukonstruktionen**	**m² BGF**					**100,0**	
410	Abwasser-, Wasser-, Gasanlagen	m² BGF	45	**59**	101	9,2	**12,9**	16,6
420	Wärmeversorgungsanlagen	m² BGF	58	**94**	138	13,7	**19,8**	26,2
430	Raumlufttechnische Anlagen	m² BGF	17	**66**	136	3,1	**15,5**	33,9
440	Elektrische Anlagen	m² BGF	84	**125**	211	16,1	**26,6**	34,5
450	Kommunikationstechnische Anlagen	m² BGF	17	**37**	94	3,1	**7,5**	14,0
460	Förderanlagen	m² BGF	23	**47**	59	1,5	**6,8**	13,8
470	Nutzungsspez. / verfahrenstech. Anl.	m² BGF	13	**108**	386	0,2	**7,4**	30,0
480	Gebäude- und Anlagenautomation	m² BGF	9	**26**	37	0,3	**3,2**	5,8
490	Sonst. Maßnahmen f. techn. Anl.	m² BGF	< 1	**2**	5	< 0,1	**0,3**	1,2
400	**Bauwerk – Technische Anlagen**	**m² BGF**					**100,0**	

Prozentanteile der Kosten 2. Ebene an den Kosten des Bauwerks nach DIN 276 (Von/Mittel/Bis)

KG	Kostengruppe	%
310	Baugrube / Erdbau	1,0
320	Gründung, Unterbau	7,0
330	Außenwände / vertikal außen	23,3
340	Innenwände / vertikal innen	13,1
350	Decken / horizontal	12,6
360	Dächer	11,5
370	Infrastrukturanlagen	
380	Baukonstruktive Einbauten	1,4
390	Sonst. Maßnahmen für Baukonst.	6,0
410	Abwasser-, Wasser-, Gasanlagen	3,0
420	Wärmeversorgungsanlagen	4,6
430	Raumlufttechnische Anlagen	3,8
440	Elektrische Anlagen	6,0
450	Kommunikationstechnische Anlagen	1,8
460	Förderanlagen	1,7
470	Nutzungsspez. / verfahrenstech. Anl.	2,4
480	Gebäude- und Anlagenautomation	0,9
490	Sonst. Maßnahmen f. techn. Anl.	< 0,1

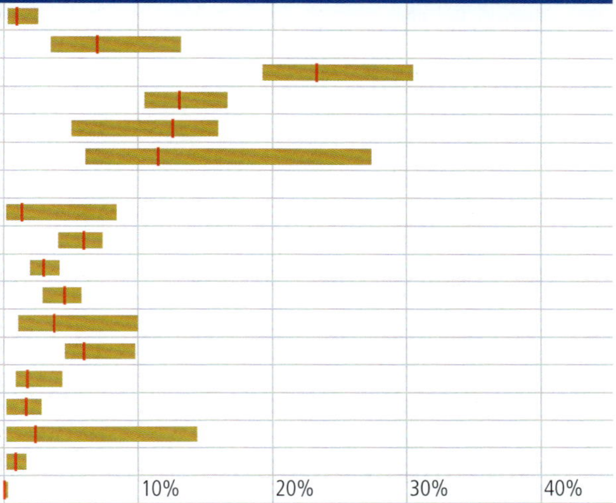

Kostenstand: 2. Quartal 2025, Bundesdurchschnitt, **inkl. 19% MwSt.**

Kosten:
Stand 2.Quartal 2025
Bundesdurchschnitt
inkl. 19% MwSt.

▷ von
ø Mittel
◁ bis

Kostenkennwerte für die Kostengruppen der 3.Ebene DIN 276

KG	Kostengruppen der 3.Ebene	Einheit	▷	€/Einheit	◁	▷	€/m²BGF	◁
471	Küchentechnische Anlagen	m²	1	**194**	386	1	**194**	386
334	Außenwandöffnungen	m²	1.175	**1.495**	1.930	79	**152**	222
361	Dachkonstruktionen	m²	85	**199**	374	29	**130**	380
353	Deckenbeläge	m²	138	**281**	348	24	**98**	155
335	Außenwandbekleidungen, außen	m²	172	**304**	634	32	**96**	134
363	Dachbeläge	m²	198	**403**	1.556	32	**88**	193
344	Innenwandöffnungen	m²	1.003	**1.364**	2.324	56	**86**	114
351	Deckenkonstruktionen	m²	241	**800**	2.597	33	**84**	216
331	Tragende Außenwände	m²	321	**389**	504	26	**78**	128
337	Elem. Außenwandkonstruktionen	m²	934	**1.427**	2.143	24	**77**	157
345	Innenwandbekleidungen	m²	71	**82**	111	56	**76**	108
336	Außenwandbekleidungen, innen	m²	90	**127**	171	32	**71**	108
324	Gründungsbeläge	m²	223	**360**	538	33	**69**	124
444	Niederspannungsinstallationsanl.	m²	45	**66**	111	45	**66**	111
431	Lüftungsanlagen	m²	12	**64**	136	12	**64**	136
354	Deckenbekleidungen	m²	81	**122**	170	33	**63**	80
322	Flachgründungen und Bodenplatten	m²	219	**690**	3.379	24	**53**	98
461	Aufzugsanlagen	m²	44	**52**	61	44	**52**	61
445	Beleuchtungsanlagen	m²	29	**48**	89	29	**48**	89
392	Gerüste	m²	24	**48**	78	24	**48**	78
355	Elementierte Deckenkonstruktionen	m²	–	**1.822**	–	–	**46**	–
476	Weitere nutzungsspezifische Anl.	m²	–	**41**	–	–	**41**	–
341	Tragende Innenwände	m²	240	**920**	1.875	18	**40**	49
391	Baustelleneinrichtung	m²	22	**36**	56	22	**36**	56
422	Wärmeverteilnetze	m²	13	**34**	50	13	**34**	50
423	Raumheizflächen	m²	18	**34**	49	18	**34**	49
342	Nichttragende Innenwände	m²	132	**220**	423	11	**33**	65
412	Wasseranlagen	m²	20	**29**	41	20	**29**	41
364	Dachbekleidungen	m²	50	**126**	196	9	**29**	79
382	Besondere Einbauten	m²	1	**28**	82	1	**28**	82
346	Elem. Innenwandkonstruktionen	m²	281	**568**	887	6	**27**	88
411	Abwasseranlagen	m²	12	**23**	54	12	**23**	54
421	Wärmeerzeugungsanlagen	m²	8	**23**	48	8	**23**	48
381	Allgemeine Einbauten	m²	3	**22**	97	3	**22**	97
454	Elektroakustische Anlagen	m²	6	**21**	35	6	**21**	35
397	Zusätzliche Maßnahmen	m²	9	**20**	30	9	**20**	30
481	Automationseinrichtungen	m²	17	**20**	24	17	**20**	24
456	Gefahrenmelde- und Alarmanlagen	m²	5	**19**	93	5	**19**	93
325	Abdichtungen und Bekleidungen	m²	19	**39**	79	5	**19**	82
311	Herstellung	m³	119	**203**	420	6	**18**	48
434	Kälteanlagen	m²	–	**17**	–	–	**17**	–
359	Sonstiges zur KG 350	m²	9	**25**	47	5	**16**	32
362	Dachöffnungen	m²	1.991	**6.204**	14.718	4	**13**	27
465	Krananlagen	m²	–	**13**	–	–	**13**	–
338	Lichtschutz zur KG 330	m²	121	**190**	260	4	**13**	21
466	Hydraulikanlagen	m²	–	**12**	–	–	**12**	–
482	Schaltschränke, Automation	m²	11	**11**	12	11	**11**	12
369	Sonstiges zur KG 360	m²	20	**61**	256	6	**11**	20
429	Sonstiges zur KG 420	m²	4	**10**	16	4	**10**	16
339	Sonstiges zur KG 330	m²	6	**13**	22	2	**10**	14

Prozentanteile der Kosten für Leistungsbereiche nach STLB (Kosten Bauwerk nach DIN 276)

LB	Leistungsbereiche	▷	% an 300+400	◁
000	Baustellen-, Verkehrssich.- u. Sicherh.einr. inkl. 001	3,5	**4,7**	5,5
002	Erdarbeiten	0,4	**1,1**	2,2
006	Spezialtiefbauarbeiten inkl. 005	0,0	**< 0,1**	0,2
009	Entwässerungskanalarbeiten inkl. 011	< 0,1	**0,3**	0,6
010	Drän- und Versickerarbeiten	< 0,1	**< 0,1**	0,4
012	Mauerarbeiten	2,9	**3,9**	9,0
013	Betonarbeiten	3,6	**5,4**	7,7
014	Natur-, Betonwerksteinarbeiten	0,2	**2,2**	7,2
016	Zimmer- und Holzbauarbeiten	2,0	**4,7**	10,5
017	Stahlbauarbeiten	< 0,1	**1,4**	2,9
018	Abdichtungsarbeiten	0,2	**1,0**	3,3
020	Dachdeckungsarbeiten	0,9	**2,9**	8,5
021	Dachabdichtungsarbeiten	< 0,1	**0,4**	1,5
022	Klempnerarbeiten	0,3	**1,4**	2,5
	Rohbau	22,5	**29,5**	39,5
023	Putz- und Stuckarbeiten, Wärmedämmsysteme	3,1	**7,1**	9,0
024	Fliesen- und Plattenarbeiten	1,0	**1,7**	2,7
025	Estricharbeiten	0,4	**2,3**	3,3
026	Fenster, Außentüren inkl. 029, 032	5,5	**10,6**	17,5
027	Tischlerarbeiten	1,2	**3,0**	5,5
028	Parkett-, Holzpflasterarbeiten	< 0,1	**1,5**	4,3
030	Rollladenarbeiten	0,0	**0,2**	0,7
031	Metallbauarbeiten inkl. 035	1,5	**4,2**	18,5
034	Maler- und Lackiererarb. – Beschicht. inkl. 037	1,7	**3,0**	5,6
036	Bodenbelagarbeiten	0,3	**0,7**	1,5
038	Vorgehängte hinterlüftete Fassaden	–	**–**	–
039	Trockenbauarbeiten	3,2	**5,0**	7,3
	Ausbau	31,8	**39,3**	44,4
040	Wärmeversorgungsanl. - Betriebseinr. inkl. 041	2,3	**3,9**	5,0
042	Gas- u. Wasseranl. – Leitung., Armat. inkl. 043	0,5	**1,0**	1,6
044	Abwasseranl. - Leitungen, Abläufe, Armaturen	0,3	**0,6**	2,4
045	Gas, Wasser, Entwässerung – Ausstattung inkl. 046	0,2	**0,8**	1,1
047	Dämm- und Brandschutzarb. an techn. Anlagen	0,5	**1,0**	2,1
049	Feuerlöschanlagen, Feuerlöschgeräte	0,0	**< 0,1**	0,1
050	Blitzschutz-/Erdungsanlagen, Überspannungssch.	0,1	**0,4**	0,7
052	Mittelspannungsanlagen	–	**–**	–
053	Niederspannungsanl. – Kabel inkl. 054	2,6	**3,3**	4,4
055	Sicherheits- u. Ersatzstromversorgungsanl.	–	**–**	–
057	Gebäudesystemtechnik	–	**–**	–
058	Leuchten und Lampen inkl. 059	1,5	**2,2**	4,1
060	Such, Signal, Zeit, Anten., akust. Anl. inkl. 064	< 0,1	**0,4**	1,1
061	Kommunikations- u. Übertragungsnetze inkl. 062	0,2	**0,4**	0,6
063	Gefahrenmeldeanlagen	0,2	**0,9**	4,3
069	Aufzüge	0,0	**1,5**	2,8
070	Gebäudeautomation	0,2	**0,8**	1,5
075	Raumlufttechnische Anlagen inkl. 078	1,5	**4,2**	9,8
	Gebäudetechnik	14,3	**21,5**	27,1
084	Abbruch, Rückbau, Schadstoffsanierung	3,6	**6,7**	10,3
	Sonstige Leistungsbereiche inkl. 008, 033, 051	1,0	**3,1**	8,3

€/m² BGF

min	1.300	€/m²
von	1.600	€/m²
Mittel	**2.165**	**€/m²**
bis	3.050	€/m²
max	3.855	€/m²

Kosten:
Stand 2. Quartal 2025
Bundesdurchschnitt
inkl. 19% MwSt.

Objektübersicht zur Gebäudeart

9100-0215 Stiftsgebäude, Gemeindesaal, Pfarrbüros

BRI 9.784 m³ **BGF** 2.650 m² **NUF** 1.814 m²

Baujahr: 1323/1955
Bauzustand: mittel
Aufwand: hoch
Nutzung während der Bauzeit: nein
Nutzungsänderung: ja
Grundrissänderungen: umfangreiche
Tragwerkseingriffe: einige

Land: Hessen
Kreis: Schwalm-Eder-Kreis
Standard: hoch
Bauzeit: 174 Wochen
Kennwerte: bis 3. Ebene DIN 276
vorgesehen: BKI Objektdaten A13

BGF **2.112 €/m²**

Planung: Bieling Architekten AG; Kassel

Umnutzung eines ehemaligen Altenheims zu Gemeinderäumen und Pfarrbüros

Bauwerk – Baukonstruktionen
Abbrechen: Nichttragende Innenwände 4%, Deckenbeläge 2%
Herstellen: Deckenbeläge 8%, Außenwandbekleidungen, außen 6%, Außenwandbekleidungen, innen 6%, Außenwandöffnungen 6%, Gerüste 6%, Innenwandöffnungen 6%, Innenwandbekleidungen 6%, Dachbeläge 5%, Deckenbekleidungen 4%, Gründungsbeläge 4%, Tragende Außenwände 3%, Nichttragende Innenwände 2%
Wiederherstellen: Tragende Außenwände 5%
Sonstige: 26%

Bauwerk – Technische Anlagen
Herstellen: Niederspannungsinstallationsanlagen 16%, Beleuchtungsanlagen 15%, Gefahrenmelde- und Alarmanlagen 14%, Lüftungsanlagen 8%, Wärmeverteilnetze 7%, Raumheizflächen 6%, Wärmeerzeugungsanlagen 5%, Aufzugsanlagen 5%
Sonstige: 23%

9100-0144 Kulturzentrum (550 Sitzplätze)

BRI 9.914 m³ **BGF** 1.304 m² **NUF** 1.100 m²

Bauzustand: schlecht
Aufwand: hoch
Nutzung während der Bauzeit: nein
Nutzungsänderung: ja
Grundrissänderungen: wenige
Tragwerkseingriffe: einige

Land: Sachsen-Anhalt
Kreis: Salzlandkreis
Standard: mittel
Bauzeit: 48 Wochen
Kennwerte: bis 3. Ebene DIN 276
veröffentlicht: BKI Objektdaten A11

BGF **1.873 €/m²**

Planung: KÖNIG Architekturbüro; Magdeburg

Kulturzentrum mit Mehrzweckraum für Seminare, Feiern, Konzerte und Firmenevents mit 550 Sitzplätzen. **Kosteneinfluss Nutzung:** Das Gebäude steht unter Denkmalschutz

Bauwerk – Baukonstruktionen
Abbrechen: Deckenbekleidungen 2%, Dachbekleidungen 2%
Herstellen: Außenwandöffnungen 16%, Gründungsbeläge 12%, Außenwandbekleidungen, innen 9%, Abdichtungen und Bekleidungen 6%, Gerüste 5%, Flachgründungen und Bodenplatten 4%, Dachbekleidungen 4%, Innenwandbekleidungen 3%, Nichttragende Innenwände 3%, Innenwandöffnungen 3%, Deckenbekleidungen 3%
Wiederherstellen: Tragende Außenwände 5%
Sonstige: 23%

Bauwerk – Technische Anlagen
Herstellen: Lüftungsanlagen 31%, Wärmeverteilnetze 10%, Niederspannungsinstallationsanlagen 9%, Beleuchtungsanlagen 9%, Raumheizflächen 8%, Wasseranlagen 8%, Abwasseranlagen 4%
Sonstige: 21%

9100-0127 Gastronomie- und Veranstaltungszentrum*

BRI 10.145 m^3 **BGF** 1.210 m^2 **NUF** 804 m^2

© Stefan Melchior

Baujahr: 1951
Bauzustand: schlecht
Aufwand: hoch
Nutzung während der Bauzeit: nein
Nutzungsänderung: ja
Grundrissänderungen: umfangreiche
Tragwerkseingriffe: einige

Land: Brandenburg
Kreis: Brandenburg a. d. Havel
Standard: hoch
Bauzeit: 65 Wochen
Kennwerte: bis 3. Ebene DIN 276
veröffentlicht: BKI Objektdaten A11

BGF 5.759 €/m²

* Nicht in der Auswertung enthalten

Planung: Dr. Krekeler Generalplaner GmbH; Brandenburg a. d. Havel

Gastronomie- und Veranstaltungsgebäude mit insgesamt 327 Sitzplätzen

Bauwerk – Baukonstruktionen
Herstellen: Außenwandöffnungen 21%, Gründungsbeläge 9%, Dachkonstruktionen 8%, Außenwandbekleidungen, innen 5%, Dachbeläge 5%, Gerüste 4%, Innenwandbekleidungen 4%, Deckenkonstruktionen 3%, Elementierte Außenwandkonstruktionen 3%, Flachgründungen und Bodenplatten 3%, Tiefgründungen 2%, Tragende Innenwände 2%, Tragende Außenwände 2%, Elementierte Innenwandkonstruktionen 2%
Wiederherstellen: Tragende Außenwände 6%
Sonstige: 21%

Bauwerk – Technische Anlagen
Herstellen: Klimaanlagen 30%, Niederspannungsinstallationsanlagen 11%, Raumheizflächen 8%, Wasseranlagen 7%, Abwasseranlagen 7%, Beleuchtungsanlagen 6%, Wärmeverteilnetze 6%, Wärmeerzeugungsanlagen 4%
Sonstige: 20%

9100-0106 Vereinsgebäude

BRI 4.317 m^3 **BGF** 1.423 m^2 **NUF** 892 m^2

© heine | reichold architekten

Baujahr: 1890
Bauzustand: schlecht
Aufwand: hoch
Nutzung während der Bauzeit: nein
Nutzungsänderung: ja
Grundrissänderungen: umfangreiche
Tragwerkseingriffe: umfangreiche

Land: Sachsen
Kreis: Erzgebirgskreis
Standard: hoch
Bauzeit: 65 Wochen
Kennwerte: bis 3. Ebene DIN 276
veröffentlicht: BKI Objektdaten A11

BGF 1.631 €/m²

Planung: heine | reichold architekten Partnerschaftsgesellschaft mbB; Lichtenstein

Ursprüngliche Nutzung als Bahnhofsgebäude mit vier Wohneinheiten, Büros, Gastronomie. Nach Umbau Zwischennutzung als Ausstellungs-, Veranstaltungs- und Verwaltungsgebäude sowie Nachnutzung als Vereinsgebäude mit Büroflächen, Ausstellungsflächen, Werkstattbereichen und multifunktional bespielbaren Flächen.

Bauwerk – Baukonstruktionen
Herstellen: Außenwandöffnungen 10%, Deckenbeläge 9%, Tragende Außenwände 5%, Innenwandöffnungen 5%, Außenwandbekleidungen, innen 5%, Baustelleneinrichtung 5%, Deckenbekleidungen 5%, Dachbeläge 4%, Innenwandbekleidungen 4%, Herstellung 3%, Deckenkonstruktionen 2%, Außenwandbekleidungen, außen 2%
Wiederherstellen: Außenwandbekleidungen, außen 9%, Tragende Außenwände 7%
Sonstige: 24%

Bauwerk – Technische Anlagen
Herstellen: Niederspannungsinstallationsanlagen 22%, Wärmeverteilnetze 17%, Beleuchtungsanlagen 11%, Wasseranlagen 10%, Raumheizflächen 8%, Abwasseranlagen 6%, Wärmeerzeugungsanlagen 5%
Sonstige: 21%

€/m² BGF

min	1.300	€/m²
von	1.600	€/m²
Mittel	**2.165**	**€/m²**
bis	3.050	€/m²
max	3.855	€/m²

Kosten:
Stand 2. Quartal 2025
Bundesdurchschnitt
inkl. 19% MwSt.

Objektübersicht zur Gebäudeart

6400-0092 Familienzentrum

BRI 4.579 m³ **BGF** 1.442 m² **NUF** 806 m²

Baujahr: 1906
Bauzustand: schlecht
Aufwand: hoch
Nutzung während der Bauzeit: nein
Nutzungsänderung: ja
Grundrissänderungen: umfangreiche
Tragwerkseingriffe: umfangreiche

Land: Brandenburg
Kreis: Prignitz
Standard: mittel
Bauzeit: 61 Wochen
Kennwerte: bis 3. Ebene DIN 276
veröffentlicht: BKI Objektdaten A11
BGF **2.680 €/m²**

Planung: °pha Architekten BDA Banniza, Hermann, Öchsner PartGmbB; Potsdam

Umbau von zwei denkmalgeschützten Wohnhäusern zu einem Familienzentrum mit Cafeteria, Gastronomieküche, Verwaltung, Beratungs- und Therapieräumen. **Kosteneinfluss Nutzung:** Auflagen für Denkmalschutz, Brandschutz, Schallschutz, Gestaltungssatzung

Bauwerk – Baukonstruktionen
Abbrechen: Deckenkonstruktionen 2%
Herstellen: Deckenkonstruktionen 14%, Außenwandöffnungen 11%, Deckenbeläge 10%, Innenwandöffnungen 8%, Innenwandbekleidungen 6%, Dachbeläge 4%, Außenwandbekleidungen, innen 3%, Herstellung 3%, Baustelleneinrichtung 3%, Dachbekleidungen 3%, Tragende Innenwände 2%, Dachöffnungen 2%
Wiederherstellen: Tragende Außenwände 3%
Sonstige: 27%

Bauwerk – Technische Anlagen
Herstellen: Küchentechnische Anlagen 39%, Niederspannungsinstallationsanlagen 10%, Abwasseranlagen 7%, Raumheizflächen 6%, Aufzugsanlagen 6%, Wärmeerzeugungsanlagen 6%
Sonstige: 25%

9100-0200 Gemeindehaus (748 Sitzplätze)

BRI 9.719 m³ **BGF** 3.033 m² **NUF** 1.252 m²

Baujahr: 1957
Bauzustand: schlecht
Aufwand: hoch
Nutzung während der Bauzeit: ja
Nutzungsänderung: nein
Grundrissänderungen: einige
Tragwerkseingriffe: umfangreiche

Land: Hamburg
Kreis: Hamburg, Stadt
Standard: hoch
Bauzeit: 209 Wochen
Kennwerte: bis 3. Ebene DIN 276
veröffentlicht: BKI Objektdaten A12
BGF **1.298 €/m²**

Planung: Plan-R-Architektenbüro Joachim Reinig; Hamburg

Sanierung des Gemeindesaals zur Hauptkirche St. Michaelis

Bauwerk – Baukonstruktionen
Abbrechen: Deckenkonstruktionen 7%, Tragende Innenwände 2%
Herstellen: Außenwandöffnungen 23%, Deckenbekleidungen 7%, Innenwandbekleidungen 7%, Innenwandöffnungen 5%, Elementierte Außenwandkonstruktionen 5%, Tragende Innenwände 3%, Gründungsbeläge 3%, Gerüste 3%, Nichttragende Innenwände 3%, Zusätzliche Maßnahmen 2%, Außenwandbekleidungen, innen 2%, Deckenbeläge 2%, Außenwandbekleidungen, außen 2%
Sonstige: 26%

Bauwerk – Technische Anlagen
Herstellen: Lüftungsanlagen 42%, Aufzugsanlagen 14%, Wasseranlagen 11%, Niederspannungsinstallationsanlagen 8%
Sonstige: 25%

 Erläuterungen zu den Tabellen siehe Seite 24

9100-0092 Evangelische Kirche, Gemeindesaal, Pfarramt

BRI 4.461 m³ **BGF** 923 m² **NUF** 608 m²

© Architekturbüro Michael Dittmann

Bauzustand: mittel
Aufwand: mittel
Nutzungsänderung: ja
Grundrissänderungen: einige
Tragwerkseingriffe: einige

Land: Bayern
Kreis: Schwandorf
Standard: mittel
Bauzeit: 131 Wochen
Kennwerte: bis 3. Ebene DIN 276
veröffentlicht: BKI Objektdaten A9
BGF 2.214€/m²

Planung: Architekturbüro Michael Dittmann; Amberg

Kirche, Gemeindesaal, Foyer, Pfarramt

Bauwerk – Baukonstruktionen
Herstellen: Elementierte Außenwandkonstruktionen 7%, Innenwandöffnungen 6%, Deckenbeläge 6%, Außenwandöffnungen 6%, Allgemeine Einbauten 5%, Dachkonstruktionen 5%, Dachbeläge 5%, Gründungsbeläge 5%, Besondere Einbauten 4%, Deckenkonstruktionen 4%, Flachgründungen und Bodenplatten 3%, Außenwandbekleidungen, außen 2%, Außenwandbekleidungen, innen 2%
Wiederherstellen: Dachkonstruktionen 5%, Außenwandbekleidungen, außen 3%
Sonstige: 31%

Bauwerk – Technische Anlagen
Herstellen: Niederspannungsinstallationsanlagen 16%, Beleuchtungsanlagen 13%, Wärmeverteilnetze 12%, Elektroakustische Anlagen 10%, Raumheizflächen 9%, Abwasseranlagen 8%
Wiederherstellen: Weitere nutzungsspezifische Anlagen 12%
Sonstige: 20%

6400-0069 Dorfgemeinschaftshaus

BRI 4.822 m³ **BGF** 684 m² **NUF** 468 m²

© Andreas Taubert

Baujahr: 1800
Bauzustand: mittel
Aufwand: hoch
Nutzung während der Bauzeit: nein
Nutzungsänderung: nein
Grundrissänderungen: umfangreiche
Tragwerkseingriffe: keine

Land: Rheinland-Pfalz
Kreis: Mainz-Bingen
Standard: mittel
Bauzeit: 200 Wochen
Kennwerte: bis 3. Ebene DIN 276
veröffentlicht: BKI Objektdaten A8
BGF 2.336€/m²

Planung: Architekturbüro Prowald-Dapprich; Hillesheim

Umbau einer Scheune in ein Dorfgemeinschaftshaus (180 Sitzplätze). **Kosteneinfluss Nutzung:** Die Gewerke Heizung, Lüftung und Sanitär wurden in Eigenleistung erbracht. Die in dieser Dokumentation aufgeführten Kosten dieser Gewerke umfassen nur die Materiallieferungen.

Bauwerk – Baukonstruktionen
Herstellen: Dachkonstruktionen 24%, Dachbeläge 13%, Elementierte Außenwandkonstruktionen 9%, Flachgründungen und Bodenplatten 6%, Außenwandbekleidungen, außen 6%, Elementierte Innenwandkonstruktionen 4%, Gründungsbeläge 4%, Gerüste 4%, Tragende Außenwände 3%, Innenwandöffnungen 3%, Innenwandbekleidungen 2%
Sonstige: 20%

Bauwerk – Technische Anlagen
Herstellen: Lüftungsanlagen 21%, Aufzugsanlagen 17%, Niederspannungsinstallationsanlagen 14%, Beleuchtungsanlagen 11%, Wärmeerzeugungsanlagen 7%, Wasseranlagen 6%, Niederspannungsschaltanlagen 4%
Sonstige: 20%

€/m² BGF

min	1.300	€/m²
von	1.600	€/m²
Mittel	**2.165**	**€/m²**
bis	3.050	€/m²
max	3.855	€/m²

Kosten:
Stand 2. Quartal 2025
Bundesdurchschnitt
inkl. 19% MwSt.

Objektübersicht zur Gebäudeart

9100-0135 Seminar- und Veranstaltungsraum

BRI 3.400 m³ **BGF** 817 m² **NUF** 583 m²

Baujahr: 1850
Bauzustand: mittel
Aufwand: mittel
Nutzung während der Bauzeit: ja
Nutzungsänderung: ja
Grundrissänderungen: wenige
Tragwerkseingriffe: wenige

Land: Saarland
Kreis: Saarlouis
Standard: mittel
Bauzeit: 65 Wochen
Kennwerte: bis 1. Ebene DIN 276
veröffentlicht: BKI Objektdaten A10
BGF 1.482 €/m²

Planung: Architekturbüro Steffen; Überherrn

Umbau Marstall zum Veranstaltungs- und Seminarraum (128 Sitzplätze)

6400-0073 Bürgerhaus

BRI 1.722 m³ **BGF** 260 m² **NUF** 193 m²

Nutzung während der Bauzeit: nein
Nutzungsänderung: ja

Land: Thüringen
Kreis: Gotha
Standard: mittel
Bauzeit: 35 Wochen
Kennwerte: bis 1. Ebene DIN 276
veröffentlicht: BKI Objektdaten A8
BGF 3.854 €/m²

Planung: B19 ARCHITEKTEN BDA; Barchfeld-Immelborn

Umbau eines stillgelegten Sägewerkes in ein Bürgerhaus. **Kosteneinfluss Nutzung:** Ein ehemaliges Sägewerk mit seitlichem Anbau wird zu einem Gemeindehaus umgebaut. Die Fassade behandelt beide Gebäudeteile gleich, damit das Bürgerhaus als ein Haus wahrgenommen wird. Die Fassade öffnet sich zum Dorfplatz. **Kosteneinfluss Grundstück:** Lage im Ortszentrum der Gemeinde

Kostenkennwerte für die Kosten des Bauwerks (Kostengruppen 300+400 nach DIN 276)

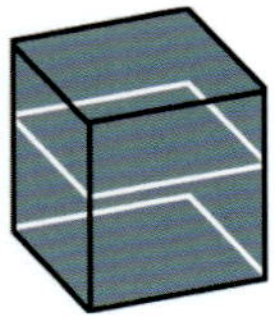

BRI 585 €/m³
von 355 €/m³
bis 955 €/m³

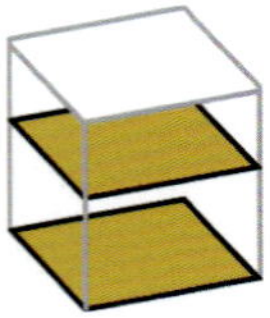

BGF 2.385 €/m²
von 1.455 €/m²
bis 3.640 €/m²

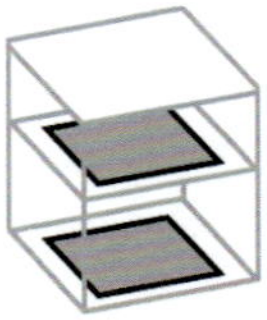

NUF 3.420 €/m²
von 1.915 €/m²
bis 4.935 €/m²

Kosten:
Stand 2. Quartal 2025
Bundesdurchschnitt
inkl. 19% MwSt.

Objektbeispiele

6200-0133

9100-0031

9100-0079

Kosten der 10 Vergleichsobjekte

Seiten 304 bis 308

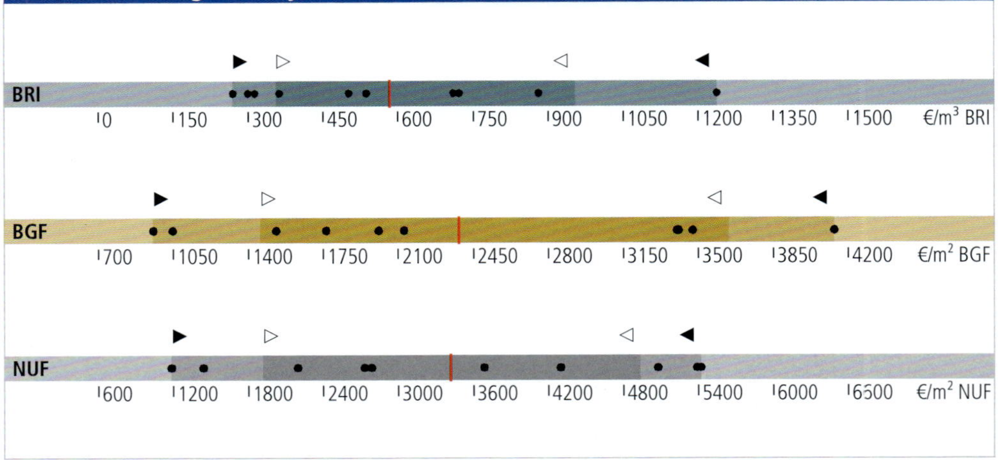

- ● KKW
- ▶ min
- ▷ von
- | Mittelwert
- ◁ bis
- ◀ max

Kostenkennwerte für die Kostengruppen der 1. und 2. Ebene DIN 276

KG	Kostengruppen der 1. Ebene	Einheit	▷	€/Einheit	◁	▷	% an 300+400	◁
100	Grundstück	m²GF	–	**–**	–	–	**–**	–
200	Vorbereitende Maßnahmen	m²GF	–	**377**	–	0,3	**1,5**	5,1
300	Bauwerk – Baukonstruktionen	m²BGF	1.081	**1.802**	2.868	67,7	**75,3**	84,5
400	Bauwerk – Technische Anlagen	m²BGF	336	**583**	1.092	15,5	**24,7**	32,3
	Bauwerk 300+400	m²BGF	1.457	**2.384**	3.642	100,0	**100,0**	100,0
500	Außenanlagen und Freiflächen	m²AF	52	**435**	819	1,6	**4,7**	12,8
600	Ausstattung und Kunstwerke	m²BGF	16	**57**	156	0,9	**2,7**	7,4
700	Baunebenkosten	m²BGF	–	**–**	–	–	**–**	–
800	Finanzierung	m²BGF	–	**–**	–	–	**–**	–

KG	Kostengruppen der 2. Ebene	Einheit	▷	€/Einheit	◁	▷	% an 1. Ebene	◁
310	Baugrube / Erdbau	m³BGI	117	**231**	315	0,2	**0,7**	1,7
320	Gründung, Unterbau	m²GRF	273	**386**	639	7,8	**14,7**	19,4
330	Außenwände / vertikal außen	m²AWF	214	**579**	1.603	10,6	**24,8**	42,6
340	Innenwände / vertikal innen	m²IWF	338	**526**	810	7,3	**17,4**	33,5
350	Decken / horizontal	m²DEF	250	**408**	556	1,5	**10,7**	29,1
360	Dächer	m²DAF	92	**366**	861	3,4	**12,7**	31,4
370	Infrastrukturanlagen		–	**–**	–	–	**–**	–
380	Baukonstruktive Einbauten	m²BGF	38	**295**	772	2,9	**14,7**	43,4
390	Sonst. Maßnahmen für Baukonst.	m²BGF	17	**67**	144	2,0	**4,2**	8,1
300	**Bauwerk – Baukonstruktionen**	**m²BGF**					**100,0**	
410	Abwasser-, Wasser-, Gasanlagen	m²BGF	29	**53**	98	4,2	**14,1**	36,7
420	Wärmeversorgungsanlagen	m²BGF	41	**63**	85	10,2	**18,2**	34,8
430	Raumlufttechnische Anlagen	m²BGF	21	**103**	243	1,4	**13,5**	25,7
440	Elektrische Anlagen	m²BGF	113	**198**	536	30,1	**41,2**	53,1
450	Kommunikationstechnische Anlagen	m²BGF	18	**69**	171	3,0	**8,8**	18,6
460	Förderanlagen	m²BGF	–	**5**	–	0,0	**0,2**	0,9
470	Nutzungsspez. / verfahrenstech. Anl.	m²BGF	–	**2**	–	0,0	**< 0,1**	0,5
480	Gebäude- und Anlagenautomation	m²BGF	13	**42**	71	0,2	**2,4**	13,1
490	Sonst. Maßnahmen f. techn. Anl.	m²BGF	20	**35**	50	0,0	**1,6**	4,7
400	**Bauwerk – Technische Anlagen**	**m²BGF**					**100,0**	

Prozentanteile der Kosten 2. Ebene an den Kosten des Bauwerks nach DIN 276 (Von/Mittel/Bis)

KG	Kostengruppe	%
310	Baugrube / Erdbau	0,6
320	Gründung, Unterbau	11,4
330	Außenwände / vertikal außen	19,7
340	Innenwände / vertikal innen	12,6
350	Decken / horizontal	7,8
360	Dächer	9,6
370	Infrastrukturanlagen	
380	Baukonstruktive Einbauten	11,4
390	Sonst. Maßnahmen für Baukonst.	3,0
410	Abwasser-, Wasser-, Gasanlagen	3,4
420	Wärmeversorgungsanlagen	3,6
430	Raumlufttechnische Anlagen	4,0
440	Elektrische Anlagen	9,4
450	Kommunikationstechnische Anlagen	2,3
460	Förderanlagen	< 0,1
470	Nutzungsspez. / verfahrenstech. Anl.	< 0,1
480	Gebäude- und Anlagenautomation	0,7
490	Sonst. Maßnahmen f. techn. Anl.	0,4

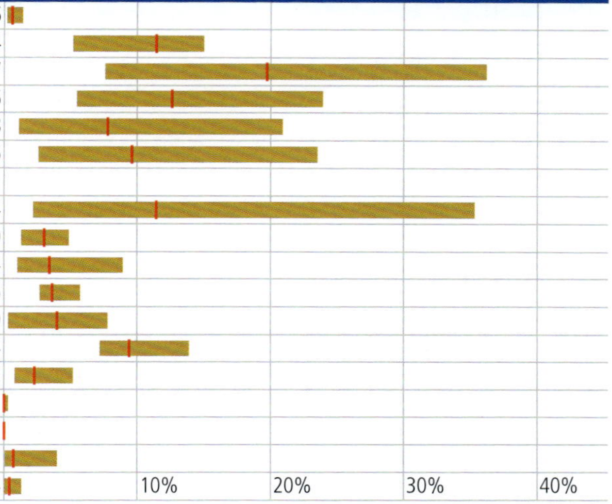

 Kostenstand: 2. Quartal 2025, Bundesdurchschnitt, **inkl. 19% MwSt.**

Kostenkennwerte für die Kostengruppen der 3. Ebene DIN 276

KG	Kostengruppen der 3. Ebene	Einheit	▷	€/Einheit	◁	▷	€/m² BGF	◁
382	Besondere Einbauten	m²	14	**273**	606	14	**273**	606
337	Elem. Außenwandkonstruktionen	m²	1.448	**1.951**	2.454	157	**164**	171
334	Außenwandöffnungen	m²	1.131	**1.709**	2.901	58	**150**	575
444	Niederspannungsinstallationsanl.	m²	65	**134**	293	65	**134**	293
324	Gründungsbeläge	m²	125	**215**	322	66	**129**	220
364	Dachbekleidungen	m²	57	**129**	265	19	**127**	372
351	Deckenkonstruktionen	m²	235	**1.990**	3.121	28	**94**	133
381	Allgemeine Einbauten	m²	34	**89**	218	34	**89**	218
456	Gefahrenmelde- und Alarmanlagen	m²	25	**83**	141	25	**83**	141
434	Kälteanlagen	m²	39	**81**	124	39	**81**	124
346	Elem. Innenwandkonstruktionen	m²	195	**1.407**	2.619	2	**74**	219
336	Außenwandbekleidungen, innen	m²	58	**83**	116	23	**71**	295
431	Lüftungsanlagen	m²	18	**70**	147	18	**70**	147
363	Dachbeläge	m²	32	**180**	328	12	**70**	183
345	Innenwandbekleidungen	m²	67	**86**	153	39	**70**	118
445	Beleuchtungsanlagen	m²	36	**64**	168	36	**64**	168
362	Dachöffnungen	m²	1.419	**1.618**	1.818	37	**64**	91
353	Deckenbeläge	m²	82	**289**	694	11	**63**	165
361	Dachkonstruktionen	m²	15	**1.373**	2.067	11	**61**	209
354	Deckenbekleidungen	m²	128	**147**	172	24	**52**	78
366	Lichtschutz zur KG 360	m²	–	**792**	–	–	**48**	–
322	Flachgründungen und Bodenplatten	m²	139	**392**	644	21	**47**	100
344	Innenwandöffnungen	m²	634	**1.174**	1.638	23	**47**	133
412	Wasseranlagen	m²	28	**45**	90	28	**45**	90
342	Nichttragende Innenwände	m²	180	**244**	339	19	**43**	72
422	Wärmeverteilnetze	m²	19	**33**	40	19	**33**	40
343	Innenstützen	m	577	**1.171**	2.026	8	**32**	79
423	Raumheizflächen	m²	23	**32**	49	23	**32**	49
391	Baustelleneinrichtung	m²	12	**29**	106	12	**29**	106
341	Tragende Innenwände	m²	208	**442**	1.015	18	**29**	64
335	Außenwandbekleidungen, außen	m²	29	**77**	220	8	**28**	70
323	Tiefgründungen	m²	–	**–**	–	–	**27**	–
333	Außenstützen	m	178	**779**	1.949	3	**27**	76
457	Datenübertragungsnetze	m²	8	**25**	72	8	**25**	72
397	Zusätzliche Maßnahmen	m²	9	**25**	76	9	**25**	76
442	Eigenstromversorgungsanlagen	m²	–	**22**	–	–	**22**	–
491	Baustelleneinrichtung	m²	< 1	**22**	43	< 1	**22**	43
481	Automationseinrichtungen	m²	9	**20**	31	9	**20**	31
389	Sonstiges zur KG 380	m²	–	**20**	–	–	**20**	–
455	Audiovis. Medien- u. Antennenanl.	m²	< 1	**19**	56	< 1	**19**	56
483	Automationsmanagement	m²	–	**17**	–	–	**17**	–
454	Elektroakustische Anlagen	m²	–	**15**	–	–	**15**	–
392	Gerüste	m²	7	**14**	29	7	**14**	29
311	Herstellung	m³	117	**220**	290	6	**13**	36
325	Abdichtungen und Bekleidungen	m²	20	**49**	81	1	**13**	48
411	Abwasseranlagen	m²	9	**13**	18	9	**13**	18
492	Gerüste	m²	3	**11**	20	3	**11**	20
484	Kabel, Leitungen u. Verlegesys.	m²	4	**11**	17	4	**11**	17
332	Nichttragende Außenwände	m²	229	**243**	257	4	**10**	13
393	Sicherungsmaßnahmen	m²	3	**10**	23	3	**10**	23

Kosten:
Stand 2. Quartal 2025
Bundesdurchschnitt
inkl. 19% MwSt.

▷ von
ø Mittel
◁ bis

Prozentanteile der Kosten für Leistungsbereiche nach STLB (Kosten Bauwerk nach DIN 276)

LB	Leistungsbereiche	▷	% an 300+400	◁
000	Baustellen-, Verkehrssich.- u. Sicherh.einr. inkl. 001	0,7	**2,6**	4,9
002	Erdarbeiten	0,5	**1,4**	3,7
006	Spezialtiefbauarbeiten inkl. 005	0,0	**0,2**	1,5
009	Entwässerungskanalarbeiten inkl. 011	0,0	**< 0,1**	0,1
010	Drän- und Versickerarbeiten	–	**–**	–
012	Mauerarbeiten	1,0	**1,6**	2,1
013	Betonarbeiten	3,0	**8,3**	32,0
014	Natur-, Betonwerksteinarbeiten	0,0	**< 0,1**	< 0,1
016	Zimmer- und Holzbauarbeiten	1,2	**9,4**	29,5
017	Stahlbauarbeiten	0,2	**3,9**	8,6
018	Abdichtungsarbeiten	< 0,1	**0,4**	1,1
020	Dachdeckungsarbeiten	0,0	**< 0,1**	< 0,1
021	Dachabdichtungsarbeiten	0,0	**0,6**	3,6
022	Klempnerarbeiten	0,0	**< 0,1**	0,2
	Rohbau	20,2	**28,6**	44,8
023	Putz- und Stuckarbeiten, Wärmedämmsysteme	0,3	**2,5**	4,9
024	Fliesen- und Plattenarbeiten	0,4	**2,8**	7,6
025	Estricharbeiten	0,2	**1,7**	2,8
026	Fenster, Außentüren inkl. 029, 032	4,1	**12,6**	22,8
027	Tischlerarbeiten	< 0,1	**6,0**	9,9
028	Parkett-, Holzpflasterarbeiten	0,0	**1,1**	3,3
030	Rollladenarbeiten	< 0,1	**0,3**	1,4
031	Metallbauarbeiten inkl. 035	0,0	**2,9**	6,1
034	Maler- und Lackiererarb. – Beschicht. inkl. 037	2,2	**4,1**	7,9
036	Bodenbelagarbeiten	0,3	**1,4**	4,4
038	Vorgehängte hinterlüftete Fassaden	–	**–**	–
039	Trockenbauarbeiten	4,3	**6,6**	9,0
	Ausbau	36,2	**42,0**	51,1
040	Wärmeversorgungsanl. - Betriebseinr. inkl. 041	2,3	**3,4**	5,3
042	Gas- u. Wasseranl. – Leitung., Armat. inkl. 043	0,3	**1,3**	3,5
044	Abwasseranl. - Leitungen, Abläufe, Armaturen	0,2	**0,5**	0,8
045	Gas, Wasser, Entwässerung – Ausstattung inkl. 046	0,3	**1,3**	4,2
047	Dämm- und Brandschutzarb. an techn. Anlagen	0,1	**0,5**	1,3
049	Feuerlöschanlagen, Feuerlöschgeräte	–	**–**	–
050	Blitzschutz-/Erdungsanlagen, Überspannungssch.	< 0,1	**0,2**	0,6
052	Mittelspannungsanlagen	–	**–**	–
053	Niederspannungsanl. – Kabel inkl. 054	4,1	**6,0**	8,4
055	Sicherheits- u. Ersatzstromversorgungsanl.	0,0	**0,2**	1,2
057	Gebäudesystemtechnik	–	**–**	–
058	Leuchten und Lampen inkl. 059	0,7	**2,6**	3,9
060	Such, Signal, Zeit, Anten., akust. Anl. inkl. 064	0,1	**0,8**	2,3
061	Kommunikations- u. Übertragungsnetze inkl. 062	< 0,1	**0,6**	1,5
063	Gefahrenmeldeanlagen	0,0	**0,9**	3,1
069	Aufzüge	–	**–**	–
070	Gebäudeautomation	< 0,1	**0,7**	4,0
075	Raumlufttechnische Anlagen inkl. 078	0,2	**3,6**	7,0
	Gebäudetechnik	13,8	**22,7**	28,7
084	Abbruch, Rückbau, Schadstoffsanierung	2,5	**6,4**	11,0
	Sonstige Leistungsbereiche inkl. 008, 033, 051	< 0,1	**0,3**	0,6

€/m² BGF

min	955	€/m²
von	1.455	€/m²
Mittel	**2.385**	**€/m²**
bis	3.640	€/m²
max	4.135	€/m²

Kosten:
Stand 2. Quartal 2025
Bundesdurchschnitt
inkl. 19% MwSt.

Objektübersicht zur Gebäudeart

9700-0038 Kolumbarium

BRI 6.850 m³ **BGF** 960 m² **NUF** 733 m²

Baujahr: 1965
Bauzustand: gut
Aufwand: hoch
Nutzung während der Bauzeit: nein
Nutzungsänderung: ja
Grundrissänderungen: einige
Tragwerkseingriffe: wenige

Land: Niedersachsen
Kreis: Osnabrück
Standard: hoch
Bauzeit: 39 Wochen
Kennwerte: bis 3. Ebene DIN 276
vorgesehen: BKI Objektdaten A13
BGF 2.127 €/m²

Planung: B-WERK ARCHITEKTEN BDA; Spelle

Umnutzung einer katholischen Kirche zu einem Kolumbarium mit 1.400 Urnenplätzen sowie einem Feierraum mit 130 Sitzplätzen.

Bauwerk – Baukonstruktionen
Abbrechen: Gründungsbeläge 2%
Herstellen: Besondere Einbauten 41%, Allgemeine Einbauten 12%, Gründungsbeläge 12%, Außenwandöffnungen 5%, Nichttragende Innenwände 2%, Innenwandöffnungen 2%
Wiederherstellen: Dachbekleidungen 2%
Sonstige: 22%

Bauwerk – Technische Anlagen
Herstellen: Niederspannungsinstallationsanlagen 30%, Beleuchtungsanlagen 15%, Audiovisuelle Medien- und Antennenanlagen 15%, Raumheizflächen 8%, Wasseranlagen 5%, Gerüste 5%
Sonstige: 21%

9100-0173 Bibliothek, Lernzentrum

BRI 3.638 m³ **BGF** 760 m² **NUF** 601 m²

Baujahr: 1991
Bauzustand: mittel
Aufwand: mittel
Nutzung während der Bauzeit: ja
Nutzungsänderung: ja
Grundrissänderungen: umfangreiche
Tragwerkseingriffe: einige

Land: Rheinland-Pfalz
Kreis: Mainz, Stadt
Standard: mittel
Bauzeit: 52 Wochen
Kennwerte: bis 3. Ebene DIN 276
vorgesehen: BKI Objektdaten A13
BGF 3.399 €/m²

Planung: grüningerarchitekten | BDA; Darmstadt

Bibliothek mit Lernzentrum für 150 Studierende

Bauwerk – Baukonstruktionen
Abbrechen: Gründungsbeläge 3%, Dachbeläge 3%
Herstellen: Besondere Einbauten 15%, Elementierte Innenwandkonstruktionen 10%, Dachkonstruktionen 9%, Elementierte Außenwandkonstruktionen 8%, Dachbekleidungen 7%, Gründungsbeläge 6%, Dachbeläge 5%, Baustelleneinrichtung 5%, Dachöffnungen 4%, Zusätzliche Maßnahmen 3%
Sonstige: 22%

Bauwerk – Technische Anlagen
Herstellen: Niederspannungsinstallationsanlagen 28%, Beleuchtungsanlagen 14%, Lüftungsanlagen 13%, Gefahrenmelde- und Alarmanlagen 12%, Kälteanlagen 10%
Sonstige: 23%

6200-0092 Tagespflege (12 Plätze)

BRI 1.010 m³ **BGF** 259 m² **NUF** 188 m²

© mayerwittig Architektur und Stadtplanung

Baujahr: 1986-1987
Bauzustand: gut
Aufwand: mittel
Nutzung während der Bauzeit: nein
Nutzungsänderung: ja
Grundrissänderungen: umfangreiche
Tragwerkseingriffe: wenige

Land: Brandenburg
Kreis: Oberspreewald-Lausitz
Standard: mittel
Bauzeit: 26 Wochen
Kennwerte: bis 3. Ebene DIN 276
veröffentlicht: BKI Objektdaten A12

BGF 1.046 €/m²

Planung: mayerwittig Architektur und Stadtplanung; Cottbus

Umbau eines ehemaligen Kindergartens zu einer Tagespflege.

Bauwerk – Baukonstruktionen
Herstellen: Elementierte Außenwandkonstruktionen 20%, Innenwandbekleidungen 12%, Gründungsbeläge 11%, Allgemeine Einbauten 11%, Flachgründungen und Bodenplatten 8%, Nichttragende Innenwände 6%, Außenwandbekleidungen, außen 6%, Außenwandöffnungen 4%
Sonstige: 22%

Bauwerk – Technische Anlagen
Herstellen: Wasseranlagen 34%, Wärmeverteilnetze 15%, Niederspannungsinstallationsanlagen 13%, Beleuchtungsanlagen 11%
Sonstige: 27%

9100-0168 Schauspielhaus, Zweitspielstätte

BRI 10.084 m³ **BGF** 2.865 m² **NUF** 1.851 m²

© Steffen Junghans

Baujahr: 1902
Bauzustand: gut
Aufwand: hoch
Nutzung während der Bauzeit: nein
Nutzungsänderung: ja
Grundrissänderungen: umfangreiche
Tragwerkseingriffe: umfangreiche

Land: Sachsen
Kreis: Leipzig, Stadt
Standard: hoch
Bauzeit: 70 Wochen
Kennwerte: bis 3. Ebene DIN 276
veröffentlicht: BKI Objektdaten A12

BGF 1.762 €/m²

Planung: Eßmann I Gärtner I Nieper Architekten GbR; Leipzig

Schauspielhaus mit 199 Sitzplätzen

Bauwerk – Baukonstruktionen
Abbrechen: Innenwandbekleidungen 4%, Deckenbeläge 4%, Deckenkonstruktionen 3%, Nichttragende Innenwände 2%
Herstellen: Innenwandöffnungen 10%, Deckenbeläge 10%, Deckenkonstruktionen 9%, Innenwandbekleidungen 7%, Innenstützen 6%, Außenstützen 6%, Deckenbekleidungen 6%, Nichttragende Innenwände 4%, Flachgründungen und Bodenplatten 3%, Außenwandöffnungen 3%, Tiefgründungen 2%
Sonstige: 21%

Bauwerk – Technische Anlagen
Herstellen: Lüftungsanlagen 19%, Niederspannungsinstallationsanlagen 18%, Kälteanlagen 7%, Automationseinrichtungen 6%, Wasseranlagen 6%, Beleuchtungsanlagen 6%, Wärmeverteilnetze 5%, Gefahrenmelde- und Alarmanlagen 4%, Eigenstromversorgungsanlagen 4%, Automationsmanagement 3%
Sonstige: 23%

€/m² BGF

min	955	€/m²
von	1.455	€/m²
Mittel	**2.385**	**€/m²**
bis	3.640	€/m²
max	4.135	€/m²

Kosten:
Stand 2. Quartal 2025
Bundesdurchschnitt
inkl. 19% MwSt.

Objektübersicht zur Gebäudeart

7200-0079 Atelier

BRI 132 m³ **BGF** 35 m² **NUF** 32 m²

Bauzustand: mittel
Aufwand: niedrig
Nutzung während der Bauzeit: nein
Nutzungsänderung: ja
Grundrissänderungen: wenige
Tragwerkseingriffe: keine

Land: Hessen
Kreis: Rheingau-Taunus-Kreis
Standard: mittel
Bauzeit: 17 Wochen
Kennwerte: bis 3. Ebene DIN 276
veröffentlicht: BKI Objektdaten A8
BGF 2.007 €/m²

Planung: +studio moeve Planungsbüro bda GmbH & Co. KG; Frankfurt am Main

Innenausbau einer Scheune zu einem Atelier. **Kosteneinfluss Nutzung:** Die Gestaltung des Innenausbaus findet mit der 'Haus in Haus'-Konstruktion einen angemessenen Umgang mit der denkmalgeschützten Scheune. Durch die losgelöste Innenhaut gibt es keinen Kollisionspunkt mit dem Bestand.

Bauwerk – Baukonstruktionen
Außenwandöffnungen 32%, Dachbekleidungen 26%, Außenwandbekleidungen, innen 17%
Sonstige: 25%

Bauwerk – Technische Anlagen
Niederspannungsinstallationsanlagen 60%, Raumheizflächen 24%, Wärmeverteilnetze 16%

9700-0019 Aussegnungshalle

BRI 1.004 m³ **BGF** 328 m² **NUF** 264 m²

Baujahr: 1950
Bauzustand: mittel
Aufwand: mittel
Nutzung während der Bauzeit: nein
Nutzungsänderung: nein
Grundrissänderungen: einige
Tragwerkseingriffe: wenige

Land: Thüringen
Kreis: Wartburgkreis
Standard: mittel
Bauzeit: 13 Wochen
Kennwerte: bis 3. Ebene DIN 276
veröffentlicht: BKI Objektdaten A9
BGF 956 €/m²

Planung: B19 ARCHITEKTEN BDA; Barchfeld-Immelborn

Aussegnungshalle mit Andachtsraum

Bauwerk – Baukonstruktionen
Herstellen: Außenwandöffnungen 16%, Gründungsbeläge 16%, Deckenkonstruktionen 14%, Deckenbekleidungen 8%, Außenwandbekleidungen, innen 7%, Innenwandbekleidungen 5%, Innenwandöffnungen 3%, Dachbeläge 3%, Außenwandbekleidungen, außen 3%, Besondere Einbauten 3%
Sonstige: 22%

Bauwerk – Technische Anlagen
Herstellen: Lüftungsanlagen 26%, Niederspannungsinstallationsanlagen 18%, Beleuchtungsanlagen 16%, Raumheizflächen 14%
Sonstige: 26%

6200-0133 Pflegeheim (22 Betten)

BRI 8.132 m³ **BGF** 2.062 m² **NUF** 1.329 m²

Baujahr: 1904
Bauzustand: mittel
Aufwand: hoch
Nutzung während der Bauzeit: nein
Nutzungsänderung: ja
Grundrissänderungen: umfangreiche
Tragwerkseingriffe: einige

Land: Baden-Württemberg
Kreis: Konstanz
Standard: mittel
Bauzeit: 156 Wochen
Kennwerte: bis 1. Ebene DIN 276
vorgesehen: BKI Objektdaten A13
BGF 3.473 €/m²

Planung: werkgruppe drei I Staiger Weltin I; Konstanz

Umbau einer Schule in ein Pflegeheim mit 22 Betten

9100-0108 Atelier

BRI 152 m³ **BGF** 45 m² **NUF** 35 m²

Baujahr: 1950
Bauzustand: schlecht
Aufwand: hoch
Nutzung während der Bauzeit: nein
Nutzungsänderung: ja
Grundrissänderungen: wenige
Tragwerkseingriffe: wenige

Land: Niedersachsen
Kreis: Verden
Standard: hoch
Bauzeit: 9 Wochen
Kennwerte: bis 1. Ebene DIN 276
veröffentlicht: BKI Objektdaten A10
BGF 4.134 €/m²

Planung: Püffel Architekten; Bremen

Atelier mit Arbeitsraum, Technik- und Abstellraum.

9100-0079 Kinder- und Jugendtheater

BRI 14.044 m³ **BGF** 2.973 m² **NUF** 1.996 m²

Bauzustand: mittel
Aufwand: hoch
Nutzung während der Bauzeit: nein
Nutzungsänderung: ja
Grundrissänderungen: umfangreiche
Tragwerkseingriffe: wenige

Land: Brandenburg
Kreis: Cottbus, Stadt
Standard: mittel
Bauzeit: 74 Wochen
Kennwerte: bis 1. Ebene DIN 276
veröffentlicht: BKI Objektdaten A8
BGF 3.409 €/m²

Planung: Architekturbüro Berger & Fiedler; Cottbus

Umnutzung Fernwärmestation zu Theaterzwecken: zwei Bühnen (215 Plätze), Probenräume und Verwaltung

Übersicht- 1. + 2. Ebene
Erweiterung
Umbau
Moderni- sierung
Instand- setzung
Bau- elemente
Abbrechen
Wieder- herstellen
Herstellen

€/m² BGF

min	955	€/m²
von	1.455	€/m²
Mittel	**2.385**	**€/m²**
bis	3.640	€/m²
max	4.135	€/m²

Kosten:
Stand 2. Quartal 2025
Bundesdurchschnitt
inkl. 19% MwSt.

Objektübersicht zur Gebäudeart

9100-0031 Stadthalle

BRI 10.967 m³ **BGF** 2.595 m² **NUF** 1.077 m²

Baujahr: 1948
Bauzustand: mittel
Aufwand: hoch
Nutzung während der Bauzeit: ja
Nutzungsänderung: ja
Grundrissänderungen: einige
Tragwerkseingriffe: einige

Land: Thüringen
Kreis: Kyffhäuserkreis
Standard: mittel
Bauzeit: 348 Wochen
Kennwerte: bis 1. Ebene DIN 276
veröffentlicht: www.bki.de
BGF 1.530 €/m²

Planung: Büchner-Menge + Partner GmbH; Erfurt

Umbau eines Saales zur Nutzung als Theater. **Kosteneinfluss Grundstück:** Hochliegender Grundwasserstand, Nachbarbebauung im Bühnenbereich.

Büro- und Verwaltungsgebäude

Kostenkennwerte für die Kosten des Bauwerks (Kostengruppen 300+400 nach DIN 276)

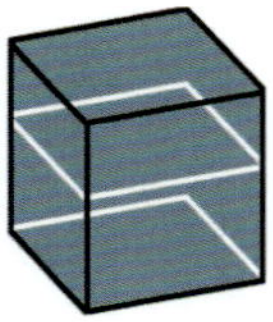

BRI 590 €/m³
von 370 €/m³
bis 830 €/m³

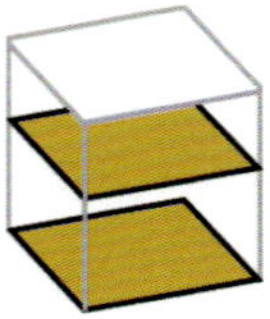

BGF 1.910 €/m²
von 1.215 €/m²
bis 2.995 €/m²

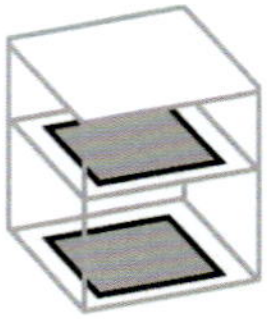

NUF 2.920 €/m²
von 1.825 €/m²
bis 4.560 €/m²

Kosten:
Stand 2. Quartal 2025
Bundesdurchschnitt
inkl. 19% MwSt.

Objektbeispiele

1300-0297

1300-0154

1300-0200

Kosten der 8 Vergleichsobjekte

Seiten 314 bis 319

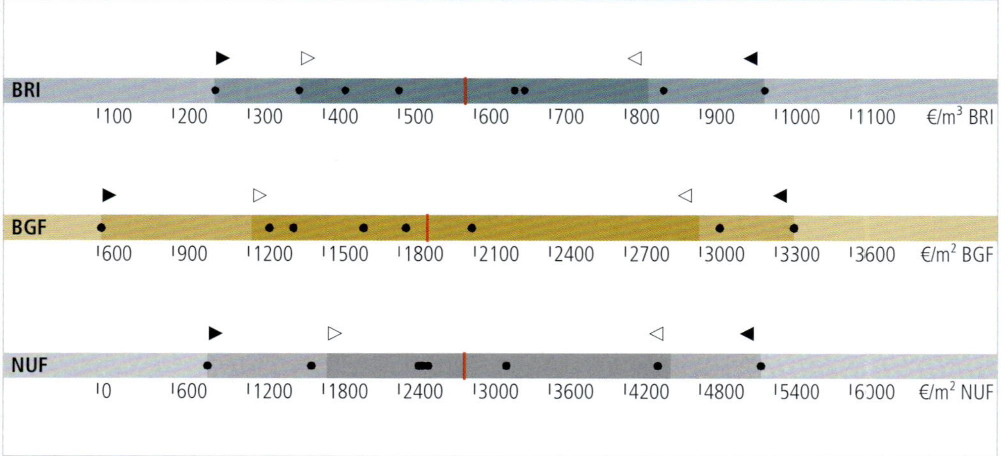

- ● KKW
- ▶ min
- ▷ von
- | Mittelwert
- ◁ bis
- ◀ max

Kostenkennwerte für die Kostengruppen der 1. und 2. Ebene DIN 276

KG	Kostengruppen der 1. Ebene	Einheit	▷	€/Einheit	◁	▷	% an 300+400	◁
100	Grundstück	m² GF	–	**–**	–	–	**–**	–
200	Vorbereitende Maßnahmen	m² GF	1	**6**	10	< 0,1	**0,2**	0,4
300	Bauwerk – Baukonstruktionen	m² BGF	892	**1.402**	2.050	64,3	**73,9**	82,5
400	Bauwerk – Technische Anlagen	m² BGF	295	**510**	1.065	17,5	**26,1**	35,7
	Bauwerk 300+400	m² BGF	1.213	**1.912**	2.995	100,0	**100,0**	100,0
500	Außenanlagen und Freiflächen	m² AF	20	**63**	97	0,3	**1,3**	2,3
600	Ausstattung und Kunstwerke	m² BGF	9	**78**	335	0,6	**2,7**	10,9
700	Baunebenkosten	m² BGF	–	**–**	–	–	**–**	–
800	Finanzierung	m² BGF	–	**–**	–	–	**–**	–

KG	Kostengruppen der 2. Ebene	Einheit	▷	€/Einheit	◁	▷	% an 1. Ebene	◁
310	Baugrube / Erdbau	m³ BGI	70	**91**	111	< 0,1	**0,8**	1,6
320	Gründung, Unterbau	m² GRF	122	**274**	479	1,4	**3,8**	7,2
330	Außenwände / vertikal außen	m² AWF	417	**760**	1.286	20,0	**37,0**	56,1
340	Innenwände / vertikal innen	m² IWF	262	**392**	536	13,7	**24,4**	54,2
350	Decken / horizontal	m² DEF	310	**435**	636	12,3	**16,3**	18,8
360	Dächer	m² DAF	530	**944**	3.351	5,3	**10,5**	19,7
370	Infrastrukturanlagen		–	**–**	–	–	**–**	–
380	Baukonstruktive Einbauten	m² BGF	12	**58**	137	0,7	**3,3**	9,6
390	Sonst. Maßnahmen für Baukonst.	m² BGF	34	**59**	101	3,1	**4,1**	4,9
300	**Bauwerk – Baukonstruktionen**	**m² BGF**					**100,0**	
410	Abwasser-, Wasser-, Gasanlagen	m² BGF	31	**55**	81	4,0	**9,5**	15,2
420	Wärmeversorgungsanlagen	m² BGF	50	**85**	147	13,5	**18,3**	24,1
430	Raumlufttechnische Anlagen	m² BGF	13	**42**	190	1,0	**6,1**	14,7
440	Elektrische Anlagen	m² BGF	116	**199**	360	27,5	**42,0**	47,4
450	Kommunikationstechnische Anlagen	m² BGF	33	**67**	162	9,0	**12,6**	17,5
460	Förderanlagen	m² BGF	24	**47**	73	1,0	**6,3**	18,5
470	Nutzungsspez. / verfahrenstech. Anl.	m² BGF	2	**45**	89	< 0,1	**1,1**	8,4
480	Gebäude- und Anlagenautomation	m² BGF	113	**117**	122	0,0	**2,8**	11,0
490	Sonst. Maßnahmen f. techn. Anl.	m² BGF	< 1	**14**	27	< 0,1	**1,3**	10,4
400	**Bauwerk – Technische Anlagen**	**m² BGF**					**100,0**	

Prozentanteile der Kosten 2. Ebene an den Kosten des Bauwerks nach DIN 276 (Von/Mittel/Bis)

KG	Kostengruppe	%
310	Baugrube / Erdbau	0,6
320	Gründung, Unterbau	2,7
330	Außenwände / vertikal außen	28,5
340	Innenwände / vertikal innen	16,8
350	Decken / horizontal	11,9
360	Dächer	8,1
370	Infrastrukturanlagen	
380	Baukonstruktive Einbauten	2,3
390	Sonst. Maßnahmen für Baukonst.	3,0
410	Abwasser-, Wasser-, Gasanlagen	2,5
420	Wärmeversorgungsanlagen	4,4
430	Raumlufttechnische Anlagen	1,5
440	Elektrische Anlagen	10,5
450	Kommunikationstechnische Anlagen	3,2
460	Förderanlagen	2,2
470	Nutzungsspez. / verfahrenstech. Anl.	0,3
480	Gebäude- und Anlagenautomation	0,9
490	Sonst. Maßnahmen f. techn. Anl.	0,6

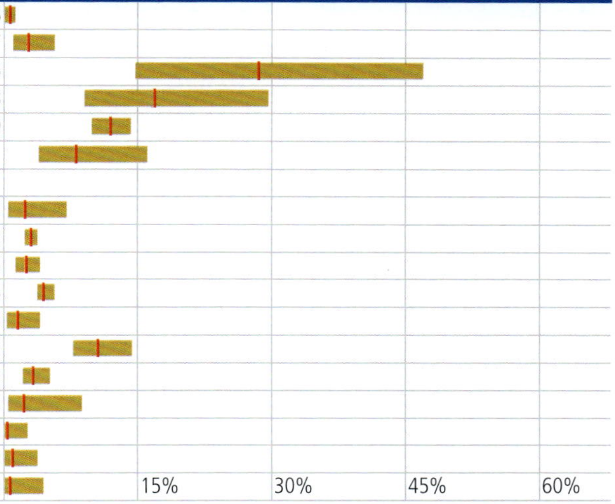

Kostenstand: 2. Quartal 2025, Bundesdurchschnitt, **inkl. 19% MwSt.**

Kosten:
Stand 2. Quartal 2025
Bundesdurchschnitt
inkl. 19% MwSt.

Kostenkennwerte für die Kostengruppen der 3. Ebene DIN 276

KG	Kostengruppen der 3. Ebene	Einheit	▷	€/Einheit	◁	▷	€/m² BGF	◁
337	Elem. Außenwandkonstruktionen	m²	1.109	**1.407**	1.570	85	**345**	822
335	Außenwandbekleidungen, außen	m²	267	**347**	535	81	**194**	280
334	Außenwandöffnungen	m²	554	**1.069**	1.645	44	**142**	253
344	Innenwandöffnungen	m²	673	**1.306**	1.575	63	**117**	190
444	Niederspannungsinstallationsanl.	m²	64	**110**	165	64	**110**	165
353	Deckenbeläge	m²	153	**216**	289	57	**104**	148
345	Innenwandbekleidungen	m²	47	**72**	106	71	**103**	148
481	Automationseinrichtungen	m²	100	**102**	103	100	**102**	103
363	Dachbeläge	m²	193	**314**	411	58	**86**	125
361	Dachkonstruktionen	m²	186	**272**	379	31	**74**	152
445	Beleuchtungsanlagen	m²	39	**72**	147	39	**72**	147
336	Außenwandbekleidungen, innen	m²	63	**125**	213	27	**67**	174
351	Deckenkonstruktionen	m²	133	**261**	386	19	**61**	154
331	Tragende Außenwände	m²	159	**216**	273	13	**60**	98
381	Allgemeine Einbauten	m²	10	**57**	136	10	**57**	136
354	Deckenbekleidungen	m²	72	**114**	201	31	**54**	105
346	Elem. Innenwandkonstruktionen	m²	639	**733**	1.076	14	**48**	92
461	Aufzugsanlagen	m²	24	**47**	73	24	**47**	73
454	Elektroakustische Anlagen	m²	–	**47**	–	–	**47**	–
474	Feuerlöschanlagen	m²	2	**45**	89	2	**45**	89
342	Nichttragende Innenwände	m²	123	**199**	387	17	**43**	63
423	Raumheizflächen	m²	20	**39**	89	20	**39**	89
434	Kälteanlagen	m²	–	**38**	–	–	**38**	–
456	Gefahrenmelde- und Alarmanlagen	m²	14	**36**	86	14	**36**	86
412	Wasseranlagen	m²	20	**35**	58	20	**35**	58
338	Lichtschutz zur KG 330	m²	251	**385**	706	14	**34**	53
431	Lüftungsanlagen	m²	7	**34**	118	7	**34**	118
364	Dachbekleidungen	m²	84	**122**	160	25	**33**	60
322	Flachgründungen und Bodenplatten	m²	181	**251**	349	13	**32**	47
422	Wärmeverteilnetze	m²	18	**32**	53	18	**32**	53
324	Gründungsbeläge	m²	81	**165**	249	9	**30**	52
492	Gerüste	m²	–	**27**	–	–	**27**	–
341	Tragende Innenwände	m²	276	**947**	3.241	9	**25**	53
432	Teilklimaanlagen	m²	–	**24**	–	–	**24**	–
421	Wärmeerzeugungsanlagen	m²	8	**23**	38	8	**23**	38
392	Gerüste	m²	10	**22**	42	10	**22**	42
443	Niederspannungsschaltanlagen	m²	5	**22**	38	5	**22**	38
311	Herstellung	m³	70	**91**	111	9	**20**	32
457	Datenübertragungsnetze	m²	10	**19**	37	10	**19**	37
359	Sonstiges zur KG 350	m²	14	**30**	69	8	**18**	43
397	Zusätzliche Maßnahmen	m²	5	**17**	34	5	**17**	34
442	Eigenstromversorgungsanlagen	m²	4	**15**	33	4	**15**	33
411	Abwasseranlagen	m²	5	**14**	22	5	**14**	22
362	Dachöffnungen	m²	2.201	**3.908**	11.142	6	**14**	20
453	Zeitdienstanlagen	m²	–	**13**	–	–	**13**	–
391	Baustelleneinrichtung	m²	4	**13**	26	4	**13**	26
482	Schaltschränke, Automation	m²	–	**13**	–	–	**13**	–
332	Nichttragende Außenwände	m²	–	**216**	–	–	**10**	–
394	Abbruchmaßnahmen	m²	2	**10**	17	2	**10**	17
485	Datenübertragungsnetze	m²	–	**10**	–	–	**10**	–

▷ von
ø Mittel
◁ bis

Prozentanteile der Kosten für Leistungsbereiche nach STLB (Kosten Bauwerk nach DIN 276)

LB	Leistungsbereiche	15% 30% 45% 60%	▷	% an 300+400	◁
000	Baustellen-, Verkehrssich.- u. Sicherh.einr. inkl. 001		1,3	**2,6**	4,3
002	Erdarbeiten		< 0,1	**0,6**	1,3
006	Spezialtiefbauarbeiten inkl. 005		0,0	**< 0,1**	< 0,1
009	Entwässerungskanalarbeiten inkl. 011		< 0,1	**0,1**	0,3
010	Drän- und Versickerarbeiten		0,0	**< 0,1**	0,2
012	Mauerarbeiten		0,9	**2,6**	6,2
013	Betonarbeiten		0,2	**3,7**	6,7
014	Natur-, Betonwerksteinarbeiten		0,5	**2,3**	6,3
016	Zimmer- und Holzbauarbeiten		0,2	**1,9**	8,6
017	Stahlbauarbeiten		0,1	**1,2**	5,3
018	Abdichtungsarbeiten		< 0,1	**0,4**	0,8
020	Dachdeckungsarbeiten		0,3	**1,6**	5,4
021	Dachabdichtungsarbeiten		0,1	**1,6**	4,2
022	Klempnerarbeiten		0,2	**0,9**	1,5
	Rohbau		9,3	**19,7**	26,8
023	Putz- und Stuckarbeiten, Wärmedämmsysteme		2,3	**6,6**	11,5
024	Fliesen- und Plattenarbeiten		0,6	**1,7**	3,7
025	Estricharbeiten		0,2	**1,3**	2,6
026	Fenster, Außentüren inkl. 029, 032		1,7	**6,6**	9,8
027	Tischlerarbeiten		2,7	**7,7**	10,9
028	Parkett-, Holzpflasterarbeiten		0,0	**0,4**	1,8
030	Rollladenarbeiten		0,1	**1,2**	2,1
031	Metallbauarbeiten inkl. 035		2,6	**10,1**	61,4
034	Maler- und Lackiererarb. – Beschicht. inkl. 037		1,4	**3,4**	6,5
036	Bodenbelagarbeiten		1,1	**3,0**	5,0
038	Vorgehängte hinterlüftete Fassaden		0,0	**1,3**	5,3
039	Trockenbauarbeiten		4,1	**6,3**	10,4
	Ausbau		42,5	**49,6**	66,9
040	Wärmeversorgungsanl. - Betriebseinr. inkl. 041		3,1	**3,8**	5,5
042	Gas- u. Wasseranl. – Leitung., Armat. inkl. 043		0,4	**1,0**	2,0
044	Abwasseranl. - Leitungen, Abläufe, Armaturen		< 0,1	**0,3**	0,7
045	Gas, Wasser, Entwässerung – Ausstattung inkl. 046		0,3	**0,9**	1,2
047	Dämm- und Brandschutzarb. an techn. Anlagen		< 0,1	**0,3**	0,8
049	Feuerlöschanlagen, Feuerlöschgeräte		0,0	**0,3**	2,6
050	Blitzschutz-/Erdungsanlagen, Überspannungssch.		< 0,1	**0,3**	0,5
052	Mittelspannungsanlagen		–	**–**	–
053	Niederspannungsanl. – Kabel inkl. 054		4,3	**7,0**	11,4
055	Sicherheits- u. Ersatzstromversorgungsanl.		0,0	**0,2**	0,8
057	Gebäudesystemtechnik		< 0,1	**0,4**	3,3
058	Leuchten und Lampen inkl. 059		2,9	**3,5**	5,7
060	Such, Signal, Zeit, Anten., akust. Anl. inkl. 064		0,1	**0,4**	1,3
061	Kommunikations- u. Übertragungsnetze inkl. 062		0,4	**0,9**	1,3
063	Gefahrenmeldeanlagen		0,4	**1,3**	2,9
069	Aufzüge		0,5	**2,2**	8,7
070	Gebäudeautomation		0,0	**0,4**	3,3
075	Raumlufttechnische Anlagen inkl. 078		0,4	**1,6**	3,8
	Gebäudetechnik		16,5	**24,8**	33,2
084	Abbruch, Rückbau, Schadstoffsanierung		3,5	**5,6**	8,5
	Sonstige Leistungsbereiche inkl. 008, 033, 051		< 0,1	**0,3**	0,8

Büro- und Verwaltungsgebäude

€/m² BGF

min	615	€/m²
von	1.215	€/m²
Mittel	**1.910**	**€/m²**
bis	2.995	€/m²
max	3.370	€/m²

Kosten:
Stand 2. Quartal 2025
Bundesdurchschnitt
inkl. 19% MwSt.

Objektübersicht zur Gebäudeart

1300-0247 Bürogebäude

BRI 7.735 m³ **BGF** 2.210 m² **NUF** 1.665 m²

Baujahr: 1970
Bauzustand: gut
Aufwand: mittel
Nutzung während der Bauzeit: ja
Nutzungsänderung: nein
Grundrissänderungen: einige
Tragwerkseingriffe: einige

Land: Niedersachsen
Kreis: Hannover, Region
Standard: hoch
Bauzeit: 43 Wochen
Kennwerte: bis 3. Ebene DIN 276
veröffentlicht: BKI Objektdaten A12

BGF 1.282 €/m²

Planung: KISSERARCHITEKTUR Dipl.-Ing. Architekt Gordon Kisser; Isernhagen

Das fünfgeschossige Bürogebäude mit Tiefgarage wurde energetisch modernisiert und erhielt eine neue Fassadenkonstruktion.

Bauwerk – Baukonstruktionen
Abbrechen: Deckenbekleidungen 5%
Herstellen: Elementierte Außenwandkonstruktionen 70%, Deckenbekleidungen 7%
Sonstige: 18%

Bauwerk – Technische Anlagen
Herstellen: Wärmeerzeugungsanlagen 29%, Beleuchtungsanlagen 27%, Niederspannungsinstallationsanlagen 24%
Sonstige: 19%

1300-0250 Verwaltungsgebäude, Fassadensanierung*

BRI 31.801 m³ **BGF** 9.580 m² **NUF** 5.027 m²

Baujahr: 1923
Bauzustand: mittel
Aufwand: mittel
Nutzung während der Bauzeit: ja
Nutzungsänderung: nein
Grundrissänderungen: wenige
Tragwerkseingriffe: wenige

Land: Hamburg
Kreis: Hamburg, Stadt
Standard: hoch
Bauzeit: 96 Wochen
Kennwerte: bis 3. Ebene DIN 276
veröffentlicht: BKI Objektdaten A12

BGF 152 €/m²

* Nicht in der Auswertung enthalten

Planung: Holst Becker Architekten; Hamburg

Fassadensanierung des Verwaltungsgebäudes

Bauwerk – Baukonstruktionen
Herstellen: Außenwandbekleidungen, außen 24%, Gerüste 11%
Wiederherstellen: Außenwandbekleidungen, außen 34%, Tragende Außenwände 10%
Sonstige: 21%

Bauwerk – Technische Anlagen
Herstellen: Niederspannungsinstallationsanlagen 26%
Wiederherstellen: Beleuchtungsanlagen 56%, Blitzschutz- und Erdungsanlagen 18%

Objektübersicht zur Gebäudeart

4500-0016 Seminargebäude

BRI 1.631 m³ **BGF** 520 m² **NUF** 334 m²

Baujahr: 1895
Bauzustand: mittel
Aufwand: mittel
Nutzung während der Bauzeit: nein
Nutzungsänderung: nein
Grundrissänderungen: einige
Tragwerkseingriffe: wenige

Land: Niedersachsen
Kreis: Göttingen
Standard: mittel
Bauzeit: 22 Wochen
Kennwerte: bis 3. Ebene DIN 276
veröffentlicht: BKI Objektdaten A9

BGF 2.089 €/m²

Planung: Schwieger Architekten Hansjochen Schwieger; Göttingen

Modernisierung eines Seminargebäudes von 1895

Bauwerk – Baukonstruktionen
Abbrechen: Deckenbeläge 2%
Herstellen: Außenwandbekleidungen, innen 13%, Dachbeläge 8%, Außenwandöffnungen 8%, Innenwandbekleidungen 8%, Deckenbeläge 7%, Innenwandöffnungen 7%, Außenwandbekleidungen, außen 5%, Nichttragende Innenwände 3%, Deckenbekleidungen 3%
Wiederherstellen: Außenwandbekleidungen, außen 11%, Innenwandöffnungen 5%
Sonstige: 20%

Bauwerk – Technische Anlagen
Herstellen: Niederspannungsinstallationsanlagen 26%, Beleuchtungsanlagen 17%, Aufzugsanlagen 10%, Raumheizflächen 8%, Gefahrenmelde- und Alarmanlagen 7%, Wasseranlagen 6%
Sonstige: 25%

2200-0035 Verwaltungsgebäude

BRI 8.402 m³ **BGF** 2.607 m² **NUF** 1.405 m²

Baujahr: 1972
Bauzustand: mittel
Aufwand: niedrig
Nutzung während der Bauzeit: nein
Nutzungsänderung: nein
Grundrissänderungen: einige
Tragwerkseingriffe: wenige

Land: Sachsen-Anhalt
Kreis: Salzlandkreis
Standard: mittel
Bauzeit: 56 Wochen
Kennwerte: bis 3. Ebene DIN 276
veröffentlicht: BKI Objektdaten A10

BGF 1.379 €/m²

Planung: brezinski; Magdeburg

Modernisierung einer Fachhochschule der Polizei

Bauwerk – Baukonstruktionen
Herstellen: Außenwandbekleidungen, außen 17%, Außenwandöffnungen 14%, Deckenbeläge 8%, Innenwandbekleidungen 7%, Innenwandöffnungen 6%, Dachbeläge 6%, Elementierte Innenwandkonstruktionen 4%, Lichtschutz zur KG 330 4%, Deckenbekleidungen 3%, Dachbekleidungen 2%, Nichttragende Innenwände 2%, Außenwandbekleidungen, innen 2%, Herstellung 2%
Wiederherstellen: Deckenkonstruktionen 2%
Sonstige: 21%

Bauwerk – Technische Anlagen
Abbrechen: Niederspannungsinstallationsanlagen 8%
Herstellen: Niederspannungsinstallationsanlagen 18%, Beleuchtungsanlagen 13%, Wasseranlagen 9%, Teilklimaanlagen 8%, Raumheizflächen 7%, Wärmeverteilnetze 6%, Abwasseranlagen 5%, Gefahrenmelde- und Alarmanlagen 4%
Sonstige: 21%

€/m² BGF

min	615	€/m²
von	1.215	€/m²
Mittel	**1.910**	**€/m²**
bis	2.995	€/m²
max	3.370	€/m²

Kosten:
Stand 2. Quartal 2025
Bundesdurchschnitt
inkl. 19% MwSt.

Objektübersicht zur Gebäudeart

1300-0200 Rathaus*

BRI 14.336 m³ **BGF** 5.120 m² **NUF** 3.428 m²

Baujahr: 1978
Bauzustand: mittel
Aufwand: mittel
Nutzung während der Bauzeit: ja
Nutzungsänderung: nein
Grundrissänderungen: keine
Tragwerkseingriffe: keine

Land: Hessen
Kreis: Darmstadt-Dieburg
Standard: mittel
Bauzeit: 48 Wochen
Kennwerte: bis 3. Ebene DIN 276
veröffentlicht: BKI Objektdaten A9

BGF 494 €/m²

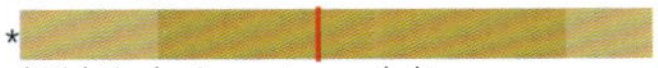

* Nicht in der Auswertung enthalten

Planung: Junghans+Formhals GmbH; Weiterstadt

Energetische Fassadensanierung des Rathauses aus dem Jahre 1978.

Bauwerk – Baukonstruktionen
Herstellen: Außenwandöffnungen 56%, Außenwandbekleidungen, außen 33%, Lichtschutz zur KG 330 4%
Sonstige: 6%

1300-0178 Bürogebäude

BRI 1.212 m³ **BGF** 433 m² **NUF** 306 m²

Baujahr: 2000
Bauzustand: mittel
Aufwand: mittel
Nutzung während der Bauzeit: ja
Nutzungsänderung: ja
Grundrissänderungen: einige
Tragwerkseingriffe: einige

Land: Nordrhein-Westfalen
Kreis: Olpe
Standard: mittel
Bauzeit: 87 Wochen
Kennwerte: bis 3. Ebene DIN 276
veröffentlicht: BKI Objektdaten A8

BGF 1.827 €/m²

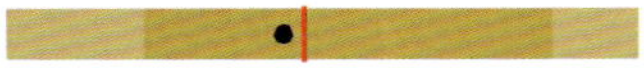

Planung: MD - Klimadesign Dipl.-Ing. (FH) Monika Dörnbach; Wilnsdorf

Erweiterung eines Bürogebäudes um 140m² BGF. **Kosteneinfluss Nutzung:** Modernisierung des Bestandsgebäudes.

Bauwerk – Baukonstruktionen
Herstellen: Allgemeine Einbauten 13%, Innenwandbekleidungen 10%, Außenwandbekleidungen, außen 9%, Deckenbeläge 7%, Elementierte Innenwandkonstruktionen 7%, Dachbeläge 7%, Außenwandbekleidungen, innen 5%, Lichtschutz zur KG 330 4%, Tragende Außenwände 4%, Gründungsbeläge 4%, Zusätzliche Maßnahmen 3%, Deckenkonstruktionen 3%, Außenwandöffnungen 3%
Sonstige: 20%

Bauwerk – Technische Anlagen
Herstellen: Niederspannungsinstallationsanlagen 36%, Wasseranlagen 14%, Beleuchtungsanlagen 12%, Wärmeverteilnetze 7%, Wärmeerzeugungsanlagen 7%
Sonstige: 23%

Objektübersicht zur Gebäudeart

1300-0154 Bürgerhaus

BRI 8.526m³ **BGF** 2.490m² **NUF** 1.589m²

Baujahr: 1972
Bauzustand: mittel
Aufwand: hoch
Nutzung während der Bauzeit: nein
Nutzungsänderung: ja
Grundrissänderungen: umfangreiche
Tragwerkseingriffe: wenige

Land: Brandenburg
Kreis: Spree-Neiße
Standard: hoch
Bauzeit: 83 Wochen
Kennwerte: bis 3. Ebene DIN 276
veröffentlicht: BKI Objektdaten A8
BGF **3.372€/m²**

Planung: keller mayer wittig architekten stadtplaner bauforscher GbR; Cottbus

Umbau des ehemaligen Arbeiterwohnheims in ein Verwaltungsgebäude.

Bauwerk – Baukonstruktionen
Herstellen: Außenwandöffnungen 16%, Außenwandbekleidungen, außen 14%, Innenwandöffnungen 9%, Deckenbeläge 7%, Tragende Außenwände 5%, Außenwandbekleidungen, innen 4%, Deckenkonstruktionen 4%, Allgemeine Einbauten 3%, Deckenbekleidungen 3%, Innenwandbekleidungen 3%, Nichttragende Innenwände 3%, Dachkonstruktionen 3%, Dachbeläge 3%, Lichtschutz zur KG 330 2%, Sonstiges zur KG 350 2%
Sonstige: 21%

Bauwerk – Technische Anlagen
Herstellen: Lüftungsanlagen 14%, Niederspannungsinstallationsanlagen 12%, Automationseinrichtungen 9%, Gefahrenmelde- und Alarmanlagen 9%, Beleuchtungsanlagen 9%, Feuerlöschanlagen 8%, Wärmeverteilnetze 6%, Elektroakustische Anlagen 4%, Raumheizflächen 4%
Sonstige: 22%

1300-0138 Bürogebäude

BRI 5.442m³ **BGF** 2.268m² **NUF** 1.587m²

Baujahr: 1834
Bauzustand: schlecht
Aufwand: hoch
Nutzung während der Bauzeit: nein
Nutzungsänderung: ja
Grundrissänderungen: einige
Tragwerkseingriffe: wenige

Land: Nordrhein-Westfalen
Kreis: Düsseldorf, Stadt
Standard: mittel
Bauzeit: 26 Wochen
Kennwerte: bis 3. Ebene DIN 276
veröffentlicht: BKI Objektdaten A7
BGF **613€/m²**

Planung: modus.architekten Dipl.-Ing. Holger Kalla; Potsdam

Modernisierung eines Bürogebäudes und Einbau eines Aufzugs.

Bauwerk – Baukonstruktionen
Abbrechen: Nichttragende Innenwände 2%
Herstellen: Innenwandöffnungen 28%, Innenwandbekleidungen 19%, Deckenbeläge 10%, Nichttragende Innenwände 7%, Deckenbekleidungen 7%, Gründungsbeläge 3%
Wiederherstellen: Innenwandbekleidungen 4%
Sonstige: 21%

Bauwerk – Technische Anlagen
Herstellen: Aufzugsanlagen 27%, Niederspannungsinstallationsanlagen 25%, Gerüste 10%, Gefahrenmelde- und Alarmanlagen 9%, Beleuchtungsanlagen 7%
Sonstige: 22%

Objektübersicht zur Gebäudeart

Büro- und Verwaltungsgebäude

€/m² BGF

min	615	€/m²
von	1.215	€/m²
Mittel	**1.910**	**€/m²**
bis	2.995	€/m²
max	3.370	€/m²

Kosten:
Stand 2. Quartal 2025
Bundesdurchschnitt
inkl. 19% MwSt.

1300-0132 Bürogebäude - Passivhaus

BRI 3.743 m³ **BGF** 1.127 m² **NUF** 710 m²

Land: Baden-Württemberg
Kreis: Tübingen
Standard: mittel
Bauzeit: 52 Wochen
Kennwerte: bis 3. Ebene DIN 276
veröffentlicht: BKI Objektdaten A6

BGF 1.657 €/m²

Planung: Freier Architekt Dipl.-Ing. (FH) Heiner Maier-Linden; Tübingen

Bürogebäude für 45 Mitarbeiter, Einzelbüros für 1-6 Mitarbeiter, Archiv und Laborräumen.

Bauwerk – Baukonstruktionen
Herstellen: Außenwandbekleidungen, außen 13%, Dachkonstruktionen 12%, Außenwandöffnungen 11%, Innenwandöffnungen 9%, Dachbeläge 7%, Deckenbeläge 5%, Dachbekleidungen 4%, Gründungsbeläge 4%, Innenwandbekleidungen 3%, Nichttragende Innenwände 3%, Deckenkonstruktionen 3%, Flachgründungen und Bodenplatten 2%, Deckenbekleidungen 2%
Sonstige: 21%

Bauwerk – Technische Anlagen
Herstellen: Niederspannungsinstallationsanlagen 27%, Lüftungsanlagen 14%, Beleuchtungsanlagen 14%, Wärmeerzeugungsanlagen 10%, Wasseranlagen 7%, Wärmeverteilnetze 5%
Sonstige: 23%

1300-0123 Rathaus

BRI 5.243 m³ **BGF** 1.449 m² **NUF** 999 m²

Baujahr: 1773/77
Bauzustand: mittel
Aufwand: hoch
Nutzung während der Bauzeit: nein
Nutzungsänderung: ja
Grundrissänderungen: einige
Tragwerkseingriffe: einige

Land: Baden-Württemberg
Kreis: Neckar-Odenwald-Kreis
Standard: hoch
Bauzeit: 95 Wochen
Kennwerte: bis 3. Ebene DIN 276
veröffentlicht: www.bki.de

BGF 3.076 €/m²

Planung: Ecker Architekten; Buchen

Modernisierung und Umbau von zwei Gebäuden der Gemeindeverwaltung. Die Gebäude sind mit einem Neubau verbunden worden.

Bauwerk – Baukonstruktionen
Herstellen: Außenwandbekleidungen, außen 11%, Elementierte Außenwandkonstruktionen 10%, Deckenkonstruktionen 8%, Deckenbeläge 6%, Außenwandöffnungen 5%, Innenwandbekleidungen 5%, Innenwandöffnungen 5%, Elementierte Innenwandkonstruktionen 4%, Dachbeläge 4%, Allgemeine Einbauten 4%, Tragende Außenwände 4%, Dachkonstruktionen 3%, Deckenbekleidungen 3%, Flachgründungen und Bodenplatten 3%, Tragende Innenwände 2%
Sonstige: 23%

Bauwerk – Technische Anlagen
Herstellen: Beleuchtungsanlagen 18%, Niederspannungsinstallationsanlagen 18%, Raumheizflächen 10%, Automationseinrichtungen 10%, Aufzugsanlagen 7%, Gefahrenmelde- und Alarmanlagen 6%, Datenübertragungsnetze 5%, Wasseranlagen 4%
Sonstige: 22%

1300-0154 Bürgerhaus

BRI 8.526 m³ **BGF** 2.490 m² **NUF** 1.589 m²

Baujahr: 1972
Bauzustand: mittel
Aufwand: hoch
Nutzung während der Bauzeit: nein
Nutzungsänderung: ja
Grundrissänderungen: umfangreiche
Tragwerkseingriffe: wenige

Land: Brandenburg
Kreis: Spree-Neiße
Standard: hoch
Bauzeit: 83 Wochen
Kennwerte: bis 3. Ebene DIN 276
veröffentlicht: BKI Objektdaten A8
BGF 3.372 €/m²

Planung: keller mayer wittig architekten stadtplaner bauforscher GbR; Cottbus

Umbau des ehemaligen Arbeiterwohnheims in ein Verwaltungsgebäude.

Bauwerk – Baukonstruktionen
Herstellen: Außenwandöffnungen 16%, Außenwandbekleidungen, außen 14%, Innenwandöffnungen 9%, Deckenbeläge 7%, Tragende Außenwände 5%, Außenwandbekleidungen, innen 4%, Deckenkonstruktionen 4%, Allgemeine Einbauten 3%, Deckenbekleidungen 3%, Innenwandbekleidungen 3%, Nichttragende Innenwände 3%, Dachkonstruktionen 3%, Dachbeläge 3%, Lichtschutz zur KG 330 2%, Sonstiges zur KG 350 2%
Sonstige: 21%

Bauwerk – Technische Anlagen
Herstellen: Lüftungsanlagen 14%, Niederspannungsinstallationsanlagen 12%, Automationseinrichtungen 9%, Gefahrenmelde- und Alarmanlagen 9%, Beleuchtungsanlagen 9%, Feuerlöschanlagen 8%, Wärmeverteilnetze 6%, Elektroakustische Anlagen 4%, Raumheizflächen 4%
Sonstige: 22%

1300-0138 Bürogebäude

BRI 5.442 m³ **BGF** 2.268 m² **NUF** 1.587 m²

Baujahr: 1834
Bauzustand: schlecht
Aufwand: hoch
Nutzung während der Bauzeit: nein
Nutzungsänderung: ja
Grundrissänderungen: einige
Tragwerkseingriffe: wenige

Land: Nordrhein-Westfalen
Kreis: Düsseldorf, Stadt
Standard: mittel
Bauzeit: 26 Wochen
Kennwerte: bis 3. Ebene DIN 276
veröffentlicht: BKI Objektdaten A7
BGF 613 €/m²

Planung: modus.architekten Dipl.-Ing. Holger Kalla; Potsdam

Modernisierung eines Bürogebäudes und Einbau eines Aufzugs.

Bauwerk – Baukonstruktionen
Abbrechen: Nichttragende Innenwände 2%
Herstellen: Innenwandöffnungen 28%, Innenwandbekleidungen 19%, Deckenbeläge 10%, Nichttragende Innenwände 7%, Deckenbekleidungen 7%, Gründungsbeläge 3%
Wiederherstellen: Innenwandbekleidungen 4%
Sonstige: 21%

Bauwerk – Technische Anlagen
Herstellen: Aufzugsanlagen 27%, Niederspannungsinstallationsanlagen 25%, Gerüste 10%, Gefahrenmelde- und Alarmanlagen 9%, Beleuchtungsanlagen 7%
Sonstige: 22%

Büro- und Verwaltungsgebäude

€/m² BGF

min	615	€/m²
von	1.215	€/m²
Mittel	**1.910**	**€/m²**
bis	2.995	€/m²
max	3.370	€/m²

Kosten:
Stand 2. Quartal 2025
Bundesdurchschnitt
inkl. 19% MwSt.

Objektübersicht zur Gebäudeart

1300-0132 Bürogebäude - Passivhaus

BRI 3.743 m³ **BGF** 1.127 m² **NUF** 710 m²

© Freier Architekt Heiner Maier-Linden

Land: Baden-Württemberg
Kreis: Tübingen
Standard: mittel
Bauzeit: 52 Wochen
Kennwerte: bis 3. Ebene DIN 276
veröffentlicht: BKI Objektdaten A6
BGF 1.657 €/m²

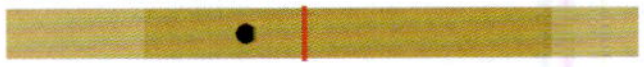

Planung: Freier Architekt Dipl.-Ing. (FH) Heiner Maier-Linden; Tübingen

Bürogebäude für 45 Mitarbeiter, Einzelbüros für 1-6 Mitarbeiter, Archiv und Laborräumen.

Bauwerk – Baukonstruktionen
Herstellen: Außenwandbekleidungen, außen 13%, Dachkonstruktionen 12%, Außenwandöffnungen 11%, Innenwandöffnungen 9%, Dachbeläge 7%, Deckenbeläge 5%, Dachbekleidungen 4%, Gründungsbeläge 4%, Innenwandbekleidungen 3%, Nichttragende Innenwände 3%, Deckenkonstruktionen 3%, Flachgründungen und Bodenplatten 2%, Deckenbekleidungen 2%
Sonstige: 21%

Bauwerk – Technische Anlagen
Herstellen: Niederspannungsinstallationsanlagen 27%, Lüftungsanlagen 14%, Beleuchtungsanlagen 14%, Wärmeerzeugungsanlagen 10%, Wasseranlagen 7%, Wärmeverteilnetze 5%
Sonstige: 23%

1300-0123 Rathaus

BRI 5.243 m³ **BGF** 1.449 m² **NUF** 999 m²

© Ecker Architekten

Baujahr: 1773/77
Bauzustand: mittel
Aufwand: hoch
Nutzung während der Bauzeit: nein
Nutzungsänderung: ja
Grundrissänderungen: einige
Tragwerkseingriffe: einige

Land: Baden-Württemberg
Kreis: Neckar-Odenwald-Kreis
Standard: hoch
Bauzeit: 95 Wochen
Kennwerte: bis 3. Ebene DIN 276
veröffentlicht: www.bki.de
BGF 3.076 €/m²

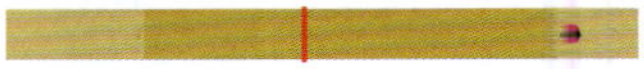

Planung: Ecker Architekten; Buchen

Modernisierung und Umbau von zwei Gebäuden der Gemeindeverwaltung. Die Gebäude sind mit einem Neubau verbunden worden.

Bauwerk – Baukonstruktionen
Herstellen: Außenwandbekleidungen, außen 11%, Elementierte Außenwandkonstruktionen 10%, Deckenkonstruktionen 8%, Deckenbeläge 6%, Außenwandöffnungen 5%, Innenwandbekleidungen 5%, Innenwandöffnungen 5%, Elementierte Innenwandkonstruktionen 4%, Dachbeläge 4%, Allgemeine Einbauten 4%, Tragende Außenwände 4%, Dachkonstruktionen 3%, Deckenbekleidungen 3%, Flachgründungen und Bodenplatten 3%, Tragende Innenwände 2%
Sonstige: 23%

Bauwerk – Technische Anlagen
Herstellen: Beleuchtungsanlagen 18%, Niederspannungsinstallationsanlagen 18%, Raumheizflächen 10%, Automationseinrichtungen 10%, Aufzugsanlagen 7%, Gefahrenmelde- und Alarmanlagen 6%, Datenübertragungsnetze 5%, Wasseranlagen 4%
Sonstige: 22%

Objektübersicht zur Gebäudeart

1300-0297 Verwaltungsgebäude, Fassadensanierung (110 AP)* **BRI** 84.525 m³ **BGF** 23.295 m² **NUF** 13.380 m²

Baujahr: 1917
Bauzustand: mittel
Aufwand: mittel
Nutzung während der Bauzeit: nein
Nutzungsänderung: nein
Grundrissänderungen: umfangreiche
Tragwerkseingriffe: umfangreiche

Land: Berlin
Kreis: Berlin, Stadt
Standard: hoch
Bauzeit: 161 Wochen
Kennwerte: bis 1. Ebene DIN 276
veröffentlicht: BKI Objektdaten A12
BGF 562 €/m²

*

* Nicht in der Auswertung enthalten

Planung: Kim Nalleweg Architekten; Berlin

Sanierung und Umbau der vier bestehenden Gebäudeteile. Nutzung in Büro- und Konferenzflächen.

Kostenkennwerte für die Kosten des Bauwerks (Kostengruppen 300+400 nach DIN 276)

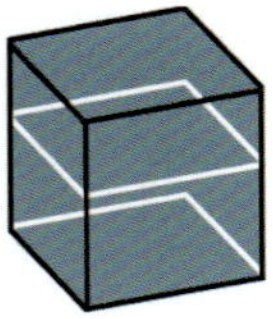

BRI 410 €/m³
von 305 €/m³
bis 605 €/m³

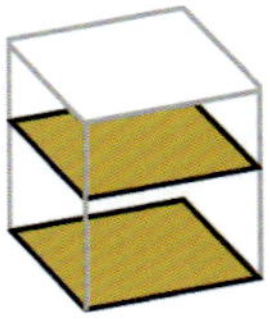

BGF 1.560 €/m²
von 1.140 €/m²
bis 2.450 €/m²

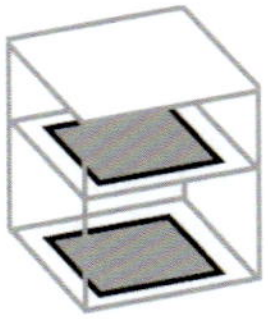

NUF 2.615 €/m²
von 1.825 €/m²
bis 3.970 €/m²

Objektbeispiele

Kosten:
Stand 2. Quartal 2025
Bundesdurchschnitt
inkl. 19% MwSt.

4400-0327

4100-0137

4100-0123

Kosten der 19 Vergleichsobjekte

Seiten 324 bis 336

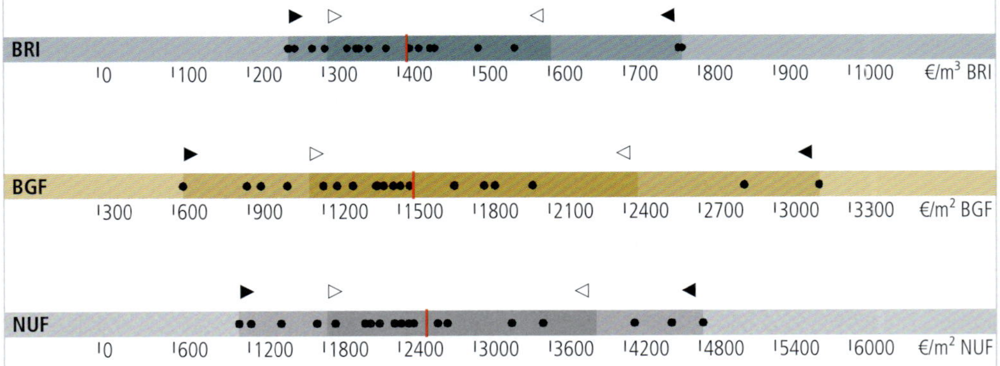

- ● KKW
- ▶ min
- ▷ von
- | Mittelwert
- ◁ bis
- ◀ max

Kostenkennwerte für die Kostengruppen der 1. und 2. Ebene DIN 276

KG	Kostengruppen der 1. Ebene	Einheit	▷	€/Einheit	◁	▷	% an 300+400	◁
100	Grundstück	m²GF	–	**–**	–	–	**–**	–
200	Vorbereitende Maßnahmen	m²GF	2	**7**	40	0,2	**1,0**	4,7
300	Bauwerk – Baukonstruktionen	m²BGF	801	**1.169**	1.937	65,8	**73,7**	82,5
400	Bauwerk – Technische Anlagen	m²BGF	247	**389**	544	17,5	**26,3**	34,2
	Bauwerk 300+400	m²BGF	1.140	**1.558**	2.452	100,0	**100,0**	100,0
500	Außenanlagen und Freiflächen	m²AF	64	**226**	445	1,9	**6,1**	12,5
600	Ausstattung und Kunstwerke	m²BGF	14	**68**	184	0,7	**5,1**	13,3
700	Baunebenkosten	m²BGF	–	**–**	–	–	**–**	–
800	Finanzierung	m²BGF	–	**–**	–	–	**–**	–

KG	Kostengruppen der 2. Ebene	Einheit	▷	€/Einheit	◁	▷	% an 1. Ebene	◁
310	Baugrube / Erdbau	m³BGI	73	**124**	204	0,3	**1,2**	2,7
320	Gründung, Unterbau	m²GRF	252	**417**	683	3,1	**5,4**	6,9
330	Außenwände / vertikal außen	m²AWF	425	**605**	994	26,0	**38,3**	55,6
340	Innenwände / vertikal innen	m²IWF	232	**361**	568	12,5	**19,1**	25,3
350	Decken / horizontal	m²DEF	199	**314**	476	8,1	**15,4**	21,3
360	Dächer	m²DAF	232	**369**	535	8,2	**13,3**	24,9
370	Infrastrukturanlagen		–	**–**	–	–	**–**	–
380	Baukonstruktive Einbauten	m²BGF	12	**32**	99	0,4	**2,1**	5,2
390	Sonst. Maßnahmen für Baukonst.	m²BGF	37	**60**	141	3,6	**5,2**	7,6
300	**Bauwerk – Baukonstruktionen**	**m²BGF**					**100,0**	
410	Abwasser-, Wasser-, Gasanlagen	m²BGF	27	**54**	104	5,7	**14,9**	21,4
420	Wärmeversorgungsanlagen	m²BGF	40	**69**	102	10,8	**20,8**	33,5
430	Raumlufttechnische Anlagen	m²BGF	14	**45**	124	4,0	**10,1**	25,0
440	Elektrische Anlagen	m²BGF	86	**136**	285	26,1	**35,3**	55,8
450	Kommunikationstechnische Anlagen	m²BGF	14	**32**	54	5,0	**7,9**	12,0
460	Förderanlagen	m²BGF	3	**16**	31	< 0,1	**1,7**	6,4
470	Nutzungsspez. / verfahrenstech. Anl.	m²BGF	5	**17**	102	0,6	**3,7**	19,3
480	Gebäude- und Anlagenautomation	m²BGF	24	**53**	105	0,3	**5,4**	16,6
490	Sonst. Maßnahmen f. techn. Anl.	m²BGF	< 1	**1**	4	< 0,1	**0,2**	0,6
400	**Bauwerk – Technische Anlagen**	**m²BGF**					**100,0**	

Prozentanteile der Kosten 2. Ebene an den Kosten des Bauwerks nach DIN 276 (Von/Mittel/Bis)

KG	Kostengruppe	%
310	Baugrube / Erdbau	0,9
320	Gründung, Unterbau	4,0
330	Außenwände / vertikal außen	28,0
340	Innenwände / vertikal innen	14,1
350	Decken / horizontal	11,3
360	Dächer	9,5
370	Infrastrukturanlagen	
380	Baukonstruktive Einbauten	1,6
390	Sonst. Maßnahmen für Baukonst.	3,9
410	Abwasser-, Wasser-, Gasanlagen	3,5
420	Wärmeversorgungsanlagen	5,1
430	Raumlufttechnische Anlagen	3,1
440	Elektrische Anlagen	9,6
450	Kommunikationstechnische Anlagen	2,2
460	Förderanlagen	0,5
470	Nutzungsspez. / verfahrenstech. Anl.	1,1
480	Gebäude- und Anlagenautomation	1,5
490	Sonst. Maßnahmen f. techn. Anl.	< 0,1

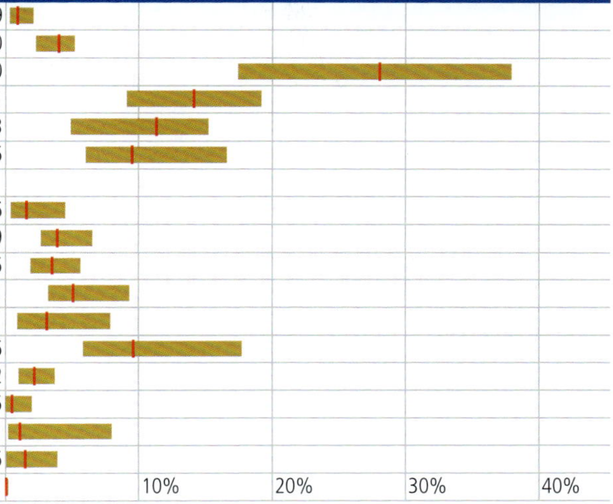

 Kostenstand: 2. Quartal 2025, Bundesdurchschnitt, **inkl. 19% MwSt.**

Kosten:
Stand 2. Quartal 2025
Bundesdurchschnitt
inkl. 19% MwSt.

▷ von
ø Mittel
◁ bis

Kostenkennwerte für die Kostengruppen der 3. Ebene DIN 276

KG	Kostengruppen der 3. Ebene	Einheit	▷	€/Einheit	◁	▷	€/m² BGF	◁
334	Außenwandöffnungen	m²	915	**1.258**	1.993	89	**149**	308
335	Außenwandbekleidungen, außen	m²	170	**307**	619	68	**139**	248
337	Elem. Außenwandkonstruktionen	m²	879	**1.265**	1.528	46	**95**	158
345	Innenwandbekleidungen	m²	43	**79**	128	30	**81**	135
353	Deckenbeläge	m²	105	**169**	232	32	**80**	121
363	Dachbeläge	m²	156	**249**	408	37	**71**	101
344	Innenwandöffnungen	m²	849	**1.190**	1.591	28	**59**	111
354	Deckenbekleidungen	m²	60	**113**	208	26	**58**	124
442	Eigenstromversorgungsanlagen	m²	10	**57**	385	10	**57**	385
444	Niederspannungsinstallationsanl.	m²	33	**54**	98	33	**54**	98
432	Teilklimaanlagen	m²	7	**53**	143	7	**53**	143
476	Weitere nutzungsspezifische Anl.	m²	15	**52**	121	15	**52**	121
445	Beleuchtungsanlagen	m²	28	**49**	78	28	**49**	78
431	Lüftungsanlagen	m²	10	**35**	107	10	**35**	107
412	Wasseranlagen	m²	18	**35**	77	18	**35**	77
336	Außenwandbekleidungen, innen	m²	45	**110**	171	12	**35**	63
324	Gründungsbeläge	m²	130	**215**	275	15	**34**	60
351	Deckenkonstruktionen	m²	207	**548**	3.384	12	**33**	98
341	Tragende Innenwände	m²	435	**956**	2.337	11	**33**	83
382	Besondere Einbauten	m²	14	**30**	94	14	**30**	94
364	Dachbekleidungen	m²	57	**119**	223	8	**30**	103
342	Nichttragende Innenwände	m²	153	**237**	411	14	**26**	59
481	Automationseinrichtungen	m²	14	**26**	49	14	**26**	49
422	Wärmeverteilnetze	m²	18	**26**	38	18	**26**	38
392	Gerüste	m²	16	**26**	51	16	**26**	51
361	Dachkonstruktionen	m²	69	**184**	334	8	**23**	71
443	Niederspannungsschaltanlagen	m²	–	**23**	–	–	**23**	–
461	Aufzugsanlagen	m²	15	**22**	45	15	**22**	45
423	Raumheizflächen	m²	12	**22**	35	12	**22**	35
322	Flachgründungen und Bodenplatten	m²	173	**317**	620	10	**21**	35
365	Elementierte Dachkonstruktionen	m²	–	**100**	–	–	**21**	–
331	Tragende Außenwände	m²	343	**564**	776	9	**19**	41
346	Elem. Innenwandkonstruktionen	m²	431	**645**	1.107	9	**18**	27
421	Wärmeerzeugungsanlagen	m²	5	**18**	34	5	**18**	34
411	Abwasseranlagen	m²	7	**16**	30	7	**16**	30
362	Dachöffnungen	m²	929	**1.628**	3.557	3	**16**	195
338	Lichtschutz zur KG 330	m²	166	**378**	1.063	5	**15**	27
391	Baustelleneinrichtung	m²	6	**15**	38	6	**15**	38
393	Sicherungsmaßnahmen	m²	1	**14**	87	1	**14**	87
456	Gefahrenmelde- und Alarmanlagen	m²	5	**13**	26	5	**13**	26
323	Tiefgründungen	m²	–	**811**	–	–	**12**	–
355	Elementierte Deckenkonstruktionen	m²	2.070	**2.576**	3.869	4	**11**	32
482	Schaltschränke, Automation	m²	4	**10**	40	4	**10**	40
311	Herstellung	m³	71	**120**	193	3	**10**	25
439	Sonstiges zur KG 430	m²	–	**10**	–	–	**10**	–
454	Elektroakustische Anlagen	m²	4	**10**	22	4	**10**	22
339	Sonstiges zur KG 330	m²	5	**13**	27	4	**9**	19
457	Datenübertragungsnetze	m²	3	**9**	17	3	**9**	17
397	Zusätzliche Maßnahmen	m²	3	**8**	14	3	**8**	14
389	Sonstiges zur KG 380	m²	7	**8**	9	7	**8**	9

Prozentanteile der Kosten für Leistungsbereiche nach STLB (Kosten Bauwerk nach DIN 276)

LB	Leistungsbereiche	▷	% an 300+400	◁
000	Baustellen-, Verkehrssich.- u. Sicherh.einr. inkl. 001	2,0	**2,7**	4,1
002	Erdarbeiten	0,3	**0,9**	2,1
006	Spezialtiefbauarbeiten inkl. 005	0,0	**0,2**	2,1
009	Entwässerungskanalarbeiten inkl. 011	< 0,1	**0,1**	0,4
010	Drän- und Versickerarbeiten	< 0,1	**0,1**	0,4
012	Mauerarbeiten	1,2	**3,0**	8,8
013	Betonarbeiten	1,6	**3,1**	7,5
014	Natur-, Betonwerksteinarbeiten	0,2	**1,6**	5,2
016	Zimmer- und Holzbauarbeiten	0,7	**2,8**	9,1
017	Stahlbauarbeiten	0,1	**0,8**	3,3
018	Abdichtungsarbeiten	0,2	**1,0**	2,4
020	Dachdeckungsarbeiten	0,2	**1,9**	3,6
021	Dachabdichtungsarbeiten	0,3	**1,7**	5,2
022	Klempnerarbeiten	0,7	**1,7**	3,2
	Rohbau	14,7	**21,7**	33,2
023	Putz- und Stuckarbeiten, Wärmedämmsysteme	2,7	**5,8**	12,7
024	Fliesen- und Plattenarbeiten	0,7	**1,7**	2,5
025	Estricharbeiten	0,3	**1,1**	2,0
026	Fenster, Außentüren inkl. 029, 032	5,8	**10,8**	20,3
027	Tischlerarbeiten	2,2	**4,6**	11,4
028	Parkett-, Holzpflasterarbeiten	< 0,1	**0,4**	1,4
030	Rollladenarbeiten	< 0,1	**0,8**	1,6
031	Metallbauarbeiten inkl. 035	1,2	**3,2**	8,5
034	Maler- und Lackiererarb. – Beschicht. inkl. 037	1,4	**3,1**	5,0
036	Bodenbelagarbeiten	1,4	**2,7**	4,4
038	Vorgehängte hinterlüftete Fassaden	0,1	**4,1**	14,2
039	Trockenbauarbeiten	2,7	**5,9**	9,9
	Ausbau	38,6	**44,3**	53,5
040	Wärmeversorgungsanl. - Betriebseinr. inkl. 041	2,4	**4,0**	8,5
042	Gas- u. Wasseranl. – Leitung., Armat. inkl. 043	0,5	**1,0**	1,8
044	Abwasseranl. - Leitungen, Abläufe, Armaturen	0,3	**0,8**	1,4
045	Gas, Wasser, Entwässerung – Ausstattung inkl. 046	0,6	**1,5**	2,5
047	Dämm- und Brandschutzarb. an techn. Anlagen	0,2	**0,8**	1,7
049	Feuerlöschanlagen, Feuerlöschgeräte	< 0,1	**< 0,1**	0,3
050	Blitzschutz-/Erdungsanlagen, Überspannungssch.	0,2	**0,3**	0,6
052	Mittelspannungsanlagen	–	**–**	–
053	Niederspannungsanl. – Kabel inkl. 054	3,5	**5,9**	15,6
055	Sicherheits- u. Ersatzstromversorgungsanl.	< 0,1	**< 0,1**	0,4
057	Gebäudesystemtechnik	< 0,1	**0,2**	1,5
058	Leuchten und Lampen inkl. 059	2,0	**3,4**	5,3
060	Such, Signal, Zeit, Anten., akust. Anl. inkl. 064	0,2	**0,7**	1,3
061	Kommunikations- u. Übertragungsnetze inkl. 062	0,2	**0,5**	1,3
063	Gefahrenmeldeanlagen	0,5	**0,9**	2,4
069	Aufzüge	0,0	**0,5**	2,0
070	Gebäudeautomation	0,2	**1,5**	3,6
075	Raumlufttechnische Anlagen inkl. 078	0,8	**2,8**	7,7
	Gebäudetechnik	17,1	**25,0**	33,6
084	Abbruch, Rückbau, Schadstoffsanierung	4,7	**6,9**	9,4
	Sonstige Leistungsbereiche inkl. 008, 033, 051	0,4	**2,1**	7,1

€/m² BGF

min	640	€/m²
von	1.140	€/m²
Mittel	**1.560**	**€/m²**
bis	2.450	€/m²
max	3.175	€/m²

Kosten:
Stand 2. Quartal 2025
Bundesdurchschnitt
inkl. 19% MwSt.

Objektübersicht zur Gebäudeart

6500-0051 Berufsschule, Neubau Caféteria (100 Sitzplätze)

BRI 16.023 m³ **BGF** 4.266 m² **NUF** 2.14[illegible] m²

© westform architekten

Baujahr: 1964
Bauzustand: mittel
Aufwand: hoch
Nutzung während der Bauzeit: ja
Nutzungsänderung: ja
Grundrissänderungen: umfangreiche
Tragwerkseingriffe: einige

Land: Nordrhein-Westfalen
Kreis: Viersen
Standard: mittel
Bauzeit: 48 Wochen
Kennwerte: bis 3. Ebene DIN 276
veröffentlicht: BKI Objektdaten A12
BGF **948 €/m²**

Planung: westform architekten; Alsdorf

Caféteria für ca. 100 Schüler, Sanierung WC-Anlagen, Einbau eines Außenaufzuges und einer PV-Anlage.

Bauwerk – Baukonstruktionen
Herstellen: Außenwandöffnungen 19%, Außenwandbekleidungen, außen 16%, Dachbeläge 9%, Elementierte Außenwandkonstruktionen 5%, Lichtschutz zur KG 330 4%, Tragende Außenwände 4%, Herstellung 3%, Gerüste 3%, Baustelleneinrichtung 3%, Deckenbekleidungen 3%, Elementierte Innenwandkonstruktionen 3%, Dachkonstruktionen 2%, Deckenbeläge 2%, Innenwandbekleidungen 2%
Sonstige: 21%

Bauwerk – Technische Anlagen
Herstellen: Lüftungsanlagen 20%, Niederspannungsinstallationsanlagen 16%, Wasseranlagen 9%, Abwasseranlagen 9%, Eigenstromversorgungsanlagen 8%, Aufzugsanlagen 8%, Wärmeverteilnetze 6%, Gefahrenmelde- und Alarmanlagen 4%
Sonstige: 22%

4100-0146 Gymnasium (18 Klassen, 643 Schüler)

BRI 20.932 m³ **BGF** 5.267 m² **NUF** 3.194 m²

© Rainer Erhard

Baujahr: 1969-1971
Bauzustand: mittel
Aufwand: hoch
Nutzung während der Bauzeit: nein
Nutzungsänderung: nein
Grundrissänderungen: einige
Tragwerkseingriffe: wenige

Land: Niedersachsen
Kreis: Lüchow-Dannenberg
Standard: mittel
Bauzeit: 57 Wochen
Kennwerte: bis 3. Ebene DIN 276
veröffentlicht: BKI Objektdaten A9
BGF **1.315 €/m²**

Planung: ralf pohlmann architekten; Waddeweitz

Modernisierung einer ehemaligen Realschule und Umnutzung zum Gymnasium (18 Klassen, 643 Schüler).

Bauwerk – Baukonstruktionen
Abbrechen: Dachbeläge 3%
Herstellen: Elementierte Außenwandkonstruktionen 20%, Außenwandbekleidungen, außen 18%, Dachbeläge 12%, Außenwandöffnungen 11%, Dachbekleidungen 4%, Lichtschutz zur KG 330 3%, Gründungsbeläge 3%, Innenwandbekleidungen 3%, Deckenbekleidungen 2%
Sonstige: 21%

Bauwerk – Technische Anlagen
Herstellen: Lüftungsanlagen 33%, Niederspannungsinstallationsanlagen 14%, Beleuchtungsanlagen 13%, Raumheizflächen 11%, Wärmeverteilnetze 7%
Sonstige: 22%

Objektübersicht zur Gebäudeart

4400-0138 Kindertagesstätte (6 Gruppen, 138 Kinder)

BRI 3.433 m³ **BGF** 1.409 m² **NUF** 802 m²

© Jirka + Nadansky Architekten

Bauzustand: mittel
Aufwand: mittel
Nutzung während der Bauzeit: ja
Nutzungsänderung: nein
Grundrissänderungen: wenige
Tragwerkseingriffe: wenige

Land: Brandenburg
Kreis: Oberhavel
Standard: mittel
Bauzeit: 26 Wochen
Kennwerte: bis 3. Ebene DIN 276
veröffentlicht: BKI Objektdaten A8

BGF 638 €/m²

Planung: Jirka + Nadansky Architekten; Borgsdorf

Energetische Sanierung einer Kindertagesstätte mit sechs Gruppen für 138 Kinder.

Bauwerk – Baukonstruktionen
Herstellen: Außenwandbekleidungen, außen 41%, Außenwandöffnungen 13%, Dachbeläge 4%, Gründungsbeläge 4%, Herstellung 3%, Innenwandbekleidungen 3%, Deckenbeläge 3%, Gerüste 3%
Wiederherstellen: Innenwandbekleidungen 5%
Sonstige: 21%

Bauwerk – Technische Anlagen
Herstellen: Niederspannungsinstallationsanlagen 25%, Wärmeerzeugungsanlagen 21%, Raumheizflächen 15%, Beleuchtungsanlagen 10%
Sonstige: 29%

4100-0129 Grundschule (15 Klassen, 375 Schüler)

BRI 14.152 m³ **BGF** 3.225 m² **NUF** 1.929 m²

© Manfred Schaus Bernd Decker

Baujahr: 1972
Bauzustand: schlecht
Aufwand: mittel
Nutzung während der Bauzeit: ja
Nutzungsänderung: nein
Grundrissänderungen: einige
Tragwerkseingriffe: wenige

Land: Saarland
Kreis: Saarbrücken, Regionalverband
Standard: mittel
Bauzeit: 57 Wochen
Kennwerte: bis 3. Ebene DIN 276
veröffentlicht: BKI Objektdaten A9

BGF 1.504 €/m²

Planung: Manfred Schaus Bernd Decker; Sulzbach/Saar

Umbau und energetische Sanierung einer bestehenden Grundschule mit Nachmittagsbetreuung (15 Klassen, 375 Schüler, 80 Plätze zur Nachmittagsbetreuung).

Bauwerk – Baukonstruktionen
Herstellen: Außenwandöffnungen 30%, Außenwandbekleidungen, außen 13%, Elementierte Außenwandkonstruktionen 9%, Dachbeläge 9%, Innenwandöffnungen 6%, Deckenbeläge 5%, Elementierte Innenwandkonstruktionen 4%, Sonstiges zur KG 330 3%, Lichtschutz zur KG 330 2%
Sonstige: 20%

Bauwerk – Technische Anlagen
Herstellen: Niederspannungsinstallationsanlagen 28%, Beleuchtungsanlagen 14%, Automationseinrichtungen 9%, Lüftungsanlagen 8%, Gefahrenmelde- und Alarmanlagen 8%, Schaltschränke, Automationsschwerpunkte 7%, Eigenstromversorgungsanlagen 4%
Sonstige: 23%

Schulen und Kindergärten

€/m² BGF

min	640	€/m²
von	1.140	€/m²
Mittel	**1.560**	**€/m²**
bis	2.450	€/m²
max	3.175	€/m²

Kosten:
Stand 2. Quartal 2025
Bundesdurchschnitt
inkl. 19% MwSt.

Objektübersicht zur Gebäudeart

4400-0134 Kindertagesstätte (261 Kinder)

BRI 10.079 m³ **BGF** 3.452 m² **NUF** 2.059 m²

Baujahr: 1971
Bauzustand: schlecht
Aufwand: hoch
Nutzung während der Bauzeit: nein
Nutzungsänderung: nein
Grundrissänderungen: umfangreiche
Tragwerkseingriffe: umfangreiche

Land: Mecklenburg-Vorpommern
Kreis: Vorpommern-Greifswald
Standard: mittel
Bauzeit: 26 Wochen
Kennwerte: bis 3. Ebene DIN 276
veröffentlicht: BKI Objektdaten A9
BGF 1.476 €/m²

Planung: Ingenieurbüro Dipl.-Ing. (TU) Matthias Kühn; Anklam

Kindertagesstätte (261 Kinder)

Bauwerk – Baukonstruktionen
Herstellen: Dachöffnungen 20%, Elementierte Außenwandkonstruktionen 10%, Dachbeläge 8%, Dachkonstruktionen 8%, Außenwandbekleidungen, außen 8%, Innenwandöffnungen 7%, Innenwandbekleidungen 4%, Flachgründungen und Bodenplatten 4%, Gründungsbeläge 3%, Abdichtungen und Bekleidungen 2%, Dachbekleidungen 2%, Gerüste 2%
Sonstige: 21%

Bauwerk – Technische Anlagen
Herstellen: Eigenstromversorgungsanlagen 73%, Lüftungsanlagen 6%, Gefahrenmelde- und Alarmanlagen 5%
Sonstige: 16%

4100-0118 Gymnasium (39 Klassen, 1.085 Schüler)

BRI 8.693 m³ **BGF** 2.101 m² **NUF** 1.252 m²

Baujahr: 1972
Bauzustand: mittel
Aufwand: hoch
Nutzung während der Bauzeit: ja
Nutzungsänderung: nein
Grundrissänderungen: umfangreiche
Tragwerkseingriffe: einige

Land: Nordrhein-Westfalen
Kreis: Aachen, Städteregion
Standard: mittel
Bauzeit: 39 Wochen
Kennwerte: bis 3. Ebene DIN 276
veröffentlicht: BKI Objektdaten A9
BGF 1.437 €/m²

Planung: Rongen Architekten PartG mbB; Wassenberg

Verwaltungstrakt eines Gymnasiums mit Lehrerzimmern, Computerarbeitsplätzen und Selbstlernzentrum.

Bauwerk – Baukonstruktionen
Herstellen: Außenwandbekleidungen, außen 32%, Außenwandöffnungen 11%, Elementierte Außenwandkonstruktionen 8%, Gerüste 5%, Deckenbekleidungen 4%, Nichttragende Innenwände 4%, Außenwandbekleidungen, innen 4%, Innenwandöffnungen 4%, Deckenbeläge 3%, Elementierte Deckenkonstruktionen 3%, Innenwandbekleidungen 3%
Sonstige: 20%

Bauwerk – Technische Anlagen
Herstellen: Teilklimaanlagen 29%, Beleuchtungsanlagen 17%, Niederspannungsinstallationsanlagen 13%, Aufzugsanlagen 9%, Wasseranlagen 5%, Datenübertragungsnetze 4%
Sonstige: 23%

4100-0123 Hauptschule*

BRI 11.446 m³ **BGF** 3.447 m² **NUF** 2.127 m²

Baujahr: 1957
Bauzustand: gut
Aufwand: mittel
Nutzung während der Bauzeit: ja
Nutzungsänderung: nein
Grundrissänderungen: keine
Tragwerkseingriffe: keine

Land: Bayern
Kreis: Altötting
Standard: mittel
Bauzeit: 22 Wochen
Kennwerte: bis 3. Ebene DIN 276
veröffentlicht: BKI Objektdaten A8

BGF 247 €/m²

* Nicht in der Auswertung enthalten

Planung: studio lot Architektur / Innenarchitektur; Altötting

Energetische Sanierung einer Hauptschule mit neun Klassen und 167 Schülern.

Bauwerk – Baukonstruktionen
Abbrechen: Außenwandbekleidungen, außen 4%
Herstellen: Außenwandbekleidungen, außen 40%, Außenwandöffnungen 18%, Tragende Außenwände 6%, Zusätzliche Maßnahmen 4%, Dachbeläge 4%
Sonstige: 23%

Bauwerk – Technische Anlagen
Abbrechen: Raumheizflächen 6%
Herstellen: Raumheizflächen 79%, Blitzschutz- und Erdungsanlagen 8%
Sonstige: 6%

4100-0110 Volksschule*

BRI 11.798 m³ **BGF** 4.096 m² **NUF** 2.880 m²

Baujahr: 1974
Bauzustand: mittel
Aufwand: mittel
Nutzung während der Bauzeit: nein
Nutzungsänderung: nein
Grundrissänderungen: wenige
Tragwerkseingriffe: wenige

Land: Österreich
Kreis: Vorarlberg
Standard: hoch
Bauzeit: 52 Wochen
Kennwerte: bis 3. Ebene DIN 276
veröffentlicht: www.bki.de

BGF 1.720 €/m²

* Nicht in der Auswertung enthalten

Planung: DI Gerhard Zweier; AT-Wolfurt

Das Gebäude aus dem Jahr 1974 wurde umgebaut und modernisiert, damit es den heutigen Anforderungen an ein modernes Schulgebäude entspricht. Es wurde eine kontrollierte Be- und Entlüftung mit Wärmerückgewinnung eingebaut, zusätzlich eine Grundwasser-Erdwärmepumpe und eine thermische Solaranlage. Der Heizwärmebedarf konnte von 129 auf 15,3 kWh/m² gesenkt werden.

Bauwerk – Baukonstruktionen
Herstellen: Außenwandbekleidungen, außen 14%, Außenwandöffnungen 12%, Innenwandbekleidungen 7%, Innenwandöffnungen 7%, Deckenbeläge 6%, Tragende Außenwände 5%, Dachbeläge 5%, Gründungsbeläge 4%, Deckenbekleidungen 4%, Baustelleneinrichtung 4%, Dachöffnungen 3%, Nichttragende Innenwände 3%, Herstellung 3%, Deckenkonstruktionen 2%
Sonstige: 22%

Bauwerk – Technische Anlagen
Herstellen: Lüftungsanlagen 31%, Niederspannungsinstallationsanlagen 15%, Wasseranlagen 9%, Wärmeerzeugungsanlagen 9%, Automationseinrichtungen 5%, Wärmeverteilnetze 5%, Aufzugsanlagen 5%
Sonstige: 20%

Übersicht- 1. + 2. Ebene
Erweiterung
Umbau
Modernisierung
Instandsetzung
Bauelemente
Abbrechen
Wiederherstellen
Herstellen

€/m² BGF

min	640	€/m²
von	1.140	€/m²
Mittel	**1.560**	**€/m²**
bis	2.450	€/m²
max	3.175	€/m²

Kosten:
Stand 2. Quartal 2025
Bundesdurchschnitt
inkl. 19% MwSt.

Objektübersicht zur Gebäudeart

4100-0109 Hauptschule*

BRI 10.158 m³ **BGF** 3.639 m² **NUF** 1.792 m²

Baujahr: 1966
Bauzustand: mittel
Aufwand: mittel
Nutzung während der Bauzeit: nein
Nutzungsänderung: nein
Grundrissänderungen: wenige
Tragwerkseingriffe: wenige

Land: Österreich
Kreis: Vorarlberg
Standard: mittel
Bauzeit: 39 Wochen
Kennwerte: bis 3. Ebene DIN 276
veröffentlicht: www.bki.de

BGF 2.126 €/m²

* Nicht in der Auswertung enthalten

Planung: Waiser + Werle Architekten ZT GmbH; AT-Feldkirch

Das Schulgebäude von 1966 wurde modernisiert, eine wesentliche Reduzierung des Energieverbrauchs wurde erreicht. Bei der Maßnahme ist die Sicherheit durch einen zweiten Fluchtweg erhöht worden. Durch Einbau von einem Aufzug wurde die Schule behindertengerecht.

Bauwerk – Baukonstruktionen
Herstellen: Außenwandöffnungen 17%, Allgemeine Einbauten 10%, Außenwandbekleidungen, außen 8%, Innenwandbekleidungen 7%, Innenwandöffnungen 7%, Deckenbekleidungen 6%, Dachbeläge 5%, Dachöffnungen 4%, Deckenbeläge 3%, Deckenkonstruktionen 3%, Lichtschutz zur KG 330 2%, Tragende Außenwände 2%, Nichttragende Innenwände 2%
Wiederherstellen: Außenwandbekleidungen, außen 2%
Sonstige: 22%

Bauwerk – Technische Anlagen
Herstellen: Lüftungsanlagen 28%, Niederspannungsinstallationsanlagen 21%, Beleuchtungsanlagen 10%, Wärmeverteilnetze 8%, Wasseranlagen 8%, Küchentechnische Anlagen 5%
Sonstige: 20%

4100-0111 Volksschule*

BRI 9.832 m³ **BGF** 2.663 m² **NUF** 1.270 m²

Baujahr: 1966
Bauzustand: mittel
Aufwand: mittel
Nutzung während der Bauzeit: nein
Nutzungsänderung: nein
Grundrissänderungen: wenige
Tragwerkseingriffe: wenige

Land: Österreich
Kreis: Vorarlberg
Standard: hoch
Bauzeit: 30 Wochen
Kennwerte: bis 3. Ebene DIN 276
veröffentlicht: www.bki.de

BGF 1.479 €/m²

* Nicht in der Auswertung enthalten

Planung: Architektur Jürgen Hagspiel; AT-Alberschwende

Das Gebäude von 1966 wurde modernisiert und erweitert, damit es den heutigen Anforderungen an ein modernes Schulgebäude entspricht.

Bauwerk – Baukonstruktionen
Abbrechen: Abbruchmaßnahmen 2%
Herstellen: Elementierte Außenwandkonstruktionen 27%, Außenwandbekleidungen, außen 12%, Deckenbeläge 11%, Deckenbekleidungen 8%, Innenwandöffnungen 6%, Dachbeläge 5%, Dachbekleidungen 4%, Innenwandbekleidungen 3%, Dachkonstruktionen 2%
Sonstige: 21%

Bauwerk – Technische Anlagen
Herstellen: Lüftungsanlagen 26%, Niederspannungsinstallationsanlagen 20%, Beleuchtungsanlagen 13%, Wasseranlagen 12%, Automationseinrichtungen 8%
Sonstige: 20%

4100-0114 Volksschule*

BRI 11.045 m³ **BGF** 2.437 m² **NUF** 1.356 m²

Baujahr: 1963
Bauzustand: schlecht
Aufwand: hoch
Nutzung während der Bauzeit: nein
Nutzungsänderung: nein
Grundrissänderungen: einige
Tragwerkseingriffe: einige

Land: Österreich
Kreis: Vorarlberg
Standard: hoch
Bauzeit: 39 Wochen
Kennwerte: bis 3. Ebene DIN 276
veröffentlicht: www.bki.de

BGF 2.946 €/m²

* Nicht in der Auswertung enthalten

Planung: DI Walter Felder & DI Wise Geser; AT-Egg

Generalsanierung: Thermische Sanierung der Außenwand, Erneuerung der Gebäudetechnik, kontrollierte Be- und Entlüftung, zeitgemäßer Brand- und Schallschutz. **Kosteneinfluss Nutzung:** Das Gebäude steht unter Denkmalschutz. Anbau einer Kleinturnhalle als formale und konstruktive Weiterführung des Bestandes. **Kosteneinfluss Grundstück:** Beengter Bauraum, steiles Gelände

Bauwerk – Baukonstruktionen
Herstellen: Außenwandöffnungen 12%, Außenwandbekleidungen, außen 10%, Dachbekleidungen 9%, Dachbeläge 7%, Herstellung 7%, Innenwandbekleidungen 6%, Tragende Außenwände 5%, Baustelleneinrichtung 5%, Tragende Innenwände 4%, Dachkonstruktionen 4%, Elementierte Außenwandkonstruktionen 3%, Innenwandöffnungen 3%, Deckenbekleidungen 3%
Sonstige: 23%

Bauwerk – Technische Anlagen
Herstellen: Beleuchtungsanlagen 22%, Lüftungsanlagen 18%, Abwasseranlagen 16%, Niederspannungsinstallationsanlagen 13%, Wasseranlagen 6%
Sonstige: 25%

4300-0010 Förderschule, Vereinsräume*

BRI 2.991 m³ **BGF** 810 m² **NUF** 637 m²

Baujahr: 1966
Bauzustand: mittel
Aufwand: mittel
Nutzung während der Bauzeit: nein
Nutzungsänderung: nein
Grundrissänderungen: einige
Tragwerkseingriffe: wenige

Land: Baden-Württemberg
Kreis: Heilbronn
Standard: mittel
Bauzeit: 18 Wochen
Kennwerte: bis 3. Ebene DIN 276
veröffentlicht: BKI Objektdaten A7

BGF 356 €/m²

* Nicht in der Auswertung enthalten

Planung: k.A.

Modernisierung einer Förderschule mit vier Klassen und 32 Schülern, sowie eines Vereinsheims mit zwei Gruppenräumen.

Bauwerk – Baukonstruktionen
Herstellen: Außenwandöffnungen 64%, Dachbekleidungen 11%, Lichtschutz zur KG 330 7%
Sonstige: 19%

Bauwerk – Technische Anlagen
Herstellen: Beleuchtungsanlagen 45%, Niederspannungsinstallationsanlagen 42%, Datenübertragungsnetze 7%
Sonstige: 6%

€/m² BGF

min	640	€/m²
von	1.140	€/m²
Mittel	**1.560**	**€/m²**
bis	2.450	€/m²
max	3.175	€/m²

Kosten:
Stand 2. Quartal 2025
Bundesdurchschnitt
inkl. 19% MwSt.

Objektübersicht zur Gebäudeart

4100-0106 Gymnasium (15 Klassen, 400 Schüler)

BRI 7.457 m³ **BGF** 2.014 m² **NUF** 1.267 m²

© Klein+Neubürger Architekten

Baujahr: 1972
Bauzustand: schlecht
Aufwand: mittel
Nutzung während der Bauzeit: nein
Nutzungsänderung: nein
Grundrissänderungen: einige
Tragwerkseingriffe: keine

Land: Nordrhein-Westfalen
Kreis: Recklinghausen
Standard: mittel
Bauzeit: 78 Wochen
Kennwerte: bis 3. Ebene DIN 276
veröffentlicht: BKI Objektdaten A9
BGF 2.877 €/m²

Planung: Klein+Neubürger Architekten BDA; Bochum

Gymnasium mit 15 Klassen für 400 Schüler mit Aufenthaltsraum und Küche. **Kosteneinfluss Nutzung:** Baustraße erforderlich, Brand- und Wärmeschutzanforderungen

Bauwerk – Baukonstruktionen
Herstellen: Außenwandöffnungen 18%, Außenwandbekleidungen, außen 12%, Dachbekleidungen 7%, Innenwandbekleidungen 7%, Innenwandöffnungen 7%, Elementierte Außenwandkonstruktionen 7%, Deckenbeläge 5%, Deckenbekleidungen 4%, Gründungsbeläge 4%, Nichttragende Innenwände 3%, Gerüste 3%
Sonstige: 21%

Bauwerk – Technische Anlagen
Herstellen: Gebäude- und Anlagenautomation 31%, Wärmeversorgungsanlagen 19%, Wasseranlagen 16%, Beleuchtungsanlagen 13%
Sonstige: 21%

4200-0028 Berufsschulzentrum für Technik

BRI 36.225 m³ **BGF** 10.350 m² **NUF** 7.475 m²

Baujahr: 1910-12
Bauzustand: mittel
Aufwand: mittel
Nutzung während der Bauzeit: ja
Nutzungsänderung: nein
Grundrissänderungen: einige
Tragwerkseingriffe: einige

Land: Sachsen
Kreis: Chemnitz, Stadt
Standard: mittel
Bauzeit: 48 Wochen
Kennwerte: bis 3. Ebene DIN 276
veröffentlicht: BKI Objektdaten A9
BGF 1.054 €/m²

Planung: iproplan Planungsgesellschaft mbH; Chemnitz

Berufsschulzentrum für technisches Gymnasium, Berufsgrundbildungsjahr, Handwerksberufe wie Maler, Raumgestalter, Friseur, Körperpflege, Holztechnik und Metalltechnik. **Kosteneinfluss Nutzung:** Denkmalschutz

Bauwerk – Baukonstruktionen
Herstellen: Außenwandöffnungen 14%, Deckenbekleidungen 8%, Deckenbeläge 8%, Dachbeläge 6%, Innenwandbekleidungen 5%, Innenwandöffnungen 5%, Außenwandbekleidungen, innen 4%, Dachbekleidungen 3%, Elementierte Innenwandkonstruktionen 3%, Nichttragende Innenwände 2%, Tragende Innenwände 2%, Gründungsbeläge 2%, Baustelleneinrichtung 2%
Wiederherstellen: Außenwandbekleidungen, außen 6%, Deckenbeläge 2%
Sonstige: 28%

Bauwerk – Technische Anlagen
Herstellen: Weitere nutzungsspezifische Anlagen 30%, Niederspannungsinstallationsanlagen 11%, Beleuchtungsanlagen 7%, Wasseranlagen 6%, Automationseinrichtungen 6%, Wärmeverteilnetze 6%, Raumheizflächen 5%, Lüftungsanlagen 5%
Sonstige: 24%

Objektübersicht zur Gebäudeart

4200-0025 Berufsschulzentrum für Technik

BRI 41.895 m³ **BGF** 11.970 m² **NUF** 8.803 m²

© ip:oplan Planungsgesellschaft mbH

Baujahr: 1910-12
Bauzustand: mittel
Aufwand: mittel
Nutzung während der Bauzeit: ja
Nutzungsänderung: nein
Grundrissänderungen: einige
Tragwerkseingriffe: einige

Land: Sachsen
Kreis: Chemnitz, Stadt
Standard: mittel
Bauzeit: 26 Wochen
Kennwerte: bis 3. Ebene DIN 276
veröffentlicht: BKI Objektdaten A9

BGF 892 €/m²

Planung: iproplan Planungsgesellschaft mbH; Chemnitz

Berufsschulzentrum für technisches Gymnasium, Berufsgrundbildungsjahr, Handwerksberufe wie Farbtechniker, Raumgestalter, Bauzeichner, Körperpflege, Holztechnik und Metalltechnik. **Kosteneinfluss Nutzung:** Denkmalschutz

Bauwerk – Baukonstruktionen
Abbrechen: Deckenbeläge 2%
Herstellen: Außenwandöffnungen 12%, Deckenbeläge 10%, Innenwandöffnungen 8%, Innenwandbekleidungen 6%, Dachbeläge 5%, Deckenbekleidungen 5%, Außenwandbekleidungen, innen 3%, Elementierte Innenwandkonstruktionen 3%, Nichttragende Innenwände 3%, Dachbekleidungen 2%, Besondere Einbauten 2%, Gerüste 2%, Außenwandbekleidungen, außen 2%
Wiederherstellen: Außenwandbekleidungen, außen 4%
Sonstige: 32%

Bauwerk – Technische Anlagen
Herstellen: Niederspannungsinstallationsanlagen 16%, Beleuchtungsanlagen 14%, Datenübertragungsnetze 7%, Wasseranlagen 7%, Wärmeverteilnetze 6%, Gefahrenmelde- und Alarmanlagen 6%, Raumheizflächen 6%, Lüftungsanlagen 5%, Automationseinrichtungen 4%, Teilklimaanlagen 4%, Aufzugsanlagen 3%
Sonstige: 22%

4100-0066 Grundschule (15 Klassen)

BRI 21.610 m³ **BGF** 4.758 m² **NUF** 2.717 m²

© Pörtner + Lechmann BDA

Bauzustand: schlecht
Aufwand: hoch
Nutzung während der Bauzeit: ja
Nutzungsänderung: nein
Grundrissänderungen: einige
Tragwerkseingriffe: wenige

Land: Hessen
Kreis: Hochtaunuskreis
Standard: mittel
Bauzeit: 91 Wochen
Kennwerte: bis 3. Ebene DIN 276
veröffentlicht: www.bki.de

BGF 1.882 €/m²

Planung: Dipl.-Ing. Architekten Pörtner + Lechmann BDA; Oberursel

Modernisierung und Instandsetzung einer Grundschule mit Schulsporthalle (288 m²).

Bauwerk – Baukonstruktionen
Abbrechen: Deckenbekleidungen 5%
Herstellen: Außenwandbekleidungen, außen 12%, Deckenbekleidungen 9%, Deckenbeläge 7%, Außenwandöffnungen 6%, Innenwandbekleidungen 5%, Innenwandöffnungen 4%, Dachbeläge 4%, Tragende Innenwände 3%, Außenwandbekleidungen, innen 3%, Baustelleneinrichtung 3%, Gründungsbeläge 3%, Tragende Außenwände 3%, Herstellung 2%, Flachgründungen und Bodenplatten 2%
Sonstige: 27%

Bauwerk – Technische Anlagen
Herstellen: Niederspannungsinstallationsanlagen 12%, Lüftungsanlagen 11%, Wasseranlagen 9%, Wärmeverteilnetze 9%, Automationseinrichtungen 9%, Wärmeerzeugungsanlagen 7%, Raumheizflächen 6%, Beleuchtungsanlagen 6%, Abwasseranlagen 5%, Elektroakustische Anlagen 5%
Sonstige: 21%

€/m² BGF

min	640	€/m²
von	1.140	€/m²
Mittel	**1.560**	**€/m²**
bis	2.450	€/m²
max	3.175	€/m²

Kosten:
Stand 2. Quartal 2025
Bundesdurchschnitt
inkl. 19% MwSt.

Objektübersicht zur Gebäudeart

4500-0007 Sport- und Bildungsstätte

BRI 19.466 m³ **BGF** 4.741 m² **NUF** 2.45[illegible] m²

Baujahr: 1930
Bauzustand: schlecht
Aufwand: hoch
Nutzung während der Bauzeit: ja
Nutzungsänderung: nein
Grundrissänderungen: wenige
Tragwerkseingriffe: wenige

Land: Thüringen
Kreis: Greiz
Standard: mittel
Bauzeit: 104 Wochen
Kennwerte: bis 3. Ebene DIN 276
veröffentlicht: BKI Objektdaten A6
BGF 1.838 €/m²

Planung: thoma architekten; Zeulenroda

Sport- und Bildungsstätte, Halle mit 598 Sitzplätzen oder 1.200 Stehplätzen, Zweifeldhalle (20x41m), zwei Schulungsräume mit 46 und 24 Sitzplätzen und zehn Zweibettzimmer.

Bauwerk – Baukonstruktionen
Herstellen: Innenwandbekleidungen 11%, Innenwandöffnungen 11%, Deckenbeläge 9%, Außenwandöffnungen 8%, Deckenbekleidungen 8%, Dachkonstruktionen 5%, Nichttragende Innenwände 5%, Dachbeläge 4%, Dachbekleidungen 3%, Gerüste 3%, Außenwandbekleidungen, außen 3%, Besondere Einbauten 3%, Gründungsbeläge 3%, Elementierte Innenwandkonstruktionen 3%
Sonstige: 21%

Bauwerk – Technische Anlagen
Herstellen: Lüftungsanlagen 21%, Wasseranlagen 6%, Beleuchtungsanlagen 14%, Niederspannungsinstallationsanlagen 13%, Wärmeerzeugungsanlagen 5%, Abwasseranlagen 5%, Wärmeverteilnetze 4%
Sonstige: 23%

4100-0031 Gymnasium vierzügig (900 Schüler)

BRI 36.368 m³ **BGF** 8.647 m² **NUF** 4.872 m²

Baujahr: 1904-1911
Bauzustand: schlecht
Aufwand: hoch
Nutzung während der Bauzeit: ja
Nutzungsänderung: nein
Grundrissänderungen: einige
Tragwerkseingriffe: wenige

Land: Thüringen
Kreis: Gotha
Standard: mittel
Bauzeit: 196 Wochen
Kennwerte: bis 3. Ebene DIN 276
veröffentlicht: www.bki.de
BGF 1.198 €/m²

Planung: AIG Gotha Architektur- & Ingenieurgesellschaft mbH; Gotha

Die erforderliche Umverlegung von Funktionsbereichen (Hausmeisterwohnung, Versorgungsbereich, Verwaltung, Sanitärräume) sowie die allgemein höheren Anforderungen an die Gebäudetechnik, den Wärme- und Brandschutz führen zu Mehrkosten im Bereich der Baukonstruktion und der technischen Ausstattung. **Kosteneinfluss Nutzung:** Die strengen Denkmalschutzauflagen trugen ebenfalls zu hohen Kosten bei.

Bauwerk – Baukonstruktionen
Abbrechen: Innenwandbekleidungen 2%
Herstellen: Außenwandöffnungen 18%, Dachbeläge 9%, Deckenbeläge 7%, Innenwandbekleidungen 5%, Innenwandöffnungen 4%, Gründungsbeläge 3%, Besondere Einbauten 3%, Deckenbekleidungen 3%
Wiederherstellen: Außenwandbekleidungen, außen 6%, Deckenbeläge 4%, Innenwandöffnungen 3%
Sonstige: 33%

Bauwerk – Technische Anlagen
Herstellen: Niederspannungsinstallationsanlagen 20%, Beleuchtungsanlagen 19%, Wasseranlagen 17%, Raumheizflächen 10%, Wärmeverteilnetze 10%
Sonstige: 24%

4100-0038 Gymnasium vierzügig (325 Schüler)

BRI 16.586 m³ **BGF** 4.225 m² **NUF** 2.527 m²

Baujahr: 1914-1916
Bauzustand: schlecht
Aufwand: hoch
Nutzung während der Bauzeit: ja
Nutzungsänderung: nein
Grundrissänderungen: wenige
Tragwerkseingriffe: keine

Land: Brandenburg
Kreis: Prignitz
Standard: mittel
Bauzeit: 144 Wochen
Kennwerte: bis 3. Ebene DIN 276
veröffentlicht: www.bki.de

BGF 1.412 €/m²

Planung: Raband & Wegner Ingenieurbüro GmbH; Wittenberge

Bestandteil eines zusammenhängenden dreizügigen Gymnasiums, das insgesamt in drei separaten Gebäuden (siehe auch Objekt 4100-0035) untergebracht ist. **Kosteneinfluss Nutzung:** Grundrissgestaltung und allgemeine Funktionsverteilung blieben im Wesentlichen bei der Modernisierungsmaßnahme unverändert. **Kosteneinfluss Grundstück:** Lage: Zentral am Rathaus, dabei begrenzt in den Außen-/Freiflächen.

Bauwerk – Baukonstruktionen
Herstellen: Deckenbeläge 9%, Dachbeläge 8%, Innenwandbekleidungen 4%, Gründungsbeläge 4%, Besondere Einbauten 3%, Innenwandöffnungen 3%, Gerüste 2%, Elementierte Innenwandkonstruktionen 2%, Baustelleneinrichtung 2%, Tragende Innenwände 2%
Wiederherstellen: Außenwandöffnungen 17%, Außenwandbekleidungen, außen 6%
Sonstige: 39%

Bauwerk – Technische Anlagen
Herstellen: Beleuchtungsanlagen 21%, Niederspannungsinstallationsanlagen 19%, Wasseranlagen 14%, Wärmeverteilnetze 11%, Wärmeerzeugungsanlagen 4%, Abwasseranlagen 4%, Gefahrenmelde- und Alarmanlagen 4%
Sonstige: 23%

4100-0037 Gymnasium dreizügig (850 Schüler)

BRI 41.309 m³ **BGF** 9.290 m² **NUF** 5.290 m²

Baujahr: 1905
Bauzustand: mittel
Aufwand: hoch
Nutzung während der Bauzeit: ja
Nutzungsänderung: nein
Grundrissänderungen: keine
Tragwerkseingriffe: keine

Land: Sachsen
Kreis: Leipzig, Stadt
Standard: mittel
Bauzeit: 117 Wochen
Kennwerte: bis 3. Ebene DIN 276
veröffentlicht: www.bki.de

BGF 1.541 €/m²

Planung: MAGEPRO eG; Döbeln

Modernisierung eines dreizügigen Gymnasiums.

Bauwerk – Baukonstruktionen
Abbrechen: Innenwandbekleidungen 2%
Herstellen: Außenwandöffnungen 10%, Außenwandbekleidungen, außen 9%, Innenwandbekleidungen 9%, Innenwandöffnungen 7%, Deckenbeläge 6%, Dachbeläge 6%, Außenwandbekleidungen, innen 5%, Deckenbekleidungen 4%, Gründungsbeläge 3%, Gerüste 3%, Deckenkonstruktionen 2%, Tragende Innenwände 1%
Wiederherstellen: Außenwandbekleidungen, außen 8%, Deckenkonstruktionen 2%
Sonstige: 24%

Bauwerk – Technische Anlagen
Herstellen: Beleuchtungsanlagen 18%, Niederspannungsinstallationsanlagen 12%, Wärmeerzeugungsanlagen 12%, Wasseranlagen 12%, Abwasseranlagen 7%, Wärmeverteilnetze 7%, Sonstiges zur KG 410 6%, Raumheizflächen 5%
Sonstige: 21%

€/m² BGF

min	640	€/m²
von	1.140	€/m²
Mittel	**1.560**	**€/m²**
bis	2.450	€/m²
max	3.175	€/m²

Kosten:
Stand 2. Quartal 2025
Bundesdurchschnitt
inkl. 19% MwSt.

Objektübersicht zur Gebäudeart

4100-0035 Gymnasium vierzügig (334 Schüler)

BRI 19.148 m³ **BGF** 5.207 m² **NUF** 3.27[illegible] m²

Baujahr: 1899-1900
Bauzustand: schlecht
Aufwand: hoch
Nutzung während der Bauzeit: ja
Nutzungsänderung: nein
Grundrissänderungen: wenige
Tragwerkseingriffe: keine

Land: Brandenburg
Kreis: Prignitz
Standard: hoch
Bauzeit: 209 Wochen
Kennwerte: bis 3. Ebene DIN 276
veröffentlicht: www.bki.de
BGF 1.407 €/m²

Planung: Raband & Wegner Ingenieurbüro GmbH; Wittenberge

Bestandteil eines zusammenhängenden vierzügigen Gymnasiums, das insgesamt in drei separaten Gebäuden (siehe auch Objekt 4100-0038) untergebracht ist. Dieses Haus wäre nach Ausstattungsstandard auch als eigene Schule funktionstüchtig. Mit Hausmeisterwohnung. **Kosteneinfluss Nutzung:** Grundrissgestaltung und allgemeine Funktionsverteilung blieben im Wesentlichen bei der Modernisierungsmaßnahme unverändert. **Kosteneinfluss Grundstück:** Lage: Innerorts, Reste ehemaliger Internatsbauten führten zu spezifischen Ausstattungen der Außenanlagen.

Bauwerk – Baukonstruktionen
Herstellen: Deckenbeläge 8%, Dachbeläge 7%, Außenwandöffnungen 6%, Innenwandbekleidungen 5%, Gründungsbeläge 3%, Deckenbekleidungen 3%, Außenwandbekleidungen, innen 3%, Gerüste 2%
Wiederherstellen: Außenwandbekleidungen, außen 15%, Außenwandöffnungen 8%, Deckenkonstruktionen 5%
Sonstige: 35%

Bauwerk – Technische Anlagen
Herstellen: Beleuchtungsanlagen 14%, Wärmeverteilnetze 14%, Wasseranlagen 11%, Weitere nutzungsspezifische Anlagen 10%, Raumheizflächen 10%, Niederspannungsinstallationsanlagen 8%, Abwasseranlagen 8%
Sonstige: 26%

4100-0034 Gymnasium dreizügig (345 Schüler)

BRI 13.439 m³ **BGF** 3.660 m² **NUF** 1.7[illegible] m²

Baujahr: 1904
Bauzustand: schlecht
Aufwand: hoch
Nutzung während der Bauzeit: ja
Nutzungsänderung: nein
Grundrissänderungen: einige
Tragwerkseingriffe: einige

Land: Mecklenburg-Vorpommern
Kreis: Nordwestmecklenburg
Standard: hoch
Bauzeit: 78 Wochen
Kennwerte: bis 3. Ebene DIN 276
veröffentlicht: www.bki.de
BGF 2.033 €/m²

Planung: Barbara Zielenkiewitz Architekturbüro; Wismar

Dreizügiges Gymnasium für 345 Schüler. **Kosteneinfluss Nutzung:** Höhere Anforderungen an Raumgrößen, Erschließung und technische Ausstattung, sowie ein insgesamt größerer Raumbedarf führen zu Grundrissänderungen/-erweiterungen und damit Mehrkosten für Baukonstruktion und Technik (Kriechkeller, DG-Ausbau, Einbau von Stockwerksrahmen, Fluchttreppen, Lüftungsanlagen). **Kosteneinfluss Grundstück:** Überdurchschnittliche Kosten für Gründung (Fundamentunterfangung, Hochdruckinjektionsverfahren) wegen des schlecht tragfähigen, sandigen Baugrunds.

Bauwerk – Baukonstruktionen
Herstellen: Tragende Innenwände 8%, Besondere Einbauten 8%, Außenwandöffnungen 7%, Deckenkonstruktionen 6%, Sicherungsmaßnahmen 5%, Innenwandbekleidungen 4%, Dachkonstruktionen 4%, Deckenbeläge 4%, Dachbeläge 4%, Baustelleneinrichtung 3%, Deckenbekleidungen 3%
Wiederherstellen: Außenwandbekleidungen, außen 7%
Sonstige: 38%

Bauwerk – Technische Anlagen
Herstellen: Beleuchtungsanlagen 19%, Niederspannungsinstallationsanlagen 17%, Wärmeverteilnetze 12%, Raumheizflächen 10%, Abwasseranlagen 10%, Wasseranlagen 9%
Sonstige: 24%

Objektübersicht zur Gebäudeart

4100-0032 Mittelschule dreizügig (430 Schüler) — BRI 16.812 m³ — BGF 4.315 m² — NUF 2.666 m²

Baujahr: 1896
Bauzustand: schlecht
Aufwand: hoch
Nutzung während der Bauzeit: ja
Nutzungsänderung: nein
Grundrissänderungen: wenige
Tragwerkseingriffe: keine

Land: Sachsen
Kreis: Chemnitz, Stadt
Standard: mittel
Bauzeit: 209 Wochen
Kennwerte: bis 3. Ebene DIN 276
veröffentlicht: www.bki.de

BGF 1.721 €/m²

Planung: Obermeyer Albis-Bauplan Ingenieurbüro; Chemnitz

Dreizügige Mittelschule

Bauwerk – Baukonstruktionen

Herstellen: Innenwandbekleidungen 11%, Außenwandöffnungen 10%, Deckenbeläge 10%, Deckenbekleidungen 9%, Außenwandbekleidungen, innen 6%, Innenwandöffnungen 6%, Dachbeläge 4%, Außenwandbekleidungen, außen 3%, Herstellung 3%, Dachbekleidungen 3%, Tragende Innenwände 3%, Nichttragende Innenwände 3%, Gründungsbeläge 2%

Wiederherstellen: Deckenkonstruktionen 2%, Tragende Außenwände 2%

Sonstige: 23%

Bauwerk – Technische Anlagen

Herstellen: Beleuchtungsanlagen 19%, Wasseranlagen 13%, Niederspannungsinstallationsanlagen 13%, Abwasseranlagen 8%, Wärmeerzeugungsanlagen 7%, Raumheizflächen 7%, Wärmeverteilnetze 5%, Lüftungsanlagen 5%

Sonstige: 23%

4400-0327 Kindertagesstätte (7 Gruppen, 170 Kinder) — BRI 7.994 m³ — BGF 2.726 m² — NUF 1.956 m²

Baujahr: 1978
Bauzustand: schlecht
Aufwand: mittel
Grundrissänderungen: umfangreiche
Tragwerkseingriffe: einige

Land: Thüringen
Kreis: Erfurt, Stadt
Standard: mittel
Bauzeit: 135 Wochen
Kennwerte: bis 1. Ebene DIN 276
veröffentlicht: BKI Objektdaten A11

BGF 1.252 €/m²

Planung: Hauschild Architekten; Erfurt

Moderniesierung und Umgestaltung einer Kindertagesstätte für sieben Gruppen und 170 Kinder

€/m² BGF

min	640	€/m²
von	1.140	€/m²
Mittel	**1.560**	**€/m²**
bis	2.450	€/m²
max	3.175	€/m²

Kosten:
Stand 2. Quartal 2025
Bundesdurchschnitt
inkl. 19% MwSt.

Objektübersicht zur Gebäudeart

4100-0137 Grundschule, Heizzentrale (2 Klassen, 56 Schüler) **BRI** 3.015 m³ **BGF** 733 m² **NUF** 482 m²

Land: Niedersachsen
Kreis: Gifhorn
Standard: mitte
Bauzeit: 61 Wochen
Kennwerte: bis 1. Ebene DIN 276
veröffentlicht: BKI Objektdaten A8
BGF 3.177 €/m²

Planung: Planungsteam III Architekten und Ingenieure GmbH; Gifhorn

Grundschule mit zwei Klassen für 56 Kinder und Heizzentrale für mehrere angrenzende öffentliche Gebäude.

Sporthallen

Kostenkennwerte für die Kosten des Bauwerks (Kostengruppen 300+400 nach DIN 276)

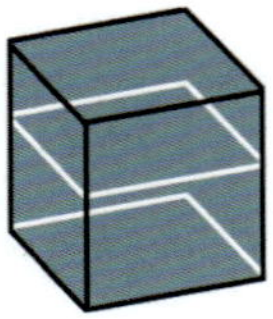

BRI 230 €/m³
von 135 €/m³
bis 345 €/m³

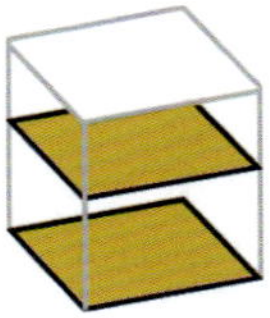

BGF 1.425 €/m²
von 830 €/m²
bis 2.345 €/m²

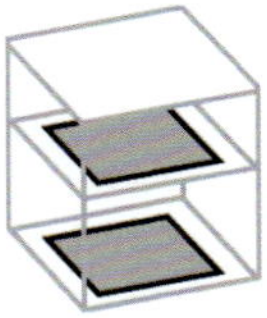

NUF 1.805 €/m²
von 1.035 €/m²
bis 3.190 €/m²

Kosten:
Stand 2. Quartal 2025
Bundesdurchschnitt
inkl. 19% MwSt.

Objektbeispiele

5100-0093

5100-0046

5100-0124

Kosten der 11 Vergleichsobjekte

Seiten 342 bis 347

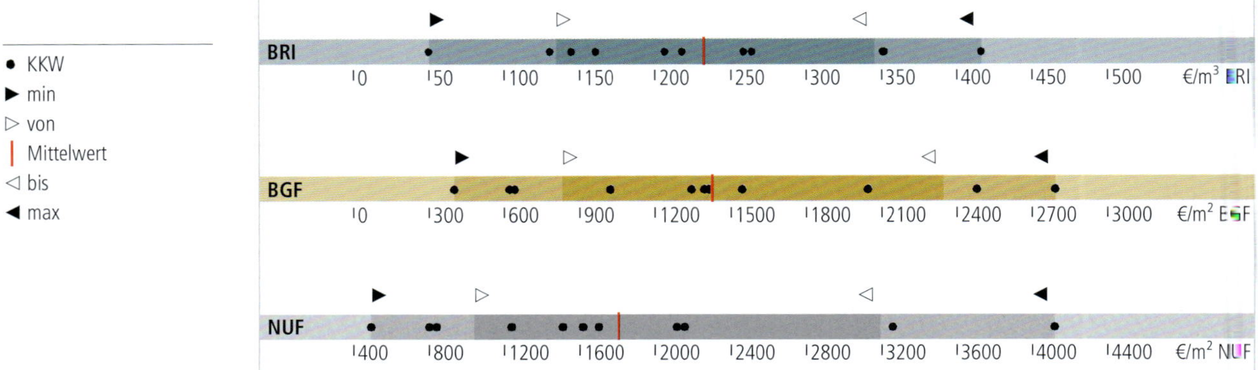

Kostenkennwerte für die Kostengruppen der 1. und 2. Ebene DIN 276

KG	Kostengruppen der 1. Ebene	Einheit	▷	€/Einheit	◁	▷	% an 300+400	◁
100	Grundstück	m2 GF	–	**–**	–	–	**–**	–
200	Vorbereitende Maßnahmen	m2 GF	< 1	**2**	4	0,2	**0,7**	2,0
300	Bauwerk – Baukonstruktionen	m2 BGF	601	**1.046**	1.677	66,2	**75,1**	88,0
400	Bauwerk – Technische Anlagen	m2 BGF	117	**380**	620	12,0	**24,9**	33,8
	Bauwerk 300+400	m2 BGF	829	**1.426**	2.344	100,0	**100,0**	100,0
500	Außenanlagen und Freiflächen	m2 AF	25	**100**	270	1,2	**2,9**	5,2
600	Ausstattung und Kunstwerke	m2 BGF	3	**18**	48	0,3	**0,9**	1,9
700	Baunebenkosten	m2 BGF	–	**–**	–	–	**–**	–
800	Finanzierung	m2 BGF	–	**–**	–	–	**–**	–

KG	Kostengruppen der 2. Ebene	Einheit	▷	€/Einheit	◁	▷	% an 1. Ebene	◁
310	Baugrube / Erdbau	m3 BGI	73	**138**	201	< 0,1	**0,9**	2,3
320	Gründung, Unterbau	m2 GRF	150	**273**	410	3,1	**11,4**	20,3
330	Außenwände / vertikal außen	m2 AWF	325	**538**	956	19,6	**36,3**	47,2
340	Innenwände / vertikal innen	m2 IWF	125	**296**	586	2,4	**9,8**	16,9
350	Decken / horizontal	m2 DEF	211	**365**	675	1,1	**7,0**	15,0
360	Dächer	m2 DAF	195	**366**	585	13,3	**25,9**	36,6
370	Infrastrukturanlagen		–	**–**	–	–	**–**	–
380	Baukonstruktive Einbauten	m2 BGF	7	**26**	57	0,5	**2,1**	4,0
390	Sonst. Maßnahmen für Baukonst.	m2 BGF	33	**65**	108	4,3	**6,7**	11,4
300	**Bauwerk – Baukonstruktionen**	**m2 BGF**					**100,0**	
410	Abwasser-, Wasser-, Gasanlagen	m2 BGF	23	**65**	119	2,7	**13,6**	23,7
420	Wärmeversorgungsanlagen	m2 BGF	48	**139**	289	13,8	**32,8**	65,2
430	Raumlufttechnische Anlagen	m2 BGF	9	**52**	85	2,9	**12,8**	24,9
440	Elektrische Anlagen	m2 BGF	41	**98**	171	20,0	**31,3**	65,7
450	Kommunikationstechnische Anlagen	m2 BGF	12	**33**	72	0,8	**4,2**	8,9
460	Förderanlagen	m2 BGF	–	**12**	–	0,0	**0,3**	2,9
470	Nutzungsspez. / verfahrenstech. Anl.	m2 BGF	< 1	**< 1**	1	< 0,1	**< 0,1**	0,7
480	Gebäude- und Anlagenautomation	m2 BGF	17	**60**	99	0,2	**4,3**	12,5
490	Sonst. Maßnahmen f. techn. Anl.	m2 BGF	2	**5**	14	< 0,1	**0,7**	2,4
400	**Bauwerk – Technische Anlagen**	**m2 BGF**					**100,0**	

Prozentanteile der Kosten 2. Ebene an den Kosten des Bauwerks nach DIN 276 (Von/Mittel/Bis)

KG	Kostengruppe	%
310	Baugrube / Erdbau	0,7
320	Gründung, Unterbau	8,7
330	Außenwände / vertikal außen	26,8
340	Innenwände / vertikal innen	7,0
350	Decken / horizontal	5,6
360	Dächer	19,5
370	Infrastrukturanlagen	
380	Baukonstruktive Einbauten	1,5
390	Sonst. Maßnahmen für Baukonst.	5,2
410	Abwasser-, Wasser-, Gasanlagen	3,2
420	Wärmeversorgungsanlagen	8,3
430	Raumlufttechnische Anlagen	3,3
440	Elektrische Anlagen	7,2
450	Kommunikationstechnische Anlagen	1,3
460	Förderanlagen	< 0,1
470	Nutzungsspez. / verfahrenstech. Anl.	< 0,1
480	Gebäude- und Anlagenautomation	1,4
490	Sonst. Maßnahmen f. techn. Anl.	0,2

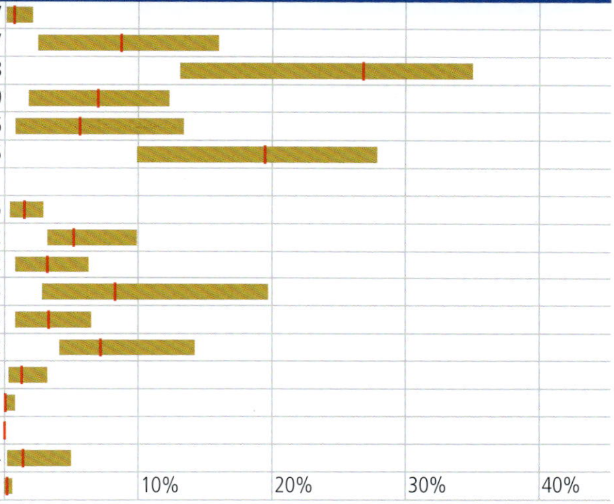

Kosten:
Stand 2. Quartal 2025
Bundesdurchschnitt
inkl. 19% MwSt.

Kostenkennwerte für die Kostengruppen der 3. Ebene DIN 276

KG	Kostengruppen der 3. Ebene	Einheit	▷	€/Einheit	◁	▷	€/m² BGF	◁
335	Außenwandbekleidungen, außen	m²	167	**286**	659	67	**121**	174
363	Dachbeläge	m²	111	**198**	320	45	**119**	236
337	Elem. Außenwandkonstruktionen	m²	295	**564**	827	27	**117**	187
324	Gründungsbeläge	m²	85	**182**	239	30	**102**	198
334	Außenwandöffnungen	m²	1.071	**1.473**	2.654	34	**100**	182
364	Dachbekleidungen	m²	92	**178**	296	18	**92**	201
365	Elementierte Dachkonstruktionen	m²	85	**115**	146	40	**91**	141
423	Raumheizflächen	m²	36	**86**	200	36	**86**	200
431	Lüftungsanlagen	m²	9	**56**	89	9	**56**	89
481	Automationseinrichtungen	m²	36	**55**	100	36	**55**	100
361	Dachkonstruktionen	m²	30	**150**	259	3	**54**	90
412	Wasseranlagen	m²	13	**50**	81	13	**50**	81
422	Wärmeverteilnetze	m²	15	**47**	87	15	**47**	87
336	Außenwandbekleidungen, innen	m²	58	**125**	271	11	**45**	103
351	Deckenkonstruktionen	m²	682	**1.915**	5.188	6	**43**	161
353	Deckenbeläge	m²	183	**217**	275	24	**43**	76
345	Innenwandbekleidungen	m²	45	**107**	346	12	**41**	93
445	Beleuchtungsanlagen	m²	14	**37**	55	14	**37**	55
444	Niederspannungsinstallationsanl.	m²	13	**37**	64	13	**37**	64
346	Elem. Innenwandkonstruktionen	m²	210	**341**	508	9	**32**	99
344	Innenwandöffnungen	m²	110	**699**	1.286	6	**32**	61
381	Allgemeine Einbauten	m²	12	**30**	49	12	**30**	49
322	Flachgründungen und Bodenplatten	m²	266	**433**	839	11	**30**	83
392	Gerüste	m²	16	**30**	47	16	**30**	47
421	Wärmeerzeugungsanlagen	m²	8	**30**	61	8	**30**	61
331	Tragende Außenwände	m²	140	**416**	709	6	**29**	59
411	Abwasseranlagen	m²	15	**25**	40	15	**25**	40
311	Herstellung	m³	73	**137**	201	13	**23**	76
391	Baustelleneinrichtung	m²	6	**23**	37	6	**23**	37
333	Außenstützen	m	209	**488**	928	3	**22**	58
329	Sonstiges zur KG 320	m²	16	**24**	33	< 1	**20**	41
456	Gefahrenmelde- und Alarmanlagen	m²	4	**20**	55	4	**20**	55
342	Nichttragende Innenwände	m²	218	**370**	852	6	**19**	50
382	Besondere Einbauten	m²	5	**18**	43	5	**18**	43
354	Deckenbekleidungen	m²	38	**82**	114	7	**17**	29
325	Abdichtungen und Bekleidungen	m²	55	**129**	197	4	**12**	23
446	Blitzschutz- und Erdungsanlagen	m²	7	**12**	23	7	**12**	23
469	Sonstiges zur KG 460	m²	–	**12**	–	–	**12**	–
482	Schaltschränke, Automation	m²	5	**11**	20	5	**11**	20
397	Zusätzliche Maßnahmen	m²	4	**11**	24	4	**11**	24
326	Dränagen	m²	5	**13**	19	3	**11**	16
338	Lichtschutz zur KG 330	m²	88	**278**	526	5	**11**	17
442	Eigenstromversorgungsanlagen	m²	3	**10**	26	3	**10**	26
399	Sonstiges zur KG 390	m²	5	**10**	18	5	**10**	18
443	Niederspannungsschaltanlagen	m²	–	**10**	–	–	**10**	–
359	Sonstiges zur KG 350	m²	17	**46**	129	2	**10**	13
362	Dachöffnungen	m²	862	**1.678**	2.823	3	**9**	22
432	Teilklimaanlagen	m²	–	**9**	–	–	**9**	–
454	Elektroakustische Anlagen	m²	3	**9**	13	3	**9**	13
341	Tragende Innenwände	m²	211	**509**	1.171	4	**9**	18

▷ von
ø Mittel
◁ bis

Prozentanteile der Kosten für Leistungsbereiche nach STLB (Kosten Bauwerk nach DIN 276)

LB	Leistungsbereiche	▷	% an 300+400	◁
000	Baustellen-, Verkehrssich.- u. Sicherh.einr. inkl. 001	1,8	**3,8**	6,6
002	Erdarbeiten	0,1	**0,9**	3,2
006	Spezialtiefbauarbeiten inkl. 005	–	**–**	–
009	Entwässerungskanalarbeiten inkl. 011	< 0,1	**0,1**	0,6
010	Drän- und Versickerarbeiten	< 0,1	**0,1**	0,5
012	Mauerarbeiten	0,4	**1,5**	3,8
013	Betonarbeiten	0,9	**5,3**	19,8
014	Natur-, Betonwerksteinarbeiten	< 0,1	**< 0,1**	0,3
016	Zimmer- und Holzbauarbeiten	< 0,1	**0,7**	3,6
017	Stahlbauarbeiten	0,3	**3,1**	10,5
018	Abdichtungsarbeiten	0,1	**0,7**	1,6
020	Dachdeckungsarbeiten	< 0,1	**0,7**	2,9
021	Dachabdichtungsarbeiten	1,7	**5,9**	13,5
022	Klempnerarbeiten	0,5	**1,7**	4,5
	Rohbau	13,7	**24,5**	40,0
023	Putz- und Stuckarbeiten, Wärmedämmsysteme	1,1	**4,6**	7,8
024	Fliesen- und Plattenarbeiten	0,2	**1,2**	2,4
025	Estricharbeiten	< 0,1	**0,5**	1,8
026	Fenster, Außentüren inkl. 029, 032	3,0	**7,2**	14,0
027	Tischlerarbeiten	1,3	**5,1**	9,5
028	Parkett-, Holzpflasterarbeiten	0,0	**2,2**	13,1
030	Rollladenarbeiten	< 0,1	**0,5**	1,4
031	Metallbauarbeiten inkl. 035	1,7	**5,7**	16,1
034	Maler- und Lackiererarb. – Beschicht. inkl. 037	1,1	**2,8**	11,7
036	Bodenbelagarbeiten	0,6	**3,2**	7,7
038	Vorgehängte hinterlüftete Fassaden	0,0	**4,3**	13,5
039	Trockenbauarbeiten	3,0	**6,8**	18,2
	Ausbau	38,2	**44,2**	52,0
040	Wärmeversorgungsanl. - Betriebseinr. inkl. 041	2,3	**7,5**	18,8
042	Gas- u. Wasseranl. – Leitung., Armat. inkl. 043	0,2	**0,9**	1,8
044	Abwasseranl. - Leitungen, Abläufe, Armaturen	0,4	**1,0**	2,4
045	Gas, Wasser, Entwässerung – Ausstattung inkl. 046	< 0,1	**1,0**	2,2
047	Dämm- und Brandschutzarb. an techn. Anlagen	0,1	**0,5**	1,0
049	Feuerlöschanlagen, Feuerlöschgeräte	< 0,1	**< 0,1**	0,1
050	Blitzschutz-/Erdungsanlagen, Überspannungssch.	0,2	**0,8**	1,7
052	Mittelspannungsanlagen	–	**–**	–
053	Niederspannungsanl. – Kabel inkl. 054	1,4	**3,3**	5,3
055	Sicherheits- u. Ersatzstromversorgungsanl.	< 0,1	**0,7**	7,5
057	Gebäudesystemtechnik	0,0	**0,6**	3,3
058	Leuchten und Lampen inkl. 059	0,8	**2,5**	7,0
060	Such, Signal, Zeit, Anten., akust. Anl. inkl. 064	< 0,1	**0,5**	0,9
061	Kommunikations- u. Übertragungsnetze inkl. 062	0,0	**< 0,1**	0,2
063	Gefahrenmeldeanlagen	0,1	**0,5**	2,8
069	Aufzüge	0,0	**< 0,1**	0,8
070	Gebäudeautomation	< 0,1	**0,8**	4,8
075	Raumlufttechnische Anlagen inkl. 078	0,5	**2,9**	5,7
	Gebäudetechnik	10,7	**23,6**	32,4
084	Abbruch, Rückbau, Schadstoffsanierung	4,1	**6,2**	10,1
	Sonstige Leistungsbereiche inkl. 008, 033, 051	0,3	**1,4**	2,9

€/m² BGF

min	400	€/m²
von	830	€/m²
Mittel	**1.425**	**€/m²**
bis	2.345	€/m²
max	2.790	€/m²

Kosten:
Stand 2. Quartal 2025
Bundesdurchschnitt
inkl. 19% MwSt.

Objektübersicht zur Gebäudeart

5100-0139 Sporthalle, Halleninnenraum, Gebäudehülle

BRI 6.596 m³ **BGF** 1.222 m² **NUF** 1.055 m²

Baujahr: 1970
Bauzustand: mittel
Aufwand: mittel
Nutzung während der Bauzeit: nein
Nutzungsänderung: nein
Grundrissänderungen: wenige
Tragwerkseingriffe: wenige

Land: Berlin
Kreis: Berlin, Stadt
Standard: mittel
Bauzeit: 43 Wochen
Kennwerte: bis 3. Ebene DIN 276
veröffentlicht: BKI Objektdaten A12

BGF 1.394 €/m²

Planung: TSSB architekten.ingenieure; Berlin

Modernisierung einer Sporthalle, Halleninnenraum und Gebäudehülle (Zweifeldhalle).

Bauwerk – Baukonstruktionen
Herstellen: Elementierte Außenwandkonstruktionen 23%, Deckenbeläge 10%, Außenwandbekleidungen, innen 9%, Außenwandbekleidungen, außen 9%, Innenwandöffnungen 7%, Dachbeläge 5%, Besondere Einbauten 5%, Gerüste 5%, Innenwandbekleidungen 4%
Sonstige: 23%

Bauwerk – Technische Anlagen
Herstellen: Raumheizflächen 51%, Wärmeverteilnetze 20%, Beleuchtungsanlagen 6%
Sonstige: 23%

5100-0138 Sporthalle, Sozialtrakt Gebäudehülle

BRI 7.647 m³ **BGF** 1.547 m² **NUF** 1.274 m²

Baujahr: 1970
Bauzustand: mittel
Aufwand: mittel
Nutzung während der Bauzeit: nein
Nutzungsänderung: nein
Grundrissänderungen: wenige
Tragwerkseingriffe: wenige

Land: Berlin
Kreis: Berlin, Stadt
Standard: mittel
Bauzeit: 100 Wochen
Kennwerte: bis 3. Ebene DIN 276
veröffentlicht: BKI Objektdaten A12

BGF 1.020 €/m²

Planung: TSSB architekten.ingenieure; Berlin

Modernisierung einer Sporthalle, Sozialtrakt Gebäudehülle (Zweifeldhalle).

Bauwerk – Baukonstruktionen
Herstellen: Außenwandbekleidungen, außen 11%, Elementierte Außenwandkonstruktionen 7%, Außenwandöffnungen 7%, Dachbeläge 7%, Gerüste 6%, Baustelleneinrichtung 4%, Zusätzliche Maßnahmen 3%, Abdichtungen und Bekleidungen 2%
Wiederherstellen: Deckenkonstruktionen 20%, Außenstützen 6%, Außenwandbekleidungen, außen 3%, Tragende Außenwände 2%
Sonstige: 21%

Bauwerk – Technische Anlagen
Herstellen: Niederspannungsinstallationsanlagen 30%, Abwasseranlagen 24%
Wiederherstellen: Sonstiges zur KG 420 31%
Sonstige: 15%

5100-0132 Sporthalle, Sozialtrakt Innenbereich*

BRI 1.051 m³ **BGF** 325 m² **NUF** 219 m²

Baujahr: 1970
Bauzustand: mittel
Aufwand: mittel
Nutzung während der Bauzeit: nein
Nutzungsänderung: nein
Grundrissänderungen: wenige
Tragwerkseingriffe: wenige

Land: Berlin
Kreis: Berlin, Stadt
Standard: mittel
Bauzeit: 26 Wochen
Kennwerte: bis 3. Ebene DIN 276
veröffentlicht: BKI Objektdaten A12
BGF **2.694 €/m²**

* Nicht in der Auswertung enthalten

Planung: TSSB architekten.ingenieure; Berlin

Modernisierung einer Sporthalle, Sozialtrakt Innenbereich (Zweifeldhalle).

Bauwerk – Baukonstruktionen
Abbrechen: Tragende Innenwände 8%, Gründungsbeläge 3%
Herstellen: Innenwandöffnungen 12%, Innenwandbekleidungen 9%, Dachbekleidungen 7%, Nichttragende Innenwände 7%, Gründungsbeläge 6%, Zusätzliche Maßnahmen 5%, Baustelleneinrichtung 4%, Flachgründungen und Bodenplatten 4%, Sicherungsmaßnahmen 3%, Tragende Außenwände 3%, Außenwandbekleidungen, innen 2%
Wiederherstellen: Allgemeine Einbauten 3%, Flachgründungen und Bodenplatten 2%
Sonstige: 22%

Bauwerk – Technische Anlagen
Herstellen: Wasseranlagen 24%, Teilklimaanlagen 19%, Niederspannungsinstallationsanlagen 11%, Wärmeverteilnetze 8%, Elektroakustische Anlagen 7%, Gefahrenmelde- und Alarmanlagen 4%, Beleuchtungsanlagen 4%
Sonstige: 23%

5100-0124 Sporthalle (Dreifeldhalle, Einfeldhalle)

BRI 24.315 m³ **BGF** 3.428 m² **NUF** 2.504 m²

Baujahr: 1972
Bauzustand: schlecht
Aufwand: hoch
Nutzung während der Bauzeit: nein
Nutzungsänderung: nein
Grundrissänderungen: wenige
Tragwerkseingriffe: einige

Land: Rheinland-Pfalz
Kreis: Cochem-Zell
Standard: mittel
Bauzeit: 70 Wochen
Kennwerte: bis 3. Ebene DIN 276
veröffentlicht: BKI Objektdaten A11
BGF **1.544 €/m²**

Planung: Dillig Architekten GmbH; Simmern

Instandsetzung einer Sporthalle (Dreifeldhalle) mit Umkleidetrakt und Turnhalle.

Bauwerk – Baukonstruktionen
Herstellen: Außenwandöffnungen 15%, Außenwandbekleidungen, außen 8%, Dachbekleidungen 8%, Dachkonstruktionen 8%, Gründungsbeläge 7%, Innenwandbekleidungen 6%, Deckenbeläge 6%, Gerüste 5%, Innenwandöffnungen 4%, Elementierte Dachkonstruktionen 4%, Deckenbekleidungen 3%, Außenwandbekleidungen, innen 2%, Besondere Einbauten 2%, Baustelleneinrichtung 2%
Sonstige: 21%

Bauwerk – Technische Anlagen
Herstellen: Lüftungsanlagen 25%, Wasseranlagen 15%, Beleuchtungsanlagen 12%, Niederspannungsinstallationsanlagen 10%, Raumheizflächen 7%, Wärmeverteilnetze 5%, Abwasseranlagen 4%
Sonstige: 22%

€/m² BGF

min	400	€/m²
von	830	€/m²
Mittel	**1.425**	**€/m²**
bis	2.345	€/m²
max	2.790	€/m²

Kosten:
Stand 2. Quartal 2025
Bundesdurchschnitt
inkl. 19% MwSt.

Objektübersicht zur Gebäudeart

5100-0122 Sporthalle (Zweifeldhalle)

BRI 17.656 m³ **BGF** 2.217 m² **NUF** 1.503 m²

Baujahr: 1987
Bauzustand: mittel
Aufwand: mittel
Nutzung während der Bauzeit: nein
Nutzungsänderung: nein
Grundrissänderungen: einige
Tragwerkseingriffe: wenige

Land: Hessen
Kreis: Kassel
Standard: mittel
Bauzeit: 109 Wochen
Kennwerte: bis 3. Ebene DIN 276
veröffentlicht: BKI Objektdaten A12
BGF 2.792 €/m²

Planung: KM architekten bda; Kassel

Sporthalle (Zweifeldhalle) mit 392 Zuschauerplätzen

Bauwerk – Baukonstruktionen
Herstellen: Dachbeläge 15%, Dachbekleidungen 13%, Gründungsbeläge 10%, Elementierte Außenwandkonstruktionen 8%, Außenwandbekleidungen, außen 7%, Dachkonstruktionen 5%, Innenwandbekleidungen 4%, Innenwandöffnungen 3%, Nichttragende Innenwände 3%, Flachgründungen und Bodenplatten 3%, Allgemeine Einbauten 2%, Gerüste 2%, Sonstiges zur KG 320 2%, Baustelleneinrichtung 2%
Sonstige: 21%

Bauwerk – Technische Anlagen
Herstellen: Lüftungsanlagen 13%, Raumheizflächen 12%, Niederspannungsinstallationsanlagen 11%, Wärmeverteilnetze 11%, Beleuchtungsanlagen 10%, Wasseranlagen 8%, Automationseinrichtungen 6%, Abwasseranlagen 6%
Sonstige: 24%

5100-0101 Sporthalle (Zweifeldhalle)

BRI 16.607 m³ **BGF** 2.064 m² **NUF** 1.675 m²

Baujahr: 1984
Bauzustand: mittel
Aufwand: mittel
Nutzung während der Bauzeit: nein
Nutzungsänderung: ja
Grundrissänderungen: wenige
Tragwerkseingriffe: keine

Land: Bayern
Kreis: Aschaffenburg
Standard: hoch
Bauzeit: 9 Wochen
Kennwerte: bis 3. Ebene DIN 276
veröffentlicht: BKI Objektdaten A1[illegible]
BGF 399 €/m²

Planung: Dillig Architekten GmbH; Simmern

Sporthalle (Zweifeldhalle) mit Tribüne

Bauwerk – Baukonstruktionen
Abbrechen: Dachbekleidungen 6%
Herstellen: Dachbekleidungen 30%, Gründungsbeläge 26%, Deckenbeläge 9%, Gerüste 8%
Sonstige: 21%

Bauwerk – Technische Anlagen
Herstellen: Beleuchtungsanlagen 61%, Niederspannungsinstallationsanlagen 18%, Lüftungsanlagen 12%
Sonstige: 9%

5100-0093 Sporthalle (Dreifeldhalle)

BRI 19.050m³ **BGF** 2.162m² **NUF** 1.797m²

Baujahr: 1970
Bauzustand: schlecht
Aufwand: hoch
Nutzung während der Bauzeit: nein
Nutzungsänderung: nein
Grundrissänderungen: wenige
Tragwerkseingriffe: wenige

Land: Rheinland-Pfalz
Kreis: Rhein-Hunsrück-Kreis
Standard: mittel
Bauzeit: 39 Wochen
Kennwerte: bis 3. Ebene DIN 276
veröffentlicht: BKI Objektdaten A9
BGF **1.412€/m²**

Planung: Dillig Architekten GmbH; Simmern

Modernisierung einer Dreifeld-Sporthalle aus den 70er Jahren.

Bauwerk – Baukonstruktionen
Herstellen: Elementierte Außenwandkonstruktionen 20%, Elementierte Dachkonstruktionen 14%, Gründungsbeläge 11%, Außenwandbekleidungen, außen 10%, Dachkonstruktionen 9%, Tragende Außenwände 8%, Außenwandöffnungen 5%
Wiederherstellen: Dachbeläge 3%
Sonstige: 21%

Bauwerk – Technische Anlagen
Herstellen: Elektrische Anlagen 59%, Raumlufttechnische Anlagen 16%, Wärmeversorgungsanlagen 14%
Sonstige: 12%

5100-0075 Sporthalle

BRI 3.925m³ **BGF** 885m² **NUF** 707m²

Baujahr: 1975
Bauzustand: schlecht
Aufwand: mittel
Nutzung während der Bauzeit: ja
Nutzungsänderung: nein
Grundrissänderungen: wenige
Tragwerkseingriffe: keine

Land: Sachsen-Anhalt
Kreis: Magdeburg, Stadt
Standard: mittel
Bauzeit: 31 Wochen
Kennwerte: bis 3. Ebene DIN 276
veröffentlicht: BKI Objektdaten A9
BGF **639€/m²**

Planung: qbatur Planungsbüro GmbH; Quedlinburg

Ertüchtigung der Außenhülle einer Sporthalle durch Hinzufügen einer Sekundärkonstruktion als Holzständerwerk. Dämmung und Abdichtung des Dachs, Erneuerung der Fenster, Neugestaltung Eingangsbereich.

Bauwerk – Baukonstruktionen
Abbrechen: Dachbeläge 9%
Herstellen: Dachbeläge 26%, Außenwandöffnungen 21%, Außenwandbekleidungen, außen 19%, Gründungsbeläge 3%
Sonstige: 22%

Bauwerk – Technische Anlagen
Herstellen: Raumheizflächen 58%, Wärmeverteilnetze 20%, Blitzschutz- und Erdungsanlagen 12%
Sonstige: 10%

Übersicht- 1. + 2. Ebene
Erweiterung
Umbau
Modernisierung
Instandsetzung
Bauelemente
Abbrechen
Wiederherstellen
Herstellen

€/m² BGF

min	400	€/m²
von	830	€/m²
Mittel	**1.425**	**€/m²**
bis	2.345	€/m²
max	2.790	€/m²

Kosten:
Stand 2. Quartal 2025
Bundesdurchschnitt
inkl. 19% MwSt.

Objektübersicht zur Gebäudeart

5100-0046 Sporthalle

BRI 3.030 m³ **BGF** 595 m² **NUF** 530 m²

© gold diplomingenieure architekten

Baujahr: 1963
Bauzustand: mittel
Aufwand: mittel
Nutzung während der Bauzeit: nein
Nutzungsänderung: nein
Grundrissänderungen: keine
Tragwerkseingriffe: keine

Land: Hessen
Kreis: Wiesbaden, Stadt
Standard: mittel
Bauzeit: 22 Wochen
Kennwerte: bis 3. Ebene DIN 276
veröffentlicht: BKI Objektdaten A7

BGF 1.344 €/m²

Planung: gold diplomingenieure architekten; Hochheim

Sporthalle mit Nebenräumen

Bauwerk – Baukonstruktionen
Herstellen: Dachbekleidungen 21%, Außenwandöffnungen 20%, Außenwandbekleidungen, außen 17%, Dachbeläge 16%
Sonstige: 25%

Bauwerk – Technische Anlagen
Herstellen: Raumheizflächen 18%, Wärmeverteilnetze 16%, Wärmeerzeugungsanlagen 14%, Niederspannungsinstallationsanlagen 12%, Automationseinrichtungen 11%, Blitzschutz- und Erdungsanlagen 6%
Sonstige: 23%

5100-0044 Sporthalle

BRI 7.840 m³ **BGF** 1.315 m² **NUF** 1.001 m²

© Bauplanungsbüro Dipl.-Ing. Udo Barth

Baujahr: 1981
Bauzustand: schlecht
Aufwand: hoch
Nutzung während der Bauzeit: nein
Nutzungsänderung: nein
Grundrissänderungen: einige
Tragwerkseingriffe: wenige

Land: Sachsen
Kreis: Mittelsachsen
Standard: mittel
Bauzeit: 48 Wochen
Kennwerte: bis 3. Ebene DIN 276
veröffentlicht: BKI Objektdaten A7

BGF 2.480 €/m²

Planung: Bauplanungsbüro Dipl.-Ing. Udo Barth; Flöha

Modernisierung und Anbau einer Zweifeldschulsporthalle.

Bauwerk – Baukonstruktionen
Herstellen: Außenwandbekleidungen, außen 11%, Gründungsbeläge 9%, Elementierte Außenwandkonstruktionen 7%, Außenwandöffnungen 6%, Elementierte Innenwandkonstruktionen 6%, Innenwandbekleidungen 6%, Dachbeläge 5%, Dachbekleidungen 5%, Flachgründungen und Bodenplatten 5%, Außenwandbekleidungen, innen 5%, Herstellung 4%, Dachkonstruktionen 3%, Besondere Einbauten 3%, Deckenkonstruktionen 3%
Sonstige: 21%

Bauwerk – Technische Anlagen
Herstellen: Wasseranlagen 19%, Lüftungsanlagen 17%, Raumheizflächen 13%, Beleuchtungsanlagen 10%, Niederspannungsinstallationsanlagen 8%, Wärmeverteilnetze 8%, Automationseinrichtungen 5%
Sonstige: 21%

5100-0041 Sporthalle

BRI 8.040 m³ **BGF** 1.684 m² **NUF** 1.245 m²

© gold diplomingenieure architekten

Bauzustand: mittel
Aufwand: mittel
Nutzung während der Bauzeit: nein
Nutzungsänderung: nein
Grundrissänderungen: wenige
Tragwerkseingriffe: wenige

Land: Hessen
Kreis: Main-Taunus-Kreis
Standard: mittel
Bauzeit: 74 Wochen
Kennwerte: bis 3. Ebene DIN 276
veröffentlicht: BKI Objektdaten A6

BGF **620 €/m²**

Planung: gold diplomingenieure architekten; Hochheim

Turnhalle mit Kegelbahn, Gaststätte, Umkleide- und Sanitärräumen sowie Pächterwohnung

Bauwerk – Baukonstruktionen
Herstellen: Außenwandbekleidungen, außen 15%, Dachkonstruktionen 13%, Innenwandöffnungen 12%, Dachbeläge 10%, Außenwandöffnungen 6%, Deckenbeläge 4%, Innenwandbekleidungen 3%, Nichttragende Innenwände 3%, Deckenbekleidungen 3%, Dachöffnungen 3%, Lichtschutz zur KG 330 3%, Deckenkonstruktionen 3%
Sonstige: 22%

Bauwerk – Technische Anlagen
Herstellen: Lüftungsanlagen 38%, Abwasseranlagen 15%, Wasseranlagen 11%, Niederspannungsinstallationsanlagen 9%
Sonstige: 27%

5100-0039 Schulsporthalle

BRI 5.700 m³ **BGF** 980 m² **NUF** 930 m²

© Pörtner + Lechmann BDA

Bauzustand: mittel
Aufwand: hoch
Nutzung während der Bauzeit: nein
Nutzungsänderung: nein
Grundrissänderungen: keine
Tragwerkseingriffe: keine

Land: Hessen
Kreis: Hochtaunuskreis
Standard: mittel
Bauzeit: 22 Wochen
Kennwerte: bis 3. Ebene DIN 276
veröffentlicht: www.bki.de

BGF **2.044 €/m²**

Planung: Dipl.-Ing. Architekten Pörtner + Lechmann BDA; Oberursel

Sporthalle für eine Grundschule

Bauwerk – Baukonstruktionen
Herstellen: Außenwandöffnungen 19%, Außenwandbekleidungen, außen 14%, Gründungsbeläge 12%, Außenwandbekleidungen, innen 12%, Dachbeläge 11%, Innenwandöffnungen 6%, Innenwandbekleidungen 4%
Sonstige: 22%

Bauwerk – Technische Anlagen
Herstellen: Automationseinrichtungen 13%, Raumheizflächen 12%, Wasseranlagen 11%, Gefahrenmelde- und Alarmanlagen 10%, Lüftungsanlagen 9%, Wärmeverteilnetze 8%, Niederspannungsinstallationsanlagen 8%, Wärmeerzeugungsanlagen 8%
Sonstige: 22%

Ein- und Zweifamilienhäuser vor 1945

Kostenkennwerte für die Kosten des Bauwerks (Kostengruppen 300+400 nach DIN 276)

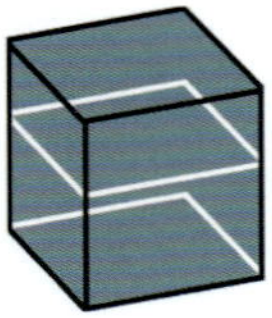

BRI 430€/m³
von 300€/m³
bis 530€/m³

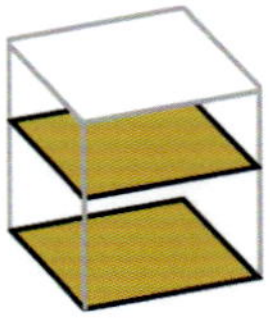

BGF 1.150€/m²
von 765€/m²
bis 1.475€/m²

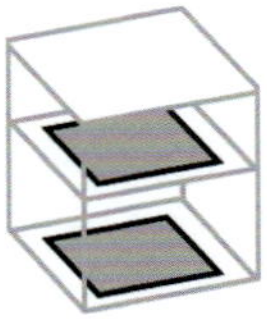

NUF 1.770€/m²
von 1.250€/m²
bis 2.270€/m²

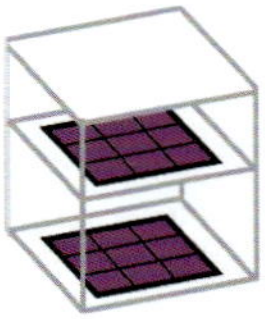

NE 2.255€/NE
von 1.420€/NE
bis 2.720€/NE
NE: Wohnfläche

Kosten:
Stand 2. Quartal 2025
Bundesdurchschnitt
inkl. 19% MwSt.

Objektbeispiele

6100-0798

6100-1126

6100-1127

6100-1138

6100-0844

6100-1297

Kosten der 13 Vergleichsobjekte

Seiten 352 bis 358

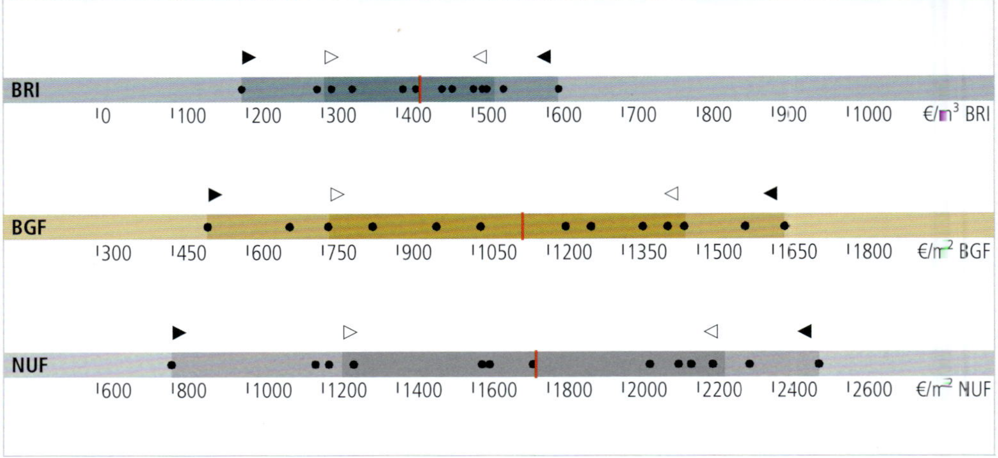

- ● KKW
- ▶ min
- ▷ von
- | Mittelwert
- ◁ bis
- ◀ max

Kostenkennwerte für die Kostengruppen der 1. und 2. Ebene DIN 276

KG	Kostengruppen der 1. Ebene	Einheit	▷	€/Einheit	◁	▷	% an 300+400	◁
100	Grundstück	m²GF	–	**–**	–	–	**–**	–
200	Vorbereitende Maßnahmen	m²GF	4	**8**	16	0,5	**2,5**	6,3
300	Bauwerk – Baukonstruktionen	m²BGF	609	**860**	1.088	70,8	**76,2**	85,4
400	Bauwerk – Technische Anlagen	m²BGF	160	**290**	434	14,6	**23,8**	29,2
	Bauwerk 300+400	m²BGF	764	**1.150**	1.475	100,0	**100,0**	100,0
500	Außenanlagen und Freiflächen	m²AF	25	**54**	181	2,0	**5,8**	18,6
600	Ausstattung und Kunstwerke	m²BGF	6	**14**	25	0,5	**1,1**	1,5
700	Baunebenkosten	m²BGF	–	**–**	–	–	**–**	–
800	Finanzierung	m²BGF	–	**–**	–	–	**–**	–

KG	Kostengruppen der 2. Ebene	Einheit	▷	€/Einheit	◁	▷	% an 1. Ebene	◁
310	Baugrube / Erdbau	m³BGI	147	**216**	305	< 0,1	**1,2**	3,6
320	Gründung, Unterbau	m²GRF	197	**500**	1.518	0,8	**4,9**	13,7
330	Außenwände / vertikal außen	m²AWF	329	**417**	481	32,6	**39,5**	46,6
340	Innenwände / vertikal innen	m²IWF	150	**262**	453	4,5	**9,5**	15,4
350	Decken / horizontal	m²DEF	170	**273**	411	4,1	**12,7**	20,7
360	Dächer	m²DAF	353	**474**	594	19,3	**26,7**	45,4
370	Infrastrukturanlagen		–	**–**	–	–	**–**	–
380	Baukonstruktive Einbauten	m²BGF	4	**15**	43	< 0,1	**0,9**	6,4
390	Sonst. Maßnahmen für Baukonst.	m²BGF	26	**40**	80	3,1	**4,6**	8,2
300	**Bauwerk – Baukonstruktionen**	**m²BGF**					**100,0**	
410	Abwasser-, Wasser-, Gasanlagen	m²BGF	38	**73**	112	3,2	**18,7**	33,9
420	Wärmeversorgungsanlagen	m²BGF	121	**177**	275	22,0	**48,4**	63,7
430	Raumlufttechnische Anlagen	m²BGF	20	**55**	88	3,6	**16,3**	27,3
440	Elektrische Anlagen	m²BGF	14	**44**	63	5,1	**14,7**	34,6
450	Kommunikationstechnische Anlagen	m²BGF	3	**8**	16	0,4	**1,9**	4,2
460	Förderanlagen	m²BGF	–	**–**	–	–	**–**	–
470	Nutzungsspez. / verfahrenstech. Anl.	m²BGF	–	**–**	–	–	**–**	–
480	Gebäude- und Anlagenautomation	m²BGF	–	**–**	–	–	**–**	–
490	Sonst. Maßnahmen f. techn. Anl.	m²BGF	–	**–**	–	–	**–**	–
400	**Bauwerk – Technische Anlagen**	**m²BGF**					**100,0**	

Prozentanteile der Kosten 2. Ebene an den Kosten des Bauwerks nach DIN 276 (Von/Mittel/Bis)

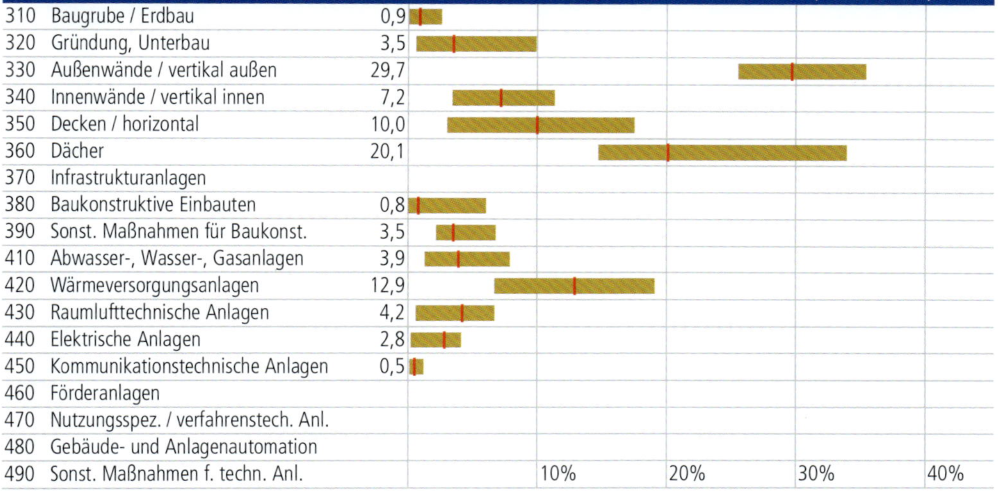

 Kostenstand: 2. Quartal 2025, Bundesdurchschnitt, **inkl. 19% MwSt.**

Kostenkennwerte für die Kostengruppen der 3. Ebene DIN 276

KG	Kostengruppen der 3. Ebene	Einheit	▷	€/Einheit	◁	▷	€/m² BGF	◁
335	Außenwandbekleidungen, außen	m²	143	**225**	291	86	**156**	220
363	Dachbeläge	m²	219	**335**	501	92	**138**	260
334	Außenwandöffnungen	m²	718	**1.033**	1.236	104	**137**	175
421	Wärmeerzeugungsanlagen	m²	61	**115**	167	61	**115**	167
353	Deckenbeläge	m²	136	**203**	364	34	**80**	107
412	Wasseranlagen	m²	33	**57**	99	33	**57**	99
431	Lüftungsanlagen	m²	20	**55**	88	20	**55**	88
324	Gründungsbeläge	m²	113	**251**	432	18	**54**	152
345	Innenwandbekleidungen	m²	50	**79**	144	30	**54**	89
364	Dachbekleidungen	m²	71	**117**	209	22	**41**	86
444	Niederspannungsinstallationsanl.	m²	17	**38**	55	17	**38**	55
361	Dachkonstruktionen	m²	96	**231**	614	16	**37**	77
354	Deckenbekleidungen	m²	57	**87**	129	15	**34**	51
351	Deckenkonstruktionen	m²	364	**1.150**	4.159	11	**33**	54
344	Innenwandöffnungen	m²	349	**588**	790	10	**29**	48
322	Flachgründungen und Bodenplatten	m²	303	**701**	1.849	12	**27**	45
331	Tragende Außenwände	m²	361	**949**	2.431	11	**26**	41
423	Raumheizflächen	m²	7	**26**	46	7	**26**	46
362	Dachöffnungen	m²	2.034	**2.505**	3.510	16	**25**	55
311	Herstellung	m³	147	**216**	305	13	**23**	36
336	Außenwandbekleidungen, innen	m²	30	**67**	121	11	**22**	47
429	Sonstiges zur KG 420	m²	13	**22**	51	13	**22**	51
392	Gerüste	m²	14	**21**	33	14	**21**	33
338	Lichtschutz zur KG 330	m²	237	**435**	743	5	**21**	44
342	Nichttragende Innenwände	m²	171	**216**	268	6	**19**	33
339	Sonstiges zur KG 330	m²	7	**20**	37	6	**18**	35
422	Wärmeverteilnetze	m²	5	**17**	26	5	**17**	26
411	Abwasseranlagen	m²	7	**17**	24	7	**17**	24
365	Elementierte Dachkonstruktionen	m²	–	**650**	–	–	**15**	–
366	Lichtschutz zur KG 360	m²	673	**1.297**	1.733	6	**15**	35
381	Allgemeine Einbauten	m²	4	**15**	43	4	**15**	43
369	Sonstiges zur KG 360	m²	8	**30**	94	4	**11**	28
326	Dränagen	m²	–	**43**	–	–	**10**	–
394	Abbruchmaßnahmen	m²	< 1	**10**	30	< 1	**10**	30
341	Tragende Innenwände	m²	116	**195**	237	3	**8**	14
391	Baustelleneinrichtung	m²	3	**8**	18	3	**8**	13
332	Nichttragende Außenwände	m²	–	**297**	–	–	**7**	–
393	Sicherungsmaßnahmen	m²	–	**7**	–	–	**7**	–
333	Außenstützen	m	193	**364**	535	3	**6**	9
397	Zusätzliche Maßnahmen	m²	1	**6**	16	1	**6**	16
396	Materialentsorgung	m²	2	**5**	8	2	**5**	8
359	Sonstiges zur KG 350	m²	1	**10**	21	1	**5**	14
455	Audiovis. Medien- u. Antennenanl.	m²	< 1	**5**	11	< 1	**5**	11
325	Abdichtungen und Bekleidungen	m²	47	**136**	302	4	**5**	6
445	Beleuchtungsanlagen	m²	1	**4**	8	1	**4**	8
446	Blitzschutz- und Erdungsanlagen	m²	2	**4**	9	2	**4**	9
457	Datenübertragungsnetze	m²	2	**4**	7	2	**4**	7
352	Deckenöffnungen	m²	–	**785**	–	3	**3**	4
419	Sonstiges zur KG 410	m²	3	**3**	5	3	**3**	5
452	Such- und Signalanlagen	m²	< 1	**2**	3	< 1	**2**	3

Kosten:
Stand 2. Quartal 2025
Bundesdurchschnitt
inkl. 19% MwSt.

▷ von
ø Mittel
◁ bis

Prozentanteile der Kosten für Leistungsbereiche nach STLB (Kosten Bauwerk nach DIN 276)

LB	Leistungsbereiche	▷	% an 300+400	◁
000	Baustellen-, Verkehrssich.- u. Sicherh.einr. inkl. 001	1,6	**2,7**	5,1
002	Erdarbeiten	0,1	**1,0**	2,7
006	Spezialtiefbauarbeiten inkl. 005	–	**–**	–
009	Entwässerungskanalarbeiten inkl. 011	< 0,1	**0,1**	0,5
010	Drän- und Versickerarbeiten	0,0	**< 0,1**	1,1
012	Mauerarbeiten	0,1	**1,6**	3,7
013	Betonarbeiten	0,3	**1,9**	3,7
014	Natur-, Betonwerksteinarbeiten	< 0,1	**0,4**	1,5
016	Zimmer- und Holzbauarbeiten	0,9	**3,9**	9,9
017	Stahlbauarbeiten	< 0,1	**< 0,1**	0,2
018	Abdichtungsarbeiten	< 0,1	**0,6**	1,3
020	Dachdeckungsarbeiten	2,4	**8,8**	21,0
021	Dachabdichtungsarbeiten	0,1	**0,7**	2,6
022	Klempnerarbeiten	2,1	**3,0**	5,9
	Rohbau	20,1	**24,8**	32,8
023	Putz- und Stuckarbeiten, Wärmedämmsysteme	7,8	**12,8**	17,6
024	Fliesen- und Plattenarbeiten	0,1	**1,4**	3,2
025	Estricharbeiten	0,5	**2,4**	6,5
026	Fenster, Außentüren inkl. 029, 032	8,5	**11,1**	14,9
027	Tischlerarbeiten	0,3	**3,4**	8,0
028	Parkett-, Holzpflasterarbeiten	0,5	**3,1**	6,7
030	Rollladenarbeiten	< 0,1	**0,8**	2,9
031	Metallbauarbeiten inkl. 035	0,2	**1,9**	5,9
034	Maler- und Lackiererarb. – Beschicht. inkl. 037	1,4	**4,0**	9,3
036	Bodenbelagarbeiten	< 0,1	**< 0,1**	0,4
038	Vorgehängte hinterlüftete Fassaden	–	**–**	–
039	Trockenbauarbeiten	2,8	**5,5**	8,1
	Ausbau	37,2	**46,3**	57,6
040	Wärmeversorgungsanl. - Betriebseinr. inkl. 041	6,1	**12,0**	18,0
042	Gas- u. Wasseranl. – Leitung., Armat. inkl. 043	0,1	**1,2**	2,1
044	Abwasseranl. - Leitungen, Abläufe, Armaturen	< 0,1	**0,5**	1,1
045	Gas, Wasser, Entwässerung – Ausstattung inkl. 046	0,4	**1,9**	4,3
047	Dämm- und Brandschutzarb. an techn. Anlagen	< 0,1	**0,2**	0,5
049	Feuerlöschanlagen, Feuerlöschgeräte	–	**–**	–
050	Blitzschutz-/Erdungsanlagen, Überspannungssch.	< 0,1	**0,1**	0,4
052	Mittelspannungsanlagen	–	**–**	–
053	Niederspannungsanl. – Kabel inkl. 054	0,2	**2,5**	3,5
055	Sicherheits- u. Ersatzstromversorgungsanl.	–	**–**	–
057	Gebäudesystemtechnik	–	**–**	–
058	Leuchten und Lampen inkl. 059	< 0,1	**0,2**	0,5
060	Such, Signal, Zeit, Anten., akust. Anl. inkl. 064	0,0	**< 0,1**	0,3
061	Kommunikations- u. Übertragungsnetze inkl. 062	< 0,1	**0,3**	1,4
063	Gefahrenmeldeanlagen	–	**–**	–
069	Aufzüge	–	**–**	–
070	Gebäudeautomation	–	**–**	–
075	Raumlufttechnische Anlagen inkl. 078	1,0	**4,2**	6,9
	Gebäudetechnik	13,8	**23,2**	28,5
084	Abbruch, Rückbau, Schadstoffsanierung	3,9	**5,3**	8,2
	Sonstige Leistungsbereiche inkl. 008, 033, 051	< 0,1	**0,4**	1,1

Ein- und Zweifamilienhäuser vor 1945

€/m² BGF

min	520	€/m²
von	765	€/m²
Mittel	**1.150**	**€/m²**
bis	1.475	€/m²
max	1.675	€/m²

Kosten:
Stand 2. Quartal 2025
Bundesdurchschnitt
inkl. 19% MwSt.

Objektübersicht zur Gebäudeart

6100-1297 Einfamilienhaus

BRI 1.159 m³ **BGF** 426 m² **NUF** 288 m²

Baujahr: 1911
Bauzustand: mittel
Aufwand: hoch
Nutzung während der Bauzeit: nein
Nutzungsänderung: nein
Grundrissänderungen: wenige
Tragwerkseingriffe: einige

Land: Hamburg
Kreis: Hamburg, Stadt
Standard: hoch
Bauzeit: 43 Wochen
Kennwerte: bis 3. Ebene DIN 276
veröffentlicht: BKI Objektdaten A12
BGF 1.473 €/m²

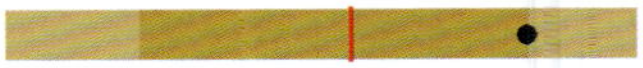

Planung: Holst Becker Architekten; Hamburg

Modernisierung und Erweiterung eines Einfamilienhauses (213 m² WFL).

Bauwerk – Baukonstruktionen
Abbrechen: Außenwandbekleidungen, außen 6%
Herstellen: Außenwandbekleidungen, außen 13%, Außenwandöffnungen 8%, Deckenbeläge 8%, Dachbeläge 7%, Innenwandbekleidungen 6%, Tragende Außenwände 4%, Gerüste 3%, Deckenbekleidungen 3%, Gründungsbeläge 3%, Flachgründungen und Bodenplatten 3%, Baustelleneinrichtung 2%, Zusätzliche Maßnahmen 2%
Wiederherstellen: Deckenbekleidungen 4%, Innenwandöffnungen 3%
Sonstige: 25%

Bauwerk – Technische Anlagen
Herstellen: Wasseranlagen 35%, Niederspannungsinstallationsanlagen 16%, Raumheizflächen 10%, Wärmeerzeugungsanlagen 8%, Abwasseranlagen 6%
Sonstige: 24%

6100-1187 Einfamilienhaus

BRI 771 m³ **BGF** 278 m² **NUF** 153 m²

Baujahr: 1910
Bauzustand: mittel
Aufwand: mittel
Nutzungsänderung: nein
Grundrissänderungen: wenige
Tragwerkseingriffe: keine

Land: Baden-Württemberg
Kreis: Rems-Murr-Kreis
Standard: mittel
Bauzeit: 17 Wochen
Kennwerte: bis 3. Ebene DIN 276
veröffentlicht: BKI Objektdaten A10
BGF 1.389 €/m²

Planung: INEXarchitektur BDA; Mühlacker

Modernisierung eines Einfamilienhauses (122 m² WFL).

Bauwerk – Baukonstruktionen
Herstellen: Außenwandbekleidungen, außen 18%, Außenwandöffnungen 16%, Innenwandbekleidungen 9%, Dachkonstruktionen 9%, Dachbeläge 8%, Deckenbeläge 7%, Außenwandbekleidungen, innen 5%, Lichtschutz zur KG 330 4%, Deckenkonstruktionen 4%
Sonstige: 22%

Bauwerk – Technische Anlagen
Herstellen: Wärmeerzeugungsanlagen 35%, Lüftungsanlagen 27%, Wasseranlagen 17%
Sonstige: 20%

6100-1126 Doppelhaushälfte

BRI 568 m³ **BGF** 272 m² **NUF** 180 m²

Baujahr: 1938
Bauzustand: mittel
Aufwand: hoch
Nutzung während der Bauzeit: ja
Nutzungsänderung: nein
Grundrissänderungen: keine
Tragwerkseingriffe: keine

Land: Hamburg
Kreis: Hamburg, Stadt
Standard: einfach
Bauzeit: 17 Wochen
Kennwerte: bis 3. Ebene DIN 276
veröffentlicht: BKI Objektdaten A10

BGF **849 €/m²**

Planung: Hans-Jörg Peter Dipl.-Ing. Architekt hh-Energieberatung.de; Hamburg

Dachsanierung Doppelhaushälfte

Bauwerk – Baukonstruktionen
Herstellen: Dachbeläge 32%, Außenwandbekleidungen, außen 20%, Außenwandöffnungen 18%
Sonstige: 30%

Bauwerk – Technische Anlagen
Herstellen: Wärmeerzeugungsanlagen 51%, Lüftungsanlagen 35%, Sonstiges zur KG 420 6%
Sonstige: 9%

6100-1138 Einfamilienhaus

BRI 707 m³ **BGF** 260 m² **NUF** 186 m²

Baujahr: 1944
Bauzustand: mittel
Aufwand: hoch
Nutzung während der Bauzeit: ja
Nutzungsänderung: ja
Grundrissänderungen: wenige
Tragwerkseingriffe: keine

Land: Hamburg
Kreis: Hamburg, Stadt
Standard: mittel
Bauzeit: 9 Wochen
Kennwerte: bis 3. Ebene DIN 276
veröffentlicht: BKI Objektdaten A10

BGF **1.673 €/m²**

Planung: Hans-Jörg Peter Dipl.-Ing. Architekt hh-Energieberatung.de; Hamburg

Modernisierung eines Einfamilienhauses aus dem Jahr 1944.

Bauwerk – Baukonstruktionen
Abbrechen: Gründungsbeläge 3%, Dachbeläge 2%
Herstellen: Dachbeläge 25%, Außenwandbekleidungen, außen 18%, Gründungsbeläge 13%, Außenwandöffnungen 13%, Flachgründungen und Bodenplatten 3%, Innenwandbekleidungen 2%
Sonstige: 21%

Bauwerk – Technische Anlagen
Herstellen: Wärmeerzeugungsanlagen 40%, Lüftungsanlagen 24%, Niederspannungsinstallationsanlagen 11%
Sonstige: 25%

Ein- und Zweifamilienhäuser vor 1945

€/m² BGF

min	520	€/m²
von	765	€/m²
Mittel	**1.150**	**€/m²**
bis	1.475	€/m²
max	1.675	€/m²

Kosten:
Stand 2. Quartal 2025
Bundesdurchschnitt
inkl. 19% MwSt.

Objektübersicht zur Gebäudeart

6100-1127 Doppelhaushälfte - KfW 70

BRI 971 m³ **BGF** 337 m² **NUF** 200 m²

© Hans-Jörg Peter Architekt

Baujahr: 1886
Bauzustand: mittel
Aufwand: hoch
Nutzung während der Bauzeit: ja
Nutzungsänderung: nein
Grundrissänderungen: keine
Tragwerkseingriffe: wenige

Land: Hamburg
Kreis: Hamburg, Stadt
Standard: mittel
Bauzeit: 17 Wochen
Kennwerte: bis 3. Ebene DIN 276
veröffentlicht: BKI Objektdaten A9

BGF 977 €/m²

Planung: Hans-Jörg Peter Dipl.-Ing. Architekt hh-Energieberatung.de; Hamburg

Modernisierungen einer Doppelhaushälfte mit zwei Wohneinheiten. **Kosteneinfluss Nutzung:** Erhaltungssatzung

Bauwerk – Baukonstruktionen
Abbrechen: Sonstiges zur KG 330 5%
Herstellen: Außenwandbekleidungen, außen 24%, Außenwandöffnungen 17%, Dachbeläge 15%, Herstellung 5%, Deckenbekleidungen 4%, Gerüste 4%, Gründungsbeläge 4%
Sonstige: 23%

Bauwerk – Technische Anlagen
Herstellen: Wärmeerzeugungsanlagen 62%, Lüftungsanlagen 16%, Wärmeverteilnetze 10%
Sonstige: 11%

6100-0844 Einfamilienhaus

BRI 784 m³ **BGF** 279 m² **NUF** 194 m²

© Eichinger + Schöchlin Freie Architekten BDA

Baujahr: 1926
Bauzustand: mittel
Aufwand: mittel
Nutzung während der Bauzeit: ja
Nutzungsänderung: nein
Grundrissänderungen: wenige
Tragwerkseingriffe: wenige

Land: Baden-Württemberg
Kreis: Heidelberg, Stadt
Standard: mittel
Bauzeit: 30 Wochen
Kennwerte: bis 3. Ebene DIN 276
veröffentlicht: www.bki.de

BGF 1.439 €/m²

Planung: Eichinger + Schöchlin Freie Architekten BDA; Waghäusel

Das Haus aus dem 19. Jahrhundert wurde in den letzten 120 Jahren mehrfach umgebaut. Zuletzt erhielt das Gebäude 1960 ein bewohntes Obergeschoss. 2010 wurde das Gebäude umfassend energetisch saniert. Auszeichnung Beispielhaftes Bauen 2010.

Bauwerk – Baukonstruktionen
Herstellen: Außenwandöffnungen 14%, Außenwandbekleidungen, außen 13%, Deckenbeläge 10%, Dachbeläge 8%, Deckenkonstruktionen 5%, Innenwandbekleidungen 5%, Lichtschutz zur KG 330 4%, Dachbekleidungen 3%, Tragende Außenwände 3%, Innenwandöffnungen 3%, Sonstiges zur KG 330 3%, Nichttragende Innenwände 3%, Dachkonstruktionen 3%
Sonstige: 21%

Bauwerk – Technische Anlagen
Herstellen: Niederspannungsinstallationsanlagen 20%, Wasseranlagen 19%, Wärmeerzeugungsanlagen 13%, Sonstiges zur KG 420 13%, Raumheizflächen 11%
Sonstige: 23%

6100-0974 Doppelhaushälfte

BRI 1.024m³ **BGF** 333m² **NUF** 237m²

Baujahr: 1932
Bauzustand: mittel
Aufwand: hoch
Nutzung während der Bauzeit: nein
Nutzungsänderung: nein
Grundrissänderungen: wenige
Tragwerkseingriffe: wenige

Land: Berlin
Kreis: Berlin, Stadt
Standard: hoch
Bauzeit: 35 Wochen
Kennwerte: bis 3. Ebene DIN 276
veröffentlicht: BKI Objektdaten A8

BGF 1.595€/m²

Planung: Jirka + Nadansky Architekten; Borgsdorf

Energetische Modernisierung einer Doppelhaushälfte (211m² WFL)

Bauwerk – Baukonstruktionen
Herstellen: Außenwandbekleidungen, außen 24%, Außenwandöffnungen 19%, Dachbekleidungen 11%, Dachbeläge 6%, Dachkonstruktionen 6%, Innenwandbekleidungen 4%, Deckenkonstruktionen 4%, Herstellung 3%
Wiederherstellen: Deckenbeläge 3%
Sonstige: 20%

Bauwerk – Technische Anlagen
Herstellen: Wärmeerzeugungsanlagen 33%, Lüftungsanlagen 14%, Raumheizflächen 12%, Sonstiges zur KG 420 9%, Niederspannungsinstallationsanlagen 7%
Sonstige: 24%

6100-0851 Einfamilienhaus

BRI 711m³ **BGF** 263m² **NUF** 171m²

Baujahr: 1902
Bauzustand: mittel
Aufwand: hoch
Nutzung während der Bauzeit: ja
Nutzungsänderung: nein
Grundrissänderungen: keine
Tragwerkseingriffe: keine

Land: Bayern
Kreis: München
Standard: mittel
Bauzeit: 26 Wochen
Kennwerte: bis 3. Ebene DIN 276
veröffentlicht: BKI Objektdaten A8

BGF 520€/m²

Planung: Planungsbüro Dipl.-Ing. (FH) Hanns-Peter Benl; Neuötting

Restaurierung und Modernisierung eines denkmalgeschützten Wohnhauses, Baujahr 1902. **Kosteneinfluss Nutzung:** Fassadenrestaurierung nach Befunduntersuchungen eines Restaurators mit Genehmigung durch die Untere Denkmalschutzbehörde.

Bauwerk – Baukonstruktionen
Herstellen: Deckenbeläge 13%, Allgemeine Einbauten 9%, Dächer 7%, Gerüste 4%, Deckenbekleidungen 4%
Wiederherstellen: Außenwandöffnungen 18%, Dächer 13%, Sonstiges zur KG 330 4%, Deckenbekleidungen 4%, Außenwandbekleidungen, außen 4%
Sonstige: 21%

Bauwerk – Technische Anlagen
Herstellen: Niederspannungsinstallationsanlagen 47%, Wasseranlagen 44%, Sonstiges zur KG 440 6%
Sonstige: 3%

€/m² BGF

min	520	€/m²
von	765	€/m²
Mittel	**1.150**	**€/m²**
bis	1.475	€/m²
max	1.675	€/m²

Kosten:
Stand 2. Quartal 2025
Bundesdurchschnitt
inkl. 19% MwSt.

Objektübersicht zur Gebäudeart

6100-0798 Einfamilienhaus

BRI 778 m³ **BGF** 289 m² **NUF** 220 m²

Baujahr: 1929
Bauzustand: mittel
Aufwand: hoch
Nutzung während der Bauzeit: nein
Nutzungsänderung: nein
Grundrissänderungen: wenige
Tragwerkseingriffe: wenige

Land: Nordrhein-Westfalen
Kreis: Köln, Stadt
Standard: mittel
Bauzeit: 52 Wochen
Kennwerte: bis 3. Ebene DIN 276
veröffentlicht: BKI Objektdaten A8
BGF **1.235 €/m²**

Planung: Baumann Architektur; Köln

Modernisierung und energetische Sanierung eines dreigeschossigen Einfamilienhauses.

Bauwerk – Baukonstruktionen
Abbrechen: Abbruchmaßnahmen 4%
Herstellen: Außenwandbekleidungen, außen 15%, Außenwandöffnungen 13%, Dachbeläge 9%, Deckenbeläge 5%, Dachbekleidungen 5%, Innenwandöffnungen 4%, Sonstiges zur KG 360 4%, Innenwandbekleidungen 4%, Deckenbekleidungen 4%, Nichttragende Innenwände 4%
Wiederherstellen: Deckenbeläge 7%
Sonstige: 22%

Bauwerk – Technische Anlagen
Herstellen: Wärmeerzeugungsanlagen 34%, Lüftungsanlagen 23%, Wasseranlagen 16%
Sonstige: 27%

6100-0609 Einfamilienhaus

BRI 767 m³ **BGF** 314 m² **NUF** 197 m²

Baujahr: 1910
Bauzustand: mittel
Aufwand: mittel
Nutzung während der Bauzeit: ja
Nutzungsänderung: nein
Grundrissänderungen: wenige
Tragwerkseingriffe: wenige

Land: Hessen
Kreis: Offenbach
Standard: mittel
Bauzeit: 17 Wochen
Kennwerte: bis 3. Ebene DIN 276
veröffentlicht: www.bki.de
BGF **761 €/m²**

Planung: Dipl.-Ing. Architektin Gabriele zur Megede; Langen

Modernisierung eines freistehenden Einfamilienhauses aus 1910 zu einem Niedrigenergiehaus mit WDVS, Dachdämmung, Solaranlage, Lüftung mit Wärmerückgewinnung u.a..

Bauwerk – Baukonstruktionen
Herstellen: Dachbeläge 24%, Außenwandöffnungen 13%, Dachöffnungen 12%, Außenwandbekleidungen, außen 10%, Dachbekleidungen 8%, Lichtschutz zur KG 360 6%, Deckenbekleidungen 5%
Sonstige: 22%

Bauwerk – Technische Anlagen
Herstellen: Wärmeerzeugungsanlagen 43%, Lüftungsanlagen 29%, Niederspannungsinstallationsanlagen 13%
Sonstige: 15%

6100-0585 Einfamilienhaus mit ELW

BRI 1.028m³ | **BGF** 377m² | **NUF** 226m²

© Johann-Christian Fromme

Baujahr: 1930
Bauzustand: mittel
Aufwand: mittel
Nutzung während der Bauzeit: nein
Nutzungsänderung: nein
Grundrissänderungen: wenige
Tragwerkseingriffe: keine

Land: Sachsen-Anhalt
Kreis: Halle (Saale), Stadt
Standard: hoch
Bauzeit: 35 Wochen
Kennwerte: bis 3. Ebene DIN 276
veröffentlicht: www.bki.de

BGF 1.286 €/m²

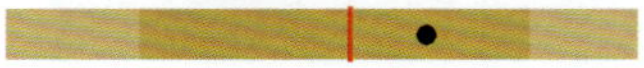

Planung: Johann-Christian Fromme Freier Architekt; Halle

Ökologische Modernisierung eines freistehenden Einfamilienhauses mit Einliegerwohnung, Baujahr 1930. **Kosteneinfluss Grundstück:** Hoher Grundwasserstand

Bauwerk – Baukonstruktionen
Herstellen: Außenwandöffnungen 16%, Außenwandbekleidungen, außen 15%, Dachbeläge 10%, Innenwandbekleidungen 9%, Innenwandöffnungen 5%, Außenwandbekleidungen, innen 5%, Dachkonstruktionen 4%, Deckenbekleidungen 4%, Nichttragende Innenwände 3%, Deckenbeläge 3%
Wiederherstellen: Deckenbeläge 7%
Sonstige: 20%

Bauwerk – Technische Anlagen
Herstellen: Wärmeerzeugungsanlagen 35%, Wasseranlagen 23%, Niederspannungsinstallationsanlagen 9%, Lüftungsanlagen 8%
Sonstige: 24%

6100-1329 Reihenendhaus

BRI 816m³ | **BGF** 325m² | **NUF** 197m²

© Brigida González

Baujahr: 1930

Land: Baden-Württemberg
Kreis: Stuttgart, Stadt
Standard: hoch
Bauzeit: 39 Wochen
Kennwerte: bis 1. Ebene DIN 276
veröffentlicht: BKI Objektdaten A11

BGF 1.065 €/m²

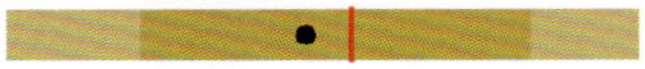

Planung: AMUNT Nagel Theissen Architekten und Designer PartG mbB; Stuttgart

Reihenendhaus mit ca. 150m² WFL

Ein- und Zweifamilienhäuser vor 1945

€/m² BGF

min	520	€/m²
von	765	€/m²
Mittel	**1.150**	**€/m²**
bis	1.475	€/m²
max	1.675	€/m²

Kosten:
Stand 2. Quartal 2025
Bundesdurchschnitt
inkl. 19% MwSt.

Objektübersicht zur Gebäudeart

6100-0910 Einfamilienhaus

BRI 795 m³ **BGF** 340 m² **NUF** 19[illegible] m²

Baujahr: 1910

Land: Nordrhein-Westfalen
Kreis: Rheinisch-Bergischer Kreis
Standard: hoch
Bauzeit: 30 Wochen
Kennwerte: bis 1. Ebene DIN 276
veröffentlicht: BKI Objektdaten A8

BGF 684 €/m²

Planung: Udo J. Schmühl Architekt Dipl. Ing.; Hoffnungsthal

Modernisierung eines bestehenden Einfamilienhauses aus dem Jahr 1910 (WFL 140m²). **Kosteneinfluss Nutzung:** Wohnhaus als KfW-Effizienzhaus 100. Die Modernisierung erfüllt 100% die Anforderungen an Neubau (EnEV 2007). **Kosteneinfluss Grundstück:** Bestehendes Gebäude (Baujahr 1910) in einer gewachsenen Dorfstruktur.

Ein- und Zweifamilienhäuser nach 1945

Kostenkennwerte für die Kosten des Bauwerks (Kostengruppen 300+400 nach DIN 276)

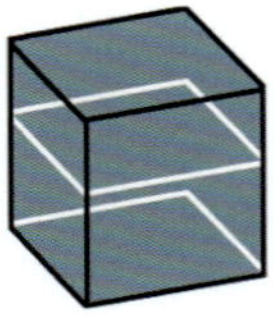

BRI 335€/m³
von 210€/m³
bis 495€/m³

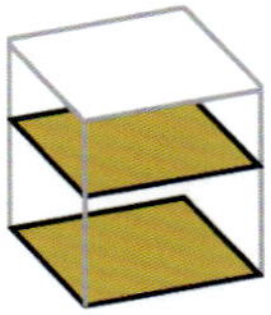

BGF 915€/m²
von 600€/m²
bis 1.330€/m²

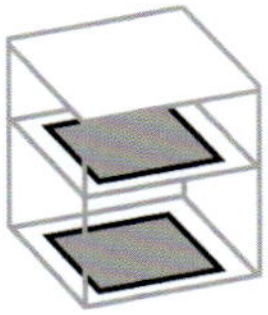

NUF 1.390€/m²
von 825€/m²
bis 2.025€/m²

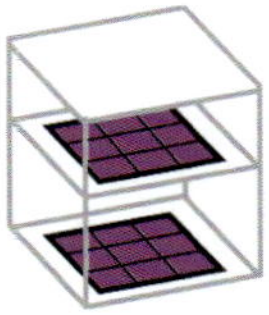

NE 1.820€/NE
von 1.195€/NE
bis 2.635€/NE
NE: Wohnfläche

Kosten:
Stand 2. Quartal 2025
Bundesdurchschnitt
inkl. 19% MwSt.

Objektbeispiele

6100-1162

6100-0939

6100-0770

Kosten der 20 Vergleichsobjekte

Seiten 364 bis 374

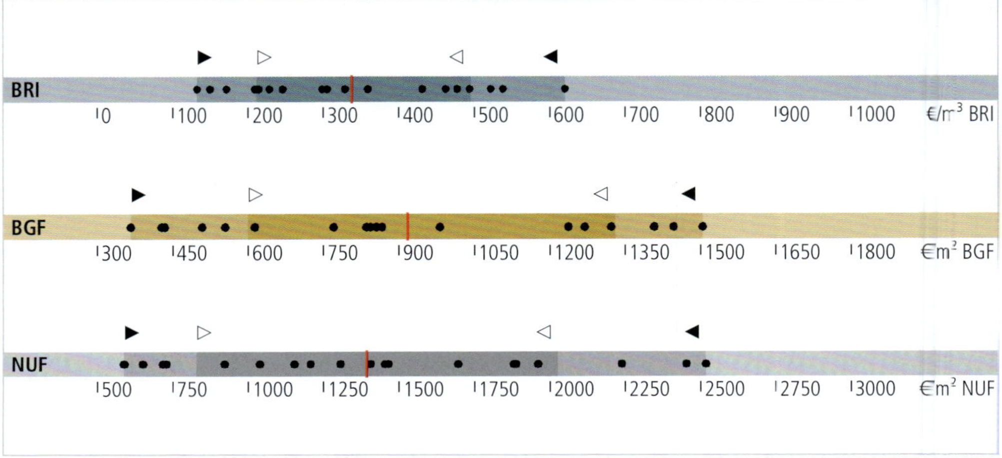

- ● KKW
- ▶ min
- ▷ von
- | Mittelwert
- ◁ bis
- ◀ max

Kostenkennwerte für die Kostengruppen der 1. und 2.Ebene DIN 276

KG	Kostengruppen der 1. Ebene	Einheit	▷	€/Einheit	◁	▷	% an 300+400	◁
100	Grundstück	m²GF	–	**–**	–	–	**–**	–
200	Vorbereitende Maßnahmen	m²GF	< 1	**< 1**	1	< 0,1	**0,2**	0,4
300	Bauwerk – Baukonstruktionen	m²BGF	440	**716**	997	70,3	**78,6**	87,7
400	Bauwerk – Technische Anlagen	m²BGF	91	**201**	315	12,3	**21,4**	29,7
	Bauwerk 300+400	m²BGF	599	**916**	1.330	100,0	**100,0**	100,0
500	Außenanlagen und Freiflächen	m²AF	11	**108**	349	1,2	**3,1**	7,1
600	Ausstattung und Kunstwerke	m²BGF	8	**18**	52	0,8	**1,7**	4,2
700	Baunebenkosten	m²BGF	–	**–**	–	–	**–**	–
800	Finanzierung	m²BGF	–	**–**	–	–	**–**	–

KG	Kostengruppen der 2. Ebene	Einheit	▷	€/Einheit	◁	▷	% an 1. Ebene	◁
310	Baugrube / Erdbau	m³BGI	75	**180**	511	< 0,1	**0,7**	2,6
320	Gründung, Unterbau	m²GRF	93	**227**	482	< 0,1	**2,3**	6,3
330	Außenwände / vertikal außen	m²AWF	190	**375**	535	23,1	**45,5**	70,3
340	Innenwände / vertikal innen	m²IWF	242	**341**	807	1,5	**11,1**	24,3
350	Decken / horizontal	m²DEF	162	**252**	484	4,1	**10,6**	21,6
360	Dächer	m²DAF	155	**347**	593	4,5	**19,3**	33,4
370	Infrastrukturanlagen		–	**–**	–	–	**–**	–
380	Baukonstruktive Einbauten	m²BGF	19	**129**	468	0,5	**6,4**	60,4
390	Sonst. Maßnahmen für Baukonst.	m²BGF	16	**30**	75	1,9	**4,1**	7,8
300	**Bauwerk – Baukonstruktionen**	**m²BGF**					**100,0**	
410	Abwasser-, Wasser-, Gasanlagen	m²BGF	25	**63**	105	3,4	**16,2**	32,5
420	Wärmeversorgungsanlagen	m²BGF	35	**92**	147	20,2	**48,6**	82,2
430	Raumlufttechnische Anlagen	m²BGF	5	**32**	74	0,2	**9,5**	47,6
440	Elektrische Anlagen	m²BGF	27	**59**	112	6,6	**21,8**	38,7
450	Kommunikationstechnische Anlagen	m²BGF	4	**10**	25	0,6	**3,6**	12,2
460	Förderanlagen	m²BGF	–	**–**	–	–	**–**	–
470	Nutzungsspez. / verfahrenstech. Anl.	m²BGF	–	**–**	–	–	**–**	–
480	Gebäude- und Anlagenautomation	m²BGF	–	**–**	–	–	**–**	–
490	Sonst. Maßnahmen f. techn. Anl.	m²BGF	2	**7**	16	< 0,1	**0,3**	3,8
400	**Bauwerk – Technische Anlagen**	**m²BGF**					**100,0**	

Prozentanteile der Kosten 2.Ebene an den Kosten des Bauwerks nach DIN 276 (Von/Mittel/Bis)

KG	Kostengruppe	Mittel
310	Baugrube / Erdbau	0,6
320	Gründung, Unterbau	1,7
330	Außenwände / vertikal außen	36,9
340	Innenwände / vertikal innen	8,2
350	Decken / horizontal	8,2
360	Dächer	15,1
370	Infrastrukturanlagen	
380	Baukonstruktive Einbauten	4,7
390	Sonst. Maßnahmen für Baukonst.	3,1
410	Abwasser-, Wasser-, Gasanlagen	4,1
420	Wärmeversorgungsanlagen	10,3
430	Raumlufttechnische Anlagen	1,6
440	Elektrische Anlagen	4,7
450	Kommunikationstechnische Anlagen	0,7
460	Förderanlagen	
470	Nutzungsspez. / verfahrenstech. Anl.	
480	Gebäude- und Anlagenautomation	
490	Sonst. Maßnahmen f. techn. Anl.	< 0,1

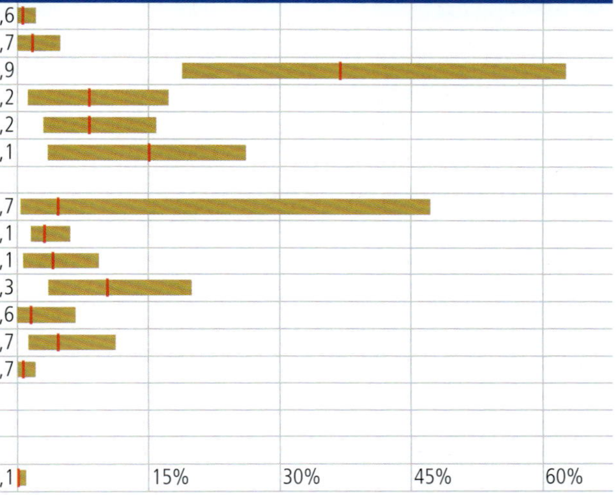

Kostenstand: 2. Quartal 2025, Bundesdurchschnitt, **inkl. 19% MwSt.**

Kostenkennwerte für die Kostengruppen der 3. Ebene DIN 276

Ein- und Zweifamilienhäuser nach 1945

Kosten:
Stand 2. Quartal 2025
Bundesdurchschnitt
inkl. 19% MwSt.

KG	Kostengruppen der 3. Ebene	Einheit	▷	€/Einheit	◁	▷	€/m² BGF	◁
335	Außenwandbekleidungen, außen	m²	127	**206**	296	73	**136**	225
381	Allgemeine Einbauten	m²	19	**129**	468	19	**129**	468
363	Dachbeläge	m²	172	**298**	558	45	**109**	171
334	Außenwandöffnungen	m²	678	**1.082**	2.157	53	**109**	186
337	Elem. Außenwandkonstruktionen	m²	843	**2.343**	5.343	35	**102**	230
421	Wärmeerzeugungsanlagen	m²	24	**68**	126	24	**68**	126
353	Deckenbeläge	m²	111	**219**	344	25	**61**	107
345	Innenwandbekleidungen	m²	58	**110**	376	19	**61**	98
394	Abbruchmaßnahmen	m²	6	**55**	104	6	**55**	104
412	Wasseranlagen	m²	26	**52**	99	26	**52**	99
444	Niederspannungsinstallationsanl.	m²	33	**51**	68	33	**51**	68
355	Elementierte Deckenkonstruktionen	m²	–	**1.842**	–	–	**49**	–
342	Nichttragende Innenwände	m²	156	**262**	355	17	**41**	70
361	Dachkonstruktionen	m²	56	**118**	252	13	**39**	94
324	Gründungsbeläge	m²	66	**148**	262	15	**34**	62
431	Lüftungsanlagen	m²	2	**33**	74	2	**33**	74
364	Dachbekleidungen	m²	52	**94**	197	11	**31**	80
344	Innenwandöffnungen	m²	260	**470**	607	10	**30**	52
322	Flachgründungen und Bodenplatten	m²	151	**192**	231	21	**29**	50
331	Tragende Außenwände	m²	183	**722**	1.312	7	**29**	94
423	Raumheizflächen	m²	14	**29**	53	14	**29**	53
336	Außenwandbekleidungen, innen	m²	50	**93**	163	14	**26**	44
354	Deckenbekleidungen	m²	28	**59**	94	11	**25**	64
445	Beleuchtungsanlagen	m²	5	**22**	94	5	**22**	94
338	Lichtschutz zur KG 330	m²	122	**311**	528	5	**18**	37
362	Dachöffnungen	m²	1.571	**2.536**	3.580	10	**17**	35
339	Sonstiges zur KG 330	m²	7	**25**	53	7	**17**	38
422	Wärmeverteilnetze	m²	5	**17**	26	5	**17**	26
351	Deckenkonstruktionen	m²	44	**79**	100	9	**16**	27
494	Abbruchmaßnahmen	m²	–	**16**	–	–	**16**	–
311	Herstellung	m³	74	**179**	511	6	**14**	23
392	Gerüste	m²	8	**14**	20	8	**14**	20
341	Tragende Innenwände	m²	183	**332**	540	5	**14**	33
411	Abwasseranlagen	m²	6	**13**	28	6	**13**	28
391	Baustelleneinrichtung	m²	4	**11**	25	4	**11**	25
366	Lichtschutz zur KG 360	m²	–	**824**	–	–	**10**	–
325	Abdichtungen und Bekleidungen	m²	23	**82**	131	4	**10**	20
457	Datenübertragungsnetze	m²	4	**9**	38	4	**9**	38
429	Sonstiges zur KG 420	m²	4	**8**	15	4	**8**	15
326	Dränagen	m²	3	**20**	40	2	**6**	19
413	Gasanlagen	m²	–	**6**	–	–	**6**	–
393	Sicherungsmaßnahmen	m²	< 1	**6**	11	< 1	**6**	11
349	Sonstiges zur KG 340	m²	–	**47**	–	–	**6**	–
397	Zusätzliche Maßnahmen	m²	3	**6**	12	3	**6**	12
359	Sonstiges zur KG 350	m²	6	**24**	84	2	**5**	16
419	Sonstiges zur KG 410	m²	2	**5**	6	2	**5**	6
332	Nichttragende Außenwände	m²	203	**246**	290	2	**4**	9
369	Sonstiges zur KG 360	m²	3	**8**	13	2	**4**	6
455	Audiovis. Medien- u. Antennenanl.	m²	2	**4**	7	2	**4**	7
452	Such- und Signalanlagen	m²	< 1	**3**	6	< 1	**3**	6

▷ von
ø Mittel
◁ bis

Prozentanteile der Kosten für Leistungsbereiche nach STLB (Kosten Bauwerk nach DIN 276)

LB	Leistungsbereiche	▷	% an 300+400	◁
000	Baustellen-, Verkehrssich.- u. Sicherh.einr. inkl. 001	1,5	**2,5**	3,9
002	Erdarbeiten	< 0,1	**0,7**	2,3
006	Spezialtiefbauarbeiten inkl. 005	< 0,1	**< 0,1**	0,1
009	Entwässerungskanalarbeiten inkl. 011	< 0,1	**0,1**	1,0
010	Drän- und Versickerarbeiten	< 0,1	**0,1**	1,0
012	Mauerarbeiten	0,4	**1,7**	4,2
013	Betonarbeiten	0,1	**1,6**	8,4
014	Natur-, Betonwerksteinarbeiten	0,0	**0,2**	1,4
016	Zimmer- und Holzbauarbeiten	0,6	**2,8**	19,9
017	Stahlbauarbeiten	0,0	**< 0,1**	1,1
018	Abdichtungsarbeiten	< 0,1	**0,2**	1,3
020	Dachdeckungsarbeiten	0,9	**6,3**	15,4
021	Dachabdichtungsarbeiten	0,3	**3,5**	17,8
022	Klempnerarbeiten	0,5	**1,9**	3,7
	Rohbau	8,9	**21,8**	37,7
023	Putz- und Stuckarbeiten, Wärmedämmsysteme	5,9	**14,4**	31,1
024	Fliesen- und Plattenarbeiten	0,4	**2,9**	6,6
025	Estricharbeiten	< 0,1	**0,7**	1,5
026	Fenster, Außentüren inkl. 029, 032	4,3	**12,3**	18,9
027	Tischlerarbeiten	1,4	**6,5**	49,9
028	Parkett-, Holzpflasterarbeiten	< 0,1	**1,9**	5,9
030	Rollladenarbeiten	< 0,1	**1,2**	4,9
031	Metallbauarbeiten inkl. 035	< 0,1	**0,9**	3,0
034	Maler- und Lackiererarb. – Beschicht. inkl. 037	1,2	**4,4**	13,6
036	Bodenbelagarbeiten	< 0,1	**1,3**	5,5
038	Vorgehängte hinterlüftete Fassaden	< 0,1	**1,0**	19,3
039	Trockenbauarbeiten	0,5	**3,2**	6,6
	Ausbau	35,7	**50,6**	63,9
040	Wärmeversorgungsanl. - Betriebseinr. inkl. 041	4,3	**10,1**	20,3
042	Gas- u. Wasseranl. – Leitung., Armat. inkl. 043	0,3	**1,2**	2,5
044	Abwasseranl. - Leitungen, Abläufe, Armaturen	< 0,1	**0,6**	1,8
045	Gas, Wasser, Entwässerung – Ausstattung inkl. 046	0,3	**2,2**	6,7
047	Dämm- und Brandschutzarb. an techn. Anlagen	< 0,1	**0,2**	0,5
049	Feuerlöschanlagen, Feuerlöschgeräte	–	**–**	–
050	Blitzschutz-/Erdungsanlagen, Überspannungssch.	0,0	**< 0,1**	0,1
052	Mittelspannungsanlagen	–	**–**	–
053	Niederspannungsanl. – Kabel inkl. 054	0,7	**3,6**	6,2
055	Sicherheits- u. Ersatzstromversorgungsanl.	–	**–**	–
057	Gebäudesystemtechnik	–	**–**	–
058	Leuchten und Lampen inkl. 059	0,1	**1,1**	10,8
060	Such, Signal, Zeit, Anten., akust. Anl. inkl. 064	< 0,1	**0,2**	0,6
061	Kommunikations- u. Übertragungsnetze inkl. 062	< 0,1	**0,5**	1,8
063	Gefahrenmeldeanlagen	0,0	**< 0,1**	< 0,1
069	Aufzüge	–	**–**	–
070	Gebäudeautomation	–	**–**	–
075	Raumlufttechnische Anlagen inkl. 078	< 0,1	**1,7**	6,8
	Gebäudetechnik	14,8	**21,5**	29,7
084	Abbruch, Rückbau, Schadstoffsanierung	3,5	**6,0**	9,2
	Sonstige Leistungsbereiche inkl. 008, 033, 051	< 0,1	**0,1**	0,8

Objektübersicht zur Gebäudeart

Ein- und Zweifamilienhäuser nach 1945

€/m² BGF

min	365	€/m²
von	600	€/m²
Mittel	**915**	**€/m²**
bis	1.330	€/m²
max	1.505	€/m²

Kosten:
Stand 2. Quartal 2025
Bundesdurchschnitt
inkl. 19% MwSt.

6100-1713 Einfamilienhaus

BRI 542 m³ | **BGF** 196 m² | **NUF** 126 m²

Baujahr: 1996
Bauzustand: gut
Aufwand: mittel
Nutzung während der Bauzeit: nein
Nutzungsänderung: nein
Grundrissänderungen: wenige
Tragwerkseingriffe: keine

Land: Bayern
Kreis: Rosenheim
Standard: mittel
Bauzeit: 17 Wochen
Kennwerte: bis 3. Ebene DIN 276
vorgesehen: BKI Objektdaten A13
BGF 842 €/m²

Planung: k.A.

Modernisierung eines Einfamilienhauses WFL 127m²

Bauwerk – Baukonstruktionen
Herstellen: Allgemeine Einbauten 41%, Innenwandbekleidungen 12%, Deckenbeläge 12%, Innenwandöffnungen 6%, Nichttragende Innenwände 5%, Dachbekleidungen 4%
Sonstige: 21%

Bauwerk – Technische Anlagen
Herstellen: Beleuchtungsanlagen 35%, Wasseranlagen 27%, Niederspannungsinstallationsanlagen 19%
Sonstige: 18%

6100-1428 Eigentumswohnung

BRI 933 m³ | **BGF** 259 m² | **NUF** 192 m²

Baujahr: 1905
Bauzustand: mittel
Aufwand: mittel
Nutzung während der Bauzeit: nein
Nutzungsänderung: nein
Grundrissänderungen: einige
Tragwerkseingriffe: wenige

Land: Hamburg
Kreis: Hamburg, Stadt
Standard: hoch
Bauzeit: 13 Wochen
Kennwerte: bis 3. Ebene DIN 276
veröffentlicht: BKI Objektdaten A12
BGF 770 €/m²

Planung: Mannott + Mannott Dipl. Ingenieure, Architekten; Hamburg

Modernisierung einer Eigentumswohnung in einem denkmalgeschützten Mehrfamilienhaus mit Deckenstuck und historischen Fliesen.

Bauwerk – Baukonstruktionen
Herstellen: Innenwandbekleidungen 21%, Deckenbekleidungen 8%, Deckenbeläge 7%, Außenwandbekleidungen, innen 6%, Allgemeine Einbauten 5%
Wiederherstellen: Deckenbeläge 9%, Deckenbekleidungen 9%, Innenwandöffnungen 8%, Tragende Innenwände 4%
Sonstige: 23%

Bauwerk – Technische Anlagen
Abbrechen: Wasseranlagen 4%
Herstellen: Wasseranlagen 37%, Niederspannungsinstallationsanlagen 29%, Raumheizflächen 8%
Sonstige: 21%

6100-1378 Einfamilienhaus, Garage

BRI 1.146 m³ **BGF** 471 m² **NUF** 305 m²

Baujahr: 1964
Bauzustand: mittel
Aufwand: mittel
Nutzung während der Bauzeit: nein
Nutzungsänderung: nein
Grundrissänderungen: wenige
Tragwerkseingriffe: wenige

Land: Hamburg
Kreis: Hamburg, Stadt
Standard: mittel
Bauzeit: 22 Wochen
Kennwerte: bis 3. Ebene DIN 276
veröffentlicht: BKI Objektdaten A12

BGF 1.269 €/m²

Planung: güldenzopf rohrberg architektur + design; Hamburg

Einfamilienhaus mit angebauter Garage

Bauwerk – Baukonstruktionen
Abbrechen: Deckenbeläge 3%
Herstellen: Außenwandbekleidungen, außen 19%, Außenwandöffnungen 10%, Deckenbeläge 9%, Dachbeläge 9%, Innenwandbekleidungen 7%, Dachbekleidungen 3%, Baustelleneinrichtung 3%, Herstellung 3%, Deckenbekleidungen 3%, Allgemeine Einbauten 2%, Außenwandbekleidungen, innen 2%, Sonstiges zur KG 330 2%
Wiederherstellen: Außenwandbekleidungen, außen 2%
Sonstige: 22%

Bauwerk – Technische Anlagen
Herstellen: Wasseranlagen 24%, Niederspannungsinstallationsanlagen 21%, Wärmeverteilnetze 14%, Abwasseranlagen 8%, Wärmeerzeugungsanlagen 8%
Sonstige: 25%

6100-1153 Einfamilienhaus - Effizienzhaus 70

BRI 990 m³ **BGF** 382 m² **NUF** 251 m²

Baujahr: 1959
Bauzustand: mittel
Aufwand: mittel
Nutzung während der Bauzeit: nein
Nutzungsänderung: nein
Grundrissänderungen: umfangreiche
Tragwerkseingriffe: wenige

Land: Mecklenburg-Vorpommern
Kreis: Rostock
Standard: mittel
Bauzeit: 13 Wochen
Kennwerte: bis 3. Ebene DIN 276
veröffentlicht: BKI Objektdaten E6

BGF 1.237 €/m²

Planung: Hans-Jörg Peter Dipl.-Ing. Architekt hh-Energieberatung.de; Hamburg

Sanierung eines Zweifamilienhauses zum Einfamilienhaus als Effizienzhaus 70 mit 285 m² WFL.

Bauwerk – Baukonstruktionen
Abbrechen: Abbruchmaßnahmen 11%
Herstellen: Dachbeläge 21%, Außenwandöffnungen 13%, Außenwandbekleidungen, außen 11%, Innenwandbekleidungen 7%, Deckenbeläge 6%, Nichttragende Innenwände 6%
Sonstige: 25%

Bauwerk – Technische Anlagen
Herstellen: Wärmeerzeugungsanlagen 28%, Niederspannungsinstallationsanlagen 16%, Lüftungsanlagen 16%, Raumheizflächen 10%, Wasseranlagen 9%
Sonstige: 21%

Ein- und Zweifamilienhäuser nach 1945

€/m² BGF

min	365	€/m²
von	600	€/m²
Mittel	**915**	**€/m²**
bis	1.330	€/m²
max	1.505	€/m²

Kosten:
Stand 2. Quartal 2025
Bundesdurchschnitt
inkl. 19% MwSt.

Objektübersicht zur Gebäudeart

6100-1159 Einfamilienhaus - Effizienzhaus 40*

BRI 818 m³ **BGF** 239 m² **NUF** 186 m²

Baujahr: 1967
Bauzustand: mittel
Aufwand: hoch
Nutzung während der Bauzeit: nein
Nutzungsänderung: nein
Grundrissänderungen: umfangreiche
Tragwerkseingriffe: wenige

Land: Hamburg
Kreis: Hamburg, Stadt
Standard: hoch
Bauzeit: 39 Wochen
Kennwerte: bis 3. Ebene DIN 276
veröffentlicht: BKI Objektdaten E6
BGF 3.417 €/m² *

* Nicht in der Auswertung enthalten

Planung: Hans-Jörg Peter Dipl.-Ing. Architekt hh-Energieberatung.de; Hamburg

Einfamilienhaus-Atrium-Bungalow KfW 40

Bauwerk – Baukonstruktionen
Herstellen: Gründungsbeläge 20%, Elementierte Außenwandkonstruktionen 16%, Dachbeläge 15%, Dachöffnungen 8%, Außenwandbekleidungen, außen 6%, Innenwandbekleidungen 5%, Außenwandöffnungen 5%, Dachbekleidungen 4%
Sonstige: 21%

Bauwerk – Technische Anlagen
Herstellen: Niederspannungsinstallationsanlagen 20%, Wärmeerzeugungsanlagen 15%, Lüftungsanlagen 13%, Wasseranlagen 13%, Beleuchtungsanlagen 7%, Abwasseranlagen 6%, Automationseinrichtungen 6%
Sonstige: 21%

6100-1305 Einfamilienhaus

BRI 712 m³ **BGF** 255 m² **NUF** 156 m²

Baujahr: 1962
Bauzustand: mittel
Aufwand: mittel
Nutzung während der Bauzeit: nein
Nutzungsänderung: nein
Grundrissänderungen: einige
Tragwerkseingriffe: wenige

Land: Hamburg
Kreis: Hamburg, Stadt
Standard: mittel
Bauzeit: 26 Wochen
Kennwerte: bis 3. Ebene DIN 276
veröffentlicht: BKI Objektdaten A1[illegible]
BGF 1.504 €/m²

Planung: Mannott + Mannott Dipl. Ingenieure, Architekten; Hamburg

Einfamilienhaus als Flachdach-Bungalow

Bauwerk – Baukonstruktionen
Abbrechen: Dachbeläge 3%
Herstellen: Dachbeläge 14%, Außenwandöffnungen 12%, Außenwandbekleidungen, außen 10%, Dachbekleidungen 9%, Gründungsbeläge 6%, Innenwandbekleidungen 5%, Deckenbeläge 3%, Dachkonstruktionen 3%, Innenwandöffnungen 3%
Wiederherstellen: Außenwandöffnungen 10%
Sonstige: 21%

Bauwerk – Technische Anlagen
Herstellen: Wärmeerzeugungsanlagen 32%, Niederspannungsinstallationsanlagen 20%, Wasseranlagen 15%, Wärmeverteilnetze 10%
Sonstige: 24%

6100-1465 Dachgeschosswohnung

BRI 468 m³ **BGF** 171 m² **NUF** 120 m²

Baujahr: 1960
Bauzustand: gut
Aufwand: mittel
Nutzung während der Bauzeit: nein
Nutzungsänderung: ja
Grundrissänderungen: wenige
Tragwerkseingriffe: keine

Land: Nordrhein-Westfalen
Kreis: Köln, Stadt
Standard: mittel
Bauzeit: 104 Wochen
Kennwerte: bis 3. Ebene DIN 276
veröffentlicht: BKI Objektdaten A12

BGF 981 €/m²

Planung: Dipl.-Ing. Christoph Wieacker Architekt BDA; Köln

Modernisierung einer Dachgeschosswohnung (123 m² WFL)

Bauwerk – Baukonstruktionen
Herstellen: Allgemeine Einbauten 74%, Innenwandbekleidungen 10%, Deckenbeläge 3%
Sonstige: 13%

Bauwerk – Technische Anlagen
Herstellen: Niederspannungsinstallationsanlagen 28%, Datenübertragungsnetze 22%, Beleuchtungsanlagen 21%
Sonstige: 29%

6100-1162 Einfamilienhaus, Garage - Effizienzhaus 70

BRI 1.136 m³ **BGF** 436 m² **NUF** 257 m²

Baujahr: 1976
Bauzustand: gut
Aufwand: mittel
Nutzung während der Bauzeit: ja
Nutzungsänderung: nein
Grundrissänderungen: einige
Tragwerkseingriffe: wenige

Land: Hamburg
Kreis: Hamburg, Stadt
Standard: mittel
Bauzeit: 9 Wochen
Kennwerte: bis 3. Ebene DIN 276
veröffentlicht: BKI Objektdaten E6

BGF 855 €/m²

Planung: Hans-Jörg Peter Dipl.-Ing. Architekt hh-Energieberatung.de; Hamburg

Modernisierung eines Einfamilienhauses aus dem Jahr 1976 zu einem KfW 70 Haus.

Bauwerk – Baukonstruktionen
Abbrechen: Dachbeläge 4%, Tragende Außenwände 3%
Herstellen: Außenwandbekleidungen, außen 20%, Dachbeläge 19%, Außenwandöffnungen 15%, Dachöffnungen 7%, Deckenbeläge 4%, Elementierte Außenwandkonstruktionen 3%, Dränagen 3%, Sonstiges zur KG 330 3%
Sonstige: 20%

Bauwerk – Technische Anlagen
Herstellen: Lüftungsanlagen 45%, Niederspannungsinstallationsanlagen 22%, Raumheizflächen 18%
Sonstige: 15%

Ein- und Zweifamilienhäuser nach 1945

€/m^2 BGF

min	365	€/m^2
von	600	€/m^2
Mittel	**915**	**€/m^2**
bis	1.330	€/m^2
max	1.505	€/m^2

Kosten:
Stand 2. Quartal 2025
Bundesdurchschnitt
inkl. 19% MwSt.

Objektübersicht zur Gebäudeart

6100-1035 Reihenmittelhaus - Effizienzhaus 115

BRI 709 m^3 **BGF** 284 m^2 **NUF** 1[illegible]6 m^2

© Renate Lendner Architektur

Baujahr: 1963
Bauzustand: gut
Aufwand: mittel
Nutzung während der Bauzeit: ja
Nutzungsänderung: nein
Grundrissänderungen: wenige
Tragwerkseingriffe: keine

Land: Rheinland-Pfalz
Kreis: Mainz, Stadt
Standard: hoch
Bauzeit: 9 Wochen
Kennwerte: bis 3. Ebene DIN 276
veröffentlicht: BKI Objektdaten E5
BGF 427€/m^2

Planung: Dipl. Ing. Renate Lendner Architektur + Energieberatung; Nieder-Olm

Modernisierung eines Reihenmittelhauses (137 m^2 WFL). Vollständige Dämmung; bei den Holzfenstern wurde wegen des guten Zustands nur die Verglasung ausgetauscht.

Bauwerk – Baukonstruktionen
Herstellen: Dachbeläge 25%, Außenwandbekleidungen, außen 21%, Außenwandöffnungen 16%, Lichtschutz zur KG 330 7%
Wiederherstellen: Außenwandöffnungen 9%
Sonstige: 22%

Bauwerk – Technische Anlagen
Herstellen: Sonstiges zur KG 420 15%, Raumheizflächen 8%
Wiederherstellen: Wärmeerzeugungsanlagen 75%
Sonstige: 3%

6100-0939 Reihenendhaus - Effizienzhaus 115

BRI 666 m^3 **BGF** 241 m^2 **NUF** 150 m^2

© planungsbüro bau.RAUM

Baujahr: 1971
Bauzustand: gut
Aufwand: mittel
Nutzung während der Bauzeit: ja
Nutzungsänderung: nein
Grundrissänderungen: keine
Tragwerkseingriffe: keine

Land: Nordrhein-Westfalen
Kreis: Münster, Stadt
Standard: mittel
Bauzeit: 13 Wochen
Kennwerte: bis 3. Ebene DIN 276
veröffentlicht: BKI Objektdaten E5
BGF 366€/m^2

Planung: planungsbüro bau.RAUM Petra L. Müller; Münster

Wärmeschutzsanierung eines Reihenendhauses mit WDVS, Flachdachsanierung und Dachbegrünung.

Bauwerk – Baukonstruktionen
Herstellen: Dachbeläge 45%, Außenwandbekleidungen, außen 32%, Außenwandöffnungen 11%
Sonstige: 11%

Bauwerk – Technische Anlagen
Herstellen: Wärmeerzeugungsanlagen 90%, Sonstiges zur KG 420 4%
Wiederherstellen: Raumheizflächen 4%
Sonstige: 2%

6100-0897 Einfamilienhaus

BRI 610 m³ **BGF** 233 m² **NUF** 177 m²

© mageso Energieberatung

Baujahr: 1972
Bauzustand: mittel
Aufwand: mittel
Nutzung während der Bauzeit: ja
Nutzungsänderung: nein
Grundrissänderungen: wenige
Tragwerkseingriffe: wenige

Land: Nordrhein-Westfalen
Kreis: Kleve
Standard: mittel
Bauzeit: 17 Wochen
Kennwerte: bis 3. Ebene DIN 276
veröffentlicht: BKI Objektdaten A9

BGF **554 €/m²**

Planung: k.A.

Modernisierung eines Einfamilienhauses

Bauwerk – Baukonstruktionen
Herstellen: Außenwandbekleidungen, außen 47%, Außenwandöffnungen 20%, Dachbeläge 18%
Sonstige: 15%

Bauwerk – Technische Anlagen
Abbrechen: Wärmeerzeugungsanlagen 8%
Herstellen: Wärmeerzeugungsanlagen 92%

6100-0901 Doppelhaushälfte

BRI 700 m³ **BGF** 300 m² **NUF** 194 m²

© Löser-Schwarzott Energie.Bewusste.Architektur

Baujahr: 1956
Bauzustand: mittel
Aufwand: mittel
Nutzung während der Bauzeit: nein
Nutzungsänderung: nein
Grundrissänderungen: einige
Tragwerkseingriffe: wenige

Land: Bayern
Kreis: Regensburg, Stadt
Standard: mittel
Bauzeit: 39 Wochen
Kennwerte: bis 3. Ebene DIN 276
veröffentlicht: BKI Objektdaten A9

BGF **1.446 €/m²**

Planung: Löser-Schwarzott Energie.Bewusste.Architektur; Regenstauf

Sanierung einer Doppelhaushälfte einschließlich Abbruch von Asbestfassadenbekleidung

Bauwerk – Baukonstruktionen
Abbrechen: Außenwandbekleidungen, außen 4%, Nichttragende Innenwände 3%
Herstellen: Außenwandöffnungen 21%, Außenwandbekleidungen, außen 11%, Dachbeläge 10%, Innenwandbekleidungen 9%, Deckenbeläge 6%, Dachbekleidungen 6%, Nichttragende Innenwände 5%, Außenwandbekleidungen, innen 4%
Sonstige: 21%

Bauwerk – Technische Anlagen
Herstellen: Wärmeerzeugungsanlagen 32%, Niederspannungsinstallationsanlagen 19%, Wasseranlagen 17%, Raumheizflächen 8%
Sonstige: 24%

Ein- und Zweifamilienhäuser nach 1945

€/m² BGF

min	365	€/m²
von	600	€/m²
Mittel	**915**	**€/m²**
bis	1.330	€/m²
max	1.505	€/m²

Kosten:
Stand 2. Quartal 2025
Bundesdurchschnitt
inkl. 19% MwSt.

Objektübersicht zur Gebäudeart

6100-0770 Einfamilienhaus

BRI 825 m³ **BGF** 270 m² **NUF** 151 m²

© Architekt Bruno Maurer

Baujahr: 1959
Bauzustand: mittel
Aufwand: mittel
Nutzung während der Bauzeit: ja
Nutzungsänderung: nein
Grundrissänderungen: wenige
Tragwerkseingriffe: keine

Land: Baden-Württemberg
Kreis: Biberach
Standard: mittel
Bauzeit: 109 Wochen
Kennwerte: bis 3. Ebene DIN 276
veröffentlicht: BKI Objektdaten A[illegible]
BGF 1.408 €/m²

Planung: Bruno Maurer; Uttenweiler

Tieferlegung des Kellers, um die für die Wohnnutzung notwendige lichte Höhe zu erhalten. Besondere Fassadenausführung um die maximale Strahlungsausbeute zu erhalten. **Kosteneinfluss Nutzung:** Aufbringung einer Außendämmung als vorgehängte hinterlüftete Fassade, die über eine transparente Hülle Strahlungswärme gewinnt.

Bauwerk – Baukonstruktionen
Abbrechen: Flachgründungen und Bodenplatten 2%
Herstellen: Außenwandbekleidungen, außen 31%, Dachbeläge 16%, Außenwandöffnungen 11%, Nichttragende Innenwände 6%, Elementierte Deckenkonstruktionen 5%, Außenwandbekleidungen, innen 4%, Innenwandbekleidungen 4%
Sonstige: 22%

Bauwerk – Technische Anlagen
Herstellen: Lüftungsanlagen 32%, Abwasseranlagen 14%, Wärmeerzeugungsanlagen 13%, Niederspannungsinstallationsanlagen 12%
Sonstige: 29%

6100-0983 Doppelhaushälfte

BRI 798 m³ **BGF** 275 m² **NUF** 203 m²

© Dipl.-Ing. (FH) Hanns-Peter Benl

Baujahr: 1972
Bauzustand: mittel
Aufwand: mittel
Nutzung während der Bauzeit: ja
Nutzungsänderung: nein
Grundrissänderungen: keine
Tragwerkseingriffe: keine

Land: Bayern
Kreis: Altötting
Standard: mittel
Bauzeit: 13 Wochen
Kennwerte: bis 3. Ebene DIN 276
veröffentlicht: BKI Objektdaten A8
BGF 433 €/m²

Planung: Planungsbüro Dipl.-Ing. (FH) Hanns-Peter Benl; Neuötting

Energetische Modernisierung und Renovierung einer Doppelhaushälfte.

Bauwerk – Baukonstruktionen
Herstellen: Außenwandbekleidungen, außen 47%, Außenwandöffnungen 19%, Deckenbeläge 12%
Sonstige: 22%

Bauwerk – Technische Anlagen
Herstellen: Lüftungsanlagen 83%, Niederspannungsinstallationsanlagen 11%
Wiederherstellen: Niederspannungsinstallationsanlagen 5%
Sonstige: < 1%

6100-0648 Zweifamilienhaus

BRI 576 m³ | **BGF** 230 m² | **NUF** 168 m²

© Dipl.-Ing. (FH) Hanns-Peter Benl

Land: Bayern
Kreis: München, Stadt
Standard: mittel
Bauzeit: 22 Wochen
Kennwerte: bis 3. Ebene DIN 276
veröffentlicht: BKI Objektdaten A6

BGF 1.236 €/m²

Planung: Dipl.-Ing. (FH) Hanns Peter Benl edp ingenieure; Neuötting

Das Haus aus den 60er Jahren wurde vom Keller bis zum Obergeschoss komplett modernisiert. Es wurde ein Wintergarten angebaut. **Kosteneinfluss Nutzung:** Die Wohnung im DG war während der Bauzeit bewohnt und wurde nicht in die Modernisierung einbezogen.

Bauwerk – Baukonstruktionen
Herstellen: Elementierte Außenwandkonstruktionen 25%, Deckenbeläge 14%, Innenwandbekleidungen 9%, Innenwandöffnungen 5%, Nichttragende Innenwände 5%, Außenwandöffnungen 4%, Dachbeläge 3%, Außenwandbekleidungen, innen 3%, Gründungsbeläge 3%
Wiederherstellen: Innenwandöffnungen 3%, Deckenbeläge 3%
Sonstige: 23%

Bauwerk – Technische Anlagen
Herstellen: Wasseranlagen 36%, Niederspannungsinstallationsanlagen 19%, Raumheizflächen 16%
Sonstige: 30%

6100-0611 Einfamilienhaus

BRI 732 m³ | **BGF** 300 m² | **NUF** 213 m²

© Architektin Gabriele zur Megede

Baujahr: 1959
Bauzustand: mittel
Aufwand: mittel
Nutzung während der Bauzeit: ja
Nutzungsänderung: nein

Land: Hessen
Kreis: Offenbach
Standard: mittel
Bauzeit: 9 Wochen
Kennwerte: bis 3. Ebene DIN 276
veröffentlicht: www.bki.de

BGF 508 €/m²

Planung: Dipl.-Ing. Architektin Gabriele zur Megede; Langen

Modernisierung eines freistehenden Einfamilienhauses aus 1959 zum Niedrigenergiehaus.

Bauwerk – Baukonstruktionen
Herstellen: Außenwandbekleidungen, außen 38%, Außenwandöffnungen 21%, Dachbekleidungen 8%, Lichtschutz zur KG 330 8%
Sonstige: 25%

Bauwerk – Technische Anlagen
Abbrechen: Wärmeversorgungsanlagen 4%
Herstellen: Wärmeversorgungsanlagen 96%

Ein- und Zweifamilienhäuser nach 1945

€/m² BGF

min	365	€/m²
von	600	€/m²
Mittel	**915**	**€/m²**
bis	1.330	€/m²
max	1.505	€/m²

Kosten:
Stand 2. Quartal 2025
Bundesdurchschnitt
inkl. 19% MwSt.

Objektübersicht zur Gebäudeart

6100-0793 Einfamilienhaus

BRI 897 m³ **BGF** 372 m² **NUF** 220 m²

© Architekturbüro Gudrun Langmack

Baujahr: 1958
Bauzustand: schlecht
Aufwand: mittel
Nutzung während der Bauzeit: nein
Nutzungsänderung: nein
Grundrissänderungen: einige
Tragwerkseingriffe: einige

Land: Nordrhein-Westfalen
Kreis: Rhein-Erft-Kreis
Standard: hoch
Bauzeit: 13 Wochen
Kennwerte: bis 3. Ebene DIN 276
veröffentlicht: BKI Objektdaten A

BGF 866 €/m²

Planung: Architekturbüro Gudrun Langmack; Erftstadt

Energetische Modernisierung eines Einfamilienhauses, Baujahr 1958. Das Dach wurde zur Wohnraumerweiterung angehoben.

Bauwerk – Baukonstruktionen
Herstellen: Außenwandöffnungen 29%, Außenwandbekleidungen, außen 21%, Dachbeläge 14%, Elementierte Außenwandkonstruktionen 9%
Sonstige: 26%

Bauwerk – Technische Anlagen
Herstellen: Wärmeerzeugungsanlagen 69%, Wasseranlagen 14%, Raumlufttechnische Anlagen 10%
Sonstige: 7%

6100-0596 Einfamilienhaus

BRI 1.200 m³ **BGF** 345 m² **NUF** 244 m²

© Freier Architekt Rainer Roth

Baujahr: 1955
Bauzustand: mittel
Aufwand: mittel
Nutzung während der Bauzeit: nein
Nutzungsänderung: ja
Grundrissänderungen: einige
Tragwerkseingriffe: wenige

Land: Baden-Württemberg
Kreis: Ortenaukreis
Standard: mittel
Bauzeit: 57 Wochen
Kennwerte: bis 3. Ebene DIN 276
veröffentlicht: www.bki.de

BGF 853 €/m²

Planung: Freier Architekt Rainer Roth; Offenburg

Modernisierung eines ehemaligen Dorfhauses, das zur Unterbringung der Lehrer der Dorfschule genutzt wurde, zu einem Einfamilienhaus. Erneuerung der gesamten Haustechnik. Anbau einer großen dreigeschossigen Balkonanlage und einer Doppelgarage.

Bauwerk – Baukonstruktionen
Herstellen: Dachbeläge 16%, Dachkonstruktionen 15%, Außenwandöffnungen 14%, Tragende Außenwände 11%, Flachgründungen und Bodenplatten 4%, Dachbekleidungen 3%, Außenwandbekleidungen, innen 3%, Deckenkonstruktionen 3%, Sonstiges zur KG 350 3%, Deckenbeläge 3%
Wiederherstellen: Außenwandbekleidungen, außen 4%
Sonstige: 22%

Bauwerk – Technische Anlagen
Herstellen: Raumheizflächen 34%, Niederspannungsinstallationsanlagen 26%, Wärmeverteilnetze 17%
Sonstige: 23%

6100-0471 Reihenendhaus

BRI 856m³ **BGF** 318m² **NUF** 212m²

Baujahr: 1972
Bauzustand: mittel
Aufwand: mittel
Nutzung während der Bauzeit: nein
Nutzungsänderung: nein
Grundrissänderungen: wenige
Tragwerkseingriffe: wenige

Land: Nordrhein-Westfalen
Kreis: Bonn, Stadt
Standard: mittel
Bauzeit: 9 Wochen
Kennwerte: bis 3. Ebene DIN 276
veröffentlicht: www.bki.de
BGF 613€/m²

Planung: Kopner Architekten; Bergisch Gladbach

Modernisierung und Instandsetzung eines Reihenendhauses von 1972 (181m² WFL). **Kosteneinfluss Grundstück:** Reihenendhaus in einer Reihe von vier Häusern.

Bauwerk – Baukonstruktionen
Herstellen: Außenwandöffnungen 27%, Außenwandbekleidungen, außen 17%, Deckenbeläge 15%, Sonstiges zur KG 330 10%, Innenwandbekleidungen 4%
Wiederherstellen: Innenwandbekleidungen 4%
Sonstige: 23%

Bauwerk – Technische Anlagen
Herstellen: Niederspannungsinstallationsanlagen 26%, Wasseranlagen 19%, Raumheizflächen 13%
Wiederherstellen: Niederspannungsinstallationsanlagen 17%
Sonstige: 25%

6100-0469 Einfamilienhaus

BRI 1.095m³ **BGF** 357m² **NUF** 250m²

Baujahr: 1955
Bauzustand: mittel
Aufwand: mittel
Nutzung während der Bauzeit: nein
Nutzungsänderung: nein
Grundrissänderungen: umfangreiche
Tragwerkseingriffe: einige

Land: Bayern
Kreis: Starnberg
Standard: mittel
Bauzeit: 22 Wochen
Kennwerte: bis 3. Ebene DIN 276
veröffentlicht: www.bki.de
BGF 1.323€/m²

Planung: Architekturbüro Burkard Reineking; Gauting

Modernisierung und Erweiterung eines Einfamilienhauses. **Kosteneinfluss Grundstück:** Torf als Untergrund der Bodenplatte der Erweiterung

Bauwerk – Baukonstruktionen
Abbrechen: Dachbeläge 5%
Herstellen: Außenwandbekleidungen, außen 11%, Dachbeläge 11%, Außenwandöffnungen 10%, Tragende Außenwände 10%, Dachkonstruktionen 7%, Deckenbeläge 7%, Außenwandbekleidungen, innen 5%, Nichttragende Innenwände 5%, Gründungsbeläge 5%, Dachbekleidungen 4%
Sonstige: 21%

Bauwerk – Technische Anlagen
Herstellen: Raumheizflächen 25%, Niederspannungsinstallationsanlagen 23%, Wärmeerzeugungsanlagen 19%, Wasseranlagen 10%
Sonstige: 23%

Ein- und Zweifamilienhäuser nach 1945

€/m² BGF

min	365	€/m²
von	600	€/m²
Mittel	**915**	**€/m²**
bis	1.330	€/m²
max	1.505	€/m²

Kosten:
Stand 2. Quartal 2025
Bundesdurchschnitt
inkl. 19% MwSt.

Objektübersicht zur Gebäudeart

6100-1095 Zweifamilienhaus, Fassadensanierung

BRI 762 m³ **BGF** 272 m² **NUF** 97 m²

Baujahr: 1972
Bauzustand: schlecht
Aufwand: mittel
Nutzung während der Bauzeit: ja
Nutzungsänderung: nein
Grundrissänderungen: wenige
Tragwerkseingriffe: keine

Land: Schleswig-Holstein
Kreis: Segeberg
Standard: mittel
Bauzeit: 22 Wochen
Kennwerte: bis 2. Ebene DIN 276
veröffentlicht: BKI Objektdaten A

BGF 835 €/m²

Planung: Architekturbüro Thyroff-Krause; Kaltenkirchen

Fassadensanierung bei einem Zweifamilienhaus (219 m² WFL)

Wohngebäude vor 1945

Kostenkennwerte für die Kosten des Bauwerks (Kostengruppen 300+400 nach DIN 276)

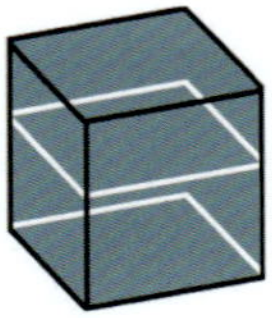

BRI 490 €/m³
von 335 €/m³
bis 740 €/m³

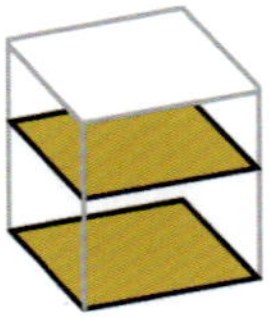

BGF 1.465 €/m²
von 1.080 €/m²
bis 2.075 €/m²

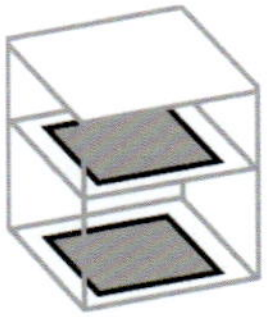

NUF 2.445 €/m²
von 1.710 €/m²
bis 3.650 €/m²

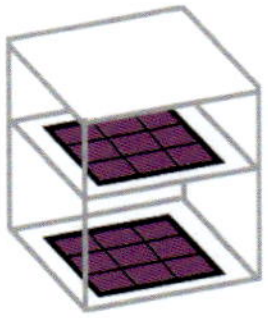

NE 2.725 €/NE
von 2.095 €/NE
bis 4.030 €/NE
NE: Wohnfläche

Kosten:
Stand 2. Quartal 2025
Bundesdurchschnitt
inkl. 19% MwSt.

Objektbeispiele

6100-1147

6100-1202

6100-0314

6100-0856

6100-1203

6100-1462

Kosten der 11 Vergleichsobjekte

Seiten 380 bis 385

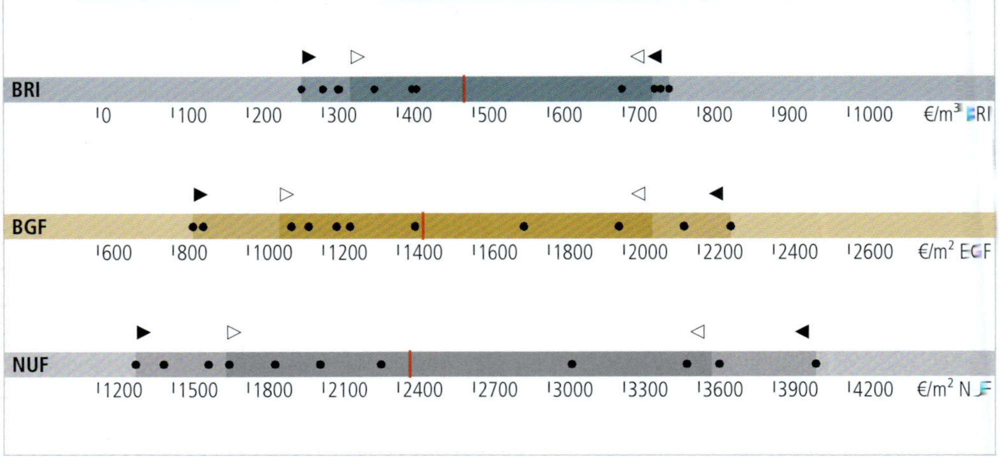

- ● KKW
- ▶ min
- ▷ von
- | Mittelwert
- ◁ bis
- ◀ max

Kostenkennwerte für die Kostengruppen der 1. und 2.Ebene DIN 276

KG	Kostengruppen der 1.Ebene	Einheit	▷	€/Einheit	◁	▷	% an 300+400	◁
100	Grundstück	m²GF	–	**–**	–	–	**–**	–
200	Vorbereitende Maßnahmen	m²GF	1	**5**	7	0,3	**0,6**	1,1
300	Bauwerk – Baukonstruktionen	m²BGF	849	**1.177**	1.596	75,7	**80,7**	84,5
400	Bauwerk – Technische Anlagen	m²BGF	201	**289**	502	15,5	**19,3**	24,3
	Bauwerk 300+400	m²BGF	1.082	**1.466**	2.077	100,0	**100,0**	100,0
500	Außenanlagen und Freiflächen	m²AF	76	**227**	515	2,2	**4,3**	11,4
600	Ausstattung und Kunstwerke	m²BGF	6	**13**	22	0,5	**0,9**	1,9
700	Baunebenkosten	m²BGF	–	**–**	–	–	**–**	–
800	Finanzierung	m²BGF	–	**–**	–	–	**–**	–

KG	Kostengruppen der 2.Ebene	Einheit	▷	€/Einheit	◁	▷	% an 1.Ebene	◁
310	Baugrube / Erdbau	m³BGI	99	**176**	359	0,3	**0,9**	2,3
320	Gründung, Unterbau	m²GRF	198	**397**	603	2,2	**5,2**	8,4
330	Außenwände / vertikal außen	m²AWF	264	**460**	773	23,5	**30,6**	38,0
340	Innenwände / vertikal innen	m²IWF	204	**307**	439	14,9	**22,8**	33,5
350	Decken / horizontal	m²DEF	286	**417**	553	15,4	**19,5**	26,8
360	Dächer	m²DAF	275	**539**	801	9,5	**15,6**	21,7
370	Infrastrukturanlagen		–	**–**	–	–	**–**	–
380	Baukonstruktive Einbauten	m²BGF	4	**19**	64	0,1	**0,6**	3,5
390	Sonst. Maßnahmen für Baukonst.	m²BGF	21	**64**	112	1,7	**4,9**	6,8
300	**Bauwerk – Baukonstruktionen**	**m²BGF**					**100,0**	
410	Abwasser-, Wasser-, Gasanlagen	m²BGF	60	**95**	127	23,9	**33,8**	58,7
420	Wärmeversorgungsanlagen	m²BGF	56	**110**	175	22,0	**34,1**	40,5
430	Raumlufttechnische Anlagen	m²BGF	6	**20**	48	0,3	**3,8**	9,3
440	Elektrische Anlagen	m²BGF	46	**68**	107	8,9	**18,8**	26,0
450	Kommunikationstechnische Anlagen	m²BGF	10	**20**	73	2,2	**5,0**	13,2
460	Förderanlagen	m²BGF	3	**63**	124	< 0,1	**2,7**	20,9
470	Nutzungsspez. / verfahrenstech. Anl.	m²BGF	< 1	**11**	21	< 0,1	**0,6**	5,1
480	Gebäude- und Anlagenautomation	m²BGF	–	**–**	–	–	**–**	–
490	Sonst. Maßnahmen f. techn. Anl.	m²BGF	< 1	**5**	12	< 0,1	**1,1**	5,2
400	**Bauwerk – Technische Anlagen**	**m²BGF**					**100,0**	

Prozentanteile der Kosten 2.Ebene an den Kosten des Bauwerks nach DIN 276 (Von/Mittel/Bis)

KG	Kostengruppe	%
310	Baugrube / Erdbau	0,7
320	Gründung, Unterbau	4,0
330	Außenwände / vertikal außen	24,2
340	Innenwände / vertikal innen	18,3
350	Decken / horizontal	15,6
360	Dächer	12,2
370	Infrastrukturanlagen	
380	Baukonstruktive Einbauten	0,5
390	Sonst. Maßnahmen für Baukonst.	3,8
410	Abwasser-, Wasser-, Gasanlagen	6,6
420	Wärmeversorgungsanlagen	7,2
430	Raumlufttechnische Anlagen	0,9
440	Elektrische Anlagen	3,8
450	Kommunikationstechnische Anlagen	1,0
460	Förderanlagen	0,7
470	Nutzungsspez. / verfahrenstech. Anl.	0,2
480	Gebäude- und Anlagenautomation	
490	Sonst. Maßnahmen f. techn. Anl.	0,3

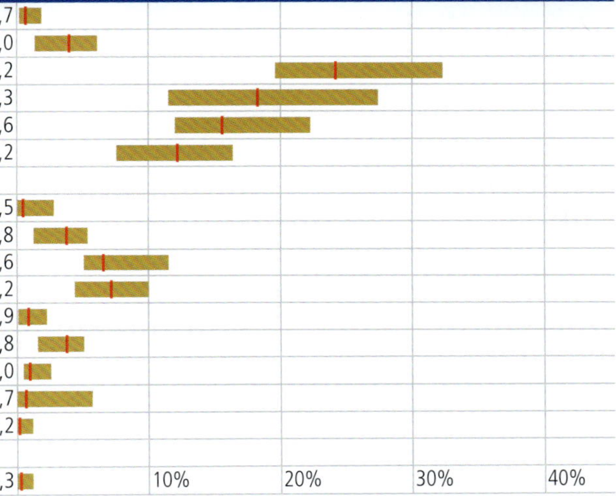

Kostenkennwerte für die Kostengruppen der 3. Ebene DIN 276

KG	Kostengruppen der 3. Ebene	Einheit	▷	€/Einheit	◁	▷	€/m² BGF	◁
334	Außenwandöffnungen	m²	936	**1.166**	1.609	119	**149**	204
345	Innenwandbekleidungen	m²	64	**89**	140	86	**131**	187
353	Deckenbeläge	m²	159	**226**	292	64	**118**	154
363	Dachbeläge	m²	221	**278**	354	57	**93**	135
335	Außenwandbekleidungen, außen	m²	70	**160**	276	40	**92**	189
461	Aufzugsanlagen	m²	3	**63**	124	3	**63**	124
412	Wasseranlagen	m²	43	**63**	77	43	**63**	77
351	Deckenkonstruktionen	m²	234	**521**	1.528	13	**62**	97
361	Dachkonstruktionen	m²	115	**193**	374	23	**61**	114
444	Niederspannungsinstallationsanl.	m²	41	**55**	71	41	**55**	71
344	Innenwandöffnungen	m²	329	**523**	720	26	**53**	87
331	Tragende Außenwände	m²	219	**372**	792	18	**49**	97
336	Außenwandbekleidungen, innen	m²	51	**86**	150	29	**48**	105
341	Tragende Innenwände	m²	218	**523**	2.140	16	**47**	88
423	Raumheizflächen	m²	14	**40**	60	14	**40**	60
354	Deckenbekleidungen	m²	53	**84**	110	24	**37**	49
421	Wärmeerzeugungsanlagen	m²	17	**36**	69	17	**36**	69
322	Flachgründungen und Bodenplatten	m²	146	**426**	1.159	16	**36**	59
324	Gründungsbeläge	m²	96	**207**	296	16	**35**	67
337	Elem. Außenwandkonstruktionen	m²	–	**895**	–	–	**35**	–
365	Elementierte Dachkonstruktionen	m²	–	**1.389**	–	–	**34**	–
342	Nichttragende Innenwände	m²	133	**178**	323	13	**33**	65
364	Dachbekleidungen	m²	71	**113**	154	12	**32**	50
395	Instandsetzungen	m²	–	**27**	–	–	**27**	–
411	Abwasseranlagen	m²	11	**27**	73	11	**27**	73
392	Gerüste	m²	13	**27**	39	13	**27**	39
456	Gefahrenmelde- und Alarmanlagen	m²	3	**25**	68	3	**25**	68
422	Wärmeverteilnetze	m²	15	**24**	36	15	**24**	36
476	Weitere nutzungsspezifische Anl.	m²	–	**21**	–	–	**21**	–
431	Lüftungsanlagen	m²	6	**20**	48	6	**20**	48
338	Lichtschutz zur KG 330	m²	258	**368**	536	3	**20**	45
381	Allgemeine Einbauten	m²	4	**19**	64	4	**19**	54
362	Dachöffnungen	m²	2.028	**2.939**	7.587	8	**19**	47
339	Sonstiges zur KG 330	m²	1	**23**	60	< 1	**18**	[illegible]
397	Zusätzliche Maßnahmen	m²	5	**16**	32	5	**16**	32
445	Beleuchtungsanlagen	m²	4	**16**	58	4	**16**	58
391	Baustelleneinrichtung	m²	7	**15**	29	7	**15**	29
393	Sicherungsmaßnahmen	m²	3	**13**	22	3	**13**	22
359	Sonstiges zur KG 350	m²	10	**20**	36	5	**12**	24
394	Abbruchmaßnahmen	m²	< 1	**12**	25	< 1	**12**	25
429	Sonstiges zur KG 420	m²	6	**11**	24	6	**11**	24
332	Nichttragende Außenwände	m²	760	**811**	862	3	**10**	[illegible]
311	Herstellung	m³	99	**176**	359	4	**9**	[illegible]
396	Materialentsorgung	m²	–	**8**	–	–	**8**	–
369	Sonstiges zur KG 360	m²	7	**20**	66	3	**8**	37
498	Provisorische technische Anlagen	m²	–	**7**	–	–	**7**	–
494	Abbruchmaßnahmen	m²	5	**6**	7	5	**6**	7
419	Sonstiges zur KG 410	m²	3	**5**	12	3	**5**	12
326	Dränagen	m²	–	**24**	–	–	**5**	–
366	Lichtschutz zur KG 360	m²	463	**675**	887	3	**5**	7

Kosten:
Stand 2. Quartal 2025
Bundesdurchschnitt
inkl. 19% MwSt.

▷ von
ø Mittel
◁ bis

Prozentanteile der Kosten für Leistungsbereiche nach STLB (Kosten Bauwerk nach DIN 276)

LB	Leistungsbereiche	5% 10% 15% 20%	▷	% an 300+400	◁
000	Baustellen-, Verkehrssich.- u. Sicherh.einr. inkl. 001		0,7	**2,4**	3,7
002	Erdarbeiten		0,4	**0,9**	1,8
006	Spezialtiefbauarbeiten inkl. 005		–	**–**	–
009	Entwässerungskanalarbeiten inkl. 011		–	**–**	–
010	Drän- und Versickerarbeiten		0,0	**< 0,1**	0,5
012	Mauerarbeiten		2,1	**4,5**	8,2
013	Betonarbeiten		1,2	**2,6**	4,8
014	Natur-, Betonwerksteinarbeiten		0,0	**0,1**	0,4
016	Zimmer- und Holzbauarbeiten		0,8	**3,2**	6,2
017	Stahlbauarbeiten		< 0,1	**0,7**	2,3
018	Abdichtungsarbeiten		0,5	**1,4**	7,2
020	Dachdeckungsarbeiten		1,5	**4,0**	6,3
021	Dachabdichtungsarbeiten		< 0,1	**0,8**	1,9
022	Klempnerarbeiten		1,1	**2,2**	4,3
	Rohbau		15,5	**22,8**	28,2
023	Putz- und Stuckarbeiten, Wärmedämmsysteme		6,1	**10,1**	14,6
024	Fliesen- und Plattenarbeiten		1,5	**2,9**	5,0
025	Estricharbeiten		0,4	**1,1**	2,4
026	Fenster, Außentüren inkl. 029, 032		7,1	**9,9**	11,9
027	Tischlerarbeiten		1,7	**4,2**	8,3
028	Parkett-, Holzpflasterarbeiten		0,4	**2,4**	3,6
030	Rollladenarbeiten		< 0,1	**0,8**	2,1
031	Metallbauarbeiten inkl. 035		0,9	**2,4**	6,6
034	Maler- und Lackiererarb. – Beschicht. inkl. 037		4,1	**7,1**	9,5
036	Bodenbelagarbeiten		0,2	**2,5**	5,1
038	Vorgehängte hinterlüftete Fassaden		–	**–**	–
039	Trockenbauarbeiten		2,5	**5,2**	7,8
	Ausbau		41,7	**48,5**	60,2
040	Wärmeversorgungsanl. - Betriebseinr. inkl. 041		3,9	**6,6**	9,2
042	Gas- u. Wasseranl. – Leitung., Armat. inkl. 043		1,1	**1,5**	2,0
044	Abwasseranl. - Leitungen, Abläufe, Armaturen		0,7	**1,8**	8,1
045	Gas, Wasser, Entwässerung – Ausstattung inkl. 046		2,1	**2,8**	3,4
047	Dämm- und Brandschutzarb. an techn. Anlagen		0,2	**0,5**	1,1
049	Feuerlöschanlagen, Feuerlöschgeräte		0,0	**< 0,1**	< 0,1
050	Blitzschutz-/Erdungsanlagen, Überspannungssch.		< 0,1	**0,1**	0,2
052	Mittelspannungsanlagen		–	**–**	–
053	Niederspannungsanl. – Kabel inkl. 054		1,3	**3,2**	4,2
055	Sicherheits- u. Ersatzstromversorgungsanl.		–	**–**	–
057	Gebäudesystemtechnik		–	**–**	–
058	Leuchten und Lampen inkl. 059		< 0,1	**0,5**	1,9
060	Such, Signal, Zeit, Anten., akust. Anl. inkl. 064		< 0,1	**0,2**	0,6
061	Kommunikations- u. Übertragungsnetze inkl. 062		0,1	**0,4**	0,6
063	Gefahrenmeldeanlagen		< 0,1	**0,4**	3,0
069	Aufzüge		0,0	**0,7**	5,7
070	Gebäudeautomation		–	**–**	–
075	Raumlufttechnische Anlagen inkl. 078		0,1	**0,8**	2,3
	Gebäudetechnik		14,5	**19,6**	23,3
084	Abbruch, Rückbau, Schadstoffsanierung		7,1	**8,0**	9,7
	Sonstige Leistungsbereiche inkl. 008, 033, 051		0,2	**1,0**	3,8

€/m² BGF

min	850	€/m²
von	1.080	€/m²
Mittel	**1.465**	**€/m²**
bis	2.075	€/m²
max	2.285	€/m²

Kosten:
Stand 2. Quartal 2025
Bundesdurchschnitt
inkl. 19% MwSt.

Objektübersicht zur Gebäudeart

6100-1462 Mehrfamilienhaus (3 WE), Wintergarten

BRI 2.620 m³ **BGF** 951 m² **NUF** 6[illegible] m²

© Tillmann Fuchs

Baujahr: 1938
Bauzustand: mittel
Aufwand: hoch
Nutzung während der Bauzeit: ja
Nutzungsänderung: nein
Grundrissänderungen: einige
Tragwerkseingriffe: wenige

Land: Niedersachsen
Kreis: Göttingen
Standard: mittel
Bauzeit: 31 Wochen
Kennwerte: bis 3. Ebene DIN 276
veröffentlicht: BKI Objektdaten A[illegible]
BGF **880 €/m²**

Planung: Fuchs Architekten BDA

Sanierung und Erweiterung eines Mehrfamilienhauses (3 WE)

Bauwerk – Baukonstruktionen
Herstellen: Außenwandöffnungen 18%, Innenwandbekleidungen 8%, Dachbeläge 7%, Deckenbeläge 5%, Elementierte Außenwandkonstruktionen 5%, Elementierte Dachkonstruktionen 5%, Dachkonstruktionen 4%, Außenwandbekleidungen, außen 4%, Flachgründungen und Bodenplatten 3%, Gerüste 3%, Innenwandöffnungen 3%, Tragende Außenwände 2%, Gründungsbeläge 2%
Wiederherstellen: Deckenbeläge 4%, Außenwandbekleidungen, außen 2%
Sonstige: 23%

Bauwerk – Technische Anlagen
Abbrechen: Sonstiges zur KG 420 4%, Abbruchmaßnahmen 3%
Herstellen: Niederspannungsinstallationsanlagen 20%, Wasseranlagen 17%, Raumheizflächen 13%, Wärmeerzeugungsanlagen 11%, Wärmeverteilnetze 7%, Provisorische technische Anlagen 4%
Sonstige: 21%

6100-1427 Wohngebäude, Fassadensanierung*

BRI 11.882 m³ **BGF** 3.726 m² **NUF** 1.811 m²

© Peter Fobe

Baujahr: 1890
Bauzustand: mittel
Aufwand: mittel
Nutzung während der Bauzeit: ja
Nutzungsänderung: nein
Grundrissänderungen: keine
Tragwerkseingriffe: keine

Land: Hamburg
Kreis: Hamburg, Stadt
Standard: hoch
Bauzeit: 26 Wochen
Kennwerte: bis 3. Ebene DIN 276
veröffentlicht: BKI Objektdaten A12
BGF **81 €/m²**

* Nicht in der Auswertung enthalten

Planung: Holst Becker Architekten; Hamburg

Fassadensanierung eines denkmalgeschützten Wohngebäude.

Bauwerk – Baukonstruktionen
Herstellen: Außenwandbekleidungen, außen 23%, Außenwandöffnungen 14%
Wiederherstellen: Außenwandbekleidungen, außen 31%
Sonstige: 31%

6100-1203 Doppelhaushälfte

BRI 797 m³ **BGF** 305 m² **NUF** 196 m²

Baujahr: 1929
Bauzustand: mittel
Aufwand: hoch
Nutzung während der Bauzeit: nein
Nutzungsänderung: nein
Grundrissänderungen: einige
Tragwerkseingriffe: einige

Land: Berlin
Kreis: Berlin, Stadt
Standard: mittel
Bauzeit: 31 Wochen
Kennwerte: bis 3. Ebene DIN 276
veröffentlicht: BKI Objektdaten A10

BGF 1.987 €/m²

Planung: Hertzberg Weber Architekten; Potsdam

Rückbau einer Doppelhaushälfte einer Versuchssiedlung aus dem Jahr 1929 auf das ursprüngliche Erscheinungsbild. **Kosteneinfluss Nutzung:** Denkmalschutz

Bauwerk – Baukonstruktionen

Herstellen: Außenwandöffnungen 14%, Außenwandbekleidungen, außen 11%, Außenwandbekleidungen, innen 7%, Innenwandbekleidungen 7%, Dachbeläge 6%, Deckenbeläge 6%, Deckenkonstruktionen 3%, Dachbekleidungen 3%, Tragende Innenwände 3%, Dachkonstruktionen 2%, Deckenbekleidungen 2%, Gerüste 2%

Wiederherstellen: Tragende Außenwände 5%, Innenwandöffnungen 3%, Außenwandbekleidungen, außen 3%

Sonstige: 24%

Bauwerk – Technische Anlagen

Herstellen: Wasseranlagen 26%, Niederspannungsinstallationsanlagen 23%, Raumheizflächen 15%, Wärmeerzeugungsanlagen 9%

Sonstige: 26%

6100-1223 Gründerzeithaus (1 WE)

BRI 1.449 m³ **BGF** 509 m² **NUF** 297 m²

Baujahr: 1908
Bauzustand: mittel
Aufwand: niedrig
Nutzung während der Bauzeit: nein
Nutzungsänderung: nein
Grundrissänderungen: wenige
Tragwerkseingriffe: wenige

Land: Nordrhein-Westfalen
Kreis: Bonn, Stadt
Standard: mittel
Bauzeit: 39 Wochen
Kennwerte: bis 3. Ebene DIN 276
veröffentlicht: BKI Objektdaten A11

BGF 852 €/m²

Planung: Concavis Architekten + Ingenieure; Bornheim

Das Gründerzeithaus (1 WE) wurde unter Berücksichtigung von Denkmalschutzauflagen saniert, erweitert und die Haustechnik erneuert.

Bauwerk – Baukonstruktionen

Abbrechen: Abbruchmaßnahmen 2%, Innenwandbekleidungen 2%

Herstellen: Innenwandbekleidungen 14%, Außenwandöffnungen 12%, Deckenbeläge 8%, Dachbeläge 4%, Außenwandbekleidungen, innen 3%, Deckenbekleidungen 3%, Außenwandbekleidungen, außen 2%, Herstellung 2%

Wiederherstellen: Deckenbeläge 12%, Außenwandbekleidungen, außen 3%, Innenwandbekleidungen 2%, Innenwandöffnungen 2%

Sonstige: 28%

Bauwerk – Technische Anlagen

Herstellen: Wasseranlagen 26%, Niederspannungsinstallationsanlagen 24%, Wärmeerzeugungsanlagen 12%, Wärmeverteilnetze 11%, Sonstiges zur KG 420 4%

Sonstige: 23%

Objektübersicht zur Gebäudeart

€/m² BGF

min	850	€/m²
von	1.080	€/m²
Mittel	**1.465**	**€/m²**
bis	2.075	€/m²
max	2.285	€/m²

Kosten:
Stand 2. Quartal 2025
Bundesdurchschnitt
inkl. 19% MwSt.

6100-1201 Wohnhaus für Frauen (11 WE)

BRI 4.670 m³ **BGF** 1.426 m² **NUF** [illegible] m²

Baujahr: 1883
Bauzustand: schlecht
Aufwand: mittel
Nutzung während der Bauzeit: nein
Nutzungsänderung: nein
Grundrissänderungen: umfangreiche
Tragwerkseingriffe: umfangreiche

Land: Hamburg
Kreis: Hamburg, Stadt
Standard: hoch
Bauzeit: 52 Wochen
Kennwerte: bis 3. Ebene DIN 276
veröffentlicht: BKI Objektdaten A11
BGF 2.284 €/m²

Planung: pmp Projekt GmbH; Hamburg

Aufstockung und Modernisierung eines Wohnhauses für Frauen (11 WE) für 24 Bewohner und 13 Verwaltungsplätzen.

Bauwerk – Baukonstruktionen
Herstellen: Innenwandbekleidungen 8%, Außenwandöffnungen 8%, Tragende Innenwände 6%, Deckenkonstruktionen 6%, Deckenbeläge 5%, Dachkonstruktionen 5%, Tragende Außenwände 5%, Dachbeläge 4%, Nichttragende Innenwände 4%, Innenwandöffnungen 4%, Allgemeine Einbauten 3%, Deckenbekleidungen 3%, Außenwandbekleidungen, außen 3%, Gerüste 2%
Wiederherstellen: Deckenbeläge 3%
Sonstige: 30%

Bauwerk – Technische Anlagen
Herstellen: Niederspannungsinstallationsanlagen [illegible], Gefahrenmelde- und Alarmanlagen 15%, Wasseranlagen 13%, Raumheizflächen 13%, Beleuchtungsanlagen 12%, Abwasseranlagen 9%
Sonstige: 21%

6100-1202 Stadtvilla

BRI 1.644 m³ **BGF** 564 m² **NUF** 343 m²

Baujahr: 1938
Bauzustand: mittel
Aufwand: hoch
Nutzung während der Bauzeit: nein
Nutzungsänderung: nein
Grundrissänderungen: umfangreiche
Tragwerkseingriffe: umfangreiche

Land: Hessen
Kreis: Frankfurt am Main, Stadt
Standard: hoch
Bauzeit: 52 Wochen
Kennwerte: bis 3. Ebene DIN 276
veröffentlicht: BKI Objektdaten A11
BGF 2.161 €/m²

Planung: Atzmüller Architekten Dipl.-Ing. Architekt Peter Atzmüller; Frankfurt am

Stadtvilla (WFL 286m²), Garage

Bauwerk – Baukonstruktionen
Herstellen: Deckenbeläge 9%, Dachbeläge 9%, Außenwandöffnungen 8%, Dachkonstruktionen 7%, Außenwandbekleidungen, außen 6%, Innenwandbekleidungen 5%, Außenwandbekleidungen, innen 4%, Deckenkonstruktionen 4%, Tragende Außenwände 4%, Sonstiges zur KG 330 4%, Flachgründungen und Bodenplatten 4%, Dachbekleidungen 3%, Lichtschutz zur KG 330 3%, Deckenbekleidungen 3%, Innenwandöffnungen 3%
Sonstige: 23%

Bauwerk – Technische Anlagen
Herstellen: Aufzugsanlagen 21%, Wasseranlagen [illegible], Wärmeerzeugungsanlagen 14%, Raumheizflächen [illegible], Niederspannungsinstallationsanlagen 12%
Sonstige: 25%

6100-1147 Einfamilienhaus - Effizienzhaus 100

BRI 717 m³ **BGF** 310 m² **NUF** 146 m²

Baujahr: 1936
Bauzustand: schlecht
Aufwand: hoch
Nutzung während der Bauzeit: nein
Nutzungsänderung: nein
Grundrissänderungen: umfangreiche
Tragwerkseingriffe: keine

Land: Thüringen
Kreis: Erfurt, Stadt
Standard: hoch
Bauzeit: 74 Wochen
Kennwerte: bis 3. Ebene DIN 276
veröffentlicht: BKI Objektdaten E7

BGF 1.734 €/m²

Planung: Funken Architekten; Erfurt

Modernisierung eines Einfamilienhauses

Bauwerk – Baukonstruktionen

Herstellen: Außenwandöffnungen 11%, Außenwandbekleidungen, außen 10%, Innenwandbekleidungen 8%, Deckenkonstruktionen 7%, Dachbeläge 6%, Gründungsbeläge 6%, Deckenbeläge 5%, Dachöffnungen 4%, Dachkonstruktionen 4%, Deckenbekleidungen 3%, Lichtschutz zur KG 330 3%, Tragende Innenwände 3%, Tragende Außenwände 3%, Außenwandbekleidungen, innen 3%, Dachbekleidungen 3%
Sonstige: 23%

Bauwerk – Technische Anlagen

Herstellen: Wärmeerzeugungsanlagen 17%, Wasseranlagen 16%, Lüftungsanlagen 14%, Niederspannungsinstallationsanlagen 13%, Raumheizflächen 10%, Wärmeverteilnetze 9%
Sonstige: 21%

6100-0889 Mehrfamilienhaus (3 WE) - KfW 60*

BRI 1.252 m³ **BGF** 452 m² **NUF** 296 m²

Baujahr: 1913
Bauzustand: schlecht
Aufwand: hoch
Nutzung während der Bauzeit: nein
Nutzungsänderung: nein
Grundrissänderungen: umfangreiche
Tragwerkseingriffe: einige

Land: Nordrhein-Westfalen
Kreis: Mönchengladbach, Stadt
Standard: hoch
Bauzeit: 70 Wochen
Kennwerte: bis 3. Ebene DIN 276
veröffentlicht: BKI Objektdaten E5

BGF 3.237 €/m²

 *

* Nicht in der Auswertung enthalten

Planung: bau grün ! gmbh; Mönchengladbach

Umbau und Modernisierung Mehrfamilienhaus mit drei Wohneinheiten (218 m² WFL). Die Gründung des Gebäudes wurde vollständig ersetzt.

Bauwerk – Baukonstruktionen

Herstellen: Außenwandöffnungen 11%, Deckenbekleidungen 8%, Deckenbeläge 7%, Sicherungsmaßnahmen 6%, Allgemeine Einbauten 5%, Innenwandbekleidungen 4%, Innenwandöffnungen 4%, Außenwandbekleidungen, außen 4%, Dachbeläge 3%, Dachkonstruktionen 3%, Außenwandbekleidungen, innen 2%, Tragende Außenwände 2%, Herstellung 2%, Flachgründungen und Bodenplatten 2%
Wiederherstellen: Außenwandbekleidungen, außen 3%
Sonstige: 34%

Bauwerk – Technische Anlagen

Herstellen: Elektrische Anlagen 37%, Wärmeversorgungsanlagen 24%, Abwasser-, Wasser-, Gasanlagen 20%
Sonstige: 19%

Übersicht- 1. + 2. Ebene
Erweiterung
Umbau
Modernisierung
Instandsetzung
Bauelemente
Abbrechen
Wiederherstellen
Herstellen

€/m² BGF

min	850	€/m^2
von	1.080	€/m^2
Mittel	**1.465**	**€/m^2**
bis	2.075	€/m^2
max	2.285	€/m^2

Kosten:
Stand 2. Quartal 2025
Bundesdurchschnitt
inkl. 19% MwSt.

Objektübersicht zur Gebäudeart

6100-0856 Mehrfamilienhaus (3 WE)

BRI 2.340 m^3 **BGF** 648 m^2 **NUF** 45[illegible] m^2

Baujahr: 1876
Bauzustand: schlecht
Aufwand: hoch
Nutzung während der Bauzeit: nein
Nutzungsänderung: nein
Grundrissänderungen: einige
Tragwerkseingriffe: keine

Land: Sachsen
Kreis: Mittelsachsen
Standard: mittel
Bauzeit: 22 Wochen
Kennwerte: bis 3. Ebene DIN 276
veröffentlicht: BKI Objektdaten A[illegible]
BGF 1.161 €/m^2

Planung: Architekturbüro Dipl.-Ing. Evelyn Möhler; Kleinschirma

Wohngemeinschaft mit drei Wohneinheiten (416 m^2 WFL) für Menschen mit Behinderungen zur selbstständigen Lebensführung.

Bauwerk – Baukonstruktionen
Herstellen: Außenwandöffnungen 17%, Innenwandbekleidungen 10%, Dachbeläge 9%, Außenwandbekleidungen, außen 7%, Deckenbeläge 7%, Gründungsbeläge 5%, Außenwandbekleidungen, innen 4%, Tragende Innenwände 4%, Innenwandöffnungen 4%, Deckenbekleidungen 4%, Nichttragende Innenwände 3%, Herstellung 2%
Wiederherstellen: Innenwandöffnungen 3%
Sonstige: 21%

Bauwerk – Technische Anlagen
Herstellen: Wasseranlagen 19%, Wärmeerzeugungsanlagen 17%, Niederspannungsinstallationsanlagen 17%, Raumheizflächen 16%, Wärmeverteilnetze 9%
Sonstige: 22%

6100-0314 Hausmeistergebäude

BRI 1.811 m^3 **BGF** 441 m^2 **NUF** 23[illegible] m^2

Baujahr: 1919
Bauzustand: mittel
Aufwand: mittel
Nutzung während der Bauzeit: nein
Nutzungsänderung: ja
Grundrissänderungen: wenige
Tragwerkseingriffe: keine

Land: Sachsen-Anhalt
Kreis: Magdeburg, Stadt
Standard: mittel
Bauzeit: 26 Wochen
Kennwerte: bis 3. Ebene DIN 276
veröffentlicht: www.bki.de
BGF 1.114 €/m^2

Planung: Dreischhoff + Partner Planungsgesellschaft mbH Dipl.-Ing. Architekten

Wohnung im Erdgeschoss, dazu Hausanschlussraum im UG und Abstellraum im DG; Abstellräume für Schule (Objekt 4100-0036) im UG, OG und DG, daher sehr hoher Anteil Nebennutzfläche. **Kosteneinfluss Grundstück:** Das Hausmeistergebäude schließt an das Schulgebäude (Objekt 4100-0036) an; die Angabe der Grundstücksfläche bezieht sich auf den gesamten Komplex (s. Lageplan bei Objekt 4100-0036), eine Sporthalle befindet sich noch im Bau.

Bauwerk – Baukonstruktionen
Herstellen: Innenwandbekleidungen 22%, Deckenbeläge 13%, Außenwandöffnungen 12%, Innenwandöffnungen 7%, Dachbekleidungen 6%, Außenwandbekleidungen, innen 4%, Nichttragende Innenwände 4%, Tragende Innenwände 4%
Wiederherstellen: Deckenkonstruktionen 6%
Sonstige: 22%

Bauwerk – Technische Anlagen
Herstellen: Abwasseranlagen 47%, Wasseranlagen 30%, Raumheizflächen 7%
Sonstige: 16%

Objektübersicht zur Gebäudeart

6100-0233 Mehrfamilienhaus (12 WE)

BRI 5.701 m³ **BGF** 1.652 m² **NUF** 1.024 m²

Baujahr: 1880
Bauzustand: mittel
Aufwand: mittel
Nutzung während der Bauzeit: nein
Nutzungsänderung: nein
Grundrissänderungen: wenige
Tragwerkseingriffe: einige

Land: Baden-Württemberg
Kreis: Stuttgart, Stadt
Standard: mittel
Bauzeit: 43 Wochen
Kennwerte: bis 1. Ebene DIN 276
veröffentlicht: www.bki.de

BGF 1.444 €/m²

Planung: Lothar Pauls Freier Architekt; Stuttgart

Modernisierung mit Dachaufstockung

6100-0235 Mehrfamilienhaus (7 WE)

BRI 2.448 m³ **BGF** 710 m² **NUF** 433 m²

Baujahr: 1912
Bauzustand: mittel
Aufwand: mittel
Nutzung während der Bauzeit: nein
Nutzungsänderung: nein
Grundrissänderungen: einige
Tragwerkseingriffe: einige

Land: Baden-Württemberg
Kreis: Stuttgart, Stadt
Standard: mittel
Bauzeit: 35 Wochen
Kennwerte: bis 1. Ebene DIN 276
veröffentlicht: www.bki.de

BGF 1.271 €/m²

Planung: Lothar Pauls Freier Architekt; Stuttgart

Modernisierung und Instandsetzung eines Mehrfamilienhauses mit 2x 3-Zimmerwohnungen (70m²), 2x 1-Zimmerwohnungen (36m²), 4-Zimmerwohnung (96m²), 2x 2-Zimmerwohnung (46-55m²); Keller- und Abstellräume, Waschküche. **Kosteneinfluss Grundstück:** Eckgrundstück

6100-0287 Mehrfamilienhaus (40 WE)

BRI 16.250 m³ **BGF** 5.580 m² **NUF** 3.615 m²

Baujahr: 1904
Bauzustand: mittel
Aufwand: mittel
Nutzung während der Bauzeit: nein
Nutzungsänderung: nein
Grundrissänderungen: wenige
Tragwerkseingriffe: keine

Land: Berlin
Kreis: Berlin, Stadt
Standard: mittel
Bauzeit: 78 Wochen
Kennwerte: bis 1. Ebene DIN 276
veröffentlicht: www.bki.de

BGF 1.234 €/m²

Planung: Dr. Regina Bolck & Rüdiger Reißig Architekturbüro Civitas; Berlin

Wohnanlage, zwei spiegelgleiche Häuser, mit 40 Wohnungen (3.195m² WFL).

Modernisierungen

Wohngebäude nach 1945 nur Oberflächen

Kostenkennwerte für die Kosten des Bauwerks (Kostengruppen 300+400 nach DIN 276)

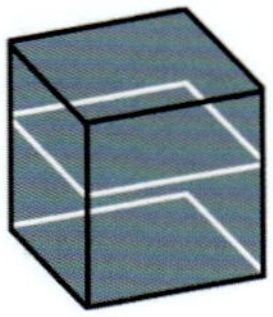

BRI 195 €/m³
von 85 €/m³
bis 345 €/m³

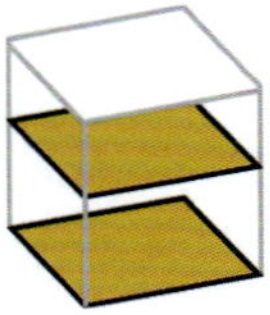

BGF 530 €/m²
von 280 €/m²
bis 1.010 €/m²

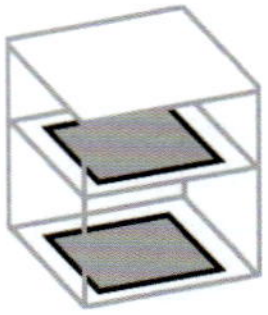

NUF 790 €/m²
von 415 €/m²
bis 1.605 €/m²

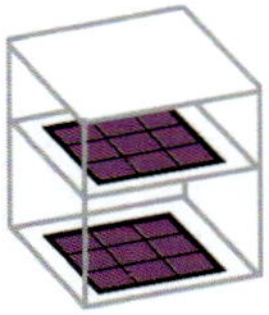

NE 1.050 €/NE
von 430 €/NE
bis 1.910 €/NE
NE: Wohnfläche

Objektbeispiele

Kosten:
Stand 2. Quartal 2025
Bundesdurchschnitt
inkl. 19% MwSt.

6100-0931

6100-0694

6100-1393

6100-1192

6100-0857

6100-0859

Kosten der 20 Vergleichsobjekte

Seiten 390 bis 400

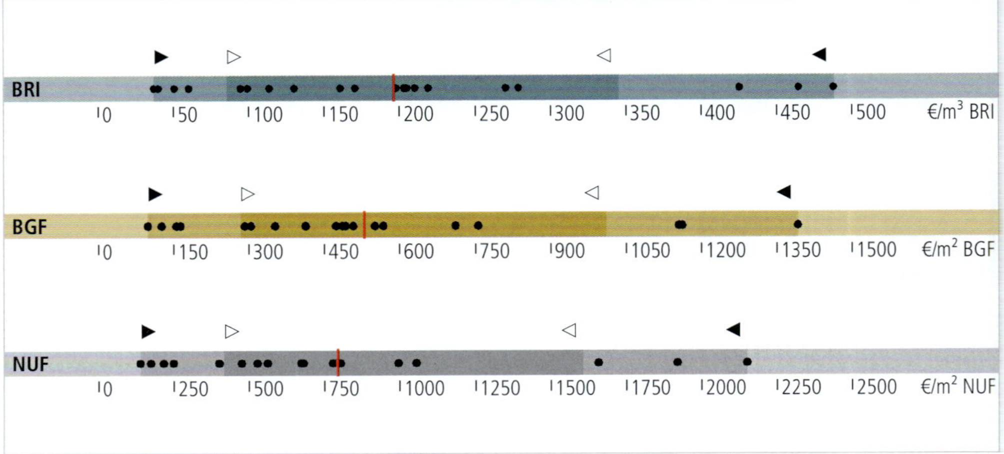

- ● KKW
- ▶ min
- ▷ von
- | Mittelwert
- ◁ bis
- ◀ max

Kostenkennwerte für die Kostengruppen der 1. und 2. Ebene DIN 276

KG	Kostengruppen der 1. Ebene	Einheit	▷	€/Einheit	◁	▷	% an 300+400	◁
100	Grundstück	m²GF	–	**–**	–	–	**–**	–
200	Vorbereitende Maßnahmen	m²GF	< 1	**2**	3	< 0,1	**0,1**	0,1
300	Bauwerk – Baukonstruktionen	m²BGF	214	**422**	677	67,0	**85,9**	97,0
400	Bauwerk – Technische Anlagen	m²BGF	40	**142**	319	6,9	**18,8**	35,1
	Bauwerk 300+400	m²BGF	282	**528**	1.010	100,0	**100,0**	100,0
500	Außenanlagen und Freiflächen	m²AF	18	**132**	297	2,4	**5,8**	19,6
600	Ausstattung und Kunstwerke	m²BGF	< 1	**1**	6	< 0,1	**0,1**	0,4
700	Baunebenkosten	m²BGF	–	**–**	–	–	**–**	–
800	Finanzierung	m²BGF	–	**–**	–	–	**–**	–

KG	Kostengruppen der 2. Ebene	Einheit	▷	€/Einheit	◁	▷	% an 1. Ebene	◁
310	Baugrube / Erdbau	m³BGI	65	**126**	208	< 0,1	**0,4**	1,4
320	Gründung, Unterbau	m²GRF	40	**176**	366	< 0,1	**0,7**	3,0
330	Außenwände / vertikal außen	m²AWF	138	**314**	464	29,9	**50,7**	68,0
340	Innenwände / vertikal innen	m²IWF	146	**380**	2.166	0,7	**6,2**	17,6
350	Decken / horizontal	m²DEF	167	**373**	1.192	8,2	**16,1**	31,9
360	Dächer	m²DAF	170	**348**	535	6,2	**18,6**	44,9
370	Infrastrukturanlagen		–	**–**	–	–	**–**	–
380	Baukonstruktive Einbauten	m²BGF	< 1	**2**	3	0,0	**< 0,1**	0,4
390	Sonst. Maßnahmen für Baukonst.	m²BGF	13	**29**	52	3,7	**7,2**	11,6
300	**Bauwerk – Baukonstruktionen**	**m²BGF**					**100,0**	
410	Abwasser-, Wasser-, Gasanlagen	m²BGF	4	**34**	91	5,8	**15,9**	32,9
420	Wärmeversorgungsanlagen	m²BGF	21	**65**	133	19,2	**47,1**	68,8
430	Raumlufttechnische Anlagen	m²BGF	9	**31**	73	1,1	**9,0**	43,7
440	Elektrische Anlagen	m²BGF	10	**32**	91	8,5	**17,4**	26,1
450	Kommunikationstechnische Anlagen	m²BGF	2	**7**	12	2,5	**10,0**	33,4
460	Förderanlagen	m²BGF	–	**–**	–	–	**–**	–
470	Nutzungsspez. / verfahrenstech. Anl.	m²BGF	–	**< 1**	–	0,0	**< 0,1**	0,1
480	Gebäude- und Anlagenautomation	m²BGF	–	**19**	–	0,0	**0,3**	5,0
490	Sonst. Maßnahmen f. techn. Anl.	m²BGF	< 1	**2**	5	0,0	**0,1**	0,8
400	**Bauwerk – Technische Anlagen**	**m²BGF**					**100,0**	

Prozentanteile der Kosten 2. Ebene an den Kosten des Bauwerks nach DIN 276 (Von/Mittel/Bis)

KG	Kostengruppe	%
310	Baugrube / Erdbau	0,3
320	Gründung, Unterbau	0,4
330	Außenwände / vertikal außen	44,6
340	Innenwände / vertikal innen	4,4
350	Decken / horizontal	13,4
360	Dächer	16,2
370	Infrastrukturanlagen	
380	Baukonstruktive Einbauten	< 0,1
390	Sonst. Maßnahmen für Baukonst.	6,5
410	Abwasser-, Wasser-, Gasanlagen	2,9
420	Wärmeversorgungsanlagen	6,6
430	Raumlufttechnische Anlagen	1,3
440	Elektrische Anlagen	2,5
450	Kommunikationstechnische Anlagen	0,7
460	Förderanlagen	
470	Nutzungsspez. / verfahrenstech. Anl.	< 0,1
480	Gebäude- und Anlagenautomation	< 0,1
490	Sonst. Maßnahmen f. techn. Anl.	< 0,1

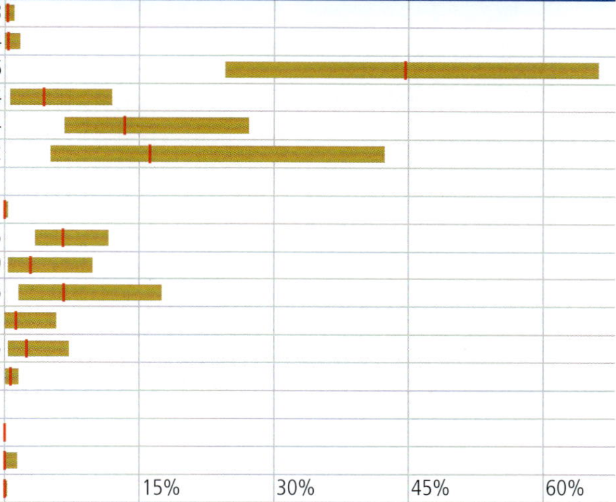

Wohngebäude nach 1945 nur Oberflächen

Kosten:
Stand 2. Quartal 2025
Bundesdurchschnitt
inkl. 19% MwSt.

▷ von
ø Mittel
◁ bis

Kostenkennwerte für die Kostengruppen der 3. Ebene DIN 276

KG	Kostengruppen der 3. Ebene	Einheit	▷	€/Einheit	◁	▷	€/m² BGF	◁
335	Außenwandbekleidungen, außen	m²	127	**203**	312	55	**111**	166
355	Elementierte Deckenkonstruktionen	m²	1.104	**1.563**	2.128	56	**88**	180
334	Außenwandöffnungen	m²	321	**750**	974	28	**64**	123
442	Eigenstromversorgungsanlagen	m²	–	**57**	–	–	**57**	–
363	Dachbeläge	m²	164	**293**	494	15	**49**	85
353	Deckenbeläge	m²	106	**185**	261	15	**36**	85
421	Wärmeerzeugungsanlagen	m²	13	**36**	98	13	**36**	98
345	Innenwandbekleidungen	m²	48	**75**	120	10	**35**	81
337	Elem. Außenwandkonstruktionen	m²	1.622	**1.804**	1.987	9	**34**	58
431	Lüftungsanlagen	m²	9	**31**	73	9	**31**	73
444	Niederspannungsinstallationsanl.	m²	5	**26**	63	5	**26**	63
412	Wasseranlagen	m²	4	**25**	69	4	**25**	69
392	Gerüste	m²	11	**19**	43	11	**19**	43
481	Automationseinrichtungen	m²	–	**18**	–	–	**18**	–
361	Dachkonstruktionen	m²	62	**161**	395	5	**17**	37
338	Lichtschutz zur KG 330	m²	98	**336**	543	2	**16**	25
336	Außenwandbekleidungen, innen	m²	40	**73**	106	6	**15**	28
422	Wärmeverteilnetze	m²	2	**15**	33	2	**15**	33
423	Raumheizflächen	m²	4	**15**	25	4	**15**	25
344	Innenwandöffnungen	m²	145	**593**	1.938	2	**15**	50
359	Sonstiges zur KG 350	m²	26	**77**	231	4	**15**	28
331	Tragende Außenwände	m²	225	**567**	998	5	**14**	38
354	Deckenbekleidungen	m²	42	**71**	119	6	**14**	22
341	Tragende Innenwände	m²	245	**431**	646	9	**13**	24
366	Lichtschutz zur KG 360	m²	–	**900**	–	–	**12**	–
351	Deckenkonstruktionen	m²	225	**659**	1.438	2	**12**	27
364	Dachbekleidungen	m²	66	**120**	193	3	**12**	31
342	Nichttragende Innenwände	m²	233	**520**	1.002	2	**11**	26
399	Sonstiges zur KG 390	m²	2	**10**	14	2	**10**	14
411	Abwasseranlagen	m²	3	**10**	32	3	**10**	32
429	Sonstiges zur KG 420	m²	3	**9**	16	3	**9**	16
339	Sonstiges zur KG 330	m²	4	**13**	27	3	**8**	16
346	Elem. Innenwandkonstruktionen	m²	83	**95**	106	3	**7**	12
325	Abdichtungen und Bekleidungen	m²	37	**182**	463	< 1	**7**	22
419	Sonstiges zur KG 410	m²	5	**7**	9	5	**7**	9
362	Dachöffnungen	m²	1.028	**2.062**	4.577	2	**7**	19
322	Flachgründungen und Bodenplatten	m²	231	**486**	966	2	**6**	10
311	Herstellung	m³	65	**126**	208	2	**5**	9
391	Baustelleneinrichtung	m²	2	**5**	11	2	**5**	11
452	Such- und Signalanlagen	m²	2	**5**	7	2	**5**	7
332	Nichttragende Außenwände	m²	933	**4.835**	18.786	3	**5**	7
365	Elementierte Dachkonstruktionen	m²	233	**471**	609	1	**4**	8
397	Zusätzliche Maßnahmen	m²	1	**4**	10	1	**4**	10
445	Beleuchtungsanlagen	m²	1	**4**	7	1	**4**	7
369	Sonstiges zur KG 360	m²	5	**17**	82	1	**3**	20
381	Allgemeine Einbauten	m²	2	**3**	4	2	**3**	4
333	Außenstützen	m	–	**97**	–	< 1	**2**	5
396	Materialentsorgung	m²	< 1	**2**	6	< 1	**2**	6
451	Telekommunikationsanlagen	m²	< 1	**2**	4	< 1	**2**	4
326	Dränagen	m²	–	**122**	–	–	**2**	–

Prozentanteile der Kosten für Leistungsbereiche nach STLB (Kosten Bauwerk nach DIN 276)

LB	Leistungsbereiche	▷	% an 300+400	◁
000	Baustellen-, Verkehrssich.- u. Sicherh.einr. inkl. 001	2,8	**5,9**	11,3
002	Erdarbeiten	< 0,1	**0,3**	1,1
006	Spezialtiefbauarbeiten inkl. 005	–	**–**	–
009	Entwässerungskanalarbeiten inkl. 011	< 0,1	**< 0,1**	0,3
010	Drän- und Versickerarbeiten	0,0	**< 0,1**	0,3
012	Mauerarbeiten	0,3	**1,3**	5,9
013	Betonarbeiten	0,1	**0,9**	4,5
014	Natur-, Betonwerksteinarbeiten	0,0	**0,1**	0,8
016	Zimmer- und Holzbauarbeiten	0,3	**2,9**	7,1
017	Stahlbauarbeiten	< 0,1	**2,9**	26,5
018	Abdichtungsarbeiten	0,1	**0,6**	2,9
020	Dachdeckungsarbeiten	0,9	**6,3**	19,3
021	Dachabdichtungsarbeiten	0,2	**1,3**	6,7
022	Klempnerarbeiten	1,0	**3,3**	6,6
	Rohbau	15,3	**25,8**	47,0
023	Putz- und Stuckarbeiten, Wärmedämmsysteme	13,0	**27,4**	55,4
024	Fliesen- und Plattenarbeiten	< 0,1	**1,0**	4,4
025	Estricharbeiten	< 0,1	**0,4**	1,7
026	Fenster, Außentüren inkl. 029, 032	4,1	**9,6**	17,3
027	Tischlerarbeiten	< 0,1	**0,8**	3,8
028	Parkett-, Holzpflasterarbeiten	0,0	**0,2**	2,4
030	Rollladenarbeiten	< 0,1	**0,9**	3,2
031	Metallbauarbeiten inkl. 035	0,6	**3,6**	10,6
034	Maler- und Lackiererarb. – Beschicht. inkl. 037	1,5	**4,5**	8,1
036	Bodenbelagarbeiten	< 0,1	**0,8**	3,8
038	Vorgehängte hinterlüftete Fassaden	0,0	**1,4**	16,5
039	Trockenbauarbeiten	1,0	**4,4**	12,7
	Ausbau	35,2	**55,1**	75,1
040	Wärmeversorgungsanl. - Betriebseinr. inkl. 041	1,0	**5,7**	15,0
042	Gas- u. Wasseranl. – Leitung., Armat. inkl. 043	< 0,1	**1,2**	4,0
044	Abwasseranl. - Leitungen, Abläufe, Armaturen	< 0,1	**0,6**	1,9
045	Gas, Wasser, Entwässerung – Ausstattung inkl. 046	< 0,1	**0,7**	3,2
047	Dämm- und Brandschutzarb. an techn. Anlagen	< 0,1	**0,4**	1,3
049	Feuerlöschanlagen, Feuerlöschgeräte	–	**–**	–
050	Blitzschutz-/Erdungsanlagen, Überspannungssch.	< 0,1	**< 0,1**	0,5
052	Mittelspannungsanlagen	–	**–**	–
053	Niederspannungsanl. – Kabel inkl. 054	0,2	**2,2**	7,0
055	Sicherheits- u. Ersatzstromversorgungsanl.	–	**–**	–
057	Gebäudesystemtechnik	–	**–**	–
058	Leuchten und Lampen inkl. 059	< 0,1	**0,3**	0,9
060	Such, Signal, Zeit, Anten., akust. Anl. inkl. 064	< 0,1	**0,4**	1,3
061	Kommunikations- u. Übertragungsnetze inkl. 062	< 0,1	**0,2**	0,6
063	Gefahrenmeldeanlagen	0,0	**< 0,1**	< 0,1
069	Aufzüge	0,0	**< 0,1**	0,2
070	Gebäudeautomation	0,0	**< 0,1**	1,4
075	Raumlufttechnische Anlagen inkl. 078	< 0,1	**1,1**	5,2
	Gebäudetechnik	2,6	**13,1**	31,3
084	Abbruch, Rückbau, Schadstoffsanierung	2,6	**5,5**	9,6
	Sonstige Leistungsbereiche inkl. 008, 033, 051	< 0,1	**0,5**	3,5

Objektübersicht zur Gebäudeart

Wohngebäude nach 1945 nur Oberflächen

€/m² BGF

min	100	€/m²
von	280	€/m²
Mittel	**530**	**€/m²**
bis	1.010	€/m²
max	1.390	€/m²

Kosten:
Stand 2. Quartal 2025
Bundesdurchschnitt
inkl. 19% MwSt.

6100-1393 Doppelhaushälfte (1 WE), Büro (2 AP)

BRI 1.018 m³ **BGF** 407 m² **NUF** 220 m²

Baujahr: 1960
Bauzustand: mittel
Aufwand: hoch
Nutzung während der Bauzeit: ja
Nutzungsänderung: ja
Grundrissänderungen: einige
Tragwerkseingriffe: wenige

Land: Baden-Württemberg
Kreis: Esslingen
Standard: hoch
Bauzeit: 157 Wochen
Kennwerte: bis 3. Ebene DIN 276
veröffentlicht: BKI Objektdaten A12
BGF 1.162 €/m²

Planung: Bialon ADK; Kirchheim unter Teck

Doppelhaushälfte mit Büro

Bauwerk – Baukonstruktionen
Herstellen: Außenwandbekleidungen, außen 29%, Dachbeläge 13%, Deckenbeläge 11%, Innenwandbekleidungen 10%, Außenwandöffnungen 6%, Dachöffnungen 4%, Außenwandbekleidungen, innen 3%, Abdichtungen und Bekleidungen 3%
Sonstige: 21%

Bauwerk – Technische Anlagen
Herstellen: Wärmeerzeugungsanlagen 25%, Niederspannungsinstallationsanlagen 19%, Eigenstromversorgungsanlagen 14%, Wasseranlagen 8%, Raumheizflächen 8%
Sonstige: 26%

6100-1579 Mehrfamilienhaus (4 WE), Balkonanlage

BRI 435 m³ **BGF** 179 m² **NUF** 140 m²

Baujahr: 1892+1948
Bauzustand: mittel
Aufwand: niedrig
Nutzung während der Bauzeit: ja
Grundrissänderungen: wenige
Tragwerkseingriffe: keine

Land: Hessen
Kreis: Wiesbaden, Stadt
Standard: mittel
Bauzeit: 30 Wochen
Kennwerte: bis 3. Ebene DIN 276
veröffentlicht: BKI Objektdaten A12
BGF 412 €/m²

Planung: BraungeBrandt Planungsstudio; Wiesbaden

Anbau einer Balkonanlage im ersten und zweiten Obergeschoss.

Bauwerk – Baukonstruktionen
Herstellen: Elementierte Deckenkonstruktionen 44%, Außenwandbekleidungen, außen 23%, Gerüste 19%
Sonstige: 14%

Objektübersicht zur Gebäudeart

6100-1193 Mehrfamilienhaus, Fassadensanierung*

BRI 6.064m³ **BGF** 2.195m² **NUF** 1.720m²

Baujahr: 1966
Bauzustand: mittel
Aufwand: mittel
Nutzung während der Bauzeit: ja
Nutzungsänderung: nein
Grundrissänderungen: keine
Tragwerkseingriffe: keine

Land: Nordrhein-Westfalen
Kreis: Münster, Stadt
Standard: mittel
Bauzeit: 17 Wochen
Kennwerte: bis 3. Ebene DIN 276
veröffentlicht: BKI Objektdaten A10

BGF 127€/m²

* Nicht in der Auswertung enthalten

Planung: baukunst thomas serwe; Münster

Fassadensanierung eines Mehrfamilienhauses mit 15 Wohnungen.

Bauwerk – Baukonstruktionen
Abbrechen: Außenwandbekleidungen, außen 6%
Herstellen: Außenwandbekleidungen, außen 82%, Außenwandöffnungen 7%
Sonstige: 4%

Bauwerk – Technische Anlagen
Herstellen: Niederspannungsinstallationsanlagen 57%, Beleuchtungsanlagen 14%
Wiederherstellen: Niederspannungsinstallationsanlagen 29%

6100-1192 Mehrfamilienhaus, Dachsanierung*

BRI 6.064m³ **BGF** 2.195m² **NUF** 1.720m²

Baujahr: 1966
Bauzustand: mittel
Aufwand: mittel
Nutzung während der Bauzeit: ja
Nutzungsänderung: nein
Grundrissänderungen: keine
Tragwerkseingriffe: keine

Land: Nordrhein-Westfalen
Kreis: Münster, Stadt
Standard: mittel
Bauzeit: 17 Wochen
Kennwerte: bis 3. Ebene DIN 276
veröffentlicht: BKI Objektdaten A10

BGF 89€/m²

* Nicht in der Auswertung enthalten

Planung: baukunst thomas serwe; Münster

Dachsanierung eines Mehrfamilienhauses mit 15 Wohnungen.

Bauwerk – Baukonstruktionen
Abbrechen: Dachbeläge 5%
Herstellen: Dachbeläge 62%, Gerüste 31%
Sonstige: 3%

Bauwerk – Technische Anlagen
Abbrechen: Sonstiges zur KG 420 15%
Herstellen: Sonstiges zur KG 420 48%, Blitzschutz- und Erdungsanlagen 35%
Sonstige: 1%

€/m² BGF

min	100	€/m²
von	280	€/m²
Mittel	**530**	**€/m²**
bis	1.010	€/m²
max	1.390	€/m²

Kosten:
Stand 2. Quartal 2025
Bundesdurchschnitt
inkl. 19% MwSt.

Objektübersicht zur Gebäudeart

6100-1050 Mehrfamilienhaus (64 WE)

BRI 17.761 m³ **BGF** 6.537 m² **NUF** 4.555 m²

Baujahr: 1955/56
Bauzustand: mittel
Aufwand: mittel
Nutzung während der Bauzeit: ja
Nutzungsänderung: nein
Grundrissänderungen: wenige
Tragwerkseingriffe: keine

Land: Berlin
Kreis: Berlin, Stadt
Standard: mittel
Bauzeit: 31 Wochen
Kennwerte: bis 3. Ebene DIN 276
veröffentlicht: BKI Objektdaten A9

BGF 1.155 €/m²

Planung: WINFRIED BRENNE ARCHITEKTEN; Berlin

Modernisierung von drei Mehrfamilienhäusern mit 64 Wohneinheiten. **Kosteneinfluss Nutzung:** Denkmalschutz

Bauwerk – Baukonstruktionen
Herstellen: Außenwandöffnungen 23%, Außenwandbekleidungen, außen 12%, Innenwandbekleidungen 11%, Dachbeläge 5%, Gerüste 5%, Außenwandbekleidungen, innen 3%, Deckenbeläge 3%, Sonstiges zur KG 350 3%, Deckenbekleidungen 3%
Wiederherstellen: Elementierte Außenwandkonstruktionen 7%, Lichtschutz zur KG 330 4%
Sonstige: 21%

Bauwerk – Technische Anlagen
Herstellen: Wasseranlagen 28%, Niederspannungsinstallationsanlagen 18%, Wärmeverteilnetze 12%, Abwasseranlagen 11%, Raumheizflächen 7%
Sonstige: 24%

6100-0918 Mehrfamilienhaus (29 WE)

BRI 12.196 m³ **BGF** 2.337 m² **NUF** 1.454 m²

Baujahr: 1960
Bauzustand: mittel
Aufwand: mittel
Nutzung während der Bauzeit: ja
Nutzungsänderung: ja
Grundrissänderungen: wenige
Tragwerkseingriffe: keine

Land: Nordrhein-Westfalen
Kreis: Essen, Stadt
Standard: mittel
Bauzeit: 43 Wochen
Kennwerte: bis 3. Ebene DIN 276
veröffentlicht: BKI Objektdaten A8

BGF 492 €/m²

Planung: MEWarchitekten; Köln

Modernisierung von Mehrfamilienhaus zu einem KfW Effizienzhaus 115 durch Wärmedämmung der Fassade, der Kellerdecke, des Daches, Fenster mit Dreifachverglasung, feuchtigkeitsgesteuerte Abluftanlage, Brennertausch.

Bauwerk – Baukonstruktionen
Herstellen: Außenwandbekleidungen, außen 32%, Außenwandöffnungen 26%, Dachbeläge 17%, Gerüste 5%
Sonstige: 20%

Bauwerk – Technische Anlagen
Herstellen: Lüftungsanlagen 62%, Beleuchtungsanlagen 14%
Wiederherstellen: Abwasseranlagen 8%
Sonstige: 16%

6100-0931 Mehrfamilienhäuser (3 St, 18 WE)

BRI 6.698 m³ **BGF** 2.706 m² **NUF** 2.039 m²

Baujahr: 1965
Bauzustand: mittel
Aufwand: mittel
Nutzung während der Bauzeit: ja
Nutzungsänderung: nein
Grundrissänderungen: wenige
Tragwerkseingriffe: keine

Land: Niedersachsen
Kreis: Hildesheim
Standard: mittel
Bauzeit: 30 Wochen
Kennwerte: bis 3. Ebene DIN 276
veröffentlicht: BKI Objektdaten E5

BGF 507 €/m²

Planung: Planungsgruppe Kammerer + Koenig Melanie Kammerer; Alfeld

Drei Mehrfamilienhäuser mit 18 Wohnungen wurden energetisch modernisiert.

Bauwerk – Baukonstruktionen
Abbrechen: Elementierte Deckenkonstruktionen 3%
Herstellen: Außenwandbekleidungen, außen 23%, Außenwandöffnungen 17%, Elementierte Deckenkonstruktionen 15%, Deckenbeläge 4%, Sonstiges zur KG 330 4%, Dachbeläge 4%, Deckenbekleidungen 3%, Gerüste 3%, Innenwandöffnungen 2%
Wiederherstellen: Innenwandbekleidungen 3%
Sonstige: 21%

Bauwerk – Technische Anlagen
Herstellen: Wärmeerzeugungsanlagen 38%, Niederspannungsinstallationsanlagen 26%, Raumheizflächen 12%
Sonstige: 24%

6100-1111 Wohnhochhaus (179 WE)

BRI 43.273 m³ **BGF** 15.978 m² **NUF** k.A.

Baujahr: 1971
Bauzustand: mittel
Aufwand: hoch
Nutzung während der Bauzeit: ja
Nutzungsänderung: nein
Grundrissänderungen: keine
Tragwerkseingriffe: keine

Land: Schleswig-Holstein
Kreis: Segeberg
Standard: mittel
Bauzeit: 69 Wochen
Kennwerte: bis 3. Ebene DIN 276
veröffentlicht: BKI Objektdaten A10

BGF 352 €/m²

Planung: Mannott + Mannott Dipl. Ingenieure, Architekten; Hamburg

Fassade- und Dachsanierung eines Wohnhochhauses (179 WE)

Bauwerk – Baukonstruktionen
Herstellen: Außenwandbekleidungen, außen 45%, Außenwandöffnungen 10%, Dachbeläge 8%, Deckenbeläge 7%, Gerüste 7%
Sonstige: 23%

Bauwerk – Technische Anlagen
Herstellen: Abwasseranlagen 12%, Blitzschutz- und Erdungsanlagen 9%, Beleuchtungsanlagen 9%
Wiederherstellen: Raumheizflächen 47%
Sonstige: 23%

Übersicht- 1. + 2. Ebene
Erweiterung
Umbau
Modernisierung
Instandsetzung
Bauelemente
Abbrechen
Wiederherstellen
Herstellen

Wohngebäude nach 1945 nur Oberflächen

€/m² BGF

min	100	€/m²
von	280	€/m²
Mittel	**530**	**€/m²**
bis	1.010	€/m²
max	1.390	€/m²

Kosten:
Stand 2. Quartal 2025
Bundesdurchschnitt
inkl. 19% MwSt.

Objektübersicht zur Gebäudeart

6100-0859 Mehrfamilienhaus (21 WE)

BRI 6.988 m^3 **BGF** 2.588 m^2 **NUF** 1.830 m^2

Baujahr: 1954
Bauzustand: mittel
Aufwand: hoch
Nutzung während der Bauzeit: ja
Nutzungsänderung: nein
Grundrissänderungen: einige
Tragwerkseingriffe: einige

Land: Nordrhein-Westfalen
Kreis: Dortmund, Stadt
Standard: mittel
Bauzeit: 69 Wochen
Kennwerte: bis 3. Ebene DIN 276
veröffentlicht: BKI Objektdaten A9

BGF 567 €/m²

Planung: planungsbüro brenker hoppe tegethoff gbr; Dortmund

Mehrfamilienhäuser (3 Häuser) mit 21 Wohneinheiten

Bauwerk – Baukonstruktionen
Abbrechen: Dachbeläge 4%
Herstellen: Außenwandbekleidungen, außen 23%, Dachbeläge 18%, Außenwandöffnungen 10%, Dachbekleidungen 7%, Sonstiges zur KG 350 5%, Lichtschutz zur KG 330 3%, Dachkonstruktionen 3%, Deckenbeläge 3%, Sonstiges zur KG 330 3%
Sonstige: 21%

Bauwerk – Technische Anlagen
Herstellen: Sonstiges zur KG 420 37%, Such- und Signalanlagen 14%, Beleuchtungsanlagen 10%, Wärmeerzeugungsanlagen 8%, Telekommunikationsanlagen 8%
Sonstige: 22%

6100-0858 Mehrfamilienhaus (19 WE)

BRI 7.091 m^3 **BGF** 2.617 m^2 **NUF** 1.850 m^2

Baujahr: 1954
Bauzustand: mittel
Aufwand: hoch
Nutzung während der Bauzeit: ja
Nutzungsänderung: nein
Grundrissänderungen: einige
Tragwerkseingriffe: einige

Land: Nordrhein-Westfalen
Kreis: Dortmund, Stadt
Standard: mittel
Bauzeit: 69 Wochen
Kennwerte: bis 3. Ebene DIN 276
veröffentlicht: BKI Objektdaten A9

BGF 550 €/m²

Planung: planungsbüro brenker hoppe tegethoff gbr; Dortmund

Mehrfamilienhäuser (3 Häuser) mit 19 Wohneinheiten

Bauwerk – Baukonstruktionen
Abbrechen: Dachbeläge 3%
Herstellen: Außenwandbekleidungen, außen 27%, Dachbeläge 15%, Außenwandöffnungen 12%, Dachbekleidungen 7%, Lichtschutz zur KG 330 4%, Sonstiges zur KG 350 4%, Deckenbeläge 4%, Gerüste 3%
Sonstige: 21%

Bauwerk – Technische Anlagen
Herstellen: Wärmeerzeugungsanlagen 26%, Sonstiges zur KG 420 26%, Such- und Signalanlagen 12%, Beleuchtungsanlagen 8%, Telekommunikationsanlagen 7%
Sonstige: 21%

Objektübersicht zur Gebäudeart

6100-0864 Mehrfamilienhaus (12 WE)

BRI 4.763 m³ **BGF** 1.756 m² **NUF** 1.260 m²

Baujahr: 1954
Bauzustand: mittel
Aufwand: mittel
Nutzung während der Bauzeit: nein
Nutzungsänderung: nein
Grundrissänderungen: wenige
Tragwerkseingriffe: wenige

Land: Brandenburg
Kreis: Brandenburg a. d. Havel
Standard: mittel
Bauzeit: 30 Wochen
Kennwerte: bis 3. Ebene DIN 276
veröffentlicht: BKI Objektdaten A8
BGF 756 €/m²

Planung: Märkplan GmbH; Brandenburg

Am Mehrfamilienhaus (12 WE) Baujahr 1954 wurde eine Modernisierung und Instandsetzung durchgeführt. Das Gebäude bekam eine Balkonanlage, eine Solaranlage und eine Pelletheizung.

Bauwerk – Baukonstruktionen
Herstellen: Außenwandöffnungen 14%, Deckenbeläge 12%, Außenwandbekleidungen, außen 10%, Elementierte Deckenkonstruktionen 9%, Innenwandöffnungen 8%, Innenwandbekleidungen 6%, Sonstiges zur KG 350 4%, Dachbeläge 4%, Außenwandbekleidungen, innen 3%, Nichttragende Innenwände 3%, Zusätzliche Maßnahmen 3%, Deckenbekleidungen 3%, Sonstiges zur KG 390 2%
Sonstige: 20%

Bauwerk – Technische Anlagen
Herstellen: Abwasser-, Wasser-, Gasanlagen 42%, Wärmeversorgungsanlagen 26%, Elektrische Anlagen 20%
Sonstige: 13%

6100-0725 Mehrfamilienhaus (12 WE)

BRI 5.108 m³ **BGF** 1.906 m² **NUF** 1.353 m²

Bauzustand: mittel
Aufwand: niedrig
Nutzung während der Bauzeit: ja
Nutzungsänderung: nein
Grundrissänderungen: wenige
Tragwerkseingriffe: wenige

Land: Berlin
Kreis: Berlin, Stadt
Standard: hoch
Bauzeit: 9 Wochen
Kennwerte: bis 3. Ebene DIN 276
veröffentlicht: BKI Objektdaten A7
BGF 98 €/m²

Planung: TSSB architekten.ingenieure . Berlin; Berlin

Dachsanierung eines Mehrfamilienhauses mit zwölf Wohneinheiten. Abbruch und Entsorgung von asbesthaltigen Baustoffen.

Bauwerk – Baukonstruktionen
Abbrechen: Dachbeläge 15%
Herstellen: Dachbeläge 51%, Dachbekleidungen 9%
Sonstige: 25%

Bauwerk – Technische Anlagen
Abbrechen: Sonstiges zur KG 420 49%
Herstellen: Sonstiges zur KG 420 51%

Wohngebäude nach 1945 nur Oberflächen

€/m² BGF

min	100	€/m²
von	280	€/m²
Mittel	**530**	**€/m²**
bis	1.010	€/m²
max	1.390	€/m²

Kosten:
Stand 2. Quartal 2025
Bundesdurchschnitt
inkl. 19% MwSt.

Objektübersicht zur Gebäudeart

6100-0857 Mehrfamilienhaus (46 WE)

BRI 14.552 m³ **BGF** 6.740 m² **NUF** 4.691 m²

© planungsbüro brenker hoppe tegethoff gbr

Baujahr: 1954
Bauzustand: mittel
Aufwand: hoch
Nutzung während der Bauzeit: ja
Nutzungsänderung: nein
Grundrissänderungen: einige
Tragwerkseingriffe: wenige

Land: Nordrhein-Westfalen
Kreis: Dortmund, Stadt
Standard: mittel
Bauzeit: 113 Wochen
Kennwerte: bis 3. Ebene DIN 276
veröffentlicht: BKI Objektdaten A8

BGF 473 €/m²

Planung: planungsbüro brenker hoppe tegethoff gbr; Dortmund

Mehrfamilienhäuser (7 Häuser) mit 46 Wohneinheiten

Bauwerk – Baukonstruktionen

Herstellen: Außenwandbekleidungen, außen 28%, Außenwandöffnungen 15%, Dachbeläge 15%, Dachbekleidungen 6%, Lichtschutz zur KG 330 5%, Sonstiges zur KG 350 4%, Deckenbeläge 4%, Gerüste 2%
Sonstige: 21%

Bauwerk – Technische Anlagen

Herstellen: Wärmeerzeugungsanlagen 27%, Sonstiges zur KG 420 23%, Such- und Signalanlagen 18%, Beleuchtungsanlagen 9%
Sonstige: 23%

6100-0782 Mehrfamilienhäuser (31 WE)

BRI 9.350 m³ **BGF** 3.277 m² **NUF** 2.375 m²

© Architekturbüro Abel

Land: Brandenburg
Kreis: Ostprignitz-Ruppin
Standard: mittel
Bauzeit: 65 Wochen
Kennwerte: bis 3. Ebene DIN 276
veröffentlicht: BKI Objektdaten A8

BGF 1.392 €/m²

Planung: Architekturbüro Abel; Wittstock

Modernisierung von fünf Mehrfamilienhäusern

Bauwerk – Baukonstruktionen

Abbrechen: Tragende Außenwände 3%, Deckenbeläge 3%
Herstellen: Außenwandöffnungen 11%, Außenwandbekleidungen, außen 10%, Deckenbeläge 9%, Innenwandbekleidungen 8%, Dachbeläge 6%, Innenwandöffnungen 6%, Elementierte Deckenkonstruktionen 5%, Dachkonstruktionen 4%, Außenwandbekleidungen, innen 3%, Deckenbekleidungen 3%, Tragende Außenwände 3%, Dachbekleidungen 2%, Sonstiges zur KG 350 2%
Sonstige: 22%

Bauwerk – Technische Anlagen

Herstellen: Lüftungsanlagen 27%, Niederspannungsinstallationsanlagen 13%, Wasseranlagen 12%, Wärmeverteilnetze 8%, Wärmeerzeugungsanlagen 8%, Raumheizflächen 7%
Sonstige: 24%

Objektübersicht zur Gebäudeart

6100-0694 Zweifamilienhaus

BRI 1.099 m³ **BGF** 418 m² **NUF** 298 m²

Bauzustand: mittel
Aufwand: mittel
Nutzung während der Bauzeit: ja
Nutzungsänderung: nein
Grundrissänderungen: wenige
Tragwerkseingriffe: einige

Land: Bayern
Kreis: München
Standard: mittel
Bauzeit: 35 Wochen
Kennwerte: bis 3. Ebene DIN 276
veröffentlicht: BKI Objektdaten A7

BGF 710 €/m²

Planung: Dipl.-Ing. (FH) Hanns Peter Benl edp ingenieure; München

Das Zweifamilienhaus wurde energetisch modernisiert, mit Wärmedämmverbundsystem und Wärmepumpe. Das Dachgeschoss wurde zusätzlich aufgestockt und ausgebaut (siehe Objekt 6100-0785). **Kosteneinfluss Nutzung:** Das Zweifamilienhaus wurde energetisch modernisiert, um eine CO_2 Reduzierung zu erreichen.

Bauwerk – Baukonstruktionen
Herstellen: Außenwandbekleidungen, außen 23%, Außenwandöffnungen 18%, Dachbeläge 12%, Dachkonstruktionen 9%, Deckenbeläge 8%, Gerüste 4%, Dachbekleidungen 3%
Sonstige: 21%

Bauwerk – Technische Anlagen
Herstellen: Wärmeerzeugungsanlagen 42%, Niederspannungsinstallationsanlagen 16%, Wärmeverteilnetze 12%, Raumheizflächen 9%
Sonstige: 21%

6100-0658 Mehrfamilienhaus (60 WE)

BRI 6.157 m³ **BGF** 2.096 m² **NUF** 1.526 m²

Baujahr: 1958
Bauzustand: mittel
Aufwand: mittel
Nutzung während der Bauzeit: ja
Nutzungsänderung: nein
Grundrissänderungen: wenige
Tragwerkseingriffe: wenige

Land: Bayern
Kreis: München, Stadt
Standard: mittel
Bauzeit: 17 Wochen
Kennwerte: bis 3. Ebene DIN 276
veröffentlicht: BKI Objektdaten A7

BGF 291 €/m²

Planung: Planungsbüro Dipl.-Ing. (FH) Hanns-Peter Benl; Neuötting

Energetische Modernisierung eines Mehrfamilienhaus mit 60 Wohneinheiten. Fassadenrenovierung und Wärmedämmverbundsystem im Zuge der CO_2-Sanierung. **Kosteneinfluss Nutzung:** Das Heizsystem wurde auf Fernwärme umgestellt.

Bauwerk – Baukonstruktionen
Herstellen: Außenwandbekleidungen, außen 72%, Deckenbekleidungen 8%, Gerüste 5%
Sonstige: 15%

Bauwerk – Technische Anlagen
Wiederherstellen: Audiovisuelle Medien- und Antennenanlagen 52%, Beleuchtungsanlagen 28%, Wasseranlagen 20%

Wohngebäude nach 1945 nur Oberflächen

€/m² BGF

min	100	€/m²
von	280	€/m²
Mittel	**530**	**€/m²**
bis	1.010	€/m²
max	1.390	€/m²

Kosten:
Stand 2. Quartal 2025
Bundesdurchschnitt
inkl. 19% MwSt.

Objektübersicht zur Gebäudeart

6100-0620 Mehrfamilienhaus (40 WE), Fassade

BRI 14.206 m³ **BGF** 5.489 m² **NUF** 3.941 m²

Bauzustand: mittel
Aufwand: mittel
Nutzung während der Bauzeit: ja
Nutzungsänderung: nein
Grundrissänderungen: keine
Tragwerkseingriffe: keine

Land: Rheinland-Pfalz
Kreis: Bad Kreuznach
Standard: mittel
Bauzeit: 31 Wochen
Kennwerte: bis 3. Ebene DIN 276
veröffentlicht: BKI Objektdaten A6

BGF **155 €/m²**

Planung: Büro Gebhard & Wiechert Architekten GbR; Bad Kreuznach

Modernisierung und Instandsetzung eines Mehrfamilienhauses mit 40 Wohneinheiten. Abbruch Asbestfaserplatten, Wärmedämmung der Außenwände, Erneuerung der Dachbeläge.

Bauwerk – Baukonstruktionen
Herstellen: Außenwandbekleidungen, außen 43%, Außenwandöffnungen 12%, Dachbeläge 12%, Sonstiges zur KG 350 7%, Gerüste 6%
Sonstige: 20%

6100-0597 Mehrfamilienhaus (3 WE)

BRI 980 m³ **BGF** 381 m² **NUF** 281 m²

Baujahr: 1920
Bauzustand: schlecht
Aufwand: hoch
Nutzung während der Bauzeit: ja
Nutzungsänderung: nein
Grundrissänderungen: umfangreiche
Tragwerkseingriffe: einige

Land: Baden-Württemberg
Kreis: Ortenaukreis
Standard: mittel
Bauzeit: 26 Wochen
Kennwerte: bis 3. Ebene DIN 276
veröffentlicht: www.bki.de

BGF **413 €/m²**

Planung: Freier Architekt Rainer Roth; Offenburg

Modernisierung und Instandsetzung eines Mehrfamilienhauses mit drei Wohneinheiten, Anbau einer Balkonanlage, Erneuerung der Haustechnik.

Bauwerk – Baukonstruktionen
Abbrechen: Nichttragende Innenwände 7%
Herstellen: Dachbekleidungen 15%, Sonstiges zur KG 350 15%, Deckenkonstruktionen 11%, Innenwandbekleidungen 10%, Außenwandöffnungen 7%, Deckenbeläge 6%, Außenwandbekleidungen, innen 5%, Dachkonstruktionen 4%
Sonstige: 21%

Bauwerk – Technische Anlagen
Herstellen: Wärmeerzeugungsanlagen 41%, Wasseranlagen 20%, Niederspannungsinstallationsanlagen 16%
Sonstige: 24%

Objektübersicht zur Gebäudeart

6100-0781 Mehrfamilienhaus (8 WE) — BRI 3.226m³ BGF 1.312m² NUF 806m²

Baujahr: 1956
Bauzustand: schlecht
Aufwand: mittel
Nutzung während der Bauzeit: nein
Nutzungsänderung: nein
Grundrissänderungen: wenige
Tragwerkseingriffe: keine

Land: Nordrhein-Westfalen
Kreis: Bielefeld, Stadt
Standard: mittel
Bauzeit: 26 Wochen
Kennwerte: bis 3. Ebene DIN 276
veröffentlicht: BKI Objektdaten A8
BGF 485€/m²

Planung: Bielefelder Gemeinnützige Wohnungsgesellschaft mbH; Bielefeld

Umbau eines Bestandsgebäudes zu einem Drei-Liter-Haus mit einem Verbrauch von 32kWh/m²a nach Modernisierung.

Bauwerk – Baukonstruktionen
Herstellen: Außenwandöffnungen 30%, Außenwandbekleidungen, außen 25%, Nichttragende Innenwände 7%, Außenwandbekleidungen, innen 6%, Deckenbekleidungen 6%, Sonstiges zur KG 390 4%
Sonstige: 22%

Bauwerk – Technische Anlagen
Herstellen: Lüftungsanlagen 26%, Wärmeerzeugungsanlagen 20%, Wasseranlagen 16%, Wärmeverteilnetze 13%
Sonstige: 25%

6100-0462 Mehrfamilienhaus (9 WE) — BRI 4.354m³ BGF 1.342m² NUF 881m²

Baujahr: 1971
Bauzustand: mittel
Aufwand: mittel
Nutzung während der Bauzeit: ja
Nutzungsänderung: nein
Grundrissänderungen: keine
Tragwerkseingriffe: keine

Land: Niedersachsen
Kreis: Hameln-Pyrmont
Standard: mittel
Bauzeit: 26 Wochen
Kennwerte: bis 3. Ebene DIN 276
veröffentlicht: www.bki.de
BGF 163€/m²

Planung: Wohnungsgenossenschaft Hameln eG; Hameln

Modernisierung eines Mehrfamilienhauses einer Wohnungsgenossenschaft durch Wärmedämmung der Außenwände und Fensteraustausch. Instandsetzungsmaßnahmen. Keine Maßnahmen an Technischen Anlagen. **Kosteneinfluss Nutzung:** Nur Kostengruppe 300, da reine Fassadensanierung.

Bauwerk – Baukonstruktionen
Herstellen: Außenwandbekleidungen, außen 62%, Außenwandöffnungen 21%, Gerüste 6%
Sonstige: 11%

Wohngebäude nach 1945 nur Oberflächen

€/m² BGF

min	100	€/m²
von	280	€/m²
Mittel	**530**	**€/m²**
bis	1.010	€/m²
max	1.390	€/m²

Kosten:
Stand 2. Quartal 2025
Bundesdurchschnitt
inkl. 19% MwSt.

Objektübersicht zur Gebäudeart

6100-0465 Mehrfamilienhaus (8 WE)

BRI 2.291 m³ **BGF** 857 m² **NUF** 549 m²

Baujahr: 1954
Bauzustand: mittel
Aufwand: mittel
Nutzung während der Bauzeit: ja
Nutzungsänderung: nein
Grundrissänderungen: keine
Tragwerkseingriffe: keine

Land: Niedersachsen
Kreis: Hameln-Pyrmont
Standard: mittel
Bauzeit: 26 Wochen
Kennwerte: bis 3. Ebene DIN 276
veröffentlicht: www.bki.de
BGF 303 €/m²

Planung: Wohnungsgenossenschaft Hameln eG; Hameln

Modernisierung eines Mehrfamilienhauses einer Wohnungsgenossenschaft durch Wärmedämmung und Fensteraustausch. Keine Maßnahmen an Technischen Anlagen. **Kosteneinfluss Nutzung:** Nur Kostengruppe 300, da reine Fassadensanierung.

Bauwerk – Baukonstruktionen
Herstellen: Außenwandbekleidungen, außen 56%, Dachbeläge 14%, Gerüste 8%
Sonstige: 22%

6100-0460 Mehrfamilienhaus (12 WE)

BRI 4.895 m³ **BGF** 1.541 m² **NUF** 1.122 m²

Baujahr: 1967
Bauzustand: mittel
Aufwand: mittel
Nutzung während der Bauzeit: ja
Nutzungsänderung: nein
Grundrissänderungen: keine
Tragwerkseingriffe: keine

Land: Niedersachsen
Kreis: Hameln-Pyrmont
Standard: mittel
Bauzeit: 26 Wochen
Kennwerte: bis 3. Ebene DIN 276
veröffentlicht: www.bki.de
BGF 126 €/m²

Planung: Wohnungsgenossenschaft Hameln eG; Hameln

Modernisierung eines Mehrfamilienhauses einer Wohnungsgenossenschaft von 1967 mit Wärmedämmung an Außenwand, Dach und KG-Decke. Keine Maßnahmen an Technischen Anlagen. **Kosteneinfluss Nutzung:** Nur Kostengruppe 300, da reine Fassadensanierung.

Bauwerk – Baukonstruktionen
Herstellen: Außenwandbekleidungen, außen 44%, Deckenbeläge 13%, Deckenbekleidungen 11%, Außenwandöffnungen 10%
Sonstige: 21%

Modernisierungen

Wohngebäude nach 1945 mit Tragkonstruktion

Kostenkennwerte für die Kosten des Bauwerks (Kostengruppen 300+400 nach DIN 276)

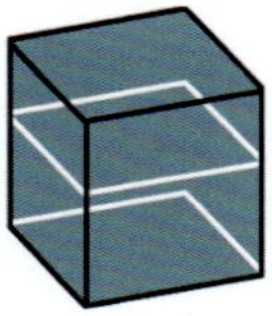

BRI 475 €/m³
von 345 €/m³
bis 575 €/m³

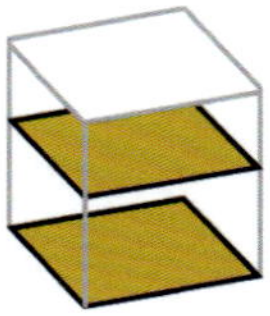

BGF 1.340 €/m²
von 1.000 €/m²
bis 1.940 €/m²

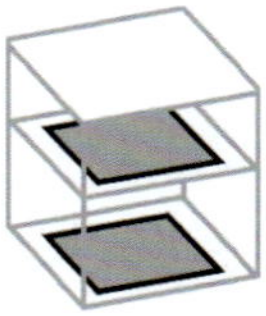

NUF 2.105 €/m²
von 1.550 €/m²
bis 3.115 €/m²

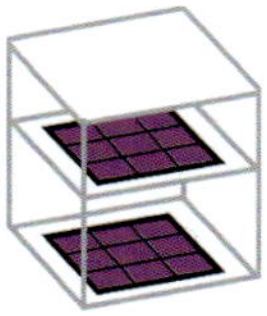

NE 2.615 €/NE
von 1.960 €/NE
bis 3.205 €/NE
NE: Wohnfläche

Objektbeispiele

Kosten:
Stand 2. Quartal 2025
Bundesdurchschnitt
inkl. 19% MwSt.

6100-1139

6100-0768

6200-0055

6100-0681

6400-0052

6100-1160

Kosten der 13 Vergleichsobjekte

Seiten 406 bis 412

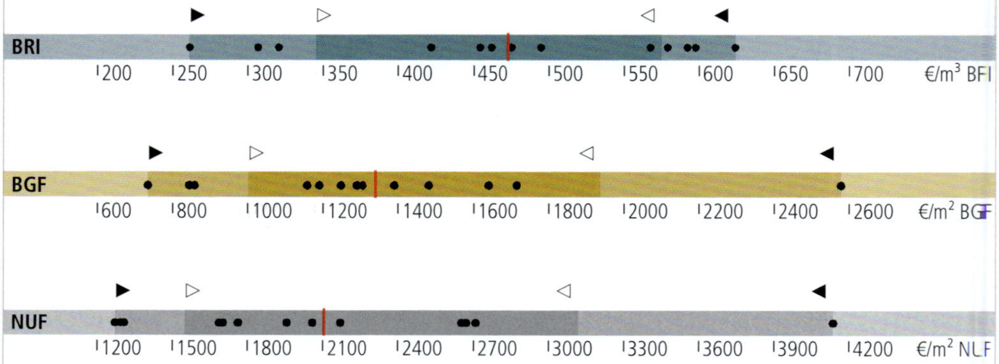

- ● KKW
- ▶ min
- ▷ von
- | Mittelwert
- ◁ bis
- ◀ max

Kostenkennwerte für die Kostengruppen der 1. und 2.Ebene DIN 276

KG	Kostengruppen der 1.Ebene	Einheit	▷	€/Einheit	◁	▷	% an 300+400	◁
100	Grundstück	m² GF	–	**–**	–	–	**–**	–
200	Vorbereitende Maßnahmen	m² GF	< 1	**6**	17	0,1	**0,5**	1,2
300	Bauwerk – Baukonstruktionen	m² BGF	751	**997**	1.306	68,3	**76,1**	85,4
400	Bauwerk – Technische Anlagen	m² BGF	189	**343**	594	14,6	**23,9**	31,7
	Bauwerk 300+400	m² BGF	1.002	**1.340**	1.938	100,0	**100,0**	100,0
500	Außenanlagen und Freiflächen	m² AF	74	**182**	691	2,7	**6,4**	18,9
600	Ausstattung und Kunstwerke	m² BGF	7	**33**	121	0,5	**1,9**	6,9
700	Baunebenkosten	m² BGF	–	**–**	–	–	**–**	–
800	Finanzierung	m² BGF	–	**–**	–	–	**–**	–

KG	Kostengruppen der 2.Ebene	Einheit	▷	€/Einheit	◁	▷	% an 1.Ebene	◁
310	Baugrube / Erdbau	m³ BGI	67	**156**	432	0,6	**1,3**	2,8
320	Gründung, Unterbau	m² GRF	162	**481**	889	1,6	**4,8**	13,4
330	Außenwände / vertikal außen	m² AWF	327	**443**	518	29,1	**42,8**	63,0
340	Innenwände / vertikal innen	m² IWF	175	**264**	394	6,0	**15,7**	25,4
350	Decken / horizontal	m² DEF	227	**348**	460	8,1	**17,1**	26,1
360	Dächer	m² DAF	305	**474**	630	5,8	**12,7**	18,8
370	Infrastrukturanlagen		–	**–**	–	–	**–**	–
380	Baukonstruktive Einbauten	m² BGF	< 1	**6**	11	< 0,1	**< 0,1**	0,6
390	Sonst. Maßnahmen für Baukonst.	m² BGF	27	**55**	87	3,2	**5,6**	9,7
300	**Bauwerk – Baukonstruktionen**	**m² BGF**					**100,0**	
410	Abwasser-, Wasser-, Gasanlagen	m² BGF	48	**91**	173	4,3	**23,0**	29,8
420	Wärmeversorgungsanlagen	m² BGF	44	**101**	130	21,2	**36,3**	51,3
430	Raumlufttechnische Anlagen	m² BGF	16	**45**	106	2,0	**9,6**	19,0
440	Elektrische Anlagen	m² BGF	27	**61**	129	13,4	**22,3**	42,8
450	Kommunikationstechnische Anlagen	m² BGF	7	**17**	68	2,6	**5,2**	9,6
460	Förderanlagen	m² BGF	–	**50**	–	0,0	**2,0**	21,9
470	Nutzungsspez. / verfahrenstech. Anl.	m² BGF	4	**27**	50	0,0	**0,7**	4,6
480	Gebäude- und Anlagenautomation	m² BGF	–	**–**	–	–	**–**	–
490	Sonst. Maßnahmen f. techn. Anl.	m² BGF	< 1	**2**	5	< 0,1	**0,9**	6,1
400	**Bauwerk – Technische Anlagen**	**m² BGF**					**100,0**	

Prozentanteile der Kosten 2.Ebene an den Kosten des Bauwerks nach DIN 276 (Von/Mittel/Bis)

KG	Kostengruppe	%
310	Baugrube / Erdbau	1,0
320	Gründung, Unterbau	3,6
330	Außenwände / vertikal außen	34,3
340	Innenwände / vertikal innen	11,5
350	Decken / horizontal	12,8
360	Dächer	9,7
370	Infrastrukturanlagen	
380	Baukonstruktive Einbauten	< 0,1
390	Sonst. Maßnahmen für Baukonst.	4,5
410	Abwasser-, Wasser-, Gasanlagen	5,7
420	Wärmeversorgungsanlagen	8,1
430	Raumlufttechnische Anlagen	2,5
440	Elektrische Anlagen	4,3
450	Kommunikationstechnische Anlagen	1,0
460	Förderanlagen	0,5
470	Nutzungsspez. / verfahrenstech. Anl.	0,2
480	Gebäude- und Anlagenautomation	
490	Sonst. Maßnahmen f. techn. Anl.	< 0,1

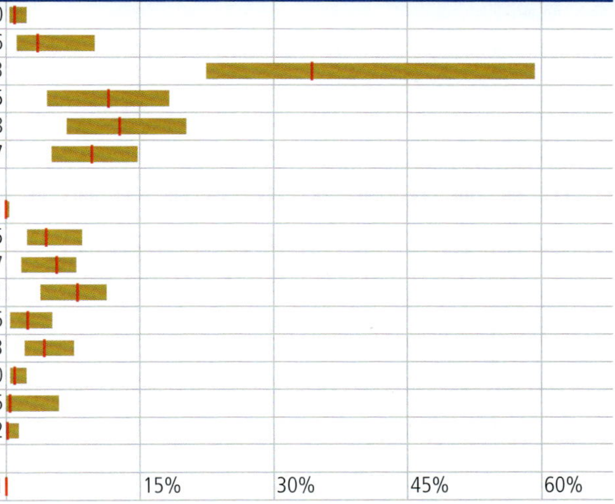

Wohngebäude nach 1945 mit Tragkonstruktion

Kosten:
Stand 2. Quartal 2025
Bundesdurchschnitt
inkl. 19% MwSt.

▷ von
ø Mittel
◁ bis

Kostenkennwerte für die Kostengruppen der 3. Ebene DIN 276

KG	Kostengruppen der 3. Ebene	Einheit	▷	€/Einheit	◁	▷	€/m² BGF	◁
335	Außenwandbekleidungen, außen	m²	142	**209**	302	105	**154**	272
323	Tiefgründungen	m²	–	**690**	–	–	**148**	–
334	Außenwandöffnungen	m²	764	**932**	1.237	69	**108**	150
412	Wasseranlagen	m²	46	**74**	140	46	**74**	140
353	Deckenbeläge	m²	156	**246**	507	29	**73**	114
345	Innenwandbekleidungen	m²	47	**66**	95	42	**69**	94
363	Dachbeläge	m²	193	**271**	497	36	**66**	102
331	Tragende Außenwände	m²	280	**430**	790	26	**60**	112
361	Dachkonstruktionen	m²	147	**283**	461	26	**56**	74
442	Eigenstromversorgungsanlagen	m²	9	**56**	103	9	**56**	103
351	Deckenkonstruktionen	m²	206	**596**	1.297	24	**55**	107
421	Wärmeerzeugungsanlagen	m²	15	**52**	89	15	**52**	89
461	Aufzugsanlagen	m²	–	**50**	–	–	**50**	–
471	Küchentechnische Anlagen	m²	–	**50**	–	–	**50**	–
344	Innenwandöffnungen	m²	549	**713**	1.045	22	**48**	107
444	Niederspannungsinstallationsanl.	m²	29	**48**	97	29	**48**	97
431	Lüftungsanlagen	m²	16	**45**	106	16	**45**	106
341	Tragende Innenwände	m²	214	**409**	604	15	**33**	75
337	Elem. Außenwandkonstruktionen	m²	–	**747**	–	–	**32**	–
336	Außenwandbekleidungen, innen	m²	52	**67**	104	23	**32**	47
342	Nichttragende Innenwände	m²	140	**187**	277	16	**32**	54
338	Lichtschutz zur KG 330	m²	266	**453**	990	18	**31**	42
322	Flachgründungen und Bodenplatten	m²	311	**425**	756	10	**30**	97
422	Wärmeverteilnetze	m²	16	**26**	61	16	**26**	61
354	Deckenbekleidungen	m²	30	**56**	85	13	**25**	52
423	Raumheizflächen	m²	16	**25**	30	16	**25**	30
392	Gerüste	m²	14	**24**	50	14	**24**	50
393	Sicherungsmaßnahmen	m²	–	**24**	–	–	**24**	–
355	Elementierte Deckenkonstruktionen	m²	–	**2.704**	–	–	**22**	–
391	Baustelleneinrichtung	m²	9	**21**	42	9	**21**	42
411	Abwasseranlagen	m²	9	**20**	34	9	**20**	34
324	Gründungsbeläge	m²	103	**139**	230	10	**19**	29
359	Sonstiges zur KG 350	m²	11	**40**	83	4	**17**	45
364	Dachbekleidungen	m²	72	**104**	164	7	**16**	25
311	Herstellung	m³	67	**151**	428	5	**13**	28
339	Sonstiges zur KG 330	m²	3	**12**	23	3	**11**	22
456	Gefahrenmelde- und Alarmanlagen	m²	< 1	**11**	30	< 1	**11**	30
362	Dachöffnungen	m²	1.350	**2.654**	3.664	5	**11**	19
457	Datenübertragungsnetze	m²	2	**9**	13	2	**9**	13
429	Sonstiges zur KG 420	m²	2	**9**	18	2	**9**	18
419	Sonstiges zur KG 410	m²	4	**8**	15	4	**8**	15
445	Beleuchtungsanlagen	m²	3	**8**	17	3	**8**	17
333	Außenstützen	m	130	**235**	459	2	**8**	17
325	Abdichtungen und Bekleidungen	m²	16	**51**	108	< 1	**7**	24
397	Zusätzliche Maßnahmen	m²	2	**7**	14	2	**7**	14
343	Innenstützen	m	195	**266**	337	1	**7**	18
452	Such- und Signalanlagen	m²	3	**6**	27	3	**6**	27
349	Sonstiges zur KG 340	m²	3	**7**	11	1	**6**	16
381	Allgemeine Einbauten	m²	< 1	**6**	11	< 1	**6**	11
494	Abbruchmaßnahmen	m²	–	**5**	–	–	**5**	–

Prozentanteile der Kosten für Leistungsbereiche nach STLB (Kosten Bauwerk nach DIN 276)

LB	Leistungsbereiche	▷	% an 300+400	◁
000	Baustellen-, Verkehrssich.- u. Sicherh.einr. inkl. 001	1,8	**3,8**	7,0
002	Erdarbeiten	0,6	**1,1**	2,6
006	Spezialtiefbauarbeiten inkl. 005	–	**–**	–
009	Entwässerungskanalarbeiten inkl. 011	< 0,1	**0,1**	0,4
010	Drän- und Versickerarbeiten	< 0,1	**0,1**	0,3
012	Mauerarbeiten	1,0	**3,0**	5,9
013	Betonarbeiten	2,6	**6,2**	15,9
014	Natur-, Betonwerksteinarbeiten	< 0,1	**0,2**	0,5
016	Zimmer- und Holzbauarbeiten	0,7	**4,9**	13,5
017	Stahlbauarbeiten	0,0	**0,9**	3,5
018	Abdichtungsarbeiten	0,2	**0,7**	2,0
020	Dachdeckungsarbeiten	0,4	**1,9**	4,7
021	Dachabdichtungsarbeiten	0,5	**1,9**	3,0
022	Klempnerarbeiten	0,8	**1,7**	2,4
	Rohbau	16,7	**26,7**	33,4
023	Putz- und Stuckarbeiten, Wärmedämmsysteme	7,8	**14,6**	39,4
024	Fliesen- und Plattenarbeiten	1,2	**3,2**	6,3
025	Estricharbeiten	0,5	**1,3**	2,6
026	Fenster, Außentüren inkl. 029, 032	5,0	**9,0**	14,8
027	Tischlerarbeiten	0,3	**2,8**	4,5
028	Parkett-, Holzpflasterarbeiten	< 0,1	**1,1**	3,1
030	Rollladenarbeiten	0,3	**1,6**	3,5
031	Metallbauarbeiten inkl. 035	1,0	**3,8**	10,3
034	Maler- und Lackiererarb. – Beschicht. inkl. 037	1,1	**2,7**	6,2
036	Bodenbelagarbeiten	< 0,1	**1,2**	2,7
038	Vorgehängte hinterlüftete Fassaden	< 0,1	**0,7**	4,3
039	Trockenbauarbeiten	1,1	**4,0**	6,7
	Ausbau	36,5	**45,9**	61,6
040	Wärmeversorgungsanl. - Betriebseinr. inkl. 041	3,4	**7,0**	10,7
042	Gas- u. Wasseranl. – Leitung., Armat. inkl. 043	0,6	**1,7**	2,5
044	Abwasseranl. - Leitungen, Abläufe, Armaturen	0,2	**1,0**	1,5
045	Gas, Wasser, Entwässerung – Ausstattung inkl. 046	0,6	**2,5**	4,0
047	Dämm- und Brandschutzarb. an techn. Anlagen	0,3	**0,8**	1,5
049	Feuerlöschanlagen, Feuerlöschgeräte	0,0	**< 0,1**	< 0,1
050	Blitzschutz-/Erdungsanlagen, Überspannungssch.	< 0,1	**< 0,1**	0,3
052	Mittelspannungsanlagen	–	**–**	–
053	Niederspannungsanl. – Kabel inkl. 054	1,9	**3,8**	7,6
055	Sicherheits- u. Ersatzstromversorgungsanl.	0,0	**< 0,1**	0,3
057	Gebäudesystemtechnik	–	**–**	–
058	Leuchten und Lampen inkl. 059	0,1	**0,4**	0,9
060	Such, Signal, Zeit, Anten., akust. Anl. inkl. 064	< 0,1	**0,3**	0,5
061	Kommunikations- u. Übertragungsnetze inkl. 062	0,1	**0,6**	1,3
063	Gefahrenmeldeanlagen	0,0	**< 0,1**	0,6
069	Aufzüge	< 0,1	**0,6**	5,7
070	Gebäudeautomation	–	**–**	–
075	Raumlufttechnische Anlagen inkl. 078	0,5	**2,4**	5,0
	Gebäudetechnik	12,5	**21,2**	29,3
084	Abbruch, Rückbau, Schadstoffsanierung	2,7	**5,9**	8,4
	Sonstige Leistungsbereiche inkl. 008, 033, 051	< 0,1	**0,4**	1,3

Übersicht- 1. + 2. Ebene
Erweiterung
Umbau
Moderni-sierung
Instand-setzung
Bau-elemente
Abbrechen
Wieder-herstellen
Herstellen

Wohngebäude nach 1945 mit Tragkonstruktion

€/m² BGF

min	735	€/m²
von	1.000	€/m²
Mittel	**1.340**	**€/m²**
bis	1.940	€/m²
max	2.580	€/m²

Kosten:
Stand 2. Quartal 2025
Bundesdurchschnitt
inkl. 19% MwSt.

Objektübersicht zur Gebäudeart

6200-0098 Studentenwohnheim (213 WE)

BRI 19.018 m³ **BGF** 6.761 m² **NUF** 3.905 m²

Baujahr: 1975
Bauzustand: schlecht
Aufwand: mittel
Nutzung während der Bauzeit: ja
Nutzungsänderung: nein
Grundrissänderungen: wenige
Tragwerkseingriffe: wenige

Land: Saarland
Kreis: Saarbrücken, Regionalverband
Standard: hoch
Bauzeit: 52 Wochen
Kennwerte: bis 3. Ebene DIN 276
veröffentlicht: BKI Objektdaten A12
BGF **734 €/m²**

Planung: Prof. Rollmann + Partner Architekten PartGmbB; Homburg

Energetische Fassaden- und Dachsanierung des Studierendenwohnheims.

Bauwerk – Baukonstruktionen
Herstellen: Außenwandbekleidungen, außen 54%, Außenwandöffnungen 20%, Gerüste 9%
Sonstige: 17%

Bauwerk – Technische Anlagen
Herstellen: Blitzschutz- und Erdungsanlagen 26%, Sonstiges zur KG 420 19%
Wiederherstellen: Beleuchtungsanlagen 29%
Sonstige: 26%

6100-1345 Einfamilienhaus, Dachsanierung*

BRI 665 m³ **BGF** 293 m² **NUF** 180 m²

Baujahr: 1962
Bauzustand: mittel
Aufwand: hoch
Nutzung während der Bauzeit: ja
Nutzungsänderung: nein
Grundrissänderungen: wenige
Tragwerkseingriffe: wenige

Land: Nordrhein-Westfalen
Kreis: Münster, Stadt
Standard: hoch
Bauzeit: 13 Wochen
Kennwerte: bis 3. Ebene DIN 276
veröffentlicht: BKI Objektdaten A11
BGF **202 €/m²**

* Nicht in der Auswertung enthalten

Planung: planungsbüro bau.RAUM Petra L. Müller; Münster

Dachsanierung eines Einfamilienhauses mit 128 m² WFL

Bauwerk – Baukonstruktionen
Herstellen: Dachbeläge 55%, Dachöffnungen 15%, Gerüste 8%
Sonstige: 22%

Bauwerk – Technische Anlagen
Abbrechen: Sonstiges zur KG 420 22%
Herstellen: Sonstiges zur KG 420 78%

6100-1207 Wohn- und Geschäftshaus (5 WE)

BRI 2.577 m³ **BGF** 881 m² **NUF** 626 m²

Baujahr: 1986
Bauzustand: mittel
Aufwand: mittel
Nutzung während der Bauzeit: ja
Nutzungsänderung: nein
Grundrissänderungen: einige
Tragwerkseingriffe: einige

Land: Brandenburg
Kreis: Brandenburg a. d. Havel
Standard: mittel
Bauzeit: 44 Wochen
Kennwerte: bis 3. Ebene DIN 276
veröffentlicht: BKI Objektdaten A11
BGF 1.389 €/m²

Planung: Märkplan GmbH; Brandenburg an der Havel

Wohn- und Geschäftshaus (5 WE)

Bauwerk – Baukonstruktionen
Herstellen: Außenwandbekleidungen, außen 14%, Deckenbeläge 11%, Außenwandöffnungen 9%, Sonstiges zur KG 350 5%, Deckenkonstruktionen 5%, Baustelleneinrichtung 5%, Dachbeläge 5%, Innenwandbekleidungen 5%, Dachkonstruktionen 4%, Innenwandöffnungen 4%, Außenwandbekleidungen, innen 3%, Gerüste 3%, Tragende Innenwände 2%, Außenstützen 2%, Nichttragende Innenwände 2%
Sonstige: 20%

Bauwerk – Technische Anlagen
Herstellen: Niederspannungsinstallationsanlagen 24%, Wasseranlagen 20%, Lüftungsanlagen 16%, Raumheizflächen 9%, Abwasseranlagen 8%
Sonstige: 24%

6100-1139 Einfamilienhaus

BRI 782 m³ **BGF** 373 m² **NUF** 167 m²

Baujahr: 1952
Bauzustand: schlecht
Aufwand: hoch
Nutzung während der Bauzeit: nein
Nutzungsänderung: nein
Grundrissänderungen: umfangreiche
Tragwerkseingriffe: einige

Land: Nordrhein-Westfalen
Kreis: Rhein-Sieg-Kreis
Standard: mittel
Bauzeit: 13 Wochen
Kennwerte: bis 3. Ebene DIN 276
veröffentlicht: BKI Objektdaten A10
BGF 1.189 €/m²

Planung: Pannhausen Architektur; Köln

Einfamilienhaus (WFL 123 m²)

Bauwerk – Baukonstruktionen
Abbrechen: Tragende Außenwände 4%
Herstellen: Außenwandbekleidungen, außen 18%, Dachbeläge 11%, Außenwandöffnungen 9%, Außenwandbekleidungen, innen 6%, Dachkonstruktionen 6%, Innenwandbekleidungen 5%, Deckenkonstruktionen 5%, Tragende Außenwände 4%, Dachbekleidungen 3%, Deckenbeläge 3%, Nichttragende Innenwände 3%
Wiederherstellen: Tragende Außenwände 3%
Sonstige: 22%

Bauwerk – Technische Anlagen
Herstellen: Wärmeerzeugungsanlagen 27%, Wasseranlagen 16%, Niederspannungsinstallationsanlagen 13%, Wärmeverteilnetze 9%, Abwasseranlagen 9%
Sonstige: 25%

Wohngebäude nach 1945 mit Tragkonstruktion

€/m² BGF

min	735	€/m²
von	1.000	€/m²
Mittel	**1.340**	**€/m²**
bis	1.940	€/m²
max	2.580	€/m²

Kosten:
Stand 2. Quartal 2025
Bundesdurchschnitt
inkl. 19% MwSt.

Objektübersicht zur Gebäudeart

6100-1160 Zweifamilienhaus

BRI 1.372 m³ **BGF** 500 m² **NUF** 340 m²

© christina patz architektur energieberatung

Baujahr: 1960
Bauzustand: mittel
Aufwand: mittel
Nutzung während der Bauzeit: nein
Nutzungsänderung: nein
Grundrissänderungen: einige
Tragwerkseingriffe: einige

Land: Bayern
Kreis: München, Stadt
Standard: hoch
Bauzeit: 22 Wochen
Kennwerte: bis 3. Ebene DIN 276
veröffentlicht: BKI Objektdaten A10
BGF 1.157 €/m²

Planung: christina patz architektur energieberatung; München

Zweifamilienhaus (WFL 218m²)

Bauwerk – Baukonstruktionen
Herstellen: Außenwandbekleidungen, außen 18%, Außenwandöffnungen 14%, Dachbeläge 8%, Deckenbeläge 7%, Innenwandöffnungen 4%, Innenwandbekleidungen 4%, Elementierte Außenwandkonstruktionen 4%, Lichtschutz zur KG 330 3%, Dachkonstruktionen 3%, Herstellung 3%, Gerüste 3%, Elementierte Deckenkonstruktionen 3%, Tragende Außenwände 2%, Dachöffnungen 2%, Deckenkonstruktionen 2%
Sonstige: 21%

Bauwerk – Technische Anlagen
Herstellen: Wärmeerzeugungsanlagen 26%, Wasseranlagen 19%, Lüftungsanlagen 15%, Raumheizflächen 9%, Niederspannungsinstallationsanlagen 9%
Sonstige: 23%

6100-1051 Mehrfamilienhaus, Büro, Garage

BRI 1.952 m³ **BGF** 723 m² **NUF** 535 m²

© ABSB Michalik

Baujahr: 1970
Bauzustand: mittel
Aufwand: hoch
Nutzung während der Bauzeit: ja
Nutzungsänderung: nein
Grundrissänderungen: einige
Tragwerkseingriffe: wenige

Land: Bayern
Kreis: München
Standard: mittel
Bauzeit: 52 Wochen
Kennwerte: bis 3. Ebene DIN 276
veröffentlicht: BKI Objektdaten A10
BGF 1.247 €/m²

Planung: ABSB Michalik; Bad Elster

Modernisierung und Anbau eines Mehrfamilienhauses (5 WE), mit Büro und Garage (2 STP).

Bauwerk – Baukonstruktionen
Herstellen: Außenwandbekleidungen, außen 15%, Außenwandöffnungen 13%, Dachkonstruktionen 7%, Dachbeläge 6%, Flachgründungen und Bodenplatten 6%, Tragende Außenwände 6%, Deckenbeläge 5%, Baustelleneinrichtung 4%, Herstellung 4%, Innenwandbekleidungen 4%, Lichtschutz zur KG 330 3%, Abdichtungen und Bekleidungen 3%, Außenwandbekleidungen, innen 3%
Sonstige: 21%

Bauwerk – Technische Anlagen
Herstellen: Wasseranlagen 16%, Raumheizflächen 15%, Niederspannungsinstallationsanlagen 13%, Sonstiges zur KG 420 12%, Abwasseranlagen 11%, Beleuchtungsanlagen 7%
Sonstige: 25%

Objektübersicht zur Gebäudeart

6100-0768 Mehrfamilienhaus (3 WE) - Passivhaus

BRI 1.548 m³ **BGF** 687 m² **NUF** 413 m²

Baujahr: 1938
Bauzustand: mittel
Aufwand: hoch
Nutzung während der Bauzeit: ja
Nutzungsänderung: ja
Grundrissänderungen: einige
Tragwerkseingriffe: einige

Land: Baden-Württemberg
Kreis: Bodenseekreis
Standard: mittel
Bauzeit: 22 Wochen
Kennwerte: bis 3. Ebene DIN 276
veröffentlicht: www.bki.de

BGF 1.304 €/m²

Planung: Martin Wamsler Freier Architekt BDA Dipl.-Ing. (FH); Friedrichshafen

Energetische Modernisierung eines Mehrfamilienhauses Baujahr 1938 zum Plusenergiehaus. Abbruch vom DG und Wiederaufbau im Passivhausstandard, Ausbau im UG zur Einliegerwohnung, Anbau im EG zur Vergrößerung des bestehenden Bades.

Bauwerk – Baukonstruktionen
Herstellen: Außenwandbekleidungen, außen 14%, Innenwandbekleidungen 11%, Deckenbeläge 11%, Tragende Außenwände 10%, Dachkonstruktionen 8%, Dachbeläge 7%, Außenwandöffnungen 6%, Nichttragende Innenwände 6%, Außenwandbekleidungen, innen 4%, Gründungsbeläge 4%
Sonstige: 20%

Bauwerk – Technische Anlagen
Herstellen: Eigenstromversorgungsanlagen 22%, Wasseranlagen 20%, Lüftungsanlagen 19%, Wärmeerzeugungsanlagen 18%
Sonstige: 21%

6100-0904 Mehrfamilienhaus (3 WE) - Effizienzhaus 70

BRI 1.605 m³ **BGF** 584 m² **NUF** 377 m²

Baujahr: 1958
Bauzustand: mittel
Aufwand: hoch
Nutzung während der Bauzeit: ja
Nutzungsänderung: nein
Grundrissänderungen: einige
Tragwerkseingriffe: wenige

Land: Baden-Württemberg
Kreis: Freiburg im Breisgau
Standard: hoch
Bauzeit: 26 Wochen
Kennwerte: bis 3. Ebene DIN 276
veröffentlicht: BKI Objektdaten E5

BGF 843 €/m²

Planung: Werkgruppe Freiburg Architekten; Freiburg

Energetische Sanierung des Bestandshauses und Neuerrichtung eines Anbaus.

Bauwerk – Baukonstruktionen
Herstellen: Außenwandbekleidungen, außen 21%, Außenwandöffnungen 19%, Tragende Außenwände 7%, Lichtschutz zur KG 330 7%, Dachbeläge 5%, Deckenkonstruktionen 4%, Sonstiges zur KG 330 4%, Deckenbeläge 4%, Flachgründungen und Bodenplatten 3%
Wiederherstellen: Innenwandbekleidungen 4%
Sonstige: 22%

Bauwerk – Technische Anlagen
Herstellen: Wärmeerzeugungsanlagen 53%, Lüftungsanlagen 25%, Niederspannungsinstallationsanlagen 7%
Sonstige: 15%

Wohngebäude nach 1945 mit Tragkonstruktion

€/m² BGF

min	735	€/m²
von	1.000	€/m²
Mittel	**1.340**	**€/m²**
bis	1.940	€/m²
max	2.580	€/m²

Kosten:
Stand 2. Quartal 2025
Bundesdurchschnitt
inkl. 19% MwSt.

Objektübersicht zur Gebäudeart

6200-0055 Alten- und Pflegeheim

BRI 22.000 m³ **BGF** 5.322 m² **NUF** 3.317 m²

© iproplan Planungsgesellschaft mbH

Land: Thüringen
Kreis: Altenburger Land
Standard: mittel
Bauzeit: 130 Wochen
Kennwerte: bis 3. Ebene DIN 276
veröffentlicht: BKI Objektdaten A9

BGF 2.578 €/m²

Planung: iproplan Planungsgesellschaft mbH; Chemnitz

Alten- und Pflegeheim mit acht Hausgemeinschaften

Bauwerk – Baukonstruktionen
Herstellen: Deckenkonstruktionen 9%, Innenwandöffnungen 8%, Tiefgründungen 8%, Dachbeläge 7%, Außenwandbekleidungen, außen 6%, Tragende Innenwände 6%, Flachgründungen und Bodenplatten 6%, Tragende Außenwände 5%, Innenwandbekleidungen 5%, Deckenbeläge 5%, Außenwandöffnungen 4%, Nichttragende Innenwände 4%, Dachkonstruktionen 4%
Sonstige: 23%

Bauwerk – Technische Anlagen
Herstellen: Wasseranlagen 23%, Lüftungsanlagen 17%, Niederspannungsinstallationsanlagen 16%, Wärmeverteilnetze 7%, Küchentechnische Anlagen 6%, Abwasseranlagen 6%, Gefahrenmelde- und Alarmanlagen 4%
Sonstige: 21%

6100-0681 Mehrfamilienhaus (6 WE)

BRI 2.060 m³ **BGF** 726 m² **NUF** 531 m²

© Werkgruppe Freiburg Architekten

Baujahr: 1957
Bauzustand: schlecht
Aufwand: hoch
Nutzung während der Bauzeit: nein
Nutzungsänderung: nein
Grundrissänderungen: wenige
Tragwerkseingriffe: umfangreiche

Land: Baden-Württemberg
Kreis: Rottweil
Standard: mittel
Bauzeit: 44 Wochen
Kennwerte: bis 3. Ebene DIN 276
veröffentlicht: BKI Objektdaten A7

BGF 1.289 €/m²

Planung: Werkgruppe Freiburg Architekten; Freiburg

Modernisierung eines Mehrfamilienhauses von 1957 mit sechs Wohneinheiten; Vollwärmeschutz, Anbau von Balkonen und Heiz-Kraft-Anlage.

Bauwerk – Baukonstruktionen
Herstellen: Außenwandbekleidungen, außen 14%, Außenwandöffnungen 9%, Deckenbeläge 8%, Dachkonstruktionen 7%, Innenwandbekleidungen 5%, Dachbeläge 5%, Innenwandöffnungen 5%, Deckenkonstruktionen 5%, Gerüste 4%, Lichtschutz zur KG 330 4%, Außenwandbekleidungen, innen 3%, Dachbekleidungen 2%, Sonstiges zur KG 350 2%, Nichttragende Innenwände 2%
Wiederherstellen: Innenwandbekleidungen 2%
Sonstige: 23%

Bauwerk – Technische Anlagen
Herstellen: Wärmeerzeugungsanlagen 37%, Wasseranlagen 17%, Niederspannungsinstallationsanlagen 14%, Wärmeverteilnetze 7%
Sonstige: 25%

6100-0631 Mehrfamilienhaus (16 WE)

BRI 6.756 m³ | **BGF** 2.523 m² | **NUF** 1.672 m²

Bauzustand: mittel
Aufwand: mittel
Nutzung während der Bauzeit: ja
Nutzungsänderung: nein
Grundrissänderungen: keine
Tragwerkseingriffe: keine

Land: Baden-Württemberg
Kreis: Zollernalbkreis
Standard: mittel
Bauzeit: 48 Wochen
Kennwerte: bis 3. Ebene DIN 276
veröffentlicht: BKI Objektdaten A6

BGF **857 €/m²**

Planung: Walter Haller Architekturbüro; Albstadt

Modernisierung und Instandsetzung von Mehrfamilienhäusern mit Balkonerweiterung. Erneuerung u.a. der Bäder und Sanitäreinrichtung, Heizungsanlage, Elektroinstallation.

Bauwerk – Baukonstruktionen
Abbrechen: Tragende Innenwände 4%
Herstellen: Innenwandbekleidungen 14%, Deckenkonstruktionen 12%, Sonstiges zur KG 350 9%, Deckenbeläge 8%, Außenwandöffnungen 8%, Innenwandöffnungen 7%, Nichttragende Innenwände 6%, Außenwandbekleidungen, außen 3%, Deckenbekleidungen 3%, Außenwandbekleidungen, innen 2%
Wiederherstellen: Außenwandbekleidungen, außen 3%
Sonstige: 21%

Bauwerk – Technische Anlagen
Herstellen: Aufzugsanlagen 22%, Niederspannungsinstallationsanlagen 17%, Wasseranlagen 16%, Abwasseranlagen 7%, Raumheizflächen 7%, Wärmeverteilnetze 6%
Sonstige: 25%

6400-0052 Katholisches Pfarrhaus

BRI 1.926 m³ | **BGF** 770 m² | **NUF** 554 m²

Land: Bayern
Kreis: Schwandorf
Standard: mittel
Bauzeit: 43 Wochen
Kennwerte: bis 3. Ebene DIN 276
veröffentlicht: www.bki.de

BGF **1.481 €/m²**

Planung: Architekturbüro Popp Dipl.-Ing. Alfred Popp; Schwandorf

Mit der Sanierung ging eine Umplanung des bestehenden Raumprogramms einher, die sich an den Anforderungen einer zeitgemäßen Pfarramtsverwaltung orientiert. So entstand je zweigeschossig eine abgeschlossene Privatwohnung und ein abgeschlossenes Pfarrbüro mit Amtszimmer und Besprechungsräumen. Ein öffentliches Treppenhaus trennt den Privatbereich vom Büro. Die gesamte Haustechnik wurde erneuert.

Bauwerk – Baukonstruktionen
Herstellen: Außenwandöffnungen 14%, Deckenbeläge 11%, Außenwandbekleidungen, außen 10%, Innenwandöffnungen 6%, Deckenkonstruktionen 5%, Dachbeläge 5%, Tragende Außenwände 4%, Innenwandbekleidungen 3%, Lichtschutz zur KG 330 3%
Wiederherstellen: Deckenbekleidungen 4%, Innenwandbekleidungen 4%
Sonstige: 31%

Bauwerk – Technische Anlagen
Herstellen: Wasseranlagen 27%, Wärmeverteilnetze 16%, Niederspannungsinstallationsanlagen 14%, Wärmeerzeugungsanlagen 10%, Abwasseranlagen 8%
Sonstige: 24%

Objektübersicht zur Gebäudeart

Wohngebäude nach 1945 mit Tragkonstruktion

€/m² BGF

min	735	€/m²
von	1.000	€/m²
Mittel	**1.340**	**€/m²**
bis	1.940	€/m²
max	2.580	€/m²

Kosten:
Stand 2. Quartal 2025
Bundesdurchschnitt
inkl. 19% MwSt.

6200-0035 Studentenwohnheim

BRI 14.332 m³ **BGF** 4.992 m² **NUF** 3.160 m²

Baujahr: 1965
Bauzustand: schlecht
Aufwand: hoch
Nutzung während der Bauzeit: nein
Nutzungsänderung: nein
Grundrissänderungen: einige
Tragwerkseingriffe: keine

Land: Baden-Württemberg
Kreis: Tübingen
Standard: mittel
Bauzeit: 52 Wochen
Kennwerte: bis 1. Ebene DIN 276
veröffentlicht: BKI Objektdaten A6

BGF **1.715 €/m²**

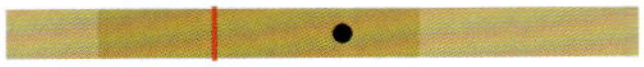

Planung: e + k Architekten k. ehring + m. knies; Reutlingen

Studentenwohnheim mit 137 Betten mit Gemeinschaftsküchen und Sanitärräumen; besondere Auflagen durch Brandschutz. **Kosteneinfluss Nutzung:** Entwurfsidee/Vorgaben des Bauherrn: Erreichen eines hohen Energiestandards. Verbesserung der Wohnqualität über neue Einheiten von Wohngemeinschaften, größere Küchen und mehr Nasszellen. Komplettsanierung aller Sanitär-, Heizung- und Elektroleitungen mit jeweils neuen Sanitärobjekten, Heizkörpern und Beleuchtungen. Brandschutzsanierung

6100-0489 Betreute Wohnanlage (24 WE)

BRI 8.646 m³ **BGF** 2.609 m² **NUF** 1.602 m²

Baujahr: 1960
Bauzustand: mittel
Aufwand: hoch
Nutzung während der Bauzeit: nein
Nutzungsänderung: ja
Grundrissänderungen: umfangreiche
Tragwerkseingriffe: einige

Land: Bayern
Kreis: Würzburg, Stadt
Standard: hoch
Bauzeit: 78 Wochen
Kennwerte: bis 1. Ebene DIN 276
veröffentlicht: www.bki.de

BGF **1.639 €/m²**

Planung: Spath Architektur- und Ingenieurbüro; Würzburg

Modernisierung und Instandsetzung eines Wohnhauses für betreutes Wohnen von 1960 mit 24 Wohneinheiten. Asbestentsorgung, Wärmedämmung. Erneuerung aller Oberflächen und technischen Anlagen. **Kosteneinfluss Nutzung:** Erhöhte Auflagen für Brand-, Schall- und Wärmeschutz. **Kosteneinfluss Grundstück:** Gemeinsame Hoffläche mit Nachbarbebauung, nicht voll nutzbar.

Fachwerkhäuser

Kosten:
Stand 2. Quartal 2025
Bundesdurchschnitt
inkl. 19% MwSt.

Kostenkennwerte für die Kosten des Bauwerks (Kostengruppen 300+400 nach DIN 276)

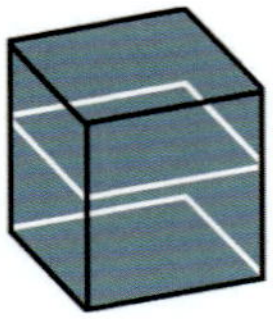

BRI 710 €/m³
von 560 €/m³
bis 880 €/m³

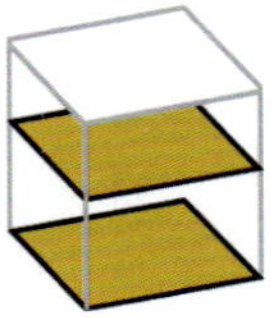

BGF 2.125 €/m²
von 1.650 €/m²
bis 2.795 €/m²

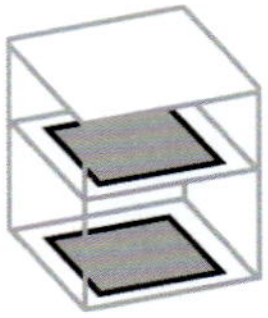

NUF 3.090 €/m²
von 2.490 €/m²
bis 3.925 €/m²

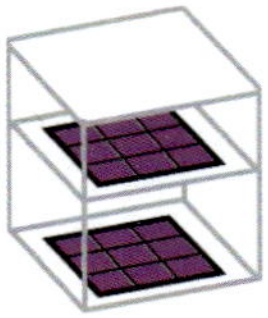

NE 3.265 €/NE
von 1.995 €/NE
bis 3.915 €/NE
NE: Wohnfläche

Objektbeispiele

6100-0480

6100-0288

6100-0220

Kosten der 5 Vergleichsobjekte

Seiten 418 bis 420

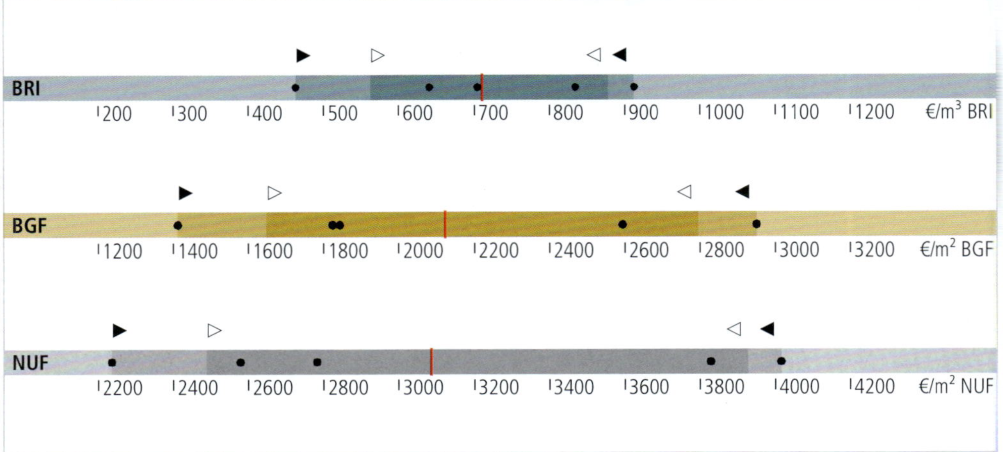

- ● KKW
- ▶ min
- ▷ von
- | Mittelwert
- ◁ bis
- ◀ max

Kostenkennwerte für die Kostengruppen der 1. und 2. Ebene DIN 276

KG	Kostengruppen der 1. Ebene	Einheit	▷	€/Einheit	◁	▷	% an 300+400	◁
100	Grundstück	m²GF	–	**–**	–	–	**–**	–
200	Vorbereitende Maßnahmen	m²GF	2	**55**	161	0,3	**1,1**	2,2
300	Bauwerk – Baukonstruktionen	m²BGF	1.381	**1.828**	2.471	82,8	**85,5**	87,8
400	Bauwerk – Technische Anlagen	m²BGF	254	**295**	329	12,2	**14,5**	17,2
	Bauwerk 300+400	m²BGF	1.649	**2.124**	2.796	100,0	**100,0**	100,0
500	Außenanlagen und Freiflächen	m²AF	49	**318**	534	3,2	**3,8**	6,2
600	Ausstattung und Kunstwerke	m²BGF	–	**1**	–	< 0,1	**< 0,1**	< 0,1
700	Baunebenkosten	m²BGF	–	**–**	–	–	**–**	–
800	Finanzierung	m²BGF	–	**–**	–	–	**–**	–

KG	Kostengruppen der 2. Ebene	Einheit	▷	€/Einheit	◁	▷	% an 1. Ebene	◁
310	Baugrube / Erdbau	m³BGI	117	**179**	301	0,8	**1,4**	2,6
320	Gründung, Unterbau	m²GRF	67	**251**	373	1,8	**3,2**	5,4
330	Außenwände / vertikal außen	m²AWF	521	**607**	656	26,9	**32,9**	36,4
340	Innenwände / vertikal innen	m²IWF	264	**340**	464	13,5	**15,8**	16,9
350	Decken / horizontal	m²DEF	508	**570**	687	21,0	**21,8**	22,3
360	Dächer	m²DAF	363	**579**	938	10,1	**14,5**	23,2
370	Infrastrukturanlagen		–	**–**	–	–	**–**	–
380	Baukonstruktive Einbauten	m²BGF	5	**16**	26	0,1	**0,7**	1,7
390	Sonst. Maßnahmen für Baukonst.	m²BGF	154	**166**	184	6,6	**9,7**	11,3
300	**Bauwerk – Baukonstruktionen**	**m²BGF**					**100,0**	
410	Abwasser-, Wasser-, Gasanlagen	m²BGF	61	**110**	139	26,8	**35,5**	48,9
420	Wärmeversorgungsanlagen	m²BGF	78	**118**	138	29,6	**39,3**	53,6
430	Raumlufttechnische Anlagen	m²BGF	5	**5**	6	0,0	**1,2**	1,9
440	Elektrische Anlagen	m²BGF	47	**63**	73	18,2	**20,3**	21,5
450	Kommunikationstechnische Anlagen	m²BGF	7	**11**	14	2,8	**3,7**	4,3
460	Förderanlagen	m²BGF	–	**–**	–	–	**–**	–
470	Nutzungsspez. / verfahrenstech. Anl.	m²BGF	–	**–**	–	–	**–**	–
480	Gebäude- und Anlagenautomation	m²BGF	–	**–**	–	–	**–**	–
490	Sonst. Maßnahmen f. techn. Anl.	m²BGF	–	**–**	–	–	**–**	–
400	**Bauwerk – Technische Anlagen**	**m²BGF**					**100,0**	

Prozentanteile der Kosten 2. Ebene an den Kosten des Bauwerks nach DIN 276 (Von/Mittel/Bis)

KG	Kostengruppe	%
310	Baugrube / Erdbau	1,2
320	Gründung, Unterbau	2,7
330	Außenwände / vertikal außen	28,0
340	Innenwände / vertikal innen	13,4
350	Decken / horizontal	18,6
360	Dächer	12,5
370	Infrastrukturanlagen	
380	Baukonstruktive Einbauten	0,6
390	Sonst. Maßnahmen für Baukonst.	8,3
410	Abwasser-, Wasser-, Gasanlagen	5,4
420	Wärmeversorgungsanlagen	5,7
430	Raumlufttechnische Anlagen	0,2
440	Elektrische Anlagen	3,0
450	Kommunikationstechnische Anlagen	0,6
460	Förderanlagen	
470	Nutzungsspez. / verfahrenstech. Anl.	
480	Gebäude- und Anlagenautomation	
490	Sonst. Maßnahmen f. techn. Anl.	

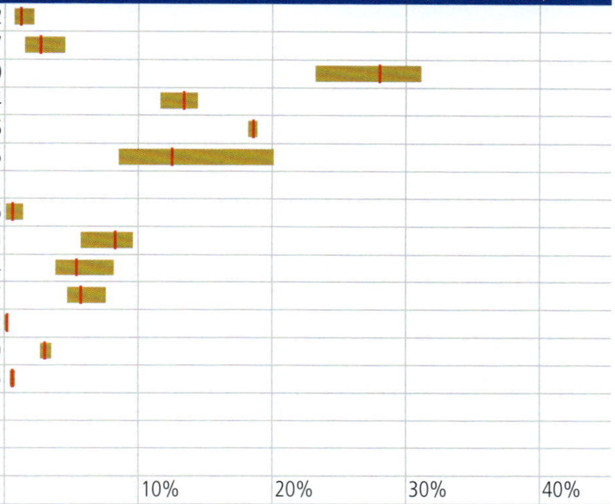

Kosten:
Stand 2. Quartal 2025
Bundesdurchschnitt
inkl. 19% MwSt.

Kostenkennwerte für die Kostengruppen der 3. Ebene DIN 276

KG	Kostengruppen der 3. Ebene	Einheit	▷	€/Einheit	◁	▷	€/m² BGF	◁
334	Außenwandöffnungen	m²	1.122	**1.599**	2.544	141	**208**	244
351	Deckenkonstruktionen	m²	299	**312**	318	81	**163**	205
335	Außenwandbekleidungen, außen	m²	170	**194**	242	128	**159**	219
353	Deckenbeläge	m²	195	**221**	262	89	**137**	168
361	Dachkonstruktionen	m²	104	**261**	561	38	**130**	312
363	Dachbeläge	m²	212	**312**	496	92	**110**	144
345	Innenwandbekleidungen	m²	63	**88**	136	76	**97**	110
331	Tragende Außenwände	m²	413	**451**	525	65	**97**	114
412	Wasseranlagen	m²	45	**84**	105	45	**84**	105
342	Nichttragende Innenwände	m²	141	**153**	171	38	**77**	155
344	Innenwandöffnungen	m²	552	**635**	693	54	**68**	75
355	Elementierte Deckenkonstruktionen	m²	–	**1.216**	–	–	**56**	–
444	Niederspannungsinstallationsanl.	m²	40	**55**	63	40	**55**	63
354	Deckenbekleidungen	m²	117	**131**	155	39	**54**	61
392	Gerüste	m²	43	**54**	71	43	**54**	71
336	Außenwandbekleidungen, innen	m²	53	**85**	148	35	**51**	81
393	Sicherungsmaßnahmen	m²	38	**51**	71	38	**51**	71
423	Raumheizflächen	m²	25	**50**	68	25	**50**	68
394	Abbruchmaßnahmen	m²	–	**41**	–	–	**41**	–
322	Flachgründungen und Bodenplatten	m²	199	**240**	320	11	**41**	57
341	Tragende Innenwände	m²	152	**201**	251	29	**34**	36
421	Wärmeerzeugungsanlagen	m²	17	**29**	34	17	**29**	34
338	Lichtschutz zur KG 330	m²	460	**629**	889	6	**28**	39
364	Dachbekleidungen	m²	92	**107**	137	10	**28**	61
311	Herstellung	m³	117	**179**	301	12	**27**	58
411	Abwasseranlagen	m²	16	**25**	41	16	**25**	41
422	Wärmeverteilnetze	m²	15	**25**	31	15	**25**	31
391	Baustelleneinrichtung	m²	21	**24**	28	21	**24**	28
397	Zusätzliche Maßnahmen	m²	5	**22**	57	5	**22**	57
381	Allgemeine Einbauten	m²	5	**16**	26	5	**16**	26
339	Sonstiges zur KG 330	m²	11	**16**	19	12	**14**	16
429	Sonstiges zur KG 420	m²	8	**14**	25	8	**14**	25
359	Sonstiges zur KG 350	m²	13	**20**	32	9	**13**	22
332	Nichttragende Außenwände	m²	235	**309**	383	3	**13**	34
369	Sonstiges zur KG 360	m²	12	**22**	39	6	**10**	19
324	Gründungsbeläge	m²	–	**110**	–	1	**9**	17
343	Innenstützen	m	–	**795**	–	–	**7**	–
455	Audiovis. Medien- u. Antennenanl.	m²	3	**6**	13	3	**6**	13
346	Elem. Innenwandkonstruktionen	m²	90	**133**	212	3	**6**	12
325	Abdichtungen und Bekleidungen	m²	10	**32**	53	2	**6**	12
333	Außenstützen	m	–	**256**	–	–	**5**	–
396	Materialentsorgung	m²	–	**5**	–	–	**5**	–
431	Lüftungsanlagen	m²	5	**5**	6	5	**5**	6
445	Beleuchtungsanlagen	m²	3	**5**	6	3	**5**	6
452	Such- und Signalanlagen	m²	2	**4**	9	2	**4**	9
326	Dränagen	m²	7	**12**	17	1	**3**	5
446	Blitzschutz- und Erdungsanlagen	m²	2	**3**	6	2	**3**	6
419	Sonstiges zur KG 410	m²	–	**3**	–	–	**3**	–
362	Dachöffnungen	m²	–	**1.349**	–	< 1	**3**	5
457	Datenübertragungsnetze	m²	–	**1**	–	–	**1**	–

▷ von
ø Mittel
◁ bis

Prozentanteile der Kosten für Leistungsbereiche nach STLB (Kosten Bauwerk nach DIN 276)

LB	Leistungsbereiche	▷	% an 300+400	◁
000	Baustellen-, Verkehrssich.- u. Sicherh.einr. inkl. 001	3,1	**4,8**	6,3
002	Erdarbeiten	1,0	**1,9**	2,9
006	Spezialtiefbauarbeiten inkl. 005	–	**–**	–
009	Entwässerungskanalarbeiten inkl. 011	0,0	**< 0,1**	0,2
010	Drän- und Versickerarbeiten	0,0	**< 0,1**	0,2
012	Mauerarbeiten	3,9	**4,5**	5,2
013	Betonarbeiten	4,7	**6,7**	8,4
014	Natur-, Betonwerksteinarbeiten	0,0	**1,1**	2,2
016	Zimmer- und Holzbauarbeiten	6,8	**10,7**	14,8
017	Stahlbauarbeiten	0,0	**0,9**	1,8
018	Abdichtungsarbeiten	0,7	**1,5**	2,5
020	Dachdeckungsarbeiten	1,0	**2,4**	3,4
021	Dachabdichtungsarbeiten	0,0	**0,4**	0,7
022	Klempnerarbeiten	1,1	**1,7**	2,7
	Rohbau	30,7	**36,7**	41,4
023	Putz- und Stuckarbeiten, Wärmedämmsysteme	7,2	**11,4**	14,4
024	Fliesen- und Plattenarbeiten	1,2	**1,8**	2,4
025	Estricharbeiten	0,9	**1,0**	1,1
026	Fenster, Außentüren inkl. 029, 032	5,9	**8,6**	10,8
027	Tischlerarbeiten	4,4	**5,0**	5,5
028	Parkett-, Holzpflasterarbeiten	0,7	**2,0**	3,1
030	Rollladenarbeiten	0,8	**1,3**	2,1
031	Metallbauarbeiten inkl. 035	0,9	**1,3**	2,0
034	Maler- und Lackiererarb. – Beschicht. inkl. 037	2,9	**3,1**	3,3
036	Bodenbelagarbeiten	0,3	**1,0**	1,5
038	Vorgehängte hinterlüftete Fassaden	< 0,1	**0,4**	0,6
039	Trockenbauarbeiten	2,7	**5,0**	8,2
	Ausbau	39,3	**41,9**	45,8
040	Wärmeversorgungsanl. - Betriebseinr. inkl. 041	3,7	**5,0**	6,0
042	Gas- u. Wasseranl. – Leitung., Armat. inkl. 043	1,1	**1,8**	2,2
044	Abwasseranl. - Leitungen, Abläufe, Armaturen	0,9	**1,4**	1,7
045	Gas, Wasser, Entwässerung – Ausstattung inkl. 046	1,2	**2,0**	2,7
047	Dämm- und Brandschutzarb. an techn. Anlagen	0,2	**0,2**	0,3
049	Feuerlöschanlagen, Feuerlöschgeräte	–	**–**	–
050	Blitzschutz-/Erdungsanlagen, Überspannungssch.	< 0,1	**0,1**	0,2
052	Mittelspannungsanlagen	–	**–**	–
053	Niederspannungsanl. – Kabel inkl. 054	2,3	**2,6**	2,9
055	Sicherheits- u. Ersatzstromversorgungsanl.	–	**–**	–
057	Gebäudesystemtechnik	–	**–**	–
058	Leuchten und Lampen inkl. 059	0,2	**0,2**	0,3
060	Such, Signal, Zeit, Anten., akust. Anl. inkl. 064	< 0,1	**0,2**	0,3
061	Kommunikations- u. Übertragungsnetze inkl. 062	0,2	**0,3**	0,5
063	Gefahrenmeldeanlagen	–	**–**	–
069	Aufzüge	–	**–**	–
070	Gebäudeautomation	–	**–**	–
075	Raumlufttechnische Anlagen inkl. 078	< 0,1	**0,2**	0,3
	Gebäudetechnik	12,5	**14,0**	15,1
084	Abbruch, Rückbau, Schadstoffsanierung	5,8	**6,6**	8,0
	Sonstige Leistungsbereiche inkl. 008, 033, 051	0,1	**0,8**	1,3

€/m² BGF

min	1.410	€/m²
von	1.650	€/m²
Mittel	**2.125**	**€/m²**
bis	2.795	€/m²
max	2.950	€/m²

Kosten:
Stand 2. Quartal 2025
Bundesdurchschnitt
inkl. 19% MwSt.

Objektübersicht zur Gebäudeart

6100-0527 Mehrfamilienhaus

BRI 2.793 m³ **BGF** 970 m² **NUF** 643 m²

© Architekturwerkstatt Cottbus

Baujahr: 1870
Bauzustand: schlecht
Aufwand: hoch
Nutzung während der Bauzeit: nein
Nutzungsänderung: nein
Grundrissänderungen: wenige
Tragwerkseingriffe: wenige

Land: Brandenburg
Kreis: Cottbus, Stadt
Standard: mittel
Bauzeit: 35 Wochen
Kennwerte: bis 3. Ebene DIN 276
veröffentlicht: www.bki.de

BGF 1.842 €/m²

Planung: Architekturwerkstatt Cottbus Planungsgesellschaft mbH; Cottbus

Modernisierung und Umbau eines Mehrfamilienhauses mit fünf Wohneinheiten (398 m² WFL), zwei Büroeinheiten. Mit Aufstockung und Anbau von Balkonen.

Bauwerk – Baukonstruktionen
Abbrechen: Tragende Außenwände 2%
Herstellen: Außenwandöffnungen 11%, Deckenbeläge 8%, Außenwandbekleidungen, außen 8%, Gerüste 4%, Dachbeläge 4%, Deckenkonstruktionen 4%, Zusätzliche Maßnahmen 4%, Elementierte Deckenkonstruktionen 4%, Deckenbekleidungen 3%, Innenwandöffnungen 3%, Dachkonstruktionen 2%
Wiederherstellen: Außenwandbekleidungen, außen 6%, Außenwandöffnungen 5%, Innenwandbekleidungen 3%
Sonstige: 30%

Bauwerk – Technische Anlagen
Herstellen: Raumheizflächen 29%, Wasseranlagen 17%, Niederspannungsinstallationsanlagen 15%, Wärmeverteilnetze 13%
Sonstige: 26%

6100-0480 Mehrfamilienhaus (5 WE)

BRI 1.601 m³ **BGF** 563 m² **NUF** 364 m²

© m+ architekten Klaus Mattern Eva Moos

Baujahr: 1574
Bauzustand: schlecht
Aufwand: hoch
Nutzung während der Bauzeit: nein
Nutzungsänderung: ja
Grundrissänderungen: einige
Tragwerkseingriffe: wenige

Land: Hessen
Kreis: Darmstadt, Stadt
Standard: hoch
Bauzeit: 92 Wochen
Kennwerte: bis 3. Ebene DIN 276
veröffentlicht: www.bki.de

BGF 2.593 €/m²

Planung: m+ architekten Klaus Mattern Eva Moos; Darmstadt

Modernisierung und Umbau eines ehemaligen Zollhauses der Hessischen Landgrafen, das als landwirtschaftliches Anwesen durch eine Großfamilie genutzt wurde, zu einem reinen Wohnhaus.

Bauwerk – Baukonstruktionen
Herstellen: Dachkonstruktionen 13%, Außenwandöffnungen 10%, Deckenkonstruktionen 9%, Deckenbeläge 8%, Außenwandbekleidungen, außen 6%, Nichttragende Innenwände 6%, Dachbeläge 6%, Innenwandbekleidungen 4%, Innenwandöffnungen 3%, Sicherungsmaßnahmen 3%, Dachbekleidungen 3%, Herstellung 3%, Gerüste 2%
Wiederherstellen: Tragende Außenwände 3%
Sonstige: 22%

Bauwerk – Technische Anlagen
Herstellen: Wasseranlagen 28%, Niederspannungsinstallationsanlagen 18%, Raumheizflächen 14%, Wärmeerzeugungsanlagen 10%, Wärmeverteilnetze 7%
Sonstige: 22%

Objektübersicht zur Gebäudeart

6100-0220 Mehrfamilienhaus (4 WE)

BRI 1.540 m³ **BGF** 595 m² **NUF** 421 m²

Baujahr: 1808
Bauzustand: schlecht
Aufwand: hoch
Nutzung während der Bauzeit: nein
Nutzungsänderung: ja
Grundrissänderungen: umfangreiche
Tragwerkseingriffe: umfangreiche

Land: Baden-Württemberg
Kreis: Rems-Murr-Kreis
Standard: mittel
Bauzeit: 52 Wochen
Kennwerte: bis 3. Ebene DIN 276
veröffentlicht: www.bki.de
BGF **1.822 €/m²**

Planung: Rolf Neddermann Dr.-Ing. Freier Architekt; Remshalden-Grunbach

Mehrfamilienhaus mit drei Mietwohnungen und einer Eigentumswohnung; Dachterrasse für alle Bewohner zugänglich und nutzbar; zentral gelegene Regenwassernutzungsanlage für alle Wohnungen. **Kosteneinfluss Nutzung:** Die Fenster in der Süd- und Westfassade wurden als Verbundfenster ausgeführt; das alte Scheunentor wurde durch ein großes Glaselement ersetzt. **Kosteneinfluss Grundstück:** Erhöhte Kosten durch Unterfangung des Erdgeschosses, um belichteten Wohnraum zu schaffen. Verdecktes Fachwerk musste teilweise erneuert werden.

Bauwerk – Baukonstruktionen
Abbrechen: Abbruchmaßnahmen 3%
Herstellen: Außenwandöffnungen 9%, Außenwandbekleidungen, außen 8%, Innenwandbekleidungen 7%, Deckenkonstruktionen 7%, Dachbeläge 5%
Wiederherstellen: Deckenkonstruktionen 6%, Tragende Außenwände 5%
Sonstige: 49%

Bauwerk – Technische Anlagen
Herstellen: Wasseranlagen 35%, Niederspannungsinstallationsanlagen 19%, Abwasseranlagen 13%, Wärmeerzeugungsanlagen 11%
Sonstige: 21%

6100-0358 Stadthaus (3 WE)

BRI 680 m³ **BGF** 192 m² **NUF** 148 m²

Baujahr: 1730
Bauzustand: schlecht
Aufwand: hoch
Nutzung während der Bauzeit: nein
Nutzungsänderung: nein
Grundrissänderungen: umfangreiche
Tragwerkseingriffe: einige

Land: Sachsen-Anhalt
Kreis: Harz
Standard: mittel
Bauzeit: 35 Wochen
Kennwerte: bis 1. Ebene DIN 276
veröffentlicht: www.bki.de
BGF **2.950 €/m²**

Planung: Jean-Elie Hamesse Architekt + Planer; Braunschweig

Modernisierung und Instandsetzung eines denkmalgeschützten Fachwerkhauses von 1730. **Kosteneinfluss Nutzung:** Besondere Auflagen des Denkmalschutzes, sowie des Brand-, Wärme- und Schallschutzes mussten beachtet werden. Der alte Gewölbekeller musste erhalten bleiben. **Kosteneinfluss Grundstück:** Sehr beschränkter Platz für Baustelleneinrichtung. Es wurde ein gegenüberliegendes Grundstück zur Lagerung gepachtet.

€/m² BGF

min	1.410	€/m²
von	1.650	€/m²
Mittel	**2.125**	**€/m²**
bis	2.795	€/m²
max	2.950	€/m²

Kosten:
Stand 2. Quartal 2025
Bundesdurchschnitt
inkl. 19% MwSt.

Objektübersicht zur Gebäudeart

6100-0288 Einfamilienhaus mit ELW

BRI 850 m³ **BGF** 279 m² **NUF** 176 m²

Baujahr: 1850
Bauzustand: mittel
Aufwand: mittel
Nutzung während der Bauzeit: nein
Nutzungsänderung: ja
Grundrissänderungen: wenige
Tragwerkseingriffe: einige

Land: Niedersachsen
Kreis: Gifhorn
Standard: mittel
Bauzeit: 13 Wochen
Kennwerte: bis 1. Ebene DIN 276
veröffentlicht: www.bki.de

BGF 1.412 €/m²

Planung: Jean-Elie Hamesse Architekt + Planer; Braunschweig

Einfamilienwohnhaus mit Einliegerwohnung (197 m² WFL), unterkellert.

Kostenkennwerte für die Kosten des Bauwerks (Kostengruppen 300+400 nach DIN 276)

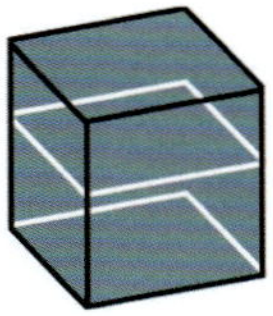

BRI 635 €/m³
von 600 €/m³
bis 665 €/m³

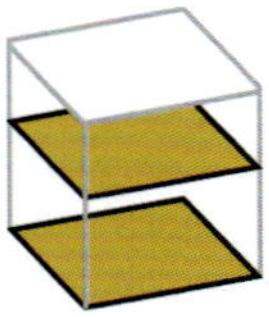

BGF 2.310 €/m²
von 2.205 €/m²
bis 2.570 €/m²

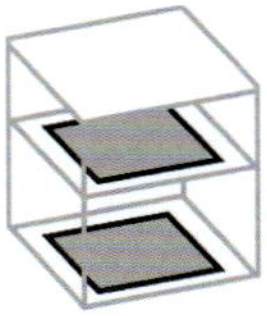

NUF 3.485 €/m²
von 3.275 €/m²
bis 4.035 €/m²

Kosten:
Stand 2. Quartal 2025
Bundesdurchschnitt
inkl. 19% MwSt.

Objektbeispiele

7200-0090

7600-0066

7200-0053

Kosten der 4 Vergleichsobjekte

Seiten 426 bis 429

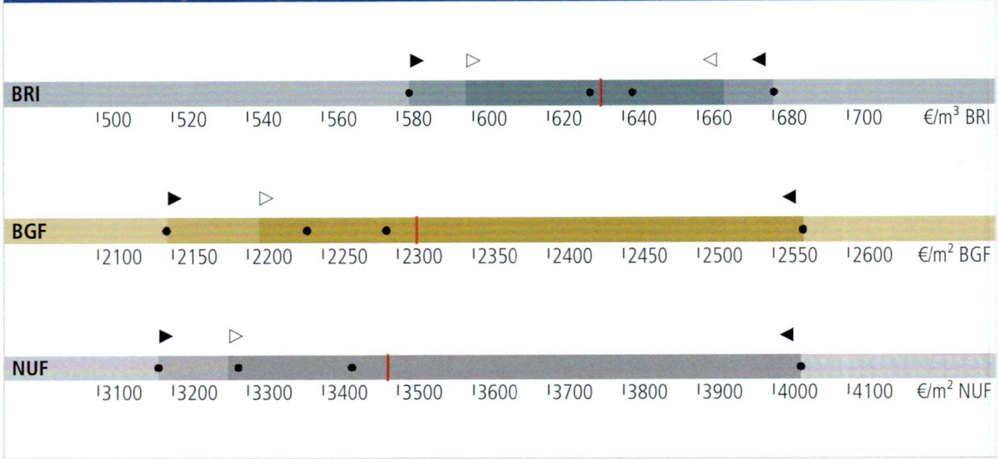

- ● KKW
- ▶ min
- ▷ von
- | Mittelwert
- ◁ bis
- ◀ max

Kostenkennwerte für die Kostengruppen der 1. und 2. Ebene DIN 276

KG	Kostengruppen der 1. Ebene	Einheit	▷	€/Einheit	◁	▷	% an 300+400	◁
100	Grundstück	m²GF	–	**–**	–	–	**–**	–
200	Vorbereitende Maßnahmen	m²GF	–	**27**	–	1,4	**1,4**	1,4
300	Bauwerk – Baukonstruktionen	m²BGF	941	**1.593**	1.837	41,1	**68,9**	78,4
400	Bauwerk – Technische Anlagen	m²BGF	493	**719**	1.351	21,6	**31,1**	58,9
	Bauwerk 300+400	m²BGF	2.207	**2.312**	2.570	100,0	**100,0**	100,0
500	Außenanlagen und Freiflächen	m²AF	–	**226**	–	0,2	**5,0**	9,7
600	Ausstattung und Kunstwerke	m²BGF	29	**130**	232	1,3	**5,7**	10,1
700	Baunebenkosten	m²BGF	–	**–**	–	–	**–**	–
800	Finanzierung	m²BGF	–	**–**	–	–	**–**	–

KG	Kostengruppen der 2. Ebene	Einheit	▷	€/Einheit	◁	▷	% an 1. Ebene	◁
310	Baugrube / Erdbau	m³BGI	76	**84**	92	0,2	**0,8**	1,9
320	Gründung, Unterbau	m²GRF	295	**331**	366	0,2	**1,8**	4,8
330	Außenwände / vertikal außen	m²AWF	170	**341**	683	1,4	**16,7**	26,9
340	Innenwände / vertikal innen	m²IWF	123	**162**	231	10,8	**19,9**	35,5
350	Decken / horizontal	m²DEF	447	**1.006**	2.072	25,4	**28,6**	34,4
360	Dächer	m²DAF	245	**368**	492	1,5	**6,8**	16,7
370	Infrastrukturanlagen		–	**–**	–	–	**–**	–
380	Baukonstruktive Einbauten	m²BGF	6	**348**	1.030	0,6	**17,9**	52,3
390	Sonst. Maßnahmen für Baukonst.	m²BGF	81	**97**	126	4,5	**7,4**	13,4
300	**Bauwerk – Baukonstruktionen**	**m²BGF**					**100,0**	
410	Abwasser-, Wasser-, Gasanlagen	m²BGF	51	**132**	212	0,0	**8,5**	13,7
420	Wärmeversorgungsanlagen	m²BGF	72	**110**	183	8,6	**16,1**	30,4
430	Raumlufttechnische Anlagen	m²BGF	212	**391**	570	0,0	**27,6**	41,4
440	Elektrische Anlagen	m²BGF	197	**274**	416	23,2	**39,8**	69,3
450	Kommunikationstechnische Anlagen	m²BGF	2	**27**	52	0,2	**1,4**	3,8
460	Förderanlagen	m²BGF	23	**30**	36	0,0	**2,4**	3,8
470	Nutzungsspez. / verfahrenstech. Anl.	m²BGF	4	**74**	144	0,4	**3,8**	10,7
480	Gebäude- und Anlagenautomation	m²BGF	–	**–**	–	–	**–**	–
490	Sonst. Maßnahmen f. techn. Anl.	m²BGF	–	**16**	–	0,0	**0,4**	1,2
400	**Bauwerk – Technische Anlagen**	**m²BGF**					**100,0**	

Prozentanteile der Kosten 2. Ebene an den Kosten des Bauwerks nach DIN 276 (Von/Mittel/Bis)

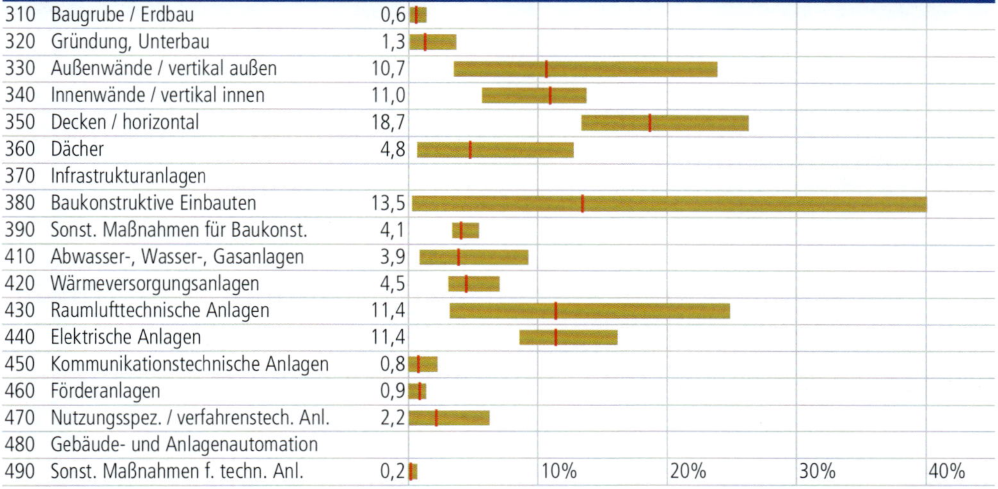

 Kostenstand: 2. Quartal 2025, Bundesdurchschnitt, **inkl. 19% MwSt.**

Kostenkennwerte für die Kostengruppen der 3. Ebene DIN 276

KG	Kostengruppen der 3. Ebene	Einheit	▷	€/Einheit	◁	▷	€/m² BGF	◁
382	Besondere Einbauten	m²	5	**518**	1.030	5	**518**	1.030
431	Lüftungsanlagen	m²	–	**331**	–	–	**331**	–
434	Kälteanlagen	m²	–	**239**	–	–	**239**	–
351	Deckenkonstruktionen	m²	446	**661**	1.092	58	**196**	291
353	Deckenbeläge	m²	174	**437**	930	106	**179**	304
445	Beleuchtungsanlagen	m²	29	**171**	313	29	**171**	313
335	Außenwandbekleidungen, außen	m²	79	**263**	446	44	**163**	283
444	Niederspannungsinstallationsanl.	m²	104	**148**	192	104	**148**	192
412	Wasseranlagen	m²	–	**119**	–	–	**119**	–
422	Wärmeverteilnetze	m²	63	**107**	151	63	**107**	151
473	Medienversorgungsanlagen	m²	–	**107**	–	–	**107**	–
363	Dachbeläge	m²	320	**363**	405	21	**103**	185
345	Innenwandbekleidungen	m²	45	**68**	111	66	**95**	109
411	Abwasseranlagen	m²	–	**93**	–	–	**93**	–
354	Deckenbekleidungen	m²	104	**495**	1.274	46	**68**	113
342	Nichttragende Innenwände	m²	124	**146**	167	35	**61**	114
341	Tragende Innenwände	m²	96	**168**	239	9	**55**	100
334	Außenwandöffnungen	m²	212	**362**	609	34	**50**	74
343	Innenstützen	m	–	**345**	–	–	**46**	–
331	Tragende Außenwände	m²	–	**264**	–	17	**43**	69
391	Baustelleneinrichtung	m²	18	**43**	87	18	**43**	87
344	Innenwandöffnungen	m²	327	**417**	507	9	**42**	104
336	Außenwandbekleidungen, innen	m²	46	**55**	64	34	**39**	43
461	Aufzugsanlagen	m²	–	**36**	–	–	**36**	–
322	Flachgründungen und Bodenplatten	m²	171	**241**	311	2	**36**	70
361	Dachkonstruktionen	m²	31	**159**	286	2	**36**	70
394	Abbruchmaßnahmen	m²	3	**36**	68	3	**36**	68
423	Raumheizflächen	m²	23	**27**	32	23	**27**	32
451	Telekommunikationsanlagen	m²	< 1	**25**	51	< 1	**25**	51
476	Weitere nutzungsspezifische Anl.	m²	–	**25**	–	–	**25**	–
396	Materialentsorgung	m²	–	**23**	–	–	**23**	–
392	Gerüste	m²	14	**23**	31	14	**23**	31
337	Elem. Außenwandkonstruktionen	m²	–	**763**	–	–	**20**	–
369	Sonstiges zur KG 360	m²	–	**30**	–	–	**17**	–
494	Abbruchmaßnahmen	m²	–	**16**	–	–	**16**	–
311	Herstellung	m³	71	**74**	76	6	**15**	25
338	Lichtschutz zur KG 330	m²	184	**283**	381	9	**15**	21
339	Sonstiges zur KG 330	m²	–	**19**	–	–	**15**	–
443	Niederspannungsschaltanlagen	m²	–	**14**	–	–	**14**	–
364	Dachbekleidungen	m²	69	**78**	86	11	**12**	13
332	Nichttragende Außenwände	m²	796	**1.267**	1.738	2	**12**	21
359	Sonstiges zur KG 350	m²	9	**15**	20	8	**10**	13
349	Sonstiges zur KG 340	m²	–	**4**	–	–	**10**	–
397	Zusätzliche Maßnahmen	m²	7	**8**	8	7	**8**	8
474	Feuerlöschanlagen	m²	–	**7**	–	–	**7**	–
312	Umschließung	m²	–	**185**	–	–	**7**	–
326	Dränagen	m²	–	**23**	–	–	**5**	–
386	Orientierungs- u. Informationssys.	m²	–	**5**	–	–	**5**	–
346	Elem. Innenwandkonstruktionen	m²	212	**466**	720	2	**5**	7
475	Prozesswärme-, kälte- u. -luftanl.	m²	–	**4**	–	–	**4**	–

Kosten:
Stand 2. Quartal 2025
Bundesdurchschnitt
inkl. 19% MwSt.

▷ von
ø Mittel
◁ bis

Prozentanteile der Kosten für Leistungsbereiche nach STLB (Kosten Bauwerk nach DIN 276)

LB	Leistungsbereiche	▷	% an 300+400	◁
000	Baustellen-, Verkehrssich.- u. Sicherh.einr. inkl. 001	1,6	**2,4**	3,3
002	Erdarbeiten	< 0,1	**0,5**	0,9
006	Spezialtiefbauarbeiten inkl. 005	0,0	**0,1**	0,2
009	Entwässerungskanalarbeiten inkl. 011	< 0,1	**< 0,1**	0,2
010	Drän- und Versickerarbeiten	0,0	**< 0,1**	< 0,1
012	Mauerarbeiten	3,0	**5,3**	6,8
013	Betonarbeiten	2,8	**6,8**	10,5
014	Natur-, Betonwerksteinarbeiten	4,3	**8,1**	13,4
016	Zimmer- und Holzbauarbeiten	0,0	**0,8**	1,6
017	Stahlbauarbeiten	< 0,1	**0,8**	1,6
018	Abdichtungsarbeiten	0,0	**< 0,1**	0,2
020	Dachdeckungsarbeiten	0,0	**0,4**	0,8
021	Dachabdichtungsarbeiten	0,1	**1,7**	3,1
022	Klempnerarbeiten	< 0,1	**1,0**	1,9
	Rohbau	12,3	**28,2**	41,6
023	Putz- und Stuckarbeiten, Wärmedämmsysteme	1,4	**2,8**	4,3
024	Fliesen- und Plattenarbeiten	0,5	**1,0**	1,6
025	Estricharbeiten	< 0,1	**0,6**	0,9
026	Fenster, Außentüren inkl. 029, 032	0,9	**1,9**	2,5
027	Tischlerarbeiten	1,6	**14,7**	27,4
028	Parkett-, Holzpflasterarbeiten	–	**–**	–
030	Rollladenarbeiten	< 0,1	**0,4**	0,7
031	Metallbauarbeiten inkl. 035	0,5	**1,0**	1,8
034	Maler- und Lackiererarb. – Beschicht. inkl. 037	2,4	**2,9**	3,3
036	Bodenbelagarbeiten	< 0,1	**0,6**	1,0
038	Vorgehängte hinterlüftete Fassaden	–	**–**	–
039	Trockenbauarbeiten	1,7	**3,4**	5,9
	Ausbau	21,0	**29,4**	36,5
040	Wärmeversorgungsanl. - Betriebseinr. inkl. 041	2,8	**4,7**	5,9
042	Gas- u. Wasseranl. – Leitung., Armat. inkl. 043	0,2	**2,5**	4,5
044	Abwasseranl. - Leitungen, Abläufe, Armaturen	0,1	**1,2**	2,1
045	Gas, Wasser, Entwässerung – Ausstattung inkl. 046	0,3	**0,6**	1,1
047	Dämm- und Brandschutzarb. an techn. Anlagen	< 0,1	**1,2**	2,3
049	Feuerlöschanlagen, Feuerlöschgeräte	0,0	**0,1**	0,2
050	Blitzschutz-/Erdungsanlagen, Überspannungssch.	–	**–**	–
052	Mittelspannungsanlagen	–	**–**	–
053	Niederspannungsanl. – Kabel inkl. 054	5,7	**6,8**	8,1
055	Sicherheits- u. Ersatzstromversorgungsanl.	–	**–**	–
057	Gebäudesystemtechnik	–	**–**	–
058	Leuchten und Lampen inkl. 059	0,3	**4,2**	7,8
060	Such, Signal, Zeit, Anten., akust. Anl. inkl. 064	< 0,1	**0,4**	0,7
061	Kommunikations- u. Übertragungsnetze inkl. 062	0,0	**0,7**	1,5
063	Gefahrenmeldeanlagen	0,0	**< 0,1**	0,2
069	Aufzüge	0,0	**0,5**	1,1
070	Gebäudeautomation	–	**–**	–
075	Raumlufttechnische Anlagen inkl. 078	1,4	**9,6**	14,4
	Gebäudetechnik	22,9	**32,6**	42,1
084	Abbruch, Rückbau, Schadstoffsanierung	4,9	**8,1**	12,8
	Sonstige Leistungsbereiche inkl. 008, 033, 051	0,1	**1,6**	3,0

€/m² BGF

min	2.145	€/m²
von	2.205	€/m²
Mittel	**2.310**	**€/m²**
bis	2.570	€/m²
max	2.570	€/m²

Kosten:
Stand 2. Quartal 2025
Bundesdurchschnitt
inkl. 19% MwSt.

Objektübersicht zur Gebäudeart

7200-0090 Markthalle*

BRI 174.000 m³ **BGF** 32.500 m² **NUF** 30.000 m²

© Ulrich Hoppe

Baujahr: 1951
Bauzustand: schlecht
Aufwand: hoch
Nutzung während der Bauzeit: nein
Nutzungsänderung: nein
Grundrissänderungen: umfangreiche
Tragwerkseingriffe: einige

Land: Hamburg
Kreis: Hamburg, Stadt
Standard: einfach
Bauzeit: 113 Wochen
Kennwerte: bis 3. Ebene DIN 276
veröffentlicht: BKI Objektdaten A12
BGF 497 €/m²

* Nicht in der Auswertung enthalten

Planung: pbr Planungsbüro Rohling AG; Hamburg

Modernisierung einer Markthalle

Bauwerk – Baukonstruktionen
Abbrechen: Dachkonstruktionen 2%
Herstellen: Baustelleneinrichtung 19%, Dachkonstruktionen 13%, Elementierte Außenwandkonstruktionen 7%, Dachbeläge 6%, Außenwandöffnungen 4%, Dachöffnungen 3%, Gerüste 3%, Außenwandbekleidungen, außen 2%
Wiederherstellen: Außenwandbekleidungen, außen 7%, Dachbekleidungen 6%, Elementierte Außenwandkonstruktionen 6%
Sonstige: 20%

Bauwerk – Technische Anlagen
Abbrechen: Abwasseranlagen 3%
Herstellen: Abwasseranlagen 65%, Blitzschutz- und Erdungsanlagen 29%
Sonstige: 3%

7600-0066 Feuer- und Rettungswache*

BRI 8.042 m³ **BGF** 2.530 m² **NUF** 1.742 m²

© k. A.

Bauzustand: mittel
Aufwand: mittel
Nutzung während der Bauzeit: ja
Nutzungsänderung: nein
Grundrissänderungen: keine
Tragwerkseingriffe: keine

Land: Nordrhein-Westfalen
Kreis: Recklinghausen
Standard: mittel
Bauzeit: 4 Wochen
Kennwerte: bis 3. Ebene DIN 276
veröffentlicht: BKI Objektdaten A9
BGF 16 €/m²

* Nicht in der Auswertung enthalten

Planung: k.A.

Feuer- und Rettungswache, Fenstermodernisierung

Bauwerk – Baukonstruktionen
Abbrechen: Außenwandöffnungen 8%
Herstellen: Außenwandöffnungen 92%, Baustelleneinrichtung < 1%

Objektübersicht zur Gebäudeart

7100-0038 Fabrikgebäude Textilproduktion*

BRI 6.122 m³ **BGF** 1.611 m² **NUF** 1.128 m²

Bauzustand: gut
Aufwand: mittel
Nutzung während der Bauzeit: nein
Nutzungsänderung: nein
Grundrissänderungen: wenige
Tragwerkseingriffe: keine

Land: Baden-Württemberg
Kreis: Zollernalbkreis
Standard: mittel
Bauzeit: 52 Wochen
Kennwerte: bis 3. Ebene DIN 276
veröffentlicht: BKI Objektdaten A9

BGF 630 €/m²

* Nicht in der Auswertung enthalten

Planung: Architekturbüro Walter Haller; Albstadt

Fabrikgebäude für Textilproduktion

Bauwerk – Baukonstruktionen
Herstellen: Außenwandbekleidungen, außen 38%, Deckenkonstruktionen 7%, Gründungsbeläge 6%, Dachkonstruktionen 6%, Dachbeläge 6%, Innenwandöffnungen 5%, Außenwandöffnungen 4%, Gerüste 4%, Deckenbeläge 3%
Sonstige: 21%

Bauwerk – Technische Anlagen
Herstellen: Medienversorgungsanlagen, Medizin- und labortechnische Anlagen 32%, Beleuchtungsanlagen 14%, Niederspannungsinstallationsanlagen 12%, Wärmeerzeugungsanlagen 12%
Wiederherstellen: Raumheizflächen 9%
Sonstige: 22%

7200-0046 Apotheke

BRI 430 m³ **BGF** 98 m² **NUF** 76 m²

Baujahr: 1898
Bauzustand: mittel
Aufwand: hoch
Nutzung während der Bauzeit: ja
Nutzungsänderung: nein
Grundrissänderungen: wenige
Tragwerkseingriffe: wenige

Land: Niedersachsen
Kreis: Harburg
Standard: hoch
Bauzeit: 8 Wochen
Kennwerte: bis 3. Ebene DIN 276
veröffentlicht: www.bki.de

BGF 2.570 €/m²

Planung: Holst Becker Architekten; Hamburg

Apotheke mit Büros, Labor und Nebenräume, Musikschule, zwei Wohnungen. **Kosteneinfluss Grundstück:** Innenstadtlage, Fußgängerzone, Nutzung der Fußgängerzone für Baustelleneinrichtung, Zuwegung über Fußgängerzone mit Sondererlaubnis.

Bauwerk – Baukonstruktionen
Abbrechen: Deckenkonstruktionen 8%
Herstellen: Deckenbeläge 12%
Wiederherstellen: Besondere Einbauten 52%
Sonstige: 27%

Bauwerk – Technische Anlagen
Herstellen: Beleuchtungsanlagen 52%, Wärmeverteilnetze 25%, Niederspannungsinstallationsanlagen 17%
Sonstige: 6%

€/m² BGF

min	2.145	€/m²
von	2.205	€/m²
Mittel	**2.310**	**€/m²**
bis	2.570	€/m²
max	2.570	€/m²

Kosten:
Stand 2. Quartal 2025
Bundesdurchschnitt
inkl. 19% MwSt.

Objektübersicht zur Gebäudeart

7200-0053 Wohn- und Geschäftshaus

BRI 9.998 m³ **BGF** 2.818 m² **NUF** 1.984 m²

Land: Sachsen
Kreis: Vogtlandkreis
Standard: hoch
Bauzeit: 65 Wochen
Kennwerte: bis 3. Ebene DIN 276
veröffentlicht: www.bki.de

BGF 2.239 €/m²

Planung: Architekturbüro Seiss; Plauen

Wohn- und Geschäftshaus, Sparkassengeschäftsstelle, acht Wohnungen, Tiefgarage

Bauwerk – Baukonstruktionen
Herstellen: Außenwandbekleidungen, außen 14%, Deckenkonstruktionen 11%, Dachbeläge 11%, Deckenbeläge 9%, Tragende Innenwände 5%, Außenwandöffnungen 4%, Dachkonstruktionen 4%, Flachgründungen und Bodenplatten 4%, Tragende Außenwände 3%, Innenwandbekleidungen 3%, Innenstützen 3%, Außenwandbekleidungen, innen 3%, Deckenbekleidungen 2%, Baustelleneinrichtung 2%
Wiederherstellen: Außenwandbekleidungen, außen 2%
Sonstige: 20%

Bauwerk – Technische Anlagen
Herstellen: Raumlufttechnische Anlagen 41%, Elektrische Anlagen 33%, Wärmeversorgungsanlagen 12%
Sonstige: 15%

7700-0036 Laborgebäude

BRI 9.774 m³ **BGF** 2.739 m² **NUF** 1.556 m²

Baujahr: 1957
Bauzustand: mittel
Aufwand: hoch
Nutzung während der Bauzeit: ja
Nutzungsänderung: nein
Grundrissänderungen: wenige
Tragwerkseingriffe: keine

Land: Bayern
Kreis: Würzburg, Stadt
Standard: hoch
Bauzeit: 174 Wochen
Kennwerte: bis 3. Ebene DIN 276
veröffentlicht: www.bki.de

BGF 2.292 €/m²

Planung: Scholz & Völker Architektengemeinschaft; Würzburg

Institutsgebäude für die Universität, Labor-, Büro- und Sozialräume.

Bauwerk – Baukonstruktionen
Abbrechen: Abbruchmaßnahmen 7%, Materialentsorgung 2%
Herstellen: Deckenbekleidungen 12%, Innenwandöffnungen 9%, Nichttragende Innenwände 9%, Innenwandbekleidungen 7%, Deckenbeläge 6%, Außenwandöffnungen 5%, Lichtschutz zur KG 330 2%, Dachbeläge 2%
Wiederherstellen: Deckenkonstruktionen 5%, Außenwandbekleidungen, außen 5%, Innenwandbekleidungen 4%, Nichttragende Innenwände 3%, Außenwandbekleidungen, innen 2%
Sonstige: 21%

Bauwerk – Technische Anlagen
Herstellen: Lüftungsanlagen 22%, Kälteanlagen 18%, Niederspannungsinstallationsanlagen 13%, Wasseranlagen 9%, Medienversorgungsanlagen, Medizin- und labortechnische Anlagen 8%, Abwasseranlagen 7%
Sonstige: 24%

Objektübersicht zur Gebäudeart

7600-0028 Feuerwehrgerätehaus

BRI 1.830 m³ | **BGF** 580 m² | **NUF** 362 m²

Bauzustand: schlecht
Aufwand: hoch
Nutzung während der Bauzeit: nein
Nutzungsänderung: nein
Grundrissänderungen: einige
Tragwerkseingriffe: einige

Land: Sachsen
Kreis: Vogtlandkreis
Standard: mittel
Bauzeit: 26 Wochen
Kennwerte: bis 1. Ebene DIN 276
veröffentlicht: www.bki.de

BGF 2.146 €/m²

Planung: Bernd Riedl Dipl.-Ing. Arch.-u. Ing. Büro Dr. Obeth u. Riedl; Rodewisch

Modernisierung und Umbau eines Feuerwehrhauses mit Übergang zum Erweiterungsbau (Objekt 7600-0027); zwei Stellplätze, Wasch- und Pflegehalle, Batterieladeraum, Werkstatt, Fahrzeughalle für nachgeordnete Technik, Schlauchtrocknung, Raum für Feuerwehrjugend, Funkwerkstatt, Waschraum für Einsatzbekleidung, Vierzimmerwohnung.

Kostenkennwerte für die Kosten des Bauwerks (Kostengruppen 300+400 nach DIN 276)

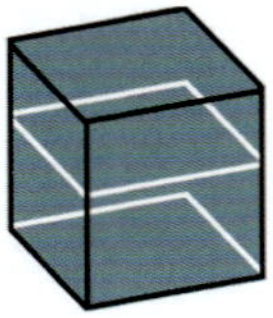

BRI 380 €/m³
von 250 €/m³
bis 610 €/m³

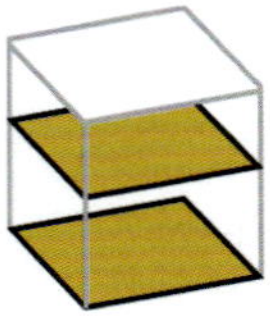

BGF 1.780 €/m²
von 1.145 €/m²
bis 2.570 €/m²

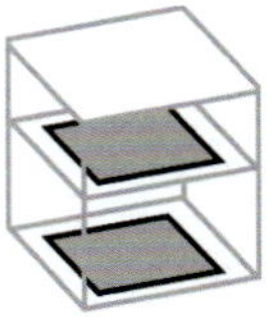

NUF 4.210 €/m²
von 2.025 €/m²
bis 14.945 €/m²

Kosten:
Stand 2. Quartal 2025
Bundesdurchschnitt
inkl. 19% MwSt.

Objektbeispiele

9100-0093

6400-0062

9100-0125

Kosten der 10 Vergleichsobjekte

Seiten 434 bis 439

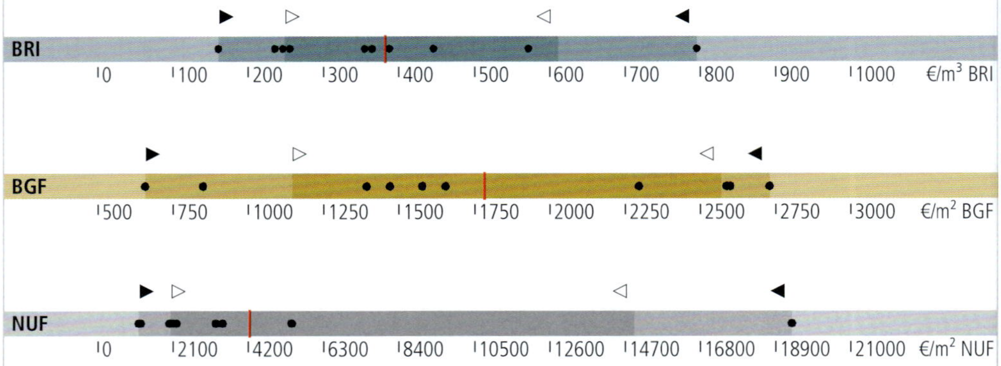

- ● KKW
- ▶ min
- ▷ von
- | Mittelwert
- ◁ bis
- ◀ max

Kostenkennwerte für die Kostengruppen der 1. und 2.Ebene DIN 276

KG	Kostengruppen der 1.Ebene	Einheit	▷	€/Einheit	◁	▷	% an 300+400	◁
100	Grundstück	m²GF	–	**–**	–	–	**–**	–
200	Vorbereitende Maßnahmen	m²GF	4	**53**	79	1,1	**1,4**	1,8
300	Bauwerk – Baukonstruktionen	m²BGF	794	**1.260**	1.869	62,0	**70,4**	75,9
400	Bauwerk – Technische Anlagen	m²BGF	298	**520**	751	24,1	**29,6**	38,0
	Bauwerk 300+400	m²BGF	1.143	**1.780**	2.568	100,0	**100,0**	100,0
500	Außenanlagen und Freiflächen	m²AF	25	**77**	174	1,8	**4,2**	8,5
600	Ausstattung und Kunstwerke	m²BGF	37	**125**	267	2,1	**6,4**	14,7
700	Baunebenkosten	m²BGF	–	**–**	–	–	**–**	–
800	Finanzierung	m²BGF	–	**–**	–	–	**–**	–

KG	Kostengruppen der 2.Ebene	Einheit	▷	€/Einheit	◁	▷	% an 1.Ebene	◁
310	Baugrube / Erdbau	m³BGI	100	**215**	534	< 0,1	**0,8**	2,4
320	Gründung, Unterbau	m²GRF	219	**548**	943	0,4	**4,6**	14,3
330	Außenwände / vertikal außen	m²AWF	142	**345**	634	8,5	**21,8**	41,0
340	Innenwände / vertikal innen	m²IWF	187	**306**	661	6,8	**13,8**	25,9
350	Decken / horizontal	m²DEF	291	**538**	963	10,2	**24,4**	45,1
360	Dächer	m²DAF	48	**370**	519	0,9	**6,8**	19,2
370	Infrastrukturanlagen		–	**–**	–	–	**–**	–
380	Baukonstruktive Einbauten	m²BGF	46	**330**	961	4,0	**21,5**	57,9
390	Sonst. Maßnahmen für Baukonst.	m²BGF	28	**94**	173	2,7	**6,2**	9,4
300	**Bauwerk – Baukonstruktionen**	**m²BGF**					**100,0**	
410	Abwasser-, Wasser-, Gasanlagen	m²BGF	5	**41**	79	0,4	**6,4**	20,8
420	Wärmeversorgungsanlagen	m²BGF	61	**130**	484	4,9	**17,0**	42,7
430	Raumlufttechnische Anlagen	m²BGF	58	**113**	273	0,0	**6,9**	21,5
440	Elektrische Anlagen	m²BGF	137	**215**	307	29,5	**45,9**	77,4
450	Kommunikationstechnische Anlagen	m²BGF	31	**86**	275	5,3	**14,1**	33,9
460	Förderanlagen	m²BGF	46	**57**	67	0,0	**3,4**	17,6
470	Nutzungsspez. / verfahrenstech. Anl.	m²BGF	1	**46**	223	< 0,1	**3,9**	34,0
480	Gebäude- und Anlagenautomation	m²BGF	34	**48**	62	0,0	**1,6**	7,7
490	Sonst. Maßnahmen f. techn. Anl.	m²BGF	5	**20**	50	< 0,1	**0,9**	4,9
400	**Bauwerk – Technische Anlagen**	**m²BGF**					**100,0**	

Prozentanteile der Kosten 2.Ebene an den Kosten des Bauwerks nach DIN 276 (Von/Mittel/Bis)

KG	Kostengruppe	%
310	Baugrube / Erdbau	0,6
320	Gründung, Unterbau	3,1
330	Außenwände / vertikal außen	15,4
340	Innenwände / vertikal innen	10,0
350	Decken / horizontal	16,9
360	Dächer	5,1
370	Infrastrukturanlagen	
380	Baukonstruktive Einbauten	14,1
390	Sonst. Maßnahmen für Baukonst.	4,5
410	Abwasser-, Wasser-, Gasanlagen	1,9
420	Wärmeversorgungsanlagen	5,7
430	Raumlufttechnische Anlagen	2,1
440	Elektrische Anlagen	13,5
450	Kommunikationstechnische Anlagen	4,6
460	Förderanlagen	0,7
470	Nutzungsspez. / verfahrenstech. Anl.	0,9
480	Gebäude- und Anlagenautomation	0,5
490	Sonst. Maßnahmen f. techn. Anl.	0,3

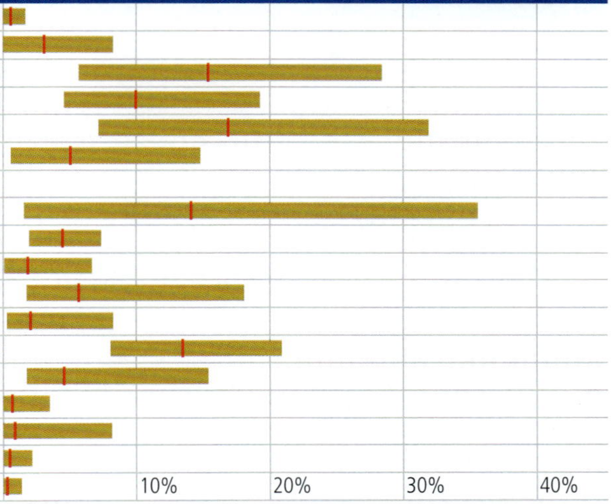

Kostenkennwerte für die Kostengruppen der 3. Ebene DIN 276

Kosten:
Stand 2. Quartal 2025
Bundesdurchschnitt
inkl. 19% MwSt.

KG	Kostengruppen der 3. Ebene	Einheit	▷	€/Einheit	◁	▷	€/m² BGF	◁
382	Besondere Einbauten	m²	177	**442**	1.134	177	**442**	1.134
471	Küchentechnische Anlagen	m²	–	**223**	–	–	**223**	–
353	Deckenbeläge	m²	147	**288**	546	47	**125**	219
324	Gründungsbeläge	m²	166	**345**	513	69	**119**	260
335	Außenwandbekleidungen, außen	m²	154	**201**	307	81	**118**	149
381	Allgemeine Einbauten	m²	20	**117**	370	20	**117**	370
445	Beleuchtungsanlagen	m²	53	**110**	203	53	**110**	203
361	Dachkonstruktionen	m²	93	**188**	283	52	**98**	19[illegible]
444	Niederspannungsinstallationsanl.	m²	41	**95**	145	41	**95**	145
334	Außenwandöffnungen	m²	439	**1.160**	1.809	35	**93**	128
331	Tragende Außenwände	m²	311	**464**	672	22	**90**	350
363	Dachbeläge	m²	200	**231**	277	26	**84**	143
354	Deckenbekleidungen	m²	54	**142**	308	34	**80**	255
351	Deckenkonstruktionen	m²	339	**836**	1.290	11	**72**	236
431	Lüftungsanlagen	m²	29	**72**	193	29	**72**	193
345	Innenwandbekleidungen	m²	54	**84**	111	15	**71**	10[illegible]
456	Gefahrenmelde- und Alarmanlagen	m²	15	**66**	177	15	**66**	177
344	Innenwandöffnungen	m²	964	**1.367**	2.028	32	**65**	147
423	Raumheizflächen	m²	31	**64**	249	31	**64**	249
461	Aufzugsanlagen	m²	46	**57**	67	46	**57**	67
434	Kälteanlagen	m²	38	**54**	80	38	**54**	80
394	Abbruchmaßnahmen	m²	24	**53**	82	24	**53**	82
336	Außenwandbekleidungen, innen	m²	56	**87**	129	21	**50**	95
341	Tragende Innenwände	m²	229	**314**	485	12	**48**	83
422	Wärmeverteilnetze	m²	19	**47**	163	19	**47**	163
443	Niederspannungsschaltanlagen	m²	–	**47**	–	–	**47**	–
498	Provisorische technische Anlagen	m²	–	**43**	–	–	**43**	–
454	Elektroakustische Anlagen	m²	29	**40**	51	29	**40**	51
337	Elem. Außenwandkonstruktionen	m²	1.390	**2.423**	3.456	31	**39**	48
412	Wasseranlagen	m²	6	**39**	52	6	**39**	52
322	Flachgründungen und Bodenplatten	m²	128	**266**	408	9	**38**	68
392	Gerüste	m²	9	**32**	74	9	**32**	74
399	Sonstiges zur KG 390	m²	11	**31**	51	11	**31**	51
481	Automationseinrichtungen	m²	14	**30**	46	14	**30**	46
311	Herstellung	m³	89	**203**	534	< 1	**30**	42
393	Sicherungsmaßnahmen	m²	18	**28**	37	18	**28**	37
364	Dachbekleidungen	m²	57	**109**	154	11	**28**	52
421	Wärmeerzeugungsanlagen	m²	8	**27**	53	8	**27**	53
386	Orientierungs- u. Informationssys.	m²	17	**26**	36	17	**26**	36
391	Baustelleneinrichtung	m²	8	**25**	68	8	**25**	68
359	Sonstiges zur KG 350	m²	15	**81**	412	6	**25**	117
452	Such- und Signalanlagen	m²	4	**22**	93	4	**22**	93
362	Dachöffnungen	m²	3.129	**6.527**	9.917	4	**20**	81
397	Zusätzliche Maßnahmen	m²	7	**19**	36	7	**19**	36
342	Nichttragende Innenwände	m²	142	**274**	537	8	**19**	30
455	Audiovis. Medien- u. Antennenanl.	m²	2	**17**	47	2	**17**	47
451	Telekommunikationsanlagen	m²	2	**17**	33	2	**17**	33
346	Elem. Innenwandkonstruktionen	m²	343	**555**	848	7	**16**	30
483	Automationsmanagement	m²	–	**16**	–	–	**16**	–
429	Sonstiges zur KG 420	m²	11	**15**	23	11	**15**	23

▷ von
ø Mittel
◁ bis

Prozentanteile der Kosten für Leistungsbereiche nach STLB (Kosten Bauwerk nach DIN 276)

LB	Leistungsbereiche	7,5% 15% 22,5% 30%	▷	% an 300+400	◁
000	Baustellen-, Verkehrssich.- u. Sicherh.einr. inkl. 001		0,7	**2,1**	4,0
002	Erdarbeiten		< 0,1	**0,9**	2,5
006	Spezialtiefbauarbeiten inkl. 005		0,0	**< 0,1**	0,4
009	Entwässerungskanalarbeiten inkl. 011		0,0	**< 0,1**	0,2
010	Drän- und Versickerarbeiten		0,0	**< 0,1**	< 0,1
012	Mauerarbeiten		0,2	**1,5**	4,3
013	Betonarbeiten		0,2	**2,6**	11,3
014	Natur-, Betonwerksteinarbeiten		< 0,1	**0,4**	1,6
016	Zimmer- und Holzbauarbeiten		0,4	**5,2**	15,8
017	Stahlbauarbeiten		< 0,1	**0,5**	2,7
018	Abdichtungsarbeiten		< 0,1	**0,2**	1,2
020	Dachdeckungsarbeiten		< 0,1	**0,7**	3,1
021	Dachabdichtungsarbeiten		< 0,1	**0,4**	3,2
022	Klempnerarbeiten		0,1	**1,2**	4,3
	Rohbau		2,7	**15,8**	34,5
023	Putz- und Stuckarbeiten, Wärmedämmsysteme		1,2	**4,4**	11,9
024	Fliesen- und Plattenarbeiten		0,3	**1,9**	5,1
025	Estricharbeiten		0,9	**3,4**	8,7
026	Fenster, Außentüren inkl. 029, 032		3,6	**11,0**	30,3
027	Tischlerarbeiten		4,4	**10,6**	23,1
028	Parkett-, Holzpflasterarbeiten		0,1	**1,0**	4,0
030	Rollladenarbeiten		0,0	**0,3**	0,7
031	Metallbauarbeiten inkl. 035		0,4	**2,0**	5,4
034	Maler- und Lackiererarb. – Beschicht. inkl. 037		3,3	**6,1**	13,5
036	Bodenbelagarbeiten		0,5	**2,9**	7,4
038	Vorgehängte hinterlüftete Fassaden		0,0	**0,5**	4,4
039	Trockenbauarbeiten		1,4	**4,9**	17,5
	Ausbau		30,6	**49,0**	60,3
040	Wärmeversorgungsanl. - Betriebseinr. inkl. 041		1,6	**5,0**	16,8
042	Gas- u. Wasseranl. – Leitung., Armat. inkl. 043		0,1	**0,6**	2,9
044	Abwasseranl. - Leitungen, Abläufe, Armaturen		< 0,1	**0,4**	1,9
045	Gas, Wasser, Entwässerung – Ausstattung inkl. 046		< 0,1	**0,6**	1,7
047	Dämm- und Brandschutzarb. an techn. Anlagen		0,1	**0,5**	1,9
049	Feuerlöschanlagen, Feuerlöschgeräte		< 0,1	**< 0,1**	0,1
050	Blitzschutz-/Erdungsanlagen, Überspannungssch.		< 0,1	**0,3**	1,3
052	Mittelspannungsanlagen		–	**–**	–
053	Niederspannungsanl. – Kabel inkl. 054		2,9	**5,6**	8,8
055	Sicherheits- u. Ersatzstromversorgungsanl.		0,0	**< 0,1**	0,2
057	Gebäudesystemtechnik		–	**–**	–
058	Leuchten und Lampen inkl. 059		2,7	**7,5**	17,7
060	Such, Signal, Zeit, Anten., akust. Anl. inkl. 064		< 0,1	**0,8**	2,0
061	Kommunikations- u. Übertragungsnetze inkl. 062		0,2	**1,2**	2,7
063	Gefahrenmeldeanlagen		0,4	**2,7**	10,9
069	Aufzüge		0,0	**0,7**	3,5
070	Gebäudeautomation		0,0	**0,5**	2,2
075	Raumlufttechnische Anlagen inkl. 078		0,1	**1,9**	7,0
	Gebäudetechnik		20,0	**28,4**	36,2
084	Abbruch, Rückbau, Schadstoffsanierung		2,8	**4,3**	7,8
	Sonstige Leistungsbereiche inkl. 008, 033, 051		0,2	**2,5**	7,3

Objektübersicht zur Gebäudeart

€/m² BGF

min	655	€/m²
von	1.145	€/m²
Mittel	**1.780**	**€/m²**
bis	2.570	€/m²
max	2.730	€/m²

Kosten:
Stand 2. Quartal 2025
Bundesdurchschnitt
inkl. 19% MwSt.

9100-0213 Stadtbücherei

BRI 3.691 m³ **BGF** 995 m² **NUF** 752 m²

© Jens Kirchner

Baujahr: 90er Jahre
Bauzustand: gut
Aufwand: mittel
Nutzung während der Bauzeit: nein
Nutzungsänderung: nein
Grundrissänderungen: wenige
Tragwerkseingriffe: wenige

Land: Nordrhein-Westfalen
Kreis: Gütersloh
Standard: mittel
Bauzeit: 35 Wochen
Kennwerte: bis 3. Ebene DIN 276
vorgesehen: BKI Objektdaten A13
BGF **1.653 €/m²**

Planung: k.A.

Stadtbücherei mit Gruppemarbeitsräumen, Gamingbereich, Makerspace und Lesenetz sowie „Open-Library-Konzept"

Bauwerk – Baukonstruktionen
Herstellen: Besondere Einbauten 39%, Deckenbeläge 19%, Deckenbekleidungen 13%, Allgemeine Einbauten 5%, Orientierungs- und Informationssysteme 4%
Sonstige: 20%

Bauwerk – Technische Anlagen
Herstellen: Gefahrenmelde- und Alarmanlagen 30%, Beleuchtungsanlagen 27%, Niederspannungsinstallationsanlagen 7%, Kälteanlagen 7%, Audiovisuelle Medien- und Antennenanlagen 7%
Sonstige: 21%

9100-0158 Bibliothek

BRI 1.093 m³ **BGF** 329 m² **NUF** 246 m²

© FRANKE A | IA

Baujahr: 1890
Bauzustand: mittel
Aufwand: mittel
Nutzung während der Bauzeit: ja
Nutzungsänderung: nein
Grundrissänderungen: wenige
Tragwerkseingriffe: keine

Land: Nordrhein-Westfalen
Kreis: Köln, Stadt
Standard: mittel
Bauzeit: 22 Wochen
Kennwerte: bis 3. Ebene DIN 276
veröffentlicht: BKI Objektdaten A12
BGF **848 €/m²**

Planung: FRANKE Architektur I Innenarchitektur; Düren

Sanierung einer Stadtteilbibliothek in einem denkmalgeschützen Gebäude.

Bauwerk – Baukonstruktionen
Herstellen: Deckenbeläge 27%, Innenwandbekleidungen 16%, Deckenbekleidungen 6%, Außenwandöffnungen 5%, Allgemeine Einbauten 5%
Wiederherstellen: Außenwandöffnungen 10%, Innenwandöffnungen 9%
Sonstige: 22%

Bauwerk – Technische Anlagen
Herstellen: Beleuchtungsanlagen 76%, Datenübertragungsnetze 7%
Wiederherstellen: Raumheizflächen 13%
Sonstige: 5%

Objektübersicht zur Gebäudeart

1200-0001 Gerichtsgebäude - Eingangsbereich

BRI 914 m³ **BGF** 137 m² **NUF** 18 m²

Baujahr: 1911
Bauzustand: gut
Aufwand: hoch
Nutzung während der Bauzeit: ja
Nutzungsänderung: nein
Grundrissänderungen: wenige
Tragwerkseingriffe: wenige

Land: Nordrhein-Westfalen
Kreis: Köln, Stadt
Standard: hoch
Bauzeit: 18 Wochen
Kennwerte: bis 3. Ebene DIN 276
veröffentlicht: BKI Objektdaten A12
BGF 2.586 €/m²

Planung: FRANKE Architektur I Innenarchitektur; Düren

Umbau der Pförtnerloge mit Schleuse im Eingangsbereich des Gerichtsgebäudes.

Bauwerk – Baukonstruktionen
Herstellen: Besondere Einbauten 62%, Allgemeine Einbauten 15%, Gerüste 5%
Sonstige: 18%

Bauwerk – Technische Anlagen
Herstellen: Lüftungsanlagen 25%, Such- und Signalanlagen 12%, Gefahrenmelde- und Alarmanlagen 12%, Beleuchtungsanlagen 11%, Kälteanlagen 11%
Sonstige: 29%

9100-0157 Bibliothek, Möblierung*

BRI 1.602 m³ **BGF** 409 m² **NUF** 356 m²

Baujahr: 1987
Bauzustand: gut
Aufwand: niedrig
Nutzung während der Bauzeit: ja
Nutzungsänderung: nein
Grundrissänderungen: wenige
Tragwerkseingriffe: keine

Land: Nordrhein-Westfalen
Kreis: Düren
Standard: mittel
Bauzeit: 8 Wochen
Kennwerte: bis 3. Ebene DIN 276
veröffentlicht: BKI Objektdaten A12
BGF 220 €/m²

* Nicht in der Auswertung enthalten

Planung: FRANKE Architektur I Innenarchitektur; Düren

Umbau der Stadtbücherei mit besonderer Aufenthaltsqualität für Multimedia und Kommunikation.

Bauwerk – Baukonstruktionen
Herstellen: Besondere Einbauten 57%, Allgemeine Einbauten 43%

Bauwerk – Technische Anlagen
Herstellen: Beleuchtungsanlagen 100%

Objektübersicht zur Gebäudeart

€/m² BGF

min	655	€/m²
von	1.145	€/m²
Mittel	**1.780**	**€/m²**
bis	2.570	€/m²
max	2.730	€/m²

Kosten:
Stand 2. Quartal 2025
Bundesdurchschnitt
inkl. 19% MwSt.

1200-0002 Gerichtsgebäude - Gerichtssaal

BRI 500 m³ **BGF** 131 m² **NUF** 90 m²

Baujahr: 1911
Bauzustand: gut
Aufwand: mittel
Nutzung während der Bauzeit: ja
Nutzungsänderung: nein
Grundrissänderungen: keine
Tragwerkseingriffe: keine

Land: Nordrhein-Westfalen
Kreis: Köln, Stadt
Standard: mittel
Bauzeit: 18 Wochen
Kennwerte: bis 3. Ebene DIN 276
veröffentlicht: BKI Objektdaten A12
BGF **1.391 €/m²**

Planung: FRANKE Architektur I Innenarchitektur; Düren

Umbau des historischen Gerichtssaales auf zeitgemäßen Standard.

Bauwerk – Baukonstruktionen
Abbrechen: Deckenbeläge 6%
Herstellen: Deckenbekleidungen 28%, Deckenbeläge 21%, Besondere Einbauten 19%
Wiederherstellen: Innenwandbekleidungen 5%
Sonstige: 21%

Bauwerk – Technische Anlagen
Herstellen: Beleuchtungsanlagen 55%, Niederspannungsinstallationsanlagen 28%, Telekommunikationsanlagen 8%
Sonstige: 8%

9100-0170 Kirche

BRI 3.172 m³ **BGF** 325 m² **NUF** 227 m²

Baujahr: 1512/1705
Bauzustand: mittel
Aufwand: mittel
Nutzung während der Bauzeit: nein
Nutzungsänderung: nein
Grundrissänderungen: einige
Tragwerkseingriffe: wenige

Land: Hessen
Kreis: Kassel
Standard: mittel
Bauzeit: 109 Wochen
Kennwerte: bis 3. Ebene DIN 276
veröffentlicht: BKI Objektdaten A12
BGF **2.295 €/m²**

Planung: Architekturbüro Müntinga und Puy; Bad Arolsen

Modernisierung des Kircheninnenraumes und barrierefreien Zugang.

Bauwerk – Baukonstruktionen
Herstellen: Allgemeine Einbauten 31%, Gründungsbeläge 16%, Außenwandbekleidungen, innen 7%, Außenwandöffnungen 7%, Sonstiges zur KG 350 5%, Gerüste 3%, Deckenbekleidungen 3%, Besondere Einbauten 3%
Wiederherstellen: Sonstiges zur KG 350 4%
Sonstige: 21%

Bauwerk – Technische Anlagen
Herstellen: Raumheizflächen 28%, Niederspannungsinstallationsanlagen 22%, Wärmeverteilnetze 18%
Sonstige: 32%

9100-0169 Klosteranlage, Wissenschafts- und Studierzentrum

BRI 25.377 m³ **BGF** 5.583 m² **NUF** 2.687 m²

Baujahr: 1734
Bauzustand: schlecht
Aufwand: hoch
Nutzung während der Bauzeit: nein
Nutzungsänderung: ja
Grundrissänderungen: umfangreiche
Tragwerkseingriffe: umfangreiche

Land: Bayern
Kreis: Altötting
Standard: hoch
Bauzeit: 122 Wochen
Kennwerte: bis 3. Ebene DIN 276
veröffentlicht: BKI Objektdaten A12
BGF 2.599 €/m²

Planung: IPROconsult GmbH; Dresden

Umbau und Sanierung des Prälatenstocks und der ehemalige Brauerei einer Klosteranlage zum Study and Science Center einer Universität.

Bauwerk – Baukonstruktionen
Herstellen: Außenwandöffnungen 6%, Innenwandöffnungen 5%, Deckenkonstruktionen 5%, Baustelleneinrichtung 4%, Innenwandbekleidungen 3%, Gründungsbeläge 3%, Deckenbeläge 3%, Tragende Innenwände 2%, Zusätzliche Maßnahmen 2%, Flachgründungen und Bodenplatten 2%, Dachkonstruktionen 2%
Wiederherstellen: Deckenkonstruktionen 9%, Deckenbeläge 6%, Innenwandöffnungen 3%, Außenwandöffnungen 2%
Sonstige: 41%

Bauwerk – Technische Anlagen
Herstellen: Niederspannungsinstallationsanlagen 21%, Beleuchtungsanlagen 13%, Wasseranlagen 7%, Automationseinrichtungen 7%, Aufzugsanlagen 7%, Wärmeverteilnetze 7%, Raumheizflächen 7%, Gefahrenmelde- und Alarmanlagen 5%, Kälteanlagen 5%
Sonstige: 20%

9100-0125 Bürgerhaus, Gaststätte, Veranstaltungsraum

BRI 1.150 m³ **BGF** 335 m² **NUF** 264 m²

Baujahr: 1902
Bauzustand: mittel
Aufwand: hoch
Nutzung während der Bauzeit: nein
Nutzungsänderung: ja
Grundrissänderungen: umfangreiche
Tragwerkseingriffe: umfangreiche

Land: Bayern
Kreis: Landsberg am Lech
Standard: hoch
Bauzeit: 70 Wochen
Kennwerte: bis 3. Ebene DIN 276
veröffentlicht: BKI Objektdaten A11
BGF 2.728 €/m²

Planung: Büro ArchitektenGrundRiss Gerhard Ringler, Dipl.-Ing. Univ.; Landsberg

Bürgerheim mit Bürgerstube und Schießständen, wird von Schützenverein genutzt.

Bauwerk – Baukonstruktionen
Abbrechen: Dachkonstruktionen 3%
Herstellen: Tragende Außenwände 15%, Außenwandbekleidungen, außen 7%, Dachbeläge 6%, Dachkonstruktionen 6%, Außenwandöffnungen 5%, Innenwandbekleidungen 5%, Deckenbeläge 4%, Gründungsbeläge 4%, Dachöffnungen 4%, Tragende Innenwände 3%, Außenwandbekleidungen, innen 3%, Baustelleneinrichtung 3%, Dachbekleidungen 3%, Deckenkonstruktionen 3%
Sonstige: 24%

Bauwerk – Technische Anlagen
Herstellen: Küchentechnische Anlagen 34%, Niederspannungsinstallationsanlagen 16%, Wasseranlagen 9%, Lüftungsanlagen 8%, Wärmeerzeugungsanlagen 7%
Sonstige: 26%

€/m² BGF

min	655	€/m²
von	1.145	€/m²
Mittel	**1.780**	**€/m²**
bis	2.570	€/m²
max	2.730	€/m²

Kosten:
Stand 2. Quartal 2025
Bundesdurchschnitt
inkl. 19% MwSt.

Objektübersicht zur Gebäudeart

9100-0093 Gemeindehaus

BRI 1.994 m³ **BGF** 745 m² **NUF** 413 m²

Bauzustand: mittel
Aufwand: niedrig
Nutzungsänderung: nein
Grundrissänderungen: wenige
Tragwerkseingriffe: wenige

Land: Bayern
Kreis: Schwandorf
Standard: mittel
Bauzeit: 18 Wochen
Kennwerte: bis 3. Ebene DIN 276
veröffentlicht: BKI Objektdaten A9

BGF 656 €/m²

Planung: Architekturbüro Michael Dittmann; Amberg

Gemeindehaus mit Gruppenräumen, Büros. Küche, Stuhllager und Sanitäranlagen zur gemeinsamen Nutzung mit Kirche und Saal.

Bauwerk – Baukonstruktionen
Herstellen: Außenwandbekleidungen, außen 25%, Außenwandöffnungen 24%, Allgemeine Einbauten 7%, Deckenbeläge 6%, Innenwandöffnungen 6%, Dachbeläge 4%, Innenwandbekleidungen 3%, Deckenkonstruktionen 3%
Sonstige: 22%

Bauwerk – Technische Anlagen
Herstellen: Wasseranlagen 19%, Niederspannungsinstallationsanlagen 19%, Wärmeverteilnetze 16%, Raumheizflächen 13%, Wärmeerzeugungsanlagen 11%
Sonstige: 22%

6400-0062 Jugendzentrum

BRI 4.734 m³ **BGF** 1.141 m² **NUF** 798 m²

Baujahr: 1974
Bauzustand: schlecht
Aufwand: mittel
Nutzung während der Bauzeit: ja
Nutzungsänderung: nein
Grundrissänderungen: einige
Tragwerkseingriffe: wenige

Land: Niedersachsen
Kreis: Lüchow-Dannenberg
Standard: mittel
Bauzeit: 44 Wochen
Kennwerte: bis 3. Ebene DIN 276
veröffentlicht: BKI Objektdaten A8

BGF 1.469 €/m²

Planung: Architekturbüro Bernd Pauker; Dannenberg

Umbau und energetische Sanierung des Jugendzentrums **Kosteneinfluss Nutzung:** Umbau und energetische Sanierung eines Jugendzentrums.

Bauwerk – Baukonstruktionen
Herstellen: Außenwandbekleidungen, außen 12%, Dachbeläge 11%, Außenwandöffnungen 10%, Innenwandbekleidungen 9%, Innenwandöffnungen 8%, Abbruchmaßnahmen 7%, Deckenbekleidungen 4%, Gründungsbeläge 4%, Dachkonstruktionen 4%, Deckenbeläge 3%, Dachbekleidungen 3%, Elementierte Innenwandkonstruktionen 3%
Sonstige: 21%

Bauwerk – Technische Anlagen
Herstellen: Niederspannungsinstallationsanlagen 42%, Aufzugsanlagen 23%, Beleuchtungsanlagen 19%
Sonstige: 16%

Objektübersicht zur Gebäudeart

9100-0184 Friedenskirche (290 Sitzplätze)

BRI 5.134 m³ | **BGF** 520 m² | **NUF** 411 m²

Baujahr: 1869
Bauzustand: schlecht
Aufwand: mittel
Nutzung während der Bauzeit: nein
Nutzungsänderung: nein
Grundrissänderungen: wenige
Tragwerkseingriffe: wenige

Land: Bremen
Kreis: Bremen, Stadt
Standard: hoch
Bauzeit: 35 Wochen
Kennwerte: bis 1. Ebene DIN 276
veröffentlicht: BKI Objektdaten A11
BGF 1.576 €/m²

Planung: ulrich TILGNER thomas GROTZ Architekten GmbH; Bremen

Die Evangelische Friedenskirche wurde als neogotischer Backsteinbau zwischen 1867 und 1869 errichtet. Die Stahlfaserbetonsohle ist neu hergestellt. Wände wurden ausgebessert und beschichtet. Öffnungen und Nischen wurden ausgemauert. Die Holzkonstruktion der stufenartigen Orgelempore wird durch neue Stahlträger abgefangen und ist mit einer abgehängten Decke bekleidet. Es wurden akustisch wirksame Paneele in das Geländer eingebaut. Die Fußböden bestehen aus Heizestrich und fugenlosen Kautschukbelägen.

9100-0189 Veranstaltungssaal (110 Sitzplätze)*

BRI 1.686 m³ | **BGF** 215 m² | **NUF** 165 m²

Baujahr: 1994
Bauzustand: mittel
Aufwand: hoch
Nutzung während der Bauzeit: nein
Nutzungsänderung: nein
Grundrissänderungen: keine
Tragwerkseingriffe: keine

Land: Schleswig-Holstein
Kreis: Lübeck, Stadt
Standard: hoch
Bauzeit: 39 Wochen
Kennwerte: bis 1. Ebene DIN 276
veröffentlicht: BKI Objektdaten A12
BGF 9.852 €/m² *

* Nicht in der Auswertung enthalten

Planung: Heske Hochgürtel Lohse Architekten PartGmbB; Lübeck

Veranstaltungssaal mit 110 Sitzplätzen

Kostenkennwerte für die Kosten des Bauwerks (Kostengruppen 300+400 nach DIN 276)

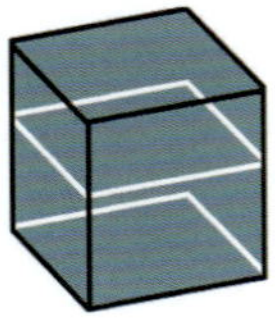

BRI 285 €/m³
von 110 €/m³
bis 515 €/m³

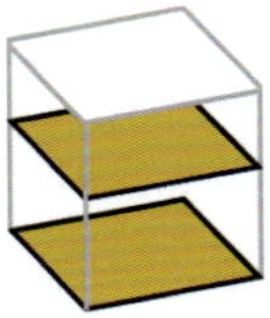

BGF 825 €/m²
von 320 €/m²
bis 1.615 €/m²

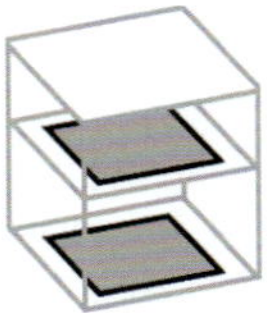

NUF 1.385 €/m²
von 525 €/m²
bis 2.670 €/m²

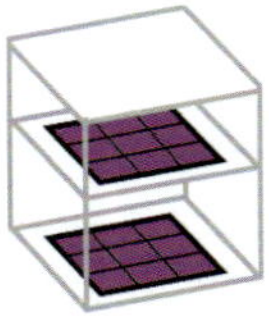

NE 2.020 €/NE
von 1.015 €/NE
bis 2.935 €/NE
NE: Wohnfläche

Kosten:
Stand 2. Quartal 2025
Bundesdurchschnitt
inkl. 19% MwSt.

Objektbeispiele

6100-0996

6100-1405

6100-1113

Kosten der 16 Vergleichsobjekte

Seiten 444 bis 453

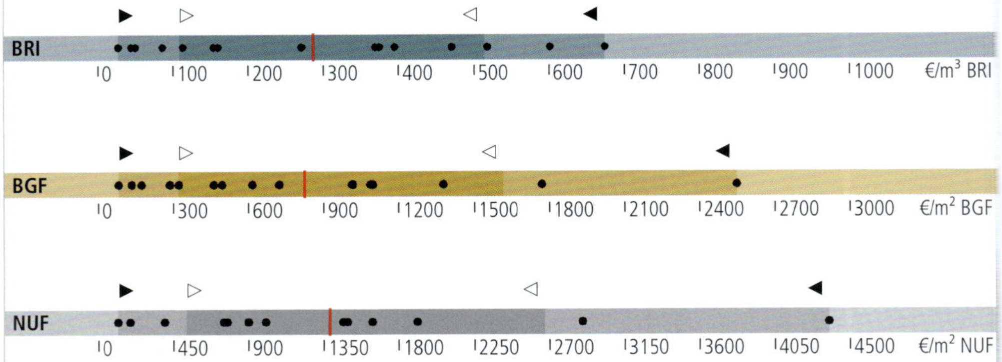

- ● KKW
- ▶ min
- ▷ von
- | Mittelwert
- ◁ bis
- ◀ max

Kostenkennwerte für die Kostengruppen der 1. und 2.Ebene DIN 276

KG	Kostengruppen der 1. Ebene	Einheit	▷	€/Einheit	◁	▷	% an 300+400	◁
100	Grundstück	m²GF	–	**–**	–	–	**–**	–
200	Vorbereitende Maßnahmen	m²GF	1	**3**	5	< 0,1	**0,5**	1,0
300	Bauwerk – Baukonstruktionen	m²BGF	244	**655**	1.261	69,5	**83,7**	97,1
400	Bauwerk – Technische Anlagen	m²BGF	34	**180**	350	4,6	**17,4**	31,7
	Bauwerk 300+400	m²BGF	319	**824**	1.615	100,0	**100,0**	100,0
500	Außenanlagen und Freiflächen	m²AF	47	**144**	652	0,9	**3,6**	9,7
600	Ausstattung und Kunstwerke	m²BGF	4	**9**	18	0,3	**0,7**	1,3
700	Baunebenkosten	m²BGF	–	**–**	–	–	**–**	–
800	Finanzierung	m²BGF	–	**–**	–	–	**–**	–

KG	Kostengruppen der 2. Ebene	Einheit	▷	€/Einheit	◁	▷	% an 1. Ebene	◁
310	Baugrube / Erdbau	m³BGI	59	**154**	253	0,1	**1,8**	14,0
320	Gründung, Unterbau	m²GRF	143	**396**	953	0,2	**2,3**	5,9
330	Außenwände / vertikal außen	m²AWF	248	**427**	761	19,8	**39,1**	64,1
340	Innenwände / vertikal innen	m²IWF	202	**296**	408	1,6	**9,7**	19,7
350	Decken / horizontal	m²DEF	298	**683**	1.349	3,9	**14,4**	25,4
360	Dächer	m²DAF	234	**491**	708	6,1	**23,9**	54,9
370	Infrastrukturanlagen		–	**–**	–	–	**–**	–
380	Baukonstruktive Einbauten	m²BGF	5	**19**	66	0,2	**1,0**	4,9
390	Sonst. Maßnahmen für Baukonst.	m²BGF	21	**48**	106	4,1	**7,9**	14,1
300	**Bauwerk – Baukonstruktionen**	**m²BGF**					**100,0**	
410	Abwasser-, Wasser-, Gasanlagen	m²BGF	11	**53**	90	4,5	**20,5**	54,2
420	Wärmeversorgungsanlagen	m²BGF	23	**72**	147	14,8	**39,3**	77,3
430	Raumlufttechnische Anlagen	m²BGF	7	**14**	47	< 0,1	**2,0**	8,0
440	Elektrische Anlagen	m²BGF	18	**64**	131	8,6	**26,6**	59,4
450	Kommunikationstechnische Anlagen	m²BGF	4	**11**	21	1,1	**3,7**	10,6
460	Förderanlagen	m²BGF	44	**67**	103	0,0	**7,8**	48,2
470	Nutzungsspez. / verfahrenstech. Anl.	m²BGF	–	**–**	–	–	**–**	–
480	Gebäude- und Anlagenautomation	m²BGF	–	**–**	–	–	**–**	–
490	Sonst. Maßnahmen f. techn. Anl.	m²BGF	< 1	**2**	7	< 0,1	**0,2**	1,4
400	**Bauwerk – Technische Anlagen**	**m²BGF**					**100,0**	

Prozentanteile der Kosten 2.Ebene an den Kosten des Bauwerks nach DIN 276 (Von/Mittel/Bis)

KG	Kostengruppe	%
310	Baugrube / Erdbau	1,7
320	Gründung, Unterbau	1,7
330	Außenwände / vertikal außen	33,5
340	Innenwände / vertikal innen	7,0
350	Decken / horizontal	11,2
360	Dächer	21,2
370	Infrastrukturanlagen	
380	Baukonstruktive Einbauten	0,8
390	Sonst. Maßnahmen für Baukonst.	6,5
410	Abwasser-, Wasser-, Gasanlagen	3,3
420	Wärmeversorgungsanlagen	5,7
430	Raumlufttechnische Anlagen	0,5
440	Elektrische Anlagen	4,3
450	Kommunikationstechnische Anlagen	0,7
460	Förderanlagen	1,7
470	Nutzungsspez. / verfahrenstech. Anl.	
480	Gebäude- und Anlagenautomation	
490	Sonst. Maßnahmen f. techn. Anl.	< 0,1

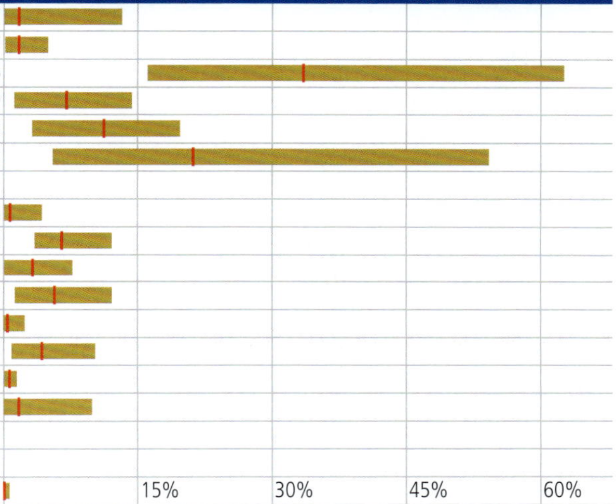

 Kostenstand: 2. Quartal 2025, Bundesdurchschnitt, **inkl. 19% MwSt.**

Kosten:
Stand 2. Quartal 2025
Bundesdurchschnitt
inkl. 19% MwSt.

▷ von
ø Mittel
◁ bis

Kostenkennwerte für die Kostengruppen der 3. Ebene DIN 276

KG	Kostengruppen der 3. Ebene	Einheit	▷	€/Einheit	◁	▷	€/m² BGF	◁
355	Elementierte Deckenkonstruktionen	m²	2.518	**3.211**	4.478	54	**103**	207
363	Dachbeläge	m²	191	**339**	549	33	**102**	308
335	Außenwandbekleidungen, außen	m²	107	**221**	478	41	**81**	155
345	Innenwandbekleidungen	m²	76	**94**	120	33	**69**	150
461	Aufzugsanlagen	m²	44	**67**	103	44	**67**	103
334	Außenwandöffnungen	m²	571	**980**	1.964	19	**58**	115
361	Dachkonstruktionen	m²	103	**158**	236	21	**57**	115
353	Deckenbeläge	m²	154	**282**	474	20	**56**	109
337	Elem. Außenwandkonstruktionen	m²	512	**749**	1.153	25	**54**	69
421	Wärmeerzeugungsanlagen	m²	21	**46**	63	21	**46**	63
442	Eigenstromversorgungsanlagen	m²	17	**45**	72	17	**45**	72
412	Wasseranlagen	m²	12	**44**	66	12	**44**	66
444	Niederspannungsinstallationsanl.	m²	14	**41**	87	14	**41**	87
364	Dachbekleidungen	m²	139	**181**	247	13	**38**	117
351	Deckenkonstruktionen	m²	234	**703**	2.463	7	**35**	78
354	Deckenbekleidungen	m²	78	**156**	395	13	**35**	88
344	Innenwandöffnungen	m²	262	**637**	1.067	13	**35**	92
331	Tragende Außenwände	m²	180	**391**	857	9	**34**	99
423	Raumheizflächen	m²	19	**34**	59	19	**34**	59
336	Außenwandbekleidungen, innen	m²	58	**112**	266	9	**32**	83
422	Wärmeverteilnetze	m²	10	**25**	41	10	**25**	41
342	Nichttragende Innenwände	m²	120	**181**	240	9	**21**	52
381	Allgemeine Einbauten	m²	6	**21**	66	6	**21**	66
341	Tragende Innenwände	m²	326	**921**	1.906	7	**21**	43
392	Gerüste	m²	11	**20**	43	11	**20**	43
362	Dachöffnungen	m²	1.705	**2.653**	4.471	4	**20**	51
324	Gründungsbeläge	m²	75	**136**	209	6	**17**	45
411	Abwasseranlagen	m²	6	**16**	32	6	**16**	32
431	Lüftungsanlagen	m²	7	**14**	47	7	**14**	47
322	Flachgründungen und Bodenplatten	m²	245	**468**	937	5	**14**	25
359	Sonstiges zur KG 350	m²	38	**197**	868	4	**14**	35
396	Materialentsorgung	m²	5	**13**	39	5	**13**	39
311	Herstellung	m³	52	**141**	249	5	**12**	21
391	Baustelleneinrichtung	m²	4	**11**	41	4	**11**	41
397	Zusätzliche Maßnahmen	m²	3	**11**	28	3	**11**	28
399	Sonstiges zur KG 390	m²	1	**10**	28	1	**10**	28
429	Sonstiges zur KG 420	m²	6	**10**	23	6	**10**	23
394	Abbruchmaßnahmen	m²	3	**9**	33	3	**9**	33
346	Elem. Innenwandkonstruktionen	m²	168	**260**	520	2	**9**	16
332	Nichttragende Außenwände	m²	136	**209**	291	2	**8**	40
445	Beleuchtungsanlagen	m²	2	**8**	32	2	**8**	32
326	Dränagen	m²	37	**52**	67	1	**7**	12
455	Audiovis. Medien- u. Antennenanl.	m²	2	**5**	13	2	**5**	13
457	Datenübertragungsnetze	m²	2	**5**	11	2	**5**	11
339	Sonstiges zur KG 330	m²	6	**18**	57	3	**5**	11
338	Lichtschutz zur KG 330	m²	713	**777**	943	2	**5**	9
446	Blitzschutz- und Erdungsanlagen	m²	1	**4**	12	1	**4**	12
366	Lichtschutz zur KG 360	m²	307	**724**	1.552	2	**4**	9
369	Sonstiges zur KG 360	m²	6	**13**	27	2	**4**	10
452	Such- und Signalanlagen	m²	< 1	**4**	8	< 1	**4**	8

Prozentanteile der Kosten für Leistungsbereiche nach STLB (Kosten Bauwerk nach DIN 276)

LB	Leistungsbereiche	7,5% 15% 22,5% 30%	▷	% an 300+400	◁
000	Baustellen-, Verkehrssich.- u. Sicherh.einr. inkl. 001		2,0	**4,5**	8,6
002	Erdarbeiten		0,2	**1,8**	13,2
006	Spezialtiefbauarbeiten inkl. 005		0,0	**< 0,1**	1,5
009	Entwässerungskanalarbeiten inkl. 011		< 0,1	**0,1**	1,5
010	Drän- und Versickerarbeiten		< 0,1	**0,6**	8,9
012	Mauerarbeiten		1,3	**4,4**	12,6
013	Betonarbeiten		0,2	**1,2**	3,3
014	Natur-, Betonwerksteinarbeiten		< 0,1	**0,5**	2,0
016	Zimmer- und Holzbauarbeiten		0,8	**6,5**	17,6
017	Stahlbauarbeiten		0,0	**0,4**	2,5
018	Abdichtungsarbeiten		0,1	**1,6**	7,8
020	Dachdeckungsarbeiten		1,1	**7,0**	16,6
021	Dachabdichtungsarbeiten		< 0,1	**0,4**	1,6
022	Klempnerarbeiten		1,3	**5,2**	15,0
	Rohbau		22,1	**34,2**	57,3
023	Putz- und Stuckarbeiten, Wärmedämmsysteme		3,8	**10,0**	22,7
024	Fliesen- und Plattenarbeiten		< 0,1	**1,1**	2,2
025	Estricharbeiten		0,2	**1,1**	3,8
026	Fenster, Außentüren inkl. 029, 032		1,7	**6,9**	14,9
027	Tischlerarbeiten		0,6	**3,1**	7,6
028	Parkett-, Holzpflasterarbeiten		< 0,1	**0,9**	3,3
030	Rollladenarbeiten		0,0	**< 0,1**	0,5
031	Metallbauarbeiten inkl. 035		0,8	**3,7**	7,8
034	Maler- und Lackiererarb. – Beschicht. inkl. 037		1,9	**6,6**	19,7
036	Bodenbelagarbeiten		0,0	**0,8**	2,0
038	Vorgehängte hinterlüftete Fassaden		< 0,1	**0,5**	5,4
039	Trockenbauarbeiten		0,6	**3,4**	9,1
	Ausbau		15,2	**38,1**	51,3
040	Wärmeversorgungsanl. - Betriebseinr. inkl. 041		0,7	**4,5**	11,4
042	Gas- u. Wasseranl. – Leitung., Armat. inkl. 043		< 0,1	**1,3**	4,5
044	Abwasseranl. - Leitungen, Abläufe, Armaturen		0,0	**0,6**	1,6
045	Gas, Wasser, Entwässerung – Ausstattung inkl. 046		0,1	**1,2**	3,3
047	Dämm- und Brandschutzarb. an techn. Anlagen		< 0,1	**0,4**	1,2
049	Feuerlöschanlagen, Feuerlöschgeräte		–	**–**	–
050	Blitzschutz-/Erdungsanlagen, Überspannungssch.		< 0,1	**0,1**	0,8
052	Mittelspannungsanlagen		0,0	**< 0,1**	< 0,1
053	Niederspannungsanl. – Kabel inkl. 054		0,7	**3,2**	7,9
055	Sicherheits- u. Ersatzstromversorgungsanl.		< 0,1	**< 0,1**	0,8
057	Gebäudesystemtechnik		–	**–**	–
058	Leuchten und Lampen inkl. 059		< 0,1	**0,4**	2,5
060	Such, Signal, Zeit, Anten., akust. Anl. inkl. 064		< 0,1	**0,2**	0,6
061	Kommunikations- u. Übertragungsnetze inkl. 062		< 0,1	**0,3**	0,6
063	Gefahrenmeldeanlagen		< 0,1	**< 0,1**	0,5
069	Aufzüge		0,0	**1,6**	9,7
070	Gebäudeautomation		–	**–**	–
075	Raumlufttechnische Anlagen inkl. 078		< 0,1	**0,5**	2,3
	Gebäudetechnik		1,3	**14,4**	27,3
084	Abbruch, Rückbau, Schadstoffsanierung		5,4	**7,1**	11,2
	Sonstige Leistungsbereiche inkl. 008, 033, 051		0,5	**6,2**	46,5

€/m² BGF

min	80	€/m²
von	320	€/m²
Mittel	**825**	**€/m²**
bis	1.615	€/m²
max	2.550	€/m²

Kosten:
Stand 2. Quartal 2025
Bundesdurchschnitt
inkl. 19% MwSt.

Objektübersicht zur Gebäudeart

6100-1753 Mehrfamilienhaus (8 WE)*

BRI 3.468 m³ **BGF** 1.102 m² **NUF** 726 m²

Baujahr: 1892
Bauzustand: mittel
Aufwand: hoch
Nutzung während der Bauzeit: ja
Nutzungsänderung: nein
Grundrissänderungen: einige
Tragwerkseingriffe: wenige

Land: Niedersachsen
Kreis: Braunschweig, Stadt
Standard: mittel
Bauzeit: 83 Wochen
Kennwerte: bis 3. Ebene DIN 276
vorgesehen: BKI Objektdaten A13

BGF 1.116 €/m²

* Nicht in der Auswertung enthalten

Planung: Ahola Architekten; Braunschweig

Instandsetzung von sechs Wohnungen eines Mehrfamilienhaus aus der Gründerzeit, Anbau von Balkonen.

Bauwerk – Baukonstruktionen
Abbrechen: Innenwandbekleidungen 4%, Deckenbeläge 3%
Herstellen: Innenwandbekleidungen 15%, Elementierte Deckenkonstruktionen 14%, Deckenbekleidungen 9%, Innenwandöffnungen 9%, Deckenbeläge 9%, Außenwandbekleidungen, innen 5%, Tragende Innenwände 4%, Außenwandöffnungen 3%
Wiederherstellen: Innenwandbekleidungen 5%
Sonstige: 20%

Bauwerk – Technische Anlagen
Herstellen: Wasseranlagen 34%, Niederspannungsinstallationsanlagen 20%, Abwasseranlagen 11%, Wärmeverteilnetze 7%
Wiederherstellen: Wärmeverteilnetze 8%
Sonstige: 21%

6100-1733 Mehrfamilienhaus (11 WE)

BRI 6.143 m³ **BGF** 1.624 m² **NUF** 946 m²

Baujahr: 1880
Bauzustand: mittel
Aufwand: mittel
Nutzung während der Bauzeit: nein
Nutzungsänderung: nein
Grundrissänderungen: einige
Tragwerkseingriffe: einige

Land: Sachsen-Anhalt
Kreis: Halle (Saale), Stadt
Standard: mittel
Bauzeit: 96 Wochen
Kennwerte: bis 3. Ebene DIN 276
vorgesehen: BKI Objektdaten A13

BGF 2.548 €/m²

Planung: Ahola Architekten Halle; Halle

Instandsetzung und Umbau eines Einzeldenkmals als KFW-Haus Denkmal mit insgesamt elf Mietwohnungen einschließlich einem neuem Penthouse auf dem Seitenflügel.

Bauwerk – Baukonstruktionen
Herstellen: Elementierte Deckenkonstruktionen 9%, Außenwandbekleidungen, außen 9%, Innenwandbekleidungen 9%, Außenwandöffnungen 5%, Dachbeläge 5%, Deckenbeläge 4%, Baustelleneinrichtung 3%, Innenwandöffnungen 3%, Außenwandbekleidungen, innen 3%, Nichttragende Innenwände 3%, Sonstiges zur KG 350 3%
Wiederherstellen: Deckenbekleidungen 3%, Außenwandbekleidungen, außen 3%, Innenwandöffnungen 3%, Außenwandöffnungen 3%
Sonstige: 32%

Bauwerk – Technische Anlagen
Herstellen: Niederspannungsinstallationsanlagen 28%, Wasseranlagen 16%, Wärmeerzeugungsanlagen 12%, Raumheizflächen 11%, Wärmeverteilnetze 9%
Sonstige: 25%

Objektübersicht zur Gebäudeart

6100-1599 Zweifamilienhaus

BRI 840 m³ **BGF** 369 m² **NUF** 253 m²

Baujahr: 1929
Bauzustand: mittel
Aufwand: mittel
Nutzung während der Bauzeit: nein
Nutzungsänderung: nein
Grundrissänderungen: wenige
Tragwerkseingriffe: wenige

Land: Berlin
Kreis: Berlin, Stadt
Standard: einfach
Bauzeit: 39 Wochen
Kennwerte: bis 3. Ebene DIN 276
vorgesehen: BKI Objektdaten A13

BGF 615 €/m²

Planung: werkArchitektur; Berlin

Instandsetzung eines Einfamilienhauses und Umbau für zwei Wohneinheiten.

Bauwerk – Baukonstruktionen
Abbrechen: Abbruchmaßnahmen 2%
Herstellen: Innenwandbekleidungen 14%, Außenwandbekleidungen, außen 14%, Sonstiges zur KG 390 9%, Außenwandöffnungen 9%, Deckenbekleidungen 7%, Flachgründungen und Bodenplatten 7%, Außenwandbekleidungen, innen 4%, Deckenbeläge 3%
Wiederherstellen: Deckenbeläge 6%, Innenwandöffnungen 3%
Sonstige: 21%

Bauwerk – Technische Anlagen
Herstellen: Wasseranlagen 20%, Niederspannungsinstallationsanlagen 19%, Wärmeerzeugungsanlagen 16%, Wärmeverteilnetze 14%, Raumheizflächen 7%
Sonstige: 23%

6100-1483 Mehrfamilienhaus (6 WE)

BRI 2.471 m³ **BGF** 899 m² **NUF** 595 m²

Baujahr: 1958
Bauzustand: mittel
Aufwand: mittel
Nutzung während der Bauzeit: nein
Nutzungsänderung: nein
Grundrissänderungen: wenige
Tragwerkseingriffe: wenige

Land: Brandenburg
Kreis: Cottbus, Stadt
Standard: mittel
Bauzeit: 35 Wochen
Kennwerte: bis 3. Ebene DIN 276
veröffentlicht: BKI Objektdaten A11

BGF 1.085 €/m²

Planung: CGG mbH; Cottbus

Mehrfamilienhaus mit sechs Wohneinheiten

Bauwerk – Baukonstruktionen
Herstellen: Außenwandöffnungen 12%, Deckenbeläge 9%, Innenwandöffnungen 9%, Elementierte Deckenkonstruktionen 8%, Dachbeläge 7%, Innenwandbekleidungen 6%, Zusätzliche Maßnahmen 5%, Deckenbekleidungen 5%, Außenwandbekleidungen, außen 3%, Außenwandbekleidungen, innen 3%
Wiederherstellen: Außenwandbekleidungen, außen 6%, Innenwandbekleidungen 4%
Sonstige: 23%

Bauwerk – Technische Anlagen
Herstellen: Eigenstromversorgungsanlagen 20%, Niederspannungsinstallationsanlagen 18%, Wasseranlagen 12%, Wärmeerzeugungsanlagen 11%, Raumheizflächen 9%, Wärmeverteilnetze 8%
Sonstige: 21%

€/m² BGF

min	80	€/m²
von	320	€/m²
Mittel	**825**	**€/m²**
bis	1.615	€/m²
max	2.550	€/m²

Kosten:
Stand 2. Quartal 2025
Bundesdurchschnitt
inkl. 19% MwSt.

Objektübersicht zur Gebäudeart

6100-1500 Mehrfamilienhaus (16 WE)

BRI 11.644 m³ **BGF** 3.124 m² **NUF** 2.158 m²

© Ostermann Architekten

Baujahr: 1895
Bauzustand: schlecht
Aufwand: hoch
Nutzung während der Bauzeit: ja
Nutzungsänderung: nein
Grundrissänderungen: wenige
Tragwerkseingriffe: wenige

Land: Hamburg
Kreis: Hamburg, Stadt
Standard: hoch
Bauzeit: 122 Wochen
Kennwerte: bis 3. Ebene DIN 276
veröffentlicht: BKI Objektdaten A12
BGF 1.010 €/m²

Planung: Ostermann Architekten; Hamburg

Sanierung eines Mehrfamilienhauses mit 16 Wohneinheiten (5.223 m² WFL). **Kosteneinfluss Nutzung:** Gestaltungssatzung, Brandschutz

Bauwerk – Baukonstruktionen
Abbrechen: Außenwandbekleidungen, außen 2%, Innenwandbekleidungen 2%
Herstellen: Außenwandbekleidungen, außen 12%, Außenwandöffnungen 10%, Gerüste 8%, Elementierte Deckenkonstruktionen 7%, Innenwandbekleidungen 5%, Baustelleneinrichtung 3%, Innenwandöffnungen 2%
Wiederherstellen: Außenwandbekleidungen, außen 6%, Außenwandbekleidungen, innen 3%, Tragende Außenwände 3%, Innenwandbekleidungen 2%
Sonstige: 33%

Bauwerk – Technische Anlagen
Herstellen: Aufzugsanlagen 34%, Wasseranlagen 17%, Wärmeverteilnetze 8%, Niederspannungsinstallationsanlagen 8%, Abwasseranlagen 7%
Wiederherstellen: Abwasseranlagen 5%
Sonstige: 21%

6100-1405 Einfamilienhaus, Dachsanierung

BRI 508 m³ **BGF** 259 m² **NUF** 187 m²

© SCHNEEWEISS ARCHITEKTEN

Baujahr: 1962
Bauzustand: mittel
Aufwand: hoch
Nutzung während der Bauzeit: ja
Nutzungsänderung: nein
Grundrissänderungen: keine
Tragwerkseingriffe: keine

Land: Saarland
Kreis: Saarlouis
Standard: hoch
Bauzeit: 13 Wochen
Kennwerte: bis 3. Ebene DIN 276
veröffentlicht: BKI Objektdaten A11
BGF 722 €/m²

Planung: SCHNEEWEISS ARCHITEKTEN; Saarbrücken

Dachsanierung eines Einfamilienhauses

Bauwerk – Baukonstruktionen
Abbrechen: Dachbeläge 6%
Herstellen: Dachbeläge 71%, Dachöffnungen 11%
Sonstige: 11%

Bauwerk – Technische Anlagen
Abbrechen: Sonstiges zur KG 420 6%
Herstellen: Sonstiges zur KG 420 94%

Objektübersicht zur Gebäudeart

6100-1402 Mehrfamilienhaus (15 WE)

BRI 5.213 m³ **BGF** 1.566 m² **NUF** 1.129 m²

Baujahr: 1905
Bauzustand: mittel
Aufwand: mittel
Nutzung während der Bauzeit: ja
Nutzungsänderung: nein
Grundrissänderungen: keine
Tragwerkseingriffe: wenige

Land: Hamburg
Kreis: Hamburg, Stadt
Standard: hoch
Bauzeit: 61 Wochen
Kennwerte: bis 3. Ebene DIN 276
veröffentlicht: BKI Objektdaten A12

BGF 285 €/m²

Planung: Mannott + Mannott Dipl. Ingenieure, Architekten; Hamburg

Instandsetzung der Vorder- und Seitenfassade eines Mehrfamilienhauses mit 15 Wohneinheiten, inklusive Instandsetzung der Balkone und der Dachflächen.

Bauwerk – Baukonstruktionen
Abbrechen: Dachbeläge 6%
Herstellen: Dachbeläge 31%, Gerüste 9%
Wiederherstellen: Außenwandbekleidungen, außen 32%
Sonstige: 21%

Bauwerk – Technische Anlagen
Herstellen: Abwasseranlagen 100%

6100-1150 Balkon (Mehrfamilienhaus)*

BRI k.A. **BGF** 38 m² **NUF** 23 m²

Bauzustand: schlecht
Aufwand: hoch
Nutzung während der Bauzeit: ja
Nutzungsänderung: nein
Grundrissänderungen: keine
Tragwerkseingriffe: wenige

Land: Berlin
Kreis: Berlin, Stadt
Standard: einfach
Bauzeit: 9 Wochen
Kennwerte: bis 3. Ebene DIN 276
veröffentlicht: BKI Objektdaten A10

BGF 1.872 €/m²

* Nicht in der Auswertung enthalten

Planung: Architekturbüro Geiger; Berlin

Sanierung eines Dachbalkons in einem Mehrfamilienhaus (5 WE).

Bauwerk – Baukonstruktionen
Abbrechen: Dachbeläge 12%
Herstellen: Dachbeläge 49%, Außenwandbekleidungen, außen 9%, Sonstiges zur KG 360 8%
Sonstige: 21%

Bauwerk – Technische Anlagen
Herstellen: Abwasseranlagen 100%

€/m² BGF

min	80	€/m²
von	320	€/m²
Mittel	**825**	**€/m²**
bis	1.615	€/m²
max	2.550	€/m²

Kosten:
Stand 2. Quartal 2025
Bundesdurchschnitt
inkl. 19% MwSt.

Objektübersicht zur Gebäudeart

6100-1113 Wohn- und Geschäftshaus (21 WE) — BRI 8.259m³ — BGF 2.896m² — NUF k.A.

Baujahr: 1951
Bauzustand: mittel
Aufwand: mittel
Nutzung während der Bauzeit: ja
Nutzungsänderung: nein
Grundrissänderungen: keine
Tragwerkseingriffe: keine

Land: Hamburg
Kreis: Hamburg, Stadt
Standard: mittel
Bauzeit: 35 Wochen
Kennwerte: bis 3. Ebene DIN 276
veröffentlicht: BKI Objektdaten A10
BGF 321€/m²

Planung: Mannott + Mannott Dipl. Ingenieure, Architekten; Hamburg

Fassaden- und Dachsanierung eines Wohn- und Geschäftshauses (21 WE)

Bauwerk – Baukonstruktionen
Herstellen: Außenwandbekleidungen, außen 30%, Außenwandöffnungen 25%, Dachbeläge 15%, Dachkonstruktionen 8%
Sonstige: 21%

Bauwerk – Technische Anlagen
Herstellen: Sonstiges zur KG 420 18%, Niederspannungsinstallationsanlagen 9%
Wiederherstellen: Sonstiges zur KG 420 49%
Sonstige: 24%

6100-1112 Mehrfamilienhaus, Vorderfassade, Denkmalschutz* — BRI 4.130m³ — BGF 1.278m² — NUF 926m²

Baujahr: 1892
Bauzustand: mittel
Aufwand: hoch
Nutzung während der Bauzeit: ja
Nutzungsänderung: nein
Grundrissänderungen: keine
Tragwerkseingriffe: keine

Land: Hamburg
Kreis: Hamburg, Stadt
Standard: hoch
Bauzeit: 13 Wochen
Kennwerte: bis 3. Ebene DIN 276
veröffentlicht: BKI Objektdaten A9
BGF 115€/m²

* Nicht in der Auswertung enthalten

Planung: Mannott + Mannott Dipl. Ingenieure, Architekten; Hamburg

Mehrfamilienhaus (12 WE), Denkmalschutz, Instandsetzung der Vorderfassade

Bauwerk – Baukonstruktionen
Herstellen: Gerüste 7%, Baustelleneinrichtung 6%
Wiederherstellen: Außenwandbekleidungen, außen 79%
Sonstige: 7%

Bauwerk – Technische Anlagen
Wiederherstellen: Niederspannungsinstallationsanlagen 100%

Objektübersicht zur Gebäudeart

6100-1099 Mehrfamilienhaus, Grundmauersanierung*

BRI 1.950 m³ **BGF** 700 m² **NUF** 458 m²

Baujahr: 1911
Bauzustand: mittel
Aufwand: niedrig
Nutzung während der Bauzeit: ja
Nutzungsänderung: nein

Land: Baden-Württemberg
Kreis: Ortenaukreis
Standard: hoch
Bauzeit: 13 Wochen
Kennwerte: bis 3. Ebene DIN 276
veröffentlicht: BKI Objektdaten A9

BGF 65€/m²

* Nicht in der Auswertung enthalten

Planung: k.A.

Mehrfamilienhaus

Bauwerk – Baukonstruktionen
Abbrechen: Dränagen 47%
Herstellen: Außenwandbekleidungen, außen 53%

Bauwerk – Technische Anlagen
Wiederherstellen: Abwasseranlagen 100%

6100-0996 Mehrfamilienhaus (15 WE)

BRI 5.062 m³ **BGF** 1.635 m² **NUF** 1.076 m²

Baujahr: 1970
Bauzustand: mittel
Aufwand: mittel
Nutzung während der Bauzeit: ja
Nutzungsänderung: nein
Grundrissänderungen: keine
Tragwerkseingriffe: keine

Land: Baden-Württemberg
Kreis: Breisgau-Hochschwarzwald
Standard: mittel
Bauzeit: 31 Wochen
Kennwerte: bis 3. Ebene DIN 276
veröffentlicht: BKI Objektdaten A9

BGF 493€/m²

Planung: k.A.

Fassaden- und Dachsanierung eines Mehrfamilienhauses mit 15 Wohnungen.

Bauwerk – Baukonstruktionen
Abbrechen: Außenwandbekleidungen, außen 4%
Herstellen: Außenwandbekleidungen, außen 25%, Elementierte Außenwandkonstruktionen 18%, Dachbeläge 14%, Dachöffnungen 5%, Sonstiges zur KG 330 4%, Deckenbekleidungen 3%, Innenwandbekleidungen 3%
Wiederherstellen: Außenwandöffnungen 3%
Sonstige: 22%

Bauwerk – Technische Anlagen
Herstellen: Aufzugsanlagen 71%, Niederspannungsinstallationsanlagen 13%, Lüftungsanlagen 6%
Sonstige: 10%

Objektübersicht zur Gebäudeart

€/m² BGF

min	80	€/m²
von	320	€/m²
Mittel	**825**	**€/m²**
bis	1.615	€/m²
max	2.550	€/m²

Kosten:
Stand 2. Quartal 2025
Bundesdurchschnitt
inkl. 19% MwSt.

6100-0946 Einfamilienhaus, Einzeldenkmal

BRI 842 m³ **BGF** 286 m² **NUF** 175 m²

© qbatur Planungsgenossenschaft eG

Baujahr: 1680
Bauzustand: schlecht
Aufwand: hoch
Nutzung während der Bauzeit: nein
Nutzungsänderung: nein
Grundrissänderungen: umfangreiche
Tragwerkseingriffe: einige

Land: Sachsen-Anhalt
Kreis: Salzlandkreis
Standard: mittel
Bauzeit: 43 Wochen
Kennwerte: bis 3. Ebene DIN 276
veröffentlicht: BKI Objektdaten A9

BGF 1.771 €/m²

Planung: qbatur Planungsbüro GmbH; Quedlinburg

Wohnhaus als Einzeldenkmal, geschossübergreifender Wintergartenanbau

Bauwerk – Baukonstruktionen
Herstellen: Außenwandbekleidungen, innen 9%, Außenwandöffnungen 8%, Deckenbeläge 8%, Dachkonstruktionen 6%, Tragende Außenwände 6%, Dachbeläge 6%, Außenwandbekleidungen, außen 6%, Deckenbekleidungen 5%, Elementierte Außenwandkonstruktionen 4%, Deckenkonstruktionen 4%, Innenwandbekleidungen 4%, Dachbekleidungen 3%, Nichttragende Innenwände 3%, Nichttragende Außenwände 2%, Sonstiges zur KG 350 2%
Sonstige: 23%

Bauwerk – Technische Anlagen
Herstellen: Wasseranlagen 26%, Raumheizflächen 23%, Wärmeerzeugungsanlagen 20%, Niederspannungsinstallationsanlagen 9%
Sonstige: 23%

6100-0686 Mehrfamilienhaus (21 WE), Kellertrocknung

BRI 3.546 m³ **BGF** 1.166 m² **NUF** 805 m²

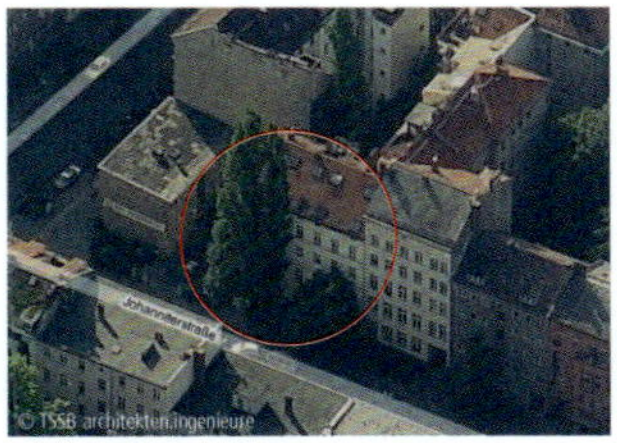
© TSSB architekten.ingenieure

Baujahr: ca. 1900
Bauzustand: mittel
Aufwand: mittel
Nutzung während der Bauzeit: ja
Nutzungsänderung: nein
Grundrissänderungen: wenige
Tragwerkseingriffe: keine

Land: Berlin
Kreis: Berlin, Stadt
Standard: mittel
Bauzeit: 4 Wochen
Kennwerte: bis 3. Ebene DIN 276
veröffentlicht: BKI Objektdaten A7

BGF 81 €/m²

Planung: TSSB architekten.ingenieure . Berlin; Berlin

Kellertrockenlegung eines Mehrfamilienhauses mit 21 Wohneinheiten. **Kosteneinfluss Nutzung:** Die Flächenangaben der DIN 277 beziehen sich auf den sanierten Bereich. **Kosteneinfluss Grundstück:** Das Gebäude ist von der Straße frei zugänglich. Für die Arbeiten im Hof mussten die Materialien von Hand transportiert werden.

Bauwerk – Baukonstruktionen
Herstellen: Herstellung 6%, Außenwandbekleidungen, außen 4%
Wiederherstellen: Tragende Außenwände 52%, Außenwandbekleidungen, außen 16%
Sonstige: 22%

6100-0695 Mehrfamilienhaus, Kellertrocknung

BRI 3.192m³ **BGF** 1.050m² **NUF** 735m²

Baujahr: ca. 1905
Bauzustand: gut
Aufwand: niedrig
Nutzung während der Bauzeit: ja
Nutzungsänderung: nein
Grundrissänderungen: wenige
Tragwerkseingriffe: keine

Land: Berlin
Kreis: Berlin, Stadt
Standard: mittel
Bauzeit: 4 Wochen
Kennwerte: bis 3. Ebene DIN 276
veröffentlicht: BKI Objektdaten A7
BGF **133€/m²**

Planung: TSSB architekten.ingenieure . Berlin; Berlin

Bei einem Mehrfamilienhaus wurde der Keller trockengelegt. Von dem gesamten Gebäude wurde nur ein Seitenflügel saniert. **Kosteneinfluss Nutzung:** Die Flächenangaben der DIN 277 beziehen sich nur auf den sanierten Flügel.

Bauwerk – Baukonstruktionen
Herstellen: Herstellung 18%, Außenwandbekleidungen, außen 13%
Wiederherstellen: Außenwandbekleidungen, außen 33%, Tragende Außenwände 12%
Sonstige: 24%

Bauwerk – Technische Anlagen
Herstellen: Sonstiges zur KG 420 100%

6100-0548 Mehrfamilienhaus

BRI 3.056m³ **BGF** 1.018m² **NUF** 609m²

Bauzustand: mittel
Aufwand: hoch
Nutzung während der Bauzeit: ja
Nutzungsänderung: nein
Grundrissänderungen: einige
Tragwerkseingriffe: einige

Land: Baden-Württemberg
Kreis: Heidelberg, Stadt
Standard: mittel
Bauzeit: 13 Wochen
Kennwerte: bis 3. Ebene DIN 276
veröffentlicht: www.bki.de
BGF **460€/m²**

Planung: Architekt Dipl.-Ing. Alexander Böhm; Heidelberg

Instandsetzung eines Mehrfamilienhauses mit Dachgeschossausbau zur Wohnraumerweiterung, Einbau von Gauben. **Kosteneinfluss Nutzung:** Die abgerechneten Kosten wurden in Bezug zu den Flächen des gesamten Hauses gesetzt.

Bauwerk – Baukonstruktionen
Herstellen: Dachbeläge 20%, Außenwandbekleidungen, außen 12%, Dachkonstruktionen 8%, Außenwandöffnungen 8%, Dachbekleidungen 8%, Deckenbeläge 8%, Gerüste 5%, Dachöffnungen 5%, Außenwandbekleidungen, innen 5%
Sonstige: 22%

Bauwerk – Technische Anlagen
Herstellen: Wärmeversorgungsanlagen 37%, Wasseranlagen 32%, Niederspannungsinstallationsanlagen 23%
Sonstige: 8%

Objektübersicht zur Gebäudeart

€/m² BGF

min	80	€/m²
von	320	€/m²
Mittel	**825**	**€/m²**
bis	1.615	€/m²
max	2.550	€/m²

Kosten:
Stand 2. Quartal 2025
Bundesdurchschnitt
inkl. 19% MwSt.

6400-0057 Jugendzentrum

BRI 3.281 m³ **BGF** 1.674 m² **NUF** 1.140 m²

Bauzustand: mittel
Aufwand: mittel
Grundrissänderungen: keine
Tragwerkseingriffe: keine

Land: Sachsen-Anhalt
Kreis: Burgenlandkreis
Standard: mittel
Bauzeit: 57 Wochen
Kennwerte: bis 3. Ebene DIN 276
veröffentlicht: BKI Objektdaten A6

BGF 1.015 €/m²

Planung: HGT Architekten und Ingenieure, Architekt Matthias Tränkner; Naumburg

Jugendzentrum mit Generationen übergreifender Nutzung. Es werden hier nicht nur Veranstaltungen für Kinder und Jugendliche, sondern auch "junggebliebene" Erwachsene angeboten.

Bauwerk – Baukonstruktionen
Herstellen: Deckenbeläge 12%, Deckenkonstruktionen 12%, Außenwandöffnungen 11%, Außenwandbekleidungen, außen 6%, Deckenbekleidungen 5%, Innenwandöffnungen 5%, Elementierte Außenwandkonstruktionen 4%, Innenwandbekleidungen 3%, Elementierte Innenwandkonstruktionen 3%, Außenwandbekleidungen, innen 3%, Dachbekleidungen 3%, Nichttragende Innenwände 3%, Tragende Außenwände 2%, Dachkonstruktionen 2%
Wiederherstellen: Außenwandbekleidungen, außen 3%
Sonstige: 22%

Bauwerk – Technische Anlagen
Herstellen: Lüftungsanlagen 15%, Beleuchtungsanlagen 13%, Niederspannungsinstallationsanlagen 13%, Aufzugsanlagen 11%, Wasseranlagen 10%, Eigenstromversorgungsanlagen 9%, Raumheizflächen 7%
Sonstige: 22%

6100-0574 Einfamilienhaus, Brandschaden

BRI 834 m³ **BGF** 286 m² **NUF** 213 m²

Land: Nordrhein-Westfalen
Kreis: Düren
Standard: mittel
Bauzeit: 22 Wochen
Kennwerte: bis 3. Ebene DIN 276
veröffentlicht: www.bki.de

BGF 1.094 €/m²

Planung: FRANKE Architektur I Innenarchitektur; Düren

Rückbau des Objekts in großen Teilbereichen bis auf Rohbauflächen; Putzflächen, Gipskartonverkleidungen mit Mineralfaser-Dämmstoff, Wand- und Bodenbeläge mussten komplett erneuert werden. Tragende Konstruktionen und Dacheindeckung wurden im vorderen Anbau komplett erneuert; Fassadenflächen mussten komplett überarbeitet und neu gestrichen werden.

Bauwerk – Baukonstruktionen
Abbrechen: Dachbeläge 5%, Abbruchmaßnahmen 3%, Dachkonstruktionen 3%
Herstellen: Dachbekleidungen 17%, Dachbeläge 12%, Innenwandbekleidungen 9%, Allgemeine Einbauten 9%, Dachkonstruktionen 6%, Deckenbeläge 6%, Tragende Innenwände 5%, Dachöffnungen 4%, Außenwandbekleidungen, innen 3%
Sonstige: 20%

Bauwerk – Technische Anlagen
Herstellen: Niederspannungsinstallationsanlagen 49%, Raumheizflächen 21%, Audiovisuelle Medien- und Antennenanlagen 13%
Sonstige: 17%

6100-0456 Mehrfamilienhaus (3 WE)

BRI 1.479m³ **BGF** 505m² **NUF** 364m²

Baujahr: 1920
Bauzustand: schlecht
Aufwand: hoch
Nutzung während der Bauzeit: nein
Nutzungsänderung: nein
Grundrissänderungen: wenige
Tragwerkseingriffe: wenige

Land: Rheinland-Pfalz
Kreis: Kaiserslautern
Standard: mittel
Bauzeit: 31 Wochen
Kennwerte: bis 3. Ebene DIN 276
veröffentlicht: www.bki.de
BGF **1.376€/m²**

Planung: Planwerk 3 Architekten und Ingenieure; Kaiserslautern

Mehrfamilienhaus mit drei Wohneinheiten (237m² WFL).

Bauwerk – Baukonstruktionen
Abbrechen: Materialentsorgung 4%
Herstellen: Dachbeläge 14%, Dachkonstruktionen 11%, Tragende Außenwände 10%, Dachbekleidungen 6%, Innenwandbekleidungen 6%, Deckenkonstruktionen 5%, Außenwandbekleidungen, außen 5%, Außenwandöffnungen 4%, Deckenbeläge 4%, Außenwandbekleidungen, innen 3%, Flachgründungen und Bodenplatten 3%, Deckenbekleidungen 3%, Dachöffnungen 2%
Sonstige: 21%

Bauwerk – Technische Anlagen
Herstellen: Wärmeerzeugungsanlagen 26%, Eigenstromversorgungsanlagen 26%, Wasseranlagen 15%, Niederspannungsinstallationsanlagen 10%
Sonstige: 24%

6100-0467 Mehrfamilienhaus (48 WE), Fassadensanierung

BRI 17.861m³ **BGF** 5.137m² **NUF** k.A.

Baujahr: 1910
Bauzustand: schlecht
Aufwand: hoch
Nutzung während der Bauzeit: ja
Nutzungsänderung: nein
Grundrissänderungen: keine
Tragwerkseingriffe: wenige

Land: Hamburg
Kreis: Hamburg, Stadt
Standard: mittel
Bauzeit: 39 Wochen
Kennwerte: bis 3. Ebene DIN 276
veröffentlicht: www.bki.de
BGF **172€/m²**

Planung: Holst Becker Architekten; Hamburg

Mehrfamilienhaus mit 48 Wohneinheiten und drei Läden.

Bauwerk – Baukonstruktionen
Herstellen: Gerüste 11%
Wiederherstellen: Außenwandbekleidungen, außen 27%, Außenwandöffnungen 12%, Sonstiges zur KG 350 11%, Dachbeläge 7%, Deckenbeläge 7%
Sonstige: 26%

Bauwerk – Technische Anlagen
Herstellen: Niederspannungsinstallationsanlagen 100%

Kostenkennwerte für die Kosten des Bauwerks (Kostengruppen 300+400 nach DIN 276)

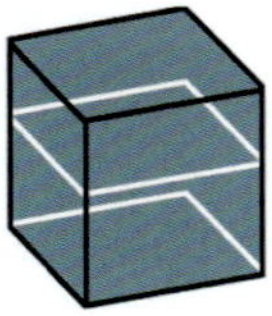

BRI 160 €/m³
von 70 €/m³
bis 310 €/m³

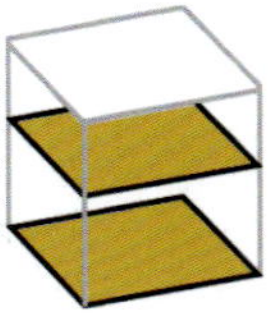

BGF 790 €/m²
von 295 €/m²
bis 1.730 €/m²

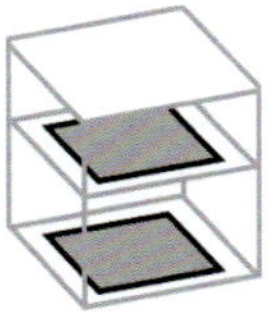

NUF 1.230 €/m²
von 460 €/m²
bis 2.655 €/m²

Kosten:
Stand 2. Quartal 2025
Bundesdurchschnitt
inkl. 19% MwSt.

Objektbeispiele

7300-0072

4100-0056

4100-0156

Kosten der 6 Vergleichsobjekte

Seiten 458 bis 461

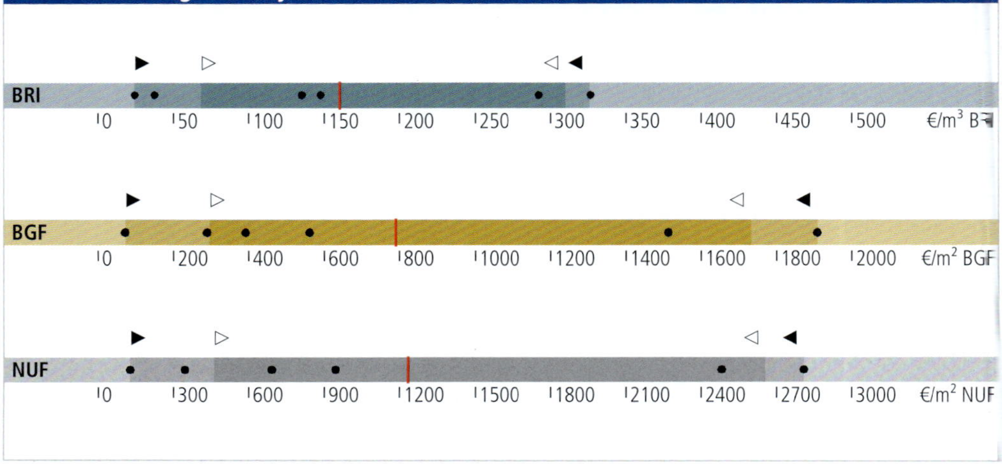

- ● KKW
- ▶ min
- ▷ von
- | Mittelwert
- ◁ bis
- ◀ max

Kostenkennwerte für die Kostengruppen der 1. und 2. Ebene DIN 276

KG	Kostengruppen der 1. Ebene	Einheit	▷	€/Einheit	◁	▷	% an 300+400	◁
100	Grundstück	m² GF	–	**–**	–	–	**–**	–
200	Vorbereitende Maßnahmen	m² GF	< 1	**< 1**	2	< 0,1	**0,1**	0,3
300	Bauwerk – Baukonstruktionen	m² BGF	232	**615**	1.330	68,0	**77,9**	89,4
400	Bauwerk – Technische Anlagen	m² BGF	53	**174**	403	10,6	**22,1**	32,0
	Bauwerk 300+400	m² BGF	295	**789**	1.732	100,0	**100,0**	100,0
500	Außenanlagen und Freiflächen	m² AF	55	**242**	922	0,8	**4,0**	6,5
600	Ausstattung und Kunstwerke	m² BGF	3	**15**	57	0,6	**1,3**	3,8
700	Baunebenkosten	m² BGF	–	**–**	–	–	**–**	–
800	Finanzierung	m² BGF	–	**–**	–	–	**–**	–

KG	Kostengruppen der 2. Ebene	Einheit	▷	€/Einheit	◁	▷	% an 1. Ebene	◁
310	Baugrube / Erdbau	m³ BGI	61	**78**	95	0,0	**0,8**	2,0
320	Gründung, Unterbau	m² GRF	134	**308**	736	2,7	**15,8**	62,4
330	Außenwände / vertikal außen	m² AWF	146	**310**	519	7,6	**24,4**	48,1
340	Innenwände / vertikal innen	m² IWF	141	**328**	638	10,6	**26,1**	48,6
350	Decken / horizontal	m² DEF	146	**209**	321	1,4	**10,0**	23,0
360	Dächer	m² DAF	109	**277**	454	4,6	**16,3**	33,3
370	Infrastrukturanlagen		–	**–**	–	–	**–**	–
380	Baukonstruktive Einbauten	m² BGF	13	**37**	62	0,0	**1,4**	3,6
390	Sonst. Maßnahmen für Baukonst.	m² BGF	12	**34**	112	1,7	**5,1**	7,3
300	**Bauwerk – Baukonstruktionen**	**m² BGF**					**100,0**	
410	Abwasser-, Wasser-, Gasanlagen	m² BGF	17	**47**	81	10,5	**33,3**	72,5
420	Wärmeversorgungsanlagen	m² BGF	9	**32**	98	3,6	**11,6**	22,9
430	Raumlufttechnische Anlagen	m² BGF	15	**36**	75	0,0	**8,6**	15,4
440	Elektrische Anlagen	m² BGF	24	**49**	111	13,9	**38,6**	82,1
450	Kommunikationstechnische Anlagen	m² BGF	4	**14**	34	0,6	**3,0**	6,4
460	Förderanlagen	m² BGF	–	**–**	–	–	**–**	–
470	Nutzungsspez. / verfahrenstech. Anl.	m² BGF	1	**2**	4	< 0,1	**0,6**	2,6
480	Gebäude- und Anlagenautomation	m² BGF	1	**26**	50	0,2	**2,4**	10,8
490	Sonst. Maßnahmen f. techn. Anl.	m² BGF	< 1	**2**	4	< 0,1	**1,9**	4,8
400	**Bauwerk – Technische Anlagen**	**m² BGF**					**100,0**	

Prozentanteile der Kosten 2. Ebene an den Kosten des Bauwerks nach DIN 276 (Von/Mittel/Bis)

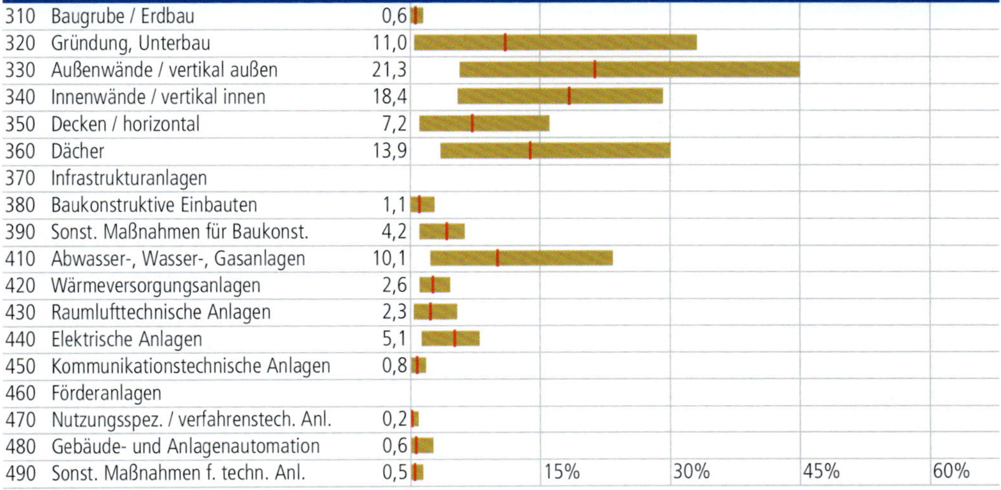

Kostenkennwerte für die Kostengruppen der 3. Ebene DIN 276

KG	Kostengruppen der 3. Ebene	Einheit	▷	€/Einheit	◁	▷	€/m² BGF	◁
363	Dachbeläge	m²	93	**119**	191	15	**70**	128
335	Außenwandbekleidungen, außen	m²	149	**246**	503	19	**69**	111
322	Flachgründungen und Bodenplatten	m²	135	**559**	983	18	**55**	92
344	Innenwandöffnungen	m²	517	**945**	1.231	30	**48**	60
361	Dachkonstruktionen	m²	98	**174**	250	2	**47**	133
362	Dachöffnungen	m²	1.124	**1.285**	1.447	2	**45**	88
345	Innenwandbekleidungen	m²	32	**51**	77	23	**43**	62
353	Deckenbeläge	m²	92	**128**	197	24	**37**	44
337	Elem. Außenwandkonstruktionen	m²	490	**860**	1.229	30	**37**	44
431	Lüftungsanlagen	m²	15	**36**	75	15	**36**	75
324	Gründungsbeläge	m²	100	**161**	288	6	**33**	112
342	Nichttragende Innenwände	m²	68	**146**	189	24	**33**	50
334	Außenwandöffnungen	m²	410	**762**	1.121	11	**29**	53
412	Wasseranlagen	m²	9	**28**	54	9	**28**	54
444	Niederspannungsinstallationsanl.	m²	9	**28**	46	9	**28**	46
331	Tragende Außenwände	m²	557	**717**	876	11	**24**	37
354	Deckenbekleidungen	m²	36	**68**	116	12	**23**	29
391	Baustelleneinrichtung	m²	5	**23**	61	5	**23**	51
382	Besondere Einbauten	m²	1	**23**	45	1	**23**	45
336	Außenwandbekleidungen, innen	m²	37	**95**	146	5	**21**	63
445	Beleuchtungsanlagen	m²	6	**19**	39	6	**19**	39
481	Automationseinrichtungen	m²	1	**18**	36	1	**18**	36
411	Abwasseranlagen	m²	8	**17**	26	8	**17**	26
341	Tragende Innenwände	m²	339	**552**	765	3	**17**	44
422	Wärmeverteilnetze	m²	6	**16**	35	6	**16**	35
364	Dachbekleidungen	m²	19	**52**	109	4	**16**	37
311	Herstellung	m³	61	**78**	95	< 1	**16**	30
333	Außenstützen	m	–	**425**	–	–	**14**	–
423	Raumheizflächen	m²	1	**13**	30	1	**13**	30
392	Gerüste	m²	3	**13**	24	3	**13**	24
421	Wärmeerzeugungsanlagen	m²	1	**13**	25	1	**13**	25
386	Orientierungs- u. Informationssys.	m²	–	**13**	–	–	**13**	–
351	Deckenkonstruktionen	m²	123	**540**	957	–	**11**	–
443	Niederspannungsschaltanlagen	m²	–	**11**	–	–	**11**	–
454	Elektroakustische Anlagen	m²	–	**10**	–	–	**10**	–
346	Elem. Innenwandkonstruktionen	m²	123	**204**	426	3	**10**	28
369	Sonstiges zur KG 360	m²	10	**96**	268	1	**9**	14
338	Lichtschutz zur KG 330	m²	115	**182**	250	4	**9**	14
381	Allgemeine Einbauten	m²	4	**8**	12	4	**8**	12
359	Sonstiges zur KG 350	m²	9	**26**	59	4	**8**	14
399	Sonstiges zur KG 390	m²	2	**7**	12	2	**7**	12
397	Zusätzliche Maßnahmen	m²	1	**6**	12	1	**6**	12
456	Gefahrenmelde- und Alarmanlagen	m²	2	**6**	14	2	**6**	14
446	Blitzschutz- und Erdungsanlagen	m²	< 1	**6**	9	< 1	**6**	9
482	Schaltschränke, Automation	m²	–	**6**	–	–	**6**	–
483	Automationsmanagement	m²	–	**5**	–	–	**5**	–
339	Sonstiges zur KG 330	m²	6	**82**	382	< 1	**4**	100
471	Küchentechnische Anlagen	m²	–	**4**	–	–	**4**	–
499	Sonstiges zur KG 490	m²	–	**4**	–	–	**4**	–
325	Abdichtungen und Bekleidungen	m²	–	**10**	–	< 1	**4**	7

Kosten:
Stand 2. Quartal 2025
Bundesdurchschnitt
inkl. 19% MwSt.

▷ von
ø Mittel
◁ bis

Prozentanteile der Kosten für Leistungsbereiche nach STLB (Kosten Bauwerk nach DIN 276)

LB	Leistungsbereiche	▷	% an 300+400	◁
000	Baustellen-, Verkehrssich.- u. Sicherh.einr. inkl. 001	0,3	**3,2**	5,2
002	Erdarbeiten	< 0,1	**0,7**	1,8
006	Spezialtiefbauarbeiten inkl. 005	–	**–**	–
009	Entwässerungskanalarbeiten inkl. 011	< 0,1	**1,4**	6,5
010	Drän- und Versickerarbeiten	–	**–**	–
012	Mauerarbeiten	0,1	**1,3**	3,8
013	Betonarbeiten	0,7	**2,6**	5,3
014	Natur-, Betonwerksteinarbeiten	0,0	**0,4**	2,0
016	Zimmer- und Holzbauarbeiten	< 0,1	**0,3**	0,9
017	Stahlbauarbeiten	0,0	**1,9**	9,3
018	Abdichtungsarbeiten	< 0,1	**1,2**	2,5
020	Dachdeckungsarbeiten	0,0	**0,7**	3,4
021	Dachabdichtungsarbeiten	0,7	**1,9**	5,7
022	Klempnerarbeiten	0,8	**6,3**	26,7
	Rohbau	9,6	**22,0**	39,5
023	Putz- und Stuckarbeiten, Wärmedämmsysteme	1,0	**9,4**	23,0
024	Fliesen- und Plattenarbeiten	0,9	**5,7**	14,1
025	Estricharbeiten	0,1	**0,9**	1,6
026	Fenster, Außentüren inkl. 029, 032	1,1	**5,9**	13,7
027	Tischlerarbeiten	0,4	**1,9**	4,5
028	Parkett-, Holzpflasterarbeiten	0,0	**0,2**	0,5
030	Rollladenarbeiten	< 0,1	**0,5**	2,3
031	Metallbauarbeiten inkl. 035	1,7	**5,8**	12,3
034	Maler- und Lackiererarb. – Beschicht. inkl. 037	1,2	**4,0**	5,8
036	Bodenbelagarbeiten	0,8	**2,9**	4,3
038	Vorgehängte hinterlüftete Fassaden	0,0	**0,7**	3,4
039	Trockenbauarbeiten	3,0	**8,1**	16,1
	Ausbau	35,6	**46,0**	61,1
040	Wärmeversorgungsanl. - Betriebseinr. inkl. 041	1,0	**2,4**	4,0
042	Gas- u. Wasseranl. – Leitung., Armat. inkl. 043	0,5	**1,6**	3,2
044	Abwasseranl. - Leitungen, Abläufe, Armaturen	0,4	**3,6**	8,7
045	Gas, Wasser, Entwässerung – Ausstattung inkl. 046	0,8	**3,4**	7,5
047	Dämm- und Brandschutzarb. an techn. Anlagen	0,0	**0,5**	0,9
049	Feuerlöschanlagen, Feuerlöschgeräte	0,0	**< 0,1**	< 0,1
050	Blitzschutz-/Erdungsanlagen, Überspannungssch.	< 0,1	**0,5**	1,4
052	Mittelspannungsanlagen	–	**–**	–
053	Niederspannungsanl. – Kabel inkl. 054	1,1	**3,3**	9,8
055	Sicherheits- u. Ersatzstromversorgungsanl.	–	**–**	–
057	Gebäudesystemtechnik	–	**–**	–
058	Leuchten und Lampen inkl. 059	< 0,1	**1,0**	2,5
060	Such, Signal, Zeit, Anten., akust. Anl. inkl. 064	0,0	**0,1**	0,7
061	Kommunikations- u. Übertragungsnetze inkl. 062	< 0,1	**0,3**	0,8
063	Gefahrenmeldeanlagen	< 0,1	**0,4**	0,7
069	Aufzüge	–	**–**	–
070	Gebäudeautomation	< 0,1	**0,6**	2,6
075	Raumlufttechnische Anlagen inkl. 078	0,3	**2,2**	5,2
	Gebäudetechnik	6,7	**19,7**	29,1
084	Abbruch, Rückbau, Schadstoffsanierung	5,1	**11,2**	21,5
	Sonstige Leistungsbereiche inkl. 008, 033, 051	0,0	**1,1**	2,2

Objektübersicht zur Gebäudeart

€/m² BGF

min	70	€/m²
von	295	€/m²
Mittel	**790**	**€/m²**
bis	1.730	€/m²
max	1.910	€/m²

Kosten:
Stand 2. Quartal 2025
Bundesdurchschnitt
inkl. 19% MwSt.

4400-0276 Kindertagesstätte, Entwässerungsarbeiten

BRI 2.403 m³ **BGF** 812 m² **NUF** 460 m²

© heine I reichold architekten

Bauzustand: schlecht
Aufwand: mittel
Nutzung während der Bauzeit: ja
Nutzungsänderung: nein
Grundrissänderungen: wenige
Tragwerkseingriffe: wenige

Land: Sachsen
Kreis: Erzgebirgskreis
Standard: einfach
Bauzeit: 9 Wochen
Kennwerte: bis 3. Ebene DIN 276
veröffentlicht: BKI Objektdaten A11

BGF **72 €/m²**

Planung: heine I reichold architekten Partnerschaftsgesellschaft mbB; Lichtenstein

Erneuerung/Umverlegung der Entwässerungsleitungen im Kindergarten (6 Gruppen, 72 Kinder)

Bauwerk – Baukonstruktionen
Abbrechen: Flachgründungen und Bodenplatten 33%
Herstellen: Gründungsbeläge 23%
Wiederherstellen: Innenwandbekleidungen 18%
Sonstige: 26%

Bauwerk – Technische Anlagen
Herstellen: Abwasseranlagen 44%, Wasseranlagen 8%
Wiederherstellen: Wasseranlagen 30%
Sonstige: 18%

4100-0156 Realschule, Dachsanierung*

BRI k.A. **BGF** k.A. **NUF** k.A.

© ASS PLANUNGS GMBH FREIE ARCHITEKTEN

Bauzustand: schlecht
Aufwand: hoch
Nutzung während der Bauzeit: ja
Nutzungsänderung: nein
Grundrissänderungen: keine
Tragwerkseingriffe: keine

Land: Baden-Württemberg
Kreis: Stuttgart, Stadt
Standard: mittel
Bauzeit: 65 Wochen
Kennwerte: bis 3. Ebene DIN 276
veröffentlicht: BKI Objektdaten A9

Planung: ASS PLANUNGS GMBH FREIE ARCHITEKTEN; Stuttgart

Realschule mit Unterrichts- und Nebenräumen

Bauwerk – Baukonstruktionen
Abbrechen: Dachbeläge 23%
Herstellen: Dachbeläge 63%, Sonstiges zur KG 360 5%
Sonstige: 9%

Bauwerk – Technische Anlagen
Herstellen: Abwasseranlagen 61%, Blitzschutz- und Erdungsanlagen 23%
Wiederherstellen: Abwasseranlagen 8%
Sonstige: 7%

7300-0072 Lagerhalle, Werkstatt

BRI 9.624 m³ **BGF** 1.246 m² **NUF** 1.045 m²

© GRÜNHAUSARCHITEKTEN

Baujahr: 1965
Bauzustand: schlecht
Aufwand: mittel
Nutzung während der Bauzeit: ja
Nutzungsänderung: nein
Grundrissänderungen: wenige
Tragwerkseingriffe: keine

Land: Brandenburg
Kreis: Teltow-Fläming
Standard: mittel
Bauzeit: 26 Wochen
Kennwerte: bis 3. Ebene DIN 276
veröffentlicht: BKI Objektdaten A9

BGF **288 €/m²**

Planung: GRÜNHAUSARCHITEKTEN Wittram-Regenhardt + Gammelin; Potsdam

Lagerhalle mit Werkstatt

Bauwerk – Baukonstruktionen
Abbrechen: Dachbeläge 7%
Herstellen: Außenwandbekleidungen, außen 29%, Dachbeläge 28%, Außenwandöffnungen 9%, Gerüste 6%
Sonstige: 21%

Bauwerk – Technische Anlagen
Abbrechen: Blitzschutz- und Erdungsanlagen 18%, Niederspannungsinstallationsanlagen 11%
Herstellen: Blitzschutz- und Erdungsanlagen 57%
Sonstige: 15%

5100-0077 Schulsporthalle (Dreifeldhalle)

BRI 20.335 m³ **BGF** 3.111 m² **NUF** 2.114 m²

© Junk & Reich / Hartmann + Helm

Baujahr: 1974
Bauzustand: schlecht
Aufwand: hoch
Nutzung während der Bauzeit: nein
Nutzungsänderung: nein
Grundrissänderungen: umfangreiche
Tragwerkseingriffe: wenige

Land: Bayern
Kreis: Würzburg
Standard: mittel
Bauzeit: 44 Wochen
Kennwerte: bis 3. Ebene DIN 276
veröffentlicht: BKI Objektdaten A10

BGF **1.909 €/m²**

Planung: ARGE GHS Ochsenfurt Junk & Reich / Hartmann + Helm; Weimar

Instandsetzung einer Schulsporthalle (Dreifeldhalle)

Bauwerk – Baukonstruktionen
Herstellen: Dachbeläge 10%, Dachkonstruktionen 9%, Außenwandbekleidungen, außen 8%, Gründungsbeläge 7%, Dachöffnungen 6%, Flachgründungen und Bodenplatten 5%, Innenwandöffnungen 4%, Baustelleneinrichtung 4%, Innenwandbekleidungen 4%, Außenwandbekleidungen, innen 4%, Elementierte Außenwandkonstruktionen 3%, Besondere Einbauten 3%, Dachbekleidungen 2%, Herstellung 2%, Elementierte Innenwandkonstruktionen 2%
Sonstige: 26%

Bauwerk – Technische Anlagen
Herstellen: Lüftungsanlagen 15%, Wasseranlagen 14%, Niederspannungsinstallationsanlagen 11%, Beleuchtungsanlagen 8%, Raumheizflächen 8%, Automationseinrichtungen 8%, Wärmeverteilnetze 7%, Wärmeerzeugungsanlagen 5%
Sonstige: 24%

Objektübersicht zur Gebäudeart

€/m² BGF

min	70	€/m²
von	295	€/m²
Mittel	**790**	**€/m²**
bis	1.730	€/m²
max	1.910	€/m²

Kosten:
Stand 2. Quartal 2025
Bundesdurchschnitt
inkl. 19% MwSt.

6200-0034 Soziotherapeutisches Zentrum

BRI 10.328m³ **BGF** 3.558m² **NUF** 2.019m²

Land: Hessen
Kreis: Darmstadt, Stadt
Standard: mittel
Bauzeit: 35 Wochen
Kennwerte: bis 3. Ebene DIN 276
veröffentlicht: BKI Objektdaten A6

BGF 392€/m²

Planung: jahn-architekten; Mühltal

Soziotherapeutisches Zentrum mit 40 Betten für suchtkranke Frauen und Männer, Verwaltungsräume, Tiefgarage. **Kosteneinfluss Nutzung:** Instandsetzung und Modernisierung eines bestehenden Zentrums

Bauwerk – Baukonstruktionen
Herstellen: Nichttragende Innenwände 19%, Innenwandöffnungen 18%, Innenwandbekleidungen 16%, Deckenbeläge 15%, Deckenbekleidungen 5%, Sonstiges zur KG 360 4%
Sonstige: 22%

Bauwerk – Technische Anlagen
Herstellen: Niederspannungsinstallationsanlagen 27%, Wasseranlagen 21%, Abwasseranlagen 20%
Sonstige: 31%

4100-0056 Schule, PCB-Sanierung

BRI 16.878m³ **BGF** 4.435m² **NUF** 2.636m²

Bauzustand: schlecht
Aufwand: hoch
Nutzung während der Bauzeit: nein
Nutzungsänderung: nein
Grundrissänderungen: einige
Tragwerkseingriffe: einige

Land: Nordrhein-Westfalen
Kreis: Leverkusen, Stadt
Standard: mittel
Bauzeit: 156 Wochen
Kennwerte: bis 3. Ebene DIN 276
veröffentlicht: www.bki.de

BGF 561€/m²

Planung: Planungsgesellschaft für Hochbau mbH Wirtz+Kölsch; Leverkusen

Instandsetzung einer Schule für 650 Schüler nach PCB-Schaden und Modernisierung. Erneuerung des Innenausbaus und Wärmedämmmaßnahmen.

Bauwerk – Baukonstruktionen
Abbrechen: Deckenbeläge 2%
Herstellen: Außenwandöffnungen 13%, Außenwandbekleidungen, außen 11%, Deckenbeläge 7%, Elementierte Außenwandkonstruktionen 6%, Innenwandöffnungen 6%, Dachbeläge 5%, Nichttragende Innenwände 5%, Deckenbekleidungen 5%, Lichtschutz zur KG 330 3%, Innenwandbekleidungen 3%, Allgemeine Einbauten 2%, Zusätzliche Maßnahmen 2%, Dachbekleidungen 2%
Wiederherstellen: Innenwandbekleidungen 7%
Sonstige: 21%

Bauwerk – Technische Anlagen
Herstellen: Niederspannungsinstallationsanlagen 21%, Beleuchtungsanlagen 19%, Raumheizflächen 16%, Wasseranlagen 10%, Lüftungsanlagen 9%
Sonstige: 26%

Objektübersicht zur Gebäudeart

9100-0188 Kirche | **BRI** 6.433 m³ | **BGF** 1.388 m² | **NUF** 846 m²

Baujahr: 1967
Bauzustand: mittel
Aufwand: hoch
Nutzung während der Bauzeit: nein
Nutzungsänderung: nein
Grundrissänderungen: wenige
Tragwerkseingriffe: wenige

Land: Baden-Württemberg
Kreis: Ostalbkreis
Standard: mittel
Bauzeit: 56 Wochen
Kennwerte: bis 1. Ebene DIN 276
veröffentlicht: BKI Objektdaten A12

BGF **1.513 €/m²**

Planung: Klaiber + Oettle Architekten und Ingenieure; Schwäbisch Gmünd

Kirche mit neuem Eingangsbereich

Übersicht- 1. + 2. Ebene
Erweiterung
Umbau
Moderni- sierung
Instand- setzung
Bau- elemente
Abbrechen
Wieder- herstellen
Herstellen

Kostenkennwerte für die Kosten des Bauwerks (Kostengruppen 300+400 nach DIN 276)

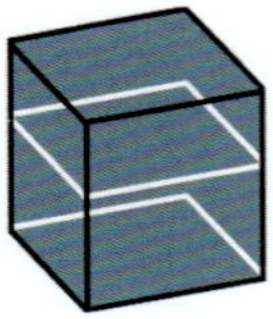

BRI 445 €/m³
von 225 €/m³
bis 690 €/m³

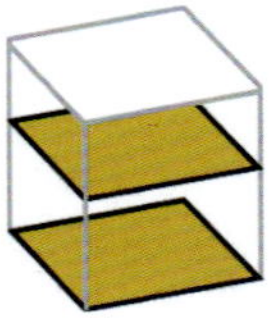

BGF 1.625 €/m²
von 675 €/m²
bis 2.385 €/m²

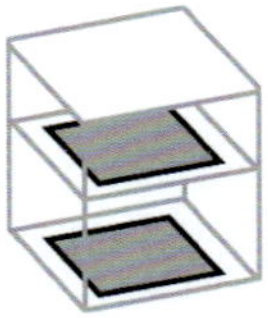

NUF 2.440 €/m²
von 955 €/m²
bis 3.740 €/m²

Kosten:
Stand 2. Quartal 2025
Bundesdurchschnitt
inkl. 19% MwSt.

Objektbeispiele

9100-0147

9100-0096

9900-0004

Kosten der 7 Vergleichsobjekte Seiten 466 bis 469

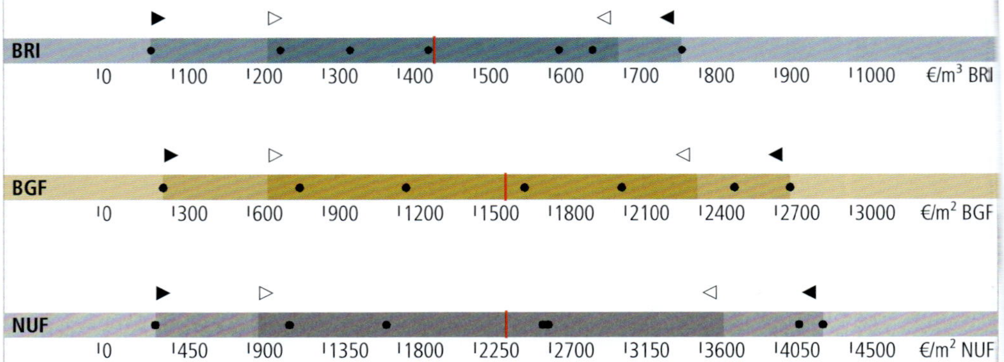

- ● KKW
- ▶ min
- ▷ von
- | Mittelwert
- ◁ bis
- ◀ max

Kostenkennwerte für die Kostengruppen der 1. und 2.Ebene DIN 276

KG	Kostengruppen der 1.Ebene	Einheit	▷	€/Einheit	◁	▷	% an 300+400	◁
100	Grundstück	m²GF	–	**–**	–	–	**–**	–
200	Vorbereitende Maßnahmen	m²GF	–	**–**	–	–	**–**	–
300	Bauwerk – Baukonstruktionen	m²BGF	610	**1.474**	2.131	81,5	**91,4**	96,3
400	Bauwerk – Technische Anlagen	m²BGF	49	**150**	383	3,7	**8,6**	18,5
	Bauwerk 300+400	m²BGF	676	**1.623**	2.387	100,0	**100,0**	100,0
500	Außenanlagen und Freiflächen	m²AF	131	**267**	340	1,0	**5,2**	9,3
600	Ausstattung und Kunstwerke	m²BGF	13	**94**	255	0,6	**3,8**	10,1
700	Baunebenkosten	m²BGF	–	**–**	–	–	**–**	–
800	Finanzierung	m²BGF	–	**–**	–	–	**–**	–

KG	Kostengruppen der 2.Ebene	Einheit	▷	€/Einheit	◁	▷	% an 1.Ebene	◁
310	Baugrube / Erdbau	m³BGI	–	**387**	–	< 0,1	**0,6**	3,3
320	Gründung, Unterbau	m²GRF	114	**351**	704	0,2	**1,2**	3,4
330	Außenwände / vertikal außen	m²AWF	301	**516**	991	28,1	**46,7**	80,8
340	Innenwände / vertikal innen	m²IWF	260	**401**	752	1,1	**8,0**	18,6
350	Decken / horizontal	m²DEF	376	**920**	1.589	3,2	**17,5**	30,9
360	Dächer	m²DAF	218	**627**	1.148	5,7	**14,8**	27,8
370	Infrastrukturanlagen		–	**–**	–	–	**–**	–
380	Baukonstruktive Einbauten	m²BGF	4	**6**	11	< 0,1	**0,3**	1,7
390	Sonst. Maßnahmen für Baukonst.	m²BGF	69	**161**	347	7,0	**10,8**	14,9
300	**Bauwerk – Baukonstruktionen**	**m²BGF**					**100,0**	
410	Abwasser-, Wasser-, Gasanlagen	m²BGF	< 1	**30**	70	0,1	**10,7**	21,6
420	Wärmeversorgungsanlagen	m²BGF	9	**51**	96	2,5	**16,6**	30,8
430	Raumlufttechnische Anlagen	m²BGF	2	**22**	42	0,1	**1,6**	8,8
440	Elektrische Anlagen	m²BGF	17	**77**	135	29,4	**61,2**	82,3
450	Kommunikationstechnische Anlagen	m²BGF	5	**28**	51	0,2	**5,9**	34,6
460	Förderanlagen	m²BGF	–	**111**	–	0,0	**3,9**	23,4
470	Nutzungsspez. / verfahrenstech. Anl.	m²BGF	–	**–**	–	–	**–**	–
480	Gebäude- und Anlagenautomation	m²BGF	–	**–**	–	–	**–**	–
490	Sonst. Maßnahmen f. techn. Anl.	m²BGF	–	**–**	–	–	**–**	–
400	**Bauwerk – Technische Anlagen**	**m²BGF**					**100,0**	

Prozentanteile der Kosten 2.Ebene an den Kosten des Bauwerks nach DIN 276 (Von/Mittel/Bis)

KG	Kostengruppe	%
310	Baugrube / Erdbau	0,5
320	Gründung, Unterbau	1,1
330	Außenwände / vertikal außen	43,1
340	Innenwände / vertikal innen	6,8
350	Decken / horizontal	15,3
360	Dächer	13,7
370	Infrastrukturanlagen	
380	Baukonstruktive Einbauten	0,3
390	Sonst. Maßnahmen für Baukonst.	9,8
410	Abwasser-, Wasser-, Gasanlagen	1,2
420	Wärmeversorgungsanlagen	1,7
430	Raumlufttechnische Anlagen	0,3
440	Elektrische Anlagen	4,4
450	Kommunikationstechnische Anlagen	1,1
460	Förderanlagen	0,7
470	Nutzungsspez. / verfahrenstech. Anl.	
480	Gebäude- und Anlagenautomation	
490	Sonst. Maßnahmen f. techn. Anl.	

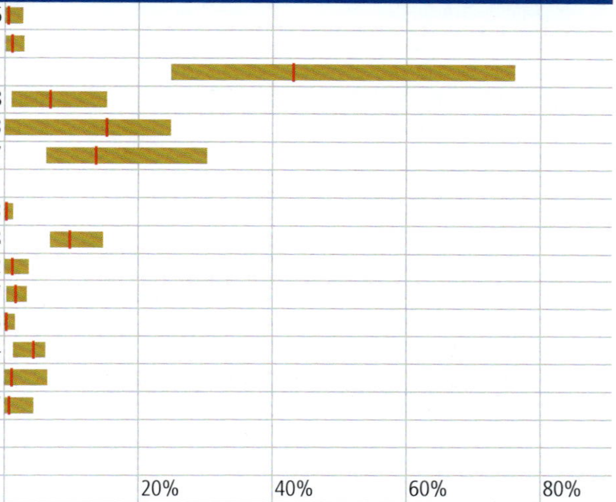

Kostenstand: 2.Quartal 2025, Bundesdurchschnitt, **inkl. 19% MwSt.**

Kosten:
Stand 2. Quartal 2025
Bundesdurchschnitt
inkl. 19% MwSt.

▷ von
ø Mittel
◁ bis

Kostenkennwerte für die Kostengruppen der 3. Ebene DIN 276

KG	Kostengruppen der 3. Ebene	Einheit	▷	€/Einheit	◁	▷	€/m² BGF	◁
361	Dachkonstruktionen	m²	206	**508**	696	115	**218**	289
351	Deckenkonstruktionen	m²	489	**704**	1.000	61	**198**	323
334	Außenwandöffnungen	m²	403	**1.365**	2.962	75	**198**	715
335	Außenwandbekleidungen, außen	m²	73	**198**	287	88	**177**	513
353	Deckenbeläge	m²	233	**440**	622	45	**166**	278
331	Tragende Außenwände	m²	205	**723**	1.292	59	**148**	296
461	Aufzugsanlagen	m²	–	**111**	–	–	**111**	–
363	Dachbeläge	m²	96	**269**	384	36	**105**	175
392	Gerüste	m²	36	**101**	233	36	**101**	233
354	Deckenbekleidungen	m²	97	**182**	381	29	**86**	145
344	Innenwandöffnungen	m²	610	**1.424**	3.817	38	**79**	94
336	Außenwandbekleidungen, innen	m²	67	**132**	184	23	**67**	146
345	Innenwandbekleidungen	m²	38	**72**	106	20	**56**	93
339	Sonstiges zur KG 330	m²	14	**55**	137	21	**43**	79
391	Baustelleneinrichtung	m²	15	**42**	90	15	**42**	90
311	Herstellung	m³	–	**387**	–	4	**36**	68
444	Niederspannungsinstallationsanl.	m²	3	**33**	54	3	**33**	54
445	Beleuchtungsanlagen	m²	5	**31**	61	5	**31**	61
364	Dachbekleidungen	m²	35	**124**	248	9	**30**	48
423	Raumheizflächen	m²	11	**28**	38	11	**28**	38
324	Gründungsbeläge	m²	17	**252**	376	4	**28**	52
422	Wärmeverteilnetze	m²	3	**23**	34	3	**23**	34
431	Lüftungsanlagen	m²	2	**22**	42	2	**22**	42
457	Datenübertragungsnetze	m²	2	**20**	38	2	**20**	38
342	Nichttragende Innenwände	m²	317	**352**	423	15	**19**	23
412	Wasseranlagen	m²	< 1	**19**	30	< 1	**19**	30
322	Flachgründungen und Bodenplatten	m²	–	**312**	–	< 1	**17**	33
359	Sonstiges zur KG 350	m²	11	**37**	81	1	**16**	21
421	Wärmeerzeugungsanlagen	m²	< 1	**15**	29	< 1	**15**	29
338	Lichtschutz zur KG 330	m²	–	**377**	–	–	**15**	–
397	Zusätzliche Maßnahmen	m²	8	**14**	22	8	**14**	22
411	Abwasseranlagen	m²	3	**14**	45	3	**14**	45
446	Blitzschutz- und Erdungsanlagen	m²	< 1	**12**	19	< 1	**12**	19
393	Sicherungsmaßnahmen	m²	5	**12**	23	5	**12**	23
341	Tragende Innenwände	m²	284	**781**	1.279	4	**10**	21
346	Elem. Innenwandkonstruktionen	m²	–	**625**	–	–	**9**	–
429	Sonstiges zur KG 420	m²	5	**7**	10	5	**7**	10
381	Allgemeine Einbauten	m²	4	**6**	11	4	**6**	11
369	Sonstiges zur KG 360	m²	5	**12**	36	2	**6**	14
394	Abbruchmaßnahmen	m²	–	**5**	–	–	**5**	–
419	Sonstiges zur KG 410	m²	1	**4**	7	1	**4**	7
399	Sonstiges zur KG 390	m²	–	**4**	–	–	**4**	–
456	Gefahrenmelde- und Alarmanlagen	m²	–	**4**	–	–	**4**	–
398	Provisorische Baukonstruktionen	m²	< 1	**3**	5	< 1	**3**	5
451	Telekommunikationsanlagen	m²	< 1	**3**	6	< 1	**3**	6
332	Nichttragende Außenwände	m²	474	**1.552**	2.629	2	**3**	4
452	Such- und Signalanlagen	m²	< 1	**2**	3	< 1	**2**	3
455	Audiovis. Medien- u. Antennenanl.	m²	–	**< 1**	–	–	**< 1**	–
343	Innenstützen	m	–	**166**	–	< 1	**< 1**	< 1

Prozentanteile der Kosten für Leistungsbereiche nach STLB (Kosten Bauwerk nach DIN 276)

LB	Leistungsbereiche	▷	% an 300+400	◁
000	Baustellen-, Verkehrssich.- u. Sicherh.einr. inkl. 001	3,8	**8,1**	10,4
002	Erdarbeiten	< 0,1	**0,5**	2,7
006	Spezialtiefbauarbeiten inkl. 005	–	**–**	–
009	Entwässerungskanalarbeiten inkl. 011	0,0	**0,2**	1,1
010	Drän- und Versickerarbeiten	–	**–**	–
012	Mauerarbeiten	4,7	**17,4**	30,0
013	Betonarbeiten	0,5	**2,2**	6,1
014	Natur-, Betonwerksteinarbeiten	< 0,1	**1,1**	2,5
016	Zimmer- und Holzbauarbeiten	0,2	**10,3**	22,2
017	Stahlbauarbeiten	< 0,1	**0,3**	1,6
018	Abdichtungsarbeiten	0,0	**0,1**	0,8
020	Dachdeckungsarbeiten	0,6	**2,9**	5,0
021	Dachabdichtungsarbeiten	0,0	**1,8**	3,8
022	Klempnerarbeiten	0,7	**1,7**	2,5
	Rohbau	26,8	**46,6**	66,4
023	Putz- und Stuckarbeiten, Wärmedämmsysteme	4,9	**7,4**	9,0
024	Fliesen- und Plattenarbeiten	0,3	**2,3**	7,0
025	Estricharbeiten	0,0	**< 0,1**	0,3
026	Fenster, Außentüren inkl. 029, 032	2,2	**8,5**	20,5
027	Tischlerarbeiten	1,2	**4,5**	10,8
028	Parkett-, Holzpflasterarbeiten	0,1	**1,0**	5,3
030	Rollladenarbeiten	< 0,1	**0,3**	1,8
031	Metallbauarbeiten inkl. 035	< 0,1	**0,5**	1,5
034	Maler- und Lackiererarb. – Beschicht. inkl. 037	4,1	**11,9**	32,2
036	Bodenbelagarbeiten	< 0,1	**0,9**	5,4
038	Vorgehängte hinterlüftete Fassaden	–	**–**	–
039	Trockenbauarbeiten	0,0	**1,3**	2,7
	Ausbau	20,5	**38,8**	55,3
040	Wärmeversorgungsanl. - Betriebseinr. inkl. 041	0,0	**1,3**	2,9
042	Gas- u. Wasseranl. – Leitung., Armat. inkl. 043	0,0	**0,2**	0,6
044	Abwasseranl. - Leitungen, Abläufe, Armaturen	0,0	**0,2**	0,7
045	Gas, Wasser, Entwässerung – Ausstattung inkl. 046	0,0	**0,5**	1,5
047	Dämm- und Brandschutzarb. an techn. Anlagen	0,0	**0,1**	0,4
049	Feuerlöschanlagen, Feuerlöschgeräte	–	**–**	–
050	Blitzschutz-/Erdungsanlagen, Überspannungssch.	< 0,1	**0,3**	0,8
052	Mittelspannungsanlagen	–	**–**	–
053	Niederspannungsanl. – Kabel inkl. 054	1,2	**3,1**	4,9
055	Sicherheits- u. Ersatzstromversorgungsanl.	–	**–**	–
057	Gebäudesystemtechnik	–	**–**	–
058	Leuchten und Lampen inkl. 059	0,1	**0,9**	2,8
060	Such, Signal, Zeit, Anten., akust. Anl. inkl. 064	< 0,1	**< 0,1**	0,4
061	Kommunikations- u. Übertragungsnetze inkl. 062	< 0,1	**0,9**	5,5
063	Gefahrenmeldeanlagen	0,0	**0,3**	1,2
069	Aufzüge	0,0	**0,7**	4,4
070	Gebäudeautomation	–	**–**	–
075	Raumlufttechnische Anlagen inkl. 078	–	**–**	–
	Gebäudetechnik	3,5	**8,7**	17,4
084	Abbruch, Rückbau, Schadstoffsanierung	1,6	**5,8**	9,7
	Sonstige Leistungsbereiche inkl. 008, 033, 051	< 0,1	**0,1**	0,7

€/m² BGF

min	260	€/m²
von	675	€/m²
Mittel	**1.625**	**€/m²**
bis	2.385	€/m²
max	2.755	€/m²

Kosten:
Stand 2. Quartal 2025
Bundesdurchschnitt
inkl. 19% MwSt.

Objektübersicht zur Gebäudeart

7200-0094 Geschäftshaus, Fassadensanierung

BRI 3.009 m³ **BGF** 813 m² **NUF** 620 m²

Baujahr: 1903
Bauzustand: schlecht
Aufwand: hoch
Nutzung während der Bauzeit: ja
Nutzungsänderung: nein
Grundrissänderungen: keine
Tragwerkseingriffe: umfangreiche

Land: Hamburg
Kreis: Hamburg, Stadt
Standard: mittel
Bauzeit: 17 Wochen
Kennwerte: bis 3. Ebene DIN 276
veröffentlicht: BKI Objektdaten A11

BGF **260 €/m²**

Planung: Atelier Donsbach; Hamburg

Fassadensanierung eines denkmalgeschützten Geschäftshauses **Kosteneinfluss Nutzung:** Denkmalschutz

Bauwerk – Baukonstruktionen
Herstellen: Gerüste 10%
Wiederherstellen: Außenwandbekleidungen, außen 47%, Tragende Außenwände 25%
Sonstige: 19%

Bauwerk – Technische Anlagen
Herstellen: Beleuchtungsanlagen 44%, Sonstiges zur KG 420 17%
Wiederherstellen: Niederspannungsinstallationsanlagen 25%
Sonstige: 15%

9100-0138 Veranstaltungsraum, ehemalige Friedhofskapelle

BRI 300 m³ **BGF** 63 m² **NUF** 49 m²

Baujahr: 1927
Bauzustand: schlecht
Nutzung während der Bauzeit: nein
Nutzungsänderung: ja
Grundrissänderungen: wenige
Tragwerkseingriffe: keine

Land: Hamburg
Kreis: Hamburg, Stadt
Standard: mittel
Bauzeit: 30 Wochen
Kennwerte: bis 3. Ebene DIN 276
veröffentlicht: BKI Objektdaten A11

BGF **2.085 €/m²**

Planung: Atelier Donsbach; Hamburg

Veranstaltungsgebäude, ehemalige Friedhofskapelle **Kosteneinfluss Nutzung:** Denkmalschutz

Bauwerk – Baukonstruktionen
Herstellen: Außenwandöffnungen 36%
Wiederherstellen: Außenwandbekleidungen, außen 26%, Außenwandbekleidungen, innen 8%, Tragende Außenwände 7%
Sonstige: 23%

Bauwerk – Technische Anlagen
Herstellen: Beleuchtungsanlagen 49%, Niederspannungsinstallationsanlagen 37%
Wiederherstellen: Blitzschutz- und Erdungsanlagen 14%

9900-0004 Ateliergebäude

BRI 598 m³ **BGF** 163 m² **NUF** 116 m²

Baujahr: 1899
Bauzustand: schlecht
Aufwand: hoch
Nutzung während der Bauzeit: nein
Nutzungsänderung: nein
Grundrissänderungen: wenige
Tragwerkseingriffe: einige

Land: Brandenburg
Kreis: Brandenburg a. d. Havel
Standard: mittel
Bauzeit: 22 Wochen
Kennwerte: bis 3. Ebene DIN 276
veröffentlicht: BKI Objektdaten A10

BGF 1.227 €/m²

Planung: Märkplan GmbH; Brandenburg an der Havel

Sanierungsmaßnahme an leerstehendem denkmalgeschütztem Ateliergebäude

Bauwerk – Baukonstruktionen
Herstellen: Dachbeläge 12%, Dachkonstruktionen 11%, Deckenkonstruktionen 8%, Tragende Außenwände 5%, Dachbekleidungen 4%, Gerüste 4%
Wiederherstellen: Tragende Außenwände 17%, Außenwandbekleidungen, außen 9%, Dachkonstruktionen 5%, Deckenkonstruktionen 4%
Sonstige: 21%

Bauwerk – Technische Anlagen
Abbrechen: Niederspannungsinstallationsanlagen 76%, Abwasseranlagen 24%

1300-0215 Büro (20 AP), Stadtvilla, Denkmalschutz

BRI 2.748 m³ **BGF** 829 m² **NUF** 581 m²

Baujahr: 1894/95
Bauzustand: mittel
Aufwand: hoch
Nutzung während der Bauzeit: nein
Nutzungsänderung: ja
Grundrissänderungen: wenige
Tragwerkseingriffe: wenige

Land: Nordrhein-Westfalen
Kreis: Duisburg, Stadt
Standard: hoch
Bauzeit: 30 Wochen
Kennwerte: bis 3. Ebene DIN 276
veröffentlicht: BKI Objektdaten A10

BGF 802 €/m²

Planung: Druschke Architektur | BDA; Duisburg

Sanierung einer denkmalgeschützten Stadtvilla. **Kosteneinfluss Nutzung:** Denkmalschutz, Brandschutz, Schallschutz

Bauwerk – Baukonstruktionen
Herstellen: Außenwandöffnungen 15%, Deckenbeläge 10%, Innenwandöffnungen 10%, Gerüste 2%, Lichtschutz zur KG 330 2%
Wiederherstellen: Innenwandbekleidungen 7%, Außenwandbekleidungen, außen 7%, Dachbeläge 7%, Außenwandöffnungen 5%, Deckenbeläge 5%, Außenwandbekleidungen, innen 3%, Innenwandöffnungen 3%, Deckenbekleidungen 2%
Sonstige: 21%

Bauwerk – Technische Anlagen
Herstellen: Niederspannungsinstallationsanlagen 30%, Datenübertragungsnetze 25%, Wasseranlagen 13%, Abwasseranlagen 5%
Wiederherstellen: Raumheizflächen 4%
Sonstige: 22%

€/m² BGF

min	260	€/m²
von	675	€/m²
Mittel	**1.625**	**€/m²**
bis	2.385	€/m²
max	2.755	€/m²

Kosten:
Stand 2. Quartal 2025
Bundesdurchschnitt
inkl. 19% MwSt.

Objektübersicht zur Gebäudeart

9100-0147 Schloss

BRI 4.647 m³ **BGF** 1.122 m² **NUF** 679 m²

Baujahr: 1620
Bauzustand: schlecht
Aufwand: hoch
Nutzung während der Bauzeit: ja
Nutzungsänderung: ja
Grundrissänderungen: einige
Tragwerkseingriffe: umfangreiche

Land: Niedersachsen
Kreis: Verden
Standard: hoch
Bauzeit: 135 Wochen
Kennwerte: bis 3. Ebene DIN 276
veröffentlicht: BKI Objektdaten A12
BGF **2.534 €/m²**

Planung: pmp Projekt GmbH; Hamburg

Instandsetzung des Festsaales und Sanierung des Schieferdaches des Renaissanceschlosses.

Bauwerk – Baukonstruktionen
Herstellen: Deckenkonstruktionen 13%, Deckenbeläge 12%, Dachbeläge 9%, Gerüste 8%, Außenwandöffnungen 6%, Außenwandbekleidungen, innen 5%, Innenwandöffnungen 5%, Tragende Außenwände 4%, Deckenbekleidungen 3%, Herstellung 3%, Dachkonstruktionen 3%
Wiederherstellen: Deckenbekleidungen 3%, Deckenkonstruktionen 3%, Dachkonstruktionen 2%
Sonstige: 21%

Bauwerk – Technische Anlagen
Herstellen: Aufzugsanlagen 23%, Niederspannungsinstallationsanlagen 12%, Abwasseranlagen 10%, Beleuchtungsanlagen 9%, Lüftungsanlagen 9%, Raumheizflächen 9%, Wasseranlagen 7%
Sonstige: 21%

9100-0096 Museum

BRI 3.285 m³ **BGF** 925 m² **NUF** 588 m²

Baujahr: 1936
Bauzustand: mittel
Aufwand: hoch
Nutzung während der Bauzeit: nein
Nutzungsänderung: nein
Grundrissänderungen: wenige
Tragwerkseingriffe: einige

Land: Sachsen-Anhalt
Kreis: Wittenberg
Standard: hoch
Bauzeit: 109 Wochen
Kennwerte: bis 3. Ebene DIN 276
veröffentlicht: BKI Objektdaten A11
BGF **2.755 €/m²**

Planung: dietzsch & weber architekten bda; Halle (Saale)

Das Melanchthonhaus ist eine eigenständige museale Einrichtung, steht unter Denkmalschutz und zählt zum UNESCO-Welterbe.

Bauwerk – Baukonstruktionen
Abbrechen: Dachkonstruktionen 3%
Herstellen: Gerüste 11%, Dachkonstruktionen 10%, Deckenkonstruktionen 10%, Deckenbeläge 7%, Tragende Außenwände 6%, Dachbeläge 4%, Baustelleneinrichtung 4%, Außenwandbekleidungen, außen 4%, Innenwandöffnungen 4%, Deckenbekleidungen 3%, Innenwandbekleidungen 3%
Wiederherstellen: Tragende Außenwände 5%, Außenwandöffnungen 4%, Deckenbeläge 3%
Sonstige: 20%

Bauwerk – Technische Anlagen
Herstellen: Wärmeverteilnetze 15%, Raumheizflächen 15%
Wiederherstellen: Elektrische Anlagen 64%
Sonstige: 7%

6400-0058 Ev. Pfarrhaus, Fassadensanierung*

BRI 3.016 m³ | **BGF** 987 m² | **NUF** 637 m²

Baujahr: 15.Jh
Bauzustand: schlecht
Aufwand: mittel
Nutzung während der Bauzeit: ja
Nutzungsänderung: nein
Grundrissänderungen: keine
Tragwerkseingriffe: wenige

Land: Baden-Württemberg
Kreis: Böblingen
Standard: hoch
Bauzeit: 52 Wochen
Kennwerte: bis 3. Ebene DIN 276
veröffentlicht: BKI Objektdaten A8

BGF 220€/m²

* Nicht in der Auswertung enthalten

Planung: Thomas Liedtke Dipl.-Ing. Freier Architekt; Leonberg

Fassadeninstandsetzung eines Pfarrhauses mit Putz-, Fachwerk- und Natursteinarbeiten.

Bauwerk – Baukonstruktionen
Abbrechen: Außenwandbekleidungen, außen 12%
Herstellen: Außenwandbekleidungen, außen 44%, Gerüste 8%
Wiederherstellen: Tragende Außenwände 11%, Außenwandbekleidungen, außen 5%
Sonstige: 22%

Bauwerk – Technische Anlagen
Abbrechen: Blitzschutz- und Erdungsanlagen 6%
Herstellen: Blitzschutz- und Erdungsanlagen 91%, Abwasseranlagen 3%

9100-0130 Windmühle (Baudenkmal)

BRI 862 m³ | **BGF** 333 m² | **NUF** 213 m²

Baujahr: 1741
Bauzustand: schlecht
Aufwand: hoch
Nutzung während der Bauzeit: nein
Nutzungsänderung: nein
Grundrissänderungen: wenige

Land: Niedersachsen
Kreis: Wittmund
Standard: mittel
Bauzeit: 65 Wochen
Kennwerte: bis 1. Ebene DIN 276
veröffentlicht: BKI Objektdaten A10

BGF 1.700€/m²

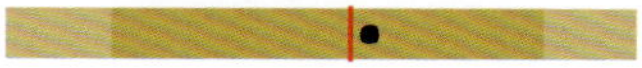

Planung: Angelis & Partner Architekten mbB; Oldenburg

Windmühle (Baudenkmal), Galerieholländer

Kostenkennwerte für die Kosten des Bauwerks (Kostengruppen 300+400 nach DIN 276)

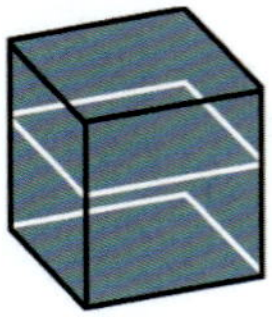

BRI 140 €/m³

von 90 €/m³
bis 170 €/m³

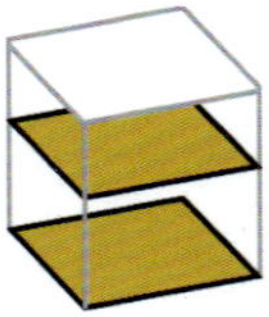

BGF 1.035 €/m²

von 995 €/m²
bis 1.120 €/m²

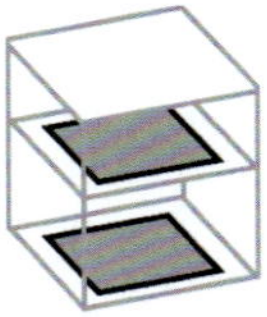

NUF 1.360 €/m²

von 1.325 €/m²
bis 1.380 €/m²

Kosten:
Stand 2. Quartal 2025
Bundesdurchschnitt
inkl. 19% MwSt.

Objektbeispiele

9100-0044

9100-0132

9100-0132

Kosten der 3 Vergleichsobjekte

Seiten 474 bis 475

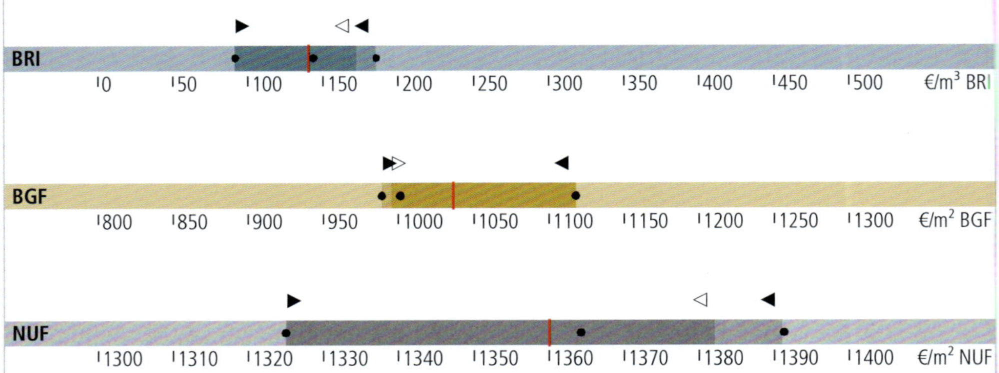

- ● KKW
- ▶ min
- ▷ von
- | Mittelwert
- ◁ bis
- ◀ max

Kostenkennwerte für die Kostengruppen der 1. und 2.Ebene DIN 276

KG	Kostengruppen der 1.Ebene	Einheit	▷	€/Einheit	◁	▷	% an 300+400	◁
100	Grundstück	m²GF	–	**–**	–	–	**–**	–
200	Vorbereitende Maßnahmen	m²GF	–	**–**	–	–	**–**	–
300	Bauwerk – Baukonstruktionen	m²BGF	804	**900**	1.048	76,5	**86,6**	92,1
400	Bauwerk – Technische Anlagen	m²BGF	84	**136**	236	7,9	**13,4**	23,5
	Bauwerk 300+400	m²BGF	995	**1.036**	1.118	100,0	**100,0**	100,0
500	Außenanlagen und Freiflächen	m²AF	–	**529**	–	4,8	**16,4**	39,2
600	Ausstattung und Kunstwerke	m²BGF	1	**2**	3	0,1	**0,2**	0,3
700	Baunebenkosten	m²BGF	–	**–**	–	–	**–**	–
800	Finanzierung	m²BGF	–	**–**	–	–	**–**	–

KG	Kostengruppen der 2.Ebene	Einheit	▷	€/Einheit	◁	▷	% an 1.Ebene	◁
310	Baugrube / Erdbau	m³BGI	–	**112**	–	0,0	**0,3**	1,0
320	Gründung, Unterbau	m²GRF	34	**113**	271	2,7	**8,5**	20,1
330	Außenwände / vertikal außen	m²AWF	83	**144**	175	27,2	**40,6**	65,6
340	Innenwände / vertikal innen	m²IWF	50	**984**	2.851	1,1	**2,3**	4,2
350	Decken / horizontal	m²DEF	–	**232**	–	0,0	**3,0**	4,7
360	Dächer	m²DAF	195	**294**	345	15,6	**28,5**	54,1
370	Infrastrukturanlagen		–	**–**	–	–	**–**	–
380	Baukonstruktive Einbauten	m²BGF	40	**78**	117	1,7	**6,6**	15,2
390	Sonst. Maßnahmen für Baukonst.	m²BGF	57	**97**	172	6,9	**10,3**	16,4
300	**Bauwerk – Baukonstruktionen**	**m²BGF**					**100,0**	
410	Abwasser-, Wasser-, Gasanlagen	m²BGF	–	**20**	–	0,0	**2,8**	8,3
420	Wärmeversorgungsanlagen	m²BGF	8	**73**	138	4,9	**23,5**	58,6
430	Raumlufttechnische Anlagen	m²BGF	–	**–**	–	–	**–**	–
440	Elektrische Anlagen	m²BGF	38	**55**	86	28,2	**49,8**	83,6
450	Kommunikationstechnische Anlagen	m²BGF	17	**24**	32	0,0	**10,0**	15,2
460	Förderanlagen	m²BGF	–	**–**	–	–	**–**	–
470	Nutzungsspez. / verfahrenstech. Anl.	m²BGF	–	**29**	–	0,0	**13,9**	41,8
480	Gebäude- und Anlagenautomation	m²BGF	–	**–**	–	–	**–**	–
490	Sonst. Maßnahmen f. techn. Anl.	m²BGF	–	**–**	–	–	**–**	–
400	**Bauwerk – Technische Anlagen**	**m²BGF**					**100,0**	

Prozentanteile der Kosten 2.Ebene an den Kosten des Bauwerks nach DIN 276 (Von/Mittel/Bis)

KG	Kostengruppe	%
310	Baugrube / Erdbau	0,3
320	Gründung, Unterbau	6,8
330	Außenwände / vertikal außen	35,2
340	Innenwände / vertikal innen	1,9
350	Decken / horizontal	2,4
360	Dächer	25,5
370	Infrastrukturanlagen	
380	Baukonstruktive Einbauten	5,2
390	Sonst. Maßnahmen für Baukonst.	9,2
410	Abwasser-, Wasser-, Gasanlagen	0,7
420	Wärmeversorgungsanlagen	4,8
430	Raumlufttechnische Anlagen	
440	Elektrische Anlagen	5,4
450	Kommunikationstechnische Anlagen	1,6
460	Förderanlagen	
470	Nutzungsspez. / verfahrenstech. Anl.	0,9
480	Gebäude- und Anlagenautomation	
490	Sonst. Maßnahmen f. techn. Anl.	

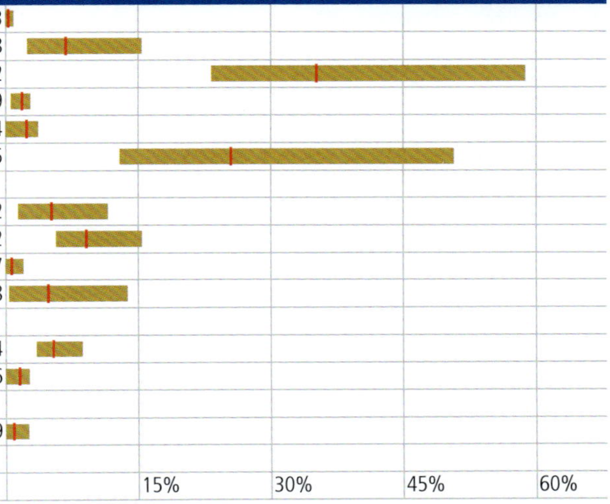

Kostenstand: 2. Quartal 2025, Bundesdurchschnitt, **inkl. 19% MwSt.**

Kosten:
Stand 2. Quartal 2025
Bundesdurchschnitt
inkl. 19% MwSt.

Kostenkennwerte für die Kostengruppen der 3. Ebene DIN 276

KG	Kostengruppen der 3. Ebene	Einheit	▷	€/Einheit	◁	▷	€/m² BGF	◁
335	Außenwandbekleidungen, außen	m²	46	**115**	149	149	**266**	489
363	Dachbeläge	m²	193	**278**	333	128	**249**	490
324	Gründungsbeläge	m²	271	**533**	796	13	**84**	154
392	Gerüste	m²	40	**70**	131	40	**70**	31
382	Besondere Einbauten	m²	40	**68**	96	40	**68**	96
423	Raumheizflächen	m²	–	**66**	–	–	**66**	–
364	Dachbekleidungen	m²	–	**286**	–	–	**52**	–
421	Wärmeerzeugungsanlagen	m²	–	**51**	–	–	**51**	–
336	Außenwandbekleidungen, innen	m²	20	**25**	34	17	**51**	73
339	Sonstiges zur KG 330	m²	< 1	**12**	23	< 1	**36**	70
359	Sonstiges zur KG 350	m²	–	**168**	–	29	**31**	32
476	Weitere nutzungsspezifische Anl.	m²	–	**29**	–	–	**29**	–
446	Blitzschutz- und Erdungsanlagen	m²	20	**28**	34	20	**28**	34
369	Sonstiges zur KG 360	m²	–	**14**	–	–	**24**	–
453	Zeitdienstanlagen	m²	17	**23**	29	17	**23**	29
391	Baustelleneinrichtung	m²	9	**22**	35	9	**22**	35
444	Niederspannungsinstallationsanl.	m²	7	**20**	42	7	**20**	42
396	Materialentsorgung	m²	–	**20**	–	–	**20**	–
422	Wärmeverteilnetze	m²	–	**16**	–	–	**16**	–
326	Dränagen	m²	8	**18**	29	7	**14**	20
322	Flachgründungen und Bodenplatten	m²	–	**–**	–	–	**13**	–
334	Außenwandöffnungen	m²	68	**114**	191	4	**13**	27
412	Wasseranlagen	m²	–	**11**	–	–	**11**	–
353	Deckenbeläge	m²	–	**64**	–	–	**11**	–
345	Innenwandbekleidungen	m²	24	**118**	306	5	**11**	23
386	Orientierungs- u. Informationssys.	m²	–	**10**	–	–	**10**	–
311	Herstellung	m³	–	**112**	–	–	**10**	–
381	Allgemeine Einbauten	m²	–	**10**	–	–	**10**	–
397	Zusätzliche Maßnahmen	m²	5	**9**	13	5	**9**	13
342	Nichttragende Innenwände	m²	–	**–**	–	–	**8**	–
331	Tragende Außenwände	m²	–	**92**	–	7	**8**	9
346	Elem. Innenwandkonstruktionen	m²	–	**287**	–	–	**7**	–
429	Sonstiges zur KG 420	m²	5	**6**	8	5	**6**	8
445	Beleuchtungsanlagen	m²	1	**6**	8	1	**6**	8
411	Abwasseranlagen	m²	–	**5**	–	–	**5**	–
341	Tragende Innenwände	m²	–	**–**	–	–	**5**	–
344	Innenwandöffnungen	m²	26	**1.618**	3.211	3	**4**	5
419	Sonstiges zur KG 410	m²	–	**3**	–	–	**3**	–
454	Elektroakustische Anlagen	m²	–	**3**	–	–	**3**	–
362	Dachöffnungen	m²	–	**1.450**	–	–	**2**	–
451	Telekommunikationsanlagen	m²	–	**< 1**	–	–	**< 1**	–

▷ von
ø Mittel
◁ bis

Prozentanteile der Kosten für Leistungsbereiche nach STLB (Kosten Bauwerk nach DIN 276)

LB	Leistungsbereiche	▷	% an 300+400	◁
000	Baustellen-, Verkehrssich.- u. Sicherh.einr. inkl. 001	5,1	**8,2**	10,3
002	Erdarbeiten	0,0	**0,3**	0,6
006	Spezialtiefbauarbeiten inkl. 005	–	–	–
009	Entwässerungskanalarbeiten inkl. 011	–	–	–
010	Drän- und Versickerarbeiten	< 0,1	**0,9**	1,5
012	Mauerarbeiten	0,0	**0,7**	1,5
013	Betonarbeiten	0,0	**0,4**	0,8
014	Natur-, Betonwerksteinarbeiten	0,3	**0,7**	1,1
016	Zimmer- und Holzbauarbeiten	0,0	**0,8**	1,6
017	Stahlbauarbeiten	–	–	–
018	Abdichtungsarbeiten	0,7	**1,3**	2,0
020	Dachdeckungsarbeiten	3,7	**17,8**	29,6
021	Dachabdichtungsarbeiten	–	–	–
022	Klempnerarbeiten	2,5	**5,9**	8,1
	Rohbau	19,0	**37,0**	53,4
023	Putz- und Stuckarbeiten, Wärmedämmsysteme	1,6	**10,7**	19,2
024	Fliesen- und Plattenarbeiten	0,0	**5,2**	10,3
025	Estricharbeiten	–	–	–
026	Fenster, Außentüren inkl. 029, 032	< 0,1	**0,3**	0,5
027	Tischlerarbeiten	0,6	**4,3**	7,9
028	Parkett-, Holzpflasterarbeiten	–	–	–
030	Rollladenarbeiten	–	–	–
031	Metallbauarbeiten inkl. 035	1,5	**2,6**	3,5
034	Maler- und Lackiererarb. – Beschicht. inkl. 037	13,7	**18,8**	25,6
036	Bodenbelagarbeiten	0,0	**0,2**	0,4
038	Vorgehängte hinterlüftete Fassaden	–	–	–
039	Trockenbauarbeiten	0,0	**0,3**	0,7
	Ausbau	28,4	**42,4**	57,4
040	Wärmeversorgungsanl. - Betriebseinr. inkl. 041	0,0	**4,0**	7,9
042	Gas- u. Wasseranl. – Leitung., Armat. inkl. 043	0,0	**0,2**	0,4
044	Abwasseranl. - Leitungen, Abläufe, Armaturen	0,0	**0,2**	0,3
045	Gas, Wasser, Entwässerung – Ausstattung inkl. 046	0,0	**0,2**	0,5
047	Dämm- und Brandschutzarb. an techn. Anlagen	0,0	**< 0,1**	< 0,1
049	Feuerlöschanlagen, Feuerlöschgeräte	–	–	–
050	Blitzschutz-/Erdungsanlagen, Überspannungssch.	2,1	**2,7**	3,2
052	Mittelspannungsanlagen	–	–	–
053	Niederspannungsanl. – Kabel inkl. 054	1,3	**2,5**	4,0
055	Sicherheits- u. Ersatzstromversorgungsanl.	–	–	–
057	Gebäudesystemtechnik	–	–	–
058	Leuchten und Lampen inkl. 059	0,4	**0,6**	0,9
060	Such, Signal, Zeit, Anten., akust. Anl. inkl. 064	–	–	–
061	Kommunikations- u. Übertragungsnetze inkl. 062	0,0	**< 0,1**	< 0,1
063	Gefahrenmeldeanlagen	–	–	–
069	Aufzüge	–	–	–
070	Gebäudeautomation	–	–	–
075	Raumlufttechnische Anlagen inkl. 078	–	–	–
	Gebäudetechnik	3,9	**10,5**	15,1
084	Abbruch, Rückbau, Schadstoffsanierung	4,9	**8,4**	12,8
	Sonstige Leistungsbereiche inkl. 008, 033, 051	0,9	**1,7**	2,8

€/m² BGF

min	990	€/m²
von	995	€/m²
Mittel	**1.035**	**€/m²**
bis	1.120	€/m²
max	1.120	€/m²

Kosten:
Stand 2. Quartal 2025
Bundesdurchschnitt
inkl. 19% MwSt.

Objektübersicht zur Gebäudeart

9100-0132 Kirche

BRI 3.920 m³ **BGF** 503 m² **NUF** 412 m²

Baujahr: 1962
Bauzustand: mittel
Aufwand: mittel
Nutzung während der Bauzeit: nein
Nutzungsänderung: nein
Grundrissänderungen: wenige
Tragwerkseingriffe: keine

Land: Niedersachsen
Kreis: Hildesheim
Standard: mittel
Bauzeit: 39 Wochen
Kennwerte: bis 3. Ebene DIN 276
veröffentlicht: BKI Objektdaten A11
BGF **1.118 €/m²**

Planung: Architektur- und Ingenieurbüro Jörg Sauer; Hildesheim

Kirche **Kosteneinfluss Nutzung:** Denkmalschutz

Bauwerk – Baukonstruktionen
Abbrechen: Dachbeläge 5%, Außenwandbekleidungen, außen 4%
Herstellen: Dachbeläge 41%, Gerüste 12%, Außenwandbekleidungen, außen 7%
Wiederherstellen: Außenwandbekleidungen, außen 7%
Sonstige: 23%

Bauwerk – Technische Anlagen
Herstellen: Sonstiges zur KG 420 12%
Wiederherstellen: Weitere nutzungsspezifische Anlagen 42%, Blitzschutz- und Erdungsanlagen 42%
Sonstige: 5%

9100-0091 Kirchturm*

BRI 654 m³ **BGF** 51 m² **NUF** 28 m²

Bauzustand: mittel
Aufwand: mittel

Land: Bayern
Kreis: Schwandorf
Standard: mittel
Bauzeit: 78 Wochen
Kennwerte: bis 3. Ebene DIN 276
veröffentlicht: BKI Objektdaten A9
BGF **3.755 €/m²**

* Nicht in der Auswertung enthalten

Planung: Architekturbüro Michael Dittmann; Amberg

Kirchturm

Bauwerk – Baukonstruktionen
Herstellen: Sonstiges zur KG 330 26%, Gerüste 19%
Wiederherstellen: Außenwandbekleidungen, außen 39%
Sonstige: 15%

Bauwerk – Technische Anlagen
Herstellen: Blitzschutz- und Erdungsanlagen 31%
Wiederherstellen: Zeitdienstanlagen 41%, Abwasseranlagen 16%
Sonstige: 12%

Objektübersicht zur Gebäudeart

9100-0051 Evangelische Kirche

BRI 8.531 m³ | **BGF** 778 m² | **NUF** 588 m²

Baujahr: 1907
Bauzustand: mittel
Aufwand: mittel
Nutzung während der Bauzeit: nein
Nutzungsänderung: nein
Grundrissänderungen: wenige
Tragwerkseingriffe: keine

Land: Baden-Württemberg
Kreis: Zollernalbkreis
Standard: mittel
Bauzeit: 52 Wochen
Kennwerte: bis 3. Ebene DIN 276
veröffentlicht: BKI Objektdaten A6
BGF **1.001 €/m²**

Planung: Architekturbüro Walter Haller; Albstadt

Instandsetzung eines Kirchengebäudes von 1907 außen und innen.

Bauwerk – Baukonstruktionen
Herstellen: Gründungsbeläge 20%, Dachbeläge 9%, Sonstiges zur KG 330 9%
Wiederherstellen: Außenwandbekleidungen, außen 15%, Besondere Einbauten 13%, Dachbeläge 7%, Außenwandbekleidungen, innen 7%
Sonstige: 20%

Bauwerk – Technische Anlagen
Herstellen: Raumheizflächen 28%, Wärmeerzeugungsanlagen 19%, Blitzschutz- und Erdungsanlagen 8%, Niederspannungsinstallationsanlagen 7%
Wiederherstellen: Zeitdienstanlagen 12%
Sonstige: 25%

9100-0044 Katholische Kirche

BRI 1.141 m³ | **BGF** 214 m² | **NUF** 152 m²

Bauzustand: mittel
Aufwand: mittel
Nutzung während der Bauzeit: ja
Nutzungsänderung: nein
Grundrissänderungen: wenige
Tragwerkseingriffe: keine

Land: Niedersachsen
Kreis: Hildesheim
Standard: mittel
Bauzeit: 48 Wochen
Kennwerte: bis 3. Ebene DIN 276
veröffentlicht: www.bki.de
BGF **989 €/m²**

Planung: Architekturbüro Jörg Sauer; Hildesheim

Instandsetzung eines Kirchengebäudes überwiegend an Außenwänden und Dachbelägen.

Bauwerk – Baukonstruktionen
Abbrechen: Außenwandbekleidungen, außen 14%
Herstellen: Außenwandbekleidungen, außen 38%, Dachbeläge 10%, Außenwandbekleidungen, innen 9%, Gerüste 5%
Wiederherstellen: Besondere Einbauten 5%
Sonstige: 20%

Bauwerk – Technische Anlagen
Herstellen: Niederspannungsinstallationsanlagen 40%, Blitzschutz- und Erdungsanlagen 35%
Wiederherstellen: Zeitdienstanlagen 16%
Sonstige: 8%

Kostenkennwerte für die Kosten des Bauwerks (Kostengruppen 300+400 nach DIN 276)

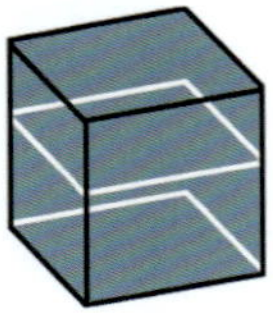

BRI 125 €/m³
von 80 €/m³
bis 200 €/m³

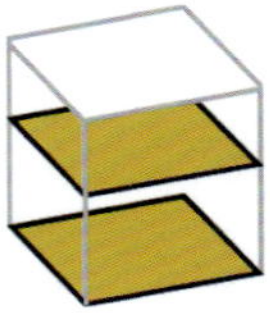

BGF 1.565 €/m²
von 1.325 €/m²
bis 2.500 €/m²

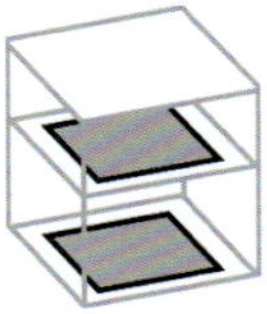

NUF 2.320 €/m²
von 1.920 €/m²
bis 3.850 €/m²

Kosten:
Stand 2. Quartal 2025
Bundesdurchschnitt
inkl. 19% MwSt.

Objektbeispiele

9100-0039

9100-0088

9100-0064

Kosten der 5 Vergleichsobjekte

Seiten 480 bis 482

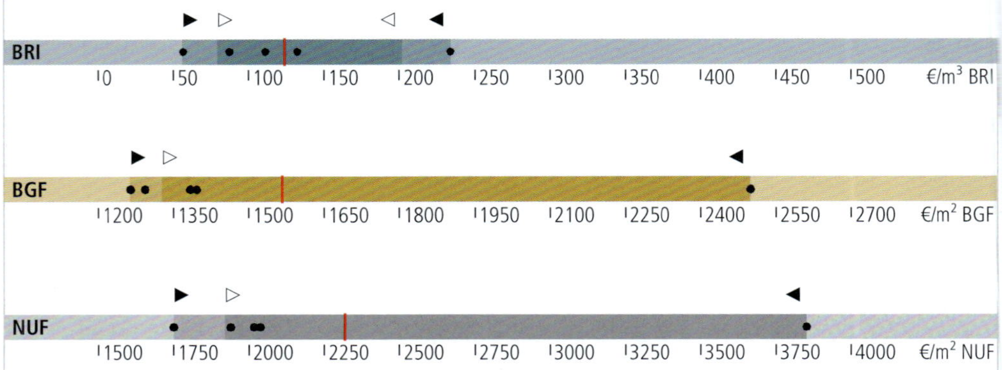

- ● KKW
- ▶ min
- ▷ von
- | Mittelwert
- ◁ bis
- ◀ max

Kostenkennwerte für die Kostengruppen der 1. und 2. Ebene DIN 276

KG	Kostengruppen der 1. Ebene	Einheit	▷	€/Einheit	◁	▷	% an 300+400	◁
100	Grundstück	m2 GF	–	**–**	–	–	**–**	–
200	Vorbereitende Maßnahmen	m2 GF	–	**–**	–	0,1	**2,1**	4,0
300	Bauwerk – Baukonstruktionen	m2 BGF	1.021	**1.275**	2.185	74,4	**80,1**	86,9
400	Bauwerk – Technische Anlagen	m2 BGF	219	**292**	338	13,1	**19,9**	25,6
	Bauwerk 300+400	m2 BGF	1.327	**1.567**	2.499	100,0	**100,0**	100,0
500	Außenanlagen und Freiflächen	m2 AF	20	**252**	483	5,1	**11,6**	18,1
600	Ausstattung und Kunstwerke	m2 BGF	5	**108**	417	0,3	**7,7**	29,9
700	Baunebenkosten	m2 BGF	–	**–**	–	–	**–**	–
800	Finanzierung	m2 BGF	–	**–**	–	–	**–**	–

KG	Kostengruppen der 2. Ebene	Einheit	▷	€/Einheit	◁	▷	% an 1. Ebene	◁
310	Baugrube / Erdbau	m3 BGI	–	**683**	–	0,0	**< 0,1**	0,5
320	Gründung, Unterbau	m2 GRF	109	**263**	657	0,7	**9,2**	25,3
330	Außenwände / vertikal außen	m2 AWF	236	**326**	453	32,8	**46,2**	66,7
340	Innenwände / vertikal innen	m2 IWF	639	**722**	769	0,8	**4,2**	17,5
350	Decken / horizontal	m2 DEF	205	**527**	840	2,7	**8,9**	18,5
360	Dächer	m2 DAF	119	**260**	454	6,3	**16,2**	24,0
370	Infrastrukturanlagen		–	**–**	–	–	**–**	–
380	Baukonstruktive Einbauten	m2 BGF	8	**60**	132	0,4	**5,0**	13,2
390	Sonst. Maßnahmen für Baukonst.	m2 BGF	100	**126**	164	8,0	**10,3**	11,8
300	**Bauwerk – Baukonstruktionen**	**m2 BGF**					**100,0**	
410	Abwasser-, Wasser-, Gasanlagen	m2 BGF	8	**12**	17	1,2	**3,0**	5,2
420	Wärmeversorgungsanlagen	m2 BGF	8	**53**	108	1,6	**13,7**	36,3
430	Raumlufttechnische Anlagen	m2 BGF	2	**22**	33	0,2	**4,4**	10,9
440	Elektrische Anlagen	m2 BGF	53	**124**	225	15,6	**39,9**	59,7
450	Kommunikationstechnische Anlagen	m2 BGF	33	**47**	82	4,8	**13,5**	24,4
460	Förderanlagen	m2 BGF	–	**–**	–	–	**–**	–
470	Nutzungsspez. / verfahrenstech. Anl.	m2 BGF	33	**110**	223	0,2	**25,6**	64,4
480	Gebäude- und Anlagenautomation	m2 BGF	–	**–**	–	–	**–**	–
490	Sonst. Maßnahmen f. techn. Anl.	m2 BGF	–	**–**	–	–	**–**	–
400	**Bauwerk – Technische Anlagen**	**m2 BGF**					**100,0**	

Prozentanteile der Kosten 2. Ebene an den Kosten des Bauwerks nach DIN 276 (Von/Mittel/Bis)

KG	Kostengruppe	%
310	Baugrube / Erdbau	< 0,1
320	Gründung, Unterbau	7,1
330	Außenwände / vertikal außen	38,0
340	Innenwände / vertikal innen	3,0
350	Decken / horizontal	6,6
360	Dächer	13,4
370	Infrastrukturanlagen	
380	Baukonstruktive Einbauten	3,7
390	Sonst. Maßnahmen für Baukonst.	8,2
410	Abwasser-, Wasser-, Gasanlagen	0,6
420	Wärmeversorgungsanlagen	3,1
430	Raumlufttechnische Anlagen	1,0
440	Elektrische Anlagen	9,2
450	Kommunikationstechnische Anlagen	2,6
460	Förderanlagen	
470	Nutzungsspez. / verfahrenstech. Anl.	3,3
480	Gebäude- und Anlagenautomation	
490	Sonst. Maßnahmen f. techn. Anl.	

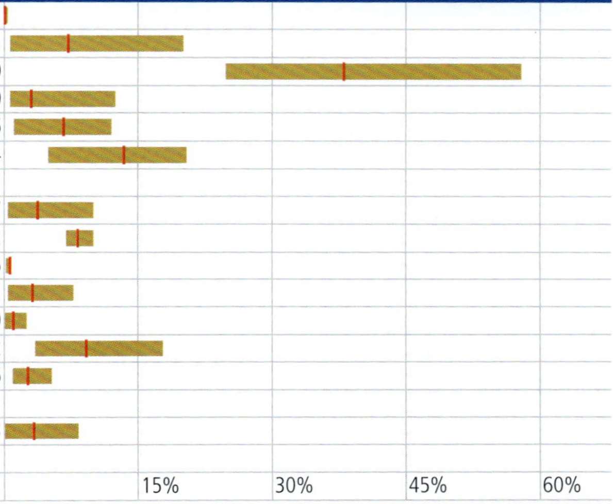

Instandsetzungen

Sakralbauten mit Restaurierungsarbeiten

Kosten:
Stand 2. Quartal 2025
Bundesdurchschnitt
inkl. 19% MwSt.

▷ von
ø Mittel
◁ bis

Kostenkennwerte für die Kostengruppen der 3. Ebene DIN 276

KG	Kostengruppen der 3. Ebene	Einheit	▷	€/Einheit	◁	▷	€/m²BGF	◁
335	Außenwandbekleidungen, außen	m²	148	**244**	436	191	**599**	1.351
363	Dachbeläge	m²	77	**219**	440	11	**197**	292
476	Weitere nutzungsspezifische Anl.	m²	106	**165**	223	106	**165**	223
324	Gründungsbeläge	m²	175	**292**	515	43	**129**	277
331	Tragende Außenwände	m²	264	**832**	2.415	35	**120**	192
334	Außenwandöffnungen	m²	256	**1.111**	2.389	33	**119**	260
336	Außenwandbekleidungen, innen	m²	60	**105**	185	64	**110**	203
392	Gerüste	m²	66	**96**	138	66	**96**	138
325	Abdichtungen und Bekleidungen	m²	–	**133**	–	–	**71**	–
444	Niederspannungsinstallationsanl.	m²	28	**68**	198	28	**68**	198
361	Dachkonstruktionen	m²	38	**123**	215	33	**63**	91
351	Deckenkonstruktionen	m²	220	**2.171**	8.001	20	**56**	91
346	Elem. Innenwandkonstruktionen	m²	–	**1.454**	–	–	**55**	–
381	Allgemeine Einbauten	m²	52	**55**	57	52	**55**	57
454	Elektroakustische Anlagen	m²	20	**51**	82	20	**51**	82
364	Dachbekleidungen	m²	50	**99**	243	24	**50**	121
445	Beleuchtungsanlagen	m²	10	**48**	78	10	**48**	78
382	Besondere Einbauten	m²	11	**44**	110	11	**44**	110
423	Raumheizflächen	m²	1	**44**	65	1	**44**	65
453	Zeitdienstanlagen	m²	39	**39**	40	39	**39**	40
353	Deckenbeläge	m²	131	**270**	489	15	**39**	51
359	Sonstiges zur KG 350	m²	84	**185**	287	29	**30**	31
344	Innenwandöffnungen	m²	619	**797**	1.150	7	**26**	64
421	Wärmeerzeugungsanlagen	m²	2	**25**	49	2	**25**	49
431	Lüftungsanlagen	m²	2	**22**	33	2	**22**	33
369	Sonstiges zur KG 360	m²	9	**17**	25	14	**20**	25
326	Dränagen	m²	–	**22**	–	–	**20**	–
339	Sonstiges zur KG 330	m²	2	**7**	14	3	**18**	44
354	Deckenbekleidungen	m²	67	**222**	376	11	**17**	23
391	Baustelleneinrichtung	m²	6	**15**	26	6	**15**	26
393	Sicherungsmaßnahmen	m²	–	**14**	–	–	**14**	–
397	Zusätzliche Maßnahmen	m²	3	**13**	25	3	**13**	25
446	Blitzschutz- und Erdungsanlagen	m²	1	**11**	14	1	**11**	14
341	Tragende Innenwände	m²	222	**767**	1.313	3	**9**	22
422	Wärmeverteilnetze	m²	2	**9**	13	2	**9**	13
345	Innenwandbekleidungen	m²	82	**162**	242	5	**9**	12
322	Flachgründungen und Bodenplatten	m²	29	**108**	187	5	**7**	9
412	Wasseranlagen	m²	6	**7**	9	6	**7**	9
343	Innenstützen	m	–	**228**	–	–	**7**	–
411	Abwasseranlagen	m²	2	**6**	19	2	**6**	19
451	Telekommunikationsanlagen	m²	–	**6**	–	–	**6**	–
311	Herstellung	m³	–	**683**	–	–	**4**	–
342	Nichttragende Innenwände	m²	226	**548**	1.192	2	**3**	4
396	Materialentsorgung	m²	< 1	**3**	6	< 1	**3**	6
474	Feuerlöschanlagen	m²	–	**2**	–	–	**2**	–
429	Sonstiges zur KG 420	m²	–	**< 1**	–	–	**< 1**	–
419	Sonstiges zur KG 410	m²	–	**< 1**	–	–	**< 1**	–
349	Sonstiges zur KG 340	m²	–	**13**	–	–	**< 1**	–
362	Dachöffnungen	m²	–	**433**	–	–	**< 1**	–
389	Sonstiges zur KG 380	m²	–	**< 1**	–	–	**< 1**	–

Prozentanteile der Kosten für Leistungsbereiche nach STLB (Kosten Bauwerk nach DIN 276)

LB	Leistungsbereiche	▷	**% an 300+400**	◁
000	Baustellen-, Verkehrssich.- u. Sicherh.einr. inkl. 001	6,1	**7,1**	10,5
002	Erdarbeiten	0,0	**< 0,1**	0,3
006	Spezialtiefbauarbeiten inkl. 005	–	**–**	–
009	Entwässerungskanalarbeiten inkl. 011	0,0	**< 0,1**	0,2
010	Drän- und Versickerarbeiten	0,0	**0,2**	0,8
012	Mauerarbeiten	0,5	**3,2**	14,1
013	Betonarbeiten	< 0,1	**0,8**	3,8
014	Natur-, Betonwerksteinarbeiten	3,7	**8,8**	17,4
016	Zimmer- und Holzbauarbeiten	0,0	**4,1**	7,4
017	Stahlbauarbeiten	–	**–**	–
018	Abdichtungsarbeiten	0,0	**0,6**	2,8
020	Dachdeckungsarbeiten	< 0,1	**3,7**	11,4
021	Dachabdichtungsarbeiten	–	**–**	–
022	Klempnerarbeiten	0,0	**2,2**	6,0
	Rohbau	20,7	**30,8**	63,3
023	Putz- und Stuckarbeiten, Wärmedämmsysteme	2,1	**10,5**	16,5
024	Fliesen- und Plattenarbeiten	0,2	**3,1**	14,6
025	Estricharbeiten	0,0	**0,9**	4,5
026	Fenster, Außentüren inkl. 029, 032	0,4	**7,4**	18,7
027	Tischlerarbeiten	0,0	**1,0**	1,9
028	Parkett-, Holzpflasterarbeiten	0,0	**1,5**	3,7
030	Rollladenarbeiten	–	**–**	–
031	Metallbauarbeiten inkl. 035	1,0	**4,6**	11,7
034	Maler- und Lackiererarb. – Beschicht. inkl. 037	3,5	**5,9**	8,6
036	Bodenbelagarbeiten	–	**–**	–
038	Vorgehängte hinterlüftete Fassaden	–	**–**	–
039	Trockenbauarbeiten	< 0,1	**0,4**	1,4
	Ausbau	11,2	**35,3**	50,2
040	Wärmeversorgungsanl. - Betriebseinr. inkl. 041	0,0	**2,6**	7,6
042	Gas- u. Wasseranl. – Leitung., Armat. inkl. 043	0,0	**< 0,1**	0,2
044	Abwasseranl. - Leitungen, Abläufe, Armaturen	< 0,1	**0,1**	0,3
045	Gas, Wasser, Entwässerung – Ausstattung inkl. 046	0,0	**0,2**	0,4
047	Dämm- und Brandschutzarb. an techn. Anlagen	< 0,1	**< 0,1**	0,2
049	Feuerlöschanlagen, Feuerlöschgeräte	0,0	**< 0,1**	0,1
050	Blitzschutz-/Erdungsanlagen, Überspannungssch.	0,1	**0,5**	1,0
052	Mittelspannungsanlagen	–	**–**	–
053	Niederspannungsanl. – Kabel inkl. 054	1,9	**5,6**	19,1
055	Sicherheits- u. Ersatzstromversorgungsanl.	–	**–**	–
057	Gebäudesystemtechnik	–	**–**	–
058	Leuchten und Lampen inkl. 059	0,6	**3,7**	6,0
060	Such, Signal, Zeit, Anten., akust. Anl. inkl. 064	0,2	**1,6**	6,4
061	Kommunikations- u. Übertragungsnetze inkl. 062	0,0	**< 0,1**	0,5
063	Gefahrenmeldeanlagen	–	**–**	–
069	Aufzüge	–	**–**	–
070	Gebäudeautomation	0,0	**< 0,1**	< 0,1
075	Raumlufttechnische Anlagen inkl. 078	< 0,1	**0,4**	1,8
	Gebäudetechnik	2,2	**15,0**	24,3
084	Abbruch, Rückbau, Schadstoffsanierung	2,2	**3,0**	5,9
	Sonstige Leistungsbereiche inkl. 008, 033, 051	3,5	**16,0**	64,6

€/m² BGF

min	1.265	€/m²
von	1.325	€/m²
Mittel	**1.565**	**€/m²**
bis	2.500	€/m²
max	2.500	€/m²

Kosten:
Stand 2. Quartal 2025
Bundesdurchschnitt
inkl. 19% MwSt.

Objektübersicht zur Gebäudeart

9100-0114 Glockenturm*

BRI 1.224 m³ **BGF** 209 m² **NUF** 20 m²

Baujahr: 1842
Bauzustand: schlecht
Aufwand: hoch
Nutzung während der Bauzeit: nein
Nutzungsänderung: nein
Grundrissänderungen: wenige
Tragwerkseingriffe: einige

Land: Schleswig-Holstein
Kreis: Pinneberg
Standard: mittel
Bauzeit: 48 Wochen
Kennwerte: bis 3. Ebene DIN 276
veröffentlicht: BKI Objektdaten A10
BGF 1.291 €/m²

* Nicht in der Auswertung enthalten

Planung: Architektengruppe Plandreieck; Elmshorn

Erneuerung der Schwellen, Stiele und Streben im Glockenturm

Bauwerk – Baukonstruktionen
Herstellen: Außenwandbekleidungen, außen 29%, Gerüste 25%
Wiederherstellen: Außenwandöffnungen 15%, Dachbeläge 10%
Sonstige: 21%

Bauwerk – Technische Anlagen
Herstellen: Blitzschutz- und Erdungsanlagen 8%
Wiederherstellen: Weitere nutzungsspezifische Anlagen 89%, Niederspannungsinstallationsanlagen 2%
Sonstige: 2%

9100-0064 Evangelische Kirche

BRI 4.384 m³ **BGF** 410 m² **NUF** 266 m²

Baujahr: 1111
Bauzustand: mittel
Aufwand: hoch
Nutzung während der Bauzeit: ja
Nutzungsänderung: nein
Grundrissänderungen: keine
Tragwerkseingriffe: keine

Land: Baden-Württemberg
Kreis: Esslingen
Standard: mittel
Bauzeit: 70 Wochen
Kennwerte: bis 3. Ebene DIN 276
veröffentlicht: BKI Objektdaten A9
BGF 2.499 €/m²

Planung: Gregor Dahlmann Dipl.-Ing. (FH) Freier Architekt; Stuttgart

Kirche

Bauwerk – Baukonstruktionen
Herstellen: Dachbeläge 10%
Wiederherstellen: Außenwandbekleidungen, außen 62%, Tragende Außenwände 8%
Sonstige: 20%

Bauwerk – Technische Anlagen
Herstellen: Niederspannungsinstallationsanlagen 5%
Wiederherstellen: Weitere nutzungsspezifische Anlagen 71%, Zeitdienstanlagen 12%
Sonstige: 11%

Objektübersicht zur Gebäudeart

9100-0088 Kapelle

BRI 10.400 m³ **BGF** 420 m² **NUF** 291 m²

Baujahr: 13.Jh.
Bauzustand: schlecht
Aufwand: mittel
Nutzung während der Bauzeit: nein
Nutzungsänderung: nein
Grundrissänderungen: wenige
Tragwerkseingriffe: wenige

Land: Brandenburg
Kreis: Brandenburg a. d. Havel
Standard: mittel
Bauzeit: 82 Wochen
Kennwerte: bis 3. Ebene DIN 276
veröffentlicht: BKI Objektdaten A9
BGF 1.395 €/m²

Planung: pmp Architekten; Brandenburg

Kapelle

Bauwerk – Baukonstruktionen
Herstellen: Gründungsbeläge 23%, Außenwandöffnungen 8%, Gerüste 5%, Abdichtungen und Bekleidungen 5%
Wiederherstellen: Tragende Außenwände 9%, Außenwandöffnungen 9%, Außenwandbekleidungen, außen 6%, Deckenkonstruktionen 5%, Dachkonstruktionen 5%, Außenwandbekleidungen, innen 5%
Sonstige: 22%

Bauwerk – Technische Anlagen
Herstellen: Raumheizflächen 23%, Beleuchtungsanlagen 20%, Wärmeerzeugungsanlagen 17%, Niederspannungsinstallationsanlagen 15%
Sonstige: 25%

9100-0039 Kirche, Fassadenarbeiten

BRI 7.730 m³ **BGF** 620 m² **NUF** 490 m²

Baujahr: 1910
Bauzustand: mittel
Aufwand: hoch
Nutzung während der Bauzeit: ja
Nutzungsänderung: nein
Grundrissänderungen: keine
Tragwerkseingriffe: keine

Land: Baden-Württemberg
Kreis: Esslingen
Standard: mittel
Bauzeit: 35 Wochen
Kennwerte: bis 3. Ebene DIN 276
veröffentlicht: BKI Objektdaten A6
BGF 1.383 €/m²

Planung: Habrik Architekten Helmut Habrik Freier Architekt BDA; Esslingen

Kirchengebäude von 1919. Turm und Kirchenschiff stehen unter Denkmalschutz. Die Fassade wurde instandgesetzt und teilweise restauriert. **Kosteneinfluss Nutzung:** Das Kirchenensemble mit Turm und Kirchenschiff stehen unter Denkmalschutz.

Bauwerk – Baukonstruktionen
Herstellen: Außenwandbekleidungen, außen 29%, Dachbeläge 25%
Wiederherstellen: Tragende Außenwände 16%
Sonstige: 29%

Bauwerk – Technische Anlagen
Herstellen: Weitere nutzungsspezifische Anlagen 56%, Zeitdienstanlagen 9%
Wiederherstellen: Zeitdienstanlagen 12%
Sonstige: 23%

Sakralbauten mit Restaurierungsarbeiten

€/m² BGF

min	1.265	€/m²
von	1.325	€/m²
Mittel	**1.565**	**€/m²**
bis	2.500	€/m²
max	2.500	€/m²

Kosten:
Stand 2. Quartal 2025
Bundesdurchschnitt
inkl. 19% MwSt.

Objektübersicht zur Gebäudeart

9100-0033 Kirche, Brandschaden

BRI 19.551 m³ **BGF** 1.314 m² **NUF** 877 m²

Baujahr: 1506/09
Bauzustand: schlecht
Aufwand: hoch
Nutzung während der Bauzeit: nein
Nutzungsänderung: nein
Grundrissänderungen: wenige
Tragwerkseingriffe: wenige

Land: Baden-Württemberg
Kreis: Esslingen
Standard: hoch
Bauzeit: 39 Wochen
Kennwerte: bis 3. Ebene DIN 276
veröffentlicht: www.bki.de
BGF 1.293 €/m²

Planung: Gregor Dahlmann Dipl.-Ing. (FH) Freier Architekt; Stuttgart

Kosteneinfluss Nutzung: Evangelische Kirche, dreischiffig, mit Orgelempore und Lagerflächen unter Chor und Sakristei. Instandsetzung nach Brandschaden. Innensanierung nach Brandschaden (Orgelbrand auf der Empore), gleichzeitige Behebung von baulichen Mängeln und Korrekturen an Einbauten aus den 1950/60er Jahren. Beachtung der Auflagen des Landesdenkmalamtes.

Bauwerk – Baukonstruktionen

Herstellen: Außenwandöffnungen 13%, Gerüste 8%
Wiederherstellen: Außenwandöffnungen 18%, Dachbekleidungen 12%, Besondere Einbauten 9%, Dachkonstruktionen 8%, Außenwandbekleidungen, innen 7%
Sonstige: 25%

Bauwerk – Technische Anlagen

Herstellen: Beleuchtungsanlagen 32%, Elektroakustische Anlagen 27%, Niederspannungsinstallationsanlagen 20%
Sonstige: 21%

9100-0035 Evangelische Kirche, Innenrestaurierung

BRI 7.095 m³ **BGF** 740 m² **NUF** 459 m²

Baujahr: 1601
Bauzustand: schlecht
Aufwand: hoch
Nutzung während der Bauzeit: nein
Nutzungsänderung: nein
Grundrissänderungen: wenige
Tragwerkseingriffe: wenige

Land: Baden-Württemberg
Kreis: Böblingen
Standard: hoch
Bauzeit: 26 Wochen
Kennwerte: bis 3. Ebene DIN 276
veröffentlicht: www.bki.de
BGF 1.264 €/m²

Planung: Gregor Dahlmann Dipl.-Ing. (FH) Freier Architekt; Stuttgart

Denkmalgeschützte Kirche von 1601, einschiffig, mit Orgelempore und Emporen an den Längsseiten, Restaurierungen an Wänden und Fenstern. **Kosteneinfluss Nutzung:** Evangelische Kirche, einschiffig, mit Orgelempore und Emporen an den Längsseiten. Beachtung der Auflagen des Landesdenkmalamtes.

Bauwerk – Baukonstruktionen

Herstellen: Deckenkonstruktionen 10%, Gerüste 8%, Gründungsbeläge 8%, Elementierte Innenwandkonstruktionen 6%, Innenwandöffnungen 5%, Deckenbeläge 4%, Tragende Innenwände 2%
Wiederherstellen: Außenwandbekleidungen, innen 23%, Allgemeine Einbauten 6%, Sonstiges zur KG 350 3%, Dachbekleidungen 3%
Sonstige: 21%

Bauwerk – Technische Anlagen

Herstellen: Niederspannungsinstallationsanlagen 53%, Raumheizflächen 17%, Beleuchtungsanlagen 17%
Sonstige: 12%

Kostenkennwerte für die Kosten des Bauwerks (Kostengruppen 300+400 nach DIN 276)

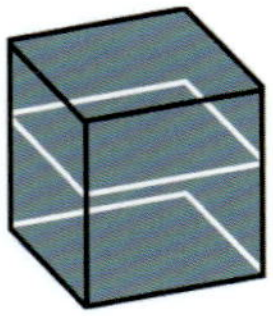

BRI 10€/m³
von 5€/m³
bis 10€/m³

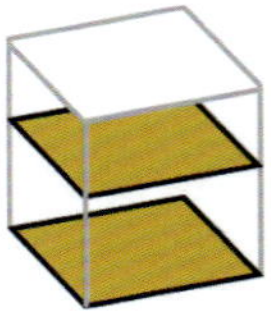

BGF 30€/m²
von 25€/m²
bis 45€/m²

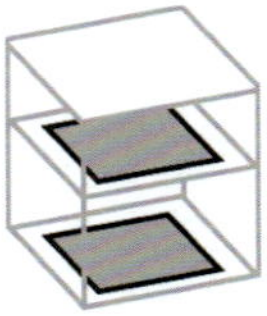

NUF 45€/m²
von 40€/m²
bis 65€/m²

Objektbeispiele

Kosten:
Stand 2. Quartal 2025
Bundesdurchschnitt
inkl. 19% MwSt.

6100-1307

9100-0137

9100-0145

Kosten der 4 Vergleichsobjekte

Seiten 488 bis 489

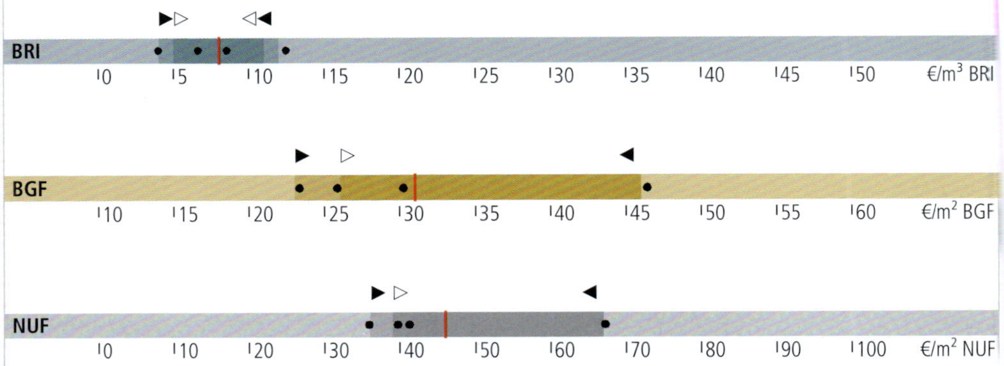

- ● KKW
- ▶ min
- ▷ von
- | Mittelwert
- ◁ bis
- ◀ max

Kostenkennwerte für die Kostengruppen der 1. und 2.Ebene DIN 276

KG	Kostengruppen der 1. Ebene	Einheit	▷	€/Einheit	◁	▷	% an 300+400	◁
100	Grundstück	m²GF	–	**–**	–	–	**–**	–
200	Vorbereitende Maßnahmen	m²GF	–	**–**	–	–	**–**	–
300	Bauwerk – Baukonstruktionen	m²BGF	26	**31**	46	99,9	**100,0**	100,0
400	Bauwerk – Technische Anlagen	m²BGF	–	**< 1**	–	0,1	**0,1**	0,1
	Bauwerk 300+400	m²BGF	26	**31**	46	100,0	**100,0**	100,0
500	Außenanlagen und Freiflächen	m²AF	–	**–**	–	–	**–**	–
600	Ausstattung und Kunstwerke	m²BGF	–	**–**	–	–	**–**	–
700	Baunebenkosten	m²BGF	–	**–**	–	–	**–**	–
800	Finanzierung	m²BGF	–	**–**	–	–	**–**	–

KG	Kostengruppen der 2. Ebene	Einheit	▷	€/Einheit	◁	▷	% an 1. Ebene	◁
310	Baugrube / Erdbau	m³BGI	–	**–**	–	–	**–**	–
320	Gründung, Unterbau	m²GRF	–	**–**	–	–	**–**	–
330	Außenwände / vertikal außen	m²AWF	53	**133**	212	18,4	**30,4**	44,6
340	Innenwände / vertikal innen	m²IWF	57	**81**	124	4,1	**21,5**	72,8
350	Decken / horizontal	m²DEF	34	**194**	507	3,9	**30,9**	58,8
360	Dächer	m²DAF	14	**20**	26	2,4	**13,4**	42,5
370	Infrastrukturanlagen		–	**–**	–	–	**–**	–
380	Baukonstruktive Einbauten	m²BGF	–	**< 1**	–	0,0	**< 0,1**	< 0,1
390	Sonst. Maßnahmen für Baukonst.	m²BGF	< 1	**2**	5	1,4	**3,8**	9,8
300	**Bauwerk – Baukonstruktionen**	**m²BGF**					**100,0**	
410	Abwasser-, Wasser-, Gasanlagen	m²BGF	–	**–**	–	–	**–**	–
420	Wärmeversorgungsanlagen	m²BGF	–	**< 1**	–	100,0	**100,0**	100,0
430	Raumlufttechnische Anlagen	m²BGF	–	**–**	–	–	**–**	–
440	Elektrische Anlagen	m²BGF	–	**–**	–	–	**–**	–
450	Kommunikationstechnische Anlagen	m²BGF	–	**–**	–	–	**–**	–
460	Förderanlagen	m²BGF	–	**–**	–	–	**–**	–
470	Nutzungsspez. / verfahrenstech. Anl.	m²BGF	–	**–**	–	–	**–**	–
480	Gebäude- und Anlagenautomation	m²BGF	–	**–**	–	–	**–**	–
490	Sonst. Maßnahmen f. techn. Anl.	m²BGF	–	**–**	–	–	**–**	–
400	**Bauwerk – Technische Anlagen**	**m²BGF**					**100,0**	

Prozentanteile der Kosten 2.Ebene an den Kosten des Bauwerks nach DIN 276 (Von/Mittel/Bis)

KG	Kostengruppe	%
310	Baugrube / Erdbau	
320	Gründung, Unterbau	
330	Außenwände / vertikal außen	30,4
340	Innenwände / vertikal innen	21,5
350	Decken / horizontal	30,9
360	Dächer	13,4
370	Infrastrukturanlagen	
380	Baukonstruktive Einbauten	< 0,1
390	Sonst. Maßnahmen für Baukonst.	3,8
410	Abwasser-, Wasser-, Gasanlagen	
420	Wärmeversorgungsanlagen	< 0,1
430	Raumlufttechnische Anlagen	
440	Elektrische Anlagen	
450	Kommunikationstechnische Anlagen	
460	Förderanlagen	
470	Nutzungsspez. / verfahrenstech. Anl.	
480	Gebäude- und Anlagenautomation	
490	Sonst. Maßnahmen f. techn. Anl.	

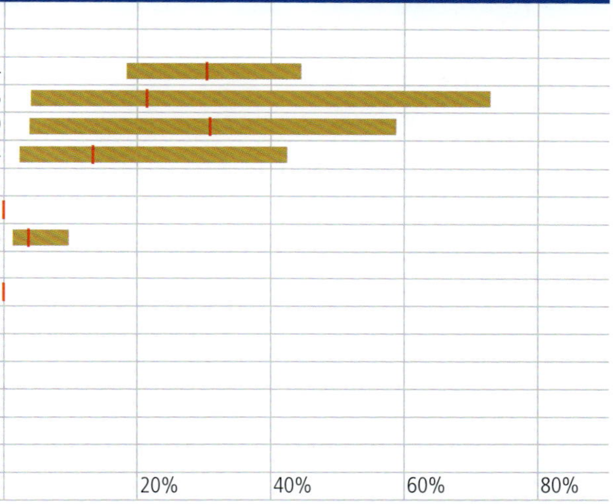

Kostenstand: 2. Quartal 2025, Bundesdurchschnitt, **inkl. 19% MwSt.**

Kostenkennwerte für die Kostengruppen der 3. Ebene DIN 276

KG	Kostengruppen der 3. Ebene	Einheit	▷	€/Einheit	◁	▷	€/m²BGF	◁
341	Tragende Innenwände	m²	–	**62**	–	–	**15**	–
331	Tragende Außenwände	m²	80	**128**	206	3	**7**	15
351	Deckenkonstruktionen	m²	27	**133**	335	< 1	**7**	13
364	Dachbekleidungen	m²	–	**14**	–	< 1	**7**	13
354	Deckenbekleidungen	m²	2	**101**	200	1	**5**	9
336	Außenwandbekleidungen, innen	m²	28	**82**	136	1	**4**	8
353	Deckenbeläge	m²	–	**307**	–	2	**3**	3
397	Zusätzliche Maßnahmen	m²	–	**2**	–	–	**2**	–
345	Innenwandbekleidungen	m²	25	**38**	52	1	**2**	2
344	Innenwandöffnungen	m²	–	**189**	–	–	**1**	–
361	Dachkonstruktionen	m²	< 1	**10**	20	< 1	**1**	2
391	Baustelleneinrichtung	m²	< 1	**1**	1	< 1	**1**	1
334	Außenwandöffnungen	m²	–	**127**	–	–	**1**	–
393	Sicherungsmaßnahmen	m²	–	**< 1**	–	–	**< 1**	–
396	Materialentsorgung	m²	–	**< 1**	–	–	**< 1**	–
392	Gerüste	m²	< 1	**< 1**	< 1	< 1	**< 1**	< 1
422	Wärmeverteilnetze	m²	–	**< 1**	–	–	**< 1**	–
381	Allgemeine Einbauten	m²	–	**< 1**	–	–	**< 1**	–
335	Außenwandbekleidungen, außen	m²	–	**–**	–	–	**< 1**	–

Kosten:
Stand 2. Quartal 2025
Bundesdurchschnitt
inkl. 19% MwSt.

▷ von
ø Mittel
◁ bis

Prozentanteile der Kosten für Leistungsbereiche nach STLB (Kosten Bauwerk nach DIN 276)

LB	Leistungsbereiche	▷	% an 300+400	◁
000	Baustellen-, Verkehrssich.- u. Sicherh.einr. inkl. 001	0,8	**3,4**	6,7
002	Erdarbeiten	–	–	–
006	Spezialtiefbauarbeiten inkl. 005	–	–	–
009	Entwässerungskanalarbeiten inkl. 011	–	–	–
010	Drän- und Versickerarbeiten	–	–	–
012	Mauerarbeiten	0,0	**2,4**	9,6
013	Betonarbeiten	–	–	–
014	Natur-, Betonwerksteinarbeiten	–	–	–
016	Zimmer- und Holzbauarbeiten	0,0	**3,6**	14,5
017	Stahlbauarbeiten	0,3	**2,1**	7,3
018	Abdichtungsarbeiten	–	–	–
020	Dachdeckungsarbeiten	–	–	–
021	Dachabdichtungsarbeiten	–	–	–
022	Klempnerarbeiten	–	–	–
	Rohbau	2,0	**11,5**	39,5
023	Putz- und Stuckarbeiten, Wärmedämmsysteme	0,0	**6,2**	24,8
024	Fliesen- und Plattenarbeiten	–	–	–
025	Estricharbeiten	–	–	–
026	Fenster, Außentüren inkl. 029, 032	0,0	**0,2**	0,9
027	Tischlerarbeiten	–	–	–
028	Parkett-, Holzpflasterarbeiten	0,0	**1,2**	4,7
030	Rollladenarbeiten	–	–	–
031	Metallbauarbeiten inkl. 035	–	–	–
034	Maler- und Lackiererarb. – Beschicht. inkl. 037	0,0	**4,7**	18,6
036	Bodenbelagarbeiten	–	–	–
038	Vorgehängte hinterlüftete Fassaden	–	–	–
039	Trockenbauarbeiten	0,0	**0,5**	1,8
	Ausbau	0,0	**12,7**	50,9
040	Wärmeversorgungsanl. - Betriebseinr. inkl. 041	–	–	–
042	Gas- u. Wasseranl. – Leitung., Armat. inkl. 043	–	–	–
044	Abwasseranl. - Leitungen, Abläufe, Armaturen	–	–	–
045	Gas, Wasser, Entwässerung – Ausstattung inkl. 046	–	–	–
047	Dämm- und Brandschutzarb. an techn. Anlagen	–	–	–
049	Feuerlöschanlagen, Feuerlöschgeräte	–	–	–
050	Blitzschutz-/Erdungsanlagen, Überspannungssch.	–	–	–
052	Mittelspannungsanlagen	–	–	–
053	Niederspannungsanl. – Kabel inkl. 054	–	–	–
055	Sicherheits- u. Ersatzstromversorgungsanl.	–	–	–
057	Gebäudesystemtechnik	–	–	–
058	Leuchten und Lampen inkl. 059	–	–	–
060	Such, Signal, Zeit, Anten., akust. Anl. inkl. 064	–	–	–
061	Kommunikations- u. Übertragungsnetze inkl. 062	–	–	–
063	Gefahrenmeldeanlagen	–	–	–
069	Aufzüge	–	–	–
070	Gebäudeautomation	–	–	–
075	Raumlufttechnische Anlagen inkl. 078	–	–	–
	Gebäudetechnik	–	–	–
084	Abbruch, Rückbau, Schadstoffsanierung	7,7	**10,4**	13,5
	Sonstige Leistungsbereiche inkl. 008, 033, 051	1,3	**65,4**	87,3

 Kostenstand: 2. Quartal 2025, Bundesdurchschnitt, **inkl. 19% MwSt.**

€/m² BGF

min	25 €/m²
von	25 €/m²
Mittel	**30 €/m²**
bis	45 €/m²
max	45 €/m²

Kosten:
Stand 2. Quartal 2025
Bundesdurchschnitt
inkl. 19% MwSt.

Objektübersicht zur Gebäudeart

6100-1502 Mehrfamilienhaus, Schwammsanierung

BRI 11.644 m³ **BGF** 3.124 m² **NUF** 2.158 m²

Baujahr: 1895
Bauzustand: schlecht
Aufwand: hoch
Nutzung während der Bauzeit: ja
Nutzungsänderung: nein
Grundrissänderungen: wenige
Tragwerkseingriffe: wenige

Land: Hamburg
Kreis: Hamburg, Stadt
Standard: hoch
Bauzeit: 122 Wochen
Kennwerte: bis 3. Ebene DIN 276
veröffentlicht: BKI Objektdaten A12

BGF **46 €/m²**

Planung: Ostermann Architekten; Hamburg

Schwammsanierung eines Mehrfamilienhauses mit 16 Wohneinheiten (2.140 m² WFL).

Bauwerk – Baukonstruktionen
Herstellen: Außenwandbekleidungen, innen 14%, Deckenkonstruktionen 9%, Deckenbekleidungen 8%, Innenwandbekleidungen 5%
Wiederherstellen: Tragende Außenwände 12%, Deckenkonstruktionen 12%, Deckenbekleidungen 11%, Deckenbeläge 5%
Sonstige: 23%

Bauwerk – Technische Anlagen
Abbrechen: Wärmeverteilnetze 100%

6100-1307 Schwammsanierung Mehrfamilienhaus

BRI 5.268 m³ **BGF** 1.488 m² **NUF** 875 m²

Baujahr: 1897
Bauzustand: schlecht
Aufwand: hoch
Nutzung während der Bauzeit: nein
Nutzungsänderung: nein
Grundrissänderungen: wenige
Tragwerkseingriffe: einige

Land: Sachsen
Kreis: Chemnitz, Stadt
Standard: hoch
Bauzeit: 4 Wochen
Kennwerte: bis 3. Ebene DIN 276
veröffentlicht: BKI Objektdaten A11

BGF **23 €/m²**

Planung: Architekturbüro Samuel Jenichen; Dresden

Schwammsanierung eines Mehrfamilienhauses mit fünf Wohneinheiten (760 m² WFL). **Kosteneinfluss Nutzung:** Denkmalschutz, historische Bauelemente, Brandschutz, Schallschutz

Bauwerk – Baukonstruktionen
Abbrechen: Innenwandbekleidungen 8%
Wiederherstellen: Tragende Innenwände 64%, Tragende Außenwände 21%
Sonstige: 6%

9100-0145 Kulturzentrum, Schwammsanierung

BRI 9.914 m³ **BGF** 1.304 m² **NUF** 1.100 m²

Bauzustand: schlecht
Aufwand: hoch
Nutzung während der Bauzeit: nein
Nutzungsänderung: ja
Grundrissänderungen: wenige
Tragwerkseingriffe: einige

Land: Sachsen-Anhalt
Kreis: Salzlandkreis
Standard: mittel
Bauzeit: 8 Wochen
Kennwerte: bis 3. Ebene DIN 276
veröffentlicht: BKI Objektdaten A11

BGF **30€/m²**

Planung: KÖNIG Architekturbüro; Magdeburg

Schwammsanierung eines Kulturzentrums mit 550 Sitzplätzen. **Kosteneinfluss Nutzung:** Das Gebäude steht unter Denkmalschutz

Bauwerk – Baukonstruktionen
Abbrechen: Tragende Außenwände 7%
Wiederherstellen: Tragende Außenwände 43%, Dachbekleidungen 42%
Sonstige: 8%

9100-0137 Vereinsgebäude, Schwammsanierung

BRI 4.317 m³ **BGF** 1.423 m² **NUF** 892 m²

Baujahr: 1890
Bauzustand: schlecht
Aufwand: hoch
Nutzung während der Bauzeit: nein
Nutzungsänderung: ja
Grundrissänderungen: umfangreiche
Tragwerkseingriffe: umfangreiche

Land: Sachsen
Kreis: Erzgebirgskreis
Standard: hoch
Bauzeit: 65 Wochen
Kennwerte: bis 3. Ebene DIN 276
veröffentlicht: BKI Objektdaten A11

BGF **26€/m²**

Planung: heine I reichold architekten Partnerschaftsgesellschaft mbB; Lichtenstein

Schwammsanierung im Zuge der denkmalgerechten Instandsetzung eines Ausstellungs- und Empfangsgebäudes.

Bauwerk – Baukonstruktionen
Abbrechen: Deckenbeläge 9%
Wiederherstellen: Deckenkonstruktionen 54%, Dachkonstruktionen 8%
Sonstige: 28%

Altbau
Bauelemente

Kostenkennwerte der Gebäudearten
für die Kostengruppen 300+400

311
Herstellung

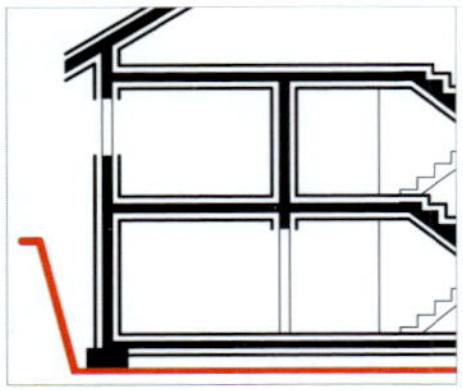

Kosten:
Stand 2. Quartal 2025
Bundesdurchschnitt
inkl. 19% MwSt.

Einheit: m³
Baugrubenrauminhalt / Erdbaurauminhalt

▷ von
ø Mittel
◁ bis

Gebäudeart	▷	€/Einheit	◁	KG an 300
Erweiterungen				
Büro- und Verwaltungsgebäude	40	**54**	70	1,5%
Schulen	45	**78**	114	2,4%
Kindergärten	91	**170**	328	2,7%
Wohngebäude: Anbau	60	**132**	196	1,9%
Wohngebäude: Aufstockung	99	**173**	247	0,2%
Wohngebäude: Dachausbau	–	**–**	–	–
Gewerbegebäude	31	**63**	94	2,4%
Gebäude anderer Art	47	**142**	262	1,7%
Umbauten				
Büro- und Verwaltungsgebäude	83	**140**	177	0,6%
Arztpraxen	–	**–**	–	–
Schulen	47	**63**	100	1,2%
Kindergärten	121	**186**	256	0,7%
Ein- und Zweifamilienhäuser	62	**168**	384	0,6%
Mehrfamilienhäuser	74	**124**	228	0,7%
Wohnungen	–	**69**	–	0,1%
Hotel und Beherbergung	38	**71**	105	0,5%
Gewerbegebäude	–	**52**	–	< 0,1%
Museen	116	**125**	134	0,7%
Gemeindezentren	119	**203**	420	1,2%
Gebäude anderer Art	117	**220**	290	0,7%
Modernisierungen				
Büro- und Verwaltungsgebäude	70	**91**	111	0,8%
Schulen und Kindergärten	71	**120**	193	1,1%
Sporthallen	73	**137**	201	0,9%
Ein- und Zweifamilienhäuser vor 1945	147	**216**	305	1,2%
Ein- und Zweifamilienhäuser nach 1945	74	**179**	511	0,8%
Wohngebäude vor 1945	99	**176**	359	0,9%
Wohngebäude nach 1945: nur Oberflächen	65	**126**	208	0,4%
Wohngebäude nach 1945: mit Tragkonstruktion	67	**151**	428	1,3%
Fachwerkhäuser	117	**179**	301	1,4%
Gewerbegebäude	71	**74**	76	0,7%
Gebäude anderer Art	89	**203**	534	0,7%
Instandsetzungen				
Wohngebäude	52	**141**	249	1,6%
Nichtwohngebäude	61	**78**	95	0,8%
Restaurierungsarbeiten	–	**387**	–	0,6%
Sakralbauten	–	**112**	–	0,3%
Sakralbauten mit Restaurierungsarbeiten	–	**683**	–	< 0,1%
Schwammsanierung	–	**–**	–	–

Gebäudeart	▷	€/Einheit	◁	KG an 300
Erweiterungen				
Büro- und Verwaltungsgebäude	24	**560**	1.097	0,5%
Schulen	6	**8**	9	< 0,1%
Kindergärten	–	**–**	–	–
Wohngebäude: Anbau	–	**3**	–	< 0,1%
Wohngebäude: Aufstockung	–	**–**	–	–
Wohngebäude: Dachausbau	–	**–**	–	–
Gewerbegebäude	–	**6**	–	< 0,1%
Gebäude anderer Art	–	**–**	–	–
Umbauten				
Büro- und Verwaltungsgebäude	–	**–**	–	–
Arztpraxen	–	**–**	–	–
Schulen	2	**264**	526	0,5%
Kindergärten	–	**53**	–	< 0,1%
Ein- und Zweifamilienhäuser	–	**–**	–	–
Mehrfamilienhäuser	–	**5**	–	< 0,1%
Wohnungen	–	**–**	–	–
Hotel und Beherbergung	–	**–**	–	–
Gewerbegebäude	–	**–**	–	–
Museen	–	**17**	–	< 0,1%
Gemeindezentren	–	**94**	–	< 0,1%
Gebäude anderer Art	–	**–**	–	–
Modernisierungen				
Büro- und Verwaltungsgebäude	–	**–**	–	–
Schulen und Kindergärten	–	**–**	–	–
Sporthallen	–	**–**	–	–
Ein- und Zweifamilienhäuser vor 1945	–	**–**	–	–
Ein- und Zweifamilienhäuser nach 1945	–	**–**	–	< 0,1%
Wohngebäude vor 1945	–	**–**	–	–
Wohngebäude nach 1945: nur Oberflächen	–	**–**	–	–
Wohngebäude nach 1945: mit Tragkonstruktion	6	**10**	13	< 0,1%
Fachwerkhäuser	–	**–**	–	–
Gewerbegebäude	–	**185**	–	0,1%
Gebäude anderer Art	–	**179**	–	< 0,1%
Instandsetzungen				
Wohngebäude	–	**77**	–	0,2%
Nichtwohngebäude	–	**–**	–	–
Restaurierungsarbeiten	–	**–**	–	–
Sakralbauten	–	**–**	–	–
Sakralbauten mit Restaurierungsarbeiten	–	**–**	–	–
Schwammsanierung	–	**–**	–	–

Einheit: m²
Umschließungsfläche

313 Wasserhaltung

Kosten:
Stand 2. Quartal 2025
Bundesdurchschnitt
inkl. 19% MwSt.

Einheit: m³
Wasserhaltungsvolumen

Gebäudeart	▷	€/Einheit	◁	KG an 300
Erweiterungen				
Büro- und Verwaltungsgebäude	–	**–**	–	< 0,1%
Schulen	–	**11**	–	0,1%
Kindergärten	–	**–**	–	–
Wohngebäude: Anbau	–	**3**	–	< 0,1%
Wohngebäude: Aufstockung	–	**–**	–	–
Wohngebäude: Dachausbau	–	**–**	–	–
Gewerbegebäude	–	**–**	–	< 0,1%
Gebäude anderer Art	–	**–**	–	–
Umbauten				
Büro- und Verwaltungsgebäude	–	**–**	–	< 0,1%
Arztpraxen	–	**–**	–	–
Schulen	–	**11**	–	< 0,1%
Kindergärten	–	**–**	–	–
Ein- und Zweifamilienhäuser	–	**–**	–	–
Mehrfamilienhäuser	–	**2**	–	< 0,1%
Wohnungen	–	**–**	–	–
Hotel und Beherbergung	–	**–**	–	–
Gewerbegebäude	–	**–**	–	–
Museen	–	**–**	–	–
Gemeindezentren	–	**–**	–	< 0,1%
Gebäude anderer Art	–	**–**	–	< 0,1%
Modernisierungen				
Büro- und Verwaltungsgebäude	–	**–**	–	–
Schulen und Kindergärten	2	**81**	161	< 0,1%
Sporthallen	–	**2**	–	< 0,1%
Ein- und Zweifamilienhäuser vor 1945	–	**–**	–	–
Ein- und Zweifamilienhäuser nach 1945	–	**–**	–	–
Wohngebäude vor 1945	–	**–**	–	–
Wohngebäude nach 1945: nur Oberflächen	–	**–**	–	–
Wohngebäude nach 1945: mit Tragkonstruktion	–	**19**	–	< 0,1%
Fachwerkhäuser	–	**–**	–	–
Gewerbegebäude	–	**–**	–	–
Gebäude anderer Art	–	**16**	–	< 0,1%
Instandsetzungen				
Wohngebäude	–	**–**	–	–
Nichtwohngebäude	–	**–**	–	–
Restaurierungsarbeiten	–	**–**	–	–
Sakralbauten	–	**–**	–	–
Sakralbauten mit Restaurierungsarbeiten	–	**–**	–	–
Schwammsanierung	–	**–**	–	–

▷ von
ø Mittel
◁ bis

Gebäudeart	▷	€/Einheit	◁	KG an 300
Erweiterungen				
Büro- und Verwaltungsgebäude	–	**–**	–	–
Schulen	2	**58**	91	0,6%
Kindergärten	–	**–**	–	–
Wohngebäude: Anbau	–	**209**	–	< 0,1%
Wohngebäude: Aufstockung	–	**–**	–	–
Wohngebäude: Dachausbau	–	**–**	–	–
Gewerbegebäude	–	**77**	–	0,6%
Gebäude anderer Art	14	**47**	80	0,2%
Umbauten				
Büro- und Verwaltungsgebäude	–	**25**	–	< 0,1%
Arztpraxen	–	**–**	–	–
Schulen	146	**167**	188	0,2%
Kindergärten	–	**–**	–	–
Ein- und Zweifamilienhäuser	–	**129**	–	< 0,1%
Mehrfamilienhäuser	31	**57**	107	< 0,1%
Wohnungen	–	**–**	–	–
Hotel und Beherbergung	–	**–**	–	–
Gewerbegebäude	–	**–**	–	–
Museen	–	**–**	–	–
Gemeindezentren	–	**–**	–	< 0,1%
Gebäude anderer Art	–	**93**	–	< 0,1%
Modernisierungen				
Büro- und Verwaltungsgebäude	–	**–**	–	–
Schulen und Kindergärten	–	**–**	–	–
Sporthallen	–	**24**	–	< 0,1%
Ein- und Zweifamilienhäuser vor 1945	–	**–**	–	–
Ein- und Zweifamilienhäuser nach 1945	–	**–**	–	–
Wohngebäude vor 1945	–	**–**	–	–
Wohngebäude nach 1945: nur Oberflächen	–	**–**	–	–
Wohngebäude nach 1945: mit Tragkonstruktion	–	**–**	–	–
Fachwerkhäuser	–	**–**	–	–
Gewerbegebäude	–	**–**	–	< 0,1%
Gebäude anderer Art	–	**–**	–	–
Instandsetzungen				
Wohngebäude	–	**–**	–	–
Nichtwohngebäude	–	**–**	–	–
Restaurierungsarbeiten	–	**–**	–	–
Sakralbauten	–	**–**	–	–
Sakralbauten mit Restaurierungsarbeiten	–	**–**	–	–
Schwammsanierung	–	**–**	–	–

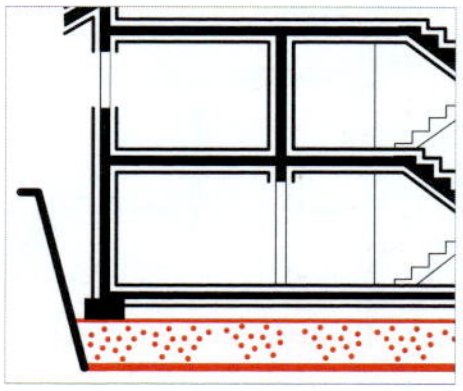

Einheit: m²
Baugrundverbesserungs-
fläche

322 Flachgründungen und Bodenplatten

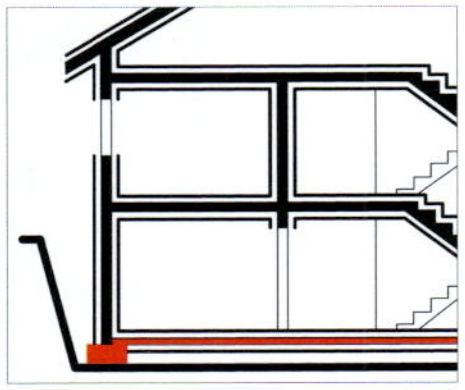

Kosten:
Stand 2. Quartal 2025
Bundesdurchschnitt
inkl. 19% MwSt.

Einheit: m²
Flachgründungsfläche

▷ von
ø Mittel
◁ bis

Gebäudeart	▷	€/Einheit	◁	KG an 300
Erweiterungen				
Büro- und Verwaltungsgebäude	159	**278**	361	2,8%
Schulen	224	**1.470**	11.392	5,8%
Kindergärten	147	**251**	409	4,8%
Wohngebäude: Anbau	221	**335**	484	4,8%
Wohngebäude: Aufstockung	56	**748**	1.253	0,2%
Wohngebäude: Dachausbau	–	**–**	–	–
Gewerbegebäude	195	**272**	429	10,8%
Gebäude anderer Art	180	**303**	517	5,3%
Umbauten				
Büro- und Verwaltungsgebäude	357	**634**	1.036	3,0%
Arztpraxen	–	**–**	–	–
Schulen	114	**195**	410	1,5%
Kindergärten	231	**748**	3.301	1,2%
Ein- und Zweifamilienhäuser	54	**181**	270	1,2%
Mehrfamilienhäuser	152	**303**	661	1,2%
Wohnungen	–	**461**	–	0,8%
Hotel und Beherbergung	307	**463**	620	1,4%
Gewerbegebäude	–	**17**	–	0,9%
Museen	90	**166**	293	3,4%
Gemeindezentren	219	**690**	3.379	3,3%
Gebäude anderer Art	139	**392**	644	3,9%
Modernisierungen				
Büro- und Verwaltungsgebäude	181	**251**	349	1,3%
Schulen und Kindergärten	173	**317**	620	1,8%
Sporthallen	266	**433**	839	1,5%
Ein- und Zweifamilienhäuser vor 1945	303	**701**	1.849	0,9%
Ein- und Zweifamilienhäuser nach 1945	151	**192**	231	0,7%
Wohngebäude vor 1945	146	**426**	1.159	2,1%
Wohngebäude nach 1945: nur Oberflächen	231	**486**	966	0,4%
Wohngebäude nach 1945: mit Tragkonstruktion	311	**425**	756	2,2%
Fachwerkhäuser	199	**240**	320	2,3%
Gewerbegebäude	171	**241**	311	1,4%
Gebäude anderer Art	128	**266**	408	0,9%
Instandsetzungen				
Wohngebäude	245	**468**	937	0,9%
Nichtwohngebäude	135	**559**	983	8,8%
Restaurierungsarbeiten	–	**312**	–	0,3%
Sakralbauten	–	**–**	–	0,4%
Sakralbauten mit Restaurierungsarbeiten	29	**108**	187	0,3%
Schwammsanierung	–	**–**	–	–

Gebäudeart	▷	€/Einheit	◁	KG an 300
Erweiterungen				
Büro- und Verwaltungsgebäude	–	**306**	–	0,2%
Schulen	–	**–**	–	–
Kindergärten	–	**–**	–	–
Wohngebäude: Anbau	–	**–**	–	–
Wohngebäude: Aufstockung	–	**–**	–	–
Wohngebäude: Dachausbau	–	**–**	–	–
Gewerbegebäude	–	**–**	–	–
Gebäude anderer Art	–	**–**	–	–
Umbauten				
Büro- und Verwaltungsgebäude	–	**–**	–	–
Arztpraxen	–	**–**	–	–
Schulen	–	**868**	–	0,8%
Kindergärten	–	**–**	–	–
Ein- und Zweifamilienhäuser	–	**–**	–	–
Mehrfamilienhäuser	–	**–**	–	< 0,1%
Wohnungen	–	**–**	–	–
Hotel und Beherbergung	–	**–**	–	–
Gewerbegebäude	–	**–**	–	–
Museen	–	**–**	–	–
Gemeindezentren	–	**–**	–	–
Gebäude anderer Art	–	**–**	–	0,4%
Modernisierungen				
Büro- und Verwaltungsgebäude	–	**–**	–	–
Schulen und Kindergärten	–	**811**	–	< 0,1%
Sporthallen	–	**–**	–	–
Ein- und Zweifamilienhäuser vor 1945	–	**–**	–	–
Ein- und Zweifamilienhäuser nach 1945	–	**–**	–	–
Wohngebäude vor 1945	–	**–**	–	–
Wohngebäude nach 1945: nur Oberflächen	–	**–**	–	–
Wohngebäude nach 1945: mit Tragkonstruktion	–	**690**	–	0,8%
Fachwerkhäuser	–	**–**	–	–
Gewerbegebäude	–	**107**	–	< 0,1%
Gebäude anderer Art	–	**–**	–	–
Instandsetzungen				
Wohngebäude	–	**–**	–	–
Nichtwohngebäude	–	**–**	–	–
Restaurierungsarbeiten	–	**–**	–	–
Sakralbauten	–	**–**	–	–
Sakralbauten mit Restaurierungsarbeiten	–	**–**	–	–
Schwammsanierung	–	**–**	–	–

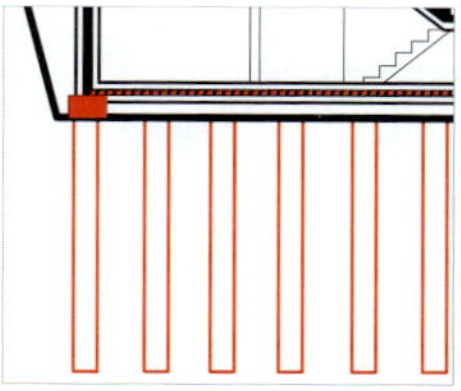

Einheit: m²
Tiefgründungsfläche

324 Gründungsbeläge

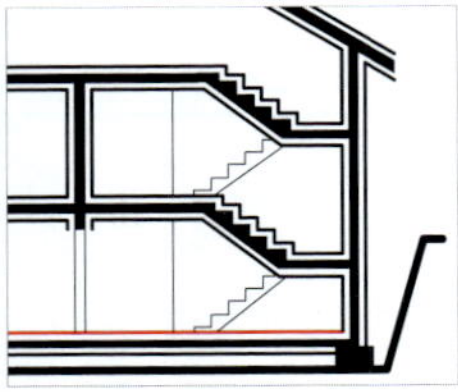

Kosten:
Stand 2. Quartal 2025
Bundesdurchschnitt
inkl. 19% MwSt.

Einheit: m²
Gründungsbelagsfläche

▷ von
ø Mittel
◁ bis

Gebäudeart	▷	€/Einheit	◁	KG an 300
Erweiterungen				
Büro- und Verwaltungsgebäude	149	**191**	234	2,3%
Schulen	133	**201**	265	3,9%
Kindergärten	166	**200**	218	8,8%
Wohngebäude: Anbau	179	**300**	445	4,5%
Wohngebäude: Aufstockung	–	**62**	–	< 0,1%
Wohngebäude: Dachausbau	–	**–**	–	–
Gewerbegebäude	71	**128**	203	5,7%
Gebäude anderer Art	189	**285**	460	5,6%
Umbauten				
Büro- und Verwaltungsgebäude	101	**201**	304	3,3%
Arztpraxen	–	**–**	–	–
Schulen	125	**213**	357	4,1%
Kindergärten	128	**204**	289	8,2%
Ein- und Zweifamilienhäuser	132	**216**	260	2,3%
Mehrfamilienhäuser	78	**164**	254	1,0%
Wohnungen	236	**276**	315	1,0%
Hotel und Beherbergung	254	**271**	288	1,5%
Gewerbegebäude	16	**116**	167	7,0%
Museen	179	**301**	539	3,9%
Gemeindezentren	223	**360**	538	4,5%
Gebäude anderer Art	125	**215**	322	9,9%
Modernisierungen				
Büro- und Verwaltungsgebäude	81	**165**	249	2,3%
Schulen und Kindergärten	130	**215**	275	3,[illegible]%
Sporthallen	85	**182**	239	8,2%
Ein- und Zweifamilienhäuser vor 1945	113	**251**	432	3,7%
Ein- und Zweifamilienhäuser nach 1945	66	**148**	262	1,3%
Wohngebäude vor 1945	96	**207**	296	2,8%
Wohngebäude nach 1945: nur Oberflächen	22	**39**	82	0,[illegible]%
Wohngebäude nach 1945: mit Tragkonstruktion	103	**139**	230	1,3%
Fachwerkhäuser	–	**110**	–	0,4%
Gewerbegebäude	78	**100**	122	0,7%
Gebäude anderer Art	166	**345**	513	3,5%
Instandsetzungen				
Wohngebäude	75	**136**	209	0,7%
Nichtwohngebäude	100	**161**	288	6,8%
Restaurierungsarbeiten	17	**252**	376	1,0%
Sakralbauten	271	**533**	796	7,1%
Sakralbauten mit Restaurierungsarbeiten	175	**292**	515	7,4%
Schwammsanierung	–	**–**	–	–

Gebäudeart	▷	€/Einheit	◁	KG an 300
Erweiterungen				
Büro- und Verwaltungsgebäude	14	**38**	69	0,4%
Schulen	20	**68**	199	1,2%
Kindergärten	26	**54**	111	1,9%
Wohngebäude: Anbau	31	**53**	86	1,0%
Wohngebäude: Aufstockung	–	**–**	–	–
Wohngebäude: Dachausbau	–	**–**	–	–
Gewerbegebäude	29	**73**	129	2,9%
Gebäude anderer Art	27	**88**	249	0,9%
Umbauten				
Büro- und Verwaltungsgebäude	6	**20**	41	0,1%
Arztpraxen	–	**–**	–	–
Schulen	31	**45**	62	0,4%
Kindergärten	32	**59**	73	0,4%
Ein- und Zweifamilienhäuser	52	**85**	198	0,2%
Mehrfamilienhäuser	27	**87**	176	0,2%
Wohnungen	–	**35**	–	< 0,1%
Hotel und Beherbergung	16	**77**	139	0,2%
Gewerbegebäude	–	**31**	–	< 0,1%
Museen	33	**33**	34	0,6%
Gemeindezentren	19	**39**	79	1,1%
Gebäude anderer Art	20	**49**	81	0,5%
Modernisierungen				
Büro- und Verwaltungsgebäude	31	**34**	37	0,2%
Schulen und Kindergärten	23	**51**	119	0,4%
Sporthallen	55	**129**	197	0,7%
Ein- und Zweifamilienhäuser vor 1945	47	**136**	302	0,1%
Ein- und Zweifamilienhäuser nach 1945	23	**82**	131	0,3%
Wohngebäude vor 1945	12	**24**	43	0,2%
Wohngebäude nach 1945: nur Oberflächen	37	**182**	463	0,2%
Wohngebäude nach 1945: mit Tragkonstruktion	16	**51**	108	0,4%
Fachwerkhäuser	10	**32**	53	0,3%
Gewerbegebäude	12	**50**	88	< 0,1%
Gebäude anderer Art	7	**105**	240	0,2%
Instandsetzungen				
Wohngebäude	12	**51**	160	< 0,1%
Nichtwohngebäude	–	**10**	–	0,2%
Restaurierungsarbeiten	–	**–**	–	–
Sakralbauten	–	**–**	–	–
Sakralbauten mit Restaurierungsarbeiten	–	**133**	–	1,3%
Schwammsanierung	–	**–**	–	–

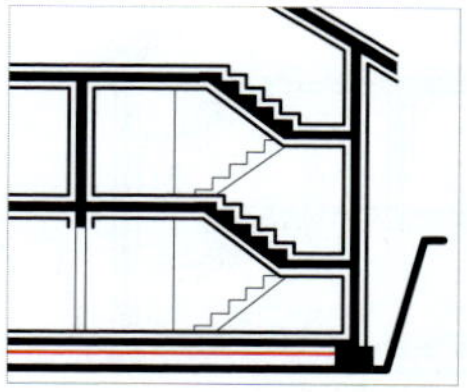

Einheit: m²
Abdichtungs- und Bekleidungsfläche

326 Dränagen

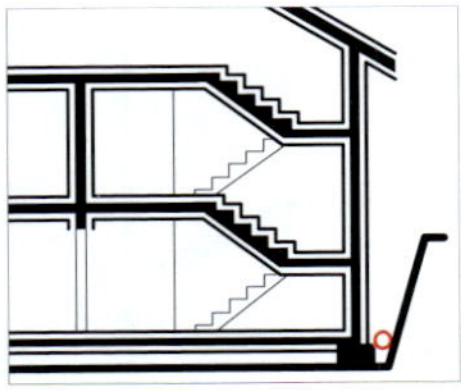

Kosten:
Stand 2. Quartal 2025
Bundesdurchschnitt
inkl. 19% MwSt.

Einheit: m² Gründungsfläche/ Unterbaufläche

▷ von
ø Mittel
◁ bis

Gebäudeart	▷	€/Einheit	◁	KG an 300
Erweiterungen				
Büro- und Verwaltungsgebäude	–	**23**	–	< 0,1%
Schulen	6	**20**	33	0,2%
Kindergärten	–	**–**	–	–
Wohngebäude: Anbau	26	**41**	68	0,1%
Wohngebäude: Aufstockung	–	**–**	–	–
Wohngebäude: Dachausbau	–	**–**	–	–
Gewerbegebäude	6	**20**	29	0,2%
Gebäude anderer Art	–	**11**	–	< 0,1%
Umbauten				
Büro- und Verwaltungsgebäude	–	**5**	–	< 0,1%
Arztpraxen	–	**–**	–	–
Schulen	19	**27**	38	0,3%
Kindergärten	–	**–**	–	–
Ein- und Zweifamilienhäuser	15	**21**	33	0,1%
Mehrfamilienhäuser	6	**19**	53	< 0,1%
Wohnungen	–	**–**	–	–
Hotel und Beherbergung	3	**5**	9	< 0,1%
Gewerbegebäude	–	**–**	–	–
Museen	17	**25**	33	0,1%
Gemeindezentren	1	**20**	58	< 0,1%
Gebäude anderer Art	–	**–**	–	–
Modernisierungen				
Büro- und Verwaltungsgebäude	2	**15**	29	< 0,1%
Schulen und Kindergärten	16	**33**	46	0,2%
Sporthallen	5	**13**	19	0,2%
Ein- und Zweifamilienhäuser vor 1945	–	**43**	–	0,[illegible]%
Ein- und Zweifamilienhäuser nach 1945	3	**20**	40	0,2%
Wohngebäude vor 1945	–	**24**	–	< 0,1%
Wohngebäude nach 1945: nur Oberflächen	–	**122**	–	< 0,1%
Wohngebäude nach 1945: mit Tragkonstruktion	10	**18**	25	0,2%
Fachwerkhäuser	7	**12**	17	0,[illegible]%
Gewerbegebäude	–	**23**	–	0,[illegible]%
Gebäude anderer Art	–	**18**	–	< 0,1%
Instandsetzungen				
Wohngebäude	37	**52**	67	0,6%
Nichtwohngebäude	–	**–**	–	–
Restaurierungsarbeiten	–	**–**	–	–
Sakralbauten	8	**18**	29	1,0%
Sakralbauten mit Restaurierungsarbeiten	–	**22**	–	0,2%
Schwammsanierung	–	**–**	–	–

Einheit: m²
Gründungsfläche/
Unterbaufläche

Gebäudeart	▷	€/Einheit	◁	KG an 300
Erweiterungen				
Büro- und Verwaltungsgebäude	–	**–**	–	–
Schulen	–	**–**	–	–
Kindergärten	–	**11**	–	0,1%
Wohngebäude: Anbau	–	**–**	–	–
Wohngebäude: Aufstockung	–	**–**	–	–
Wohngebäude: Dachausbau	–	**–**	–	–
Gewerbegebäude	–	**–**	–	–
Gebäude anderer Art	–	**–**	–	–
Umbauten				
Büro- und Verwaltungsgebäude	–	**–**	–	–
Arztpraxen	–	**–**	–	–
Schulen	–	**–**	–	–
Kindergärten	–	**–**	–	–
Ein- und Zweifamilienhäuser	–	**111**	–	0,1%
Mehrfamilienhäuser	–	**3**	–	< 0,1%
Wohnungen	–	**130**	–	0,2%
Hotel und Beherbergung	–	**14**	–	< 0,1%
Gewerbegebäude	–	**–**	–	–
Museen	–	**–**	–	–
Gemeindezentren	–	**–**	–	–
Gebäude anderer Art	–	**–**	–	–
Modernisierungen				
Büro- und Verwaltungsgebäude	–	**–**	–	–
Schulen und Kindergärten	5	**14**	32	< 0,1%
Sporthallen	16	**24**	33	0,2%
Ein- und Zweifamilienhäuser vor 1945	–	**–**	–	–
Ein- und Zweifamilienhäuser nach 1945	–	**–**	–	–
Wohngebäude vor 1945	–	**–**	–	–
Wohngebäude nach 1945: nur Oberflächen	–	**2**	–	< 0,1%
Wohngebäude nach 1945: mit Tragkonstruktion	–	**–**	–	–
Fachwerkhäuser	–	**–**	–	–
Gewerbegebäude	–	**–**	–	–
Gebäude anderer Art	–	**4**	–	< 0,1%
Instandsetzungen				
Wohngebäude	–	**–**	–	–
Nichtwohngebäude	–	**–**	–	–
Restaurierungsarbeiten	–	**–**	–	–
Sakralbauten	–	**–**	–	–
Sakralbauten mit Restaurierungsarbeiten	–	**–**	–	–
Schwammsanierung	–	**–**	–	–

331
Tragende Außenwände

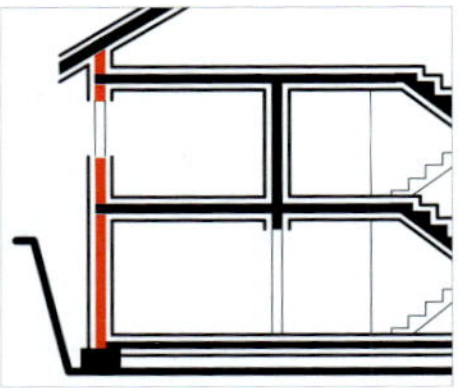

Kosten:
Stand 2. Quartal 2025
Bundesdurchschnitt
inkl. 19% MwSt.

Einheit: m²
Außenwandfläche,
tragend

▷ von
ø Mittel
◁ bis

Gebäudeart	▷	€/Einheit	◁	KG an 300
Erweiterungen				
Büro- und Verwaltungsgebäude	252	**502**	1.134	6,2%
Schulen	180	**292**	767	6,1%
Kindergärten	170	**217**	302	4,5%
Wohngebäude: Anbau	274	**515**	999	8,7%
Wohngebäude: Aufstockung	214	**311**	423	5,8%
Wohngebäude: Dachausbau	261	**1.218**	3.129	1,5%
Gewerbegebäude	185	**345**	850	4,1%
Gebäude anderer Art	245	**479**	1.226	8,0%
Umbauten				
Büro- und Verwaltungsgebäude	157	**485**	748	4,5%
Arztpraxen	–	**–**	–	< 0,1%
Schulen	277	**472**	741	5,0%
Kindergärten	130	**424**	748	2,5%
Ein- und Zweifamilienhäuser	258	**526**	1.030	5,4%
Mehrfamilienhäuser	279	**604**	1.525	4,1%
Wohnungen	272	**400**	776	4,0%
Hotel und Beherbergung	242	**324**	407	3,0%
Gewerbegebäude	361	**515**	669	1,4%
Museen	310	**386**	530	9,6%
Gemeindezentren	321	**389**	504	5,2%
Gebäude anderer Art	1.386	**16.288**	45.972	0,2%
Modernisierungen				
Büro- und Verwaltungsgebäude	159	**216**	273	2,1%
Schulen und Kindergärten	343	**564**	776	1,3%
Sporthallen	140	**416**	709	1,9%
Ein- und Zweifamilienhäuser vor 1945	361	**949**	2.431	1,8%
Ein- und Zweifamilienhäuser nach 1945	183	**722**	1.312	1,4%
Wohngebäude vor 1945	219	**372**	792	3,5%
Wohngebäude nach 1945: nur Oberflächen	225	**567**	998	1,1%
Wohngebäude nach 1945: mit Tragkonstruktion	280	**430**	790	5,3%
Fachwerkhäuser	413	**451**	525	5,5%
Gewerbegebäude	–	**264**	–	2,0%
Gebäude anderer Art	311	**464**	672	2,9%
Instandsetzungen				
Wohngebäude	180	**391**	857	6,1%
Nichtwohngebäude	557	**717**	876	1,3%
Restaurierungsarbeiten	205	**723**	1.292	12,1%
Sakralbauten	–	**92**	–	0,6%
Sakralbauten mit Restaurierungsarbeiten	264	**832**	2.415	6,8%
Schwammsanierung	80	**128**	206	22,4%

Gebäudeart	▷	€/Einheit	◁	KG an 300
Erweiterungen				
Büro- und Verwaltungsgebäude	239	**360**	552	1,8%
Schulen	167	**454**	1.582	0,4%
Kindergärten	–	**–**	–	0,5%
Wohngebäude: Anbau	–	**89**	–	< 0,1%
Wohngebäude: Aufstockung	99	**272**	487	0,7%
Wohngebäude: Dachausbau	102	**270**	438	0,1%
Gewerbegebäude	38	**159**	191	2,0%
Gebäude anderer Art	187	**294**	401	< 0,1%
Umbauten				
Büro- und Verwaltungsgebäude	304	**445**	586	0,2%
Arztpraxen	–	**–**	–	–
Schulen	129	**329**	530	0,4%
Kindergärten	182	**338**	578	0,3%
Ein- und Zweifamilienhäuser	–	**169**	–	0,3%
Mehrfamilienhäuser	274	**301**	328	0,2%
Wohnungen	102	**178**	254	0,4%
Hotel und Beherbergung	–	**–**	–	< 0,1%
Gewerbegebäude	207	**420**	634	0,1%
Museen	–	**–**	–	–
Gemeindezentren	225	**387**	548	< 0,1%
Gebäude anderer Art	229	**243**	257	0,5%
Modernisierungen				
Büro- und Verwaltungsgebäude	–	**216**	–	0,1%
Schulen und Kindergärten	144	**428**	782	0,2%
Sporthallen	213	**431**	701	0,5%
Ein- und Zweifamilienhäuser vor 1945	–	**297**	–	< 0,1%
Ein- und Zweifamilienhäuser nach 1945	203	**246**	290	0,1%
Wohngebäude vor 1945	760	**811**	862	0,3%
Wohngebäude nach 1945: nur Oberflächen	933	**4.835**	18.786	0,3%
Wohngebäude nach 1945: mit Tragkonstruktion	189	**261**	402	0,2%
Fachwerkhäuser	235	**309**	383	0,6%
Gewerbegebäude	796	**1.267**	1.738	0,5%
Gebäude anderer Art	348	**471**	594	< 0,1%
Instandsetzungen				
Wohngebäude	136	**209**	291	0,6%
Nichtwohngebäude	71	**194**	318	0,1%
Restaurierungsarbeiten	474	**1.552**	2.629	0,3%
Sakralbauten	–	**–**	–	–
Sakralbauten mit Restaurierungsarbeiten	–	**–**	–	–
Schwammsanierung	–	**–**	–	–

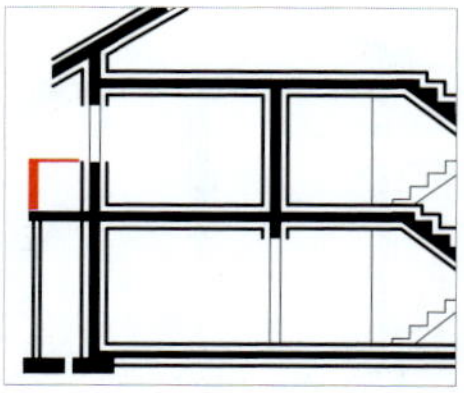

Einheit: m²
Außenwandfläche,
nichttragend

333 Außenstützen

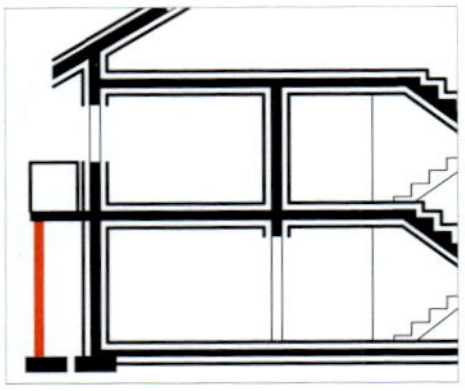

Kosten:
Stand 2. Quartal 2025
Bundesdurchschnitt
inkl. 19% MwSt.

Einheit: m
Außenstützenlänge

▷ von
ø Mittel
◁ bis

Gebäudeart	▷	€/Einheit	◁	KG an 300
Erweiterungen				
Büro- und Verwaltungsgebäude	–	**720**	–	[illegible],4%
Schulen	222	**445**	1.161	[illegible],4%
Kindergärten	–	**402**	–	0,3%
Wohngebäude: Anbau	109	**192**	259	0,5%
Wohngebäude: Aufstockung	82	**190**	365	0,3%
Wohngebäude: Dachausbau	–	**–**	–	–
Gewerbegebäude	200	**433**	774	[illegible],5%
Gebäude anderer Art	152	**177**	220	0,2%
Umbauten				
Büro- und Verwaltungsgebäude	162	**181**	200	0,1%
Arztpraxen	–	**–**	–	–
Schulen	139	**220**	359	< 0,1%
Kindergärten	136	**239**	342	0,1%
Ein- und Zweifamilienhäuser	–	**541**	–	< 0,1%
Mehrfamilienhäuser	162	**296**	752	< 0,1%
Wohnungen	–	**–**	–	–
Hotel und Beherbergung	99	**208**	316	0,2%
Gewerbegebäude	156	**340**	524	0,2%
Museen	–	**628**	–	0,2%
Gemeindezentren	79	**113**	165	0,2%
Gebäude anderer Art	178	**779**	1.949	1,1%
Modernisierungen				
Büro- und Verwaltungsgebäude	–	**184**	–	< 0,1%
Schulen und Kindergärten	106	**158**	263	0,[illegible]%
Sporthallen	209	**488**	928	0,[illegible]%
Ein- und Zweifamilienhäuser vor 1945	193	**364**	535	< 0,1%
Ein- und Zweifamilienhäuser nach 1945	101	**106**	110	< 0,1%
Wohngebäude vor 1945	109	**233**	297	0,[illegible]%
Wohngebäude nach 1945: nur Oberflächen	–	**97**	–	0,[illegible]%
Wohngebäude nach 1945: mit Tragkonstruktion	130	**235**	459	0,[illegible]%
Fachwerkhäuser	–	**256**	–	0,1%
Gewerbegebäude	–	**–**	–	–
Gebäude anderer Art	125	**151**	177	< 0,1%
Instandsetzungen				
Wohngebäude	107	**252**	421	< 0,[illegible]%
Nichtwohngebäude	–	**425**	–	0,[illegible]%
Restaurierungsarbeiten	–	**–**	–	–
Sakralbauten	–	**–**	–	–
Sakralbauten mit Restaurierungsarbeiten	–	**–**	–	–
Schwammsanierung	–	**–**	–	–

Gebäudeart	▷	€/Einheit	◁	KG an 300
Erweiterungen				
Büro- und Verwaltungsgebäude	396	**901**	1.321	8,2%
Schulen	1.082	**1.301**	1.785	8,1%
Kindergärten	382	**706**	1.030	7,9%
Wohngebäude: Anbau	731	**1.059**	1.583	13,2%
Wohngebäude: Aufstockung	599	**940**	1.447	7,4%
Wohngebäude: Dachausbau	964	**1.477**	2.850	7,1%
Gewerbegebäude	551	**862**	1.262	6,3%
Gebäude anderer Art	1.054	**1.921**	3.678	6,0%
Umbauten				
Büro- und Verwaltungsgebäude	365	**846**	1.386	8,7%
Arztpraxen	718	**1.861**	3.004	1,1%
Schulen	705	**1.055**	1.512	11,4%
Kindergärten	529	**961**	1.376	11,8%
Ein- und Zweifamilienhäuser	700	**1.176**	1.785	11,1%
Mehrfamilienhäuser	554	**877**	1.162	9,9%
Wohnungen	756	**1.043**	1.510	11,0%
Hotel und Beherbergung	822	**1.050**	1.374	5,0%
Gewerbegebäude	924	**1.401**	1.944	11,9%
Museen	1.247	**1.954**	3.364	11,6%
Gemeindezentren	1.175	**1.495**	1.930	11,2%
Gebäude anderer Art	1.131	**1.709**	2.901	10,7%
Modernisierungen				
Büro- und Verwaltungsgebäude	554	**1.069**	1.645	7,6%
Schulen und Kindergärten	915	**1.258**	1.993	13,7%
Sporthallen	1.071	**1.473**	2.654	10,2%
Ein- und Zweifamilienhäuser vor 1945	718	**1.033**	1.236	15,7%
Ein- und Zweifamilienhäuser nach 1945	678	**1.082**	2.157	15,3%
Wohngebäude vor 1945	936	**1.166**	1.609	13,4%
Wohngebäude nach 1945: nur Oberflächen	321	**750**	974	13,9%
Wohngebäude nach 1945: mit Tragkonstruktion	764	**932**	1.237	11,9%
Fachwerkhäuser	1.122	**1.599**	2.544	11,9%
Gewerbegebäude	212	**362**	609	3,6%
Gebäude anderer Art	439	**1.160**	1.809	8,5%
Instandsetzungen				
Wohngebäude	571	**980**	1.964	8,1%
Nichtwohngebäude	410	**762**	1.121	5,6%
Restaurierungsarbeiten	403	**1.365**	2.962	13,2%
Sakralbauten	68	**114**	191	1,3%
Sakralbauten mit Restaurierungsarbeiten	256	**1.111**	2.389	11,3%
Schwammsanierung	–	**127**	–	0,6%

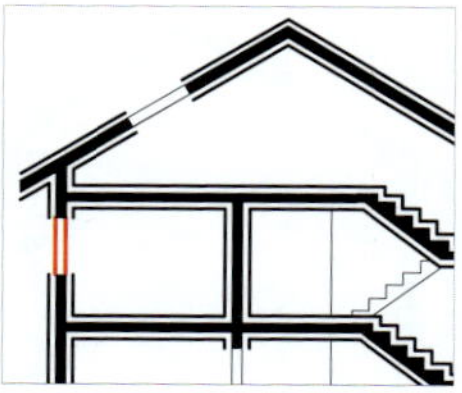

Einheit: m²
Außenwandöffnungs-
fläche

335 Außenwandbekleidungen, außen

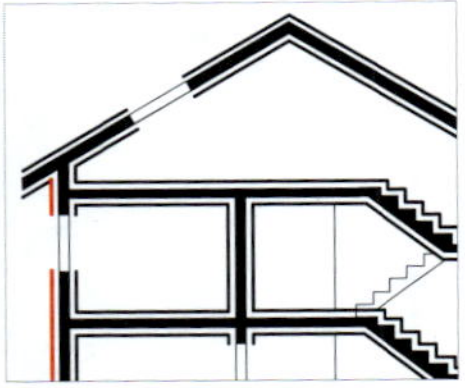

Kosten:
Stand 2. Quartal 2025
Bundesdurchschnitt
inkl. 19% MwSt.

Einheit: m²
Außenwandbekleidungsfläche, außen

▷ von
ø Mittel
◁ bis

Gebäudeart	▷	€/Einheit	◁	KG an 300
Erweiterungen				
Büro- und Verwaltungsgebäude	111	**255**	378	9,3%
Schulen	204	**271**	394	9,3%
Kindergärten	282	**374**	559	12,2%
Wohngebäude: Anbau	115	**201**	410	7,9%
Wohngebäude: Aufstockung	113	**212**	370	8,2%
Wohngebäude: Dachausbau	285	**334**	383	0,3%
Gewerbegebäude	80	**175**	294	6,[illegible]%
Gebäude anderer Art	213	**311**	548	7,[illegible]%
Umbauten				
Büro- und Verwaltungsgebäude	91	**176**	252	5,[illegible]%
Arztpraxen	48	**160**	271	< 0,[illegible]%
Schulen	131	**214**	275	9,[illegible]%
Kindergärten	46	**148**	223	5,[illegible]%
Ein- und Zweifamilienhäuser	157	**226**	344	12,5%
Mehrfamilienhäuser	101	**175**	266	10,9%
Wohnungen	32	**116**	202	3,0%
Hotel und Beherbergung	244	**367**	490	4,2%
Gewerbegebäude	63	**86**	109	1,4%
Museen	202	**237**	307	8,[illegible]%
Gemeindezentren	172	**304**	634	5,3%
Gebäude anderer Art	29	**77**	220	2,5%
Modernisierungen				
Büro- und Verwaltungsgebäude	267	**347**	535	10,6%
Schulen und Kindergärten	170	**307**	619	13,8%
Sporthallen	167	**286**	659	12,0%
Ein- und Zweifamilienhäuser vor 1945	143	**225**	291	16,8%
Ein- und Zweifamilienhäuser nach 1945	127	**206**	296	18,7%
Wohngebäude vor 1945	70	**160**	276	7,1%
Wohngebäude nach 1945: nur Oberflächen	127	**203**	312	30,5%
Wohngebäude nach 1945: mit Tragkonstruktion	142	**209**	302	17,4%
Fachwerkhäuser	170	**194**	242	9,3%
Gewerbegebäude	79	**263**	446	7,1%
Gebäude anderer Art	154	**201**	307	5,3%
Instandsetzungen				
Wohngebäude	107	**221**	478	17,9%
Nichtwohngebäude	149	**246**	503	11,1%
Restaurierungsarbeiten	73	**198**	287	15,6%
Sakralbauten	46	**115**	149	29,6%
Sakralbauten mit Restaurierungsarbeiten	148	**244**	436	19,9%
Schwammsanierung	–	**–**	–	< 0,1%

Einheit: m²
Außenwandbekleidungsfläche, innen

Gebäudeart	▷	€/Einheit	◁	KG an 300
Erweiterungen				
Büro- und Verwaltungsgebäude	49	**95**	194	2,1%
Schulen	33	**64**	86	1,4%
Kindergärten	64	**89**	128	2,9%
Wohngebäude: Anbau	45	**79**	183	3,4%
Wohngebäude: Aufstockung	58	**93**	131	2,2%
Wohngebäude: Dachausbau	30	**61**	111	0,7%
Gewerbegebäude	22	**58**	94	1,1%
Gebäude anderer Art	61	**138**	290	3,1%
Umbauten				
Büro- und Verwaltungsgebäude	26	**61**	146	2,3%
Arztpraxen	37	**152**	551	1,4%
Schulen	46	**99**	141	2,2%
Kindergärten	55	**110**	204	4,2%
Ein- und Zweifamilienhäuser	66	**124**	202	4,8%
Mehrfamilienhäuser	37	**85**	151	3,1%
Wohnungen	51	**95**	155	4,1%
Hotel und Beherbergung	54	**63**	68	3,4%
Gewerbegebäude	16	**24**	30	0,9%
Museen	109	**199**	375	5,5%
Gemeindezentren	90	**127**	171	4,9%
Gebäude anderer Art	58	**83**	116	5,0%
Modernisierungen				
Büro- und Verwaltungsgebäude	63	**125**	213	3,7%
Schulen und Kindergärten	45	**110**	171	3,1%
Sporthallen	58	**125**	271	3,5%
Ein- und Zweifamilienhäuser vor 1945	30	**67**	121	2,1%
Ein- und Zweifamilienhäuser nach 1945	50	**93**	163	2,3%
Wohngebäude vor 1945	51	**86**	150	3,9%
Wohngebäude nach 1945: nur Oberflächen	40	**73**	106	1,7%
Wohngebäude nach 1945: mit Tragkonstruktion	52	**67**	104	3,4%
Fachwerkhäuser	53	**85**	148	3,1%
Gewerbegebäude	46	**55**	64	2,0%
Gebäude anderer Art	56	**87**	129	3,9%
Instandsetzungen				
Wohngebäude	58	**112**	266	3,0%
Nichtwohngebäude	37	**95**	146	2,1%
Restaurierungsarbeiten	67	**132**	184	4,0%
Sakralbauten	20	**25**	34	5,9%
Sakralbauten mit Restaurierungsarbeiten	60	**105**	185	7,0%
Schwammsanierung	28	**82**	136	7,4%

337 Elementierte Außenwandkonstruktionen

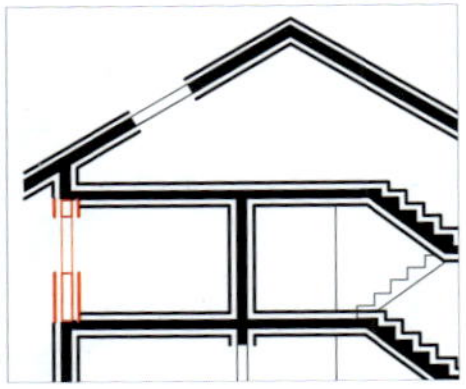

Kosten:
Stand 2. Quartal 2025
Bundesdurchschnitt
inkl. 19% MwSt.

Einheit: m²
Außenwandfläche,
elementiert

▷ von
ø Mittel
◁ bis

Gebäudeart	▷	€/Einheit	◁	KG an 300
Erweiterungen				
Büro- und Verwaltungsgebäude	750	**1.243**	1.699	[illegible],7%
Schulen	647	**924**	1.198	[illegible],8%
Kindergärten	–	**644**	–	[illegible],1%
Wohngebäude: Anbau	459	**1.175**	1.433	[illegible]7%
Wohngebäude: Aufstockung	–	**2.101**	–	[illegible]1%
Wohngebäude: Dachausbau	385	**1.140**	1.895	4[illegible]7%
Gewerbegebäude	719	**1.347**	3.215	5[illegible]3%
Gebäude anderer Art	927	**1.180**	1.635	3[illegible]6%
Umbauten				
Büro- und Verwaltungsgebäude	–	**–**	–	–
Arztpraxen	–	**–**	–	–
Schulen	1.063	**1.237**	1.467	4,[illegible]%
Kindergärten	–	**–**	–	–
Ein- und Zweifamilienhäuser	–	**1.050**	–	0,[illegible]%
Mehrfamilienhäuser	1.021	**1.597**	1.939	0,[illegible]%
Wohnungen	–	**–**	–	–
Hotel und Beherbergung	1.240	**1.268**	1.296	3,[illegible]%
Gewerbegebäude	384	**854**	1.592	5,[illegible]%
Museen	–	**1.158**	–	1,[illegible]%
Gemeindezentren	934	**1.427**	2.143	3,[illegible]%
Gebäude anderer Art	1.448	**1.951**	2.454	4,6[illegible]%
Modernisierungen				
Büro- und Verwaltungsgebäude	1.109	**1.407**	1.570	10,5[illegible]%
Schulen und Kindergärten	879	**1.265**	1.528	3,6[illegible]%
Sporthallen	295	**564**	827	6,3[illegible]%
Ein- und Zweifamilienhäuser vor 1945	–	**–**	–	–
Ein- und Zweifamilienhäuser nach 1945	843	**2.343**	5.343	2,0[illegible]
Wohngebäude vor 1945	–	**895**	–	0,6%
Wohngebäude nach 1945: nur Oberflächen	1.622	**1.804**	1.987	0,5%
Wohngebäude nach 1945: mit Tragkonstruktion	–	**747**	–	0,3%
Fachwerkhäuser	–	**–**	–	–
Gewerbegebäude	–	**763**	–	0,4%
Gebäude anderer Art	1.390	**2.423**	3.456	0,4%
Instandsetzungen				
Wohngebäude	512	**749**	1.153	1,6%
Nichtwohngebäude	490	**860**	1.229	1,9%
Restaurierungsarbeiten	–	**–**	–	–
Sakralbauten	–	**–**	–	–
Sakralbauten mit Restaurierungsarbeiten	–	**–**	–	–
Schwammsanierung	–	**–**	–	–

Gebäudeart	▷	€/Einheit	◁	KG an 300
Erweiterungen				
Büro- und Verwaltungsgebäude	212	**366**	763	1,0%
Schulen	212	**332**	594	1,5%
Kindergärten	–	**192**	–	1,5%
Wohngebäude: Anbau	296	**397**	505	3,4%
Wohngebäude: Aufstockung	242	**488**	800	1,5%
Wohngebäude: Dachausbau	–	**532**	–	0,3%
Gewerbegebäude	327	**475**	986	1,1%
Gebäude anderer Art	264	**520**	1.490	0,9%
Umbauten				
Büro- und Verwaltungsgebäude	237	**590**	909	0,4%
Arztpraxen	–	**–**	–	–
Schulen	100	**180**	281	0,7%
Kindergärten	152	**259**	367	0,3%
Ein- und Zweifamilienhäuser	242	**311**	544	1,0%
Mehrfamilienhäuser	73	**223**	437	0,5%
Wohnungen	–	**635**	–	< 0,1%
Hotel und Beherbergung	11	**72**	133	0,3%
Gewerbegebäude	193	**419**	645	0,9%
Museen	–	**–**	–	–
Gemeindezentren	121	**190**	260	0,2%
Gebäude anderer Art	–	**510**	–	0,1%
Modernisierungen				
Büro- und Verwaltungsgebäude	251	**385**	706	1,9%
Schulen und Kindergärten	166	**378**	1.063	1,1%
Sporthallen	88	**278**	526	0,7%
Ein- und Zweifamilienhäuser vor 1945	237	**435**	743	0,9%
Ein- und Zweifamilienhäuser nach 1945	122	**311**	528	1,5%
Wohngebäude vor 1945	258	**368**	536	0,9%
Wohngebäude nach 1945: nur Oberflächen	98	**336**	543	1,2%
Wohngebäude nach 1945: mit Tragkonstruktion	266	**453**	990	2,3%
Fachwerkhäuser	460	**629**	889	1,6%
Gewerbegebäude	184	**283**	381	0,9%
Gebäude anderer Art	181	**425**	642	0,3%
Instandsetzungen				
Wohngebäude	713	**777**	943	0,1%
Nichtwohngebäude	115	**182**	250	0,6%
Restaurierungsarbeiten	–	**377**	–	0,4%
Sakralbauten	–	**–**	–	–
Sakralbauten mit Restaurierungsarbeiten	–	**–**	–	–
Schwammsanierung	–	**–**	–	–

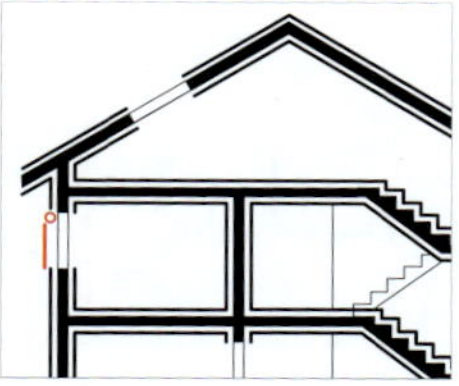

Einheit: m²
Außenwand-Lichtschutzfläche

339 Sonstiges zur KG 330

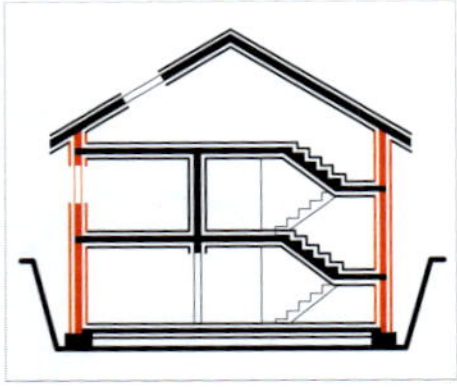

Kosten:
Stand 2. Quartal 2025
Bundesdurchschnitt
inkl. 19% MwSt.

Einheit: m²
Außenwandfläche/
Fläche der vertikalen
Baukonstruktionen

▷ von
ø Mittel
◁ bis

Gebäudeart	▷	€/Einheit	◁	KG an 300
Erweiterungen				
Büro- und Verwaltungsgebäude	2	**9**	22	0,4%
Schulen	5	**10**	22	0,2%
Kindergärten	5	**7**	9	0,3%
Wohngebäude: Anbau	8	**14**	36	0,9%
Wohngebäude: Aufstockung	8	**24**	63	0,8%
Wohngebäude: Dachausbau	–	**–**	–	–
Gewerbegebäude	8	**24**	98	0,6%
Gebäude anderer Art	1	**24**	70	0,6%
Umbauten				
Büro- und Verwaltungsgebäude	6	**19**	67	0,5%
Arztpraxen	–	**–**	–	–
Schulen	7	**15**	40	0,5%
Kindergärten	9	**34**	142	1,5%
Ein- und Zweifamilienhäuser	3	**12**	28	0,[illegible]%
Mehrfamilienhäuser	8	**22**	81	1,[illegible]%
Wohnungen	6	**11**	15	0,[illegible]%
Hotel und Beherbergung	5	**19**	33	0,6%
Gewerbegebäude	6	**10**	15	0,[illegible]%
Museen	3	**12**	16	0,5%
Gemeindezentren	6	**13**	22	0,5%
Gebäude anderer Art	4	**10**	21	< 0,1%
Modernisierungen				
Büro- und Verwaltungsgebäude	9	**12**	22	0,3%
Schulen und Kindergärten	5	**13**	27	0,9%
Sporthallen	2	**4**	9	0,3%
Ein- und Zweifamilienhäuser vor 1945	7	**20**	37	1,9%
Ein- und Zweifamilienhäuser nach 1945	7	**25**	53	1,4%
Wohngebäude vor 1945	1	**23**	60	0,7%
Wohngebäude nach 1945: nur Oberflächen	4	**13**	27	1,3%
Wohngebäude nach 1945: mit Tragkonstruktion	3	**12**	23	1,3%
Fachwerkhäuser	11	**16**	19	0,8%
Gewerbegebäude	–	**19**	–	0,3%
Gebäude anderer Art	4	**12**	25	0,4%
Instandsetzungen				
Wohngebäude	6	**18**	57	1,6%
Nichtwohngebäude	6	**82**	382	1,6%
Restaurierungsarbeiten	14	**55**	137	1,2%
Sakralbauten	< 1	**12**	23	3,1%
Sakralbauten mit Restaurierungsarbeiten	2	**7**	14	1,1%
Schwammsanierung	–	**–**	–	–

Gebäudeart	▷	€/Einheit	◁	KG an 300
Erweiterungen				
Büro- und Verwaltungsgebäude	140	**249**	326	2,2%
Schulen	136	**309**	589	3,0%
Kindergärten	115	**240**	364	1,5%
Wohngebäude: Anbau	238	**390**	800	0,7%
Wohngebäude: Aufstockung	168	**275**	457	2,8%
Wohngebäude: Dachausbau	190	**412**	734	1,3%
Gewerbegebäude	160	**273**	679	1,4%
Gebäude anderer Art	194	**283**	440	1,8%
Umbauten				
Büro- und Verwaltungsgebäude	252	**1.062**	5.070	2,0%
Arztpraxen	–	**252**	–	1,4%
Schulen	286	**405**	527	3,0%
Kindergärten	382	**1.069**	2.788	2,0%
Ein- und Zweifamilienhäuser	186	**402**	1.891	2,0%
Mehrfamilienhäuser	145	**259**	388	2,3%
Wohnungen	107	**220**	301	2,7%
Hotel und Beherbergung	124	**246**	367	1,6%
Gewerbegebäude	268	**368**	545	2,0%
Museen	409	**532**	600	2,8%
Gemeindezentren	240	**920**	1.875	2,7%
Gebäude anderer Art	208	**442**	1.015	1,9%
Modernisierungen				
Büro- und Verwaltungsgebäude	276	**947**	3.241	1,7%
Schulen und Kindergärten	435	**956**	2.337	2,7%
Sporthallen	211	**509**	1.171	0,4%
Ein- und Zweifamilienhäuser vor 1945	116	**195**	237	0,5%
Ein- und Zweifamilienhäuser nach 1945	183	**332**	540	0,9%
Wohngebäude vor 1945	218	**523**	2.140	3,6%
Wohngebäude nach 1945: nur Oberflächen	245	**431**	646	0,4%
Wohngebäude nach 1945: mit Tragkonstruktion	214	**409**	604	2,2%
Fachwerkhäuser	152	**201**	251	1,9%
Gewerbegebäude	96	**168**	239	2,3%
Gebäude anderer Art	229	**314**	485	1,2%
Instandsetzungen				
Wohngebäude	326	**921**	1.906	1,0%
Nichtwohngebäude	339	**552**	765	1,0%
Restaurierungsarbeiten	284	**781**	1.279	0,3%
Sakralbauten	–	**–**	–	0,1%
Sakralbauten mit Restaurierungsarbeiten	222	**767**	1.313	0,6%
Schwammsanierung	–	**62**	–	16,1%

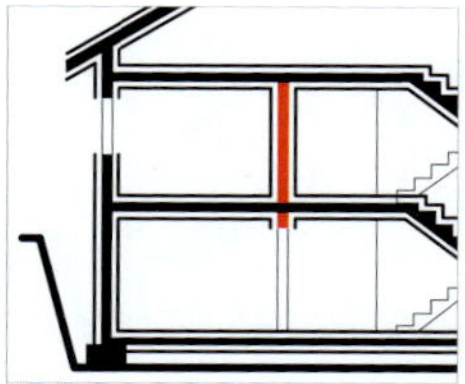

Einheit: m²
Innenwandfläche,
tragend

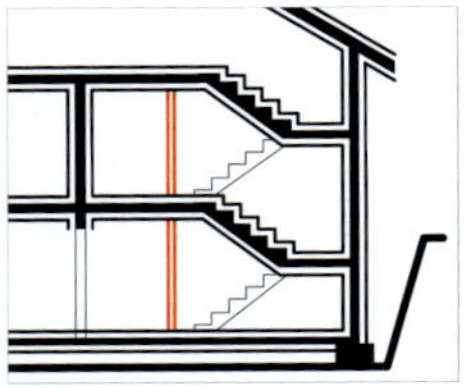

Kosten:
Stand 2. Quartal 2025
Bundesdurchschnitt
inkl. 19% MwSt.

Einheit: m²
Innenwandfläche,
nichttragend

▷ von
ø Mittel
◁ bis

Gebäudeart	▷	€/Einheit	◁	KG an 300
Erweiterungen				
Büro- und Verwaltungsgebäude	131	**242**	543	3,0%
Schulen	104	**137**	179	0,8%
Kindergärten	82	**123**	164	1,1%
Wohngebäude: Anbau	163	**216**	608	1,5%
Wohngebäude: Aufstockung	117	**164**	244	3,2%
Wohngebäude: Dachausbau	83	**140**	209	2,7%
Gewerbegebäude	87	**150**	249	1,8%
Gebäude anderer Art	157	**211**	408	2,3%
Umbauten				
Büro- und Verwaltungsgebäude	105	**161**	218	9,0%
Arztpraxen	173	**213**	286	10,6%
Schulen	150	**178**	262	3,1%
Kindergärten	138	**177**	239	6,3%
Ein- und Zweifamilienhäuser	133	**176**	246	2,9%
Mehrfamilienhäuser	125	**225**	425	3,8%
Wohnungen	88	**155**	289	2,3%
Hotel und Beherbergung	117	**150**	166	4,2%
Gewerbegebäude	134	**198**	390	5,2%
Museen	114	**163**	212	2,5%
Gemeindezentren	132	**220**	423	2,4%
Gebäude anderer Art	180	**244**	339	3,3%
Modernisierungen				
Büro- und Verwaltungsgebäude	123	**199**	387	3,1%
Schulen und Kindergärten	153	**237**	411	2,2%
Sporthallen	218	**370**	852	1,2%
Ein- und Zweifamilienhäuser vor 1945	171	**216**	268	1,3%
Ein- und Zweifamilienhäuser nach 1945	156	**262**	355	2,6%
Wohngebäude vor 1945	133	**178**	323	2,6%
Wohngebäude nach 1945: nur Oberflächen	233	**520**	1.002	1,3%
Wohngebäude nach 1945: mit Tragkonstruktion	140	**187**	277	2,9%
Fachwerkhäuser	141	**153**	171	3,9%
Gewerbegebäude	124	**146**	167	5,3%
Gebäude anderer Art	142	**274**	537	0,6%
Instandsetzungen				
Wohngebäude	120	**181**	240	1,1%
Nichtwohngebäude	68	**146**	189	5,4%
Restaurierungsarbeiten	317	**352**	423	1,1%
Sakralbauten	–	**–**	–	0,3%
Sakralbauten mit Restaurierungsarbeiten	226	**548**	1.192	0,2%
Schwammsanierung	–	**–**	–	–

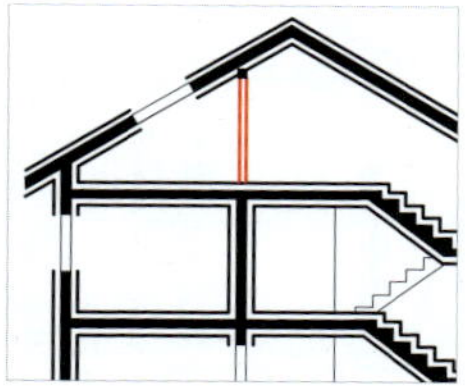

Einheit: m
Innenstützenlänge

Gebäudeart	▷	€/Einheit	◁	KG an 300
Erweiterungen				
Büro- und Verwaltungsgebäude	201	**249**	277	0,3%
Schulen	289	**388**	638	0,2%
Kindergärten	–	**131**	–	0,2%
Wohngebäude: Anbau	356	**358**	360	0,3%
Wohngebäude: Aufstockung	125	**143**	175	< 0,1%
Wohngebäude: Dachausbau	–	**121**	–	0,3%
Gewerbegebäude	149	**334**	470	0,7%
Gebäude anderer Art	161	**375**	773	0,5%
Umbauten				
Büro- und Verwaltungsgebäude	478	**552**	626	0,1%
Arztpraxen	–	**479**	–	0,2%
Schulen	123	**206**	367	0,1%
Kindergärten	198	**227**	256	0,2%
Ein- und Zweifamilienhäuser	168	**261**	486	0,2%
Mehrfamilienhäuser	145	**269**	589	0,1%
Wohnungen	–	**–**	–	–
Hotel und Beherbergung	–	**98**	–	< 0,1%
Gewerbegebäude	226	**328**	431	< 0,1%
Museen	208	**499**	791	0,3%
Gemeindezentren	205	**477**	911	0,4%
Gebäude anderer Art	577	**1.171**	2.026	1,3%
Modernisierungen				
Büro- und Verwaltungsgebäude	280	**773**	2.082	0,2%
Schulen und Kindergärten	107	**203**	284	< 0,1%
Sporthallen	226	**387**	678	< 0,1%
Ein- und Zweifamilienhäuser vor 1945	82	**140**	221	< 0,1%
Ein- und Zweifamilienhäuser nach 1945	–	**49**	–	< 0,1%
Wohngebäude vor 1945	159	**239**	294	< 0,1%
Wohngebäude nach 1945: nur Oberflächen	–	**–**	–	–
Wohngebäude nach 1945: mit Tragkonstruktion	195	**266**	337	0,1%
Fachwerkhäuser	–	**795**	–	0,1%
Gewerbegebäude	–	**345**	–	0,9%
Gebäude anderer Art	165	**443**	722	< 0,1%
Instandsetzungen				
Wohngebäude	99	**99**	100	< 0,1%
Nichtwohngebäude	–	**110**	–	< 0,1%
Restaurierungsarbeiten	–	**166**	–	< 0,1%
Sakralbauten	–	**–**	–	–
Sakralbauten mit Restaurierungsarbeiten	–	**228**	–	0,1%
Schwammsanierung	–	**–**	–	–

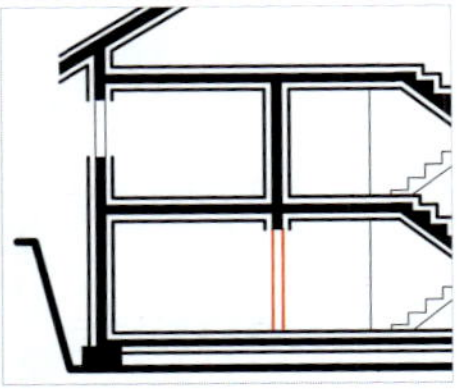

Kosten:
Stand 2. Quartal 2025
Bundesdurchschnitt
inkl. 19% MwSt.

Einheit: m²
Innenwandöffnungsfläche

Gebäudeart	▷	€/Einheit	◁	KG an 300
Erweiterungen				
Büro- und Verwaltungsgebäude	498	**860**	1.182	4,8%
Schulen	813	**979**	1.133	3,2%
Kindergärten	833	**1.226**	1.620	3,5%
Wohngebäude: Anbau	410	**874**	1.354	2,0%
Wohngebäude: Aufstockung	478	**714**	1.014	3,5%
Wohngebäude: Dachausbau	496	**767**	1.229	2,6%
Gewerbegebäude	678	**990**	1.627	2,7%
Gebäude anderer Art	976	**1.273**	1.634	5,0%
Umbauten				
Büro- und Verwaltungsgebäude	796	**1.181**	1.593	14,4%
Arztpraxen	284	**626**	1.029	9,0%
Schulen	710	**993**	1.262	6,4%
Kindergärten	613	**811**	1.372	8,0%
Ein- und Zweifamilienhäuser	398	**658**	1.369	2,8%
Mehrfamilienhäuser	465	**662**	1.056	4,8%
Wohnungen	428	**850**	1.468	6,1%
Hotel und Beherbergung	850	**933**	1.083	7,8%
Gewerbegebäude	506	**816**	1.094	2,9%
Museen	1.355	**1.617**	1.767	4,3%
Gemeindezentren	1.003	**1.364**	2.324	5,3%
Gebäude anderer Art	634	**1.174**	1.638	3,5%
Modernisierungen				
Büro- und Verwaltungsgebäude	673	**1.306**	1.575	8,9%
Schulen und Kindergärten	849	**1.190**	1.591	5,1%
Sporthallen	110	**699**	1.286	3,4%
Ein- und Zweifamilienhäuser vor 1945	349	**588**	790	2,5%
Ein- und Zweifamilienhäuser nach 1945	260	**470**	607	2,4%
Wohngebäude vor 1945	329	**523**	720	4,5%
Wohngebäude nach 1945: nur Oberflächen	145	**593**	1.938	1,2%
Wohngebäude nach 1945: mit Tragkonstruktion	549	**713**	1.045	3,6%
Fachwerkhäuser	552	**635**	693	3,8%
Gewerbegebäude	327	**417**	507	4,1%
Gebäude anderer Art	964	**1.367**	2.028	4,4%
Instandsetzungen				
Wohngebäude	262	**637**	1.067	2,3%
Nichtwohngebäude	517	**945**	1.231	6,1%
Restaurierungsarbeiten	610	**1.424**	3.817	3,9%
Sakralbauten	26	**1.618**	3.211	0,3%
Sakralbauten mit Restaurierungsarbeiten	619	**797**	1.150	1,7%
Schwammsanierung	–	**189**	–	0,7%

▷ von
ø Mittel
◁ bis

Gebäudeart	▷	€/Einheit	◁	KG an 300
Erweiterungen				
Büro- und Verwaltungsgebäude	39	**58**	121	5,5%
Schulen	45	**68**	112	2,9%
Kindergärten	51	**57**	68	5,0%
Wohngebäude: Anbau	41	**71**	114	3,0%
Wohngebäude: Aufstockung	65	**90**	185	5,2%
Wohngebäude: Dachausbau	24	**58**	97	2,1%
Gewerbegebäude	46	**105**	624	2,8%
Gebäude anderer Art	53	**79**	110	4,1%
Umbauten				
Büro- und Verwaltungsgebäude	33	**57**	93	7,1%
Arztpraxen	36	**57**	96	14,2%
Schulen	46	**64**	90	6,2%
Kindergärten	49	**79**	164	9,1%
Ein- und Zweifamilienhäuser	49	**101**	223	4,9%
Mehrfamilienhäuser	52	**77**	137	8,0%
Wohnungen	42	**86**	182	5,4%
Hotel und Beherbergung	57	**78**	115	9,8%
Gewerbegebäude	30	**43**	61	4,7%
Museen	50	**56**	67	4,0%
Gemeindezentren	71	**82**	111	5,3%
Gebäude anderer Art	67	**86**	153	5,4%
Modernisierungen				
Büro- und Verwaltungsgebäude	47	**72**	106	8,4%
Schulen und Kindergärten	43	**79**	128	7,0%
Sporthallen	45	**107**	346	3,4%
Ein- und Zweifamilienhäuser vor 1945	50	**79**	144	5,2%
Ein- und Zweifamilienhäuser nach 1945	58	**110**	376	5,8%
Wohngebäude vor 1945	64	**89**	140	12,1%
Wohngebäude nach 1945: nur Oberflächen	48	**75**	120	3,2%
Wohngebäude nach 1945: mit Tragkonstruktion	47	**66**	95	6,6%
Fachwerkhäuser	63	**88**	136	5,6%
Gewerbegebäude	45	**68**	111	6,9%
Gebäude anderer Art	54	**84**	111	6,4%
Instandsetzungen				
Wohngebäude	76	**94**	120	4,9%
Nichtwohngebäude	32	**51**	77	12,3%
Restaurierungsarbeiten	38	**72**	106	2,7%
Sakralbauten	24	**118**	306	1,3%
Sakralbauten mit Restaurierungsarbeiten	82	**162**	242	0,4%
Schwammsanierung	25	**38**	52	4,7%

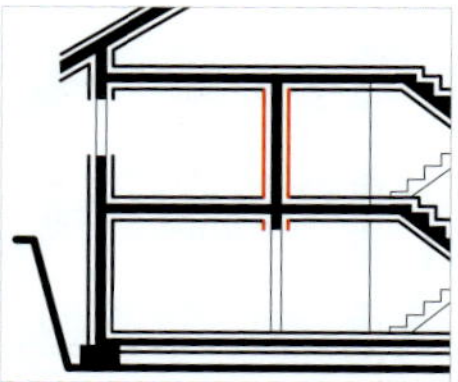

Einheit: m²
Innenwandbekleidungs-
fläche

346 Elementierte Innenwandkonstruktionen

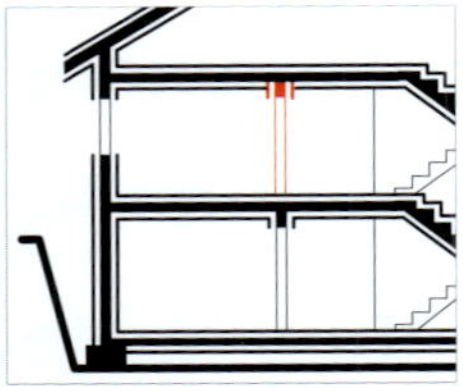

Kosten:
Stand 2. Quartal 2025
Bundesdurchschnitt
inkl. 19% MwSt.

Einheit: m²
Innenwandfläche,
elementiert

▷ von
ø Mittel
◁ bis

Gebäudeart	▷	€/Einheit	◁	KG an 300
Erweiterungen				
Büro- und Verwaltungsgebäude	450	**995**	1.938	[illegible]
Schulen	416	**836**	1.533	[illegible]
Kindergärten	540	**950**	1.361	[illegible]
Wohngebäude: Anbau	–	–	–	–
Wohngebäude: Aufstockung	–	**894**	–	[illegible]
Wohngebäude: Dachausbau	–	**215**	–	[illegible]
Gewerbegebäude	276	**610**	999	[illegible]
Gebäude anderer Art	593	**1.049**	1.722	[illegible]
Umbauten				
Büro- und Verwaltungsgebäude	265	**555**	1.220	[illegible]
Arztpraxen	257	**529**	665	[illegible]
Schulen	225	**461**	947	[illegible]
Kindergärten	399	**767**	1.172	[illegible]
Ein- und Zweifamilienhäuser	–	**1.244**	–	[illegible]
Mehrfamilienhäuser	94	**203**	418	[illegible]
Wohnungen	463	**626**	789	[illegible]
Hotel und Beherbergung	327	**480**	632	[illegible]
Gewerbegebäude	528	**579**	680	[illegible]
Museen	–	**862**	–	[illegible]
Gemeindezentren	281	**568**	887	[illegible]
Gebäude anderer Art	195	**1.407**	2.619	[illegible]
Modernisierungen				
Büro- und Verwaltungsgebäude	639	**733**	1.076	[illegible]
Schulen und Kindergärten	431	**645**	1.107	[illegible]
Sporthallen	210	**341**	508	[illegible]
Ein- und Zweifamilienhäuser vor 1945	–	–	–	–
Ein- und Zweifamilienhäuser nach 1945	–	–	–	–
Wohngebäude vor 1945	–	–	–	< 0,1%
Wohngebäude nach 1945: nur Oberflächen	83	**95**	106	< 0,1%
Wohngebäude nach 1945: mit Tragkonstruktion	95	**213**	444	0,1%
Fachwerkhäuser	90	**133**	212	0,4%
Gewerbegebäude	212	**466**	720	0,2%
Gebäude anderer Art	343	**555**	848	0,8%
Instandsetzungen				
Wohngebäude	168	**260**	520	0,2%
Nichtwohngebäude	123	**204**	426	1,2%
Restaurierungsarbeiten	–	**625**	–	< 0,1%
Sakralbauten	–	**287**	–	0,3%
Sakralbauten mit Restaurierungsarbeiten	–	**1.454**	–	1,2%
Schwammsanierung	–	–	–	–

Gebäudeart	▷	€/Einheit	◁	KG an 300
Erweiterungen				
Büro- und Verwaltungsgebäude	–	**< 1**	–	< 0,1%
Schulen	–	**10**	–	< 0,1%
Kindergärten	–	**–**	–	–
Wohngebäude: Anbau	–	**–**	–	–
Wohngebäude: Aufstockung	–	**–**	–	–
Wohngebäude: Dachausbau	–	**–**	–	–
Gewerbegebäude	–	**9**	–	< 0,1%
Gebäude anderer Art	5	**15**	25	< 0,1%
Umbauten				
Büro- und Verwaltungsgebäude	2	**59**	117	0,6%
Arztpraxen	–	**3**	–	< 0,1%
Schulen	8	**9**	11	0,3%
Kindergärten	–	**2**	–	< 0,1%
Ein- und Zweifamilienhäuser	–	**3**	–	< 0,1%
Mehrfamilienhäuser	< 1	**< 1**	1	< 0,1%
Wohnungen	–	**–**	–	–
Hotel und Beherbergung	–	**3**	–	< 0,1%
Gewerbegebäude	–	**–**	–	–
Museen	17	**44**	70	0,8%
Gemeindezentren	6	**9**	10	0,2%
Gebäude anderer Art	9	**17**	32	0,3%
Modernisierungen				
Büro- und Verwaltungsgebäude	–	**2**	–	< 0,1%
Schulen und Kindergärten	5	**9**	18	0,3%
Sporthallen	2	**3**	4	< 0,1%
Ein- und Zweifamilienhäuser vor 1945	–	**–**	–	–
Ein- und Zweifamilienhäuser nach 1945	–	**47**	–	< 0,1%
Wohngebäude vor 1945	–	**–**	–	–
Wohngebäude nach 1945: nur Oberflächen	–	**< 1**	–	< 0,1%
Wohngebäude nach 1945: mit Tragkonstruktion	3	**7**	11	0,1%
Fachwerkhäuser	–	**–**	–	–
Gewerbegebäude	–	**4**	–	0,2%
Gebäude anderer Art	3	**9**	17	0,3%
Instandsetzungen				
Wohngebäude	4	**5**	6	< 0,1%
Nichtwohngebäude	< 1	**< 1**	2	< 0,1%
Restaurierungsarbeiten	–	**–**	–	–
Sakralbauten	–	**–**	–	–
Sakralbauten mit Restaurierungsarbeiten	–	**13**	–	< 0,1%
Schwammsanierung	–	**–**	–	–

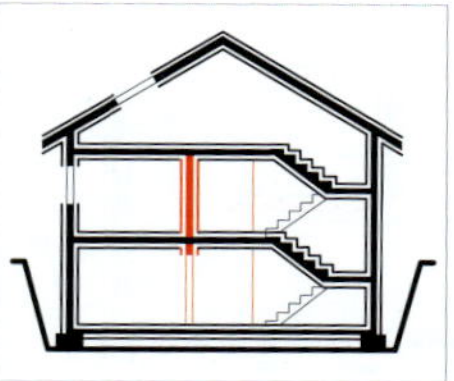

Einheit: m²
Innenwandfläche/
Fläche der vertikalen
Baukonstruktionen

351 Decken-konstruktionen

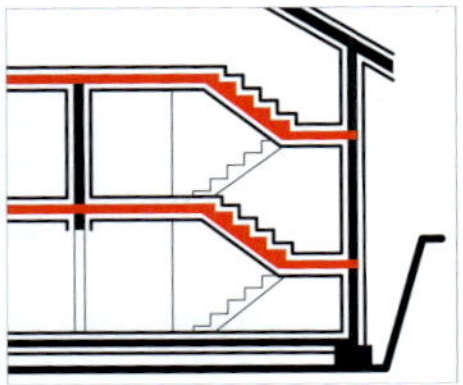

Kosten:
Stand 2. Quartal 2025
Bundesdurchschnitt
inkl. 19% MwSt.

Einheit: m²
Deckenkonstruktions-fläche

▷ von
ø Mittel
◁ bis

Gebäudeart	▷	€/Einheit	◁	KG an 300
Erweiterungen				
Büro- und Verwaltungsgebäude	318	**631**	2.116	4,5%
Schulen	241	**451**	965	5,9%
Kindergärten	34	**135**	237	2,8%
Wohngebäude: Anbau	327	**673**	1.508	2,2%
Wohngebäude: Aufstockung	303	**466**	881	4,0%
Wohngebäude: Dachausbau	359	**796**	1.621	4,4%
Gewerbegebäude	251	**351**	877	3,7%
Gebäude anderer Art	221	**383**	462	3,9%
Umbauten				
Büro- und Verwaltungsgebäude	225	**588**	1.961	3,4%
Arztpraxen	68	**254**	351	2,2%
Schulen	155	**284**	416	3,8%
Kindergärten	343	**1.135**	2.673	2,5%
Ein- und Zweifamilienhäuser	367	**973**	2.450	6,9%
Mehrfamilienhäuser	227	**572**	1.252	6,9%
Wohnungen	267	**624**	856	4,4%
Hotel und Beherbergung	–	**441**	–	2,2%
Gewerbegebäude	234	**1.817**	4.982	8,0%
Museen	156	**432**	614	11,7%
Gemeindezentren	241	**800**	2.597	5,5%
Gebäude anderer Art	235	**1.990**	3.121	4,7%
Modernisierungen				
Büro- und Verwaltungsgebäude	133	**261**	386	3,0%
Schulen und Kindergärten	207	**548**	3.384	2,5%
Sporthallen	682	**1.915**	5.188	2,7%
Ein- und Zweifamilienhäuser vor 1945	364	**1.150**	4.159	2,0%
Ein- und Zweifamilienhäuser nach 1945	44	**79**	100	0,5%
Wohngebäude vor 1945	234	**521**	1.528	4,6%
Wohngebäude nach 1945: nur Oberflächen	225	**659**	1.438	1,0%
Wohngebäude nach 1945: mit Tragkonstruktion	206	**596**	1.297	5,0%
Fachwerkhäuser	299	**312**	318	9,2%
Gewerbegebäude	446	**661**	1.092	11,5%
Gebäude anderer Art	339	**836**	1.290	3,0%
Instandsetzungen				
Wohngebäude	234	**703**	2.463	2,5%
Nichtwohngebäude	123	**540**	957	1,0%
Restaurierungsarbeiten	489	**704**	1.000	7,0%
Sakralbauten	–	**–**	–	–
Sakralbauten mit Restaurierungsarbeiten	220	**2.171**	8.001	4,4%
Schwammsanierung	27	**133**	335	21,2%

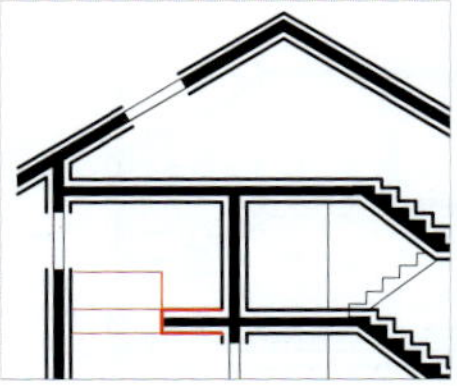

Einheit: m²
Deckenöffnungsfläche

Gebäudeart	▷	€/Einheit	◁	KG an 300
Erweiterungen				
Büro- und Verwaltungsgebäude	–	**–**	–	–
Schulen	–	**–**	–	–
Kindergärten	–	**2.591**	–	< 0,1%
Wohngebäude: Anbau	–	**2.242**	–	< 0,1%
Wohngebäude: Aufstockung	–	**689**	–	< 0,1%
Wohngebäude: Dachausbau	–	**–**	–	–
Gewerbegebäude	–	**–**	–	–
Gebäude anderer Art	–	**–**	–	–
Umbauten				
Büro- und Verwaltungsgebäude	2.133	**4.076**	6.019	< 0,1%
Arztpraxen	–	**–**	–	–
Schulen	–	**4.794**	–	< 0,1%
Kindergärten	–	**1.238**	–	< 0,1%
Ein- und Zweifamilienhäuser	361	**1.114**	1.552	0,1%
Mehrfamilienhäuser	–	**1.265**	–	< 0,1%
Wohnungen	–	**–**	–	–
Hotel und Beherbergung	–	**–**	–	–
Gewerbegebäude	–	**–**	–	–
Museen	–	**–**	–	–
Gemeindezentren	1.346	**5.170**	8.994	< 0,1%
Gebäude anderer Art	–	**3.939**	–	0,2%
Modernisierungen				
Büro- und Verwaltungsgebäude	–	**–**	–	–
Schulen und Kindergärten	1.300	**2.501**	3.702	< 0,1%
Sporthallen	–	**1.121**	–	< 0,1%
Ein- und Zweifamilienhäuser vor 1945	–	**785**	–	< 0,1%
Ein- und Zweifamilienhäuser nach 1945	–	**1.143**	–	< 0,1%
Wohngebäude vor 1945	–	**–**	–	< 0,1%
Wohngebäude nach 1945: nur Oberflächen	–	**–**	–	< 0,1%
Wohngebäude nach 1945: mit Tragkonstruktion	–	**1.741**	–	< 0,1%
Fachwerkhäuser	–	**–**	–	–
Gewerbegebäude	–	**–**	–	–
Gebäude anderer Art	–	**4.102**	–	< 0,1%
Instandsetzungen				
Wohngebäude	–	**816**	–	< 0,1%
Nichtwohngebäude	–	**–**	–	–
Restaurierungsarbeiten	–	**–**	–	–
Sakralbauten	–	**–**	–	–
Sakralbauten mit Restaurierungsarbeiten	–	**–**	–	–
Schwammsanierung	–	**–**	–	–

353
Deckenbeläge

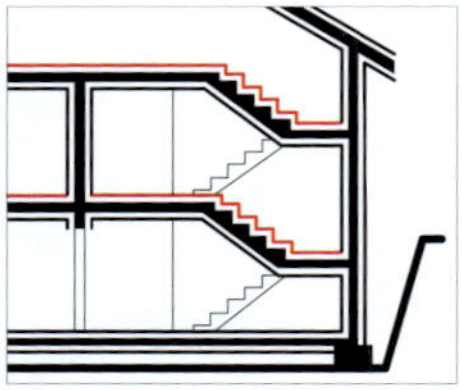

Kosten:
Stand 2. Quartal 2025
Bundesdurchschnitt
inkl. 19% MwSt.

Einheit: m²
Deckenbelagsfläche

Gebäudeart	▷	€/Einheit	◁	KG an 300
Erweiterungen				
Büro- und Verwaltungsgebäude	109	**156**	248	5,2%
Schulen	173	**189**	207	4,1%
Kindergärten	–	**107**	–	0,9%
Wohngebäude: Anbau	196	**268**	353	5,3%
Wohngebäude: Aufstockung	252	**319**	495	3,7%
Wohngebäude: Dachausbau	225	**260**	333	10,7%
Gewerbegebäude	133	**167**	233	2,5%
Gebäude anderer Art	237	**295**	406	5,0%
Umbauten				
Büro- und Verwaltungsgebäude	122	**180**	269	10,6%
Arztpraxen	126	**166**	231	16,9%
Schulen	114	**142**	181	7,1%
Kindergärten	83	**147**	208	6,8%
Ein- und Zweifamilienhäuser	181	**245**	357	8,1%
Mehrfamilienhäuser	169	**216**	300	11,1%
Wohnungen	183	**274**	427	16,3%
Hotel und Beherbergung	175	**239**	272	10,6%
Gewerbegebäude	162	**192**	216	9,3%
Museen	38	**136**	189	5,5%
Gemeindezentren	138	**281**	348	6,4%
Gebäude anderer Art	82	**289**	694	2,5%
Modernisierungen				
Büro- und Verwaltungsgebäude	153	**216**	289	7,8%
Schulen und Kindergärten	105	**169**	232	7,2%
Sporthallen	183	**217**	275	3,1%
Ein- und Zweifamilienhäuser vor 1945	136	**203**	364	6,7%
Ein- und Zweifamilienhäuser nach 1945	111	**219**	344	7,2%
Wohngebäude vor 1945	159	**226**	292	10,5%
Wohngebäude nach 1945: nur Oberflächen	106	**185**	261	5,4%
Wohngebäude nach 1945: mit Tragkonstruktion	156	**246**	507	7,4%
Fachwerkhäuser	195	**221**	262	7,6%
Gewerbegebäude	174	**437**	930	10,9%
Gebäude anderer Art	147	**288**	546	12,1%
Instandsetzungen				
Wohngebäude	154	**282**	474	5,4%
Nichtwohngebäude	92	**128**	197	5,6%
Restaurierungsarbeiten	233	**440**	622	6,8%
Sakralbauten	–	**64**	–	0,5%
Sakralbauten mit Restaurierungsarbeiten	131	**270**	489	2,4%
Schwammsanierung	–	**307**	–	3,8%

▷ von
ø Mittel
◁ bis

Gebäudeart	▷	€/Einheit	◁	KG an 300
Erweiterungen				
Büro- und Verwaltungsgebäude	61	**133**	251	2,3%
Schulen	51	**107**	171	1,9%
Kindergärten	83	**88**	93	1,7%
Wohngebäude: Anbau	17	**68**	145	1,1%
Wohngebäude: Aufstockung	42	**70**	143	1,0%
Wohngebäude: Dachausbau	65	**109**	204	0,6%
Gewerbegebäude	27	**58**	103	0,8%
Gebäude anderer Art	68	**183**	619	4,6%
Umbauten				
Büro- und Verwaltungsgebäude	63	**110**	171	4,5%
Arztpraxen	72	**131**	246	11,5%
Schulen	75	**114**	164	5,6%
Kindergärten	49	**95**	146	2,6%
Ein- und Zweifamilienhäuser	22	**67**	128	2,1%
Mehrfamilienhäuser	37	**91**	231	3,0%
Wohnungen	30	**75**	187	1,0%
Hotel und Beherbergung	65	**84**	118	4,0%
Gewerbegebäude	56	**134**	180	5,4%
Museen	21	**44**	58	2,0%
Gemeindezentren	81	**122**	170	4,1%
Gebäude anderer Art	128	**147**	172	3,1%
Modernisierungen				
Büro- und Verwaltungsgebäude	72	**114**	201	4,6%
Schulen und Kindergärten	60	**113**	208	5,0%
Sporthallen	38	**82**	114	0,9%
Ein- und Zweifamilienhäuser vor 1945	57	**87**	129	3,7%
Ein- und Zweifamilienhäuser nach 1945	28	**59**	94	2,7%
Wohngebäude vor 1945	53	**84**	110	3,1%
Wohngebäude nach 1945: nur Oberflächen	42	**71**	119	3,3%
Wohngebäude nach 1945: mit Tragkonstruktion	30	**56**	85	2,5%
Fachwerkhäuser	117	**131**	155	3,1%
Gewerbegebäude	104	**495**	1.274	5,7%
Gebäude anderer Art	54	**142**	308	7,7%
Instandsetzungen				
Wohngebäude	78	**156**	395	3,0%
Nichtwohngebäude	36	**68**	116	2,6%
Restaurierungsarbeiten	97	**182**	381	3,3%
Sakralbauten	–	**–**	–	–
Sakralbauten mit Restaurierungsarbeiten	67	**222**	376	0,7%
Schwammsanierung	2	**101**	200	5,9%

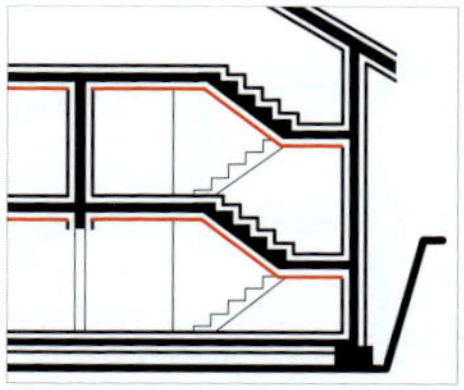

Einheit: m²
Deckenbekleidungsfläche

355 Elementierte Decken-konstruktionen

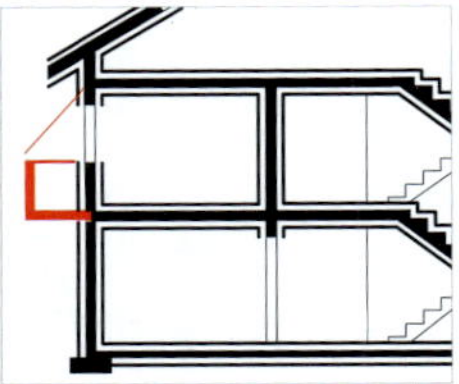

Kosten:
Stand 2. Quartal 2025
Bundesdurchschnitt
inkl. 19% MwSt.

Einheit: m² Deckenfläche, elementiert

▷ von
Ø Mittel
◁ bis

Gebäudeart	▷	€/Einheit	◁	KG an 300
Erweiterungen				
Büro- und Verwaltungsgebäude	–	**1.313**	–	0,1%
Schulen	–	**1.581**	–	< 0,1%
Kindergärten	–	**1.834**	–	0,4%
Wohngebäude: Anbau	326	**769**	1.654	0,7%
Wohngebäude: Aufstockung	1.280	**1.618**	2.087	1,9%
Wohngebäude: Dachausbau	1.193	**1.572**	2.311	1,5%
Gewerbegebäude	1.694	**2.910**	3.591	0,3%
Gebäude anderer Art	–	**2.405**	–	< 0,1%
Umbauten				
Büro- und Verwaltungsgebäude	–	**851**	–	< 0,1%
Arztpraxen	–	**–**	–	–
Schulen	1.278	**1.520**	1.763	0,7%
Kindergärten	–	**1.378**	–	0,3%
Ein- und Zweifamilienhäuser	802	**2.030**	4.113	1,5%
Mehrfamilienhäuser	1.271	**2.316**	3.400	1,2%
Wohnungen	–	**5.069**	–	0,6%
Hotel und Beherbergung	–	**3.849**	–	1,8%
Gewerbegebäude	–	**–**	–	–
Museen	–	**–**	–	–
Gemeindezentren	–	**1.822**	–	0,3%
Gebäude anderer Art	–	**–**	–	< 0,1%
Modernisierungen				
Büro- und Verwaltungsgebäude	–	**–**	–	–
Schulen und Kindergärten	2.070	**2.576**	3.869	0,3%
Sporthallen	–	**3.308**	–	< 0,1%
Ein- und Zweifamilienhäuser vor 1945	–	**–**	–	–
Ein- und Zweifamilienhäuser nach 1945	–	**1.842**	–	0,2%
Wohngebäude vor 1945	–	**–**	–	< 0,1%
Wohngebäude nach 1945: nur Oberflächen	1.104	**1.563**	2.128	3,7%
Wohngebäude nach 1945: mit Tragkonstruktion	–	**2.704**	–	0,2%
Fachwerkhäuser	–	**1.216**	–	1,2%
Gewerbegebäude	–	**–**	–	–
Gebäude anderer Art	–	**4.301**	–	0,3%
Instandsetzungen				
Wohngebäude	2.518	**3.211**	4.478	1,6%
Nichtwohngebäude	–	**–**	–	–
Restaurierungsarbeiten	–	**–**	–	–
Sakralbauten	–	**–**	–	–
Sakralbauten mit Restaurierungsarbeiten	–	**–**	–	–
Schwammsanierung	–	**–**	–	–

Gebäudeart	▷	€/Einheit	◁	KG an 300
Erweiterungen				
Büro- und Verwaltungsgebäude	11	**29**	57	0,5%
Schulen	24	**53**	73	0,9%
Kindergärten	–	**23**	–	0,2%
Wohngebäude: Anbau	30	**59**	87	0,1%
Wohngebäude: Aufstockung	17	**37**	56	0,9%
Wohngebäude: Dachausbau	–	**71**	–	0,3%
Gewerbegebäude	25	**48**	82	0,7%
Gebäude anderer Art	14	**40**	68	0,6%
Umbauten				
Büro- und Verwaltungsgebäude	15	**18**	21	0,3%
Arztpraxen	–	**1**	–	< 0,1%
Schulen	10	**23**	37	0,9%
Kindergärten	18	**40**	84	1,6%
Ein- und Zweifamilienhäuser	12	**35**	66	0,8%
Mehrfamilienhäuser	10	**24**	45	1,2%
Wohnungen	8	**52**	117	1,5%
Hotel und Beherbergung	15	**21**	28	0,7%
Gewerbegebäude	12	**22**	32	0,3%
Museen	11	**34**	79	1,3%
Gemeindezentren	9	**25**	47	0,7%
Gebäude anderer Art	4	**39**	74	0,2%
Modernisierungen				
Büro- und Verwaltungsgebäude	14	**30**	69	0,9%
Schulen und Kindergärten	3	**12**	29	0,3%
Sporthallen	17	**46**	129	0,3%
Ein- und Zweifamilienhäuser vor 1945	2	**10**	21	0,3%
Ein- und Zweifamilienhäuser nach 1945	6	**24**	84	0,3%
Wohngebäude vor 1945	10	**20**	36	1,2%
Wohngebäude nach 1945: nur Oberflächen	26	**77**	231	2,7%
Wohngebäude nach 1945: mit Tragkonstruktion	11	**40**	83	2,0%
Fachwerkhäuser	13	**20**	32	0,7%
Gewerbegebäude	9	**15**	20	0,5%
Gebäude anderer Art	15	**81**	412	1,3%
Instandsetzungen				
Wohngebäude	38	**197**	868	1,9%
Nichtwohngebäude	9	**26**	59	0,7%
Restaurierungsarbeiten	11	**37**	81	0,5%
Sakralbauten	–	**168**	–	2,5%
Sakralbauten mit Restaurierungsarbeiten	84	**185**	287	1,3%
Schwammsanierung	–	**–**	–	–

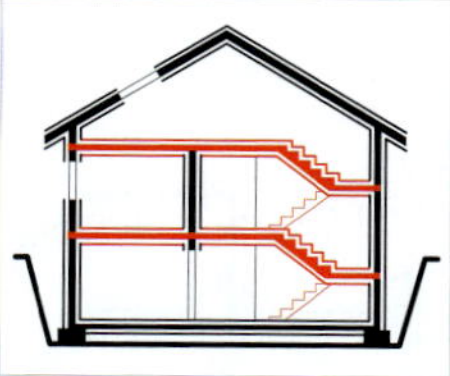

Einheit: m²
Deckenfläche/
Fläche der horizontalen
Baukonstruktionen

361 Dachkonstruktionen

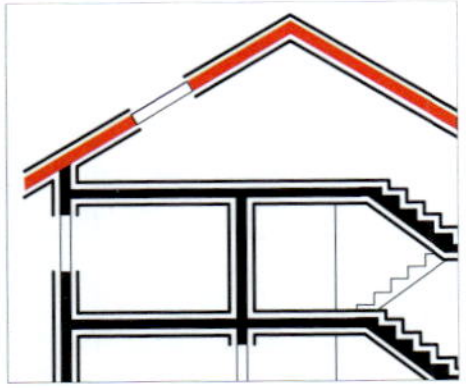

Kosten:
Stand 2. Quartal 2025
Bundesdurchschnitt
inkl. 19% MwSt.

Einheit: m² Dachkonstruktionsfläche

▷ von
ø Mittel
◁ bis

Gebäudeart	▷	€/Einheit	◁	KG an 300
Erweiterungen				
Büro- und Verwaltungsgebäude	106	**185**	290	3,7%
Schulen	179	**250**	311	6,5%
Kindergärten	144	**210**	340	4,8%
Wohngebäude: Anbau	242	**358**	685	6,2%
Wohngebäude: Aufstockung	192	**320**	575	9,0%
Wohngebäude: Dachausbau	103	**207**	415	14,3%
Gewerbegebäude	82	**183**	246	9,6%
Gebäude anderer Art	121	**269**	482	4,8%
Umbauten				
Büro- und Verwaltungsgebäude	53	**287**	476	0,7%
Arztpraxen	–	**40**	–	0,3%
Schulen	60	**141**	173	1,9%
Kindergärten	53	**149**	228	2,4%
Ein- und Zweifamilienhäuser	87	**205**	369	4,0%
Mehrfamilienhäuser	162	**223**	326	5,0%
Wohnungen	56	**150**	283	4,8%
Hotel und Beherbergung	158	**226**	360	4,3%
Gewerbegebäude	82	**431**	1.128	3,3%
Museen	53	**107**	184	2,8%
Gemeindezentren	85	**199**	374	6,0%
Gebäude anderer Art	15	**1.373**	2.067	2,1%
Modernisierungen				
Büro- und Verwaltungsgebäude	186	**272**	379	2,9%
Schulen und Kindergärten	69	**184**	334	2,0%
Sporthallen	30	**150**	259	3,7%
Ein- und Zweifamilienhäuser vor 1945	96	**231**	614	2,6%
Ein- und Zweifamilienhäuser nach 1945	56	**118**	252	2,0%
Wohngebäude vor 1945	115	**193**	374	3,8%
Wohngebäude nach 1945: nur Oberflächen	62	**161**	395	2,0%
Wohngebäude nach 1945: mit Tragkonstruktion	147	**283**	461	4,1%
Fachwerkhäuser	104	**261**	561	6,3%
Gewerbegebäude	31	**159**	286	1,4%
Gebäude anderer Art	93	**188**	283	1,8%
Instandsetzungen				
Wohngebäude	103	**158**	236	3,2%
Nichtwohngebäude	98	**174**	250	2,2%
Restaurierungsarbeiten	206	**508**	696	6,0%
Sakralbauten	–	**–**	–	–
Sakralbauten mit Restaurierungsarbeiten	38	**123**	215	3,8%
Schwammsanierung	< 1	**10**	20	2,2%

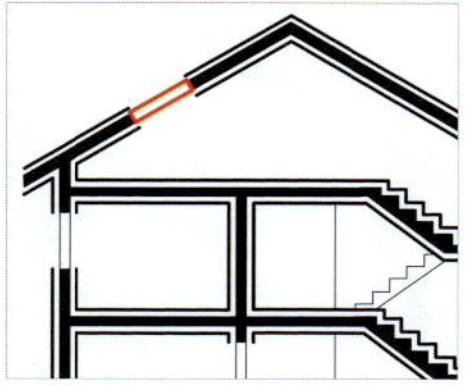

Einheit: m²
Dachöffnungsfläche

Gebäudeart	▷	€/Einheit	◁	KG an 300
Erweiterungen				
Büro- und Verwaltungsgebäude	1.397	**2.727**	4.167	0,1%
Schulen	1.610	**2.890**	5.451	0,1%
Kindergärten	–	**1.905**	–	1,4%
Wohngebäude: Anbau	1.760	**3.055**	6.069	0,7%
Wohngebäude: Aufstockung	1.299	**2.905**	5.099	1,6%
Wohngebäude: Dachausbau	505	**1.310**	2.099	5,8%
Gewerbegebäude	849	**1.734**	2.759	1,8%
Gebäude anderer Art	1.164	**2.315**	3.692	0,8%
Umbauten				
Büro- und Verwaltungsgebäude	1.159	**2.758**	5.224	2,7%
Arztpraxen	–	**1.798**	–	0,3%
Schulen	2.059	**3.217**	6.070	0,6%
Kindergärten	2.044	**2.339**	2.793	0,5%
Ein- und Zweifamilienhäuser	1.145	**1.606**	2.394	3,1%
Mehrfamilienhäuser	1.723	**2.639**	3.966	1,1%
Wohnungen	1.511	**2.874**	4.213	1,5%
Hotel und Beherbergung	2.104	**2.984**	4.705	1,6%
Gewerbegebäude	–	**865**	–	1,4%
Museen	–	**2.612**	–	< 0,1%
Gemeindezentren	1.991	**6.204**	14.718	0,9%
Gebäude anderer Art	1.419	**1.618**	1.818	1,0%
Modernisierungen				
Büro- und Verwaltungsgebäude	2.201	**3.908**	11.142	0,8%
Schulen und Kindergärten	929	**1.628**	3.557	1,6%
Sporthallen	862	**1.678**	2.823	0,8%
Ein- und Zweifamilienhäuser vor 1945	2.034	**2.505**	3.510	2,7%
Ein- und Zweifamilienhäuser nach 1945	1.571	**2.536**	3.580	1,8%
Wohngebäude vor 1945	2.028	**2.939**	7.587	1,3%
Wohngebäude nach 1945: nur Oberflächen	1.028	**2.062**	4.577	0,8%
Wohngebäude nach 1945: mit Tragkonstruktion	1.350	**2.654**	3.664	0,5%
Fachwerkhäuser	–	**1.349**	–	0,1%
Gewerbegebäude	–	**1.217**	–	< 0,1%
Gebäude anderer Art	3.129	**6.527**	9.917	0,7%
Instandsetzungen				
Wohngebäude	1.705	**2.653**	4.471	2,1%
Nichtwohngebäude	1.124	**1.285**	1.447	1,3%
Restaurierungsarbeiten	–	**–**	–	–
Sakralbauten	–	**1.450**	–	< 0,1%
Sakralbauten mit Restaurierungsarbeiten	–	**433**	–	< 0,1%
Schwammsanierung	–	**–**	–	–

363
Dachbeläge

Kosten:
Stand 2. Quartal 2025
Bundesdurchschnitt
inkl. 19% MwSt.

Einheit: m²
Dachbelagsfläche

▷ von
ø Mittel
◁ bis

Gebäudeart	▷	€/Einheit	◁	KG an 300
Erweiterungen				
Büro- und Verwaltungsgebäude	217	**289**	437	6,0%
Schulen	223	**322**	513	9,0%
Kindergärten	207	**265**	361	6,6%
Wohngebäude: Anbau	187	**395**	636	10,6%
Wohngebäude: Aufstockung	215	**414**	674	13,0%
Wohngebäude: Dachausbau	210	**240**	274	19,9%
Gewerbegebäude	138	**193**	248	11,3%
Gebäude anderer Art	196	**350**	501	7,8%
Umbauten				
Büro- und Verwaltungsgebäude	121	**261**	354	2,7%
Arztpraxen	–	**–**	–	< 0,1%
Schulen	181	**247**	338	6,7%
Kindergärten	115	**210**	274	7,3%
Ein- und Zweifamilienhäuser	191	**263**	424	10,3%
Mehrfamilienhäuser	187	**302**	608	6,7%
Wohnungen	141	**225**	314	9,7%
Hotel und Beherbergung	219	**353**	424	8,4%
Gewerbegebäude	–	**1.159**	–	0,1%
Museen	191	**224**	247	5,4%
Gemeindezentren	198	**403**	1.556	5,2%
Gebäude anderer Art	32	**180**	328	2,0%
Modernisierungen				
Büro- und Verwaltungsgebäude	193	**314**	411	5,1%
Schulen und Kindergärten	156	**249**	408	7,0%
Sporthallen	111	**198**	320	10,7%
Ein- und Zweifamilienhäuser vor 1945	219	**335**	501	14,6%
Ein- und Zweifamilienhäuser nach 1945	172	**298**	558	13,5%
Wohngebäude vor 1945	221	**278**	354	6,6%
Wohngebäude nach 1945: nur Oberflächen	164	**293**	494	11,9%
Wohngebäude nach 1945: mit Tragkonstruktion	193	**271**	497	6,6%
Fachwerkhäuser	212	**312**	496	6,1%
Gewerbegebäude	320	**363**	405	4,4%
Gebäude anderer Art	200	**231**	277	3,0%
Instandsetzungen				
Wohngebäude	191	**339**	549	15,0%
Nichtwohngebäude	93	**119**	191	10,7%
Restaurierungsarbeiten	96	**269**	384	7,2%
Sakralbauten	193	**278**	333	25,9%
Sakralbauten mit Restaurierungsarbeiten	77	**219**	440	7,9%
Schwammsanierung	–	**–**	–	–

Gebäudeart	▷	€/Einheit	◁	KG an 300
Erweiterungen				
Büro- und Verwaltungsgebäude	50	**133**	209	4,0%
Schulen	61	**125**	167	2,4%
Kindergärten	104	**188**	347	4,2%
Wohngebäude: Anbau	48	**120**	190	2,5%
Wohngebäude: Aufstockung	49	**95**	144	3,1%
Wohngebäude: Dachausbau	34	**105**	150	7,8%
Gewerbegebäude	37	**69**	107	2,2%
Gebäude anderer Art	77	**162**	324	2,7%
Umbauten				
Büro- und Verwaltungsgebäude	35	**69**	106	2,9%
Arztpraxen	–	**193**	–	1,3%
Schulen	25	**90**	142	2,1%
Kindergärten	78	**117**	213	6,5%
Ein- und Zweifamilienhäuser	79	**111**	143	3,1%
Mehrfamilienhäuser	50	**97**	143	2,7%
Wohnungen	63	**151**	258	8,1%
Hotel und Beherbergung	124	**148**	192	3,4%
Gewerbegebäude	79	**117**	142	2,8%
Museen	104	**129**	172	1,7%
Gemeindezentren	50	**126**	196	1,9%
Gebäude anderer Art	57	**129**	265	7,1%
Modernisierungen				
Büro- und Verwaltungsgebäude	84	**122**	160	1,6%
Schulen und Kindergärten	57	**119**	223	2,1%
Sporthallen	92	**178**	296	8,9%
Ein- und Zweifamilienhäuser vor 1945	71	**117**	209	3,2%
Ein- und Zweifamilienhäuser nach 1945	52	**94**	197	2,7%
Wohngebäude vor 1945	71	**113**	154	2,6%
Wohngebäude nach 1945: nur Oberflächen	66	**120**	193	3,2%
Wohngebäude nach 1945: mit Tragkonstruktion	72	**104**	164	1,3%
Fachwerkhäuser	92	**107**	137	1,4%
Gewerbegebäude	69	**78**	86	0,7%
Gebäude anderer Art	57	**109**	154	1,1%
Instandsetzungen				
Wohngebäude	139	**181**	247	3,1%
Nichtwohngebäude	19	**52**	109	0,9%
Restaurierungsarbeiten	35	**124**	248	1,3%
Sakralbauten	–	**286**	–	1,7%
Sakralbauten mit Restaurierungsarbeiten	50	**99**	243	3,9%
Schwammsanierung	–	**14**	–	11,2%

Einheit: m²
Dachbekleidungsfläche

365 Elementierte Dachkonstruktionen

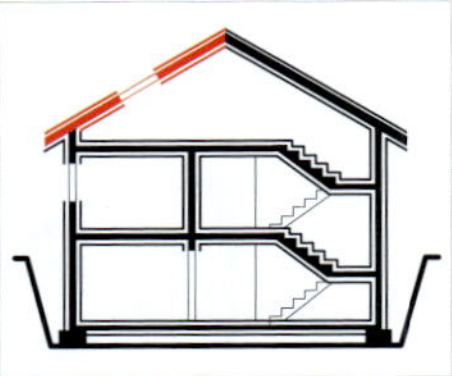

Kosten:
Stand 2. Quartal 2025
Bundesdurchschnitt
inkl. 19% MwSt.

Einheit: m² Dachfläche, elementiert

▷ von
ø Mittel
◁ bis

Gebäudeart	▷	€/Einheit	◁	KG an 300
Erweiterungen				
Büro- und Verwaltungsgebäude	–	**–**	–	–
Schulen	–	**1.350**	–	0,1%
Kindergärten	–	**857**	–	1,2%
Wohngebäude: Anbau	–	**2.372**	–	0,4%
Wohngebäude: Aufstockung	–	**1.020**	–	< 0,1%
Wohngebäude: Dachausbau	–	**–**	–	–
Gewerbegebäude	–	**–**	–	–
Gebäude anderer Art	–	**–**	–	< 0,1%
Umbauten				
Büro- und Verwaltungsgebäude	–	**–**	–	–
Arztpraxen	–	**–**	–	–
Schulen	–	**–**	–	–
Kindergärten	–	**–**	–	–
Ein- und Zweifamilienhäuser	–	**–**	–	–
Mehrfamilienhäuser	–	**367**	–	0,3%
Wohnungen	–	**–**	–	–
Hotel und Beherbergung	–	**–**	–	–
Gewerbegebäude	–	**–**	–	–
Museen	–	**–**	–	–
Gemeindezentren	–	**–**	–	–
Gebäude anderer Art	–	**–**	–	–
Modernisierungen				
Büro- und Verwaltungsgebäude	–	**–**	–	–
Schulen und Kindergärten	–	**100**	–	0,1%
Sporthallen	85	**115**	146	1,6%
Ein- und Zweifamilienhäuser vor 1945	–	**650**	–	0,2%
Ein- und Zweifamilienhäuser nach 1945	–	**–**	–	–
Wohngebäude vor 1945	–	**1.389**	–	0,6%
Wohngebäude nach 1945: nur Oberflächen	233	**471**	609	0,2%
Wohngebäude nach 1945: mit Tragkonstruktion	–	**–**	–	–
Fachwerkhäuser	–	**–**	–	–
Gewerbegebäude	–	**–**	–	–
Gebäude anderer Art	–	**1.813**	–	< 0,1%
Instandsetzungen				
Wohngebäude	–	**–**	–	–
Nichtwohngebäude	–	**–**	–	–
Restaurierungsarbeiten	–	**–**	–	–
Sakralbauten	–	**–**	–	–
Sakralbauten mit Restaurierungsarbeiten	–	**–**	–	–
Schwammsanierung	–	**–**	–	–

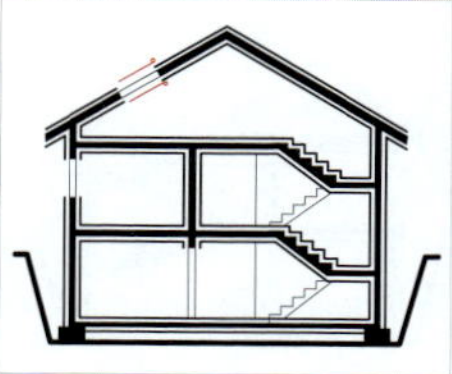

Einheit: m²
Dachlichtschutzfläche

Gebäudeart	▷	€/Einheit	◁	KG an 300
Erweiterungen				
Büro- und Verwaltungsgebäude	–	**–**	–	–
Schulen	–	**–**	–	–
Kindergärten	–	**–**	–	–
Wohngebäude: Anbau	–	**475**	–	< 0,1%
Wohngebäude: Aufstockung	372	**759**	1.018	0,8%
Wohngebäude: Dachausbau	432	**914**	1.456	1,0%
Gewerbegebäude	–	**–**	–	–
Gebäude anderer Art	–	**228**	–	< 0,1%
Umbauten				
Büro- und Verwaltungsgebäude	–	**1.524**	–	0,3%
Arztpraxen	–	**–**	–	–
Schulen	–	**1.630**	–	< 0,1%
Kindergärten	–	**–**	–	–
Ein- und Zweifamilienhäuser	262	**541**	1.335	0,3%
Mehrfamilienhäuser	232	**1.052**	1.471	0,2%
Wohnungen	904	**934**	963	0,3%
Hotel und Beherbergung	–	**1.137**	–	0,1%
Gewerbegebäude	–	**228**	–	2,8%
Museen	–	**–**	–	–
Gemeindezentren	–	**–**	–	–
Gebäude anderer Art	–	**792**	–	0,4%
Modernisierungen				
Büro- und Verwaltungsgebäude	–	**–**	–	–
Schulen und Kindergärten	682	**913**	1.144	< 0,1%
Sporthallen	–	**–**	–	–
Ein- und Zweifamilienhäuser vor 1945	673	**1.297**	1.733	0,7%
Ein- und Zweifamilienhäuser nach 1945	–	**824**	–	< 0,1%
Wohngebäude vor 1945	463	**675**	887	0,2%
Wohngebäude nach 1945: nur Oberflächen	–	**900**	–	< 0,1%
Wohngebäude nach 1945: mit Tragkonstruktion	–	**–**	–	–
Fachwerkhäuser	–	**–**	–	–
Gewerbegebäude	–	**–**	–	–
Gebäude anderer Art	–	**–**	–	–
Instandsetzungen				
Wohngebäude	307	**724**	1.552	0,1%
Nichtwohngebäude	–	**–**	–	–
Restaurierungsarbeiten	–	**–**	–	–
Sakralbauten	–	**–**	–	–
Sakralbauten mit Restaurierungsarbeiten	–	**–**	–	–
Schwammsanierung	–	**–**	–	–

369
Sonstiges
zur KG 360

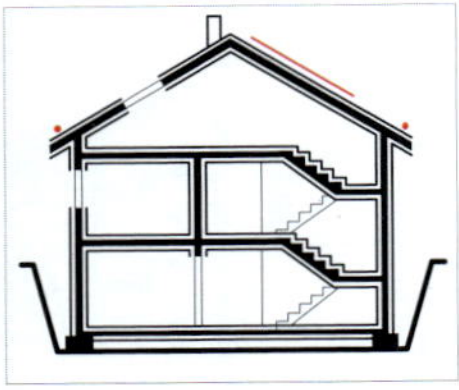

Kosten:
Stand 2. Quartal 2025
Bundesdurchschnitt
inkl. 19% MwSt.

Einheit: m²
Dachfläche

▷ von
ø Mittel
◁ bis

Gebäudeart	▷	€/Einheit	◁	KG an 300
Erweiterungen				
Büro- und Verwaltungsgebäude	4	**12**	22	0,3%
Schulen	11	**22**	48	0,4%
Kindergärten	–	**< 1**	–	< 0,1%
Wohngebäude: Anbau	5	**7**	9	< 0,1%
Wohngebäude: Aufstockung	14	**41**	124	1,1%
Wohngebäude: Dachausbau	2	**15**	23	0,6%
Gewerbegebäude	2	**7**	10	0,3%
Gebäude anderer Art	21	**60**	174	1,3%
Umbauten				
Büro- und Verwaltungsgebäude	3	**10**	14	0,1%
Arztpraxen	–	**43**	–	0,3%
Schulen	3	**9**	14	0,2%
Kindergärten	4	**13**	40	0,2%
Ein- und Zweifamilienhäuser	2	**7**	16	0,1%
Mehrfamilienhäuser	7	**18**	45	0,4%
Wohnungen	–	**3**	–	< 0,1%
Hotel und Beherbergung	6	**46**	85	0,8%
Gewerbegebäude	3	**4**	4	0,2%
Museen	–	**19**	–	0,2%
Gemeindezentren	20	**61**	256	0,7%
Gebäude anderer Art	–	**2**	–	< 0,1%
Modernisierungen				
Büro- und Verwaltungsgebäude	4	**16**	61	0,7%
Schulen und Kindergärten	6	**14**	23	0,4%
Sporthallen	5	**9**	30	0,3%
Ein- und Zweifamilienhäuser vor 1945	8	**30**	94	1,0%
Ein- und Zweifamilienhäuser nach 1945	4	**8**	13	0,3%
Wohngebäude vor 1945	7	**20**	66	0,5%
Wohngebäude nach 1945: nur Oberflächen	5	**17**	82	0,5%
Wohngebäude nach 1945: mit Tragkonstruktion	3	**13**	22	0,3%
Fachwerkhäuser	12	**22**	39	0,6%
Gewerbegebäude	–	**30**	–	0,3%
Gebäude anderer Art	1	**21**	40	0,2%
Instandsetzungen				
Wohngebäude	6	**13**	27	0,1%
Nichtwohngebäude	10	**96**	268	1,2%
Restaurierungsarbeiten	5	**12**	36	0,3%
Sakralbauten	–	**14**	–	0,3%
Sakralbauten mit Restaurierungsarbeiten	9	**17**	25	0,7%
Schwammsanierung	–	**–**	–	–

Gebäudeart	▷	€/Einheit	◁	KG an 300
Erweiterungen				
Büro- und Verwaltungsgebäude	10	**52**	159	4,6%
Schulen	< 1	**41**	122	0,5%
Kindergärten	2	**100**	198	4,0%
Wohngebäude: Anbau	36	**57**	112	0,9%
Wohngebäude: Aufstockung	21	**87**	308	2,0%
Wohngebäude: Dachausbau	51	**90**	128	1,5%
Gewerbegebäude	3	**20**	36	0,5%
Gebäude anderer Art	8	**74**	272	1,2%
Umbauten				
Büro- und Verwaltungsgebäude	12	**23**	33	1,2%
Arztpraxen	113	**245**	356	24,8%
Schulen	2	**15**	39	1,8%
Kindergärten	4	**12**	25	0,8%
Ein- und Zweifamilienhäuser	8	**10**	13	0,1%
Mehrfamilienhäuser	2	**7**	33	0,2%
Wohnungen	4	**72**	140	4,6%
Hotel und Beherbergung	63	**94**	112	9,8%
Gewerbegebäude	–	**154**	–	3,6%
Museen	–	**10**	–	0,2%
Gemeindezentren	3	**22**	97	0,9%
Gebäude anderer Art	34	**89**	218	4,4%
Modernisierungen				
Büro- und Verwaltungsgebäude	10	**57**	136	3,1%
Schulen und Kindergärten	2	**7**	15	0,5%
Sporthallen	12	**30**	49	0,3%
Ein- und Zweifamilienhäuser vor 1945	4	**15**	43	0,9%
Ein- und Zweifamilienhäuser nach 1945	19	**129**	468	6,7%
Wohngebäude vor 1945	4	**19**	64	0,6%
Wohngebäude nach 1945: nur Oberflächen	2	**3**	4	< 0,1%
Wohngebäude nach 1945: mit Tragkonstruktion	< 1	**6**	11	< 0,1%
Fachwerkhäuser	5	**16**	26	0,7%
Gewerbegebäude	1	**1**	2	< 0,1%
Gebäude anderer Art	20	**117**	370	7,0%
Instandsetzungen				
Wohngebäude	6	**21**	66	0,9%
Nichtwohngebäude	4	**8**	12	0,6%
Restaurierungsarbeiten	4	**6**	11	0,3%
Sakralbauten	–	**10**	–	0,4%
Sakralbauten mit Restaurierungsarbeiten	52	**55**	57	2,3%
Schwammsanierung	–	**< 1**	–	< 0,1%

Einheit: m²
Brutto-Grundfläche (BGF)

Kosten:
Stand 2. Quartal 2025
Bundesdurchschnitt
inkl. 19% MwSt.

Einheit: m²
Brutto-Grundfläche (BGF)

Gebäudeart	▷	€/Einheit	◁	KG an 300
Erweiterungen				
Büro- und Verwaltungsgebäude	–	**7**	–	< 0,1%
Schulen	7	**16**	25	0,2%
Kindergärten	–	**38**	–	0,8%
Wohngebäude: Anbau	–	**–**	–	–
Wohngebäude: Aufstockung	–	**1**	–	< 0,1%
Wohngebäude: Dachausbau	–	**–**	–	–
Gewerbegebäude	–	**< 1**	–	< 0,1%
Gebäude anderer Art	39	**58**	77	1,1%
Umbauten				
Büro- und Verwaltungsgebäude	–	**6**	–	< 0,1%
Arztpraxen	–	**–**	–	–
Schulen	3	**6**	10	0,6%
Kindergärten	5	**9**	15	0,5%
Ein- und Zweifamilienhäuser	–	**–**	–	–
Mehrfamilienhäuser	–	**–**	–	–
Wohnungen	–	**–**	–	–
Hotel und Beherbergung	–	**–**	–	–
Gewerbegebäude	8	**148**	289	6,8%
Museen	–	**–**	–	–
Gemeindezentren	1	**28**	82	0,7%
Gebäude anderer Art	14	**273**	606	10,1%
Modernisierungen				
Büro- und Verwaltungsgebäude	–	**3**	–	< 0,1%
Schulen und Kindergärten	14	**30**	94	1,5%
Sporthallen	5	**18**	43	1,5%
Ein- und Zweifamilienhäuser vor 1945	–	**–**	–	–
Ein- und Zweifamilienhäuser nach 1945	–	**–**	–	–
Wohngebäude vor 1945	–	**–**	–	–
Wohngebäude nach 1945: nur Oberflächen	–	**–**	–	–
Wohngebäude nach 1945: mit Tragkonstruktion	–	**–**	–	–
Fachwerkhäuser	–	**–**	–	–
Gewerbegebäude	5	**518**	1.030	17,6%
Gebäude anderer Art	177	**442**	1.134	14,0%
Instandsetzungen				
Wohngebäude	–	**–**	–	–
Nichtwohngebäude	2	**23**	45	0,7%
Restaurierungsarbeiten	–	**–**	–	–
Sakralbauten	40	**68**	96	5,7%
Sakralbauten mit Restaurierungsarbeiten	11	**44**	110	2,6%
Schwammsanierung	–	**–**	–	–

▷ von
ø Mittel
◁ bis

Gebäudeart	▷	€/Einheit	◁	KG an 300
Erweiterungen				
Büro- und Verwaltungsgebäude	8	**8**	8	0,2%
Schulen	–	**2**	–	< 0,1%
Kindergärten	–	**–**	–	–
Wohngebäude: Anbau	–	**–**	–	–
Wohngebäude: Aufstockung	–	**2**	–	< 0,1%
Wohngebäude: Dachausbau	–	**–**	–	–
Gewerbegebäude	< 1	**2**	4	< 0,1%
Gebäude anderer Art	< 1	**2**	3	< 0,1%
Umbauten				
Büro- und Verwaltungsgebäude	1	**1**	2	< 0,1%
Arztpraxen	< 1	**24**	47	0,6%
Schulen	–	**2**	–	< 0,1%
Kindergärten	–	**< 1**	–	< 0,1%
Ein- und Zweifamilienhäuser	–	**–**	–	–
Mehrfamilienhäuser	–	**< 1**	–	< 0,1%
Wohnungen	–	**–**	–	–
Hotel und Beherbergung	< 1	**4**	8	0,3%
Gewerbegebäude	–	**102**	–	2,3%
Museen	–	**–**	–	–
Gemeindezentren	4	**5**	5	< 0,1%
Gebäude anderer Art	–	**4**	–	< 0,1%
Modernisierungen				
Büro- und Verwaltungsgebäude	3	**5**	7	< 0,1%
Schulen und Kindergärten	< 1	**1**	5	< 0,1%
Sporthallen	2	**3**	5	0,2%
Ein- und Zweifamilienhäuser vor 1945	–	**–**	–	–
Ein- und Zweifamilienhäuser nach 1945	–	**–**	–	–
Wohngebäude vor 1945	–	**–**	–	–
Wohngebäude nach 1945: nur Oberflächen	–	**< 1**	–	< 0,1%
Wohngebäude nach 1945: mit Tragkonstruktion	–	**–**	–	–
Fachwerkhäuser	–	**–**	–	–
Gewerbegebäude	–	**5**	–	0,2%
Gebäude anderer Art	17	**26**	36	0,5%
Instandsetzungen				
Wohngebäude	< 1	**< 1**	2	< 0,1%
Nichtwohngebäude	–	**13**	–	0,2%
Restaurierungsarbeiten	–	**–**	–	–
Sakralbauten	–	**10**	–	0,5%
Sakralbauten mit Restaurierungsarbeiten	–	**–**	–	–
Schwammsanierung	–	**–**	–	–

Einheit: m²
Brutto-Grundfläche (BGF)

389 Sonstiges zur KG 380

Kosten:
Stand 2. Quartal 2025
Bundesdurchschnitt
inkl. 19% MwSt.

Einheit: m²
Brutto-Grundfläche (BGF)

Gebäudeart	▷	€/Einheit	◁	KG an 300
Erweiterungen				
Büro- und Verwaltungsgebäude	–	**2**	–	< 0,1%
Schulen	–	**–**	–	–
Kindergärten	–	**–**	–	–
Wohngebäude: Anbau	–	**22**	–	0,[illegible]%
Wohngebäude: Aufstockung	–	**–**	–	–
Wohngebäude: Dachausbau	–	**–**	–	–
Gewerbegebäude	–	**–**	–	–
Gebäude anderer Art	–	**–**	–	–
Umbauten				
Büro- und Verwaltungsgebäude	–	**–**	–	–
Arztpraxen	–	**–**	–	–
Schulen	–	**< 1**	–	< 0,1%
Kindergärten	–	**–**	–	–
Ein- und Zweifamilienhäuser	–	**–**	–	–
Mehrfamilienhäuser	< 1	**< 1**	2	< 0,1%
Wohnungen	–	**–**	–	–
Hotel und Beherbergung	–	**–**	–	–
Gewerbegebäude	–	**–**	–	–
Museen	–	**8**	–	0,2%
Gemeindezentren	–	**7**	–	< 0,1%
Gebäude anderer Art	–	**20**	–	0,2%
Modernisierungen				
Büro- und Verwaltungsgebäude	–	**–**	–	–
Schulen und Kindergärten	7	**8**	9	< 0,1%
Sporthallen	–	**–**	–	–
Ein- und Zweifamilienhäuser vor 1945	–	**–**	–	–
Ein- und Zweifamilienhäuser nach 1945	–	**–**	–	–
Wohngebäude vor 1945	–	**–**	–	–
Wohngebäude nach 1945: nur Oberflächen	–	**< 1**	–	< 0,1%
Wohngebäude nach 1945: mit Tragkonstruktion	–	**–**	–	–
Fachwerkhäuser	–	**–**	–	–
Gewerbegebäude	–	**–**	–	–
Gebäude anderer Art	–	**–**	–	–
Instandsetzungen				
Wohngebäude	–	**–**	–	–
Nichtwohngebäude	–	**–**	–	–
Restaurierungsarbeiten	–	**–**	–	–
Sakralbauten	–	**–**	–	–
Sakralbauten mit Restaurierungsarbeiten	–	**< 1**	–	< 0,1%
Schwammsanierung	–	**–**	–	–

▷ von
ø Mittel
◁ bis

Gebäudeart	▷	€/Einheit	◁	KG an 300
Erweiterungen				
Büro- und Verwaltungsgebäude	16	**38**	71	1,8%
Schulen	41	**96**	170	4,0%
Kindergärten	16	**29**	48	2,0%
Wohngebäude: Anbau	26	**69**	161	2,4%
Wohngebäude: Aufstockung	33	**86**	168	3,5%
Wohngebäude: Dachausbau	12	**45**	68	2,5%
Gewerbegebäude	11	**38**	99	2,3%
Gebäude anderer Art	15	**53**	187	2,6%
Umbauten				
Büro- und Verwaltungsgebäude	10	**20**	39	1,4%
Arztpraxen	4	**14**	49	0,7%
Schulen	6	**20**	45	1,6%
Kindergärten	4	**11**	25	1,3%
Ein- und Zweifamilienhäuser	6	**20**	55	1,2%
Mehrfamilienhäuser	6	**16**	32	1,4%
Wohnungen	4	**16**	40	0,4%
Hotel und Beherbergung	1	**6**	9	0,6%
Gewerbegebäude	7	**18**	29	1,5%
Museen	10	**23**	46	1,7%
Gemeindezentren	22	**36**	56	2,4%
Gebäude anderer Art	12	**29**	106	1,7%
Modernisierungen				
Büro- und Verwaltungsgebäude	4	**13**	26	0,9%
Schulen und Kindergärten	6	**15**	38	1,3%
Sporthallen	6	**23**	37	1,5%
Ein- und Zweifamilienhäuser vor 1945	3	**8**	18	0,9%
Ein- und Zweifamilienhäuser nach 1945	4	**11**	25	1,0%
Wohngebäude vor 1945	7	**15**	29	0,8%
Wohngebäude nach 1945: nur Oberflächen	2	**5**	11	1,1%
Wohngebäude nach 1945: mit Tragkonstruktion	9	**21**	42	1,9%
Fachwerkhäuser	21	**24**	28	1,4%
Gewerbegebäude	18	**43**	87	2,4%
Gebäude anderer Art	8	**25**	68	1,1%
Instandsetzungen				
Wohngebäude	4	**11**	41	1,8%
Nichtwohngebäude	5	**23**	61	1,3%
Restaurierungsarbeiten	15	**42**	90	2,5%
Sakralbauten	9	**22**	35	1,6%
Sakralbauten mit Restaurierungsarbeiten	6	**15**	26	1,1%
Schwammsanierung	< 1	**1**	1	1,5%

Einheit: m²
Brutto-Grundfläche (BGF)

392 Gerüste

Kosten:
Stand 2. Quartal 2025
Bundesdurchschnitt
inkl. 19% MwSt.

Einheit: m²
Brutto-Grundfläche (BGF)

Gebäudeart	▷	€/Einheit	◁	KG an 300
Erweiterungen				
Büro- und Verwaltungsgebäude	16	**24**	45	1,1%
Schulen	31	**48**	66	1,9%
Kindergärten	–	**13**	–	0,7%
Wohngebäude: Anbau	14	**30**	51	1,2%
Wohngebäude: Aufstockung	31	**114**	298	4,1%
Wohngebäude: Dachausbau	26	**64**	161	3,2%
Gewerbegebäude	11	**22**	43	1,4%
Gebäude anderer Art	21	**34**	70	1,8%
Umbauten				
Büro- und Verwaltungsgebäude	14	**25**	32	1,5%
Arztpraxen	10	**19**	28	0,3%
Schulen	12	**23**	61	1,7%
Kindergärten	2	**9**	25	0,6%
Ein- und Zweifamilienhäuser	13	**19**	27	1,6%
Mehrfamilienhäuser	11	**22**	37	1,9%
Wohnungen	17	**52**	96	2,3%
Hotel und Beherbergung	2	**8**	11	0,7%
Gewerbegebäude	3	**11**	18	0,9%
Museen	17	**29**	41	1,3%
Gemeindezentren	24	**48**	78	3,1%
Gebäude anderer Art	7	**14**	29	0,6%
Modernisierungen				
Büro- und Verwaltungsgebäude	10	**22**	42	1,5%
Schulen und Kindergärten	16	**26**	51	2,3%
Sporthallen	16	**30**	47	3,4%
Ein- und Zweifamilienhäuser vor 1945	14	**21**	33	2,5%
Ein- und Zweifamilienhäuser nach 1945	8	**14**	20	2,0%
Wohngebäude vor 1945	13	**27**	39	1,8%
Wohngebäude nach 1945: nur Oberflächen	11	**19**	43	5,1%
Wohngebäude nach 1945: mit Tragkonstruktion	14	**24**	50	2,7%
Fachwerkhäuser	43	**54**	71	3,1%
Gewerbegebäude	14	**23**	31	1,1%
Gebäude anderer Art	9	**32**	74	1,9%
Instandsetzungen				
Wohngebäude	11	**20**	43	3,4%
Nichtwohngebäude	3	**13**	24	2,0%
Restaurierungsarbeiten	36	**101**	233	6,5%
Sakralbauten	40	**70**	131	7,4%
Sakralbauten mit Restaurierungsarbeiten	66	**96**	138	7,8%
Schwammsanierung	< 1	**< 1**	< 1	0,3%

▷ von
ø Mittel
◁ bis

Gebäudeart	▷	€/Einheit	◁	KG an 300
Erweiterungen				
Büro- und Verwaltungsgebäude	–	**41**	–	0,3%
Schulen	–	**–**	–	–
Kindergärten	–	**–**	–	–
Wohngebäude: Anbau	–	**79**	–	0,2%
Wohngebäude: Aufstockung	–	**6**	–	< 0,1%
Wohngebäude: Dachausbau	–	**–**	–	–
Gewerbegebäude	–	**< 1**	–	< 0,1%
Gebäude anderer Art	4	**11**	36	0,3%
Umbauten				
Büro- und Verwaltungsgebäude	13	**23**	33	0,2%
Arztpraxen	–	**–**	–	–
Schulen	5	**8**	13	0,4%
Kindergärten	–	**4**	–	< 0,1%
Ein- und Zweifamilienhäuser	23	**38**	53	0,3%
Mehrfamilienhäuser	4	**8**	16	0,1%
Wohnungen	2	**2**	2	< 0,1%
Hotel und Beherbergung	–	**< 1**	–	< 0,1%
Gewerbegebäude	–	**–**	–	–
Museen	–	**27**	–	0,6%
Gemeindezentren	2	**6**	11	0,3%
Gebäude anderer Art	3	**10**	23	0,4%
Modernisierungen				
Büro- und Verwaltungsgebäude	4	**7**	12	0,2%
Schulen und Kindergärten	1	**14**	87	0,3%
Sporthallen	–	**–**	–	–
Ein- und Zweifamilienhäuser vor 1945	–	**7**	–	< 0,1%
Ein- und Zweifamilienhäuser nach 1945	< 1	**6**	11	< 0,1%
Wohngebäude vor 1945	3	**13**	22	0,2%
Wohngebäude nach 1945: nur Oberflächen	–	**–**	–	–
Wohngebäude nach 1945: mit Tragkonstruktion	–	**24**	–	0,1%
Fachwerkhäuser	38	**51**	71	2,8%
Gewerbegebäude	–	**3**	–	< 0,1%
Gebäude anderer Art	18	**28**	37	0,3%
Instandsetzungen				
Wohngebäude	< 1	**1**	3	< 0,1%
Nichtwohngebäude	–	**–**	–	–
Restaurierungsarbeiten	5	**12**	23	0,4%
Sakralbauten	–	**–**	–	–
Sakralbauten mit Restaurierungsarbeiten	–	**14**	–	0,3%
Schwammsanierung	–	**< 1**	–	0,4%

Einheit: m²
Brutto-Grundfläche (BGF)

Gebäudeart	▷	€/Einheit	◁	KG an 300
Erweiterungen				
Büro- und Verwaltungsgebäude	–	**15**	–	< 0,1%
Schulen	–	**6**	–	< 0,1%
Kindergärten	–	**–**	–	–
Wohngebäude: Anbau	24	**62**	97	0,7%
Wohngebäude: Aufstockung	16	**56**	117	0,9%
Wohngebäude: Dachausbau	–	**–**	–	–
Gewerbegebäude	–	**–**	–	–
Gebäude anderer Art	22	**30**	39	0,3%
Umbauten				
Büro- und Verwaltungsgebäude	9	**63**	96	1,5%
Arztpraxen	–	**24**	–	0,5%
Schulen	5	**11**	21	0,5%
Kindergärten	–	**12**	–	0,2%
Ein- und Zweifamilienhäuser	21	**72**	122	2,0%
Mehrfamilienhäuser	4	**39**	72	1,5%
Wohnungen	12	**42**	104	1,[illegible]%
Hotel und Beherbergung	–	**24**	–	1,[illegible]%
Gewerbegebäude	–	**68**	–	1,[illegible]%
Museen	5	**48**	90	2,[illegible]%
Gemeindezentren	–	**–**	–	–
Gebäude anderer Art	–	**6**	–	< 0,1%
Modernisierungen				
Büro- und Verwaltungsgebäude	3	**10**	17	0,2%
Schulen und Kindergärten	3	**6**	12	< 0,1%
Sporthallen	1	**1**	2	< 0,1%
Ein- und Zweifamilienhäuser vor 1945	< 1	**10**	30	0,[illegible]%
Ein- und Zweifamilienhäuser nach 1945	6	**55**	104	0,[illegible]%
Wohngebäude vor 1945	< 1	**12**	25	0,[illegible]%
Wohngebäude nach 1945: nur Oberflächen	–	**–**	–	–
Wohngebäude nach 1945: mit Tragkonstruktion	1	**4**	8	0,2%
Fachwerkhäuser	–	**41**	–	0,9%
Gewerbegebäude	3	**36**	68	2,5%
Gebäude anderer Art	24	**53**	82	0,9%
Instandsetzungen				
Wohngebäude	3	**9**	33	0,4%
Nichtwohngebäude	–	**2**	–	< 0,1%
Restaurierungsarbeiten	–	**5**	–	0,1%
Sakralbauten	–	**–**	–	–
Sakralbauten mit Restaurierungsarbeiten	–	**–**	–	–
Schwammsanierung	–	**–**	–	–

Kosten:
Stand 2. Quartal 2025
Bundesdurchschnitt
inkl. 19% MwSt.

Einheit: m²
Brutto-Grundfläche (BGF)

▷ von
ø Mittel
◁ bis

Gebäudeart	▷	€/Einheit	◁	KG an 300
Erweiterungen				
Büro- und Verwaltungsgebäude	–	**8**	–	< 0,1%
Schulen	–	**–**	–	–
Kindergärten	–	**–**	–	–
Wohngebäude: Anbau	–	**–**	–	–
Wohngebäude: Aufstockung	–	**20**	–	< 0,1%
Wohngebäude: Dachausbau	–	**–**	–	–
Gewerbegebäude	–	**2**	–	< 0,1%
Gebäude anderer Art	–	**< 1**	–	< 0,1%
Umbauten				
Büro- und Verwaltungsgebäude	2	**6**	12	0,2%
Arztpraxen	–	**–**	–	–
Schulen	–	**–**	–	–
Kindergärten	–	**–**	–	–
Ein- und Zweifamilienhäuser	–	**6**	–	< 0,1%
Mehrfamilienhäuser	–	**–**	–	–
Wohnungen	–	**–**	–	–
Hotel und Beherbergung	–	**–**	–	–
Gewerbegebäude	–	**< 1**	–	< 0,1%
Museen	–	**–**	–	–
Gemeindezentren	–	**–**	–	–
Gebäude anderer Art	–	**–**	–	–
Modernisierungen				
Büro- und Verwaltungsgebäude	–	**–**	–	–
Schulen und Kindergärten	–	**1**	–	< 0,1%
Sporthallen	–	**1**	–	< 0,1%
Ein- und Zweifamilienhäuser vor 1945	–	**–**	–	–
Ein- und Zweifamilienhäuser nach 1945	–	**–**	–	–
Wohngebäude vor 1945	–	**27**	–	0,2%
Wohngebäude nach 1945: nur Oberflächen	–	**< 1**	–	< 0,1%
Wohngebäude nach 1945: mit Tragkonstruktion	–	**–**	–	–
Fachwerkhäuser	–	**–**	–	–
Gewerbegebäude	–	**–**	–	–
Gebäude anderer Art	–	**< 1**	–	< 0,1%
Instandsetzungen				
Wohngebäude	–	**–**	–	–
Nichtwohngebäude	–	**3**	–	0,2%
Restaurierungsarbeiten	–	**–**	–	–
Sakralbauten	–	**–**	–	–
Sakralbauten mit Restaurierungsarbeiten	–	**–**	–	–
Schwammsanierung	–	**–**	–	–

Einheit: m²
Brutto-Grundfläche (BGF)

Gebäudeart	▷	€/Einheit	◁	KG an 300
Erweiterungen				
Büro- und Verwaltungsgebäude	1	**2**	3	< 0,1%
Schulen	< 1	**2**	4	< 0,1%
Kindergärten	–	**5**	–	0,2%
Wohngebäude: Anbau	–	**28**	–	< 0,1%
Wohngebäude: Aufstockung	2	**13**	69	0,2%
Wohngebäude: Dachausbau	–	**–**	–	–
Gewerbegebäude	–	**1**	–	< 0,1%
Gebäude anderer Art	2	**6**	12	0,2%
Umbauten				
Büro- und Verwaltungsgebäude	2	**4**	5	0,[illegible]%
Arztpraxen	< 1	**3**	4	0,[illegible]%
Schulen	–	**–**	–	–
Kindergärten	1	**5**	13	0,3%
Ein- und Zweifamilienhäuser	–	**< 1**	–	< 0,1%
Mehrfamilienhäuser	1	**8**	15	0,2%
Wohnungen	–	**13**	–	0,2%
Hotel und Beherbergung	4	**8**	12	0,5%
Gewerbegebäude	2	**24**	45	1,0%
Museen	–	**26**	–	0,6%
Gemeindezentren	1	**9**	19	0,4%
Gebäude anderer Art	–	**< 1**	–	< 0,1%
Modernisierungen				
Büro- und Verwaltungsgebäude	–	**2**	–	< 0,1%
Schulen und Kindergärten	< 1	**3**	6	0,2%
Sporthallen	1	**7**	18	0,2%
Ein- und Zweifamilienhäuser vor 1945	2	**5**	8	0,2%
Ein- und Zweifamilienhäuser nach 1945	1	**2**	2	< 0,1%
Wohngebäude vor 1945	–	**8**	–	0,2%
Wohngebäude nach 1945: nur Oberflächen	< 1	**2**	6	< 0,1%
Wohngebäude nach 1945: mit Tragkonstruktion	< 1	**4**	9	0,1%
Fachwerkhäuser	–	**5**	–	< 0,1%
Gewerbegebäude	–	**23**	–	0,8%
Gebäude anderer Art	< 1	**2**	4	< 0,1%
Instandsetzungen				
Wohngebäude	5	**13**	39	0,4%
Nichtwohngebäude	< 1	**1**	4	0,3%
Restaurierungsarbeiten	–	**–**	–	–
Sakralbauten	–	**20**	–	0,6%
Sakralbauten mit Restaurierungsarbeiten	< 1	**3**	6	< 0,1%
Schwammsanierung	–	**< 1**	–	0,2%

Kosten:
Stand 2. Quartal 2025
Bundesdurchschnitt
inkl. 19% MwSt.

Einheit: m²
Brutto-Grundfläche (BGF)

▷ von
ø Mittel
◁ bis

Gebäudeart	▷	€/Einheit	◁	KG an 300
Erweiterungen				
Büro- und Verwaltungsgebäude	8	**14**	32	0,8%
Schulen	8	**17**	40	0,7%
Kindergärten	–	**–**	–	–
Wohngebäude: Anbau	5	**17**	26	0,4%
Wohngebäude: Aufstockung	10	**55**	285	1,7%
Wohngebäude: Dachausbau	25	**41**	67	1,0%
Gewerbegebäude	4	**13**	34	0,6%
Gebäude anderer Art	3	**10**	26	0,5%
Umbauten				
Büro- und Verwaltungsgebäude	8	**14**	25	1,0%
Arztpraxen	3	**11**	29	1,0%
Schulen	4	**14**	23	1,1%
Kindergärten	1	**5**	12	0,5%
Ein- und Zweifamilienhäuser	1	**4**	6	0,2%
Mehrfamilienhäuser	3	**9**	18	0,9%
Wohnungen	2	**6**	13	0,2%
Hotel und Beherbergung	7	**11**	19	1,1%
Gewerbegebäude	11	**16**	27	1,3%
Museen	4	**12**	27	0,9%
Gemeindezentren	9	**20**	30	1,5%
Gebäude anderer Art	9	**25**	76	1,2%
Modernisierungen				
Büro- und Verwaltungsgebäude	5	**17**	34	1,1%
Schulen und Kindergärten	3	**8**	14	0,7%
Sporthallen	4	**11**	24	1,2%
Ein- und Zweifamilienhäuser vor 1945	1	**6**	16	0,4%
Ein- und Zweifamilienhäuser nach 1945	3	**6**	12	0,6%
Wohngebäude vor 1945	5	**16**	32	1,0%
Wohngebäude nach 1945: nur Oberflächen	1	**4**	10	0,6%
Wohngebäude nach 1945: mit Tragkonstruktion	2	**7**	14	0,6%
Fachwerkhäuser	5	**22**	57	1,4%
Gewerbegebäude	7	**8**	8	0,4%
Gebäude anderer Art	7	**19**	36	1,5%
Instandsetzungen				
Wohngebäude	3	**11**	28	1,3%
Nichtwohngebäude	2	**7**	12	1,1%
Restaurierungsarbeiten	8	**14**	22	1,0%
Sakralbauten	5	**9**	13	0,6%
Sakralbauten mit Restaurierungsarbeiten	3	**13**	25	1,0%
Schwammsanierung	–	**2**	–	1,2%

Einheit: m²
Brutto-Grundfläche (BGF)

Kosten:
Stand 2. Quartal 2025
Bundesdurchschnitt
inkl. 19% MwSt.

Einheit: m²
Brutto-Grundfläche (BGF)

▷ von
ø Mittel
◁ bis

Gebäudeart	▷	€/Einheit	◁	KG an 300
Erweiterungen				
Büro- und Verwaltungsgebäude	< 1	**1**	2	< 0,1%
Schulen	–	**37**	–	0,3%
Kindergärten	–	**–**	–	–
Wohngebäude: Anbau	–	**–**	–	–
Wohngebäude: Aufstockung	6	**11**	16	< 0,1%
Wohngebäude: Dachausbau	–	**–**	–	–
Gewerbegebäude	3	**12**	39	0,3%
Gebäude anderer Art	< 1	**1**	2	< 0,1%
Umbauten				
Büro- und Verwaltungsgebäude	< 1	**1**	3	< 0,1%
Arztpraxen	–	**–**	–	–
Schulen	< 1	**1**	3	< 0,1%
Kindergärten	–	**–**	–	–
Ein- und Zweifamilienhäuser	–	**2**	–	< 0,1%
Mehrfamilienhäuser	< 1	**< 1**	< 1	< 0,1%
Wohnungen	–	**–**	–	–
Hotel und Beherbergung	–	**< 1**	–	< 0,1%
Gewerbegebäude	–	**4**	–	< 0,1%
Museen	–	**–**	–	–
Gemeindezentren	–	**< 1**	–	< 0,1%
Gebäude anderer Art	1	**1**	2	< 0,1%
Modernisierungen				
Büro- und Verwaltungsgebäude	< 1	**< 1**	1	< 0,1%
Schulen und Kindergärten	< 1	**4**	14	< 0,1%
Sporthallen	< 1	**1**	2	< 0,1%
Ein- und Zweifamilienhäuser vor 1945	–	**< 1**	–	< 0,1%
Ein- und Zweifamilienhäuser nach 1945	< 1	**1**	2	< 0,1%
Wohngebäude vor 1945	–	**< 1**	–	< 0,1%
Wohngebäude nach 1945: nur Oberflächen	–	**< 1**	–	< 0,1%
Wohngebäude nach 1945: mit Tragkonstruktion	< 1	**3**	11	0,1%
Fachwerkhäuser	–	**–**	–	–
Gewerbegebäude	–	**–**	–	–
Gebäude anderer Art	2	**3**	5	< 0,1%
Instandsetzungen				
Wohngebäude	< 1	**< 1**	2	< 0,1%
Nichtwohngebäude	–	**< 1**	–	< 0,1%
Restaurierungsarbeiten	< 1	**3**	5	< 0,1%
Sakralbauten	–	**–**	–	–
Sakralbauten mit Restaurierungsarbeiten	–	**–**	–	–
Schwammsanierung	–	**–**	–	–

Gebäudeart	▷	€/Einheit	◁	KG an 300
Erweiterungen				
Büro- und Verwaltungsgebäude	–	**5**	–	< 0,1%
Schulen	–	**–**	–	–
Kindergärten	–	**–**	–	–
Wohngebäude: Anbau	–	**–**	–	–
Wohngebäude: Aufstockung	–	**–**	–	–
Wohngebäude: Dachausbau	–	**–**	–	–
Gewerbegebäude	–	**2**	–	< 0,1%
Gebäude anderer Art	< 1	**3**	4	< 0,1%
Umbauten				
Büro- und Verwaltungsgebäude	8	**21**	34	0,2%
Arztpraxen	–	**–**	–	–
Schulen	2	**2**	3	0,1%
Kindergärten	–	**–**	–	–
Ein- und Zweifamilienhäuser	–	**–**	–	–
Mehrfamilienhäuser	2	**3**	3	< 0,1%
Wohnungen	–	**16**	–	0,1%
Hotel und Beherbergung	–	**6**	–	0,1%
Gewerbegebäude	–	**–**	–	–
Museen	–	**1**	–	< 0,1%
Gemeindezentren	3	**8**	16	0,3%
Gebäude anderer Art	–	**9**	–	0,2%
Modernisierungen				
Büro- und Verwaltungsgebäude	1	**5**	9	< 0,1%
Schulen und Kindergärten	3	**5**	14	0,2%
Sporthallen	5	**10**	18	0,4%
Ein- und Zweifamilienhäuser vor 1945	–	**–**	–	–
Ein- und Zweifamilienhäuser nach 1945	–	**–**	–	–
Wohngebäude vor 1945	–	**4**	–	< 0,1%
Wohngebäude nach 1945: nur Oberflächen	2	**10**	14	0,3%
Wohngebäude nach 1945: mit Tragkonstruktion	–	**–**	–	–
Fachwerkhäuser	–	**–**	–	–
Gewerbegebäude	–	**4**	–	0,2%
Gebäude anderer Art	11	**31**	51	0,4%
Instandsetzungen				
Wohngebäude	1	**10**	28	0,6%
Nichtwohngebäude	2	**7**	12	0,3%
Restaurierungsarbeiten	–	**4**	–	0,1%
Sakralbauten	–	**–**	–	–
Sakralbauten mit Restaurierungsarbeiten	–	**–**	–	–
Schwammsanierung	–	**–**	–	–

Einheit: m²
Brutto-Grundfläche (BGF)

411 Abwasseranlagen

Kosten:
Stand 2. Quartal 2025
Bundesdurchschnitt
inkl. 19% MwSt.

Einheit: m2
Brutto-Grundfläche (BGF)

Gebäudeart	▷	€/Einheit	◁	KG an 400
Erweiterungen				
Büro- und Verwaltungsgebäude	10	**24**	45	4,6%
Schulen	18	**34**	73	8,2%
Kindergärten	9	**20**	41	7,3%
Wohngebäude: Anbau	9	**24**	44	6,3%
Wohngebäude: Aufstockung	10	**20**	36	4,2%
Wohngebäude: Dachausbau	3	**8**	13	3,4%
Gewerbegebäude	13	**21**	32	6,7%
Gebäude anderer Art	15	**41**	133	4,3%
Umbauten				
Büro- und Verwaltungsgebäude	5	**15**	28	2,8%
Arztpraxen	6	**29**	52	5,1%
Schulen	19	**22**	26	5,2%
Kindergärten	5	**16**	29	5,7%
Ein- und Zweifamilienhäuser	11	**16**	25	6,1%
Mehrfamilienhäuser	15	**23**	37	8,9%
Wohnungen	12	**15**	19	5,6%
Hotel und Beherbergung	9	**35**	49	5,0%
Gewerbegebäude	12	**19**	24	2,7%
Museen	11	**16**	27	4,1%
Gemeindezentren	12	**23**	54	4,7%
Gebäude anderer Art	9	**13**	18	2,6%
Modernisierungen				
Büro- und Verwaltungsgebäude	5	**14**	22	2,2%
Schulen und Kindergärten	7	**16**	30	4,6%
Sporthallen	15	**25**	40	5,7%
Ein- und Zweifamilienhäuser vor 1945	7	**17**	24	2,9%
Ein- und Zweifamilienhäuser nach 1945	6	**13**	28	3,3%
Wohngebäude vor 1945	11	**27**	73	10,1%
Wohngebäude nach 1945: nur Oberflächen	3	**10**	32	4,6%
Wohngebäude nach 1945: mit Tragkonstruktion	9	**20**	34	5,7%
Fachwerkhäuser	16	**25**	41	8,0%
Gewerbegebäude	–	**93**	–	2,3%
Gebäude anderer Art	2	**13**	22	1,8%
Instandsetzungen				
Wohngebäude	6	**16**	32	9,4%
Nichtwohngebäude	8	**17**	26	15,2%
Restaurierungsarbeiten	3	**14**	45	6,7%
Sakralbauten	–	**6**	–	0,8%
Sakralbauten mit Restaurierungsarbeiten	2	**6**	19	1,6%
Schwammsanierung	–	**–**	–	–

▷ von
ø Mittel
◁ bis

Gebäudeart	▷	€/Einheit	◁	KG an 400
Erweiterungen				
Büro- und Verwaltungsgebäude	8	**22**	57	6,5%
Schulen	22	**40**	92	8,2%
Kindergärten	49	**56**	62	15,5%
Wohngebäude: Anbau	56	**82**	120	10,9%
Wohngebäude: Aufstockung	56	**97**	153	20,5%
Wohngebäude: Dachausbau	36	**73**	138	27,6%
Gewerbegebäude	12	**28**	110	6,2%
Gebäude anderer Art	26	**70**	114	9,8%
Umbauten				
Büro- und Verwaltungsgebäude	16	**32**	64	7,1%
Arztpraxen	29	**64**	100	13,2%
Schulen	40	**46**	58	10,9%
Kindergärten	38	**61**	115	21,6%
Ein- und Zweifamilienhäuser	39	**63**	102	20,9%
Mehrfamilienhäuser	39	**61**	88	21,5%
Wohnungen	40	**71**	120	23,5%
Hotel und Beherbergung	107	**129**	163	21,6%
Gewerbegebäude	39	**52**	84	6,6%
Museen	7	**21**	30	4,6%
Gemeindezentren	20	**29**	41	6,7%
Gebäude anderer Art	28	**45**	90	10,1%
Modernisierungen				
Büro- und Verwaltungsgebäude	20	**35**	58	6,2%
Schulen und Kindergärten	18	**35**	77	9,5%
Sporthallen	13	**50**	81	6,5%
Ein- und Zweifamilienhäuser vor 1945	33	**57**	99	15,5%
Ein- und Zweifamilienhäuser nach 1945	26	**52**	99	13,1%
Wohngebäude vor 1945	43	**63**	77	22,0%
Wohngebäude nach 1945: nur Oberflächen	4	**25**	69	8,1%
Wohngebäude nach 1945: mit Tragkonstruktion	46	**74**	140	16,2%
Fachwerkhäuser	45	**84**	105	27,1%
Gewerbegebäude	–	**119**	–	2,9%
Gebäude anderer Art	6	**39**	52	4,1%
Instandsetzungen				
Wohngebäude	12	**44**	66	10,9%
Nichtwohngebäude	9	**28**	54	16,9%
Restaurierungsarbeiten	< 1	**19**	30	3,7%
Sakralbauten	–	**11**	–	1,6%
Sakralbauten mit Restaurierungsarbeiten	6	**7**	9	1,3%
Schwammsanierung	–	**–**	–	–

Einheit: m²
Brutto-Grundfläche (BGF)

413
Gasanlagen

Kosten:
Stand 2. Quartal 2025
Bundesdurchschnitt
inkl. 19% MwSt.

Einheit: m²
Brutto-Grundfläche (BGF)

▷ von
ø Mittel
◁ bis

Gebäudeart	▷	€/Einheit	◁	KG an 400
Erweiterungen				
Büro- und Verwaltungsgebäude	–	**–**	–	–
Schulen	–	**2**	–	< 0,1%
Kindergärten	–	**–**	–	–
Wohngebäude: Anbau	–	**–**	–	–
Wohngebäude: Aufstockung	< 1	**15**	24	0,6%
Wohngebäude: Dachausbau	–	**–**	–	–
Gewerbegebäude	–	**–**	–	–
Gebäude anderer Art	3	**4**	5	0,1%
Umbauten				
Büro- und Verwaltungsgebäude	–	**3**	–	< 0,1%
Arztpraxen	–	**–**	–	–
Schulen	–	**2**	–	< 0,1%
Kindergärten	–	**–**	–	–
Ein- und Zweifamilienhäuser	–	**15**	–	0,2%
Mehrfamilienhäuser	< 1	**4**	7	0,3%
Wohnungen	–	**2**	–	< 0,1%
Hotel und Beherbergung	–	**–**	–	–
Gewerbegebäude	–	**–**	–	–
Museen	–	**–**	–	–
Gemeindezentren	–	**8**	–	0,2%
Gebäude anderer Art	–	**6**	–	0,4%
Modernisierungen				
Büro- und Verwaltungsgebäude	–	**1**	–	< 0,1%
Schulen und Kindergärten	< 1	**< 1**	2	< 0,1%
Sporthallen	–	**2**	–	< 0,1%
Ein- und Zweifamilienhäuser vor 1945	–	**–**	–	–
Ein- und Zweifamilienhäuser nach 1945	–	**6**	–	< 0,1%
Wohngebäude vor 1945	–	**5**	–	0,3%
Wohngebäude nach 1945: nur Oberflächen	–	**–**	–	–
Wohngebäude nach 1945: mit Tragkonstruktion	–	**–**	–	–
Fachwerkhäuser	–	**–**	–	–
Gewerbegebäude	–	**–**	–	–
Gebäude anderer Art	–	**6**	–	< 0,1%
Instandsetzungen				
Wohngebäude	< 1	**< 1**	< 1	< 0,1%
Nichtwohngebäude	–	**< 1**	–	< 0,1%
Restaurierungsarbeiten	–	**–**	–	–
Sakralbauten	–	**–**	–	–
Sakralbauten mit Restaurierungsarbeiten	–	**–**	–	–
Schwammsanierung	–	**–**	–	–

Gebäudeart	▷	€/Einheit	◁	KG an 400
Erweiterungen				
Büro- und Verwaltungsgebäude	3	**12**	35	1,6%
Schulen	1	**3**	4	0,3%
Kindergärten	–	**13**	–	1,5%
Wohngebäude: Anbau	4	**11**	28	0,6%
Wohngebäude: Aufstockung	5	**7**	12	0,5%
Wohngebäude: Dachausbau	–	**–**	–	–
Gewerbegebäude	2	**8**	19	1,4%
Gebäude anderer Art	3	**6**	14	0,6%
Umbauten				
Büro- und Verwaltungsgebäude	5	**8**	16	1,2%
Arztpraxen	2	**8**	14	1,4%
Schulen	3	**4**	7	1,0%
Kindergärten	2	**7**	11	2,0%
Ein- und Zweifamilienhäuser	6	**14**	46	1,6%
Mehrfamilienhäuser	3	**5**	7	1,2%
Wohnungen	3	**4**	4	0,5%
Hotel und Beherbergung	7	**17**	28	2,8%
Gewerbegebäude	3	**6**	9	0,4%
Museen	–	**–**	–	–
Gemeindezentren	2	**5**	9	1,3%
Gebäude anderer Art	2	**4**	10	1,0%
Modernisierungen				
Büro- und Verwaltungsgebäude	3	**5**	8	1,0%
Schulen und Kindergärten	3	**5**	11	0,8%
Sporthallen	4	**5**	9	0,5%
Ein- und Zweifamilienhäuser vor 1945	3	**3**	5	0,3%
Ein- und Zweifamilienhäuser nach 1945	2	**5**	6	0,6%
Wohngebäude vor 1945	3	**6**	12	1,3%
Wohngebäude nach 1945: nur Oberflächen	5	**7**	9	0,4%
Wohngebäude nach 1945: mit Tragkonstruktion	4	**8**	15	1,2%
Fachwerkhäuser	–	**3**	–	0,4%
Gewerbegebäude	–	**–**	–	–
Gebäude anderer Art	4	**6**	9	0,4%
Instandsetzungen				
Wohngebäude	2	**4**	4	0,2%
Nichtwohngebäude	1	**2**	4	1,1%
Restaurierungsarbeiten	1	**4**	7	0,4%
Sakralbauten	–	**3**	–	0,4%
Sakralbauten mit Restaurierungsarbeiten	–	**< 1**	–	< 0,1%
Schwammsanierung	–	**–**	–	–

Einheit: m²
Brutto-Grundfläche (BGF)

421 Wärmeerzeugungsanlagen

Kosten:
Stand 2. Quartal 2025
Bundesdurchschnitt
inkl. 19% MwSt.

Einheit: m²
Brutto-Grundfläche (BGF)

▷ von
Ø Mittel
◁ bis

Gebäudeart	▷	€/Einheit	◁	KG an 100
Erweiterungen				
Büro- und Verwaltungsgebäude	6	**16**	38	1,5%
Schulen	2	**21**	36	2,2%
Kindergärten	9	**16**	23	4,9%
Wohngebäude: Anbau	45	**141**	442	16,8%
Wohngebäude: Aufstockung	23	**56**	79	8,8%
Wohngebäude: Dachausbau	3	**20**	55	2,5%
Gewerbegebäude	9	**31**	54	6,5%
Gebäude anderer Art	33	**117**	248	8,3%
Umbauten				
Büro- und Verwaltungsgebäude	24	**34**	49	4,7%
Arztpraxen	6	**8**	9	0,5%
Schulen	10	**17**	24	4,0%
Kindergärten	2	**28**	57	4,8%
Ein- und Zweifamilienhäuser	28	**59**	102	18,4%
Mehrfamilienhäuser	16	**37**	57	11,8%
Wohnungen	61	**71**	85	18,3%
Hotel und Beherbergung	20	**46**	83	9,8%
Gewerbegebäude	27	**47**	57	5,2%
Museen	–	**44**	–	2,2%
Gemeindezentren	8	**23**	48	4,2%
Gebäude anderer Art	1	**7**	10	0,5%
Modernisierungen				
Büro- und Verwaltungsgebäude	8	**23**	38	7,2%
Schulen und Kindergärten	5	**18**	34	5,1%
Sporthallen	8	**30**	61	3,3%
Ein- und Zweifamilienhäuser vor 1945	61	**115**	167	32,6%
Ein- und Zweifamilienhäuser nach 1945	24	**68**	126	26,5%
Wohngebäude vor 1945	17	**36**	69	11,0%
Wohngebäude nach 1945: nur Oberflächen	13	**36**	98	17,4%
Wohngebäude nach 1945: mit Tragkonstruktion	15	**52**	89	17,0%
Fachwerkhäuser	17	**29**	34	9,2%
Gewerbegebäude	–	**–**	–	–
Gebäude anderer Art	8	**27**	53	2,8%
Instandsetzungen				
Wohngebäude	21	**46**	63	6,5%
Nichtwohngebäude	1	**13**	25	2,2%
Restaurierungsarbeiten	< 1	**15**	29	1,1%
Sakralbauten	–	**51**	–	7,3%
Sakralbauten mit Restaurierungsarbeiten	2	**25**	49	3,5%
Schwammsanierung	–	**–**	–	–

Gebäudeart	▷	€/Einheit	◁	KG an 400
Erweiterungen				
Büro- und Verwaltungsgebäude	17	**38**	65	6,7%
Schulen	14	**47**	67	8,3%
Kindergärten	21	**22**	25	9,1%
Wohngebäude: Anbau	10	**22**	50	2,7%
Wohngebäude: Aufstockung	14	**28**	51	5,4%
Wohngebäude: Dachausbau	35	**55**	84	8,0%
Gewerbegebäude	10	**28**	43	7,4%
Gebäude anderer Art	31	**75**	171	10,0%
Umbauten				
Büro- und Verwaltungsgebäude	9	**19**	43	5,0%
Arztpraxen	3	**19**	31	2,8%
Schulen	31	**43**	54	10,1%
Kindergärten	11	**25**	56	8,3%
Ein- und Zweifamilienhäuser	11	**25**	39	7,4%
Mehrfamilienhäuser	12	**22**	41	7,4%
Wohnungen	11	**30**	66	9,8%
Hotel und Beherbergung	9	**21**	27	3,1%
Gewerbegebäude	11	**39**	51	5,2%
Museen	–	**35**	–	1,8%
Gemeindezentren	13	**34**	50	8,1%
Gebäude anderer Art	19	**33**	40	7,6%
Modernisierungen				
Büro- und Verwaltungsgebäude	18	**32**	53	5,2%
Schulen und Kindergärten	18	**26**	38	7,3%
Sporthallen	15	**47**	87	8,7%
Ein- und Zweifamilienhäuser vor 1945	5	**17**	26	4,1%
Ein- und Zweifamilienhäuser nach 1945	5	**17**	26	3,3%
Wohngebäude vor 1945	15	**24**	36	8,0%
Wohngebäude nach 1945: nur Oberflächen	2	**15**	33	4,7%
Wohngebäude nach 1945: mit Tragkonstruktion	16	**26**	61	7,0%
Fachwerkhäuser	15	**25**	31	8,3%
Gewerbegebäude	63	**107**	151	9,9%
Gebäude anderer Art	19	**47**	163	5,3%
Instandsetzungen				
Wohngebäude	10	**25**	41	4,1%
Nichtwohngebäude	6	**16**	35	3,9%
Restaurierungsarbeiten	3	**23**	34	4,2%
Sakralbauten	–	**16**	–	2,3%
Sakralbauten mit Restaurierungsarbeiten	2	**9**	13	1,9%
Schwammsanierung	–	**< 1**	–	100,0%

Einheit: m²
Brutto-Grundfläche (BGF)

Gebäudeart	▷	€/Einheit	◁	KG an 400
Erweiterungen				
Büro- und Verwaltungsgebäude	19	**36**	54	5,7%
Schulen	28	**48**	98	10,3%
Kindergärten	23	**33**	50	12,8%
Wohngebäude: Anbau	48	**74**	167	26,9%
Wohngebäude: Aufstockung	18	**45**	81	7,9%
Wohngebäude: Dachausbau	29	**58**	93	20,4%
Gewerbegebäude	20	**35**	76	10,4%
Gebäude anderer Art	22	**42**	59	8,1%
Umbauten				
Büro- und Verwaltungsgebäude	15	**30**	45	7,3%
Arztpraxen	8	**29**	59	4,2%
Schulen	21	**28**	34	6,4%
Kindergärten	18	**29**	41	11,3%
Ein- und Zweifamilienhäuser	31	**49**	83	13,5%
Mehrfamilienhäuser	22	**36**	48	12,9%
Wohnungen	33	**82**	366	17,6%
Hotel und Beherbergung	18	**25**	30	4,4%
Gewerbegebäude	5	**21**	31	3,5%
Museen	–	**57**	–	2,9%
Gemeindezentren	18	**34**	49	7,0%
Gebäude anderer Art	23	**32**	49	10,1%
Modernisierungen				
Büro- und Verwaltungsgebäude	20	**39**	89	5,7%
Schulen und Kindergärten	12	**22**	35	6,1%
Sporthallen	36	**86**	200	15,5%
Ein- und Zweifamilienhäuser vor 1945	7	**26**	46	6,6%
Ein- und Zweifamilienhäuser nach 1945	14	**29**	53	10,0%
Wohngebäude vor 1945	14	**40**	60	11,9%
Wohngebäude nach 1945: nur Oberflächen	4	**15**	25	7,9%
Wohngebäude nach 1945: mit Tragkonstruktion	16	**25**	30	7,5%
Fachwerkhäuser	25	**50**	68	17,1%
Gewerbegebäude	23	**27**	32	2,3%
Gebäude anderer Art	31	**64**	249	8,2%
Instandsetzungen				
Wohngebäude	19	**34**	59	6,1%
Nichtwohngebäude	1	**13**	30	5,5%
Restaurierungsarbeiten	11	**28**	38	5,2%
Sakralbauten	–	**66**	–	9,3%
Sakralbauten mit Restaurierungsarbeiten	1	**44**	65	8,2%
Schwammsanierung	–	**–**	–	–

Kosten:
Stand 2. Quartal 2025
Bundesdurchschnitt
inkl. 19% MwSt.

Einheit: m²
Brutto-Grundfläche (BGF)

▷ von
ø Mittel
◁ bis

Gebäudeart	▷	€/Einheit	◁	KG an 400
Erweiterungen				
Büro- und Verwaltungsgebäude	< 1	**2**	3	0,2%
Schulen	–	**–**	–	–
Kindergärten	–	**4**	–	0,7%
Wohngebäude: Anbau	16	**50**	107	4,2%
Wohngebäude: Aufstockung	13	**59**	152	6,7%
Wohngebäude: Dachausbau	17	**30**	42	7,9%
Gewerbegebäude	8	**10**	11	0,6%
Gebäude anderer Art	3	**8**	14	1,2%
Umbauten				
Büro- und Verwaltungsgebäude	2	**10**	24	0,8%
Arztpraxen	–	**–**	–	–
Schulen	< 1	**2**	3	0,3%
Kindergärten	2	**6**	12	1,0%
Ein- und Zweifamilienhäuser	5	**18**	31	3,7%
Mehrfamilienhäuser	8	**13**	49	4,6%
Wohnungen	4	**9**	11	1,4%
Hotel und Beherbergung	< 1	**< 1**	1	< 0,1%
Gewerbegebäude	2	**4**	8	0,4%
Museen	–	**3**	–	0,2%
Gemeindezentren	4	**10**	16	0,5%
Gebäude anderer Art	–	**–**	–	–
Modernisierungen				
Büro- und Verwaltungsgebäude	1	**3**	4	0,2%
Schulen und Kindergärten	2	**5**	12	1,2%
Sporthallen	1	**4**	16	4,0%
Ein- und Zweifamilienhäuser vor 1945	13	**22**	51	5,2%
Ein- und Zweifamilienhäuser nach 1945	4	**8**	15	2,7%
Wohngebäude vor 1945	6	**11**	24	3,2%
Wohngebäude nach 1945: nur Oberflächen	3	**9**	16	14,9%
Wohngebäude nach 1945: mit Tragkonstruktion	2	**9**	18	4,8%
Fachwerkhäuser	8	**14**	25	4,6%
Gewerbegebäude	–	**< 1**	–	< 0,1%
Gebäude anderer Art	11	**15**	23	0,7%
Instandsetzungen				
Wohngebäude	6	**10**	23	19,9%
Nichtwohngebäude	–	**2**	–	< 0,1%
Restaurierungsarbeiten	5	**7**	10	6,1%
Sakralbauten	5	**6**	8	4,6%
Sakralbauten mit Restaurierungsarbeiten	–	**< 1**	–	0,1%
Schwammsanierung	–	**–**	–	–

Einheit: m²
Brutto-Grundfläche (BGF)

431 Lüftungsanlagen

Kosten:
Stand 2.Quartal 2025
Bundesdurchschnitt
inkl. 19% MwSt.

Einheit: m²
Brutto-Grundfläche (BGF)

Gebäudeart	▷	€/Einheit	◁	KG an 400
Erweiterungen				
Büro- und Verwaltungsgebäude	6	**39**	56	3,2%
Schulen	23	**95**	153	9,1%
Kindergärten	4	**7**	10	2,0%
Wohngebäude: Anbau	–	**16**	–	0,2%
Wohngebäude: Aufstockung	23	**53**	93	9,7%
Wohngebäude: Dachausbau	–	**11**	–	0,5%
Gewerbegebäude	5	**23**	81	2,7%
Gebäude anderer Art	4	**181**	371	5,8%
Umbauten				
Büro- und Verwaltungsgebäude	14	**49**	82	8,6%
Arztpraxen	18	**51**	173	4,6%
Schulen	21	**31**	45	7,0%
Kindergärten	9	**49**	90	7,3%
Ein- und Zweifamilienhäuser	28	**49**	76	3,6%
Mehrfamilienhäuser	3	**5**	10	1,3%
Wohnungen	–	**1**	–	< 0,1%
Hotel und Beherbergung	25	**50**	89	7,4%
Gewerbegebäude	55	**129**	170	14,3%
Museen	–	**18**	–	1,8%
Gemeindezentren	12	**64**	136	15,3%
Gebäude anderer Art	18	**70**	147	10,6%
Modernisierungen				
Büro- und Verwaltungsgebäude	7	**34**	118	4,7%
Schulen und Kindergärten	10	**35**	107	7,9%
Sporthallen	9	**56**	89	11,2%
Ein- und Zweifamilienhäuser vor 1945	20	**55**	88	16,3%
Ein- und Zweifamilienhäuser nach 1945	2	**33**	74	9,4%
Wohngebäude vor 1945	6	**20**	48	3,8%
Wohngebäude nach 1945: nur Oberflächen	9	**31**	73	9,0%
Wohngebäude nach 1945: mit Tragkonstruktion	16	**45**	106	9,6%
Fachwerkhäuser	5	**5**	6	1,2%
Gewerbegebäude	–	**331**	–	8,2%
Gebäude anderer Art	29	**72**	193	4,4%
Instandsetzungen				
Wohngebäude	7	**14**	47	2,0%
Nichtwohngebäude	15	**36**	75	8,6%
Restaurierungsarbeiten	2	**22**	42	1,6%
Sakralbauten	–	**–**	–	–
Sakralbauten mit Restaurierungsarbeiten	2	**22**	33	4,4%
Schwammsanierung	–	**–**	–	–

▷ von
ø Mittel
◁ bis

Gebäudeart	▷	€/Einheit	◁	KG an 400
Erweiterungen				
Büro- und Verwaltungsgebäude	< 1	**2**	3	0,2%
Schulen	–	**–**	–	–
Kindergärten	–	**4**	–	0,7%
Wohngebäude: Anbau	16	**50**	107	4,2%
Wohngebäude: Aufstockung	13	**59**	152	6,7%
Wohngebäude: Dachausbau	17	**30**	42	7,9%
Gewerbegebäude	8	**10**	11	0,6%
Gebäude anderer Art	3	**8**	14	1,2%
Umbauten				
Büro- und Verwaltungsgebäude	2	**10**	24	0,8%
Arztpraxen	–	**–**	–	–
Schulen	< 1	**2**	3	0,3%
Kindergärten	2	**6**	12	1,0%
Ein- und Zweifamilienhäuser	5	**18**	31	3,7%
Mehrfamilienhäuser	8	**13**	49	4,6%
Wohnungen	4	**9**	11	1,4%
Hotel und Beherbergung	< 1	**< 1**	1	< 0,1%
Gewerbegebäude	2	**4**	8	0,4%
Museen	–	**3**	–	0,2%
Gemeindezentren	4	**10**	16	0,5%
Gebäude anderer Art	–	**–**	–	–
Modernisierungen				
Büro- und Verwaltungsgebäude	1	**3**	4	0,2%
Schulen und Kindergärten	2	**5**	12	1,2%
Sporthallen	1	**4**	16	4,0%
Ein- und Zweifamilienhäuser vor 1945	13	**22**	51	5,2%
Ein- und Zweifamilienhäuser nach 1945	4	**8**	15	2,7%
Wohngebäude vor 1945	6	**11**	24	3,2%
Wohngebäude nach 1945: nur Oberflächen	3	**9**	16	14,9%
Wohngebäude nach 1945: mit Tragkonstruktion	2	**9**	18	4,8%
Fachwerkhäuser	8	**14**	25	4,6%
Gewerbegebäude	–	**< 1**	–	< 0,1%
Gebäude anderer Art	11	**15**	23	0,7%
Instandsetzungen				
Wohngebäude	6	**10**	23	19,9%
Nichtwohngebäude	–	**2**	–	< 0,1%
Restaurierungsarbeiten	5	**7**	10	6,1%
Sakralbauten	5	**6**	8	4,6%
Sakralbauten mit Restaurierungsarbeiten	–	**< 1**	–	0,1%
Schwammsanierung	–	**–**	–	–

Einheit: m²
Brutto-Grundfläche (BGF)

431
Lüftungsanlagen

Kosten:
Stand 2. Quartal 2025
Bundesdurchschnitt
inkl. 19% MwSt.

Einheit: m²
Brutto-Grundfläche (BGF)

Gebäudeart	▷	€/Einheit	◁	KG an 400
Erweiterungen				
Büro- und Verwaltungsgebäude	6	**39**	56	3,2%
Schulen	23	**95**	153	9,1%
Kindergärten	4	**7**	10	2,0%
Wohngebäude: Anbau	–	**16**	–	0,2%
Wohngebäude: Aufstockung	23	**53**	93	9,7%
Wohngebäude: Dachausbau	–	**11**	–	0,5%
Gewerbegebäude	5	**23**	81	2,7%
Gebäude anderer Art	4	**181**	371	5,8%
Umbauten				
Büro- und Verwaltungsgebäude	14	**49**	82	8,6%
Arztpraxen	18	**51**	173	4,6%
Schulen	21	**31**	45	7,0%
Kindergärten	9	**49**	90	7,3%
Ein- und Zweifamilienhäuser	28	**49**	76	3,6%
Mehrfamilienhäuser	3	**5**	10	1,3%
Wohnungen	–	**1**	–	< 0,1%
Hotel und Beherbergung	25	**50**	89	7,4%
Gewerbegebäude	55	**129**	170	14,3%
Museen	–	**18**	–	1,8%
Gemeindezentren	12	**64**	136	15,3%
Gebäude anderer Art	18	**70**	147	10,6%
Modernisierungen				
Büro- und Verwaltungsgebäude	7	**34**	118	4,7%
Schulen und Kindergärten	10	**35**	107	7,9%
Sporthallen	9	**56**	89	11,2%
Ein- und Zweifamilienhäuser vor 1945	20	**55**	88	16,3%
Ein- und Zweifamilienhäuser nach 1945	2	**33**	74	9,4%
Wohngebäude vor 1945	6	**20**	48	3,8%
Wohngebäude nach 1945: nur Oberflächen	9	**31**	73	9,0%
Wohngebäude nach 1945: mit Tragkonstruktion	16	**45**	106	9,6%
Fachwerkhäuser	5	**5**	6	1,2%
Gewerbegebäude	–	**331**	–	8,2%
Gebäude anderer Art	29	**72**	193	4,4%
Instandsetzungen				
Wohngebäude	7	**14**	47	2,0%
Nichtwohngebäude	15	**36**	75	8,6%
Restaurierungsarbeiten	2	**22**	42	1,6%
Sakralbauten	–	**–**	–	–
Sakralbauten mit Restaurierungsarbeiten	2	**22**	33	4,4%
Schwammsanierung	–	**–**	–	–

▷ von
ø Mittel
◁ bis

Gebäudeart	▷	€/Einheit	◁	KG an 400
Erweiterungen				
Büro- und Verwaltungsgebäude	12	**63**	165	3,6%
Schulen	–	**< 1**	–	< 0,1%
Kindergärten	–	**–**	–	–
Wohngebäude: Anbau	–	**–**	–	–
Wohngebäude: Aufstockung	–	**–**	–	–
Wohngebäude: Dachausbau	–	**–**	–	–
Gewerbegebäude	–	**–**	–	–
Gebäude anderer Art	50	**73**	96	3,4%
Umbauten				
Büro- und Verwaltungsgebäude	2	**5**	8	0,3%
Arztpraxen	40	**78**	117	4,0%
Schulen	–	**10**	–	0,5%
Kindergärten	–	**–**	–	–
Ein- und Zweifamilienhäuser	–	**–**	–	–
Mehrfamilienhäuser	–	**–**	–	–
Wohnungen	–	**–**	–	–
Hotel und Beherbergung	–	**–**	–	–
Gewerbegebäude	–	**299**	–	7,3%
Museen	–	**–**	–	–
Gemeindezentren	–	**–**	–	–
Gebäude anderer Art	–	**–**	–	–
Modernisierungen				
Büro- und Verwaltungsgebäude	–	**24**	–	0,9%
Schulen und Kindergärten	7	**53**	143	2,0%
Sporthallen	–	**9**	–	0,1%
Ein- und Zweifamilienhäuser vor 1945	–	**–**	–	–
Ein- und Zweifamilienhäuser nach 1945	–	**–**	–	–
Wohngebäude vor 1945	–	**–**	–	–
Wohngebäude nach 1945: nur Oberflächen	–	**–**	–	–
Wohngebäude nach 1945: mit Tragkonstruktion	–	**–**	–	–
Fachwerkhäuser	–	**–**	–	–
Gewerbegebäude	–	**–**	–	–
Gebäude anderer Art	–	**–**	–	–
Instandsetzungen				
Wohngebäude	–	**–**	–	–
Nichtwohngebäude	–	**–**	–	–
Restaurierungsarbeiten	–	**–**	–	–
Sakralbauten	–	**–**	–	–
Sakralbauten mit Restaurierungsarbeiten	–	**–**	–	–
Schwammsanierung	–	**–**	–	–

Einheit: m²
Brutto-Grundfläche (BGF)

Gebäudeart	▷	€/Einheit	◁	KG an 400
Erweiterungen				
Büro- und Verwaltungsgebäude	8	**66**	125	4,1%
Schulen	–	**–**	–	–
Kindergärten	–	**–**	–	–
Wohngebäude: Anbau	–	**–**	–	–
Wohngebäude: Aufstockung	–	**–**	–	–
Wohngebäude: Dachausbau	–	**–**	–	–
Gewerbegebäude	22	**43**	64	2,4%
Gebäude anderer Art	–	**38**	–	0,7%
Umbauten				
Büro- und Verwaltungsgebäude	10	**23**	48	1,4%
Arztpraxen	–	**140**	–	4,0%
Schulen	–	**–**	–	–
Kindergärten	–	**–**	–	–
Ein- und Zweifamilienhäuser	–	**–**	–	–
Mehrfamilienhäuser	–	**–**	–	–
Wohnungen	–	**–**	–	–
Hotel und Beherbergung	–	**3**	–	0,2%
Gewerbegebäude	20	**32**	44	2,5%
Museen	–	**–**	–	–
Gemeindezentren	–	**1**	–	< 0,1%
Gebäude anderer Art	–	**–**	–	–
Modernisierungen				
Büro- und Verwaltungsgebäude	–	**–**	–	–
Schulen und Kindergärten	–	**–**	–	–
Sporthallen	–	**–**	–	–
Ein- und Zweifamilienhäuser vor 1945	–	**–**	–	–
Ein- und Zweifamilienhäuser nach 1945	–	**–**	–	–
Wohngebäude vor 1945	–	**–**	–	–
Wohngebäude nach 1945: nur Oberflächen	–	**–**	–	–
Wohngebäude nach 1945: mit Tragkonstruktion	–	**–**	–	–
Fachwerkhäuser	–	**–**	–	–
Gewerbegebäude	–	**–**	–	–
Gebäude anderer Art	–	**–**	–	–
Instandsetzungen				
Wohngebäude	–	**–**	–	–
Nichtwohngebäude	–	**–**	–	–
Restaurierungsarbeiten	–	**–**	–	–
Sakralbauten	–	**–**	–	–
Sakralbauten mit Restaurierungsarbeiten	–	**–**	–	–
Schwammsanierung	–	**–**	–	–

Kosten:
Stand 2. Quartal 2025
Bundesdurchschnitt
inkl. 19% MwSt.

Einheit: m²
Brutto-Grundfläche (BGF)

▷ von
ø Mittel
◁ bis

Gebäudeart	▷	€/Einheit	◁	KG an 400
Erweiterungen				
Büro- und Verwaltungsgebäude	–	**104**	–	3,2%
Schulen	–	**–**	–	–
Kindergärten	–	**–**	–	–
Wohngebäude: Anbau	–	**–**	–	–
Wohngebäude: Aufstockung	–	**–**	–	–
Wohngebäude: Dachausbau	–	**–**	–	–
Gewerbegebäude	–	**24**	–	1,1%
Gebäude anderer Art	–	**–**	–	–
Umbauten				
Büro- und Verwaltungsgebäude	1	**5**	9	0,4%
Arztpraxen	–	**–**	–	–
Schulen	–	**–**	–	–
Kindergärten	–	**–**	–	–
Ein- und Zweifamilienhäuser	–	**–**	–	–
Mehrfamilienhäuser	–	**–**	–	–
Wohnungen	–	**–**	–	–
Hotel und Beherbergung	–	**–**	–	–
Gewerbegebäude	–	**–**	–	–
Museen	–	**–**	–	–
Gemeindezentren	–	**17**	–	0,2%
Gebäude anderer Art	39	**81**	124	2,9%
Modernisierungen				
Büro- und Verwaltungsgebäude	–	**38**	–	0,4%
Schulen und Kindergärten	–	**–**	–	–
Sporthallen	–	**–**	–	–
Ein- und Zweifamilienhäuser vor 1945	–	**–**	–	–
Ein- und Zweifamilienhäuser nach 1945	–	**–**	–	–
Wohngebäude vor 1945	–	**–**	–	–
Wohngebäude nach 1945: nur Oberflächen	–	**–**	–	–
Wohngebäude nach 1945: mit Tragkonstruktion	–	**–**	–	–
Fachwerkhäuser	–	**–**	–	–
Gewerbegebäude	–	**239**	–	5,9%
Gebäude anderer Art	38	**54**	80	2,5%
Instandsetzungen				
Wohngebäude	–	**–**	–	–
Nichtwohngebäude	–	**–**	–	–
Restaurierungsarbeiten	–	**–**	–	–
Sakralbauten	–	**–**	–	–
Sakralbauten mit Restaurierungsarbeiten	–	**–**	–	–
Schwammsanierung	–	**–**	–	–

Einheit: m²
Brutto-Grundfläche (BGF)

442 Eigenstromversorgungsanlagen

Kosten:
Stand 2. Quartal 2025
Bundesdurchschnitt
inkl. 19% MwSt.

Einheit: m²
Brutto-Grundfläche (BGF)

Gebäudeart	▷	€/Einheit	◁	KG an 400
Erweiterungen				
Büro- und Verwaltungsgebäude	5	**15**	26	0,7%
Schulen	–	**22**	–	0,3%
Kindergärten	–	–	–	–
Wohngebäude: Anbau	–	–	–	–
Wohngebäude: Aufstockung	–	**1**	–	< 0,1%
Wohngebäude: Dachausbau	–	**149**	–	4,3%
Gewerbegebäude	–	**< 1**	–	< 0,1%
Gebäude anderer Art	20	**27**	33	0,6%
Umbauten				
Büro- und Verwaltungsgebäude	5	**5**	6	0,3%
Arztpraxen	–	–	–	–
Schulen	2	**6**	10	0,9%
Kindergärten	–	–	–	–
Ein- und Zweifamilienhäuser	–	–	–	–
Mehrfamilienhäuser	–	**58**	–	1,1%
Wohnungen	–	–	–	–
Hotel und Beherbergung	–	**32**	–	1,3%
Gewerbegebäude	–	–	–	–
Museen	–	–	–	–
Gemeindezentren	–	–	–	–
Gebäude anderer Art	–	**22**	–	0,7%
Modernisierungen				
Büro- und Verwaltungsgebäude	4	**15**	33	0,5%
Schulen und Kindergärten	10	**57**	385	5,5%
Sporthallen	3	**10**	26	0,4%
Ein- und Zweifamilienhäuser vor 1945	–	–	–	–
Ein- und Zweifamilienhäuser nach 1945	–	–	–	–
Wohngebäude vor 1945	–	–	–	–
Wohngebäude nach 1945: nur Oberflächen	–	**57**	–	0,9%
Wohngebäude nach 1945: mit Tragkonstruktion	9	**56**	103	2,1%
Fachwerkhäuser	–	–	–	–
Gewerbegebäude	–	–	–	–
Gebäude anderer Art	–	**7**	–	0,1%
Instandsetzungen				
Wohngebäude	17	**45**	72	3,3%
Nichtwohngebäude	–	–	–	–
Restaurierungsarbeiten	–	–	–	–
Sakralbauten	–	–	–	–
Sakralbauten mit Restaurierungsarbeiten	–	–	–	–
Schwammsanierung	–	–	–	–

▷ von
ø Mittel
◁ bis

Gebäudeart	▷	€/Einheit	◁	KG an 400
Erweiterungen				
Büro- und Verwaltungsgebäude	–	**–**	–	–
Schulen	–	**10**	–	0,1%
Kindergärten	–	**–**	–	–
Wohngebäude: Anbau	–	**–**	–	–
Wohngebäude: Aufstockung	–	**4**	–	< 0,1%
Wohngebäude: Dachausbau	–	**–**	–	–
Gewerbegebäude	–	**8**	–	0,1%
Gebäude anderer Art	–	**–**	–	–
Umbauten				
Büro- und Verwaltungsgebäude	–	**–**	–	–
Arztpraxen	–	**–**	–	–
Schulen	–	**3**	–	0,1%
Kindergärten	–	**–**	–	–
Ein- und Zweifamilienhäuser	–	**–**	–	–
Mehrfamilienhäuser	–	**–**	–	–
Wohnungen	–	**–**	–	–
Hotel und Beherbergung	–	**6**	–	0,2%
Gewerbegebäude	–	**17**	–	0,7%
Museen	–	**–**	–	–
Gemeindezentren	< 1	**8**	13	0,9%
Gebäude anderer Art	–	**8**	–	0,3%
Modernisierungen				
Büro- und Verwaltungsgebäude	5	**22**	38	0,7%
Schulen und Kindergärten	–	**23**	–	0,2%
Sporthallen	–	**10**	–	0,1%
Ein- und Zweifamilienhäuser vor 1945	–	**–**	–	–
Ein- und Zweifamilienhäuser nach 1945	–	**–**	–	–
Wohngebäude vor 1945	–	**–**	–	–
Wohngebäude nach 1945: nur Oberflächen	–	**–**	–	–
Wohngebäude nach 1945: mit Tragkonstruktion	–	**–**	–	–
Fachwerkhäuser	–	**–**	–	–
Gewerbegebäude	–	**14**	–	0,3%
Gebäude anderer Art	–	**47**	–	0,6%
Instandsetzungen				
Wohngebäude	–	**–**	–	–
Nichtwohngebäude	–	**11**	–	0,5%
Restaurierungsarbeiten	–	**–**	–	–
Sakralbauten	–	**–**	–	–
Sakralbauten mit Restaurierungsarbeiten	–	**–**	–	–
Schwammsanierung	–	**–**	–	–

Einheit: m²
Brutto-Grundfläche (BGF)

Kosten:
Stand 2.Quartal 2025
Bundesdurchschnitt
inkl. 19% MwSt.

Einheit: m2
Brutto-Grundfläche (BGF)

▷ von
ø Mittel
◁ bis

Gebäudeart	▷	€/Einheit	◁	KG an 400
Erweiterungen				
Büro- und Verwaltungsgebäude	62	**92**	131	28,5%
Schulen	60	**99**	158	22,1%
Kindergärten	49	**85**	150	32,6%
Wohngebäude: Anbau	34	**56**	103	14,1%
Wohngebäude: Aufstockung	56	**87**	136	16,9%
Wohngebäude: Dachausbau	33	**67**	98	23,3%
Gewerbegebäude	40	**65**	95	19,7%
Gebäude anderer Art	54	**91**	122	15,2%
Umbauten				
Büro- und Verwaltungsgebäude	69	**97**	168	26,4%
Arztpraxen	60	**101**	182	25,2%
Schulen	57	**68**	102	15,7%
Kindergärten	25	**46**	69	16,1%
Ein- und Zweifamilienhäuser	29	**49**	79	16,0%
Mehrfamilienhäuser	33	**51**	70	17,3%
Wohnungen	34	**58**	120	17,2%
Hotel und Beherbergung	35	**68**	85	10,6%
Gewerbegebäude	57	**95**	145	16,8%
Museen	81	**94**	107	12,7%
Gemeindezentren	45	**66**	111	14,0%
Gebäude anderer Art	65	**134**	293	28,8%
Modernisierungen				
Büro- und Verwaltungsgebäude	64	**110**	165	24,5%
Schulen und Kindergärten	33	**54**	98	14,9%
Sporthallen	13	**37**	64	10,7%
Ein- und Zweifamilienhäuser vor 1945	17	**38**	55	12,9%
Ein- und Zweifamilienhäuser nach 1945	33	**51**	68	17,0%
Wohngebäude vor 1945	41	**55**	71	15,9%
Wohngebäude nach 1945: nur Oberflächen	5	**26**	63	8,5%
Wohngebäude nach 1945: mit Tragkonstruktion	29	**48**	97	12,6%
Fachwerkhäuser	40	**55**	63	17,7%
Gewerbegebäude	104	**148**	192	10,5%
Gebäude anderer Art	41	**95**	145	19,0%
Instandsetzungen				
Wohngebäude	14	**41**	87	20,7%
Nichtwohngebäude	9	**28**	46	17,1%
Restaurierungsarbeiten	3	**33**	54	30,0%
Sakralbauten	7	**20**	42	16,9%
Sakralbauten mit Restaurierungsarbeiten	28	**68**	198	20,6%
Schwammsanierung	–	**–**	–	–

Gebäudeart	▷	€/Einheit	◁	KG an 400
Erweiterungen				
Büro- und Verwaltungsgebäude	27	**71**	105	16,0%
Schulen	68	**97**	151	15,4%
Kindergärten	12	**18**	21	7,4%
Wohngebäude: Anbau	7	**23**	53	4,4%
Wohngebäude: Aufstockung	8	**31**	106	3,6%
Wohngebäude: Dachausbau	–	**17**	–	0,5%
Gewerbegebäude	15	**36**	61	10,3%
Gebäude anderer Art	22	**66**	145	9,0%
Umbauten				
Büro- und Verwaltungsgebäude	27	**62**	90	16,1%
Arztpraxen	55	**80**	133	23,8%
Schulen	39	**59**	73	13,4%
Kindergärten	17	**36**	71	11,6%
Ein- und Zweifamilienhäuser	< 1	**2**	4	0,2%
Mehrfamilienhäuser	2	**6**	14	1,6%
Wohnungen	7	**16**	39	2,6%
Hotel und Beherbergung	26	**46**	85	7,3%
Gewerbegebäude	38	**119**	253	20,6%
Museen	86	**167**	247	26,6%
Gemeindezentren	29	**48**	89	9,8%
Gebäude anderer Art	36	**64**	168	10,4%
Modernisierungen				
Büro- und Verwaltungsgebäude	39	**72**	147	15,0%
Schulen und Kindergärten	28	**49**	78	13,4%
Sporthallen	14	**37**	55	11,0%
Ein- und Zweifamilienhäuser vor 1945	1	**4**	8	0,6%
Ein- und Zweifamilienhäuser nach 1945	5	**22**	94	3,6%
Wohngebäude vor 1945	4	**16**	58	2,4%
Wohngebäude nach 1945: nur Oberflächen	1	**4**	7	6,0%
Wohngebäude nach 1945: mit Tragkonstruktion	3	**8**	17	4,4%
Fachwerkhäuser	3	**5**	6	1,7%
Gewerbegebäude	29	**171**	313	18,0%
Gebäude anderer Art	53	**110**	203	25,0%
Instandsetzungen				
Wohngebäude	2	**8**	32	1,6%
Nichtwohngebäude	6	**19**	39	5,7%
Restaurierungsarbeiten	5	**31**	61	17,5%
Sakralbauten	1	**6**	8	4,4%
Sakralbauten mit Restaurierungsarbeiten	10	**48**	78	15,9%
Schwammsanierung	–	**–**	–	–

Einheit: m²
Brutto-Grundfläche (BGF)

446 Blitzschutz- und Erdungsanlagen

Kosten:
Stand 2. Quartal 2025
Bundesdurchschnitt
inkl. 19% MwSt.

Einheit: m²
Brutto-Grundfläche (BGF)

Gebäudeart	▷	€/Einheit	◁	KG an 400
Erweiterungen				
Büro- und Verwaltungsgebäude	2	**4**	6	0,5%
Schulen	5	**14**	30	3,2%
Kindergärten	< 1	**6**	9	2,1%
Wohngebäude: Anbau	5	**7**	17	1,5%
Wohngebäude: Aufstockung	1	**3**	6	0,5%
Wohngebäude: Dachausbau	< 1	**5**	10	0,3%
Gewerbegebäude	4	**12**	26	2,9%
Gebäude anderer Art	4	**12**	50	1,0%
Umbauten				
Büro- und Verwaltungsgebäude	2	**5**	12	1,0%
Arztpraxen	4	**4**	5	0,2%
Schulen	3	**6**	12	1,3%
Kindergärten	< 1	**4**	11	1,4%
Ein- und Zweifamilienhäuser	< 1	**3**	4	0,2%
Mehrfamilienhäuser	< 1	**2**	7	0,7%
Wohnungen	< 1	**< 1**	< 1	< 0,1%
Hotel und Beherbergung	8	**8**	9	1,4%
Gewerbegebäude	1	**3**	4	0,2%
Museen	5	**6**	8	0,9%
Gemeindezentren	5	**9**	14	1,9%
Gebäude anderer Art	1	**6**	13	1,0%
Modernisierungen				
Büro- und Verwaltungsgebäude	1	**7**	11	1,3%
Schulen und Kindergärten	3	**5**	8	1,4%
Sporthallen	7	**12**	23	3,6%
Ein- und Zweifamilienhäuser vor 1945	2	**4**	9	0,5%
Ein- und Zweifamilienhäuser nach 1945	< 1	**1**	2	0,2%
Wohngebäude vor 1945	< 1	**2**	3	0,5%
Wohngebäude nach 1945: nur Oberflächen	< 1	**1**	3	0,7%
Wohngebäude nach 1945: mit Tragkonstruktion	< 1	**2**	7	3,3%
Fachwerkhäuser	2	**3**	6	1,0%
Gewerbegebäude	–	**–**	–	–
Gebäude anderer Art	1	**9**	14	1,2%
Instandsetzungen				
Wohngebäude	1	**4**	12	0,5%
Nichtwohngebäude	< 1	**6**	9	15,3%
Restaurierungsarbeiten	1	**12**	19	3,1%
Sakralbauten	20	**28**	34	28,5%
Sakralbauten mit Restaurierungsarbeiten	1	**11**	14	3,4%
Schwammsanierung	–	**–**	–	–

▷ von
ø Mittel
◁ bis

Gebäudeart	▷	€/Einheit	◁	KG an 400
Erweiterungen				
Büro- und Verwaltungsgebäude	1	**6**	12	0,8%
Schulen	2	**6**	14	0,3%
Kindergärten	< 1	**< 1**	1	0,2%
Wohngebäude: Anbau	3	**5**	10	0,4%
Wohngebäude: Aufstockung	1	**3**	6	0,5%
Wohngebäude: Dachausbau	3	**4**	4	0,3%
Gewerbegebäude	1	**3**	5	0,7%
Gebäude anderer Art	2	**6**	14	0,4%
Umbauten				
Büro- und Verwaltungsgebäude	1	**2**	4	0,4%
Arztpraxen	3	**6**	11	0,7%
Schulen	3	**5**	6	0,9%
Kindergärten	< 1	**3**	13	0,4%
Ein- und Zweifamilienhäuser	< 1	**2**	3	0,2%
Mehrfamilienhäuser	< 1	**1**	2	0,3%
Wohnungen	< 1	**2**	3	0,2%
Hotel und Beherbergung	9	**12**	16	1,1%
Gewerbegebäude	2	**5**	6	0,5%
Museen	–	**–**	–	–
Gemeindezentren	< 1	**2**	5	0,2%
Gebäude anderer Art	–	**–**	–	–
Modernisierungen				
Büro- und Verwaltungsgebäude	4	**7**	8	0,7%
Schulen und Kindergärten	< 1	**2**	4	0,5%
Sporthallen	< 1	**< 1**	2	< 0,1%
Ein- und Zweifamilienhäuser vor 1945	< 1	**1**	2	0,3%
Ein- und Zweifamilienhäuser nach 1945	< 1	**1**	3	0,3%
Wohngebäude vor 1945	< 1	**1**	3	0,4%
Wohngebäude nach 1945: nur Oberflächen	< 1	**2**	4	1,6%
Wohngebäude nach 1945: mit Tragkonstruktion	< 1	**4**	12	0,6%
Fachwerkhäuser	< 1	**1**	2	0,2%
Gewerbegebäude	< 1	**25**	51	1,3%
Gebäude anderer Art	2	**17**	33	1,0%
Instandsetzungen				
Wohngebäude	< 1	**1**	3	0,1%
Nichtwohngebäude	–	**1**	–	0,2%
Restaurierungsarbeiten	< 1	**3**	6	0,7%
Sakralbauten	–	**< 1**	–	< 0,1%
Sakralbauten mit Restaurierungsarbeiten	–	**6**	–	0,3%
Schwammsanierung	–	**–**	–	–

Einheit: m²
Brutto-Grundfläche (BGF)

452 Such- und Signalanlagen

Kosten:
Stand 2. Quartal 2025
Bundesdurchschnitt
inkl. 19% MwSt.

Einheit: m²
Brutto-Grundfläche (BGF)

▷ von
ø Mittel
◁ bis

Gebäudeart	▷	€/Einheit	◁	KG an 400
Erweiterungen				
Büro- und Verwaltungsgebäude	2	**4**	6	0,4%
Schulen	–	**1**	–	< 0,1%
Kindergärten	1	**2**	2	0,4%
Wohngebäude: Anbau	1	**5**	6	0,3%
Wohngebäude: Aufstockung	4	**9**	18	1,5%
Wohngebäude: Dachausbau	1	**3**	7	0,4%
Gewerbegebäude	< 1	**2**	5	0,3%
Gebäude anderer Art	3	**8**	27	0,9%
Umbauten				
Büro- und Verwaltungsgebäude	1	**6**	15	1,2%
Arztpraxen	9	**24**	53	1,3%
Schulen	< 1	**1**	1	0,2%
Kindergärten	1	**5**	8	1,5%
Ein- und Zweifamilienhäuser	< 1	**2**	2	0,[illegible]%
Mehrfamilienhäuser	2	**5**	11	1,[illegible]%
Wohnungen	< 1	**1**	2	< 0,1%
Hotel und Beherbergung	2	**2**	3	0,2%
Gewerbegebäude	2	**5**	8	0,[illegible]%
Museen	–	**–**	–	–
Gemeindezentren	1	**3**	11	0,[illegible]%
Gebäude anderer Art	1	**2**	3	0,[illegible]%
Modernisierungen				
Büro- und Verwaltungsgebäude	2	**5**	9	1,[illegible]%
Schulen und Kindergärten	< 1	**3**	9	0,[illegible]%
Sporthallen	1	**3**	8	0,[illegible]%
Ein- und Zweifamilienhäuser vor 1945	1	**2**	3	0,[illegible]%
Ein- und Zweifamilienhäuser nach 1945	< 1	**3**	6	0,[illegible]%
Wohngebäude vor 1945	1	**4**	8	0,3%
Wohngebäude nach 1945: nur Oberflächen	2	**5**	7	4,3%
Wohngebäude nach 1945: mit Tragkonstruktion	3	**6**	27	1,3%
Fachwerkhäuser	2	**4**	9	1,3%
Gewerbegebäude	–	**2**	–	0,1%
Gebäude anderer Art	4	**22**	93	1,5%
Instandsetzungen				
Wohngebäude	1	**4**	8	0,9%
Nichtwohngebäude	–	**2**	–	< 0,1%
Restaurierungsarbeiten	1	**2**	3	0,4%
Sakralbauten	–	**–**	–	–
Sakralbauten mit Restaurierungsarbeiten	–	**–**	–	–
Schwammsanierung	–	**–**	–	–

Gebäudeart	▷	€/Einheit	◁	KG an 400
Erweiterungen				
Büro- und Verwaltungsgebäude	–	**7**	–	0,2%
Schulen	< 1	**< 1**	< 1	< 0,1%
Kindergärten	–	**–**	–	–
Wohngebäude: Anbau	–	**–**	–	–
Wohngebäude: Aufstockung	–	**–**	–	–
Wohngebäude: Dachausbau	–	**–**	–	–
Gewerbegebäude	1	**10**	18	0,2%
Gebäude anderer Art	–	**2**	–	< 0,1%
Umbauten				
Büro- und Verwaltungsgebäude	–	**2**	–	< 0,1%
Arztpraxen	–	**–**	–	–
Schulen	< 1	**< 1**	1	0,2%
Kindergärten	–	**–**	–	–
Ein- und Zweifamilienhäuser	–	**–**	–	–
Mehrfamilienhäuser	–	**–**	–	–
Wohnungen	–	**–**	–	–
Hotel und Beherbergung	–	**–**	–	–
Gewerbegebäude	–	**–**	–	–
Museen	–	**–**	–	–
Gemeindezentren	–	**< 1**	–	< 0,1%
Gebäude anderer Art	–	**–**	–	–
Modernisierungen				
Büro- und Verwaltungsgebäude	–	**13**	–	0,2%
Schulen und Kindergärten	1	**2**	4	0,3%
Sporthallen	< 1	**2**	2	< 0,1%
Ein- und Zweifamilienhäuser vor 1945	–	**–**	–	–
Ein- und Zweifamilienhäuser nach 1945	–	**–**	–	–
Wohngebäude vor 1945	–	**–**	–	–
Wohngebäude nach 1945: nur Oberflächen	–	**–**	–	–
Wohngebäude nach 1945: mit Tragkonstruktion	–	**–**	–	–
Fachwerkhäuser	–	**–**	–	–
Gewerbegebäude	–	**–**	–	–
Gebäude anderer Art	–	**–**	–	–
Instandsetzungen				
Wohngebäude	–	**–**	–	–
Nichtwohngebäude	–	**1**	–	< 0,1%
Restaurierungsarbeiten	–	**–**	–	–
Sakralbauten	17	**23**	29	9,6%
Sakralbauten mit Restaurierungsarbeiten	39	**39**	40	6,7%
Schwammsanierung	–	**–**	–	–

Einheit: m²
Brutto-Grundfläche (BGF)

Kosten:
Stand 2. Quartal 2025
Bundesdurchschnitt
inkl. 19% MwSt.

Einheit: m²
Brutto-Grundfläche (BGF)

Gebäudeart	▷	€/Einheit	◁	KG an 400
Erweiterungen				
Büro- und Verwaltungsgebäude	–	**2**	–	< 0,1%
Schulen	3	**10**	17	0,7%
Kindergärten	–	**–**	–	–
Wohngebäude: Anbau	< 1	**7**	13	0,6%
Wohngebäude: Aufstockung	–	**2**	–	< 0,1%
Wohngebäude: Dachausbau	–	**–**	–	–
Gewerbegebäude	–	**19**	–	0,2%
Gebäude anderer Art	< 1	**21**	31	0,8%
Umbauten				
Büro- und Verwaltungsgebäude	–	**31**	–	0,4%
Arztpraxen	–	**< 1**	–	< 0,1%
Schulen	4	**10**	32	2,1%
Kindergärten	–	**< 1**	–	< 0,1%
Ein- und Zweifamilienhäuser	–	**3**	–	< 0,1%
Mehrfamilienhäuser	–	**–**	–	–
Wohnungen	–	**–**	–	–
Hotel und Beherbergung	–	**20**	–	0,9%
Gewerbegebäude	4	**6**	9	0,4%
Museen	–	**–**	–	–
Gemeindezentren	6	**21**	35	1,7%
Gebäude anderer Art	–	**15**	–	1,1%
Modernisierungen				
Büro- und Verwaltungsgebäude	–	**47**	–	0,6%
Schulen und Kindergärten	4	**10**	22	1,9%
Sporthallen	3	**9**	13	0,8%
Ein- und Zweifamilienhäuser vor 1945	–	**1**	–	< 0,1%
Ein- und Zweifamilienhäuser nach 1945	–	**2**	–	< 0,1%
Wohngebäude vor 1945	–	**< 1**	–	< 0,1%
Wohngebäude nach 1945: nur Oberflächen	–	**–**	–	–
Wohngebäude nach 1945: mit Tragkonstruktion	–	**2**	–	< 0,1%
Fachwerkhäuser	–	**–**	–	–
Gewerbegebäude	–	**–**	–	–
Gebäude anderer Art	29	**40**	51	1,1%
Instandsetzungen				
Wohngebäude	–	**< 1**	–	< 0,1%
Nichtwohngebäude	–	**10**	–	0,4%
Restaurierungsarbeiten	–	**–**	–	–
Sakralbauten	–	**3**	–	0,4%
Sakralbauten mit Restaurierungsarbeiten	20	**51**	82	6,5%
Schwammsanierung	–	**–**	–	–

▷ von
ø Mittel
◁ bis

Gebäudeart	▷	€/Einheit	◁	KG an 400
Erweiterungen				
Büro- und Verwaltungsgebäude	–	**9**	–	0,2%
Schulen	–	**3**	–	< 0,1%
Kindergärten	3	**9**	15	2,3%
Wohngebäude: Anbau	3	**8**	12	1,4%
Wohngebäude: Aufstockung	3	**6**	9	1,3%
Wohngebäude: Dachausbau	6	**8**	10	0,5%
Gewerbegebäude	1	**3**	5	0,3%
Gebäude anderer Art	< 1	**2**	7	0,3%
Umbauten				
Büro- und Verwaltungsgebäude	2	**9**	28	0,6%
Arztpraxen	< 1	**2**	6	0,3%
Schulen	< 1	**1**	1	0,2%
Kindergärten	< 1	**1**	2	0,2%
Ein- und Zweifamilienhäuser	1	**2**	3	0,2%
Mehrfamilienhäuser	1	**3**	9	0,9%
Wohnungen	2	**5**	22	0,9%
Hotel und Beherbergung	2	**3**	5	0,5%
Gewerbegebäude	–	**1**	–	< 0,1%
Museen	–	**–**	–	–
Gemeindezentren	< 1	**2**	4	0,3%
Gebäude anderer Art	< 1	**19**	56	2,5%
Modernisierungen				
Büro- und Verwaltungsgebäude	< 1	**2**	6	0,1%
Schulen und Kindergärten	< 1	**< 1**	2	0,2%
Sporthallen	< 1	**3**	5	0,2%
Ein- und Zweifamilienhäuser vor 1945	< 1	**5**	11	1,2%
Ein- und Zweifamilienhäuser nach 1945	2	**4**	7	0,9%
Wohngebäude vor 1945	2	**4**	7	1,1%
Wohngebäude nach 1945: nur Oberflächen	< 1	**< 1**	3	3,7%
Wohngebäude nach 1945: mit Tragkonstruktion	2	**4**	7	1,2%
Fachwerkhäuser	3	**6**	13	2,0%
Gewerbegebäude	–	**–**	–	–
Gebäude anderer Art	2	**17**	47	0,8%
Instandsetzungen				
Wohngebäude	2	**5**	13	1,6%
Nichtwohngebäude	< 1	**1**	2	0,4%
Restaurierungsarbeiten	–	**< 1**	–	< 0,1%
Sakralbauten	–	**–**	–	–
Sakralbauten mit Restaurierungsarbeiten	–	**–**	–	–
Schwammsanierung	–	**–**	–	–

Einheit: m²
Brutto-Grundfläche (BGF)

456 Gefahrenmelde- und Alarmanlagen

Gebäudeart	▷	€/Einheit	◁	KG an 40[illegible]
Erweiterungen				
Büro- und Verwaltungsgebäude	4	**20**	40	2,2[illegible]
Schulen	11	**31**	60	3,6[illegible]
Kindergärten	–	**2**	–	0,2[illegible]
Wohngebäude: Anbau	–	**–**	–	–
Wohngebäude: Aufstockung	5	**20**	46	1,5[illegible]
Wohngebäude: Dachausbau	–	**–**	–	–
Gewerbegebäude	15	**23**	32	2,[illegible]%
Gebäude anderer Art	15	**48**	135	3,2[illegible]%
Umbauten				
Büro- und Verwaltungsgebäude	14	**31**	59	4,9[illegible]%
Arztpraxen	–	**19**	–	1,5[illegible]%
Schulen	10	**23**	46	4,8[illegible]%
Kindergärten	4	**10**	22	3,9[illegible]%
Ein- und Zweifamilienhäuser	–	**–**	–	–
Mehrfamilienhäuser	1	**15**	44	1,[illegible]%
Wohnungen	3	**19**	51	1,[illegible]%
Hotel und Beherbergung	12	**21**	36	3,[illegible]%
Gewerbegebäude	5	**11**	25	1,[illegible]%
Museen	–	**44**	–	4,[illegible]%
Gemeindezentren	5	**19**	93	3,[illegible]%
Gebäude anderer Art	25	**83**	141	2,[illegible]%
Modernisierungen				
Büro- und Verwaltungsgebäude	14	**36**	86	5,[illegible]%
Schulen und Kindergärten	5	**13**	26	3,[illegible]%
Sporthallen	5	**20**	55	2,[illegible]%
Ein- und Zweifamilienhäuser vor 1945	–	**–**	–	–
Ein- und Zweifamilienhäuser nach 1945	< 1	**1**	1	< 0,[illegible]%
Wohngebäude vor 1945	3	**25**	68	2,[illegible]%
Wohngebäude nach 1945: nur Oberflächen	–	**1**	–	< 0,[illegible]%
Wohngebäude nach 1945: mit Tragkonstruktion	< 1	**11**	30	0,7%
Fachwerkhäuser	–	**–**	–	–
Gewerbegebäude	–	**< 1**	–	< 0,1%
Gebäude anderer Art	15	**66**	177	6,3%
Instandsetzungen				
Wohngebäude	2	**3**	5	0,5%
Nichtwohngebäude	2	**6**	14	1,5%
Restaurierungsarbeiten	–	**4**	–	[illegible]4%
Sakralbauten	–	**–**	–	–
Sakralbauten mit Restaurierungsarbeiten	–	**–**	–	–
Schwammsanierung	–	**–**	–	–

Kosten:
Stand 2. Quartal 2025
Bundesdurchschnitt
inkl. 19% MwSt.

Einheit: m²
Brutto-Grundfläche (BGF)

▷ von
ø Mittel
◁ bis

Gebäudeart	▷	€/Einheit	◁	KG an 400
Erweiterungen				
Büro- und Verwaltungsgebäude	18	**35**	52	7,0%
Schulen	10	**29**	52	2,1%
Kindergärten	2	**2**	2	0,5%
Wohngebäude: Anbau	6	**12**	19	0,3%
Wohngebäude: Aufstockung	4	**8**	13	0,7%
Wohngebäude: Dachausbau	–	**–**	–	–
Gewerbegebäude	4	**10**	19	2,3%
Gebäude anderer Art	6	**10**	15	1,4%
Umbauten				
Büro- und Verwaltungsgebäude	12	**21**	31	4,2%
Arztpraxen	13	**29**	39	6,0%
Schulen	5	**10**	13	2,1%
Kindergärten	1	**4**	13	1,3%
Ein- und Zweifamilienhäuser	–	**2**	–	< 0,1%
Mehrfamilienhäuser	3	**5**	9	0,8%
Wohnungen	2	**13**	37	0,8%
Hotel und Beherbergung	4	**6**	6	1,0%
Gewerbegebäude	1	**2**	2	< 0,1%
Museen	–	**–**	–	–
Gemeindezentren	4	**9**	13	1,7%
Gebäude anderer Art	8	**25**	72	2,1%
Modernisierungen				
Büro- und Verwaltungsgebäude	10	**19**	37	4,8%
Schulen und Kindergärten	3	**9**	17	1,5%
Sporthallen	< 1	**2**	4	0,2%
Ein- und Zweifamilienhäuser vor 1945	2	**4**	7	0,2%
Ein- und Zweifamilienhäuser nach 1945	4	**9**	38	1,6%
Wohngebäude vor 1945	1	**3**	5	0,6%
Wohngebäude nach 1945: nur Oberflächen	1	**2**	3	< 0,1%
Wohngebäude nach 1945: mit Tragkonstruktion	2	**9**	13	0,8%
Fachwerkhäuser	–	**1**	–	0,2%
Gewerbegebäude	–	**–**	–	–
Gebäude anderer Art	6	**13**	21	2,8%
Instandsetzungen				
Wohngebäude	2	**5**	11	0,6%
Nichtwohngebäude	2	**2**	3	0,4%
Restaurierungsarbeiten	2	**20**	38	4,3%
Sakralbauten	–	**–**	–	–
Sakralbauten mit Restaurierungsarbeiten	–	**–**	–	–
Schwammsanierung	–	**–**	–	–

Einheit: m²
Brutto-Grundfläche (BGF)

Gebäudeart	▷	€/Einheit	◁	KG an 400
Erweiterungen				
Büro- und Verwaltungsgebäude	–	**9**	–	0,2%
Schulen	26	**28**	29	0,9%
Kindergärten	–	**–**	–	–
Wohngebäude: Anbau	–	**–**	–	–
Wohngebäude: Aufstockung	25	**137**	248	3,2%
Wohngebäude: Dachausbau	–	**–**	–	–
Gewerbegebäude	38	**69**	120	6,1%
Gebäude anderer Art	43	**68**	94	1,4%
Umbauten				
Büro- und Verwaltungsgebäude	27	**86**	145	2,4%
Arztpraxen	–	**–**	–	–
Schulen	6	**14**	23	1,4%
Kindergärten	< 1	**28**	56	1,1%
Ein- und Zweifamilienhäuser	–	**–**	–	–
Mehrfamilienhäuser	33	**81**	224	4,5%
Wohnungen	–	**–**	–	–
Hotel und Beherbergung	4	**21**	38	1,7%
Gewerbegebäude	2	**9**	23	0,[illegible]%
Museen	–	**43**	–	4,[illegible]%
Gemeindezentren	44	**52**	61	6,1%
Gebäude anderer Art	–	**5**	–	0,2%
Modernisierungen				
Büro- und Verwaltungsgebäude	24	**47**	73	6,[illegible]%
Schulen und Kindergärten	15	**22**	45	1,[illegible]%
Sporthallen	–	**–**	–	–
Ein- und Zweifamilienhäuser vor 1945	–	**–**	–	–
Ein- und Zweifamilienhäuser nach 1945	–	**–**	–	–
Wohngebäude vor 1945	3	**63**	124	2,[illegible]%
Wohngebäude nach 1945: nur Oberflächen	–	**–**	–	–
Wohngebäude nach 1945: mit Tragkonstruktion	–	**50**	–	2,0%
Fachwerkhäuser	–	**–**	–	–
Gewerbegebäude	–	**36**	–	0,9%
Gebäude anderer Art	46	**57**	67	3,4%
Instandsetzungen				
Wohngebäude	44	**67**	103	7,3%
Nichtwohngebäude	–	**–**	–	–
Restaurierungsarbeiten	–	**111**	–	3,9%
Sakralbauten	–	**–**	–	–
Sakralbauten mit Restaurierungsarbeiten	–	**–**	–	–
Schwammsanierung	–	**–**	–	–

Kosten:
Stand 2. Quartal 2025
Bundesdurchschnitt
inkl. 19% MwSt.

Einheit: m²
Brutto-Grundfläche (BGF)

▷ von
ø Mittel
◁ bis

Gebäudeart	▷	€/Einheit	◁	KG an 400
Erweiterungen				
Büro- und Verwaltungsgebäude	–	**–**	–	–
Schulen	–	**11**	–	0,2%
Kindergärten	–	**–**	–	–
Wohngebäude: Anbau	–	**–**	–	–
Wohngebäude: Aufstockung	–	**–**	–	–
Wohngebäude: Dachausbau	–	**–**	–	–
Gewerbegebäude	–	**–**	–	–
Gebäude anderer Art	4	**176**	347	3,0%
Umbauten				
Büro- und Verwaltungsgebäude	–	**–**	–	–
Arztpraxen	–	**48**	–	1,1%
Schulen	5	**14**	39	2,3%
Kindergärten	–	**–**	–	–
Ein- und Zweifamilienhäuser	–	**–**	–	–
Mehrfamilienhäuser	–	**–**	–	–
Wohnungen	–	**–**	–	–
Hotel und Beherbergung	96	**180**	263	15,2%
Gewerbegebäude	–	**57**	–	2,3%
Museen	–	**–**	–	–
Gemeindezentren	2	**194**	386	5,6%
Gebäude anderer Art	–	**–**	–	–
Modernisierungen				
Büro- und Verwaltungsgebäude	–	**–**	–	–
Schulen und Kindergärten	2	**3**	4	< 0,1%
Sporthallen	–	**–**	–	–
Ein- und Zweifamilienhäuser vor 1945	–	**–**	–	–
Ein- und Zweifamilienhäuser nach 1945	–	**–**	–	–
Wohngebäude vor 1945	–	**–**	–	–
Wohngebäude nach 1945: nur Oberflächen	–	**–**	–	–
Wohngebäude nach 1945: mit Tragkonstruktion	–	**50**	–	0,6%
Fachwerkhäuser	–	**–**	–	–
Gewerbegebäude	–	**–**	–	–
Gebäude anderer Art	–	**223**	–	3,8%
Instandsetzungen				
Wohngebäude	–	**–**	–	–
Nichtwohngebäude	–	**4**	–	0,5%
Restaurierungsarbeiten	–	**–**	–	–
Sakralbauten	–	**–**	–	–
Sakralbauten mit Restaurierungsarbeiten	–	**–**	–	–
Schwammsanierung	–	**–**	–	–

Einheit: m²
Brutto-Grundfläche (BGF)

473
Medienversorgungsanlagen, Medizin- und labortechnische Anlagen

Kosten:
Stand 2. Quartal 2025
Bundesdurchschnitt
inkl. 19% MwSt.

Einheit: m²
Brutto-Grundfläche (BGF)

Gebäudeart	▷	€/Einheit	◁	KG an 400
Erweiterungen				
Büro- und Verwaltungsgebäude	–	**–**	–	–
Schulen	–	**8**	–	0,1%
Kindergärten	–	**–**	–	–
Wohngebäude: Anbau	–	**–**	–	–
Wohngebäude: Aufstockung	–	**–**	–	–
Wohngebäude: Dachausbau	–	**–**	–	–
Gewerbegebäude	10	**12**	13	0,5%
Gebäude anderer Art	–	**–**	–	–
Umbauten				
Büro- und Verwaltungsgebäude	–	**–**	–	–
Arztpraxen	–	**–**	–	–
Schulen	2	**37**	72	2,8%
Kindergärten	–	**–**	–	–
Ein- und Zweifamilienhäuser	–	**–**	–	–
Mehrfamilienhäuser	–	**–**	–	–
Wohnungen	–	**–**	–	–
Hotel und Beherbergung	–	**–**	–	–
Gewerbegebäude	30	**34**	38	2,7%
Museen	–	**–**	–	–
Gemeindezentren	–	**–**	–	–
Gebäude anderer Art	–	**–**	–	–
Modernisierungen				
Büro- und Verwaltungsgebäude	–	**–**	–	–
Schulen und Kindergärten	2	**4**	7	0,4%
Sporthallen	–	**–**	–	–
Ein- und Zweifamilienhäuser vor 1945	–	**–**	–	–
Ein- und Zweifamilienhäuser nach 1945	–	**–**	–	–
Wohngebäude vor 1945	–	**–**	–	–
Wohngebäude nach 1945: nur Oberflächen	–	**–**	–	–
Wohngebäude nach 1945: mit Tragkonstruktion	–	**–**	–	–
Fachwerkhäuser	–	**–**	–	–
Gewerbegebäude	–	**107**	–	2,6%
Gebäude anderer Art	–	**–**	–	–
Instandsetzungen				
Wohngebäude	–	**–**	–	–
Nichtwohngebäude	–	**–**	–	–
Restaurierungsarbeiten	–	**–**	–	–
Sakralbauten	–	**–**	–	–
Sakralbauten mit Restaurierungsarbeiten	–	**–**	–	–
Schwammsanierung	–	**–**	–	–

▷ von
ø Mittel
◁ bis

Gebäudeart	▷	€/Einheit	◁	KG an 400
Erweiterungen				
Büro- und Verwaltungsgebäude	1	**2**	2	< 0,1%
Schulen	4	**6**	7	0,2%
Kindergärten	–	**–**	–	–
Wohngebäude: Anbau	–	**–**	–	–
Wohngebäude: Aufstockung	–	**–**	–	–
Wohngebäude: Dachausbau	–	**–**	–	–
Gewerbegebäude	2	**3**	8	0,5%
Gebäude anderer Art	3	**13**	23	0,4%
Umbauten				
Büro- und Verwaltungsgebäude	–	**2**	–	< 0,1%
Arztpraxen	–	**1**	–	< 0,1%
Schulen	2	**2**	5	0,5%
Kindergärten	–	**5**	–	0,1%
Ein- und Zweifamilienhäuser	–	**–**	–	–
Mehrfamilienhäuser	–	**–**	–	–
Wohnungen	–	**–**	–	–
Hotel und Beherbergung	–	**–**	–	–
Gewerbegebäude	< 1	**41**	82	2,0%
Museen	< 1	**< 1**	< 1	< 0,1%
Gemeindezentren	< 1	**1**	2	0,1%
Gebäude anderer Art	–	**–**	–	–
Modernisierungen				
Büro- und Verwaltungsgebäude	2	**45**	89	1,1%
Schulen und Kindergärten	1	**3**	7	0,6%
Sporthallen	< 1	**< 1**	1	< 0,1%
Ein- und Zweifamilienhäuser vor 1945	–	**–**	–	–
Ein- und Zweifamilienhäuser nach 1945	–	**–**	–	–
Wohngebäude vor 1945	–	**< 1**	–	< 0,1%
Wohngebäude nach 1945: nur Oberflächen	–	**–**	–	–
Wohngebäude nach 1945: mit Tragkonstruktion	–	**< 1**	–	< 0,1%
Fachwerkhäuser	–	**–**	–	–
Gewerbegebäude	–	**7**	–	0,2%
Gebäude anderer Art	< 1	**1**	2	< 0,1%
Instandsetzungen				
Wohngebäude	–	**–**	–	–
Nichtwohngebäude	–	**1**	–	< 0,1%
Restaurierungsarbeiten	–	**–**	–	–
Sakralbauten	–	**–**	–	–
Sakralbauten mit Restaurierungsarbeiten	–	**2**	–	0,1%
Schwammsanierung	–	**–**	–	–

Einheit: m²
Brutto-Grundfläche (BGF)

475 Prozesswärme-, kälte- und -luftanlagen

Kosten:
Stand 2. Quartal 2025
Bundesdurchschnitt
inkl. 19% MwSt.

Einheit: m²
Brutto-Grundfläche (BGF)

Gebäudeart	▷	€/Einheit	◁	KG an 400
Erweiterungen				
Büro- und Verwaltungsgebäude	–	**–**	–	–
Schulen	–	**–**	–	–
Kindergärten	–	**–**	–	–
Wohngebäude: Anbau	–	**–**	–	–
Wohngebäude: Aufstockung	–	**–**	–	–
Wohngebäude: Dachausbau	–	**–**	–	–
Gewerbegebäude	–	**–**	–	–
Gebäude anderer Art	–	**63**	–	1,1%
Umbauten				
Büro- und Verwaltungsgebäude	–	**–**	–	–
Arztpraxen	–	**–**	–	–
Schulen	–	**–**	–	–
Kindergärten	–	**–**	–	–
Ein- und Zweifamilienhäuser	–	**–**	–	–
Mehrfamilienhäuser	–	**–**	–	–
Wohnungen	–	**–**	–	–
Hotel und Beherbergung	–	**–**	–	–
Gewerbegebäude	–	**26**	–	1,0%
Museen	–	**–**	–	–
Gemeindezentren	–	**–**	–	–
Gebäude anderer Art	–	**–**	–	–
Modernisierungen				
Büro- und Verwaltungsgebäude	–	**–**	–	–
Schulen und Kindergärten	4	**5**	5	0,2%
Sporthallen	–	**–**	–	–
Ein- und Zweifamilienhäuser vor 1945	–	**–**	–	–
Ein- und Zweifamilienhäuser nach 1945	–	**–**	–	–
Wohngebäude vor 1945	–	**–**	–	–
Wohngebäude nach 1945: nur Oberflächen	–	**–**	–	–
Wohngebäude nach 1945: mit Tragkonstruktion	–	**–**	–	–
Fachwerkhäuser	–	**–**	–	–
Gewerbegebäude	–	**5**	–	0,[illegible]%
Gebäude anderer Art	–	**–**	–	–
Instandsetzungen				
Wohngebäude	–	**–**	–	–
Nichtwohngebäude	–	**–**	–	–
Restaurierungsarbeiten	–	**–**	–	–
Sakralbauten	–	**–**	–	–
Sakralbauten mit Restaurierungsarbeiten	–	**–**	–	–
Schwammsanierung	–	**–**	–	–

▷ von
ø Mittel
◁ bis

Gebäudeart	▷	€/Einheit	◁	KG an 400
Erweiterungen				
Büro- und Verwaltungsgebäude	–	**35**	–	0,8%
Schulen	–	**–**	–	–
Kindergärten	–	**–**	–	–
Wohngebäude: Anbau	–	**–**	–	–
Wohngebäude: Aufstockung	–	**–**	–	–
Wohngebäude: Dachausbau	–	**–**	–	–
Gewerbegebäude	48	**103**	158	3,9%
Gebäude anderer Art	–	**–**	–	–
Umbauten				
Büro- und Verwaltungsgebäude	–	**–**	–	–
Arztpraxen	–	**–**	–	–
Schulen	–	**4**	–	0,2%
Kindergärten	–	**–**	–	–
Ein- und Zweifamilienhäuser	–	**–**	–	–
Mehrfamilienhäuser	–	**–**	–	–
Wohnungen	–	**–**	–	–
Hotel und Beherbergung	–	**–**	–	–
Gewerbegebäude	1	**4**	6	0,3%
Museen	–	**6**	–	0,5%
Gemeindezentren	–	**41**	–	1,6%
Gebäude anderer Art	–	**2**	–	< 0,1%
Modernisierungen				
Büro- und Verwaltungsgebäude	–	**–**	–	–
Schulen und Kindergärten	15	**52**	121	2,5%
Sporthallen	–	**–**	–	–
Ein- und Zweifamilienhäuser vor 1945	–	**–**	–	–
Ein- und Zweifamilienhäuser nach 1945	–	**–**	–	–
Wohngebäude vor 1945	–	**21**	–	0,6%
Wohngebäude nach 1945: nur Oberflächen	–	**–**	–	–
Wohngebäude nach 1945: mit Tragkonstruktion	–	**4**	–	0,1%
Fachwerkhäuser	–	**–**	–	–
Gewerbegebäude	–	**25**	–	0,6%
Gebäude anderer Art	–	**–**	–	–
Instandsetzungen				
Wohngebäude	–	**–**	–	–
Nichtwohngebäude	–	**–**	–	–
Restaurierungsarbeiten	–	**–**	–	–
Sakralbauten	–	**29**	–	13,9%
Sakralbauten mit Restaurierungsarbeiten	106	**165**	223	25,5%
Schwammsanierung	–	**–**	–	–

Einheit: m²
Brutto-Grundfläche (BGF)

 Kostenstand: 2. Quartal 2025, Bundesdurchschnitt, **inkl. 19% MwSt.**

481 Automationseinrichtungen

Kosten:
Stand 2. Quartal 2025
Bundesdurchschnitt
inkl. 19% MwSt.

Einheit: m²
Brutto-Grundfläche (BGF)

▷ von
ø Mittel
◁ bis

Gebäudeart	▷	€/Einheit	◁	KG an 400
Erweiterungen				
Büro- und Verwaltungsgebäude	–	**38**	–	0,9%
Schulen	23	**37**	50	2,9%
Kindergärten	–	**–**	–	–
Wohngebäude: Anbau	–	**–**	–	–
Wohngebäude: Aufstockung	–	**–**	–	–
Wohngebäude: Dachausbau	–	**–**	–	–
Gewerbegebäude	1	**3**	4	0,2%
Gebäude anderer Art	11	**39**	68	1,3%
Umbauten				
Büro- und Verwaltungsgebäude	–	**43**	–	0,6%
Arztpraxen	–	**–**	–	–
Schulen	17	**22**	27	4,3%
Kindergärten	–	**–**	–	–
Ein- und Zweifamilienhäuser	–	**–**	–	–
Mehrfamilienhäuser	–	**4**	–	< 0,1%
Wohnungen	–	**–**	–	–
Hotel und Beherbergung	–	**–**	–	–
Gewerbegebäude	–	**–**	–	–
Museen	–	**–**	–	–
Gemeindezentren	17	**20**	24	1,9%
Gebäude anderer Art	9	**20**	31	1,[illegible]%
Modernisierungen				
Büro- und Verwaltungsgebäude	100	**102**	103	2,[illegible]%
Schulen und Kindergärten	14	**26**	49	2,[illegible]%
Sporthallen	36	**55**	100	3,[illegible]%
Ein- und Zweifamilienhäuser vor 1945	–	**–**	–	–
Ein- und Zweifamilienhäuser nach 1945	–	**–**	–	–
Wohngebäude vor 1945	–	**–**	–	–
Wohngebäude nach 1945: nur Oberflächen	–	**18**	–	0,3%
Wohngebäude nach 1945: mit Tragkonstruktion	–	**–**	–	–
Fachwerkhäuser	–	**–**	–	–
Gewerbegebäude	–	**–**	–	–
Gebäude anderer Art	14	**30**	46	1,0%
Instandsetzungen				
Wohngebäude	–	**–**	–	–
Nichtwohngebäude	1	**18**	36	1,8%
Restaurierungsarbeiten	–	**–**	–	–
Sakralbauten	–	**–**	–	–
Sakralbauten mit Restaurierungsarbeiten	–	**–**	–	–
Schwammsanierung	–	**–**	–	–

Einheit: m²
Brutto-Grundfläche (BGF)

Gebäudeart	▷	€/Einheit	◁	KG an 400
Erweiterungen				
Büro- und Verwaltungsgebäude	–	**–**	–	–
Schulen	–	**8**	–	0,1%
Kindergärten	–	**–**	–	–
Wohngebäude: Anbau	–	**–**	–	–
Wohngebäude: Aufstockung	–	**–**	–	–
Wohngebäude: Dachausbau	–	**–**	–	–
Gewerbegebäude	–	**–**	–	–
Gebäude anderer Art	–	**16**	–	0,1%
Umbauten				
Büro- und Verwaltungsgebäude	–	**–**	–	–
Arztpraxen	–	**–**	–	–
Schulen	2	**4**	6	0,4%
Kindergärten	–	**–**	–	–
Ein- und Zweifamilienhäuser	–	**–**	–	–
Mehrfamilienhäuser	–	**–**	–	–
Wohnungen	–	**–**	–	–
Hotel und Beherbergung	–	**–**	–	–
Gewerbegebäude	–	**–**	–	–
Museen	–	**–**	–	–
Gemeindezentren	11	**11**	12	0,7%
Gebäude anderer Art	–	**6**	–	0,2%
Modernisierungen				
Büro- und Verwaltungsgebäude	–	**13**	–	0,2%
Schulen und Kindergärten	4	**10**	40	0,7%
Sporthallen	5	**11**	20	0,7%
Ein- und Zweifamilienhäuser vor 1945	–	**–**	–	–
Ein- und Zweifamilienhäuser nach 1945	–	**–**	–	–
Wohngebäude vor 1945	–	**–**	–	–
Wohngebäude nach 1945: nur Oberflächen	–	**1**	–	< 0,1%
Wohngebäude nach 1945: mit Tragkonstruktion	–	**–**	–	–
Fachwerkhäuser	–	**–**	–	–
Gewerbegebäude	–	**–**	–	–
Gebäude anderer Art	–	**8**	–	0,1%
Instandsetzungen				
Wohngebäude	–	**–**	–	–
Nichtwohngebäude	–	**6**	–	0,2%
Restaurierungsarbeiten	–	**–**	–	–
Sakralbauten	–	**–**	–	–
Sakralbauten mit Restaurierungsarbeiten	–	**–**	–	–
Schwammsanierung	–	**–**	–	–

Kosten:
Stand 2. Quartal 2025
Bundesdurchschnitt
inkl. 19% MwSt.

Einheit: m²
Brutto-Grundfläche (BGF)

Gebäudeart	▷	€/Einheit	◁	KG an 400
Erweiterungen				
Büro- und Verwaltungsgebäude	–	**–**	–	–
Schulen	–	**–**	–	–
Kindergärten	–	**–**	–	–
Wohngebäude: Anbau	–	**–**	–	–
Wohngebäude: Aufstockung	–	**–**	–	–
Wohngebäude: Dachausbau	–	**–**	–	–
Gewerbegebäude	–	**–**	–	–
Gebäude anderer Art	–	**17**	–	0,1%
Umbauten				
Büro- und Verwaltungsgebäude	–	**–**	–	–
Arztpraxen	–	**–**	–	–
Schulen	–	**–**	–	–
Kindergärten	–	**–**	–	–
Ein- und Zweifamilienhäuser	–	**–**	–	–
Mehrfamilienhäuser	–	**–**	–	–
Wohnungen	–	**–**	–	–
Hotel und Beherbergung	–	**–**	–	–
Gewerbegebäude	–	**–**	–	–
Museen	–	**–**	–	–
Gemeindezentren	–	**–**	–	–
Gebäude anderer Art	–	**17**	–	0,5%
Modernisierungen				
Büro- und Verwaltungsgebäude	–	**–**	–	–
Schulen und Kindergärten	2	**5**	14	0,3%
Sporthallen	–	**8**	–	0,1%
Ein- und Zweifamilienhäuser vor 1945	–	**–**	–	–
Ein- und Zweifamilienhäuser nach 1945	–	**–**	–	–
Wohngebäude vor 1945	–	**–**	–	–
Wohngebäude nach 1945: nur Oberflächen	–	**–**	–	–
Wohngebäude nach 1945: mit Tragkonstruktion	–	**–**	–	–
Fachwerkhäuser	–	**–**	–	–
Gewerbegebäude	–	**–**	–	–
Gebäude anderer Art	–	**16**	–	0,2%
Instandsetzungen				
Wohngebäude	–	**–**	–	–
Nichtwohngebäude	–	**5**	–	0,2%
Restaurierungsarbeiten	–	**–**	–	–
Sakralbauten	–	**–**	–	–
Sakralbauten mit Restaurierungsarbeiten	–	**–**	–	–
Schwammsanierung	–	**–**	–	–

▷ von
ø Mittel
◁ bis

Gebäudeart	▷	€/Einheit	◁	KG an 400
Erweiterungen				
Büro- und Verwaltungsgebäude	–	**3**	–	< 0,1%
Schulen	–	**7**	–	< 0,1%
Kindergärten	–	**–**	–	–
Wohngebäude: Anbau	–	**–**	–	–
Wohngebäude: Aufstockung	–	**–**	–	–
Wohngebäude: Dachausbau	–	**–**	–	–
Gewerbegebäude	–	**< 1**	–	< 0,1%
Gebäude anderer Art	–	**7**	–	< 0,1%
Umbauten				
Büro- und Verwaltungsgebäude	–	**2**	–	< 0,1%
Arztpraxen	–	**–**	–	–
Schulen	2	**2**	2	0,2%
Kindergärten	–	**–**	–	–
Ein- und Zweifamilienhäuser	–	**–**	–	–
Mehrfamilienhäuser	–	**–**	–	–
Wohnungen	–	**–**	–	–
Hotel und Beherbergung	–	**–**	–	–
Gewerbegebäude	–	**–**	–	–
Museen	–	**–**	–	–
Gemeindezentren	3	**6**	10	0,5%
Gebäude anderer Art	5	**11**	17	0,6%
Modernisierungen				
Büro- und Verwaltungsgebäude	–	**9**	–	0,1%
Schulen und Kindergärten	2	**4**	10	0,3%
Sporthallen	2	**9**	20	0,3%
Ein- und Zweifamilienhäuser vor 1945	–	**–**	–	–
Ein- und Zweifamilienhäuser nach 1945	–	**–**	–	–
Wohngebäude vor 1945	–	**–**	–	–
Wohngebäude nach 1945: nur Oberflächen	–	**–**	–	–
Wohngebäude nach 1945: mit Tragkonstruktion	–	**–**	–	–
Fachwerkhäuser	–	**–**	–	–
Gewerbegebäude	–	**–**	–	–
Gebäude anderer Art	4	**4**	4	0,1%
Instandsetzungen				
Wohngebäude	–	**–**	–	–
Nichtwohngebäude	–	**< 1**	–	< 0,1%
Restaurierungsarbeiten	–	**–**	–	–
Sakralbauten	–	**–**	–	–
Sakralbauten mit Restaurierungsarbeiten	–	**–**	–	–
Schwammsanierung	–	**–**	–	–

Einheit: m²
Brutto-Grundfläche (BGF)

485 Datenübertragungsnetze

Kosten:
Stand 2. Quartal 2025
Bundesdurchschnitt
inkl. 19% MwSt.

Einheit: m² Brutto-Grundfläche (BGF)

Gebäudeart	▷	€/Einheit	◁	KG an 400
Erweiterungen				
Büro- und Verwaltungsgebäude	–	**2**	–	< 0,1%
Schulen	10	**11**	13	0,5%
Kindergärten	–	**–**	–	–
Wohngebäude: Anbau	–	**–**	–	–
Wohngebäude: Aufstockung	–	**–**	–	–
Wohngebäude: Dachausbau	–	**–**	–	–
Gewerbegebäude	–	**–**	–	–
Gebäude anderer Art	–	**7**	–	< 0,1%
Umbauten				
Büro- und Verwaltungsgebäude	–	**2**	–	< 0,1%
Arztpraxen	–	**–**	–	–
Schulen	2	**2**	3	0,3%
Kindergärten	–	**–**	–	–
Ein- und Zweifamilienhäuser	–	**–**	–	–
Mehrfamilienhäuser	–	**–**	–	–
Wohnungen	–	**–**	–	–
Hotel und Beherbergung	–	**–**	–	–
Gewerbegebäude	–	**–**	–	–
Museen	–	**–**	–	–
Gemeindezentren	–	**< 1**	–	< 0,1%
Gebäude anderer Art	–	**–**	–	–
Modernisierungen				
Büro- und Verwaltungsgebäude	–	**10**	–	0,[illegible]%
Schulen und Kindergärten	< 1	**1**	2	< 0,[illegible]%
Sporthallen	–	**< 1**	–	< 0,1%
Ein- und Zweifamilienhäuser vor 1945	–	**–**	–	–
Ein- und Zweifamilienhäuser nach 1945	–	**–**	–	–
Wohngebäude vor 1945	–	**–**	–	–
Wohngebäude nach 1945: nur Oberflächen	–	**–**	–	–
Wohngebäude nach 1945: mit Tragkonstruktion	–	**–**	–	–
Fachwerkhäuser	–	**–**	–	–
Gewerbegebäude	–	**–**	–	–
Gebäude anderer Art	–	**4**	–	< 0,1%
Instandsetzungen				
Wohngebäude	–	**–**	–	–
Nichtwohngebäude	–	**3**	–	0,1%
Restaurierungsarbeiten	–	**–**	–	–
Sakralbauten	–	**–**	–	–
Sakralbauten mit Restaurierungsarbeiten	–	**–**	–	–
Schwammsanierung	–	**–**	–	–

▷ von
ø Mittel
◁ bis

Gebäudeart	▷	€/Einheit	◁	KG an 400
Erweiterungen				
Büro- und Verwaltungsgebäude	–	**–**	–	–
Schulen	< 1	**1**	3	0,1%
Kindergärten	–	**–**	–	–
Wohngebäude: Anbau	–	**–**	–	–
Wohngebäude: Aufstockung	–	**2**	–	< 0,1%
Wohngebäude: Dachausbau	–	**–**	–	–
Gewerbegebäude	–	**–**	–	–
Gebäude anderer Art	2	**7**	15	0,2%
Umbauten				
Büro- und Verwaltungsgebäude	< 1	**2**	7	0,2%
Arztpraxen	–	**–**	–	–
Schulen	< 1	**< 1**	< 1	< 0,1%
Kindergärten	< 1	**8**	16	0,3%
Ein- und Zweifamilienhäuser	–	**–**	–	–
Mehrfamilienhäuser	< 1	**3**	4	0,1%
Wohnungen	–	**–**	–	–
Hotel und Beherbergung	–	**2**	–	< 0,1%
Gewerbegebäude	–	**–**	–	–
Museen	–	**26**	–	1,3%
Gemeindezentren	< 1	**< 1**	< 1	< 0,1%
Gebäude anderer Art	< 1	**22**	43	0,6%
Modernisierungen				
Büro- und Verwaltungsgebäude	–	**< 1**	–	< 0,1%
Schulen und Kindergärten	< 1	**1**	5	< 0,1%
Sporthallen	–	**2**	–	< 0,1%
Ein- und Zweifamilienhäuser vor 1945	–	**–**	–	–
Ein- und Zweifamilienhäuser nach 1945	–	**–**	–	–
Wohngebäude vor 1945	< 1	**< 1**	1	< 0,1%
Wohngebäude nach 1945: nur Oberflächen	< 1	**2**	3	< 0,1%
Wohngebäude nach 1945: mit Tragkonstruktion	–	**–**	–	–
Fachwerkhäuser	–	**–**	–	–
Gewerbegebäude	–	**–**	–	–
Gebäude anderer Art	< 1	**< 1**	1	< 0,1%
Instandsetzungen				
Wohngebäude	< 1	**4**	7	0,2%
Nichtwohngebäude	–	**< 1**	–	< 0,1%
Restaurierungsarbeiten	–	**–**	–	–
Sakralbauten	–	**–**	–	–
Sakralbauten mit Restaurierungsarbeiten	–	**–**	–	–
Schwammsanierung	–	**–**	–	–

Einheit: m^2
Brutto-Grundfläche (BGF)

492
Gerüste

Kosten:
Stand 2. Quartal 2025
Bundesdurchschnitt
inkl. 19% MwSt.

Einheit: m²
Brutto-Grundfläche (BGF)

▷ von
ø Mittel
◁ bis

Gebäudeart	▷	€/Einheit	◁	KG an 400
Erweiterungen				
Büro- und Verwaltungsgebäude	–	**–**	–	–
Schulen	–	**< 1**	–	< 0,1%
Kindergärten	–	**–**	–	–
Wohngebäude: Anbau	–	**–**	–	–
Wohngebäude: Aufstockung	–	**–**	–	–
Wohngebäude: Dachausbau	–	**–**	–	–
Gewerbegebäude	1	**4**	7	0,2%
Gebäude anderer Art	3	**6**	11	0,4%
Umbauten				
Büro- und Verwaltungsgebäude	< 1	**< 1**	< 1	< 0,1%
Arztpraxen	–	**–**	–	–
Schulen	–	**< 1**	–	< 0,1%
Kindergärten	–	**–**	–	–
Ein- und Zweifamilienhäuser	–	**–**	–	–
Mehrfamilienhäuser	–	**< 1**	–	< 0,1%
Wohnungen	–	**–**	–	–
Hotel und Beherbergung	–	**< 1**	–	< 0,1%
Gewerbegebäude	–	**–**	–	–
Museen	–	**–**	–	–
Gemeindezentren	–	**< 1**	–	< 0,1%
Gebäude anderer Art	3	**11**	20	0,9%
Modernisierungen				
Büro- und Verwaltungsgebäude	–	**27**	–	1,3%
Schulen und Kindergärten	–	**< 1**	–	< 0,1%
Sporthallen	2	**6**	12	0,3%
Ein- und Zweifamilienhäuser vor 1945	–	**–**	–	–
Ein- und Zweifamilienhäuser nach 1945	–	**–**	–	–
Wohngebäude vor 1945	–	**–**	–	–
Wohngebäude nach 1945: nur Oberflächen	–	**–**	–	–
Wohngebäude nach 1945: mit Tragkonstruktion	–	**< 1**	–	0,[illegible]%
Fachwerkhäuser	–	**–**	–	–
Gewerbegebäude	–	**–**	–	–
Gebäude anderer Art	< 1	**4**	7	0,[illegible]%
Instandsetzungen				
Wohngebäude	–	**–**	–	–
Nichtwohngebäude	–	**–**	–	–
Restaurierungsarbeiten	–	**–**	–	–
Sakralbauten	–	**–**	–	–
Sakralbauten mit Restaurierungsarbeiten	–	**–**	–	–
Schwammsanierung	–	**–**	–	–

Einheit: m²
Brutto-Grundfläche (BGF)

Gebäudeart	▷	€/Einheit	◁	KG an 400
Erweiterungen				
Büro- und Verwaltungsgebäude	–	**–**	–	–
Schulen	–	**–**	–	–
Kindergärten	–	**–**	–	–
Wohngebäude: Anbau	–	**–**	–	–
Wohngebäude: Aufstockung	–	**–**	–	–
Wohngebäude: Dachausbau	–	**–**	–	–
Gewerbegebäude	–	**1**	–	< 0,1%
Gebäude anderer Art	–	**–**	–	–
Umbauten				
Büro- und Verwaltungsgebäude	–	**45**	–	0,8%
Arztpraxen	–	**–**	–	–
Schulen	–	**–**	–	–
Kindergärten	–	**–**	–	–
Ein- und Zweifamilienhäuser	–	**–**	–	–
Mehrfamilienhäuser	–	**–**	–	–
Wohnungen	–	**9**	–	0,2%
Hotel und Beherbergung	–	**4**	–	0,3%
Gewerbegebäude	–	**–**	–	–
Museen	–	**6**	–	0,6%
Gemeindezentren	–	**–**	–	–
Gebäude anderer Art	–	**–**	–	–
Modernisierungen				
Büro- und Verwaltungsgebäude	–	**–**	–	–
Schulen und Kindergärten	–	**–**	–	–
Sporthallen	–	**–**	–	–
Ein- und Zweifamilienhäuser vor 1945	–	**–**	–	–
Ein- und Zweifamilienhäuser nach 1945	–	**16**	–	0,3%
Wohngebäude vor 1945	5	**6**	7	0,6%
Wohngebäude nach 1945: nur Oberflächen	–	**–**	–	–
Wohngebäude nach 1945: mit Tragkonstruktion	–	**5**	–	0,1%
Fachwerkhäuser	–	**–**	–	–
Gewerbegebäude	–	**16**	–	0,4%
Gebäude anderer Art	–	**7**	–	< 0,1%
Instandsetzungen				
Wohngebäude	–	**–**	–	–
Nichtwohngebäude	–	**–**	–	–
Restaurierungsarbeiten	–	**–**	–	–
Sakralbauten	–	**–**	–	–
Sakralbauten mit Restaurierungsarbeiten	–	**–**	–	–
Schwammsanierung	–	**–**	–	–

497 Zusätzliche Maßnahmen

Kosten:
Stand 2. Quartal 2025
Bundesdurchschnitt
inkl. 19% MwSt.

Einheit: m²
Brutto-Grundfläche (BGF)

▷ von
ø Mittel
◁ bis

Gebäudeart	▷	€/Einheit	◁	KG an 400
Erweiterungen				
Büro- und Verwaltungsgebäude	–	**2**	–	< 0,1%
Schulen	–	**< 1**	–	< 0,1%
Kindergärten	–	**–**	–	–
Wohngebäude: Anbau	–	**–**	–	–
Wohngebäude: Aufstockung	–	**5**	–	< 0,1%
Wohngebäude: Dachausbau	–	**–**	–	–
Gewerbegebäude	–	**–**	–	–
Gebäude anderer Art	–	**< 1**	–	< 0,1%
Umbauten				
Büro- und Verwaltungsgebäude	–	**–**	–	–
Arztpraxen	–	**–**	–	–
Schulen	< 1	**2**	3	0,1%
Kindergärten	–	**5**	–	< 0,1%
Ein- und Zweifamilienhäuser	–	**–**	–	–
Mehrfamilienhäuser	–	**–**	–	–
Wohnungen	–	**–**	–	–
Hotel und Beherbergung	–	**–**	–	–
Gewerbegebäude	–	**18**	–	0,7%
Museen	–	**–**	–	–
Gemeindezentren	< 1	**3**	4	0,2%
Gebäude anderer Art	–	**3**	–	< 0,1%
Modernisierungen				
Büro- und Verwaltungsgebäude	–	**< 1**	–	< 0,1%
Schulen und Kindergärten	< 1	**< 1**	< 1	< 0,1%
Sporthallen	1	**3**	5	0,4%
Ein- und Zweifamilienhäuser vor 1945	–	**–**	–	–
Ein- und Zweifamilienhäuser nach 1945	–	**3**	–	< 0,1%
Wohngebäude vor 1945	–	**–**	–	–
Wohngebäude nach 1945: nur Oberflächen	–	**2**	–	< 0,1%
Wohngebäude nach 1945: mit Tragkonstruktion	–	**–**	–	–
Fachwerkhäuser	–	**–**	–	–
Gewerbegebäude	–	**–**	–	–
Gebäude anderer Art	–	**< 1**	–	< 0,1%
Instandsetzungen				
Wohngebäude	–	**< 1**	–	< 0,1%
Nichtwohngebäude	–	**–**	–	–
Restaurierungsarbeiten	–	**–**	–	–
Sakralbauten	–	**–**	–	–
Sakralbauten mit Restaurierungsarbeiten	–	**–**	–	–
Schwammsanierung	–	**–**	–	–

Altbau Elementarten

Abbrechen

Elementarten
zur 3. Ebene DIN 276
für die Kostengruppen 300+400

322 Flachgründungen und Bodenplatten

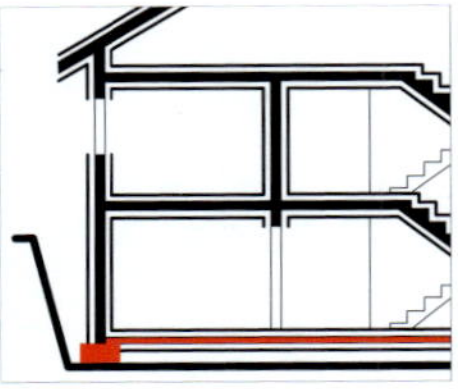

Kosten:
Stand 2. Quartal 2025
Bundesdurchschnitt
inkl. 19% MwSt.

KG.OZ	Abbrechen	▷	€/Einheit	◁	LB an
322.10	**Fundamente Beton**				
01	**GR Fundament, Stahlbeton, abbrechen**	236,00	**306,00**	352,00	
	Einheit: m³ Fundamentvolumen				
	084 Abbruch-, Rückbau- und Schadstoffsanierungsarbeiten				100,0%
322.40	**Fundament- und Bodenplatten**				
01	**GR Bodenplatte, Beton, abbrechen**	52,00	**69,00**	83,00	
	Einheit: m² Plattenfläche				
	084 Abbruch-, Rückbau- und Schadstoffsanierungsarbeiten				100,0%
02	**GR Bodenplatte, Stahlbeton, abbrechen**	70,00	**80,00**	82,00	
	Einheit: m² Plattenfläche				
	084 Abbruch-, Rückbau- und Schadstoffsanierungsarbeiten				100,0%

▷ von
ø Mittel
◁ bis

KG.OZ	Abbrechen	▷	€/Einheit	◁	LB an EA
324.20	**Estrich**				
01	**GR Estrich, Verbundestrich, bis 25mm, abbrechen** Einheit: m² Belagfläche	32,00	**35,00**	43,00	
	084 Abbruch-, Rückbau- und Schadstoffsanierungsarbeiten				100,0%
02	**GR Estrich, Verbundestrich, bis 50mm, abbrechen** Einheit: m² Belagfläche	35,00	**42,00**	54,00	
	084 Abbruch-, Rückbau- und Schadstoffsanierungsarbeiten				100,0%
03	**GR Estrich, Verbundestrich, bis 70mm, abbrechen** Einheit: m² Belagfläche	44,00	**53,00**	67,00	
	084 Abbruch-, Rückbau- und Schadstoffsanierungsarbeiten				100,0%
04	**GR Estrich, schwimmend, abbrechen** Einheit: m² Belagfläche	40,00	**49,00**	59,00	
	084 Abbruch-, Rückbau- und Schadstoffsanierungsarbeiten				100,0%
05	**GR Estrich, bewehrt, schwimmend, abbrechen** Einheit: m² Belagfläche	53,00	**65,00**	79,00	
	084 Abbruch-, Rückbau- und Schadstoffsanierungsarbeiten				100,0%
06	**GR Heizestrich, mit Dämmung, abbrechen** Einheit: m² Belagfläche	67,00	**76,00**	91,00	
	084 Abbruch-, Rückbau- und Schadstoffsanierungsarbeiten				100,0%
07	**GR Heizestrich, bewehrt, mit Heizrohren, abbrechen** Einheit: m² Belagfläche	90,00	**98,00**	117,00	
	084 Abbruch-, Rückbau- und Schadstoffsanierungsarbeiten				100,0%
324.30	**Fliesen und Platten**				
01	**GR Fliesen, Estrich, Unterbau, Sockelfliesen, abbrechen** Einheit: m² Belagfläche	71,00	**83,00**	101,00	
	084 Abbruch-, Rückbau- und Schadstoffsanierungsarbeiten				100,0%
02	**GR Fliesen, Mörtelbett, Sockelfliesen, abbrechen** Einheit: m² Belagfläche	44,00	**50,00**	58,00	
	084 Abbruch-, Rückbau- und Schadstoffsanierungsarbeiten				100,0%
03	**GR Fliesen, geklebt, Sockelfliesen, abbrechen** Einheit: m² Belagfläche	37,00	**43,00**	52,00	
	084 Abbruch-, Rückbau- und Schadstoffsanierungsarbeiten				100,0%
324.40	**Naturstein**				
01	**GR Natursteinbelag, Mörtelbett, Sockelleisten, abbrechen** Einheit: m² Belagfläche	47,00	**52,00**	65,00	
	084 Abbruch-, Rückbau- und Schadstoffsanierungsarbeiten				100,0%
02	**GR Natursteinbelag, Unterbeton, Sockelleisten, abbrechen** Einheit: m² Belagfläche	77,00	**86,00**	108,00	
	084 Abbruch-, Rückbau- und Schadstoffsanierungsarbeiten				100,0%
324.60	**Textil**				
01	**GR Bodenbelag, lose verlegt, Sockelleisten, abbrechen** Einheit: m² Belagfläche	17,00	**20,00**	24,00	
	084 Abbruch-, Rückbau- und Schadstoffsanierungsarbeiten				100,0%

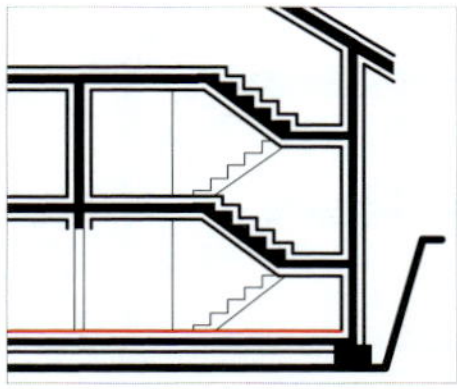

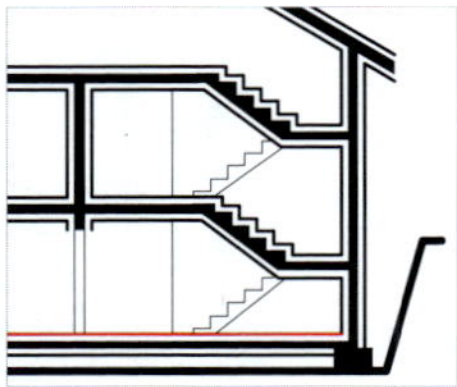

Kosten:
Stand 2. Quartal 2025
Bundesdurchschnitt
inkl. 19% MwSt.

KG.OZ	Abbrechen	▷	€/Einheit	◁	LB an EA
324.60	**Textil**				
02	**GR Bodenbelag, geklebt, Sockelleisten, abbrechen**	20,00	**23,00**	28,00	
	Einheit: m² Belagfläche				
	084 Abbruch-, Rückbau- und Schadstoffsanierungsarbeiten				100,0%
324.70	**Holz**				
01	**GR Dielenbretter, Sockelleisten, abbrechen**	18,00	**22,00**	27,00	
	Einheit: m² Belagfläche				
	084 Abbruch-, Rückbau- und Schadstoffsanierungsarbeiten				100,0%
324.80	**Hartbeläge**				
01	**GR Bodenbelag, PVC-Fliesen, Sockelleisten, abbrechen**	40,00	**47,00**	56,00	
	Einheit: m² Belagfläche				
	084 Abbruch-, Rückbau- und Schadstoffsanierungsarbeiten				100,0%
02	**GR Bodenbelag, Laminat, Sockelleisten, abbrechen**	25,00	**30,00**	36,00	
	Einheit: m² Belagfläche				
	084 Abbruch-, Rückbau- und Schadstoffsanierungsarbeiten				100,0%

▷ von
ø Mittel
◁ bis

KG.OZ	Abbrechen	▷	€/Einheit	◁	LB an EA
331.10	**Mauerwerkswand**				
01	**AW Mauerwerk, bis 40cm, abbrechen**	129,00	**137,00**	158,00	
	Einheit: m² Wandfläche				
	084 Abbruch-, Rückbau- und Schadstoffsanierungsarbeiten				100,0%
331.20	**Betonwand**				
01	**AW KG, Beton, bis 30cm, abbrechen**	110,00	**123,00**	140,00	
	Einheit: m² Wandfläche				
	084 Abbruch-, Rückbau- und Schadstoffsanierungsarbeiten				100,0%
02	**AW KG, Stahlbeton, bis 30cm, abbrechen**	130,00	**137,00**	165,00	
	Einheit: m² Wandfläche				
	084 Abbruch-, Rückbau- und Schadstoffsanierungsarbeiten				100,0%
03	**AW Stahlbeton, bis 30cm, abbrechen**	127,00	**141,00**	160,00	
	Einheit: m² Wandfläche				
	084 Abbruch-, Rückbau- und Schadstoffsanierungsarbeiten				100,0%

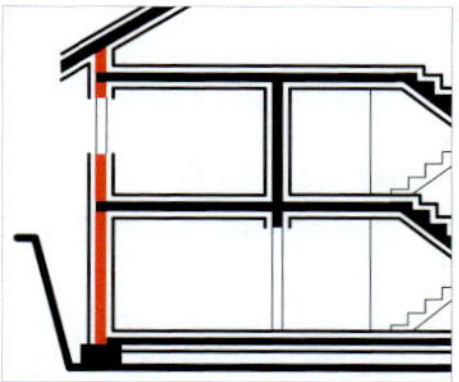

333
Außenstützen

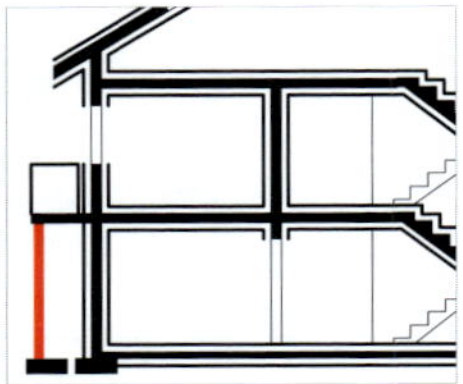

Kosten:
Stand 2. Quartal 2025
Bundesdurchschnitt
inkl. 19% MwSt.

KG.OZ	Abbrechen	▷	€/Einheit	◁	LB an [A]
333.20	**Betonstütze**				
01	**AW Stütze, Stahlbeton, bis 30x30cm, abbrechen**	48,00	**54,00**	62,00	
	Einheit: m Stützenlänge				
	084 Abbruch-, Rückbau- und Schadstoffsanierungsarbeiten				100,0%
02	**AW Stütze, Stahlbeton, bis 40x40cm, abbrechen**	85,00	**96,00**	110,00	
	Einheit: m Stützenlänge				
	084 Abbruch-, Rückbau- und Schadstoffsanierungsarbeiten				100,0%

▷ von
ø Mittel
◁ bis

KG.OZ	Abbrechen	▷	€/Einheit	◁	LB an EA
334.10	**Türen**				
01	**AW Eingangstür, abbrechen**	50,00	**60,00**	72,00	
	Einheit: m² Türfläche				
	084 Abbruch-, Rückbau- und Schadstoffsanierungsarbeiten				100,0%
334.20	**Fenstertüren**				
01	**AW Fenstertüre, Holz, abbrechen**	32,00	**40,00**	48,00	
	Einheit: m² Türfläche				
	084 Abbruch-, Rückbau- und Schadstoffsanierungsarbeiten				100,0%
02	**AW Fenstertüre, Kunststoff, abbrechen**	39,00	**48,00**	57,00	
	Einheit: m² Türfläche				
	084 Abbruch-, Rückbau- und Schadstoffsanierungsarbeiten				100,0%
334.60	**Fenster**				
01	**AW Fenster, Holz, bis 1,5m², abbrechen**	49,00	**55,00**	59,00	
	Einheit: m² Fensterfläche				
	084 Abbruch-, Rückbau- und Schadstoffsanierungsarbeiten				100,0%
02	**AW Fenster, Holz, bis 2,5m², abbrechen**	56,00	**63,00**	65,00	
	Einheit: m² Fensterfläche				
	084 Abbruch-, Rückbau- und Schadstoffsanierungsarbeiten				100,0%
03	**AW Fenster, Kunststoff, bis 1,5m², abbrechen**	43,00	**54,00**	65,00	
	Einheit: m² Fensterfläche				
	084 Abbruch-, Rückbau- und Schadstoffsanierungsarbeiten				100,0%
04	**AW Fenster, Kunststoff, bis 2,5m², abbrechen**	52,00	**65,00**	78,00	
	Einheit: m² Fensterfläche				
	084 Abbruch-, Rückbau- und Schadstoffsanierungsarbeiten				100,0%
334.90	**Sonstige Außentüren und -fenster**				
01	**AW Fensterbank, Naturstein, außen, abbrechen**	41,00	**44,00**	54,00	
	Einheit: m Fensterbanklänge				
	084 Abbruch-, Rückbau- und Schadstoffsanierungsarbeiten				100,0%

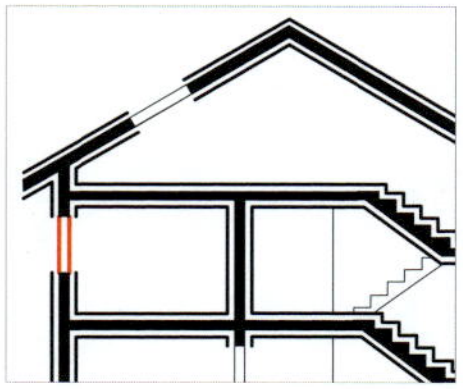

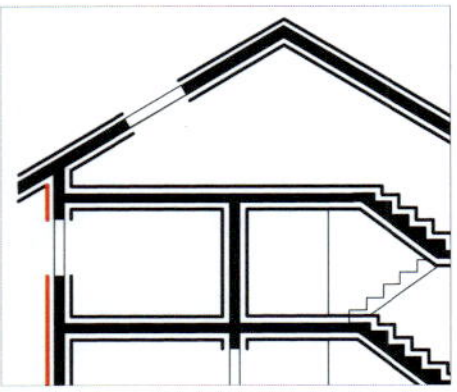

Kosten:
Stand 2. Quartal 2025
Bundesdurchschnitt
inkl. 19% MwSt.

▷ von
ø Mittel
◁ bis

KG.OZ	Abbrechen	▷	€/Einheit	◁	LB an EA
335.10	**Unterkonstruktion**				
01	**AW Abdichtung, Bitumenbeschichtung, entfernen**	20,00	**24,00**	29,00	
	Einheit: m² Abgedichtete Fläche				
	084 Abbruch-, Rückbau- und Schadstoffsanierungsarbeiten				100,0%
02	**AW Abdichtung, Bitumenbahn, entfernen**	26,00	**31,00**	36,00	
	Einheit: m² Abgedichtete Fläche				
	084 Abbruch-, Rückbau- und Schadstoffsanierungsarbeiten				100,0%
335.30	**Putz**				
01	**AW Putz, zweilagig, in Teilflächen, abschlagen**	37,00	**40,00**	44,00	
	Einheit: m² Bekleidungsfläche				
	084 Abbruch-, Rückbau- und Schadstoffsanierungsarbeiten				100,0%
02	**AW Putz, bis 30mm, abschlagen**	23,00	**25,00**	31,00	
	Einheit: m² Bekleidungsfläche				
	084 Abbruch-, Rückbau- und Schadstoffsanierungsarbeiten				100,0%
335.40	**Bekleidung auf Unterkonstruktion**				
01	**AW Bekleidung, Holz, abbrechen**	27,00	**32,00**	40,00	
	Einheit: m² Bekleidungsfläche				
	084 Abbruch-, Rückbau- und Schadstoffsanierungsarbeiten				100,0%
02	**AW Bekleidung, Holz, mit Dämmung, abbrechen**	43,00	**50,00**	62,00	
	Einheit: m² Bekleidungsfläche				
	084 Abbruch-, Rückbau- und Schadstoffsanierungsarbeiten				100,0%
03	**AW Bekleidung, FZ-Platten, abbrechen**	24,00	**27,00**	34,00	
	Einheit: m² Bekleidungsfläche				
	084 Abbruch-, Rückbau- und Schadstoffsanierungsarbeiten				100,0%
04	**AW Bekleidung, FZ-Platten, mit Dämmung, abbrechen**	39,00	**44,00**	56,00	
	Einheit: m² Bekleidungsfläche				
	084 Abbruch-, Rückbau- und Schadstoffsanierungsarbeiten				100,0%
335.50	**Verblendung**				
01	**AW Verblendmauerwerk, abbrechen**	87,00	**94,00**	114,00	
	Einheit: m² Bekleidungsfläche				
	084 Abbruch-, Rückbau- und Schadstoffsanierungsarbeiten				100,0%

KG.OZ	Abbrechen	▷	€/Einheit	◁	LB an EA
336.20	**Oberflächenbehandlung**				
01	**AW innen, Beschichtung, entfernen**	2,40	**2,80**	3,10	
	Einheit: m² Beschichtete Fläche				
	084 Abbruch-, Rückbau- und Schadstoffsanierungsarbeiten				100,0%
02	**AW innen, Beschichtung, Ölfarbe, entfernen**	15,00	**17,00**	20,00	
	Einheit: m² Beschichtete Fläche				
	084 Abbruch-, Rückbau- und Schadstoffsanierungsarbeiten				100,0%
336.30	**Putz**				
01	**AW innen, Putz, abschlagen**	15,00	**15,00**	17,00	
	Einheit: m² Bekleidungsfläche				
	084 Abbruch-, Rückbau- und Schadstoffsanierungsarbeiten				100,0%
02	**AW innen, Fliesen, Putz, abschlagen**	35,00	**40,00**	47,00	
	Einheit: m² Bekleidungsfläche				
	084 Abbruch-, Rückbau- und Schadstoffsanierungsarbeiten				100,0%
336.40	**Bekleidung auf Unterkonstruktion**				
01	**AW innen, Bekleidung, Holzwerkstoff, abbrechen**	33,00	**40,00**	49,00	
	Einheit: m² Bekleidungsfläche				
	084 Abbruch-, Rückbau- und Schadstoffsanierungsarbeiten				100,0%
336.60	**Tapeten**				
01	**AW innen, Tapete, einlagig, entfernen**	4,00	**5,40**	5,90	
	Einheit: m² Bekleidungsfläche				
	084 Abbruch-, Rückbau- und Schadstoffsanierungsarbeiten				100,0%
02	**AW innen, Tapete, einlagig, beschichtet, entfernen**	4,90	**5,30**	7,00	
	Einheit: m² Bekleidungsfläche				
	084 Abbruch-, Rückbau- und Schadstoffsanierungsarbeiten				100,0%
03	**AW innen, Tapete, mehrlagig, entfernen**	4,60	**5,80**	7,50	
	Einheit: m² Bekleidungsfläche				
	084 Abbruch-, Rückbau- und Schadstoffsanierungsarbeiten				100,0%

KG.OZ	Abbrechen	▷	€/Einheit	◁	LB an EA
338.10	**Läden**				
01	**AW Rollladen, Gurtwickler, ausbauen** Einheit: m² Schutzfläche	96,00	**114,00**	141,00	
	084 Abbruch-, Rückbau- und Schadstoffsanierungsarbeiten				100,0%

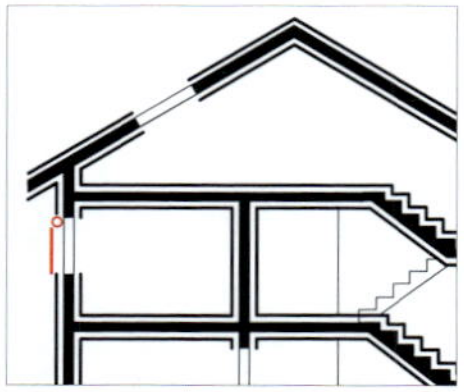

Kosten:
Stand 2. Quartal 2025
Bundesdurchschnitt
inkl. 19% MwSt.

▷ von
ø Mittel
◁ bis

KG.OZ	Abbrechen	▷	€/Einheit	◁	LB an EA
341.10	**Mauerwerkswand**				
01	**IW Mauerwerk, 24cm abbrechen** Einheit: m² Wandfläche	74,00	**85,00**	105,00	
	084 Abbruch-, Rückbau- und Schadstoffsanierungsarbeiten				100,0%
341.20	**Betonwand**				
01	**IW Stahlbeton, 25cm abbrechen** Einheit: m² Wandfläche	105,00	**117,00**	134,00	
	084 Abbruch-, Rückbau- und Schadstoffsanierungsarbeiten				100,0%

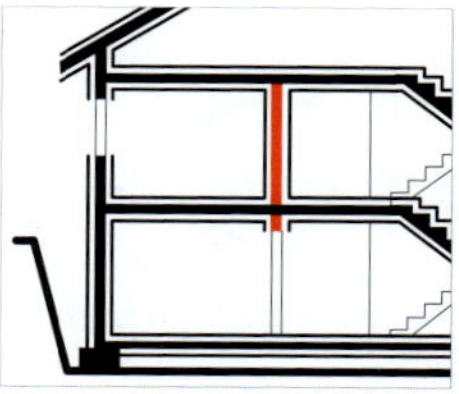

342 Nichttragende Innenwände

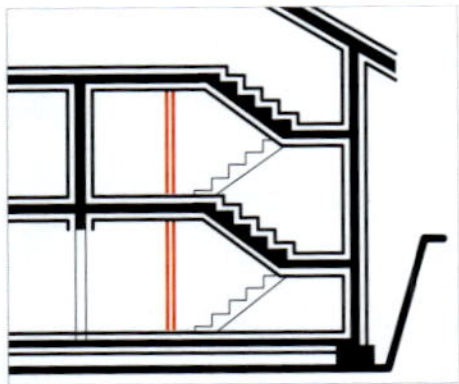

Kosten:
Stand 2. Quartal 2025
Bundesdurchschnitt
inkl. 19% MwSt.

KG.OZ	Abbrechen	▷	€/Einheit	◁	LB an EA
342.10	**Mauerwerkswand**				
01	**IW Mauerwerk, Porenbeton, 17,5cm abbrechen** Einheit: m² Wandfläche	64,00	**75,00**	92,00	
	084 Abbruch-, Rückbau- und Schadstoffsanierungsarbeiten				100,0%
02	**IW Mauerwerk, 11,5cm abbrechen** Einheit: m² Wandfläche	46,00	**57,00**	69,00	
	084 Abbruch-, Rückbau- und Schadstoffsanierungsarbeiten				100,0%
03	**IW Gipsbauplatten, 10cm abbrechen** Einheit: m² Wandfläche	62,00	**72,00**	88,00	
	084 Abbruch-, Rückbau- und Schadstoffsanierungsarbeiten				100,0%
342.20	**Betonwand**				
01	**IW Stahlbeton, 15cm abbrechen** Einheit: m² Wandfläche	54,00	**57,00**	67,00	
	084 Abbruch-, Rückbau- und Schadstoffsanierungsarbeiten				100,0%
342.30	**Holzwand**				
01	**IW Holzständer, mit Bekleidung, abbrechen** Einheit: m² Wandfläche	60,00	**68,00**	82,00	
	084 Abbruch-, Rückbau- und Schadstoffsanierungsarbeiten				100,0%
342.60	**Metallständerwand**				
01	**IW Montagewand, Metall, abbrechen** Einheit: m² Wandfläche	31,00	**39,00**	47,00	
	084 Abbruch-, Rückbau- und Schadstoffsanierungsarbeiten				100,0%

▷ von
ø Mittel
◁ bis

KG.OZ	Abbrechen	▷	€/Einheit	◁	LB an EA
343.20	**Betonstütze**				
01	**IW Stütze, Stahlbeton, bis 30x30cm, abbrechen** Einheit: m Stützenlänge	48,00	**54,00**	62,00	
	084 Abbruch-, Rückbau- und Schadstoffsanierungsarbeiten				100,0%
02	**IW Stütze, Stahlbeton, bis 40x40cm, abbrechen** Einheit: m Stützenlänge	85,00	**96,00**	110,00	
	084 Abbruch-, Rückbau- und Schadstoffsanierungsarbeiten				100,0%

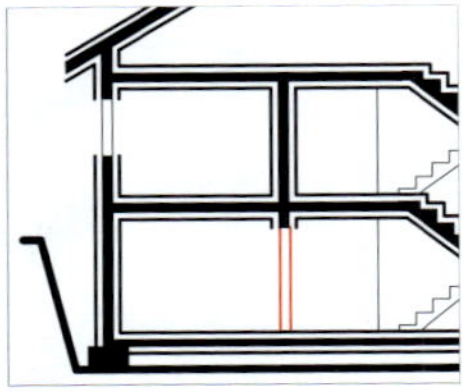

Kosten:
Stand 2. Quartal 2025
Bundesdurchschnitt
inkl. 19% MwSt.

KG.OZ	Abbrechen	▷	€/Einheit	◁	LB an EA
344.10	**Türen**				
01	**IW Türe, einflüglig, Holz, abbrechen** Einheit: m² Türfläche	40,00	**49,00**	60,00	
	084 Abbruch-, Rückbau- und Schadstoffsanierungsarbeiten				100,0%

▷ von
ø Mittel
◁ bis

KG.OZ	Abbrechen	▷	€/Einheit	◁	LB an EA
345.20	**Oberflächenbehandlung**				
01	**IW Beschichtung, entfernen**	2,40	**2,80**	3,10	
	Einheit: m² Beschichtete Fläche				
	084 Abbruch-, Rückbau- und Schadstoffsanierungsarbeiten				100,0%
02	**IW Beschichtung, Ölfarbe, entfernen**	15,00	**17,00**	20,00	
	Einheit: m² Beschichtete Fläche				
	084 Abbruch-, Rückbau- und Schadstoffsanierungsarbeiten				100,0%
345.30	**Putz**				
01	**IW Putz, abschlagen**	15,00	**15,00**	17,00	
	Einheit: m² Bekleidungsfläche				
	084 Abbruch-, Rückbau- und Schadstoffsanierungsarbeiten				100,0%
02	**IW Fliesen, Putz, abschlagen**	35,00	**40,00**	47,00	
	Einheit: m² Bekleidungsfläche				
	084 Abbruch-, Rückbau- und Schadstoffsanierungsarbeiten				100,0%
345.40	**Bekleidung auf Unterkonstruktion**				
01	**IW, Bekleidung, Holzwerkstoff, abbrechen**	33,00	**40,00**	49,00	
	Einheit: m² Bekleidungsfläche				
	084 Abbruch-, Rückbau- und Schadstoffsanierungsarbeiten				100,0%
345.60	**Tapeten**				
01	**IW Tapete, einlagig, entfernen**	4,00	**5,40**	5,90	
	Einheit: m² Bekleidungsfläche				
	084 Abbruch-, Rückbau- und Schadstoffsanierungsarbeiten				100,0%
02	**IW Tapete, einlagig, beschichtet, entfernen**	4,90	**5,30**	7,00	
	Einheit: m² Bekleidungsfläche				
	084 Abbruch-, Rückbau- und Schadstoffsanierungsarbeiten				100,0%
03	**IW Tapete, mehrlagig, entfernen**	4,60	**5,80**	7,50	
	Einheit: m² Bekleidungsfläche				
	084 Abbruch-, Rückbau- und Schadstoffsanierungsarbeiten				100,0%

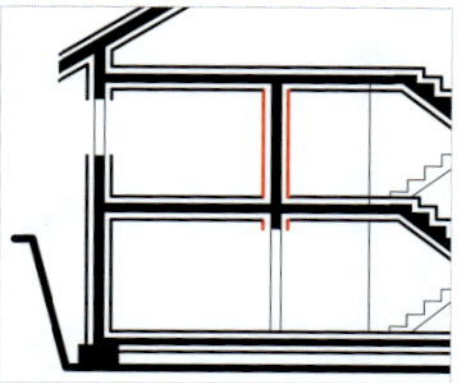

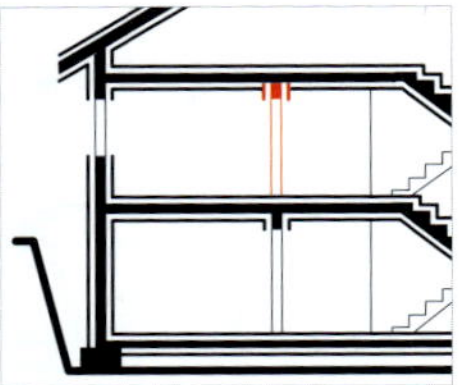

Kosten:
Stand 2. Quartal 2025
Bundesdurchschnitt
inkl. 19% MwSt.

KG.OZ	Abbrechen	▷	€/Einheit	◁	LB an EA
346.60	**Lattenverschläge**				
01	**IW Lattentrennwand, Holz, abbrechen**	22,00	**27,00**	32,00	
	Einheit: m² Wandfläche				
	084 Abbruch-, Rückbau- und Schadstoffsanierungsarbeiten				100,0%

▷ von
ø Mittel
◁ bis

KG.OZ	Abbrechen	▷	€/Einheit	◁	LB an EA
351.10	**Stahlbeton, Ortbeton**				
01	**DE Unterzug, Stahlbeton, abbrechen** Einheit: m Balkenlänge	62,00	**80,00**	99,00	
	084 Abbruch-, Rückbau- und Schadstoffsanierungsarbeiten				100,0%
02	**DE Stahlbeton, bis 25cm, abbrechen** Einheit: m² Deckenfläche	158,00	**185,00**	204,00	
	084 Abbruch-, Rückbau- und Schadstoffsanierungsarbeiten				100,0%
03	**DE Stahlbeton-Hohldielen, bis 25cm, abbrechen** Einheit: m² Deckenfläche	91,00	**98,00**	116,00	
	084 Abbruch-, Rückbau- und Schadstoffsanierungsarbeiten				100,0%
351.40	**Holzkonstruktionen, Holzträgerkonstruktionen**				
01	**DE Unterzug, Holz, abbrechen** Einheit: m Balkenlänge	22,00	**26,00**	32,00	
	084 Abbruch-, Rückbau- und Schadstoffsanierungsarbeiten				100,0%
02	**DE Holzbalkendecke, Schüttung, Fehlboden, abbrechen** Einheit: m² Deckenfläche	199,00	**234,00**	280,00	
	084 Abbruch-, Rückbau- und Schadstoffsanierungsarbeiten				100,0%
351.50	**Treppen, Beton**				
01	**DE Treppe, Stahlbeton, mit Stufen, abbrechen** Einheit: m² Treppenfläche	279,00	**303,00**	351,00	
	084 Abbruch-, Rückbau- und Schadstoffsanierungsarbeiten				100,0%
351.70	**Treppen, Metallkonstruktionen**				
01	**DE Treppe, Metall, abbrechen** Einheit: m² Treppenfläche	55,00	**65,00**	70,00	
	084 Abbruch-, Rückbau- und Schadstoffsanierungsarbeiten				100,0%
351.80	**Treppen, Holzkonstruktionen**				
01	**DE Treppe, Holz, mit Stufen, Geländer, abbrechen** Einheit: m² Treppenfläche	123,00	**148,00**	191,00	
	084 Abbruch-, Rückbau- und Schadstoffsanierungsarbeiten				100,0%

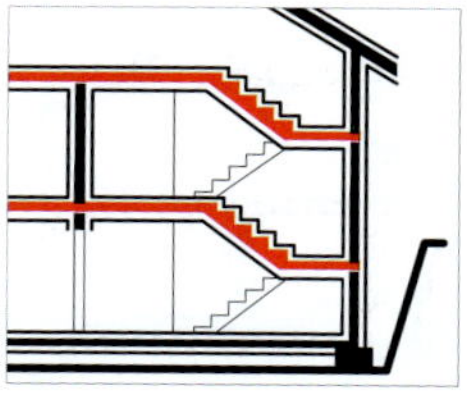

KG.OZ	Abbrechen	▷	€/Einheit	◁	LB an EA
352.10	**Deckenöffnungen**				
01	**DE Treppe, Bodeneinschub, Holz, abbrechen** Einheit: m² Treppenfläche	36,00	**41,00**	51,00	
	084 Abbruch-, Rückbau- und Schadstoffsanierungsarbeiten				100,0%

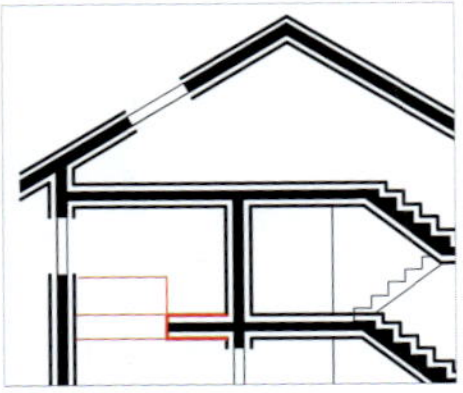

Kosten:
Stand 2. Quartal 2025
Bundesdurchschnitt
inkl. 19% MwSt.

▷ von
ø Mittel
◁ bis

KG.OZ	Abbrechen	▷	€/Einheit	◁	LB an EA
353.20	**Estrich**				
01	**DE Estrich, schwimmend, abbrechen**	40,00	**49,00**	59,00	
	Einheit: m² Belagfläche				
	084 Abbruch-, Rückbau- und Schadstoffsanierungsarbeiten				100,0%
02	**DE Estrich, bewehrt, schwimmend, abbrechen**	53,00	**65,00**	79,00	
	Einheit: m² Belagfläche				
	084 Abbruch-, Rückbau- und Schadstoffsanierungsarbeiten				100,0%
03	**DE Heizestrich, mit Dämmung, abbrechen**	67,00	**76,00**	91,00	
	Einheit: m² Belagfläche				
	084 Abbruch-, Rückbau- und Schadstoffsanierungsarbeiten				100,0%
04	**DE Heizestrich, bewehrt, mit Heizrohren, abbrechen**	90,00	**98,00**	117,00	
	Einheit: m² Belagfläche				
	084 Abbruch-, Rückbau- und Schadstoffsanierungsarbeiten				100,0%
353.30	**Fliesen und Platten**				
01	**DE Fliesen, Estrich, Unterbau, Sockelfliesen, abbrechen**	71,00	**83,00**	101,00	
	Einheit: m² Belagfläche				
	084 Abbruch-, Rückbau- und Schadstoffsanierungsarbeiten				100,0%
02	**DE Fliesen, Mörtelbett, Sockelfliesen, abbrechen**	44,00	**50,00**	58,00	
	Einheit: m² Belagfläche				
	084 Abbruch-, Rückbau- und Schadstoffsanierungsarbeiten				100,0%
03	**DE Fliesen, geklebt, Sockelfliesen, abbrechen**	37,00	**43,00**	52,00	
	Einheit: m² Belagfläche				
	084 Abbruch-, Rückbau- und Schadstoffsanierungsarbeiten				100,0%
353.40	**Naturstein**				
01	**DE Natursteinbelag, Mörtelbett, Sockelleisten, abbrechen**	47,00	**52,00**	65,00	
	Einheit: m² Belagfläche				
	084 Abbruch-, Rückbau- und Schadstoffsanierungsarbeiten				100,0%
02	**DE Natursteinbelag, Unterbeton, Sockelleisten, abbrechen**	77,00	**86,00**	108,00	
	Einheit: m² Belagfläche				
	084 Abbruch-, Rückbau- und Schadstoffsanierungsarbeiten				100,0%
353.60	**Textil**				
01	**DE Bodenbelag, lose verlegt, Sockelleisten, abbrechen**	17,00	**20,00**	24,00	
	Einheit: m² Belagfläche				
	084 Abbruch-, Rückbau- und Schadstoffsanierungsarbeiten				100,0%
02	**DE Bodenbelag, geklebt, Sockelleisten, abbrechen**	18,00	**22,00**	26,00	
	Einheit: m² Belagfläche				
	084 Abbruch-, Rückbau- und Schadstoffsanierungsarbeiten				100,0%
353.70	**Holz**				
01	**DE Belag, Dielenbretter, Sockelleisten, abbrechen**	18,00	**22,00**	27,00	
	Einheit: m² Belagfläche				
	084 Abbruch-, Rückbau- und Schadstoffsanierungsarbeiten				100,0%

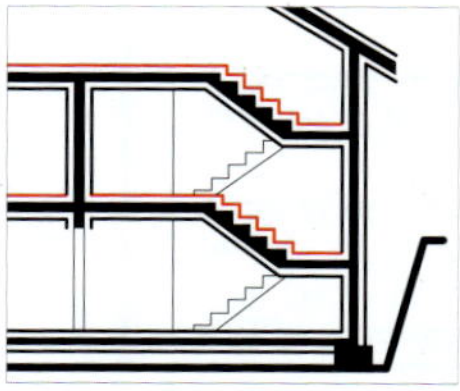

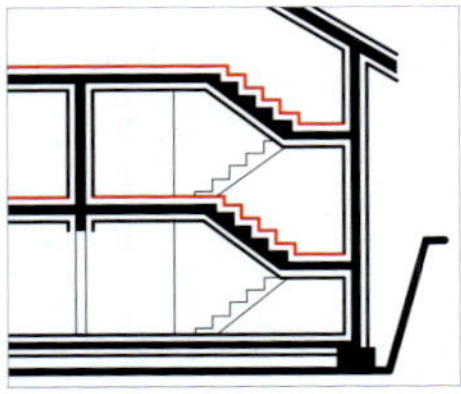

Kosten:
Stand 2. Quartal 2025
Bundesdurchschnitt
inkl. 19% MwSt.

KG.OZ	Abbrechen	▷	€/Einheit	◁	LB an EA
353.70	**Holz**				
02	**DE Parkettboden, auf Lagerholz, Sockelleisten, abbrechen**	20,00	**24,00**	27,00	
	Einheit: m² Belagfläche				
	084 Abbruch-, Rückbau- und Schadstoffsanierungsarbeiten				100,0%
353.80	**Hartbeläge**				
01	**DE Bodenbelag, PVC-Fliesen, Sockelleisten, abbrechen**	40,00	**47,00**	56,00	
	Einheit: m² Belagfläche				
	084 Abbruch-, Rückbau- und Schadstoffsanierungsarbeiten				100,0%
02	**DE Bodenbelag, Laminat, Sockelleisten, abbrechen**	25,00	**30,00**	36,00	
	Einheit: m² Belagfläche				
	084 Abbruch-, Rückbau- und Schadstoffsanierungsarbeiten				100,0%

▷ von
ø Mittel
◁ bis

KG.OZ	Abbrechen	▷	€/Einheit	◁	LB an EA
354.30	**Putz**				
01	**DE Putz, entfernen**	36,00	**40,00**	47,00	
	Einheit: m² Bekleidungsfläche				
	084 Abbruch-, Rückbau- und Schadstoffsanierungsarbeiten				100,0%
354.40	**Bekleidung auf Unterkonstruktion**				
01	**DE Bekleidung, Gipsplatten, einlagig, abbrechen**	31,00	**37,00**	45,00	
	Einheit: m² Bekleidungsfläche				
	084 Abbruch-, Rückbau- und Schadstoffsanierungsarbeiten				100,0%
354.60	**Tapeten**				
01	**DE Tapete, einlagig, entfernen**	4,00	**5,40**	5,90	
	Einheit: m² Bekleidungsfläche				
	084 Abbruch-, Rückbau- und Schadstoffsanierungsarbeiten				100,0%
02	**DE Tapete, mehrlagig, entfernen**	4,60	**5,80**	7,50	
	Einheit: m² Bekleidungsfläche				
	084 Abbruch-, Rückbau- und Schadstoffsanierungsarbeiten				100,0%
354.80	**Abgehängte Bekleidung**				
01	**DE Bekleidung, Gipsplatten, abgehängt, einlagig, abbrechen**	26,00	**31,00**	39,00	
	Einheit: m² Bekleidungsfläche				
	084 Abbruch-, Rückbau- und Schadstoffsanierungsarbeiten				100,0%

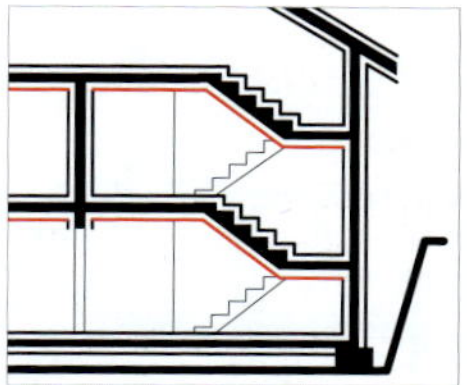

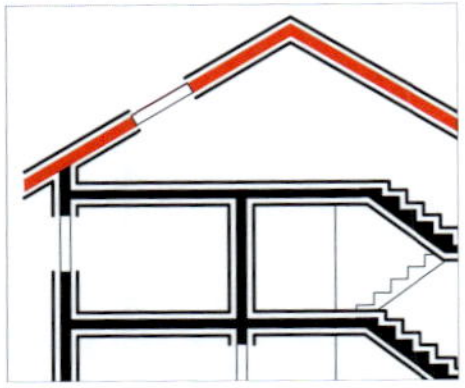

Kosten:
Stand 2. Quartal 2025
Bundesdurchschnitt
inkl. 19% MwSt.

KG.OZ	Abbrechen	▷	€/Einheit	◁	LB an EA
361.10	**Stahlbeton, Ortbeton**				
01	**DA Unterzug, Stahlbeton, abbrechen** Einheit: m Balkenlänge	62,00	**80,00**	99,00	
	084 Abbruch-, Rückbau- und Schadstoffsanierungsarbeiten				100,0%
02	**DA flach, Stahlbeton, bis 25cm, abbrechen** Einheit: m² Dachfläche	158,00	**185,00**	204,00	
	084 Abbruch-, Rückbau- und Schadstoffsanierungsarbeiten				100,0%
03	**DA flach, Stahlbeton-Hohldielen, bis 25cm, abbrechen** Einheit: m² Dachfläche	91,00	**98,00**	116,00	
	084 Abbruch-, Rückbau- und Schadstoffsanierungsarbeiten				100,0%
361.40	**Holzkonstruktionen, Holzträgerkonstruktionen**				
01	**DA Unterzug, Holz, abbrechen** Einheit: m Balkenlänge	22,00	**26,00**	32,00	
	084 Abbruch-, Rückbau- und Schadstoffsanierungsarbeiten				100,0%
02	**DA Holzbalkenkonstruktion, Spanplatten, Dämmung, Bekleidung, abbrechen** Einheit: m² Deckenfläche	182,00	**213,00**	254,00	
	084 Abbruch-, Rückbau- und Schadstoffsanierungsarbeiten				100,0%
361.60	**Steildach, Holz**				
01	**DA geneigt, Holz, Kanthölzer/Balken, abbrechen** Einheit: m² Dachfläche	55,00	**64,00**	79,00	
	084 Abbruch-, Rückbau- und Schadstoffsanierungsarbeiten				100,0%
02	**DA geneigt, Holz, Kanthölzer/Balken, mit Schalung, abbrechen** Einheit: m² Dachfläche	74,00	**86,00**	102,00	
	084 Abbruch-, Rückbau- und Schadstoffsanierungsarbeiten				100,0%

▷ von
ø Mittel
◁ bis

KG.OZ	Abbrechen	▷	€/Einheit	◁	LB an EA
362.10	**Dachflächenfenster**				
01	**DA Fensterluke, abbrechen** Einheit: m² Öffnungsfläche	100,00	**120,00**	148,00	
	084 Abbruch-, Rückbau- und Schadstoffsanierungsarbeiten				100,0%
02	**DA Fenster, abbrechen** Einheit: m² Öffnungsfläche	114,00	**134,00**	168,00	
	084 Abbruch-, Rückbau- und Schadstoffsanierungsarbeiten				100,0%

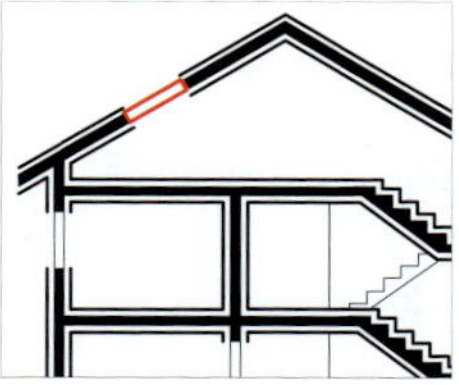

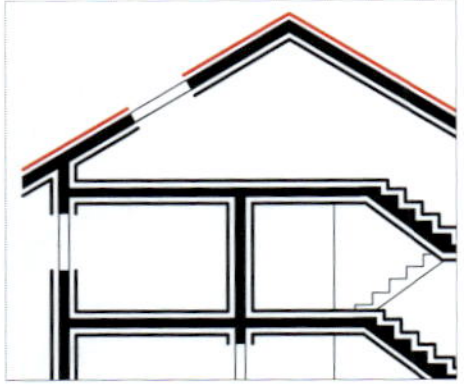

Kosten:
Stand 2. Quartal 2025
Bundesdurchschnitt
inkl. 19% MwSt.

▷ von
ø Mittel
◁ bis

KG.OZ	Abbrechen	▷	€/Einheit	◁	LB an EA
363.10	**Abdichtung**				
01	**DA Bitumenabdichtung, einlagig, abbrechen** Einheit: m² Belagfläche	27,00	**29,00**	39.00	
	084 Abbruch-, Rückbau- und Schadstoffsanierungsarbeiten				100,0%
02	**DA Bitumenabdichtung, zweilagig, abbrechen** Einheit: m² Belagfläche	29,00	**35,00**	43,00	
	084 Abbruch-, Rückbau- und Schadstoffsanierungsarbeiten				100,0%
363.20	**Abdichtung, Wärmedämmung**				
01	**DA Bitumenabdichtung, mit Dämmung, abbrechen** Einheit: m² Belagfläche	39,00	**45,00**	57,00	
	084 Abbruch-, Rückbau- und Schadstoffsanierungsarbeiten				100,0%
02	**DA Bitumenabdichtung, einlagig, Kiesschüttung, abbrechen** Einheit: m² Belagfläche	45,00	**49,00**	64,00	
	084 Abbruch-, Rückbau- und Schadstoffsanierungsarbeiten				100,0%
03	**DA Bitumenabdichtung, zweilagig, Kiesschüttung, abbrechen** Einheit: m² Belagfläche	47,00	**55,00**	68,00	
	084 Abbruch-, Rückbau- und Schadstoffsanierungsarbeiten				100,0%
04	**DA Bitumenabdichtung, zweilagig, Plattenbelag, abbrechen** Einheit: m² Belagfläche	77,00	**89,00**	110,00	
	084 Abbruch-, Rückbau- und Schadstoffsanierungsarbeiten				100,0%
363.30	**Dachsteine**				
01	**DA Deckung, mit Lattung, Unterspannbahn, abbrechen** Einheit: m² Belagfläche	33,00	**38,00**	43,00	
	084 Abbruch-, Rückbau- und Schadstoffsanierungsarbeiten				100,0%
02	**DA Deckung, mit Lattung, Schalung, abbrechen** Einheit: m² Belagfläche	57,00	**64,00**	78,00	
	084 Abbruch-, Rückbau- und Schadstoffsanierungsarbeiten				100,0%
03	**DA Deckung, mit Lattung, Unterspannbahn, Dämmung, abbrechen** Einheit: m² Belagfläche	45,00	**52,00**	58,00	
	084 Abbruch-, Rückbau- und Schadstoffsanierungsarbeiten				100,0%
04	**DA Deckung, mit Lattung, Schalung, Dämmung, abbrechen** Einheit: m² Belagfläche	69,00	**79,00**	93,00	
	084 Abbruch-, Rückbau- und Schadstoffsanierungsarbeiten				100,0%
363.40	**Schindeln**				
01	**DA Deckung, FZ-Wellplatten, abbrechen** Einheit: m² Belagfläche	24,00	**27,00**	33,00	
	084 Abbruch-, Rückbau- und Schadstoffsanierungsarbeiten				100,0%
02	**DA Deckung, FZ-Wellplatten, asbesthaltig, abbrechen** Einheit: m² Belagfläche	46,00	**51,00**	59,00	
	084 Abbruch-, Rückbau- und Schadstoffsanierungsarbeiten				100,0%

KG.OZ	Abbrechen	▷	€/Einheit	◁	LB an EA
363.40	**Schindeln**				
03	**DA Deckung, FZ-Platten, asbesthaltig, mit Lattung, Schalung, abbrechen** Einheit: m² Belagfläche	74,00	**83,00**	99,00	
	084 Abbruch-, Rückbau- und Schadstoffsanierungsarbeiten				100,0%
04	**DA Deckung, Schieferplatten, mit Lattung, Schalung, abbrechen** Einheit: m² Belagfläche	86,00	**99,00**	121,00	
	084 Abbruch-, Rückbau- und Schadstoffsanierungsarbeiten				100,0%
363.50	**Metall**				
01	**DA Blechdach, mit Schalung, Trennlage, abbrechen** Einheit: m² Belagfläche	73,00	**84,00**	106,00	
	084 Abbruch-, Rückbau- und Schadstoffsanierungsarbeiten				100,0%
363.70	**Dachentwässerung horizontal**				
01	**DA Dachrinne, mit Traufblech, abbrechen** Einheit: m Rinnenlänge	13,00	**15,00**	19,00	
	084 Abbruch-, Rückbau- und Schadstoffsanierungsarbeiten				100,0%

Kosten:
Stand 2. Quartal 2025
Bundesdurchschnitt
inkl. 19% MwSt.

KG.OZ	Abbrechen	▷	€/Einheit	◁	LB an [A
364.30	**Putz**				
01	**DA Bekleidung, Putz, entfernen** Einheit: m² Bekleidungsfläche	36,00	**40,00**	47,00	
	084 Abbruch-, Rückbau- und Schadstoffsanierungsarbeiten				100,0%
364.40	**Bekleidung auf Unterkonstruktion**				
01	**DA Bekleidung, Gipsplatten, Unterkonstruktion, abbrechen** Einheit: m² Bekleidungsfläche	31,00	**37,00**	45,00	
	084 Abbruch-, Rückbau- und Schadstoffsanierungsarbeiten				100,0%
364.60	**Tapeten**				
01	**DA Bekleidung, Tapete, einlagig, entfernen** Einheit: m² Bekleidungsfläche	4,00	**5,40**	5,90	
	084 Abbruch-, Rückbau- und Schadstoffsanierungsarbeiten				100,0%
02	**DA Bekleidung, Tapete, mehrlagig, entfernen** Einheit: m² Bekleidungsfläche	4,60	**5,80**	7,50	
	084 Abbruch-, Rückbau- und Schadstoffsanierungsarbeiten				100,0%
364.80	**Abgehängte Bekleidung**				
01	**DA Bekleidung, Gipsplatten, abgehängt, einlagig, abbrechen** Einheit: m² Bekleidungsfläche	26,00	**31,00**	39,00	
	084 Abbruch-, Rückbau- und Schadstoffsanierungsarbeiten				100,0%

▷ von
ø Mittel
◁ bis

KG.OZ	Abbrechen	▷	€/Einheit	◁	LB an EA
394.30	**Abfuhr Abbruchmaterial**				
01	**Bauschutt gemischt, entsorgen, Container**	103,00	**114,00**	127,00	
	Einheit: m³ Entsorgungsvolumen				
	084 Abbruch-, Rückbau- und Schadstoffsanierungsarbeiten				100,0%
02	**Bauschutt Boden/Steine, entsorgen, Container**	100,00	**116,00**	142,00	
	Einheit: m³ Entsorgungsvolumen				
	084 Abbruch-, Rückbau- und Schadstoffsanierungsarbeiten				100,0%
03	**Bauschutt Beton/Ziegel/Fliesen, entsorgen, Container**	110,00	**124,00**	170,00	
	Einheit: m³ Entsorgungsvolumen				
	084 Abbruch-, Rückbau- und Schadstoffsanierungsarbeiten				100,0%
04	**Bauschutt Altholz, unbelastet, entsorgen, Container**	137,00	**165,00**	201,00	
	Einheit: m³ Entsorgungsvolumen				
	084 Abbruch-, Rückbau- und Schadstoffsanierungsarbeiten				100,0%
05	**Bauschutt Metall, gemischt, entsorgen, Container**	141,00	**161,00**	205,00	
	Einheit: m³ Entsorgungsvolumen				
	084 Abbruch-, Rückbau- und Schadstoffsanierungsarbeiten				100,0%

KG.OZ	Abbrechen	▷	€/Einheit	◁	LB an EA
411.10	**Abwasserleitungen/Abläufe**				
01	**Abwasserleitung, Kunststoff, bis DN/OD110, abbrechen** Einheit: m Rohrleitung	16,00	**19,00**	21,00	
	084 Abbruch-, Rückbau- und Schadstoffsanierungsarbeiten				100,0%
02	**Abwasserleitung, Guss, bis DN/OD110, abbrechen** Einheit: m Rohrleitung	19,00	**22,00**	25,00	
	084 Abbruch-, Rückbau- und Schadstoffsanierungsarbeiten				100,0%
03	**Abwasserleitung, Guss, bis DN200, abbrechen** Einheit: m Rohrleitung	27,00	**32,00**	36,00	
	084 Abbruch-, Rückbau- und Schadstoffsanierungsarbeiten				100,0%
04	**Abwasserleitung, Stahl, bis DN100, abbrechen** Einheit: m Rohrleitung	19,00	**22,00**	25,00	
	084 Abbruch-, Rückbau- und Schadstoffsanierungsarbeiten				100,0%

Kosten:
Stand 2. Quartal 2025
Bundesdurchschnitt
inkl. 19% MwSt.

▷ von
ø Mittel
◁ bis

KG.OZ Abbrechen	▷	€/Einheit	◁	LB an EA
394.30 Abfuhr Abbruchmaterial				
01 **Bauschutt gemischt, entsorgen, Container** Einheit: m³ Entsorgungsvolumen	103,00	**114,00**	127,00	
084 Abbruch-, Rückbau- und Schadstoffsanierungsarbeiten				100,0%
02 **Bauschutt Boden/Steine, entsorgen, Container** Einheit: m³ Entsorgungsvolumen	100,00	**116,00**	142,00	
084 Abbruch-, Rückbau- und Schadstoffsanierungsarbeiten				100,0%
03 **Bauschutt Beton/Ziegel/Fliesen, entsorgen, Container** Einheit: m³ Entsorgungsvolumen	110,00	**124,00**	170,00	
084 Abbruch-, Rückbau- und Schadstoffsanierungsarbeiten				100,0%
04 **Bauschutt Altholz, unbelastet, entsorgen, Container** Einheit: m³ Entsorgungsvolumen	137,00	**165,00**	201,00	
084 Abbruch-, Rückbau- und Schadstoffsanierungsarbeiten				100,0%
05 **Bauschutt Metall, gemischt, entsorgen, Container** Einheit: m³ Entsorgungsvolumen	141,00	**161,00**	205,00	
084 Abbruch-, Rückbau- und Schadstoffsanierungsarbeiten				100,0%

KG.OZ	Abbrechen	▷	€/Einheit	◁	LB an EA
411.10	**Abwasserleitungen/Abläufe**				
01	**Abwasserleitung, Kunststoff, bis DN/OD110, abbrechen**	16,00	**19,00**	21,00	
	Einheit: m Rohrleitung				
	084 Abbruch-, Rückbau- und Schadstoffsanierungsarbeiten				100,0%
02	**Abwasserleitung, Guss, bis DN/OD110, abbrechen**	19,00	**22,00**	25,00	
	Einheit: m Rohrleitung				
	084 Abbruch-, Rückbau- und Schadstoffsanierungsarbeiten				100,0%
03	**Abwasserleitung, Guss, bis DN200, abbrechen**	27,00	**32,00**	36,00	
	Einheit: m Rohrleitung				
	084 Abbruch-, Rückbau- und Schadstoffsanierungsarbeiten				100,0%
04	**Abwasserleitung, Stahl, bis DN100, abbrechen**	19,00	**22,00**	25,00	
	Einheit: m Rohrleitung				
	084 Abbruch-, Rückbau- und Schadstoffsanierungsarbeiten				100,0%

Kosten:
Stand 2. Quartal 2025
Bundesdurchschnitt
inkl. 19% MwSt.

▷ von
ø Mittel
◁ bis

KG.OZ	Abbrechen	▷	€/Einheit	◁	LB an EA
412.40	**Wasserleitungen/Verteiler**				
01	**Wasserleitung, Kupfer, bis DN25, abbrechen** Einheit: m Rohrleitung	9,30	**11,00**	13,00	
	084 Abbruch-, Rückbau- und Schadstoffsanierungsarbeiten				100,0%
02	**Wasserleitung, Stahl, bis DN25, abbrechen** Einheit: m Rohrleitung	11,00	**13,00**	15,00	
	084 Abbruch-, Rückbau- und Schadstoffsanierungsarbeiten				100,0%
03	**Wasserleitung, Stahl, bis DN50, abbrechen** Einheit: m Rohrleitung	15,00	**17,00**	20,00	
	084 Abbruch-, Rückbau- und Schadstoffsanierungsarbeiten				100,0%
04	**Wasserleitung, Stahl, bis DN100, abbrechen** Einheit: m Rohrleitung	19,00	**22,00**	25,00	
	084 Abbruch-, Rückbau- und Schadstoffsanierungsarbeiten				100,0%
412.60	**Sanitärobjekte**				
01	**Waschtisch, abbrechen** Einheit: St Sanitärobjekt	50,00	**59,00**	68,00	
	084 Abbruch-, Rückbau- und Schadstoffsanierungsarbeiten				100,0%
02	**Urinal mit Betätigungsplatte abbrechen** Einheit: St Sanitärobjekt	49,00	**49,00**	59,00	
	084 Abbruch-, Rückbau- und Schadstoffsanierungsarbeiten				100,0%
03	**WC mit WC-Sitz und Deckel, mit Betätigungsplatte, abbrechen** Einheit: St Sanitärobjekt	44,00	**57,00**	67,00	
	084 Abbruch-, Rückbau- und Schadstoffsanierungsarbeiten				100,0%
04	**Duschwanne, Ablaufgarnitur, abbrechen** Einheit: St Sanitärobjekt	97,00	**114,00**	130,00	
	084 Abbruch-, Rückbau- und Schadstoffsanierungsarbeiten				100,0%
05	**Badewanne, Ablaufgarnitur, abbrechen** Einheit: St Sanitärobjekt	161,00	**187,00**	195,00	
	084 Abbruch-, Rückbau- und Schadstoffsanierungsarbeiten				100,0%

KG.OZ	Abbrechen	▷	€/Einheit	◁	LB an EA
421.30	**Heizkesselanlagen**				
01	**Heiztherme abbrechen** Einheit: St Anlage	184,00	**186,00**	193,00	
	084 Abbruch-, Rückbau- und Schadstoffsanierungsarbeiten				100,0%
02	**Heizkessel abbrechen, bis 50kW** Einheit: St Anlage	673,00	**714,00**	827,00	
	084 Abbruch-, Rückbau- und Schadstoffsanierungsarbeiten				100,0%

Kosten:
Stand 2. Quartal 2025
Bundesdurchschnitt
inkl. 19% MwSt.

▷ von
ø Mittel
◁ bis

KG.OZ	Abbrechen	▷	€/Einheit	◁	LB an EA
394.30	**Abfuhr Abbruchmaterial**				
01	**Bauschutt gemischt, entsorgen, Container** Einheit: m³ Entsorgungsvolumen	103,00	**114,00**	127,00	
	084 Abbruch-, Rückbau- und Schadstoffsanierungsarbeiten				100,0%
02	**Bauschutt Boden/Steine, entsorgen, Container** Einheit: m³ Entsorgungsvolumen	100,00	**116,00**	142,00	
	084 Abbruch-, Rückbau- und Schadstoffsanierungsarbeiten				100,0%
03	**Bauschutt Beton/Ziegel/Fliesen, entsorgen, Container** Einheit: m³ Entsorgungsvolumen	110,00	**124,00**	170,00	
	084 Abbruch-, Rückbau- und Schadstoffsanierungsarbeiten				100,0%
04	**Bauschutt Altholz, unbelastet, entsorgen, Container** Einheit: m³ Entsorgungsvolumen	137,00	**165,00**	201,00	
	084 Abbruch-, Rückbau- und Schadstoffsanierungsarbeiten				100,0%
05	**Bauschutt Metall, gemischt, entsorgen, Container** Einheit: m³ Entsorgungsvolumen	141,00	**161,00**	205,00	
	084 Abbruch-, Rückbau- und Schadstoffsanierungsarbeiten				100,0%

KG.OZ	Abbrechen	▷	€/Einheit	◁	LB an EA
411.10	**Abwasserleitungen/Abläufe**				
01	**Abwasserleitung, Kunststoff, bis DN/OD110, abbrechen** Einheit: m Rohrleitung	16,00	**19,00**	21,00	
	084 Abbruch-, Rückbau- und Schadstoffsanierungsarbeiten				100,0%
02	**Abwasserleitung, Guss, bis DN/OD110, abbrechen** Einheit: m Rohrleitung	19,00	**22,00**	25,00	
	084 Abbruch-, Rückbau- und Schadstoffsanierungsarbeiten				100,0%
03	**Abwasserleitung, Guss, bis DN200, abbrechen** Einheit: m Rohrleitung	27,00	**32,00**	36,00	
	084 Abbruch-, Rückbau- und Schadstoffsanierungsarbeiten				100,0%
04	**Abwasserleitung, Stahl, bis DN100, abbrechen** Einheit: m Rohrleitung	19,00	**22,00**	25,00	
	084 Abbruch-, Rückbau- und Schadstoffsanierungsarbeiten				100,0%

Kosten:
Stand 2. Quartal 2025
Bundesdurchschnitt
inkl. 19% MwSt.

▷ von
ø Mittel
◁ bis

KG.OZ	Abbrechen	▷	€/Einheit	◁	LB an EA
412.40	**Wasserleitungen/Verteiler**				
01	**Wasserleitung, Kupfer, bis DN25, abbrechen**	9,30	**11,00**	13,00	
	Einheit: m Rohrleitung				
	084 Abbruch-, Rückbau- und Schadstoffsanierungsarbeiten				100,0%
02	**Wasserleitung, Stahl, bis DN25, abbrechen**	11,00	**13,00**	15,00	
	Einheit: m Rohrleitung				
	084 Abbruch-, Rückbau- und Schadstoffsanierungsarbeiten				100,0%
03	**Wasserleitung, Stahl, bis DN50, abbrechen**	15,00	**17,00**	20,00	
	Einheit: m Rohrleitung				
	084 Abbruch-, Rückbau- und Schadstoffsanierungsarbeiten				100,0%
04	**Wasserleitung, Stahl, bis DN100, abbrechen**	19,00	**22,00**	25,00	
	Einheit: m Rohrleitung				
	084 Abbruch-, Rückbau- und Schadstoffsanierungsarbeiten				100,0%
412.60	**Sanitärobjekte**				
01	**Waschtisch, abbrechen**	50,00	**59,00**	68,00	
	Einheit: St Sanitärobjekt				
	084 Abbruch-, Rückbau- und Schadstoffsanierungsarbeiten				100,0%
02	**Urinal mit Betätigungsplatte abbrechen**	49,00	**49,00**	59,00	
	Einheit: St Sanitärobjekt				
	084 Abbruch-, Rückbau- und Schadstoffsanierungsarbeiten				100,0%
03	**WC mit WC-Sitz und Deckel, mit Betätigungsplatte, abbrechen**	44,00	**57,00**	67,00	
	Einheit: St Sanitärobjekt				
	084 Abbruch-, Rückbau- und Schadstoffsanierungsarbeiten				100,0%
04	**Duschwanne, Ablaufgarnitur, abbrechen**	97,00	**114,00**	130,00	
	Einheit: St Sanitärobjekt				
	084 Abbruch-, Rückbau- und Schadstoffsanierungsarbeiten				100,0%
05	**Badewanne, Ablaufgarnitur, abbrechen**	161,00	**187,00**	195,00	
	Einheit: St Sanitärobjekt				
	084 Abbruch-, Rückbau- und Schadstoffsanierungsarbeiten				100,0%

KG.OZ	Abbrechen	▷	€/Einheit	◁	LB an EA
421.30	**Heizkesselanlagen**				
01	**Heiztherme abbrechen** Einheit: St Anlage	184,00	**186,00**	193,00	
	084 Abbruch-, Rückbau- und Schadstoffsanierungsarbeiten				100,0%
02	**Heizkessel abbrechen, bis 50kW** Einheit: St Anlage	673,00	**714,00**	827,00	
	084 Abbruch-, Rückbau- und Schadstoffsanierungsarbeiten				100,0%

Kosten:
Stand 2.Quartal 2025
Bundesdurchschnitt
inkl. 19% MwSt.

▷ von
ø Mittel
◁ bis

KG.OZ	Abbrechen	▷	€/Einheit	◁	LB an EA
422.20	**Rohrleitungen**				
01	**Gewinderohrleitung, bis DN25, abbrechen** Einheit: m Rohrleitung	9,10	**10,00**	16,00	
	084 Abbruch-, Rückbau- und Schadstoffsanierungsarbeiten				100,0%
02	**Gewinderohrleitung, bis DN100, abbrechen** Einheit: m Rohrleitung	17,00	**21,00**	24,00	
	084 Abbruch-, Rückbau- und Schadstoffsanierungsarbeiten				100,0%

KG.OZ	Abbrechen	▷	€/Einheit	◁	LB an EA
423.10	**Heizkörper**				
01	**Radiator, bis 50kg, abbrechen** Einheit: St Heizkörper	59,00	**59,00**	61,00	
	084 Abbruch-, Rückbau- und Schadstoffsanierungsarbeiten				100,0%
02	**Radiator, bis 100kg, abbrechen** Einheit: St Heizkörper	89,00	**90,00**	99,00	
	084 Abbruch-, Rückbau- und Schadstoffsanierungsarbeiten				100,0%
03	**Flachheizkörper, bis 50kg, abbrechen** Einheit: St Heizkörper	52,00	**55,00**	59,00	
	084 Abbruch-, Rückbau- und Schadstoffsanierungsarbeiten				100,0%

Kosten:
Stand 2.Quartal 2025
Bundesdurchschnitt
inkl. 19% MwSt.

▷ von
ø Mittel
◁ bis

Altbau Elementarten

Wiederherstellen

Elementarten
zur 3. Ebene DIN 276
für die Kostengruppe 300

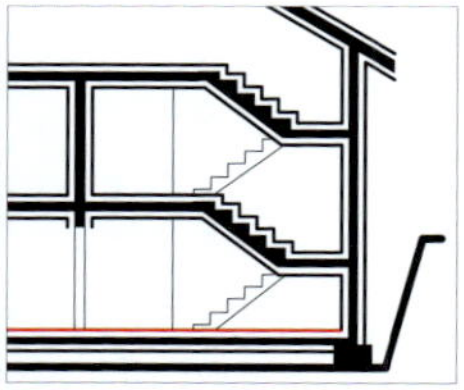

Kosten:
Stand 2.Quartal 2025
Bundesdurchschnitt
inkl. 19% MwSt.

▷ von
ø Mittel
◁ bis

KG.OZ	Wiederherstellen	▷	€/Einheit	◁	LB an EA
324.20	**Estrich**				
01	**GR Kratzspachtelung, Estrich, Betonboden, instandsetzen** Einheit: m² Belagfläche 025 Estricharbeiten	13,00	**16,00**	20,00	100,0%
02	**GR Nivellierestrich, 10mm, Betonboden, instandsetzen** Einheit: m² Belagfläche 025 Estricharbeiten	32,00	**40,00**	49,00	100,0%
03	**GR Nivellierestrich, 20mm, Betonboden, instandsetzen** Einheit: m² Belagfläche 025 Estricharbeiten	47,00	**57,00**	68,00	100,0%
324.30	**Fliesen und Platten**				
01	**GR Ausgleichsspachtelung, 10mm, Fliesenbelag** Einheit: m² Belagfläche 024 Fliesen- und Plattenarbeiten	13,00	**15,00**	18,00	100,0%
324.60	**Textil**				
01	**GR Klebereste entfernen, Textilbelag** Einheit: m² Belagfläche 036 Bodenbelagarbeiten	8,10	**9,40**	11,00	100,0%
02	**GR Ausgleichsspachtelung, 2mm, Textilbelag** Einheit: m² Belagfläche 036 Bodenbelagarbeiten	11,00	**12,00**	15,00	100,0%
03	**GR Ausgleichsspachtelung, 10mm, Textilbelag** Einheit: m² Belagfläche 036 Bodenbelagarbeiten	12,00	**13,00**	17,00	100,0%
324.70	**Holz**				
01	**GR Parkett, schleifen, ölen, wachsen** Einheit: m² Belagfläche 028 Parkett-, Holzpflasterarbeiten	57,00	**69,00**	84,00	100,0%
324.80	**Hartbeläge**				
01	**GR Klebereste entfernen, Hartbelag** Einheit: m² Belagfläche 036 Bodenbelagarbeiten	8,10	**9,40**	11,00	100,0%
02	**GR Ausgleichsspachtelung, 2mm, Hartbelag** Einheit: m² Belagfläche 036 Bodenbelagarbeiten	11,00	**12,00**	15,00	100,0%
03	**GR Ausgleichsspachtelung, 10mm, Hartbelag** Einheit: m² Belagfläche 036 Bodenbelagarbeiten	12,00	**13,00**	17,00	100,0%

KG.OZ	Wiederherstellen	▷	€/Einheit	◁	LB an EA
325.10	**Bauwerksabdichtung horizontal**				
01	**GR Bodenflächen, reinigen, schleifen** Einheit: m² Belagfläche	20,00	**22,00**	28,00	
	018 Abdichtungsarbeiten				100,0%
02	**GR Bodenflächen, reinigen, kugelstrahlen** Einheit: m² Belagfläche	19,00	**22,00**	27,00	
	018 Abdichtungsarbeiten				100,0%
03	**GR Bodenflächen, egalisieren, bis 5mm** Einheit: m² Belagfläche	39,00	**45,00**	54,00	
	018 Abdichtungsarbeiten				100,0%
04	**GR Bodenflächen, egalisieren, bis 10mm** Einheit: m² Belagfläche	47,00	**54,00**	67,00	
	018 Abdichtungsarbeiten				100,0%

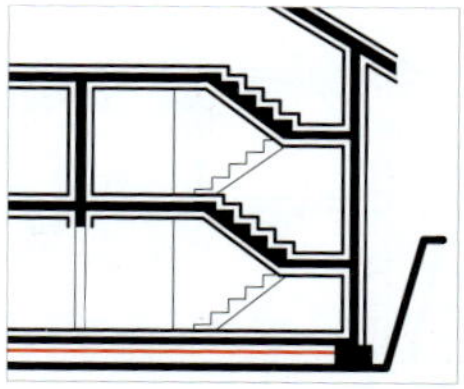

331
Tragende Außenwände

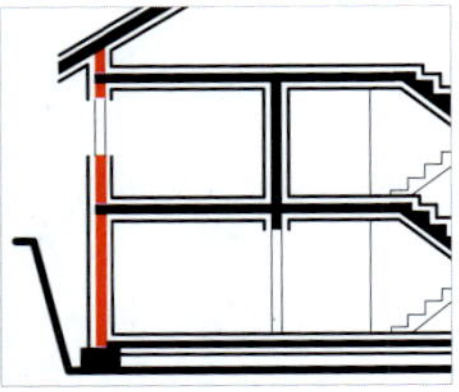

Kosten:
Stand 2. Quartal 2025
Bundesdurchschnitt
inkl. 19% MwSt.

KG.OZ	Wiederherstellen	▷	€/Einheit	◁	LB an EA
331.10	**Mauerwerkswand**				
01	**AW Mauerwerk, bis 25cm, ausbessern**	147,00	**170,00**	209,00	
	Einheit: m² Wandfläche				
	012 Mauerarbeiten				100,0%
02	**AW Mauerwerk, bis 50cm, ausbessern**	256,00	**285,00**	345,00	
	Einheit: m² Wandfläche				
	012 Mauerarbeiten				100,0%

▷ von
ø Mittel
◁ bis

KG.OZ	Wiederherstellen	▷	€/Einheit	◁	LB an EA
334.10	**Türen**				
01	**AW Eingangstür, abbeizen** Einheit: m² Türfläche	140,00	**155,00**	182,00	
	034 Maler- und Lackierarbeiten - Beschichtungen				100,0%
334.60	**Fenster**				
01	**AW Fenster, vorbereiten, auf Beschichtung** Einheit: m² Fensterfläche	35,00	**38,00**	45,00	
	034 Maler- und Lackierarbeiten - Beschichtungen				100,0%

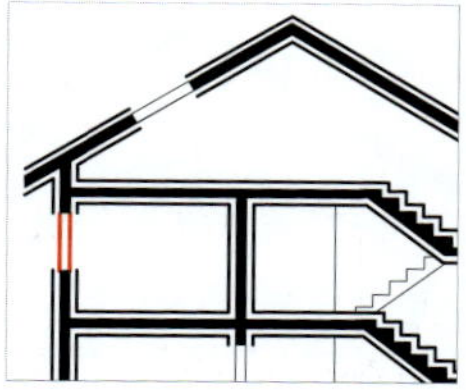

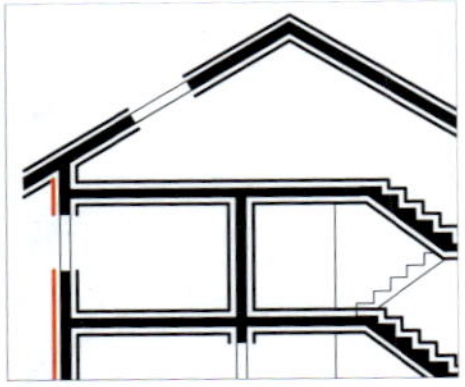

Kosten:
Stand 2. Quartal 2025
Bundesdurchschnitt
inkl. 19% MwSt.

KG.OZ	Wiederherstellen	▷	€/Einheit	◁	LB an EA
335.20	**Oberflächenbehandlung**				
01	**AW Dampfstrahlen, temperiert** Einheit: m² Außenwandfläche	5,60	**6,50**	7,40	
	034 Maler- und Lackierarbeiten - Beschichtungen				100,0%
02	**AW Beschichtung, abblätternd, entfernen** Einheit: m² Außenwandfläche	20,00	**23,00**	26,00	
	034 Maler- und Lackierarbeiten - Beschichtungen				100,0%
03	**AW, Metallflächen, entrosten, Teilflächen** Einheit: m² Beschichtete Fläche	7,90	**8,70**	10,00	
	034 Maler- und Lackierarbeiten - Beschichtungen				100,0%
04	**AW, Metallflächen, entrosten, strahlen** Einheit: m² Beschichtete Fläche	10,00	**11,00**	13,00	
	034 Maler- und Lackierarbeiten - Beschichtungen				100,0%
05	**AW, Metallflächen, vorbereiten, ausbessern** Einheit: m² Beschichtete Fläche	20,00	**23,00**	27,00	
	034 Maler- und Lackierarbeiten - Beschichtungen				100,0%
06	**AW, Metallflächen, schleifen, grundieren** Einheit: m² Beschichtete Fläche	7,80	**9,00**	10,00	
	034 Maler- und Lackierarbeiten - Beschichtungen				100,0%
335.30	**Putz**				
01	**AW Putz, in Teilflächen, ausbessern** Einheit: m² Bekleidungsfläche	59,00	**68,00**	77,00	
	023 Putz- und Stuckarbeiten, Wärmedämmsysteme				100,0%
02	**AW Putz, ausbessern** Einheit: m² Bekleidungsfläche	62,00	**70,00**	82,00	
	023 Putz- und Stuckarbeiten, Wärmedämmsysteme				100,0%

▷ von
ø Mittel
◁ bis

KG.OZ	Wiederherstellen	▷	€/Einheit	◁	LB an EA
336.20	**Oberflächenbehandlung**				
01	**AW innen, Beschichtung, ausbessern**	9,30	**10,00**	12,00	
	Einheit: m² Beschichtete Fläche				
	034 Maler- und Lackierarbeiten - Beschichtungen				100,0%
02	**AW innen, Beschichtung, Ölfarbe, anschleifen**	2,80	**3,30**	3,70	
	Einheit: m² Beschichtete Fläche				
	034 Maler- und Lackierarbeiten - Beschichtungen				100,0%
03	**AW innen Holzflächen, anschleifen, grundieren**	8,40	**9,30**	11,00	
	Einheit: m² Beschichtete Fläche				
	034 Maler- und Lackierarbeiten - Beschichtungen				100,0%
04	**AW innen, Metallflächen, anschleifen**	5,60	**6,40**	7,30	
	Einheit: m² Beschichtete Fläche				
	034 Maler- und Lackierarbeiten - Beschichtungen				100,0%
05	**AW innen, Metallflächen, schleifen, grundieren**	13,00	**15,00**	17,00	
	Einheit: m² Beschichtete Fläche				
	034 Maler- und Lackierarbeiten - Beschichtungen				100,0%
336.30	**Putz**				
01	**AW innen, Putz, in Teilflächen, ausbessern**	47,00	**54,00**	62,00	
	Einheit: m² Bekleidungsfläche				
	023 Putz- und Stuckarbeiten, Wärmedämmsysteme				100,0%

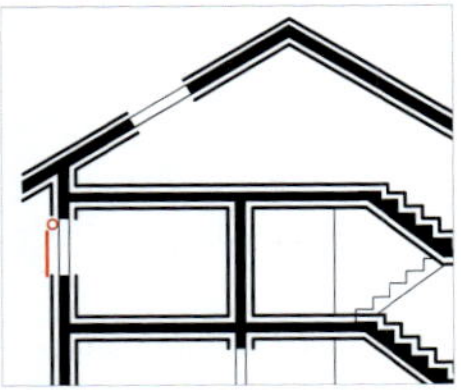

Kosten:
Stand 2. Quartal 2025
Bundesdurchschnitt
inkl. 19% MwSt.

KG.OZ	Wiederherstellen	▷	€/Einheit	◁	LB an EA
338.10	**Läden**				
01	**AW Rollladendeckel, Gurtwickler, auswechseln** Einheit: m² Schutzfläche	117,00	**128,00**	154,00	
	030 Rollladenarbeiten				100,0%
02	**AW Rollladendeckel, Gurtwickler, auswechseln, Kasten dämmen** Einheit: m² Schutzfläche	170,00	**188,00**	216,00	
	030 Rollladenarbeiten				100,0%
03	**AW Rollladendeckel, Gurtwickler, Welle, auswechseln** Einheit: m² Schutzfläche	237,00	**259,00**	311,00	
	030 Rollladenarbeiten				100,0%

▷ von
ø Mittel
◁ bis

KG.OZ	Wiederherstellen	▷	€/Einheit	◁	LB an EA
339.20	**Umwehrungen/Handläufe**				
01	**AW Stahlgeländer, abbeizen** Einheit: m² Geländerfläche	27,00	**30,00**	36,00	
	034 Maler- und Lackierarbeiten - Beschichtungen				100,0%

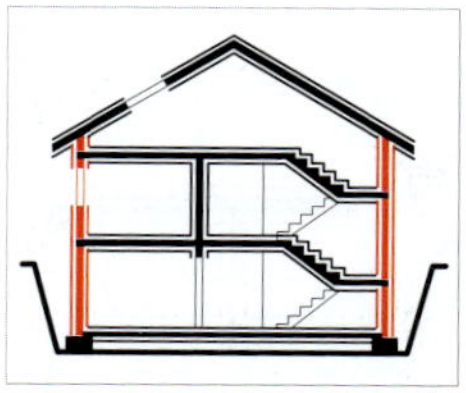

KG.OZ	Wiederherstellen	▷	€/Einheit	◁	LB an EA
344.10	**Türen**				
01	**IW Türe, Beschichtung anschleifen** Einheit: m² Beschichtete Fläche	18,00	**21,00**	24,00	
	034 Maler- und Lackierarbeiten - Beschichtungen				100,0%
02	**IW Türe, Beschichtung abbeizen** Einheit: m² Beschichtete Fläche	168,00	**190,00**	219,00	
	034 Maler- und Lackierarbeiten - Beschichtungen				100,0%

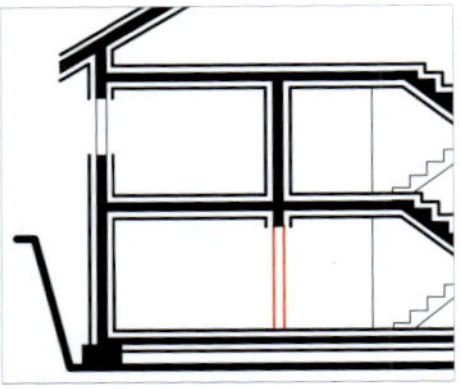

Kosten:
Stand 2. Quartal 2025
Bundesdurchschnitt
inkl. 19% MwSt.

▷ von
ø Mittel
◁ bis

KG.OZ	Wiederherstellen	▷	€/Einheit	◁	LB an EA
345.20	**Oberflächenbehandlung**				
01	**IW Beschichtung, ausbessern**	9,30	**10,00**	12,00	
	Einheit: m² Beschichtete Fläche				
	034 Maler- und Lackierarbeiten - Beschichtungen				100,0%
02	**IW Beschichtung, Ölfarbe, anschleifen**	2,80	**3,30**	3,70	
	Einheit: m² Beschichtete Fläche				
	034 Maler- und Lackierarbeiten - Beschichtungen				100,0%
03	**IW Holzflächen, anschleifen, grundieren**	8,40	**9,30**	11,00	
	Einheit: m² Beschichtete Fläche				
	034 Maler- und Lackierarbeiten - Beschichtungen				100,0%
04	**IW Metallflächen, anschleifen**	5,60	**6,40**	7,30	
	Einheit: m² Beschichtete Fläche				
	034 Maler- und Lackierarbeiten - Beschichtungen				100,0%
05	**IW Metallflächen, schleifen, grundieren**	13,00	**15,00**	17,00	
	Einheit: m² Beschichtete Fläche				
	034 Maler- und Lackierarbeiten - Beschichtungen				100,0%
345.30	**Putz**				
01	**IW Putz, in Teilflächen, ausbessern**	47,00	**54,00**	62,00	
	Einheit: m² Bekleidungsfläche				
	023 Putz- und Stuckarbeiten, Wärmedämmsysteme				100,0%

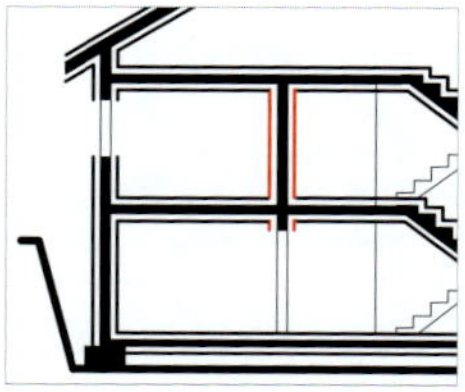

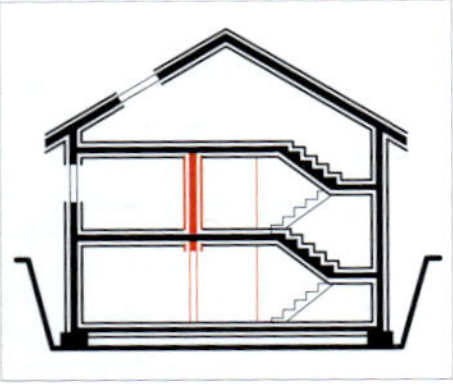

Kosten:
Stand 2. Quartal 2025
Bundesdurchschnitt
inkl. 19% MwSt.

KG.OZ	Wiederherstellen	▷	€/Einheit	◁	LB an EA
349.20	**Umwehrungen/Handläufe**				
01	**IW Stahlgeländer, abbeizen** Einheit: m² Geländerfläche	27,00	**30,00**	36,00	
	034 Maler- und Lackierarbeiten - Beschichtungen				100,0%
02	**IW Überholungsbeschichtung, Stahlgeländer** Einheit: m² Geländerfläche	70,00	**80,00**	92,00	
	034 Maler- und Lackierarbeiten - Beschichtungen				100,0%

▷ von
ø Mittel
◁ bis

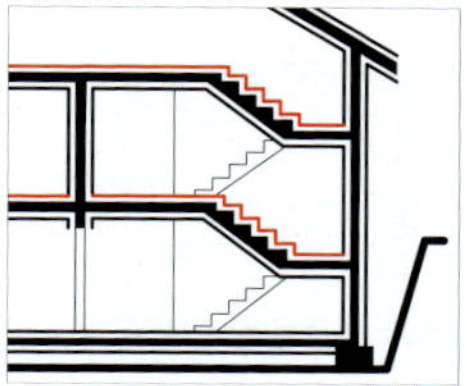

KG.OZ	Wiederherstellen	▷	€/Einheit	◁	LB an EA
353.20	**Estrich**				
01	**DE Kratzspachtelung, Estrich, Betonboden, instandsetzen**	13,00	**16,00**	20,00	
	Einheit: m² Belagfläche				
	025 Estricharbeiten				100,0%
02	**DE Nivellierestrich, bis 10mm, Betonboden, instandsetzen**	32,00	**40,00**	49,00	
	Einheit: m² Belagfläche				
	025 Estricharbeiten				100,0%
03	**DE Nivellierestrich, bis 20mm, Betonboden, instandsetzen**	47,00	**57,00**	68,00	
	Einheit: m² Belagfläche				
	025 Estricharbeiten				100,0%
353.30	**Fliesen und Platten**				
01	**DE Ausgleichsspachtelung, 10mm, Fliesenbelag**	13,00	**15,00**	18,00	
	Einheit: m² Belagfläche				
	024 Fliesen- und Plattenarbeiten				100,0%
353.60	**Textil**				
01	**DE Klebereste entfernen, Textilbelag**	8,10	**9,40**	11,00	
	Einheit: m² Belagfläche				
	036 Bodenbelagarbeiten				100,0%
02	**DE Ausgleichsspachtelung, 2mm, Textilbeläge**	11,00	**12,00**	15,00	
	Einheit: m² Belagfläche				
	036 Bodenbelagarbeiten				100,0%
03	**DE Ausgleichsspachtelung, 10mm, Textilbeläge**	12,00	**13,00**	17,00	
	Einheit: m² Belagfläche				
	036 Bodenbelagarbeiten				100,0%
353.70	**Holz**				
01	**DE Ausgleichsspachtelung, 5mm**	15,00	**17,00**	21,00	
	Einheit: m² Belagfläche				
	028 Parkett-, Holzpflasterarbeiten				71,8%
	036 Bodenbelagarbeiten				28,2%
02	**DE Parkett, schleifen, ölen, wachsen**	57,00	**69,00**	84,00	
	Einheit: m² Belagfläche				
	028 Parkett-, Holzpflasterarbeiten				100,0%

KG.OZ	Wiederherstellen	▷	€/Einheit	◁	LB an EA
354.30	**Putz**				
01	**DE Putz, in Teilflächen, ausbessern** Einheit: m² Bekleidungsfläche	36,00	**44,00**	51,00	
	023 Putz- und Stuckarbeiten, Wärmedämmsysteme				100,0%

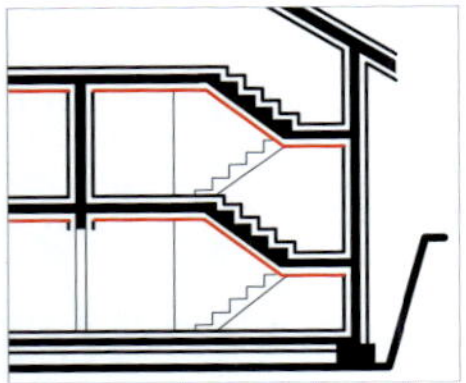

Kosten:
Stand 2. Quartal 2025
Bundesdurchschnitt
inkl. 19% MwSt.

▷ von
ø Mittel
◁ bis

KG.OZ	Wiederherstellen	▷	€/Einheit	◁	LB an EA
361.60	**Steildach, Holz**				
01	**DA geneigt, Zwischensparrendämmung, MW 220mm** Einheit: m² Dachfläche	40,00	**43,00**	48,00	
	016 Zimmer- und Holzbauarbeiten				100,0%
02	**DA geneigt, Zwischensparrendämmung, WF 220mm** Einheit: m² Dachfläche	47,00	**50,00**	53,00	
	016 Zimmer- und Holzbauarbeiten				100,0%
03	**DA geneigt, Zwischensparrendämmung, Zellulose 220mm** Einheit: m² Dachfläche	41,00	**47,00**	54,00	
	016 Zimmer- und Holzbauarbeiten				100,0%

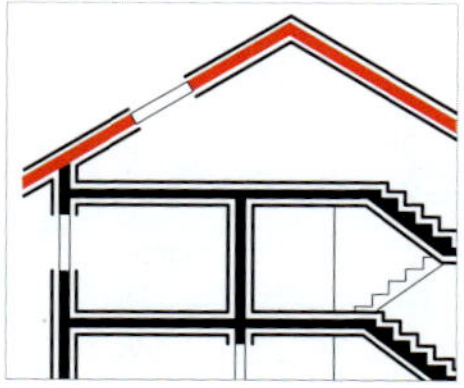

KG.OZ	Wiederherstellen	▷	€/Einheit	◁	LB an EA
364.30	**Putz**				
01	**DA Bekleidung, Putz, in Teilflächen, ausbessern** Einheit: m² Bekleidungsfläche	36,00	**44,00**	51,00	
	023 Putz- und Stuckarbeiten, Wärmedämmsysteme				100,0%

Kosten:
Stand 2. Quartal 2025
Bundesdurchschnitt
inkl. 19% MwSt.

▷ von
ø Mittel
◁ bis

Altbau Elementarten

Herstellen

Elementarten
zur 3. Ebene DIN 276
für die Kostengruppen 300+400

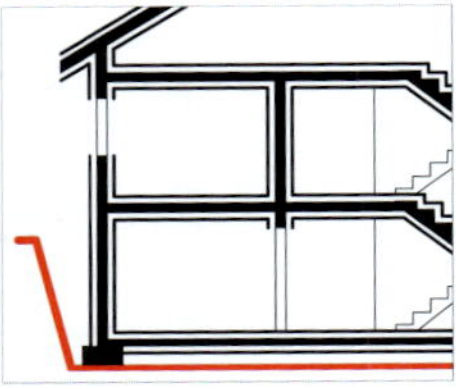

Kosten:
Stand 2. Quartal 2025
Bundesdurchschnitt
inkl. 19% MwSt.

KG.OZ	Herstellen	▷	€/Einheit	◁	LB an EA
311.10	**Oberbodenabtrag**				
01	**BG Oberboden abschieben, 20cm, lagern**	6,70	**7,50**	9,00	
	Einheit: m² Abtragsfläche				
	002 Erdarbeiten				100,0%
02	**BG Oberboden abschieben, 30cm, lagern**	8,90	**10,00**	12,00	
	Einheit: m² Abtragsfläche				
	002 Erdarbeiten				100,0%
03	**BG Oberboden abschieben, über 30cm, lagern**	9,40	**11,00**	13,00	
	Einheit: m² Abtragsfläche				
	002 Erdarbeiten				100,0%
04	**BG Oberboden abschieben, lagern, andecken, 30cm**	13,00	**15,00**	18,00	
	Einheit: m² Abtragsfläche				
	002 Erdarbeiten				67,7%
	003 Landschaftsbauarbeiten				32,3%
05	**BG Oberboden abschieben, 30cm, abfahren**	9,60	**10,00**	11,00	
	Einheit: m² Abtragsfläche				
	002 Erdarbeiten				100,0%
06	**BG Oberboden abschieben, abfahren, liefern, andecken, 30cm**	25,00	**27,00**	29,00	
	Einheit: m² Abtragsfläche				
	002 Erdarbeiten				38,6%
	003 Landschaftsbauarbeiten				61,4%
311.20	**Aushub normal lösbar**				
01	**BG Fundament ausheben, lagern**	47,00	**51,00**	58,00	
	Einheit: m³ Aushub				
	002 Erdarbeiten				100,0%
02	**BG Fundament ausheben, entsorgen**	56,00	**59,00**	64,00	
	Einheit: m³ Aushub				
	002 Erdarbeiten				100,0%
03	**BG Baugrube händisch ausheben, lagern**	137,00	**142,00**	157,00	
	Einheit: m³ Aushub				
	002 Erdarbeiten				100,0%
04	**BG Baugrube händisch ausheben, entsorgen**	175,00	**183,00**	200,00	
	Einheit: m³ Aushub				
	002 Erdarbeiten				100,0%
05	**BG Baugrube ausheben, lagern**	24,00	**26,00**	28,00	
	Einheit: m³ Aushub				
	002 Erdarbeiten				100,0%
06	**BG Baugrube ausheben, entsorgen**	40,00	**47,00**	50,00	
	Einheit: m³ Aushub				
	002 Erdarbeiten				100,0%

▷ von
ø Mittel
◁ bis

KG.OZ	Herstellen	▷	€/Einheit	◁	LB an EA
311.40	**Auf-/hinterfüllen mit Liefermaterial**				
01	**BG Verfüllung, Fundamente**	38,00	**40,00**	45,00	
	Einheit: m³ Auffüllvolumen				
	002 Erdarbeiten				100,0%
02	**BG Verfüllung, Fundamente, Liefermaterial**	38,00	**44,00**	51,00	
	Einheit: m³ Auffüllvolumen				
	002 Erdarbeiten				100,0%
03	**BG Verfüllung, Arbeitsräume**	22,00	**26,00**	32,00	
	Einheit: m³ Auffüllvolumen				
	002 Erdarbeiten				100,0%
04	**BG Verfüllung, Arbeitsräume, Liefermaterial**	50,00	**53,00**	57,00	
	Einheit: m³ Auffüllvolumen				
	002 Erdarbeiten				100,0%
05	**BG Verfüllung, Rohrgräben**	56,00	**61,00**	70,00	
	Einheit: m³ Auffüllvolumen				
	002 Erdarbeiten				100,0%
06	**BG Verfüllung, Rohrgraben, Liefermaterial**	72,00	**79,00**	83,00	
	Einheit: m³ Auffüllvolumen				
	002 Erdarbeiten				100,0%

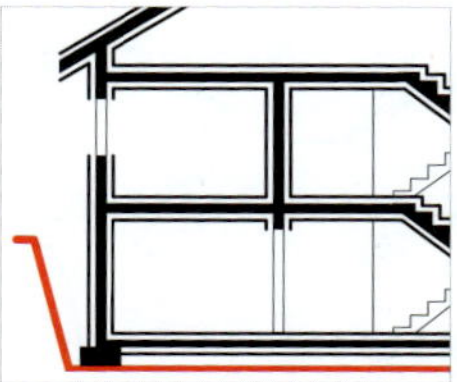

313 Wasserhaltung

Kosten:
Stand 2. Quartal 2025
Bundesdurchschnitt
inkl. 19% MwSt.

KG.OZ	Herstellen	▷	€/Einheit	◁	LB an EA
313.10	**Leitungen für Wasserhaltung**				
01	**BG Wasserhaltung, Leitungen**	22,00	**25,00**	31,00	
	Einheit: m Leitungslänge				
	008 Wasserhaltungsarbeiten				100,0%
313.20	**Schächte für Wasserhaltung**				
01	**BG Wasserhaltung, Pumpensumpf, 1,00m**	1.083,00	**1.231,00**	1.549,00	
	Einheit: St Anzahl				
	008 Wasserhaltungsarbeiten				94,4%
	009 Entwässerungskanalarbeiten				5,6%
313.30	**Geräte für Wasserhaltung**				
01	**BG Wasserhaltung, Pumpe**	927,00	**1.145,00**	1.446,00	
	Einheit: St Anzahl				
	008 Wasserhaltungsarbeiten				100,0%
02	**BG Wasserhaltung, Absetzbecken, mit Messvorrichtung**	3.142,00	**4.047,00**	4.686,00	
	Einheit: St Anzahl				
	008 Wasserhaltungsarbeiten				100,0%

▷ von
ø Mittel
◁ bis

KG.OZ	Herstellen	▷	€/Einheit	◁	LB an EA
321.10	**Bodenaustausch**				
01	**GR Bodenaustausch, Körnungsstoff**	101,00	**117,00**	128,00	
	Einheit: m^3 Auffüllvolumen				
	002 Erdarbeiten				100,0%
321.20	**Bodenauffüllung**				
01	**GR Bodenauffüllung, Körnungsstoff**	78,00	**91,00**	103,00	
	Einheit: m^3 Auffüllvolumen				
	002 Erdarbeiten				100,0%
321.30	**Bodenverdichtung**				
01	**GR Gründungssohle verdichten**	5,20	**5,90**	6,90	
	Einheit: m^2 Verdichtete Fläche				
	002 Erdarbeiten				100,0%

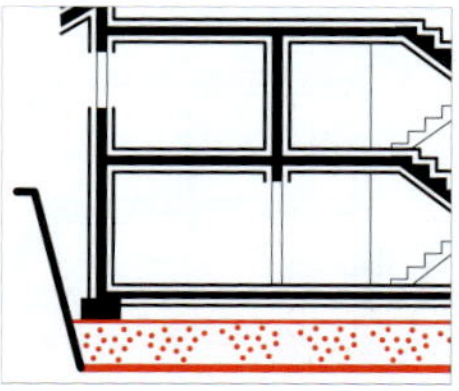

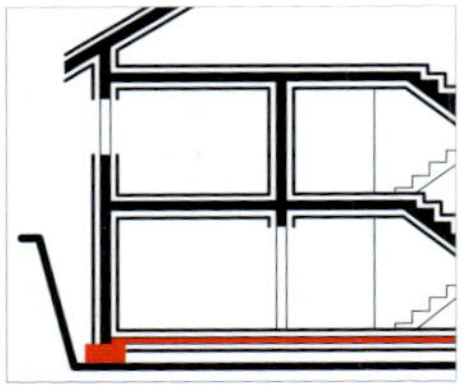

Kosten:
Stand 2. Quartal 2025
Bundesdurchschnitt
inkl. 19% MwSt.

▷ von
ø Mittel
◁ bis

KG.OZ	Herstellen	▷	€/Einheit	◁	LB an EA
322.10	**Fundamente Beton**				
01	**GR Einzelfundament, C30/35, H 50cm, Bewehrung 40kg/m^3, Schalung 8m^2/m^3** Einheit: m^3 Fundamentvolumen	849,00	**947,00**	1.110,00	
	013 Betonarbeiten				100,0%
02	**GR Einzelfundament, C30/35, H 50cm, Bewehrung 100kg/m^3, Schalung 8m^2/m^3** Einheit: m^3 Fundamentvolumen	1.007,00	**1.123,00**	1.312,00	
	013 Betonarbeiten				100,0%
03	**GR Einzelfundament, C30/35, H 50cm, Bewehrung 150kg/m^3, Schalung 8m^2/m^3** Einheit: m^3 Fundamentvolumen	1.138,00	**1.270,00**	1.480,00	
	013 Betonarbeiten				100,0%
04	**GR Einzelfundament, C30/35, H 100cm, Bewehrung 30kg/m^3, Schalung 4m^2/m^3** Einheit: m^3 Fundamentvolumen	589,00	**649,00**	752,00	
	013 Betonarbeiten				100,0%
05	**GR Einzelfundament, C30/35, H 100cm, Bewehrung 80kg/m^3, Schalung 4m^2/m^3** Einheit: m^3 Fundamentvolumen	720,00	**796,00**	920,00	
	013 Betonarbeiten				100,0%
06	**GR Einzelfundament, C30/35, H 100cm, Bewehrung 120kg/m^3, Schalung 4m^2/m^3** Einheit: m^3 Fundamentvolumen	825,00	**913,00**	1.055,00	
	013 Betonarbeiten				100,0%
07	**GR Streifenfundament, C30/35, H 50cm, Bewehrung 40kg/m^3, Schalung 4m^2/m^3** Einheit: m^3 Fundamentvolumen	615,00	**678,00**	786,00	
	013 Betonarbeiten				100,0%
08	**GR Streifenfundament, C30/35, H 50cm, Bewehrung 100kg/m^3, Schalung 4m^2/m^3** Einheit: m^3 Fundamentvolumen	773,00	**855,00**	987,00	
	013 Betonarbeiten				100,0%
09	**GR Streifenfundament, C30/35, H 50cm, Bewehrung 150kg/m^3, Schalung 4m^2/m^3** Einheit: m^3 Fundamentvolumen	904,00	**1.002,00**	1.155,00	
	013 Betonarbeiten				100,0%
10	**GR Streifenfundament, C30/35, H 100cm, Bewehrung 30kg/m^3, Schalung 2m^2/m^3** Einheit: m^3 Fundamentvolumen	472,00	**514,00**	590,00	
	013 Betonarbeiten				100,0%
11	**GR Streifenfundament, C30/35, H 100cm, Bewehrung 80kg/m^3, Schalung 2m^2/m^3** Einheit: m^3 Fundamentvolumen	603,00	**661,00**	758,00	
	013 Betonarbeiten				100,0%

KG.OZ	Herstellen	▷	€/Einheit	◁	LB an EA
322.10	**Fundamente Beton**				
12	**GR Streifenfundament, C30/35, H 100cm, Bewehrung 120kg/m³, Schalung 2m²/m³** Einheit: m³ Fundamentvolumen	708,00	**779,00**	892,00	
	013 Betonarbeiten				100,0%
322.40	**Fundament- und Bodenplatten**				
01	**GR Bodenplatte, Stahlbeton, C25/30, 20cm, Bewehrung 80kg/m³** Einheit: m² Plattenfläche	105,00	**117,00**	131,00	
	013 Betonarbeiten				100,0%
02	**GR Bodenplatte, Stahlbeton, C25/30, 20cm, Bewehrung 100kg/m³** Einheit: m² Plattenfläche	115,00	**128,00**	142,00	
	013 Betonarbeiten				100,0%
03	**GR Bodenplatte, Stahlbeton, C25/30, 25cm, Bewehrung 80kg/m³** Einheit: m² Plattenfläche	133,00	**147,00**	162,00	
	013 Betonarbeiten				100,0%
04	**GR Bodenplatte, Stahlbeton, C25/30, 25cm, Bewehrung 100kg/m³** Einheit: m² Plattenfläche	146,00	**161,00**	178,00	
	013 Betonarbeiten				100,0%
05	**GR Bodenplatte, Stahlbeton, C25/30, 30cm, Bewehrung 80kg/m³** Einheit: m² Plattenfläche	156,00	**173,00**	190,00	
	013 Betonarbeiten				100,0%
06	**GR Bodenplatte, Stahlbeton, C25/30, 30cm, Bewehrung 100kg/m³** Einheit: m² Plattenfläche	172,00	**190,00**	210,00	
	013 Betonarbeiten				100,0%
07	**GR Fundamentplatte, Stahlbeton, C25/30, 20cm, Bewehrung 120kg/m³** Einheit: m² Plattenfläche	126,00	**140,00**	157,00	
	013 Betonarbeiten				100,0%
08	**GR Fundamentplatte, Stahlbeton, C25/30, 25cm, Bewehrung 120kg/m³** Einheit: m² Plattenfläche	158,00	**176,00**	194,00	
	013 Betonarbeiten				100,0%
09	**GR Fundamentplatte, Stahlbeton, C25/30, 30cm, Bewehrung 120kg/m³** Einheit: m² Plattenfläche	187,00	**207,00**	229,00	
	013 Betonarbeiten				100,0%

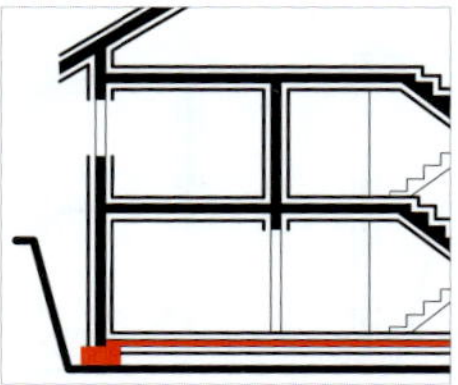

322 Flachgründungen und Bodenplatten

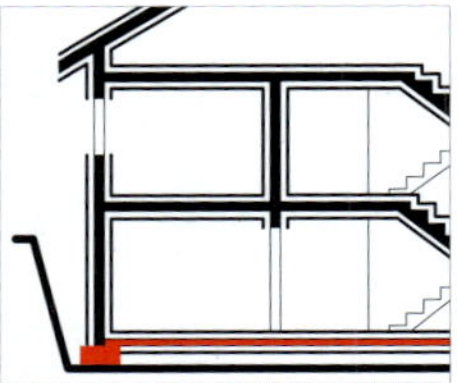

Kosten:
Stand 2. Quartal 2025
Bundesdurchschnitt
inkl. 19% MwSt.

KG.OZ	Herstellen	▷	€/Einheit	◁	LE an EA
322.40	**Fundament- und Bodenplatten**				
10	**GR Fundamentplatte, Stahlbeton, C25/30, WU, 25cm, Bewehrung 140kg/m³** Einheit: m² Plattenfläche	203,00	**227,00**	250,00	
	013 Betonarbeiten				100,0%
11	**GR Fundamentplatte, Stahlbeton, C25/30, WU, 30cm, Bewehrung 140kg/m³** Einheit: m² Plattenfläche	235,00	**263,00**	289,00	
	013 Betonarbeiten				100,0%
12	**GR Fundamentplatte, Stahlbeton, C25/30, WU, 35cm, Bewehrung 140kg/m³** Einheit: m² Plattenfläche	268,00	**300,00**	329,00	
	013 Betonarbeiten				100,0%

▷ von
ø Mittel
◁ bis

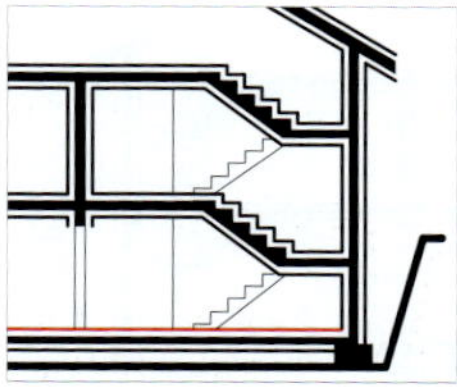

KG.OZ	Herstellen	▷	€/Einheit	◁	LB an EA
324.10	**Beschichtung**				
01	**GR Bodenbeschichtung, Beton, Acryl**	28,00	**32,00**	37,00	
	Einheit: m² Beschichtungsfläche				
	034 Maler- und Lackierarbeiten - Beschichtungen				100,0%
02	**GR Bodenbeschichtung, Beton, Epoxid**	36,00	**41,00**	57,00	
	Einheit: m² Beschichtungsfläche				
	034 Maler- und Lackierarbeiten - Beschichtungen				100,0%
03	**GR Bodenbeschichtung, Beton, ölbeständig**	32,00	**42,00**	58,00	
	Einheit: m² Beschichtungsfläche				
	034 Maler- und Lackierarbeiten - Beschichtungen				100,0%
324.20	**Estrich**				
01	**GR Verbundestrich, CT C25 F4 V45**	46,00	**50,00**	55,00	
	Einheit: m² Belagfläche				
	025 Estricharbeiten				97,0%
	036 Bodenbelagarbeiten				3,0%
02	**GR Estrich, Abdichtung, CT S45**	69,00	**75,00**	85,00	
	Einheit: m² Belagfläche				
	018 Abdichtungsarbeiten				10,3%
	025 Estricharbeiten				87,7%
	036 Bodenbelagarbeiten				2,0%
03	**GR Estrich, Abdichtung, CT S45, TSD**	79,00	**87,00**	101,00	
	Einheit: m² Belagfläche				
	018 Abdichtungsarbeiten				8,9%
	025 Estricharbeiten				89,4%
	036 Bodenbelagarbeiten				1,7%
04	**GR Estrich, Abdichtung, CT S55, faserbewehrt, TSD**	95,00	**108,00**	130,00	
	Einheit: m² Belagfläche				
	018 Abdichtungsarbeiten				7,2%
	025 Estricharbeiten				91,4%
	036 Bodenbelagarbeiten				1,4%
05	**GR Estrich, Abdichtung, CT S45, EPS60, TSD**	94,00	**104,00**	121,00	
	Einheit: m² Belagfläche				
	018 Abdichtungsarbeiten				7,5%
	025 Estricharbeiten				91,1%
	036 Bodenbelagarbeiten				1,5%
06	**GR Estrich, Abdichtung, CT S45, EPS80, TSD**	95,00	**105,00**	124,00	
	Einheit: m² Belagfläche				
	018 Abdichtungsarbeiten				7,4%
	025 Estricharbeiten				91,2%
	036 Bodenbelagarbeiten				1,5%
07	**GR Estrich, Abdichtung, CT S45, EPS100, TSD**	99,00	**108,00**	127,00	
	Einheit: m² Belagfläche				
	018 Abdichtungsarbeiten				7,1%
	025 Estricharbeiten				91,5%
	036 Bodenbelagarbeiten				1,4%

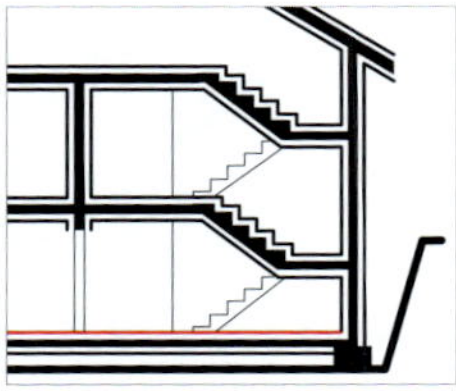

Kosten:
Stand 2. Quartal 2025
Bundesdurchschnitt
inkl. 19% MwSt.

KG.OZ	Herstellen	▷	€/Einheit	◁	LB an EA
324.20	**Estrich**				
08	**GR Heizestrich, CT S 45, Abdichtung, EPS60, TSD**	91,00	**100,00**	117,00	
	Einheit: m² Belagfläche				
	018 Abdichtungsarbeiten				7,7%
	025 Estricharbeiten				90,8%
	036 Bodenbelagarbeiten				1,5%
09	**GR Heizestrich, CAF S 45, Abdichtung, EPS60, TSD**	92,00	**103,00**	118,00	
	Einheit: m² Belagfläche				
	018 Abdichtungsarbeiten				7,5%
	025 Estricharbeiten				91,0%
	036 Bodenbelagarbeiten				1,5%
10	**GR Heizestrich, Trockenestrich, Abdichtung, EPS60, TSD**	115,00	**130,00**	143,00	
	Einheit: m² Belagfläche				
	018 Abdichtungsarbeiten				6,0%
	025 Estricharbeiten				44,2%
	036 Bodenbelagarbeiten				1,2%
	039 Trockenbauarbeiten				48,7%
324.30	**Fliesen und Platten**				
01	**GR Bodenfliesen, 20x20cm, Sockelfliesen**	146,00	**163,00**	184,00	
	Einheit: m² Belagfläche				
	024 Fliesen- und Plattenarbeiten				100,0%
02	**GR Bodenfliesen, 30x30cm, Sockelfliesen**	141,00	**155,00**	176,00	
	Einheit: m² Belagfläche				
	024 Fliesen- und Plattenarbeiten				100,0%
03	**GR Bodenfliesen, 40x40cm, Sockelfliesen**	133,00	**147,00**	169,00	
	Einheit: m² Belagfläche				
	024 Fliesen- und Plattenarbeiten				100,0%
324.40	**Naturstein**				
01	**GR Natursteinbelag, Granit, Natursteinsockel**	310,00	**336,00**	367,00	
	Einheit: m² Belagfläche				
	014 Natur-, Betonwerksteinarbeiten				97,2%
	024 Fliesen- und Plattenarbeiten				2,8%
02	**GR Natursteinbelag, Marmor, Natursteinsockel**	329,00	**338,00**	381,00	
	Einheit: m² Belagfläche				
	014 Natur-, Betonwerksteinarbeiten				97,2%
	024 Fliesen- und Plattenarbeiten				2,8%
03	**GR Natursteinbelag, Kalksandstein, Natursteinsockel**	268,00	**303,00**	337,00	
	Einheit: m² Belagfläche				
	014 Natur-, Betonwerksteinarbeiten				96,9%
	024 Fliesen- und Plattenarbeiten				3,1%
324.60	**Textil**				
01	**GR Textilbelag, Nadelvlies, Sockelleiste**	73,00	**80,00**	96,00	
	Einheit: m² Belagfläche				
	036 Bodenbelagarbeiten				100,0%

▷ von
ø Mittel
◁ bis

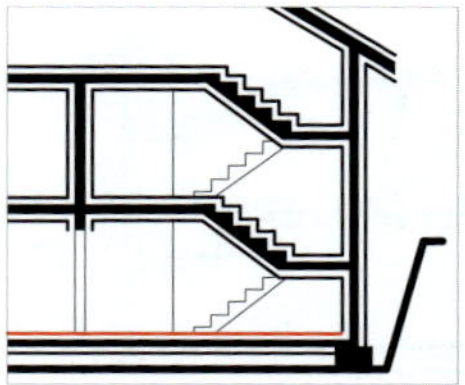

KG.OZ	Herstellen	▷	€/Einheit	◁	LB an EA
324.60	**Textil**				
02	**GR Textilbelag, Kugelgarn, Sockelleiste**	93,00	**102,00**	133,00	
	Einheit: m² Belagfläche				
	036 Bodenbelagarbeiten				100,0%
03	**GR Textilbelag, Naturhaar-Polyamid, Sockelleiste**	99,00	**106,00**	119,00	
	Einheit: m² Belagfläche				
	036 Bodenbelagarbeiten				100,0%
04	**GR Textilbelag, Tufting, Sockelleiste**	139,00	**149,00**	168,00	
	Einheit: m² Belagfläche				
	036 Bodenbelagarbeiten				100,0%
05	**GR Textilbelag, Kunstfaser gewebt, Sockelleiste**	87,00	**93,00**	105,00	
	Einheit: m² Belagfläche				
	036 Bodenbelagarbeiten				100,0%
06	**GR Textilbelag, Naturfaser, Sockelleiste**	129,00	**137,00**	151,00	
	Einheit: m² Belagfläche				
	036 Bodenbelagarbeiten				100,0%
324.70	**Holz**				
01	**GR Fertigparkett, Eiche, beschichtet, Sockelleiste**	172,00	**190,00**	221,00	
	Einheit: m² Belagfläche				
	028 Parkett-, Holzpflasterarbeiten				100,0%
02	**GR Fertigparkett, Buche, beschichtet, Sockelleiste**	157,00	**174,00**	200,00	
	Einheit: m² Belagfläche				
	028 Parkett-, Holzpflasterarbeiten				100,0%
03	**GR Stabparkett, Eiche, geschliffen/behandelt, Sockelleiste**	212,00	**234,00**	257,00	
	Einheit: m² Belagfläche				
	028 Parkett-, Holzpflasterarbeiten				100,0%
04	**GR Stabparkett, Buche, geschliffen/behandelt, Sockelleiste**	221,00	**235,00**	264,00	
	Einheit: m² Belagfläche				
	028 Parkett-, Holzpflasterarbeiten				100,0%
05	**GR Mosaikparkett, Eiche, geschliffen/behandelt, Sockelleiste**	146,00	**166,00**	185,00	
	Einheit: m² Belagfläche				
	028 Parkett-, Holzpflasterarbeiten				100,0%
06	**GR Mosaikparkett, Buche, geschliffen/behandelt, Sockelleiste**	170,00	**188,00**	219,00	
	Einheit: m² Belagfläche				
	028 Parkett-, Holzpflasterarbeiten				100,0%
07	**GR Lamparkett, Eiche, geschliffen/behandelt, Sockelleiste**	199,00	**259,00**	293,00	
	Einheit: m² Belagfläche				
	028 Parkett-, Holzpflasterarbeiten				100,0%
324.80	**Hartbeläge**				
01	**GR Naturkorkparkett, Sockelleiste**	98,00	**111,00**	129,00	
	Einheit: m² Belagfläche				
	036 Bodenbelagarbeiten				100,0%

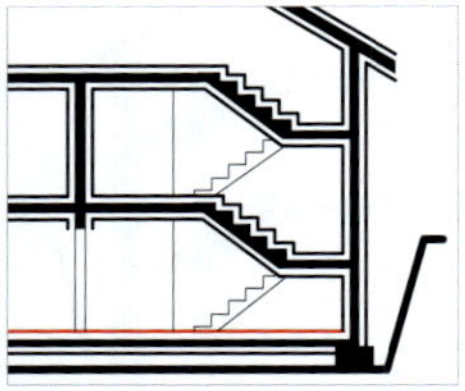

Kosten:
Stand 2. Quartal 2025
Bundesdurchschnitt
inkl. 19% MwSt.

KG.OZ	Herstellen	▷	€/Einheit	◁	LB an EA
324.80	**Hartbeläge**				
02	**GR Linoleumbelag, 2,5mm, Sockelleiste** Einheit: m² Belagfläche	78,00	**88,00**	111,00	
	036 Bodenbelagarbeiten				100,0%
03	**GR PVC-Belag, 3,0mm, Sockelleiste** Einheit: m² Belagfläche	84,00	**95,00**	111,00	
	036 Bodenbelagarbeiten				100,0%
04	**GR Kautschukbelag, 2,0mm, Sockelleiste** Einheit: m² Belagfläche	114,00	**127,00**	145,00	
	036 Bodenbelagarbeiten				100,0%
05	**GR Laminatbelag, 7,2mm, Sockelleiste** Einheit: m² Belagfläche	91,00	**104,00**	125,00	
	036 Bodenbelagarbeiten				100,0%

▷ von
ø Mittel
◁ bis

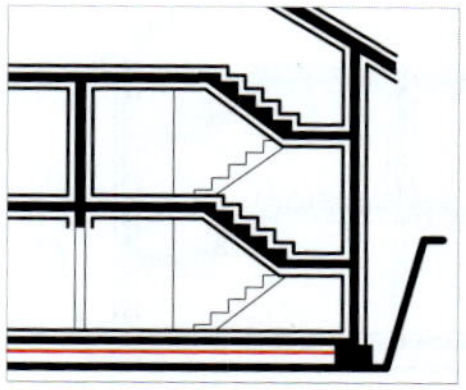

KG.OZ	Herstellen	▷	€/Einheit	◁	LB an EA
325.10	**Bauwerksabdichtung horizontal**				
01	**GR Abdichtung, Bodenflächen, W1.1-E, MDS flexibel**	71,00	**74,00**	86,00	
	Einheit: m² Abdichtungsfläche				
	018 Abdichtungsarbeiten				100,0%
02	**GR Abdichtung, Bodenflächen, W1.1-E, PMBC**	53,00	**56,00**	63,00	
	Einheit: m² Abdichtungsfläche				
	018 Abdichtungsarbeiten				100,0%
03	**GR Abdichtung, Bodenflächen, W1.1-E, PYE G200S4**	55,00	**58,00**	65,00	
	Einheit: m² Abdichtungsfläche				
	018 Abdichtungsarbeiten				100,0%
04	**GR Abdichtung, Bodenflächen, W1.2-E, MDS flexibel**	90,00	**96,00**	111,00	
	Einheit: m² Abdichtungsfläche				
	018 Abdichtungsarbeiten				100,0%
05	**GR Abdichtung, Bodenflächen, W1.2-E, PMBC**	84,00	**90,00**	105,00	
	Einheit: m² Abdichtungsfläche				
	018 Abdichtungsarbeiten				100,0%
06	**GR Wärmedämmung, CG-Schotter 160, Trennlage**	43,00	**47,00**	58,00	
	Einheit: m² Schichtfläche				
	002 Erdarbeiten				5,9%
	013 Betonarbeiten				94,1%
07	**GR Wärmedämmung, CG-Schotter 240, Trennlage**	58,00	**63,00**	77,00	
	Einheit: m² Schichtfläche				
	002 Erdarbeiten				4,4%
	013 Betonarbeiten				95,6%
08	**GR Wärmedämmung, CG-Schotter 300, Trennlage**	69,00	**75,00**	91,00	
	Einheit: m² Schichtfläche				
	002 Erdarbeiten				3,7%
	013 Betonarbeiten				96,3%
09	**GR Wärmedämmung, XPS120, Trennlage**	60,00	**69,00**	82,00	
	Einheit: m² Schichtfläche				
	002 Erdarbeiten				4,0%
	013 Betonarbeiten				96,0%
10	**GR Wärmedämmung, XPS160, Trennlage**	71,00	**86,00**	96,00	
	Einheit: m² Schichtfläche				
	002 Erdarbeiten				3,2%
	013 Betonarbeiten				96,8%
11	**GR Wärmedämmung, XPS200, Trennlage**	88,00	**105,00**	113,00	
	Einheit: m² Schichtfläche				
	002 Erdarbeiten				2,6%
	013 Betonarbeiten				97,4%
12	**GR Wärmedämmung, XPS240, Trennlage**	104,00	**120,00**	124,00	
	Einheit: m² Schichtfläche				
	002 Erdarbeiten				2,3%
	013 Betonarbeiten				97,7%

325 Abdichtungen und Bekleidungen

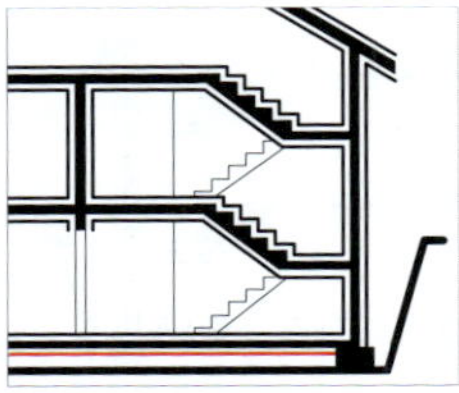

Kosten:
Stand 2. Quartal 2025
Bundesdurchschnitt
inkl. 19% MwSt.

KG.OZ	Herstellen	▷	€/Einheit	◁	LB an EA
325.10	**Bauwerksabdichtung horizontal**				
13	**GR Wärmedämmung, XPS300, Trennlage**	146,00	**163,00**	185,00	
	Einheit: m² Schichtfläche				
	002 Erdarbeiten				1,7%
	013 Betonarbeiten				98,3%
325.20	**Filterschicht**				
01	**GR Unterbau, Kiesfilter, Trennlage**	24,00	**28,00**	31,00	
	Einheit: m² Schichtfläche				
	002 Erdarbeiten				88,0%
	013 Betonarbeiten				12,0%
02	**GR Unterbau, Kiesfilter, Trennlage, Sauberkeitsschicht**	50,00	**59,00**	65,00	
	Einheit: m² Schichtfläche				
	002 Erdarbeiten				41,7%
	013 Betonarbeiten				58,3%
325.60	**Bauwerksabdichtung vertikal**				
01	**GR Wärmedämmung vertikal, XPS100, Schutzschicht**	75,00	**81,00**	92,00	
	Einheit: m² Schichtfläche				
	018 Abdichtungsarbeiten				100,0%
02	**GR Wärmedämmung vertikal, XPS120, Schutzschicht**	78,00	**84,00**	95,00	
	Einheit: m² Schichtfläche				
	018 Abdichtungsarbeiten				100,0%
03	**GR Wärmedämmung vertikal, XPS160, Schutzschicht**	83,00	**94,00**	109,00	
	Einheit: m² Schichtfläche				
	018 Abdichtungsarbeiten				100,0%
04	**GR Wärmedämmung vertikal, CG120, Schutzschicht**	158,00	**167,00**	192,00	
	Einheit: m² Schichtfläche				
	018 Abdichtungsarbeiten				100,0%
05	**GR Wärmedämmung vertikal, CG160, Schutzschicht**	180,00	**190,00**	220,00	
	Einheit: m² Schichtfläche				
	018 Abdichtungsarbeiten				100,0%
06	**GR Wärmedämmung vertikal, CG200, Schutzschicht**	202,00	**218,00**	247,00	
	Einheit: m² Schichtfläche				
	018 Abdichtungsarbeiten				100,0%

▷ von
ø Mittel
◁ bis

KG.OZ	Herstellen	▷	€/Einheit	◁	LB an EA
326.10	**Dränageleitungen**				
01	**GR Dränage, PVC-Rohre, Sickerpackung, Filtervlies**	93,00	**103,00**	120,00	
	Einheit: m Leitungslänge				
	010 Drän- und Versickerarbeiten				100,0%
02	**GR Spritzschutz, Kiesstreifen, Filtervlies, Randstein**	66,00	**70,00**	76,00	
	Einheit: m Kiesstreifen				
	010 Drän- und Versickerarbeiten				32,6%
	080 Straßen, Wege, Plätze				67,4%
326.20	**Dränageschächte**				
01	**GR Spülschacht, DN315, Schachtverlängerung, Deckel**	689,00	**772,00**	867,00	
	Einheit: m Tiefe				
	010 Drän- und Versickerarbeiten				100,0%
02	**GR Sickerschacht , B125, Schachtverlängerung, Deckel**	981,00	**1.121,00**	1.420,00	
	Einheit: m Tiefe				
	010 Drän- und Versickerarbeiten				100,0%
326.30	**Dränfilter**				
01	**GR Dränschicht vertikal, Kiessand, 50cm**	57,00	**65,00**	76,00	
	Einheit: m² Schichtfläche				
	010 Drän- und Versickerarbeiten				100,0%
02	**GR Sicker-/Filterschicht vertikal, Kies/Kiessand, 20/10cm**	23,00	**25,00**	27,00	
	Einheit: m² Schichtfläche				
	010 Drän- und Versickerarbeiten				100,0%
03	**GR Sickerschicht vertikal, EPS-Platten/Vlies**	29,00	**36,00**	46,00	
	Einheit: m² Schichtfläche				
	018 Abdichtungsarbeiten				100,0%
04	**GR Sickerschicht vertikal, Sickersteine**	44,00	**50,00**	57,00	
	Einheit: m² Schichtfläche				
	018 Abdichtungsarbeiten				100,0%

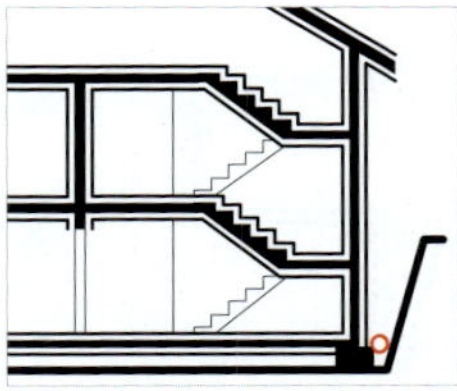

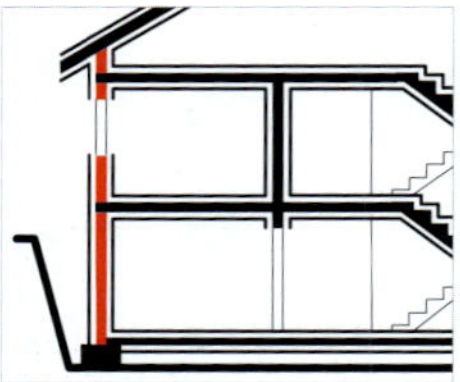

Kosten:
Stand 2. Quartal 2025
Bundesdurchschnitt
inkl. 19% MwSt.

KG.OZ	Herstellen	▷	€/Einheit	◁	LB an EA
331.10	**Mauerwerkswand**				
01	**AW Mauerwerk, Beton-Plansteine, 36,5cm** Einheit: m² Wandfläche	193,00	**226,00**	282,00	
	012 Mauerarbeiten				99,3%
	013 Betonarbeiten				0,7%
02	**AW Mauerwerk, Porenbeton-Plansteine, 30cm** Einheit: m² Wandfläche	195,00	**202,00**	216,00	
	012 Mauerarbeiten				99,3%
	013 Betonarbeiten				0,7%
03	**AW Mauerwerk, Porenbeton-Plansteine, 36,5cm** Einheit: m² Wandfläche	217,00	**229,00**	255,00	
	012 Mauerarbeiten				99,3%
	013 Betonarbeiten				0,7%
04	**AW Mauerwerk, Kalksandsteine, 17,5cm** Einheit: m² Wandfläche	131,00	**144,00**	160,00	
	012 Mauerarbeiten				99,3%
	013 Betonarbeiten				0,7%
05	**AW Mauerwerk, Kalksandsteine, 24cm** Einheit: m² Wandfläche	165,00	**182,00**	202,00	
	012 Mauerarbeiten				99,4%
	013 Betonarbeiten				0,6%
06	**AW Mauerwerk, Planziegel, 36,5cm** Einheit: m² Wandfläche	240,00	**260,00**	285,00	
	012 Mauerarbeiten				99,4%
	013 Betonarbeiten				0,6%
07	**AW Mauerwerk, Planziegel, 42,5cm** Einheit: m² Wandfläche	303,00	**330,00**	352,00	
	012 Mauerarbeiten				99,5%
	013 Betonarbeiten				0,5%
08	**AW Mauerwerk, Planziegel gefüllt, 36,5cm** Einheit: m² Wandfläche	256,00	**272,00**	296,00	
	012 Mauerarbeiten				99,4%
	013 Betonarbeiten				0,6%
09	**AW Mauerwerk, Planziegel gefüllt, 42,5cm** Einheit: m² Wandfläche	298,00	**314,00**	340,00	
	012 Mauerarbeiten				99,5%
	013 Betonarbeiten				0,5%
331.20	**Betonwand**				
01	**AW KG, Stahlbeton, 20cm, Bewehrung 100kg/m³, Schalung rau** Einheit: m² Wandfläche	235,00	**252,00**	276,00	
	013 Betonarbeiten				100,0%

▷ von
ø Mittel
◁ bis

KG.OZ	Herstellen	▷	€/Einheit	◁	LB an EA
331.20	**Betonwand**				
02	**AW KG, Stahlbeton, 20cm, Bewehrung 100kg/m³, Sichtschalung** Einheit: m² Wandfläche	291,00	**313,00**	337,00	
	013 Betonarbeiten				100,0%
03	**AW KG, Stahlbeton, 25cm, Bewehrung 100kg/m³, Schalung rau** Einheit: m² Wandfläche	261,00	**281,00**	307,00	
	013 Betonarbeiten				100,0%
04	**AW KG, Stahlbeton, 25cm, Bewehrung 100kg/m³, Sichtschalung** Einheit: m² Wandfläche	317,00	**341,00**	367,00	
	013 Betonarbeiten				100,0%
05	**AW KG, Stahlbeton, WU, 20cm, Bewehrung 100kg/m³, Schalung glatt** Einheit: m² Wandfläche	257,00	**286,00**	330,00	
	013 Betonarbeiten				100,0%
06	**AW KG, Stahlbeton, WU, 20cm, Bewehrung 120kg/m³, Schalung glatt** Einheit: m² Wandfläche	267,00	**298,00**	343,00	
	013 Betonarbeiten				100,0%
07	**AW KG, Stahlbeton, WU, 25cm, Bewehrung 100kg/m³, Schalung glatt** Einheit: m² Wandfläche	284,00	**315,00**	363,00	
	013 Betonarbeiten				100,0%
08	**AW KG, Stahlbeton, WU, 25cm, Bewehrung 120kg/m³, Schalung glatt** Einheit: m² Wandfläche	297,00	**330,00**	379,00	
	013 Betonarbeiten				100,0%
09	**AW Stahlbeton, 20cm, Bewehrung 60kg/m³, Schalung glatt** Einheit: m² Wandfläche	224,00	**251,00**	286,00	
	013 Betonarbeiten				100,0%
10	**AW Stahlbeton, 20cm, Bewehrung 80kg/m³, Schalung glatt** Einheit: m² Wandfläche	234,00	**262,00**	300,00	
	013 Betonarbeiten				100,0%
11	**AW Stahlbeton, 20cm, Bewehrung 100kg/m³, Schalung glatt** Einheit: m² Wandfläche	245,00	**274,00**	312,00	
	013 Betonarbeiten				100,0%
12	**AW Stahlbeton, 25cm, Bewehrung 60kg/m³, Schalung glatt** Einheit: m² Wandfläche	245,00	**273,00**	311,00	
	013 Betonarbeiten				100,0%

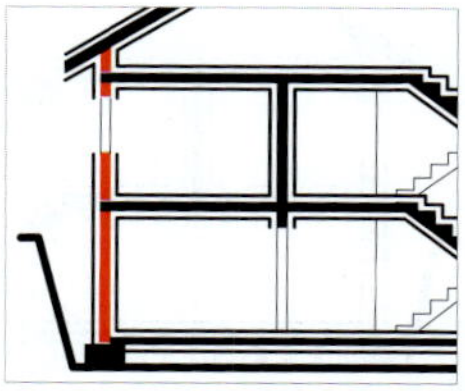

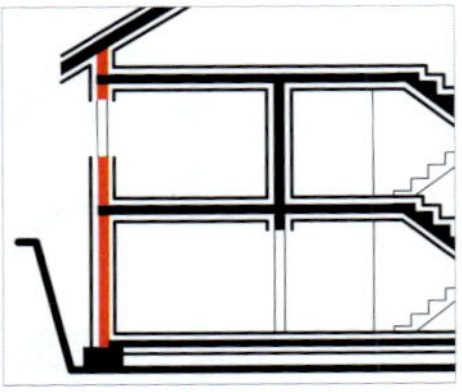

Kosten:
Stand 2. Quartal 2025
Bundesdurchschnitt
inkl. 19% MwSt.

KG.OZ	Herstellen	▷	€/Einheit	◁	LB an EA
331.20	**Betonwand**				
13	**AW Stahlbeton, 25cm, Bewehrung 80kg/m³, Schalung glatt** Einheit: m² Wandfläche	258,00	**288,00**	327,00	
	013 Betonarbeiten				100,0%
14	**AW Stahlbeton, 25cm, Bewehrung 100kg/m³, Schalung glatt** Einheit: m² Wandfläche	271,00	**302,00**	343,00	
	013 Betonarbeiten				100,0%
15	**AW Fertigteil, mit Wandbeton, 25cm, Bewehrung** Einheit: m² Wandfläche	247,00	**270,00**	305,00	
	013 Betonarbeiten				100,0%
331.30	**Holzwand**				
01	**AW Holzrahmen, Dämmung, OSB/WF, 16cm** Einheit: m² Wandfläche	243,00	**255,00**	270,00	
	016 Zimmer- und Holzbauarbeiten				100,0%
02	**AW Holzrahmen, Dämmung, OSB/WF, 20cm** Einheit: m² Wandfläche	255,00	**267,00**	293,00	
	016 Zimmer- und Holzbauarbeiten				100,0%
03	**AW Holzständer, 20cm, KVH, Dämmung, OSB/Sperrholz** Einheit: m² Wandfläche	215,00	**240,00**	271,00	
	016 Zimmer- und Holzbauarbeiten				100,0%
04	**AW Holzstegträger, 36,5cm, Einblasdämmung, OSB/DWD Platten** Einheit: m² Wandfläche	290,00	**318,00**	364,00	
	016 Zimmer- und Holzbauarbeiten				100,0%
05	**AW Holzbrettstapel, 16cm, OSB Platten, innen** Einheit: m² Wandfläche	318,00	**345,00**	380,00	
	016 Zimmer- und Holzbauarbeiten				100,0%

▷ von
ø Mittel
◁ bis

KG.OZ	Herstellen	▷	€/Einheit	◁	LB an EA
333.20	**Betonstütze**				
01	**AW Stütze, C25/30, rund, 30cm, Sichtschalung, Bewehrung 100kg/m³** Einheit: m Stützenlänge	216,00	**245,00**	274,00	
	013 Betonarbeiten				100,0%
02	**AW Stütze, C25/30, rund, 30cm, Sichtschalung, Bewehrung 200kg/m³** Einheit: m Stützenlänge	235,00	**266,00**	297,00	
	013 Betonarbeiten				100,0%
03	**AW Stütze, C25/30, rund, 30cm, Sichtschalung, Bewehrung 300kg/m³** Einheit: m Stützenlänge	253,00	**286,00**	321,00	
	013 Betonarbeiten				100,0%
04	**AW Stütze, C25/30, eckig, 30x30cm, Sichtschalung, Bewehrung 100kg/m³** Einheit: m Stützenlänge	206,00	**230,00**	264,00	
	013 Betonarbeiten				100,0%
05	**AW Stütze, C25/30, eckig, 30x30cm, Sichtschalung, Bewehrung 200kg/m³** Einheit: m Stützenlänge	230,00	**257,00**	294,00	
	013 Betonarbeiten				100,0%
06	**AW Stütze, C25/30, eckig, 30x30cm, Sichtschalung, Bewehrung 300kg/m³** Einheit: m Stützenlänge	253,00	**283,00**	324,00	
	013 Betonarbeiten				100,0%
07	**AW Stütze, C25/30, eckig, 40x40cm, Sichtschalung, Bewehrung 100kg/m³** Einheit: m Stützenlänge	299,00	**333,00**	381,00	
	013 Betonarbeiten				100,0%
08	**AW Stütze, C25/30, eckig, 40x40cm, Sichtschalung, Bewehrung 200kg/m³** Einheit: m Stützenlänge	341,00	**380,00**	435,00	
	013 Betonarbeiten				100,0%
09	**AW Stütze, C25/30, eckig, 40x40cm, Sichtschalung, Bewehrung 300kg/m³** Einheit: m Stützenlänge	383,00	**427,00**	488,00	
	013 Betonarbeiten				100,0%
333.30	**Holzstütze**				
01	**AW Stütze, BSH, eckig 20x20cm, lasiert** Einheit: m Stützenlänge	163,00	**182,00**	220,00	
	016 Zimmer- und Holzbauarbeiten				82,9%
	034 Maler- und Lackierarbeiten - Beschichtungen				17,1%

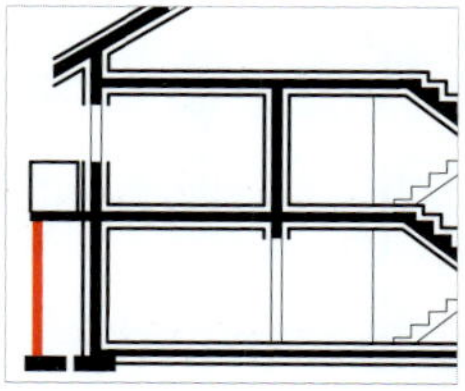

KG.OZ	Herstellen	▷	€/Einheit	◁	LB an EA
333.40	**Metallstütze**				
01	**AW Stütze, Stahl, rund, 114mm, beschichtet**	145,00	**171,00**	215,00	
	Einheit: m Stützenlänge				
	017 Stahlbauarbeiten				100,0%

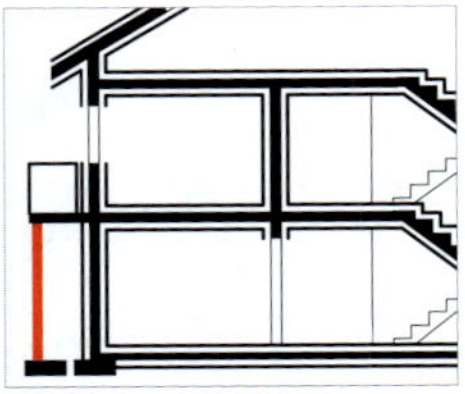

Kosten:
Stand 2. Quartal 2025
Bundesdurchschnitt
inkl. 19% MwSt.

▷ von
ø Mittel
◁ bis

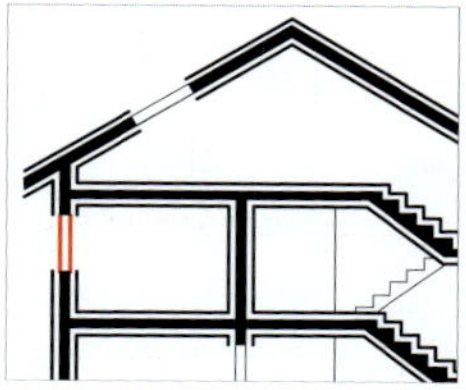

KG.OZ	Herstellen	▷	€/Einheit	◁	LB an EA
334.10	**Türen**				
01	**AW Eingangstür, Holz**	1.724,00	**1.925,00**	2.195,00	
	Einheit: m² Türfläche				
	023 Putz- und Stuckarbeiten, Wärmedämmsysteme				3,0%
	026 Fenster, Außentüren				97,0%
02	**AW Eingangstür, Holz, mit Seitenteil**	1.562,00	**1.777,00**	2.030,00	
	Einheit: m² Türfläche				
	023 Putz- und Stuckarbeiten, Wärmedämmsysteme				2,4%
	026 Fenster, Außentüren				97,6%
03	**AW Eingangstür, Holz, Passivhaus**	2.219,00	**2.415,00**	2.578,00	
	Einheit: m² Türfläche				
	023 Putz- und Stuckarbeiten, Wärmedämmsysteme				2,4%
	026 Fenster, Außentüren				97,6%
04	**AW Eingangstür, Kunststoff**	1.297,00	**1.878,00**	2.316,00	
	Einheit: m² Türfläche				
	023 Putz- und Stuckarbeiten, Wärmedämmsysteme				3,1%
	026 Fenster, Außentüren				96,9%
05	**AW Eingangstür, Kunststoff, mit Seitenteil**	1.279,00	**1.743,00**	2.185,00	
	Einheit: m² Türfläche				
	023 Putz- und Stuckarbeiten, Wärmedämmsysteme				2,5%
	026 Fenster, Außentüren				97,5%
06	**AW Eingangstür, Metall, einflüglig**	1.320,00	**1.636,00**	1.944,00	
	Einheit: m² Türfläche				
	023 Putz- und Stuckarbeiten, Wärmedämmsysteme				3,5%
	026 Fenster, Außentüren				96,5%
07	**AW Eingangstür, Aluminium/Glas**	2.045,00	**2.372,00**	3.077,00	
	Einheit: m² Türfläche				
	023 Putz- und Stuckarbeiten, Wärmedämmsysteme				2,4%
	026 Fenster, Außentüren				97,6%
334.20	**Fenstertüren**				
01	**AW Fenstertür, Holz, einflüglig, Fensterbank**	487,00	**541,00**	625,00	
	Einheit: m² Türfläche				
	022 Klempnerarbeiten				6,6%
	023 Putz- und Stuckarbeiten, Wärmedämmsysteme				10,3%
	026 Fenster, Außentüren				83,1%
02	**AW Fenstertür, Holz, zweiflüglig, Fensterbank**	609,00	**659,00**	703,00	
	Einheit: m² Türfläche				
	022 Klempnerarbeiten				5,1%
	023 Putz- und Stuckarbeiten, Wärmedämmsysteme				5,9%
	026 Fenster, Außentüren				89,0%
03	**AW Fenstertür, Kunststoff, einflüglig, Fensterbank**	392,00	**511,00**	635,00	
	Einheit: m² Türfläche				
	022 Klempnerarbeiten				7,0%
	023 Putz- und Stuckarbeiten, Wärmedämmsysteme				10,9%
	026 Fenster, Außentüren				82,1%

334 Außenwand-öffnungen

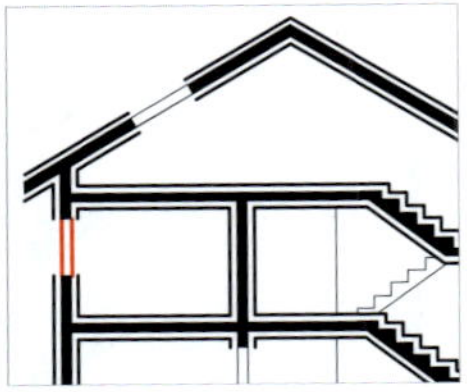

Kosten:
Stand 2. Quartal 2025
Bundesdurchschnitt
inkl. 19% MwSt.

▷ von
ø Mittel
◁ bis

KG.OZ	Herstellen	▷	€/Einheit	◁	LB an EA
334.20	**Fenstertüren**				
04	**AW Fenstertür, Kunststoff, einflüglig, Fensterbank, Passivhaus**	500,00	**650,00**	801,00	
	Einheit: m² Türfläche				
	022 Klempnerarbeiten				5,5%
	023 Putz- und Stuckarbeiten, Wärmedämmsysteme				8,6%
	026 Fenster, Außentüren				85,9%
05	**AW Fenstertür, Kunststoff, zweiflüglig, Fensterbank**	548,00	**564,00**	629,00	
	Einheit: m² Türfläche				
	022 Klempnerarbeiten				5,9%
	023 Putz- und Stuckarbeiten, Wärmedämmsysteme				6,9%
	026 Fenster, Außentüren				87,2%
06	**AW Fenstertür, Holz-Alu, einflüglig, Fensterbank**	928,00	**1.021,00**	1.130,00	
	Einheit: m² Türfläche				
	022 Klempnerarbeiten				3,5%
	023 Putz- und Stuckarbeiten, Wärmedämmsysteme				5,5%
	026 Fenster, Außentüren				91,0%
07	**AW Fenstertür, Holz-Alu, zweiflüglig, Fensterbank**	853,00	**974,00**	1.183,00	
	Einheit: m² Türfläche				
	022 Klempnerarbeiten				3,4%
	023 Putz- und Stuckarbeiten, Wärmedämmsysteme				4,0%
	026 Fenster, Außentüren				92,6%
334.30	**Sondertüren und -fenster**				
01	**AW Kellerfenster, einflüglig, Fensterbank, innen**	596,00	**689,00**	751,00	
	Einheit: m² Fensterfläche				
	013 Betonarbeiten				81,4%
	014 Natur-, Betonwerksteinarbeiten				13,0%
	023 Putz- und Stuckarbeiten, Wärmedämmsysteme				5,7%
334.60	**Fenster**				
01	**AW Fenster, Holz, einflüglig, bis 0,70m², Fensterbank, innen/außen**	1.079,00	**1.144,00**	1.340,00	
	Einheit: m² Fensterfläche				
	014 Natur-, Betonwerksteinarbeiten				5,5%
	022 Klempnerarbeiten				4,8%
	023 Putz- und Stuckarbeiten, Wärmedämmsysteme				7,7%
	026 Fenster, Außentüren				82,0%
02	**AW Fenster, Holz, einflüglig, bis 1,70m², Fensterbank, innen/außen**	730,00	**788,00**	854,00	
	Einheit: m² Fensterfläche				
	014 Natur-, Betonwerksteinarbeiten				7,5%
	022 Klempnerarbeiten				6,6%
	023 Putz- und Stuckarbeiten, Wärmedämmsysteme				8,0%
	026 Fenster, Außentüren				77,8%

334.60 Fenster

03	**AW Fenster, Holz, einflüglig, Fensterbank, innen/außen, Passivhaus**	1.363,00	**1.460,00**	1.560,00	
	Einheit: m² Fensterfläche				
	014 Natur-, Betonwerksteinarbeiten				4,0%
	022 Klempnerarbeiten				3,6%
	023 Putz- und Stuckarbeiten, Wärmedämmsysteme				0,8%
	026 Fenster, Außentüren				91,6%
04	**AW Fenster, Holz, zweiflüglig, bis 2,50m², Fensterbank, innen/außen**	1.083,00	**1.218,00**	1.430,00	
	Einheit: m² Fensterfläche				
	014 Natur-, Betonwerksteinarbeiten				4,4%
	022 Klempnerarbeiten				3,9%
	023 Putz- und Stuckarbeiten, Wärmedämmsysteme				8,8%
	026 Fenster, Außentüren				82,9%
05	**AW Fenster, Kunststoff, einflüglig, bis 0,70m², Fensterbank, innen/außen**	909,00	**1.001,00**	1.142,00	
	Einheit: m² Fensterfläche				
	014 Natur-, Betonwerksteinarbeiten				6,2%
	022 Klempnerarbeiten				5,5%
	023 Putz- und Stuckarbeiten, Wärmedämmsysteme				8,8%
	026 Fenster, Außentüren				79,5%
06	**AW Fenster, Kunststoff, einflüglig, bis 1,70m², Fensterbank, innen/außen**	528,00	**587,00**	655,00	
	Einheit: m² Fensterfläche				
	014 Natur-, Betonwerksteinarbeiten				10,0%
	022 Klempnerarbeiten				8,9%
	023 Putz- und Stuckarbeiten, Wärmedämmsysteme				10,8%
	026 Fenster, Außentüren				70,3%
07	**AW Fenster, Kunststoff, zweiflüglig, bis 2,50m², Fensterbank, innen/außen**	1.013,00	**1.057,00**	1.196,00	
	Einheit: m² Fensterfläche				
	014 Natur-, Betonwerksteinarbeiten				5,1%
	022 Klempnerarbeiten				4,5%
	023 Putz- und Stuckarbeiten, Wärmedämmsysteme				10,2%
	026 Fenster, Außentüren				80,3%
08	**AW Fenster, Holz-Alu, einflüglig, bis 0,70m², Fensterbank, innen/außen**	765,00	**847,00**	967,00	
	Einheit: m² Fensterfläche				
	014 Natur-, Betonwerksteinarbeiten				7,4%
	022 Klempnerarbeiten				6,6%
	023 Putz- und Stuckarbeiten, Wärmedämmsysteme				10,4%
	026 Fenster, Außentüren				75,6%

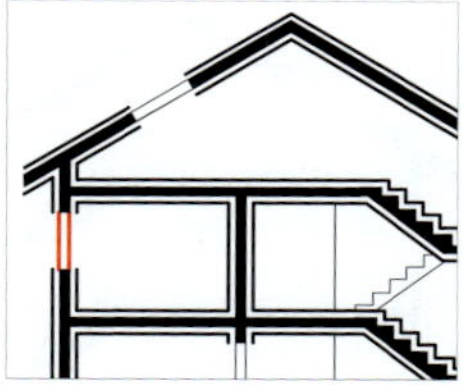

334
Außenwand-öffnungen

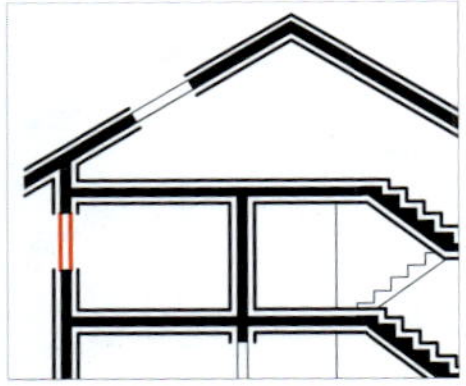

Kosten:
Stand 2. Quartal 2025
Bundesdurchschnitt
inkl. 19% MwSt.

KG.OZ	Herstellen	▷	€/Einheit	◁	LB an EA
334.60	**Fenster**				
09	**AW Fenster, Holz-Alu, einflügig, bis 1,70m², Fensterbank, innen/außen** Einheit: m² Fensterfläche	855,00	**911,00**	968,00	
	014 Natur-, Betonwerksteinarbeiten				5,5%
	022 Klempnerarbeiten				5,7%
	023 Putz- und Stuckarbeiten, Wärmedämmsysteme				[illegible],2%
	026 Fenster, Außentüren				86,6%

▷ von
ø Mittel
◁ bis

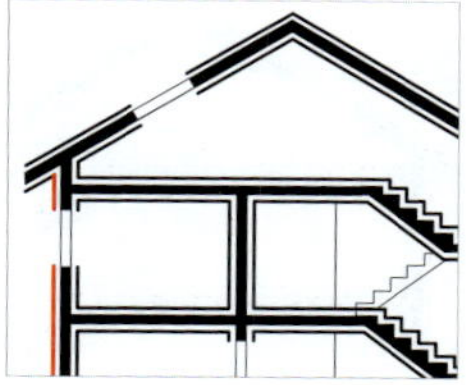

KG.OZ	Herstellen	▷	€/Einheit	◁	LB an EA
335.10	**Unterkonstruktion**				
01	**AW Abdichtung Bodenfeuchte, PMBC** Einheit: m² Abdichtungsfläche	79,00	**87,00**	100,00	
	018 Abdichtungsarbeiten				100,0%
02	**AW Abdichtung Bodenfeuchte, MDS** Einheit: m² Abdichtungsfläche	79,00	**85,00**	100,00	
	018 Abdichtungsarbeiten				100,0%
03	**AW Abdichtung nicht drückendes Wasser, PMBC** Einheit: m² Abdichtungsfläche	84,00	**93,00**	105,00	
	018 Abdichtungsarbeiten				100,0%
04	**AW Abdichtung nicht drückendes Wasser, KSK-Bahnen** Einheit: m² Abdichtungsfläche	74,00	**82,00**	97,00	
	018 Abdichtungsarbeiten				100,0%
05	**AW Abdichtung drückendes Wasser, 2x PV200S5** Einheit: m² Abdichtungsfläche	97,00	**106,00**	120,00	
	018 Abdichtungsarbeiten				100,0%
06	**AW Abdichtung drückendes Wasser, Bitumenbahnen, 2xR500N** Einheit: m² Abdichtungsfläche	101,00	**109,00**	127,00	
	018 Abdichtungsarbeiten				100,0%
07	**AW Abdichtung Bodenfeuchte, PMBC, XPS100, Noppenbahn** Einheit: m² Abdichtungsfläche	156,00	**171,00**	196,00	
	018 Abdichtungsarbeiten				100,0%
08	**AW Abdichtung Bodenfeuchte, PMBC, XPS120, Noppenbahn** Einheit: m² Abdichtungsfläche	159,00	**174,00**	198,00	
	018 Abdichtungsarbeiten				100,0%
09	**AW Abdichtung Bodenfeuchte, PMBC, XPS160, Noppenbahn** Einheit: m² Abdichtungsfläche	164,00	**183,00**	210,00	
	018 Abdichtungsarbeiten				100,0%
10	**AW Abdichtung Bodenfeuchte, PMBC, CG120, Noppenbahn** Einheit: m² Abdichtungsfläche	232,00	**250,00**	286,00	
	018 Abdichtungsarbeiten				100,0%
11	**AW Abdichtung Bodenfeuchte, PMBC, CG140, Noppenbahn** Einheit: m² Abdichtungsfläche	242,00	**262,00**	298,00	
	018 Abdichtungsarbeiten				100,0%
12	**AW Abdichtung Bodenfeuchte, PMBC, CG160, Noppenbahn** Einheit: m² Abdichtungsfläche	253,00	**272,00**	313,00	
	018 Abdichtungsarbeiten				100,0%

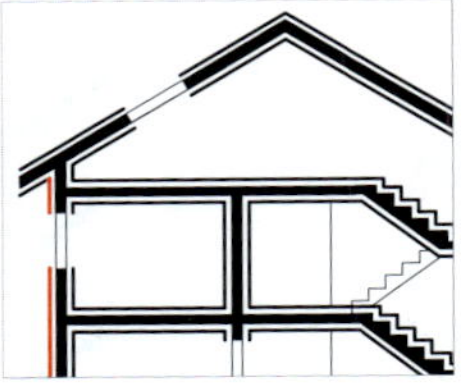

Kosten:
Stand 2.Quartal 2025
Bundesdurchschnitt
inkl. 19% MwSt.

KG.OZ	Herstellen	▷	€/Einheit	◁	LB an EA
335.10	**Unterkonstruktion**				
13	**AW Abdichtung nicht drückendes Wasser, PMBC, XPS100, Noppenbahn** Einheit: m² Abdichtungsfläche 018 Abdichtungsarbeiten	163,00	**178,00**	203,00	100,0%
14	**AW Abdichtung nicht drückendes Wasser, PMBC, XPS120, Noppenbahn** Einheit: m² Abdichtungsfläche 018 Abdichtungsarbeiten	166,00	**181,00**	205,00	100,0%
15	**AW Abdichtung nicht drückendes Wasser, PMBC, XPS160, Noppenbahn** Einheit: m² Abdichtungsfläche 018 Abdichtungsarbeiten	170,00	**190,00**	218,00	100,0%
16	**AW Abdichtung nicht drückendes Wasser, KSP, XPS160, Noppenbahn** Einheit: m² Abdichtungsfläche 018 Abdichtungsarbeiten	153,00	**172,00**	200,00	100,0%
17	**AW Abdichtung nicht drückendes Wasser, PMBC, CG120, Noppenbahn** Einheit: m² Abdichtungsfläche 018 Abdichtungsarbeiten	236,00	**255,00**	291,00	100,0%
18	**AW Abdichtung nicht drückendes Wasser, PMBC, CG140, Noppenbahn** Einheit: m² Abdichtungsfläche 018 Abdichtungsarbeiten	247,00	**267,00**	304,00	100,0%
19	**AW Abdichtung nicht drückendes Wasser, PMBC, CG160, Noppenbahn** Einheit: m² Abdichtungsfläche 018 Abdichtungsarbeiten	258,00	**278,00**	319,00	100,0%
20	**AW Abdichtung nicht drückendes Wasser, Bitumenbahnen, zweilagig, XPS100, Noppenbahn** Einheit: m² Abdichtungsfläche 018 Abdichtungsarbeiten	175,00	**192,00**	218,00	100,0%
21	**AW Abdichtung drückendes Wasser, Bitumenbahnen, zweilagig, XPS120, Noppenbahn** Einheit: m² Abdichtungsfläche 018 Abdichtungsarbeiten	178,00	**194,00**	220,00	100,0%
22	**AW Abdichtung drückendes Wasser, Bitumenbahnen, zweilagig, XPS160, Noppenbahn** Einheit: m² Abdichtungsfläche 018 Abdichtungsarbeiten	182,00	**203,00**	233,00	100,0%
23	**AW Abdichtung drückendes Wasser, PMBC, CG120, Noppenbahn** Einheit: m² Abdichtungsfläche 018 Abdichtungsarbeiten	228,00	**245,00**	281,00	100,0%

▷ von
ø Mittel
◁ bis

KG.OZ Herstellen	▷	€/Einheit	◁	LB an EA
335.10 Unterkonstruktion				
24 **AW Abdichtung drückendes Wasser, PMBC, CG140, Noppenbahn** Einheit: m² Abdichtungsfläche	239,00	**258,00**	294,00	
018 Abdichtungsarbeiten				100,0%
25 **AW Abdichtung drückendes Wasser, PMBC, CG160, Noppenbahn** Einheit: m² Abdichtungsfläche	251,00	**268,00**	309,00	
018 Abdichtungsarbeiten				100,0%
26 **AW Wärmedämmung, XPS100, Noppenbahn** Einheit: m² Bekleidungsfläche	75,00	**81,00**	92,00	
018 Abdichtungsarbeiten				100,0%
27 **AW Wärmedämmung, XPS120, Noppenbahn** Einheit: m² Bekleidungsfläche	78,00	**84,00**	95,00	
018 Abdichtungsarbeiten				100,0%
28 **AW Wärmedämmung, XPS160, Noppenbahn** Einheit: m² Bekleidungsfläche	83,00	**94,00**	109,00	
018 Abdichtungsarbeiten				100,0%
29 **AW Wärmedämmung, CG120, Noppenbahn** Einheit: m² Bekleidungsfläche	158,00	**167,00**	192,00	
018 Abdichtungsarbeiten				100,0%
30 **AW Wärmedämmung, CG140, Noppenbahn** Einheit: m² Bekleidungsfläche	167,00	**179,00**	203,00	
018 Abdichtungsarbeiten				100,0%
31 **AW Wärmedämmung, CG160, Noppenbahn** Einheit: m² Bekleidungsfläche	180,00	**190,00**	220,00	
018 Abdichtungsarbeiten				100,0%
32 **AW Sockelabdichtung, MDS, Sockelprofil** Einheit: m² Sockelfläche	74,00	**81,00**	95,00	
018 Abdichtungsarbeiten				70,9%
023 Putz- und Stuckarbeiten, Wärmedämmsysteme				29,1%
335.20 Oberflächenbehandlung				
01 **AW Beschichtung, min. Untergrund, Dispersion** Einheit: m² Beschichtungsfläche	21,00	**24,00**	29,00	
023 Putz- und Stuckarbeiten, Wärmedämmsysteme				6,0%
034 Maler- und Lackierarbeiten - Beschichtungen				94,0%
02 **AW Beschichtung, min. Untergrund, Silikatfarbe** Einheit: m² Beschichtungsfläche	22,00	**27,00**	32,00	
023 Putz- und Stuckarbeiten, Wärmedämmsysteme				5,4%
034 Maler- und Lackierarbeiten - Beschichtungen				94,6%
03 **AW Beschichtung, min. Untergrund, Silikonharzfarbe** Einheit: m² Beschichtungsfläche	29,00	**34,00**	41,00	
023 Putz- und Stuckarbeiten, Wärmedämmsysteme				4,2%
034 Maler- und Lackierarbeiten - Beschichtungen				95,8%

335 Außenwandbekleidungen, außen

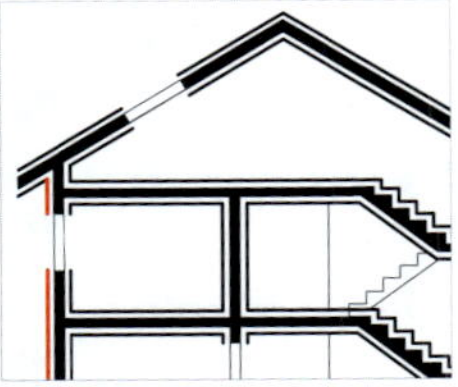

Kosten:
Stand 2.Quartal 2025
Bundesdurchschnitt
inkl. 19% MwSt.

KG.OZ	Herstellen	▷	€/Einheit	◁	LB an EA
335.20	**Oberflächenbehandlung**				
04	**AW Beschichtung, metallischer Untergrund** Einheit: m² Beschichtungsfläche	36,00	**50,00**	60,00	
	034 Maler- und Lackierarbeiten - Beschichtungen				100,0%
05	**AW Lasur, Holzflächen, Imprägnierung** Einheit: m² Beschichtungsfläche	32,00	**39,00**	46,00	
	034 Maler- und Lackierarbeiten - Beschichtungen				100,0%
335.30	**Putz**				
01	**AW Sockelausbildung, Abdichtung, Putz, Beschichtung** Einheit: m² Sockelfläche	142,00	**160,00**	181,00	
	018 Abdichtungsarbeiten				37,0%
	023 Putz- und Stuckarbeiten, Wärmedämmsysteme				51,5%
	034 Maler- und Lackierarbeiten - Beschichtungen				11,5%
02	**AW Sockelausbildung, Abdichtung, Dämmung, Putz, Beschichtung** Einheit: m² Sockelfläche	213,00	**239,00**	272,00	
	018 Abdichtungsarbeiten				23,0%
	023 Putz- und Stuckarbeiten, Wärmedämmsysteme				77,0%
03	**AW Putz, Beschichtung, Silikatfarbe** Einheit: m² Bekleidungsfläche	93,00	**108,00**	119,00	
	018 Abdichtungsarbeiten				3,9%
	023 Putz- und Stuckarbeiten, Wärmedämmsysteme				74,7%
	034 Maler- und Lackierarbeiten - Beschichtungen				21,4%
04	**AW Putz, Beschichtung, Dispersionsfarbe** Einheit: m² Bekleidungsfläche	92,00	**105,00**	116,00	
	018 Abdichtungsarbeiten				3,9%
	023 Putz- und Stuckarbeiten, Wärmedämmsysteme				76,7%
	034 Maler- und Lackierarbeiten - Beschichtungen				19,3%
05	**AW Putz, Beschichtung, Silikonharzfarbe** Einheit: m² Bekleidungsfläche	98,00	**113,00**	126,00	
	018 Abdichtungsarbeiten				3,7%
	023 Putz- und Stuckarbeiten, Wärmedämmsysteme				71,1%
	034 Maler- und Lackierarbeiten - Beschichtungen				25,2%
06	**AW WDVS, MW160, min. Oberputz, Dispersionssilikatfarbe** Einheit: m² Bekleidungsfläche	207,00	**226,00**	244,00	
	023 Putz- und Stuckarbeiten, Wärmedämmsysteme				99,1%
	034 Maler- und Lackierarbeiten - Beschichtungen				0,9%
07	**AW WDVS, MW180, min. Oberputz, Dispersionssilikatfarbe** Einheit: m² Bekleidungsfläche	211,00	**230,00**	249,00	
	023 Putz- und Stuckarbeiten, Wärmedämmsysteme				99,1%
	034 Maler- und Lackierarbeiten - Beschichtungen				0,9%

▷ von
ø Mittel
◁ bis

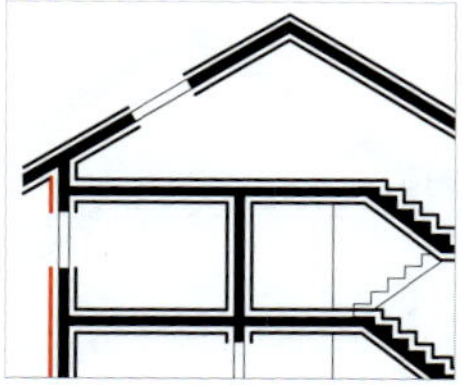

KG.OZ	Herstellen	▷	€/Einheit	◁	LB an EA
335.30	**Putz**				
08	**AW WDVS, MW200, min. Oberputz, Dispersionssilikat-farbe**	221,00	**240,00**	260,00	
	Einheit: m² Bekleidungsfläche				
	023 Putz- und Stuckarbeiten, Wärmedämmsysteme				99,2%
	034 Maler- und Lackierarbeiten - Beschichtungen				0,8%
09	**AW WDVS, WF160, min. Oberputz, Dispersionssilikatfarbe**	201,00	**225,00**	260,00	
	Einheit: m² Bekleidungsfläche				
	023 Putz- und Stuckarbeiten, Wärmedämmsysteme				99,1%
	034 Maler- und Lackierarbeiten - Beschichtungen				0,9%
10	**AW WDVS, WF240, min. Oberputz, Dispersionssilikatfarbe**	202,00	**230,00**	273,00	
	Einheit: m² Bekleidungsfläche				
	023 Putz- und Stuckarbeiten, Wärmedämmsysteme				99,1%
	034 Maler- und Lackierarbeiten - Beschichtungen				0,9%
11	**AW WDVS, PS140, min. Oberputz, Dispersionssilikatfarbe**	166,00	**192,00**	211,00	
	Einheit: m² Bekleidungsfläche				
	023 Putz- und Stuckarbeiten, Wärmedämmsysteme				99,0%
	034 Maler- und Lackierarbeiten - Beschichtungen				1,0%
12	**AW WDVS, PS180, min. Oberputz, Dispersionssilikatfarbe**	184,00	**202,00**	219,00	
	Einheit: m² Bekleidungsfläche				
	023 Putz- und Stuckarbeiten, Wärmedämmsysteme				99,0%
	034 Maler- und Lackierarbeiten - Beschichtungen				1,0%
13	**AW WDVS, PS200, min. Oberputz, Dispersionssilikatfarbe**	201,00	**215,00**	240,00	
	Einheit: m² Bekleidungsfläche				
	023 Putz- und Stuckarbeiten, Wärmedämmsysteme				99,1%
	034 Maler- und Lackierarbeiten - Beschichtungen				0,9%
14	**AW WDVS, PS240, min. Oberputz, Dispersionssilikatfarbe**	206,00	**227,00**	245,00	
	Einheit: m² Bekleidungsfläche				
	023 Putz- und Stuckarbeiten, Wärmedämmsysteme				99,1%
	034 Maler- und Lackierarbeiten - Beschichtungen				0,9%
15	**AW WDVS, PS300, min. Oberputz, Dispersionssilikatfarbe**	241,00	**260,00**	285,00	
	Einheit: m² Bekleidungsfläche				
	023 Putz- und Stuckarbeiten, Wärmedämmsysteme				99,2%
	034 Maler- und Lackierarbeiten - Beschichtungen				0,8%
335.40	**Bekleidung auf Unterkonstruktion**				
01	**AW Bekleidung, Holz, Boden-Deckel, Holz-UK, MW160**	333,00	**365,00**	405,00	
	Einheit: m² Bekleidungsfläche				
	038 Vorgehängte hinterlüftete Fassaden				100,0%
02	**AW Bekleidung, Holz, Stülpschalung, Holz-UK, MW160**	297,00	**324,00**	370,00	
	Einheit: m² Bekleidungsfläche				
	038 Vorgehängte hinterlüftete Fassaden				100,0%
03	**AW Bekleidung, Holz, Fasenbretter, Holz-UK, MW160**	302,00	**332,00**	375,00	
	Einheit: m² Bekleidungsfläche				
	016 Zimmer- und Holzbauarbeiten				45,9%
	038 Vorgehängte hinterlüftete Fassaden				54,1%

Übersicht-
1. + 2. Ebene
Erweiterung
Umbau
Moderni-
sierung
Instand-
setzung
Bau-
elemente
Abbrechen
Wieder-
herstellen
Herstellen

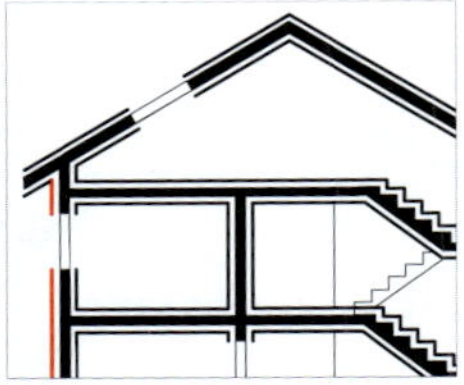

Kosten:
Stand 2. Quartal 2025
Bundesdurchschnitt
inkl. 19% MwSt.

KG.OZ	Herstellen	▷	€/Einheit	◁	LB an EA
335.40	**Bekleidung auf Unterkonstruktion**				
04	**AW Bekleidung, Holz, Rhombus, Holz-UK, MW160**	288,00	**315,00**	351,00	
	Einheit: m² Bekleidungsfläche				
	016 Zimmer- und Holzbauarbeiten				42,9%
	038 Vorgehängte hinterlüftete Fassaden				57,1%
05	**AW Bekleidung, VHF-FZ-Stülpdeckung, Holz-UK, MW160**	369,00	**398,00**	431,00	
	Einheit: m² Bekleidungsfläche				
	038 Vorgehängte hinterlüftete Fassaden				100,0%
06	**AW Bekleidung, VHF-FZ-Tafeln, Holz-UK, MW160**	384,00	**413,00**	452,00	
	Einheit: m² Bekleidungsfläche				
	038 Vorgehängte hinterlüftete Fassaden				100,0%
07	**AW Bekleidung, VHF-FZ-Tafeln, Metall-UK, MW160**	419,00	**455,00**	518,00	
	Einheit: m² Bekleidungsfläche				
	038 Vorgehängte hinterlüftete Fassaden				100,0%
08	**AW Bekleidung, VHF-Harzkompositplatten, Metall-UK, MW160**	502,00	**565,00**	659,00	
	Einheit: m² Bekleidungsfläche				
	038 Vorgehängte hinterlüftete Fassaden				100,0%
09	**AW Bekleidung, VHF-HPL-Platten, Metall-UK, MW160**	449,00	**485,00**	543,00	
	Einheit: m² Bekleidungsfläche				
	038 Vorgehängte hinterlüftete Fassaden				100,0%
10	**AW Bekleidung, Wellblech, Metall-UK, MW160**	290,00	**320,00**	374,00	
	Einheit: m² Bekleidungsfläche				
	038 Vorgehängte hinterlüftete Fassaden				100,0%
335.50	**Verblendung**				
01	**AW Verblendmauerwerk, Betonsteine 90mm, Dämmung 120mm**	427,00	**463,00**	488,00	
	Einheit: m² Bekleidungsfläche				
	012 Mauerarbeiten				100,0%
02	**AW Verblendmauerwerk, Kalksandstein 11,5cm, Dämmung 120mm**	379,00	**406,00**	446,00	
	Einheit: m² Bekleidungsfläche				
	012 Mauerarbeiten				100,0%
03	**AW Verblendmauerwerk, Klinkerziegel 11,5cm, Dämmung 120mm**	341,00	**383,00**	421,00	
	Einheit: m² Bekleidungsfläche				
	012 Mauerarbeiten				100,0%

▷ von
ø Mittel
◁ bis

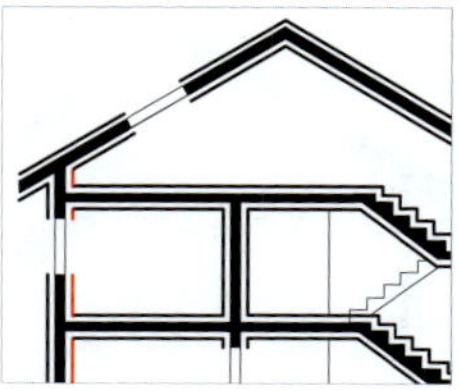

KG.OZ	Herstellen	▷	€/Einheit	◁	LB an EA
336.20	**Oberflächenbehandlung**				
01	**AW innen, Beschichtung, Dispersion wb, auf Beton**	12,00	**14,00**	19,00	
	Einheit: m² Beschichtungsfläche				
	034 Maler- und Lackierarbeiten - Beschichtungen				100,0%
02	**AW innen, Beschichtung, Dispersion wb, auf Putz**	11,00	**14,00**	19,00	
	Einheit: m² Beschichtungsfläche				
	034 Maler- und Lackierarbeiten - Beschichtungen				100,0%
03	**AW innen, Beschichtung, Dispersion sb, auf Putz**	12,00	**14,00**	19,00	
	Einheit: m² Beschichtungsfläche				
	034 Maler- und Lackierarbeiten - Beschichtungen				100,0%
04	**AW innen, Beschichtung, Silikat, auf Putz**	14,00	**17,00**	21,00	
	Einheit: m² Beschichtungsfläche				
	034 Maler- und Lackierarbeiten - Beschichtungen				100,0%
05	**AW innen, Beschichtung, Lasur, Holz**	26,00	**30,00**	35,00	
	Einheit: m² Beschichtungsfläche				
	034 Maler- und Lackierarbeiten - Beschichtungen				100,0%
336.30	**Putz**				
01	**AW innen, Putz, Lehm, einlagig, gerieben**	47,00	**51,00**	54,00	
	Einheit: m² Bekleidungsfläche				
	023 Putz- und Stuckarbeiten, Wärmedämmsysteme				100,0%
02	**AW innen, Putz, Lehm, zweilagig, gerieben**	80,00	**83,00**	89,00	
	Einheit: m² Bekleidungsfläche				
	023 Putz- und Stuckarbeiten, Wärmedämmsysteme				100,0%
03	**AW innen, Putz, Kalkgips, einlagig**	31,00	**32,00**	37,00	
	Einheit: m² Bekleidungsfläche				
	023 Putz- und Stuckarbeiten, Wärmedämmsysteme				100,0%
04	**AW innen, Putz, Gips, einlagig**	30,00	**35,00**	38,00	
	Einheit: m² Bekleidungsfläche				
	023 Putz- und Stuckarbeiten, Wärmedämmsysteme				100,0%
05	**AW innen, Putz, Kalkzement, einlagig, geglättet**	31,00	**34,00**	39,00	
	Einheit: m² Bekleidungsfläche				
	023 Putz- und Stuckarbeiten, Wärmedämmsysteme				100,0%
06	**AW innen, Putz, Kalkgips, einlagig, Dispersion**	43,00	**47,00**	55,00	
	Einheit: m² Bekleidungsfläche				
	023 Putz- und Stuckarbeiten, Wärmedämmsysteme				69,7%
	034 Maler- und Lackierarbeiten - Beschichtungen				30,3%
07	**AW innen, Putz, Gips, einlagig Dispersion**	42,00	**49,00**	56,00	
	Einheit: m² Bekleidungsfläche				
	023 Putz- und Stuckarbeiten, Wärmedämmsysteme				71,1%
	034 Maler- und Lackierarbeiten - Beschichtungen				28,9%

336
Außenwand-bekleidungen, innen

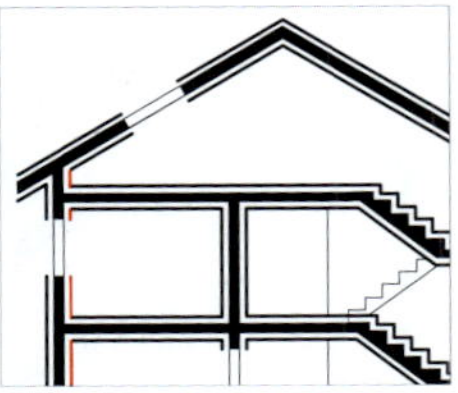

Kosten:
Stand 2. Quartal 2025
Bundesdurchschnitt
inkl. 19% MwSt.

▷ von
ø Mittel
◁ bis

KG.OZ	Herstellen	▷	€/Einheit	◁	LE an EA
336.30	**Putz**				
08	**AW innen, Bekleidung, Putz , Fliesen, 15x15cm**	118,00	**131,00**	148,00	
	Einheit: m² Bekleidungsfläche				
	023 Putz- und Stuckarbeiten, Wärmedämmsysteme				4,2%
	024 Fliesen- und Plattenarbeiten				94,9%
	034 Maler- und Lackierarbeiten - Beschichtungen				0,9%
09	**AW innen, Bekleidung, Putz , Fliesen, 30x30cm**	133,00	**146,00**	164,00	
	Einheit: m² Bekleidungsfläche				
	023 Putz- und Stuckarbeiten, Wärmedämmsysteme				4,9%
	024 Fliesen- und Plattenarbeiten				94,3%
	034 Maler- und Lackierarbeiten - Beschichtungen				0,9%
10	**AW innen, Bekleidung, Putz, Fliesen, 15x15cm, Abdichtung**	144,00	**161,00**	183,00	
	Einheit: m² Bekleidungsfläche				
	023 Putz- und Stuckarbeiten, Wärmedämmsysteme				4,4%
	024 Fliesen- und Plattenarbeiten				94,3%
	034 Maler- und Lackierarbeiten - Beschichtungen				0,3%
11	**AW innen, Bekleidung, Putz, Fliesen, 30x30cm, Abdichtung**	160,00	**176,00**	199,00	
	Einheit: m² Bekleidungsfläche				
	023 Putz- und Stuckarbeiten, Wärmedämmsysteme				4,0%
	024 Fliesen- und Plattenarbeiten				95,3%
	034 Maler- und Lackierarbeiten - Beschichtungen				0,7%
336.40	**Bekleidung auf Unterkonstruktion**				
01	**AW innen, Bekleidung, OSB, 15mm**	67,00	**79,00**	89,00	
	Einheit: m² Bekleidungsfläche				
	016 Zimmer- und Holzbauarbeiten				98,4%
	023 Putz- und Stuckarbeiten, Wärmedämmsysteme				1,6%
02	**AW innen, Bekleidung, OSB, 22mm, Feuchtebereich**	79,00	**91,00**	103,00	
	Einheit: m² Bekleidungsfläche				
	016 Zimmer- und Holzbauarbeiten				98,6%
	023 Putz- und Stuckarbeiten, Wärmedämmsysteme				1,4%
03	**AW innen, Bekleidung, Sperrholz, 20mm**	100,00	**118,00**	133,00	
	Einheit: m² Bekleidungsfläche				
	016 Zimmer- und Holzbauarbeiten				98,9%
	023 Putz- und Stuckarbeiten, Wärmedämmsysteme				1,1%
04	**AW innen, Trockenputz, GK 12,5mm**	99,00	**115,00**	142,00	
	Einheit: m² Bekleidungsfläche				
	016 Zimmer- und Holzbauarbeiten				11,0%
	023 Putz- und Stuckarbeiten, Wärmedämmsysteme				1,1%
	039 Trockenbauarbeiten				87,9%
05	**AW innen, Trockenputz, Gipsverbundplatten 12,5mm**	124,00	**141,00**	170,00	
	Einheit: m² Bekleidungsfläche				
	016 Zimmer- und Holzbauarbeiten				9,0%
	023 Putz- und Stuckarbeiten, Wärmedämmsysteme				0,9%
	039 Trockenbauarbeiten				90,1%

KG.OZ	Herstellen	▷	€/Einheit	◁	LB an EA
336.60	**Tapeten**				
01	**AW innen, Tapete, Raufaser, fein, beschichtet**	26,00	**30,00**	38,00	
	Einheit: m² Bekleidungsfläche				
	034 Maler- und Lackierarbeiten - Beschichtungen				12,2%
	037 Tapezierarbeiten				87,8%
02	**AW innen, Tapete, Raufaser, grob, beschichtet**	27,00	**30,00**	38,00	
	Einheit: m² Bekleidungsfläche				
	034 Maler- und Lackierarbeiten - Beschichtungen				12,2%
	037 Tapezierarbeiten				87,8%
03	**AW innen, Tapete, Glasfaser, fein, beschichtet**	40,00	**46,00**	52,00	
	Einheit: m² Bekleidungsfläche				
	034 Maler- und Lackierarbeiten - Beschichtungen				7,9%
	037 Tapezierarbeiten				92,1%
04	**AW innen, Tapete, Glasfaser, grob, beschichtet**	42,00	**48,00**	55,00	
	Einheit: m² Bekleidungsfläche				
	034 Maler- und Lackierarbeiten - Beschichtungen				7,6%
	037 Tapezierarbeiten				92,4%

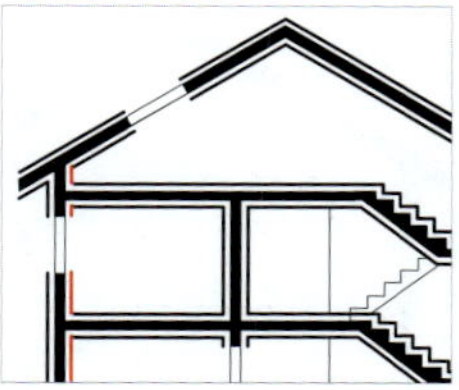

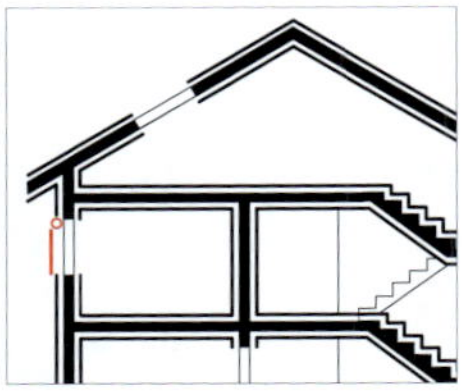

Kosten:
Stand 2. Quartal 2025
Bundesdurchschnitt
inkl. 19% MwSt.

KG.OZ	Herstellen	▷	€/Einheit	◁	LB an EA
338.10	**Läden**				
01	**AW Kunststoffrollladen, manuell betrieben**	534,00	**600,00**	690,00	
	Einheit: m² Schutzfläche				
	030 Rollladenarbeiten				100,0%
02	**AW Kunststoffrollladen, elektrisch betrieben**	839,00	**920,00**	1.070,00	
	Einheit: m² Schutzfläche				
	030 Rollladenarbeiten				100,0%
338.20	**Jalousien**				
01	**AW Jalousien, Elektroantrieb**	636,00	**696,00**	809,00	
	Einheit: m² Schutzfläche				
	030 Rollladenarbeiten				100,0%

▷ von
ø Mittel
◁ bis

KG.OZ	Herstellen	▷	€/Einheit	◁	LB an EA
339.10	**Schächte**				
01	**AW Kellerlichtschacht, Kunststoff, Gitterrost** Einheit: m² Schachtfläche	416,00	**482,00**	571,00	
	013 Betonarbeiten				100,0%
02	**AW Kellerlichtschacht, Betonfertigteil, Gitterrost** Einheit: m² Schachtfläche	964,00	**1.214,00**	1.512,00	
	013 Betonarbeiten				86,5%
	031 Metallbauarbeiten				13,5%
339.20	**Umwehrungen/Handläufe**				
01	**AW Brüstungsgeländer, Metall, nichtrostend** Einheit: m² Geländerfläche	794,00	**894,00**	1.007,00	
	031 Metallbauarbeiten				98,1%
	034 Maler- und Lackierarbeiten - Beschichtungen				1,9%
02	**AW Brüstungsgeländer, VSG-Glas/Edelstahl** Einheit: m² Geländerfläche	1.881,00	**2.085,00**	2.092,00	
	031 Metallbauarbeiten				99,2%
	034 Maler- und Lackierarbeiten - Beschichtungen				0,8%
03	**AW Geländer, Metall, Flachstahl, beschichtet** Einheit: m² Geländerfläche	618,00	**702,00**	800,00	
	031 Metallbauarbeiten				97,6%
	034 Maler- und Lackierarbeiten - Beschichtungen				2,4%
04	**AW Handlauf, Wandbefestigung, beschichtet** Einheit: m Handlauflänge	192,00	**219,00**	256,00	
	031 Metallbauarbeiten				92,2%
	034 Maler- und Lackierarbeiten - Beschichtungen				7,8%

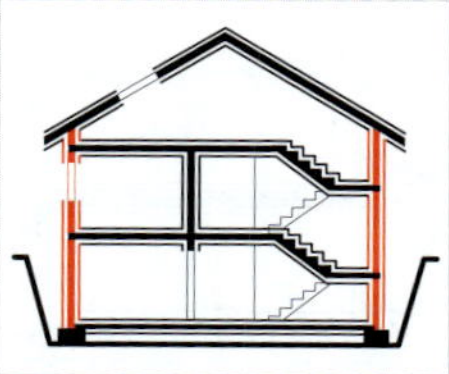

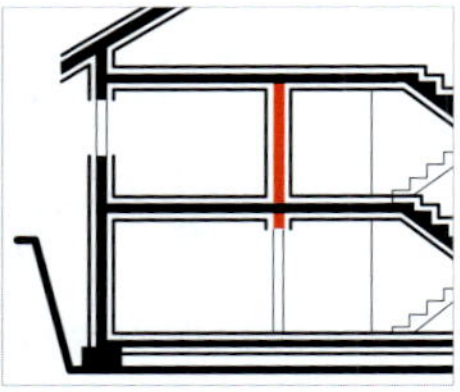

Kosten:
Stand 2. Quartal 2025
Bundesdurchschnitt
inkl. 19% MwSt.

▷ von
ø Mittel
◁ bis

KG.OZ	Herstellen	▷	€/Einheit	◁	LB an EA
341.10	**Mauerwerkswand**				
01	**IW Mauerwerk, Betonsteine, 24cm** Einheit: m² Wandfläche	139,00	**142,00**	150,00	
	012 Mauerarbeiten				100,0%
02	**IW Mauerwerk, Porenbeton-Plansteine, 24cm** Einheit: m² Wandfläche	146,00	**155,00**	163,00	
	012 Mauerarbeiten				100,0%
03	**IW Mauerwerk, Kalksandsteine, 17,5cm** Einheit: m² Wandfläche	120,00	**128,00**	142,00	
	012 Mauerarbeiten				100,0%
04	**IW Mauerwerk, Kalksand-Plansteine, 17,5cm** Einheit: m² Wandfläche	116,00	**126,00**	141,00	
	012 Mauerarbeiten				100,0%
05	**IW Mauerwerk, Kalksand-Plansteine, 24cm** Einheit: m² Wandfläche	129,00	**146,00**	156,00	
	012 Mauerarbeiten				100,0%
06	**IW Mauerwerk, Mauerziegel, 24cm** Einheit: m² Wandfläche	137,00	**145,00**	153,00	
	012 Mauerarbeiten				100,0%
07	**IW Mauerwerk, Planziegel, 24cm** Einheit: m² Wandfläche	138,00	**147,00**	166,00	
	012 Mauerarbeiten				100,0%
341.20	**Betonwand**				
01	**IW Stahlbeton, C25/30, 20cm, Bewehrung 80kg/m³, Schalung glatt** Einheit: m² Wandfläche	243,00	**277,00**	327,00	
	013 Betonarbeiten				100,0%
02	**IW Stahlbeton, C25/30, 20cm, Bewehrung 100kg/m³, Schalung glatt** Einheit: m² Wandfläche	253,00	**288,00**	339,00	
	013 Betonarbeiten				100,0%
03	**IW Stahlbeton, C25/30, 25cm, Bewehrung 80kg/m³, Schalung glatt** Einheit: m² Wandfläche	263,00	**301,00**	355,00	
	013 Betonarbeiten				100,0%
04	**IW Stahlbeton, C25/30, 25cm, Bewehrung 100kg/m³, Schalung glatt** Einheit: m² Wandfläche	276,00	**315,00**	370,00	
	013 Betonarbeiten				100,0%
05	**IW Stahlbeton, C25/30, 30cm, Bewehrung 80kg/m³, Schalung glatt** Einheit: m² Wandfläche	281,00	**320,00**	380,00	
	013 Betonarbeiten				100,0%

KG.OZ	Herstellen	▷	€/Einheit	◁	LB an EA
341.20	**Betonwand**				
06	**IW Stahlbeton, C25/30, 30cm, Bewehrung 100kg/m³, Schalung glatt** Einheit: m² Wandfläche	296,00	**337,00**	399,00	
	013 Betonarbeiten				100,0%
341.30	**Holzwand**				
01	**IW Holzrahmen, Bekleidung, OSB/GK, MW 12cm** Einheit: m² Wandfläche	183,00	**200,00**	224,00	
	016 Zimmer- und Holzbauarbeiten				69,6%
	039 Trockenbauarbeiten				30,4%
02	**IW Holzständer, Bekleidung, OSB/GK, MW 14cm** Einheit: m² Wandfläche	209,00	**227,00**	250,00	
	016 Zimmer- und Holzbauarbeiten				73,3%
	039 Trockenbauarbeiten				26,7%

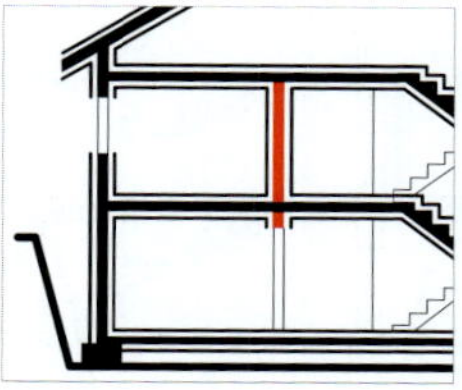

342 Nichttragende Innenwände

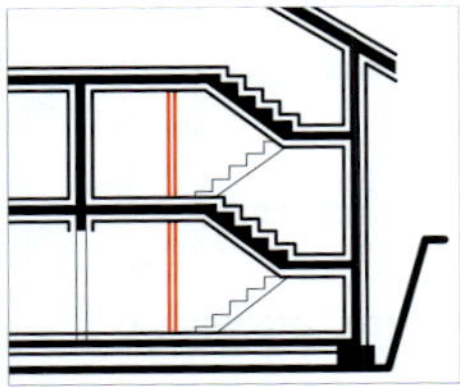

Kosten:
Stand 2. Quartal 2025
Bundesdurchschnitt
inkl. 19% MwSt.

KG.OZ	Herstellen	▷	€/Einheit	◁	LB an EA
342.10	**Mauerwerkswand**				
01	**IW Mauerwerk, Porenbeton, Plansteine 11,5cm**	105,00	**111,00**	123,00	
	Einheit: m² Wandfläche				
	012 Mauerarbeiten				100,0%
02	**IW Mauerwerk, Porenbeton, Planstein 17,5cm**	117,00	**127,00**	139,00	
	Einheit: m² Wandfläche				
	012 Mauerarbeiten				100,0%
03	**IW Mauerwerk, Porenbetonplatten, 5cm**	87,00	**103,00**	109,00	
	Einheit: m² Wandfläche				
	012 Mauerarbeiten				100,0%
04	**IW Mauerwerk, Porenbetonplatten, 7,5cm**	104,00	**117,00**	131,00	
	Einheit: m² Wandfläche				
	012 Mauerarbeiten				100,0%
05	**IW Mauerwerk, Porenbetonplatten, 10cm**	115,00	**120,00**	145,00	
	Einheit: m² Wandfläche				
	012 Mauerarbeiten				100,0%
06	**IW Mauerwerk, Kalksandsteine, 11,5cm**	108,00	**115,00**	127,00	
	Einheit: m² Wandfläche				
	012 Mauerarbeiten				100,0%
07	**IW Mauerwerk, Planziegel, 11,5cm**	99,00	**108,00**	117,00	
	Einheit: m² Wandfläche				
	012 Mauerarbeiten				100,0%
08	**IW Mauerwerk, Planziegel, 17,5cm**	124,00	**131,00**	150,00	
	Einheit: m² Wandfläche				
	012 Mauerarbeiten				100,0%
09	**IW Mauerwerk, Gipsplatten, 5cm**	93,00	**100,00**	111,00	
	Einheit: m² Wandfläche				
	012 Mauerarbeiten				100,0%
10	**IW Mauerwerk, Gipsplatten, 8cm**	100,00	**108,00**	114,00	
	Einheit: m² Wandfläche				
	012 Mauerarbeiten				100,0%
11	**IW Mauerwerk, Gipsplatten, 10cm**	105,00	**113,00**	122,00	
	Einheit: m² Wandfläche				
	012 Mauerarbeiten				100,0%
342.20	**Betonwand**				
01	**IW Stahlbeton, C25/30, 10cm, Bewehrung 60kg/m³, Schalung glatt**	183,00	**208,00**	239,00	
	Einheit: m² Wandfläche				
	013 Betonarbeiten				100,0%
02	**IW Stahlbeton, C25/30, 10cm, Bewehrung 80kg/m³, Schalung glatt**	188,00	**213,00**	246,00	
	Einheit: m² Wandfläche				
	013 Betonarbeiten				100,0%

▷ von
ø Mittel
◁ bis

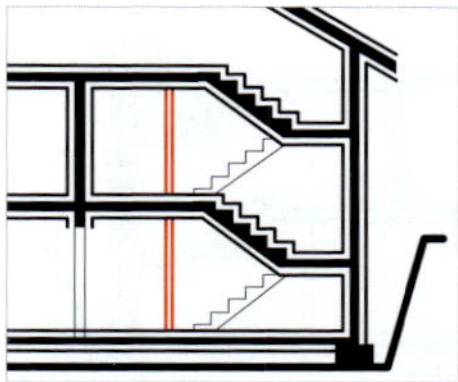

KG.OZ	Herstellen	▷	€/Einheit	◁	LB an EA
342.20	**Betonwand**				
03	**IW Stahlbeton, C25/30, 15cm, Bewehrung 60kg/m³, Schalung glatt**	203,00	**229,00**	263,00	
	Einheit: m² Wandfläche				
	013 Betonarbeiten				100,0%
04	**IW Stahlbeton, C25/30, 15cm, Bewehrung 80kg/m³, Schalung glatt**	211,00	**238,00**	273,00	
	Einheit: m² Wandfläche				
	013 Betonarbeiten				100,0%
342.30	**Holzwand**				
01	**IW Holzständer, Bekleidung, OSB, MW 10cm**	199,00	**215,00**	240,00	
	Einheit: m² Wandfläche				
	016 Zimmer- und Holzbauarbeiten				50,8%
	039 Trockenbauarbeiten				49,2%
342.50	**Holzständerwand**				
01	**IW Montagewand, Holz, 85mm, Gipsplatten, MW40**	105,00	**122,00**	140,00	
	Einheit: m² Wandfläche				
	039 Trockenbauarbeiten				100,0%
02	**IW Montagewand, Holz, 100mm, Gipsplatten, doppellagig, MW40**	144,00	**151,00**	166,00	
	Einheit: m² Wandfläche				
	039 Trockenbauarbeiten				100,0%
03	**IW Montagewand, Holz, 100mm, Gipsfaserplatten, doppellagig, MW50**	123,00	**138,00**	160,00	
	Einheit: m² Wandfläche				
	039 Trockenbauarbeiten				100,0%
342.60	**Metallständerwand**				
01	**IW Montagewand, Metall, 100mm, Gipsplatten, MW40**	114,00	**124,00**	139,00	
	Einheit: m² Wandfläche				
	039 Trockenbauarbeiten				100,0%
02	**IW Montagewand, Metall, 125mm, Gipsplatten, doppellagig, MW60**	123,00	**135,00**	156,00	
	Einheit: m² Wandfläche				
	039 Trockenbauarbeiten				100,0%
03	**IW Montagewand, Metall, 150mm, Gipsplatten, doppellagig, MW40**	134,00	**144,00**	165,00	
	Einheit: m² Wandfläche				
	039 Trockenbauarbeiten				100,0%
04	**IW Montagewand, Metall, 100mm, Zementplatten, MW50**	146,00	**166,00**	206,00	
	Einheit: m² Wandfläche				
	039 Trockenbauarbeiten				100,0%

KG.OZ	Herstellen	▷	€/Einheit	◁	LB an EA
342.60	**Metallständerwand**				
05	**IW Montagewand, Metall, 125mm, Zementplatten, doppellagig, MW50** Einheit: m² Wandfläche	198,00	**215,00**	250,00	
	039 Trockenbauarbeiten				100,0%

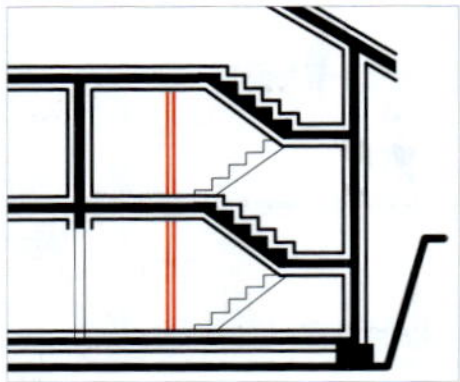

Kosten:
Stand 2. Quartal 2025
Bundesdurchschnitt
inkl. 19% MwSt.

▷ von
ø Mittel
◁ bis

KG.OZ	Herstellen	▷	€/Einheit	◁	LB an EA
343.20	**Betonstütze**				
01	**IW Stütze, C25/30, rund, 30cm, Sichtschalung, Bewehrung 100kg/m³** Einheit: m Stützenlänge	216,00	**245,00**	274,00	
	013 Betonarbeiten				100,0%
02	**IW Stütze, C25/30, rund, 30cm, Sichtschalung, Bewehrung 200kg/m³** Einheit: m Stützenlänge	235,00	**266,00**	297,00	
	013 Betonarbeiten				100,0%
03	**IW Stütze, C25/30, rund, 30cm, Sichtschalung, Bewehrung 300kg/m³** Einheit: m Stützenlänge	253,00	**286,00**	321,00	
	013 Betonarbeiten				100,0%
04	**IW Stütze, C25/30, eckig 20x20cm, Sichtschalung, Bewehrung 100kg/m³** Einheit: m Stützenlänge	143,00	**159,00**	182,00	
	013 Betonarbeiten				100,0%
05	**IW Stütze, C25/30, eckig 20x20cm, Sichtschalung, Bewehrung 200kg/m³** Einheit: m Stützenlänge	153,00	**171,00**	195,00	
	013 Betonarbeiten				100,0%
06	**IW Stütze, C25/30, eckig 20x20cm, Sichtschalung, Bewehrung 300kg/m³** Einheit: m Stützenlänge	164,00	**183,00**	209,00	
	013 Betonarbeiten				100,0%
07	**IW Stütze, C25/30, eckig 30x30cm, Sichtschalung, Bewehrung 100kg/m³** Einheit: m Stützenlänge	206,00	**230,00**	264,00	
	013 Betonarbeiten				100,0%
08	**IW Stütze, C25/30, eckig 30x30cm, Sichtschalung, Bewehrung 200kg/m³** Einheit: m Stützenlänge	230,00	**257,00**	294,00	
	013 Betonarbeiten				100,0%
09	**IW Stütze, C25/30, eckig 30x30cm, Sichtschalung, Bewehrung 300kg/m³** Einheit: m Stützenlänge	253,00	**283,00**	324,00	
	013 Betonarbeiten				100,0%
10	**IW Stütze, C25/30, eckig 40x40cm, Sichtschalung, Bewehrung 100kg/m³** Einheit: m Stützenlänge	299,00	**333,00**	381,00	
	013 Betonarbeiten				100,0%
11	**IW Stütze, C25/30, eckig 40x40cm, Sichtschalung, Bewehrung 200kg/m³** Einheit: m Stützenlänge	341,00	**380,00**	435,00	
	013 Betonarbeiten				100,0%

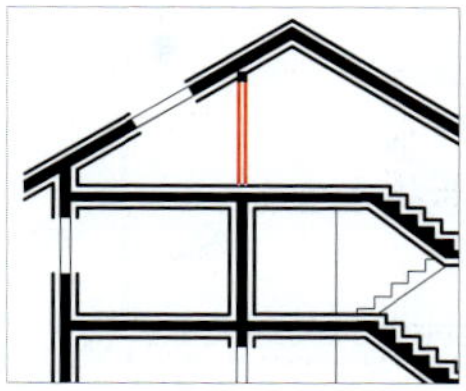

343 Innenstützen

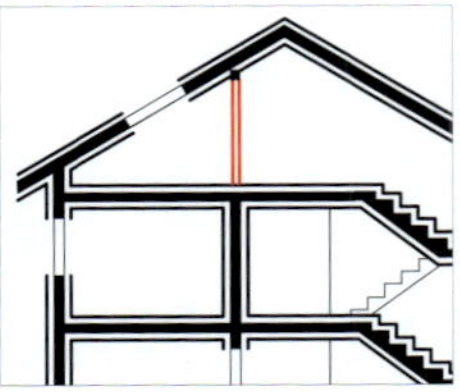

Kosten:
Stand 2. Quartal 2025
Bundesdurchschnitt
inkl. 19% MwSt.

▷ von
ø Mittel
◁ bis

KG.OZ	Herstellen	▷	€/Einheit	◁	LB an EA
343.20	**Betonstütze**				
12	**IW Stütze, C25/30, eckig 40x40cm, Sichtschalung, Bewehrung 300kg/m³** Einheit: m Stützenlänge	383,00	**427,00**	488,00	
	013 Betonarbeiten				100,0%
343.30	**Holzstütze**				
01	**IW Stütze, BSH, eckig 20x20cm** Einheit: m Stützenlänge	132,00	**144,00**	176,00	
	016 Zimmer- und Holzbauarbeiten				100,0%
343.40	**Metallstütze**				
01	**IW, Stütze, Stahl, rund, 114mm, beschichtet** Einheit: m Stützenlänge	158,00	**186,00**	237,00	
	017 Stahlbauarbeiten				92,7%
	034 Maler- und Lackierarbeiten - Beschichtungen				7,3%

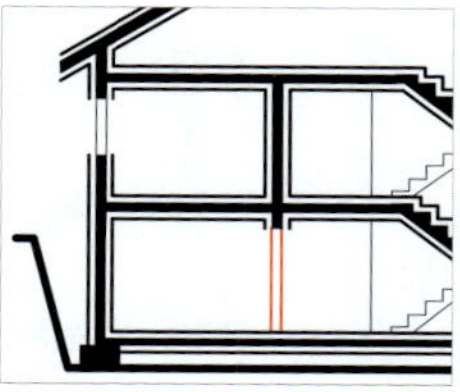

KG.OZ	Herstellen	▷	€/Einheit	◁	LB an EA
344.10	**Türen**				
01	**IW Türelement, Röhrenspan, einflüglig, Eckzarge, 750x2.000mm**	457,00	**629,00**	731,00	
	Einheit: m² Türfläche				
	023 Putz- und Stuckarbeiten, Wärmedämmsysteme				13,0%
	027 Tischlerarbeiten				87,0%
02	**IW Türelement, Röhrenspan, einflüglig, Eckzarge, 1.000x2.000mm**	408,00	**548,00**	592,00	
	Einheit: m² Türfläche				
	023 Putz- und Stuckarbeiten, Wärmedämmsysteme				11,8%
	027 Tischlerarbeiten				88,2%
03	**IW Türelement, Röhrenspan, einflüglig, Umfassungszarge, 750x2.000mm**	622,00	**827,00**	942,00	
	Einheit: m² Türfläche				
	023 Putz- und Stuckarbeiten, Wärmedämmsysteme				19,8%
	027 Tischlerarbeiten				80,2%
04	**IW Türelement, Röhrenspan, einflüglig, Umfassungszarge, 1.000x2.000mm**	579,00	**739,00**	805,00	
	Einheit: m² Türfläche				
	023 Putz- und Stuckarbeiten, Wärmedämmsysteme				17,4%
	027 Tischlerarbeiten				82,6%
05	**IW Türelement, Röhrenspan, einflüglig, Umfassungszarge, 1.125x2.000mm**	553,00	**703,00**	776,00	
	Einheit: m² Türfläche				
	023 Putz- und Stuckarbeiten, Wärmedämmsysteme				16,7%
	027 Tischlerarbeiten				83,3%
06	**IW Türelement, Vollspan, einflüglig, Eckzarge, 750x2.000mm**	567,00	**630,00**	712,00	
	Einheit: m² Türfläche				
	023 Putz- und Stuckarbeiten, Wärmedämmsysteme				13,0%
	027 Tischlerarbeiten				87,0%
07	**IW Türelement, Vollspan, einflüglig, Eckzarge, 1.000x2.000mm**	501,00	**596,00**	741,00	
	Einheit: m² Türfläche				
	023 Putz- und Stuckarbeiten, Wärmedämmsysteme				10,8%
	027 Tischlerarbeiten				89,2%
08	**IW Türelement, Vollspan, einflüglig, Umfassungszarge, 750x2.000mm**	732,00	**827,00**	924,00	
	Einheit: m² Türfläche				
	023 Putz- und Stuckarbeiten, Wärmedämmsysteme				19,8%
	027 Tischlerarbeiten				80,2%
09	**IW Türelement, Vollspan, einflüglig, Umfassungszarge, 1.000x2.000mm**	672,00	**788,00**	954,00	
	Einheit: m² Türfläche				
	023 Putz- und Stuckarbeiten, Wärmedämmsysteme				16,4%
	027 Tischlerarbeiten				83,6%

344 Innenwand-öffnungen

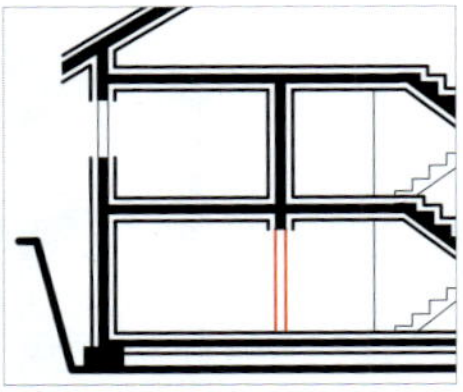

Kosten:
Stand 2. Quartal 2025
Bundesdurchschnitt
inkl. 19% MwSt.

KG.OZ	Herstellen	▷	€/Einheit	◁	LB an EA
344.10	**Türen**				
10	**IW Ganzglastür, Umfassungszarge, 1.000x2.125mm**	1.064,00	**1.254,00**	1.417,00	
	Einheit: m² Türfläche				
	023 Putz- und Stuckarbeiten, Wärmedämmsysteme				5,1%
	027 Tischlerarbeiten				20,9%
	031 Metallbauarbeiten				21,8%
	032 Verglasungsarbeiten				52,2%
344.30	**Brandschutztüren, -tore**				
01	**IW Türelement, Metall, einflüglig, 875x2.125mm, EI2 30-C, Umfassungszarge**	1.186,00	**1.311,00**	1.549,00	
	Einheit: m² Türfläche				
	023 Putz- und Stuckarbeiten, Wärmedämmsysteme				19,9%
	031 Metallbauarbeiten				80,1%
02	**IW Türelement, Metall, einflüglig, 1.000x2.125mm, EI2 90-C, Umfassungszarge**	1.840,00	**2.374,00**	2.709,00	
	Einheit: m² Türfläche				
	023 Putz- und Stuckarbeiten, Wärmedämmsysteme				11,0%
	031 Metallbauarbeiten				89,0%
03	**IW Türelement, Metall, einflüglig, 1.000x2.125mm, EI2 30-C, Umfassungszarge**	1.066,00	**1.179,00**	1.391,00	
	Einheit: m² Türfläche				
	023 Putz- und Stuckarbeiten, Wärmedämmsysteme				22,2%
	031 Metallbauarbeiten				77,8%
04	**IW Türelement, Metall, einflüglig, 1.250x2.125mm, EI2 30-C, Umfassungszarge**	1.351,00	**1.476,00**	1.869,00	
	Einheit: m² Türfläche				
	023 Putz- und Stuckarbeiten, Wärmedämmsysteme				17,6%
	031 Metallbauarbeiten				82,4%

▷ von
ø Mittel
◁ bis

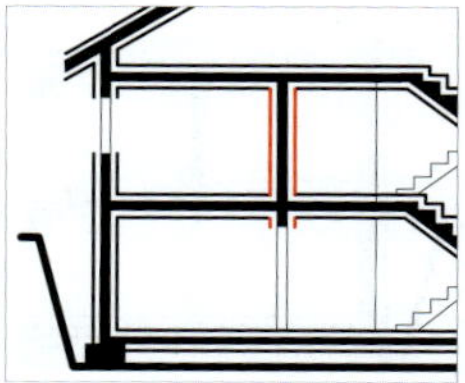

KG.OZ	Herstellen	▷	€/Einheit	◁	LB an EA
345.20	**Oberflächenbehandlung**				
01	**IW Beschichtung, Dispersion wb, auf Beton**	11,00	**13,00**	16,00	
	Einheit: m² Beschichtungsfläche				
	034 Maler- und Lackierarbeiten - Beschichtungen				100,0%
02	**IW Beschichtung, Dispersion wb, auf Putz**	10,00	**13,00**	16,00	
	Einheit: m² Beschichtungsfläche				
	034 Maler- und Lackierarbeiten - Beschichtungen				100,0%
03	**IW Beschichtung, Dispersion sb, auf Putz**	11,00	**13,00**	16,00	
	Einheit: m² Beschichtungsfläche				
	034 Maler- und Lackierarbeiten - Beschichtungen				100,0%
04	**IW Beschichtung, Silikatfarbe, auf Putz**	13,00	**16,00**	20,00	
	Einheit: m² Beschichtungsfläche				
	034 Maler- und Lackierarbeiten - Beschichtungen				100,0%
05	**IW Beschichtung, Lasur, Holz**	26,00	**30,00**	35,00	
	Einheit: m² Beschichtungsfläche				
	034 Maler- und Lackierarbeiten - Beschichtungen				100,0%
345.30	**Putz**				
01	**IW Putz, Gips, einlagig, Q2**	38,00	**44,00**	48,00	
	Einheit: m² Bekleidungsfläche				
	023 Putz- und Stuckarbeiten, Wärmedämmsysteme				100,0%
02	**IW Putz, Kalkgips, einlagig, Q2**	38,00	**42,00**	47,00	
	Einheit: m² Bekleidungsfläche				
	023 Putz- und Stuckarbeiten, Wärmedämmsysteme				100,0%
03	**IW Putz, Kalkzement, einlagig, Q2**	39,00	**43,00**	49,00	
	Einheit: m² Bekleidungsfläche				
	023 Putz- und Stuckarbeiten, Wärmedämmsysteme				100,0%
04	**IW Putz, Lehm, einlagig, gefilzt**	51,00	**55,00**	59,00	
	Einheit: m² Bekleidungsfläche				
	023 Putz- und Stuckarbeiten, Wärmedämmsysteme				100,0%
05	**IW Putz, Lehm, zweilagig, gefilzt**	84,00	**88,00**	94,00	
	Einheit: m² Bekleidungsfläche				
	023 Putz- und Stuckarbeiten, Wärmedämmsysteme				100,0%
06	**IW Putz, Gips, einlagig, Q2, beschichtet**	56,00	**63,00**	73,00	
	Einheit: m² Bekleidungsfläche				
	023 Putz- und Stuckarbeiten, Wärmedämmsysteme				69,6%
	034 Maler- und Lackierarbeiten - Beschichtungen				30,4%
07	**IW Putz, Kalkgips, einlagig, Q2, beschichtet**	48,00	**54,00**	60,00	
	Einheit: m² Bekleidungsfläche				
	023 Putz- und Stuckarbeiten, Wärmedämmsysteme				80,4%
	034 Maler- und Lackierarbeiten - Beschichtungen				19,6%
08	**IW Bekleidung, Fliesen 15x15cm**	121,00	**135,00**	150,00	
	Einheit: m² Bekleidungsfläche				
	024 Fliesen- und Plattenarbeiten				100,0%

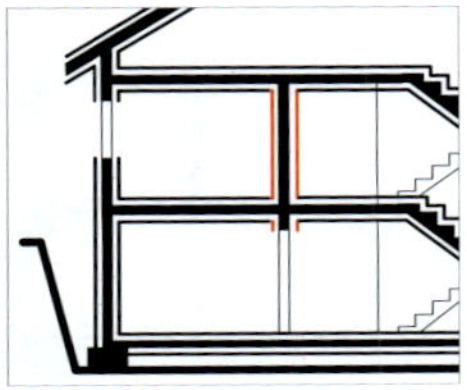

Kosten:
Stand 2. Quartal 2025
Bundesdurchschnitt
inkl. 19% MwSt.

KG.OZ	Herstellen	▷	€/Einheit	◁	LB an EA
345.30	**Putz**				
09	**IW Bekleidung, Fliesen 20x20cm**	105,00	**114,00**	130,00	
	Einheit: m² Bekleidungsfläche				
	024 Fliesen- und Plattenarbeiten				100,0%
10	**IW Bekleidung, Fliesen 30x30cm**	129,00	**135,00**	144,00	
	Einheit: m² Bekleidungsfläche				
	024 Fliesen- und Plattenarbeiten				100,0%
11	**IW Bekleidung, Fliesen 15x15cm, Abdichtung**	152,00	**170,00**	193,00	
	Einheit: m² Bekleidungsfläche				
	024 Fliesen- und Plattenarbeiten				100,0%
12	**IW Bekleidung, Fliesen 20x20cm, Abdichtung**	136,00	**149,00**	173,00	
	Einheit: m² Bekleidungsfläche				
	024 Fliesen- und Plattenarbeiten				100,0%
13	**IW Bekleidung, Fliesen 30x30cm, Abdichtung**	160,00	**170,00**	186,00	
	Einheit: m² Bekleidungsfläche				
	024 Fliesen- und Plattenarbeiten				100,0%
345.40	**Bekleidung auf Unterkonstruktion**				
01	**IW Bekleidung, OSB,15mm**	48,00	**55,00**	62,00	
	Einheit: m² Bekleidungsfläche				
	016 Zimmer- und Holzbauarbeiten				100,0%
02	**IW Bekleidung, OSB, 22mm, Feuchtebereich**	79,00	**91,00**	103,00	
	Einheit: m² Bekleidungsfläche				
	016 Zimmer- und Holzbauarbeiten				96,4%
	039 Trockenbauarbeiten				3,6%
03	**IW Bekleidung, Sperrholz, 20mm**	100,00	**118,00**	133,00	
	Einheit: m² Bekleidungsfläche				
	016 Zimmer- und Holzbauarbeiten				97,2%
	039 Trockenbauarbeiten				2,8%
04	**IW Trockenputz, GK 12,5mm**	65,00	**74,00**	90,00	
	Einheit: m² Bekleidungsfläche				
	039 Trockenbauarbeiten				100,0%
05	**IW Trockenputz, Gipsverbundplatten 12,5mm**	124,00	**141,00**	170,00	
	Einheit: m² Bekleidungsfläche				
	016 Zimmer- und Holzbauarbeiten				9,0%
	039 Trockenbauarbeiten				90,1%
345.60	**Tapeten**				
01	**IW Tapete, Raufaser, fein, beschichtet**	26,00	**30,00**	38,00	
	Einheit: m² Bekleidungsfläche				
	034 Maler- und Lackierarbeiten - Beschichtungen				12,2%
	037 Tapezierarbeiten				87,8%
02	**IW Tapete, Raufaser, grob, beschichtet**	27,00	**30,00**	38,00	
	Einheit: m² Bekleidungsfläche				
	034 Maler- und Lackierarbeiten - Beschichtungen				12,2%
	037 Tapezierarbeiten				87,8%

▷ von
ø Mittel
◁ bis

KG.OZ	Herstellen	▷	€/Einheit	◁	LB an EA
345.60	**Tapeten**				
03	**IW Tapete, Glasfaser, fein, beschichtet** Einheit: m² Bekleidungsfläche	40,00	**46,00**	52,00	
	034 Maler- und Lackierarbeiten - Beschichtungen				7,9%
	037 Tapezierarbeiten				92,1%
04	**IW Tapete, Glasfaser, grob, beschichtet** Einheit: m² Bekleidungsfläche	42,00	**48,00**	55,00	
	034 Maler- und Lackierarbeiten - Beschichtungen				7,6%
	037 Tapezierarbeiten				92,4%
345.90	**Sonstige Innenwandbekleidungen**				
01	**IW Installationswand, doppelte Metallständer, 200mm, Gipsplatten, zweilagig** Einheit: m² Wandfläche	177,00	**189,00**	213,00	
	039 Trockenbauarbeiten				99,3%

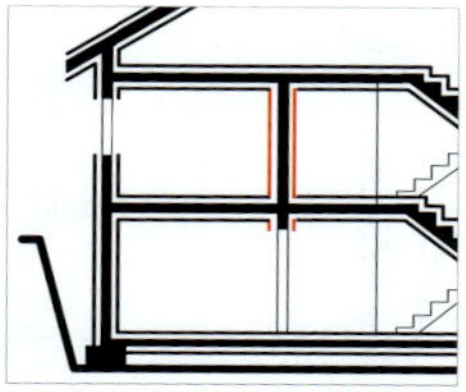

Übersicht-
1. + 2. Ebene
Erweiterung
Umbau
Moderni-
sierung
Instand-
setzung
Bau-
elemente
Abbrechen
Wieder-
herstellen
Herstellen

346 Elementierte Innenwandkonstruktionen

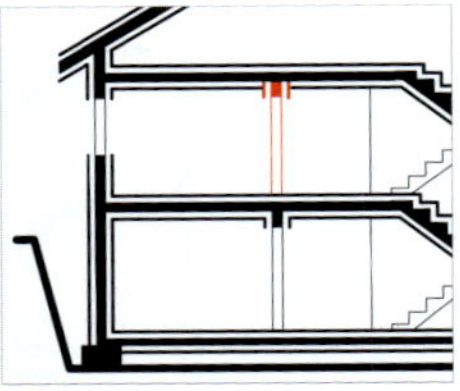

Kosten:
Stand 2. Quartal 2025
Bundesdurchschnitt
inkl. 19% MwSt.

KG.OZ	Herstellen	▷	€/Einheit	◁	LB an EA
346.60	**Lattenverschläge**				
01	**IW Kellertrennwand, Holzlatten**	79,00	**96,00**	111,00	
	Einheit: m² Wandfläche				
	016 Zimmer- und Holzbauarbeiten				86,1%
	029 Beschlagarbeiten				3,5%
	031 Metallbauarbeiten				10,4%
02	**IW Montagewand, Kellertrennwand, Metalllamellen**	75,00	**84,00**	96,00	
	Einheit: m² Wandfläche				
	029 Beschlagarbeiten				3,9%
	031 Metallbauarbeiten				96,1%
03	**IW Montagewand, Kellertrennwand, Metallgitter**	156,00	**169,00**	190,00	
	Einheit: m² Wandfläche				
	029 Beschlagarbeiten				2,0%
	031 Metallbauarbeiten				98,0%

▷ von
ø Mittel
◁ bis

KG.OZ	Herstellen	▷	€/Einheit	◁	LB an EA
349.20	**Umwehrungen/Handläufe**				
01	**IW Brüstung, Metall, Flachstahl, beschichtet** Einheit: m² Geländerfläche	653,00	**743,00**	847,00	
	031 Metallbauarbeiten				92,2%
	034 Maler- und Lackierarbeiten - Beschichtungen				7,8%
02	**IW Brüstung, Metall, Lochblech, beschichtet** Einheit: m² Geländerfläche	620,00	**690,00**	763,00	
	031 Metallbauarbeiten				91,6%
	034 Maler- und Lackierarbeiten - Beschichtungen				8,4%
03	**IW Geländer, Metall, Flachstahl, beschichtet** Einheit: m² Geländerfläche	653,00	**743,00**	847,00	
	031 Metallbauarbeiten				92,2%
	034 Maler- und Lackierarbeiten - Beschichtungen				7,8%
04	**IW Geländer, Metall, Lochblech, beschichtet** Einheit: m² Geländerfläche	620,00	**690,00**	763,00	
	031 Metallbauarbeiten				91,6%
	034 Maler- und Lackierarbeiten - Beschichtungen				8,4%
05	**IW Handlauf, Holz, beschichtet** Einheit: m Handlauflänge	203,00	**241,00**	282,00	
	031 Metallbauarbeiten				90,5%
	034 Maler- und Lackierarbeiten - Beschichtungen				9,5%
06	**IW Handlauf, Metall, beschichtet** Einheit: m Handlauflänge	196,00	**224,00**	268,00	
	031 Metallbauarbeiten				83,4%
	034 Maler- und Lackierarbeiten - Beschichtungen				16,6%

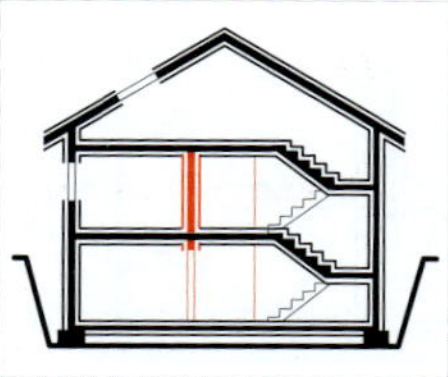

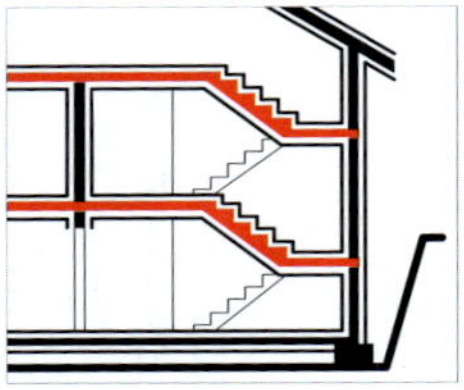

Kosten:
Stand 2. Quartal 2025
Bundesdurchschnitt
inkl. 19% MwSt.

▷ von
ø Mittel
◁ bis

KG.OZ	Herstellen	▷	€/Einheit	◁	LB an EA
351.10	**Stahlbeton, Ortbeton**				
01	**DE Unterzug C25/30, glatte Schalung, 30x30cm, Bewehrung 150kg/m³** Einheit: m Balkenlänge	171,00	**190,00**	217,00	
	013 Betonarbeiten				100,0%
02	**DE Unterzug C25/30, glatte Schalung, 40x40cm, Bewehrung 150kg/m³** Einheit: m Balkenlänge	253,00	**281,00**	321,00	
	013 Betonarbeiten				100,0%
03	**DE Unterzug C25/30, glatte Schalung, 30x30cm, Bewehrung 200kg/m³** Einheit: m Balkenlänge	182,00	**202,00**	230,00	
	013 Betonarbeiten				100,0%
04	**DE Unterzug C25/30, glatte Schalung, 40x40cm, Bewehrung 200kg/m³** Einheit: m Balkenlänge	274,00	**304,00**	348,00	
	013 Betonarbeiten				100,0%
05	**DE Stahlbeton, Ortbeton, C25/30, 20cm, Bewehrung 80kg/m³** Einheit: m² Deckenfläche	174,00	**191,00**	222,00	
	013 Betonarbeiten				100,0%
06	**DE Stahlbeton, Ortbeton, C25/30, 20cm, Bewehrung 100kg/m³** Einheit: m² Deckenfläche	185,00	**203,00**	235,00	
	013 Betonarbeiten				100,0%
07	**DE Stahlbeton, Ortbeton, C25/30, 25cm, Bewehrung 80kg/m³** Einheit: m² Deckenfläche	196,00	**215,00**	248,00	
	013 Betonarbeiten				100,0%
08	**DE Stahlbeton, Ortbeton, C25/30, 25cm, Bewehrung 100kg/m³** Einheit: m² Deckenfläche	209,00	**229,00**	264,00	
	013 Betonarbeiten				100,0%
09	**DE Stahlbeton, Ortbeton, C25/30, 25cm, Bewehrung 120kg/m³** Einheit: m² Deckenfläche	222,00	**244,00**	280,00	
	013 Betonarbeiten				100,0%
10	**DE Stahlbeton, Ortbeton, C25/30, 30cm, Bewehrung 120kg/m³** Einheit: m² Deckenfläche	249,00	**273,00**	312,00	
	013 Betonarbeiten				100,0%

KG.OZ	Herstellen	▷	€/Einheit	◁	LB an EA
351.10	**Stahlbeton, Ortbeton**				
11	**DE Balkon, Stahlbeton, Ortbeton, C25/30, 20cm, Bewehrung 80kg/m³** Einheit: m² Deckenfläche	303,00	**339,00**	399,00	
	013 Betonarbeiten				100,0%
351.20	**Stahlbeton, Fertigteil**				
01	**DE Stahlbeton, Fertigteil, Aufbeton, 20cm, Bewehrung 80kg/m³** Einheit: m² Deckenfläche	178,00	**195,00**	222,00	
	013 Betonarbeiten				100,0%
02	**DE Stahlbeton, Fertigteil, Aufbeton, 20cm, Bewehrung 100kg/m³** Einheit: m² Deckenfläche	189,00	**207,00**	234,00	
	013 Betonarbeiten				100,0%
03	**DE Stahlbeton, Fertigteil, Aufbeton, 20cm, Bewehrung 120kg/m³** Einheit: m² Deckenfläche	199,00	**218,00**	247,00	
	013 Betonarbeiten				100,0%
04	**DE Stahlbeton, Fertigteil, Aufbeton, 22cm, Bewehrung 80kg/m³** Einheit: m² Deckenfläche	188,00	**204,00**	232,00	
	013 Betonarbeiten				100,0%
05	**DE Stahlbeton, Fertigteil, Aufbeton, 22cm, Bewehrung 100kg/m³** Einheit: m² Deckenfläche	198,00	**215,00**	245,00	
	013 Betonarbeiten				100,0%
06	**DE Stahlbeton, Fertigteil, Aufbeton, 22cm, Bewehrung 120kg/m³** Einheit: m² Deckenfläche	208,00	**227,00**	258,00	
	013 Betonarbeiten				100,0%
07	**DE Balkon, Stahlbeton, Fertigteil, 20cm, bewehrt** Einheit: m² Deckenfläche	286,00	**344,00**	366,00	
	013 Betonarbeiten				100,0%
351.40	**Holzkonstruktionen, Holzträgerkonstruktionen**				
01	**DE Unterzug, Nadelholz, 12x20cm** Einheit: m Balkenlänge	46,00	**49,00**	57,00	
	016 Zimmer- und Holzbauarbeiten				100,0%
02	**DE Unterzug, Brettschichtholz, 12x20cm** Einheit: m Balkenlänge	50,00	**55,00**	64,00	
	016 Zimmer- und Holzbauarbeiten				100,0%
03	**DE Holz, Brettstapel, gehobelt, 140mm** Einheit: m² Deckenfläche	184,00	**191,00**	202,00	
	016 Zimmer- und Holzbauarbeiten				100,0%

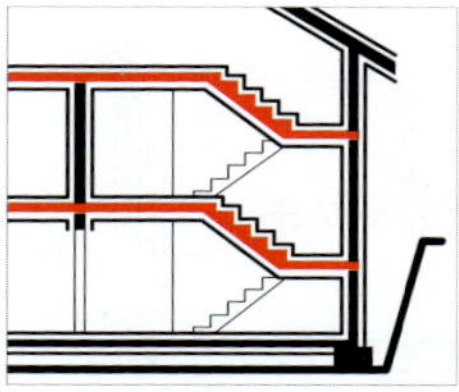

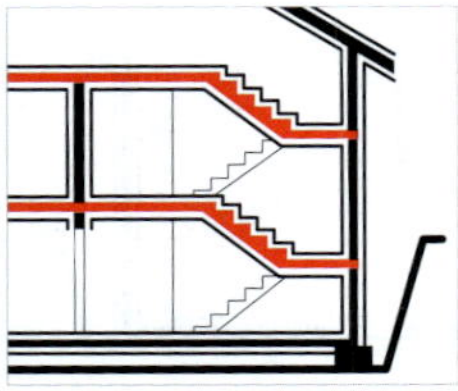

Kosten:
Stand 2. Quartal 2025
Bundesdurchschnitt
inkl. 19% MwSt.

KG.OZ	Herstellen	▷	€/Einheit	◁	LB an EA
351.40	**Holzkonstruktionen, Holzträgerkonstruktionen**				
04	**DE Holz, Brettstapel, gehobelt, 160mm**	315,00	**358,00**	393,00	
	Einheit: m² Deckenfläche				
	016 Zimmer- und Holzbauarbeiten				100,0%
05	**DE Holz, Brettstapel, gehobelt, 200mm**	335,00	**376,00**	419,00	
	Einheit: m² Deckenfläche				
	016 Zimmer- und Holzbauarbeiten				100,0%
06	**DE Holz, Balken, Schnittholz, OSB-Belag, Dämmung, Bekleidung**	207,00	**223,00**	247,00	
	Einheit: m² Deckenfläche				
	016 Zimmer- und Holzbauarbeiten				64,6%
	039 Trockenbauarbeiten				35,4%
07	**DE Holz, Balken, Schnittholz, sichtbar, Trockenestrich, Schüttung, Sichtschalung**	238,00	**258,00**	308,00	
	Einheit: m² Deckenfläche				
	016 Zimmer- und Holzbauarbeiten				100,0%
08	**DE Holz, Balken, Brettschichtholz, OSB-Belag, Dämmung, Deckenbekleidung**	228,00	**245,00**	268,00	
	Einheit: m² Deckenfläche				
	016 Zimmer- und Holzbauarbeiten				67,8%
	039 Trockenbauarbeiten				32,2%
09	**DE Holz, Balken, Brettschichtholz, sichtbar, Trockenestrich, Schüttung, Sichtschalung**	256,00	**279,00**	331,00	
	Einheit: m² Deckenfläche				
	016 Zimmer- und Holzbauarbeiten				100,0%
351.50	**Treppen, Beton**				
01	**DE Treppe, Ortbeton, gerade, einläufig, 18cm, 1,00m**	648,00	**684,00**	753,00	
	Einheit: m² Treppengrundfläche				
	013 Betonarbeiten				100,0%
02	**DE Treppenpodest, Stahlbeton, Ortbeton, 20cm, 1,00/1,00m**	217,00	**240,00**	274,00	
	Einheit: m² Podestfläche				
	013 Betonarbeiten				100,0%
351.60	**Treppen, Beton-Fertigteil**				
01	**DE Treppe, Betonfertigteil, einläufig, 1,00m**	1.319,00	**1.460,00**	1.548,00	
	Einheit: m² Treppengrundfläche				
	013 Betonarbeiten				100,0%
351.70	**Treppen, Metallkonstruktionen**				
01	**DE Treppe, Stahl, gerade, 1,00m, Trittstufen**	1.720,00	**2.195,00**	2.742,00	
	Einheit: m² Treppengrundfläche				
	031 Metallbauarbeiten				100,0%

▷ von
ø Mittel
◁ bis

KG.OZ	Herstellen	▷	€/Einheit	◁	LB an EA
351.70	**Treppen, Metallkonstruktionen**				
02	**DE Treppe, Stahl, gewendelt, 1,00m, Trittstufen**	2.185,00	**2.362,00**	2.508,00	
	Einheit: m² Treppengrundfläche				
	031 Metallbauarbeiten				100,0%
351.80	**Treppen, Holzkonstruktionen**				
01	**DE Treppe, Holz, Wangentreppe, gerade, gestemmt, Trittstufen**	2.318,00	**2.449,00**	2.529,00	
	Einheit: m² Treppengrundfläche				
	016 Zimmer- und Holzbauarbeiten				100,0%
02	**DE Treppe, Holz, Wangentreppe, gerade, aufgesattelt, Tritt-/Setzstufen**	3.911,00	**4.423,00**	4.708,00	
	Einheit: m² Treppengrundfläche				
	016 Zimmer- und Holzbauarbeiten				100,0%
03	**DE Treppe, Holz, Wangentreppe, halbgewendelt, gestemmt, Trittstufen**	3.445,00	**3.550,00**	3.678,00	
	Einheit: m² Treppengrundfläche				
	016 Zimmer- und Holzbauarbeiten				100,0%

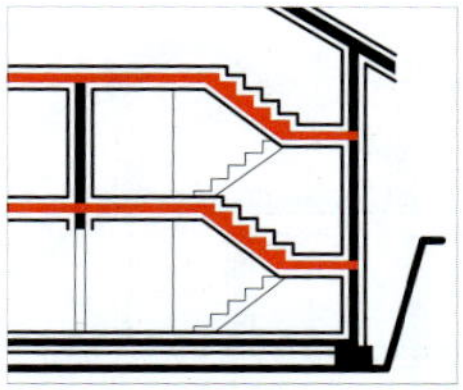

352 Deckenöffnungen

KG.OZ	Herstellen	▷	€/Einheit	◁	LB an EA
352.10	**Deckenöffnungen**				
01	**DE Bodentreppe, Deckel** Einheit: m² Öffnungsfläche	1.588,00	**1.765,00**	2.287,00	
	027 Tischlerarbeiten				98,1%
	039 Trockenbauarbeiten				1,9%
02	**DE Bodentreppe, Deckel, EI30** Einheit: m² Öffnungsfläche	3.349,00	**4.459,00**	5.776,00	
	027 Tischlerarbeiten				98,2%
	039 Trockenbauarbeiten				1,8%

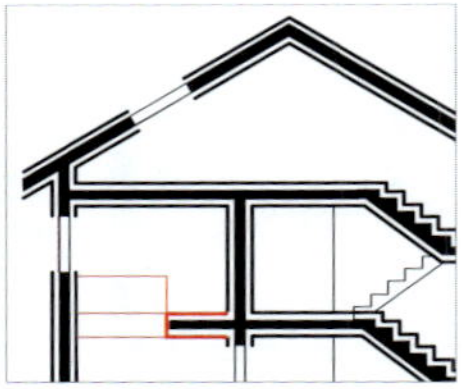

Kosten:
Stand 2. Quartal 2025
Bundesdurchschnitt
inkl. 19% MwSt.

▷ von
ø Mittel
◁ bis

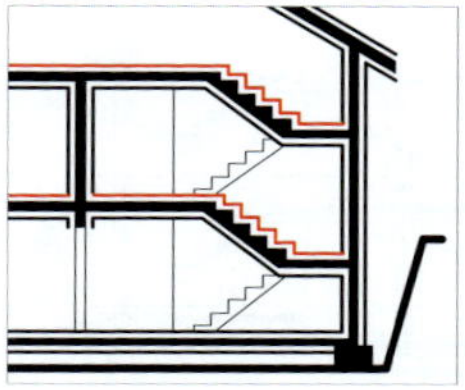

KG.OZ	Herstellen	▷	€/Einheit	◁	LB an EA
353.10	**Beschichtung**				
01	**DE Bodenbeschichtung, Beton, Acryl**	25,00	**28,00**	32,00	
	Einheit: m² Beschichtungsfläche				
	034 Maler- und Lackierarbeiten - Beschichtungen				100,0%
02	**DE Bodenbeschichtung, Beton, Epoxid**	33,00	**37,00**	52,00	
	Einheit: m² Beschichtungsfläche				
	034 Maler- und Lackierarbeiten - Beschichtungen				100,0%
03	**DE Bodenbeschichtung, Beton, ölbeständig**	29,00	**38,00**	53,00	
	Einheit: m² Beschichtungsfläche				
	034 Maler- und Lackierarbeiten - Beschichtungen				100,0%
04	**DE Bodenbeschichtung, Beton, PU**	44,00	**51,00**	68,00	
	Einheit: m² Beschichtungsfläche				
	034 Maler- und Lackierarbeiten - Beschichtungen				100,0%
353.20	**Estrich**				
01	**DE Estrich CT S45, TSD**	40,00	**43,00**	51,00	
	Einheit: m² Belagfläche				
	025 Estricharbeiten				96,5%
	036 Bodenbelagarbeiten				3,5%
02	**DE Estrich CT S70, TSD**	50,00	**53,00**	60,00	
	Einheit: m² Belagfläche				
	025 Estricharbeiten				97,1%
	036 Bodenbelagarbeiten				2,9%
03	**DE Estrich CT S55, faserbewehrt, TSD**	45,00	**53,00**	69,00	
	Einheit: m² Belagfläche				
	025 Estricharbeiten				97,2%
	036 Bodenbelagarbeiten				2,8%
04	**DE Estrich CA S45, TSD**	42,00	**46,00**	54,00	
	Einheit: m² Belagfläche				
	025 Estricharbeiten				96,7%
	036 Bodenbelagarbeiten				3,3%
05	**DE Estrich CAF S50, TSD**	41,00	**45,00**	54,00	
	Einheit: m² Belagfläche				
	025 Estricharbeiten				96,6%
	036 Bodenbelagarbeiten				3,4%
06	**DE Estrich CT S45, TSD, Abdichtung**	111,00	**118,00**	136,00	
	Einheit: m² Belagfläche				
	018 Abdichtungsarbeiten				63,4%
	025 Estricharbeiten				35,3%
	036 Bodenbelagarbeiten				1,3%
07	**DE Estrich CT S70, TSD, Abdichtung**	120,00	**128,00**	146,00	
	Einheit: m² Belagfläche				
	018 Abdichtungsarbeiten				58,7%
	025 Estricharbeiten				40,1%
	036 Bodenbelagarbeiten				1,2%

353 Deckenbeläge

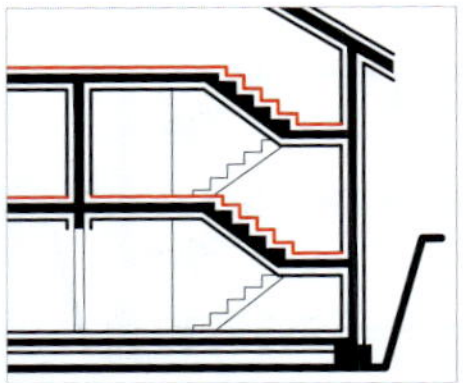

Kosten:
Stand 2. Quartal 2025
Bundesdurchschnitt
inkl. 19% MwSt.

KG.OZ	Herstellen	▷	€/Einheit	◁	LB an EA
353.20	**Estrich**				
08	**DE Estrich CT S45, EPS 60mm, TSD**	55,00	**60,00**	70,00	
	Einheit: m² Belagfläche				
	025 Estricharbeiten				97,5%
	036 Bodenbelagarbeiten				2,5%
09	**DE Estrich CT S70, EPS 60mm, TSD**	65,00	**70,00**	80,00	
	Einheit: m² Belagfläche				
	025 Estricharbeiten				97,8%
	036 Bodenbelagarbeiten				2,2%
10	**DE Estrich CT S70, Gitterbewehrung, EPS 60mm, TSD**	71,00	**77,00**	88,00	
	Einheit: m² Belagfläche				
	025 Estricharbeiten				98,0%
	036 Bodenbelagarbeiten				2,0%
11	**DE Estrich CA S45, EPS 60mm, TSD**	57,00	**63,00**	73,00	
	Einheit: m² Belagfläche				
	025 Estricharbeiten				97,6%
	036 Bodenbelagarbeiten				2,4%
12	**DE Estrich CAF S50, EPS 60mm, TSD**	56,00	**62,00**	73,00	
	Einheit: m² Belagfläche				
	025 Estricharbeiten				97,5%
	036 Bodenbelagarbeiten				2,5%
13	**DE Heizestrich CT S 45, EPS 60mm, TSD**	63,00	**69,00**	81,00	
	Einheit: m² Belagfläche				
	025 Estricharbeiten				97,8%
	036 Bodenbelagarbeiten				2,2%
14	**DE Heizestrich CAF S 45, EPS 60mm, TSD**	65,00	**72,00**	83,00	
	Einheit: m² Belagfläche				
	025 Estricharbeiten				97,9%
	036 Bodenbelagarbeiten				2,1%
15	**DE Trockenestrich, GF-Platten, TDS**	70,00	**80,00**	86,00	
	Einheit: m² Belagfläche				
	025 Estricharbeiten				18,9%
	036 Bodenbelagarbeiten				1,9%
	039 Trockenbauarbeiten				79,2%
16	**DE Trockenestrich, GF-Platten, EPS 60mm, TDS**	87,00	**98,00**	108,00	
	Einheit: m² Belagfläche				
	025 Estricharbeiten				34,3%
	036 Bodenbelagarbeiten				1,5%
	039 Trockenbauarbeiten				64,2%
353.30	**Fliesen und Platten**				
01	**DE Bodenfliesen, Sockelfliesen, 20x20cm**	144,00	**160,00**	181,00	
	Einheit: m² Belagfläche				
	024 Fliesen- und Plattenarbeiten				100,0%
02	**DE Bodenfliesen, Sockelfliesen, 30x30cm**	138,00	**152,00**	173,00	
	Einheit: m² Belagfläche				
	024 Fliesen- und Plattenarbeiten				100,0%

▷ von
ø Mittel
◁ bis

KG.OZ	Herstellen	▷	€/Einheit	◁	LB an EA
353.30	**Fliesen und Platten**				
03	**DE Bodenfliesen, Sockelfliesen, 60x30cm**	140,00	**152,00**	177,00	
	Einheit: m² Belagfläche				
	024 Fliesen- und Plattenarbeiten				100,0%
04	**DE Bodenfliesen, Sockelfliesen, 20x20cm, Verbund-abdichtung**	166,00	**187,00**	211,00	
	Einheit: m² Belagfläche				
	024 Fliesen- und Plattenarbeiten				100,0%
05	**DE Bodenfliesen, Sockelfliesen, 30x30cm, Verbund-abdichtung**	160,00	**179,00**	203,00	
	Einheit: m² Belagfläche				
	024 Fliesen- und Plattenarbeiten				100,0%
06	**DE Bodenfliesen, Sockelfliesen, 60x30cm, Verbund-abdichtung**	140,00	**152,00**	177,00	
	Einheit: m² Belagfläche				
	024 Fliesen- und Plattenarbeiten				100,0%
07	**DE Bodenfliesen, Treppen**	297,00	**314,00**	370,00	
	Einheit: m² Belagfläche				
	024 Fliesen- und Plattenarbeiten				100,0%
353.40	**Naturstein**				
01	**DE Natursteinbelag, Granit, Sockelfliesen**	309,00	**334,00**	365,00	
	Einheit: m² Belagfläche				
	014 Natur-, Betonwerksteinarbeiten				100,0%
02	**DE Natursteinbelag, Marmor, Sockelfliesen**	328,00	**336,00**	379,00	
	Einheit: m² Belagfläche				
	014 Natur-, Betonwerksteinarbeiten				100,0%
03	**DE Natursteinbelag, Kalksandstein, Sockelfliesen**	266,00	**301,00**	335,00	
	Einheit: m² Belagfläche				
	014 Natur-, Betonwerksteinarbeiten				100,0%
353.60	**Textil**				
01	**DE Textilbelag, Nadelvlies, Sockelleiste**	86,00	**95,00**	115,00	
	Einheit: m² Belagfläche				
	036 Bodenbelagarbeiten				100,0%
02	**DE Textilbelag, Kugelgarn, Sockelleiste**	106,00	**116,00**	152,00	
	Einheit: m² Belagfläche				
	036 Bodenbelagarbeiten				100,0%
03	**DE Textilbelag, Tufting, Sockelleiste**	110,00	**119,00**	138,00	
	Einheit: m² Belagfläche				
	036 Bodenbelagarbeiten				100,0%
04	**DE Textilbelag, Kunstfaser gewebt, Sockelleiste**	100,00	**107,00**	124,00	
	Einheit: m² Belagfläche				
	036 Bodenbelagarbeiten				100,0%

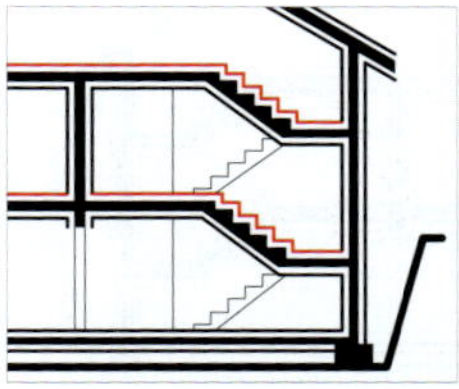

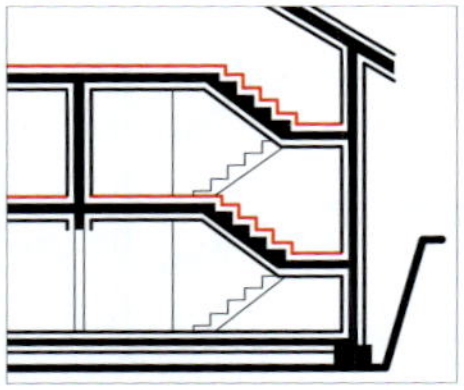

Kosten:
Stand 2.Quartal 2025
Bundesdurchschnitt
inkl. 19% MwSt.

KG.OZ	Herstellen	▷	€/Einheit	◁	LB an EA
353.60	**Textil**				
05	**DE Textilbelag, Naturhaar-Polyamid, Sockelleiste** Einheit: m² Belagfläche 036 Bodenbelagarbeiten	112,00	**120,00**	138,00	100,0%
06	**DE Textilbelag, Naturfaser, Sockelleiste** Einheit: m² Belagfläche 036 Bodenbelagarbeiten	142,00	**151,00**	170,00	100,0%
353.70	**Holz**				
01	**DE Fertigparkett, Eiche, beschichtet, Sockelleiste** Einheit: m² Belagfläche 028 Parkett-, Holzpflasterarbeiten	186,00	**206,00**	242,00	100,0%
02	**DE Fertigparkett, Buche, beschichtet, Sockelleiste** Einheit: m² Belagfläche 028 Parkett-, Holzpflasterarbeiten	169,00	**187,00**	218,00	100,0%
03	**DE Stabparkett, Eiche, geschliffen/behandelt, Sockelleiste** Einheit: m² Belagfläche 028 Parkett-, Holzpflasterarbeiten	224,00	**248,00**	275,00	100,0%
04	**DE Stabparkett, Buche, geschliffen/behandelt, Sockelleiste** Einheit: m² Belagfläche 028 Parkett-, Holzpflasterarbeiten	232,00	**249,00**	282,00	100,0%
05	**DE Mosaikparkett, Eiche, geschliffen/behandelt, Sockelleiste** Einheit: m² Belagfläche 028 Parkett-, Holzpflasterarbeiten	158,00	**178,00**	203,00	100,0%
06	**DE Mosaikparkett, Buche, geschliffen/behandelt, Sockelleiste** Einheit: m² Belagfläche 028 Parkett-, Holzpflasterarbeiten	182,00	**202,00**	237,00	100,0%
07	**DE Lamparkett, Eiche, geschliffen/behandelt, Sockelleiste** Einheit: m² Belagfläche 028 Parkett-, Holzpflasterarbeiten	211,00	**272,00**	311,00	100,0%
353.80	**Hartbeläge**				
01	**DE Naturkorkparkett, 12mm, Sockelleiste** Einheit: m² Belagfläche 036 Bodenbelagarbeiten	111,00	**125,00**	148,00	100,0%
02	**DE Linoleumbelag, 2,5mm, Sockelleiste** Einheit: m² Belagfläche 036 Bodenbelagarbeiten	91,00	**102,00**	130,00	100,0%
03	**DE PVC-Belag, 3,0mm, Sockelleiste** Einheit: m² Belagfläche 036 Bodenbelagarbeiten	96,00	**109,00**	130,00	100,0%

▷ von
ø Mittel
◁ bis

KG.OZ	Herstellen	▷	€/Einheit	◁	LB an EA
353.80	**Hartbeläge**				
04	**DE Kautschukbelag, 2,0mm, Sockelleiste**	127,00	**141,00**	164,00	
	Einheit: m² Belagfläche				
	036 Bodenbelagarbeiten				100,0%

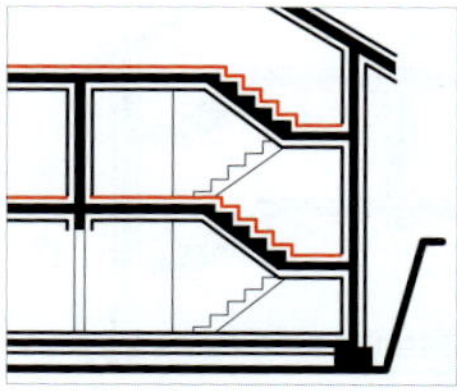

354 Deckenbekleidungen

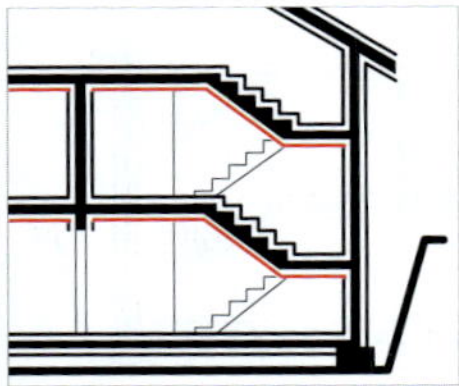

Kosten:
Stand 2. Quartal 2025
Bundesdurchschnitt
inkl. 19% MwSt.

▷ von
ø Mittel
◁ bis

KG.OZ	Herstellen	▷	€/Einheit	◁	LE an EA
354.20	**Oberflächenbehandlung**				
01	**DE Beschichtung, Dispersion, auf Beton, waschbeständig**	11,00	**13,00**	15,00	
	Einheit: m² Beschichtungsfläche				
	034 Maler- und Lackierarbeiten - Beschichtungen				100,0%
02	**DE Beschichtung, Dispersion, auf Putz, waschbeständig**	9,10	**11,00**	14,00	
	Einheit: m² Beschichtungsfläche				
	034 Maler- und Lackierarbeiten - Beschichtungen				100,0%
03	**DE Beschichtung, Silikatfarbe, auf Putz**	12,00	**14,00**	18,00	
	Einheit: m² Beschichtungsfläche				
	034 Maler- und Lackierarbeiten - Beschichtungen				100,0%
04	**DE Beschichtung, Lasur, Holz**	24,00	**27,00**	32,00	
	Einheit: m² Beschichtungsfläche				
	034 Maler- und Lackierarbeiten - Beschichtungen				100,0%
354.30	**Putz**				
01	**DE Putz, Gips, einlagig, gefilzt, Q2**	37,00	**42,00**	47,00	
	Einheit: m² Bekleidungsfläche				
	023 Putz- und Stuckarbeiten, Wärmedämmsysteme				87,7%
	034 Maler- und Lackierarbeiten - Beschichtungen				12,3%
02	**DE Putz, Gips, einlagig, geglättet, Q3**	40,00	**45,00**	52,00	
	Einheit: m² Bekleidungsfläche				
	023 Putz- und Stuckarbeiten, Wärmedämmsysteme				88,0%
	034 Maler- und Lackierarbeiten - Beschichtungen				12,0%
03	**DE Putz, Gips, einlagig, gefilzt, Q2, Treppenhaus**	40,00	**48,00**	62,00	
	Einheit: m² Bekleidungsfläche				
	023 Putz- und Stuckarbeiten, Wärmedämmsysteme				88,6%
	034 Maler- und Lackierarbeiten - Beschichtungen				11,4%
04	**DE Putz, Kalkgips, einlagig, gefilzt, Q2**	38,00	**42,00**	50,00	
	Einheit: m² Bekleidungsfläche				
	023 Putz- und Stuckarbeiten, Wärmedämmsysteme				87,0%
	034 Maler- und Lackierarbeiten - Beschichtungen				13,0%
05	**DE Putz, Kalkgips, einlagig, geglättet, Q3**	42,00	**47,00**	57,00	
	Einheit: m² Bekleidungsfläche				
	023 Putz- und Stuckarbeiten, Wärmedämmsysteme				88,5%
	034 Maler- und Lackierarbeiten - Beschichtungen				11,5%
354.40	**Bekleidung auf Unterkonstruktion**				
01	**DE Bekleidung, Gipsplatten, einlagig, Federschiene, Randanschluss**	106,00	**113,00**	129,00	
	Einheit: m² Bekleidungsfläche				
	023 Putz- und Stuckarbeiten, Wärmedämmsysteme				1,1%
	039 Trockenbauarbeiten				98,9%

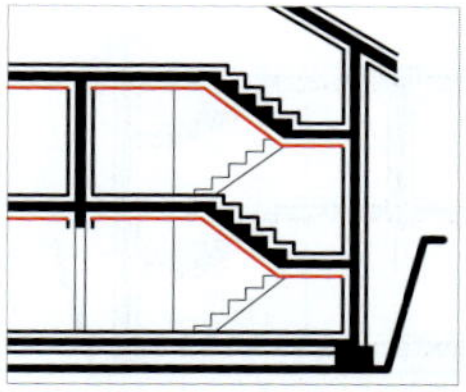

KG.OZ	Herstellen	▷	€/Einheit	◁	LB an EA
354.60	**Tapeten**				
01	**DE Tapete, Raufaser, fein, Dispersionsbeschichtung**	24,00	**27,00**	32,00	
	Einheit: m² Bekleidungsfläche				
	034 Maler- und Lackierarbeiten - Beschichtungen				9,0%
	037 Tapezierarbeiten				91,0%
02	**DE Tapete, Raufaser, grob, Dispersionsbeschichtung**	26,00	**29,00**	36,00	
	Einheit: m² Bekleidungsfläche				
	034 Maler- und Lackierarbeiten - Beschichtungen				8,3%
	037 Tapezierarbeiten				91,7%
03	**DE Tapete, Glasfaser, fein, Dispersionsbeschichtung**	41,00	**48,00**	53,00	
	Einheit: m² Bekleidungsfläche				
	034 Maler- und Lackierarbeiten - Beschichtungen				5,1%
	037 Tapezierarbeiten				94,9%
04	**DE Tapete, Glasfaser, grob, Dispersionsbeschichtung**	41,00	**47,00**	53,00	
	Einheit: m² Bekleidungsfläche				
	034 Maler- und Lackierarbeiten - Beschichtungen				5,2%
	037 Tapezierarbeiten				94,8%
354.80	**Abgehängte Bekleidung**				
01	**DE Bekleidung, Gipsplatten, abgehängt, einlagig, Randanschluss**	105,00	**116,00**	134,00	
	Einheit: m² Bekleidungsfläche				
	023 Putz- und Stuckarbeiten, Wärmedämmsysteme				1,1%
	039 Trockenbauarbeiten				98,9%
02	**DE Bekleidung, Gipsplatten, abgehängt, zweilagig, Randanschluss**	139,00	**152,00**	182,00	
	Einheit: m² Bekleidungsfläche				
	023 Putz- und Stuckarbeiten, Wärmedämmsysteme				0,8%
	039 Trockenbauarbeiten				99,2%
03	**DE Bekleidung, Gipsplatten, abgehängt, zweilagig, Randanschluss, EI90**	192,00	**240,00**	313,00	
	Einheit: m² Bekleidungsfläche				
	023 Putz- und Stuckarbeiten, Wärmedämmsysteme				0,5%
	039 Trockenbauarbeiten				99,5%
04	**DE Bekleidung, Gipsplatten, abgehängt, einlagig, Dämmung, Randanschluss**	120,00	**133,00**	156,00	
	Einheit: m² Bekleidungsfläche				
	023 Putz- und Stuckarbeiten, Wärmedämmsysteme				0,9%
	039 Trockenbauarbeiten				99,1%
05	**DE Bekleidung, Gipsplatten, abgehängt, zweilagig, Dämmung, Randanschluss**	154,00	**170,00**	204,00	
	Einheit: m² Bekleidungsfläche				
	023 Putz- und Stuckarbeiten, Wärmedämmsysteme				0,7%
	039 Trockenbauarbeiten				99,3%

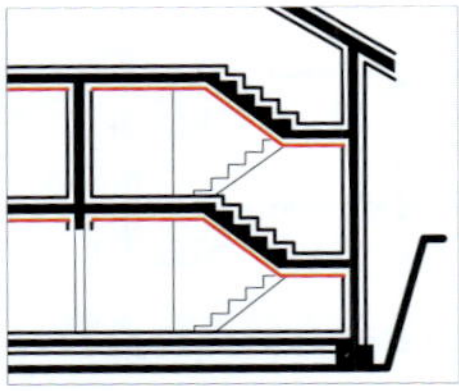

Kosten:
Stand 2. Quartal 2025
Bundesdurchschnitt
inkl. 19% MwSt.

KG.OZ	Herstellen	▷	€/Einheit	◁	LE an EA
354.80	**Abgehängte Bekleidung**				
06	**DE Bekleidung, Gipsplatten, abgehängt, zweilagig, Dämmung, Randanschluss, EI90** Einheit: m² Bekleidungsfläche	207,00	**258,00**	336,00	
	023 Putz- und Stuckarbeiten, Wärmedämmsysteme				0,5%
	039 Trockenbauarbeiten				99,5%
07	**DE Bekleidung, Zementplatten, abgehängt, einlagig, Randanschluss** Einheit: m² Bekleidungsfläche	177,00	**195,00**	219,00	
	023 Putz- und Stuckarbeiten, Wärmedämmsysteme				0,6%
	039 Trockenbauarbeiten				99,4%

▷ von
ø Mittel
◁ bis

KG.OZ	Herstellen	▷	€/Einheit	◁	LB an EA
359.20	**Umwehrungen/Handläufe**				
01	**DE Brüstung, Metall, Flachstahl, beschichtet**	653,00	**743,00**	847,00	
	Einheit: m² Geländerfläche				
	031 Metallbauarbeiten				92,2%
	034 Maler- und Lackierarbeiten - Beschichtungen				7,8%
02	**DE Brüstung, Metall, Lochblech, beschichtet**	620,00	**690,00**	763,00	
	Einheit: m² Geländerfläche				
	031 Metallbauarbeiten				91,6%
	034 Maler- und Lackierarbeiten - Beschichtungen				8,4%
03	**DE Geländer, Metall, Flachstahl, beschichtet**	654,00	**744,00**	848,00	
	Einheit: m² Geländerfläche				
	031 Metallbauarbeiten				92,2%
	034 Maler- und Lackierarbeiten - Beschichtungen				7,8%
04	**DE Geländer, Metall, Lochblech, beschichtet**	620,00	**690,00**	763,00	
	Einheit: m² Geländerfläche				
	031 Metallbauarbeiten				91,6%
	034 Maler- und Lackierarbeiten - Beschichtungen				8,4%
05	**DE Geländer, Holz, Handlauf, Füllung, Stäbe**	567,00	**625,00**	734,00	
	Einheit: m² Geländerfläche				
	027 Tischlerarbeiten				100,0%

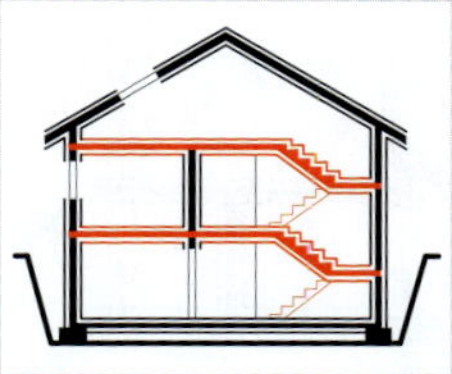

Kosten:
Stand 2. Quartal 2025
Bundesdurchschnitt
inkl. 19% MwSt.

KG.OZ	Herstellen	▷	€/Einheit	◁	LB an EA
361.10	**Stahlbeton, Ortbeton**				
01	**DA Unterzug, C25/30, 30x30cm, Bewehrung 150kg/m³** Einheit: m Balkenlänge	171,00	**190,00**	217,00	
	013 Betonarbeiten				100,0%
02	**DA Unterzug, C25/30, 30x30cm, Bewehrung 200kg/m³** Einheit: m Balkenlänge	182,00	**202,00**	230,00	
	013 Betonarbeiten				100,0%
03	**DA Unterzug, C25/30, 40x40cm, Bewehrung 150kg/m³** Einheit: m Balkenlänge	253,00	**281,00**	321,00	
	013 Betonarbeiten				100,0%
04	**DA Unterzug, C25/30, 40x40cm, Bewehrung 200kg/m³** Einheit: m Balkenlänge	274,00	**304,00**	348,00	
	013 Betonarbeiten				100,0%
05	**DA flach, Stahlbetondecke, C25/30, 20cm, Bewehrung 80kg/m³** Einheit: m² Dachfläche	165,00	**180,00**	207,00	
	013 Betonarbeiten				100,0%
06	**DA flach, Stahlbetondecke, C25/30, 20cm, Bewehrung 100kg/m³** Einheit: m² Dachfläche	175,00	**191,00**	220,00	
	013 Betonarbeiten				100,0%
07	**DA flach, Stahlbetondecke, C25/30, 25cm, Bewehrung 80kg/m³** Einheit: m² Dachfläche	187,00	**203,00**	233,00	
	013 Betonarbeiten				100,0%
08	**DA flach, Stahlbetondecke, C25/30, 25cm, Bewehrung 100kg/m³** Einheit: m² Dachfläche	200,00	**218,00**	249,00	
	013 Betonarbeiten				100,0%
09	**DA flach, Stahlbetondecke, C25/30, 25cm, Bewehrung 120kg/m³** Einheit: m² Dachfläche	219,00	**240,00**	274,00	
	013 Betonarbeiten				100,0%
10	**DA flach, Stahlbetondecke, C25/30, 30cm, Bewehrung 120kg/m³** Einheit: m² Dachfläche	246,00	**270,00**	306,00	
	013 Betonarbeiten				100,0%
361.20	**Stahlbeton, Fertigteil**				
01	**DA flach, Stahlbeton, Fertigteil, Aufbeton, 20cm, Bewehrung 80kg/m³** Einheit: m² Dachfläche	175,00	**192,00**	216,00	
	013 Betonarbeiten				100,0%

▷ von
ø Mittel
◁ bis

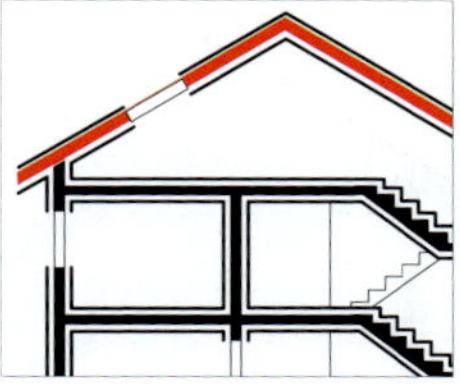

KG.OZ	Herstellen	▷	€/Einheit	◁	LB an EA
361.20	**Stahlbeton, Fertigteil**				
02	**DA flach, Stahlbeton, Fertigteil, Aufbeton, 20cm, Bewehrung 100kg/m³** Einheit: m² Dachfläche	186,00	**203,00**	229,00	
	013 Betonarbeiten				100,0%
03	**DA flach, Stahlbeton, Fertigteil, Aufbeton, 20cm, Bewehrung 120kg/m³** Einheit: m² Dachfläche	196,00	**215,00**	241,00	
	013 Betonarbeiten				100,0%
04	**DA flach, Stahlbeton, Fertigteil, Aufbeton, 25cm, Bewehrung 80kg/m³** Einheit: m² Dachfläche	218,00	**237,00**	274,00	
	013 Betonarbeiten				100,0%
05	**DA flach, Stahlbeton, Fertigteil, Aufbeton, 25cm, Bewehrung 100kg/m³** Einheit: m² Dachfläche	228,00	**249,00**	287,00	
	013 Betonarbeiten				100,0%
06	**DA flach, Stahlbeton, Fertigteil, Aufbeton, 25cm, Bewehrung 120kg/m³** Einheit: m² Dachfläche	238,00	**260,00**	299,00	
	013 Betonarbeiten				100,0%
361.40	**Holzkonstruktionen, Holzträgerkonstruktionen**				
01	**DA Unterzug, Nadelholz, 12x24cm** Einheit: m Balkenlänge	53,00	**56,00**	63,00	
	016 Zimmer- und Holzbauarbeiten				100,0%
02	**DA Unterzug, Brettschichtholz, 12x24cm** Einheit: m Balkenlänge	62,00	**69,00**	78,00	
	016 Zimmer- und Holzbauarbeiten				100,0%
03	**DA Überzug, Nadelholz, 16x24cm** Einheit: m Balkenlänge	67,00	**71,00**	81,00	
	016 Zimmer- und Holzbauarbeiten				100,0%
04	**DA Überzug, Brettschichtholz, 16x24cm** Einheit: m Balkenlänge	75,00	**82,00**	93,00	
	016 Zimmer- und Holzbauarbeiten				100,0%
05	**DA flach, Holz, Brettstapel, 140mm, gehobelt** Einheit: m² Dachfläche	180,00	**188,00**	199,00	
	016 Zimmer- und Holzbauarbeiten				99,8%
	021 Dachabdichtungsarbeiten				0,2%
06	**DA flach, Holz, Brettstapel, 160mm, gehobelt** Einheit: m² Dachfläche	207,00	**232,00**	236,00	
	016 Zimmer- und Holzbauarbeiten				99,9%
	021 Dachabdichtungsarbeiten				0,1%

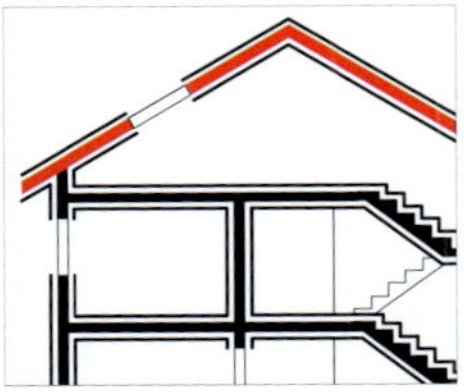

Kosten:
Stand 2. Quartal 2025
Bundesdurchschnitt
inkl. 19% MwSt.

▷ von
ø Mittel
◁ bis

KG.OZ	Herstellen	▷	€/Einheit	◁	LB an EA
361.40	**Holzkonstruktionen, Holzträgerkonstruktionen**				
07	**DA flach, Holz, Brettstapel, 200mm, gehobelt**	299,00	**303,00**	316,00	
	Einheit: m² Dachfläche				
	016 Zimmer- und Holzbauarbeiten				99,9%
	021 Dachabdichtungsarbeiten				0,1%
08	**DA flach, Holz, Stegträger, Zellulose 300mm, Unterdeckung 25mm**	334,00	**360,00**	389,00	
	Einheit: m² Dachfläche				
	016 Zimmer- und Holzbauarbeiten				100,0%
361.60	**Steildach, Holz**				
01	**DA geneigt, Holz, Nadelholz**	88,00	**97,00**	114,00	
	Einheit: m² Dachfläche				
	016 Zimmer- und Holzbauarbeiten				100,0%
02	**DA geneigt, Holz, Nadelholz, Dachschalung**	124,00	**139,00**	161,00	
	Einheit: m² Dachfläche				
	016 Zimmer- und Holzbauarbeiten				100,0%
03	**DA geneigt, Holz, Nadelholz, MW 220mm**	128,00	**140,00**	162,00	
	Einheit: m² Dachfläche				
	016 Zimmer- und Holzbauarbeiten				100,0%
04	**DA geneigt, Holz, Nadelholz, WF 220mm**	135,00	**146,00**	167,00	
	Einheit: m² Dachfläche				
	016 Zimmer- und Holzbauarbeiten				100,0%
05	**DA geneigt, Holz, Nadelholz, MW 220mm, Dachschalung**	162,00	**180,00**	205,00	
	Einheit: m² Dachfläche				
	016 Zimmer- und Holzbauarbeiten				100,0%
06	**DA geneigt, Holz, Nadelholz, WF 220mm, Dachschalung**	171,00	**189,00**	214,00	
	Einheit: m² Dachfläche				
	016 Zimmer- und Holzbauarbeiten				100,0%
07	**DA geneigt, Holz, Nadelholz, MW 200mm, Unterdeckung 52mm**	180,00	**194,00**	213,00	
	Einheit: m² Dachfläche				
	016 Zimmer- und Holzbauarbeiten				100,0%
08	**DA geneigt, Holz, Nadelholz, WF 220mm, Unterdeckung 52mm**	187,00	**202,00**	223,00	
	Einheit: m² Dachfläche				
	016 Zimmer- und Holzbauarbeiten				100,0%
09	**DA geneigt, Holz, Nadelholz, Zellulose 240mm, Unterdeckung 52mm**	187,00	**205,00**	232,00	
	Einheit: m² Dachfläche				
	016 Zimmer- und Holzbauarbeiten				100,0%
10	**DA geneigt, Holz, Balkenschichtholz**	105,00	**111,00**	128,00	
	Einheit: m² Dachfläche				
	016 Zimmer- und Holzbauarbeiten				100,0%

KG.OZ	Herstellen	▷	€/Einheit	◁	LB an EA
361.60	**Steildach, Holz**				
11	**DA geneigt, Holz, Balkenschichtholz, WF 220mm**	152,00	**161,00**	181,00	
	Einheit: m² Dachfläche				
	016 Zimmer- und Holzbauarbeiten				100,0%
12	**DA geneigt, Holz, Balkenschichtholz, WF 220mm, Unterdeckung 52mm**	204,00	**217,00**	237,00	
	Einheit: m² Dachfläche				
	016 Zimmer- und Holzbauarbeiten				100,0%
13	**DA geneigt, Holz, Stegträger, Zellulose 240mm, Unterdeckung 20mm**	278,00	**302,00**	338,00	
	Einheit: m² Dachfläche				
	016 Zimmer- und Holzbauarbeiten				100,0%
14	**DA geneigt, Holz, Stegträger, Zellulose 300mm, Unterdeckung 52mm**	304,00	**328,00**	354,00	
	Einheit: m² Dachfläche				
	016 Zimmer- und Holzbauarbeiten				100,0%
15	**DA geneigt, Holz, Stegträger, Zellulose 400mm, Unterdeckung 25mm**	309,00	**334,00**	361,00	
	Einheit: m² Dachfläche				
	016 Zimmer- und Holzbauarbeiten				100,0%
361.90	**Sonstige Dachkonstruktionen**				
01	**DA Vordach, Metall, ESG-Glas**	1.524,00	**1.741,00**	2.080,00	
	Einheit: m² Dachfläche				
	022 Klempnerarbeiten				8,5%
	031 Metallbauarbeiten				78,8%
	032 Verglasungsarbeiten				12,7%

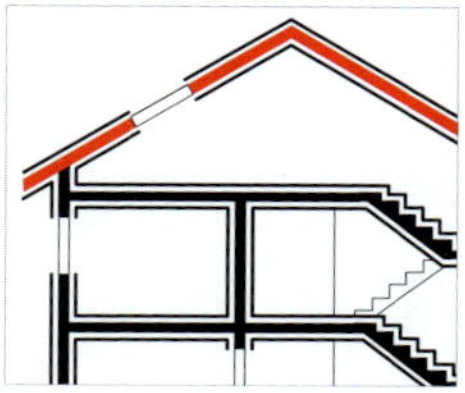

362
Dachöffnungen

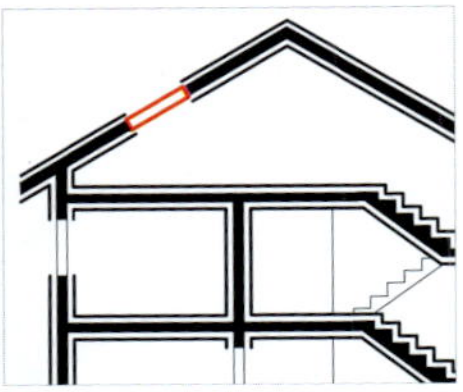

Kosten:
Stand 2. Quartal 2025
Bundesdurchschnitt
inkl. 19% MwSt.

KG.OZ	Herstellen	▷	€/Einheit	◁	LB an EA
362.10	**Dachflächenfenster**				
01	**DA Fenster, Holz, bis 1,00m²**	1.885,00	**2.145,00**	2.404,00	
	Einheit: m² Öffnungsfläche				
	016 Zimmer- und Holzbauarbeiten				79,4%
	022 Klempnerarbeiten				20,6%
02	**DA Fenster, Holz, bis 1,85m²**	1.405,00	**1.484,00**	1.853,00	
	Einheit: m² Öffnungsfläche				
	016 Zimmer- und Holzbauarbeiten				70,2%
	022 Klempnerarbeiten				29,8%
03	**DA Fenster, Holz, bis 1,00m², Sonnenschutz**	2.159,00	**2.421,00**	2.714,00	
	Einheit: m² Öffnungsfläche				
	016 Zimmer- und Holzbauarbeiten				70,3%
	020 Dachdeckungsarbeiten				11,4%
	022 Klempnerarbeiten				18,3%
04	**DA Fenster, Holz, bis 1,85m², Sonnenschutz**	1.679,00	**1.760,00**	2.163,00	
	Einheit: m² Öffnungsfläche				
	016 Zimmer- und Holzbauarbeiten				59,2%
	020 Dachdeckungsarbeiten				15,[illegible]%
	022 Klempnerarbeiten				25,[illegible]%
05	**DA Fenster, Kunststoff, bis 1,85m²**	1.605,00	**1.689,00**	1.880,00	
	Einheit: m² Öffnungsfläche				
	016 Zimmer- und Holzbauarbeiten				57,5%
	020 Dachdeckungsarbeiten				16,4%
	022 Klempnerarbeiten				26,2%
362.20	**Lichtkuppeln**				
01	**DA Lichtkuppel, Metallrahmen/Acyl, rund**	2.989,00	**3.313,00**	3.952,00	
	Einheit: m² Öffnungsfläche				
	021 Dachabdichtungsarbeiten				100,0%
02	**DA Lichtkuppel, Metallrahmen/Acyl, eckig**	2.477,00	**2.789,00**	3.620,00	
	Einheit: m² Öffnungsfläche				
	021 Dachabdichtungsarbeiten				100,0%

▷ von
ø Mittel
◁ bis

KG.OZ	Herstellen	▷	€/Einheit	◁	LB an EA
363.10	**Abdichtung**				
01	**DA flach, Abdichtung, Kunststoffbahn, einlagig**	65,00	**75,00**	93,00	
	Einheit: m² Belagfläche				
	021 Dachabdichtungsarbeiten				100,0%
02	**DA flach, Abdichtung, PYE, zweilagig, Schweißbahn**	64,00	**72,00**	84,00	
	Einheit: m² Belagfläche				
	021 Dachabdichtungsarbeiten				100,0%
03	**DA flach, Abdichtung, PYE, zweilagig, Wurzelschutz**	71,00	**81,00**	95,00	
	Einheit: m² Belagfläche				
	021 Dachabdichtungsarbeiten				100,0%
363.20	**Abdichtung, Wärmedämmung**				
01	**DA flach, Kies, PYE, zweilagig, EPS 240mm**	188,00	**218,00**	253,00	
	Einheit: m² Belagfläche				
	021 Dachabdichtungsarbeiten				100,0%
02	**DA flach, Plattenbelag, PYE, zweilagig, EPS 240mm**	294,00	**334,00**	385,00	
	Einheit: m² Belagfläche				
	021 Dachabdichtungsarbeiten				99,1%
03	**DA flach, Begrünung, extensiv, PYE, zweilagig, EPS 240mm**	242,00	**277,00**	311,00	
	Einheit: m² Belagfläche				
	003 Landschaftsbauarbeiten				24,6%
	021 Dachabdichtungsarbeiten				75,4%
04	**DA geneigt, Aufsparrendämmung, PUR 120mm, Folie**	108,00	**115,00**	121,00	
	Einheit: m² Dachfläche				
	016 Zimmer- und Holzbauarbeiten				10,8%
	020 Dachdeckungsarbeiten				89,2%
05	**DA geneigt, Aufsparrendämmung, PUR 160mm, Folie**	120,00	**132,00**	137,00	
	Einheit: m² Dachfläche				
	016 Zimmer- und Holzbauarbeiten				9,3%
	020 Dachdeckungsarbeiten				90,7%
363.30	**Dachsteine**				
01	**DA geneigt, Flachdachziegel, Unterdeckbahn**	143,00	**158,00**	184,00	
	Einheit: m² Belagfläche				
	020 Dachdeckungsarbeiten				85,6%
	022 Klempnerarbeiten				14,4%
02	**DA geneigt, Flachdachziegel, Unterdeckung WF 35mm**	179,00	**192,00**	219,00	
	Einheit: m² Belagfläche				
	020 Dachdeckungsarbeiten				88,2%
	022 Klempnerarbeiten				11,8%
03	**DA geneigt, Tonfalzziegel, Unterdeckbahn**	149,00	**162,00**	187,00	
	Einheit: m² Belagfläche				
	020 Dachdeckungsarbeiten				86,0%
	022 Klempnerarbeiten				14,0%

363
Dachbeläge

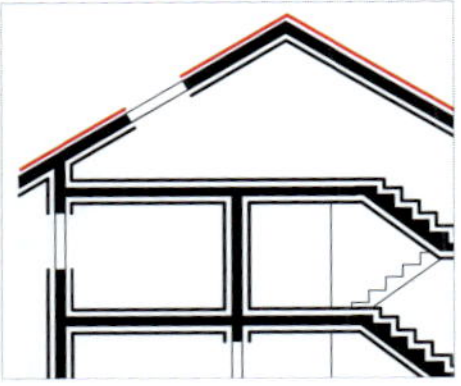

Kosten:
Stand 2. Quartal 2025
Bundesdurchschnitt
inkl. 19% MwSt.

▷ von
ø Mittel
◁ bis

KG.OZ	Herstellen	▷	€/Einheit	◁	LB an EA
363.30	**Dachsteine**				
04	**DA geneigt, Tonfalzziegel, Unterdeckung WF 35mm**	184,00	**197,00**	222,00	
	Einheit: m² Belagfläche				
	020 Dachdeckungsarbeiten				98,4%
	022 Klempnerarbeiten				1,6%
05	**DA geneigt, Tonfalzziegel, Dachschalung, Unterdeckbahn**	189,00	**208,00**	240,00	
	Einheit: m² Belagfläche				
	020 Dachdeckungsarbeiten				89,1%
	022 Klempnerarbeiten				10,9%
06	**DA geneigt, Biberschwanzziegel, Unterdeckbahn**	169,00	**186,00**	211,00	
	Einheit: m² Belagfläche				
	020 Dachdeckungsarbeiten				87,8%
	022 Klempnerarbeiten				12,2%
07	**DA geneigt, Biberschwanzziegel, Unterdeckung WF 35mm**	204,00	**220,00**	246,00	
	Einheit: m² Belagfläche				
	020 Dachdeckungsarbeiten				89,7%
	022 Klempnerarbeiten				10,3%
08	**DA geneigt, Biberschwanzziegel, Dachschalung, Unterdeckbahn**	209,00	**232,00**	264,00	
	Einheit: m² Belagfläche				
	020 Dachdeckungsarbeiten				90,2%
	022 Klempnerarbeiten				9,8%
09	**DA geneigt, Betondachsteine, Unterdeckbahn**	137,00	**150,00**	175,00	
	Einheit: m² Belagfläche				
	020 Dachdeckungsarbeiten				84,9%
	022 Klempnerarbeiten				15,1%
10	**DA geneigt, Betondachsteine, Unterdeckung WF 35mm**	172,00	**184,00**	210,00	
	Einheit: m² Belagfläche				
	020 Dachdeckungsarbeiten				87,7%
	022 Klempnerarbeiten				12,3%
11	**DA geneigt, Betondachsteine, Dachschalung, Unterdeckbahn**	177,00	**196,00**	229,00	
	Einheit: m² Belagfläche				
	020 Dachdeckungsarbeiten				88,4%
	022 Klempnerarbeiten				11,6%
363.40	**Schindeln**				
01	**DA geneigt, Faserzementplatten, Doppeldeckung, Schalung, Trennlage**	244,00	**278,00**	329,00	
	Einheit: m² Belagfläche				
	020 Dachdeckungsarbeiten				76,3%
	022 Klempnerarbeiten				23,7%

KG.OZ	Herstellen	▷	€/Einheit	◁	LB an EA
363.40	**Schindeln**				
02	**DA geneigt, Faserzementplatten, Deutsche Deckung, Schalung, Trennlage**	267,00	**303,00**	361,00	
	Einheit: m² Belagfläche				
	020 Dachdeckungsarbeiten				78,3%
	022 Klempnerarbeiten				21,7%
363.50	**Metall**				
01	**DA geneigt, Titanzink, Doppelstehfalz, Schalung, Trennlage**	314,00	**354,00**	404,00	
	Einheit: m² Belagfläche				
	020 Dachdeckungsarbeiten				31,6%
	022 Klempnerarbeiten				68,4%
02	**DA geneigt, Kupfer, Doppelstehfalz, Schalung, Trennlage**	319,00	**356,00**	389,00	
	Einheit: m² Belagfläche				
	020 Dachdeckungsarbeiten				16,2%
	022 Klempnerarbeiten				83,8%
363.70	**Dachentwässerung horizontal**				
01	**DA Hängerinne, Titanzink, halbrund**	98,00	**106,00**	125,00	
	Einheit: m Rinnenlänge				
	022 Klempnerarbeiten				100,0%
02	**DA Hängerinne, Titanzink, kastenförmig**	98,00	**105,00**	121,00	
	Einheit: m Rinnenlänge				
	022 Klempnerarbeiten				100,0%
03	**DA Hängerinne, Kupfer, halbrund**	110,00	**122,00**	132,00	
	Einheit: m Rinnenlänge				
	022 Klempnerarbeiten				100,0%
04	**DA Hängerinne, Alu, halbrund**	100,00	**108,00**	120,00	
	Einheit: m Rinnenlänge				
	022 Klempnerarbeiten				100,0%
363.80	**Dachentwässerung vertikal**				
01	**DA Fallrohr, DN100, Titanzink, Standrohr**	80,00	**88,00**	100,00	
	Einheit: m Fallrohrlänge				
	022 Klempnerarbeiten				100,0%
02	**DA Fallrohr, DN100, Kupfer, Standrohr**	114,00	**119,00**	136,00	
	Einheit: m Fallrohrlänge				
	022 Klempnerarbeiten				100,0%
03	**DA Fallrohr, DN100, Aluminium, Standrohr**	104,00	**114,00**	136,00	
	Einheit: m Fallrohrlänge				
	022 Klempnerarbeiten				100,0%

Kosten:
Stand 2. Quartal 2025
Bundesdurchschnitt
inkl. 19% MwSt.

▷ von
ø Mittel
◁ bis

KG.OZ	Herstellen	▷	€/Einheit	◁	LE an EA
364.20	**Oberflächenbehandlung**				
01	**DA Beschichtung, Dispersion, wb, auf Beton**	12,00	**14,00**	18,00	
	Einheit: m² Beschichtungsfläche				
	034 Maler- und Lackierarbeiten - Beschichtungen				100,0%
02	**DA Beschichtung, Dispersion, wb, auf Putz, glatt**	12,00	**14,00**	18,00	
	Einheit: m² Beschichtungsfläche				
	034 Maler- und Lackierarbeiten - Beschichtungen				100,0%
03	**DA Beschichtung, Dispersion, wb, auf Putz, rau**	14,00	**16,00**	21,00	
	Einheit: m² Beschichtungsfläche				
	034 Maler- und Lackierarbeiten - Beschichtungen				100,0%
04	**DA Beschichtung, Silikatfarbe, auf Gipsplatten**	17,00	**20,00**	26,00	
	Einheit: m² Beschichtungsfläche				
	034 Maler- und Lackierarbeiten - Beschichtungen				100,0%
05	**DA Beschichtung, Silikatfarbe, auf Putz**	14,00	**17,00**	22,00	
	Einheit: m² Beschichtungsfläche				
	034 Maler- und Lackierarbeiten - Beschichtungen				100,0%
06	**DA Beschichtung, Lasur, Holz**	24,00	**27,00**	32,00	
	Einheit: m² Beschichtungsfläche				
	034 Maler- und Lackierarbeiten - Beschichtungen				100,0%
364.30	**Putz**				
01	**DA Bekleidung, Putz, Gips, einlagig, gefilzt, Q2**	31,00	**35,00**	36,00	
	Einheit: m² Bekleidungsfläche				
	023 Putz- und Stuckarbeiten, Wärmedämmsysteme				100,0%
02	**DA Bekleidung, Putz, Gips, einlagig, geglättet, Q3**	34,00	**39,00**	42,00	
	Einheit: m² Bekleidungsfläche				
	023 Putz- und Stuckarbeiten, Wärmedämmsysteme				100,0%
03	**DA Bekleidung, Putz, Kalkgips, einlagig, gefilzt, Q2**	32,00	**35,00**	40,00	
	Einheit: m² Bekleidungsfläche				
	023 Putz- und Stuckarbeiten, Wärmedämmsysteme				100,0%
04	**DA Bekleidung, Putz, Kalkgips, einlagig, geglättet, Q3**	37,00	**40,00**	47,00	
	Einheit: m² Bekleidungsfläche				
	023 Putz- und Stuckarbeiten, Wärmedämmsysteme				86,5%
	034 Maler- und Lackierarbeiten - Beschichtungen				13,5%
05	**DA Bekleidung, Putz, Laibung, bis 25cm**	30,00	**36,00**	45,00	
	Einheit: m² Bekleidungsfläche				
	023 Putz- und Stuckarbeiten, Wärmedämmsysteme				100,0%
364.40	**Bekleidung auf Unterkonstruktion**				
01	**DA Bekleidung, Gipsplatten, einlagig, Federschiene**	108,00	**115,00**	132,00	
	Einheit: m² Bekleidungsfläche				
	023 Putz- und Stuckarbeiten, Wärmedämmsysteme				1,1%
	039 Trockenbauarbeiten				98,9%

KG.OZ	Herstellen	▷	€/Einheit	◁	LB an EA
364.40	**Bekleidung auf Unterkonstruktion**				
02	**DA Bekleidung, geneigt, Gipsplatten 12,5mm, einlagig**	88,00	**100,00**	126,00	
	Einheit: m² Bekleidungsfläche				
	023 Putz- und Stuckarbeiten, Wärmedämmsysteme				1,3%
	039 Trockenbauarbeiten				98,7%
03	**DA Bekleidung, geneigt, Gipsplatten 12,5mm, zweilagig**	104,00	**119,00**	148,00	
	Einheit: m² Bekleidungsfläche				
	023 Putz- und Stuckarbeiten, Wärmedämmsysteme				1,1%
	039 Trockenbauarbeiten				98,9%
04	**DA Bekleidung, geneigt, Gipsplatten 12,5mm, einlagig, Dämmung**	121,00	**137,00**	170,00	
	Einheit: m² Bekleidungsfläche				
	023 Putz- und Stuckarbeiten, Wärmedämmsysteme				0,9%
	039 Trockenbauarbeiten				99,1%
364.60	**Tapeten**				
01	**DA Bekleidung, Tapete, Raufaser, fein, beschichtet**	27,00	**30,00**	37,00	
	Einheit: m² Bekleidungsfläche				
	034 Maler- und Lackierarbeiten - Beschichtungen				10,3%
	037 Tapezierarbeiten				89,7%
02	**DA Bekleidung, Tapete, Raufaser, grob, beschichtet**	27,00	**30,00**	37,00	
	Einheit: m² Bekleidungsfläche				
	034 Maler- und Lackierarbeiten - Beschichtungen				10,3%
	037 Tapezierarbeiten				89,7%
03	**DA Bekleidung, Tapete, Glasfaser, fein, beschichtet**	44,00	**51,00**	57,00	
	Einheit: m² Bekleidungsfläche				
	034 Maler- und Lackierarbeiten - Beschichtungen				6,1%
	037 Tapezierarbeiten				93,9%
04	**DA Bekleidung, Tapete, Glasfaser, grob, beschichtet**	43,00	**50,00**	58,00	
	Einheit: m² Bekleidungsfläche				
	034 Maler- und Lackierarbeiten - Beschichtungen				6,3%
	037 Tapezierarbeiten				93,7%
364.80	**Abgehängte Bekleidung**				
01	**DA Bekleidung, Gipsplatten, abgehängt, einlagig, Randanschluss**	105,00	**116,00**	134,00	
	Einheit: m² Bekleidungsfläche				
	039 Trockenbauarbeiten				100,0%
02	**DA Bekleidung, Gipsplatten, abgehängt, zweilagig, Randanschluss**	139,00	**152,00**	182,00	
	Einheit: m² Bekleidungsfläche				
	039 Trockenbauarbeiten				100,0%
03	**DA Bekleidung, Gipsplatten, abgehängt, zweilagig, Randanschluss, F/EI90**	192,00	**240,00**	313,00	
	Einheit: m² Bekleidungsfläche				
	039 Trockenbauarbeiten				100,0%

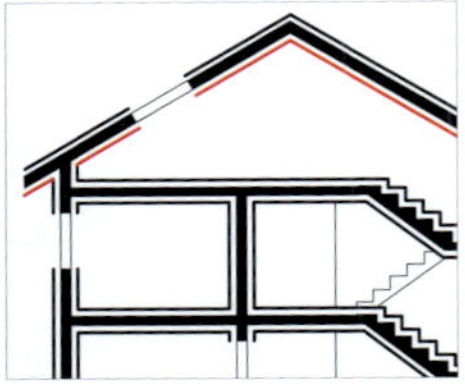

Kosten:
Stand 2. Quartal 2025
Bundesdurchschnitt
inkl. 19% MwSt.

KG.OZ	Herstellen	▷	€/Einheit	◁	an EA
364.80	**Abgehängte Bekleidung**				
04	**DA Bekleidung, Gipsplatten, abgehängt, einlagig, Dämmung, Randanschluss** Einheit: m² Bekleidungsfläche	120,00	**133,00**	156,00	
	039 Trockenbauarbeiten				100,0%
05	**DA Bekleidung, Gipsplatten, abgehängt, zweilagig, Dämmung, Randanschluss** Einheit: m² Bekleidungsfläche	154,00	**170,00**	204,00	
	039 Trockenbauarbeiten				100,0%
06	**DA Bekleidung, Gipsplatten, abgehängt, Dämmung, zweilagig, Randanschluss, EI90** Einheit: m² Bekleidungsfläche	207,00	**258,00**	336,00	
	039 Trockenbauarbeiten				100,0%
07	**DA Bekleidung, Zementplatten, abgehängt, einlagig, Randanschluss** Einheit: m² Bekleidungsfläche	177,00	**195,00**	219,00	
	039 Trockenbauarbeiten				100,0%

▷ von
ø Mittel
◁ bis

KG.OZ	Herstellen	▷	€/Einheit	◁	LB an EA
392.10	**Standgerüste**				
01	**Gerüst, Fassaden, LK3, 6 Wochen** Einheit: m² Gerüstfläche	13,00	**13,00**	15,00	
	001 Gerüstarbeiten				100,0%
02	**Gerüst, Fassaden, LK3, 20 Wochen** Einheit: m² Gerüstfläche	21,00	**22,00**	27,00	
	001 Gerüstarbeiten				100,0%
03	**Gerüst, Fassaden, LK3, 50 Wochen** Einheit: m² Gerüstfläche	38,00	**42,00**	51,00	
	001 Gerüstarbeiten				100,0%
04	**Dachfanggerüst, Erweiterung, 6 Wochen** Einheit: m Gerüstfläche	21,00	**23,00**	27,00	
	001 Gerüstarbeiten				100,0%
05	**Dachfanggerüst, Erweiterung, 20 Wochen** Einheit: m Gerüstfläche	30,00	**35,00**	42,00	
	001 Gerüstarbeiten				100,0%
06	**Dachfanggerüst, Erweiterung, 50 Wochen** Einheit: m Gerüstfläche	51,00	**59,00**	74,00	
	001 Gerüstarbeiten				100,0%

KG.OZ	Herstellen	▷	€/Einheit	◁	LB an EA
411.10	**Abwasserleitungen/Abläufe**				
01	**Abwasser, PP-Rohrleitungen, Formteile, DN/OD75, gedämmt**	75,00	**83,00**	96,00	
	Einheit: m Abwasserleitung				
	044 Abwasseranlagen - Leitungen, Abläufe, Armaturen				73,0%
	047 Dämm- und Brandschutzarbeiten an technischen Anlagen				27,0%
02	**Abwasser, PP-Rohrleitungen, Formteile, DN/OD90, gedämmt**	97,00	**111,00**	128,00	
	Einheit: m Abwasserleitung				
	044 Abwasseranlagen - Leitungen, Abläufe, Armaturen				83,5%
	047 Dämm- und Brandschutzarbeiten an technischen Anlagen				16,5%
03	**Abwasser, PP-Rohrleitungen, Formteile, DN/OD110, gedämmt**	124,00	**140,00**	163,00	
	Einheit: m Abwasserleitung				
	044 Abwasseranlagen - Leitungen, Abläufe, Armaturen				86,9%
	047 Dämm- und Brandschutzarbeiten an technischen Anlagen				13,[illegible]%
04	**Abwasser, HT-Rohrleitungen, Formteile, DN/OD75, gedämmt**	65,00	**70,00**	90,00	
	Einheit: m Abwasserleitung				
	044 Abwasseranlagen - Leitungen, Abläufe, Armaturen				73,7%
	047 Dämm- und Brandschutzarbeiten an technischen Anlagen				26,3%
05	**Abwasser, HT-Rohrleitungen, Formteile, DN/OD110, gedämmt**	77,00	**83,00**	99,00	
	Einheit: m Abwasserleitung				
	044 Abwasseranlagen - Leitungen, Abläufe, Armaturen				77,7%
	047 Dämm- und Brandschutzarbeiten an technischen Anlagen				22,3%
06	**Abwasser, Guss-Rohrleitungen, Formteile, DN80, gedämmt**	119,00	**128,00**	139,00	
	Einheit: m Abwasserleitung				
	044 Abwasseranlagen - Leitungen, Abläufe, Armaturen				85,7%
	047 Dämm- und Brandschutzarbeiten an technischen Anlagen				14,3%
07	**Bodenablauf, Guss, DN/OD110, Anschlussleitung**	952,00	**983,00**	1.015,00	
	Einheit: St Ablauf				
	044 Abwasseranlagen - Leitungen, Abläufe, Armaturen				100,0%
08	**Duschablauf, Guss, bis DN100, Anschlussleitung**	822,00	**924,00**	1.099,00	
	Einheit: St Ablauf				
	044 Abwasseranlagen - Leitungen, Abläufe, Armaturen				100,0%
09	**Duschrinne, Edelstahl, Anschlussleitung**	842,00	**920,00**	1.069,00	
	Einheit: St Ablauf				
	044 Abwasseranlagen - Leitungen, Abläufe, Armaturen				100,0%
10	**Flachdachentwässerungsablauf, innenliegend, Freispiegel, HT, DN/OD75**	251,00	**287,00**	361,00	
	Einheit: St Ablauf				
	021 Dachabdichtungsarbeiten				82,1%
	044 Abwasseranlagen - Leitungen, Abläufe, Armaturen				14,7%
	047 Dämm- und Brandschutzarbeiten an technischen Anlagen				3,2%

Kosten:
Stand 2. Quartal 2025
Bundesdurchschnitt
inkl. 19% MwSt.

▷ von
ø Mittel
◁ bis

KG OZ	Herstellen	▷	€/Einheit	◁	LB an EA
411.10	**Abwasserleitungen/Abläufe**				
11	**Flachdachentwässerungsablauf, innenliegend, Freispiegel, HT, DN/OD110** Einheit: St Ablauf	283,00	**301,00**	341,00	
	044 Abwasseranlagen - Leitungen, Abläufe, Armaturen				96,9%
	047 Dämm- und Brandschutzarbeiten an technischen Anlagen				3,1%
12	**Flachdachentwässerungsablauf, innenliegend, Freispiegel, PP, DN/OD75** Einheit: St Ablauf	267,00	**307,00**	370,00	
	021 Dachabdichtungsarbeiten				76,7%
	044 Abwasseranlagen - Leitungen, Abläufe, Armaturen				20,4%
	047 Dämm- und Brandschutzarbeiten an technischen Anlagen				3,0%
13	**Flachdachentwässerungsablauf, innenliegend, Freispiegel, PP, DN/OD110** Einheit: St Ablauf	375,00	**406,00**	468,00	
	044 Abwasseranlagen - Leitungen, Abläufe, Armaturen				97,7%
	047 Dämm- und Brandschutzarbeiten an technischen Anlagen				2,3%
14	**Rohrbelüfter, HT-Leitung, DN/OD75, Formstücke, gedämmt** Einheit: St Belüfter	277,00	**317,00**	375,00	
	044 Abwasseranlagen - Leitungen, Abläufe, Armaturen				94,2%
	047 Dämm- und Brandschutzarbeiten an technischen Anlagen				5,8%
15	**Rohrbelüfter, HT-Leitung, DN/OD110, Formstücke, gedämmt** Einheit: St Belüfter	319,00	**362,00**	488,00	
	044 Abwasseranlagen - Leitungen, Abläufe, Armaturen				97,5%
	047 Dämm- und Brandschutzarbeiten an technischen Anlagen				2,5%
16	**Rohrbelüfter, PE-Leitung, DN/OD75, Formstücke, gedämmt** Einheit: St Belüfter	278,00	**323,00**	362,00	
	044 Abwasseranlagen - Leitungen, Abläufe, Armaturen				97,2%
	047 Dämm- und Brandschutzarbeiten an technischen Anlagen				2,8%
17	**Rohrbelüfter, PE-Leitung, DN/OD110, Formstücke, gedämmt** Einheit: St Belüfter	350,00	**414,00**	565,00	
	044 Abwasseranlagen - Leitungen, Abläufe, Armaturen				97,8%
	047 Dämm- und Brandschutzarbeiten an technischen Anlagen				2,2%
18	**Rohrbelüfter, Gussleitung, DN/OD110, Formstücke, gedämmt** Einheit: St Belüfter	440,00	**502,00**	543,00	
	044 Abwasseranlagen - Leitungen, Abläufe, Armaturen				98,2%
	047 Dämm- und Brandschutzarbeiten an technischen Anlagen				1,8%

Kosten:
Stand 2. Quartal 2025
Bundesdurchschnitt
inkl. 19% MwSt.

KG.OZ	Herstellen	▷	€/Einheit	◁	LB an EA
412.20	**Wasseraufbereitungsanlagen**				
01	**Hauseinführung, Rohrleitung, Hauswasserstation, Druckminderer, Filter**	1.126,00	**1.300,00**	1.411,00	
	Einheit: St Hauswasserstation				
	042 Gas- und Wasseranlagen - Leitungen, Armaturen				100,0%
412.40	**Wasserleitungen/Verteiler**				
01	**Trinkwasserleitung, Metallverbundrohr, DN15**	22,00	**25,00**	29,00	
	Einheit: m Wasserleitung				
	042 Gas- und Wasseranlagen - Leitungen, Armaturen				100,0%
02	**Trinkwasserleitung, Metallverbundrohr, DN20**	26,00	**31,00**	35,00	
	Einheit: m Wasserleitung				
	042 Gas- und Wasseranlagen - Leitungen, Armaturen				100,0%
03	**Trinkwasserleitung, Kupferrohr, DN12**	31,00	**35,00**	38,00	
	Einheit: m Wasserleitung				
	042 Gas- und Wasseranlagen - Leitungen, Armaturen				100,0%
04	**Trinkwasserleitung, Kupferrohr, DN20**	35,00	**38,00**	48,00	
	Einheit: m Wasserleitung				
	042 Gas- und Wasseranlagen - Leitungen, Armaturen				100,0%
05	**Trinkwasserleitung, Edelstahlrohr, DN12**	26,00	**31,00**	34,00	
	Einheit: m Wasserleitung				
	042 Gas- und Wasseranlagen - Leitungen, Armaturen				100,0%
06	**Trinkwasserleitung, Edelstahlrohr, DN20**	38,00	**39,00**	45,00	
	Einheit: m Wasserleitung				
	042 Gas- und Wasseranlagen - Leitungen, Armaturen				100,0%
07	**Trinkwasserleitung, Kupferrohr, DN12, Dämmung**	58,00	**67,00**	70,00	
	Einheit: m Wasserleitung				
	042 Gas- und Wasseranlagen - Leitungen, Armaturen				52,3%
	047 Dämm- und Brandschutzarbeiten an technischen Anlagen				47,7%
08	**Trinkwasserleitung, Kupferrohr, DN20, Dämmung**	70,00	**74,00**	92,00	
	Einheit: m Wasserleitung				
	042 Gas- und Wasseranlagen - Leitungen, Armaturen				51,8%
	047 Dämm- und Brandschutzarbeiten an technischen Anlagen				48,2%
09	**Trinkwasserleitung, Edelstahlrohr, DN12, Dämmung**	54,00	**63,00**	67,00	
	Einheit: m Wasserleitung				
	042 Gas- und Wasseranlagen - Leitungen, Armaturen				49,1%
	047 Dämm- und Brandschutzarbeiten an technischen Anlagen				50,9%
10	**Trinkwasserleitung, Edelstahlrohr, DN20, Dämmung**	74,00	**75,00**	89,00	
	Einheit: m Wasserleitung				
	042 Gas- und Wasseranlagen - Leitungen, Armaturen				52,0%
	047 Dämm- und Brandschutzarbeiten an technischen Anlagen				48,0%
11	**Trinkwasserleitung, Metallverbundrohr, DN15, Dämmung**	49,00	**57,00**	61,00	
	Einheit: m Wasserleitung				
	042 Gas- und Wasseranlagen - Leitungen, Armaturen				43,4%
	047 Dämm- und Brandschutzarbeiten an technischen Anlagen				56,6%

▷ von
ø Mittel
◁ bis

KG.OZ	Herstellen	▷	€/Einheit	◁	LB an EA
412.40	**Wasserleitungen/Verteiler**				
12	**Trinkwasserleitung, Metallverbundrohr, DN20, Dämmung**	62,00	**67,00**	79,00	
	Einheit: m Wasserleitung				
	042 Gas- und Wasseranlagen - Leitungen, Armaturen				46,2%
	047 Dämm- und Brandschutzarbeiten an technischen Anlagen				53,8%
13	**Umwälzpumpe, Nassläufer, bis 2,5m³/h, Wärmedämmschale**	875,00	**904,00**	970,00	
	Einheit: St Pumpe				
	040 Wärmeversorgungsanlagen - Betriebseinrichtungen				94,9%
	047 Dämm- und Brandschutzarbeiten an technischen Anlagen				5,1%
14	**Umwälzpumpe, Nassläufer, bis 5,0m³/h, Wärmedämmschale**	1.084,00	**1.132,00**	1.161,00	
	Einheit: St Pumpe				
	040 Wärmeversorgungsanlagen - Betriebseinrichtungen				95,0%
	047 Dämm- und Brandschutzarbeiten an technischen Anlagen				5,0%
15	**Umwälzpumpe, Nassläufer, über 5,0m³/h, Wärmedämmschale**	1.692,00	**1.793,00**	2.134,00	
	Einheit: St Pumpe				
	040 Wärmeversorgungsanlagen - Betriebseinrichtungen				96,4%
	047 Dämm- und Brandschutzarbeiten an technischen Anlagen				3,6%
412.50	**Dezentrale Wassererwärmer**				
01	**Wohnungsstation, dezentral, Trinkwarmwasserbereitung, Durchflussprinzip, bis 15l/min, Anschluss**	5.553,00	**6.166,00**	7.097,00	
	Einheit: St Durchlauferhitzer				
	040 Wärmeversorgungsanlagen - Betriebseinrichtungen				98,8%
	042 Gas- und Wasseranlagen - Leitungen, Armaturen				0,6%
	047 Dämm- und Brandschutzarbeiten an technischen Anlagen				0,6%
02	**Wohnungsstation, dezentral, Trinkwarmwasserbereitung, Durchflussprinzip, bis 30l/min, Anschluss**	6.225,00	**6.913,00**	7.956,00	
	Einheit: St Durchlauferhitzer				
	040 Wärmeversorgungsanlagen - Betriebseinrichtungen				98,9%
	042 Gas- und Wasseranlagen - Leitungen, Armaturen				0,6%
	047 Dämm- und Brandschutzarbeiten an technischen Anlagen				0,5%
412.60	**Sanitärobjekte**				
01	**Ausgussbecken, Stahl, Armatur, Siphon, Eckventile**	610,00	**745,00**	1.007,00	
	Einheit: St Ausgussbecken				
	042 Gas- und Wasseranlagen - Leitungen, Armaturen				12,3%
	045 Gas-, Wasser- und Entwässerungsanlagen - Ausstattung, Elemente, Fertigbäder				87,7%
02	**Ausgussbecken, Stahl, Installationselement, Armatur, Siphon, Eckventile**	763,00	**949,00**	1.248,00	
	Einheit: St Ausgussbecken				
	042 Gas- und Wasseranlagen - Leitungen, Armaturen				9,7%
	045 Gas-, Wasser- und Entwässerungsanlagen - Ausstattung, Elemente, Fertigbäder				90,3%

Kosten:
Stand 2. Quartal 2025
Bundesdurchschnitt
inkl. 19% MwSt.

▷ von
ø Mittel
◁ bis

KG.OZ	Herstellen	▷	€/Einheit	◁	LB an EA
412.60	**Sanitärobjekte**				
03	**Waschtisch, 550/450mm, Armatur, Siphon, Eckventile**	780,00	**905,00**	1.115,00	
	Einheit: St Waschbecken				
	042 Gas- und Wasseranlagen - Leitungen, Armaturen				10,1%
	045 Gas-, Wasser- und Entwässerungsanlagen - Ausstattung, Elemente, Fertigbäder				89,9%
04	**Waschtisch, 550/450mm, Installationselement, Armatur, Siphon, Eckventile**	933,00	**1.108,00**	1.356,00	
	Einheit: St Waschbecken				
	042 Gas- und Wasseranlagen - Leitungen, Armaturen				8,3%
	045 Gas-, Wasser- und Entwässerungsanlagen - Ausstattung, Elemente, Fertigbäder				91,7%
05	**Waschtisch, 600/500mm, Armatur, Siphon, Eckventile**	854,00	**1.003,00**	1.253,00	
	Einheit: St Waschbecken				
	042 Gas- und Wasseranlagen - Leitungen, Armaturen				9,1%
	045 Gas-, Wasser- und Entwässerungsanlagen - Ausstattung, Elemente, Fertigbäder				90,9%
06	**Waschtisch, 600/500mm, Installationselement, Armatur, Siphon, Eckventile**	1.007,00	**1.207,00**	1.494,00	
	Einheit: St Waschbecken				
	042 Gas- und Wasseranlagen - Leitungen, Armaturen				7,6%
	045 Gas-, Wasser- und Entwässerungsanlagen - Ausstattung, Elemente, Fertigbäder				92,4%
07	**Waschtisch, barrierefrei, Armatur berührungslos, Siphon, Eckventile**	1.404,00	**1.707,00**	2.289,00	
	Einheit: St Waschbecken				
	042 Gas- und Wasseranlagen - Leitungen, Armaturen				5,4%
	045 Gas-, Wasser- und Entwässerungsanlagen - Ausstattung, Elemente, Fertigbäder				94,6%
08	**Waschtisch, barrierefrei, Installationselement, Armatur berührungslos, Siphon, Eckventile**	1.557,00	**1.911,00**	2.530,00	
	Einheit: St Waschbecken				
	042 Gas- und Wasseranlagen - Leitungen, Armaturen				4,8%
	045 Gas-, Wasser- und Entwässerungsanlagen - Ausstattung, Elemente, Fertigbäder				95,2%
09	**Waschtisch, barrierefrei, Installationselement mit Stützgriffen, Armatur, Siphon, Eckventile**	3.312,00	**3.918,00**	4.858,00	
	Einheit: St Waschbecken				
	042 Gas- und Wasseranlagen - Leitungen, Armaturen				2,3%
	045 Gas-, Wasser- und Entwässerungsanlagen - Ausstattung, Elemente, Fertigbäder				97,7%
10	**Bidet, wandhängend, Armatur, Siphon, Eckventile**	1.126,00	**1.396,00**	1.723,00	
	Einheit: St Bidet				
	042 Gas- und Wasseranlagen - Leitungen, Armaturen				6,6%
	045 Gas-, Wasser- und Entwässerungsanlagen - Ausstattung, Elemente, Fertigbäder				93,4%
11	**Bidet, wandhängend, Installationselement, Armatur, Siphon, Eckventile**	1.531,00	**1.847,00**	2.212,00	
	Einheit: St Bidet				
	042 Gas- und Wasseranlagen - Leitungen, Armaturen				5,0%
	045 Gas-, Wasser- und Entwässerungsanlagen - Ausstattung, Elemente, Fertigbäder				95,0%
12	**Urinal, wandhängend, Betätigungsplatte, Siphon**	441,00	**504,00**	547,00	
	Einheit: St Urinal				
	045 Gas-, Wasser- und Entwässerungsanlagen - Ausstattung, Elemente, Fertigbäder				100,0%

412.60 Sanitärobjekte

13	**Urinal, wandhängend, Betätigungsplatte, Urinalsteuerung, Siphon** Einheit: St Urinal	851,00	**1.017,00**	1.255,00	
	045 Gas-, Wasser- und Entwässerungsanlagen - Ausstattung, Elemente, Fertigbäder				100,0%
14	**Urinal, wandhängend, Installationselement, Betätigungsplatte, Siphon** Einheit: St Urinal	824,00	**914,00**	1.015,00	
	045 Gas-, Wasser- und Entwässerungsanlagen - Ausstattung, Elemente, Fertigbäder				100,0%
15	**Urinal, wandhängend, Installationselement, Betätigungsplatte, Urinalsteuerung, Siphon** Einheit: St Urinal	1.235,00	**1.427,00**	1.723,00	
	045 Gas-, Wasser- und Entwässerungsanlagen - Ausstattung, Elemente, Fertigbäder				100,0%
16	**WC, wandhängend, WC-Sitz, Betätigungsplatte** Einheit: St WC-Becken	759,00	**790,00**	981,00	
	045 Gas-, Wasser- und Entwässerungsanlagen - Ausstattung, Elemente, Fertigbäder				100,0%
17	**WC, wandhängend, WC-Sitz, Betätigung berührungslos** Einheit: St WC-Becken	1.456,00	**1.635,00**	1.952,00	
	045 Gas-, Wasser- und Entwässerungsanlagen - Ausstattung, Elemente, Fertigbäder				100,0%
18	**WC, wandhängend, Spülkasten, WC-Sitz, Betätigungsplatte** Einheit: St WC-Becken	963,00	**1.031,00**	1.216,00	
	045 Gas-, Wasser- und Entwässerungsanlagen - Ausstattung, Elemente, Fertigbäder				100,0%
19	**WC, wandhängend, Installationselement, Spülkasten, WC-Sitz, Betätigungsplatte** Einheit: St WC-Becken	1.368,00	**1.482,00**	1.704,00	
	045 Gas-, Wasser- und Entwässerungsanlagen - Ausstattung, Elemente, Fertigbäder				100,0%
20	**WC, barrierefrei, wandhängend, WC-Sitz, Betätigungsplatte** Einheit: St WC-Becken	1.048,00	**1.161,00**	1.358,00	
	045 Gas-, Wasser- und Entwässerungsanlagen - Ausstattung, Elemente, Fertigbäder				100,0%
21	**WC, barrierefrei, wandhängend, WC-Sitz, Betätigung berührungslos** Einheit: St WC-Becken	1.745,00	**2.006,00**	2.329,00	
	045 Gas-, Wasser- und Entwässerungsanlagen - Ausstattung, Elemente, Fertigbäder				100,0%
22	**WC, barrierefrei, wandhängend, Spülkasten, WC-Sitz, Betätigungsplatte** Einheit: St WC-Becken	1.252,00	**1.402,00**	1.593,00	
	045 Gas-, Wasser- und Entwässerungsanlagen - Ausstattung, Elemente, Fertigbäder				100,0%
23	**WC, barrierefrei, wandhängend, Installationselement, Spülkasten, WC-Sitz, Betätigungsplatte** Einheit: St WC-Becken	1.453,00	**1.612,00**	1.847,00	
	045 Gas-, Wasser- und Entwässerungsanlagen - Ausstattung, Elemente, Fertigbäder				100,0%

KG.OZ	Herstellen	▷	€/Einheit	◁	LB an EA
412.60	**Sanitärobjekte**				
24	**WC, barrierefrei, wandhängend, Installationselement, Spülkasten, WC-Sitz, Betätigung berührungslos** Einheit: St WC-Becken	2.478,00	**2.830,00**	3.255,00	
	045 Gas-, Wasser- und Entwässerungsanlagen - Ausstattung, Elemente, Fertigbäder				100,0%
25	**WC, barrierefrei, Installationselement, Hygienespülung, Stützgriffe, Notruf, berührungslos** Einheit: St WC-Becken	11.000,00	**12.962,00**	15.437,00	
	045 Gas-, Wasser- und Entwässerungsanlagen - Ausstattung, Elemente, Fertigbäder				90,9%
	063 Gefahrenmeldeanlagen				9,1%
26	**WC-Garnitur, Bürste, Papierhalter** Einheit: St WC-Garniturset	142,00	**199,00**	222,00	
	045 Gas-, Wasser- und Entwässerungsanlagen - Ausstattung, Elemente, Fertigbäder				100,0%
27	**Duschwanne, 80x80cm, mit Einhebel-Wandarmatur, Ablauf und Brausegarnitur** Einheit: St Duschwanne	1.143,00	**1.317,00**	1.502,00	
	045 Gas-, Wasser- und Entwässerungsanlagen - Ausstattung, Elemente, Fertigbäder				100,0%
28	**Duschwanne, 80x80cm, mit Thermostat-Wandarmatur, Ablauf und Brausegarnitur** Einheit: St Duschwanne	1.142,00	**1.351,00**	1.745,00	
	045 Gas-, Wasser- und Entwässerungsanlagen - Ausstattung, Elemente, Fertigbäder				100,0%
29	**Duschwanne, 100x100cm, mit Einhebel-Wandarmatur, Ablauf und Brausegarnitur** Einheit: St Duschwanne	1.324,00	**1.556,00**	1.786,00	
	045 Gas-, Wasser- und Entwässerungsanlagen - Ausstattung, Elemente, Fertigbäder				100,0%
30	**Duschwanne, 100x100cm, mit Thermostat-Wandarmatur, Ablauf und Brausegarnitur** Einheit: St Duschwanne	1.323,00	**1.590,00**	2.028,00	
	045 Gas-, Wasser- und Entwässerungsanlagen - Ausstattung, Elemente, Fertigbäder				100,0%
31	**Duschwanne 100x100cm, mit Einhebel-Wandarmatur, Duschabtrennung, Ablauf und Brausegarnitur** Einheit: St Duschwanne	2.669,00	**2.972,00**	3.267,00	
	045 Gas-, Wasser- und Entwässerungsanlagen - Ausstattung, Elemente, Fertigbäder				100,0%
32	**Duschwanne, 100x100cm, mit Thermostat-Wandarmatur, Duschabtrennung, Ablauf und Brausegarnitur** Einheit: St Duschwanne	2.668,00	**3.006,00**	3.509,00	
	045 Gas-, Wasser- und Entwässerungsanlagen - Ausstattung, Elemente, Fertigbäder				100,0%
33	**Badewanne, 170x80cm, Einhebel-Wandarmatur, Ablauf und Brausegarnitur** Einheit: St Badewanne	1.259,00	**1.461,00**	1.880,00	
	045 Gas-, Wasser- und Entwässerungsanlagen - Ausstattung, Elemente, Fertigbäder				100,0%
34	**Badewanne, 170x80cm, mit Türeinstieg, Einhebel-Wandarmatur, Ablauf und Brausegarnitur** Einheit: St Badewanne	7.893,00	**9.337,00**	12.230,00	
	045 Gas-, Wasser- und Entwässerungsanlagen - Ausstattung, Elemente, Fertigbäder				100,0%

Kosten:
Stand 2.Quartal 2025
Bundesdurchschnitt
inkl. 19% MwSt.

▷ von
ø Mittel
◁ bis

412.60	**Sanitärobjekte**				
35	**Badewanne, 170x80cm, Thermostat-Wandarmatur, Ablauf und Brausegarnitur** Einheit: St Badewanne	1.646,00	**1.898,00**	2.394,00	
	045 Gas-, Wasser- und Entwässerungsanlagen - Ausstattung, Elemente, Fertigbäder				100,0%
36	**Badewannen-Duschkombi, 170x80cm, Türeinstieg, Duschwand, Thermostat-Wandarmatur, Ablauf** Einheit: St Badewanne	10.975,00	**13.684,00**	16.819,00	
	045 Gas-, Wasser- und Entwässerungsanlagen - Ausstattung, Elemente, Fertigbäder				100,0%
37	**Waschtischgarnitur, Seifen und Papierspender** Einheit: St Garnitur	255,00	**302,00**	424,00	
	045 Gas-, Wasser- und Entwässerungsanlagen - Ausstattung, Elemente, Fertigbäder				100,0%

KG.OZ	Herstellen	▷	€/Einheit	◁	LB an EA
421.30	**Heizkesselanlagen**				
01	**Gas-Brennwerttherme, 15-25kW, mit Pufferspeicher, Ausdehnungsgefäß** Einheit: St Anlage	13.105,00	**15.020,00**	16.742,00	
	040 Wärmeversorgungsanlagen - Betriebseinrichtungen				100,0%
02	**Gas-Brennwertkessel, bis 25kW, mit Pufferspeicher, Ausdehnungsgefäß** Einheit: St Anlage	12.869,00	**14.204,00**	16.154,00	
	040 Wärmeversorgungsanlagen - Betriebseinrichtungen				100,0%
03	**Öl-Brennwerttherme, 15-25kW, mit Pufferspeicher, Ausdehnungsgefäß** Einheit: St Anlage	14.700,00	**17.037,00**	20.611,00	
	040 Wärmeversorgungsanlagen - Betriebseinrichtungen				100,0%
04	**Öl-Brennwertkessel, bis 25kW, mit Pufferspeicher, Ausdehnungsgefäß** Einheit: St Anlage	16.536,00	**18.094,00**	20.538,00	
	040 Wärmeversorgungsanlagen - Betriebseinrichtungen				100,0%
05	**Gas-Brennwerttherme, 15-25kW, mit Pufferspeicher, Ausdehnungsgefäß, Neutralisationsanlage** Einheit: St Anlage	13.815,00	**15.817,00**	17.783,00	
	040 Wärmeversorgungsanlagen - Betriebseinrichtungen				100,0%
06	**Gas-Brennwertkessel, bis 25kW, mit Pufferspeicher, Ausdehnungsgefäß, Neutralisationsanlage** Einheit: St Anlage	13.580,00	**15.001,00**	17.195,00	
	040 Wärmeversorgungsanlagen - Betriebseinrichtungen				100,0%
07	**Gas-Brennwertkessel, bis 70kW, mit Pufferspeicher, Ausdehnungsgefäß, Neutralisationsanlage** Einheit: St Anlage	17.679,00	**20.199,00**	24.718,00	
	040 Wärmeversorgungsanlagen - Betriebseinrichtungen				100,0%
08	**Öl-Brennwerttherme, 15-25kW, mit Pufferspeicher, Ausdehnungsgefäß, Neutralisationsanlage** Einheit: St Anlage	15.411,00	**17.834,00**	21.652,00	
	040 Wärmeversorgungsanlagen - Betriebseinrichtungen				100,0%
09	**Öl-Brennwertkessel, bis 25kW, mit Pufferspeicher, Ausdehnungsgefäß, Neutralisationsanlage** Einheit: St Anlage	17.246,00	**18.891,00**	21.580,00	
	040 Wärmeversorgungsanlagen - Betriebseinrichtungen				100,0%
10	**Öl-Brennwertkessel, bis 50kW, mit Pufferspeicher, Ausdehnungsgefäß, Neutralisationsanlage** Einheit: St Anlage	18.907,00	**20.696,00**	23.566,00	
	040 Wärmeversorgungsanlagen - Betriebseinrichtungen				100,0%
11	**Öl-Brennwertkessel, bis 70kW, mit Pufferspeicher, Ausdehnungsgefäß, Neutralisationsanlage** Einheit: St Anlage	23.382,00	**27.213,00**	32.906,00	
	040 Wärmeversorgungsanlagen - Betriebseinrichtungen				100,0%

Kosten:
Stand 2. Quartal 2025
Bundesdurchschnitt
inkl. 19% MwSt.

▷ von
ø Mittel
◁ bis

KG.OZ	Herstellen	▷	€/Einheit	◁	LB an EA
421.30	**Heizkesselanlagen**				
12	**Holz/Pellet-Heizkessel, bis 25kW, Fördersystem, Ausdehnungsgefäß, mit Pufferspeicher** Einheit: St Anlage	27.971,00	**29.693,00**	33.886,00	
	040 Wärmeversorgungsanlagen - Betriebseinrichtungen				100,0%
13	**Holz/Pellet-Heizkessel, bis 50kW, Fördersystem, Ausdehnungsgefäß, mit Pufferspeicher** Einheit: St Anlage	28.071,00	**32.368,00**	40.165,00	
	040 Wärmeversorgungsanlagen - Betriebseinrichtungen				100,0%
421.40	**Wärmepumpenanlagen**				
01	**Wärmepumpe, bis 20kW, Luft, mit Speicher** Einheit: St Anlage	34.849,00	**40.753,00**	47.254,00	
	040 Wärmeversorgungsanlagen - Betriebseinrichtungen				100,0%
02	**Wärmepumpe, bis 35kW, Luft, mit Speicher** Einheit: St Anlage	43.908,00	**51.412,00**	59.511,00	
	040 Wärmeversorgungsanlagen - Betriebseinrichtungen				100,0%
03	**Wärmepumpe, bis 15kW, Wasser, mit Speicher, Brunnen** Einheit: St Anlage	47.813,00	**52.984,00**	59.692,00	
	040 Wärmeversorgungsanlagen - Betriebseinrichtungen				100,0%
04	**Wärmepumpe, bis 35kW, Wasser, mit Speicher, Brunnen** Einheit: St Anlage	57.894,00	**68.436,00**	80.808,00	
	040 Wärmeversorgungsanlagen - Betriebseinrichtungen				100,0%
421.50	**Solaranlagen**				
01	**Solaranlage, thermisch, bis 10m², mit Speicher** Einheit: St Anlage	16.922,00	**19.270,00**	22.653,00	
	040 Wärmeversorgungsanlagen - Betriebseinrichtungen				100,0%
02	**Solaranlage, thermisch, bis 20m², mit Speicher** Einheit: St Anlage	22.379,00	**24.366,00**	26.852,00	
	040 Wärmeversorgungsanlagen - Betriebseinrichtungen				100,0%

Kosten:
Stand 2. Quartal 2025
Bundesdurchschnitt
inkl. 19% MwSt.

KG.OZ	Herstellen	▷	€/Einheit	◁	LB an EA
422.10	**Verteilungen**				
01	**Heizungsverteiler, Umwälzpumpe 2,5m³/h, Absperrklappe** Einheit: St Umwälzpumpe	6.271,00	**6.500,00**	7.868,00	
	040 Wärmeversorgungsanlagen - Betriebseinrichtungen				100,0%
02	**Heizungsverteiler, Umwälzpumpe 5m³/h, Absperrklappe** Einheit: St Umwälzpumpe	7.113,00	**7.507,00**	9.045,00	
	040 Wärmeversorgungsanlagen - Betriebseinrichtungen				100,0%
03	**Heizungsverteiler, 5 Heizkreise, Fußbodenheizung, Verteilerschrank, Unterputz** Einheit: St Umwälzpumpe	1.142,00	**1.274,00**	1.370,00	
	041 Wärmeversorgungsanlagen - Leitungen, Armaturen, Heizflächen				100,0%
04	**Heizungsverteiler, 5 Heizkreise, Umwälzpumpe 5m³/h, Absperrklappe** Einheit: St Umwälzpumpe	10.026,00	**10.868,00**	12.700,00	
	040 Wärmeversorgungsanlagen - Betriebseinrichtungen				100,0%
422.20	**Rohrleitungen**				
01	**Heizleitung, Kupferrohre DN15, Dämmung** Einheit: m Leitung	48,00	**56,00**	64,00	
	041 Wärmeversorgungsanlagen - Leitungen, Armaturen, Heizflächen				51,1%
	047 Dämm- und Brandschutzarbeiten an technischen Anlagen				48,9%
02	**Heizleitung, Kupferrohre DN20, Dämmung** Einheit: m Leitung	65,00	**70,00**	81,00	
	041 Wärmeversorgungsanlagen - Leitungen, Armaturen, Heizflächen				49,0%
	047 Dämm- und Brandschutzarbeiten an technischen Anlagen				51,0%
03	**Heizleitung, Kupferrohre DN25, Dämmung** Einheit: m Leitung	80,00	**84,00**	99,00	
	041 Wärmeversorgungsanlagen - Leitungen, Armaturen, Heizflächen				50,2%
	047 Dämm- und Brandschutzarbeiten an technischen Anlagen				49,8%

▷ von
ø Mittel
◁ bis

KG.0Z	Herstellen	▷	€/Einheit	◁	LB an EA
423.10	**Heizkörper**				
01	**Heizkörper, 500/700mm, Thermostatventil** Einheit: St Heizkörper	329,00	**363,00**	408,00	
	041 Wärmeversorgungsanlagen - Leitungen, Armaturen, Heizflächen				100,0%
02	**Heizkörper, 500/bis 1.400mm, Thermostatventil** Einheit: St Heizkörper	533,00	**585,00**	656,00	
	041 Wärmeversorgungsanlagen - Leitungen, Armaturen, Heizflächen				100,0%
03	**Heizkörper, 500/bis 2.100mm, Thermostatventil** Einheit: St Heizkörper	748,00	**818,00**	918,00	
	041 Wärmeversorgungsanlagen - Leitungen, Armaturen, Heizflächen				100,0%
04	**Heizkörper, 600/700mm, Thermostatventil** Einheit: St Heizkörper	362,00	**399,00**	448,00	
	041 Wärmeversorgungsanlagen - Leitungen, Armaturen, Heizflächen				100,0%
05	**Heizkörper, 600/bis 1.400mm, Thermostatventil** Einheit: St Heizkörper	616,00	**676,00**	758,00	
	041 Wärmeversorgungsanlagen - Leitungen, Armaturen, Heizflächen				100,0%
06	**Heizkörper, 600/bis 2.100mm, Thermostatventil** Einheit: St Heizkörper	766,00	**839,00**	940,00	
	041 Wärmeversorgungsanlagen - Leitungen, Armaturen, Heizflächen				100,0%
07	**Heizkörper, 900/700mm, Thermostatventil** Einheit: St Heizkörper	458,00	**503,00**	565,00	
	041 Wärmeversorgungsanlagen - Leitungen, Armaturen, Heizflächen				100,0%
08	**Heizkörper, 900/bis 1.400mm, Thermostatventil** Einheit: St Heizkörper	856,00	**936,00**	1.049,00	
	041 Wärmeversorgungsanlagen - Leitungen, Armaturen, Heizflächen				100,0%
09	**Heizkörper, 900/bis 2.100mm, Thermostatventil** Einheit: St Heizkörper	981,00	**1.072,00**	1.202,00	
	041 Wärmeversorgungsanlagen - Leitungen, Armaturen, Heizflächen				100,0%
423.20	**Flächenheizsysteme**				
01	**Fußbodenheizung Typ A, PE-Rohr, 100mm, Systemträger, EPS 30** Einheit: m^2 Bodenfläche	55,00	**59,00**	66,00	
	041 Wärmeversorgungsanlagen - Leitungen, Armaturen, Heizflächen				100,0%
02	**Fußbodenheizung Typ A, PE-Rohr, 100mm, Systemträger, EPS 50** Einheit: m^2 Bodenfläche	59,00	**64,00**	73,00	
	041 Wärmeversorgungsanlagen - Leitungen, Armaturen, Heizflächen				100,0%

KG.OZ	Herstellen	▷	€/Einheit	◁	LB an EA
429.10	**Schornsteinanlagen**				
01	**IW Schornstein, Formsteine, einzügig, 11,0m** Einheit: m Schornstein	538,00	**604,00**	724,00	
	012 Mauerarbeiten				100,0%
02	**IW Schornstein, Formsteine, zweizügig, 11,0m** Einheit: m Schornstein	723,00	**772,00**	875,00	
	012 Mauerarbeiten				100,0%

Kosten:
Stand 2. Quartal 2025
Bundesdurchschnitt
inkl. 19% MwSt.

▷ von
ø Mittel
◁ bis

KG.OZ	Herstellen	▷	€/Einheit	◁	LB an EA
431.20	**Abluftanlagen**				
01	**Lüftungsgerät, Abluft, bis 100m³/h, mit Luftleitungsanschluss** Einheit: St Lüftungsgerät	460,00	**477,00**	515,00	
	075 Raumlufttechnische Anlagen				100,0%
431.30	**Wärmerückgewinnungsanlagen**				
01	**Lüftungsgerät, dezentral, WRG, bis 100m³/h, mit Außenwanddurchlass** Einheit: St Anlage	3.515,00	**3.988,00**	4.579,00	
	075 Raumlufttechnische Anlagen				100,0%
02	**Lüftungsgerät, dezentral, WRG, bis 200m³/h, mit Luftleitungsanschluss, Schalldämpfer** Einheit: St Anlage	7.549,00	**8.475,00**	9.673,00	
	075 Raumlufttechnische Anlagen				100,0%

KG.OZ	Herstellen	▷	€/Einheit	◁	LB an EA
442.40	**Photovoltaikanlagen**				
01	**Photovoltaikanlage 2kWp**	6.216,00	**7.373,00**	9.177,00	
	Einheit: St Anlage				
	020 Dachdeckungsarbeiten				28,1%
	053 Niederspannungsanlagen - Kabel / Leitungen, Verlegesysteme, Installationsgeräte				71,9%
02	**Photovoltaikanlage 10kWp**	21.965,00	**26.127,00**	31.271,00	
	Einheit: St Anlage				
	020 Dachdeckungsarbeiten				6,6%
	053 Niederspannungsanlagen - Kabel / Leitungen, Verlegesysteme, Installationsgeräte				93,4%
03	**Photovoltaikanlage 10kWp, Batteriespeicher bis 10kWp**	26.397,00	**31.402,00**	37.239,00	
	Einheit: St Anlage				
	020 Dachdeckungsarbeiten				5,5%
	053 Niederspannungsanlagen - Kabel / Leitungen, Verlegesysteme, Installationsgeräte				94,5%
04	**Photovoltaikanlage 10kWp, Batteriespeicher bis 10kWp, mit E-Heizeinsatz**	26.952,00	**32.016,00**	37.901,00	
	Einheit: St Anlage				
	020 Dachdeckungsarbeiten				5,4%
	040 Wärmeversorgungsanlagen - Betriebseinrichtungen				1,9%
	053 Niederspannungsanlagen - Kabel / Leitungen, Verlegesysteme, Installationsgeräte				92,7%

Kosten:
Stand 2. Quartal 2025
Bundesdurchschnitt
inkl. 19% MwSt.

▷ von
ø Mittel
◁ bis

KG.OZ	Herstellen	▷	€/Einheit	◁	LB an EA
444.10	**Kabel und Leitungen**				
01	**Kunststoffmantelleitung, NYM-J, Installationsrohr** Einheit: m Elektroleitung	9,70	**11,00**	13,00	
	053 Niederspannungsanlagen - Kabel / Leitungen, Verlegesysteme, Installationsgeräte				100,0%
444.20	**Unterverteiler**				
01	**Installationskleinverteiler, uP, 356x348mm** Einheit: St Verteiler	295,00	**327,00**	374,00	
	054 Niederspannungsanlagen - Verteilersysteme und Einbaugeräte				100,0%
444.40	**Installationsgeräte**				
01	**Schutzkontaktsteckdose, Mantelleitung/Installationsrohr 2,0m** Einheit: St Installationsgerät	54,00	**59,00**	66,00	
	053 Niederspannungsanlagen - Kabel / Leitungen, Verlegesysteme, Installationsgeräte				45,2%
	054 Niederspannungsanlagen - Verteilersysteme und Einbaugeräte				54,8%
02	**Kreuzschalter, Mantelleitung/Installationsrohr 2,0m** Einheit: St Installationsgerät	58,00	**63,00**	69,00	
	053 Niederspannungsanlagen - Kabel / Leitungen, Verlegesysteme, Installationsgeräte				42,0%
	054 Niederspannungsanlagen - Verteilersysteme und Einbaugeräte				58,0%

KG.OZ	Herstellen	▷	€/Einheit	◁	LE an EA
445.10	**Ortsfeste Leuchten, Allgemeinbeleuchtung**				
01	**Anbauleuchte, LED, Feuchtraum, Mantelleitung /Installationsrohr 2,0m** Einheit: St Leuchte	216,00	**240,00**	267,00	
	053 Niederspannungsanlagen - Kabel / Leitungen, Verlegesysteme, Installationsgeräte				8,8%
	058 Leuchten und Lampen				91,2%
02	**Einbaudownlight, LED 9W, Mantelleitung/Installationsrohr 2,0m** Einheit: St Leuchte	95,00	**108,00**	120,00	
	053 Niederspannungsanlagen - Kabel / Leitungen, Verlegesysteme, Installationsgeräte				19,5%
	058 Leuchten und Lampen				80,5%
03	**Wannenleuchte, 1x58W, Mantelleitung/Installationsrohr 2,0m** Einheit: St Leuchte	218,00	**253,00**	322,00	
	053 Niederspannungsanlagen - Kabel / Leitungen, Verlegesysteme, Installationsgeräte				8,3%
	058 Leuchten und Lampen				91,7%
04	**Pendelleuchte, LED 47W, bis 598mm, Mantelleitung/ Installationsrohr 2,0m** Einheit: St Leuchte	401,00	**428,00**	570,00	
	053 Niederspannungsanlagen - Kabel / Leitungen, Verlegesysteme, Installationsgeräte				4,9%
	058 Leuchten und Lampen				95,1%

Kosten:
Stand 2. Quartal 2025
Bundesdurchschnitt
inkl. 19% MwSt.

▷ von
ø Mittel
◁ bis

KG.OZ	Herstellen	▷	€/Einheit	◁	LB an EA
461.10	**Personenaufzüge**				
01	**Personenaufzug, bis 320kg**	64.048,00	**69.999,00**	75.966,00	
	Einheit: St Aufzugsanlage				
	069 Aufzüge				100,0%
02	**Personenaufzug, barrierefrei, bis 630kg**	79.380,00	**84.456,00**	91.340,00	
	Einheit: St Aufzugsanlage				
	069 Aufzüge				100,0%
03	**Personenaufzug, barrierefrei, bis 1.275kg**	109.215,00	**125.924,00**	146.218,00	
	Einheit: St Aufzugsanlage				
	069 Aufzüge				100,0%
461.30	**Kleingüteraufzüge**				
01	**Kleingüteraufzug, bis 300kg**	17.982,00	**20.169,00**	22.434,00	
	Einheit: St Aufzugsanlage				
	069 Aufzüge				100,0%

Anhang

Regionalfaktoren

Regionalfaktoren Deutschland

Diese Faktoren geben Aufschluss darüber, inwieweit die Baukosten in einer bestimmten Region Deutschlands teurer oder günstiger liegen als im Bundesdurchschnitt. Sie können dazu verwendet werden, die BKI Baukosten an das besondere Baupreisniveau einer Region anzupassen.
Hinweis: Alle Angaben wurden durch Untersuchungen des BKI weitgehend verifiziert. Dennoch können Abweichungen zu den angegebenen Werten entstehen. In Grenznähe zu einem Land-/Stadtkreis mit anderen Baupreisfaktoren sollte dessen Baupreisniveau mit berücksichtigt werden, da die Übergänge zwischen den Land-/Stadtkreisen fließend sind. Die Besonderheiten des Einzelfalls können ebenfalls zu Abweichungen führen.
Für die größeren Inseln Deutschlands wurden separate Regionalfaktoren ermittelt. Dazu wurde der zugehörige Landkreis in Festland und Inseln unterteilt. Alle Inseln eines Landkreises erhalten durch dieses Verfahren den gleichen Regionalfaktor. Der Regionalfaktor des Festlandes erhält keine Inseln mehr und ist daher gegenüber früheren Ausgaben verringert.

Land- / Stadtkreis / Insel	Bundeskorrekturfaktor
Aachen, Städteregion	0,935
Ahrweiler	0,985
Aichach-Friedberg	1,085
Alb-Donau-Kreis	1,040
Altenburger Land	0,881
Altenkirchen (Westerwald)	1,009
Altmarkkreis Salzwedel	0,855
Altötting	1,009
Alzey-Worms	0,942
Amberg, Stadt	1,075
Amberg-Sulzbach	1,023
Ammerland	0,823
Amrum, Insel	1,278
Anhalt-Bitterfeld	0,833
Ansbach	1,080
Ansbach, Stadt	1,108
Aschaffenburg	1,103
Aschaffenburg, Stadt	1,047
Augsburg	1,049
Augsburg, Stadt	1,239
Aurich, Festlandanteil	0,732
Aurich, Inselanteil	1,201
Bad Dürkheim	1,005
Bad Kissingen	1,064
Bad Kreuznach	0,972
Bad Tölz-Wolfratshausen	1,225
Baden-Baden, Stadtkreis	1,039
Baltrum, Insel	1,201
Bamberg	1,078
Bamberg, Stadt	1,170
Barnim	0,859
Bautzen	0,889
Bayreuth	1,080
Bayreuth, Stadt	1,011
Berchtesgadener Land	1,100
Bergstraße	1,002
Berlin, Stadt	1,128
Bernkastel-Wittlich	1,070
Biberach	1,052
Bielefeld, Stadt	0,836
Birkenfeld	1,053
Bochum, Stadt	0,894
Bodenseekreis	0,969
Bonn, Stadt	0,918
Borken	0,918
Borkum, Insel	1,099
Bottrop, Stadt	0,826
Brandenburg an der Havel, Stadt	1,022
Braunschweig, Stadt	0,697
Breisgau-Hochschwarzwald	1,088
Bremen, Stadt	0,937
Bremerhaven, Stadt	0,914
Burgenlandkreis	0,894
Böblingen	1,127
Börde	0,867
Calw	1,030
Celle	0,876
Cham	0,872
Chemnitz, Stadt	0,850
Cloppenburg	0,759
Coburg	1,027
Coburg, Stadt	1,098
Cochem-Zell	1,035
Coesfeld	0,921
Cottbus, Stadt	0,971
Cuxhaven	0,773
Dachau	1,227
Dahme-Spreewald	0,930
Darmstadt, Stadt	1,025
Darmstadt-Dieburg	0,979
Deggendorf	1,004

Delmenhorst, Stadt 0,797
Dessau-Roßlau, Stadt 0,854
Diepholz 0,798
Dillingen a.d.Donau 1,058
Dingolfing-Landau 0,972
Dithmarschen 1,063
Donau-Ries 1,031
Donnersbergkreis 0,957
Dortmund, Stadt 0,770
Dresden, Stadt 0,940
Duisburg, Stadt 0,953
Düren 0,955
Düsseldorf, Stadt 0,940

Ebersberg 1,309
Eichsfeld 0,931
Eichstätt 1,056
Eifelkreis Bitburg-Prüm 1,002
Elbe-Elster 0,899
Emden, Stadt 0,670
Emmendingen 1,117
Emsland 0,819
Ennepe-Ruhr-Kreis 0,884
Enzkreis 1,044
Erding 1,132
Erfurt, Stadt 0,902
Erlangen, Stadt 1,137
Erlangen-Höchstadt 1,022
Erzgebirgskreis 0,912
Essen, Stadt 0,871
Esslingen 0,989
Euskirchen 0,889

Fehmarn, Insel 1,171
Flensburg, Stadt 0,797
Forchheim 1,124
Frankenthal (Pfalz), Stadt 0,881
Frankfurt (Oder), Stadt 0,907
Frankfurt am Main, Stadt 0,981
Freiburg im Breisgau, Stadtkreis 1,166
Freising 1,054
Freudenstadt 1,017
Freyung-Grafenau 1,018
Friesland, Festlandanteil 0,810
Friesland, Inselanteil 1,408
Fulda 1,017
Föhr, Insel 1,278
Fürstenfeldbruck 1,218
Fürth 1,045
Fürth, Stadt 1,053

Garmisch-Partenkirchen 1,212
Gelsenkirchen, Stadt 0,854
Gera, Stadt 0,938
Germersheim 1,021
Gießen 0,964
Gifhorn 0,834
Goslar 0,796
Gotha 0,880
Grafschaft Bentheim 0,817
Greiz 0,922
Groß-Gerau 1,015
Göppingen 1,009
Görlitz 0,893
Göttingen 0,902
Günzburg 1,042
Gütersloh 0,905

Hagen, Stadt 0,864
Halle (Saale), Stadt 0,729
Hamburg, Freie und Hansestadt 1,112
Hameln-Pyrmont 0,819
Hamm, Stadt 0,893
Hannover, Region 0,900
Harburg 0,951
Harz 0,816
Havelland 1,006
Haßberge 1,095
Heidekreis 0,881
Heidelberg, Stadtkreis 1,092
Heidenheim 1,001
Heilbronn 0,990
Heilbronn, Stadtkreis 0,990
Heinsberg 0,953
Helgoland, Insel 1,409
Helmstedt 0,854
Herford 0,863
Herne, Stadt 0,951
Hersfeld-Rotenburg 1,001
Herzogtum Lauenburg 0,952
Hiddensee, Insel 1,121
Hildburghausen 0,863
Hildesheim 0,820
Hochsauerlandkreis 0,922
Hochtaunuskreis 1,025
Hof 1,074
Hof, Stadt 1,101
Hohenlohekreis 1,030
Holzminden 0,782
Höxter 0,902

Ilm-Kreis 0,893
Ingolstadt, Stadt 1,109

Jena, Stadt 1,046
Jerichower Land 0,862
Juist, Insel 1,201

Kaiserslautern 0,933
Kaiserslautern, Stadt 0,973
Karlsruhe 0,961
Karlsruhe, Stadtkreis 1,102
Kassel 1,033
Kassel, Stadt 0,946
Kaufbeuren 1,114
Kelheim 1,019
Kempten (Allgäu) 1,112
Kiel, Stadt 1,161
Kitzingen 1,027
Kleve 0,914
Koblenz, Stadt 0,875
Konstanz 1,052
Krefeld, Stadt 0,841
Kronach 1,146
Kulmbach 1,096
Kusel 0,933
Kyffhäuserkreis 0,860
Köln, Stadt 0,917

Lahn-Dill-Kreis 1,023
Landau in der Pfalz, Stadt 0,984
Landsberg am Lech 1,108
Landshut 0,995
Landshut, Stadt 1,075
Langeoog, Insel 1,073
Leer, Festlandanteil 0,744
Leer, Inselanteil 1,099
Leipzig 0,978
Leipzig, Stadt 0,820
Leverkusen, Stadt 0,848
Lichtenfels 1,053
Limburg-Weilburg 0,961
Lindau (Bodensee) 1,090
Lippe 0,886
Ludwigsburg 1,088
Ludwigshafen am Rhein, Stadt 1,053
Ludwigslust-Parchim 0,925
Lörrach 1,022
Lübeck, Hansestadt 0,934
Lüchow-Dannenberg 0,867
Lüneburg 0,893

Magdeburg, Stadt 0,884
Main-Kinzig-Kreis 0,996
Main-Spessart 1,074
Main-Tauber-Kreis 1,015
Main-Taunus-Kreis 0,984
Mainz, Stadt 0,986
Mainz-Bingen 1,006
Mannheim, Stadtkreis 1,073
Mansfeld-Südharz 0,898
Marburg-Biedenkopf 0,985
Mayen-Koblenz 0,989
Mecklenburgische Seenplatte 0,915
Meißen 0,913
Memmingen 1,044
Merzig-Wadern 0,943
Mettmann 0,902
Miesbach 1,271
Miltenberg 1,128
Minden-Lübbecke 0,826
Mittelsachsen 0,925
Märkisch-Oderland 0,908
Märkischer Kreis 0,906
Mönchengladbach, Stadt 0,913
Mühldorf a.Inn 1,025
Mülheim an der Ruhr, Stadt 0,879
München 1,147
München, Stadt .... 1,[illegible]02
Münster, Stadt .... 0,[illegible]96

Neckar-Odenwald-Kreis 1,039
Neu-Ulm 1,033
Neuburg-Schrobenhausen 1,052
Neumarkt i.d.OPf. 0,951
Neumünster, Stadt .... 0,8[illegible]7
Neunkirchen .... 0,9[illegible]0
Neustadt a.d.Aisch-Bad Windsheim .... 1,0[illegible]8
Neustadt a.d.Waldnaab 1,026
Neustadt an der Weinstraße, Stadt .... 0,9[illegible]7
Neuwied .... 0,9[illegible]
Nienburg (Weser) .... 0,7[illegible]
Norderney, Insel .... 1,2[illegible]
Nordfriesland, Festlandanteil .... 1,1[illegible]5
Nordfriesland, Inselanteil .... 1,27[illegible]
Nordhausen .... 0,85[illegible]
Nordsachsen .... 0,90[illegible]
Nordwest-Mecklenburg, Inselanteil .... 1,21[illegible]
Nordwestmecklenburg, Festlandanteil .... 0,96[illegible]
Northeim .... 0,88[illegible]
Nürnberg, Stadt .... 1,06[illegible]
Nürnberger Land .... 1,12[illegible]

Oberallgäu 1,070
Oberbergischer Kreis 0,869
Oberhausen, Stadt 0,871
Oberhavel 0,992
Oberspreewald-Lausitz 0,932
Odenwaldkreis 0,973
Oder-Spree 0,942
Offenbach 0,972
Offenbach am Main, Stadt 0,962
Oldenburg 0,849
Oldenburg (Oldb), Stadt 0,823
Olpe 0,986
Ortenaukreis 0,987

Osnabrück 0,855
Osnabrück, Stadt 0,799
Ostalbkreis 1,049
Ostallgäu 1,059
Osterholz 0,870
Ostholstein, Festlandanteil 0,919
Ostholstein, Inselanteil 1,171
Ostprignitz-Ruppin 0,917

Paderborn 0,910
Passau 0,948
Passau, Stadt 1,051
Peine 0,806
Pellworm, Insel 1,278
Pfaffenhofen a.d.Ilm 1,054
Pforzheim, Stadtkreis 1,008
Pinneberg, Festlandanteil 0,975
Pinneberg, Inselanteil 1,409
Pirmasens, Stadt 0,993
Plön 0,966
Poel, Insel 1,219
Potsdam, Stadt 1,063
Potsdam-Mittelmark 0,948
Prignitz 0,818

Rastatt 0,998
Ravensburg 1,004
Recklinghausen 0,854
Regen 0,937
Regensburg 1,005
Regensburg, Stadt 1,094
Rems-Murr-Kreis 1,048
Remscheid, Stadt 0,885
Rendsburg-Eckernförde 0,966
Reutlingen 1,018
Rhein-Erft-Kreis 0,905
Rhein-Hunsrück-Kreis 1,018
Rhein-Kreis Neuss 0,885
Rhein-Lahn-Kreis 1,048
Rhein-Neckar-Kreis 1,041
Rhein-Pfalz-Kreis 0,996
Rhein-Sieg-Kreis 0,970
Rheingau-Taunus-Kreis 1,050
Rheinisch-Bergischer Kreis 0,920
Rhön-Grabfeld 1,107
Rosenheim 1,229
Rosenheim, Stadt 1,199
Rostock 0,946
Rostock, Stadt 0,964
Rotenburg (Wümme) 0,763
Roth 1,116
Rottal-Inn 0,990
Rottweil 0,962
Rügen, Insel 1,121

Saale-Holzland-Kreis 0,872
Saale-Orla-Kreis 0,840
Saalekreis 0,866
Saalfeld-Rudolstadt 0,945
Saarbrücken, Regionalverband 0,951
Saarlouis 0,963
Saarpfalz-Kreis 0,976
Salzgitter, Stadt 0,809
Salzlandkreis 0,806
Schaumburg 0,781
Schleswig-Flensburg 0,882
Schmalkalden-Meiningen 0,983
Schwabach, Stadt 1,075
Schwalm-Eder-Kreis 0,984
Schwandorf 0,979
Schwarzwald-Baar-Kreis 0,936
Schweinfurt 1,119
Schweinfurt, Stadt 1,041
Schwerin, Stadt 1,100
Schwäbisch Hall 0,958
Segeberg 0,935
Siegen-Wittgenstein 0,932
Sigmaringen 1,012
Soest 0,873
Solingen, Stadt 0,889
Sonneberg 0,888
Speyer, Stadt 1,078
Spiekeroog, Insel 1,073
Spree-Neiße 0,735
St. Wendel 0,984
Stade 0,827
Starnberg 1,302
Steinburg 0,959
Steinfurt 0,879
Stendal 0,698
Stormarn 0,952
Straubing, Stadt 1,272
Straubing-Bogen 1,015
Stuttgart, Stadtkreis 1,108
Suhl, Stadt 0,826
Sylt, Insel 1,278
Sächsische Schweiz-Osterzgebirge 0,992
Sömmerda 0,912
Südliche Weinstraße 1,002
Südwestpfalz 0,999

Teltow-Fläming 0,936
Tirschenreuth 1,081
Traunstein 1,126
Trier, Stadt 1,101
Trier-Saarburg 1,106
Tuttlingen 1,018
Tübingen 1,064

Uckermark	0,922
Uelzen	0,844
Ulm, Stadtkreis	1,086
Unna	0,901
Unstrut-Hainich-Kreis	0,833
Unterallgäu	1,022
Usedom, Insel	1,061
Vechta	0,850
Verden	0,809
Viersen	0,930
Vogelsbergkreis	0,982
Vogtlandkreis	0,906
Vorpommern-Greifswald, Festlandanteil	0,999
Vorpommern-Greifswald, Inselanteil	1,061
Vorpommern-Rügen, Festlandanteil	0,932
Vorpommern-Rügen, Inselanteil	1,121
Vulkaneifel	0,974
Waldeck-Frankenberg	0,980
Waldshut	1,035
Wangerooge, Insel	1,408
Warendorf	0,898
Wartburgkreis	0,888
Weiden i.d.OPf., Stadt	1,052
Weilheim-Schongau	1,144
Weimar, Stadt	1,182
Weimarer Land	0,904
Weißenburg-Gunzenhausen	1,060
Werra-Meißner-Kreis	0,997
Wesel	0,938
Wesermarsch	0,830
Westerwaldkreis	1,010
Wetteraukreis	0,989
Wiesbaden, Stadt	0,968
Wilhelmshaven, Stadt	0,843
Wittenberg	0,773
Wittmund, Festlandanteil	0,763
Wittmund, Inselanteil	1,073
Wolfenbüttel	0,864
Wolfsburg, Stadt	0,851
Worms, Stadt	0,992
Wunsiedel i.Fichtelgebirge	1,077
Wuppertal, Stadt	0,847
Würzburg	1,127
Würzburg, Stadt	1,172
Zingst, Insel	1,121
Zollernalbkreis	1,013
Zweibrücken, Stadt	0,994
Zwickau	0,936

Regionalfaktoren Österreich

Bundesland	Korrekturfaktor
Burgenland	1,115
Kärnten	1,103
Niederösterreich	1,028
Oberösterreich	[illegible],104
Salzburg	[illegible],104
Steiermark	1,097
Tirol	1,019
Vorarlberg	1,069
Wien	1,095

Regionalfaktoren für den Europa-Raum

Land	Korrekturfaktor
Albanien	0,324
Belgien	0,[illegible]40
Bosnien und Herzegowina	0,[illegible]03
Bulgarien	0,[illegible]15
Dänemark	0,848
Deutschland	1,000
Estland	0,[illegible]11
Finnland	0,384
Frankreich	0,754
Griechenland	0,4[illegible]3
Irland	0,6[illegible]7
Island	0,8[illegible]3
Italien	0,5[illegible]1
Kroatien	0,341
Lettland	0,523
Litauen	0,475
Luxemburg	0,835
Malta	0,56[illegible]
Mazedonien	0,33[illegible]
Montenegro	0,370
Niederlande	0,810
Norwegen	0,889
Österreich	1,101
Polen	0,443
Portugal	0,453
Rumänien	0,367
Schweden	0,988
Schweiz	1,078
Serbien	0,383
Slowakei	0,497
Slowenien	0,452
Spanien	0,526
Tschechien	0,508
Türkei	0,320
Ungarn	0,442
Zypern	0,480